U0258262

光伏技术与工程手册

（原书第2版）

Handbook of Photovoltaic Science and Engineering, 2nd Edition

［西］安东尼奥·卢克（Antonio Luque）
［美］史蒂文·埃热迪（Steven Hegedus） 等著

王文静　李　辉　赵　雷　周春兰
王光红　李　涛　贾恩东　　译

机械工业出版社

本书是一本全面论述太阳能光伏发电所有涉及领域的技术论著。书中由浅入深地论述了太阳能光伏发电各个方面的基本原理与实际工程技术内容。另外，书中还全面地论述了各种技术的最新进展，并给出了大量的参考文献，如果读者想继续深入地探讨相关技术，可以很方便地从书中及参考文献中找到所需要的知识。

本书基本上可以分成几个大的方面：光伏基本理论，包括光伏技术的热力学理论极限和 pn 结理论，还包括最新的有关第三代太阳电池的理论基础；硅材料的制备和硅片加工；各种太阳电池技术，包括晶体硅太阳电池、硅薄膜太阳电池、Ⅲ-Ⅴ族太阳电池、CdTe 薄膜太阳电池、CIGS 薄膜太阳电池、染料敏化太阳电池等；各种光伏系统及应用技术；光伏测试技术；光伏系统的平衡部件的原理和技术，包括蓄电池、逆变器与控制器；从天文学和地理学的角度论述太阳辐射能量的理论；光伏技术及产业的历史及现状等。

与原书第 1 版相比，在所有章节的内容上都有大量的更新，诸如新的先进技术、新的电池效率、制造业现状、安装的数据等，而且还增加了薄膜光伏中透明导电氧化物、第三代有机聚合物器件等全新内容，在论述光伏建筑的内容时也增加了很多新的案例。总的来看，本书仍旧是目前国际上最全面的论述光伏产业相关技术的权威著作，涵盖了光伏技术、应用及产业的各个方面的内容，并且有大量的论文索引，相信可以为国内光伏工程领域的产业技术人员和研发人员、高校太阳电池研究团队，以及证券投资公司、环保部门的政策研究人员提供全面的参考。

主 编 介 绍

Antonio Luque 教授，1941 年生于西班牙的马拉加，已婚，有两个孩子，四个孙辈。从 1970 年开始在马德里 Politécnica 大学任全职教授。现在任职于太阳能研究所，该研究所是他于 1979 年创立的。在那里他培养了 30 名博士（硅材料和光伏基础研究领域），他所领导的研究小组位列该大学 199 个研究机构的第 1 名。

1976 年 Luque 教授发明了双面电池，1981 年创建了 ISOFOTON 公司，这是一家太阳电池公司，截至 2007 年其销售收入达到 3 亿美元。1997 年他提出中间带太阳电池（intermediate band solar cell）。截至 2010 年 10 月，该工作被 WOK 注册的杂志引用 321 次。如今在全世界有 60 个研究中心基于他的工作开展此项研究。

Luque 教授目前的主要工作是进一步理解和开发中间带太阳电池，此外他还开展了两项工作：其一是组建硅的超提纯研究公司 CENTESIL（卢克作为创始人和 CEO，两所大学和三个投资人投资），该公司的目的是进一步降低硅太阳电池的成本；其二是作为新成立的涉及聚光光伏（CPV）的 ISOFOC 研究所的国际委员会主席开展指导工作，按照他的计划，该研究所旨在促进世界范围内 CPV 技术的实用化。该研究所已经与 7 家公司签署合同（3 家西班牙公司、2 家美国公司、1 家德国公司、1 家中国台湾公司），在 ISOFOC 研究所总计安装了 2MW 新型多结电池组件，效率达到 41%。

他荣膺 7 项奖励和荣誉，包括：西班牙皇家工程院院士，圣彼得堡约飞研究所名誉成员，两所大学的荣誉博士（马德里卡洛斯三世大学和哈恩大学）。他还获得西班牙 3 个有关技术和环境研究领域的国家奖（2 个由西班牙国王颁发，1 个由王储颁发），并且获得了一个由欧盟委员会颁发的奖项和一个由 IEEE - PV 会议颁发的奖项，这两个奖项均属于光伏领域。

Steven Hegedus 博士，开展太阳电池研究达 30 年。毕业于美国凯斯西储大学（1977 年）电子工程和应用物理系，以太阳能热水项目获得学士学位。1977～1982 年在 IBM 公司从事集成电路设计和模拟工作，在此期间他以多晶 GaAs 太阳电池的工作在康奈尔大学获得硕士学位。1982 年成为特拉华大学（UD）能源转换研究所（IEC）的研究员，该研究所是世界上最老的光伏研究实验室之一。他从事过几乎所有商用太阳电池的研究。研究领域包括：光学增强及与 TCO 的接触，PECVD 快速沉积纳米晶硅，薄膜器件分析和特征标定，a-Si/c-Si 异质结工艺，在加速光老化下的稳定性。在 IEC 工作期间，他获得了 UD 的电子工程博士学位。他与美国能源部和大大小小的多家公司有联系，协助他们开发薄膜硅和晶体硅光伏器件。Hegedus 博士发表了约 50 篇论文，涉及太阳电池的分析、工艺、可靠性和测试。他在 UD 开设了一门研究生课程讲授太阳能发电系统。他敏锐地认识到政策对于太阳能商业化的影响，在 2006 年被 UD 的能源和环境政策中心聘为政策研究员。他是他所在的镇上最早安装光伏屋顶的居民。

译 者 的 话

本书英文第 1 版于 2003 年出版,我们的翻译团队在 2011 年将其翻译成中文[⊖]。英文第 2 版于 2010 年出版,我们团队在今年将第 2 版翻译出来。之所以推迟了这么长的时间,实在是因为中国的光伏产业发展太快了,我们所有的光伏同仁都将极大的精力投入到中国光伏产业的发展中。

在英文第 1 版中,总结了截至 2003 年的 50 年的光伏技术的发展,在该书第 2 版中增加了各种新的技术、产业现状,并更新了效率记录。第 2 版增加了三章新内容,分别讨论促进光伏增长过程中国家能源政策的角色、薄膜光伏中透明导电氧化物、第三代有机聚合物器件。

尽管到了光伏产业大发展的今天,本书仍是世界范围内论述整个光伏技术的最权威、最全面的一本书,本书经受住了时间的考验。

在第 1 版翻译之后,有许多译者因为工作的关系离开了翻译团队,但是又有新成员加入进来。在第 2 版的翻译过程中占用了所有译者大量的业余时间,在此谨向各位译者的家人对于译者的支持表示深深的感谢。

王文静

⊖ 原书《Handbook of Photovoltaic Science and Engineering》第 1 版的中译本由机械工业出版社 2011 年出版,书名为《光伏技术与工程手册》。本书为《Handbook of Photovoltaic Science and Engineering, 2nd Edition》的中译本。——编辑注

原 书 序 言

《光伏技术与工程手册》原书第 1 版出版于 2003 年，该书描述了 50 年来太阳电池和组件在研究、技术、产业发展、应用方面的结果。这些结果包括了地面光伏的第一代技术——晶体硅片技术；第二代技术——薄膜硅、CdTe 和 $CuInGaSe_2$ 技术；第三代技术——有机染料敏化的光合作用仿真技术或者先进的超高效理论概念电池，如多光子或中间带电池，这些概念还有待实际验证。该书也包括Ⅲ-Ⅴ族多结电池及其聚光器，该种电池具有最高的转换效率。该书也描述了太阳电池应用，包括外太空的和地面（都市地区和偏远乡村）的应用。亦有章节描述太阳能发电系统的部件，包括蓄电池、能量转换器件（如逆变器）。还有一些章节描述基本物理原理、测试、标定，以及计算由组件产生的能量，这些组件可以是以任何参量安装在任何地方。

几乎在这本书出版的同时，爆发了对光伏技术的极大兴趣。生产和销售呈现 10 倍以上的增长，从 2003 年的 600MW 到 2009 年的 7300MW。对于光伏日益增长的兴趣引导了私人和公共投资，导致了在技术和应用方面的明显改进。这些进步许多是来自创新的国家政策。数以百计的公司（从小的初创公司到成熟的大型跨国公司）都试图赶上这波流行的、对光伏技术感兴趣的浪潮。他们中的很多人购买了本书第 1 版以对其工程师、经理人员、分析人员和投资者进行教育和指导。光伏领域变得成熟——许多公司最终实现了盈利，生产规模在不断扩张，新的先进技术正在进入市场。

第 2 版计划展现这些新的进展。第 2 版还得益于过去一年经济危机中出现的景象，光伏产业在大萧条时代成为仍旧保持增长的少数产业之一，这成为一种理想力量的证明，这一理想就是光伏产业将仍旧保持增长和繁荣。在许多国家光伏工业成为一种显著的促使经济复苏和提振就业的战略，此外它还是与全球气候变化做斗争的有力武器。

在第 2 版中什么是新的内容呢？有三章是全新的章节，分别讨论促进光伏增长过程中国家能源政策的角色、薄膜光伏中透明导电氧化物、第三代有机聚合物器件。有五章是由全新的作者给出了新的观点，包括晶体硅片技术、第二代薄膜硅电池、聚光光伏、功率电子器件、离网和并网系统设计。其他章节都针对诸如新的先进技术、新的电池效率、制造业现状、安装的数据进行了更新。

本书编者谨以此书献给那些为了太阳能发电今天的成功奋斗了半个世纪的人们，也献给那些为了使光伏满足无碳清洁能源的需要而更加努力奋斗的现在的和未来的人们。

本书编者也觉得十分亏欠各章的作者。他们花了非常长的时间尽其所能使得各章覆盖其专业领域，并且经受了出版者的大量批评和修改意见，从而确保本书具有经得住时间考验的高出版质量。

最后我们要向我们所爱之人表达感激，他（她）们是 Carmen，Ignacio，Sofia（及其孩子），Debbie，Jordan，Ariel。在完成本书的过程中，我们从家庭生活中抽出了很多时间。

Antonio Luque，Steven Hegedus

目　　录

第1章 太阳能光伏发电的成就和挑战

Steven Hegedus[1], Antonio Luque[2]

1. 美国特拉华州纽瓦克，特拉华大学能源转换研究所
2. 西班牙马德里，马德里理工大学太阳能研究所

1.1 总述

恭喜！你正在读一本完全改变我们对能源看法的技术书籍。光伏（或 PV）是一种强大的技术，已经证明光伏可以在各种各样的应用、规模、气候和地理位置为人类发电。太阳能可以为居住在离她所在的国家最近电网有 100km、实现电网连接还需 100 年的农村家庭主妇提供电力，从而让她的家人有干净的电灯，而非煤油灯，可以利用收音机收听广播，还能使用缝纫机补贴家用。光伏发电可以从地下抽取干净的水用于饮用或灌溉农作物或为牲口提供饮用水。或者，光伏可以为偏远地区大山中的中转站提供电力，允许更好的沟通，而不用专门修建道路运送柴油来发电。光伏可以让郊区或城市房主产生部分甚至所有的年用电量，并将多余的太阳能电力销售给电网。在炎热的夏季午后当空调都打开时，光伏还可以帮助在洛杉矶、东京或马德里的重要的电力公司补充电力。最后，光伏已经为地球的轨道卫星或围绕火星表面的飞行器提供超过 30 年的电力。

每一天，人类都更加意识到对地球可持续管理的必要性。地球维持着近 70 亿人的生活，其中 10 亿人采用了不可持续的高消费生活方式。"高消费"通常用来指可能变得稀缺的材料，但它越来越多地涉及能源。这里的能源指的是"有用的能源"（可用能），一旦使用就退化，不再是有用的能源，通常以热量的形式浪费掉。

在这里，我们关心的是电能，电能是二次能源。化石燃料（煤、石油和天然气）的燃烧和核裂变是产生电能的基本过程，化石燃料燃烧和核裂变产生热量使水变成蒸汽，从而使涡轮机产生电能。当化石燃料中的 C—H 键在空气中燃烧就产生热，同时还会产生 CO_2 和 H_2O。H_2O 不是问题，因为在海洋与大气中已经有很多的水，但 CO_2 却不同。对嵌入在南极冰层中的空气气泡进行了分析，提供了过去 150000 年大气中 CO_2 浓度的信息。此内容显示：在过去 300 年，恰逢工业化的开始，大气中 CO_2 的浓度呈现了前所未有的增长。大多数科学家把这一事实与全球气候变化相关联，包括全球变暖、海平面上升、更猛烈的风暴、以及降雨的变化，这将破坏农业、疾病控制和其他人类活动。因此，在未来 10～20 年，我们能源的相当一部分必须没有任何碳排放，否则地球将变成一个危险的环境。而且化石燃料不可能永远持续下去。石油和天然气的供应都将达到峰值，然后在几十年甚至几年内降低，煤在几个世纪内。因此，我们必须尽快开发大型燃烧化石燃料的替代品。

另一个发电的主要能源来源是放射性铀，核电厂的燃料通过核分裂产生电能。铀大部分

由不能"裂变"的 238 同位素（不是核燃料）组成，只有约 0.7% 是能裂变的 235 同位素。以目前的技术，核燃料将在几十年内达到峰值。然而，通过适当的中子轰击，铀 238 可以转换成人工裂变铀燃料。有了这项目前还没有完全商业化的技术，持有核能（成本效益未经证实）1000 年是有可能的。核聚变则是一种完全不同的核技术，几乎可以说是取之不尽，但还远不能证明它的实际可行性。

虽然核电站不排放 CO_2，但它们仍然有潜在的危险。核工程师和监管机构采取多种预防措施，以确保核电站安全运行（除极少数情况下）和发电厂运行没有灾难性问题。但高放射性废物的存储必须在几个世纪内是受控的，这在世界范围内仍然是一个悬而未决的问题，世界各地的核燃料还有被转移制造核弹的可能性。

因此 21 世纪初的情况是，20 世纪产生我们最有用的能源形式——电的方法被认为是不可持续的，无论是因为增加了大气中 CO_2 的含量还是由于没有安全存储越来越多的放射性废物。如何更有效地利用现有的能源？这对放缓甚至可能逆转 CO_2 水平的增加至关重要。利用更少的能源做更多或只是少做（以增长为导向的经济倡导者认为是不受欢迎的）当然是必要的，以减少我们对能源的需求。但是，世界人口的增加对能源需求日益增长与使用更少的能源很难协调。此外，还有一个大的群体，在这个讨论中往往听不到他们的声音，即有三分之一的人口没有任何电力。

事实上，在一定程度上获得和消费的电力与生活质量密切相关。图 1.1 给出了超过 50 个国家的人类发展指数（HDI）与人均每年消耗电力的关系图（改编自参考文献 [1]），它包括了超过地球上 90% 的人口。HDI 由联合国收集并在平均寿命、受教育程度、人均国内生产总值的基础上计算得出。在很多国家，为了改善生活质量，正如他们的 HDI 值，将要求增加他们的电力消耗 10 倍或者更多，从每年几百到几千千瓦时（kWh）。

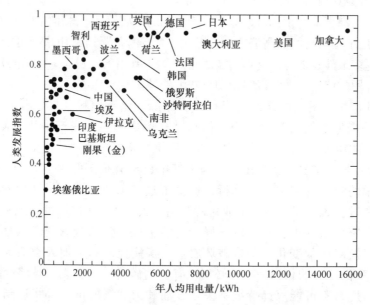

图 1.1　2000 年，人类发展指数（HDI）与年人均用电量（kWh）的关系[1]

预计随着一些国家的发展，再增加 20 多亿居民达到今天 10 亿居民在发达国家的高消费模式，对能源的需求将导致在材料和能源两方面无法承受的压力，但剥夺他们（和其他人）获得财富既不道德也不可行。

可再生能源特别是太阳能是解决这些问题唯一明确的方案。事实上，太阳到达地球的能量是巨大的，是目前人类能源消耗的 10000 倍。本章参考文献 [2] 显示：不同形式的可再生能源足以满足"太瓦挑战"，提供目前全球 13TW 的能源需求。我们还可以增加地热能（准确地说是不可再生的）和潮汐能，虽然在当地某些情况下，它们的开发可能是有吸引力的，但在全球范围内它们是微不足道的。太阳能产生风能（通过地球赤道和两极地区的温差加热产生）。本章参考文献 [3] 已计算出，约 1% 的太阳能（目前全球能源消耗的 10 倍）转换为风，但其中只有 4% 是实际可用的（但仍为目前能量消耗的 40%）。据估计，如果积极开发，陆上和水上风力发电能够提供全球预期能源需求的 10%[2]。生物质也可以把太阳能转变为燃料，但效率也很低，并且它优先使用在食品上。风引发海浪，因此，一小部分风能传递给海浪。海流与风一样也起源于太阳能。传递给海浪的比例是不确定的，可能很少。最后，水电——通过太阳能把海上的水传递到陆地产生，代表了总能源来源的一小部分，一些重要的水电站已经在使用。总之，直接开发太阳能才是真正的大能源[4]。

使用转化效率为 10% 的太阳电池，太阳能可以直接转换成足够的电力，提供当前全球消费能源的 1000 倍。如果只局限在对地球陆地表面的太阳能进行收集（地球总表面积的四分之一），仍然有 250 倍目前能源消耗的潜力。这意味着使用 0.4% 的土地面积可以生产目前需求的所有能量（电力 + 热 + 交通），这个土地比例比我们用于农业的比例小得多。

实现太阳能的广泛应用不是小事。在本章的其余部分我们将对光伏的当前现状和成为太瓦规模能源的一些挑战的大体轮廓进行描述。我们这里表明一些很少提及的观点：（a）光伏技术比先进的核裂变或核聚变技术更成熟，核裂变或核聚变技术是两种不产生 CO_2 的不可再生能源，可使全球能源产量大量增加。（b）甚至是成熟的风能也不能与来自太阳的直接可用的能源数量相比拟。（c）生物质能可以期待有进一步的科学发展，但可能效率不能达到全球替代以解决目前危机的水平。（d）集中太阳能热发电（CSP）可以与光伏合作产生电力。我们认为光伏具有更大的创新潜力同时也具有模块化特性（以小规模或大规模运行），而且不具有 CSP 的地域限制，这使光伏在这个竞争中成为一个明确的赢家。

1.2　什么是光伏

光伏技术是当光照射到半导体时，半导体产生瓦（W）或千瓦（kW）的直流电（DC）的技术。只要光照在太阳电池（独立光伏单元的名称）上，它就产生电能。当光停止后，发电也停止。太阳电池从来不像蓄电池一样需要充电。有些太阳电池在地球上或太空中已经连续工作了 30 多年。

表 1.1 列出了光伏技术的一些优势和劣势。需要注意的是，其中包括了技术和非技术因素。

表 1.1 光伏技术的优势和劣势

光伏技术的优势

- 能源巨大，广泛的可获取性，基本无限
- 没有排放物、没有燃烧、没有放射性燃料需要处理（对地球气候变化无影响或不造成污染）
- 低运转成本（无燃料）
- 无运动部件（无磨损），理论上是永恒的
- 大气温度下运转（无高温腐蚀或者安全问题）
- 组件具有高可靠性（30 年）
- 可预测的年产量
- 模块化（小型或大型增量）
- 可以集成到新的或现有的建筑物上
- 在几乎所有接入点可以快速安装

光伏技术的劣势

- 燃料源是弥散的（阳光是一个相对低密度的能源）
- 高初始（安装）成本
- 每小时或每天输出不可预测
- 缺少经济有效的能量存储

光伏技术的物质基础是什么？太阳电池通常是由半导体材料构成的，半导体材料中被弱束缚的电子占据的能带称为价带。当超过阈值（称为带隙）的能量作用于价带电子时，束缚作用断裂而使电子变得比较"自由"，能在新的能带——导带中运动，在其中它可以通过材料$^{\ominus}$ "导"电。这样，导带中的自由电子通过带隙与价带隔开［单位为 eV（电子伏）］。使电子自由的能量可以由光的粒子——光子提供。

图 1.2 给出了能量（纵轴）和空间边界（横轴）之间的理想关系。当太阳电池暴露在具有足够能量的阳光下，原子吸收入射的太阳光子，使价带电子摆脱束缚并激发到具有更高能量的导带。在导带，特别制备的选择性接触，用来收集导带电子，驱动这些自由电子到外电路。电子通过在外电路做功，比如抽水，旋转风扇，给缝纫机、灯或计算机供电，从而损失它们的能量。电子通过第二个选择接触返回到电路环路中从而使太阳电池恢复，电子重新到价带，这个时候电子的能量与电子开始的能量一样。电子在外电路和接触电极中的运动称为电子电流。电子被驱动到外电路的电势略低于激发电子的阈值能量，也就是带隙。这与产生电子的能量无关（只要能量高于阈值能量）。因此，对于一个带隙为 1eV 的材料，即使电子被 2eV（红）或者 3eV（蓝）光子激发，其电势都略低于 1V（即电子被 1eV 的能量驱动）。产生的电功率是电流和电压的乘积，即功率是自由电子的数量乘以它们的电压。更亮的太阳光能使更多的电子自由，产生更多的能量。

太阳光是能量在很宽范围内分布的光谱。能量大于带隙（阈值）的光子能使电子从价带激发到导带，在导带，电子可以离开器件并产生电能。能量低于带隙的光子将无法激发出自由电子，而是穿过电池在背面被吸收后转变成热。太阳电池在太阳光直射下会比环境温度

$\ominus$ 每种材料的带隙或者能带是基本的和独一无二的参数，地球上太阳能良好的吸收材料的半导体带隙在 1～2eV 之间，见图 4.3。

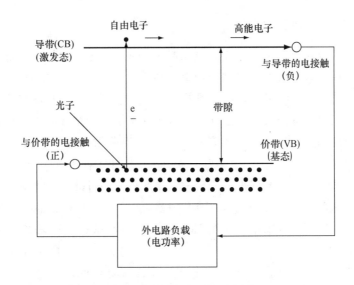

图 1.2 太阳电池原理示意图

[光子使电子从价带激发到导带，在导带电子通过接触电极（n 型掺杂的半导体）在较高（自由）
的能量位置被抽取出并通过导线到达外电路，在外电路它们做功，然后以较低（自由）
的能量通过接触（p 型掺杂半导体）返回到价带中]

高 20～30℃。这样，太阳电池不会工作于高温下，并且不需要移动部件，光伏电池就可以产生电能。这些是光伏技术的典型特征，这很好地解释了它的安全、简单和可靠性。

几乎所有太阳电池的核心是 pn 结，利用 pn 结的概念建模和理解是非常简单的。通过掺杂形成导带和价带的选择性接触，一面形成 n 型区（有大量的负电荷），另一面形成 p 型区（有大量的正电荷）。pn 结和选择接触的作用将在第 3 章和第 4 章中详细讨论。这里提到 pn 结是因为当提到太阳电池时 pn 结也总是被提到，并且这一章有时也会用到。

在实际应用中，一定数量的太阳电池通过封装和互联形成光伏组件，通常组件是卖给客户的产品。太阳电池产生直流电，然后通常通过逆变器的电子器件转化成更常用的交流电。逆变器、可反复充电的蓄电池（当需要存储时）、用来支撑和对准组件的机械结构（当需要对准或者期望对准时）和任何其他需要支撑光伏系统的部件称为平衡系统（BOS）。将在第 19～21 章中讨论这些 BOS 部件。

目前，市场上的大部分太阳电池组件是晶体硅（c-Si）太阳电池（第 5～7 章）。约 10% 是所谓的薄膜太阳电池（TFSC），包括实际中的一系列技术：非晶硅（a-Si，第 12 章），铜铟镓硒（CIGS，$Cu(InGa)Se_2$，第 13 章），碲化镉（CdTe，第 14 章）和其他（第 11 章）。很多人认为在降低成本上薄膜电池更有前途。还有一个聚光光伏（CPV）的初期市场，聚光光伏是通过由棱镜或镜子（第 8 章和第 10 章）组成的聚光器接收高强度太阳光汇聚后，通过昂贵的和具有高转化效率的多结太阳电池（MJ）直接转换为电能的技术。所有这些技术的动机是相同的：降低占主导地位的硅技术组件的成本。其他的选择正在研究和开发中，包括有机太阳电池（第 15 章和第 16 章）和新的或第三代太阳电池（第 4 章）。

1.2.1 光伏组件和发电功率

燃料发电机的额定功率为 W（瓦）（或 kW 或 MW）。只要有燃料，而且能够散发运行中产生的热量，燃料发电机就能维持这种功率水平并且连续工作。如果在高于额定功率下运行，燃料发电机会消耗更多的燃料、更易磨损、寿命更短。一些燃料发电机也可以在较低功率输出下工作，虽然效率有损失，但是在低于额定功率下运行很多方面是可控的。

相反，光伏组件的额定功率为峰值功率（W_p）。当照射组件的某些标准光谱（对应于亮的太阳光）的日照（入射太阳辐射）为 $1kW/m^2$，太阳电池的温度固定在 25℃ 时，组件功率将与负载完美地配合。一系列组件的额定功率为所有组件峰值功率的和。

这些"标准测试条件（STC）"通常应用于标定实验室电池和场地外组件的高峰值的额定功率，但在实际户外中很少采用（见第 18 章中完整的测试条件和第 22 章实际户外条件的测试）。通常，辐照度（辐射功率）更小，温度更高。这两个因素降低了组件可以传递给负载的能量。在某些情况下，负载（或组件之间）不能很好地匹配，进一步降低了能量。因此，STC 下定义的输出功率与实际条件下的输出功率存在很大的差别。而只要有柴油，10kW 的柴油发电机就能产生 10kW 的能量，而 10kW 的光伏阵列可能只产生 0～11kW 的能量，这取决于阳光和温度。

为了进行有用的预测，一年内照射到发电系统上的太阳辐射产生的千瓦时能量（不是功率）可以用额定功率（以 kW_p 为单位）乘以一年内照射到发电系统上太阳辐射的"有效时间"数（或一个月或一天平均），再乘以性能比（PR）得到。在实际操作中还需要加上布线、逆变器（逆变器效率可能是 0.90～0.97）等的损失，还需要算上维护的时间。设计良好的设施性能比在 0.7～0.8 之间，正如第 19 章中讨论的那样，但在温暖的气候下，可能会更低，因为随着温度的提升，电池的效率会降低。

"有效的"太阳时间是什么？由于辐照度的额定值为 $1kW/m^2$，额定功率下，"有效"小时数为照射到与光伏发电系统有相同方向面上的 kW/m^2 数。因此，通常在中纬度位置，在 24h（包括夜间时间），一个水平表面上可能会接收到每日平均 $4kWh/m^2$ 的阳光。由于入射功率范围为 $0～1kW/m^2$，这相当于在一个恒定的入射太阳功率为 1 个太阳 $=1kW/m^2$ 时段只有 4h，因此为 4 个"有效太阳时"。例如在菲尼克斯（美国）、马德里（西班牙）、首尔（韩国）、汉堡（德国），对于最优取向表面（面向南并且低于纬度倾斜约 10°），每年分别有 $2373kWh/m^2$、$1679kWh/m^2$、$1387kWh/m^2$ 和 $1059kWh/m^2$（或等效小时数）。在这些地区的 1000kW 光伏厂的最佳取向，PR = 0.75，每年产生 1779375kWh、12259250kWh、1040250kWh 和 793857kWh。表 1.2 给出了 4 个不同的城市平均每日的太阳能辐照度输入、全太阳光（$1kW/m^2$）的等效小时数，每千瓦光伏安装平均年收益率的千瓦时，假设一个系统的性能比 PR = 1。一旦乘以实际的 PR，平均收益率将与效率或者组件面积无关，这表明这种方法的简单性。这些几乎代表了大多数人居住地的太阳光条件的整个范围。

聚光板的额定功率仍然是一个具有争议的主题。通过组件的额定功率来确定聚光板的额定功率是不可能的，因为一些聚光器没有组件或者在室内进行测量体积太大。然而对其他聚光器这种方法是可用的。

表1.2　每日辐照度（kWh/m²），等效每日1个太阳 =1kW/m²的"太阳时"，安装
光伏（假定 PR =1）每 kW 产生的平均能量，所有的都是最优的纬度倾斜

城　市	菲尼克斯	马德里	首尔	汉堡
每日辐照度/（kWh/m²）	6.5	4.6	3.8	2.9
每日太阳时	6.5	4.6	3.8	2.9
每 kW 产生的年平均能量/（kWh/kW）	2372	1679	1387	1058

第22章包含了计算入射太阳光，以及是位置、每天时间、每年月份等的函数的光伏组件输出的各种可用的在线计算的更详细的方法[5]。

1.2.2　收集太阳光：倾斜、方位、跟踪和遮挡

潜在的住宅或商业光伏客户经常担心"我的屋顶有正确的斜坡度吗？我的房子有很好的太阳照射吗？"这些对于固定的非跟踪阵列确实是重要的问题。第19~22章更详细地描述了这些问题。对于固定的非跟踪阵列，为了优化年产率，倾斜角度通常比当地的纬度（更多的是在夏季日晒）低几度。然而，许多人惊奇地发现，年产量对倾斜进而对屋顶斜坡的依赖很弱。实际上，对于低于45°的纬度，几乎所有合理的倾斜都是好的，甚至平屋顶对于太阳电池也有好处。例如，在中纬度地区，组件的倾斜角度从水平（0°）到纬度倾斜，年平均有效小时数只有10%的变化。因此，对于家在纬度非常接近40°的华盛顿地区或马德里或首尔或惠灵顿或新西兰，水平平屋顶（每天约4.4有效小时数）或40°倾斜屋顶（约4.6h/天）的年有效时间的差异为5%。这是因为，在这个纬度，冬至与夏至之间的太阳角在27°~72°之间变化。在冬天，具有更陡屋顶将会比更平屋顶有更多的产出，在夏天，则刚好相反。因此，在一年之间，平屋顶和倾斜屋顶的平均输出差异减小。

方位如何呢？对于安装在北半球的太阳电池，固定的非跟踪阵列的最优方位无疑是朝南。但同样，对轻微的偏差不敏感。面向东南的阵列将会在上午得到更多的太阳光，在下午得到更少的太阳光。因此，对于一组安装在北纬40°，倾斜角度为40°，从正南向东或西倾斜45°，相比最优的真正的南方位，每年的年产量将只有6%的减少量。或者，你可以将组件安装在可移动的支持物上来"跟踪"太阳。组件可以从东跟踪到西（方位沿长方向的北-南线性阵列），称为单轴跟踪器。也可以安装在特殊的支架上，可以同时跟踪太阳在天空中沿西-东的移动和垂直高度在每天和季节性的变化，被称为双轴跟踪。单轴和双轴跟踪通常分别能增加15%~20%和25%~40%太阳光的收集。它们通常只用于大型、公用事业规模的地面安装阵列。因此，安装光伏阵列比如在屋顶或者农场对于位置有限制吗？当然！阵列必须没有遮挡，至少在上午9点到下午3点（太阳时间）的太阳光峰值时。第一个主要的原因是遮挡部分产生能量损失，因为尽管光伏能在漫射光下工作，漫射光下产生的能量数量相当小。但是其他影响更有害。甚至轻微的遮挡，比如由于薄钢管或多叶的树，在角落或边缘的一个组件能大大降低被遮挡组件的输出，因此降低整个阵列的输出。这是因为，组件之间是串联的，一个电池中电流的限制将会限制那个组件中所有其他电池的输出，因此限制与它串联连接的所有组件的电流输出。但是，使用旁路二极管能使这些损失降低到可以接受的值。第7章和第21章将进一步对这一主

题进行分析。在城市或者城镇，遮挡问题可能是最重要的限制，因为城市或者城镇有大量的树或者高的建筑。合理的预设计将包括遮挡分析。一些国家政府正在考虑"保证太阳光路"的法律来防止新建建筑或邻居的树对另一个屋顶的阵列造成遮挡，但法律问题并不简单。

1.2.3 光伏组件和系统的成本预测

成本重要的品质因子是美元/kWh，通常使用美元/W_p。政策制定者和消费者经常问"光伏组件的成本是多少钱？"相同组件在不同国家价格会有所不同。甚至在同一个国家，即使在具有非常成熟和井然有序的光伏市场、消费者受过教育、装机量高的德国，针对单一组件的价格进行讨论仍然是有挑战性的。例如，使用 2009 年德国组件的平均销售价格数据[6]，单晶硅组件的出厂价是 2.34 欧元/W。2009 年，由于西班牙市场的失败（这将在稍后进行解释），导致库存过量，单晶硅组件的"市场"价格降低了 16%，低效的薄膜硅和 CdTe 组件市场价格降低了大约 10%，接近 1.50 欧元/W，在亚洲生产的单晶硅组件的市场价格比平均价格低 19%，这与一项更详细的研究相吻合。这一研究显示：假定一个 347MW 的晶体硅光伏组件工厂，与中国相比，在美国或者德国，劳动力成本高出 25%[7]。在最先进的光伏市场，这个范围的组件价格表明回答"光伏组件的成本是多少钱？"这个问题的困难性。

完整系统的成本是多少？这才真正决定了光伏发电的价格。让我们来看一份从 1998 年到 2008 年在美国主要是在加州安装的 52000 光伏系统（566MW）安装成本的分析报告[8]，采用奖励或国家退税之前的平均价格，从 1998 年到 2008 年，安装成本从 10.8 美元/W 降低到 7.5 美元/W，安装成本每年降低 3.6%。

不出所料，随着系统规模的增加，价格下降。2008 年价格：美国小住宅系统（2kW）的价格为 9.2 美元/W，美国大型商业规模系统（500~750kW）价格为 6.5 美元/W。不包含任何税收，2008 年，在德国住宅系统的安装价格是 6.1 美元/W，在日本为 6.9 美元/W，在美国为 7.9 美元/W。2009 年，在这本手册正在撰写之时，价格急剧下降。

因此，组件或系统价格的任何讨论伴随着许多复杂的因素，包括位置、系统的大小、折扣或优惠、光伏技术。此外，光伏价格时间依赖性极强。然而，全球分析师通常假定一个价格，以分析价格趋势和市场的影响，如第 2 章所述。常见的预测成本演变的方法就是所谓的学习曲线，学习曲线声称每次累积产量翻一倍，组件的"价格"（任何定义）降低为原来的 $1/2^n$。图 1.3 给出了基于过去价格的光伏组件的学习曲线，表明以目前的速度，为了达到 1 美元/W，累积产量需要增加一个数量级。

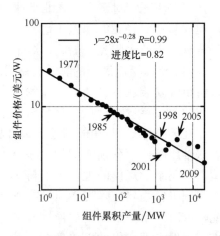

图 1.3 1976~2009 年光伏经验曲线。直线为拟合曲线，经验因子 $1-2^{-0.28}=0.18$ 或等同于一个进度比 $2^{-0.28}=0.82$

1.3　光伏的今天

1.3.1　光伏的历史

光伏发电的历史可以追溯到 19 世纪。第一个可使用的、有意制备的光伏器件是 Fritts 在 1883 年[9]制备的，他将 Se 熔化后倒在一个金属衬底的薄片上，然后压上 Ag 箔薄膜作为顶接触。电池面积将近 $30cm^2$。Fritts 记录"产生的电流如果不立即使用，可以就地存储在蓄电池中，或者传输到需要使用的地方。"Fritts 在一百多年前就预见到了如今光伏技术的应用方式。光伏技术的新纪元始于 1954 年，当时美国 Bell 实验室的研究人员意外发现 pn 结二极管被室内光线照射时会产生电压。在一年之内，他们产生了 6% 效率的硅 pn 结太阳电池[10]。同年，美国的 Wright Patterson 空军基地发表了 Cu_2S/CdS 薄膜异质结太阳电池的结果，效率达到了 6%[11]。一年之后，美国的 RCA 实验室报道了效率为 6% 的 GaAs pn 结电池[12]。到 1960 年，Prince[13]、Loferski[14]、Rappaport 和 Wysocki[15]、Shockley（诺贝尔奖获得者）和 Queisser[16]等发表了重要论文，研究了 pn 结太阳电池的工作原理，包括带隙宽度、入射光谱、温度、热力学等与效率的关系。CdTe 薄膜也实现了 6% 的效率[17]。到目前为止，美国空间项目利用硅光伏电池为卫星提供电力。既然空间仍是光伏的主要应用场所，对辐射作用进行了研究并使用 Li 掺杂的硅制备电池来提高器件对辐射的容忍度[18]。1957 年，苏联也取得了类似的成就——Sputnik 二号人造卫星采用硅电池供电。1970 年，Alferov（诺贝尔奖获得者）领导 Ioffe 研究所开发了一种 GaAlAs/GaAs 异质结太阳电池[19]，这种电池解决了影响 GaAs 电池的一个主要问题并指出了新的器件结构。人们对 GaAs 电池感兴趣主要是因为它效率高而且对空间离子辐射不敏感。发生在 1973 年重要的性能提升是"紫光电池"，"紫光电池"改善了电池对太阳短波的响应，导致电池相对效率提升 30%[20]。美国 IBM 公司也开发了 GaAs 异质结电池，获得了 13% 的效率[21]。1973 年 10 月，波斯湾石油生产国发起了第一次世界石油禁运，这对工业国家造成了很大的冲击，于是一些国家的政府开始制定计划鼓励太阳能，导致了光伏新纪元的到来，并使人们明白了光伏地面应用的紧迫性。

关于光伏早期发展的全面历史可以在 John Perlin[22]写的书中找到，或者更简单地说，这本书第一版的第 1 章。

20 世纪 80 年代，光伏产业开始成熟，开始强调生产和成本。美国、日本和欧洲的一些国家都建造了晶体硅组件的封装设备。新技术开始走出政府、大学和企业实验室，进入预商业化或"中试"线生产。企业试图扩大薄膜光伏技术，通过精细控制实验室的设备，获得了效率超过 10% 的小面积（约 $1cm^2$）非晶硅和 $CuInSe_2$ 太阳电池，这远比仅仅扩展设备的大小复杂得多。不幸的是，经过了 20 世纪 80 年代，没有大量私人或政府资金的支持，美国最大型半导体和石油公司放弃了他们的研发或中试规模的工作，导致的普遍结果是外国公司买走了美国公司和它们的技术，使光伏工业活动中心从美国转移到了日本和欧洲到后来的中国。中国是目前世界上最大的太阳电池生产国。

1.3.2　今天的光伏图

过去十年（1998～2008），光伏组件市场扩展了 20 多倍。爆炸性增长将光伏从环保意识公民的梦想转变为现实，吸引投资者急切开发这个新的富庶领域。

谁正在制备所有的光伏组件？图1.4给出了这些组件已经在哪里生产。20世纪90年代的大部分时间（没有显示）美国引领着世界产量，当时欧洲和日本的制造业处于相对静态的增长。随后，1998年，德国和日本政府递增的、支持性的政策导致其生产大幅增长。一定程度上减少CO_2强有力的承诺推动这些政策的实施，如《京都议定书》规定。还有一部分的推动因素是开发光伏作为出口。

但是自从本手册第1版[⊖]出版以来，光伏产业的重大事件是从2006年以来中国产能的快速增长。2003年，十大顶级制造商中没有一个来自亚洲。2008年，十大顶级制造商中有三个来自中国大陆，一个来自中国台湾。2009年，中国预计将位于制造业的顶级位置。

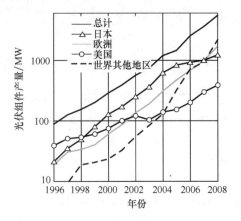

图1.4 不同国家或地区生产的光伏组件（世界其他地区，主要是中国大陆和中国台湾；欧洲主要是德国和西班牙）

组件安装在哪里？图1.5给出了2008年不同国家和地区的安装情况，包括四大生产国家——中国、德国、日本和美国，四大安装国家——西班牙、德国、美国和韩国。值得注意的是，西班牙的光伏装机量是其产量的15倍，中国的光伏产量是其装机量的30倍。美国进口和出口趋于平衡（6%～7%）。2008年，西班牙第一次成为光伏组件装机量最大的国家，超过了德国。组件大部分安装在10MW以上的大型集中式光伏电站，比如图1.9中的光伏电站。但由优惠上网电价（FIT）的立法导致的西班牙成为最大光伏装机量国家的状况只维持了两年，在2009年由于法律的严格修改，这种状况就结束了。

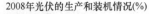

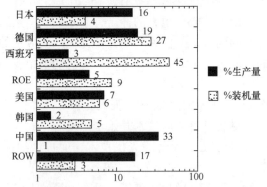

图1.5 2008年不同国家和地区光伏电池/组件产量[23]和装机量[24]的百分比，采用对数坐标。ROE为欧洲其他国家，ROW为世界其他国家和地区（主要是中国台湾地区和印度）。总装机量为5500MW；总产量为7900MW

⊖ 本手册的原书第1版于2003年出版，其中译本《光伏技术与工程手册》由机械工业出版社于2011年出版。——编辑注

2008 年光伏产量和装机量之间有 1500～2500MW 的差异，这可能重复计算了一个工厂生产之后交付给第二个工厂制成组件的电池，以及由第二个工厂制造的组件。有人认为，这种差异可能是由于加上了库存的未售出组件，但这值得怀疑，因为 2008 年组件的价格高，市场出现短缺。价格只在西班牙市场崩溃的 2009 年有显著下降。

1.3.3　国家政策的关键作用

当今光伏飞速发展真正起源于 20 世纪 90 年代中期，由于政府的大力支持，欧洲和日本住宅规模光伏并网应用开始快速增长。在那之前，无论是发展中国家的农村家庭、为牲畜或人泵浦饮用水、山里旅行屋，还是无线电传输天线，光伏组件的主要目的是离网应用。表 1.3 给出了三个主要光伏应用项目——离网发电、住宅和商业并网连接、公用事业并网连接——主导地位的相对变化。有两种类型的激励政策促进住宅或商业并网发电的成功运行。第一种起源于日本，后被美国多个州效仿，政府或电力机构为光伏所有者的家庭或企业提供光伏系统成本 10%～50% 的退税，他们的电费是由公共设施使用"净计量"确定，客户只需付使用量和发电量的净差值。因此，降低了系统发电的初始价格，使用光伏电力与普通电力的价格差不多，这项政策启动了住宅和商业建筑并网发电的新市场。光伏的大爆炸增长约始于 1995 年。有趣的是，在日本，虽然政府减少了光伏发电的扶持力度，但是光伏家庭市场一直保持着良好的增长速度。第二种政策由德国开创，给公共电网提供电力的家庭或企业可以得到高于从电网买电几倍的价格。此外，德国的银行提供慷慨的贷款用于购买安装光伏系统。尽管没有政府退税以减少初始成本，德国在房屋、谷仓、商业屋顶、政府大楼、学校、奶牛场、废弃的机场和车库——简而言之，任何可以面对太阳并且可以连接到电网的地方安装了太阳电池阵列。这个概念，称为上网电价（FIT）或生产税收抵免（PTC），已经在西班牙、荷兰、韩国、加拿大实现，最近在日本实行，很快将在美国几个城市或州实现。德国 FIT 引发了在 21 世纪中期光伏并网增长的第二次大浪潮。第 2 章将对促进光伏的政策包括太阳能可再生能源证书（SRECs）和强制可再生能源投资组合（REPs）以及其他资助政策进行讨论。西班牙 FIT 引发了 2007～2008 年公用事业规模工程光伏项目爆炸式的增长。许多人，尤其是光伏工程师和科学家，认为光伏并网的快速增长源于政策的创新而非技术的进步。

表 1.3 给出了不同年份不同类型应用的安装量的近似百分比（相对 ±20%）。离网包括单组件农村家庭、船舱、水泵、柴油混合动力车和远程通信发射机。1996 年和 2000 年，住宅和商业光伏并网通常为小于 200kW 的屋顶安装阵列，但在 2004 年和 2008 年也许小于 1000kW，更大安装量定义为公用事业规模，各种来源的数据和定义不同[25]。

表 1.3　不同类型应用的安装量近似百分比（相对 ±20%）

年　份	离网发电（%）	住宅和商业并网连接（%）	公用事业并网连接（%）	每年的总装机量/MW
1996	95	5	<1	89
2000	60	40	1	288
2004	30	68	2	955
2008	10	35	55	5600

2007~2008 年西班牙市场的重要性（总共 3.4GW$_p$）及其突然崩溃值得我们反思。第 2 章对这个问题进行了很好的解释，但我们想在这里陈述一些额外的见解。由皇家法令颁布的 FIT，确保电网以慷慨的价格（2008 年约为 43~46 美分/kWh，持续 25 年以上）购买当年私人安装并完成光伏发电产生的电力。三个皇家法令是必要的，以允许市场扩大。第一个皇家法令限制 FIT 支付给小于 5kW 的光伏发电者。一些企业家通过收集许多小型投资者和建造称为太阳农场的更大的电站绕过这个限制，每个投资者拥有 5kW。2004 颁布了第二个皇家法令，限制每个拥有者拥有 100kW，企业家通过注册几十个 100kW 的设施有效地创建了 MW 级的电站。显然，较大的安装有更高的盈利。最后，2008 年取消了对规模的限制，鼓励西班牙建立大型的电站。因此，到 2008 年底，他们已经建立了世界上 50 个最大电站中的 40 个[26]，仅一年的时间就累计达到了 2.6GW，其中包括安装在 Olmedilla de Alarc'on 60MW 的世界上最大的光伏电站。没有任何其他能源技术可以扩大得如此之快。建成具有大约 5 倍多容量的 1GW 核电站（相当于 5MW 光伏电站）将至少需要 10 年，所以公用事业规模的光伏构建速度快五倍。

建立大型电站的趋势一直在持续，到 2010 年初产能大于 25MW 的电站已经达到了 15 个，8 个在西班牙，5 个在德国，1 个在葡萄牙，1 个在美国[26]。全球具有 1.3MW 或者更大产能的电站有 1000 个，总产能达到了 4.5GW（总装机量产能为 14.7GW）。因此，西班牙 FIT 政策引发了光伏急速增长的第三次浪潮，即 2006 年之后公用事业规模项目的出现。

不幸的是，这个项目意想不到的成功导致了巨大的资金配置，从而需要显著减少规模。据报道，2009 年，这个市场的崩溃导致了西班牙 75000 光伏领域工作者中 25000 人的失业，这是由非预期的市场强劲和快速增长与世界经济的衰退引起的，这都是政府不能预见的。目前的市场监管计划在 2009 年仅为 500MW，分为安装小于 20kW（26.7MW）和大于 20kW（241.3MW）以及其他地面设施。地面设施的提供在很大程度上已经在几倍上消耗尽了配额（过量的已经被列入等待列表），但是对于屋顶安装电站仍然有配额。到目前为止，FIT 监管是使光伏扩张的最成功的政策，这解释了欧洲（气候条件对于光伏不是最好的）在光伏装机处于领导地位的原因，欧洲占世界总光伏装机量 70% 以上。有些国家不愿采纳 FIT 计划，他们认为 FIT 是不能接受的、破坏市场的法律。然而，FIT 允许不同光伏技术（硅晶片、薄膜、聚光），安装策略（屋顶、地面、BIPV）和企业之间的竞争。一个设计良好的 FIT 必须按可预测的方式随时间（安装完成的时间而不是销售 kWh 的时间）而降低，迫使工业降低光伏的成本进而是光伏的销售价格。

1.3.4 平价上网：光伏的终极目标

光伏的最终目标是实现平价上网而不需要补贴。评估任何能源长期成本的相关参数是标准化度电成本（LCOE）。光伏 LCOE（美元/kWh）计算复杂，包括系统寿命周期的输出（效率、太阳能辐照度和所在位置的温度、倾斜角、系统损失、年衰退率），系统安装和维护成本（设计、许可、BOS 成本、现场准备、逆变器替换成本、电池、维修、利润），系统的融资成本（折现率、贷款、通货膨胀）。在这里，我们介绍 NREL 开发的太阳能顾问模型（SAM）[27,28]。考虑设定的寿命，在六个方面确定价格（单位为美元/W）：组件、逆变器、BOS、安装、间接（融资、设计、许可、现场准备、利润）、操作 + 维护或 O + M（更换逆变器、清洗组件、组件检查）。然后将 LCOE 的计算值与电网售电给消费者或者批发的价格相比，来确定给定安装的电网平价、成本效益等。表 1.4 给出了使用 SAM 对四个系统进行的成本分解：4.5kW 的住宅、150kW 的商业、倾斜的 12MW 单轴跟踪、聚光系统 12.5MW 双轴跟踪。表中给出了人们一般关心的常用参数。在引用的参考系统中，对 2005 年（采用真实数据的基准年）的每个系统进行了分析，预测 2011 年和 2020 年（采用推断数据，代表改进的性能和成本）。我们列出了 2011 年预测的结果。这些结果不应看作是绝对值，而是相对比较。

表 1.4　从 NREL 模型 SAM 分析四个不同系统的 LCOE，位于菲尼克斯（6.5kWh/m² · 天），
预测 2011 年。常见的参数：逆变器效率为 96%，寿命为 35 年，每年衰退 1%

参　　数	住宅	商业	公用单轴跟踪	公用聚光系统
系统功率	4.5kW	150kW	12MW	12.5MW
组件价格（美元/W）	2.20	2.20	2.20	3.00
效率（%）	16	16	16	25
逆变器价格（美元/W）	0.69	0.51	0.35	0.35
逆变器寿命/年	10	15	15	15
BOS 成本/（美元/W）	0.40	0.36	0.73	0.53
安装成本/（美元/W）	0.57	0.17	0.16	0.33
间接成本/（美元/W）	1.14	0.76	0.46	0.09
O + M 成本/（% costs）	0.3	0.3	0.3	0.6
装机价格/（美元/W）	5.00	4.00	3.90	4.30
LCOE/（美元/kWh）	0.15	0.10	0.12	0.12
零售电价/（美元/kWh）	0.12	0.10	0.07	0.07
	民用	商业	工业	工业

根据这个模型，住宅系统逆变器、BOS、安装和 LCOE 成本最高，较小系统有较高的设计和固定成本以及更小的规模经济。较小的逆变器寿命较低，部分原因是缺乏专业的检测服务。在现实中，这样的小型系统可能会有更高的组件价格，同样因为大量购买降低成本。150kW 的商业系统具有最低的 LCOE 成本，主要是由于假定的更低的安装成本。通常，两种不同的 12MW 公用事业系统具有低的逆变器成本，其他的大部分参数有很大的不同，但它们具有相同的 LCOE。它们都有更高的 BOS 成本，部分原因可能是必须购买或租用土地，与其他两种屋顶应用不同。4.5kW 的住宅系统的组件价格不到系统总价格的一半，而系统的其他部分超过价格一半以上。LCOE 在 0.10 ~ 0.15 美元/kWh，与预期的标准电网电力零售价格 0.07 ~ 0.12 美元/kWh 具有可比性。光伏系统常被忽视的一项是寿命，寿命从 20 年增加到 30 年，LCOE 降低 0.023 美元/kWh 或 13%。

与美国零售电的价格（表 1.4 底部）相比，位于阳光充足位置的光伏系统的 LCOE 成本非常接近电网平价，特别是所谓商业应用（工厂或超市的屋顶），这就是为什么在美国对这种类型的系统越来越感兴趣的原因。当然，这些预测计算只有假设的效率，这似乎是合理的。

未来电价有相当大的不确定性，这是因为可能的环境驱动成本（碳税）和需要对新的传输以及电网控制系统的大量再投资（这可能会由客户支付更高的价格）。因此，无论是光伏发电的价格还是传统电力价格的预测都是有问题的。

图 1.6 给出了组件价格为 1 美元/W 或者 2 美元/W 的 LCOE 与可用阳光的依赖关系（辐照度的单位为年 kWh/m²）。假定系统为 2.5kW 的住宅阵列，有 6% 的 30 年的抵押贷款，30年的寿命每年性能衰退 1%，其他的固定成本累计达到 2.80 美元/W，可以从表 1.4 中获得。组件价格为 2.80 美元/W，接近现在组件的销售价格。1 美元/W 被许多人认为：在不久的将来，随着当今技术的进步，这是可以实现的。不同符号表示不同城市通过每年的辐照度获得的平均居民电价。早在 2009 年，当采用 LCOE 确定光伏发电时，光伏发电的价格与在美国和欧洲的几个市场相匹配，美国和欧洲市场比如：意大利、夏威夷、纽约和加利福尼亚（圣地亚哥，没有显示）的电力价格比较高和/或太阳辐射度高。使用不同假设（系统成本为 3 欧元/瓦）进行类似的分析得出的趋势和结论类似[7]。实际上，目前常规发电成本比大多数城市的光伏 LCOE 低，但差距正在缩小。如表 1.4 指出，由于低的安装成本，更大系统的 LOCE 成本将更低。该图显示，电网平价与地理位置、电力价格、光伏系统的价格（与光伏阵列的大小有关）之间有复杂的关系。增加入射的太阳光进而增加组件的输出能量，采用相同数量的组件能使 LCOE 降低两倍，因此增加入射的太阳光比降低价格有更显著的影响，影响因子为 2 倍。

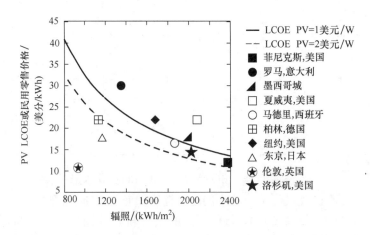

图 1.6　LCOE 和居民用电成本与平均辐照度。采用 SAM 进行 LCOE 计算，在文中对参数
进行了解释，假定 2.5kW 阵列的组件成本为 1 美元/W 或 2 美元/W

为了降低 LCOE，必须增加效率和降低成本，这是公认的。但它们的相对贡献是什么？我们应该把我们的努力放在哪里？图 1.7a 给出了在美国两个位置，晴朗炎热的菲尼克斯或费城的温带沿海，组件成本分别为 1 美元/W 和 2 美元/W 的 2.5kW 系统的 LCOE 与组件效率的函数关系。通过 SAM 进行计算，采用与图 1.6 相同的参数（费城与上海、纽约、马德里、墨尔本有可比的太阳辐射）。

随着效率的增加，组件面积进而与面积相关的成本降低。在这项研究中，当效率从 6%提升到 20% 后，1m² 组件的数量从 41 个减少到 12 个。从表 1.4 中计算出 2011 年住宅光伏阵列面积相关的成本为：BOS = 64 美元/m²，安装成本 91 美元/m²，间接成本 180 美元/m²。2.5kW 逆变器的成本为 1725 美元（0.69 美元/W）。组件成本降低一半，LCOE 降低 12%（组件效率为 6%）到 22%（组件效率为 20%），与位置无关。效率增加 2 倍（从 10% 到

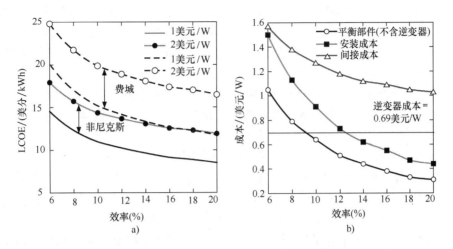

图 1.7　a）按纬度倾斜安装在菲尼克斯（阳光明媚，2370kWh/m²/年，实线）和费城（温带，
1680kWh/m²/年，虚线）的 2.5kW 系统，计算效率和组件成本对 LCOE 的影响。
b）作为效率函数的建设成本。针对 2 美元/W 组件的间接成本。在所有情况下假设
寿命为 30 年。其他假设在文中或者图 1.6 标题中进行了介绍

20%），LCOE 减少 20%，与位置无关。组件成本下降一半（效率为 16%），LCOE 减少
25%，与位置无关。因此价格和效率差不多，都对 LCOE 影响不大。组件成本和效率与
LCOE 之间的这种弱相关性可能会让一些读者感到惊奇，但这只表明面积相关和固定成本的
重要性。间接成本要比 BOS 或者安装成本大得多，这可以通过光伏项目更低的利率和更短
的抵押贷款得到缓解。图 1.7b 给出了面积相关的成本如何随效率而降低。当效率低时，
LCOE 和面积相关的成本的降低曲线陡峭；当效率高时，LCOE 和面积相关的成本变得不那
么敏感，说明提高薄膜组件的低效率（而不是降低它们的价格）相比高效的 Si 组件具有更
大的影响。这些数据表明效率和组件成本驱动更低 LCOE 的重要性，但是降低固定或者面积
相关的成本一样重要，这经常被研究者和发展资助机构忽略。财务费用必须最小化。

1.4　巨大的挑战

本节中，我们将讨论非常大规模光伏能源生产对土地数量和所需原材料、环境影响、净
能量平衡、可靠性和制造能力的预备上的需求和限制。

首先，目标的大小是多少？通过多种假设，对 2030 年或 2050 年全球电力的需求进行估
算是复杂的。我们主要能源的大部分会从化学和热转变到电力（电动汽车）吗？效率和明
智的发展在降低需求上起了多大的作用？在发达国家和发展中国家，人口和经济增长在增长
需求上发挥了多大的作用？

2007 年，诺贝尔奖获得者组织联合国政府间气候变化专门委员会（UN-IPCC）[29]估计：
到 2030 年，世界将需要相当于 32000 太瓦时（1TWh = 10⁹kWh = 10¹²Wh）的电能，但效率
的提升可能使所需的电力降低为 22000TWh。他们的减排工作小组Ⅲ分析了如何以每吨最小
化的成本避免产生 CO₂，从而更好地完成这个目标，得出的结论是，光伏只能满足约 1% ~
2% 的需求（约 150 ~ 300TWh），主要由成本而非技术或资源的可用性限制，这将主要满足

发展中国家农村电气化的需求。然而，其他机构为光伏设定了更高的目标。欧洲光伏产业协会（EPIA）预测：到 2020 年光伏可以提供欧洲 12% 的能源。国际能源署（IEA）预计：到 2050 年光伏可以提供世界 11% 以上的电力[30]。加利福尼亚州有一项受命：到 2020 年生产用电的 33% 由可再生能源产生。最初，预测光伏仅能贡献相对 10% 的能量（约为总量的 3.2%），但由于近期光伏价格降低，光伏的相对比例已增至 40%（约为总量的 15%）。因此，欧洲和加利福尼亚州对光伏有类似的期望，并一致分析认为如果没有储能，有序电网到 2030 年可接受的可变能源如光伏为 10% ~ 20%[31]。例如，在西班牙，光伏已经提供了大约 2% 的年度需求，但如果加上风能、总间歇性能源实际上是 14%。

我们如何计算需要安装多少 GW（或者更准确地说 GW_p）的光伏以产生 TWh 的电力？燃料发电厂广泛使用容量因子（CF）的概念，容量因子是工厂一年实际能量产生与理论最大能量产出之间的比率（通常等于铭牌额定功率乘以 8760h）。因此，一个 1GW 电力工厂满负荷运营半年（或全年一半容量）CF = 50%，会产生 $1GW \times 8760h/年 \times 0.50 = 4380GWh/年$ 的能量。CF 通常小于 1，不仅因为工厂需要停工维护（核工厂情况），还因为电网的管理需要一些工厂空闲一定的时期。

在光伏工厂，CF 通过有效太阳光时间（见 1.2.1 节）乘以性能比，然后除以一年中总的小时数（尽管一年中地球上任何位置太阳仅仅照射 50%）进行计算。光伏发电的 CF 在 0.08（汉堡、固定太阳板）到 0.26（阿尔伯克基、太阳跟踪）之间变化。太阳跟踪增加 CF，与固定最佳取向组件相比，朝向太阳的面（称为双轴跟踪器）在等同小时数内，CF 大约增加 40%，这将在第 19 和 22 章进一步讨论。因此，我们将使用 0.15 作为平均值。因此，2030 年，为了提供 300TW，我们将需要 230GW 的安装量，或者未来 20 年，每年安装速度为 11.6GW。实际上，2009 年，世界上安装量大约为 7GW，到 2010 年预计达到 10 ~ 12GW。因此，满足光伏 UN-IPCC 的相对低的预期是容易的，根本不需要增长或者扩大规模。

2001 年，有人发表了一篇论文[32]，在这篇论文中，通过耦合学习曲线（图 1.3）和需求弹性（在特定年份价格的相对降低除以每年市场的相对增加）形成了每年市场演变的微分方程，推导了每年的价格演变和累计销售。对于最初的预测期，通过年市场和估价从过去经验提取模型参数。累计销售，约等于总安装光伏量，图 1.8 中给出了几个参数的选择。

"乐观"（发达国家愿意花费 GDP 的 0.1% 用于成本较高的光伏发电）、"可能"（支出 0.05%）和"悲观"（支出 0.025%）的三条曲线显示：与给定的电价相比，随着市场的饱和，快速增长后紧跟着缓慢增长。注意：到 2008 年实际的光伏安装（图中标记为"真实"）与 2001 年"乐观"预测之间出现惊人的吻合。这个吻合给了该模型预测其他影响的可信度。假设在 2001 年会考虑"可能"的，通过 IPCC，这个模型预测了 2030 年总需求预测值 22000TWh 的 1.6%，这与通过 ICPP 假设适度的贡献 1.4% 没有什么不同。但是，如果我们看看真正的安装趋势，安装趋势很符合"乐观"预测，到 2030 年光伏将提供 4.4% 的需求。这超过 IPCC 预测的三倍多，但是仍然是适度的。

所以，让我们假设到 2030 年，光伏将提供 12%（2640TWh）的电力，因此，在接下来的 20 年，每年平均需要安装 100GW[$= 2640TWh/(365 \times 24 \times 0.15 \times 20)$]。事实上，年均产量为一个常数是完全不现实的，但它给出了目标的规模。一些研究认为直到 2020 年，每年将生产 20 ~ 30GW 的光伏，然后直到 2050 年每十年增加一个数量级[34]，而另一些人则认为，当安装量达到极限时，快速的最初的增长将被放缓。

　　2001 年发表的文章中发展了图 1.8 涉及的模型：首先，我们预测几年内市场会呈爆炸式增长。但是，这段时间不能持续太长，不会超过十年。如果是这样，所涉及的资本将转变为过度。强大的声音将提出不再因为好奇心而考虑光伏，将对成本效益问题提出质疑。其他不是更强有力的声音将支持光伏。这两方面的平衡将决定光伏后续的增长。这个平衡将导致市场增长放缓，但水平将不再是微不足道的，至少在商业容积方面，但对环境治理可能还不足够。价格将继续下降，但进展缓慢。在接下来的半个世纪，与常规电力相比，它们将没有竞争力，除非下面的一些事实发生：（a）电力价格上升；（b）商业计划大幅减少商业化、安装和融资成本；（c）初始成本较低的新发明或更多的成本降低可能性的出现。

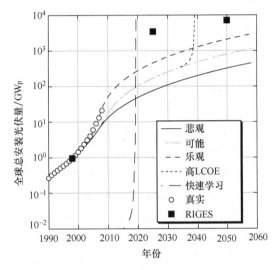

图 1.8　预测年累计全球光伏安装量（细节见参考文献［32］）。"真实"代表实际安装量（摘自
P. Maycock, Photovoltaic News, 19（3）1（2000），更多最近数据摘自 the Photon International
每年三月出版的一期）；点标记为"RIGES"为参考文献［33］中的目标

　　正如文章所预测，光伏已经成为一项重大的商业（2008 年大约为 500 亿欧元），但是社会已经开始质疑其成本效率，尤其考虑到 2009 年的全球金融问题。例如，正如上面所讨论，2009 年西班牙的公众支持大幅度下降，2010 年德国的公众支持也显著减少。西班牙和德国是 2008 年两个最活跃的市场。

　　但是，现在让我们检查第二部分所述的竞争力条件是否已经实现。模型，力求简单，认为光伏只与电力批发价格竞争，但是相反，如果考虑零售价格，这将在 21 世纪的前半世纪允许巨大的增长。标记为"高 LCOE"的曲线考虑了这种情况。根据选择的参数（有关详细信息请参考文章），垂直渐近线大约在 2040 年出现（假设组件的价格为 1.25 美元/W_p）。因为实际的趋势曲线符合"乐观"曲线，根据模型，渐近线将出现在这个日期之前，也许是 2025 年。因此，如果一个区域电力提供商提供的合同是基于零售电价（净计量），包括付给光伏发电厂的价格，将自动完成条件（a）。

　　陡峭的渐近线增加"高 LCOE"只是模型的一个假象，这是假设电力市场是无限的结果。这只在有人知道 LCOE 何时达到"临界点"时才有效，对学习后续增长无效。事实上，这渐近线会出现激增的安装，激增的安装将不可避免地达到饱和，当新市场的销售份额都已经用完，势必会变得缓慢。

但是，此外，该模型假定光伏安装的成本均分成三份：组件，BOS，商业化、安装和融资。这对分布式、小的国内市场（普遍模型开发）是一个合理的假设，但最近开发的大型发电厂已经大幅减少商业化的成本，导致了工厂的成本是组件的两倍（而不是三倍），根据表 1.4 给出的 SAM 模型，它满足条件（b）并带来激进安装的到来甚至更近。

因此，模型解释了许多分析师已经预测到的事情，包括图 1.7 给出的研究系统的价格为 2 美元/W_p。在西班牙，已经在大型地面装配光伏电站提供了这个价格，我们认为预期激增将在未来五年内在几个国家（或美国）发生，日晒和电力零售价格的结合足够高，已达到与电力价格的电网平价。

注意，零售电价包括发电以及输电、分布和商业化成本，因此，只可用于住宅和商业光伏电站。大规模光伏电站应该与具有发电批发价格更低的电站竞争。大电站采用零售价格依赖于政治决策，放弃大光伏生产商的分布成本。然而，FIT 激励应用表明这一政策可以在许多国家采用。

因此，我们已经证实为什么到 2020 年或者 2030 年，世界电力需求的 12% 由光伏提供不是一厢情愿的想法，至少从达到合理价格的角度考虑。

但这是不够的。在 21 世纪末，许多分析师预计太阳能将提供大部分需求，即大约 60% 的能源需求（不仅电力）[34]，这需要满足条件（c），技术的突破与更快的学习曲线（图 1.8 中曲线标记为"快速学习"）。它随时可能发生（图中假定为 2015 年），这是可能的，因为它已经发生了。考虑到 First Solar 最近的成功，First Solar 是一家薄膜制造公司，在 2009 年成为了世界上最大的太阳电池生产商。随着聚光光伏旨在开发超高效（超过 40%）MJ 太阳电池，这项突破可能会出现在 5~10 年，或者在一个更晚的时刻，开发具有更高效率的新概念太阳电池将允许更快的学习曲线，因此将主导电力的批发市场。当然，所谓的第三代电池就瞄准了这个概念。这就是为什么我们说光伏比集中式太阳能热发电技术有更多的选择，而且我们认为光伏是可以成功的选择。

但是，只有发展廉价而高效的电力储能方式，这种高渗透（>20%）才有可能。先进的光伏和储能技术必须在 21 世纪所有科学家和技术人员的主要任务之中。

现在让我们专注于与我们当前的 12% 目标相关的其他限制和挑战，12% 目标意味着在未来的 20 年平均每年安装 100GW_p。

1.4.1 需要多少土地

从美国、日本和欧洲各种来源估计家庭用电量为：约 5kWh/人/天，或四口之家为 20kWh/天。光伏安装 20/（24 × 0.15）= 5.5kW_p，CF 为 0.15 可以满足这种需求。对于 15%（150W_p/m^2）的额定组件效率（STC），这需要组件的面积为 5500/150 = 37m^2。有许多合适方向的屋顶（在倾斜和方向有很大的灵活性，如果在北半球，普遍面向南），具有 37m^2 的很好方向的屋顶可用面积（参见第 23 章的建筑集成）。事实上，许多屋顶更大，很多家庭的周围都有阳光充足的地区。因此，对于一个具有所有便利条件的现代四口之家是可行的，通过他们屋顶或者架在他们院子里的光伏组件就可以提供他们一年所需要的所有电力。

让我们假设每年必须制造 100GW，25GW_p 是并网连接家用的 5kW_p。这将意味着每年安装 500 万个住宅电站。这当然是一个挑战，但并非不可能。如果我们考虑到每年汽车工业生产超过6000万辆的汽车。如果业务是盈利的，资本的可用性也不是问题。

世界上至少有125个人口稠密的城市[35]（其人口密度从孟买的26650人/km² 到丹佛的1550人/km²），总共有6.19亿居民占据124000km²的面积。每人每天的电力消费相同，容量因子相同为0.15，效率为15%的组件需要129000km²，这几乎与城镇的总面积相同。显然，在孟买不会有足够的空间。但丹佛有更多的人口密度少的城镇，会容易有足够的空间。我们认为这澄清了空间不是我们用光伏产生相当大电力或实现每年25GW$_p$目标的限制。

在第一版，我们计算了代替1000MW的煤炭或核电站需要多少土地，答案是60km²，边长是8km。同样的电力产出，这相当于燃煤工厂的生命周期内煤炭开采的面积（如果是地表采矿），或核工厂面积的三倍（计算铀矿区域）[36]。

但目前，建造如此尺寸的光伏电站规模不是被光伏投资者采纳的一个解决方案。实际上，世界上建造的34个最大的电站达到1010MW，占据与上面计算面积相似的面积。这些电站的大小范围为：从西班牙Olmedilla的60MW到德国Helmeringen的19.4MW。图1.9是位于西班牙赫雷斯卡瓦列罗莱昂城10MW光伏电站的照片，显示了光伏如何很好地集成到环境中，例如，允许牲畜饲养。光伏"树"与周围的橡树有相同的尺寸，但能以100倍的倍率更有效地收集太阳能。

图1.9　赫雷斯卡瓦列罗莱昂城10MW光伏电站
（得到Guascor Solar SAW的许可）

任何情况下我们不能掩盖这样一个事实，每年由1000MW电站（或全体电站）产生的电能（kWh）小于由煤炭或核能产生的电力，因为较小的容量因子（在我们例子中为0.15，而燃料电场的容量因子至少为0.5）。

最后，光伏需要多少土地来提供2030年我们需要的全球12%的需求（2TW）？其他人已经分析了7个在非常晴朗的位于世界各地的干旱沙漠中，大约每一个主要地缘政治区域一个，建设的面积非常大规模的光伏（VLS-PV）电站[37]。在那些沙漠，光伏将比以上分析的典型、中纬度阵列多产生约50%以上的电能，所以，100MW光伏电站大约需要1.7km²的不毛之地。从VLS-PV研究的折现面积进行扩展，到我们假设2TW需要的面积为34000km²，这七个电站每个需要约5000km²。当然，在这些沙漠中可以找到70km×70km的面积，可以安装光伏阵列而且对自然环境没有重大的破坏。（我们再次指出，光伏运行不需要水）。

但是根据实际趋势，每年建造1000个平均规模为75MW电站将产生75GW，再加上建筑上的25GW，将完成每年100GW的目标。这将是一项挑战，如果业务是盈利的，并非是不可能的。记住，在过去2~3年，已经建成了1000个平均规模为4.5MW（总计4.5GW）的电站，最大规模接近75MW。

1.4.2　原材料的可用性

地球上有足够的原材料制备光伏组件以提供未来我们能源的相当一部分吗？这是一个重要的问题，因为如果答案是"不"，光伏将最终沦为一个次要角色。

现在太阳电池使用的主要材料是硅。硅是地壳物质中第二个最丰富的材料（氧之后），不存在可预见的短缺问题。目前，采用高纯度石英（二氧化硅）矿石产生硅。目前硅的产量是光伏所需硅量的 50 倍，而且硅产量可以很容易地增加，所以为了实现光伏生产 12% 的电力，电池的产量最多增加 15 倍，所需的硅材料是很容易提供的。

但是对于非硅基太阳电池，这是一个非常复杂的问题，需要确定对一个给定的元素如何是经济可行的，以及以什么速度（吨/年或等价转换为光伏的 MW/年）进行开采。几项研究[38-40]普遍认为，限制光伏的材料是与硅电池接触的 Ag（但是 Ag 不是必不可少的）。对于 Cu(InGa)Se$_2$、CdTe 中的 Te，通常用于Ⅲ- V聚光电池的 Ge 衬底或者 a-SiGe 电池的 Ge，In 和 Te 金属实际上是不可开采的，是其他金属精炼的副产品，Te 为 Cu 矿，In 和 Ge 从 Zn 矿，还可以从煤燃烧的灰烬中提取。结论与假设具有显著的差异，但通常这些研究发现，基于 In 或者 Te 的太阳电池可以提供世界上未来电力的几个百分点，不会显著降低利用率（即厚度），因此，虽然微不足道，但是能够满足通过 IPCC 分配的整个光伏需求。另一个观点显示 In 和 Te 的历史生产速度可以很容易地提供 20GW/年的所需量[39]，因此能够满足我们假定的 100GW/年的由 CdTe 和 Cu(InGa)Se$_2$ 提供 20% 的光伏需求。这并不意味他们不应该被考虑，因为不太可能一种光伏将占据主导地位，In 和 Te 的供应可以使每年启动数十亿美元的光伏工业。降低太阳电池的厚度、回收废物和过期的组件、提高生产效率将减少对于给定原材料的总需求，并扩展满足这些目标的能力。这些都是有前途的和活跃的研究领域。至于Ⅲ- V/Ge 聚光器件，在 500～1000 倍聚光下工作，生产 100GW/年没有大问题[41]。主要的限制来自 Ge 和透镜的塑料。使用混合玻璃-硅胶透镜，如今开始变得普遍，将移除塑料的限制（因为它们使用一层很薄的硅胶）。对于 Ge，在其他源中可以发现足够的 Ge 是可能的，但是需要回收或者被 Si 取代。

1.4.3　光伏发电是否是清洁绿色技术

尽管与传统能源生产采用不同的方式，大规模光伏制造业和发展会破坏环境吗？

光伏发电最有价值的特性之一是其当之无愧的形象，环境清洁和"绿色"技术，源于其与发电机与化石燃料或核-火发电机相比，光伏技术的运行更干净。但这也必须扩展到制造工艺本身以及废弃组件中。在本书开始时提出，目前硅基光伏技术在市场中占据主导地位，硅基光伏虽然有一些环境问题，但被认为对公众是完全安全的。

危害可以分类为是否影响光伏制造工厂的工人，光伏发电电站或者接近光伏发电电站的消费者，使用光伏电站附近空气和水的公众。公众或光伏所有者或安装者具有很小的受危害的风险，最主要的风险是已经在常规电力中存在的电击的风险，这在光伏发电中更严重，因为大面积带电。合理的接地是给出的强烈建议。

从集成电路或玻璃涂料行业，一些材料和工艺安全处理程序已经很完善了。但对于一些独特的材料和工艺，光伏工业必须开发一些安全措施。美国纽约布鲁克海文国家实验室的光伏环境健康安全援助中心提供了具有全球领导力的光伏产业风险分析和安全建议[42]。在欧洲已经设立了一个行业的光伏安全工作组[43]。

目前使用最广泛的是 Si 组件，是完全不会释放任何有害物质的材料。Si 组件制造商一直使用铅基焊料以实现晶片的互连，这与电子芯片制造商采用一样的工艺。这个工艺具有小的风险，不过正在使用不含铅的焊料以进一步减少风险。

已经有大量关于职业和意外接触的研究，和对光伏材料风险的分析，尤其是薄膜 CdTe——因为 Cd 是一种已知的致癌物。总的结论，CdTe 薄膜组件不会对公众造成风险[44]。

大部分的问题由两个原因误导，元素 Cd（有毒）和化合物 CdTe（毒性没有那么突出）的毒性有显著的差异，并且由于 CdTe 是在两片玻璃之间密封的。那些关心密封的 CdTe 组件中的 Cd 应该考虑到我们环境中大部分的 Cd 是因为燃烧煤和石油后释放到大气中的。在第 14 章有更多关于 Cd 环境问题的内容。研究表明，即使在房子着火的情况下屋顶光伏组件也不存在释放任何潜在危险材料的风险[45]，这也适用于含镉的光伏组件。

一个相关的问题是：当光伏组件到达他们预测的 25～30 年寿命，如何处理光伏组件。一个优秀的策略是回收组件。回收组件同时解决了两个问题，即保持潜在有害材料不会到达环境，也降低额外采矿和/或新材料精炼的需求。半导体厂商已经表示愿意接受已经使用的组件，提取和净化 CdTe、Cu(InGa)Se$_2$ 再次出售和再次使用。

至于回收硅，实质上比今天使用的原材料硅更纯，因此我们可以满怀信心地说，即使在 GW 发电生产规模，光伏是最干净和最安全的技术。

1.4.4　能量回收

在光伏组件整个生命周期内，光伏组件能比制造它们产生更多的能量吗？这经常表达的担忧是毫无根据的。通过"能量回收时间"或 EPT 可以对这个概念进行量化，"能源投资的回收时间"或者 EPT 是光伏系统需要运行多少年来产生制备它们的能量。回收时间以后，产生的所有能量都是真正的新能源。

许多研究已经得出结论，在过去的几十年中，EPT 已经稳步下降。现在，估计晶体 Si 能源回收时间为 1.5～2.5 年，薄膜为 1～1.5 年[45,46]。因此，设想每年产生 100GW 的能量在未来两年之内将支付回电网。

对于晶体硅，融化和形成晶体晶片是主要的能源需求。对于薄膜，半导体层将薄 100 倍，在更低的温度沉积，他们的能量需求是可以忽略的。相反，能量体现在玻璃或不锈钢衬底，是主要的能源消耗。

组件封装 Al 框架具有惊人的能量消耗，现在正在被淘汰。虽然薄膜组件具有更短的能源回收周期，薄膜组件效率也更低，说明需要更大的 BOS 来支撑更大数量的组件。因此，与晶体 Si 光伏相比，薄膜光伏的 BOS 需要更多的能量。

聚光器研究的较少，但是降低了半导体和 BOS 的使用，这比薄膜变得更加重要，因为聚光的结构更巨大。然而，聚光光伏效率高得多。总之，我们可以猜想聚光光伏的 EPT 与薄膜的情况类似。

最近，光伏已经进行了碳减排潜力的研究[46-48]。制造光伏系统排放的 CO$_2$ 量远低于在光伏生命周期中产生能量避免 CO$_2$ 的量。

在光伏生命周期每 kWh 光伏技术大约产生 30～50g 的 CO$_2$（所有的应归于制造工艺中消耗的化石燃料），而燃煤发电厂释放约 20～30 倍的 CO$_2$。随着我们的能源负荷中 CO$_2$ 的减少，光伏每 kWh 产生的 CO$_2$ 量同时也将减少。因此，光伏是缓解全球气候变化很好的策略。

1.4.5　可靠性

因为各种各样的原因，大多数组件每年似乎要失去约 0.5%～1% 的相对输出。在过去几年中，大多数组件售出时担保：经过 10 年，组件至少维持 90% 的额定输出；20 年或 25 年后，至少 80% 的额定输出。光伏组件必须使用加速极端天气条件通过严格的可靠性测试。

最近的一项研究对20世纪80年代早期产生的200多个组件进行了测试[49]，今天的组件采用了更严格的标准和改进封装方法与材料，发现光伏组件在室外连续工作20年以后，只有18%的光伏组件损失了超过20%的额定功率（当时它们只有保证10年！）。记住，即使20年后它们失去20%的输出，它们仍然能提供免费的电力！同时，太阳能组件也一直在空间运行操作了几十年，空间是一个非常恶劣的环境。

1.4.6 调度能力：提供能源需求

如果我们只通过法律要求光伏发电并停止所有化石和核电站厂，今天光伏能满足全球的需求吗？

面临的第一个技术问题将是太阳辐射的间歇特性，太阳辐射只在白天可用，在阴云密布的天空将强烈减少。能源存储将解决这个问题，但目前还没有廉价的存储方法，尽管已经采用抽水蓄能电站[50]，并且正在积极探索压缩空气[51]、称为V2G的并网电动车电池（当停车和插入时）[52]，以及新电池技术（第20章）。

电力存储的问题不仅仅是针对间歇生产的电力，这是电网管理的通用需求。实际上，电力需求在一天中的小时内是很多变的，甚至季节性的，在每日的高峰（最大）负载和基本（最低）负载存在40%的差异是可能的。因此，电力运营商，具有需求行为的统计知识，计划电厂的连接或断开，以产生足够的能量，这些能量大约与图1.10所示的需求匹配。电厂的输出在一定范围内是可调的，这称为调度。

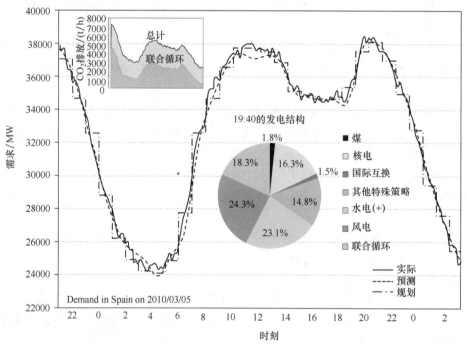

图1.10 2010年3月5日，西班牙24h的实际、预测和规划（调度计划）的电力调度。风能占据高峰消费时间的24.3%。光伏发电不是独立注册的。它包含在14.8%"其他特殊策略"（估计光伏大约是2%）中。可再生的高普及率由高比例的水力/气体（联合循环）工厂所允许，很容易分派。随着可再生能源的引入，在过去非常重要的煤炭发电已经几乎消失了。煤是CO_2最密集的来源（得到Red Eléctrica de España许可）

间歇电力的生产也从燃料电厂的预测统计和所需的输出，可以相应地做出计划。在西班牙，每年约 14% 的需求是间歇性或变化的，在特定的风或者阳光明媚的时刻，这一部分可能更高。基本负载煤炭或核能发电机必须永久连接，通常全功率运行。随着风能/太阳能比例的增加（假设没有存储），在有风/晴的天气，当间接发电就可以满足要求，必须关闭一些风/太阳能发电，因为传统的基本负载厂不能迅速断开或减少。一个廉价的存储，如抽水蓄能电厂，将允许更多的间歇性可再生的电力。无论哪种方式，在任何电网（即使没有间歇性可再生能源），总有一些闲置的发电能力和相关的经济损失，但这可以通过过量间接发电来增加。足够的电网管理允许高达 35% 的电力由间歇能源产生[33]，即使没有合理的存储。

1.5　技术趋势

这本书的大部分章节涉及技术。本节将给出在具体章节作者不能提供的一个更广泛的观点。

2008 年，几乎制备了 $8GW_p$ 的组件。表 1.5 给出了 2003 年和 2008 年不同技术之间的份额。晶体硅（c-Si）组件占据市场主导地位（2008 年占 87%），分为多晶硅（multi-Si）、单晶硅（mono-Si）或带状硅（ribbon-Si），取决于所用硅晶片的类型。薄膜组件，占市场的少数，但是薄膜组件的市场份额正在扩大，分为非晶硅、CdTe 和 CIS 组件。剩下的技术选项还太不成熟，没有出现在市场分类中。

如图 1.7a 所示，效率是降低发电成本的最关键因素之一。图 1.11 给出了几种技术中的"冠军"电池效率。图中给出了还没有显著商业化的两种技术（分别具有最高和最低的效率）。在过去十年中，除了 III-V 族多结和 CIGS，冠军电池的效率提升减缓。冠军电池的效率通常为 25%～50%，高于商业化产品的效率，因为用于生产最高效率的技术在制造成本上很少能被接受。这似乎是矛盾的，因为声称效率是降低成本的主要因素，因此我们将对此进行如下的限定：工业的目标是获得相当便宜、高吞吐量、高产率和可重复工艺的最高组件效率。第 6 章中的图 6.18 给出了技术分类演变的历史观点。

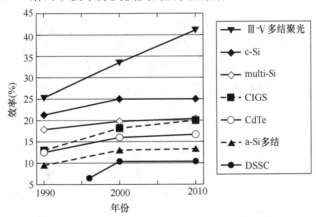

图 1.11　在 1990 年、2000 年、2010 年，在标准实验室测试条件下，各种电池技术的最高的小面积（$0.5～5cm^2$）效率。1995 年前，多结聚光电池是双结连接，1995 年后是三结连接。多结非晶硅是光衰处理后的稳定效率（见第 12 章）。数据来源于 2000 年和 2010 年的数据独立认证太阳电池效率表（Progress in Photovoltaics，John Wiley & Sons，Ltd，UK）

1.5.1　晶体硅的进展和挑战

表 1.5 显示晶体硅，单晶或多晶或带晶，占据全球光伏生产的几乎 90%。其主导地位是如何发生的？首先，Si 电池技术得益于同样基于硅的微电子的巨大发展。薄膜电池的研究人员必须开发他们自己的生产设备，而硅电池研究人员可以使用已经为微电子开发，有时是现成的有时需要一些小的改动的制造设备。第二，硅带隙为 1.1eV，几乎是制备太阳能转换器的最优选择（见第 4 章图 4.3）。而且硅很丰富、干净、无毒。最后，即使没有封装，硅太阳电池非常稳定。

表 1.5　2003 年（本手册原书第 1 版出版时）和 2008 年，
三种硅晶片和三种薄膜技术产生的总 MW 和百分比

不 同 技 术	2003 年		2008 年	
	MW	%	MW	%
多晶	429	57	3773	48
单晶	242	32	3024	38
带晶	33	4	118	1
非晶	34	4.5	403	5
CdTe	8	1	506	7
$Cu(InGa)Se_2$	4	0.5	79	1
晶体硅总计	704	93	6915	87
薄膜总计	46	7	988	13
总计	750	100	7910	100

注：来源于 Photon International，March 2009. p. 190.

然而，硅有机械的局限性（脆）和光学限制（吸光弱），需要相对厚的电池。因此，一些被光子激发的电子注入到导带必须穿过与厚度相当的距离，以便通过选择性接触（图 1.2 pn 结的单向阀）到达前面。因此，需要具有高化学纯度和结构完美的好材料，以对抗导带电子返回价带的自然趋势。为了避免这种称为复合的损失过程，电子在完美硅中必须具备高的可移动性。必须避免杂质和缺陷，因为他们可以吸收导带电子额外的能量，从而使自由电子湮灭。

通过木炭在电弧炉中还原石英岩（二氧化硅）得到冶金级（MG）硅。光伏只使用全球约 2% 的 MG-Si。然后通常通过由西门子公司开发并因此命名的氯硅烷分馏法进行提纯，氯硅烷由氯化源与硅反应得到。最后，在高温下，通过氢还原氯硅烷，产生高纯硅，通常称为半导体级（SG）硅或只是多晶硅，有许多随机晶体硅晶粒，通常约 1mm。在第 5 和 6 章中描述了生产多晶硅或一种低成本称为太阳级硅的方法。

在过去，多晶硅由大约五六个专为微电子工厂的制造商制造。如今，光伏是这种多晶硅的最大用户，出现了更多的新工厂专门从事太阳能级多晶硅制造。这个纯度级的定义是有争议的，因为一些制造商通过降低 MG-Si 的杂质获得，导致材料更便宜，但是无法保证能获得高效的电池。其他人想保持高纯度，即使具有更高的成本，但是得到更高效率所必需的。

在第 5 和 7 章中有关于这方面更多的讨论。

多晶硅的融化和再结晶，晶片生产商要么通过 Czochralski（Cz）技术生长单一单晶硅铸锭或铸造多晶硅块（晶粒尺寸约 1cm）。这两种方法都产生大的体材料，必须切成薄片（150～250μm 厚）。传统的硅电池通过扩散制结和丝网印刷接触来制造。单晶硅片产生的电池效率约为 16%～17%，而多晶硅晶片制备电池的效率约为 13%～15%。单晶硅晶片有必要采用非传统和更高效结构如 HIT 和 IBC 电池，这两种结构最高效率都超过 20%（细节见第 7 章）。

硅块的切片意味着切口损失和相当大比例（40%）昂贵的多晶硅损失在"锯屑"中。为了避免这种情况，硅片可以生长成"带"。然而，电池效率并不像多晶硅那么高。相同的几个制备硅带的工厂也把硅带制成了电池。

大多数晶体硅太阳电池通过丝网印刷技术从晶圆制备电池，这将在第 7 章中进行描述。有一些例外，比如 IBC 和 HIT 电池，也将在第 7 章进行解释。更大的电池工厂把晶体生长和晶片加工集成到一起。

单晶硅技术直接来自微电子工业，是第一个用于太阳电池的技术。非晶硅技术专门为光伏开发，避免 Cz 生长的高成本工艺。但它显然未能主导市场，因为效率略低。有相当多的研究发展加工步骤，以减少与单晶硅和多晶硅的效率差距。硅带，除了低效率，每平方厘米的生长比晶片更慢，导致更高的成本。没有效率损失的快速带的生产是所需的目标，但是困难的部分原因是铸锭的形成也是一个净化过程，因为物理原因，与硅带的快速生长是不相容的（第 6 章）。

一旦电池被制造并封装成组件，如第 7 章所述，这或在电池工厂或在组件组装工厂完成，组件组装工厂购买来自不同工厂的电池。因此，可以从不同的供应商购买几乎相同的硅电池并集成为组件。这是在市场研究中重复计算组件产量的重要原因，因为电池制造商可能计算产生 MW_p 的所有电池，然后组件制造商重新计算它们。这可能导致制造业和技术分类（并不是非常重要）报告的不一致。

欧洲硅光伏公司和研究组织（CrystalClear）在降低各种硅光伏电池技术每瓦的成本上已经达成了合作[53]。他们为当前基线标准多晶硅组件建立了成本结构，称为基线成本，平均 2.1 欧元/W（2005 参考技术）。图 1.12a 展示了各工艺步骤的成本，图 1.12b 是制造成本分类的成本。

多晶硅（原料）成本只占 14%，但是在 2008 年（西班牙市场爆发）多晶硅的短缺偶尔导致价格上升到现货市场正常价格的大约 10 倍（约 50 美元/kg）。硅组件的短缺和高价格给不成熟的技术带来了机会，如 TFSC 和 CPV，以便在市场上找到一席之地。并不是每个人都准备从中获利，但我们认为第一太阳能公司以其薄膜 CdTe 组件获得的非凡成功（2009 年世界上最大的公司）部分是因为这个独一无二的机会。

提高效率，紧随其后有相当的距离降低多晶硅成本，是硅技术成本降低的主要驱动力。在这方面，出现了比如 SunPower 的 IBC 和 Sanyo 的 HIT 技术，都能产生超过 20% 效率的晶片尺寸电池，是很有前途的。并不知道它们是否比传统丝网印刷电池技术更具有成本效益（在很大程度上仍然主导）。但在 2008 年，他们成为全球第九和第十大太阳电池制造企业，SunPower 具有全球市场的 3%，Sanyo 具有全球市场的 2.7%。

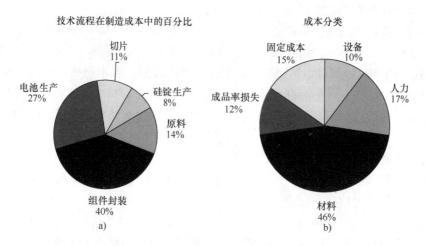

图 1.12　硅晶片基光伏组件制造成本的分类。a）技术流程步骤的百分比；
b）经济活动的百分比（摘自 del Cañizo et al. Progress in Photovoltaics，
17，199-209（2009））。组件的大约一半成本是材料成本

1.5.2　薄膜技术的进步和挑战

　　为什么在硅已经被开发得这样成熟的时候还要开发一种完全不同的半导体技术？最简单的答案是：为了以更低的成本和更高的可制备性实现更大规模的生产。

　　TFSC（薄膜太阳电池）是基于强烈吸收太阳光的材料，因此电池可以做得非常薄（1 ~ 3μm）。在电池内部，由光子产生的自由电子只需要运行这么短的距离就能到达电池接触，从电池接触到达外电路产生电能。这减少了对材料高纯度和高结晶性的要求，而对材料高纯度和高结晶性的要求是硅电池高成本的原因之一。然而，薄膜电池具有真正商业优势是直接制备成组件而不是电池。换句话说，硅电池从晶片制备，然后加工，组装形成组件，在薄膜太阳电池技术中许多电池在制备的同时形成组件。

　　但薄膜太阳电池也有缺点，事实上他们还没有占据市场主导地位。我们必须明白这是为什么。

　　早在 20 世纪 50 年代开发晶体硅光伏电池的时候就已经意识到薄膜半导体能制备好的太阳电池。当制成有用的器件，薄膜太阳电池太薄，因此必须沉积在称为衬底的另外一种材料上作为机械支撑。衬底可以是玻璃、金属或塑料，它们都具有低的成本（至少与自支撑的硅晶片相比）。必须开发一套体系，用于分析薄膜太阳电池的材料特性、器件结构、器件物理和薄膜太阳电池独有的制备问题，因为薄膜太阳电池与硅晶片大大不同[54,55]。从 1981 年到 1982 年，四种薄膜技术：Cu_2S/CdS[56]、a-Si[57]、$CuInSe_2/CdS$[58] 和 $CdTe/CdS$[59] 证明了具有穿越 10% 效率屏障的能力，因此成为认真考虑的候选技术。这四种薄膜太阳电池技术中，由于与电化学分解相关的商业化、基本稳定性问题，很快放弃了 Cu_2S/CdS 的商业化[60]。相比之下，非晶硅稳定性问题较小，一旦稳定就是可预测的、可逆的和季节性的，正如在第 12 章讨论的那样。虽然如果没有适当的封装，$Cu(InGa)Se_2$ 和 CdTe 会有独特的退化模式，但是在 $Cu(InGa)Se_2$ 和 CdTe 组件中没有发现基本的稳定性问题。因此，在全球范围内，重要的工业和政府资助的研究和资源已经针对薄膜太阳电池技术。这导致在 20 世纪

90 年代电池最高效率的稳步进步，如图 1.11 所示。

但薄膜组件的效率比硅组件的效率低 25% ~ 50%，这使薄膜太阳电池组件很难把每平方米的低成本转化成每 W_p 的成本。当安装薄膜阵列时，更低的效率导致与面积相关的 BOS 更高的成本，部分否定了薄膜太阳电池的自然成本优势，正如与图 1.7b 相关的讨论。

为了获得低的制造成本，薄膜太阳电池工厂必须在高吞吐量下运行以抵消初始资本投资。这已经被 First Solar 公司十年来制造的 CdTe 薄膜组件证明，自 2008 年以来获得了每瓦最低的制造价格（小于 1.00 美元/W），成为 2009 年光伏组件生产的全球领导者。对薄膜组件制造选项的详细研究得出结论：随着每年生产设备从 25MW 增加到 200MW，当前技术的成本将降低 30% ~ 50%[61]。

薄膜太阳电池制造工艺被设计成能在连续的"在线"工艺或移动的衬底上连续沉积，或在静态的批处理工艺一次在多个衬底上同时沉积。这使处理最小化并促进了自动化，包括激光划线、隔离和电池在组件上的互连，称为单片集成。薄膜在相对较低的温度（200 ~ 500℃）沉积，而晶体硅不同，在 800 ~ 1450℃。薄膜太阳电池要么是具有 1μm 大小晶粒的多晶 [如 Cu(InGa)Se₂ 或 CdTe]，要么是非晶，或称为纳米晶硅的非晶/晶体硅混合相。纳米晶的结构是沉积温度过低、沉积速度太快，不允许完美晶体键形成的结果。薄膜太阳电池通常由 5 ~ 10 个不同的层组成，它们的功能包括减少电阻、形成 pn 结、减少反射损失，并有足够坚固的层来提供接触和实现电池互连。一些层仅有不到 20 个原子层厚（10nm），但却可能有 1m 宽！这要求非常优秀的工艺控制。

到目前为止，除了更低的效率，同晶体硅相比，薄膜太阳电池的相关知识和技术还不完善，因此性能更难控制。因此，本来就资金不够的公司不仅要致力于对材料和器件的理解，还要开发工艺设备。薄膜光伏产业在资助比硅产业少的情况下，还要全靠自己开发相关技术。它们不能从硅电子行业借鉴一些成熟的技术。这些因素会导致买家在购买还不成熟的产品上犹豫不决，而且还不便宜（因为小的制造体量），从而更倾向于标准的硅晶片基的产品。

薄膜太阳电池行业的优势和现在仍然面临的挑战是什么？我们将对三种主要的薄膜技术：a-Si、Cu(InGa)Se₂/CdS、和 CdTe/CdS 进行回顾总结。

非晶硅（见第 12 章）通过用等离子体分解气体得到，如 SiH₄ 气体，叫作等离子体增强化学气相沉积（PECVD），可以在大面积上实现均匀沉积，且控制性很好，平板显示器上采用相同的工艺。非晶硅薄膜中有 1% ~ 10% 的硅氢键，经常写为 a-Si：H。H 原子钝化大量的硅原子悬挂键导致的缺陷。原子结构不像其他晶体或多晶材料那样长程有序，这也可以说是优势，因为与晶体硅相比，光吸收增强了。薄膜通常在 150 ~ 250℃ 的温度下沉积，在所有薄膜太阳电池材料中生长温度最低，这就可以使用低成本、低温的衬底。a-Si 太阳电池通常沉积在玻璃、不锈钢箔或塑料上。后两种衬底是柔性的，可以用"卷对卷"工艺。在"卷对卷"工艺中，当卷移动过工艺区时，所有的层都沉积在卷上。几乎所有的 a-Si 组件都有多个结，两个或三个结彼此连接生长，这实现了对太阳光更有效的利用。越来越多采用纳米晶薄膜硅，在制备"非/微晶叠层"a-Si/nc-Si 多结电池中具有低的带隙（见第 12 章 12.5 节）。报道的三结最高效率是 15%，衰退后稳定在 13%[62]。面积为 1.4m² 或更大面积的非/微晶叠层组件的效率达到了 8% ~ 10% 的稳定效率，正如在 12.6 节中讨论的那样，但标准产品（不是非/微晶叠层）的效率在 5% ~ 7% 之间。a-Si 电池所面临的三个主要挑战：

①提升效率，标准组件效率提升到 10%～12%；②最小化或消灭光致衰退，这种衰退使效率降低 2%～3%（绝对值）；③提高层尤其是纳米晶硅层的沉积速率并增加气体的利用率，来实现更快、更低成本的生产。

多晶合金层 Cu(InGa)Se$_2$（第 13 章）得到了最高效率的薄膜太阳电池器件和组件。基于 Cu(InGa)Se$_2$ 的薄膜太阳电池达到了 12%～15% 的效率，但是受限于低带隙。与 Ga 或 S 合金化增加了带隙并增加了将电子扫到外电路的效率。尽管实验室探索了很多种沉积方法，但是产业化开发中仅使用了两种不同的工艺。一种是共蒸发工艺，通过同时将 Cu、In、Ga 和 Se 蒸发到加热的衬底上实现合金化。另外一种工艺叫作硒化法，将 Cu、In 和 Ga 通过不同的方法沉积到衬底上，然后在含 Se 的气体中加热，如 H$_2$Se 或 Se 蒸气，这样引入合金的第四个组分。一个非常活跃的研究领域是发展将这些原子和其他原子组成低缺陷合金以进一步增加带隙的方法。

通常在生长的某个步骤衬底温度会达到 500～600℃，除非衬底是一种最高耐热温度达 450℃ 的聚合物。镀有 Mo 的玻璃衬底常用来做衬底，镀有 Mo 的金属箔和塑料衬底都在研究中。如果钠不能从衬底中提供（从玻璃扩散），必须在沉积前或在沉积后直接提供，来增加 Cu(InGa)Se$_2$ 的电学质量和增加电压。Cu(InGa)Se$_2$ 薄膜是 p 型的，通常为 1～3μm 厚，晶粒尺寸在 1μm 数量级。pn 结通过沉积 n 型层的 CdS/ZnO 或其他几种新开发的用于取代 CdS 的材料（主要为"环保"）而实现。目前最高的电池效率达到了 20%[63]，组件效率达到了 10%～13% 的好几个公司的生产能力产能有限（小于 20MW）。已经证明把 Cu(InGa)Se$_2$ 从静止衬底上高效小规模实验室工艺转移到在大面积移动衬底上制备要比 a-Si 和 CdTe 困难得多。Cu(InGa)Se$_2$ 技术所面临的三个主要挑战是：①在生产环境中使用移动的衬底实现合金（Ga、S、Se 或 Na）成分的控制；②寻找其他的薄膜代替 CdS 形成 pn 结；③找到新的合金（Ag、S、Te）或新的沉积方法，以便在更高带隙的情况下实现更好的器件特性。

CdTe 多晶薄膜（第 14 章）自从 20 世纪 70 年代就作为一种光伏技术开始研究了。与 a-Si 和 Cu(InGa)Se$_2$ 的有限的几种制备工艺相比，CdTe 薄膜的制备方法中有超过 10 种的方法都得到了超过 10% 效率的太阳电池。其中有 4 种已经达到了产业化前期，它们是：喷雾热解（SP）法、电沉积（ED）法、蒸发沉积（VD）法和近空间升华（CSS）法。一些反应发生在 50℃ 的水浴中，CdTe 沉积速率为 μm/h（ED）。其他的反应发生在真空系统中，温度高到足以软化玻璃，约 600℃，CdTe 沉积速率为 μm/min（CSS）。然而有三个关键步骤是所有高效 CdTe 太阳电池所要求的。首先，他们需要在 Cl 和 O$_2$ 中大约在 400℃ 下进行沉积后退火。这步化学/热处理增大了晶粒、钝化了晶界，并且改善了 CdTe 的电学质量。第二，所有的 CdTe 层在电极接触前都需要表面处理。这步工艺可能是湿法也可能是干法，腐蚀掉不想要的氧化物并留下形成低电阻接触所需要的富 Te 层。第三，几乎所有的高效率器件都在它们的 CdTe 接触工艺中有含 Cu 的材料出现，但是也可以通过很多方法实现。这三个工艺步骤的细节往往是专有的。无论采用哪个工艺沉积 CdTe，整个器件工艺都是高度配套的，因为每个后续工艺都对前层薄膜的影响非常大。这部分是因为 CdTe 的晶界，它为互扩散提供了路径。

先在透明导电氧化物（通常 SnO$_2$）衬底上沉积 n 型的 CdS 层，然后沉积厚度为 2～8μm 的 CdTe 层，并经过合适的化学退火后形成 pn 结。一旦要制备太阳电池，CdTe 薄膜为轻微 p 型，晶粒尺寸在 1μm 数量级。到目前为止，CdTe/CdS 的最高效率为 16.5%[64]，组件的效率大约为 10% ~ 11%。一些 CdTe 组件已经在户外实地试验超过 10 年，衰退很小。在这三大薄膜太阳电池技术中，凭借一个公司的力量，CdTe 已然已经跃升到生产能力第一、成本最低的位置。三个关键的挑战是：①需要更好地理解各种沉积后优化处理，以实现工艺简化和产业转移；②增加与其能带相对应的输出电压；③在工作场所维护和发展安全且具有成本效益的 Cd 的使用，其次是寿命周期结束后对组件的回收。

技术上精明的投资者知道在选择一种技术开发时效率可能不是最重要的因素。这个观点是很容易理解的，通过分析图 1.11 的三种主要的薄膜太阳电池技术——$Cu(InGa)Se_2$、CdTe 和 a-Si——就可以知道。需要注意的是，a-Si 效率最低。然而，在这三种技术中，a-Si 的产业化最早和最广泛。部分的原因是只有一种通用沉积技术——PECVD，而 CdTe 和 $Cu(InGa)Se_2$ 有多种技术，每个公司必须开发他们自己独特的工艺技术和设备。a-Si 也有更强的科学研究基础，部分原因是其他应用如平板显示器，这很好确认了沉积条件和基本材料与器件性能之间的关系，这安慰了投资者。相反，CdTe 和 $Cu(InGa)Se_2$ 是"孤儿"，因为他们在光伏之外没有真正的应用。表 1.5 显示 2008 年 a-Si 约占 4%，CdTe 为 7%，$Cu(InGa)Se_2$ 仍然约为 1%。然而 20 年来，$Cu(InGa)Se_2$ 的实验室效率最高（见图 1.11）。这表明把研究水平的最高效率电池性能转移到每天从生产线生产出来的组件是一项非常具有挑战性的任务。CdTe 的显著增长是因为一个公司：First Solar 公司，他们的组件价格是市场上最低的。但是，这是他们在公共和私人投资下花了超过 15 年的研究和发展才实现的。

人们设想理想光伏技术既有晶体硅的一些优点（丰富、无毒性、稳定），但又能像薄膜一样只沉积几微米厚，几个研究组已经开始尝试通过开发在不贵的非硅衬底上沉积多晶硅薄膜实现"优点兼具"的技术。这是第 11 章的主题。目前，薄膜多晶硅太阳电池的最好效率和 $Cu(InGa)Se_2$、CdTe 或 a-Si 的差不多，约为 10%。部分原因是多晶硅薄膜同时继承了晶体硅和薄膜的一些缺点。特别是晶界和表面的钝化，这似乎是一个主要的问题。然而，许多已经建立的适合于晶体硅的钝化方法，并不适合多晶硅，因为温度的限制（低于 600℃）。出现了新的薄膜技术如固液结染料敏化（第 15 章）和聚合物有机太阳电池（第 16 章），这些新型电池的工作与全固态电池的工作完全不同。他们的主要吸引力是潜在的非常低的成本。然而，这些迷人的新技术的出现也有许多新的挑战，包括对空气和水蒸气的强烈敏感。因此，需要很好的封装。有一些私人投资正在努力使新型电池产业化。

1.5.3　聚光光伏的进展和挑战

聚光光伏技术或 CPV 是基于收集太阳光的区域和转化区域分离的技术。收集区域是光学元件，镜子或透镜，光学元件把光投到面积小得多的太阳电池区域。这允许使用高效但更昂贵的太阳电池，因为光收集面积是电池面积的 100 多倍。在第 10 章中描述了 CPV 的设计和运行。

光伏技术者从光伏发展一开始就意识到这种可能性。通常 CPV 需要太阳跟踪系统，使其不适合小规模的光伏应用。在 20 世纪 80 年代，当硅太阳电池过于昂贵和市场还太小时，曾经有过尝试。

在过去五年，随着多结 Ⅲ-Ⅴ 族太阳电池在空间应用的发展兴起了对 CPV 不断扩展的兴趣，在第 8 章中讨论，开始预想达到 40% 的效率，实际效率已经超过了 40%，如图 1.11 所示。CPV 可以利用这些超高效电池的优势，超高效电池本身是非常昂贵的，因为高聚光总电池面积的降低，从而降低了它们高额的成本。这种技术中，聚光 500 倍（电池比光学孔径小

500 倍）是常见的，新的趋势是在略低于目前运作效率下聚光 1000 倍。预计这样的聚光系统的成本可能非常小[65]。理论上聚光的效率随着强度对数的增加而增加，直到达到过高的电流密度值，导致欧姆损失、效率降低。因此，聚光电池必须经过特别设计，以具有非常低的串联电阻。

然而，CPV 有缺点。首先，CPV 没有利用散射辐射，即使在最好的气候，也将失去至少 10% 全球辐射转变的能力，并经常更多。其次，在 500～1000 倍聚光下，CPV 需要在一天中的每分钟都非常准确地跟踪太阳的位置，这增加了安装的成本和复杂性。非成像光学是一个新的科学工具，可能会降低这一要求。第三，光学成分降低了整体的效率。然而，会议上已经报道了 30% 的组件效率，将会在商业中出现。最后，CPV 组件必须能够散放大量的热量，这导致复杂的建筑和可靠性问题。

另一个暂时的问题是额定功率。通常由安装在数组跟踪系统上的组件组成阵列，但只有跟踪安装后才能确定阵列的效率，因为跟踪本身会影响效率。即使有好的跟踪系统，每秒的效率变化约 5%，因为小的未对准，因此，还没有确定一个阵列的 kW 额定功率和如何衡量的方法。在这些条件下，仍然难以评估或担保聚光器系统的盈利性。然而，在硅组件短缺的 2008 年，西班牙公司 Guascor 太阳能获得了美国 Amonix 的许可，安装了 9MW 的聚光器，是迄今为止第一个安装的 CPV。

CPV 具有短的学习曲线，与来自中国的廉价硅组件和 First Solar 公司的廉价 CdTe 组件竞争，在某种程度上是非常困难的。CPV 必须展示出以低的安装成本提供良好性能的信誉，以表明这种技术可以广泛部署。最近在西班牙创建的 CPV 系统研究所（ISFOC），已经为七家公司（三家来自西班牙，两家来自美国，一家来自德国和一家来自中国台湾地区）提供了补贴，安装 3MW，以提供合格的性能数据，帮助获得这种可信度，建立测量 CPV 的性能规则。

一些人认为他们能够采用硅电池制备低倍数的系统，在价格上击败复杂的 CPV 系统和类似的平板系统。事实上，Guascor Photon 公司销售的产品已经使用了高效（25%）IBC 硅电池，虽然他们现在正向多结Ⅲ-Ⅴ族电池转移。所以其结果是，许多公司，初创企业和已经建立的企业，目前在高和低倍数范围内正在参与开发 CPV 选项。将来几年将会告诉我们这些努力是否成功。

1.5.4 第三代太阳电池的概念

1961 年，Shockley 和 Queisser（SQ）发表了一篇论文[66]，基于基本和绝对的假设，提出单结太阳电池具有约 40% 的热力学效率极限。突破这个极限的电池称为第三代[67]或下一代太阳电池[68]。

研究最多的（被称为变革性的）第三代太阳电池[69]是中间带太阳电池[70]，中间带太阳电池突破了能量在带隙以下的光子不能被吸收的 SQ 假设；多激子太阳电池[71]，突破了 SQ 假设中一个光子只能泵出一个电子的假设；热载流子太阳电池[72]，突破了 SQ 假设中，电子必须处于晶格的温度。

自从本手册原书第 1 版出版以来，所有三种概念已经取得了一些进展，但是它们之中的任何一种都还没有产生高效电池。今天使用的第一代和第二代太阳电池需要几十年来产生合理的相当高的效率和可靠的制造工艺。这些新概念电池也一样。它们可能不会满足 2030 年的挑战。第三代概念电池可使薄膜太阳电池的效率高于 20% 或可能允许 CPV 电池 50% 的效率和组件40%的效率。为了实现这个目标，我们需要对这些新的基本概念具有详细知识，更重要的是如何将它们集成为一个功能器件。

1.6　结论

人类逐渐意识到可持续发展的必要性。太阳能几乎是唯一的最先进的为可持续发展生产能源的方式。这将有可能主要通过光伏来实现。

光伏构成一种电力生产的新方式，环境友好、模块化，被公众高度赞赏。对许多高社会值应用是独一无二的，比如为缺乏电力的偏远地区提供电力。近年来，光伏经历了前所未有的增长。今天，光伏生意全球约500亿美元，每年以50%的速度增长。已经在世界各地建成了光伏供电的住宅、商业建筑和电力工厂。最近显示（在西班牙），光伏发电速度可以为核电站安装的5倍，电网可以处理间歇性电力渗透的15%左右，具有正面的环境影响。

普遍预测，在2030年，光伏发电将只有几个百分点的贡献。我们已经表明，很容易有足够的土地、原材料、安全协议、资本、技术知识和社会支持，允许到2030年光伏提供超过12%的电力需求。我们对未来必须更加雄心勃勃，因为光伏已经成为21世纪末电力最大的供应商。这将需要找到能量存储的新方法。

目前光伏发展已经被公众支持，被公众观点推动，导致政府花大量的钱来补贴光伏。然而，这没有被浪费，这是一项投资。今天光伏电力非常接近电网平价。由于这个原因，我们预测光伏将向2030年12%的目标继续快速增长。强大的政策支持仍然是必要的。就业显著增长的承诺——由于原材料加工、组件制造、安装和非光伏系统部件——正在成为政策支持外的主要驱动力。

光伏拥有丰富的新技术，确保在整个世纪保持持续的进展，降低成本。太阳能与其他能源相比，是独一无二的技术。国家想要领导这个抑制不住的运动将会通过在研发、行业和市场上的投资来支持它。

参考文献

1. Benka S, *Physics Today* **38**, 39 (2002); adapted from Pasternak A, *Lawrence Livermore Natl. Lab report UCRL-ID-140773* (October 2000).
2. Lewis N, *Material Research Society Bulletin* **32**, 808–820 (2007).
3. Gustavson M R, Limits to Wind Power Utilization. *Science* **204**, 13–17 (1979).
4. Zweibel K, Mason J, Fthenakis V, *Scientific American* **298**, 64–73 (2008).
5. The Effect of Tilt, Orientation, Array Size, etc Can be Effectively Determined for Many Locations Using the PV Watts On-Line Solar Calculator at www.nrel.gov/rredc/pvwatts/version1.html.
6. Monthly Module Price Index, *Photon International* (November 2009), pp 84–87.
7. Fath P, Keller S, Winter P, Joos W, Herbst W, *Proceedings of the 34 IEEE PVSC*, Philadelphia, pp 002471-76 (2009).
8. Wiser R, Barbose G, Peterman C, Darghouth N, Tracking the Sun – II: Installed costs of PV in the US from 1998–2008, *US Department of Energy Lawrence Livermore Berkley Laboratory* (on-line) 2009. At http://eetd.lbl.gov/ea/emp/re-pubs.html.)
9. Fritts C, *Proceedings of the American Association for the Advancement of Science* **33**, 97 (1883).

10. Chapin D, Fuller C, Pearson G, *Journal of Applied Physics* **25**, 676–677 (1954).
11. Reynolds D, Leies G, Antes L, Marburger R, *Physical Review* **96**, 533–534 (1954).
12. Jenny D, Loferski J, Rappaport P, *Physical Review* **101**, 1208–1209 (1956).
13. Prince M, *Journal of Applied Physics* **26**, 534–540 (1955).
14. Loferski J, *Journal of Applied Physics* **27**, 777–784 (1956).
15. Wysocki J, Rappaport P, *Journal of Applied Physics* **31**, 571–578 (1960).
16. Shockley W, Queisser H, *Journal of Applied Physics* **32**, 510–519 (1961).
17. Cusano D, *Solid State Electronics* **6**, 217–232 (1963).
18. Wysocki J *et al.*, *Applied Physics Letters* **9**, 44–46 (1966).
19. Alferov ZhI, *Fizika i Tekhnika Poluprovodnikov* **4**, 2378 (1970).
20. Lindmayer J, Allsion J, *COMSAT Technical Review* **3**, 1–22 (1973).
21. Hovel H, Woodall J, *Proceedings of the 10th IEEE Photovoltaic Specialist Conference*, pp 25–30 (1973).
22. Perlin J, *From Space to Earth*. Ann Arbor, MI: Aatech Publications, 1999.
23. Annual Survey, *Photon International* 2009-3 (March 2009), pp 170–206.
24. *Photovoltaics International*, 2nd Quarter 2009, 160–162 www.pv-tech.org; also 2008 Annual Report (Table 3), IEA-PVPS www.iea-pvps.org.
25. Data for 1996, 2000, and 2004 from Maycock PV Market Update, published annually in *Renewable Energy World* August Issue (until 2007). Data for 2008 for grid and utility connected from IEA-PVPS Trends in *Photovoltaic Applications* http://www.iea-pvps.org/products/rep1_18.htm. Data for 2008 off-grid from several sources reporting 300-400 MW off-grid installations.
26. PV Resources http://www.pvresources.com.
27. US Department of Energy Solar Energy Technologies Mult-year Program Plan 2001-2011.
28. Gilman P, Blair N, Mehos M, Christensen C, Janzou S, Cameron C, *Solar Advisor Model User Guide for Version 2.0*, NREL Report No. TP-670-43704, 2008.
29. *UN IPCC Fourth Assessment Report: Climate Change 2007*, Working Group III – Mitigation of Climate Change, Section 4.4.3.3.
30. *IEA Technology Roadmap: Solar Photovoltaic Energy* (released May 11, 2010) at www.iea.org/papers/2010/pv_roadmap.pdf.
31. The first paper by these two authors shows that PV might provide 10–20% of the load of a traditional grid system while the second looks at what changes might be made to allow up to 50% penetration of PV: Denholm P, Margolis R, *Energy Policy* **35**, 2852–2861 (2007); Denholm P, Margolis R, *Energy Policy* **35**, 4424–4433 (2007).
32. Luque A, *Progress in Photovoltaics* **9**, 303–312 (2001).
33. Johansson T B, Kelly H, Reddy A K N, Williams R H, Burnham L, *Renewable Energy Sources for Fuel and Electricity*. Washington DC: Island Press, 1993.
34. German Advisory Council on Climate Change (WGBU) Energy in Transition, (2003), www.wgbu.de.
35. http://www.citymayors.com/statistics/largest-cities-density-125.html.
36. *Energy System Emissions and Material Requirements*, Meridian Corporation (Alexandria, VA) report prepared for the Deputy Assistant Secretary for Renewable Energy of the USA (1989).
37. Ito M, Kato K, Komoto K, Kichimi T, Sugihara H, Kurokawa K, *Proceedings of the 19th European PVSEC*, pp 2113–2116 (2004).
38. Andersonn B, *Progress in Photovoltaics* **16**, 61–76 (2000).
39. Feltrin A, Freundlich A, *Renewable Energy* **33**, 180–185 (2008).
40. PV FAQs from www.nrel.gov/ncpv.
41. Sala G, Luque A, Past Experiences and New Challenges in PV Concentrators. in: A Luque, V M Andreev (eds), *Concentrator Photovoltaics*, Berlin: Springer, 2007, pp 1–24.
42. National Photovoltaic Environmental Health and Safety Assistance Center at www.pv.bnl.gov
43. European PV Environmental Health and Safety Working Group http://www.iea-pvps.org/tasks/task12.htm.
44. Fthenakis V, Morris S, Moskowitz P, Morgan D, *Progress in Photovoltaics* **7**, 489–497 (1999); or www.nrel.gov/cdte.

45. Fthenakis V M, Fuhrmann M, Heiser J. Lanzirotti A, Fitts J, Wang W, *Progress in Photovoltaics* **13**, 713–723 (2005).
46. Fthenakis V, Alsema E, *Progress in Photovoltaics* **14**, 275–280 (2006).
47. Ito M, Kato K, Komoto K, Kichimi T, Kurokawa K, *Progress in Photovoltaics* **16**, 17–30 (2008).
48. Fthenakis V, Kim H, Alsema E, *Environmental Science and Technology* **42**, 2168–2174 (2008).
49. Skoczek A, Sample T, Dunlop E, *Progress in Photovoltaics* **17**, 227–240 (2009).
50. Denholm P, Kulcinski G, *Energy Conversion and Management* **45**, 2153–2172 (2004).
51. Fthenakis V, Mason J, Zweibel K, *Energy Policy* **37**, 387–389 (2009).
52. Kempton W, Tomić J, *Journal of Power Sources* **44**, 268–279 (2005).
53. del Cañizo C, del Coso G, Sinke W, *Progress in Photovoltaics* **17**, 199–209 (2009).
54. Barnett A, Rothwarf A, *IEEE Transactions of the Electron Devices* **27**, 615–630 (1980).
55. A truly pioneering classic text on photovoltaic devices is sadly out of print, and only available at a very high price from used book sellers: Fahrenbruch A, Bube R, *Fundamentals of Solar Cells*. New York: Academic Press, 1983.
56. Hall R, Birkmire R, Phillips J, Meakin J, *Applied Physics Letters* **38**, 925–926 (1981).
57. Catalano A *et al.*, *Proceedings of the 16th IEEE Photovoltaic Specialist Conference*, pp 1421–1422 (1982).
58. Mickelson R, Chen W, *Proceedings of the 16th IEEE Photovoltaic Specialist Conference*, pp 781–785 (1982).
59. Tyan Y, Perez-Albuerne E, *Proceedings of the 16th IEEE Photovoltaic Specialist Conference*, pp 794–799 (1982).
60. Phillips J, Birkmire R, Lasswell P, *Proceedings of the 16th IEEE Photovoltaic Specialist Conference*, pp 719–722 (1982).
61. Zweibel K, *The Terawatt Challenge*, NREL Technical Report NREL/TP-520-38350 (2005), p 25, available at www.nrel.gov.
62. Yan, B, Yue G, Owens J, Yang J, Guha S, *Proceedings of the 4th IEEE WCPEC*, Waikoloa, pp 1477–1482 (2006).
63. Repins I, Contreras M, Egaas B, Dehart C, Scharf J, Perkins C, To B, Noufi R, *Progress in Photovoltaics* **16**, 235–239 (2008).
64. Wu X *et al.*, *Proceedings of the 17th European PVSEC* Munich, pp 995–1000 (2001).
65. Yamaguchi M, Luque A, *IEEE Transactions on Electron Devices* **46**, 2139–2144 (1999).
66. Shockley W, Queisser H, *Journal of Applied Physics* **32**, 510–519 (1961).
67. Green M, *Third Generation Photovoltaics*. Berlin: Springer, 2003.
68. Martí A, and Luque A, (eds) *Next Generation Photovoltaics: High Efficiency through Full Spectrum Utilization*. Bristol: Institute of Physics Publishing, 2004.
69. Lewis L, Crabtree G, Nozik A, Wasielewski M, Alivisatos P, *Basic Research Needs for Solar Energy Utilization*. US Department of Energy, Office of Basic Science, 2005.
70. Luque A, and Martí A, *Physical Review Letters* **78**, 5014–5017 (1997).
71. Kolodinski S, Werner J, Wittchen T, Queisser H, *Applied Physics Letters* **63**, 2405–2407 (1993).
72. Ross R, Nozik A, *Journal of Applied Physics* **53**, 3813–3818 (1982).

第2章　过去、现在和未来光伏产业成长过程中政策的作用

John Byrne，Lado Kurdgelashvili

美国特拉华大学，能源与环境政策中心

2.1　引言

最近，光伏产业经历了显著的增长，市场需求扩张的年增长率超过40%[1,2]。技术的进步、经济规模的增加和制造经验，使光伏制造商降低了产品的制造成本，进而刺激了市场。但是，政策是一个同样重要的因素，在某些情况下，是工业急速发展最重要的驱动力（如德国和西班牙市场的迅速增长），使之可以与计算机和通信的全球经验相互竞争。关键政策金融工具推动光伏的扩张，包括市场和税收优惠（例如上网电价，退税和税收抵免）、法规（如可再生能源配额标准，新建筑规范要求零能源运行和太阳能托管）和公共研发（R&D）投入。

本章首先对主要国家和市场的方针策略进行综合评论，然后提供一个用来分析和比较政策机制的模型，促进光伏更广泛和更快速地被采用。随着传统燃料成本的上升和对能源领域碳排放日益增长的担忧，如果我们着手解决可持续性发展的问题，可能需要光伏以更快的速度进行扩张[3-5]。

2.1.1　能源工业的气候变化

在20世纪的发展历程中，能源行业严重依赖化石燃料，最近，发展为严重依赖核反应堆的铀。到2008年底，虽然化石燃料（石油、天然气和煤炭）在全球能源供应市场的份额与1980年（当时占了全球商业能源供给的91%）相比已略有下降，但是全球能源的87%仍然由化石燃料来提供（图2.1）。如果包括核能的话，传统能源供应系统占了当前能源使用的93%。由于高供应风险、燃料价格波动和化石能源使用的长期环境影响，许多人认为现有的能源供应结构不再可行[3,5,6]。

过去十年，传统的发电能源价格显著增加（见图2.2）。基于美国能源信息管理局2000～2008年的数据，残油（5和6号蒸馏油）的批发价格增加了219%以上（从0.61美元/US-gal⊖到1.94美元/USgal）。用于发电的天然气成本增加了113%（从4.38美元/千立方英尺⊜到9.35美元/千立方英尺）。用于核电站氧化铀（U_3O_8）的加权平均成本增加了316%（从每百万磅⊜11.04美元到每百万磅45.88美元）。尽管煤炭价格是最不稳定的，也增长了

⊖　1USgal（美加仑）=3.78541dm^3。

⊜　原文为"MCF"，1ft^3（立方英尺）=0.0283168m^3。

⊜　1磅（lb）=0.45359237kg。

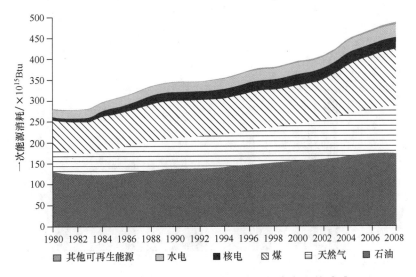

图 2.1　全球主要能源消耗。数据来源于参考文献 ［7］

纵坐标中的 Btu（英热单位），1Btu = 1.05506kJ。

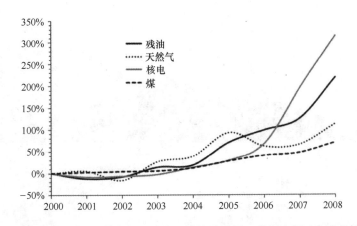

图 2.2　2000 ~ 2008 年，美国发电的能源价格波动图。数据来源于参考文献 ［9］

72%（从每吨 27.5 美元到每吨 47.4 美元）。其他国家也发现了类似的趋势（见图 2.3）。在 2009 年，自从 1920 以来经济危机最严重的一年，世界石油价格下跌，但仅仅下跌了 2008 峰值价格的大约 1/3。由现行经济危机导致的传统燃料价格与钢和铜等材料价格的下行压力，可能导致在短时间内最终用户会降低能源成本。但长期趋势是明确的——传统能源将花费更多。很快，花费将进一步提升[7,8]。传统能源更高的价格和在可预见的未来价格显著波动的可能性，将一直会使光伏能源越来越有吸引力。

对全球气候变化和与常规能源使用相关的其他环境问题越来越多的担忧，增加了对能源领域结构重新思考的动力。根据 IPCC[11]，能源利用效率、改变土地利用实践和更广泛的采用可再生能源技术，有可能成为世界经济脱碳的主要手段（图 2.4）。在 2007 年减排措施评估基线情景包含一项 IPCC 预测：2030 发电 340TWh，减少 2.5 亿吨二氧化碳排放量。IEA 的世界能源展望预测，光伏发电将提供 525TWh 或在 450 情景[7]下提供 2% 的电力需求。至

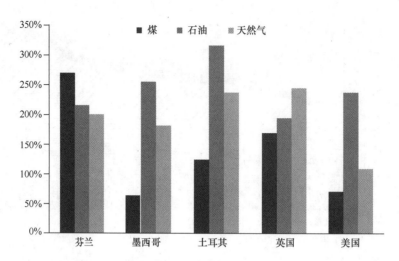

图 2.3　与 2000 年相比，2008 年选定国家发电的能源价格百分比增加，数据来源于参考文献［10］

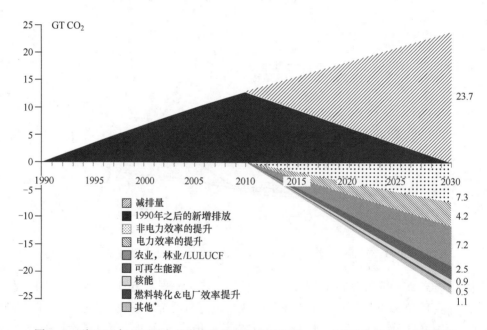

图 2.4　到 2030 年，可避免的潜在的温室气体排放量。∗ "其他"包括二氧化碳的
捕获和存储（0.4GT）和改进的废物管理（0.7GT）。数据来源于参考文献［11］
（这一章的作者基于 WGIII 第四次评估信息进行的计算）

于在本章后面的讨论中，如果采纳适当的政策条例，可以合理地超越这些基线情景，光伏将
提供高达 25% 的电力需求。

2.1.2　光伏市场

过去十年中，全球光伏产业增长迅速，比任何可再生或不可再生能源的增速都要快。世

界光伏年度电池产量从 2000 年的 277MW_p 增加到 2008 年的 6850MW_p（年均增长率超过 40%）。到 2008 年底，全球累计光伏电池出货超过 19GW_p（图 2.5）。日本、德国和美国是光伏电池生产的传统引领者。然而，近几年出现了新的参与国家，尤其是中国，在 2008 年成为世界上最大的光伏生产商，光伏产量达到 2150MW_p⊖，随后是德国（光伏产量为 1510MW_p）和日本（光伏产量为 1230MW_p）。美国已经失去了作为制造商的固定地位，2008 年，仅生产了 430MW_p，不到中国台湾地区输出（865MW_p）的一半。虽然西班牙在 2008 年的供货少于 200MW_p，但是其产业增长将导致它在未来几年超越美国[12,13]。

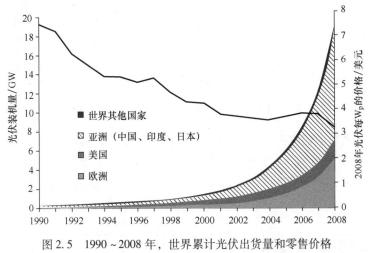

图 2.5　1990 ~ 2008 年，世界累计光伏出货量和零售价格
（实线为光伏每 W_p 的价格）。数据来源于参考文献 [12，14-16]

　　2008 年，年度新光伏安装量达到了创纪录的 5950MW_p[17]。西班牙、德国、美国、韩国、意大利和日本的光伏市场，主要推动了光伏的需求和增长。2008 年底，西班牙、德国、美国、韩国、意大利和日本光伏市场分别占需求的 41%、31%、6%、5%、4% 和 4%。而"世界其他国家"和"欧洲其他国家"分别占 5% 和 4%[17]。尽管德国在累计太阳能光伏安装量上占据领导地位，现在却位于西班牙之后。2008 年，德国年度安装量为 1.86GW_p，西班牙年度安装量为 2.5GW_p（2007 年度安装 0.64GW_p）。美国使用此技术慢得多，为 0.4GW_p（2007 年 0.2GW_p）[12,17]。2008 年底，据估计，用于电能生产的累计全球光伏安装量达到了 16.4GW_p[2]，大多数安装在工业化国家（图2.6）。⊖虽然 2008 年对于光伏累计装机量是一个重要的里程碑，但只是全球约 4000GW_p 总发电装机量的一小部分（0.4%）[18]。

　　直到最近，上游生产的改进结合下游系统集成经验降低了光伏的价格。然而，自 2005 年以来，对技术的高需求使光伏价格偏离了长达十年的趋势（图 2.5）。价格上涨的一个主要因素是多晶硅供应短缺[19,20]。多晶硅历史售价约为 35 美元/kg，但自 2004 年以

⊖　中国制造的几乎所有的光伏电池都出口到了其他市场。

⊖　累积光伏电池出货和安装之间的差异可以归因于出货后的延迟安装。在光伏市场快速增长下，这可能很重要。据行业分析师分析，组件的出货和其连接到电网有平均两个季度的延迟[132]。在 2009 年初，该行业已经有超过 2GW_p 的库存[21]。

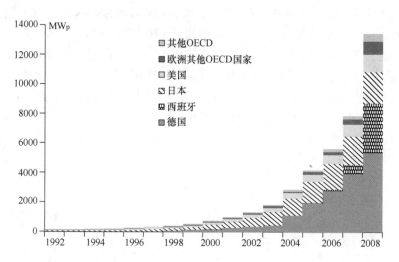

图2.6　1992～2008年，经合组织（OECD）国家累计光伏安装量。数据来源于参考文献［12］

来，光伏市场增长造成的需求尖峰导致2008年多晶硅现货市场价格高于400美元/kg[19,21]。随后，全世界又新建了大量多晶硅生产线，特别是在中国。由于市场上的供应商增加，分析师认为多晶硅合约价格会到达70～80美元/kg[19]。由此，组件价格到2010年会重新回到下降趋势。

2.2　选定国家的政策回顾

虽然光伏已经实现了成本的显著降低，但目前由光伏产生的电力在成本上与传统能源产生的电力仍不具有成本竞争力⊖。国家和地方政府通过各种激励、税收、监管和研发手段，包括税收优惠和减免，优惠利率和贷款计划，直接激励（如基于业绩的激励、资金补贴），建筑规范要求，上网电价，可再生能源配额标准，自愿绿色电力计划，净计量，互连标准和"示范"或试点项目，支持光伏部署[12,22]。光伏部署政策翘楚有德国、西班牙、日本、韩国和美国。下面对每个国家的国家政策进行综述，在某些情况下，对地方政策进行综述。⊖

2.2.1　美国政策综述

近年来，联邦和州政策促进了美国光伏系统的强劲需求。1998年，美国只有100MWp光伏装机容量。十年后，累计光伏安装量已达到1.2GWp，其中68%实现了光伏并网[12]。

⊖　应该注意的是，这个比较不考虑相对光伏补贴和零售市场竞争对手。当考虑这些因素后，一些分析师认为，光伏市场非常接近平价[19,131]。如果污染和其他外部成本包括在传统燃料成本之内，光伏价格并不是很高，至少从长远来看[133]。

⊖　虽然中国是世界上最大的光伏制造商，但是大部分产品销售到海外市场。这部分主要介绍刺激国内使用光伏的政策，出于这个原因，将不介绍中国的政策。未来版本的手册将肯定需要介绍中国国内市场，因为最近中国国内市场开始扩大。

在国家层面上，太阳能投资税收抵免（ITC）、修正的加速成本回收体系（MACRS）——针对光伏和其他资本设备的税收折旧规则，对降低光伏开发成本起到了关键的作用。

根据能源税法案，1978 年第一次设立了 ITC，为太阳能安装提供 15% 的税收抵免。1986 年，税收改革法案逐渐把 ITC 降低到 10%，直到 2005 年仍保持在这个水平[23]。税收改革法案还引进了商业实体 MACRS 折旧规则，使光伏安装企业获得快速的、5 年税收折旧。2005 年能源政策法案（EPAct 2005）把 ITC 提升到 30%。2008 年发布的能源改善和扩展法案（EIEA）删除了之前的住宅太阳能装置 2000 美元的上限，把 30% ITC 延长到 2016 年[24]。2009 年，美国恢复和再投资法案（ARRA）允许商业实体接收美国财政部现金资助，用于 2009 年和 2010 年的光伏安装中。现金资助为这些企业提供激励，没有高税义务，充分利用联邦 30% 税收抵免优势。ARRA 还为 2009 年实施的项目提供 50% 的奖金折旧利好政策[25]。对于商业应用，ITC 和 MACRS 可以减少光伏项目开发最初成本的 50% 以上[26]。

除了联邦政府政策支持光伏在美国发展，越来越多的州已经使用两种手段来提升光伏市场。一个是称为可再生能源配额标准（RPS）的政策，这项政策规定电力部门负荷服务实体（LSE）提供的电力中必须有一定的比例来自光伏发电或者分布式可再生能源（包括光伏）发电。到 2009 年底，29 个州和华盛顿哥伦比亚特区已经有了更宽的可再生能源配额标准要求。重要的是，根据可再生能源配额标准法规，14 个州和哥伦比亚特区（Washington，DC）对 LSE 有明确的太阳能或分布式发电要求。此外，加利福尼亚州、俄勒冈州和得克萨斯州建立了明确的分布式发电目标或与 RPS 法规无关的光伏目标[25]。在美国，第二个有利的政策手段是净计量电价。目前，43 个州和华盛顿哥伦比亚特区支持光伏发电净计量电价。净计量电价允许用客户场所光伏发电产生的电力来抵消由 LSE 提供的电力[27,25]。净计量电价，光伏发电的电价按零售电价计价，为光伏部署提供额外的激励。

历史上，国家和电力公司也通过退税计划支持光伏部署。然而，近年来支持力度开始转向产品或绩效导向激励机制。到 2010 年初，29 个州已经把产品激励机制体现在公共设施职责中，用来购买可再生能源证书（REC）。16 个州具有太阳能电力销售授权，包括基于产品的激励（用于公共设施的太阳能购买义务）或信誉（用于满足可再生能源配额标准指令）[25]。不过，加利福尼亚和新泽西两个州，分别占美国总光伏并网发电系统的 67% 和 9%，是美国政策的引领者，它们的市场开发方法已经成功，例如，导致在 2005～2008 年，并网光伏安装增加 208%（加利福尼亚州）和 622%（新泽西州）[28-30]。这些关键州的光伏政策综述如下。

2.2.1.1　加利福尼亚州

加利福尼亚州具有太阳能市场发展的悠久历史。1984 年，萨克拉门托市政公用事业区（SMUD）安装了 1MW$_p$ 光伏电站（PV1）——世界上第一个大规模光伏发电站[31]。在过去的 20 年里，PV1 呈现出稳定的性能并逐渐扩大，到 2004 年达到 3.2MW$_p$[32]。1993 年，太平洋天然气和电力公司（以下简称"太平洋电气"）在克尔曼安装了 500kW$_p$ 光伏并网系统，服务于峰值电力需求。光伏系统的性能证明光伏输出可以降低同步公共设施使用负载峰值[31-33]。更重要的是，它展示了光伏对降低公共设施花费的价值，这个价值与电能本身价值相当。

1998 年，作为加利福尼亚电力部门管制的一部分，根据加利福尼亚能源委员会可再生能源计划，制定了可再生能源技术的财政激励政策[35]。该计划包含一个"新兴可再生能源"

特别条款，特别提到现场发电技术，主要为光伏发电和小型风电。从 1998 ~ 2004 年，加州能源委员会的新兴可再生能源项目（CEC-ERP）提供退税，平均达到安装价格的 40%，以降低（买断）系统的初始成本。从 2005 年开始，CEC-ERP 为参与者提供以下选项：①可以收到共计安装成本 40% 的退税；或②可以接受基于实际系统性能，按每千瓦时 50 美分的长达三年的金额奖励[36,37]。CEC-ERP 支持为三大主要投资者所有的公共事业设施（IOU）公司：南加州爱迪生公司（SCE）、圣地亚哥天然气和电力（SDG&E）公司服务的客户进行光伏安装。⊖根据该计划（在 2006 年结束），光伏系统大小限制在 $30kW_p$。在该项目结束时，已经安装了 $120MW_p$ 住宅光伏发电（这包括根据该计划启动，在 2007 年和 2008 年完成的项目）[38]。

2001 年，加州公共事业委员会创建其自我激励计划（CPUC-SGIP），它是为了补充加州能源委员会的计划⊖并为超过 $30kW_p$ 光伏安装提供激励措施。到 2008 年底，根据该计划，安装了 $135MW_p$ 光伏并网发电系统[38]。

这两个政策方案对 IOU 服务区域光伏市场提升是有帮助的。与此同时，许多国有公共事业设施（POU）在它们服务的地区开始发展政策支持光伏安装。萨克拉曼多市政事业部（SMUD）和洛杉矶水电部门（LADWP）是两个主要开拓光伏使用的 POU。正如前面提到，SMUD 是世界上第一个具有大型光伏安装的公共设施之一。在 1998 年至 2007 年，安装了 $11MW_p$ 现场光伏，使用一个当时独特的政策手段，公共事业设施安装、运行和维护系统，SMUD 公民或商业支付更高的电价。这个政策手段引发了一系列新政策，以资产评估清洁能源（PACE）告终，资产评估清洁能源（PACE）项目中电力用户自愿承诺增加他们的不动产税评估，以收回光伏系统安装的资本债务。这个模型目前正在整个美国效仿，是国家立法的主题[39,40]。

2004 年 8 月 20 日，加州州长宣布"百万屋顶太阳能计划"，为 2009 年加州太阳能网活动奠定了基础。加州太阳能网目标在于：在未来 10 年，在州内安装一个额外的 $3.0GW_p$ 光伏系统，由纳税人资助 33 亿美元[41]。加州太阳能网计划于 2007 年启动，包括两个新的太阳能激励项目——加州太阳能先导计划（CSI）和新的太阳能家庭伙伴关系计划（NSHP）。由国有公用事业（如当地市政公用）服务的住宅，没有资格参与 CSI 和 NSHP 项目。然而，加州现在要求公有公用事业设施为它们的客户提供一个等效激励项目[42]。

CSI 始于 2007 年，导致一年内光伏的快速安装，安装量超过 $130MW_p$（图 2.7）。从 2007 ~ 2016 年，CSI 项目预算 22 亿美元，通过主流激励计划达到 $1.75GW_p$ 的光伏安装目标，通过低收益计划（CPUC，2008）再额外安装 $190MW_p$。住宅和商业系统的最初退税

⊖ 在美国许多行政辖区，IOU 只是电力供应的一个来源。客户也可以从所谓的市政或国有公共事业设施（政府机构比如一个城市或者合并区域具有并经营公用事业设施），电力合作社（供应商客户所有，不受传统公共事业设施规则管制），和特殊的联邦当局（如田纳西流域管理局和邦纳维尔电力管理）部门获得电力。IOU 大约为 9700 万名客户服务，而市政公共事业设施、合作社、特殊联邦和州当局一起为 4000 万客户服务。零售电力市场营销者为剩下的 600 万个客户服务[123]。

⊖ CPUC 已经具有监管 IOU 为州服务的权利，而加州能源委员具有负责长期能源政策和规划（具有提升能源效率的明确责任）和保护可再生能源的义务（见 www.energy.ca.gov/commission/index.html）。

是 2.50 美元/W_p，政府机构和非盈利组织的最初退税是 3.25 美元/W_p。随着光伏安装总功率的增加，激励水准将下降[25]。已安装的和正在安装的项目已经满足加州太阳能计划目标的 20%[38,41]。

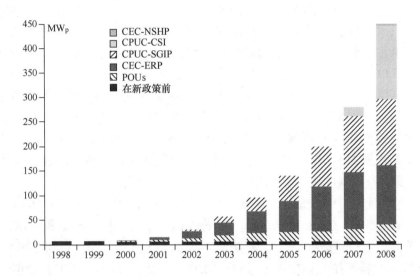

图 2.7　根据政策，1998~2008 年加州累计光伏并网安装。数据来源于参考文献［38］

新的太阳能家庭伙伴关系计划（NSHP）为由投资者拥有的公共事业设施服务的新节能住宅建筑物上安装光伏系统的建筑商和开发商提供资金。新的太阳能家庭伙伴关系计划由加州能源委员会管理。这个项目预算为 4 亿美元，目标为到 2016 年，在新房上安装 400MW_p光伏，包括在新保障性住房上安装 36MW_p的目标（加州能源委员会，［44］），最初退税范围为 2.50 美元/W_p 到 3.50 美元/W_p（保障性住房），随着光伏设施增加，退税补贴将逐渐减少[25]。

加州太阳能先导计划（CSI）和新的太阳能家庭伙伴关系计划（NSHP）激励措施旨在刺激快速增长的市场需求，同时，随着光伏市场变得能存活下去，减少激励水准。根据系统规模和客户选择，激励基于美元/W 或者美分/kWh 进行支付。前者称为基于预期性能的补贴政策（EPBB）激励，后者称为基于性能的补贴政策（PBI）。EPBB 适用于容量不到 50kW_p的住宅和小型商业客户，激励形式为一次性的奖励，预先付款。PBI 适用于大型商业、政府和非营利组织的顾客。强制要求所有系统必须大于 50kW_p（系统规模不到 50kW_p，可以选择 PBI）。PBI 为光伏用户提供为期五年的 40~50 美分/kWh 付款。随着光伏安装总容量的增加，激励水准将下降。这两个都是基于性能的激励措施。对于 EPBB，一次性支付是基于一个系统的预期性能（因素包括系统交流特性、位置、方向和阴影）。这需要精确和透明的预测模型。在 PBI 情况下，激励机制是基于实际发电产出，在 60 个月的周期内每月进行支付[42-44]。

几十年来，能源创新政策是加州的一个标志，光伏使用的推广也不例外。在美国管辖内，加州拥有最大的光伏容量和人均最大数量的安装容量。在美国国内和国外都广泛采用加州的政策手段。

2.2.1.2　新泽西州

新泽西州已经成为美国第二大光伏市场（到 2009 年 6 月底，新泽西州已经安装了 90MW 的光伏系统）。新泽西州是首批为州电力供应设定可再生能源具体目标的州之一。1999 年，根据电力折扣和能量竞争法（EDECA），采用了全州范围内可再生能源配额标准（RPS），在 2001 年生效，包括明确的光伏上市，要求到 2020 年负荷服务实体电力中 2.12% 的电由光伏产生。EDECA 和 RPS 为新泽西州清洁能源项目奠定了基础，清洁能源项目由公用事业委员会（BPU）管理[45]。

从 2001 年启动以来，清洁能源项目（CEP）指导重大基金用于可再生能源的发展。根据 CEP 项目，有两个方案支持可再生能源：客户现场可再生能源（CORE）战略和可再生能源项目赠款和融资（REPGF）机会。CORE 为不到 $1MW_p$ 容量的现场可再生发电项目提供退税。REPGF 支持发展大于 $1MW_p$ 发电能力所谓的一级可再生能源资源（包括光伏、太阳能热电、风能、地热、燃料电池、垃圾填埋气复苏和可持续生物质）[45]。㊀

CORE 已经被证明对于州光伏市场发展是有帮助的。最初，CORE 提供从 3.75 美元/W_p（100～500kW_p 系统）到 5.50 美元/W_p（不到 10kW_p 的系统）的退税。随着安装的增加和价格的下降，退税逐渐减少[46]。根据该项目，已经安装了 70MW_p 的光伏系统[47]和一个额外的 50MW_p 光伏系统，均获得了退税。2009 年，清洁能源项目基于 CORE 的成功重新设计了它的激励项目。可再生能源激励项目（REIP）以更低的退税建立，但对"太阳能可再生能源信用"（见下文）具有更激进的价格，如果客户同意接收免费能源审计（没有审计，退税下降至 1.55 美元/W_p），现场安装光伏达到 10kW_p，可以获得 1.75 美元/W_p 的退税。对于非住宅的客户，安装光伏达到 50kW_p，可以获得 1.00 美元/W_p 的退税[48]。

现在，新泽西的太阳能政策的支柱是其太阳能可再生排放证书（SREC）倡议。显著偏离其先前的激励，前期资本激励逐渐被淘汰，取而代之的是强调基于性能的产品激励措施。事实上，政府打算到 2012 年终止所有的退税[49]。SREC 是可交易的证书，代表了由太阳能电力系统产生清洁能源电力的好处。光伏系统每产生 1MWh 的电力，就发行一个 SREC，然后可以出售或独立于电力进行交易。新的光伏项目和已经在 CORE 计划排队中的项目有资格参加 SREC 项目。然而，从 2009 年开始，如果参加 SREC 项目，客户被要求放弃退税。

新泽西州也采取了八年太阳能替代合规付款（SACP）计划，旨在使没有预先退税的大型光伏系统实现项目融资。如果通过购买 SREC，公用事业不符合州的太阳能 RPS，公用事业需要为 SACP 支付 711 美元/MWh。SACP 计划逐步下降，在 2016 年降为 594 美元/MWh[25-49]。最高 SACP 价格（在美国最高）导致 SREC 高的市场价格。2009 年 5 月，例如，SREC 的加权平均价格为 500 美元/MWh，远远高于前几年徘徊在 240 美元/MWh 的价格[50]。只有在州内安装的光伏的 SREC 才能被公共设施使用，以遵从新泽西 RPS[51]。㊁

㊀　根据 REPGF 计划，新泽西尚未建立一个光伏项目计划。

㊁　纵观整个美国，州外 SREC 登记政策各不相同。在 2010 年初，新泽西州和马里兰州不允许州外 SREC 登记，而特拉华州、俄亥俄州、宾夕法尼亚州和哥伦比亚地区已接受州外 SREC 注册[51]。

因此，SREC 倡议促使州内光伏安装速度的快速增长，超过州早些时候的经验和相当成功的 CORE 项目（图 2.8）。当在预付资本激励（REIP）和生产激励措施（SREC）之间进行选择时，客户已经显示出势不可挡的偏爱后者。[⊖]现在正在积极考虑在全美国许多行政辖区执行这一政策创新。

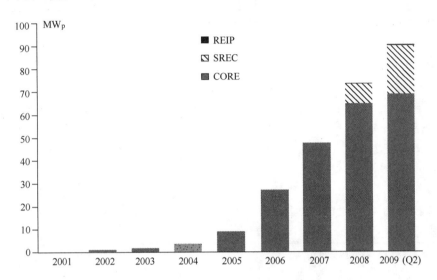

图 2.8　2001～2009 年，在新泽西州累计并网光伏安装量。2009 年包括 2009 年第二季度（Q2）累计安装。数据来源于参考文献 [52，53]

2.2.1.3　其他州

加利福尼亚州和新泽西州被公认为是美国太阳能政策创新的引领者，几个其他州也被认为是这个领域的先锋。表 2.1 列出了到 2008 年底美国人均光伏安装率最高的 10 个州。重要的是，这里面不仅包括"阳光充足"的地方或规模市场，同时也包括小州（例如大约有900000 居民的特拉华州）和具有高于平均水平寒冷和多云天气的州（康涅狄格州和俄勒冈州）。作为列出引领州的多样性，太阳能发展不一定受制于地理、天气或日晒的特点。政策——政府和商业——使如何使用和使用多少光伏成形。可以用四个州来说明这一点。

在美国，内华达州占人均光伏发展速度的第二名。这个功绩的驱动力是政府和公用事业政策措施。该州是最早在 RPS 中制定分离条款的州，要求到 2050 年，电销售额的 1.5% 来自光伏。已经建立了一个雄心勃勃的计划，使公共设施参与太阳能发展，内华达州组建了一个关于节能和可再生能源的专项小组[25]，来设计公共设施项目以刺激市场。2004 年推出退税计划，在住宅和小型企业安装光伏，退税额度为 2.30 美元/W_p，在公共建筑安装光伏，退税额度为 5.00 美元/W_p[54]。此外，该州最大的公共设施已经同意从在内尔尼斯空军基地的 14MW_p 光伏工厂购买 20 年产权的 SREC，使项目盈利。2008 年，该州启动项目支持12.6MW_p 的薄膜太阳能农场和它的私有赞助商——Sempra 和 First Solar 公司，能够与加州公共事业太平洋天然气和电力获得一个长期的电力购买协议。该项目展示了公私合作伙伴关系

⊖　客户支持 SREC 方法可能反映当 SREC 分配给太阳能项目开发人员时，他们倾向降低价格。因为 SREC 任务持续 8 年代表一个可预测的收入流，开发者可以更容易从贷款机构借到所需资本。

的好处，安装成本为 3.20 美元/W_p，一些分析师认为与电网电力价格相当[55]。

表 2.1 人均产能最高的十大州

	2007 年人均光伏安装量 /(W_p/人)	2008 年人均光伏安装量 /(W_p/人)
加利福尼亚州	9.1	14.6
内华达州	7.8	14.2
夏威夷州	3.0	10.6
新泽西州	5.0	8.1
科罗拉多州	3.1	7.7
亚利桑那州	3.1	4.3
康涅狄格州	0.8	2.5
特拉华州	1.4	2.2
俄勒冈州	0.8	2.1
佛蒙特州	1.2	1.8
全国平均	1.6	2.7

注：数据来源于参考文献 [28, 29]。

科罗拉多州也表现了公私伙伴关系的重要性。只有一个适度的分离的目标：到 2020 年，太阳能光伏为 0.8%。不过按光伏安装规模，该州在美国占据第三的位置[28]。它的市场已经增长，因为公共设施计划吸引了投资者。该州最大的公用事业设施——Xcel 能源，发起一个太阳能计划，包括 2.00 美元/W_p 的退税，再加上一个以 55 美元/MWh 购买 20 年的 SREC 协议。其他公用事业设施也纷纷效仿，使到 2009 年底，科罗拉多州的装机容量高于 38MW$_p$[25,56]。

内华达州和科罗拉多州可以依靠巨大的市场和良好、优秀的日晒，特拉华州两者都不具备。然而，特拉华州在促进太阳能发展的进步中给人们留下了深刻的印象。在 2005 年，该州采用美国最激进的分离目标之一，到 2019 年，电力销售的 2% 必须来自光伏发电，建立涉及大约 1/3 的安装成本的激励措施[25]。到 2009 年底，安装量已经超过了 2011 的 RPS 目标[57,58]。但是，特拉华州的主要驱动因素是美国的第一个可持续能源公共设施（SEU）。根据区域温室气体计划，在州参与季度碳津贴拍卖收益的资本支持下[59]，在多佛建立 10MW$_p$ 初期太阳公园，SEU 已经成为最大的 SREC 承购商。太阳公园将在 2011 年完成，将成为建在美国东海岸最大的太阳能发电厂。SEU 的参与是太阳公园有利经济学的一个主要原因。SREC 定价的 SEU 计划激发了在特拉华州额外的项目，其中一个是在该州最大的大学进行的 6MW$_p$ 光伏项目两阶段一部分的 2MW$_p$ 屋顶应用系统，[60,61]，另一个是州社区学院四个校园的 2MW$_p$ 分布式应用。完成这些项目将使特拉华州在人均基础上从目前排名第八的位置（表 2.1）快速提升到引领者位置。特拉华州的可持续能源市场的快速增长受到了全国的关注，最近在《纽约时报》刊登了一篇赞美 SEU 创新政策的文章[62]。

另一个小州——佛蒙特州——正在推进光伏市场发展的创新型战略。2005 年，该州立法机构设立了清洁能源发展基金（CEDF），授权在光伏和其他清洁能源选项上的投资。CEDF 提供范围广泛的资金资助，包括贷款、股权投资和直接激励[63]。到目前为止，该基金

已经认购约 $1MW_p$ 的光伏装置[63]。此外，根据佛蒙特州小规模可再生能源激励计划，已经安装了 $1.7MW_p$ 光伏系统[64]。佛蒙特州也创建了自己州在太阳能系统进行企业投资的税收抵免政策，涵盖初始资本支出的 30%。结合美国 30% 的税收抵免，佛蒙特州极大降低了投资者的预付成本障碍[25]。

每个州都有制定的政策和项目，力图发挥它们行政辖区特定的市场和社会资产的最大优势，以刺激光伏利用的快速增长。有些人可能担心这些政策的多样性会引起市场混乱，到目前为止，美国的州计划已被证明是政策创新的孵化器，引起了国家对太阳能需求的快速扩张。事实上，研究人员已经证明，州政策创新已经培育了一个强大的、致力于可持续能源的公民社会承诺，有效地挑战国家的传统能源政策[65]。

2.2.2　欧洲

2.2.2.1　德国

德国促进光伏使用已经具有 25 年多的历史。1983 年，在政府的支持下，在慕尼黑一个居民住所的屋顶上安装了第一个 $4kW_p$ 的并网光伏系统[66]。然而，德国光伏市场仍处于起步阶段。在 1989 年，累计安装仅 $1MW_p$。在 1990 年作为一个试点引入德国 1000 屋顶测量和分析计划，激发了对技术的兴趣，导致在短短 5 年内，$5.3MW_p$ 的屋顶安装系统个数超过 2000 个[67]。这些系统的性能受到政府和大学研究人员的广泛监控，导致重大的技术和管理的改进。紧接着启动了几个联邦和州资助计划，为光伏安装提供资金补贴，补贴额度从初始投资成本的 25% 到 50%[66]。这些项目为政府开始资助光伏系统提供了激励。

1990 年底，德国采用了世界上第一个上网电价（FiT）。根据法律，要求电力公用事业设施以至少 90% 的零售电价购买光伏系统产生的电力[68]。第一个上网电价费不足以引发光伏的重大发展。相反，最初与光伏有相同电价的风电，在电力供应上，从 1990 年的 0% 逐渐增加到 1998 年的 1%[18]。然而，上网电价法律与全国 1000 屋顶项目和地方拨款计划相结合，到 1998 年产生了一个 $54MW_p$ 的光伏市场，仅仅 5 年内就增长了十倍[69]。这样的经验将启动一个政策制度，无疑是世界上最成功的。

1999 年，国家政府启动了 100000 屋顶太阳能计划，为安装提供 10 年期无息贷款及最后安装豁免（本金的 10%）。到 1999 年底，根据该项目，安装了将近 4000 个系统，系统的总容量为 $10MW_p$[66]。在 2000 年，政府采用了《可再生能源法》（RESA），光伏上网电价增加了 6 倍（从 0.08 美元到 0.50 美元），要求公用事业设施签订至少购买 20 年系统输出的合同[70,71]。高上网电价、合同的长期限和零利息优惠融资为全国光伏计划安装创建了一个飞跃。前 4 个月，超过 $70MW_p$ 的光伏项目寻求政府和公用事业支持[66]。这比自 1983 年以来到现在累计安装量 $69MW_p$ 还要高[69]。换句话说，根据新政策，四个月内产生了在旧方法下 17 年才能实现的安装量。光伏容量比预期的要高得多（原计划到 2000 年，安装 $27MW_p$），政府颁发了光伏应用的一个临时禁令，放弃最后安装贷款利率豁免的条款，把贷款利率提高到 2%，还把该计划第一年 $27MW_p$ 的光伏系统安装目标增加到 $50MW_p$，把原计划 2004 年最后一年 $300MW_p$ 的目标改为 2003 年。

到 2003 年底，实现了 100000 屋顶计划的目标。为了保持光伏市场的增长，政府创造了太阳能发电项目，由 KfW 奖励银行管理[72]，以继续它的低息融资刺激。2004 年，可再生能源法案再次修改，设置的上网电价仍然较高，对于建筑基应用，从每千瓦时 0.54 欧元（大于 $100kW_p$ 的系统）到每千瓦时 0.57 欧元（大于 $30kW_p$ 的系统）。地面基应用，最初设置的上网电价为每千瓦时 0.46 欧元[73]。法律要求降低支付给光伏系统所有者的电价，建筑基系统每年降低 5%，地面基系统每年降低 6.5%。到 2008 年底应用降低计划（也就是说，2008 年支付给应用小于 $30kW_p$ 相似光伏建筑系统所有者的购电价格是 0.47 欧元）。⊖ 修订强制上网法创造了在德国强劲、持续的光伏需求，到 2008 年底，累计装机容量达到 $5.3GW_p$（图 2.9）。

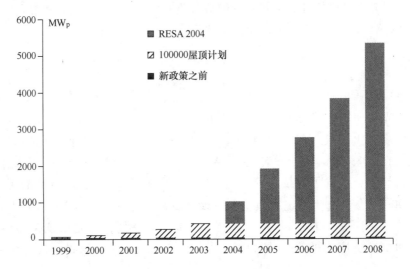

图 2.9　1999~2008 年，根据政策，德国累计并网光伏安装量。数据来源于参考文献［66］

　　2009 年，再次调整年度 FiT 计划，光伏电价下降 8%，取代早些时候的 5%。新电价适用于所有小于 $100kW_p$ 规格的系统。对所有大于 $100kW_p$ 的地面型太阳能应用和基于建筑的光伏系统，电价每年下降 10%。从 2011 年开始，FiT 设置所有系统电价每年下降 9%。如果实际年度光伏安装增长速度超过预期，可以进行额外的调整（表 2.2）。如果某一年提早实现上端目标，价格的降低将会增加 1%。同样，实现较低的目标将放缓减少 FiT 电价的 1%[12,74]。

表 2.2　德国电价削减计划：2009~2011 年

	2009 年	2010 年	2011 年
对于小系统 （<100kW）	7%（<1000MW） 8%（1000~1500MW） 9%（>1500MW）	7%（<1100MW） 8%（1100~1700MW） 9%（>1700MW）	8%（<1200MW） 9%（1200~1900MW） 10%（>1900MW）
对于大型或地面系统 （>100kW）	9%（<1000MW） 10%（1000~1500MW） 11%（>1500MW）	9%（<1100MW） 10%（1100~1700MW） 11%（>1700MW）	8%（<1200MW） 9%（1200~1900MW） 10%（>1900MW）

　　注：数据来源于参考文献［12，74］。

⊖　因美元贬值，这个速度更高，几乎每千瓦时 0.74 美元，当以当前美元进行价值评估。

通过低息贷款和多年 FiT 结合，德国市场增长的速度比任何一个国家曾实现的都要快，使德国快速成为世界安装光伏容量的顶级国家。这个惊人的成就展示了光伏市场发展政策的核心作用。⊖

2.2.2.2 西班牙

直到 2004 年，西班牙仍没有大规模的光伏市场（2003 年光伏装机容量达到 $12MW_p^{[12]}$）。2004 年，修订了国家的可再生能源法律[75]，为可再生能源的应用建立新的法律和金融框架。容量不到 $100kW_p$ 的光伏系统，25 年并网电价是参考电价的 575%，25 年后的任何输出，将获得参考电价的 460%。参考电价基于全国发电均价。⊜对于大型系统（大于 $100kW_p$），西班牙设定的可再生能源发电强制收购电价是 300%。高的 FiT 和要求电力公司从光伏系统购买电力至少 25 年，导致光伏安装迅速崛起。

到 2004 年底，光伏装机容量几乎翻了一番，达到 $23MW_p$。2005 年，西班牙政府批准了一个新的可再生能源计划，设定了一个国家目标，到 2010 年光伏安装达到 $400MW_p^{[76]}$。新计划的宣布促使光伏更快地增长，到 2006 年，光伏装机容量从 2005 年的 $48MW_p$ 增加到 $145MW_p$，增长了两倍。的确，西班牙市场扩张非常迅速，在 2007 年的秋天就实现了原定于到 2010 年实现的 $400MW_p$ 的目标，政府迅速把目标增加到 $1200MW_p^{[77]}$。在 2007 年，依据 661 号皇家法令，政府修改了光伏系统的 FiT 结构：小系统（小于 $100kW_p$）每千瓦时收到 0.44 欧元；定义了一个系统规模的新框架，容量为 0.1 ~ $10MW_p$，每千瓦时收到 0.42 欧元，大型系统（10 ~ $50MW_p$）每千瓦时收到 0.23 欧元。所有的合同都至少为 25 年[78]。⊜

2008 年，西班牙的光伏市场经历了更快的增长，装机容量增加了 5 倍，总装机容量达到了 $3.4GW_p$，仅次于德国[12]。在一年内极快的安装速度给地方纳税人制造了重大的经济压力[77]和扭曲的世界光伏组件价格。2008 年 9 月，1578 号皇家法令为 2008 年 9 月 29 日以后安装的光伏系统设立了新的上网电价。根据新的电价框架，小于 20kW 的屋顶安装系统享受 25 年每千瓦时 0.34 欧元的电价，大于 20kW 的屋顶系统和地面安装系统享受每千瓦时 0.32 欧元的电价。⊗该法令也对接受 FiT 支持系统的大小做了限定，屋顶安装系统限定在 $2MW_p$，地面安装系统限定在 $10MW_p$。接受 FiT 支持的总的新安装量在 2009 年限定为 $500MW_p$，2010 年限定为 $502MW_p$，2011 年限定为 $488MW_p^{[79]}$（图 2.10）。

2.2.3 亚洲

2.2.3.1 日本

日本具有支持光伏系统发展的长期记录。1992 年，政府开始为公共和其他设施项目进行光伏现场测试，到 1997 年，在公共建筑比如学校、医院、诊所和政府办公室安装了 $4.9MW_p$ 容量的光伏系统。1997 年，日本政府通过其经济贸易产业省启动住宅光伏系统传播

⊖ 德国政策证实政策的重要性更普遍适用于可再生能源。德国对风能、太阳能热水和生物质市场采用 FiT 和融资手段，产生了类似的令人印象深刻的成效，德国在所有这些市场新装机容量占据了领导地位[71]。

⊜ 2004 年，西班牙的平均价格是每千瓦时 7.24 欧分或 9.0 美分，导致 25 年光伏 FiT 几乎接近于 52 美分。

⊜ 按 2007 年的美元计算，这些 FiT 的电价是每千瓦时 0.60 美元、0.57 美元和 0.31 美元。

⊗ 按 2008 年的美元计算，这些 FiT 的电价分别是每千瓦时 0.63 美元和 0.50 美元。

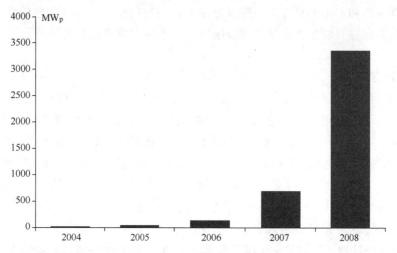

图 2.10　西班牙在 2004~2008 年累计光伏并网安装量。数据来源于参考文献 [12]

计划，由政府新能源基金会（NEF）管理。[○]该项目对于提升日本屋顶光伏技术起到了至关重要的作用。最初，补贴能提供住宅用户安装成本的 50%，补贴率随着系统成本的下降而下降[80]。当光伏安装量达到 932MW$_p$，将近日本总装机容量的三分之二以后[81,82]，2005 年停止了这个项目。政府得出结论，不再需要该项目，因为市场机制足以推动光伏增长[81]。1998 年，日本在工业和其他应用中发起了一个光伏发电系统实地测试项目，导致在 2002 年底，产生了 18.1MW$_p$的光伏安装。名为新光伏发电的现场试验的继任项目导致 62MW$_p$产业规模的光伏安装[83]。最新的实地测试计划提出政府补贴 50% 的系统成本，目的是促进中等规模和大规模的光伏系统安装。现在，光伏促进工作已经被政府推广成为一个广泛的行动计划，以产生一个低碳社会。根据该计划，70% 的新建筑需要在屋顶上安装光伏系统[84]。该计划设定到 2020 年安装 14GW$_p$，到 2030 年安装 53GW$_p$光伏系统[12]。除了国家计划，多达 300 个地方政府已经宣布支持光伏安装的计划。最大的项目之一是东京都政府宣布支持的项目，到 2010年，在家庭和公寓大楼建筑上安装约 1GW$_p$的光伏系统[12,84]。此外，电力公司已宣布计划，到 2020 年底，建造 30 个集中的光伏发电厂，总容量达到 140MW$_p$[12]（图 2.11）。

2.2.3.2　韩国

自 1993 年以来，韩国的商业、工业和能源部门（MOCIE）[○]负责实现光伏示范和现场试验项目。然而，结果甚微，到 2004 年，安装的光伏容量少于 10MW$_p$，其中一半是离网系统[12]。2003 年 12 月，韩国政府宣布，到 2011 年，能源消费的 5% 来自可再生能源，光伏的目标，到 2012 年累计安装容量为 1.3GW$_p$，2020 年安装容量为 4GW$_p$[88]。这个声明后，光伏市场的增长明显加快。

随后的项目包括一个屋顶项目，政府最初支持容量为 1~3kW$_p$住宅领域光伏系统 50%的安装成本，目标是希望到 2012 年屋顶光伏系统能达到 100000 的目标[89]。2008 年，政府通过了一项国家计划，计划到 2020 年，建成一百万绿色住宅和 200 个绿色村庄。对于这个

[○]　1994 年，作为住宅光伏系统监控计划开始[81]。

[○]　最近更名为知识经济部门（MKE）。

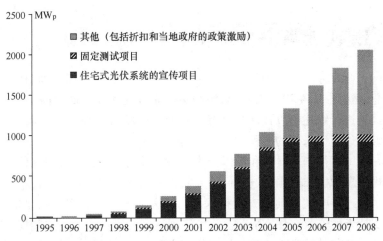

图 2.11　根据政策，1995～2008 年，日本累计并网光伏安装量。
数据来源于参考文献 ［12，81，83，85-87］

任务，政府为独栋和多用户住宅的光伏系统提供 60% 的初始成本，涵盖公共多户型出租建筑物的所有初始成本[12]。

通过总体部署项目和公共建筑义务项目，政府进一步支持公共建筑光伏的发展，项目服务于学校、公共设施和大学。根据该计划，安装了容量为 5～200kW$_p$ 的光伏系统，政府资金覆盖了高达 60% 的安装成本。根据该计划，大于 3000m^2 的新的公共建筑总建筑预算的 5% 必须花费在可再生能源系统安装上[89]。

对于最近韩国光伏装机的显著扩张，这些针对公共建筑和住宅领域的项目发挥了重要的作用，但是主要的驱动力是一个新实施的上网电价政策。上网电价按每千瓦时 700 韩元支付 15～20 年。$^{\ominus}$ 到 2008 年底，根据这个计划，约安装了 30MW$_p$ 的系统，其中 90% 的容量大于 100kW$_p$，反映了住宅、公众和商业建筑的高比例[12]。从 2012 年开始，政府计划采用可再生能源配额标准方案取代上网电价[90]（图 2.12）。

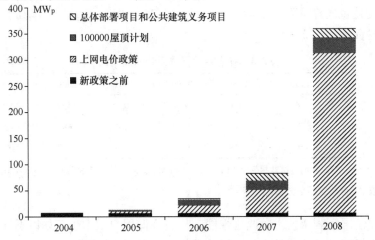

图 2.12　2004～2008 年，根据政策，韩国累计并网光伏安装量。数据来源于参考文献 ［12，88-91］

$\ominus$　按 2008 年的美元计算，这个 FiT 电价相当于每千瓦时 0.68 美元。

2.3 政策对光伏市场发展的影响

美国、德国、西班牙、日本和韩国是主要的光伏并网发电市场。到 2008 年底，这五个国家光伏装机总量达到 12.4GW$_p$，占经合组织集团累计光伏安装的 90% 以上[12]。对这些国家的光伏部署经验进行综述可以强调光伏市场发展、市场增长和技术扩散中政策的重要性。它还使我们能够通过这组采用的多种类型的工具确定这些政策的有效性。

驱动光伏在美国、德国、日本和韩国光伏发展的最初动力，是针对在住宅领域进行小规模光伏安装的规划。德国和韩国通过它们的太阳能屋顶计划支持光伏，日本利用其住宅光伏系统传播规划来促进住宅领域使用光伏技术。同样，加州采用新兴可再生能源（CEC-ER）规划，该计划支持光伏安装在住宅部门。为了实现适度的市场启动，这些规划发现：50% 或更高的初始系统成本的补贴是必要的。尽管住宅之间存在主要的差异，这些规划能够启动住宅领域小型光伏市场。针对小型住宅应用光伏部署规划初步成功后，日本、韩国和美国开始支持商业和公共建筑领域具有类似设计的规划。在这里，市场开发是适度但稳定的。这些规划的一个重要的贡献是它们对建造技术的信心。

这些国家的政策历史表明，在过去 10 年，国家政策从投资激励转向基于生产的方法。光伏上网价格和可交易的太阳能可再生排放证书（SREC）方案是这个时期首选政策工具。德国、西班牙和韩国已经实施光伏上网法律，引发了巨大的市场增长。对国家 FiT 方案的修改保证了广泛的市场应用（商业、工业、公共和住宅使用）和技术配置（如薄膜和硅，地面安装和屋顶安装）。在美国，新泽西州以其充满活力的 SREC 市场的方法，显示出复制 FiT 战略快速增长的能力。加利福尼亚州已经使用基于生产的激励机制，以促进其太阳能项目的迅速增长。预计通过 SREC 交易，基于生产的激励机制以及在国家制订可再生能源使用的目标时采用太阳能拆分计划，将在美国和其他国家（如韩国计划在 2012 年采用的 RPS 计划）获得更多的重视。

财政支持的光伏部署项目是广泛采用光伏技术的关键。然而，政府对研究和开发（研发）强有力的支持也同样重要。实际上，在过去的 25 年中，德国、日本和美国政府已经提供了重要的研发资金（表 2.3）。

表 2.3　在选定的国家累计研发支出　　　　　　　　　　（单位：百万美元）

	1975	1980	1985	1990	1995	2000	2005	2008
日本	12	49	403	726	1029	1459	2095	2268
德国	42	278	633	1006	1405	1680	1909	2073
美国	8	812	1568	1872	2332	2739	3160	3469

注：数据来源：1991～2008 年的美国数据是由 NREL 的 Robert Margolis 提供。日本和德国 1975～2008 年和美国 1975～1990 年的数据从国际能源署数据库中获得[92]。

研发支出促使国家刺激技术、改进性能，从而降低用户成本。正如以下部分所述，这个因素对建立一个长期、可持续的光伏市场政策战略的目标很重要。

无论是基于资本还是基于性能的政府直接激励，与研发资金相结合，在光伏成本降低中起到了重要的作用。一个重要的分析问题是政府直接激励、结合研发资金或其他政策工具例如碳排放税在多大程度上影响光伏的未来采用？在下一节中，我们描述了进行这样分析的方法论，然后我们将具体呈现不同的政策工具在短期和长期如何影响光伏的扩散路径。

2.4　未来光伏市场增长情况

2.4.1　扩散曲线

技术的发展已经是很长一段时间的研究重点。一个著名的观点认为，技术的发展分三个阶段：发明、创新和扩散[93]。发明指的是科学或技术创新过程或产品的初始开发，而创新是指新产品或过程到达市场。扩散是这个演化的最后阶段，是本节的重点。扩散指的是传播的过程，通过扩散过程，成功的创新通过个人和/或公司采用而被广泛使用（Schumpeter，1942 年，引自参考文献 [93]）。虽然按顺序描述发明的三个阶段：发明、创新和扩散，在实际实践中，它们之间存在周期性的关系，在这方面，包括第二或者第三代发明和创新的扩散引起的反馈作用是重要的[93]。

创新或者扩散一个有趣的方面，并不是所有的潜在买家都决定在同一时间对产品或过程投资。基于人格、行为、价值观和态度，采纳者可以分为五种类型[94-96]。包括："创新者"，占大约 2.5% 的采纳者；"早期采纳者"，占大约 12.5%～13.5% 的采纳者；"早期大多数"，占大约 34%～35% 的采纳者；"晚期大多数"，占大约 34%～35% 的采纳者；最后"落后者"，占剩余 15%～16% 的采纳者[94-96]。

基于社会经济、人格通信行为，Rogers[94] 也提出了每个采纳者类别的一般特质。例如，"创新者"和"早期采纳者"倾向于具有多年的教育和更大的技术知识特征。这个观点已经被修正，一个产品的"创新者"可能是另一个产品的"落后者"。这一点凸显了产品例如太阳能发电与潜在采纳者生活方式、态度和价值观兼容性的重要性。

创新的扩散理论有一个有用的补充："早期采纳者"和"早期大多数"之间的"鸿沟"概念。市场上，"早期大多数"的进入对产品或服务的商业可行性至关重要。与"创新者"和"早期采纳者"不一样，"早期大多数"不太可能采取长远的眼光和忍受不便及产品的复杂性。赢得此部分人群，通常基于"早期采纳者"反馈的公司的创新、产品改进和其他"有吸引力"的特征[97]。

自然、市场和技术经验增长模式通常是受限制的。这些限制可能是：如技术创新情况下潜在市场的大小，或如动植物种群的情况、生态系统的承载能力。这种类型的增长图示就像一个"S"形[98]。创新的扩散，即创新如光电、计算机或手机的市场增长，也呈现为 S 形或逻辑增长曲线[99,100]。

逻辑增长模型已被证明是预测许多不同现象的准确工具，从人类人口增长（1838 年比利时数学家 Pierre Verhulst 采用）到石油开发[101,102]。通常，技术（如电脑或手机）在最初阶段呈指数增长。然而，当一个设备在潜在市场最终达到饱和，增长的速度就慢下来，最后逐渐减少。这种方法也通常用于预测新技术[98,103,104]，包括新能源技术[105,106]（图 2.13）。

根据 Laherrère[102] 和 Meyer 等[98]，逻辑增长曲线可以表达成如下方程：

$$Q_t = \frac{U}{1 + e^{-b(t - t_m)}} \tag{2.1}$$

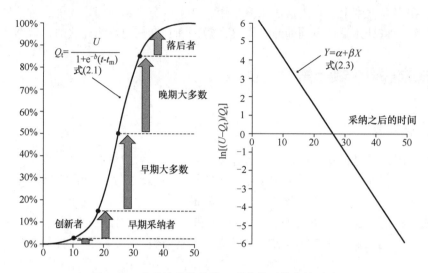

图 2.13　表示技术扩散的 S 形曲线及其线性形式

式中，Q_t 是预测变量（如在某一年由光伏供应电力的百分比）；U 是 Q_t 的饱和（最大）水平（如最大比例的电力供应假设可能来自光伏发电）；b 是斜率项，反映最初的增长率；t 是一个时间变量（年）；t_m 代表对数曲线的中点。

重新排列式（2.1），方程两边都取对数，得到

$$\ln\left(\frac{U - Q_t}{Q_t}\right) = -bt + bt_m \tag{2.2}$$

设定

$$Y = \ln\left(\frac{U - Q_t}{Q_t}\right)$$

得到常见的线性方程：

$$Y = \alpha + \beta X \tag{2.3}$$

此处，$X = t$，参数 $\alpha = bt_m$，$\beta = -b$。

把统计回归方法应用到式（2.3），能对参数 α 和 β 进行大致估算。

请注意：$t_m = -\alpha / \beta$，$b = -\beta$，式（2.1）可表达成

$$Q_t = \frac{U}{1 + e^{\beta\left(t + \frac{\alpha}{\beta}\right)}} \tag{2.4}$$

式（2.4）和用于估算式（2.3）参数的线性回归方法，与广泛用于技术扩散模型逻辑增长曲线的经典 Fisher-Pry 形式一致[103]。通过这种方式，基于到目前可用的经验，可以对感兴趣的技术（光伏技术，在这种情况下）建立一个预测模型。新技术扩散的一个关键因素是与其替代品成本之间的竞争。在初始阶段，技术扩散可以通过政府项目支持和激励实现。然而，对于大规模采用的技术，要优于其他替代品，至少具有成本竞争力。技术扩散和技术成本趋势之间的联系可以通过下一节中描述的经验曲线来表征。

2.4.2　经验曲线

经验曲线，也称为学习曲线，描述新技术长期成本趋势和采用价格之间的联系。1936

年，Wright[107]第一次提供经验曲线的数学表示[108,109]。自那以来，经验曲线已经成为分析师的一个有用的工具，来评估不同技术的成本竞争力的趋势[110-115]。

经验曲线通常用于长期战略，而非短期的战术分析。但在制定竞争战略时，经验曲线成为模拟创新市场发展的有力工具[114]。根据 Neij[110]，基于过去的成本发展，经验曲线提供预测未来成本趋势的一种手段。

图 2.14 提供了在双对数尺度，描述光伏发电的经验或学习曲线的示意图。横轴为光伏系统累计安装，纵轴是系统价格（/W_p）。◯随着光伏系统累计安装量的增长，生产者、安装者的经验也增长，导致生产和部署成本的减少。这种关系的数学表达式可以表示为[112]

$$C_t = C_0 \left(\frac{n_t}{n_0} \right)^{\beta} \tag{2.5}$$

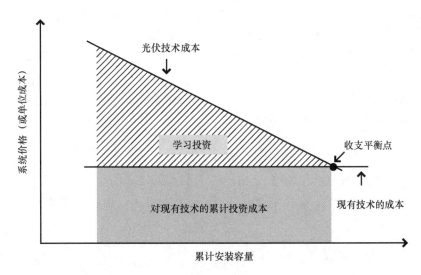

图 2.14 学习曲线和学习投资的示意图。改编自参考文献[116]

C_t 代表在未来的一段时间以一个 n_t 累计生产水平的预期成本。C_0 是产品或产品部署初始阶段的安装的已知成本。通常，当累计生产 $n_0 = 1$（例如 $1MW_p$ 或 $1GW_p$）时，计算 C_0。指数 β 在确定价格下降的速度特征时非常重要，如下面讨论。以对数形式，式（2.5）可以写成

$$\ln(C_t) = \ln(C_0) + \beta \ln(n_t) \tag{2.6}$$

得到熟悉的线性方程：

$$Y = \alpha + \beta X \tag{2.7}$$

式中，$X = \ln(n_t)$，参数 $\alpha = \ln(C_0)$。

如果已知经验曲线的数据点，式（2.7）的参数可以通过线性回归分析得到。式（2.6）表明，在对数形式下，单位成本的变化直接正比于累计输出的变化。

包含在经验曲线和应用经验曲线进行分析的参数化信息中，有两个重要的指标参数：进

◯ 系统价格是系统的安装成本，包括光伏设备、平衡系统（如逆变器、电线、面板阵列结构）、劳动力和其他安装成本，以及制造商和安装者的回报率。

步率（PR）和学习速率（LR）。

当累计产量加倍，比较不同的经验曲线可以确定价格变化。相应的价格变化给出了进步率。因此，通过累计产量翻倍，如果单位成本降低到原价的0.80，那么这种技术进步率是80%。一个特定技术的学习速率来源于进步率，从100%减去进步率得到学习速率。因此，如果进步率是80%，则相应的技术学习速率为20%。进步率和学习速率可以通过以下方程得到

$$PR = 2^{\beta} \tag{2.8}$$

$$LR = 1 - PR \tag{2.9}$$

式中，β 是斜率参数，可以通过回归方程式（2.6）和式（2.7）得到。

重要的是要提供政策支持，直到技术变得与替代源具有成本竞争力。技术变为具有成本竞争力的点被称为收支平衡点（图 2.14）。经验曲线分析可以说明使一项技术具有市场竞争力所需的投资水平。然而，将达成收支平衡点时，经验曲线不再具有预测性。即便如此，对能源政策制定者制定目标和实施措施以实现新技术经济上的可行性，经验曲线可以是一个有效的工具。

对学习曲线积分（图 2.14），可以计算达到保本价格需要的投资水平。学习投资（LI）可以按如下计算（改编自 Zwaan 和 Rabl[112]）：

$$LI = \int_{n_c}^{n_b} (C_c - C_b) \, dn = \frac{C_c}{\beta + 1} \frac{n_b^{\beta+1} - n_c^{\beta+1}}{n_c^{\beta}} - (n_b - n_c) C_b \tag{2.10}$$

式中，β 是斜率参数，由方程（2.7）推出；C_c 是目前的技术成本；C_b 是在收支平衡点的成本；n_c 是当前累计生产水平；n_b 是收支平衡点累计产量，可以由以下方程推出：

$$n_b = n_c \left(\frac{C_b}{C_c}\right)^{1/\beta} \tag{2.11}$$

最近，一些研究人员提出了把上述学习曲线（也称为单因素学习曲线）的简单公式（如上所述）扩展为双重学习曲线（2FLC）[117-120]。双重学习曲线提供了额外的能力来测量研究与开发（R&D）活动对技术成本降低的影响。双重学习曲线可以表示为

$$\ln(C_t) = \ln(C_0) + \beta \ln(n_t) + \gamma \ln(K_t) \tag{2.12}$$

式中，K_t 定义为由于过去的投资，在时间周期 t 内获得的知识存量。知识存量是过去研发投资的函数，包括折旧和时间滞后因素。知识存量可以表示为[118,119]：

$$K_t = K_{t-1}(1 - \rho) + ARD_{t-i} \tag{2.13}$$

式中，ρ 是年度的知识存量折旧率；ARD 是研发的年度支出；i 是研发投资和研发效果的时间延迟。用于光伏技术知识存量折旧率 ρ 的典型价值是 3%，研究人员采用的时间延迟 i 为两到三年[118,121,122]。

双重学习曲线导致两种不同的学习速率。第一个是边干边学率（LDR），代表通过增加生产和部署规模获得的经验，及其对成本的影响（类似于一个单因素学习曲线的学习速率）。第二个是通过探索学习率（LSR），表示通过研发增加知识对系统成本的影响。边干边学率和通过探索学习率可以表示如下：

$$LDR = 1 - 2^{\beta} \tag{2.14}$$

$$LSR = 1 - 2^{\gamma} \tag{2.15}$$

其中，β 是边干边学率指数，γ 是通过探索学习率指数。

双重学习曲线模型的主要问题在于，其独立变量高度相关（即累计安装和研发知识存量之间的高多重共线性）。一个共同的解决方案是为知识存量指数（即 γ）使用一个预定义的值，通过回归分析估计边干边学率指数（β）。在我们的模型中，假定 $\gamma = 0.154$（基于参考文献［118，120］）。采用双重学习曲线模型的结果报告见后文。

2.4.3　不同的政策方案之下，光伏发电在美国的扩散

正如前面所讨论的，近年来，美国光伏市场经历了快速增长。光伏累计安装从 1992 年的 43.5MW$_p$ 增加到了 2008 年底的 1168MW$_p$。然而，即使这样的快速增长，在 2008 年，光伏发电在美国电力供应的市场份额中只占了 0.04%[12,123]。如果目前的趋势继续下去，光伏发电份额将会进一步增加。下面，我们将在三个政策框架下：①一个国家碳税总量管制与排放交易政策；②一个国家可再生能源配额标准；③扩大国家对研发的承诺，促进高效率、低成本光伏组件的研发，对这个过程建立模型，估计太阳能发电在美国电力供应中的占有率不断攀升。

2.4.3.1　建立美国光伏市场发展的常态基准

我们根据不同的政策情况进行了扩散分析，认为在未来几十年由光伏提供的并网电力的最大份额为 25% 是合理的目标（见例如参考文献［124］）。采用了基于从式（2.2）得到的价格建立的标准扩散模型（即绘制时间变量的值 $\left[\ln\left(\frac{U-Q_t}{Q_t}\right)\right]$），对于 1990～2008 年期间的扩散率采用回归分析进行经验估算（图 2.15）。从图中，很明显，回归趋势线已经随着 2000 年之后光伏扩散加速而发生了改变。最初阶段 1992～2000 年的 β 值（即扩散率）为 -0.1172，但最近阶段 2001～2008 年，β 值增加一倍以上（-0.2543）。

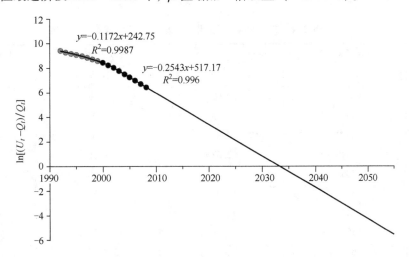

图 2.15　使用逻辑增长模型回归分析美国光伏安装量。数据来源于参考文献［123］

从 2000～2008 年，光伏发电在美国电力供应中所占的份额每年约增加 30%。基于这一历史趋势，我们构建了一个扩散模型来估计未来的光伏发电供应，当饱和假定发生在总发电量的 25%，⊖此外，假设美国发电每年将增长 1%，这种假设反映美国在 2010 年和 2030 年之

⊖　该饱和率是基于研究表明在该值下间歇性资源融入电网供应将会产生技术限制（如参考文献［124］）。

间的 EIA[8]，当必要时，在每个策略情况下，2030 年后，我们的分析将扩展，直到达到 25% 的饱和率。

利用 EIA 预测 2010~2030 年总电力供应，并假设此后的增长率为 1%，得到总的和光伏发电的概算（图 2.16 和表 2.4）。图 2.16 中光伏发电供应的预测路径被视为常态框架（BAU）。常态场景预测光伏产能从 2010 年的 $1.8GW_p$ 增加到 2055 年的 $1076GW_p$。相应地，在相同时期，美国电力供应的光伏发电份额从 0.07% 增加到 25%。

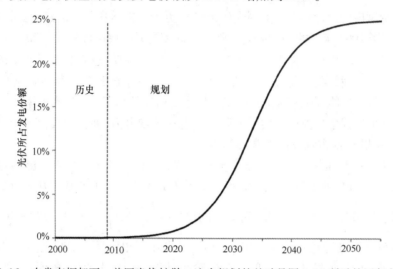

图 2.16　在常态框架下，美国光伏扩散。这个规划的基础是图 2.15 所示的回归分析，
假设 $U = 25\%$，并给出了回归参数 $\beta = -0.2543$，$t_m = 2034$。

表 2.4　常态框架下预测光伏发电和装机容量

	美国发电量① （$\times 10^9$ kWh）	光伏产品在美国电力 供应中的占比（%）	光伏发电容量 （$\times 10^9$ kWh）	光伏装机容量 GW_p②
2010	4162	0.07	2.72	1.8
2015	4339	0.23	10.07	6.7
2020	4573	0.81	37.02	24.7
2025	4840	2.67	129.16	86.1
2030	5055	7.48	377.90	251.9
2035	5312	15.09	801.79	534.5
2040	5583	21.12	1179.09	786.1
2045	5868	23.78	1395.21	930.1
2050	6166	24.64	1519.96	1013.3
2055	6482	24.90	1614.01	1076.0

① 2010~2030 年的数据来自参考文献 [8]，对 2030~2055 年，年增长率为 1%。

② 假定每年光伏能源产能每 kWp 为 1500kWh。

我们分析认为，尤其是当我们将 BAU 框架与目前的针对光伏和客户场所分布式能源采用的州级 RPS 政策所设定的目标进行比较时，常态框架规划很好实现。如前所述，14 个州和哥伦比亚特区（华盛顿，DC）在它们的 RPS 需求方面有针对太阳能或分布式发电的特定的拆分机制。加利福尼亚州、俄勒冈州和德克萨斯州在分布式发电或者光伏发电有具体的目标[25]。对这些州的电力消耗采用目前的光伏/DG RPS 要求（基于电力需求年度增长为 1%），并使用具体各州的太阳辐射，为了满足 RPS 拆分，我们确定了光伏安装容量（表 2.5）。结果表明，有 PV/DG RPS 的州，在 2015 年，总共需要 3.5GW$_p$，在 2020 年总共需要 11.8GW$_p$，来满足它们的立法目标。这些是在我们的常态框架计划下（例如 2015 年 6.7GW$_p$，2020 年 24.7GW$_p$）的将近一半（48%~52%）。选中的 17 个州（表 2.5）和华盛顿特区代表美国电力需求的一半（49%）。因此，如果剩下的州采用类似的政策举措，和/或美国开创性的 18 个州升级它们的目标，而大部分没有 RPS 规则的州采用政策战略接近早期采纳者的目标，表 2.4 中的常态框架目标将很容易实现。此外，在 BAU 框架，到 2020 年，预计光伏份额是美国电力供应总量的 0.8%，如果我们考虑在其他 OECD 国家目前的光伏装机容量，而不考虑激进容量。⊖例如，德国和西班牙已经在 2008 年达到了这种水平的光伏采用[12]。

表 2.5　州光伏发电和分布式发电目标

	光伏开拓量				安装项目/MW			
	2010	2015	2020	2025	2010	2015	2020	2025②
AZ.①	0.50%	1.50%	3.00%	4.50%	143	452	951	1499
CA							3500	3500
CO	0.20%	0.60%	0.80%	0.80%	70	219	308	323
DC	0.00%	0.20%	0.40%	0.40%	3	16	40	42
DE	0.00%	0.60%	2.00%	2.00%	2	54	204	214
IL	0.00%	0.60%	1.10%	1.50%	0	716	1317	1978
MD	0.00%	0.30%	1.50%	2.00%	11	115	724	1014
MO	0.00%	0.10%	0.20%	0.30%	0	66	138	218
NC	0.00%	0.10%	0.20%	0.20%	23	168	254	265
NH	0.00%	0.30%	0.30%	0.30%	4	30	32	34
NJ③	0.22%	965GWh	2164GWh	4610GWh	137	742	1664	3545
NM	0.20%	0.60%	4.00%	4.00%	27	87	607	638
NV	0.60%	1.20%	1.30%	1.50%	131	276	319	381
NY.①	0.10%	0.10%	0.10%	0.10%	108	176	185	195
OH	0.00%	0.20%	0.30%	0.50%	12	187	445	688
OR							20	20
PA	0.00%	0.10%	0.40%	0.50%	15	188	610	723
TX.①							500	500
总计					686	3492	11 818	15 777

① 分布式发电（DG）。

② 到 2020 年大部分的 RPS 拆分目标必须实现。

③ 2010 年 1 月，新泽西改变了基于百分比的太阳能目标到 GWh 目标。

数据来源于参考文献 [8，25]。

基于 EIA 的分析，最近的电力预测（8），假设电力消耗每年将增长 1%。光伏产能需要满足太阳能或 DG 拆分，从 NREL 获得使用平均每日太阳能辐射数据进行计算[125]，光伏系统性能比率为 75%。

——————————

⊖　这里给出的 BAU 情境，假定光伏电力供应的最大市场份额达到 25%。这个级别预计在 2055 年能达到。

光伏发电部署速度的关键因素是光伏相对于其他发电燃料和技术的发电成本。从历史上看，即使考虑输电和配电成本，传统电力供应源的平准化度电成本（LCOE）也明显低于光伏供应电力的平准化度电成本。为了并网光伏的大量接入，光伏生产的 LCOE 需求降低，和/或非光伏发电的 LCOE 必须增加。LCOE 可以按如下进行计算[112,126,127]：

$$\text{LCOE} = \text{IC} * \left(r_{O\&M} + \frac{r_{int}}{1 - (1 + r_{int})^{-n}} \right) \quad (2.16)$$

这个方程中，IC 是包括安装在内的初始资本成本；$r_{O\&M}$ 是年度运行和维护成本（O&M）在 IC 中所占的百分比；r_{int} 是实际利率；n 是以年为单位的经济体系运行寿命。在这个公式中，燃料成本出现在 $r_{O\&M}$ 中。

2009 年，光伏系统的容量-加权平均安装系统成本是 6.80 美元/W_p[30]。根据德意志银行（Deutsche Bank）的报表，在美国，和项目开发相关的融资利率在 6%~8% 之间[19]。对于 2010~2030 年的年通货膨胀率，我们利用 EIA 参考案例[8]，假定每年这个时间为 2%，光伏的实际利率为 5%。对于美国，使用具有 1500kWh/kW_p 的一个典型光伏发电系统，项目寿命周期为 25 年，安装成本为 6.80 美元/W_p，每年的 O&M 费用为初始安装成本的 1%，30% 的联邦税收抵免，我们估计光伏的 LCOE 为 25.7 美分/kWh。与此同时，最近在美国，商业和住宅客户的平均加权零售用电价格是 10.6 美分/kWh[123]。EIA 项目没有明显的现实价格（通胀调整后的），增加了美国电力零售价格的预测[8]。使用这一非常保守的假设，在住宅和商业领域，光伏系统成本为 2 美元/W_p，可与传统电网竞争。这 2 美元/W_p 的系统成本代表了光伏的保本价格。

经验曲线，正如上面所讨论的，提供了一个有用的方法来评估通过增加光伏规模生产和部署削减成本的认知，成本降低与此经验的相关性，通过学习速率表达。基于从 NREL 获得的 1998~2005 年平均安装的系统成本和累计装机容量的数据[30]，得到美国光伏系统成本的经验曲线。在分析中，近年来受到短缺影响的多晶硅被排除在外。由此产生的曲线，以双对数形式在图 2.17 给出。

图 2.17 呈现的经验曲线的斜率参数［式（2.5）~式（2.8）中的 β］的值为 -0.214。使用式（2.8）和式（2.9），美国光伏系统成本的趋势为 86.2% 的进步率和 13.8% 的学习速率。基于这个学习速率，当累计安装达到 280GW_p，系统收支平衡价格将达到 2 美元/W_p。在 BAU 情境，这种级别的光伏安装在美国将于 2031 年实现。如图 2.17 所示，在光伏安装

㊀ LCOE 提供了经济评价和比较不同的发电技术的方法。LCOE 包含了一个技术在生命周期内的所有成本，包括初始投资、运营和维护、燃料成本和资本成本。

㊁ 5% 这样获得：德意志银行（Deutsche Bank）的融资值的中点为 7%，通货膨胀为 2%（即 1.07/1.02 - 1 ≈ 0.05）。

㊂ 这个速度并不包括其他联邦（例如 MACRS）和当地的激励。如果包括 MACRS 折旧规则，光伏的 LCOE 在 BAU 情况下，降为 14.5 美分/kWh。包容税收优惠是合理的，在美国，所有的发电厂和非可再生燃料已经收到税收和其他补贴政策的待遇。应该注意的是，通常情况下，化石燃料发电厂的 LCOE 包括 MACRS 税收优惠。

㊃ 在 2006~2008 年期间，硅光伏组件价格 30 年来第一次增加。然后在 2009 年，由于新产品迅速推向市场，硅光伏组件价格迅速下跌。这种情况的讨论可以看本手册的第 1 章 1.2.3 节。

㊄ 如图 2.16，一旦在 2031 年光伏达到保本价格，在短短 24 年（即图 2.16 显示的 2031~2055 年的快速增长期），光伏市场份额将成长，实现达到美国总额电力 25% 的假设目标。

达到收支平衡以前，需要对系统成本和收支平衡价格之间的成本差进行补贴。阴影区域说明达到收支平衡点所需的总补贴，标记为学习投资。[⊖]政府计划和激励可以提高光伏生产和部署速率，推动光伏系统成本在经验曲线之下。图 2.16 概括了在 BAU 扩散路径下，要达到目标，每年需要的补贴水准，计算基于式（2.10）。

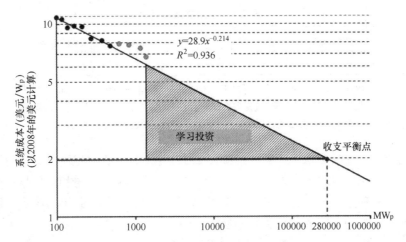

图 2.17　美国光伏系统成本经验曲线。数据来源于参考文献［30，12］。曲线的推导基于
1998～2005 年系统成本数据和美国最近几年累计安装，受短缺影响的多晶硅被排除在外

这个计算的结果显示在图 2.18 中，为了实现 BAU 年度安装目标，在 2010～2025 年，需要增加补贴水准，随后下降。总光伏补贴投资的份额逐渐减少，从 2010 年的大约 70% 的总安装成本，到 2031 年达到零。这转化为学习投资总额为 1420 亿美元（以 2008 年的美元计算）。然而，这个数字不能解释与研发（R&D）支出相关的成本降低。这将在下面进行讨论。

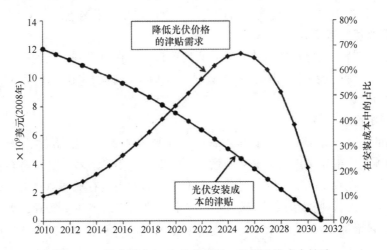

图 2.18　要求遵守 BAU 扩散情况，光伏系统成本补贴

为了估计研发的影响，发展了一个双重的学习曲线（2FLC）。根据在前面章节描述的方

⊖　这些投资是边做边学的变体。

法论，见式 (2.12)~式 (2.15)，可以得到 2FLC 模型的参数。得到的参数结果见表 2.6。估算的"边做边学"参数反映成本，由于通过光伏系统的部署获得制造和其他经验。"通过探索学习"的指标，表示与研发支出相关的成本降低。考虑到研发的影响后，学习速率归因于通过光伏系统部署获得的经验，相关的成本从 13.8% 降低到 13.1%。

表 2.6　学习参数估计

	指　标	进步率（%）	学习速率（%）
边做边学（估计）	-0.2028	86.9	13.1
通过探索学习（确定）	-0.1520	90.0	10.0

注：用于这些估计，1991 ~ 2009 期间，年度研发支出数据，是由 NREL 的 Robert Margolis 提供。1975 ~ 1990 期间的数据来源于 IEA 数据库[92]。固定的通过探索进行学习的学习率来自 Miketa 和 Schrattenholzer[118] 和 Kouvaritakis 等[120] 的研究。

为了评估年度研发投资水平，需要继续图 2.17 中成本降低的相同趋势，单因素和双因素学习曲线必须协调，以便式 (2.6) 和式 (2.12) 中的系统成本与相同的累计安装水平 n_t 相等。现在描述实现这个的方法。式 (2.17) 和式 (2.18) 修改最初的形式，以反映边做边学和通过探索学习的不同的截距和斜率参数。

$$\ln(C_t) = \ln(C_{01}) + \beta_1 \ln(n_t) \tag{2.17}$$

$$\ln(C_t) = \ln(C_{02}) + \beta_2 \ln(n_t) + \gamma \ln(K_t) \tag{2.18}$$

结合这些方程和重新排列后，知识的存量变量 K_t 引入式 (2.12)，可以得到

$$K_t = n_t^{\frac{(\beta_1 - \beta_2)}{\gamma}} \exp\left(\frac{\ln(C_{01}) - \ln(C_{02})}{\gamma}\right) \tag{2.19}$$

结合式 (2.13) 和式 (2.19)，能确定每年研发支出。平均每年研发投入需要 1.22 亿美元，以实现在 BAU 扩散路径下列出的目标。因此，在 2010 年至 2031 年，除了 1420 亿美元学习投资，预计将需要 27 亿美元的研发投入，以达到收支平衡点。

2.4.3.2　美国光伏政策框架

除了传统上支持光伏部署的税收补贴和研发项目，正在讨论一组新的政策机制，以支持美国过渡到一个"绿色能源"经济。本节评估三个政策工具，来确定它们对光伏扩展到国家电力市场的可能影响。

2.4.3.2.1　碳定价

我们评估的第一个政策工具是碳税或碳排放限制与额度交易策略。○由于电力生产中化石燃料的主导地位，引入碳定价方案将会增加电网提供电力的成本。这本身会提高必需的收支平衡光伏价格。在收支平衡价格，光伏与电网供应的电力具有成本竞争力。每吨二氧化碳有效的碳税在 25 美元，将增加 0.32 美元/W_p 的收支平衡系统成本。每吨二氧化碳有效的碳税在 50 美元，将增加 0.64 美元/W_p 的收支平衡系统成本（见图 2.19）。○每吨 25 美元的碳

○ 虽然在碳税和限额交易策略的实现之间存在重要的差异，我们这里只关注对零售电价的影响。出于这个原因，在分析中，我们对这两者不进行区分。

○ 图 2.19，我们假定 MWh 电力生产排放 0.6 吨二氧化碳，每安装 kW_p 光伏发电 1500kWh，25 年产品寿命。估计实际的贴现率为 5%。

价格在欧盟是高端的交易价值[128]。美国正在努力通过总量管制与排放交易立法机构，可能会导致每吨碳价格不到 25 美元[129]。一个额外的情景，如果目前的这个政策工具不能达到预期，则可能使用每吨 50 美元的高价格。

增加保本成本将减少累计光伏系统安装的数量，这是达到收支平衡点需要的。在每吨二氧化碳排放成本为 25 美元情况下，将在 139GW_p 达到收支平衡点，在每吨二氧化碳排放成本为 50 美元情况下，将在 76GW_p 达到收支平衡点（图 2.19）。

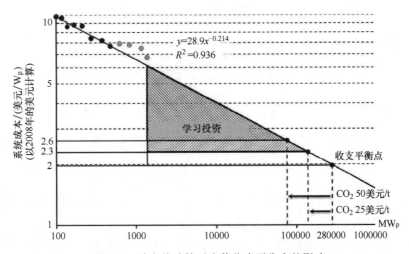

图 2.19 碳定价政策对光伏收支平衡点的影响

学习所需的投资数量将从 1422 亿美元减少到 470 亿美元（当每吨二氧化碳成本在 50 美元）和 795 亿美元（当每吨二氧化碳成本在 25 美元）。在这方面，如果来自化石燃料发电的碳排放税或限额交易津贴直接为非化石燃料发电技术提供额外的支持，光伏部署项目不仅会获得更高的保本价格，而且也将从公共投资增加中受益。例如，如果光伏生产者，达到收支平衡点之前，为了避免二氧化碳排放，需要为每吨二氧化碳排放支付 50 美元或 25 美元，那么来自光伏项目开发的额外货币收益可以分别量化为 480 亿美元或 440 亿美元。⊖

我们现在可以估计两个碳定价框架对光伏扩散的影响。对于 25 美元/吨的碳价格，包括对传统电网电力价格影响和利用碳定价的收益激励光伏使用的效果，我们预测可以在 2024 年实现平价并网，2050 年达到 25% 的饱和率。对于 50 美元/吨的碳价格，我们计划光伏达到电网平价将在 2020 年实现，在 2045 年实现 25% 饱和率。

2.4.3.2.2 光伏研发的影响

现在将注意力转向研发政策对光伏扩散的影响。增加研发公共投资的可能影响是什么？要回答这个问题，我们分析了研发情景，研发投资与边做边学（如：退税、税收减免和其他项目级别奖励）在同一水平上，如图 2.18 所示。增加研发投资促进光伏系统成本更快地下降。模仿以下情景：在过去 8 年期间，光伏发展的传统政策激励下降了约 250 亿美元，相反，250 亿美元投入到公共研发。在过去 8 年期间，这大约增加了 10 倍，从 27 亿美元增加

⊖ 这些数字是基于上页脚注⊖的假设，使用以前产品的碳税值影响收支平衡价格和达到收支平衡点所需的额外累计光伏安装量 ［即 0.64 美元/W_p × (76 - 1.3)，和 0.32 美元/W_p × (139 - 1.3)］。

到 279 亿美元。如在图 2.20 中显示：研发支出增加了十倍，使美国经验曲线的斜率从 -0.214 提高到 -0.359。因此，学习率从 14% 增加到 22%［见方程（2.8）和（2.9）］。

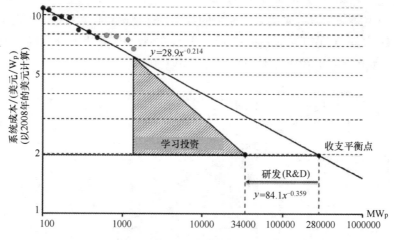

图 2.20 增加研发支出对光伏收支平衡点的影响

根据得到的结果，如图 2.20 和表 2.7 中所示，可以看出：研发支出的增加能显著减少达到收支平衡点的组合（学习和研发）投资。

使用这些学习率，我们计算出：美国对光伏公共研发十倍的增加将使电网平价的年份加速到 2018 年（从 BAU 的 2031 年）。这也缩短了达到 25% 饱和率的时间，从 BAU 的 2055 年缩短至 2040 年。

表 2.7 为了达到了光伏收支平衡点（2 美元/W_p），研发对总投资的影响

	BAU 情景下	增加 R&D 投入的情景下
R&D 投资/（$\times 10^9$美元）	2.7	27.3
边做边学投资[①]/（$\times 10^9$美元）	142.2	27.3
组合投资/（$\times 10^9$美元）	144.9	54.6

① 边做边学投资等于总政策激励（退税、税收减免等，见图 2.18）。

2.4.3.2.3 太阳能分离政策的影响

光伏快速发展的另一个政策选择是：根据国家 RPS，促进光伏分离，与美国的一些州类似（见表 2.5）。根据太阳能 RPS 要求，能源供应商需要通过自己的发电创建 SREC，或从第三方太阳能提供商购买。结构良好的 RPS 具有足够高违约行为费和法律要求，要求公用事业设施通过长期合同购买 SREC。结构良好的 RPS 会引起光伏快速部署，与德国的上网电价经验相似。具有太阳能上市的 RPS 可以创造巨大的太阳能可再生能源证书（SREC）的需求。到 2010 年，已经建立了 SREC 市场的州，每 MWh，SREC 的范围在 200 美元到 700 美元之间[51]。国家太阳能市场，考虑了更为保守的 SREC 价格，认为 SREC 从 2010 年的最初交易 200 美元/MWh（20 美分/kWh），逐渐减少到 2020 年的 100 美元/MWh（10 美分/kWh）。

这个情景依赖于一个低于 14 个先锋州的 SREC 定价时间表。事实上，最近在特拉华州、

宾夕法尼亚州、马萨诸塞州、新泽西州和其他州的政策改革已经导致 SREC 交易超过 200 美元/MWh[51]。从这个意义上说，在图 2.21 的分离情景分析，是非常保守的。在这种情况下，当累计安装达到 66GW$_p$ 将达到收支平衡点，达到电网平价需要的额外学习投资是 305 亿美元（图 2.21）。$^{\ominus}$ 根据这个保守 SREC 定价，我们预计到 2018 年光伏将达到电网平价，并在 2035 年实现 25% 的市场饱和。

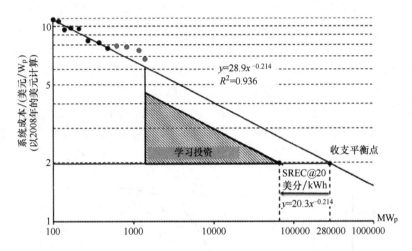

图 2.21　一个国家的 SREC 需求对光伏收支平衡点的影响

2.4.3.3　政策影响比较

表 2.8 总结了在这一节中讨论的政策方案的结果。根据 BAU，电网平价将在 2031 年达到，这需要高达 1450 亿美元的累计投资，结合学习投资（例如研发和边做边学）的累计投资。这个金额中 1422 亿美元需要政策激励，以在 2031 年达到电网平价。

表 2.8　根据不同的政策方案，达到光伏收支平衡点 2 美元/W$_p$ 所需的总投资

	BAU 情景下	CO_2 价格为 25 美元/t 时	CO_2 价格为 50 美元/t 时	增加 R&D 投资时	SREC 在 20 美分/kWh 时
R&D 投资/($\times 10^9$美元)	2.7	2.7	2.7	27.3	2.7
边做边学投资/($\times 10^9$美元)	142.2	79.5	47.0	27.3	30.5
组合投资/($\times 10^9$美元)	144.9	81.2	49.7	54.6	33.2
达到电网平价的时间	2031	2024	2020	2018	2018

注：在图 2.18 概述的计划中，将保持所有假设为边做边学投资，直到达到收支平衡点。

引入碳定价（通过税收或碳总量管制与排放交易市场）将有助于非碳基技术，例如：光伏等与常规化石燃料发电技术（天然气涡轮机、燃煤电厂等）竞争，并会减少需要达到电网平价所需的边做边学的投资。每吨二氧化碳以更高的价格进行释放，在学习曲线需要达

　$\ominus$　与碳定价和研发一样，要达到电网平价需要的学习投资需要由退税、激励和其他公共设施政策资助。

到收支平衡点所需的边做边学投资的累计量会更低（见图 2.19）。当每吨二氧化碳排放为 50 美元和 25 美元，学习投资从 1422 亿美元减少到 470 亿美元和 795 亿美元。公共研发十倍的增加，达到电网平价，边做边学投资会从 1150 亿减少到 273 亿美元（假设具有相同数量的累计研发投资）。投资显著的降低主要是因为，更早实现电网平价，即 2018 年的研发策略与 2031 年 BAU 策略相比。最后，引入国家 SREC 市场可以使累计边做边学投资减少到 305 亿美元，缩短 13 年电网平价时间（即 BAU 的 2031 年到 SREC 的 2018 年）。再次，这个场景节省非常大，近 1100 亿美元，可归因于更快地实现电网平价。

在本章，也构建了在每一个政策下研究的扩散曲线。扩散场景以 BAU 情景为基准（见图 2.16）。基于这样的假设，为每个政策场景构造相应的扩散曲线。图 2.22 显示了研究的结果，表明国家 RPS 促进光伏的最快部署。太阳能以最初 20 美分/kWh 的 SREC 价格上市，将使光伏达到美国电力市场份额的 25%，BAU 调整周期削减将近 20 年。也就是我们的 BAU 规划显示：直到 2055 年，25% 饱和率将不会发生，但国家 SREC 政策将使这一目标的实现加速到 2035 年。

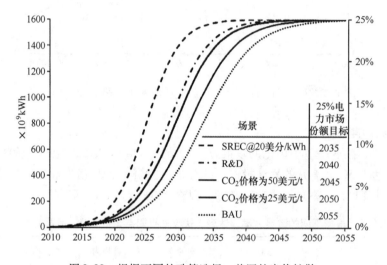

图 2.22 根据不同的政策选择，美国的光伏扩散

增加光伏研发资金也将加速扩散过程，一项展开的研发政策可以减少达到 25% 目标所需的时间近 15 年。加强知识基础设施能促进绿色能源经济，更广泛地说，地球低碳的未来，也可能是正确的说法。

最后，碳排放税或限额交易津贴对光伏扩散有明显的影响，减少光伏达到 25% 的目标将近 5 ~ 10 年（与 BAU 情况相比）。关于碳定价的影响，按顺序有三个结果。首先，相比之下，按每千瓦时，这里的碳交易价格小于 SREC 价格。[⊖]因此，这可以理解为什么它的影响较弱。当然，同样重要的是结果是美国辖区已经能够制定法律，导致 SREC 价格大大高于我们建模场景。相比之下，没有一个国家或地区能够维持每吨碳定价 25 美元以上。这导致了第三个结果。碳定价可能是最复杂和困难的政策立法，因为它的影响是广泛的，会对世界上

⊖ 25 美元每吨碳排放价格将增加美国平均零售电价约 1.5 美分/kWh，50 美元每吨的价格将提高电价 3.0 美分/kWh。

最强大的一些企业和公司经济产生负面影响。从这个角度评估，光伏研发和 SREC 不直接需要提高化石燃料竞争对手的成本。同样，这些工具会影响美国和世界经济的成本效益。从这个意义上说，它们的影响在战略上可能很大，但不能代替碳定价政策的系统性影响，即使它的污染物有效定价是适度的。

2.5 走向可持续发展的未来

在我们未来的蓝图中，Herman Scheer 通过《太阳能经济》[4] 为我们描绘了一个世界从非可再生、非可持续能源体系转向可再生、可持续的美好未来。尽管有些人同意，有些人反对，但不争的公认是要获得可持续的未来，需要以太阳能为中心的新经济。

本章的政策分析，提供了一个具体的大规模的改变规划，大规模的改变建立在使用已经发明的政策基础上。当然，全球太阳能经济需要美国参加，分析描绘了美国行动的过程，在 20 年内，美国 25% 的电力供应将来自太阳能发电。实现这个目标需要政府在光伏研发上投资，来维持技术性能和经济价值的进步，而激励机制用来组织在太阳能上的大规模投资。德国、西班牙、韩国和其他国家的上网电价工具（Scheer 发明的）⊖ 的经验，表明政策可以调动资本和发展市场，维持重要的光伏渗透率。因为国家政治和经济不同，需要有相同结果的工具。具有适当设计的 RPS、分离和 SREC 政策上网电价的模仿可以承诺所需的结果，本章的分析表明改变美国电力供应路径是可行的。

同样清楚的是，实现太阳能经济的系统政策机制需要考虑碳的使用和排放来综合定价。在这个工具的情况下，设计启动这个过程中，即使碳定价是温和的，碳的使用和排放仍然有明显的影响。从长远来看，这个工具将保证所有能源决策和投资反映这个因素。同时，系统的政策机制必须具有具体举措，比如：FiT 或者 SREC，确保快速、具体的变化。在政策设计中不采用上述光伏-聚焦政策将是一个悲剧性的错误。

面对温室效应，创建一个可持续发展的未来是极富挑战的[130]。已经采取了诸多政策，也取得了一定进展。政策、技术和社会层面都仍然充满了希望。过去已经发生了很大变化，后续 15 年的进一步改进是前途光明的。

参考文献

1. Jäger-Waldau, A, *PV Status Report 2009: Research, Solar Cell Production and Market Implementation of Photovoltaics*. Luxembourg: Office for Official Publications of the European Communities, 2009.
2. Renewable Energy Policy Network for the 21st Century, *Renewables Global Status Report 2009 Update*. Paris: REN21 Secretariat, 2009.
3. Byrne J, Toly N, Energy as a Social Project: Recovering a Discourse. in: J Byrne, N Toly, L Glover (eds) *Transforming Power: Energy, Environment, and Society in Conflict*. New Brunswick, NJ: Transaction Publishers, 2006, pp 1–32.
4. Scheer H, *The Solar Economy: Renewable Energy for a Sustainable Global Future*. London: Earthscan Publications Ltd., 2002.

⊖ 2009 年 Karl Boër 太阳能奖章授予 Hermann Scheer，因为他的 FiT 发明[134]。

5. Smil V, *Energy at the Crossroads: Global Perspectives and Uncertainties*. Cambridge, MA: The MIT Press, 2003.

6. Newman S, *The Final Energy Crisis*. London: Pluto Press, 2008.

7. International Energy Agency, *World Energy Outlook*. Paris: IEA Publications, 2009.

8. Energy Information Administration (U.S.), Annual Energy Outlook 2009 with Projections to 2030, Updated Annual Energy Outlook 2009 Reference Case with ARRA. [Online] 2009. [Cited: September 15, 2010.] http://www.eia.doe.gov/oiaf/servicerpt/stimulus/aeostim.html.

9. Energy Sources. [Online] 2010. [Cited: April 15, 2010.] http://www.eia.doe.gov.

10. International Energy Agency, *Electricity Information 2009*. Paris: IEA Publications, 2009.

11. Intergovernmental Panel on Climate Change, Fourth Assessment Report, Working Group III Report, Mitigation of Climate Change. [Online] 2007. [Cited: April 15, 2010.] http://www.ipcc.ch/ipccreports/ar4-wg3.htm.

12. International Energy Agency Photovoltaic Power Systems Program, Trends in Photovoltaic Applications: Survey Report of Selected IEA Countries between 1992-2008. [Online] 2009. [Cited: April 15, 2010.] http://www.iea-pvps.org/products/download/rep1_18.pdf.

13. Solarbuzz, World PV Industry Report Summary. [Online] 2009. [Cited: April 15, 2010.] http://www.solarbuzz.com./Marketbuzz2009-intro.htm.

14. Earth Policy Institute, Plan B 4.0 – Supporting Data for Chapters 4 and 5 – Solar. [Online] 2009. [Cited: April 15, 2010.] http://www.earth-policy.org/datacenter/pdf/book_pb4_ch4-5_solar_pdf.pdf.

15. Resources on Solar Energy. [Online] 2008. [Cited: April 15, 2010.] http://www.earthpolicy.org/Indicators/Solar/index.htm.

16. Prometheus Institute, *PV Manufacturing in the United States: Market Outlook, Incentives and Supply Chain Opportunities*. Boston, MA: Greentech Media Inc., 2009.

17. Marketbuzz, 2008 World PV Industry Report Highlights. [Online] 2009. [Cited: April 15, 2010.] http://www.solarbuzz.com/Marketbuzz2009-intro.htm.

18. Energy Information Administration (U.S.), International Energy Statistics. [Online] 2010a. [Cited: April 15, 2010.] http://tonto.eia.doe.gov/cfapps/ipdbproject/IEDIndex3.cfm.

19. O'Rourke S, Kim P, Polavarapu H, *Solar Photovoltaic Industry: Looking Through the Storm*. New York: Global Markets Research, Deutsch Bank Securities Inc., 2009.

20. Sawin J L, Another Sunny Year for Solar Power. *Worldwatch Institute*. [Online] 2008. [Cited: April 15, 2010.] http://www.worldwatch.org/node/5449#notes.

21. Mints P, 10 Years in the Sun: The Most Profitable Decade in PV History Draws to a Close. *Renewable Energy World Magazine* **13** (1), 40–45 (2010).

22. Goldman Sachs, *Alternative Energy: A Global Survey*. New York, NY: Goldman Sachs Global Markets Institute, 2007.

23. Solar Energy Industries Association, The Investment Tax Credit (ITC): SEIA's Top Legislative Priority, ITC Extended. [Online] 2008. [Cited: April 15, 2010.] http://www.seia.org/cs/solar_tax_policy.

24. Energy Information Administration (U.S.), Energy Improvement and Extension Act of 2008: Summary of Provisions. [Online] 2009c. [Cited: April 15, 2010.] http://www.eia.doe.gov/oiaf/aeo/otheranalysis/aeo_2009analysispapers/eiea.html.

25. Database of State Incentives for Renewables and Efficiency, Renewables Portfolio Standards with Solar/DG Provisions. [Online] 2010. [Cited: April 15, 2010.] http://www.dsireusa.org.

26. Bolinger M, Financing Non-Residential Photovoltaic Projects: Options and Implications. *Lawrence Berkeley National Laboratory*. [Online] 2009. [Cited: April 15, 2010.] http://eetd.lbl.gov/EAP/EMP/reports/lbnl-1410e.pdf.

27. International Renewable Energy Council, Net Metering Model Rules 2009 Edition. [Online] 2009. [Cited: April 15, 2010.] http://www.irecusa.org/NMmodel09.

28. Sherwood L, *U.S. Solar Market Trends* 2008. New York NY: International Renewable Energy Council, 2009.

29. *U.S. Solar Market Trends 2007*. New York: International Renewable Energy Council, 2008.

30. Wiser R, *et al.*, Tracking the Sun II: The installed Cost of Photovoltaics in the U.S. from 1990-2008. *National Renewable Energy Laboratory*. [Online] 2009. [Cited: April 15, 2010.]

http://eetd.lbl.gov/ea/emp/reports/lbnl-2674e.pdf.

31. California Energy Commission, A Short History of Solar Energy and Solar Energy in California. [Online] 2009. [Cited: April 15, 2010.] http://www.gosolarcalifornia.ca.gov/solar101/history.html.

32. Pollution Engineering, Celebrating 20 Years of Solar Power. *Pollution Engineering*. Troy, Michigan: Business News Publishing Co., 2004. Vol. 36, p 36.

33. U.S. Department of Energy, Utility Applications Case Study: Power for a Utility Substation in California. [Online] 2009. [Cited: April 15, 2010.] http://www1.eere.energy.gov/solar/cs_ca_substation.html.

34. Hoff T, Shugar D S, The Value of Grid-Support Photovoltaics In Reducing Distribution System Losses. *IEEE Transactions on Energy Conversion* **10** (3), 569–576 (1995).

35. California Energy Commission, History of California's Renewable Energy Programs. [Online] 2009b. [Cited: April 15, 2010.] http://www.energy.ca.gov/renewables/history.html.

36. – . Emerging Renewables Program. [Online] 2010. [Cited: April 15, 2010.] http://www.energy.ca.gov/renewables/emerging_renewables/index.html.

37. – . Emerging Renewables Program: Fourth Edition. [Online] 2005. [Cited: April 15, 2010.] http://www.energy.ca.gov/2005publications/CEC-300-2005-001/CEC-300-2005-001-ED4F.PDF.

38. – . California Solar Photovoltaic Statistics & Data. [Online] 2009. [Cited: April 15, 2010.] http://www.energyalmanac.ca.gov/renewables/solar/pv.html.

39. Pace Financing, Property-Assessed Clean Energy (PACE) Financing Explained. [Online] 2010. [Cited: April 15, 2010.] http://pacefinancing.org.

40. Barnes J, *et al*. State Incentives and Policy Trends. [Online] 2009. [Cited: April 15, 2010.] http://irecusa.org/wp-content/uploads/2009/10/IREC-2009-Annual-ReportFinal.pdf.

41. California Public Utility Commission, California Solar initiative: Staff Progress Report, January 2009. [Online] 2009. [Cited: April 15, 2010.] http://www.energy.ca.gov/2009publications/CPUC-1000-2009-002/CPUC-1000-2009-002.PDF.

42. – . California Solar initiative: Staff Progress Report, January 2008. [Online] 2008. [Cited: April 15, 2010.] http://www.energy.ca.gov/2008publications/CPUC-1000-2008-002/CPUC-1000-2008-002.PDF.

43. California Energy Commission, The California Solar Initiative – CSI. [Online] 2009d. [Cited: April 15, 2010.] http://www.gosolarcalifornia.ca.gov/csi/index.html.

44. – . California Energy Commission's New Solar Homes Partnership. [Online] 2009. [Cited: April 15, 2010.] https://www.newsolarhomes.org.

45. Summit Blue Consulting, *Assessment of the New Jersey Renewable Energy Market*. Summit Blue Consulting. 2008. Volume 1. Submitted To: New JerseyBoard of Public Utilities Office of Clean Energy.

46. New Jersey Clean Energy Program, CORE Program Changes Chronology: Customer On-site Renewable Energy (CORE), Program Updated August, 2006. [Online] 2006. [Cited: April 15, 2010.] http://www.njcleanenergy.com/files/file/COREProgramUpdate081706.pdf.

47. – . NJ Renewable Energy Systems Installed. New Jersey Board of Public Utilities Office of Clean Energy. [Online] 2009. [Cited: April 15, 2010.] http://www.njcleanenergy.com/renewable-energy/program-updates/installation-summary.

48. – . Renewable Energy Incentive Program. [Online] 2009. [Cited: April 15, 2010.] http://www.njcleanenergy.com/renewable-energy/programs/renewable-energy-incentive-program.

49. – . New Jersey Approves Solar REC-Based Financing Program. [Online] 2007. [Cited: April 15, 2010.] http://www.njcleanenergy.com/files/file/SOLARTransitionFAQs121707%20fnl2(2).pdf.

50. – . SREC Pricing. [Online] 2010. [Cited: April 15, 2010.] www.njcleanenergy.com/renewable-energy/project-activity-reports/srec-pricing/srec-pricing.

51. SRECTrade, Solar Renewable Energy Certificates (SRECs). [Online] 2010. [Cited: April 15, 2010.] http://www.srectrade.com/background.php.

52. New Jersey Clean Energy Program, Customer On-Site Renewable Energy (CORE) Program. [Online] 2009. [Cited: April 15, 2010.] http://www.njcleanenergy.com/renewable-energy/home/home.

53. – . 2009 SREC Registration Process Status Reports. [Online] 2009. [Cited: April 15, 2010.] http://www.njcleanenergy.com/misc/renewable-energy/weekly-status-reports.

54. Nevada Energy, NV Energy Will Begin Accepting Applications For The Solar Incentive Program On April 21, 2010. *SolarGenerations*. [Online] 2010. [Cited: April 15, 2010.] http://www.nvenergy.com/renewablesenvironment/renewablegenerations/solargen/index.cfm.

55. Wang U, First Solar Reaches Grid-Parity Milestone, Says Report. *GreenTechSolar*. [Online] 2008. [Cited: April 15, 2010.] http://www.greentechmedia.com/articles/read/first-solar-reaches-grid-parity-milestone-says-report-5389/.

56. Xcel Energy, Solar Rewards. [Online] 2010. [Cited: April 15, 2010.] http://www.xcelenergy.com/Colorado/Residential/RenewableEnergy/Solar_Rewards/Pages/home.aspx.

57. Delaware Public Service Commission, Certified Eligible Energy Resources (Excel spreadsheet). [Online] 2010. [Cited: April 15, 2010.] http://depsc.delaware.gov/electric/rps_resources.xls.

58. Sustainable Energy Utility Task Force, The Sustainable Energy Utility: Delaware First. *Sustainable Energy Utility*. [Online] 2008. [Cited: April 15, 2010.] http://www.seu-de.org/docs/SEU_Final_Report.pdf.

59. Regional Greenhouse Gas Initiative, [Online] 2010. [Cited: April 15, 2010.] http://www.rggi.org/home.

60. Energize Delaware, Delaware Gets Clean Energy Jobs Boost. [Online] 2010. [Cited: April 15, 2015.] http://www.energizedelaware.org/sites/default/files/Dover%20Sun%20Park%20PR%281%29.pdf.

61. University of Delaware, Introducing the University of Delaware Climate Action Plan. [Online] 2009. [Cited: April 15, 2010.] http://www.udel.edu/sustainability/footprint/.

62. Rahim S, State and Local Governments Innovate to Cut Energy Waste. *The New York Times*. February 11, 2010.

63. Vermont Clean Energy Development Fund, Vermont Clean Energy Development Fund: 2008 Annual Report. *Vermont Department of Public Service*. [Online] 2009. [Cited: April 15, 2010.] http://publicservice.vermont.gov/energy/ee_cleanenergyfund.html.

64. Renewable Energy Resource Center, The Vermont Small Scale Renewable Energy Incentive Program. [Online] 2010. [Cited: April 15, 2010.] http://www.rerc-vt.org/incentives/index.htm.

65. Byrne J, *et al*. American Policy Conflict in the Greenhouse: Divergent Trends in Federal Regional, State, and Local Green Energy and Climate Change Policy. *Energy Policy*. **35** (9), 4555–4573 (2007).

66. Erge T, Hoffmann V U, Kiefer K, The German Experience with Grid-Connected PV-Systems. *Solar Energy*. **70** (6), 479–487 (2001).

67. Laukamp H, *et al*., Reliability Issues in PV Systems-Experience and Improvements. *2nd World Solar Electric Buildings Conference*, Sydney, Australia, s.n., (2000).

68. Gipe P, The Original Electricity Feed Law in Germany. [Online] 2009. [Cited: April 15, 2009.] http://www.wind-works.org/FeedLaws/Germany/ARTsDE.html.

69. Wissing L, National Survey Report of PV Power Applications in Germany 2008. *International Energy Agency, Co-Operative Programme on Photovoltaic Power Systems*. [Online] 2, 2009. [Cited: April 15, 2010.] from http://www.iea-pvps.org/countries/download/nsr08/NSR%20Germany%202008.pdf.

70. Bolinger M, Wiser R, Support for PV in Japan and Germany. *Berkley Lab and Clean Energy Group*. [Online] 2002. [Cited: April 15, 2010.] http://eetd.lbl.gov/ea/EMP/cases/PV_in_Japan_Germany.pdf.

71. International Energy Agency, *Energy Policies of IEA Countries: Germany*. Paris: IEA Publications, 2007.

72. KfW Banking Group, Third Quarterly Report. [Online] 2005. [Cited: April 15, 2010.] http://www.kfw.de/DE_Home/Service/Download_Center/Finanzpublikationen/PDF_

Dokumente_Berichte_etc./5_Quartalsberichte/3._Quartal/3_QB_2005_e.pdf.

73. Renewable Energy Sources Act, Erneuerbare-Energien-Gesetz EEG. [Online] 2004. [Cited: April 15, 2010.] http://www.iea.org/Textbase/pm/?mode=re&action=detail&id=1969.

74. Bundesverband Solarwirtschaft, EEG 2009 Important Changes and Feed-in Tariffs for Photovoltaics. [Online] 2009. [Cited: April 15, 2010.] http://en.solarwirtschaft.de/fileadmin/content_files/EEG_revision_EN_consol.pdf.

75. Royal Decree 436, Establishing The Methodology for the Updating and Systematisation of the Legal and Economic Regime for Electric Power Production in the Special Regime. [Online] 2004. [Cited: April 15, 2010.] http://onlinepact.org/fileadmin/user_upload/PACT/Laws/Spain_436_2004_english.pdf.

76. Gil J, Lucas H, Spain: New Plan for Renewable Energy. *Renewable Energy World*. **11** (2005).

77. Voosen P, Spain's Solar Market Crash Offers a Cautionary Tale About Feed-In Tariffs. *The New York Times*. August 18, 2009.

78. Held A, *et al.*, Feed-In Systems in Germany, Spain and Slovenia – A Comparison. *International Feed-in Cooperation*. [Online] 2007. [Cited: April 15, 2010.] http://www.feed-in-cooperation.org/wDefault_7/content/research/research.php.

79. Salas V, Status of PV Policy and Market in Spain. [Online] 2009. [Cited: April 15, 2010.] http://www.mbipv.net.my/dload/Spain.pdf.

80. Jäger-Waldau A, *PV Status Report 2003: Research, Solar Cell Production and Market Implementation in Japan, USA and the European Union*. Luxembourg: Office for Official Publications of the European Communities, 2003.

81. Ikki O, Matsubara K, National Survey Report of PV Power Applications in Japan 2006. *International Energy Agency Photovoltaic Power Systems Program*. [Online] 2007. [Cited: April 15, 2010.] http://iea-pvps.org/countries/download/nsr06/06jpnnsr.pdf.

82. Jäger-Waldau A, *PV Status Report 2006: Research, Solar Cell Production and Market Implementation of Photovoltaics*. Luxembourg: Office for Official Publications of the European Communities, 2006.

83. Ikki O, Matsubara K, National Survey Report of PV Power Applications in Japan 2007. *International Energy Agency Photovoltaic Power Systems Program*. [Online] 2008. [Cited: April 15, 2010.] http://iea-pvps.org/countries/download/nsr07/2007_NSR_Japan_080610.pdf.

84. Jäger-Waldau A, *PV Status Report 2008: Research, Solar Cell Production and Market Implementation of Photovoltaics*. Luxembourg: Office for Official Publications of the European Communities, 2008.

85. Ikki O, Kaizuka I, Overview of Urban Scale PV Projects in Japan. *IEA PVPS Task 10 Workshop*. [Online] 2005. [Cited: April 21, 2010.] from http://www.iea-pvps-task10.org/IMG/pdf/5-RTS-Corporation.pdf.

86. Ikki O, Tanaka Y, National Survey Report of PV Power Applications in Japan 2003. *International Energy Agency Photovoltaic Power Systems Program*. [Online] 2004. [Cited: April 15, 2010.] http://iea-pvps.org/countries/download/nsr03/jpn.pdf.

87. Green Gross International, 2008 Global Solar Report Cards: the Time Has Come to Harness the Sun. [Online] 2008. [Cited: April 15, 2010.] http://globalgreen.org/docs/publication-96-1.pdf.

88. Yoon K H, Kim D, Yoon K S, National Survey Report of PV Power Applications in Korea 2006. *International Energy Agency Photovoltaic Power Systems Program*. [Online] 2007. [Cited: April 15, 2010.] http://iea-pvps.org/countries/download/nsr06/06kornsr.pdf.

89. International Energy Agency Photovoltaic Power Systems Program, Trends in Photovoltaic Applications: Survey Report of Selected IEA Countries between 1992-2007. [Online] 2008. [Cited: April 15, 2010.] http://iea-pvps.org/products/download/rep1_17.pdf.

90. Yoon K H, Kim D, National Survey Report of PV Power Applications in Korea 2008. *International Energy Agency Photovoltaic Power Systems Program*. [Online] 2009. [Cited: April 15, 2010.] http://iea-pvps.org/countries/download/nsr08/NSR%20Korea%202008.pdf.

91. – . National Survey Report of PV Power Applications in Korea 2007. *International Energy Agency Photovoltaic Power Systems Program*. [Online] 2008. [Cited: April 15, 2010.] http://iea-pvps.org/countries/download/nsr07/2007_nsr_korea.pdf.

92. International Energy Agency, Energy Technology RD&D 2009 Edition Database. [Online] 2010. [Cited: April 15, 2010.] http://www.iea.org/stats/rd.asp.

93. Organisation for Economic Co-operation and Development, *Technology, Innovation, Development and Diffusion*. Paris: OECD/IEA, 2003.

94. Rogers E M, *Diffusion of Innovations*. New York, NY: Free Press, 1995.

95. International Energy Agency, *Creating Markets for Energy Technologies*. Paris: IEA Publications, 2003.

96. Jenkins N, *et al. Emerging Technologies, Energy Efficiency, Roles and Linkages*. San Francisco, CA: American Council for Energy Efficient Economy, 2004.

97. Faiers A, Neame C, Consumer Attitudes Towards Domestic Solar Power Systems. *Energy Policy*. **34** (14), 797–1906 (2006).

98. Meyer P S, Yung J W, Ausubel J H, A Primer on Logistic Growth and Substitution: The Mathematics of Loglet Lab Software. *Technology Forecasting and Social Change* **61** (3), 247–271 (1999).

99. Byrne J, *et al.* Beyond Oil: A Comparison of Projections of PV Generation and European and U.S. Domestic Oil Production. in: D Y Goswami (ed.), *Advances in Solar Energy: An Annual Review of Research and Development*. Sterling, VA: Earthscan, 2005, pp 35–69.

100. Byrne J, *et al.*, The Potential of Solar Electric Power for Meeting Future U.S. Energy Needs: a Comparison of Projections of Solar Electric energy Generation and Arctic National Wildlife Refuge Oil production. *Energy Policy* **32** (2), 289–297 (2004).

101. Hubbert M K, *Energy Resources: Report to the Committee on Natural Resources*. Washington, DC: National Academy of Science and National Resource Council, 1962.

102. Laherrère J H, The Hubbert Curve: its strength and Weaknesses. [Online] 2000. [Cited: April 15, 2010.] http://dieoff.org/page191.htm.

103. Fisher J C, Pry R H, A Simple Substitution Model of Technological Change. *Technological Forecasting and Social Change*. **3** (1), 75–88 (1971).

104. Woodall P, Untangling E-Conomics: A Survey of the New Economy. *The Economist*. September 2000, pp 23–29.

105. European Wind Energy Association, *Wind Force 10: A Blueprint to Achieve 10% of the World's Electricity from Wind Power by 2020*. London: EWEA, 1999.

106. Collantes G O, Incorporating Stakeholders' Perspectives into Models of New Technology Diffusion: The Case of Fuel-cell Vehicles. *Technological Forecasting and Social Change*. **74** (3), 267–280 (2007).

107. Wright T P, Factors Affecting the Cost of Airplanes. *Journal of Aeronautical Sciences* **3** (4), 122–128 (1936).

108. Duke R, Kammen D M, The Economics of Energy Market Transformation Programs. *The Energy Journal* **20** (4), 15–64 (1999).

109. Argote L, Epple D, Learning Curves in Manufacturing. *Science*. **247**, 920–924 (1990).

110. Neij L, Cost Development of Future Technologies for Power Generation – A Study Based On Experience Curve and Complementary Bottom-Up Assessments. *Energy Policy*. **36** (6), 2200–2211 (2008).

111. Poponi D, Byrne J, Hegedu S, Break-even Price Estimates for Residential PV Applications in OCED Countries with an Analysis of Prospective Cost Reductions. *Energy Studies Review* **14** (1), 104–117 (2006).

112. Zwaan B, Rabl A, Prospects for PV: A Learning Curve Analysis. *Solar Energy* **74** (1), 19–31 (2003).

113. Colpier U C, Cornland D, The Economics of the Combined Cycle Gas Turbine – an Experience Curve Analysis. *Energy Policy*. **30** (4), 309–316 (2002).

114. International Energy Agency, *Experience Curve for Energy Technology Policy*. Paris: IEA Publications, 2000.

115. Reis D A, Learning Curves in Food Services. *Journal of Operational Research Society* **42** (8), 623–629 (1991).

116. International Energy Agency, *Energy Technology Perspectives 2008: Scenarios & Strategies*

to 2050. Paris: IEA Publications, 2008.

117. Berglund C, Söderholm P, Modeling Technical Change in Energy System Analysis: Analyzing the Introduction of Learning-by-doing in bottom-up Energy Models. *Energy Policy* **34** (12), 1344−1356 (2006).

118. Miketa A, Schrattenholzer L, Experiments with a Methodology to Model the Role of R&D Expenditure in Energy Technology Learning Processes. *Energy Policy* **32** (15), 1679−1692 (2004).

119. Barreto L, Kypreos S, Endogenizing R&D and Market Experience in the 'Bottom-up' Energy-Systems ERIS Model. *Technovation* **24** (8), 615−629 (2004).

120. Kouvaritakis N, Soria A, Isoard S, Modeling Energy Technology Dynamics: Methodology for Adaptive Expectations Model with Learning by Doing and Learning by Searching. *International Journal of Global Energy Issues*. **14** (1), 104−115 (2000).

121. Kobos P H, Reickson J D Drennen T E, Technological Learning and Renewable Energy Costs: Implications for U.S. Renewable Energy Policy. *Energy policy*. **34** (13), 1645−1658 (2006).

122. Watanabe C, Wakabayashi K, Miyazawa T, Industrial Dynamism and the Creation of a 'Virtuous Cycle' Between R&D, Market Growth and Price Reduction – the Case of Photovoltaic Power Generation (PV) Development in Japan. *Technovation*. **20** (6), 299−312 (2000).

123. Energy Information Administration (U.S.), Monthly Electric Utility Sales and Revenue Data: Utility Level Retail Sales of Electricity and Associated Revenue by End-Use Sector, State, and Reporting Month. EIA-826, 1990-2009. [Online] 2010b. [Cited: April 15, 2010.] http://www.eia.doe.gov/cneaf/electricity/page/eia826.html.

124. Denholm P, Margolis R, Very Large-Scale Deployment of Grid-Connected Solar Photovoltaics in the United States: Challenges and Opportunities. *National Renewable Energy Laboratory*. [Online] 2006. [Cited: April 15, 2010.] http://www.nrel.gov/pv/pdfs/39683.pdf.

125. National Renewable Energy Laboratory, Photovoltaic Solar Resources of the United States. [Online] 2008. [Cited: April 15, 2010.] http://www.nrel.gov/gis/solar.html.

126. Masters G M, *Renewable and Efficient Electric Power Systems*. Hoboken, NJ: John Wiley & Sons, Inc., 2004.

127. Stoft S, *Power System Economics: Designing Markets for Electricity*. New York NY: John Wiley & Sons, Inc., 2002.

128. Ellerman D A, Joskow P L, The European Union's Emissions Trading System in Perspective. Prepared for the Pew Center on Global Climate Change. *Pew Center on Global Climate Change*. [Online] 2008. [Cited: April 15, 2010.] http://www.pewclimate.org/docUploads/EU-ETS-In-Perspective-Report.pdf.

129. Aldy J E, Pizer W A, The Competitiveness Impacts of Climate Change Mitigation Policies. *Pew Center on Global Climate Change*. [Online] 2009. [Cited: April 15, 2010.] http://www.pewclimate.org/docUploads/competitiveness-impacts-report.pdf.

130. Byrne J, Kurdgelashvili L, Hughes K, Undoing Atmospheric Harm: Civil Action to Shrink the Carbon Footprint. in: P Droege (ed.), *Urban Energy Transition: From Fossil Fuels to Renewable Power*. Oxford: Elsevier, 2008, pp 27−53.

131. Lazard, *Levelized Cost of Energy Analysis – Version 3.0*. 2009.

132. Sharma A, Wilkinson S, Guest Blog: 2009 PV Module Market−Installations and Shipments up, Revenues Down. [Online] 2010. [Cited: February 15, 2010.] http://www.pv-tech.org/editors_blog.

133. Owen A, Renewable Energy: Externality Costs as Market Barriers. *Energy Policy*. **34** (5), 634−642 (2006).

134. UDaily, [Online] March 17, 2009. [Cited: April 15, 2010.] http://www.udel.edu/udaily/2009/mar/boeraward031709.html.

第3章 太阳电池物理

Jeffery L. Gray

美国印第安纳西拉法叶，普渡大学

3.1 引言

基本上，半导体太阳电池是相当简单的器件。半导体具有吸收光并将所吸收光子的部分能量传递给电流载体（电子和空穴）的能力。半导体二极管能够分离并收集载流子，并且能够优选的在特定的方向上传导所生成的电流。太阳电池就是简单的、经过精心设计和制造的半导体二极管，可有效地吸收太阳光并将其能量转换成电能。简单传统的太阳电池结构如图3.1所示。太阳光从太阳电池前表面的顶部入射，金属栅线形成二极管的一个电极，可以使落在栅线之间的半导体上的光被吸收并转换成电能。在栅线之间的减反射层可以增加透射到半导体中的光的数量。当将 n 型半导体和 p 型半导体靠在一起形成结时，就形成了半导体二极管。这种结一般通过特定杂质（掺杂剂）的扩散、注入或者沉积工艺来获得。制备在太阳电池背表面上的一层金属层是这个二极管的另一个电极。

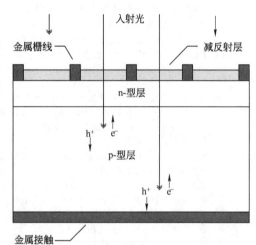

图 3.1 简单的传统太阳电池的结构示意图
（图中说明了电子-空穴对，e^- 和 h^+ 的产生）

所有的电磁辐射，包括太阳光，都是由称为光子的粒子组成的。光子携带了特定大小的能量，该能量由发光源的光谱特性决定。光子也呈现出波动性，具有波长 λ，与光子能量之间有如下关系：

$$E_\lambda = \frac{hc}{\lambda} \tag{3.1}$$

式中，h 是普朗克常数；c 是光速。只有那些能量足够产生电子-空穴对的光子，即那些能量大于半导体带隙（E_G）的光子，才能对能量转换过程有贡献。因此，在设计有效的太阳电池时，太阳光的光谱特性是一个需要考虑的重要因素。

太阳的表面温度为大约5762K，它的辐射光谱可以用在此温度下的黑体辐射来近似。从太阳以及所有的黑体上发出的辐射都是各向同性的。但是，由于地球离太阳距离遥远（大约是15000万km），只有那些朝着地球方向发射的光子才对从地球上看到的太阳光谱有贡献。所以为实用起见，可以将落在地球上的太阳光看成是平行的光子束。在刚好位于地球大气层外的地方，辐照强度，或者说太阳常数大约为 $1.353\mathrm{kW/m^2}$[1]，此时的光谱分布被称为大气质量（Air Mass）为 0（AM0）的辐照光谱。大气质量衡量的是大气吸收对到达地球表面的太阳辐照光谱和强度产生的影响。大气质量数可按下式计算[1]：

$$\mathrm{Air\ Mass} = \frac{1}{\cos\theta} \tag{3.2}$$

式中，θ 为入射角（当太阳从头顶直射时，$\theta = 0$）。在地球表面，大气质量数总是大于或者等于 1。

比较太阳电池的性能，广泛采用的标准是将总功率密度归一化成 $1\mathrm{kW/m^2}$ 的 AM1.5 光谱。由于大气以及周围景物的散射和反射，在地球表面上的太阳光谱还含有漫射（间接照射）的成分，其大概占入射到太阳电池上的太阳光的 20%。所以，大气质量数可以进一步按照所测量的光谱中是否含有漫射成分来进行定义。AM1.5g（global）光谱包括了漫射成分，而 AM1.5d（direct）不包含漫射成分。黑体（$T = 5762\mathrm{K}$）、AM0，以及 AM1.5g 光谱如图 3.2 所示。在第 18 章和第 22 章，有对大气质量和太阳辐照的更加详细的描述。

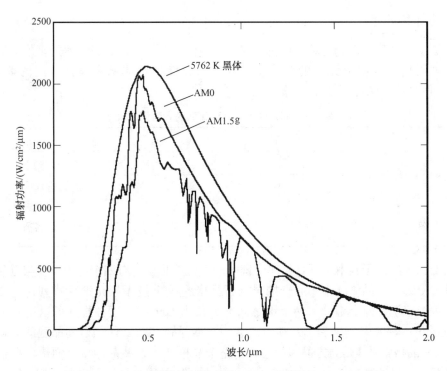

图 3.2　5762K 下的黑体辐射光谱、AM0 光谱以及 AM1.5g 光谱

太阳电池工作的物理原理是本章的主题。首先，对半导体的基本性质进行简单介绍，包括半导体的能带结构，以及载流子的产生、复合和输运。接着，介绍 pn 结二极管的静电特性，然后，介绍太阳电池的基本工作特性，包括推导理想太阳电池的电流-电压特性表达式（基于求解少子扩散方程）。电流-电压特性用来确定太阳电池的基本性能参数，也就是，开路电压 V_{OC}、短路电流 I_{SC}、填充因子 FF、转换效率 η 以及收集效率 η_c。这里的大部分讨论集中在为什么载流子复合是控制太阳电池性能的最基本因素。最后，给出了一些与太阳电池工作、设计和分析有关的另外一些内容。这包括带隙和效率之间的关系、太阳电池的光谱响

应、寄生电阻效应、温度效应、电压对收集效率的影响、对一些新型电池设计概念的简单介绍，以及对太阳电池进行的详细数值模拟的简单总结。

3.2　半导体的基本性质

理解半导体太阳电池的工作原理，需要熟悉固体物理中的一些基本概念。这里，对太阳电池物理所需要的基本概念做简单介绍。更完整严格的计算可以从一些参考文献[2-6]中找到。

太阳电池可以用很多半导体材料制备，最常用的是硅（Si），包括单晶的、多晶的，以及非晶的。太阳电池也能用 GaAs、GaInP、Cu(InGa)Se$_2$，以及 CdTe 制备，这里所列出的仅是很少的几种。对太阳电池材料的选择主要基于它们的吸收特性是否很好地与太阳光谱相匹配，以及它们的制造成本。由于吸收特性与太阳光谱匹配得非常好，并且硅加工技术作为半导体电子工业蓬勃发展的结果已经相当成熟，硅已经成为最常见的太阳电池材料。

3.2.1　晶体结构

电子级半导体是非常纯的单晶材料。它们的晶体性质意味着原子是按规则的周期阵列排布的。这种周期性与组分元素的原子特性相结合，使半导体具有非常有用的电学性能。表 3.1 给出的是简化的含有几种元素的元素周期表。

表 3.1　简化的含有几种元素的元素周期表

I	II	III	IV	V	VI
		B	C	N	O
		Al	Si	P	S
Cu	Zn	Ga	Ge	As	Se
Ag	Cd	In	Sn	Sb	Te

可以看到，硅在IV族中，硅具有四个价电子，也就是说，有四个电子可以与近邻的原子共用形成共价键。在晶体硅中，原子按金刚石晶格（碳也是IV族元素）排列，结合成四面体键，即每个原子有四个键，每两个键之间的夹角为 109.5°。这种排列可以用两个相互贯穿的面心立方（fcc）晶胞来表示，其中，第二个 fcc 晶胞沿着第一个 fcc 晶胞的对角线平移 1/4 的距离。晶格常数 l 是立方晶胞的边长，整个晶格通过这些晶胞堆叠而成。在很多二元的III-V族和II-VI族半导体中，比如在 GaAs（一种III-V族化合物）以及 CdTe（一种II-VI族化合物）中，存在相似的排列，它们是闪锌矿晶格。例如，在 GaAs 中，相互贯穿的 fcc 晶胞，一个是完全由 Ga 原子组成的，另一个是完全由 As 原子组成的。对每种化合物，平均价数是四价，因此每个原子都形成四个键，并且，每个共价键包含两个价电子。半导体的一些性质与晶格的取向有关。将晶体结构分解成立方晶胞，使得可以更容易采用米勒指数来定义晶向。

3.2.2　能带结构

在太阳电池物理中最重要的是周期性晶体结构如何决定半导体的电学性质。电子在半导体材料中运动就像限制在三维盒子中的粒子，这个盒子由于组成它的原子核和紧密束缚于核的电子而形成的电势场而具有复杂的内部结构。通过求解与时间无关的薛定谔方程，即

$$\nabla^2 \psi + \frac{2m}{\hbar^2} \left[E - U(\vec{r}) \right] \psi = 0 \tag{3.3}$$

可以从电子的波函数 ψ 确定电子的动态行为。式中，m 是电子质量；$\hbar$ 是约化普朗克常数；E 是电子能量；$U(\vec{r})$ 是在半导体中的周期势能。对这个量子力学方程求解超出了这里所要研究的范围，这里要说明的是，这个方程得到的结果决定了半导体的能带结构（允许的电子能量以及电子能量和动量之间的关系）。而且，还告诉我们，如果将电子的质量 m 采用有效质量 m^* 代替，则可以采用通过经典力学中的牛顿第二运动定律计算电子在自由空间中的运动，来对通过量子力学计算电子在晶体中的运动做很好的近似。

$$F = m^* a \tag{3.4}$$

式中，F 是所施加的外力；a 是电子的加速度。图 3.3 画出了一个简单的能带结构。图中给出的是所允许的电子能量与晶体动量之间的关系：$p = \hbar k$，其中，k 是波矢量（这里简化成标量），对应于薛定谔方程的波函数的解。这里，只画出了感兴趣的中间能带，低于价带的能带假定是完全被电子占据的，高于导带的能带假定是全空的。电子的有效质量由能带的曲率确定

$$m^* \equiv \left[\frac{\mathrm{d}^2 E}{\mathrm{d} p^2} \right]^{-1} = \left[\frac{1}{\hbar^2} \frac{\mathrm{d}^2 E}{\mathrm{d} k^2} \right]^{-1} \tag{3.5}$$

另外，在接近价带顶的位置，有效质量是负的。电子（＊）对能态从底部往顶部进行填充，由于一些电子被热激发到导带中去了，接近价带顶的能态是空的（o）。这些空的能态，为了方便，可以认为是具有正的有效质量的带正电荷的电流载流子，称为空穴。对具有正有效质量的相对数量较少的空穴进行处理，从概念上讲是比较容易的，因为其行为就像经典的带正电荷的粒子。

注意，有效质量在每个能带中不是常数。但价带顶和导带底近似是抛物线状的，所以电子（m_n^*）的有效质量在接近导带底的地方是常数，空穴的有效质量（m_p^*）在接近价带顶的地方是常数。这是非常实用的假设，可以使对半导体器件比如太阳电池的模拟分析大大简化。

当导带的最小值与价带的最大值出现在相同的晶体动量值时，如图 3.3 中所示，这样的半导体称为直接带隙半导体。当它们不一样时，半导体称为间接带隙半导体。这对于本章后面要考虑半导体对光的吸收非常重要。

甚至是非晶材料也能呈现出相似的能带结构，在短程距离内，原子按一定的周

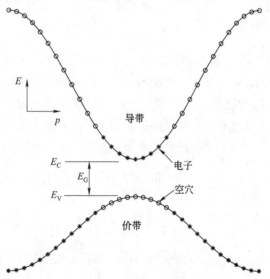

图 3.3　直接带隙（E_G）半导体在
$T > 0\mathrm{K}$ 时的简化的能带图
（在价带顶附近的电子已经被热激发到了导带底的空态中，留下了空穴。激发的电子和留下的空穴分别是负的和正的可以迁移的电荷，使半导体具有其独特的输运性能）

期排列，可以确定电子的波函数。从这些小区域产生的波函数相互重叠，确定一个迁移率带隙，在这个迁移率带隙之上的电子构成导带，在带隙之下的空穴构成价带。但是，不像晶体材料，在迁移率带隙中存在大量的局域能态（带尾和悬挂键），这使对用这些材料制成的器件进行分析变得复杂。非晶硅（a-Si）太阳电池将在第12章中讨论。

3.2.3　导带和价带态密度

通过采用在导带中的质量为 m_n^* 的负电荷粒子和在价带中的质量为 m_p^* 的正电荷粒子对半导体中的电子运动动力学进行近似，从而计算在每个带中的态密度。这再次包括对在盒子中的粒子的波函数求解与时间无关的薛定谔方程，只不过此时的盒子是空的。组分原子的周期势场所带来的所有复杂性都已包含在了有效质量中。

导带的态密度[3] 为

$$g_C(E) = \frac{m_n^* \sqrt{2m_n^*(E - E_C)}}{\pi^2 \hbar^3} \mathrm{cm}^{-3}\mathrm{eV}^{-1} \tag{3.6}$$

价带的态密度为

$$g_V(E) = \frac{m_p^* \sqrt{2m_p^*(E_V - E)}}{\pi^2 \hbar^3} \mathrm{cm}^{-3}\mathrm{eV}^{-1} \tag{3.7}$$

3.2.4　平衡载流子浓度

当半导体处于热平衡时（即温度恒定，并且没有外部注入或者载流子产生时），费米函数决定了在每个能级上已填充的能态与未填充能态之间的比值，如下：

$$f(E) = \frac{1}{1 + e^{(E - E_F)/kT}} \tag{3.8}$$

式中，E_F 是费米能级；k 是玻耳兹曼常数；T 是热力学温度。如图3.4中所示，费米函数极大地依赖于温度。在绝对零度时，其是一个阶跃函数，在 E_F 之下的能态全部被电子填充，在 E_F 之上的能态全部是空的。当温度升高时，热激发会使 E_F 以下的一些能态变空，在 E_F 之上，就有相应数量的能态被激发的电子填充。

所以，平衡的电子和空穴浓度（#/cm³）为

$$n_0 = \int_{E_C}^{\infty} g_C(E)f(E)\,\mathrm{d}E = \frac{2N_C}{\sqrt{\pi}}F_{1/2}((E_F - E_C)/kT) \tag{3.9}$$

$$p_0 = \int_{-\infty}^{E_V} g_V(E)[1 - f(E)]\,\mathrm{d}E = \frac{2N_V}{\sqrt{\pi}}F_{1/2}((E_V - E_F)/kT) \tag{3.10}$$

式中，$F_{1/2}(\xi)$ 是 Fermi-Dirac 函数的 1/2 阶积分，即

$$F_{1/2}(\xi) = \int_0^{\infty} \frac{\sqrt{\xi'}\mathrm{d}\xi'}{1 + e^{\xi' - \xi}} \tag{3.11}$$

导带和价带的有效态密度（#/cm³）N_C 和 N_V 分别为

$$N_C = 2\left(\frac{2\pi m_n^* kT}{h^2}\right)^{3/2} \tag{3.12}$$

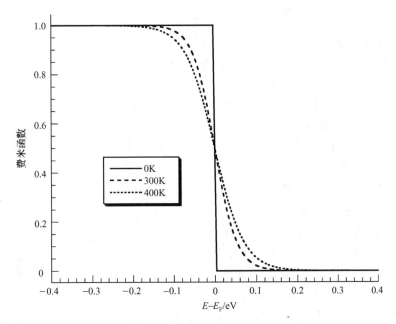

图 3.4　不同温度下的费米函数

$$N_V = 2\left(\frac{2\pi m_p^* kT}{h^2}\right)^{3/2} \tag{3.13}$$

当费米能级 E_F 远离任何带边（ $>3kT$ ）时，载流子的浓度可以近似成（在 2% 以内）[7]：

$$n_0 = N_C e^{(E_F - E_C)/kT} \tag{3.14}$$

$$p_0 = N_V e^{(E_V - E_F)/kT} \tag{3.15}$$

　　这种情况的半导体被称为非简并的。在非简并的半导体中，平衡电子和空穴浓度的乘积与费米能级的位置无关，为

$$p_0 n_0 = n_i^2 = N_C N_V e^{(E_V - E_C)/kT} = N_C N_V e^{-E_G/kT} \tag{3.16}$$

在热平衡的未掺杂（本征的）半导体中，在导带中的电子数量和在价带中的空穴数量是相等的 $n_0 = p_0 = n_i$ ，其中，n_i 是本征载流子浓度。本征载流子浓度可以从式（3.17）中计算出来，即

$$n_i = \sqrt{N_C N_V} e^{(E_V - E_C)/2kT} = \sqrt{N_C N_V} e^{-E_G/2kT} \tag{3.17}$$

在本征半导体中的费米能级为 $E_i = E_F$ ，如下：

$$E_i = \frac{E_V + E_C}{2} + \frac{kT}{2}\ln\left(\frac{N_V}{N_C}\right) \tag{3.18}$$

　　E_i 一般非常接近带隙的中央。与态密度和典型的掺杂浓度相比，本征载流子浓度（在硅中，$n_i \approx 10^{10}\,\mathrm{cm}^{-3}$ ）一般非常小，本征半导体的行为表现得非常像绝缘体，也就是说它们不能做导体。

　　可以通过引入特定的杂质或者掺杂剂，来控制在各自能带中的电子和空穴的数量，以及由此带来的半导体的导电性，称为施主和受主。例如，当将半导体硅用磷掺杂时，所引入的每个磷原子可以往导带中给出一个电子。从表 3.1 中可以看出，磷是元素周期表 V 族中的元

素，因而具有 5 个价电子。其中的 4 个用来满足硅晶格的 4 个共价键，第 5 个用来填充导带中空的能态。如果硅用硼掺杂（Ⅲ族中的元素，因而是 3 价的），每个硼原子从价带中接受一个电子，留下一个空穴。所有的杂质会在能带结构中引入另外的局域电子态，通常处在 E_C 和 E_V 之间的带隙中，如图 3.5 所示。如果由施主原子引入的能级 E_D 离导带边非常近（在几个 kT 以内），那么就会有足够的热能使得额外的电子去占据导带中的能态。施主就会变成正电性的（离子化），当分析这种情况下的静电性能时就必须考虑。相似地，受主原子将会引入负电性的（离子化）能态 E_A。控制引入到半导

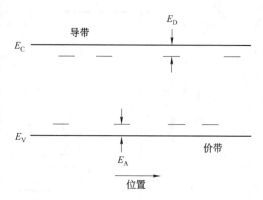

图 3.5　在半导体中的施主和受主能级
（这些能态的不均匀空间分布强化
了它们都是局域态的概念）

体中的施主和受主杂质可以分别获得 n 型（电子是主要的导电源）和 p 型（空穴是主要的导电源）的半导体。这是构建所有半导体器件的基础，包括太阳电池。离子化的施主和受主的数量由下式给出[7]：

$$N_D^+ = \frac{N_D}{1 + g_D e^{(E_F - E_D)/kT}} = \frac{N_D}{1 + e^{(E_F - E_D')/kT}} \tag{3.19}$$

$$N_A^- = \frac{N_A}{1 + g_A e^{(E_A - E_F)/kT}} = \frac{N_A}{1 + e^{(E_A' - E_F)/kT}} \tag{3.20}$$

式中，g_D 和 g_A 是施主和受主的位置简并因子。一般 $g_D = 2$，$g_A = 4$。这些因子可以约化并入到施主和受主的能量中。因此，有

$$E_D' = E_D - kT \ln g_D \text{ 以及 } E_A' = E_A + kT \ln g_A$$

通常，假设施主和受主是完全离子化的，因此，在 n 型材料中 $n_0 \approx N_D$，在 p 型材料中 $p_0 \approx N_A$。这样，费米能级在 n 型材料中可以写成

$$E_F = E_i + kT \ln \frac{N_D}{n_i} \tag{3.21}$$

在 p 型材料中可以写成

$$E_F = E_i - kT \ln \frac{N_A}{n_i} \tag{3.22}$$

当向半导体中引入了非常高浓度的掺杂剂时，掺杂剂不能再被认为是体系的微扰。它们在能带结构上的作用必须要考虑。一般地，这种所谓的重掺杂效应体现为带隙 E_G 的减小，因而增加了本征载流子浓度，这从式（3.17）中可以看出。这种能带变窄（BGN）[8]对太阳电池性能是有害的，太阳电池一般要被设计得避免这种效应，尽管在靠近太阳电池接触的地方，重掺杂区是一个需要的因素。

3.2.5　光吸收

太阳电池工作的基础是通过吸收太阳光产生电子-空穴对。电子直接从价带激发到导带（留下空穴）称为本征吸收。在吸收过程中，所有粒子的总能量和动量必须守恒。由于光子

的动量 $P_\lambda = h/\lambda$，与晶体的动量范围 $P = h/l$ 相比是非常小的，所以在光吸收过程中，可以认为必须保证电子的动量守恒[⊖]。给定能量 hv 的光子的吸收系数正比于电子从始态 E_1 跃迁到终态 E_2 的概率 P_{12}、电子在始态的密度 $g_V(E_1)$ 以及可以利用的终态的密度，并对所有的 $E_2 - E_1 = hv$ 的可能的态间跃迁进行求和[9]，有

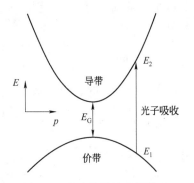

$$\alpha(hv) \propto \sum P_{12} g_V(E_1) g_C(E_2) \qquad (3.23)$$

假设所有的价带态是满的，所有的导带态是空的。由于自由电子被激发到导带后在价带中留下空穴，吸收导致电子-空穴对产生。

图 3.6　在直接带隙半导体中的光子吸收，入射光子的能量为
$$hv = E_2 - E_1 > E_G$$

在直接带隙半导体中，比如在 GaAs，GaInP，CdTe 和 Cu(InGa)Se$_2$ 中，基本的光子吸收过程如图 3.6 所示。在跃迁中必须保证能量和动量守恒。每个在价带中的能量为 E_1 和晶体动量为 p_1 的电子始态都与在导带中的能量为 E_2 和晶体动量为 p_2 的终态相关联。由于电子的动量是守恒的，终态的晶体动量与始态的相同，$p_1 \approx p_2 = p$。

能量守恒表明，吸收的光子能量为

$$hv = E_2 - E_1 \qquad (3.24)$$

由于我们假设能带是抛物线状的，有

$$E_V - E_1 = \frac{p^2}{2m_p^*} \qquad (3.25)$$

$$E_2 - E_C = \frac{p^2}{2m_n^*} \qquad (3.26)$$

将式（3.24）、式（3.25）和式（3.26）结合就可以得到

$$hv - E_G = \frac{p^2}{2}\left(\frac{1}{m_n^*} + \frac{1}{m_p^*}\right) \qquad (3.27)$$

以及直接跃迁的吸收系数[9]为

$$\alpha(hv) \approx A^*(hv - E_G)^{1/2} \qquad (3.28)$$

式中，A^* 是常数。在一些半导体材料中，量子选择定则不允许 $p = 0$ 处的跃迁存在，但是允许 $p \neq 0$ 处的跃迁。在这样的情形中[9]，有

$$\alpha(hv) \approx \frac{B^*}{hv}(hv - E_G)^{3/2} \qquad (3.29)$$

式中，B^* 是常数。

在间接带隙半导体中（像 Si 和 Ge 中），价带顶与导带底处在不同的晶体动量上，电子的动量守恒必须要求光子的吸收过程有另外的粒子参与。声子，代表在半导体中的晶格振动，适合于这种过程，因为它们是低能量的粒子，但是具有相对高的动量，如图 3.7 所示。

⊖　太阳光的波长 λ 在微米（10^{-4} cm）量级，而晶格常数是几埃（10^{-8} cm）。所以，晶体的动量大小是光子动量的几个数量级。

声子辅助光吸收要么是通过吸收声子，要么是通过发射声子。当吸收声子时，吸收系数[9]为

$$\alpha_a(hv) = \frac{A(hv - E_G + E_{ph})^2}{e^{E_{ph}/kT} - 1} \quad (3.30)$$

当发射声子时，吸收系数[9]为

$$\alpha_e(hv) = \frac{A(hv - E_G - E_{ph})^2}{1 - e^{-E_{ph}/kT}} \quad (3.31)$$

由于两个过程都是可能发生的，所以有

$$\alpha(hv) = \alpha_a(hv) + \alpha_e(hv) \quad (3.32)$$

由于间接带吸收过程同时需要声子和电子才能发生，吸收系数不但依赖于填满的电子始态和空的电子终态的密度，而且依赖于具有所需要动量的声子（无论是吸收还是发

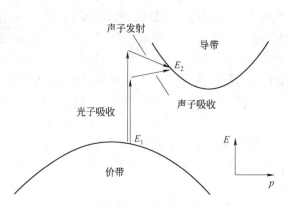

图 3.7 在间接带隙半导体中，对 $hv < E_2 - E_1$ 的光子和 $hv > E_2 - E_1$ 的光子的光吸收

（在每种情形中，分别通过吸收和发射声子来保持能量和动量守恒）

射）。因而，与直接跃迁相比，间接跃迁的吸收系数相对较小。结果，光在间接带隙半导体中比在直接带隙半导体中具有更大的穿透深度。如图 3.8 所示，Si 是间接带隙半导体，GaAs 是直接带隙半导体。在本书其他地方给出了其他半导体的类似图谱。

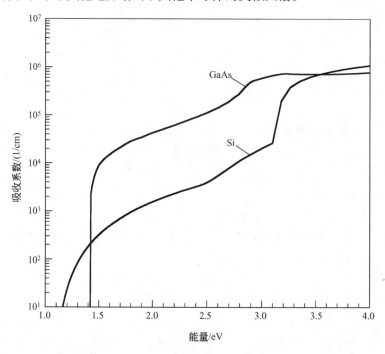

图 3.8 Si（间接带隙）和 GaAs（直接带隙）在 300K 时的吸收系数与光子能量之间的关系（它们的带隙分别为 1.12eV 和 1.4eV）

无论是在直接带隙还是在间接带隙材料中，尽管上述机制是主要的，但都包含了很多的光子吸收过程。如果光子的能量足够高（在图 3.8 中可以看到，对 Si 来说大约 3.3eV），没有声子辅助的直接跃迁在间接带隙材料中也能发生。反过来，在直接带隙材料中，声子辅助

吸收也是可能的。在决定半导体的吸收过程中，其他机制也会起一定作用。这包括在电场作用下的吸收（Franz-Keldysh 效应），禁带中的局域态辅助吸收，以及当大量导带态非空以及/或者大量价带态不满时发生的简并效应，比如发生在重掺杂材料中（BGN）和发生在高注入情况下（Burstein-Moss 偏移）。这样，净吸收系数就是所有吸收过程吸收系数的总和。

$$\alpha(h v) = \sum_i \alpha_i(h v) \tag{3.33}$$

在实际情况中，在分析和模拟时采用的是测量得到的吸收系数或者吸收系数的经验表达式。第 17 章中有对从测量中提取光学参数，以及光学常数和电学常数之间的关系的详细介绍，特别是针对薄膜材料和导电氧化物材料，包括重掺杂的材料。电子-空穴对产生的速率（每秒每立方厘米内产生的电子-空穴对的数量）是在太阳电池内所处位置的函数，为

$$G(x) = (1 - s) \int_{\lambda} (1 - r(\lambda)) f(\lambda) \alpha(\lambda) e^{-\alpha x} d\lambda \tag{3.34}$$

式中，s 是栅线遮光系数；$r(\lambda)$ 是反射率；$\alpha(\lambda)$ 是吸收系数；$f(\lambda)$ 是入射的光子流密度（单位面积上每秒钟每个波长下入射的光子数），并且，假定太阳光在 $x = 0$ 处入射。这里，吸收系数已经通过关系 $h v = h c / \lambda$ 转变为光子波长的函数，通过用每个波长下的入射功率密度除以光子的能量得到光子流密度 $f(\lambda)$。

导带中的电子会吸收光子能量移动到导带中更高的空能态上去（在价带中的空穴也会发生类似的吸收），这称为自由载流子吸收，一般只有在光子的能量 $E < E_G$ 时才会显著，因为自由载流子吸收的吸收系数随波长的增加而增大。

$$\alpha_{fc} \propto \lambda^{\gamma} \tag{3.35}$$

式中，$1.5 < \gamma < 3.5$[9]。因而，在单结太阳电池中，这不会影响电子-空穴对的产生，可以被忽略（尽管为了确定复合参数可以用自由载流子吸收来探测在太阳电池中的过剩载流子浓度[10]）。然而，自由载流子吸收在叠层太阳电池系统中是要考虑的，其中宽带隙（E_{G1}）的太阳电池叠在带隙较小的（E_{G2}）太阳电池的上面。能量太低不能被顶电池吸收的光子（$h v < E_{G1}$）会透进底层电池中并在那里被吸收（如果 $h v > E_{G2}$）。当然，可以将更多的太阳电池叠在一起，只要 $E_{G1} > E_{G2} > E_{G3} \cdots\cdots$ 在叠层电池中，由于会发生一定数量的自由载流子吸收，穿透到下一结电池中的光子数量会减少。这种损失可以通过对太阳光谱进行分光，然后将分好的光谱引导到多结系统中与之匹配的子电池上来避免[11]。在第 8 章和第 12 章中将对叠层电池进行更详细的讨论。

3.2.6　复合

当半导体偏离热平衡时，例如在辐照和/或电流注入时，电子（n）和空穴（p）的浓度倾向于通过复合过程重新回到它们的平衡值，电子从导带重新落回价带，抵消价带中的空穴。这里将要讨论几种对太阳电池工作来讲重要的复合机制：通过在带隙中的陷阱（缺陷）的复合、辐射（带间）复合和俄歇复合。这三种过程如图 3.9 所示。

通过带隙中的单能级陷阱（SLT）在能量为 $E = E_T$ 处发生的复合，通常也称为 Shockley-Read-Hall 复合。其每秒钟在单位体积内的净复合率为[12]

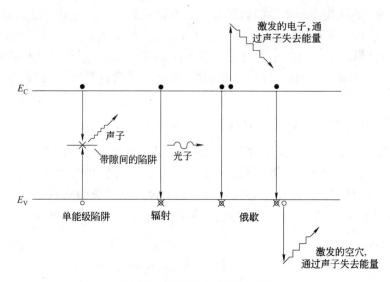

图 3.9　半导体中的复合过程

$$R_{\mathrm{SLT}} = \frac{pn - n_{\mathrm{i}}^2}{\tau_{\mathrm{SLT,n}}(p + n_{\mathrm{i}}\mathrm{e}^{(E_{\mathrm{i}} - E_{\mathrm{T}})/kT}) + \tau_{\mathrm{SLT,p}}(n + n_{\mathrm{i}}\mathrm{e}^{(E_{\mathrm{T}} - E_{\mathrm{i}})/kT})} \tag{3.36}$$

其中，载流子寿命为

$$\tau_{\mathrm{SLT}} = \frac{1}{\sigma v_{\mathrm{th}} N_{\mathrm{T}}} \tag{3.37}$$

式中，σ 为俘获截面（对电子是 σ_{n}，对空穴是 σ_{p}）；v_{th} 是载流子的热速度；N_{T} 是陷阱浓度。俘获截面可以看成是速度为 v_{th} 的载流子在半导体内运动撞击到的靶的尺寸。短的寿命对应于高的复合率。如果陷阱对载流子代表大尺寸的靶，复合率就会高（寿命短）。当载流子的速度大时，在给定的时间内就会有更多的机会遇到陷阱，载流子寿命变短。最后，与陷阱相互作用的可能性会随陷阱浓度的增加而增加，因此，载流子的寿命反比于陷阱浓度。

采用一些合理的假设可以使式（3.36）简化。如果材料是 p 型的（$p \approx p_0 \gg n_0$），在低注入条件下，并且陷阱能级接近禁带的中央（$E_{\mathrm{T}} \approx E_{\mathrm{i}}$），那么，复合率可以写成

$$R_{\mathrm{SLT}} \approx \frac{n - n_0}{\tau_{\mathrm{SLT,n}}} \tag{3.38}$$

可以看到，复合率完全依赖于少数载流子（也称为限制载流子）。这是因为少数载流子远远少于多数载流子，且它们都必定参与复合。

如果是高注入条件（$p \approx n \gg p_0, n_0$），即

$$R_{\mathrm{SLT}} \approx \frac{n}{\tau_{\mathrm{SLT,p}} + \tau_{\mathrm{SLT,n}}} \approx \frac{p}{\tau_{\mathrm{SLT,p}} + \tau_{\mathrm{SLT,n}}} \tag{3.39}$$

此时，有效复合寿命是两种载流子寿命的总和。尽管，由于存在大量的过剩空穴和电子，复合率很高，载流子的寿命实际上比低注入的情况下长。这在太阳电池基区中，尤其是聚光电池（采用聚集的太阳光照射的太阳电池）中是重要的，因为基区是掺杂最低的层。

简单地讲，辐射（带间）复合是光激发产生过程的逆过程，在直接带隙半导体中比在

间接带隙半导体中更加显著。当发生辐射复合时，电子的能量交给发射出的光子——这就是半导体激光器和发光二极管（LED）的工作原理。在间接带隙材料中，一部分能量会分给声子。辐射过程的净复合率为

$$R_\lambda = B(pn - n_i^2) \tag{3.40}$$

对于在低注入条件（$p_0 \leqslant p \ll n_0$）下的 n 型（$n \approx n_0 \gg p_0$）半导体，净辐射复合率可以写成有效寿命 $\tau_{\lambda,p}$ 的函数，为

$$R_\lambda \approx \frac{p - p_0}{\tau_{\lambda,p}} \tag{3.41}$$

式中

$$\tau_{\lambda,p} = \frac{1}{n_0 B} \tag{3.42}$$

对 p 型半导体，也可以写出相似的表达式。如果在高注入条件下（$p \approx n \gg p_0$，n_0），那么有式（3.43）：

$$R_\lambda \approx Bp^2 \approx Bn^2 \tag{3.43}$$

由于在这个复合过程中发射了能量接近带隙的光子，那么这些光子在从半导体中出来之前也有可能被重新吸收。一个设计很好的直接带隙太阳电池能够很好地利用这种光子回收，从而提高有效寿命[13]。

俄歇复合有一些与辐射复合相似，但是它是将跃迁的能量传递给另一个载流子（在导带中的或者在价带中的），如图 3.9 所示。这个电子（或者空穴）然后发生热弛豫（将其过剩的能量和动量释放给声子）。正像辐射复合是光吸收的逆过程，俄歇复合是碰撞离化的逆过程。在碰撞离化过程中，高能电子与晶格原子发生碰撞，打断结合键，产生电子-空穴对。俄歇过程的净复合率为

$$R_{\mathrm{Auger}} = (C_n n + C_p p)(pn - n_i^2) \tag{3.44}$$

在低注入条件下的 n 型材料中（假设 C_n 和 C_p 大小是差不多的），净俄歇复合率变成

$$R_{\mathrm{Auger}} \approx \frac{p - p_0}{\tau_{\mathrm{Auger,p}}} \tag{3.45}$$

式中

$$\tau_{\mathrm{Auger,p}} = \frac{1}{C_n n_0^2} \tag{3.46}$$

对 p 型材料，也可以得到少数载流子（电子）寿命的相似表达式。如果在高注入条件下（$p \approx n \gg p_0$，n_0），那么有式（3.47）：

$$R_{\mathrm{Auger}} \approx (C_n + C_p) p^3 \approx (C_n + C_p) n^3 \tag{3.47}$$

尽管可以通过减少单能级陷阱的密度来使 SLT 复合率最小化，通过光子回收来使辐射复合率最小化，但俄歇复合率却是半导体的基本性质。

这些复合过程是并列发生的，在带隙中可能存在大量和/或具有一定分布的陷阱⊖，此时净复合是所有陷阱贡献的总和［式（3.48）中的积分］；所以总复合率是各种过程的复合率的总和，为

⊖　由于陷阱在空间上是分离的，在单个复合过程中包含一个以上的陷阱是不可能的。

$$R = \left[\sum_{\text{陷阱}i} R_{\text{SLT},i} \right] + R_{\lambda} + R_{\text{Auger}} \qquad (3.48)$$

对低注入条件下的掺杂材料，有效少子寿命为

$$\frac{1}{\tau} = \left[\sum_{\text{陷阱}i} \frac{1}{\tau_{\text{SLT},i}} \right] + \frac{1}{\tau_{\lambda}} + \frac{1}{\tau_{\text{Auger}}} \qquad (3.49)$$

在半导体材料带隙中的陷阱分布受具体生长制备工艺条件，杂质和晶格缺陷等的影响。

在两个不同材料间的界面上，比如在太阳电池的前表面上，由于晶格的突然打断而具有高浓度的缺陷。这些体现为在表面的带隙中形成一个连续的陷阱；电子和空穴会通过这些表面陷阱复合，就像通过体陷阱一样，如图 3.10 所示。正像给出每秒单位体积的复合率一样，表面陷阱给出了一个单位面积上每秒钟的复合速率。表面复合率的一般表达式为[11]

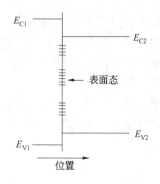

图 3.10 在两种不同材料之间的半导体表面或者界面上分布的表面态示意图，这两种材料可以是半导体和绝缘体（比如减反射涂层），两种不同的半导体（异质结）或者金属和半导体（肖特基接触）

$$R_{\text{S}} = \int_{E_{\text{V}}}^{E_{\text{C}}} \frac{pn - n_{\text{i}}^2}{(p + n_{\text{i}}\mathrm{e}^{(E_{\text{i}}-E_{\text{t}})/kT})/S_n(E_{\text{t}}) + (n + n_{\text{i}}\mathrm{e}^{(E_{\text{t}}-E_{\text{i}})/kT})/S_p(E_{\text{t}})} D_{\Pi}(E_{\text{t}})\,\mathrm{d}E_{\text{t}} \qquad (3.50)$$

式中，E_{t} 是陷阱能级；$D_{\Pi}(E_{\text{t}})$ 是表面态浓度（陷阱浓度可以随陷阱能级改变）；$S_n(E_{\text{t}})$ 和 $S_p(E_{\text{t}})$ 是表面复合速率，这与体陷阱相关的载流子寿命类似。表面复合率一般可以简单写成[12]：

在 n 型材料中，有

$$R_{\text{S}} = S_p(p - p_0) \qquad (3.51)$$

在 p 型材料中，有

$$R_{\text{S}} = S_n(n - n_0) \qquad (3.52)$$

式中，S_p 和 S_n 是有效表面复合速率。需要指出的是，这些有效复合速率不一定是常数，尽管通常都把它们处理成常数。

3.2.7 载流子输运

如前所述，在半导体中的电子和空穴行为非常像有效质量分别为 m_n^* 和 m_p^* 的带相同电荷的自由粒子。因此，它们会有漂移和扩散的经典过程。漂移是带电粒子对施加电场的响应。当在均匀掺杂的半导体上施加电场时，能带会在电场方向上向上弯曲。在导带中的电子带负电荷，沿着与所加电场方向相反的方向移动；在价带中的空穴带正电荷，沿着所加电场的方向运动（见图 3.11）。换句话讲，电子下沉，空穴上浮。这是分析空穴和电子在半导体器件中运动的有用的概念

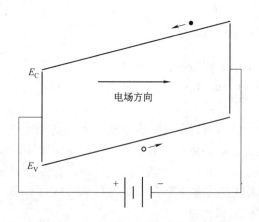

图 3.11 半导体中漂移概念的示意图
（注意，电子和空穴沿相反的方向运动。电场可以靠结的内建电势产生，或者靠外加偏压产生）

工具。如果没有东西阻止它们运动，空穴和电子将持续加速没有束缚。但是，半导体晶体充满了会使载流子碰撞和散射的物质。这些物质包括晶体的组分原子、掺杂离子、晶体缺陷、甚至是其他的电子和空穴。在微观尺度上，它们的运动非常像在弹球机中的球。在晶体中，载流子总是在这些物体处发生跳跃（散射），但通常会沿着所加电场的方向运动 $\vec{E} = -\nabla\phi$，其中 ϕ 是静电势。在宏观尺度上，载流子的运动表现出的净效果是恒定的速率，即漂移速率。漂移速率直接与电场成正比关系，即

$$|\vec{\nu}_d| = |\mu\vec{E}| = |\mu\nabla\phi| \tag{3.53}$$

式中，μ 是载流子迁移率。载流子迁移率通常与电场强度无关，除非电场非常强，这在太阳电池中一般不会遇到。空穴和电子的漂移电流密度可以写成

$$\vec{J}_p^{\text{drift}} = qp\,\vec{\nu}_{d,p} = q\mu_p p\vec{E} = -q\mu_p p\nabla\phi \tag{3.54}$$

$$\vec{J}_n^{\text{drift}} = -qn\,\vec{\nu}_{d,n} = q\mu_n n\vec{E} = -q\mu_n n\nabla\phi \tag{3.55}$$

在太阳电池中，最重要的散射机制是晶格（声子）和离化的杂质的散射。这些组分的迁移率可以写成：

对晶格散射为

$$\mu_L = C_L T^{-3/2} \tag{3.56}$$

对离化杂质散射为

$$\mu_I = \frac{C_I T^{3/2}}{N_D^+ + N_A^-} \tag{3.57}$$

然后，可以采用 Mathiessen 规则将两者结合成载流子迁移率[14]：

$$\frac{1}{\mu} = \frac{1}{\mu_L} + \frac{1}{\mu_I} \tag{3.58}$$

这是忽略了散射机制的速率依赖性所进行的一阶近似。从实验上可以通过它们对温度和掺杂的不同依赖关系将这两种迁移率分开。更好的近似是[14]

$$\mu = \mu_L\left[1 + \left(\frac{6\mu_L}{\mu_I}\right)\left(\text{Ci}\left(\frac{6\mu_L}{\mu_I}\right)\cos\left(\frac{6\mu_L}{\mu_I}\right) + \left[\text{Si}\left(\frac{6\mu_L}{\mu_I}\right) - \frac{\pi}{2}\right]\sin\left(\frac{6\mu_L}{\mu_I}\right)\right)\right] \tag{3.59}$$

式中，Ci 和 Si（不要和硅的元素符号混淆）分别是余弦和正弦积分。

当模拟太阳电池时，采用测量的数据或者经验公式是更加方便的。硅在 300K 时，载流子迁移率可以很好地近似为[14]

$$\mu_n = 92 + \frac{1268}{1 + \left(\dfrac{N_D^+ + N_A^-}{1.3 \times 10^{17}}\right)^{0.91}}\text{cm}^2/\text{Vs} \tag{3.60}$$

$$\mu_p = 54.3 + \frac{406.9}{1 + \left(\dfrac{N_D^+ + N_A^-}{2.35 \times 10^{17}}\right)^{0.88}}\text{cm}^2/\text{Vs} \tag{3.61}$$

这在图 3.12 中给出。在低掺杂水平下，迁移率由本征晶格散射决定，而在高掺杂水平下，迁移率由离化杂质的散射决定。

作为随机热运动的结果，在半导体中的电子和空穴倾向于从高浓度的区域向低浓度的区域移动（扩散）。这很像在气球中的空气是均匀分布的一样，在没有外力的情况下，载流子也倾向于均匀分布。这个过程称为扩散，扩散电流密度为

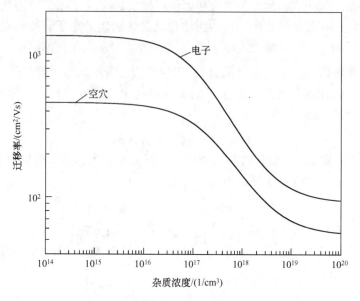

图 3.12 $T = 300\text{K}$ 时，硅中电子和空穴的迁移率

$$\vec{J}_{\text{p}}^{\text{diff}} = -qD_{\text{p}}\nabla p \tag{3.62}$$

$$\vec{J}_{\text{n}}^{\text{diff}} = qD_{\text{n}}\nabla n \tag{3.63}$$

式中，D_{p} 和 D_{n} 分别是空穴和电子的扩散系数。注意，它们是靠载流子的密度梯度驱动的。

在热平衡时，没有净的空穴电流和净的电子电流。换句话说，漂移和扩散电流要严格平衡。在非简并的材料中，这可以导出爱因斯坦关系

$$\frac{D}{\mu} = \frac{kT}{q} \tag{3.64}$$

从而可以直接从迁移率计算出扩散系数。爱因斯坦关系的一般形式对简并材料也有效，具体为

$$\frac{D_{\text{n}}}{\mu_{\text{n}}} = \frac{1}{q}n\left[\frac{\mathrm{d}n}{\mathrm{d}E_{\text{F}}}\right]^{-1} \tag{3.65}$$

以及

$$\frac{D_{\text{p}}}{\mu_{\text{p}}} = -\frac{1}{q}p\left[\frac{\mathrm{d}p}{\mathrm{d}E_{\text{F}}}\right]^{-1} \tag{3.66}$$

当存在简并效应时，扩散系数实际上是增加的。

总的空穴和电子电流（矢量数值）是它们的漂移和扩散成分的总和，为

$$\vec{J}_{\text{p}} = \vec{J}_{\text{p}}^{\text{drift}} + \vec{J}_{\text{p}}^{\text{diff}} = q\mu_{\text{p}}p\vec{E} - qD_{\text{p}}\nabla p = -q\mu_{\text{p}}p\nabla\phi - qD_{\text{p}}\nabla p \tag{3.67}$$

$$\vec{J}_{\text{n}} = \vec{J}_{\text{n}}^{\text{drift}} + \vec{J}_{\text{n}}^{\text{diff}} = q\mu_{\text{n}}n\vec{E} + qD_{\text{n}}\nabla n = -q\mu_{\text{n}}n\nabla\phi + qD_{\text{n}}\nabla n \tag{3.68}$$

总电流为

$$\vec{J} = \vec{J}_{\text{p}} + \vec{J}_{\text{n}} + \vec{J}_{\text{disp}} \tag{3.69}$$

式中，$\vec{J}_{\text{disp}}$ 是位移电流，可由下式给出：

$$\vec{J}_{\text{disp}} = \frac{\partial\vec{D}}{\partial t} \tag{3.70}$$

式中，$\vec{D} = \varepsilon\vec{E}$ 是电位移矢量，ε 是半导体的介电常数。位移电流一般在太阳电池中可以忽略，因为它们是静态直流（DC）器件。

3.2.8 半导体方程

大多数半导体器件，包括太阳电池的工作都可以采用所谓的半导体器件方程进行描述。这首先由 Van Roosbroeck 在 1950 年推出[15]。这些方程的一般表达式为

$$\nabla \cdot \varepsilon\vec{E} = q(p - n + N) \tag{3.71}$$

这是泊松方程的一种形式。其中，N 是考虑了掺杂剂和其他陷阱电荷后的净电荷。在一些光伏材料，比如 GaInN 中，极化是很重要的，泊松方程变为 $\nabla \cdot (\varepsilon\vec{E} + \vec{p}) = q(p - n + N)$，式中 $\vec{p}$ 是极化率。[16]空穴和电子的连续方程为

$$\nabla \cdot \vec{J}_p = q\left(G - R_p - \frac{\partial p}{\partial t}\right) \tag{3.72}$$

$$\nabla \cdot \vec{J}_n = q\left(R_n - G + \frac{\partial n}{\partial t}\right) \tag{3.73}$$

式中，G 是电子-空穴对的光产生率。热产生率包含在 R_p 和 R_n 中。空穴和电子的电流密度式（3.67）和式（3.68）变为

$$\vec{J}_p = -q\mu_p p\nabla(\phi - \phi_p) - kT\mu_p\nabla p \tag{3.74}$$

$$\vec{J}_n = -q\mu_n n\nabla(\phi + \phi_n) + kT\mu_n\nabla n \tag{3.75}$$

这里引入了两个新参数 ϕ_p 和 ϕ_n，这些是总括了简并、能带的空间变化以及电子亲和势的能带参数[17]。这些参数在前面的讨论中省略掉了，通常在非简并的同质结构太阳电池中不用考虑。

这里，是要推出简单的太阳电池的电流-电压特性的解析表达式和由此得到的一些简化形式。但是要注意，通过求解完整的一系列偏微分方程式（3.71）~式（3.75），可以对太阳电池工作状态得到完整的表达式。这些方程的数值解在本章的后面给出。

3.2.9 少子扩散方程

在均匀掺杂的半导体中，带隙和介电常数与位置无关。由于掺杂是均匀的，载流子迁移率和扩散系数也是与位置无关的。由于我们感兴趣的是太阳电池的静态工作状态，半导体方程可以简化成

$$\frac{d\vec{E}}{dx} = \frac{q}{\varepsilon}(p - n + N_D - N_A) \tag{3.76}$$

$$q\mu_p\frac{d}{dx}(p\vec{E}) - qD_p\frac{d^2p}{dx^2} = q(G - R) \tag{3.77}$$

$$q\mu_n\frac{d}{dx}(n\vec{E}) + qD_n\frac{d^2n}{dx^2} = q(R - G) \tag{3.78}$$

在太阳电池中，在距离 pn 结足够远的区域中（准中性区），电场是非常小的。当考虑少子（在 n 型材料中是空穴，在 p 型材料中是电子）以及在低注入（$\Delta p = \Delta n \ll N_D, N_A$）条件下时，相对于扩散电流，漂移电流可以忽略。在低注入时，在 p 型材料中 R 可以简

化成

$$R = \frac{n_P - n_{P0}}{\tau_n} = \frac{\Delta n_P}{\tau_n} \tag{3.79}$$

在 n 型材料中 R 可以简化成

$$R = \frac{p_N - p_{N0}}{\tau_p} = \frac{\Delta p_N}{\tau_p} \tag{3.80}$$

式中，Δp_N 和 Δn_P 是过剩少子浓度。少子寿命 τ_n 和 τ_p 由式（3.49）给出。为清楚起见，在可能不清楚的地方，采用大写字母标注 P 和 N 分别来表明是在 p 型和 n 型区，小写字母标注 "p" 和 "n" 分别表示少数空穴和少数电子。这样，式（3.77）和式（3.78）都可以简化成通常所说的少子扩散方程。其在 n 型材料中可以写成

$$D_p \frac{\mathrm{d}^2 \Delta p_N}{\mathrm{d}x^2} - \frac{\Delta p_N}{\tau_p} = -G(x) \tag{3.81}$$

在 p 型材料中可以写成

$$D_n \frac{\mathrm{d}^2 \Delta n_P}{\mathrm{d}x^2} - \frac{\Delta n_P}{\tau_n} = -G(x) \tag{3.82}$$

通常采用少子扩散方程来分析半导体器件包括太阳电池的工作状态，本章后面也会如此。

3.2.10 pn 结二极管的静电特性

当 n 型半导体与 p 型半导体相接触时，接触界面上会形成 pn 结。在热平衡时，没有净电流流过，费米能级一定是与位置无关的。由于在两种半导体之间存在空穴和电子浓度的差异，空穴会从 p 型区扩散到 n 型区。相似地，电子会从 n 型区扩散到 p 型区。随着载流子扩散，带电杂质（在 p 型材料中的离化受主，在 n 型材料中的离化施主）就不再被多子屏蔽。当这些杂质电荷不再被屏蔽时，就产生了一个电场（或者静电势差），会阻碍电子和空穴的扩散。在热平衡时，对每种类型的载流子来讲，扩散和漂移电流严格平衡，因此没有净电流。在 n 型和 p 型半导体之间的过渡区称为空间电荷区。由于其中的电子和空穴是有效耗尽的，因此也经常称为耗尽区。假设 p 型区和 n 型区足够厚，在耗尽区两边的区域都基本上是中性的（通常称为准中性的）。因为结的形成而产生的静电势差称为内建势 V_{bi}，它是由耗尽区中暴露的正负空间电荷引起的电场产生的。

这种静电状态（假设单一受主和单一施主能级）可以由泊松方程给出

$$\nabla^2 \phi = \frac{q}{\varepsilon}(n_0 - p_0 + N_A^- - N_D^+) \tag{3.83}$$

式中，ϕ 是静电势；q 是单位电子电荷；ε 是半导体的介电常数；p_0 是平衡状态下的空穴浓度，n_0 是平衡状态下的电子浓度；N_A^- 是离化的受主浓度；N_D^+ 是离化的施主浓度。式（3.83）是式（3.71）在给定条件下的形式。

这个方程是很容易数值求解的，然而，大致的分析一下陡峭的 pn 结可以对空间电荷区的形成在物理学上有深入了解。图 3.13 给出了 pn 结太阳电池（二极管）的简单的一维（1D）结构，冶金结在 $x = 0$ 处。其在 n 型区一侧是均匀掺杂的 N_D，在 p 型区一侧是均匀掺杂的 N_A。为了简化，假设每侧都是非简并掺杂的，杂质完全离化。在这个例子中，假设 n

型区的掺杂浓度要比 p 型区高。

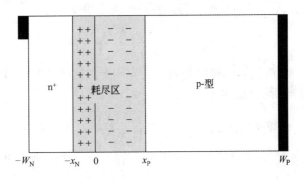

图 3.13　用来分析太阳电池工作状态的简单太阳电池结构

（自由载流子已经在结（$x=0$）上发生了扩散，留下了空间电荷区或者耗尽区，实际上不含有任何自由的或
者可以移动的电荷。在耗尽区中的固定电荷是由 n 型区一侧的离化施主和 p 型区一侧的离化受主产生的）

在由 $-x_N < x < x_P$ 限定的耗尽区中，与 $|N_A - N_D|$ 相比，可以假设 p_0 和 n_0 都可以忽略，这样，式（3.83）可以简化成

$$当 -x_N < x < 0 \text{ 时，} \nabla^2 \phi = -\frac{q}{\varepsilon} N_D$$

$$当 0 < x < x_P \text{ 时，} \nabla^2 \phi = \frac{q}{\varepsilon} N_A \tag{3.84}$$

在耗尽区外，假设电荷是中性的，并且有

$$当 x \leqslant -x_N \text{，以及 } x \geqslant x_P \text{ 时，} \nabla^2 \phi = 0 \tag{3.85}$$

这通常称为耗尽近似。在耗尽区两侧的区域是准中性的。

横跨结区的静电势差是内建势 V_{bi}，可以通过对电场 $\vec{E} = -\nabla\phi$ 积分获得，即

$$\int_{-x_N}^{x_P} \vec{E} dx = -\int_{-x_N}^{x_P} \frac{d\phi}{dx} dx = -\int_{V(-x_N)}^{V(x_P)} d\phi = \phi(-x_N) - \phi(x_P) = V_{bi} \tag{3.86}$$

取 $\phi(x_P) = 0$，求解式（3.84）和式（3.85）可以得出

$$\phi(x) = \begin{cases} V_{bi}, x \leqslant -x_N \\ V_{bi} - \dfrac{qN_D}{2\varepsilon}(x + x_N)^2, -x_N < x \leqslant 0 \\ \dfrac{qN_A}{2\varepsilon}(x - x_P)^2, 0 \leqslant x < x_P \\ 0, x \geqslant x_P \end{cases} \tag{3.87}$$

在 $x = 0$ 处，静电势必须连续。所以，从式（3.87）可以得出

$$V_{bi} - \frac{qN_D}{2\varepsilon} x_N^2 = \frac{qN_A}{2\varepsilon} x_P^2 \tag{3.88}$$

在冶金结处没有任何界面电荷时，在这个点上的电场也是连续的（实际上，连续的是电位移矢量 $\vec{D}$，但在本例中，介电常数与位置无关）：

$$x_N N_D = x_P N_A \tag{3.89}$$

这可以简单地理解为在耗尽区两边的总电荷恰好彼此平衡，所以耗尽区倾向于在比较轻

掺杂的一侧深入得较多。

求解式（3.88）和式（3.89）可以得到耗尽区宽度 $W_{\mathrm{D}}^{\ominus}$：

$$W_{\mathrm{D}} = x_{\mathrm{N}} + x_{\mathrm{P}} = \sqrt{\frac{2\varepsilon}{q}\left(\frac{N_{\mathrm{A}} + N_{\mathrm{D}}}{N_{\mathrm{A}}N_{\mathrm{D}}}\right)V_{\mathrm{bi}}} \tag{3.90}$$

在非平衡条件下，横跨结区的静电势差会受到所施加的电场 V 的影响，其在热平衡时是 0。结果，耗尽区宽度与所施加的电压有关

$$W_{\mathrm{D}}(V) = x_{\mathrm{N}} + x_{\mathrm{P}} = \sqrt{\frac{2\varepsilon}{q}\left(\frac{N_{\mathrm{A}} + N_{\mathrm{D}}}{N_{\mathrm{A}}N_{\mathrm{D}}}\right)(V_{\mathrm{bi}} - V)} \tag{3.91}$$

如前所述，内建势 V_{bi} 可以通过采用在热平衡下净的空穴和电子电流为零来进行计算。空穴电流密度为

$$\vec{J}_{\mathrm{p}} = q\mu_{\mathrm{p}}p_0\vec{E} - qD_{\mathrm{p}}\nabla p = 0 \tag{3.92}$$

因此，在一维条件下，利用爱因斯坦关系可以将电场写成

$$\vec{E} = \frac{kT}{q}\frac{1}{p_0}\frac{\mathrm{d}p_0}{\mathrm{d}x} \tag{3.93}$$

对式（3.86）进行重写，并代入式（3.93），可以得到

$$V_{\mathrm{bi}} = \int_{-x_{\mathrm{N}}}^{x_{\mathrm{P}}} \vec{E}\,\mathrm{d}x = \int_{-x_{\mathrm{N}}}^{x_{\mathrm{P}}} \frac{kT}{q}\frac{1}{p_0}\frac{\mathrm{d}p_0}{\mathrm{d}x}\mathrm{d}x = \frac{kT}{q}\int_{p_0(-x_{\mathrm{N}})}^{p_0(x_{\mathrm{P}})} \frac{\mathrm{d}p_0}{p_0} = \frac{kT}{q}\ln\left[\frac{p_0(x_{\mathrm{P}})}{p_0(-x_{\mathrm{N}})}\right] \tag{3.94}$$

由于假设半导体是非简并的，有 $p_0(x_{\mathrm{P}}) = N_{\mathrm{A}}$，以及 $p_0(-x_{\mathrm{N}}) = n_{\mathrm{i}}^2/N_{\mathrm{D}}$，所以

$$V_{\mathrm{bi}} = \frac{kT}{q}\ln\left[\frac{N_{\mathrm{D}}N_{\mathrm{A}}}{n_{\mathrm{i}}^2}\right] \tag{3.95}$$

图 3.14 给出了简单陡峭的 pn 结硅二极管在耗尽区附近平衡时的能带图、电场和电荷密度。导带边由 $E_{\mathrm{C}}(x) = E_0 - q\phi(x) - \chi$ 给出，价带边由 $E_{\mathrm{V}}(x) = E_{\mathrm{C}}(x) - E_{\mathrm{G}}$ 给出，本征能由式（3.18）得到。E_0 定义为真空能级，其作为方便的参考点，对位置是恒为常数的。根据定义，在真空能级上的电子完全不受任何外力的影响。电子亲和势 χ 是将电子从导带底释放到真空能级上所需要的最小能量。电场是裸露的离化施主和受主的共同结果，其会抑制准中性区中电子和空穴的扩散。所画出的电荷密度说明在耗尽区两侧的电荷是平衡的。在异质结中，带隙和电子亲和势都与位置有关，这使得对结的静电状态和能带图的计算更加复杂，这将在 3.4.8 节中讨论。

3.2.11 总结

现在，就可以建立太阳电池的基本结构（见图 3.1 和图 3.13），它是一个简单的 pn 结二极管，由在耗尽区两边的两个准中性区以及在每个准中性区上的电接触构成。一般地，掺杂较重的准中性区称为发射区（在图 3.13 中是 n 型的），较轻掺杂的掺杂区称为基区（在图 3.13 中是 p 型的）。基区也经常称为吸收区，因为发射区非常薄，大多数光吸收都发生在

$\ominus$ 对式（3.89）进行更加严格的处理，需要增加一个参数 $2kT/q$，其在 300K 时大约为 50mV，或者 $W_{\mathrm{D}} = \sqrt{\frac{2\varepsilon}{q}\left(\frac{N_{\mathrm{A}} + N_{\mathrm{D}}}{N_{\mathrm{A}}N_{\mathrm{D}}}\right)(V_{\mathrm{bi}} - 2kT/q)}$[3]。

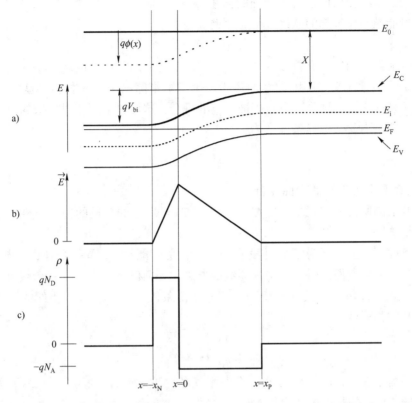

图 3.14 太阳电池的平衡状态：a）能带，b）电场，c）电荷密度

基区中。这种基本结构将用来作为推导太阳电池基本工作特性的基础。

3.3 太阳电池基本原理

通过利用合适的边界条件求解少子扩散方程，可以推出太阳电池的基本电流-电压特性。

3.3.1 太阳电池边界条件

在图 3.13 中，在 $x = -W_N$ 处，通常的假设是前接触可以看成是理想的欧姆接触。因此，有

$$\Delta p(-W_N) = 0 \tag{3.96}$$

然而，由于前接触通常是在前表面只占很小百分数的与半导体接触的金属栅线，因此采用有效表面复合速率对前表面进行模拟是更加现实的。这个有效复合速率模拟的是欧姆接触和减反射钝化层（在硅太阳电池中的 SiO_2 层）的综合效果。此时，在 $x = -W_N$ 处的边界条件为

$$\frac{d\Delta p}{dx} = \frac{S_{F,eff}}{D_p}\Delta p(-W_N) \tag{3.97}$$

式中，$S_{F,eff}$ 是前表面有效复合速率。当 $S_{F,eff} \to \infty$，$\Delta p \to 0$ 时，由式（3.97）给出的边界条件可简化为理想欧姆接触的方程（式（3.96））。实际情况中，$S_{F,eff}$ 取决于很多参数，并且是

与偏置有关的，这将在后面进行更详细的描述。

背接触也能被当作理想的欧姆接触，因此，有

$$\Delta n(W_P) = 0 \tag{3.98}$$

但是，太阳电池经常制作具有背场（BSF）结构，薄的更加重掺的区域在基区背面。一个更加有效的 BSF 可以通过在太阳电池背面插入一个更宽带隙的半导体材料来获得（异质结），BSF 使少子远离背欧姆接触并提高它们被收集的机会，这可以采用相对更低的有效表面复合速率来进行模拟。由此，边界条件变为

$$\frac{\mathrm{d}\Delta n}{\mathrm{d}x}\bigg|_{x=W_P} = -\frac{S_{BSF}}{D_n}\Delta n(W_P) \tag{3.99}$$

式中，S_{BSF} 是在 BSF 处的有效表面复合速率。

现在，剩下的所有工作就是确定在 $x = -x_N$ 和 $x = x_P$ 处的合适的边界条件。这些边界条件通常称为结法则。

在平衡条件下，当偏压为零并且没有光照时，费米能级 E_F 是一个常数，与位置无关。当施加偏压时，可以方便地引入准费米能级的概念。先前已经给出过，平衡载流子浓度与费米能级有关（式（3.14）和式（3.15））。在非平衡条件下，仍然保持相似的关系。假设半导体是非简并的，那么

$$p = n_i \mathrm{e}^{(E_i - F_P)/kT} \tag{3.100}$$

$$n = n_i \mathrm{e}^{(F_N - E_i)/kT} \tag{3.101}$$

明显地，在平衡条件下，$F_P = F_N = E_F$。在非平衡条件下，假设在接触处的多子浓度保持在它们平衡时的浓度，施加的电压可以写成

$$qV = F_N(-W_N) - F_P(W_P) \tag{3.102}$$

由于在低注入条件下，多子浓度在准中性区中是恒定的，即 $p_P(x_P \leqslant x \leqslant W_P) = N_A$ 以及 $n_N(-W_N \leqslant x \leqslant -x_N) = N_D$，$F_N(-W_N) = F_N(-x_N)$ 以及 $F_P(W_P) = F_P(x_P)$，那么假设在耗尽区内，对于 $-x_N \leqslant x \leqslant x_P$，两个准费米能级都保持恒定，有

$$qV = F_N(x) - F_P(x) \tag{3.103}$$

采用式（3.100）和式（3.101），就可以直接导出在耗尽区边上用作边界条件的结法则：

$$p_N(-x_N) = \frac{n_i^2}{N_D} \mathrm{e}^{qV/kT} \tag{3.104}$$

$$n_P(x_P) = \frac{n_i^2}{N_A} \mathrm{e}^{qV/kT} \tag{3.105}$$

3.3.2　产生率

对从太阳电池前表面 $x = -W_N$ 处入射的光，光产生率的表达式（参见式（3.34））为

$$G(x) = (1-s)\int_\lambda (1-r(\lambda))f(\lambda)\alpha(\lambda)\mathrm{e}^{-\alpha(x+W_N)}\mathrm{d}\lambda \tag{3.106}$$

只有那些 $\lambda \leqslant hc/E_G$ 的光子对产生率有贡献。

3.3.3　少子扩散方程的解

采用由式（3.97）、式（3.99）、式（3.104）以及式（3.105）所确定的边界条件，以

及式 (3.106) 给出的产生率, 可以方便地求出少子扩散方程 [式 (3.81) 和式 (3.82)] 的解。

在 n 型区中为

$$\Delta p_N(x) = A_N \sinh[(x + x_N)/L_p] + B_N \cosh[(x + x_N)/L_p] + \Delta p_N'(x) \tag{3.107}$$

在 p 型区中为

$$\Delta n_P(x) = A_P \sinh[(x - x_P)/L_n] + B_P \cosh[(x - x_P)/L_n] + \Delta n_P'(x) \tag{3.108}$$

具体解与产生率 $G(x)$ 有关, 其中

$$\Delta p_N'(x) = -(1-s) \int_\lambda \frac{\tau_p}{(L_p^2 \alpha^2 - 1)} [1 - r(\lambda)] f(\lambda) \alpha(\lambda) e^{-\alpha(x + W_N)} d\lambda \tag{3.109}$$

$$\Delta n_P'(x) = -(1-s) \int_\lambda \frac{\tau_n}{(L_n^2 \alpha^2 - 1)} [1 - r(\lambda)] f(\lambda) \alpha(\lambda) e^{-\alpha(x + W_N)} d\lambda \tag{3.110}$$

采用上面设定的边界条件, 可以很容易地得到式 (3.107) 和式 (3.108) 中的 A_N、B_N、A_P 和 B_P。这些都是获得二极管电流-电压 (I-V) 特性所需要的。

3.3.4 终端特性

在准中性区中, 由于电场可以忽略, 少子电流密度只是扩散电流。对电流采用有源符号规则 (因为太阳电池一般被认为是伏特电池), 得到

$$\vec{J}_{p,N}(x) = -qD_p \frac{d\Delta p_N}{dx} \tag{3.111}$$

$$\vec{J}_{n,P}(x) = qD_n \frac{d\Delta n_P}{dx} \tag{3.112}$$

总电流为

$$I = A[\vec{J}_p(x) + \vec{J}_n(x)] \tag{3.113}$$

这在太阳电池中的每个位置都是成立的 (A 是太阳电池的面积)。式 (3.111) 和式 (3.112) 只给出了在 n 型区中的空穴电流和在 p 型区中的电子电流, 并不是在同一点的两种电流。但是, 对电子连续方程 [式 (3.73)] 在整个耗尽区内进行积分, 可以得到

$$\int_{-x_N}^{x_P} \frac{d\vec{J}_n}{dx} dx = \vec{J}_n(x_P) - \vec{J}_n(-x_N) = q \int_{-x_N}^{x_P} [R(x) - G(x)] dx \tag{3.114}$$

$G(x)$ 是容易积分的, 复合率的积分可以通过假设复合率在耗尽区内是个常数, 在 $p_D(x_m) = n_D(x_m)$ 的 x_m 处为 $R(x_m)$, 对应于在耗尽区中的最大复合率来进行近似。如果假设复合是通过在带隙中央的单能级陷阱进行的, 那么从式 (3.36)、式 (3.100)、式 (3.101) 以及式 (3.103) 可以得到在耗尽区中的复合率为

$$R_D = \frac{p_D n_D - n_i^2}{\tau_n(p_D + n_i) + \tau_p(n_D + n_i)} = \frac{n_D^2 - n_i^2}{(\tau_n + \tau_p)(n_D + n_i)} = \frac{n_D - n_i}{(\tau_n + \tau_p)} = \frac{n_i(e^{qV/2kT} - 1)}{\tau_D} \tag{3.115}$$

式中, τ_D 是耗尽区中的有效寿命。从式 (3.114), 在 $x = -x_N$ 处的多子电流 $\vec{J}_n(-x_N)$ 现在可以写成

$$\vec{J}_n(-x_N) = \vec{J}_n(x_P) + q\int_{-x_N}^{x_P} G(x)\,dx - q\int_{-x_N}^{x_P} R_D\,dx$$

$$= \vec{J}_n(x_P) + q(1-s)\int_\lambda [1-r(\lambda)]f(\lambda)[e^{-\alpha(W_N-x_N)} - e^{-\alpha(W_N+x_P)}]d\lambda -$$

$$q\frac{W_D n_i}{\tau_D}(e^{qV/2kT}-1) \tag{3.116}$$

式中，$W_D = x_P + x_N$ 代入式（3.113），得到总电流为

$$I = A\left[J_p(-x_N) + J_n(x_P) + J_D - q\frac{W_D n_i}{\tau_D}(e^{qV/2kT}-1)\right] \tag{3.117}$$

式中，

$$J_D = q(1-s)\int_\lambda [1-r(\lambda)]f(\lambda)[e^{-\alpha(W_N-x_N)} - e^{-\alpha(W_N+x_P)}]d\lambda \tag{3.118}$$

是从耗尽区中产生的电流密度；A 是太阳电池的面积。式（3.117）的最后一项代表在空间电荷区中的复合。

式（3.111）和式（3.112）是少子扩散方程式（3.107）和式（3.108）的解，可以用来评价少子电流密度。然后，可以将这些代入到式（3.117）中，通过一些代数运算，可以得到

$$I = I_{SC} - I_{01}(e^{qV/kT}-1) - I_{02}(e^{qV/2kT}-1) \tag{3.119}$$

式中 I_{SC} 称为短路电流，是 n 型区电流（I_{SCN}），耗尽区电流（$I_{SCD} = AJ_D$）以及 p 型区电流（I_{SCP}）的总和：

$$I_{SC} = I_{SCN} + I_{SCD} + I_{SCP} \tag{3.120}$$

式中

$$I_{SCN} = qAD_p\left[\frac{\Delta p'(-x_N)T_{p1} - S_{F,eff}\Delta p'(-W_N) + D_p\frac{d\Delta p'}{dx}\Big|_{x=-W_N}}{L_p T_{p2}} - \frac{d\Delta p'}{dx}\Big|_{x=-x_N}\right] \tag{3.121}$$

式中

$$T_{p1} = D_p/L_p \sinh[(W_N-x_N)/L_p] + S_{F,eff}\cosh[(W_N-x_N)/L_p] \tag{3.122}$$

$$T_{p2} = D_p/L_p \cosh[(W_N-x_N)/L_p] + S_{F,eff}\sinh[(W_N-x_N)/L_p] \tag{3.123}$$

$$I_{SCP} = qAD_n\left[\frac{\Delta n'(x_P)T_{n1} - S_{BSF}\Delta n'(W_P) - D_n\frac{d\Delta n'}{dx}\Big|_{x=W_P}}{L_n T_{n2}} + \frac{d\Delta n'}{dx}\Big|_{x=x_P}\right] \tag{3.124}$$

式中

$$T_{n1} = D_n/L_n \sinh[(W_P-x_P)/L_n] + S_{BSF}\cosh[(W_P-x_P)/L_n] \tag{3.125}$$

$$T_{n2} = D_n/L_n \cosh[(W_P-x_P)/L_n] + S_{BSF}\sinh[(W_P-x_P)/L_n] \tag{3.126}$$

I_{o1} 是由准中性区中的复合产生的暗饱和电流：

$$I_{o1} = I_{o1,p} + I_{o1,n} \tag{3.127}$$

式中

$$I_{o1,p} = qA\frac{n_i^2}{N_D}\frac{D_p}{L_p}\left\{\frac{D_p/L_p \sinh[(W_N-x_N)/L_p] + S_{F,eff}\cosh[(W_N-x_N)/L_p]}{D_p/L_p \cosh[(W_N-x_N)/L_p] + S_{F,eff}\sinh[(W_N-x_N)/L_p]}\right\} \tag{3.128}$$

$$I_{o1,n} = qA\frac{n_i^2}{N_A}\frac{D_n}{L_n}\left\{\frac{D_n/L_n \sinh[(W_P-x_P)/L_n] + S_{BSF}\cosh[(W_P-x_P)/L_n]}{D_n/L_n \cosh[(W_P-x_P)/L_n] + S_{BSF}\sinh[(W_P-x_P)/L_n]}\right\} \tag{3.129}$$

　　这些对暗饱和电流都是非常通用的表达式，后面将会看到，当采用适当的假设时，可以简化成更加熟悉的形式。

　　I_{o2} 是由空间电荷区中的复合产生的暗饱和电流：

$$I_{o2} = qA\frac{W_D n_i}{\tau_D} \tag{3.130}$$

并且，I_{o2} 是与偏置有关的，因为耗尽区宽度 W_D 是所加电压的函数（见式（3.91））。

3.3.5　太阳电池 $I\text{-}V$ 特性

　　在这里将式（3.119）重写，这是太阳电池产生的电流的一般表达式：

$$I = I_{SC} - I_{o1}(e^{qV/kT} - 1) - I_{o2}(e^{qV/2kT} - 1) \tag{3.131}$$

短路电流和暗饱和电流由更加复杂的表达式（式（3.120）、式（3.127）、式（3.128）、式（3.129）和式（3.130））给出，它依赖于太阳电池结构、材料性质和工作条件。对太阳电池工作的完全理解需要对这些表达式进行详细分析。但是，通过分析基本方程式（3.131），也可以对太阳电池的工作有比较深的认识。从电路角度讲，太阳电池可以采用理想的电流源（I_{SC}）与两个二极管并联来进行模拟，一个的理想因子为 1，另一个的理想因子为 2，如图 3.15 所示。注意，电流源的方向与二极管的电流方向相反，也就是说，它是正偏压二极管。

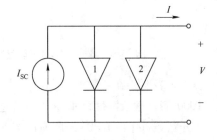

图 3.15　简单的太阳电池电路模型
（二极管 1 代表在准中性区中的复合（$\propto e^{qV/kT}$），
二极管 2 代表在耗尽区中的复合（$\propto e^{qV/2kT}$））

　　图 3.16 给出了一个典型的硅太阳电池的电流-电压（$I\text{-}V$）特性，各参数值在表 3.2 中给出。注意，正如式（3.119）～式（3.129）所示，是少数载流子的性能决定了太阳电池的行为。为了计算简单，忽略了由耗尽区（二极管 2）带来的暗电流（对于好的硅太阳电池，这个假设是合理的和通常采用的，特别是在大的正偏条件下）。图 3.16 给出了太阳电池的各个重要特征参数——短路电流、开路电压和填充因子。在小的偏压下，二极管的电流可以忽略，电流只是短路电流 I_{SC}，就像在式（3.131）中当 $V = 0$ 时所看到的那样。当偏压足够大，以至于二极管的电流（复合电流）非常显著时，太阳电池的电流迅速下降。

表 3.2　硅太阳电池模型参数

参　数	n 型发射极	p 型基区
厚度	$W_N = 0.35\,\mu m$	$W_P = 300\,\mu m$
掺杂浓度	$N_D = 1 \times 10^{20}\,cm^{-3}$	$N_A = 1 \times 10^{15}\,cm^{-3}$
表面复合	$D_p = 1.5\,cm^{-2}/Vs$	$D_n = 35\,cm^{-2}/Vs$
少子扩散率	$S_{F,eff} = 3 \times 10^4\,cm/s$	$S_{BSF} = 100\,cm/s$
少子寿命	$\tau_p = 1\,\mu s$	$\tau_n = 350\,\mu s$
少子扩散长度	$L_p = 12\,\mu m$	$L_n = 1100\,\mu m$

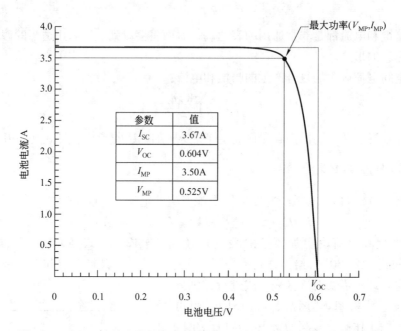

图 3.16　表 3.2 中给出的硅太阳电池的 I-V 特性（电池面积 $A = 100\mathrm{cm}^2$）

　　表 3.2 表明，在一般的太阳电池中，n 型发射极和 p 型基区是极大不对称的。发射极大约薄 1000 倍，掺杂浓度高 10000 倍，它的扩散长度要比相应的基区短 100 倍。

　　在开路条件下（$I = 0$），所有的光生电流 I_{SC} 流过二极管 1，因此开路电压可以写成

$$V_{OC} = \frac{kT}{q}\ln\frac{I_{SC} + I_{o1}}{I_{o1}} \approx \frac{kT}{q}\ln\frac{I_{SC}}{I_{o1}} \tag{3.132}$$

式中，$I_{SC} \gg I_{o1}$。

　　尤其感兴趣的是 I-V 曲线上的功率最大的点，称为最大功率点，也就是 $V = V_{MP}$，$I = I_{MP}$。如图 3.16 中所示，这个点限定了一个矩形，这个矩形的面积为 $P_{MP} = V_{MP}I_{MP}$，这是 I-V 曲线上所有点能够得到的面积最大的矩形。可以对 $V = V_{MP}$ 求解如下方程式找到这个最大功率点：

$$\left.\frac{\partial P}{\partial V}\right|_{V = V_{MP}} = \left.\frac{\partial(IV)}{\partial V}\right|_{V = V_{MP}} = \left[I + V\frac{\partial I}{\partial V}\right]\Big|_{V = V_{MP}} = 0 \tag{3.133}$$

然后，通过 $V = V_{MP}$ 求解方程（3-131）可以得到最大功率点电流 I_{MP}。

　　由 V_{OC} 和 I_{SC} 限定的矩形可以为表征最大功率点提供一个简便的参照，填充因子 FF 用来表征 I-V 曲线的方形程度，它通常是小于 1 的。它是图 3.16 中所示的两个矩形的比值，或者为

$$FF = \frac{P_{MP}}{V_{OC}I_{SC}} = \frac{V_{MP}I_{MP}}{V_{OC}I_{SC}} \tag{3.134}$$

对太阳电池来讲，最重要的一个参数是功率转换效率 η，它被定义为

$$\eta = \frac{P_{MP}}{P_{in}} = \frac{FFV_{OC}I_{SC}}{P_{in}} \tag{3.135}$$

　　入射功率 P_{in} 由入射到太阳电池上的光谱性能决定。有关实验确定这些参数的更多信息

将在第 18 章中给出。

另一个重要参数是收集效率，考虑光学和复合损失可以定义为外收集效率，即

$$\eta_{\mathrm{C}}^{\mathrm{ext}} = \frac{I_{\mathrm{SC}}}{I_{\mathrm{inc}}} \tag{3.136}$$

式中

$$I_{\mathrm{inc}} = qA \int_{\lambda < \lambda_{\mathrm{G}}} f(\lambda) \, \mathrm{d}\lambda \tag{3.137}$$

为 $E > E_{\mathrm{G}}(\lambda < \lambda_{\mathrm{G}} = hc/E_{\mathrm{G}})$ 的光子产生的所有电子-空穴对都能被收集所产生的最大可能的光电流。也可以只考虑复合损失定义内收集效率，为

$$\eta_{\mathrm{C}}^{\mathrm{int}} = \frac{I_{\mathrm{SC}}}{I_{\mathrm{gen}}} \tag{3.138}$$

式中

$$I_{\mathrm{gen}} = qA(1 - s) \int_{\lambda < \lambda_{\mathrm{G}}} \left[1 - r(\lambda) \right] f(\lambda) \left(1 - \mathrm{e}^{-\alpha(W_{\mathrm{N}} + W_{\mathrm{P}})} \right) \mathrm{d}\lambda \tag{3.139}$$

是光生电流。这表示了当每个被吸收的光子都可以被收集并对短路电流有贡献时的短路电流。当太阳电池没有栅线遮挡，没有反射损失，具有无限的光学厚度时，$I_{\mathrm{gen}} = I_{\mathrm{inc}}$。

3.3.6　太阳电池的效率

采用上述参数，可以对好的（有效的）太阳电池的性能进行评估。从式（3.135）可以看出有效的太阳电池具有高的短路电流 I_{SC}、高的开路电压 V_{OC}，以及接近 1 的填充因子 FF。为更加详细地理解是什么影响了太阳电池的效率，可以将效率变形写为如下公式[18]：

$$\eta = \frac{P_{\max}}{P_{\mathrm{in}}} = \eta_{\mathrm{ideal}} \eta_{\mathrm{photon}} FF \eta_{\mathrm{V}} \eta_{\mathrm{C}}^{\mathrm{int}} \tag{3.140}$$

式中，FF 和 $\eta_{\mathrm{C}}^{\mathrm{int}}$ 分别在式（3.134）和式（3.138）中已经进行了定义，η_{ideal}、η_{photon}、η_{V} 将在下面定义。

假设被吸收的光子能够贡献的最大能量为 E_{G}，那么理想的效率可以表示为

$$\eta_{\mathrm{ideal}}(E_{\mathrm{G}}) = \frac{\frac{1}{q} E_{\mathrm{G}} I_{\mathrm{inc}}}{P_{\mathrm{in}}} = \frac{E_{\mathrm{G}}}{(P_{\mathrm{in}}/A)} \int_{\lambda > \lambda_{\mathrm{G}}} f(\lambda) \, \mathrm{d}\lambda \tag{3.141}$$

由于只有 $h\gamma > E_{\mathrm{G}}$ 的光子能够产生电子-空穴对，从而对太阳电池输出功率有贡献，所以显然能带决定了太阳电池与太阳光谱之间的匹配程度。有一个简单的分析方法可以预测这个理想效率。这如图 3.17 中所示，对 AM1.5g 太阳光谱，E_{G} 大约为 1.1eV 时的最大效率为 48%，这个带隙与硅的带隙接近，尽管带隙在 1.0eV 和 1.6eV 之间时得到的理想效率差不多。

当然，这假设了 $V_{\mathrm{OC}} = \frac{1}{q} E_{\mathrm{G}}$ 以及 $FF = 1$，这显然有明显夸大。同时也假设有非常完美的陷光，这样 $I_{\mathrm{SC}} = I_{\mathrm{inc}}$，这是一个相对更实际一些的假设。然而，这个数值的确设定了单结太阳电池的效率上限。当然，多结光伏系统会有更高的理想效率。对太阳电池极限效率更加完整的分析可以从其他地方找到[19-21]，在本书第 4 章对此也进行了讨论。

考虑被反射，透过或未被太阳电池吸收的光子以后的光子效率 η_{photon} 可以写成式（3.142）：

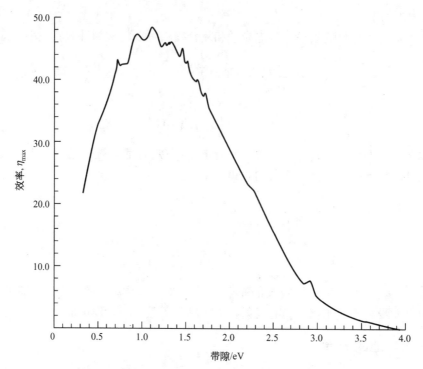

图 3.17　从 AM1.5g 太阳光谱理论上可以得到的最大效率与半导体带隙之间的关系

$$\eta_{photon} = \frac{I_{gen}}{I_{inc}} = \frac{\eta_C^{ext}}{\eta_C^{int}} \tag{3.142}$$

为了使 η_{photon} 最大化（也就是当 $I_{gen} \to I_{inc}$ 时，$\eta_{photon} \to 1$，或者 $\eta_C^{ext} \to \eta_C^{int}$），太阳电池应该设计成具有最小的栅线遮挡（$s$）、最小的反射率（$r(\lambda)$），以及足够的光学厚度，这样尽可能使 $E > E_G$ 的光子都被吸收。

从单二极管模型公式（3.131）的解可以得到 V_{OC} 和 V_{MP} 之间的一种超越关系，据此可以推出一个填充因子的半经验公式[22]：

$$FF = \frac{V_{OC} - \dfrac{kT}{q}\ln\left[qV_{OC}/kT + 0.72 \right]}{V_{OC} + kT/q} \tag{3.143}$$

可以看出 FF 与开路电压之间有一定关系，会随着开路电压的增加而缓慢增加。这个公式忽略了能够降低填充因子的串联电阻和并联电阻，这在本章后面会继续讨论。

电压依赖收集效率是开路电压与带隙电压的比值，如式（3.144）：

$$\eta_V = \frac{V_{OC}}{\dfrac{1}{q}E_G} \tag{3.144}$$

依据经验，最好的太阳电池（无聚光），其开路电压大约比带隙电压低 0.4V。对硅来讲，这使得电压依赖收集效率大约为 0.643。很明显，我们希望开路电压能够接近带隙电压，这是开发下一代太阳电池的挑战之一。在开路处，由于没有载流子流出太阳电池，所有的电子-空穴对都必须复合掉。所以是这个复合率或者反向饱和电流限制了开路电压。开路电压 [式（3.132）] 可以写成式（3.145），其正比于短路电流的对数，反比于反向饱和电流的对数。

$$V_{OC} \approx \frac{kT}{q} \ln \frac{I_{SC}}{I_{o1}} \tag{3.145}$$

所以，减小饱和电流可以提高开路电压。从式（3.128）和式（3.129）可以明显看出，当 $\tau \to \infty$ 以及 $S \to 0$ 时，$I_{o1} \to 0$。

式（3.140）中的内收集效率 η_C^{int}，在前面式（3.138）中就进行了定义，短路电流 I_{SC} 依赖于太阳电池中的复合，根据 $I_{SC} = \eta_C^{int} I_{gen}$，当 $\tau \to \infty$ 以及 $S \to 0$ 时，η_C^{int} 接近为 1。为了获得更高的短路电流，可以采用加电压提高收集效率的方式来补偿低的有效载流子寿命[23]，但开路电压和填充因子不会因此改善。这会在本章后面进行简单讨论。

由此，要设计出高效的太阳电池，需要有如下几个关键目标：

1. 选择具有与太阳光谱良好匹配的带隙的半导体材料，即使 η_{ideal} 最大化。
2. 最小化光学损失，比如栅线遮光、反射、光学部件的吸收，以及最大化太阳电池的光学厚度，从而使 η_{photon} 最大化。
3. 最小化电池以及连接部件的串联电阻，提高并联电阻，从而使填充因子 FF 最大化。
4. 最小化体内和表面复合率，最大化 η_V，由此提高开路电压。
5. 最小化体内和表面复合率，还可以使内收集效率 η_C^{int} 最大化，从而提高短路电流。

同时实现上述这些目标，能够得到非常高效的太阳电池。对 $V_{OC} = 0.72V$ 的硅太阳电池，从式（3.140）推出的效率在 AM1.5g 辐照下为 26.2%（假设光收集效率等于内收集效率，等于 1），这比已经报道的硅太阳电池的最好效率略高[24]。

显然，尽管描述太阳电池工作的表达式比较复杂，但基本工作原理却是容易理解的。在太阳电池中产生的电子-空穴对是对入射到太阳电池的太阳光产生吸收的结果。目标就是在少数载流子复合掉之前将它们收集起来。

3.3.7　寿命和表面复合的影响

前面所推导出的太阳电池特性（式（3.119）~式（3.132））可以用来检测太阳电池性能对特定复合来源的依赖关系。图 3.18 给出了基区少子寿命是如何对 V_{OC}、I_{SC} 和 FF 产生影响的。除非特别说明，太阳电池的性能是用表 3.2 中的参数计算的。短的寿命意味着基区扩散长度比基区厚度小很多，在基区中大约比一个扩散长度深的地方产生的载流子不能被收集。此时（$L_n \ll W_P$），基区对暗饱和电流的贡献（式（3.129））变成

$$I_{o1,n} = qA \frac{n_i^2}{N_A} \frac{D_n}{L_n} \tag{3.146}$$

这通常称为厚基区近似。此时，BSF 对暗饱和电流没有效果。反过来，当基区少子寿命长，（$L_n \gg W_P$）时，产生的载流子能够与 BSF 接触，暗饱和电流就是与 S_{BSF} 有很强关联的函数，即

$$I_{o1,n} = qA \frac{n_i^2}{N_A} \frac{D_n}{(W_P - x_P)} \frac{S_{BSF}}{S_{BSF} + D_n/(W_P - x_P)} \tag{3.147}$$

式中，S_{BSF} 非常大（即没有 BSF）时，就可以变成更加熟悉的薄基区近似，即

$$I_{o1,n} = qA \frac{n_i^2}{N_A} \frac{D_n}{(W_P - x_P)} \tag{3.148}$$

图 3.19 给出了 S_{BSF} 是如何影响 V_{OC}、I_{SC} 和 FF 的。可以看到，在 $S_{BSF} \approx D_n/W_P = 1000 \text{cm/s}$ 时，

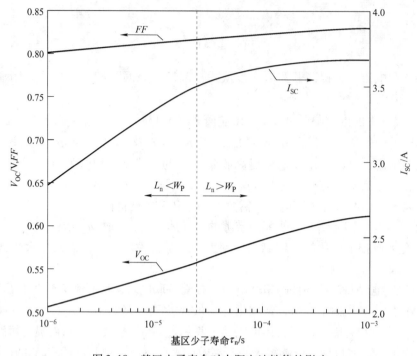

图 3.18　基区少子寿命对太阳电池性能的影响

（太阳电池参数取自表 3.2。当 $\tau_n = 25.7 \mu s$ 时，少子扩散长度（$L_n = \sqrt{D_n \tau_n}$）等于基区厚度（W_P））

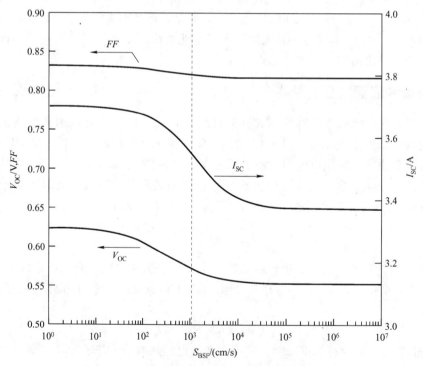

图 3.19　背表面场复合速率对太阳电池性能的影响

（所有其他参数取自表 3.2）

发生转变，正如式（3.147）中所给出的。

对在器件前表面有接触栅线的太阳电池来讲，前表面复合是栅线之间相对较低的复合速率和欧姆接触下面很高的复合速率在整个前表面上的平均。这个有效前表面复合速率的表达式[25]为

$$
S_{\mathrm{F,eff}} = \frac{(1-s)\,S_{\mathrm{F}}\,\overline{G}_{\mathrm{N}}\tau_{\mathrm{p}}\left(\cosh\dfrac{W_{\mathrm{N}}}{L_{\mathrm{p}}} - 1\right) + p_{\mathrm{o}}\left(\mathrm{e}^{qV/A_{\mathrm{o}}kT}-1\right)\left[s\,\dfrac{D_{\mathrm{p}}}{L_{\mathrm{p}}}\,\dfrac{\cosh\dfrac{W_{\mathrm{N}}}{L_{\mathrm{p}}}}{\sinh\dfrac{W_{\mathrm{N}}}{L_{\mathrm{p}}}} + S_{\mathrm{F}}\right]}{(1-s)\left[p_{\mathrm{o}}\left(\mathrm{e}^{qV/A_{\mathrm{o}}kT}-1\right) + \overline{G}_{\mathrm{N}}\tau_{\mathrm{p}}\left(\cosh\dfrac{W_{\mathrm{N}}}{L_{\mathrm{p}}} - 1\right)\right]}
\tag{3.149}
$$

式中，S_{F} 是在栅线之间的表面复合速率；$\overline{G}$ 是在发射区中的平均产生率。显然，$S_{\mathrm{F,eff}}$ 依赖于太阳电池的工作点，这在表 3.3 中可以更好地看出，表中还给出了一些具体的情况（假设 $L_{\mathrm{p}} \gg W_{\mathrm{N}}$）。

表 3.3 $S_{\mathrm{F,eff}}$ 的一些具体情况

没有栅线（$s=0$）	$S_{\mathrm{F,eff}} = S_{\mathrm{F}}$
全部栅线（$s=1$）	$S_{\mathrm{F,eff}} \to \infty$
黑暗条件（$\overline{G}=0$）	$S_{\mathrm{F,eff}} = \dfrac{S_{\mathrm{F}} + sD_{\mathrm{p}}/W_{\mathrm{N}}}{1-s}$
短路（$V=0$）	$S_{\mathrm{F,eff}} = S_{\mathrm{F}}$
大电压（$\approx V_{\mathrm{OC}}$）	$S_{\mathrm{F,eff}} = \dfrac{S_{\mathrm{F}} + sD_{\mathrm{p}}/W_{\mathrm{N}}}{1-s}$

3.4 附加主题

3.4.1 光谱响应

太阳电池的光谱响应 $SR(\lambda)$ 可以用来检测不同波长（能量）的光子对短路电流的贡献，正像收集效率可以测量为外或者内收集效率一样，光谱响应也是如此。光谱响应被定义为从单一波长的光获得的短路电流 $I_{\mathrm{SC}}(\lambda)$，并对最大可能电流进行归一化。外光谱响应定义为

$$
SR_{\mathrm{ext}} = \frac{I_{\mathrm{SC}}(\lambda)}{qAf(\lambda)}
\tag{3.150}
$$

内光谱响应定义为

$$
SR_{\mathrm{int}} = \frac{I_{\mathrm{SC}}(\lambda)}{qA(1-s)(1-r(\lambda))f(\lambda)\left(\mathrm{e}^{-\alpha(\lambda)W_{\mathrm{opt}}} - 1\right)}
\tag{3.151}
$$

式中，W_{opt} 是太阳电池的光学厚度（技术上讲也是波长的函数）。实验上，可以测量外光谱响应。知道了栅线遮挡、反射率和光学厚度，可以通过外光谱响应来确定内光谱响应。如果采用了陷光技术，W_{opt} 可以大于电池的厚度。这些技术包括织构化表面[26]以及背表面反射

器[27]，这将在第8章中进行讨论。短路电流可以写成外光谱响应的形式，即

$$I_{SC} = \int_\lambda SR_{ext}(\lambda) f(\lambda) d\lambda \tag{3.152}$$

内光谱响应还可以用来确定哪种复合源影响电池的性能，这在图3.20中给出。其中，给出了由表3.2中的参数描述的硅太阳电池的内光谱响应。同时还给出了 $S_{F,eff} = 100 cm/s$（钝化的前表面）时的光谱响应和 $S_{BSF} = 1 \times 10^7 cm/s$（没有BSF）时的光谱响应。当前表面被钝化时，因为对短波（高能）光子的吸收系数是最大的，短波响应得到了极大改善。相反，去除BSF，更有可能使在基区内部深处产生的电子在背接触上发生复合，所以，长波响应大大降低。

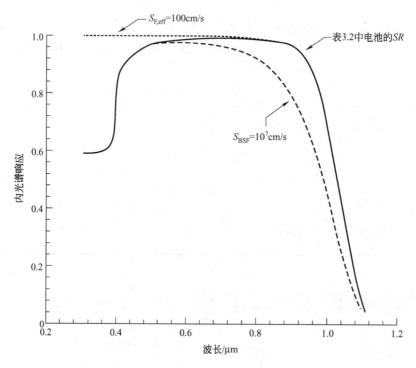

图3.20　表3.2所定义的硅太阳电池的内光谱响应

3.4.2　寄生电阻效应

式（3.143）忽略了一般与实际的太阳电池相关联的寄生串联和并联电阻。将这些电阻连入图3.15中的电路模型，如图3.21所示。可以得到

$$I = I'_{SC} - I_{o1}(e^{q(V+IR_S)/kT} - 1) - I_{o2}(e^{q(V+IR_S)/2kT} - 1) - \frac{(V + IR_S)}{R_{Sh}} \tag{3.153}$$

式中，I'_{SC} 是没有寄生电阻时的短路电流。这些寄生电阻对 I-V 特性的影响在图3.22和图3.23中给出。也可以从式（3.153）中看出，并联电阻 R_{Sh} 对短路电流没有影响，但会降低开路电压。相反，串联电阻 R_S 对开路电压没有影响，但是会降低短路电流。串联电阻的来源包括金属接触，特别是前栅线，以及电流在太阳电池发射区中往前栅线上横向流动时的电阻。

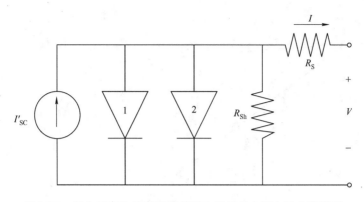

图 3.21　包含了寄生的串联和并联电阻后的太阳电池电路模型

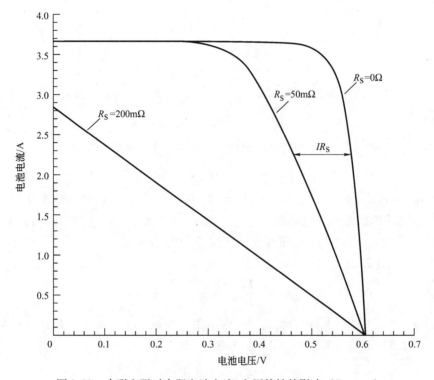

图 3.22　串联电阻对太阳电池电流-电压特性的影响（$R_{Sh} \rightarrow \infty$）

更方便的是将式（3.153）重新写成

$$I = I'_{SC} - I_o \left(e^{q(V+IR_S)/A_o kT} - 1 \right) - \frac{(V+IR_S)}{R_{Sh}} \qquad (3.154)$$

式中，A_o 是二极管理想（品质）因子，其值一般在 $1 \sim 2$。由准中性区内的复合支配的二极管，A_o 为 1，由耗尽区内的复合支配的二极管，A_o 为 2。在两个区中的复合差不多的太阳电池中，A_o 介于两者之间。在短路时，式（3.154）变成

$$I_{SC} = I'_{SC} - I_o \left(e^{qI_{SC}R_S/A_o kT} - 1 \right) - I_{SC}R_S/R_{Sh} \qquad (3.155)$$

在开路时，式（3.154）变成

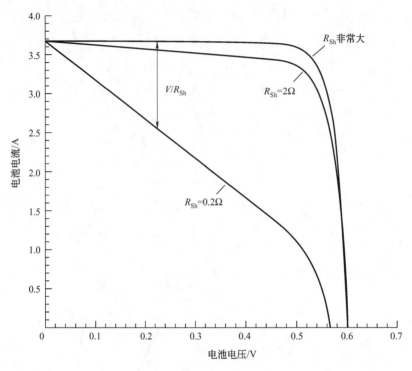

图 3.23 并联电阻对太阳电池电流-电压特性的影响（$R_S = 0$）

$$0 = I_{SC}' - I_o(e^{V_{OC}/A_o kT} - 1) - V_{OC}/R_{Sh} \tag{3.156}$$

当画出 $\log(I_{SC})$ 与 V_{OC} 的关系时（其中，I_{SC} 和 V_{OC} 在不同的辐照强度下获得），一般存在一个区域，其中串联和并联电阻都不重要，如图 3.24 所示。由这条曲线的斜率可以得到二极管的理想因子 A_o，由在 y 轴上的截距得到 I_o。在只有串联电阻重要时，式（3.155）和式（3.156）可以合并成

$$I_{SC}R_S = \frac{A_o kT}{q}\ln\left[\frac{I_o e^{qV_{OC}/A_o kT} - I_{SC}}{I_o}\right] \tag{3.157}$$

画出 I_{SC} 与 $\log\left[I_o e^{qV_{OC}/A_o kT} - I_{SC}\right]$ 的关系，可以由曲线的斜率得到 R_S。相似地，在只有 R_{Sh} 重要时，式（3.155）和式（3.156）可以合并成

$$\frac{V_{OC}}{R_{Sh}} = I_{SC} - I_o e^{qV_{OC}/A_o kT} \tag{3.158}$$

R_{Sh} 可以通过 V_{OC} 和 $I_{SC} - I_o e^{qV_{OC}/A_o kT}$ 之间的曲线斜率来确定。如果串联和并联电阻都很重要，那么这些参数只能通过耐心尝试才能确定，并且带有误差。

3.4.3 温度效应

从式（3.128）和式（3.129），可以明显得到

$$I_{o1,n}, I_{o1,p} \propto n_i^2 \tag{3.159}$$

从式（3.130）可以得到

$$I_{o2} \propto n_i \tag{3.160}$$

本征载流子浓度增加会增大暗饱和（复合）电流，从而降低开路电压，这可以从

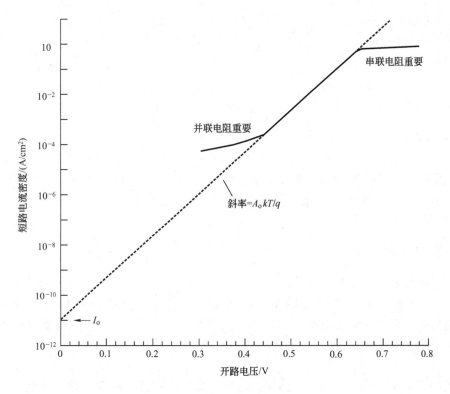

图 3.24 短路电流开路电压曲线图
（给出了可以得到的参数）

式（3.145）得到。暗饱和电流中含有其他的温度依赖参数（D，τ 和 S），但是本征载流子浓度对温度的依赖性是主要的。由式（3.17）给出的本征载流子浓度，当与式（3.12）和式（3.13）结合后可以得到

$$n_i = 2\left(m_n^* m_p^*\right)^{3/4}\left(\frac{2\pi kT}{h^2}\right)^{3/2}\mathrm{e}^{-E_G/2kT} \tag{3.161}$$

有效质量通常认为是对温度依赖性较弱的函数。随着温度增加，带隙变窄，其与温度的依赖关系为

$$E_G(T) = E_G(0) - \frac{\alpha T^2}{T+\beta} \tag{3.162}$$

式中，α 和 β 是针对特定半导体的常数。显然，随温度增加 n_i 增加，复合增加，电池性能会受到损害。带隙变窄，参照以前提到的，就是由于高掺杂而引起的带隙变小，也会增加 n_i，从而损害太阳电池性能。

考虑进温度依赖性后，短路电流表达式，式（3.145）可以写成

$$I_{SC} \approx I_{o1}\mathrm{e}^{qV_{OC}/kT} \approx BT^{\zeta}\mathrm{e}^{-E_G(0)/kT}\mathrm{e}^{qV_{OC}/kT} \tag{3.163}$$

式中，B 是与温度无关的常数；$T^{\zeta}\mathrm{e}^{-E_G(0)/kT}$ 代表与温度有关的饱和电流。在通常的工作条件下，短路电流一般不会受到温度的影响，因此，对温度 T 进行微分，可以得到开路电压与温度之间的关系[22]，即

$$\frac{\mathrm{d}V_{\mathrm{OC}}}{\mathrm{d}T} = -\frac{\frac{1}{q}E_{\mathrm{G}}(0) - V_{\mathrm{OC}} + \zeta\frac{kT}{q}}{T} \tag{3.164}$$

这对硅来讲，在 300K 下，对应于大约 $-2.3\mathrm{mV/℃}$，式（3.163）可以重新写成

$$V_{\mathrm{OC}}(T) = \frac{1}{q}E_{\mathrm{G}}(0) - \frac{kT}{q}\ln\left(\frac{BT^{\zeta}}{I_{\mathrm{SC}}}\right) \tag{3.165}$$

V_{OC} 与温度近似成线性反比关系，在 $T=0$ 时，V_{OC} 可以近似导出等于带隙，因为 $\lim_{T\to 0}[T\ln T] = 0$。

这部分很重要的原因是组件一般工作在 20 ~ 40℃ 的温度下，这依赖于组件的设计和太阳光的强度。一般硅组件的功率输出具有负温度系数，大约为（-0.4% ~ -0.5%）/℃，这主要是由于式（3.165）所示的开路电压对温度的依赖。温度对组件性能的影响将会进一步在第 18 和 19 章中讨论。

3.4.4　聚光太阳电池

太阳电池在聚光条件下工作具有两个主要的好处：第一个是在给定的面积内，收集太阳光所需要的太阳电池数量减少，但是它们的制造成本要比无聚光条件下的电池的成本高，所以要假定具有更高的质量（效率）；第二个是在聚光条件下工作的太阳电池具有更高的效率。如果太阳光被聚光的倍数为 X（X 个太阳），在此条件下的短路电流为

$$I_{\mathrm{SC}}^{X\mathrm{suns}} = XI_{\mathrm{SC}}^{1\mathrm{sun}} \tag{3.166}$$

这假定了半导体的参数不会受到辐照强度的影响，在各种辐照条件下，电池的温度相同，这在非常大的 X 下，比如 $X > 100$ 下，是不成立的。但是，这些假设可以用来估算聚光太阳电池的效率潜力。将式（3.166）代入式（3.135）中，可以得到

$$\eta = \frac{FF^{X\mathrm{suns}}V_{\mathrm{OC}}^{X\mathrm{suns}}I_{\mathrm{SC}}^{X\mathrm{suns}}}{P_{\mathrm{in}}^{X\mathrm{suns}}} = \frac{FF^{X\mathrm{suns}}V_{\mathrm{OC}}^{X\mathrm{suns}}XI_{\mathrm{SC}}^{1\mathrm{sun}}}{XP_{\mathrm{in}}^{1\mathrm{sun}}} = \frac{FF^{X\mathrm{suns}}V_{\mathrm{OC}}^{X\mathrm{suns}}I_{\mathrm{SC}}^{1\mathrm{sun}}}{P_{\mathrm{in}}^{1\mathrm{sun}}} \tag{3.167}$$

从式（3.132）中可以得到

$$V_{\mathrm{OC}}^{X\mathrm{suns}} = V_{\mathrm{OC}}^{1\mathrm{sun}} + \frac{kT}{q}\ln X \tag{3.168}$$

FF 是 V_{OC} 的函数（式（3.143）），因而有

$$\eta^{X\mathrm{suns}} = \eta^{1\mathrm{sun}}\left(\frac{FF^{X\mathrm{suns}}}{FF^{1\mathrm{sun}}}\right)\left(1 + \frac{\frac{kT}{q}\ln X}{V_{\mathrm{OC}}^{1\mathrm{sun}}}\right) \tag{3.169}$$

所以，随着辐照强度的增加，提高电池效率的这两个因素都会增加，聚光电池的效率随着辐照强度的增加而增加，对硅太阳电池，如果在 1 个太阳下的开路电压 $V_{\mathrm{OC}}^{1\mathrm{sun}} = 0.72\mathrm{V}$，那么在 1000 个太阳下的效率有潜力比在 1 个太阳下的效率提高 25%。

当然，要获得这个还是有很多困难。由于工作温度的升高会降低 V_{OC}，因而降低电池效率，因此聚光电池必须冷却。在实际器件中，由于寄生串联电阻的影响，随着太阳电池电流的增加，最终会导致 $FF^{X\mathrm{suns}}$ 下降。将在第 10 章对聚光太阳电池进行更加详细的讨论。

3.4.5　高注入

在高注入条件下，基区中的过剩载流子浓度大大超过了掺杂浓度，因此，如果载流子在

相同的方向上移动，则 $\Delta p \approx \Delta n \approx n \approx p$。这在背接触电池中会发生，如图 3.25 所示的硅背接触太阳电池[28]。由于两个电接触都制作在背面，因而没有栅线遮挡。这些太阳电池一般用在聚光和高注入条件下。对高注入的情况，进行简单分析也是可能的。

回到式（3.77）和式（3.78）可以看到，在高注入条件下，电场可以忽略（不一定为 0），二极管扩散方程为

$$D_a \frac{\mathrm{d}^2 p}{\mathrm{d}x^2} - \frac{p}{\tau_n + \tau_p} = -G(x) \quad (3.170)$$

式中，二极管扩散系数由下式给出：

$$D_a = \frac{2D_n D_p}{D_n + D_p} \quad (3.171)$$

在硅中，在很宽的掺杂浓度范围内 $D_n/D_p \approx 3$，二极管扩散系数为 $D_a \approx (3/2)D_p \approx (1/2)D_n$，如果进一步假定 $\tau_p \approx \tau_n$，那么二极管扩散长度为

$$L_a \approx \sqrt{3} L_p \approx L_n \quad (3.172)$$

因此，增大的高注入寿命（参见式（3.40））补偿了减小的二极管扩散系数。

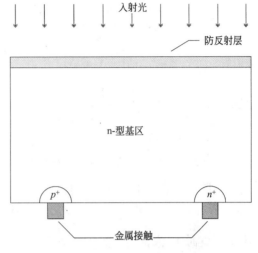

图 3.25　硅背接触太阳电池器件结构图

很好的钝化前表面对背接触电池是关键的，因此我们可以假定 $S_F = 0$。我们将进一步假定在基区中的光产生是均匀的。在开路条件下，结合这些假设，$\mathrm{d}^2 p/\mathrm{d}x^2 = 0$，因此有

$$V_{OC} = \frac{2kT}{q} \ln\left[\frac{G(\tau_n + \tau_p)}{n_i}\right] \quad (3.173)$$

短路电流（在电池背面 $p \approx 0$）为

$$I_{SC} = qAL_a G \sinh(W_B/L_a) \quad (3.174)$$

当 $L_a \gg W_B$ 时，可以变成

$$I_{SC} = qAW_B G \quad (3.175)$$

3.4.6　p-i-n 太阳电池和电压依赖收集

p-i-n 太阳电池的好处在于，在很多半导体材料中，特别是直接带隙半导体（即大的吸收系数）中，大多数的电子-空穴对是在非常接近表面的地方产生的。如果本征（未掺杂）层处于（非常薄的）n 区和 p 区之间，耗尽区的厚度就基本上是整个太阳电池的厚度，如图 3.26 所示。载流子收集就会在耗尽区电场的作用下完成，这有助于补偿一些材料的低寿命，比如非晶硅（参见第 12 章）。p-i-n 太阳电池的 I-V 特性可以采用通过对前面推导出的表达式进行微小修正来进行描述。对于式（3.130）最明显的修改是其中的耗尽区宽度变成

$$W_D = x_N + W_I + x_P \quad (3.176)$$

式中，W_I 是本征层的厚度。由于 x_N 和 x_P 非常薄，对式（3.128）和式（3.129）采用短基区近似，同时，也没有 BSF（$S_{BSF} \rightarrow \infty$）。

如上所述，在 p-i-n 太阳电池耗尽区中的电场有助于载流子的收集，这被称为电压依赖收集（VDC），这对在耗尽区中有明显光产生的任何电池，尤其是大多数薄膜太阳电池是非常重

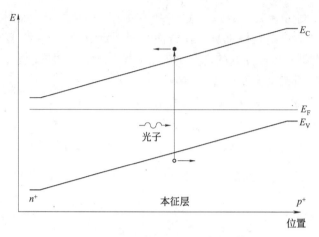

图 3.26 电场辅助收集的 p-i-n 太阳电池的能带图

要的。在最大功率点和开路电压下，耗尽区中的电场要比在短路的情况下低，这使得 *FF* 和 V_{oc} 要比所希望的低。参考文献〔23〕对 CdTe/CdS 太阳电池中的 VDC 进行了很好的分析。

3.4.7　异质结太阳电池

减小发射极中的复合损失将有利于提高太阳电池的效率。这可以通过减小结的面积来实现[19]。另一种方法是采用宽带隙的材料来作为太阳电池的发射极，如图 3.27 所示。理想地，每个区域中的少子都可以被结所收集变成相对区域中的多子。而多子注入到相对区域中成为少子的复合源，会降低太阳电池的效率。

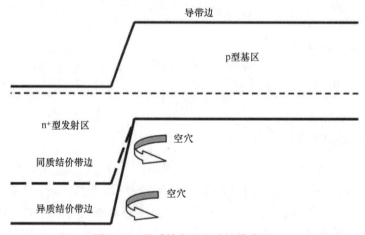

图 3.27　异质结太阳电池的带隙图

在异质结太阳电池中由宽带隙发射极对空穴产生的较大的势垒会显著减少注入到发射极中的空穴，从而降低了发射极中的复合，提高了太阳电池的效率。图 3.27 中的箭头指明了这一点。对式（3.128）进行分析也能看出这一点。发射极对暗饱和电流的贡献可以利用 $n_i = n_{i,emitter}$ 重新写成式（3.177）：

$$I_{o1,p} = qA \frac{n_{i,emitter}^2}{N_D} \frac{D_p}{L_p} \left\{ \frac{D_p/L_p \sinh[W_N - x_N)/L_p] + S_{F,eff} \cosh[W_N - x_N/L_p]}{D_p/L_p \cosh[W_N - x_N)/L_p] + S_{F,eff} \sinh[W_N - x_N/L_p]} \right\} \quad (3.177)$$

根据式（3.17）可以得到式（3.178）：

$$n_{i,\text{emitter}} = \sqrt{N_C N_V}\; e^{-E_{G,\text{emitter}}/2kT} \tag{3.178}$$

对宽带隙的发射极来讲，其中的本征载流子浓度 $n_{i,\text{emitter}}$ 小很多，由此，可以减小发射极对暗饱和电流的贡献，从而降低发射极中的净复合。

异质结太阳电池的另一个好处是能量小于发射极带隙（大于基区带隙）的入射光子可以被太阳电池的基区吸收，而不是在复合很高的前表面附近被吸收（这是同质结中发生的情况）。在第 8 章、第 13 章和第 14 章中将对异质结太阳电池做更详细的讨论。

3.4.8 详细的数值模拟

尽管对上面讨论的很多方程求解分析解有助于对太阳电池性能进行深入理解，因此非常重要，但是为了求解结果，在过程中进行了很多假设，因而其精确性就受到了影响。对这些方程进行数值求解，不需要进行这么多的假设，因而就更加直接。为了深入细致地对太阳电池进行模拟，已经编写了很多种计算程序来对这些半导体方程进行数值求解，比如PC-1D[29]、AMPS[30]、ADEPT[31]，以及以前的一些程序[32,33]。这些计算程序的基本设计都是相似的。半导体方程（三个联立的非线性偏微分方程）写成归一化的形式[34]以简化计算。用有限差分或者有限元方法将这些方程离散在网格（格点）上，得到一系列的三个联立的非线性微分方程。采用合适的离散化边界条件，采用广义牛顿方法对这些方程进行反复求解，以获得在每一个格点处的载流子浓度和电势。每次牛顿迭代包括求解一个巨大的 $3N$ 阶矩阵方程，其中，N 是格点的数量。一维模拟一般采用的格点数量是 1000 个，因此，矩阵是 3000×3000。在 2D 模拟中，最小格点一般是至少 100×100，因此 $N = 10^4$，矩阵的阶数就是 3×10^4，包含 9×10^8 个矩阵元。幸运的是这些矩阵是稀疏矩阵，不需要很大的计算机内存就可以求解。

数值模拟可以对太阳电池设计和工作条件进行详尽分析，对这些只进行简单分析是不够的。数值模拟不用再忽略各种参数的空间波动，可以将太阳电池表示得更加精确。具体地，对非均匀掺杂、异质结太阳电池（带隙随空间变化）、非晶硅太阳电池（复杂的陷阱/复合机制，电场辅助收集），以及聚光太阳电池（高注入，2D/3D 效应）等，都可以进行更加精确的模拟。

3.5 总结

本章的目的是使读者对太阳电池的物理原理有基本认识。为此，对可以将光转换成电的太阳电池材料的基本物理性能进行了综述。这些特性包括，半导体的通过将能量传递给电流载流子而吸收光子的能力，以及半导体材料的导电能力。

太阳电池（精心设计的 pn 结二极管）的基本工作原理可以从描述半导体的空穴和电子的动力学（简化的）方程导出。这使得可以定义太阳电池的一些特征参数——开路电压（V_{OC}）、短路电流（I_{SC}）、填充因子（FF）和电池效率（η）。确定并讨论了决定太阳电池效率的两个关键因素是电子-空穴对的产生和复合。具体地，通过例子和简单分析说明了在太阳电池中需要将复合源减小到最小。

同时，本章还讨论了将太阳电池的带隙与太阳光谱匹配的重要性，并且表明了硅的带隙 1.12eV 与太阳光谱匹配得非常好。还说明了寄生电阻和温度对太阳电池性能的影响，最后，对一些先进电池概念进行了简单介绍。这些主题中有很多将会在本书后面的章节中进行更加详细的介绍。

参考文献

1. Green M, *Solar Cells: Operating Principles, Technology, and System Applications*, Chap. 1, Prentice Hall, Englewood Cliffs, NJ, 1–12 (1982).
2. Pierret R, in Pierret R, Neudeck G (Eds), *Modular Series on Solid State Devices, Volume VI: Advanced Semiconductor Fundamentals*, Addison-Wesley, Reading, MA (1987).
3. Sze S, *Physics of Semiconductor Devices*, 2nd Edition, John Wiley & Sons, Inc., New York, NY (1981).
4. Böer K, *Survey of Semiconductor Physics: Electrons and Other Particles in Bulk Semiconductors*, Van Nostrand Reinhold, New York, NY (1990).
5. Shur M, *Physics of Semiconductor Devices*, Prentice Hall, Englewood Cliffs, NJ (1990).
6. Singh J, *Physics of Semiconductors and Their Heterostructures*, McGraw-Hill, New York, NY (1993).
7. Pierret R, *Semiconductor Device Fundamentals*, Chap. 2, Addison-Wesley, Reading, MA, 23–74 (1996).
8. Slotboom J, De Graff H, *Solid-State Electron.* **19**, 857–862 (1976).
9. Pankove J, *Optical Processes in Semiconductors*, Chap. 3, Dover Publications, New York, NY, 34–81 (1971).
10. Sanii F, Giles F, Schwartz R, Gray J, *Solid-State Electron.* **35**, 311–317 (1992).
11. Barnett A, Honsberg C, Kirkpatrick D, *et al.*, *Proc. 4th World Conference on Photovoltaic Energy Conversion*, 2560–2564 (2006).
12. Pierret R, in Pierret R, Neudeck G (Eds), *Modular Series on Solid State Devices, Volume VI: Advanced Semiconductor Fundamentals*, Chap. 5, Addison-Wesley, Reading, MA, 139–179 (1987).
13. Dubin S, Gray J, *IEEE Trans. Electron Devices* **41**, 239–245 (1994).
14. Pierret R, in Pierret R, Neudeck G (Eds), *Modular Series on Solid State Devices, Volume VI: Advanced Semiconductor Fundamentals*, Chap. 6, Addison-Wesley, Reading, MA (1987).
15. Van Roosbroeck W, *Bell Syst. Tech. J.* **29**, 560–607 (1950).
16. Sacconi F, Di Carlo A, Lugli P, Morkoc H, *IEEE Trans. Electron Devices* **48**, 450–457 (2001).
17. Lundstrom M, Schulke R, *IEEE Trans. Electron Devices* **30**, 1151–1159 (1983).
18. Gray J, Haas A, Wilcox J, Schwartz R, *Proc. 33rd IEEE Photovoltaic Specialist Conf.*, 1–6 (2008).
19. Gray J, Schwartz R, *Proc. 18th IEEE Photovoltaic Specialist Conf.*, 568–572 (1985).
20. Mathers C, *J. Appl. Phys.* **48**, 3181, 3182 (1977).
21. Shockley W, Queisser H, *J. Appl. Phys.* **32**, 510 (1961).
22. Green M, *Solar Cells: Operating Principles, Technology, and System Applications*, Chap. 5, Prentice Hall, Englewood Cliffs, NJ, 85–102 (1982).
23. Hegedus S, Desai D, Thompson C, *Prog Photovolt: Res. Applic.* **15**, 587–602 (2007).
24. Green M, Emery K, King D, Hisikawa Y, Warta W, *Prog Photovolt: Res. Applic.* **14**, 45–51 (2006).
25. Gray J, *Two-Dimensional Modeling of Silicon Solar Cells*, Ph.D. thesis, Purdue University, West Lafayette, IN (1982).
26. Baraona C, Brandhorst Jr. H, *Proc. 11th IEEE Photovoltaic Specialist Conf.*, 44–48 (1975).
27. Chai A, *Proc. 14th IEEE Photovoltaic Specialist Conf.*, 156–160 (1980).
28. Sinton R, Kwark Y, Swanson R, *Proc. 18th IEEE Photovoltaic Specialist Conf.*, 61–64 (1984).
29. Rover D, Basore P, Thorson G, *Proc. 18th IEEE Photovoltaic Specialist Conf.*, 703–709 (1984).
30. Rubinelli F *et al.*, *Proc. 22nd IEEE Photovoltaic Specialist Conf.*, 1405–1408 (1991).
31. Gray J, *Proc. 22nd IEEE Photovoltaic Specialist Conf.*, 436–438 (1991).
32. Lundstrom M, *Numerical Analysis of Silicon Solar Cells*, Ph.D. thesis, Purdue University, West Lafayette, IN (1980).
33. Gray J, *IEEE Trans. Electron Devices* **36**, 906–912 (1989).
34. Snowden C, *Introduction to Semiconductor Device Modeling*, Chap. 2, World Scientific, Singapore, 14–36 (1986).

第4章　光电转换的理论极限和新一代太阳电池

Antonio Luque, Antonio Martí

西班牙，马德里理工大学，太阳能研究所

4.1　引言

在太阳能的光电转换中，转换效率是一个重要的参数。太阳作为一个能量的源泉，它的功率密度并不算太低，所以人们期望着太阳能能够在发电方面得到广泛而经济有效的使用。然而，太阳能功率密度还没有高到可以轻松实现这个目标的程度。尽管经过三十多年的努力，价格方面的原因仍然限制了这种转换技术的广泛使用。

预测光电转换效率从光电转换的启蒙期开始就一直指导着人们对光电转换的研究活动。对于太阳电池，转换效率与光照引起的电子-空穴对的产生，以及在某个电压下这些电子-空穴对在被输送到外电路之前发生的复合密切相关。光生电子-空穴对发生的复合是由很多种机制引起的，而不能把它简单地与制作太阳电池的材料联系在一起。然而，Lofersky 已经在1975 年[1]建立了一个材料与太阳电池性能之间的经验关系，通过这个经验关系能够预言哪种材料最适合制备太阳电池。

在 1960 年，Shockley 和 Queisser[2]指出了太阳电池内在的、不可避免的复合机制，它们正好是电子-空穴产生机制的细致平衡对应物。这些复合机制能够决定一个太阳电池转换效率的最大预测值。由于太阳电池并没有有效地利用太阳光子，因此这个效率的极限值不会太高（在将光谱近似为 6000K 的黑体辐射的情况下，效率极限值为 40.7%）。太阳光中许多光子并没有被太阳电池吸收，而且被吸收的那部分光子的能量也没有得到较好的利用。

今天，尝试了各种新的太阳电池概念，一般被称为第三代太阳电池[3]，目的是获得较高的效率，在这种情况下重提太阳电池的效率极限值是有意义的。最早提出的并且在今天已经被确定的是使用多结太阳电池[4]，这部分内容将会在本书的第 9 章进行详细的研究。然而，科学和技术的进步能够为发明者提供新的研究工具（例如在十几年之前没有的纳米技术），因此有利于尝试新的方法和理念。

一般的太阳电池是一种半导体器件，为了产生电能，器件吸收太阳光产生电子-空穴对。与太阳能热转换器不同，太阳电池能够在室温下工作（太阳电池经常工作在 40～60℃，但是没有任何一个理论反对将太阳电池的工作温度冷却到接近于环境温度）。本章从介绍一些关于光子-电子相互作用的不可逆热力学背景开始，尤其注重介绍对发明新器件的人员有指导意义的热力学第二定律的应用条件。

这个热力学方法能够给出在某种理想情况下，某种太阳能转换器能够实现的效率。这种方法不仅用在当前的太阳电池上，而且也应用到许多提出的新的转换器上。其中有些新的转换器正在实验中进行尝试，而有的还没有得到实验尝试。

　　本章中的太阳能转换器的理论与第3章中提到的理论并不相同，它是对第3章中的理论的补充。在第3章中，以固体物理背景知识来分析太阳电池，全章的分析是基于传统的光激发电子从价带跃迁到导带，随后发生荷电载流子的输运和复合。在本章中，认为所有材料都是理想的，将熵产生机制简化为正在研究的本质概念，其他所有的机制（表面和体内的非辐射复合，非理想的金属-半导体接触）将会被忽略。通过这种方式，本章中给出的效率将会被认为是第3章中以及本书中其他章节研究的太阳电池的最高上限。在这些章节之外出现的较低的效率未必是由于较差的技术导致的。当与制备真实太阳电池的实际材料和工艺联系起来时，这些较低的效率值或许是对应的太阳电池转换效率的一个基本数值。然而，当使用其他不同的材料和工艺时，出现的较低的效率也许就不是一个基本值。

　　同本书第一版相比，本版修订后包含了更多的实验结果及对概念的阐述，但由于字数限制，删去了一些理论部分。

4.2　热力学背景

4.2.1　基本关系

　　热力学定义了一个平衡系统的态函数。这个函数可以是熵、内能、正则巨势、焓等，它们之间具有相同的意义，包含着系统所有的信息，并且彼此能够通过勒让德变换[5]（Legendre's transformation）联系起来。用来描述系统宏观态的变量被分为容度变量（如体积 U，粒子的数量 N，熵 S，内能 E 等）以及强度变量（压力 P，电化学势能 μ，温度 T 等）。它们之间的关系可以通过大量的公式进行描述，例如：

$$dE = TdS - PdU + \mu dN \tag{4.1}$$

　　从我们的角度来说，选择巨势 Ω 作为首选的态函数是比较方便的。这个态函数描述了在一个系统中作为一个独立变量的电化学势能、体积和温度的状态。巨势与温度、电化学势能之间仍然遵从勒让德变换：

$$\Omega \doteq E - TS - \mu N = -PU \tag{4.2}$$

　　这个定义给出了一个约等于符号（ $\doteq$ ），而且右边的相等关系在一般情况下都成立[6]。

　　其他表征平衡系统的热力学变量可以通过巨势引申出来。因此，系统中粒子的数目、熵和压力可以通过下式获得：

$$N = -\left.\frac{\partial \Omega}{\partial \mu}\right|_{U,T} \qquad S = -\left.\frac{\partial \Omega}{\partial T}\right|_{U,\mu} \qquad P = -\left.\frac{\partial \Omega}{\partial U}\right|_{\mu,T} \tag{4.3}$$

　　在描述非平衡状态下的系统时，被研究的系统假定被分成小的子系统，每个子系统包含一个相空间⊖（x, y, z, v_x, v_y, v_z）的单元体积，并且这个单元体积的尺寸要大到能够允许定义这个单元中的热力学量。在这个体积中，假定子系统处于平衡状态。因此，子系统的热力学量决定于在单元体积中的位置 $r \doteq (x, y, z)$ 或者在单元体积中的单元体和粒子的运动速度 $v \doteq (v_x, v_y, v_z)$。

⊖　x, y 和 z 是给出粒子位置的空间坐标，v_x、v_y 和 v_z 是速度坐标。

为了描述非平衡态下的系统，必须引入一个热力学流密度的概念[7]j_x。j_x 与容度变量 X 相关，对具有速度 v 和位置坐标 r 的一个单元体的 j_x 为

$$j_x(r,v) = x(r,v)v \tag{4.4}$$

式中，$x = X/U$，表示在点 r 处的具有速度 v 的单元体中的每单位体积 U 对容度变量 X 的贡献。

根据式（4.2），可以将热力学流密度表述为

$$j_\omega = j_e - T(r,v)j_s - \mu(r,v)j_n = -P(r,v)v \tag{4.5}$$

对于热力学流密度，可以写成一个连续方程[8]，即

$$g \doteq \frac{\partial n}{\partial t} + \nabla \cdot j_n \tag{4.6}$$

$$v \doteq \frac{\partial e}{\partial t} + \nabla \cdot j_e \tag{4.7}$$

$$\sigma \doteq \frac{\partial s}{\partial t} + \nabla \cdot j_s \tag{4.8}$$

式中，g、v 和 σ 分别被定义为单位体积中粒子数目、能量和熵的产生率；符号 "$\nabla \cdot$" 为散度算子[⊖]。

4.2.2　热力学的两个定律

式（4.7）和式（4.8）与热力学定律具有紧密的联系。某个基本的子系统或者单元能够从邻近的单元体中获得能量或者将能量传给对方。但是根据热力学第一定律，在一个固定位置 r 处，所有基本单元 i 产生的能量总和等于 0，也就是说

$$\sum_i v(r,v_i) = 0 \tag{4.9}$$

与此类似，一个基本单元产生的熵有可能是负值，但是根据 Prigogine 提出的热力学第二定律[8]，所有的单元产生的熵 σ_{irr} 在任何地方都应该是非负值。

$$\sum_i \sigma(r,v_i) = \sigma_{irr}(r) \geq 0 \tag{4.10}$$

4.2.3　局域熵增量

首先对熵产生的来源进行说明。利用式（4.2），在基本的热力学关系式（4.1）中，可以得到每单位体积的热力学变量之间的有趣关系，即

$$ds = \frac{1}{T}de - \frac{\mu}{T}dn \tag{4.11}$$

如果将这种关系和式（4.5）代入式（4.8）中，我们可以发现：

$$\sigma = \frac{1}{T}\frac{\partial e}{\partial t} - \frac{\mu}{T}\frac{\partial n}{\partial t} + \nabla \cdot \left(\frac{1}{T}j_e - \frac{1}{T}j_\omega - \frac{\mu}{T}j_n\right) \tag{4.12}$$

将式（4.6）和式（4.7）引入式（4.12）中，经过一些数学处理之后，可以得到[9]

⊖　对矢量 $A \doteq (A_x, A_y, A_z)$ 进行线性无界算子 "$\nabla \cdot$" 操作，得到 $\nabla \cdot A = \frac{\partial A_x}{\partial x} + \frac{\partial A_y}{\partial y} + \frac{\partial A_z}{\partial z}$。

$$\sigma = \frac{1}{T}v + \boldsymbol{j}_e \nabla \frac{1}{T} - \frac{\mu}{T}g - \boldsymbol{j}_n \nabla \frac{\mu}{T} + \nabla \cdot \left(-\frac{1}{T}\boldsymbol{j}_\omega \right) \tag{4.13}$$

式中，"∇"是梯度算子⊖。这是一个重要的方程，能够确定在一个给定的子系统中熵产生的可能来源。它包括了涉及能量产生（从其他子系统：v）以及转换（从周围环境中：$\boldsymbol{j}_e \nabla 1/T$），自由能（$\mu g$）产生，焦耳效应（$\boldsymbol{j}_n \nabla \mu$）和压力梯度（$\nabla \boldsymbol{j}_\omega/T$）。这个方程非常重要，将会被用来证明太阳电池的热力学一致性。

4.2.4 积分概念

热力学流 $\boldsymbol{j}_x$ 的通量 $\dot{X}$ 将会在本章经常使用，在本章中，它们将被称为热力学参数比率。定义以下方程：

$$\dot{X} \doteq \int_A \sum_i \boldsymbol{j}_x \cdot \mathrm{d}\boldsymbol{A} \tag{4.14}$$

式中的求和的对象是在一个给定位置处具有不同速度的各个子系统。A 是计算的流量通过的表面。实际上，$\boldsymbol{j}_x \mathrm{d}\boldsymbol{A}$ 表示了流密度矢量 $\boldsymbol{j}_x$ 和具有方向的 $\mathrm{d}\boldsymbol{A}$（任意方向，如果存在一个相应的容量，那么选择的方向定义了逃逸或者进入的概率）之间的标量乘积。

4.2.5 辐射的热力学方程

在给定模型的情形下，按照波色-爱因斯坦因子 f_{BE}[10] 可以给出辐射光子的数量，其中 f_{BE} 由式（4.3）中的巨势 $\Omega = kT\ln\{\exp[(\mu-\varepsilon)/kT]-1\}$ 得到，可以表述成 $f_{BE} = \{\exp[(\varepsilon-\mu)/kT]-1\}^{-1}$。在这些方程中，大多数的符号在前面已经进行过定义：ε 是光子的能量，k 是波尔兹曼常数。这些光子相应的热力学流密度为

$$\boldsymbol{j}_n = f_{BE}\boldsymbol{c}/(U n_{ref}); \quad \boldsymbol{j}_e = \varepsilon f_{BE}\boldsymbol{c}/(U n_{ref}); \quad \boldsymbol{j}_\omega = \Omega\boldsymbol{c}/(U n_{ref}) \tag{4.15}$$

式中，$\boldsymbol{c}$ 是光子在真空中的速度（包含了方向的一个矢量）；n_{ref} 是光子传播介质的光学折射率，假定这个折射率的值与光子传播的方向无关。因此，$\boldsymbol{c}/n_{ref}$ 是光子在这个介质中的速度。

能量在 ε 和 $\varepsilon + \mathrm{d}\varepsilon$ 之间的光学模为 $8\pi U n_{ref}^3 \varepsilon^2/(h^3 c^3)\mathrm{d}\varepsilon$。当考虑能量在 $\varepsilon_m < \varepsilon < \varepsilon_M$ 之间的光学模，具有这些模的光子的总的巨势 Ω_{ph} 是每个模贡献的巨势之和，即

$$\Omega_{ph}(U,T,\mu) = \frac{8\pi U n_{ref}^3}{h^3 c^3} \int_{\varepsilon_m}^{\varepsilon_M} \varepsilon^2 kT\ln(1 - e^{(\mu-\varepsilon)/kT})\mathrm{d}\varepsilon \tag{4.16}$$

式中，h 是普朗克常数。

光子之间不会发生相互作用，因此对于每个模，它们的温度和化学势都不会相同。这就意味着温度和化学势是能量和传播方向的函数，而在非平衡情况下，它们是位置的函数。如果我们只考虑光子在一个小角度 $\mathrm{d}\overline{\omega}$ 范围内传播，那么式（4.16）中的巨势必须乘以 $\mathrm{d}\overline{\omega}/4\pi$。同样，这个系数也影响其他辐射热力学变量。

以一个立体角 $\overline{\omega}$ 穿过表面 A 的辐射的热力学变量 $\dot{X}$ 的流量为

⊖ 梯度算子"∇"是线性无界算子，它作用于一个标量场 $f(x, y, z)$：$\nabla f = \frac{\partial f}{\partial x}\boldsymbol{e}_1 + \frac{\partial f}{\partial y}\boldsymbol{e}_2 + \frac{\partial f}{\partial z}\boldsymbol{e}_3$，这里 $\boldsymbol{e}_1$，$\boldsymbol{e}_2$，$\boldsymbol{e}_3$ 是笛卡尔坐标系中的正交基向量。

$$\dot{X} = \int_A \sum_i \boldsymbol{j}_x \mathrm{d}A = \int_{A,\overline{\omega}} \frac{1}{4\pi} \frac{X}{U} \frac{c}{n_{\mathrm{ref}}} \cos\theta \mathrm{d}\overline{\omega} \mathrm{d}A = \int_H \frac{1}{4\pi} \frac{X}{U} \frac{c}{n_{\mathrm{ref}}^3} \mathrm{d}H \qquad (4.17)$$

式中，角度 θ 的定义如图 4.1 所示。在这种情况下，式（4.14）中的求和被对立体角的积分所代替。在许多情况下，积分可以扩展到一个有限的立体角范围。尤其是当光子来源于遥远的源（例如太阳）时，更是如此。

微分变量 $\mathrm{d}H = n_{\mathrm{ref}}^2 \cos\theta \mathrm{d}\overline{\omega} \mathrm{d}A$，它在某个范围之内（在每个 A 位置，必须包含立体角 $\overline{\omega}$ 内所有的光子）的积分就是所谓的多重线性拉格朗日不变量[11]。它在任何一个光学系统中都是不变的[12]。例如，在太阳聚光器的入光口（比如一个简单的棱镜），由于所有的太阳光线都来自一个狭窄的锥角，入射的太阳光束的分散角非常小。随后，太阳光束在穿过入光口后被聚集。H 为不变量，意味着它在入光口处、接收处，甚至在光束传播通过的任何中间界面处都具有相同的

图 4.1　经过表面元 $\mathrm{d}A$ 的热力学变量的通量示意图

值。如果光束不发生回退，那么所有的光都能够到达接收器。然而，如果这个接收器比入光口小，那么光照射在接收器处的角展度不得不大于在入光口处的角展度。在这种情况下，H 成为一种度量光束的参数，类似于光束中包含二维空间尺度（$\mathrm{d}A$）以及二维角尺度（$\mathrm{d}\overline{\omega}$）的四维面积。因此，我们可以针对太阳和某个特定的接收器一起来谈论某个光束的 H_{sr}。

除了被叫作拉格朗日不变量之外，这些不变量还有其他的名字。在涉及热传导的领域中，它们又被称为视角或者角系数。但是 Welford 和 Winston[13] 将这个不变量恢复到原来由 Poincaré 给的旧名字，按照作者的理解，这个旧名字更反映了它的特性。Poincaré 把这种变量称作光束扩展量。在本章中采用这个名字作为这种多重线性拉格朗日不变量的简称。

当光照的立体角是整个半球，那么 $H = n_{\mathrm{ref}}^2 \pi A$，这里 A 是光子穿过区域的表面积。然而，当缺少光学元件时，来自太阳中的光子以狭窄的光锥体形式到达地球上的转换器上。在这种情况下，$H = \pi A \sin^2\theta_s$，θ_s 是太阳的半视角（考虑太阳的半径和与地球之间的距离），其值等于 $0.265°$[14]。在这种情况下，由于光子来源于真空，所以没有考虑折射率的影响。

表 4.1 中收集了从以上原理中获得的一些热力学变量的通量和一些有用的公式。

表 4.1　根据黑体辐射，通过温度 T 和化学势能 μ 计算得出的
能量分布在 ε_{m} 和 ε_{M} 之间的光子的几个热力学通量

$$\dot{\Omega}(T,\mu,\varepsilon_{\mathrm{m}},\varepsilon_{\mathrm{M}},H) = kT \frac{2H}{h^3 c^2} \int_{\varepsilon_{\mathrm{m}}}^{\varepsilon_{\mathrm{M}}} \ln(1 - e^{(\mu-\varepsilon)/kT}) \varepsilon^2 \mathrm{d}\varepsilon = \int_{\varepsilon_{\mathrm{m}}}^{\varepsilon_{\mathrm{M}}} \dot{\omega}(T,\mu,\varepsilon,H) \mathrm{d}\varepsilon \qquad (\mathrm{I}\text{-}1)$$

$$\dot{N}(T,\mu,\varepsilon_{\mathrm{m}},\varepsilon_{\mathrm{M}},H) = \frac{2H}{h^3 c^2} \int_{\varepsilon_{\mathrm{m}}}^{\varepsilon_{\mathrm{M}}} \frac{\varepsilon^2 \mathrm{d}\varepsilon}{e^{(\varepsilon-\mu)/kT} - 1} = \int_{\varepsilon_{\mathrm{m}}}^{\varepsilon_{\mathrm{M}}} \dot{n}(T,\mu,\varepsilon,H) \mathrm{d}\varepsilon \qquad (\mathrm{I}\text{-}2)$$

$$\dot{E}(T,\mu,\varepsilon_{\mathrm{m}},\varepsilon_{\mathrm{M}},H) = \frac{2H}{h^3 c^2} \int_{\varepsilon_{\mathrm{m}}}^{\varepsilon_{\mathrm{M}}} \frac{\varepsilon^3 \mathrm{d}\varepsilon}{e^{(\varepsilon-\mu)/kT} - 1} = \int_{\varepsilon_{\mathrm{m}}}^{\varepsilon_{\mathrm{M}}} \dot{e}(T,\mu,\varepsilon,H) \mathrm{d}\varepsilon \qquad (\mathrm{I}\text{-}3)$$

$$\dot{S} = \frac{\dot{E} - \mu\dot{N} - \dot{\Omega}}{T}; \dot{F} \doteq \dot{E} - T\dot{S} = \mu\dot{N} + \dot{\Omega} \qquad (\mathrm{I}\text{-}4)$$

$$\dot{E}(T,0,0,\infty,H) = (H/\pi)\sigma_{\mathrm{SB}} T^4; \dot{S}(T,0,0,\infty,H) = (4H/3\pi)\sigma_{\mathrm{SB}} T^3;$$
$$\sigma_{\mathrm{SB}} = 5.67 \times 10^{-8} \mathrm{Wm}^{-2}\mathrm{K}^{-4} \qquad (\mathrm{I}\text{-}5)$$

注：最后一栏中计算的是全能光谱（$\varepsilon_{\mathrm{m}} = 0$ 和 $\varepsilon_{\mathrm{M}} = \infty$）。结果中包含 T^4 的项建立了斯蒂芬-玻耳兹曼定律。

4.2.6 电子的热力学方程

对于电子来说，每个能量为 ε 的单电子态，被电子占据的概率 f_{FD} 服从费米-狄拉克分布，f_{FD} 可表示为 $f_{FD} = \left\{ \exp\left[\dfrac{\varepsilon - \varepsilon_F}{kT} \right] + 1 \right\}^{-1}$，其中电子的电化学势能（化学势包括由电场引起的势能）一般被称为费米能级 ε_F。与光子不同，电子与大量光子之间发生连续的弹性相互作用，会使电子的方向随机分布，因此电子的热力学特性很少与反向相关（除了弹道电子之外）。电子之间，电子与一些声子之间也存在强的非弹性相互作用，因此很难在电子之间发现不同的温度。实际上，一旦单色的脉冲光照在半导体上，电子和空穴在少于 100fs 的时间之内将热化到均匀的内部电子温度。冷却到内部电子温度的过程将会需要 10 ~ 20ps 的时间[15]。然而，半导体中的电子被宽带隙分成两个能带，其中在带隙中没有电子态存在。结果导致在非平衡态中，电子在导带和价带中将会存在不同的电化学势能，分别为 ε_{Fc} 和 ε_{Fv}（也被称为准费米能级）。有时我们趋向于将空穴（价带中的空态）的电化学势能等于 $-\varepsilon_{Fv}$。一旦电子的激发被制止后，那么使这两个分离的准费米能级变成一个能级就需要 ms 量级的时间，电子在高质量的单晶硅中就是这种情况。

4.3 光电转换器

4.3.1 光电转换器的平衡方程

在 1960 年，Shockley 和 Queisser（SQ）发表了一篇重要的文章[2]，提出了太阳电池的最高极限效率。在这篇文章中首次指出，在太阳电池中，存在与光生载流子的产生一一对应的细致平衡对称物，那就是辐射复合。这个 SQ 效率极限出现在理想太阳电池中，这种理想的太阳电池是现在太阳电池的原型，在后面的几节中将对这种效率极限进行描述。这种理想的太阳电池（见图 4.2）是由具有导带和价带的半导体组成，其中导带要比价带的能量高，两者之间的间隔就是带隙 ε_g，每个能带能够通过独立的准费米能级（导带 ε_{Fc} 和价带 ε_{Fv}）来描述各自能带中的载流子浓度。在理想的 SQ 电池中，载流子的迁移率是无穷大的，并且由于电子和空穴电流正比于准费米能级梯度与迁移率的乘积，因此认为准费米能级是常数。通过在 n$^+$ 掺杂的半导体上沉积金属来实现与导带的接触。由于在 n$^+$ 区域空穴密度较小，穿过这个金属接触的载流子主要是电子。如果有较少的空穴经过这个接触，那就被认为是表面复合，在理想情况下表面复合是 0；与此类似，与价带的接触是在 p 型掺杂的半导体上沉积金属来实现。金属的费米能级 ε_{F+} 和 ε_{F-} 在相应界面上分别与电子和空穴的准费米能级对齐。在平衡态时，这两个费米能级变成一个。

两个电极之间的电压 V 等于准费米能级的分裂，更加精确地说是等于在欧姆接触界面上的多子的准费米能级之间的差异。对于常数的准费米能级和理想的接触，分裂可以简单描述成：

$$qV = \varepsilon_{Fc} - \varepsilon_{Fv} \tag{4.18}$$

物质吸收光子将电子从价带激发跃迁到导带，这就是所谓的电子-空穴对的产生过程。然而，正如细致平衡要求的那样，同时也形成了与光生载流子产生的相反机制，因此导带中的电子

可以退激到价带中，同时发射一个光子，这就是
所谓的辐射复合过程，造成了发光现象。实际上，
许多能量稍微高于带隙的发光光子将会被再次吸
收，导致了新的电子-空穴对产生，从而抵消了复
合损失。只有复合发射的光子从半导体中逃逸出
去才形成一种净复合。如果考虑到发光光子是各
向同性发射的，只有那些靠近电池表面——与表
面的距离小于吸收系数的倒数，以较小的角度直
接朝向太阳电池的表面（那些角度大于临界角度
的光子在到达表面之后将会被反射回来），发射
的光子实际上才有机会离开半导体，因此形成了
净辐射复合。这个被称为光回收[16]，很难将其引
入到太阳电池的模型中，并且在太阳电池的模型
中也并不常见。值得注意的是由于晶体硅是非直
接带隙材料，在薄膜硅中存在高密度的局域中间
缺陷态，因此在晶体硅、薄膜硅中辐射复合可以
忽略。

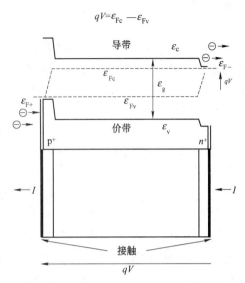

图 4.2　带有金属接触的太阳电池
在光照之下的能带结构图

在理想的 SQ 电池中，任何基于熵增机制的非辐射复合机制都被假定为不存在。

吸收外部光子激发到导带中的电子数目与伴随着辐射光子而回到价带的电子数目之间的
差，就等于从电池中抽取的电流。这可以通过下面的方程来描述：

$$I/q = \dot{N}_{\mathrm{s}} - \dot{N}_{\mathrm{r}} = \int_{\varepsilon_{\mathrm{g}}}^{\infty} (\dot{n}_{\mathrm{s}} - \dot{n}_{\mathrm{r}}) \mathrm{d}\varepsilon \qquad (4.19)$$

式中，$\varepsilon_{\mathrm{g}} = \varepsilon_{\mathrm{c}} - \varepsilon_{\mathrm{v}}$ 是半导体的带隙；$\dot{N}_{\mathrm{s}}$ 和 $\dot{N}_{\mathrm{r}}$ 分别表示通过任何表面进入和离开太阳电池
的光子流量。当电池具有合适的接触时，这个电流由通过高掺杂的 n 型接触离开导带的电子
组成。与此相似的平衡中，在价带中，I/q 也是通过高掺杂的 p 型接触进入价带的电子。值
得注意的是，电流的符号与电子流动的方向相反。

利用表 4.1 中的术语，在式（4.19）中对于单位面积的太阳电池，当电池直接面向太阳时
$\dot{N}_{\mathrm{s}} = a\dot{N}(T_{\mathrm{s}}, 0, \varepsilon_{\mathrm{g}}, \infty, \pi\sin^2\theta_{\mathrm{s}})$，或者在全聚光情况下 $\dot{N}_{\mathrm{s}} = a\dot{N}(T_{\mathrm{s}}, 0, \varepsilon_{\mathrm{g}}, \infty, \pi)$，而 $\dot{N}_{\mathrm{r}} = \xi\dot{N}$
$(T_{\mathrm{a}}, qV, \varepsilon_{\mathrm{g}}, \infty, \pi)$，这里 a 和 ξ 是电池的吸收率和发射率。T_{s} 是太阳的温度，T_{a} 是电池所处
环境温度。全聚光就是利用一种没有损失的聚光器提供各向同性的光照；这种光照是在给定
源情况下的最高光照功率通量。扩展量守恒要求这种聚光器具有一个聚光倍数 C 使方程
$C\pi\sin^2\theta_{\mathrm{s}} = \pi n_{\mathrm{ref}}^2$ 成立，$C = 46050 n_{\mathrm{ref}}^2$。这个聚光倍数实际上是不可能实现的，但是它确可以
得到最高效率。而且，它也证明了如果准费米能级的分裂在整个体内是均匀分布的，那么
$a = \xi$[17]。在这章中从现在开始，我们假设太阳电池足够厚并且具有完美的抗反射涂层，因
此能够完全吸收任何一个能量高于带隙的光子，对于这些光子来说 $a = \xi = 1$。假设 100% 的
光转换是不现实的，最好的电池在带隙上仅有 1% ~ 3% 的光损失。

在假设 $\dot{N}_{\mathrm{r}} = \dot{N}(T_{\mathrm{a}}, qV, \varepsilon_{\mathrm{g}}, \infty, \pi)$ 中，提出了发射光子的温度等于室温 T_{a}。这是合理
的，因为太阳电池处于这个温度。然而，它也说明了辐射发射的光子的化学势能不为 0，

而是

$$\mu_{\text{ph}} = \varepsilon_{\text{Fc}} - \varepsilon_{\text{Fv}} = qV \tag{4.20}$$

由于辐射是由电子-空穴对的复合而形成的，而每个电子和空穴的化学势能或者准费米能级并不相同，因此辐射光子的化学势能不为 0。考虑到光子和电子-空穴对的产生是通过电子 + 空穴↔光子这个可逆过程实现的（即不产生熵），因此采用 $\mu_{\text{ph}} = \varepsilon_{\text{Fc}} - \varepsilon_{\text{Fv}}$ 是合理的。式（4.20）导致的结果是在这些相互反应前后化学势能都不变。同时，这个方程也可以通过解光子在太阳电池体内的连续方程得到证实[17,18]。

当玻色-爱因斯坦方程中的指数项数值大于 1 时，对于全聚光情况，式（4.19）中的复合项可以写成

$$\dot{N}_{\text{r}} = \frac{2\pi}{h^3 c^2}\int_{\varepsilon_{\text{g}}}^{\infty}\varepsilon^2\exp\left(\frac{qV-\varepsilon}{kT_{\text{a}}}\right)\mathrm{d}\varepsilon = \frac{2\pi kT}{h^3 c^2}\left[4(kT)^2 + 2\varepsilon_{\text{g}}kT + \varepsilon_{\text{g}}^2\right]\exp\left(\frac{qV-\varepsilon_{\text{g}}}{kT_{\text{a}}}\right) \tag{4.21}$$

当 $\varepsilon_{\text{g}} - qV \gg kT_{\text{a}}$ 时，上式成立。在此近似中，采用它的常规的单指数函数来描述太阳电池的电流-电压特性。实际上，如果采用合适的因子 $\sin^2\theta_{\text{s}}$，那么对于非聚光太阳光照下的理想太阳电池，式（4.21）在所有电流-电压特征范围之内都是正确的。

SQ 太阳电池可以达到的极限效率为

$$\eta = \frac{\{qV[\dot{N}_{\text{s}} - \dot{N}_{\text{r}}(qV)]\}_{\max}}{\sigma_{\text{SB}}T_{\text{s}}^4} \tag{4.22}$$

通过优化 V 可以计算最大值。Shockley 和 Queisser[2] 首先计算得到在非聚光太阳光下的效率极限值，图 4.3 给出了在几种不同的光谱下效率极限值随着带隙的变化情况。

在大气层之外，太阳辐射可以被看成一个确切的黑体辐射，它的光谱对应于 5758K 的温度[20]。为了强调本章中的理论方法，在后面的大部分计算中不采用这个温度值，而是采用 6000K 作为黑体辐射的温度，300K 作为室温。

需要指出的是，当逃逸的光子的扩展量等于进入光子的扩展量时，这可以通过将电池置于一个限制光子逃逸角度的腔体内实现[21]，那么不仅在全聚光情况下能够获得极限效率，在较低倍的聚光情况下也能够获得极限效率值[17]。

值得注意的是，SQ 的极限分析并没有涉及任何与半导体 pn 结相关的地方。William Shockley 首次给出了 pn 结的作用[22]，同时也首次隐晦地认可了这个 pn 结在太阳电池中的次要作用[2]。实际上，pn 结并不是太阳电池的基本组成要素。太阳电池的基本要求是存在不同准费米能级的两种电子气，以及将这两种气中的任何一种导出的选择性接触[23]。这些选择性接触存在的重要作用并没有被充分地认识到[24]。这些接触的重要作用在今天的太阳电池中是通过 n 和 p 掺杂的半导体区域（它们未必形成一层薄

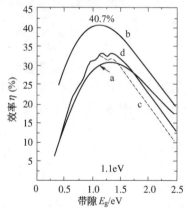

图 4.3 理想的太阳电池在非聚光黑体辐射、聚光光照和地面光照情况下的 SQ 极限效率值与带隙的关系图

a—非聚光的 6000K 黑体辐射（1595.9Wm⁻²）
b—全聚光的 6000K 黑体辐射（7349.0×10⁴ Wm⁻²）
c—非聚光的 AM1.5D[19]（767.2Wm⁻²）
d—AM 1.5G[19]（962.5Wm⁻²）

膜）得以体现，例如就像在点接触的太阳电池[25]中那样。但是在将来，可以通过其他的方式来体现接触的重要作用，从而使光伏技术获得大幅度提高。制成太阳电池的半导体的作用是提供两种具有不同准费米能级的电子气，由于带隙的分隔从而使电子-空穴对的复合变得困难。

到现在为止，在非聚光的 AM1.5G 光谱下，单结太阳电池的最高效率是 GaAs 太阳电池的 25.9%[26]。这个值比带隙为 1.42eV 的 GaAs 在这个光谱下的最高理论效率 32.8% 低 21%[27]。太阳电池理论的最大值几乎与 GaAs 带隙相对应。然而，大部分电池是人工制备在衬底上的，朝着电池背面的发射光子几乎没有反射，即使有也不会返回到电池的活化区中。这样造成的结果就是发射光的扩展量变大，在朝着空气方向的单面发射光子的扩展量为 π。单位面积的总扩展量就变成 $\pi + \pi n_{ref}^2$。πn_{ref}^2 项来源于光子向太阳电池衬底材料的辐射，在理想的情况下并不存在，这个衬底的折射率就是 n_{ref}。这将会使 GaAs 的理论极限效率从 32.8% 下降到 30.7%。考虑到辐射复合的实验室可以得到的太阳电池最高效率只有 15.6%，要比电池的理论效率低。如果在太阳电池的活化区域背面（并不是在衬底背面）放置反射器，那么转换效率有可能出现明显地增加[28]。这就要求使用薄的 GaAs 太阳电池[29]或者在活化层的背面制备布拉格反射器[30]（一些由折射率交替变化的半导体薄层堆积而成的结构）。研究已经发现布拉格反射器增强了入射光在非常薄的太阳电池体内的吸收，减少朝向衬底的发光辐射或许能成为另外一个作用。

4.3.2　单色电池

讨论理想太阳电池在单色光照下的情况是非常有指导意义的。当说到单色光照射时，那就意味着能量分布在 $\varepsilon \pm \Delta\varepsilon$ 较窄范围之内的光照射到太阳电池上。单色太阳电池同时必须防止能量在 $\Delta\varepsilon$ 之外的发射光从转换器中逃出去。

为了构造这样一个器件，需要使用一个理想的聚光器[31]，这个聚光器以接收角 θ_s 收集太阳光，在入光口放置一个滤光片，使上面提到的单色光通过这个入光口。这个聚光器能够在接收器处形成各向同性辐射。通过颠倒光束的方向，在入光口能够看见从电池上传过来的在半 θ_s 角度的圆锥体中任意方向的发射光线。具有合适能量的光将会朝着太阳的方向逃逸。剩下的将会被反射回到电池中然后再次回收。因此，在理想情况下，在滤光片能量窗口之外的光子不会逃逸，而且，逃逸出去的光将会直接返回到太阳，与进来时的光束具有相同的光束扩展量 H_{sr}。

在单色电池中的电流 ΔI 为

$$\Delta I/q \equiv i(\varepsilon, V)\Delta\varepsilon/q = (\dot{n}_s - \dot{n}_r)\Delta\varepsilon$$

$$= \frac{2H_{sr}}{h^3 c^2}\left[\frac{\varepsilon^2 \Delta\varepsilon}{\exp\left(\dfrac{\varepsilon}{kT_s}\right) - 1} - \frac{\varepsilon^2 \Delta\varepsilon}{\exp\left(\dfrac{\varepsilon - qV}{kT_a}\right) - 1}\right] \tag{4.23}$$

这个方程可以限定一个等效电池温度 T_r。

$$\frac{\varepsilon}{kT_r} = \frac{\varepsilon - qV}{kT_a} \Rightarrow qV = \varepsilon\left(1 - \frac{T_a}{T_r}\right) \tag{4.24}$$

因此，这个电池产生的功率，$\Delta\dot{W}$ 为

$$\Delta \dot{W} = \frac{2H_{sr}}{h^3 c^2}\left[\frac{\varepsilon^3 \Delta \varepsilon}{\exp\left(\dfrac{\varepsilon}{kT_s}\right)-1} - \frac{\varepsilon^3 \Delta \varepsilon}{\exp\left(\dfrac{\varepsilon}{kT_r}\right)-1}\right]\left(1-\frac{T_a}{T_r}\right)$$

$$= (\dot{e}_s - \dot{e}_r)\Delta\varepsilon\left(1-\frac{T_a}{T_r}\right) \tag{4.25}$$

从单色电池获取功的方式与从卡诺热机里面获得功的方式一样，卡诺机热从储热器中获得热流 $\Delta\dot{q} = (\dot{e}_s - \dot{e}_r)\Delta\varepsilon$。然而，在非单色光照下，这种类比不成立。因为，在给定电压情况下，非单色光照电池的等效电池温度依赖于光子的能量 ε，无法对整个光谱定义一个单一的等效电池温度。与短路电流和开路电压相对应的等效电池温度分别是 T_a 和 T_s。

为了计算效率，式（4.25）中的 $\Delta\dot{W}$ 必须除以一个合适的分母。除以黑体辐射的入射能量 $\sigma_{SB}T_s^4$ 并不合适，因为被入光口射掉的没有用到的能量会被光学器件偏转从而被其他太阳能转换器所利用。较为合适的做法是除以电池受到的功率速率 $\dot{e}_s\Delta\varepsilon$，这样得到单色效率 η_{mc}。

$$\eta_{mc} = \left.\frac{q(\dot{n}_s - \dot{n}_r)V}{\dot{e}_s}\right|_{max} = \left.\left(1-\frac{\dot{e}_r}{\dot{e}_s}\right)\left(1-\frac{T_a}{T_r}\right)\right|_{max} \tag{4.26}$$

上面的方程描述了效率与能量 ε 之间的函数关系，如图 4.4 所示。

另外，可以利用在热力学中的效率的标准定义来计算单色电池的效率[32,33]。在本章中，在分母中加入在转换过程中浪费的能量 $(\dot{e}_s - \dot{e}_r)\Delta\varepsilon$。实际上，能量 $\dot{e}_r\Delta\varepsilon$ 返回到太阳中，或许在以后会被再次使用（慢化过程，例如，太阳的能量损失过程）。这样得到的热力学效率为

$$\eta_{th} = 1 - \frac{T_a}{T_r} \tag{4.27}$$

这个效率与工作在温度为 T_r 的吸收体和环境温度之间的卡诺可逆机的效率一样，暗示着理想的太阳电池的工作是可逆的，没有熵增。在 $\Delta\dot{W} \geq 0$ 时，效率获得最大值的条件是 $T_r = T_s$。尽管当 $\Delta\dot{W} = 0$ 时，此条件对应着太阳电池的功可以忽略不计（实际上是无功）。然而，可逆机的一般特征就是在产生功率可以忽略不计时，才能获得卡诺效率。

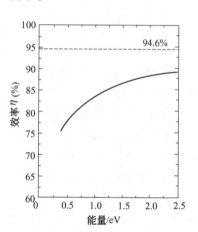

图 4.4 单色太阳电池的转换效率与光子能量之间的关系

4.3.3 Shockley-Queisser 光伏电池的热力学一致性

在太阳电池中，发生相互作用的主要是电子和光子[9]。然而，同时也在发生其他的相互作用。一般来说，从式（4.13）中，每种粒子（电子、光子和其他粒子）产生的熵可以写成：

$$\sigma = \sum_i \left[\frac{1}{T} \upsilon + j_e \nabla \frac{1}{T} - \frac{\mu}{T} g - j_n \nabla \frac{\mu}{T} + \nabla \cdot \left(-\frac{1}{T} j_\omega \right) \right] \tag{4.28}$$

其中，要对粒子的不同态进行求和。

首先分析电子产生的熵 σ_{ele}。除了弹道电子之外，在式（4.5）中 j_ω 里的压强很快就处于平衡状态；在频繁的弹性碰撞中 $+\upsilon$ 和 $-\upsilon$ 的结果相同。因此，当对每个能量的所有态求和时，电子的 j_ω 项消失。至少在一个给定能量情况下，这些碰撞造成在所有方向上的温度和自由能相等。而且，在常规太阳电池中，具有任何能量的电子的温度都是相等的，都等于晶格温度 T_a。同时，在特定的位置 r 处，处于相同能带中的所有电子的电化学势能都相等。

在真实的电池中，能流 j_e 从高温区域流向低温区域 $[\nabla(1/T) \geq 0]$，因此在式（4.28）中的包含 j_e 的项产生正熵。然而，在理想的电池中，晶格温度同时也是电子的温度，是一个常数，没有包含 $\nabla(1/T)$ 项。电子流动 j_n 与电化学势能梯度方向相反，因此在恒定温度下也会产生正的熵。更进一步来说，在 SQ 理想电池[2]中，迁移率是无穷大的。因此，在整个太阳电池中，导带和价带的电化学势能或者准费米能级（ε_{Fc}, ε_{Fv}）是一个常数，因此它们的梯度为 0。因此，在式（4.28）中所有的梯度项都消失，由电子贡献的熵产生为

$$\sigma_{\text{ele}} = \sum_{i\text{-ele}} \left[\frac{1}{T_a} \upsilon_{i\text{-ele}} - \frac{\varepsilon_{\text{Fc}}(\upsilon)}{T_a} g_{i\text{-ele}} \right] \tag{4.29}$$

在这种情况下，使用的准费米能级是 ε_{Fc} 或者 ε_{Fv}，它们取决于电子态 $i\text{-ele}$ 所属的能带，统一用 $\varepsilon_{\text{Fc}(v)}$ 来表示。

除了电子和光子之外，在电池内也有可能包含着其他粒子之间的相互作用。这些粒子基本上是声子。声子数量充足，远多于非简并半导体中的导带电子。室温下声子的模密度是原子密度的三倍，平均起来，每种模式都被很多声子占据。假定在这些相互作用中，涉及的载体（标记为 others）也有与方向无关的压强，也同样具有与晶格相同的温度。而且，它们的化学势能为 0。利用这些假设，这些粒子对熵产生率的贡献为

$$\sigma_{\text{others}} = \sum_{i\text{-others}} \left[\frac{1}{T_a} \upsilon_{i\text{-others}} \right] \tag{4.30}$$

对于光子来说，则是另外一种情况。正如前面提到的，光子之间并不发生相互作用，因此，它们本质上是自由的。它们的热力学强度变量或许会随着光子的能量和它们的传播方向发生变化。实际上，它们只是从太阳那里沿着几个方向照过来，并且只有在这几个方向上它们才会施加压强。直接得出的结论就是在光子中存在巨势流（当光子被限制并且达到热平衡时，在这些光子气中巨势流消失，对来自太阳的光束采用这种条件，正如某些时候做的那样，并不正确）。

N_{ph} 是对应于某种在半导体内运动的光线中的特定模式的光子数目，它们按照一种辐射模型沿着固定的光程发生的变化为[18]

$$N_{\text{ph}}(\zeta) = f_{\text{BE}}(T, qV)[1 - e^{-\alpha\zeta}] + N_{\text{ph}}(0) e^{-\alpha\zeta} \tag{4.31}$$

式中，ζ 是沿着射线的长度坐标；f_{BE} 是发光光子的玻色-爱因斯坦因子，这种发光光子的化学势能等于导带和价带的电子费米能级之差——在这种情况下，这个化学势能等于电池的电压 V（乘以 q）；α 是吸收系数。式（4.31）显示了 N_{ph} 的非均匀性的剖面分布，这是由于发光的光子随着 ζ 的增加而增加（右边的第一项），同时当入射的光线穿过半导体时光子数目会随着 ζ 的增加而降低（第二项），这些光子被吸收了。当太阳电池被太阳温度为 T_s 的自由

辐射光照时，一般认为 $N_{ph}(0) = f_{BE}(T_s, 0)$。

一般情况下，能量为 ε 的所有光子可以被认为是一个宏观体[10]，它的温度和化学势能能够被定义。然而，从热力学上来说，对于处在 $(\varepsilon - \mu)/T$ 区间段的所有光子可以取相同的值，用化学势能 μ 和温度 T 来表征。例如，入射的太阳光子可以被看成在太阳温度为 T_s 时化学势能为 0，或者在室温下的化学势能是能量的变量 $\mu_s = \varepsilon(1 - T_a/T_s)$。这些特性在研究单色电池的时候提到过。

实际上，μ 和温度 T 的任意选择并不会影响熵产生，这可以从针对光子对方程式（4.13）进行重写看出：

$$\sigma_{ph} = \sum_{i\text{-}ph} \left[\frac{\varepsilon - \mu}{T} g + j_n \nabla\left(\frac{\varepsilon - \mu}{T}\right) + \nabla \cdot \left(-\frac{1}{T} j_\omega\right) \right] \tag{4.32}$$

在这里我们利用了式（4.15）以及 $v = \varepsilon g$。这个方程明显地决定于 $(\varepsilon - \mu)/T$。在 j_ω/T 项中，对 $(\varepsilon - \mu)/T$ 的依赖关系并不明显，但是当在讨论式（4.15）时，j_ω 正比于 T，因此 j_ω/T 仅仅取决于 $(\varepsilon - \mu)/T$。值得注意的是，j_ω 受到 T 特定选择的影响。

为了简单化，将考虑在室温下的光子，通过设定以下公式来计算这些光子的化学势能

$$N_{ph}(\zeta, \varepsilon) = \frac{\varepsilon^2}{\exp\left[\dfrac{\varepsilon - \mu_{ph}(\zeta, \varepsilon)}{kT_a}\right] - 1} \tag{4.33}$$

然而，可以选择 $\mu_{ph} = 0$，然后当光通过半导体时的光吸收效应被描述成光子的冷却（如果 N_{ph} 实际上随着 ζ 降低）。

针对室温下的发光光子，光子的熵产生为

$$\sigma_{ph} = \sum_{i\text{-}ph} \left[\frac{v_{i\text{-}ph}}{T_a} - \frac{\mu_{i\text{-}ph} g_{i\text{-}ph}}{T_a} - \frac{j_{n, i\text{-}ph} \nabla\mu_{i\text{-}ph}}{T_a} - \frac{\nabla j_{\omega, i\text{-}ph}}{T_a} \right] \tag{4.34}$$

然而，使用式（4.15）和式（4.3）

$$\nabla j_\omega = \frac{c}{U n_{ref}} \frac{d\Omega}{d\mu} \nabla\mu = -\frac{c}{U n_{ref}} f_{BE} \nabla\mu = -j_n \nabla\mu \tag{4.35}$$

和

$$\sigma_{ph} = \sum_{i\text{-}ph} \left[-\frac{v_{i\text{-}ph}}{T_a} + \frac{\mu_{i\text{-}ph} g_{i\text{-}ph}}{T_a} \right] \tag{4.36}$$

式中，

$$g = (c/U n_{ref}) \alpha f_{BE}(T_a, qV) e^{-\alpha\zeta} - (c/U n_{ref}) \alpha f_{BE}(T_s, 0) e^{-\alpha\zeta}; \quad v = \varepsilon g \tag{4.37}$$

将式（4.29）、式（4.30）和式（4.36）相加，同时将式（4.37）中的 g 值代入，就得到总的不可逆熵产生。现在，能量产生相关项都处于相同的温度，并且它们之间根据热力学第一原理必须互相抵消。光子的净吸收相应于电子的在不同态之间的迁移（正的、负的产生），获得一个电化学势能 qV，因此电子和光子对应的 $\mu g/T$ 项之间相互抵消。假设没有再发生另外的熵产生过程，因此不可逆熵产生率可以写成：

$$\sigma_{irr} = \frac{c\alpha}{U n_{ref}} \sum_{i\text{-}ph} \left[\frac{(\mu_{i\text{-}ph} - qV)\left[f_{BE}(T_s, 0) e^{-\alpha\zeta} - f_{BE}(T_a, qV) e^{-\alpha\zeta} \right]}{T_a} \right] \tag{4.38}$$

在给定的模型下，当 $f_{BE}(T_s, 0) = f_{BE}(T_a, qV)$ 时，方程中的第二项被抵消，因此不可逆熵产生为 0。在这种情况下，$N_{ph} = f_{BE}(T_a, qV)$ 沿着射线的方向为常数，同时 $\mu_{i\text{-}ph} = qV$ 在所有的点上也是常数，因此不可逆熵产生率在任何地方都等于 0。如果 $f_{BE}(T_s, 0) > f_{BE}$

(T_a, qV)，那么 $N_{ph} > f_{BE}(T_a, qV)$ 和 $\mu_{i-ph} > qV$，因此所有的因子和乘积都是正值。如果 $f_{BA}(T_s, 0) < f_{BA}(T_a, qV)$，那么 $N_{ph} < f_{BA}(T_a, qV)$ 和 $\mu_{i-ph} < qV$。在这种情况下，所有的因子是负值，而乘积为正值。

因此，以上结果证明每个模型都对熵贡献有非负效应。然后可以提出 SQ 电池产生非负的熵，从这种意义上来说，它们遵从热力学第二定律。

正如前面提到的那样，在非理想化的情况下，准费米能级或者温度梯度的存在一般会形成附加的正熵。电子从导带到价带的非辐射净复合也产生正熵。然而，净产生将会导致负的熵产生，因此，如果没有其他导致正熵产生的机制存在，那么将会违背热力学第二定律。因此，当提出新的器件的概念时，需要谨慎考虑在这些概念中包含的没有存在对应物的那些想象的载流子产生率。

4.3.4　整个 Shockley-Queisser 太阳电池的熵产生

上面提到的那些方法可以应用到以下领域：系统的物理性能是连续并且可以微分的，但并不是陡峭的界面。为了验证对第二定律的依从性，在这种情况下，必须选择在被研究界面周围处的体积对连续方程进行积分。为了检查任何有违背热力学第二定律的现象和计算整个器件的熵产生，积分方法也可以扩展到整个转换器中。然而，假如我们接受普利高津提出的热力学第二定律（其中要求局域的熵而不是整个的熵降低），如果没有局部方法的补充，此积分法也可以有效证明热力学的非一致性，但是并不能够证明每一点的一致性。下面给出利用这种积分方法的一个例子。

在积分分析中，采用在局部分析中类似的步骤。特别的是，式（4.7）应用热力学第一定律进行积分和式（4.9）表达了第一定律。随后获得了恒态下的方程，为

$$0 = \int_A \sum_i \boldsymbol{j}_{e,i} \mathrm{d}A = +\dot{E}_r - \dot{E}_s + \dot{E}_{mo} - \dot{E}_{mi} + \dot{E}_{others} \tag{4.39}$$

式中，$\dot{E}_s$ 和 $\dot{E}_r$ 是 进入转换器或者从转换器逃逸出去 的辐射能量；$\dot{E}_{mi}$ 和 $\dot{E}_{mo}$ 是进入价带的电子能量和离开导带的电子能量；$\dot{E}_{others}$ 是 其他机制下离开半导体的净能流。

在式（4.5）中，实际上没有与其他粒子和过程相对应的化学势能，也没有与正则势能的湮没相对应的化学势能。与其他元素对应的项一般写成：

$$\dot{E}_{others} = T_a \dot{S}_{others} \doteq \dot{Q} \tag{4.40}$$

式中，$\dot{Q}$ 定义为离开转换器的热速率。

式（4.8）和式（4.10）表述的热力学第二定律，在恒态情况下，在整个转换器体内积分，有

$$\dot{S}_{irr} = \int_U \sigma_{irr} \mathrm{d}U = \int_A \sum_i \boldsymbol{j}_{s,i} \mathrm{d}A = \dot{S}_r - \dot{S}_s + \dot{S}_{mo} - \dot{S}_{mi} + \dot{S}_{others} \tag{4.41}$$

将式（4.41）乘以 T_a 然后减去式（4.39），根据式（4.40）的关系，将下脚标为 others 的项去掉，从而获得了不可逆熵产生率。可以得到

$$T_a \dot{S}_{irr} = (\dot{E}_s - T_a \dot{S}_s) - (\dot{E}_r - T_a \dot{S}_r) + (\dot{E}_{mi} - T_a \dot{S}_{mi}) - (\dot{E}_{mo} - T_a \dot{S}_{mo}) \tag{4.42}$$

从式 I-4（表 4.1）中，并且考虑到电子正则势能流的湮没，有 $(\dot{E}_{mi} - T_a \dot{S}_{mi}) = \varepsilon_{Fv} \dot{N}_{mi}$

和 $(\dot{E}_{mo} - T_a\dot{S}_{mo}) = \varepsilon_{Fc}\dot{N}_{mo}$，因此式（4.42）可以写成

$$T_a\dot{S}_{irr} = \varepsilon_{Fv}\dot{N}_{mi} - \varepsilon_{Fc}\dot{N}_{mo} + (\dot{E}_s - T_a\dot{S}_s) - (\dot{E}_r - T_a\dot{S}_r) \tag{4.43}$$

考虑到 $\dot{N}_{mi} = \dot{N}_{mo} = I/q$ 和 $\varepsilon_{Fc} - \varepsilon_{Fv} = qV$，式（4.43）可以被写成：

$$T_a\dot{S}_{irr} = -\dot{W} + (\dot{E}_s - T_a\dot{S}_s) - (\dot{E}_r - T_a\dot{S}_r) \tag{4.44}$$

这里，这个方程来自于局域模型。然而，它也可以更加一般地写成热力学第二定律的经典形式[34]。这个方程对于理想或者非理想的器件都是有效的。式（4.44）中的热力学变量的值在表 4.1 中已经给出。在这种情况下的功率对应于 SQ 理想太阳电池的功率，由式（4.18）和式（4.19）中的结果中给出，另外也是被研究的转换器在其他一些情况下的功率。

我们已经讨论了任何辐射的热力学描述在选择温度和化学势能方面的基本不确定性。从这个事实可以得出一个有用的推论[34]：如果辐射转换器产生的额定功率仅仅依赖于辐射中的入射光能的速率或者光子的数目，那么转换器接收或者发射的任何辐射都能够转换成温度为室温 T_a 和化学势能为 μ_x 的辐射发光，而且并没有影响功率和不可逆熵的产生率。等效辐射发光的化学势能 μ_x 通过以下方程和最初辐射的热力学参数 T_{rad} 和 μ_{rad} 联系起来。

$$\frac{\varepsilon - \mu_{rad}}{kT_{rad}} = \frac{\varepsilon - \mu_x}{kT_a} \Rightarrow \mu_x = \varepsilon\left(1 - \frac{T_a}{T_{rad}}\right) + \mu_{rad}\frac{T_a}{T_{rad}} \tag{4.45}$$

一般来说，μ_x 是光子能量的函数，ε 也同样可以是 T_{rad} 和 μ_{rad} 的函数。

这些理论证明相对简单，一些关系可以简单地看成：

$$\dot{n}_x = \dot{n}_{rad} \quad \dot{e}_x = \varepsilon\dot{n}_x = \dot{e}_{rad} \quad \dot{\omega}_x/T_a = \dot{\omega}_{rad}/T_{rad} \quad \dot{e}_{rad} - T\dot{s}_{rad} = \mu_x\dot{n}_x + \dot{\omega}_x \tag{4.46}$$

这里，下标 rad 仍然标记着初始辐射的热力学变量。

初始和等效辐射中的能量和光子的数目相等证明了功率产生是不变的。而且，式（4.44）中介绍了结论性的关系，这些关系证明了计算的熵产生率同时也是保持不变的。

综上所述，可以简单地将式（4.44）应用到 SQ 太阳电池中。采用 SQ 电池的功率模型，以及采用太阳辐射的室温等效辐射（具有化学势能 μ_s），可以得到

$$T_a\dot{S}_{irr} = -\int_{\varepsilon_g}^{\infty} qV[\dot{n}(T_a,\mu_s) - \dot{n}(T_a,qV)]d\varepsilon + \int_{\varepsilon_g}^{\infty}[\mu_s\dot{n}(T_a,\mu_s) + \dot{\omega}(T_a,\mu_s)]d\varepsilon -$$

$$\int_{\varepsilon_g}^{\infty}[qV\dot{n}(T_a,qV) + \dot{\omega}(T_a,qV)]d\varepsilon$$

$$= \int_{\varepsilon_g}^{\infty}[\dot{\omega}(T_a,\mu_s) - \dot{\omega}(T_a,qV)]d\varepsilon + \int_{\varepsilon_g}^{\infty}[(\mu_s - qV)\dot{n}(T_a,\mu_s)]d\varepsilon$$

$$\tag{4.47}$$

当 $qV = \mu_s$ 时，被积分函数等于 0，但是当 μ_s 随着 ε 变化时，在所有的情况都不为 0。为了证明积分后的值为正值，采用 $d\dot{\omega}/d\mu = -\dot{n}$，对式子进行 qV 的微分：

$$\frac{d(T_a\dot{S}_{irr})}{dqV} = -\int_{\varepsilon_g}^{\infty}[\dot{n}(T_a,\mu_s) - \dot{n}(T_a,qV)] = I/q \tag{4.48}$$

这样，对于每个能量，被积函数的最小值都出现在 $qV = \mu_s(\varepsilon)$。由于这个最小值为 0，因此被积函数在任何 ε 下都不是负值，因此从积分的特性来说也证明了电池遵从热力学第二定律。而且，在开路电压时，非单色电池的最小熵值并不为 0。然而，理想的单色电池在开路电压情况下熵产生为 0 且工作特性为可逆的，这就是在前面 4.3.2 节提到的这种电池能够达到卡诺效率的原因。

4.4 太阳电池转换器的技术转换效率极限

从技术的角度来定义光电转换器的转换效率，其中分母上没有考虑返回到太阳中的辐射，因此它的效率不可能达到卡诺效率。那么什么是太阳能转换器的最高技术效率极限呢？

如果我们设计一个产生熵为 0 的转换器[35]，那么转换效率就可以达到极限。在这种情况下，通过设定不可逆熵产生项为 0，从式（4.44）中就可以得到这个转换器能够产生的功率 $\dot{W}_{lim}$。将式（4.44）中与辐射相关项用辐射的室温流明当量替换，变为

$$\dot{W}_{lim} = \int_{\varepsilon_g}^{\infty} \{[\dot{e}_s - T_a \dot{S}_s] - [\mu_x(\varepsilon)\dot{n}_x + \dot{\omega}_x]\}d\varepsilon = \int_{\varepsilon_g}^{\infty} \dot{w}_{lim}(\varepsilon,\mu_x)d\varepsilon \tag{4.49}$$

现在积分函数应该对 μ_x 求最大值[34]，为了这个目的，我们对 μ_x 求导数，有

$$\frac{d\dot{w}_{lim}}{d\mu_x} = -\dot{n}_x - \frac{d\dot{\omega}_x}{d\mu_x} - \mu_x\frac{d\dot{n}_x}{d\mu_x} = -\mu_x\frac{d\dot{n}_x}{d\mu_x} \tag{4.50}$$

这里我们用到了正则势能对化学势能的导数就是粒子的数目，只是它们之间的符号相反。这个方程显示了在任何 ε 下，$\mu_x = 0$，或者换句话说如果发射的辐射是室温的热辐射，那么这个方程具有最大值，这种辐射就是与外界环境处于热平衡的所有体元的热辐射。然而，如果辐射发射是任何一种在室温的发光等同于室温的热辐射，那么也可以得到相同的结果。

现在，根据 Landsberg[35] 的结果可以确定转换效率为

$$\eta = \frac{\left(\frac{H_{sr}}{\pi}\right)\left[\left(\sigma T_s^4 - \frac{4}{3}\sigma T_a T_s^3\right) - \left(\sigma T_a^4 - \frac{4}{3}\sigma T_a^4\right)\right]}{(H_{sr}/\pi)\sigma T_s^4} = 1 - \frac{4}{3}\left(\frac{T_a}{T_s}\right) + \frac{1}{3}\left(\frac{T_a}{T_s}\right)^4 \tag{4.51}$$

式中，$T_s = 6000K$，$T_a = 300K$，最后得到的效率值为 93.33%，而不是 95% 的卡诺效率。

现在，还不知道有什么理想的器件能够达到这个效率。理想太阳热转换器（在这章中没有讨论）的极限效率为 85.4%[36,37]，因此也不能够达到这个极限。在本章中考虑的其他高效理想器件也不能够达到这个极限值。我们并不清楚这个 Landsberg 效率是否是无法达到的。至少它是任何太阳能转换器的技术效率极限值。

4.5 超高效概念

4.5.1 多结太阳电池

SQ 已经从概念上指出了一条克服 SQ 电池的基本局限性的简单方法，就是使用几个不同

带隙的太阳电池将不同能量的光子转换成载流子。实现这个目的的简单构造就是将这些电池叠加起来，这样最上面的电池具有最大的带隙，可以使光子（其能量低于最上面电池的带隙）能够通过并到达下面的电池（见图 4.5）。在叠层中的最后一个电池的带隙比较窄。在各个电池之间放入低能带通滤光片，这样就使每个滤光片的反射临界值就是它上面电池的带隙。这样就防止了能量与每个电池接收到的入射太阳光中的光子能量不一样的发光光子从电池中被发射出去。在这种结构中，每个电池都具有自身的负载电流，因此都处于不同的偏置电压下。研究表明[33]如果电池的数目是有限的几个，那么没有背反射器结构的多结太阳电池的转换效率比较低。

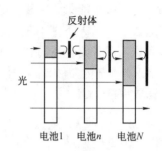

图 4.5 叠层太阳电池结构，
从左到右电池的带隙依次降低
$(E_{g1} > E_{g2} > E_{g3})$

（图片的引用获得文献［33］的允许）

我们可以用前面提及的细致平衡方程获取叠加电池的极限效率。由无数太阳电池叠加的叠层太阳电池可以得到最大转换效率，每个电池都具有各自的偏置电压 $V(\varepsilon)$ 并且都在不同的单色光光照下。这些电池的效率为

$$\eta = \frac{\int_0^\infty \eta_{mc}(\varepsilon)\dot{e}_s \mathrm{d}\varepsilon}{\int_0^\infty \dot{e}_s \mathrm{d}\varepsilon} = \frac{1}{\sigma_{SB}T_s^4}\int_0^\infty \eta_{mc}(\varepsilon)\dot{e}_s \mathrm{d}\varepsilon = \frac{1}{\sigma_{SB}T_s^4}\int_0^\infty i(\varepsilon,V)V|_{max}\mathrm{d}\varepsilon \qquad (4.52)$$

式中，$\eta_{mc}(\varepsilon)$ 是式（4.26）中给出的单色电池的转换效率；$i(\varepsilon, V)$ 在式（4.23）已被定义。当太阳温度 $T_s = 6000K$，而工作环境温度 $T_a = 300K$ 时，式（4.52）中的转换效率为 86.8%[36]，这是到现在为止知道的理想太阳电池的最高转换效率。

叠层太阳电池发射室温发光辐射，然而这种辐射存在变化的化学势能 $\mu(\varepsilon) = qV(\varepsilon)$，因此它并不是化学势能为 0 的辐射（自由辐射）。除此之外，由于形成堆积结构的每个单色电池产生的熵都为正值，因此这些阵列产生的熵是正的。对于叠层太阳电池，任何达到 Landsberg 效率的条件都是不能够实现的，因此叠层太阳电池的效率达不到这个最高上限。

从经济和可靠性的角度人们强烈希望能够获得单片集成的叠层太阳电池，那就意味着这些电池在同一个芯片上。在这种情况下，在堆积结构中将所有电池进行串联是最简单的方法，第 9 章中将会针对这种情况进行详细的描述。如果电池是串联的，那么就会受到流过所有电池的电流必须相同的限制。叠层电池的总电压是所有电池的电压的总和，这种情况在参考文献［38, 39］中已进行了研究。现在的研究兴趣在于在以上情况中决定有无穷多个电池组成的叠层太阳电池能够得到的最大效率。令人惊奇的是，研究发现这个值同样可以由式（4.52）得到，因此串联的一组电池的极限效率也是 86.8%。

已经有很多与这个论题相关的实验研究。作为一种提高效率的方法，多结电池在许多电池技术中正被使用，或至少被研究过。到现在为止（2010 年 9 月），最高效率是 Spectrolab 于 2009 年获得的 41.6%，它使用的是单片集成的晶格匹配的 GaInP/GaInAs/Ge 两端三结电池，在 364 倍聚光的大约 36.4W/cm² 的 ASTM—G-173-03 直射 AM1.5 光谱下测量，电池温度为 25℃。叠在一起的电池通过隧道结串联起来，其最终结构为在单晶 Ge 衬底上生长 20 多层不同的材料。

如果用上前面提到的滤光片，还可进一步获得更高的效率[39]。

4.5.2　热光伏和热光子转换器

热光伏（TPV）转换器是一种器件，其中太阳电池将一个热体发射的辐射转换成电能。这个发射体可以是被加热的，例如通过燃料的燃烧。然而，在本节中，我们更加关注于太阳TPV 转换器，其中太阳是能量的源泉，它将一个吸收体加热到温度 T_r，然后这个吸收体向PV 器件发出辐射。图 4.6 画出了这种情形下的理想转换器。

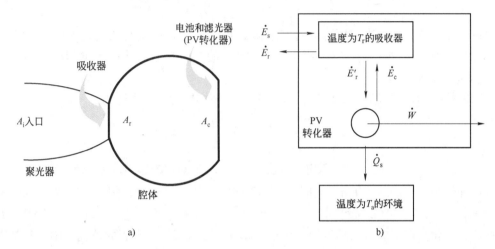

图 4.6　a）在无损失反射腔体中插入元件的理想的 TPV 转换器示意图，b）说明了涉及的热力学流量

（在单色情况下，$\dot{E}_s \equiv \dot{E}\,(T_s,0,0,\infty,H_{rs})$，$\dot{E}_r \equiv \dot{E}\,(T_r,0,0,\infty,H_{rs})$，

$$\dot{E}'_r \equiv \dot{e}\,(\varepsilon,T_r,0,H_{rc})\Delta\varepsilon,\ \dot{E}_c \equiv \dot{e}\,(\varepsilon,T_a,qV,H_{rc})\Delta\varepsilon)$$

理想热光伏电池转换器具有一个有趣的特点：太阳电池发出的热辐射会被发射回吸收器中，并且帮助吸收器保持热度。为了使电池的面积与辐射器的面积不同（到现在为止在这章中所考虑的都是单位面积的电池），图 4.6 中的吸收器发出的光照入包含电池的反射腔中。在腔中的反射表面以及聚光器的镜面对光没有吸收。

在理想情况下[40]，辐射体发射出两个光束，一束具有扩展量 H_{rc}（由图 4.6a 中吸收器的右侧发射出），它在腔体壁反射后被送入电池，在此过程中能量 E'_r 保持不变；另外一束具有能量为 E_r 的扩展量 H_{rs}，它由吸收器向左发出，经过左侧聚光器的反射后回到太阳。理想情况下，辐射体不辐照任何其他吸收单元，也不照射天空中的黑暗部分，其结果是辐射体左边发射的光都被聚光器送回到太阳。辐射器发射的射线进入腔体中可以在没有接触电池的情况下再返回到辐射器中，但是由于没有能量的传递，这种射线不再被考虑。

另外一方面，辐射体同时被一束具有扩展量 $H_{sr} = H_{rs}$ 的太阳光和电池自身发射的扩展量为 $H_{cr} = H_{rc}$ 的光照射。同时，电池也有可能发射一些辐射到腔体中，这些辐射再次返回到电池中。因此这种辐射并不能说明电池中的能量损失。除此之外，我们将会假定电池外面有一层理想的滤光片，这样就只能使能量为 ε 并且带宽为 $\Delta\varepsilon$ 的光子通过，其他的光子全部被反射回去（任何方向）。在这种情况下，辐射体中的能量平衡变为

$$\dot{E}(T_s,0,0,\infty,H_{rs}) + \dot{e}(\varepsilon,T_a,qV,H_{rc})\Delta\varepsilon = \dot{e}(\varepsilon,T_r,0,H_{rc})\Delta\varepsilon + \dot{E}(T_r,0,0,\infty,H_{rs})$$

$$(4.53)$$

式中的第一项是辐射体的净吸收能量率，第二项是发射的能量。

利用 $\dot{e}(\varepsilon,T_r,0,H_{rc})\Delta\varepsilon - \dot{e}(\varepsilon,T_a,qV,H_{rc})\Delta\varepsilon = \varepsilon\Delta i/q = \varepsilon\Delta\dot{\omega}/(qV)$，式中 Δi 是从单色电池中获取的电流，$\Delta\dot{\omega}$ 是电池的电能。可得到下式：

$$\frac{\varepsilon\Delta\dot{\omega}}{qV} = \frac{H_{rs}\sigma_{SB}}{\pi}(T_s^4 - T_r^4) \Leftrightarrow \frac{\varepsilon^2\Delta i}{qH_{rc}\Delta\varepsilon} = \frac{H_{rs}\varepsilon}{H_{rc}\Delta\varepsilon}\frac{\sigma_{SB}}{\pi}(T_s^4 - T_r^4)$$

$$(4.54)$$

可以使用这个方程来决定辐射体的工作温度 T_r 与电压 V 的函数关系，太阳温度 T_s，能量 ε 和无量纲参量 $H_{rc}\Delta\varepsilon/H_{rs}\varepsilon$。注意到式（4.54）的左边与电池的扩展量和滤光片的带宽（$\Delta i \propto H_{rc}\Delta\varepsilon$）是独立的。

太阳的输入功率除以 $H_{rs}\sigma_{SB}T_s^4/\pi$，可以将 TPV 转换器的效率表述为

$$\eta = \left(1 - \frac{T_r^4}{T_s^4}\right)\left(\frac{qV}{\varepsilon}\right) = \left(1 - \frac{T_r^4}{T_s^4}\right)\left(1 - \frac{T_a}{T_c}\right)$$

$$(4.55)$$

式中，T_c 是式（4.24）中定义的等效电池温度。如图 4.7 中显示的那样，这个效率是 $H_{rc}\Delta\varepsilon/H_{rs}\varepsilon$ 的单调增加函数。当 $H_{rc}\Delta\varepsilon/H_{rs}\varepsilon \to \infty$ 时，$\Delta i \to 0$ 和 $T_r \to T_c$。对于这种情况，当 $T_s = 6000K$ 和 $T_a = 300K$，$T_c = T_r = 2544K$ 时得到一个优化效率[41]，即 85.4%。这与一个工作在理想太阳热转换器的优化温度下的卡诺热机的效率正好相同。在现实中，理想的单色太阳电池是组成卡诺热机的一个途径。它的转换效率低于 Landsberg 效率（93.33%），并且稍低于由无穷多个电池组成的叠层太阳电池（86.8%）。

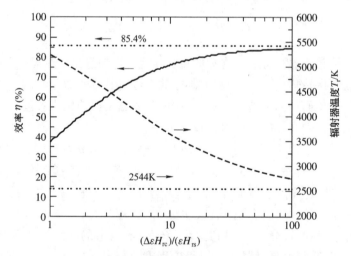

图 4.7　TPV 理想转换效率与 $H_{rc}\Delta\varepsilon/H_{rs}\varepsilon$ 的关系
（能量 ε 和电池电压 V 是优化值）

值得注意的是条件 $(H_{rc}\Delta\varepsilon/H_{rs}\varepsilon) \to \infty$ 要求 $H_{rc} \gg H_{rs}$，为了达到这个条件，电池的面积必须要比辐射体的面积大很多，这样就补偿了电池可吸收的光的能量范围较窄的问题，这就是为什么必须使用镜面反射腔的原因。

最近，提出了一种名字为热光子（TPH）转换器[3,42]的太阳能转换概念。在这个概念中，太阳电池将发光二极管（LED）发出的光转换成电能。与在 TPV 器件相同，LED 能够被燃料加热，但是在本节中它只是被吸收的太阳光子加热。为了发出光辐射，除了从照在吸收体上的光子获得功率外，LED 吸收电能，将从太阳电池转换获得的功率中减去。详细分析，可参阅参考文献［42］。

在理想情况下，不考虑转化率，采用 TPH 转换器的太阳系统的效率是非常高的。其严格等价于 TPV 转换器，具有相同的极限效率。当考虑高强度辐照，比如聚光倍数时，TPH 在 100～1000 倍太阳下，在大约 300℃ 的适中发射极温度时，转换效率有可能超过 40%。从此方面看，TPH 比 TPV 更有吸引力。然而，要实际获得实用的高效高聚光 TPH 转换器，除了制备在高温下工作的半导体器件有难度外，还存在非常困难的基础问题。LED 的外量子效率（发出的光子与接收的电子的比值）需要接近为 1，否则 TPH 效率就会急剧下降。

4.5.3　多激子产生的太阳电池

由于在单结太阳电池中，并不是每个被吸收的光子都能够转换成电能，因此单结电池中对效率的限制是被吸收光子的能量浪费。Werner，Kolodinski，Brendel 和 Queisser[43,44] 提出一种电池，在这种电池中每个光子都可以产生多个电子-空穴对，这样就形成了量子效率大于 1 的太阳电池。先不讨论是哪种物理机制可以解释这种现象，让我们检查这种电池的含义。假设承认每个光子都可以产生 $M(\varepsilon)$ 个电子-空穴对且 $M(e) \geqslant 1$，从器件中获取的电流为

$$\frac{I}{q} = \int_{\varepsilon_g}^{\infty} [M(\varepsilon) \dot{n}_s - M(\varepsilon) \dot{n}_r(T,\mu)] \mathrm{d}\varepsilon \tag{4.56}$$

在这个方程中，ε_g 是光子吸收的能量极限，在产生项中的因子 M 是我们最初的设定。为了达到细致平衡，在复合项中也必须加上相似的项。如果太阳温度与环境温度一样，即使 M 也出现在复合项中，当 $\mu = 0$ 时，电流将会为 0。此时，无从谈论发射光子的化学势 μ。

获得的功率 $\dot{W}$ 可以通过下式表示：

$$\dot{W} = \int_{\varepsilon_g}^{\infty} qV[M \dot{n}_s - M \dot{n}_r(T,\mu)] \mathrm{d}\varepsilon \tag{4.57}$$

计算单色电池在整个器件中的非可逆的熵产生率 $\dot{S}_{irr}$。在式(4.44) 和表 4.1 中的式 Ⅰ-4 辅助下，非可逆的熵产生率 $\dot{S}_{irr}$ 的表达式为

$$\frac{T_a \dot{S}_{irr}}{\Delta \varepsilon} = (\mu_x \dot{n}_x + \dot{\omega}_x) - (\mu \dot{n}_r + \dot{\omega}_r) - qV(M \dot{n}_x - M \dot{n}_r) \tag{4.58}$$

这里光源被等效室温的发光辐射代替，发光辐射的化学势能为 μ_x，外界温度为 T_a。当 $\mu_{oc} = \mu_x$ 时，为开路电压状态。在这种情况下由于 $\dot{n}_x = \dot{n}_r$ 和 $\dot{\omega}_x = \dot{\omega}_r$，从而使熵增率为 0。

下面计算不可逆熵产生率（式（4.58））对化学势能 μ，尤其是开路状态下的 μ 求导。考虑到电压 V 只是化学势能 μ 的函数，并且与获得激发的方式无关（这与无穷迁移率情况相同），利用基本的关系 $\partial \dot{\omega}_r / \partial \mu = - \dot{n}_r$，有

$$\left[\frac{d(T_a\dot{S}_{irr}/\Delta\varepsilon)}{d\mu}\right]_{\mu_{oc}} = (qMV_{oc} - \mu_{oc})\left[\frac{d\dot{n}_r}{d\mu}\right]_{\mu_{oc}} \tag{4.59}$$

当 $qMV_{oc} = \mu_{oc}$ 时，求导的结果为 0。如果充分地改变源，这样使 $\mu_{oc} = \mu_x$ 可以取任何值，因此可以得到结果 $qMV = \mu$。其他任何值将会使在开路状态附近熵产生率为负值，这与热力学第二定律相反。这是一个基于热力学第二定律的光子的化学势能与电压（或者电子和空穴的费米能级分裂）之间关系的示例。

内量子效率（IQE）大于 1 首先发现在 Si 中[45,46]对于高能可见光和紫外光。但 IQE 只是略大于 1，在 280Å 时大约为 1.3。这种效应可归因于碰撞电离，高能光子产生电子和空穴，而不是通过声子散射产生热量，这是俄歇复合的逆过程。

最近，这种效应，也被称为多激子产生（MEG），已经在量子点中被发现。量子点是几个纳米尺度的半导体纳米晶，量子点作为一种人造原子，在半导体带隙中具有分立能级；已经在 PbSe 量子点中发现了在能量为 7.8 倍带隙的单个高能光子作用下，产生激子（束缚的电子-空穴对）的数目达到了 7[48]，正如在图 4.8a 中呈现的那样。其他工作者也在其他量子点材料中测量到了 MEG 效应[49]。然而，实现图 4.8b 中那种用量子点材料制备电池的方法并不清楚（到现在为止，为了这个目的而研究的量子点都处于液态悬浮液中）。Nozik 和其伙伴考虑到测量的量子效率对能量的依赖关系和限制，计算了这种电池的细致平衡效率[50]，如图 4.9a 所示。在 4.9b 中，MEG 电池或许对低带隙材料提供了一个重要的效率增益，但是值得注意的是，在 L2（它的量子效率并没有在 4.9a 中体现出来，但是很容易从图的标注中推断出来）和 L3 的效率中（接近实验数据），临界能对效率有重大影响。如此，对于 M_2（M 局限于 2）来说其效率超过了七个激子的量子点材料实际带隙可能达到的效率。

然而，由于并不能够重复几个发表的结果[51]，甚至参考文献 [48] 的作者也报道说他们不能够重复自己的结果[52]，因此，产生了争论。到今天为止，所有在量子点中观察到 MEG 现象的报道都是基于几种光谱测量方法（瞬态吸收），在这些方法中通过分析光诱导的多激子产生来获得 MEG 量子效率。这些都不是直接测试 MEG 的方法。决定每个吸收的光子产生多少个电子-空穴对最为直接和明确的方法应该是测量内量子效率；例如，计算当太阳光照在量子点组成的太阳电池上时（光只能够被量子点吸收），由连接电池的外电路收集到的光电流中电子的数目。如果测量的光电流的量子效率大于 1，那么无疑在量子点中发生了 MEG。这种器件至今（到 2009 年）还未被制备出来[53]。

除此之外，一些作者[54]提供的实验和理论结果证实了在一定能量的光子下，PbS 和 PbSe 体材料中要比它们的量子点材料中更容易发生载流子倍增现象，其主要原因是在体材料中大大减少了量子点材料中存在的态密度。然而，在量子点中，MEG 机制将会在较低的光子能量/带隙比值处发生。

一个与 MEG 相关的概念是放置一个下转换材料在常规电池上面[55]。它是将高能光子转换成两个能量接近带隙的低能光子；这些下转换产生的光子照射在紧靠下面的电池上。迄今为止，这些现存的下转换材料的倍增系数并不能够补偿自身吸收造成的光损失。

4.5.4 中间带太阳电池

在单结太阳电池中引起效率减少的一个主要原因就是半导体对能量低于带隙的光子是透

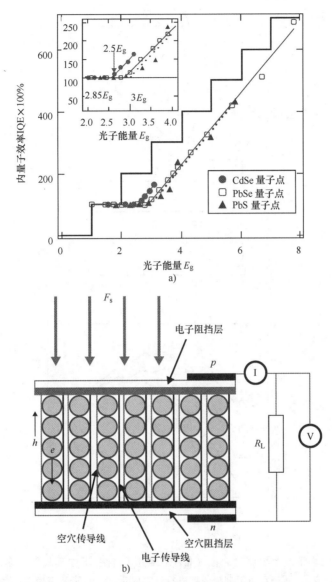

图 4.8 a) 来源于能量转换和从 CdSe、PbSe 和 PbS 纳米晶量子点测量结果中推导得出的理想的阶梯状的内量子效率（IQE）与 $h\nu/E_g$ 之间的关系，图中给出了线性拟合曲线的斜率 $1/E_g$，以及载流子倍增（CM）临界值 $2.5E_g$，$2.85E_g$ 和 $3E_g$（见插图中展开的 IQE 曲线） b) 理想的量子点太阳电池示意图，图中每个点与分别传送电荷到 n 和 p 区电极的电子、空穴接触线直接电学接触。R_L 指的是外部负载。F_s 是入射的太阳积分通量（引用此图获得参考文献 [47] 的允许）

明的[50]，即不能吸收能量低于带隙的光子。这些光子携带 36% 的太阳能就被失去了，是高效 GaAs 电池世界纪录的 25.9%[26]。如果在能带结构中加入中间能带或许会极大地增加效率。图 4.10 是中间能带材料中的光吸收和发射的能带示意图。吸收的光子（能量为 $h\nu_3$）不仅像在传统的太阳电池中那样将电子从价带激发到导带，而且也可激发电子从价带跃迁到中间能带上（光子能量为 $h\nu_2$）和从中间能带激发到导带（光子能量为 $h\nu_1$）。总的说来，两个低能的光子通过中间能带将电子从价带激发到导带。这样的确增加了电池的电流。

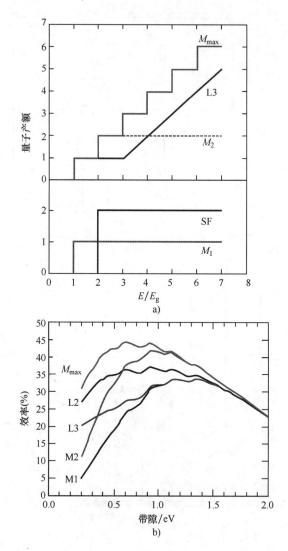

图 4.9　以不同内量子效率模型为表征（量子产额）的含有不同吸收器的多激子太阳电池（MEG）的效率计算值。a）在对下列吸收器进行计算时采用的量子效率模型：多激子激发吸收器 M_1 和 M_2 呈现了热力学"阶梯"，但是 M 局限于 1、2 等数值，和 M_{max}（整个阶梯）；所谓的单一分裂（SF）吸收器；临界能量为 $3E_g$ 和斜率为 1 的线性 IQE 吸收器（L3）　b）具有下列吸收器的器件在 1 个太阳下的光伏转换效率：倍增 M_1（常规的电池），M_2 和 M_{max}，以及临界能量为 $3E_g$、斜率为 1 的线性 IQE 吸收器（L3）和临界能量为 $2E_g$、斜率为 1 的线性 IQE 吸收器（L2）的 MEG。L3 曲线表示在假定量子产额与提供的 PbSe 量子点实际测量数值相似时能够获得的最大理论效率。（引用此图获得参考文献［50］的允许）

　　如果中间能带部分填充了电子，上面提到的三种吸收机制将会有效。在这种情况下，有为从价带激发上来的电子提供的空态位置，也具有能够从中间能带激发到导带上去的电子。与三种吸收机制一一对应的相反的过程就是光子发射。

　　图 4.11 显示了带有接触电极的电池[57]。利用普通 n 型和 p 型半导体两层薄膜将电子从

价带中引出并返回到导带。在中间能带材料两面上的两个半导体结电压之和产生一个高的电压。

在这种中间能带材料中，认为有三种准费米能级，每一种都对应一种能带。q 乘以价带和导带准费米能级之差就是电池的电压。

一般来说，对于前面描述的每一种吸收机制都有一个能量域值。然而，理想的结构实际上是将一种吸收机制所能吸收的光子能量的上限（例如从价带跃迁到中间带），恰好也是另一种吸收机制的域值（例如，从中间能带到价带）。更特例的是，把导带和价带之间的能量间隔称为 ε_g，中间能带和价带费米能级之间的

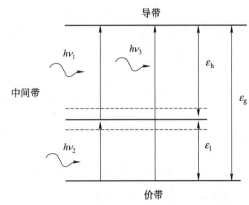

图 4.10　中间能带太阳电池的能带图

间隔称为 ε_l，$\varepsilon_h = \varepsilon_g - \varepsilon_l$，并且假定 $\varepsilon_l < \varepsilon_h$，我们假定在间隔（$\varepsilon_l$，$\varepsilon_h$）中的光子被从价带跃迁到中间带上的电子吸收，在间隔（ε_h，ε_g）中的光子被中间能带跃迁到导带上的电子吸收，在间隔（ε_g，∞）中的光子被从价带跃迁到导带上的电子吸收。

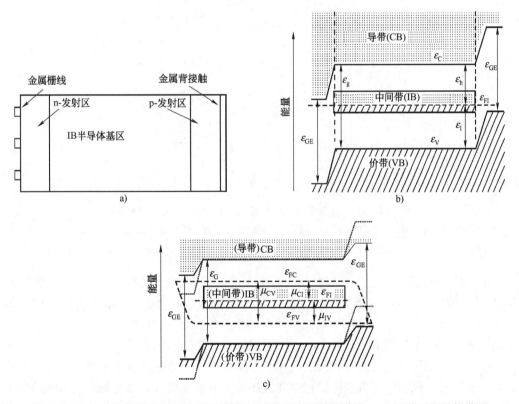

图 4.11　a）中间能带太阳电池的结构，b）平衡状态下的能带图，c）正偏压下的能带图
引用此图获得参考文献 [57] 的允许

在以上情况下，电池的电流-电压特性为

$$I/q = \left[\dot{N}(T_s, 0, \varepsilon_g, \infty, \pi) - \dot{N}(T, \mu_{CV}, \varepsilon_g, \infty, \pi) \right] + \left[\dot{N}(T_s, 0, \varepsilon_h, \varepsilon_g, \pi) - \right. \tag{4.60}$$

$$\left. \dot{N}(T, \mu_{CI}, \varepsilon_h, \varepsilon_g, \pi) \right]$$

$$\dot{N}(T_s, 0, \varepsilon_l, \varepsilon_h, \pi) - \dot{N}(T, \mu_{IV}, \varepsilon_l, \varepsilon_h, \pi) = \dot{N}(T_s, 0, \varepsilon_h, \varepsilon_g, \pi) - \dot{N}(T, \mu_{CI}, \varepsilon_h, \varepsilon_g, \pi)$$

$$\tag{4.61}$$

μ_{XY} 是光子化学势能，其值等于 X 和 Y 能带费米能级之差。式（4.60）描述了在导带中电子的平衡（那些吸收相应能量之后从中间能带和价带激发到导带上的电子减去辐射发光而复合掉的电子）。式（4.61）描述了在中间能带中类似的电子平衡方程，并且考虑到从中间能带中没有电流流出。除此之外，有

$$qV = \mu_{CV} = \mu_{CI} + \mu_{IV} \tag{4.62}$$

从最后三个方程中消除 μ_{CI} 和 μ_{IV}，我们得到电池的电流-电压特征。图 4.12 中给出了不同 ε_l 和 ε_g 值下的效率。

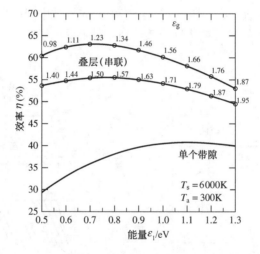

图 4.12　中间能带太阳电池在最大聚光太阳光下的极限效率

为了比较，也给出了单带隙太阳电池（$\varepsilon_l \equiv \varepsilon_g$）和串联组成的叠层太阳电池（在这种情况下，$\varepsilon_l$ 为电池的最低带隙，曲线中的数字对应于带隙的最高值）的极限效率（引用此图获得参考文献［56］的允许）

当电池的带隙为 1.95eV，中间能带与价带或者导带之中的任何一个的能量间隔为 0.71eV 时，得到的最大效率为 63.2%。这个效率要比两个理想电池串联的叠层太阳电池的效率 54.5%（带隙为 0.8eV 和 1.54eV）高。在参考文献［56-58］中给出了对这种电池工作状况的详细分析，还分析了吸收系数在不同能带间转换交叠所带来的影响。在此方面，表明了交叠吸收系数能导致最高效率，只要包括了不同能带之间的跃迁导致的吸收系数的重叠效应。从这点来说，对于中间带电池工作中涉及的每个能量间隔，只要与每个能量间隔相关的吸收系数的强度高于其他重叠能谱的数值，那么吸收系数的叠加也可以导致最大效率。设计部分填充的中间带可以调整吸收系数。实际中，一系列吸收系数有可能比其他的弱。在这种情况下，为了增加在最弱跃迁下的吸收，提出了采用光管理结构的方法[59,60]。

参考文献［61］概述了中间带多于两个（多带太阳电池）的概念。

从原理上讲，深杂质能级可以用来形成中间带[62]。然而，我们都知道深能级是非辐射复合的主要原因。形成这种复合的机制已经研究得非常普遍，在一定程度上，这仍然是一个公开的问题。然而，在很多情况下，我们都认为其原因是由 Lang 和 Henry 提出的多声子发射机制[63]。在这个机制中，复合起源于表现为扩展波函数的导带态和局域杂质态之间的跃迁。如果发生这种跃迁，杂质原子附近的电荷密度变化导致周围晶格严重失去平衡。由于这个原因，它的能量足够高而使其电子基态能够进入到导带态中，因此有可能发生跃迁。发生强烈的振动，这种振动由于连续（但是不是同时）发射许多声子而发生衰减。复合的第二部分与杂质局域态跃迁到价带扩展态相关，与前面的导带和局域杂质态之间的跃迁是相同的机制。

我们已经提出高浓度杂质将会导致离域的杂质态，因此在跃迁过程中没有明显的电荷输运。由于不可能形成非平衡状态，复合会被抑制。最近，发现在离子注入重掺杂 Ti（大于 $10^{21} \mathrm{cm}^{-3}$）、然后用脉冲激光熔融再结晶的硅中复合会减少，这支持了提出的模型[64]，如图 4.13 所示。重要的是意识到这与常规的增加深能级杂质态将会增加复合的观念相反，但是与此同时，这也解释了为什么在半导体中复合能够低的现象（导带和价带的态都是离域化的）。

Wahnon 和其同事在马德里理工大学进行了深入的能带计算[65,66]工作，在 III - V，II - VI 和 I - III - VI$_2$ 半导体中获得了大量有可能的半填充的中间带材料，这些材料并非所有的都是热力学稳定的。一些已经被合成，并且 CSIC Instituto de Catálisis 的 Conesa 和其同事提供了在 $V_{0.25}In_{1.75}S_3$ 材料中存在中间带的鲜明光吸收证据[67]。

在这之前，基于能带反交叉机制，在高度不匹配的合金中已经发现中间带材料。特别是已经在 $Zn_{0.88}Mn_{0.12}Te_{0.987}O_{0.013}$[68]和 $GaN_xAs_{1-x-y}P_y$（$y > 0.3$）[69]中已经通过光调制反射光谱探测到中间带。利用氧掺杂的 ZnTe 制备的中间带电池与 ZnTe 参考电池相比，显示了具有较高的光电流和效率，只是电压稍微有所减少[70]。不幸的是，中间带和常规电池的转换效率都小于 1%。

在不同的温度下对 Ti 重掺杂的硅进行霍尔效应测量，结果也发现了中间带行为[71]。

有人也提出了利用量子点的局域能级来制备中间带电池[72]。这种概念在图 4.14 中进行了描述。由于中间带来自于导带中的态，因此自然是空的。施主掺杂的势垒材料能够提供满足高效中间带太阳电池效率要求的半填充的中间带[73]。2004 年第一次采用 Stranski Kastranov 模式的 MBE 方法生长十层 InAs 量子点镶嵌 GaAs 的薄膜[74]。在预期的能量区域（低于 1.41eV）观察到了非常低的电流增益，但是，由于多层膜层生长，电流的增益不能够补偿电压的下降。然而，电池从实验上验证了双光子吸收机制[75]和存在三个准费米能级[76]。

现在，几个研究组已经制备了 InAs/GaAs 量子点中间带太阳电池，当前最高的转换效率为 18.3%，而 GaAs 参考电池的转换效率更高一些[77]。当前中间带太阳电池存在的问题在文献［78］中有详细的讨论。

上转换材料，置于常规双面电池的后面（两个面都可以吸收光），可以吸收能量低于带隙的两个光子，并且发射较高能量的光子随后被电池吸收[79]。当前尽管取得了相当大的进步，但是采用上转换材料制备的电池的效率比较低[80]。

上转换材料当然可以与薄膜太阳电池结合在一起，也可以结合 TiO_2 晶体注入电子形成中间带染料敏化太阳电池[81]。

4.5.5　热电子太阳电池

热电子，或者更一般的热载流子，是处于特定能带中但没有与周围的晶格达到热平衡的

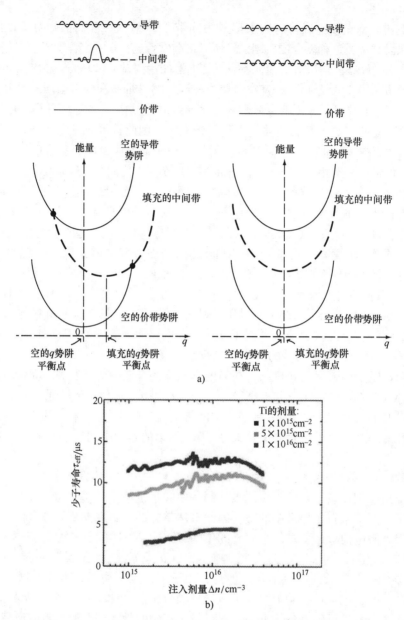

图 4.13 a）说明原子方程（包括电子和原子核）的单位电子势能与用 q 表示的最大势能斜率线的
关系。当杂质浓度低时，正如上面图示那样，在局域和离域态之间发生跃迁。当杂质浓度高时，杂
质态是离域的，不会发生多声子发射（MPE）机制中的跃迁（图的引用获得了参考文献［62］的允
许）b）对注入不同剂量 Ti 随后脉冲激光熔融处理的硅片的少子寿命测量结果，剂量越大，少子
寿命也越高（图的引用获得了参考文献［64］的允许）

载流子（在导带中的电子或者在价带中的空穴）。在 4.2.6 节中，描述了电子之间以及它们
与声子之间的相互作用。电子当然也会与光子发生相互作用。在热载流子太阳电池中[82,83]，
电子从太阳光子中获得能量，并且与声子之间发生的非弹性散射很小，在理想状态下是不存
在的。但是，与声子之间的弹性相互作用非常频繁，这使得电子的热动力学方程是方向无关
的，而是能量相关的。

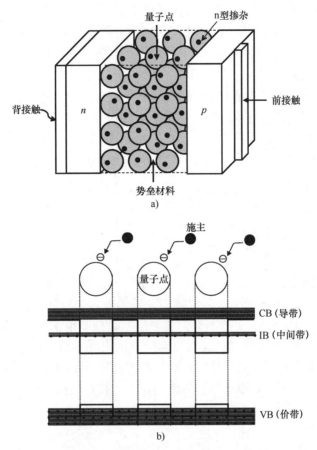

图 4.14　量子点阵列中形成的中间带：a）原理图，b）中间带
区域的能带。在势垒材料中的施主杂质部分填充了中间带

对光子而言，其不同的能量对应于一个温度和一个化学势，可以任意选定其中的一个，
另一个也就随之确定。这里，我们假设温度是晶格的温度。

此处，我们假定电子之间的相互作用占主导，并可以描述为：$e_1^- + e_2^- \leftrightarrow e_3^- + e_4^-$，在这个
方程中，电子之间的能量传递可以表述为 $\hat{\varepsilon}_1 + \hat{\varepsilon}_2 = \hat{\varepsilon}_3 + \hat{\varepsilon}_4$，其中 $\hat{\varepsilon}$ 是电子(不是光子)能量。另
外，在恒定的温度下，过程可逆还需要满足前后电子的总电化学势相等，即 $\varepsilon_F(\hat{\varepsilon}_1) + \varepsilon_F(\hat{\varepsilon}_2) =$
$\varepsilon_F(\hat{\varepsilon}_3) + \varepsilon_F(\hat{\varepsilon}_4)$，所以，电子的电化学势是能量的线性函数，形式为

$$\varepsilon_F(\hat{\varepsilon}) = \beta\,\hat{\varepsilon} + \varepsilon_{F0} \tag{4.63}$$

由此，电子的费米函数可以写成

$$\frac{1}{\exp\left[\dfrac{\hat{\varepsilon} - \beta\,\hat{\varepsilon} - \varepsilon_{F0}}{kT_a}\right] + 1} = \frac{1}{\exp\left[\dfrac{\hat{\varepsilon} - \varepsilon_{F0}/(1-\beta)}{kT_a/(1-\beta)}\right] + 1} \tag{4.64}$$

这样，电子的分布可以等价看成是具有恒定晶格温度 T_a 但具有不同电化学势的分布，或者
是热载流子分布，其具有的恒定电化学势为 $\mu_{hc} = \varepsilon_{F0}/(1-\beta)$ 和热载流子温度 $T_{hc} = T_a/(1-\beta)$。

如果除了与声子之间方向随机的弹性相互作用之外，还存在另外的非弹性作用：$e_1^- +$

声子↔e_2^-，两类粒子的化学势需要满足的条件要重新设定。大量声子之间存在非简谐作用使其化学势为 0，因为它们可以自由地产生或者湮灭，其数量是不固定的，并且不会受存在的电子的影响。所以，$\varepsilon_F(\hat{\varepsilon}_1) = \varepsilon_F(\hat{\varepsilon}_2)$，但 $\hat{\varepsilon}_1 \neq \hat{\varepsilon}_2$ 而是 $\hat{\varepsilon}_2 = \hat{\varepsilon}_1 + \varepsilon$，其中 ε 是声子的能量，并且只有 $\beta = 0$ 时才会满足 $\varepsilon_F(\hat{\varepsilon}_1) = \varepsilon_F(\hat{\varepsilon}_2)$，结果使所有电子只能具有相同的电化学势 ε_{F0}，并处于晶格温度。这样，就不存在任何热载流子的可能。因此，在下面对理想的热载流子电池进行分析的过程中不考虑电子和声子之间的非弹性相互作用。

现在来看电子与光子之间的相互作用：$e_1^- +$ 光子 $↔ e_2^-$，平衡过程可以表述为：$\varepsilon_F(\hat{\varepsilon}_1) + \mu_{ph} = \varepsilon_F(\hat{\varepsilon}_2)$，其中，$\mu_{ph}$ 是光子的化学势，光子彼此之间没有相互作用，因此化学势不为 0。结合公式（4.64）可以得到，$\mu_{ph} = \beta(\hat{\varepsilon}_2 - \hat{\varepsilon}_1) = \beta\varepsilon$，其中 ε 是光子的能量。可见，光子的化学势是能量相关的。光子分布的波色函数为

$$\frac{1}{\exp\left[\dfrac{\varepsilon - \beta\varepsilon}{kT_a}\right] - 1} = \frac{1}{\exp\left[\dfrac{\varepsilon}{kT_a/(1-\beta)}\right] - 1} \tag{4.65}$$

由此，光子可以看成是处于热载流子温度的化学势为 0 的自由辐射。

为了制作太阳电池，已经明确必须要特别关注如何制作接触[84,85]，它们可能使吸收材料中产生的热载流子无法维持。一个具体的接触一定会使热电子从 T_{hc} 冷却到接触自身所具有的温度 T_a，即将电子的电化学势 ε_{F0} 改变为接触的电化学势（金属的费米能级）ε_{F+} 和 ε_{F-}。在参考文献 [83] 中，这些具体的接触被称为选择性取出膜（图 4.15），其只允许能量在 ε_e（左边接触）和 ε_h（右边接触）的电子通过。在这些接触位置，电子的温度和电化学势的可逆变化可以表述为

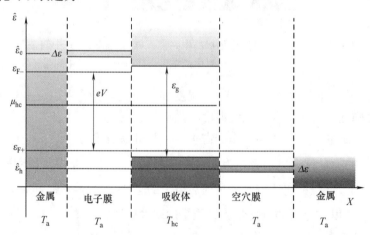

图 4.15　由选择性取出膜作为接触结构的热电子太阳电池的能带结构（该图获得参考文献 [83] 授权）

$$\frac{\hat{\varepsilon}_e - \mu_{hc}}{kT_{hc}} = \frac{\hat{\varepsilon}_e - \varepsilon_{F-}}{kT_a} \Leftrightarrow \varepsilon_{F-} = \hat{\varepsilon}_e\left(1 - \frac{T_a}{T_{hc}}\right) + \mu_{hc}\frac{T_a}{T_{hc}}$$

$$\frac{\hat{\varepsilon}_h - \mu_{hc}}{kT_{hc}} = \frac{\hat{\varepsilon}_h - \varepsilon_{F+}}{kT_a} \Leftrightarrow \varepsilon_{F+} = \hat{\varepsilon}_h\left(1 - \frac{T_a}{T_{hc}}\right) + \mu_{hc}\frac{T_a}{T_{hc}} \tag{4.66}$$

其中，$T_{hc} = T_a/(1-\beta)$，这样可以得到电池的电压：

$$qV = \varepsilon_{F-} - \varepsilon_{F+} = (\hat{\varepsilon}_e - \hat{\varepsilon}_h)\left(1 - \frac{T_a}{T_{hc}}\right) \tag{4.67}$$

电池的电流由可从电池中取出的能量为 $(\hat{\varepsilon}_e - \hat{\varepsilon}_h)$ 的电子-空穴对的取出率决定。由于不考虑能量的热损失，根据能量平衡方程（第一定律）可以得到：

$$\frac{I(\hat{\varepsilon}_e - \hat{\varepsilon}_h)}{q} = \dot{E}(T_s, 0, \varepsilon_g, \infty, H_s) - \dot{E}(T_{hc}, 0, \varepsilon_g, \infty, H_r) \tag{4.68}$$

电池的功率为

$$\dot{W} = IV = [\dot{E}(T_s, 0, \varepsilon_g, \infty, H_s) - \dot{E}(T_{hc}, 0, \varepsilon_g, \infty, H_r)]\left(1 - \frac{T_a}{T_{hc}}\right) \tag{4.69}$$

其与取出接触的能量无关。大的取出能量差导致获得高电压和低电流。由此可以得到 I-V 曲线和 $W(V)$。电池的效率可以由最大功率获得。

当 $\varepsilon_g \to 0$，极限效率为

$$\eta = \left(1 - \frac{T_{hc}^4}{T_s^4}\right)\left(1 - \frac{T_a}{T_{hc}}\right) \tag{4.70}$$

与 TPV 转换器相似，极限效率达到 85.4%。

需要注意的是，在公式（4.68）中仅仅引入了带隙（ε_g）来限制光子的吸收和发射。其他相对复杂的情况可以参看文献 [85]。

将单一能量的电子和空穴传递给接触金属的隔膜也许可以是含有杂质带的绝缘材料[86]，但声子绝缘的吸收材料的本质仍然需要研究。已经对在很多极性和非极性半导体中的非弹性电子和声子的耦合进行了计算[87]，结果表明 Si 好像是最好的选择。但也只是略微有些吸引力。文献 [88] 指出，由于热耦合是由光学声子产生的，一些像 InN 那样具有大声子带隙的材料在光学声子和声学声子之间具有所需要的弱的热耦合[89,90]。这种行为还与低维度结构中的声子瓶颈有关。这个概念是有吸引力的。大多数的 Si、Ge 和其他典型材料都具有太强的热耦合，因此需要寻找新的解决方案。光学和声学声子温度的解耦合存在于对光学声子有贡献的低的热导率。这个性质是必须要进行研究的，因为在具有声子带隙的材料中，光学声子的色散曲线只能在一阶研究中被认为是水平的，并且光学声子具有很小但不为 0 的群速度，这样热导率不能被忽略。

4.6　结论

在本章中，我们提供了一个热力学基础，这个原理能评价传统和最新提出的太阳电池的热力学一致性。同时，也对几种 PV 概念的极限效率进行了评价。

正如 Shockley 和 Queisser 所讨论的那样，单结太阳电池在 6000K 黑体辐射光源和电池温度为 300K 的条件下，所能达到的最高极限效率为 40.7%。如果我们考虑到在热源 6000K 和冷源 300K 之间工作的卡诺热机极限效率 95% 时，40.7% 的这个值实际上是相当低的。理想的高效器件其效率能够超过 Shockley-Queisser 效率值的被叫作第三代 PV 转换器。因此，会出现以下问题：我们是否能够创造一种呈现这种卡诺效率的太阳电池？

答案是否定的，其原因就是对效率的定义。在定义卡诺效率时，分母中包含的项是消耗的功率，也就是通过辐射发射使到达转换器的功率少于离开转换器的功率。在对太阳转换效率传统的定义中，分母项是到达转换器的功率，并且由于它高于消耗的功率，这样就会导致一个较低的效率。通过这种定义，较高的能够达到的转换效率就是 Landsberg 效率 93.33%。然而，即使这个效率能够有被达到的潜在可能性，它也超过了现在已知的任何理想太阳转换器。

一个非常高的效率85.4%理想上可以通过几种器件来实现：例如有一个理想太阳电池和一个吸收器组成的热光伏转换器，或者由一个理想的太阳电池和一个承担吸收器作用的 LED 组成的热光子转换器，乃至一个热载流子太阳电池。为了达到这个效率，它们都必须在 2544K 发射零化学势能的辐射（自由辐射）。这个效率同时也是太阳热器件的极限。

然而，这并非太阳转换器能够达到的最高效率。利用不同带隙宽度的太阳电池阵列，通过串联或者独立连接，效率能够达到 86.8%。

除了热光子转换器外，所有的太阳电池都在环境温度下工作。这是一个令人非常满意的特征。热光子概念，它能够在较低的温度下达到比热光伏概念更高的效率，或许会带来一些进步。然而，这种器件实际上要求 LED 具有一个几乎理想的外量子效率，并且能够在高温下工作，这些要求都是非常难以达到的。

多结太阳电池已经获得了 41% 的转换效率，在大约 1000 倍聚光下极有可能达到 45%，使聚光概念呈现高性价比必须达到这一聚光倍数[91,92]。

量子点结构被证实适合制作多激子太阳电池。尽管仍有一些争议，但在纳米结构材料中已经在实验上发现了单个光子可以产生大于一对电子-空穴对，但从这种电池如何取出电流仍然没有解决，尽管有些想法已获得一定进展。

在中间带电池上开展的实验工作正逐渐加强，并取得了一些有吸引力的结果。中间带电池理论极限效率达到 63.2%。已经发现了一些中间带体材料，更有吸引力的电池已经用量子点制成。能够预想，中间带电池可以取代三结太阳电池，使结构更简单。它们也可以与其他的常规电池或中间带电池制成叠层。

最后，计算证实硅和锗是制备热载流子电池的备选材料，低维半导体材料也是可能的候选材料。一些制备选择性接触的初始工作已经开展，采用杂质带在宽带隙的半导体材料上制备选择性接触。

总之，新的太阳电池原理已经被提出，能够提高太阳电池转换效率。例如，中间带原理可以用来改善薄膜或染料敏化太阳电池，另一方面，它们也能结合到多结电池中，从而采用更简单的结构获得更高效率。我们认为，在实用光伏器件中，获得 50% 以上的高效率是可以实现的。采用 1000 倍甚至更高倍数的聚光单元是使这些昂贵电池降低成本所必需的。具有宽接收角的如此高倍的聚光器已经被开发出来[93]，其非常适合于固定在低成本的跟踪结构上[93]。

参考文献

1. Lofersky J, *Postepy-Fizkyi* **26**, 535–560 (1975).
2. Shockley W, Queisser H, *J. Appl. Phys.* **32**, 510–519 (1961).
3. Green M, *Prog. Photovolt.* **9**, 123–135 (2001).
4. Jackson ED, *Trans. Conf. on the Use of Solar Energy*, Tucson, 1955, University of Arizona Press, Tucson, vol. 5, pp 122–126, 1958.
5. Callen H, *Thermodynamics*, John Wiley & Sons, Inc., New York (1981).
6. Landau L, Lifchitz E, *Physique Statistique*, Chap. I §24, Mir, Moscou (1967).
7. Badescu R, *Equilibrium and Nonequilibrium Statistical Mechanics*, John Wiley & Sons, Inc., New York (1975).

8. Kondepudi D, Prigogine I, *Modern Thermodynamics*, John Wiley & Sons, Ltd, Chichester (1999).

9. Luque A, Martí A, Cuadra L, *Physica E*. **14**, 107–114, (2002).

10. Landau L, Lifchitz E, *Physique Statistique*, Chap. V §52, Mir, Moscou (1967).

11. Welford W, Winston R, *The Optics of Nonimaging Concentrators*, Appendix I, Academic Press, New York, NY (1978).

12. Landau L, Lifchitz E, *Mécanique*, Chap. VII §46 La Paix, Moscou, (prior to 1965).

13. Welford W, Winston R, *The Optics of Non-imaging Concentrators*, Chapter 2, §2.7. Academic Press, New York (1978).

14. Luque A., *Solar Cells and Optics for Photovoltaic Concentration*. Chap. 13, §13.1. Adam Hilger, Bristol (1989).

15. Nozik A, *Annu. Rev. Phys. Chem*. **52**, 193–231 (2001).

16. Martí A, Balenzategui J, Reyna R, *J. Appl. Phys*. **82**, 4067–4075 (1997).

17. Araújo G, Martí A, *Sol. Energy Mater. Sol. Cells*, **31**, 213–240 (1994).

18. Luque A, Martí A, *Phys. Rev. Lett*. **78**, 5014–5017 (1997).

19. Hulstrom R, Bird R, Riordan C, *Sol. Cells* **15**, 365–391 (1985).

20. De Vos A, *Endoreversible Thermodynamics of Solar Energy Conversion*, Chap. 2 §2.1, Oxford University, Oxford (1992).

21. Miñano J, *Optical Confinement in Photovoltaics*, in Luque A, Araújo G (eds), *Physical Limitations to Photovoltaic Energy Conversion*, pp 50–83, Adam Hilger, Bristol (1990).

22. Shockley W, *Bell Syst. Tech*. **28**, 435–489 (1949).

23. Würfel P, *Physica E* **14**, 18–26 (2002).

24. Würfel P, *Physics of Solar Cells: From Basic Principles to Advanced Concepts*. John Wiley & Sons, Ltd, Chichester (2009).

25. Sinton R, Kwark Y, Gan J, Swanson R, *IEEE Electron. Dev. Lett*. **EDL7**, 567–569 (1986).

26. M. A. Green, K. Emery, Y. Hishikawa, and W. Warta, Prog. *Photovolt: Res. Appl*. **17**, 85–94 (2009).

27. Araújo G, *Limits to Efficiency of Single and Multiple Bandgap Solar Cells*, in Luque A, Araújo G (eds), *Physical Limitations to Photovoltaic Energy Conversion*, pp 119–133, Adam Hilger, Bristol (1990).

28. Araújo G, Martí A, *IEEE Trans. Elec. Dev*. **37**, 1402–1405 (1998).

29. Gale R, King B, Fan J, *Proc. 19th IEEE PSC*, 293–295, IEEE, New York (1987).

30. Tobin S, Vernon S, Sanfacon M, Mastrovito A, *Proc. 22nd IEEE PSC*, 147–152, IEEE, New York (1991).

31. Miñano J, *J. Opt. Soc. Am. A* **3**, 1345–1353 (1986).

32. Parrot J, in Luque A, Araújo G, (eds), *Physical Limitations to Photovoltaic Energy Conversion*, Adam Hilger, Bristol (1990).

33. Martí A, Araújo G, *Sol. Energy Mater. Sol. Cells* **43**, 203–222 (1996).

34. Luque A, Martí A, *Phys. Rev. B* **55**, 6994–6999 (1997).

35. Landsberg P, Tonge G, *J. Appl. Phys*. **51**, R1–20 (1980).

36. De Vos A, Pauwels H, *Appl. Phys*. **25**, 119–125 (1981).

37. Luque A, Martí A, *Sol. Energy Mater. Sol. Cells* **58**, 147–165 (1999).

38. Brown A, Green M, *Prog. Photovolt.: Res. Appl*. **10**, 299–307 (2002).

39. Tobías I, Luque A, *Prog. Photovolt.: Res. Appl*. **10**, 323–329 (2002).

40. Luque A, *Coupling Light to Solar Cells*, in Prince M (ed.), *Advances in Solar Energy*, Vol. 8, ASES, Boulder, CO (1993).

41. Castañs M, *Revista Geofísica* **35**, 227–239 (1976).

42. Tobias I, Luque A, *IEEE Trans Electron Dev*. **49**, 2024–2030 (2002).

43. Werner J, Kolodinski S, Queisser H, *Phys. Rev. Lett*. **72**, 3851–3854 (1994).

44. Werner J, Brendel R, Queisser H, *Appl. Phys. Lett*. **67**, 1028–3014 (1995).

45. Kolodinski S, Werner J, Queisser H, *Appl. Phys. Lett*. **63**, 2405–2407 (1993).

46. Kolodinski S, Werner J, Queisser H, *Sol. Energy Mater. Sol. Cells* **33**, 275–285 (1994).

47. Klimov V I, *Applied Physics Letters* **89**, 123118 (2006).

48. Schaller R D, Sykora M, Pietryga JM, Klimov V I, *Nano Letters* **6**, 424–429 (2006).

49. Beard M C, Knutsen K P, Yu P R, Luther J M, Song Q, Metzger W K, Ellingson R J, Nozik A J, *Nano Letters* **7**, 2506–2512 (2007).
50. Hanna M C, Nozik A J, *J. Appl. Phys.* **100**, 074510–8 (2006).
51. Nair G, Geyer S M, Chang L Y, and Bawendi M G, Carrier multiplication yields in PbS and PbSe nanocrystals measured by transient photoluminescence, *Physical Review B*, vol. 78, p. 10, (2008).
52. McGuire J A, Joo J, Pietryga J M, Schaller R D, and Klimov V I, New Aspects of Carrier Multiplication in Semiconductor Nanocrystals, *Accounts of Chemical Research.* **41**, 1810–1819, (2008).
53. Luther J M, Law M, Beard M C, Song Q, Reese M O, Ellingson R J, and Nozik A J, Schottky Solar Cells Based on Colloidal Nanocrystal Films, *Nano Letters*, **8**, pp. 3488–3492, (2008).
54. Pijpers J J H, Ulbricht R, Tielrooij K J, Osherov A, Golan Y, Delerue C, Allan G, and Bonn M, *Nature Physics*, **5**, 811–814, (2009).
55. Trupke T, Green M, Würfel P, *J. of Appl. Phys.* **92**, 4117–4122 (2002).
56. Luque A, Martí A, *Phys. Rev. Lett.* **78**, 5014–5017 (1997).
57. Luque A, Martí A, *Prog. Photovolt.: Res. Appl.* **9**, 73–86 (2001).
58. Cuadra L, Marti A, and Luque A, *IEEE Trans. Electron Dev.* **51**, 1002–1007 (2004).
59. Luque A, Marti A, Mendes M J, and Tobias I, *Journal of Applied Physics*, **104**, 113118, (2008).
60. Tobias I, Luque A, and Marti A, *Journal of Applied Physics*, **104**, 034502, (2008).
61. Green M, *Prog. Photovolt.: Res. Appl.* **9**, 137–144 (2001).
62. Luque A, Martí A, Antolín E, Tablero C, *Physica B* **382**, 320–327 (2006).
63. Lang D V, Henry C H, *Phys. Rev. Lett.* **35**, 1525–1528 (1975).
64. Antolin E, Marti A, Olea J, Pastor D, Gonzalez-Diaz G, Martil I, and Luque A, *Appl. Phys. Lett.* **94**, 042115 (2009).
65. Wahnón P, Tablero C, *Phys. Rev. B* **65**, 155115 (2002).
66. Palacios P, Aguilera I, Sanchez K, Conesa J C, Wahnón P, *Phys. Rev. Lett.* **101**, 046403 (2008).
67. Lucena R, Aguilera I, 72alácios P, Wahnon P, Conesa J C, *Chem. Mat.* **20**, 5125 (2008).
68. Yu K M, Walukiewicz W, Wu J, Shan W, Beeman J W, Scarpulla M A, Dubon O D, Becla P, *Phys. Rev. Lett.* **91**, 246403 (2003).
69. Yu K M, *et al.*, *Appl. Phys. Lett.* **88**, 092110 (2006).
70. Wang W, Lin A S, and Phillips J D, *Applied Physics Letters*, **95**, 011103, (2009).
71. G. Gonzalez-Diaz, J. Olea, I. Martil, D. Pastor, A. Marti, E. Antolin, A. Luque, *Solar Energy Materials and Solar Cells*, **93**, 1668–1673, (2009).
72. Martí A, Cuadra L, Luque A, *Proc. 28th IEEE Photovoltaic Specialist Conf.*, pp 940–943, IEEE, New York (2000).
73. Martí A, Cuadra L, Luque A, *IEEE Trans. Elec. Dev.* **48**, 2394–2399 (2001).
74. Luque A., Martí A., Stanley C., López N., Cuadra L., Zhou D., Mc-Kee A., *J. Appl. Phys.* **96**, 903–909 (2004).
75. Marti A, Antolin E, Stanley C R, Farmer C D, Lopez N, Diaz P, Canovas E, Linares P G, Luque A, *Physical Review Letters*, **97**, 247701–4, (2006).
76. Luque A, Marti A, Lopez N, Antolin E, Canovas E, Stanley C, Farmer C, Caballero L J, Cuadra L, Balenzategui J L, *Applied Physics Letters*, **87**, 083505, (2005).
77. S. A. Blokhin, A. V. Sakharov, A. M. Nadtochy, A. S. Pauysov, M. V. Maximov, N. N. Ledentsov, A. R. Kovsh, S. S. Mikhrin, V. M. Lantratov, S. A. Mintairov, N. A. Kaluzhniy, M. Z. Shvarts, AlGaAs/GaAs Photovoltaic Cells with an Array of InGaAs QDs, *Semiconductors*, **43**, 514–518, (2009).
78. Luque A, Marti A, *Advanced Materials*, DOI 10.1002/adma.200902388, (2009).
79. Trupke T, Green M, Würfel P, *J. Appl. Phys.* **52**, 1668–1674 (2002).
80. Ekins-Daukes N J, Schmidt T W, *Appl. Phys. Lett.* **93**, 063507 (2008).
81. Grätzel M, *J. Photochem. Photobiol. C: Photochem. Reviews* **4**, 145–153 (2003).
82. Ross R, Nozik A, *J. Appl. Phys.* **53**, 3813–3818 (1982).
83. Wurfel P, *Sol. Energy Mater. Sol. Cells* **46**, 43–52 (1997).
84. O'Dwyer M F, Humphrey T E, Lewis R A, and Zhang C, *Microelectronics J.* **39**, 656–659 (2008).

85. Wurfel P, Brown A S, Humphrey T E, and Green M A, *Progr. Photov*. **13**, 277−285 (2005).
86. Conibeer G, *et al*., *Solar* **511**, 654−662 (2006).
87. Luque A, Martí, *Solar Energy Materials and Solar Cells*, **94**, 287−296 (2010).
88. Conibeer G J, Guillemoles J F, König D *et al*., *21st European Photov. Sol. En. Conf*. WIP, Dresden, (2006), p. 90.
89. Davydov V Y, Emtsev V V, Goncharuk I N, *et al*. *Appl. Phys. Lett*. **75**, 3297−3299 (1999).
90. Bungaro C, Rapcewicz K, and Bernholc J, *Phys. Rev. B* **61**, 6720−6725 (2000).
91. Yamaguchi M, Luque A, *IEEE Trans. Electron. Dev*. **46**, 2139−2144 (1999).
92. Algora C, Rey-Stolle I, García I, Galiana B, Baudrit M, and González JR, ASME J. Sol. En. *Eng*., **129**, 336 (2007).
93. Luque A, Andreev V M (eds), *Concentrator Photovoltaics*, Springer, Berlin, (2007).
94. Luque-Heredia I, Martin C, Mananes M T, Moreno J M, Auger J, Bodin V, Alonso J, Diaz V, Sala G, in *Proc. 3rd World Conf. on Photovolt*., Vol. 1, p. 857 (2003).

第5章 太阳能级硅材料

Bruno Ceccaroli[1], Otto Lohne[2]

1. 挪威克里帝安桑，AS 马契
2. 挪威特隆赫姆，挪威科技大学

5.1 引言

光伏工业正处于婴儿期，现在很难预测在它成熟之前将演变出何种技术、经济和社会模式。但是如果未来光伏成为一种主要能源的话，那么就应该问一下哪种材料或哪种自然元素可以提供长期的、可持续的能量来源，特别是要寻找能带适合于最有效地将太阳能转化为电能的那些半导体材料。最近的光伏历史（自 1950 年以来）表明，在很广泛的范围内进行了高强度的研发并取得大量的健康的创新成果。有机与无机半导体、本征与非本征的半导体、同质结与异质结、非晶与晶体的结构，在这些方面近期的研究在科学界和工业界造成一种左右为难的困境。究竟哪一种更好，可能科学界和工业界要花费数年甚至几十年来解决这一挑战与问题

截至目前，占支配地位的将光转变为电的半导体仍然是元素硅。硅分成两种主要的类型：非晶硅和晶体硅，晶体硅分成单晶和多晶。在每一组技术中又可以分出几种类型。各种商业咨询机构、政府组织、社团的预测都明确了对硅基材料，尤其是晶体硅基材料的需求。在 2003 年基于技术和材料的年度增长率的分析，我们在本书上一版（第五章）中认为在年度增长中多晶硅具有最大的份额。在 20 世纪 90 年代的前半叶，多晶硅片的产出徘徊在单晶硅片的一半。而在 1998 年两种技术的产量达到同样规模。可是，在新世纪的头十年中，单晶硅技术在 2007 年获了与多晶硅同样强势的地位，而非晶硅电池则从 1999 年的 12% 收缩到 2007 年的 5.2%。值得注意的是非硅技术引人注目的从 1999 年的 1% 增长到 2007 年的 5.2%，其中主要是 CdTe 电池。为对这一数据有一个正确的认识，我们必须提到同期太阳电池产量从 1999 年的 200MW 增加到 2007 年的 4.3GW，这意味着年增长率接近 50%。毫无疑问，晶体硅占据 90% 的市场份额要归因于这种超预期的增长[1]（见 5.5 节表 5.7）在第 1 版中我们预测晶体硅技术将至少在未来 10 年的日益增长的市场上占据主导地位。在可以预见的长期预测中，到 2050 年全球每年光伏提供的电力将达到 30000TWh。如果考虑到晶体硅仍占主流市场，并且电池技术和材料产出不断改进的基础上（见 5.5 节中关于 g/W 硅耗量的趋势），所需要的硅材料为 1500 万吨（MT）。为在未来 50 年里建立具有这样能力的光伏电站，则需要每年产出 300000 吨的太阳能级多晶硅，而现在每年用在光伏领域的高纯硅在 2000 年时只是这一产量的百分之几（4000 吨）。在 2007 年光伏工业消耗硅 30000 吨，然而预测认为在 2012 年的供销为 120000～160000 吨，接近第 1 版提到的 300000 吨的一半。为对数据有一个清晰的印象，必须提到在 2007 年生产了 2 百万吨冶金级硅用于各个

行业，太阳电池用硅占比不到 2.5%。可是，自从 2003～2004 年，太阳能级硅材料需求超过了供给。这种新情况产生了原材料短缺，导致了其在产业链中价格猛涨。值得庆幸的是这自然地刺激业界寻求节省硅材料，激励人们生产更多的硅并寻求生产太阳能级硅材料的新途径。截止到写稿时为止，尽管 2008 年的金融危机使世界经济突然减速，但人们还在研究材料的可行性和可操作性的问题。本章将讨论硅、硅的提取、纯化，以及现有的和未来的实践。

5.2 硅

硅是元素周期表中ⅣA 族中第二个元素。硅在自然界中不以单质存在，而是与氧结合形成氧化物或硅酸盐。地壳的大部分是由氧化硅和硅酸盐及其他元素（如铝、锰等元素）混合组成。硅在地壳中仅次于氧为第二大丰度的元素，占地球总重量的 26%。

5.2.1 与光伏有关的硅的物理特性

硅是一种半导体，其在 25℃时的带隙 E_g 为 1.12eV。在大气压力下其晶体成金刚石立方结构，在 ca15GPa 下转化成体心立方结构。在一些环境下，缓慢生长的硅表面是 {111} 晶向，而在外延膜或多晶硅沉积中，{111} 是生长最快的晶面。500℃以下的气相生长形成非晶硅，但是高于此温度后再加热则会晶化。

与大部分化合物和元素不同，硅在熔化时收缩，在结晶时膨胀。

在生长或后续热处理过程中（如扩散和离子注入等）进入硅晶格的杂质在低温下离化，因此可以提供电子和空穴。ⅢA 族元素进入晶格替代硅原子，可以提供电子，称为 n 型杂质或施主；而ⅤA 族元素进入晶格替代硅原子，可以提供空穴称为 p 型杂质或受主（参见 5.6.3 节）。磷和硼代表了这些元素被用在光伏工艺过程中，来控制半导体特性或掺杂水平。在半导体科学和技术中用杂质浓度来表示每立方厘米母体材料（硅）中所含的杂质原子数目。在硅半导体器件中，杂质浓度范围为 10^{14}～10^{20} 原子/cm³（对应 $5×10^{22}$ 原子/cm³ 的硅，见表 5.1），可以通过分析仪器测量出来。在物理学中另一种表示杂质浓度的方法是杂质原子数与母体材料（硅）原子数之比。百万分之一称为 ppm（a），它表示 100 万个硅原子中有一个杂质原子。此表示方法也可外延到 ppb（a）（即十亿分之一），ppt（a）（即万亿分之一）。可是硅的生产通常由化学家和冶金学家来进行，他们的化学表达公式通常使用重量比来表达，即使用 1% 来表示每 100g 硅材料中有 1g 杂质，1ppm（w）表示 1 吨硅材料有 1g，此法也可外延到 ppb（w），等等。杂质浓度的一种间接测量方式是少子寿命，这是一个电子和空穴复合湮灭之前的时间。过渡金属（如 Fe、Cr、Ni 等）会降低少子寿命从而降低太阳电池特性。金属杂质含量少于 10ppb（w）的高纯晶体硅材料的少子寿命达到 10000μs，具有磷或硼掺杂的半导体的少子寿命值为 50～300μs，太阳电池所需要的少子寿命为 25μs。

相对高的折射系数限制了硅的光学应用。在 0.4～1.5μm 光谱范围内的光谱吸收特性对于太阳电池和光电导器件是十分重要的。在光伏应用中，在硅表面使用减反射膜是通常的做法。

硅或具有少量掺杂的硅合金是易碎的。对于光伏行业，硅的成形需要切割或研磨，而对于微电子行业还需要抛光，这些机械处理很像玻璃行业。

硅的各种热学和力学特性见表5.1。更多的信息参见本文作者的参考文献 [2-6]。

表 5.1　硅的热学和力学特性

特　　性	值
原子量	28.085
原子密度/（原子数/cm³ ）	5.0×10^{22}
熔点/℃	1414
沸点/℃	3270
密度/（g/cm³ ，25℃ ）	2.329
熔化热/（kJ/g）	1.8
在熔点温度的蒸发热/（kJ/g）	16
熔化时体积收缩（％ ）	9.5

5.2.2　与光伏有关的化学特性

硅的稳定形态是四价态，对氧有很强的吸引势，易形成氧化硅或硅酸盐，这是硅在自然形态中的唯一存在形式。人为分离出的硅将在表面立即生成大约 100Å 的氧化硅保护膜，这层膜会防止硅的进一步氧化。氧在硅半导体器件中扮演重要的角色，如在金属氧化物半导体（MOS）放大器的制造中的应用。

硅和碳（ⅣA 族）可形成很强的 Si—C 键和稳定的化合物，碳化硅可以人为制成多种同质异构体，在光伏和电子学中有不同的应用。最基本的是在硅片切割过程中 SiC 的研磨特性以及渐渐出现的碳化硅半导体方面的应用。强的 Si—C 键也是丰富的有机硅化学的基础，包括大量的硅酮和有机硅烷，其中有机自由基通过共价的 Si—C 键吸附在硅原子上。

硅和碳的四价性和相似性揭示了硅也具有自身成键形成 Si—Si 聚合物的能力，例如 —$(SiH_2)_p$—，—$(SiF_2)_p$—，与碳氢键或氟氢键类似，只是在多硅烷的情况下这种链的长度保持适中。

硅可以形成氢化物，单硅烷（SiH_4）在制备非晶硅和将硅提纯为半导体级纯度中是关键材料（详见本章后续的 5.4.2 节和 5.4.3 节介绍）。

硅与氯的化学反应也是极其重要的。烷基（Alkyl- ）和芳烃基（Aryl- ）氯硅烷是构成聚硅氧烷（硅酮）的必要的中间体。二氯氢硅和三氯氢硅在低温下活泼，而在高温下分解成硅单质。这种特性使得它们在将硅从冶金级提纯为半导体级的过程中（见后续章节 5.4），既是重要的中间体也是副产物。其他的氯硅烷（即二氯二氢硅 SiH_2Cl_2）也具有化学气相沉积方面的应用。卤素原子很容易被羟基（—OH）所取代，而这种羟基又趋向于通过交换氢原子与其他功能团反应，这构成了丰富的表面化学的基础。

氟硅烷和氟硅酸盐也被一家公司用作制备单硅烷的前趋体以便进一步制备成半导体级硅和太阳能级硅。硅的溴化物和碘化物也被用作挥发性的中间体，可通过分馏法制备太阳能级硅（见表 5.11 和表 5.12）。

硅和锗（ⅣA 族）是同构异质体，可以以各种比例互溶。

锡和铅也是ⅣA 族元素，但是不与硅发生化学反应，也不能与硅混合，这是一个很奇特的特性。

对于更详尽的化学特性，请参见参考文献［5-9］。

5.2.3　健康、安全和环境因素

元素硅表面被氧化，相对惰性，因此是无毒的。当硅以粉末状暴露在火源下时，具有高的危险性，硅工业报道过破坏和致命的爆炸事件。用来制备硅原材料的石英或石英岩是硅肺的病源，绝大多数的危险与石英和石英岩的开采有关，特别是在打钻、粉碎、装车和处理过程中。在开采和冶炼厂应采取一系列防护措施防止暴露及硅肺病。活泼的硅烷如甲硅烷或氯硅烷在氧气、水、湿气存在时极易反应，它们都被归类为危险化学物质，对于处理的人员要经过专门的训练。饱和的长链硅烷、硅酮、非晶二氧化硅是化学惰性的、无毒的，因为这个特性，它们被广泛应用在医药、血液工业、化妆品中。

冶金级硅和电子级硅的制备由于能源消耗而对环境有影响，主要与气候变化和污染气体排放有关，这些气体主要是 CO_2、NO_x、SO_2。但是应该注意的是，在电池制造和光伏系统安装过程中所造成的损害和能量消耗已可以在 1～2 年内（在第 1 版中是 4～5 年内）将会以无排放的"绿色"电力的形式返还，而光伏系统的义务服务期超过 20 年[10-12]。关于环境和电力返还的量化研究在欧洲、日本、澳大利亚都有研究，在参考文献［13］中也有提及。

5.2.4　硅的历史和应用

在古代，硅对人类就十分重要，然而硅的最初应用是基于其天然形态的，如石英的一种形态叫燧石，在旧石器时代和新石器时代被用作工具和武器，后来被用作陶器。由硅酸盐制备的玻璃可以追溯到公元前 12000 年。元素硅是由 Berzelius⊖ 在 1824 年首次制备出来的，他将四氯化硅通过加热的钾制备出硅单质。四氯化硅可以通过将石英或硅酸盐氯化得到。第一个单晶硅是 Sainte-Claire Deville⊖ 于 1854 年在电解铝时偶然得到的。第一个在电弧炉里制备硅和富硅合金的是 Moissan⊜，他于 1895 年完成，而工业化生产则是由 Bozel 和 Rathenau⊗ 分别独立地从 1897～1898 年完成的。Acheson⊛ 也于同期在试图制备人造钻石时偶然制备了碳化硅。硅合金尤其是硅的亚铁合金在 19 世纪的钢材生产中占有重要地位。而金属硅（按照国际贸易组织的定义是含 96% 的硅）直到二次世界大战后才开始流行起来。从二战开始的炼铝、有机硅和固体电子方面的应用对于硅的生产和提纯具有巨大的刺激作用。碳化硅也由于其硬度和化学稳定性而得到了广泛的应用。最近 SiC 又由于其所具有的优异的半导体特性

⊖ Berzelius Jöns Jacob（1779—1848）：瑞典物理学家和化学家。他被认为是有史以来最重要的科学家之一。他发现了常数比率定律，从而为约翰·道尔顿的原子理论提供了证据。他发现了硅、硒、钍和铈。

⊖ Sainte-Claire Deville Henri（1818—1881）：法国化学家，那个时代最有影响的法国科学家之一，其在历史上的主要贡献是第一个开发出制铝的工业工艺过程。

⊜ Moissan Henri（1852—1907）：法国科学家，La Sorbonne（巴黎）教授，以分离出氟而著称，并因此获得诺贝尔化学奖（1906）。1900 年，他发明一种电弧炉可以达到 3500℃，从而为开发大量的化学元素和化合物铺平了道路，这些元素就包括金属硅和铁合金。

⊗ Rathenau Walther（1867—1922）：德国化学家、工业领导人和政治家。德国能源集团 AEG 的主席。第一次世界大战期间他主持经济。作为有魅力的政治家，人们对他又爱又恨。

⊛ Acheson Edward Goodrich（1856—1931）：美国发明家，他先为爱迪生公司工作。他最著名的发明是碳化硅（SiC）、合成石墨、金刚砂和润滑剂。

而在电子学领域得到应用，而且它也趋向于成为切割硅片的战略材料。

在新的 21 世纪的开始，每年大约有 100 万吨冶金级硅，或称金属硅在世界范围内生产和销售，这与每年几百万吨的铝、钢材铁甚至铁合金相比并不算多。然而与传统成熟冶金工业相比冶金级硅却有相对快速的增长（在十年中年均增长 8%）。到 2007 年全球产出达到 200 万吨。生产冶金硅的地域应在石英储量丰富并且纯度较高的地区，而且电力供应也应较为丰富，领先的生产国家有中国、美国、巴西、挪威和法国。虽然有一些合并，但是冶金硅工业仍显分散。在中国和其他国家有 30 多家公司生产金属硅，大部分工厂的产量在 20000MT ~ 60000MT 之间（见 5.3 节）。冶金级硅的化学性质见表 5.2。

表 5.2 铝和化学工业中的商业冶金级硅的化学性质（ppm（w））

元素	O	Fe	Al	Ca	C	Mg	Ti	Mn	V	B	P
低（ppm）	100	300	300	20	50	5	100	10	1	5	5
高（ppm）	5000	25000	5000	2000	1500	200	1000	300	300	70	100

元素	Cu	Cr	Ni	Zr	Mo
低（ppm）	5	5	10	5	1
高（ppm）	100	150	100	300	10

冶金硅市场传统上被分成两个主要子群，即铝业和化学工业，每一部分大约分别消耗 60% 和 40% 的世界市场产出，两者在特性方面略有不同。直至最近（世纪之交），半导体和太阳能仍被视为化学工业的一部分。但自 2003 年开始，由于太阳能市场的需求，高纯硅的需求量大增。一些传统的金属硅制造厂付出很大努力开发新的提纯工艺以避免使用挥发性化合物进行的化学法提纯。这些企业投入巨大努力在这些时髦产品的开发上，却没有用来扩大生产，其盈利性很值得怀疑。

5.2.4.1 在铝业方面的应用

在铝工业中，硅被溶解在熔融的铝液中。一种简单的低共熔组分为在铝中有 12.6% 的硅。这种在铝工业中的应用具有重要的结果，硅可以改变液态铝的黏性、流动性，以及商用铝合金的机械性能。在这种应用中，硅中铁、钙、磷的含量具有特别重要的意义。

有两类重要的铝合金，在其中硅都是主要的合金元素。

5.2.4.1.1 浇铸合金

将硅加入铝溶液中使得流动性得到改善，接近共熔组分的铝合金被用于薄壁浇铸，典型的浓度是 7% ~ 12%。如果加入十分之几的镁，合金将被硬化，屈服强度（yield strength）也将翻倍。

为阻止形成针状颗粒，合金中通常加入钠、锶、磷等来改善。

这种合金通常会表现出较好的耐腐蚀特性。

5.2.4.1.2 锻造合金

AlMgSi 合金被广泛应用在中等强度结构合金中，典型的硅含量为 0.5% ~ 1%。

这种合金具有好的热工作特性和老化硬度，这种合金适合于在 150 ~ 200℃挤压成型，并得到一定的强度。

这种合金具有较好的耐腐蚀和可焊接特性，因此适用于建筑和运输工业。铝工业消耗世界冶金级硅的 50% ~ 60%。

5.2.4.2　在化学工业中的应用

5.2.4.2.1　硅酮

在二次世界大战期间，二甲基二氯硅烷的合成法（式（5.1））同时独立地被 Rochow 和 Müller 发现，此后有机硅工业渐渐变得强大，逐渐发展成为年消耗 400000MT 硅的大的化工产业（至 2000 年），而在 2008 年达 700000 吨，使用了全球金属硅产出的 35% ~ 40%。

$$Si(s) + 2CH_3Cl(g) \longrightarrow (CH_3)_2SiCl_2 \; (Cu\; 在\; 260 \sim 370℃\; 催化) \tag{5.1}$$

$$(CH_3)_2SiCl_2 + 2H_2O \longrightarrow (CH_3)_2Si(OH)_2 + 2HCl \tag{5.2}$$

$$n(CH_3)Si(OH)_2 \longrightarrow [(CH_3)_2SiO]_n + nH_2O \tag{5.3}$$

工业上的直接合成（式（5.1））是在流动床反应器中进行的，需要小的硅颗粒或硅粉（20 ~ 300μm），反应是放热的，铜作为催化剂，并需要 Zn、Sn、P 和其他元素作为促进剂。铁不起重要的作用，Ca 和 Al 在整个反应中起着活跃的作用[7-9]。

5.2.4.2.2　合成二氧化硅

各种合成的二氧化硅，如火成二氧化硅（也称气相合成二氧化硅）或作为光纤材料的二氧化硅锭都是通过烧蚀四氯化硅得到的。

$$SiCl_4(g) + 2H_2(g) + O_2(g) \longrightarrow SiO_2(s) + 4HCl(g) \tag{5.4}$$

四氯化硅可以通过自然界中存在的硅石氯化反应得到。可是，在工业生产中四氯化硅是通过冶金硅与氯在流动床或固定床反应器中合成的。

$$Si(s) + 2Cl_2(g) \longrightarrow SiCl_4(g) \tag{5.5}$$

$$Si(s) + 4HCl(g) \longrightarrow SiCl_4(g) + 2H_2(g) \tag{5.6}$$

目前，气相二氧化硅的市场为 120000 ~ 150000MT，这要消耗 60000 ~ 75000MT 的冶金硅。实际上气相二氧化硅的主要市场是有机硅橡胶的添加剂，其作用是增强这种橡胶的机械强度和弹性。

5.2.4.2.3　功能性硅烷

这个一般性的术语概括了由硅烷分子构成的非常广泛的产品。在这种产品中，氢和氯被具有某种功能团的有机自由基所取代，如胺、酸、脂、醇等。

$$X_{4-(n+p+q)}SiR_nR'_pR''_q$$

代表一个功能性硅烷的一般数学表达式，其中 R_n、R'_p、R''_q 代表有机自由基，X 代表卤素，一般为 Cl 或 H。有机硅烷大量存在，其中一个最主要的应用就是有机和无机化合物之间的耦合剂，如在有机网络（环氧的、聚酯的）之中的无机填充剂（玻璃、二氧化硅、可塑性物质）。正乙基硅烷和四乙醚硅烷 $Si(OC_2H_5)_4$ 在玻璃、陶瓷、铸造和油漆业中是一种重要的化学物质。

功能性硅烷和正基硅酸盐对于冶金硅的消耗为每年 10000 ~ 20000MT（2007 ~ 2008 年）。

5.2.4.3　半导体硅和光伏硅

自从在 20 世纪 50 年代末和 60 年代初出现固体器件后，到目前为止硅是最常用的半导体材料。具有半导体特性的超纯硅（商业上称为多晶硅）在工业上是通过各种具有挥发性的硅化合物的分馏和热分解制备的，例如三氯氢硅（SiHCl$_3$）和单硅烷（SiH$_4$）。这些反应通常是在很大的工厂中进行，而且为了协同反应，通常与 5.2.4.2 节中提到的其他硅化合物的生产厂相配合。尽管多晶硅的这些众多应用是在半导体工业中，但从硅的原材料的角度看，这一特殊工艺仍被计入金属硅的化学应用。

在2000年，多晶硅产量大约20000MT，而产能大约25000MT。除了一些低质材料（几千吨），多晶硅全部被用于半导体方面。与硅的其他应用相比（铝工业：5.2.4.1节；硅酮和硅烷5.2.4.2节），硅的半导体应用从数量上来讲是非常有限的，2007年估计40000吨，2008年大约55000吨，但是它的价值很高。例如将硅从冶金级升级到多晶硅，其价值要乘以因子30~50。

这也是一个快速增长的硅应用领域，半导体的年增率为5%~7%，太阳能市场的年增长率为30%~50%。由于光伏工业的爆发式增长，从2003年起多晶硅的需求超过了其供应，因此太阳电池不能再使用半导体工业中的废料。太阳能应用的硅的生产者和销售者较晚才理解到需要建立联盟以确保多晶硅产能的增长。这导致硅材料的短缺，这对各方都不利，也包括半导体工业。从2003年之后，大量多晶硅项目上马，但至少用三年时间才能建起绿色工厂。本节前面提到光伏市场每年戏剧性地增长（每年30%~50%）。太阳能产业的硅耗量已经超过半导体产业。扩产项目的主力来自太阳能产业，这为电子工业的需求投下阴影。尽管出现了制备太阳能级硅的新方法，如通过冶金法提纯，但是在2008年乃至今后数年，绝大部分太阳电池用的硅材料仍为使用与半导体行业相同的传统工艺制备的。太阳电池的硅材料都是从这些路径中得到的，详细过程将在5.3节、5.4节和5.7节讨论。

5.2.4.4 其他应用

硅在其他领域也有很多应用，如爆炸物（硅粉）、耐高温材料、高级陶瓷（氮化硅和碳化硅），但这些应用占全球金属硅产量不到1%。

由于具有很好的机械性和化学钝性，硅的丰富的合金具有光明的未来。它们可以通过粉末冶金制备，即将硅粉和其他金属粉末（如Cu、Al、Ti、Co、V等）混合烧结而成[4]。

本章并不想评论另一些硅的应用，如玻璃、耐高温材料、陶瓷、铁合金，在这些应用中硅的加入是通过在生产工艺中加入天然硅酸盐、石英、石英岩或其他硅的合金进行的。

5.3 金属硅和冶金硅的生产

5.3.1 二氧化硅的碳热还原法

冶金级硅或称金属硅的硅含量一般达到98.5%，最低96%，通常是在电弧炉中进行（其纯度见表5.2）。从原理上讲这种工艺与20世纪初从硅铁和其他合金冶炼中发展出来的方法很相似，但是实际操作有了很大的改进，包括使用更大的炉子、更有效的材料处理和改善工艺控制。这些导致能耗的降低，原材料利用率的提高。

炉子包含用石英和碳材料构成的容器，二氧化硅的碳还原使硅游离出来，其反应式如下：

$$SiO_2(s) + 2C(s) = Si(l) + 2CO(g) \tag{5.7}$$

与目前流行文章和评论中所发表的不同，硅砂并没有用作此目的，而更适宜用适当纯度和热阻的块状石英（10~100mm）。碳原材料一般包括冶金级煤、木片、碳、焦炭，冶金级煤是与粗钢生产所用的煤联合制成的。作为一个原则，这种煤需要清洗，以清除在煤灰中的不适合的杂质。应选择原材料包括石英和碳，以提高产量（硅和气相二氧化硅），提高炉子的性能，并减少环境破坏（SO_2和NO_x释放）。原材料的活性以及容器中装载的原材料混合物的均匀性对于得到好的炉子表现是非常重要的，这些表现包括高的材料产出率、低的能耗和好的产品质量。

原材料混合物被高强电弧加热，这种高强度电弧建立在三个电极与地电极之间。尽管存在一些重要的例外，但一般采用三相电流，炉子为开放式可旋转，工作负载一般在 10 ~ 30MW，依炉子大小而变。发展趋势是增加炉子尺寸和功率，以获得更大的产量（最近的炉子的负载高达 45MW，然而它们仍是很罕见的例外）。

电极也是由碳制成的，原来是使用昂贵的石墨电极。它们被预烘焙电极所取代，而后又被更为便宜的自烘焙电极所取代。电极技术的改进是这个产业最近进展的重要方面。有 6 种电极在此工业中被开发出来，包括从预烘焙电极到 Søderberg 型自烘焙电极。

硅液从炉子底部流出，原材料混合后从顶部加入，反应副产物为一氧化硅，将进一步与氧反应生成二氧化硅，并从敞开的炉口排放到大气中。在开口炉中副产物形成气相二氧化硅（气相白炭黑），它在此工艺的整体性中具有重要的作用。

$$Si(1) + \frac{1}{2}O_2(g) \Longrightarrow SiO(g) \tag{5.8}$$

$$SiO(g) + \frac{1}{2}O_2(g) \Longrightarrow SiO_2(s) \tag{5.9}$$

气相二氧化硅主要包含非常细（小于 $1\mu m$）的非晶二氧化硅颗粒，当二氧化硅烟尘通过安装在炉子上的过滤布袋时沉淀下来。收集起来的二氧化硅在水泥和耐火材料中作为添加剂很有应用价值。根据所使用的原材料的质量、工艺方式和技术产出的冶金硅得率可达到 80% ~ 90%，其余的为气相二氧化硅。

式（5.7）~ 式（5.9）只是一个复杂系统的简化表示，从更为详细的化学描述中可以理解一些主要的机理。有两个重要的中间化合物：一个是在式（5.8）中已经提及的气相一氧化硅 $SiO(g)$，另一个是固态的碳化硅 $SiC(s)$。为了解释炉子中的化学过程，可以将炉子内发生的反应分成炉子内部的热区和外围的冷区。在内部热区产生液态硅，其中下述的化学过程占主导地位：

$$2SiO_2(1) + SiC(s) \Longrightarrow 3SiO(g) + CO(g) \tag{5.10}$$
$$SiO(g) + SiC(s) \Longrightarrow 2Si(1) + CO(g) \tag{5.11}$$

内区温度在 1900 ~ 2100℃ 范围时，允许存在 $SiO(g)$，在该区发生如式（5.11）的进一步的还原反应就绝对是不可避免的。

在外围区域温度低于 1900℃，$SiO(g)$ 和 $CO(g)$ 从内区对流出来，与游离的碳相遇并发生反应，结果碳化硅 $SiC(g)$ 和凝聚的硅 $Si(1)$ 在 $SiO_2(s，1)$ 容器上形成，而同时 $SiO(g)$ 的分压下降。

$$SiO(g) + 2C(s) \Longrightarrow SiC(s) + CO(g) \tag{5.12}$$
$$2SiO(g) \Longrightarrow Si(1) + SiO_2(g) \tag{5.13}$$

冶金硅炉如图 5.1 所示。

此工艺的高温特性提示操作以连续为好，原材料从炉子顶部的小窗口以一定的频率间断送入，液体硅连续的或以某一频率间断性的从底部流出。尾气和烟尘连续通过过滤器排出，在过滤器滤下二氧化硅粉。

液态原硅含 1% ~ 4% 的杂质，依原材料纯度和电极类型而有所不同，主要的杂质有
　　　　Fe：0.2% ~ 3%　　Al：0.4% ~ 1%　　Ca：0.2% ~ 1%　　Ti：0.01% ~ 0.1%
　　　　C：0.1% ~ 0.15%　　O：0.01% ~ 0.05%
其他杂质还包括过渡金属材料，包括 V、Cr、Mn、Co、Ni、Cu、Zr、Mo，其浓度在几百个

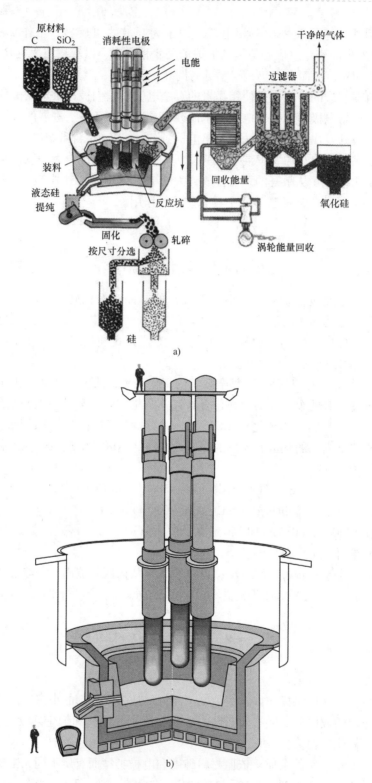

图 5.1　冶金硅炉

（引自 Schei A，Tuset J，Tveit H，*Production of High Silicon Alloys*，Tapir forlag，
Trondheim（1998），得到 Halvard Tveit 的允许）

ppm（w）。硼（B）和磷（P），其浓度一般维持在 10 ~ 100ppm（w）。

5.3.2　提纯

本章 5.2.4 节提及的大部分应用需要将硅进一步提纯。原硅于是以液态形式被注入一个大铸勺中（可容纳 10MT 硅），并在液态下加入氧化性气体和造渣剂处理。造渣剂的主要成分是氧化硅（SiO_2）和石灰/石灰石（$CaO/CaCO_3$），其他一些化学材料（诸如白云石（$CaO—MgO$）、氟化钙（CaF_2）等），这些依据工厂实际情况和客户的要求而定。比硅活泼的元素如 Al、Ca 和 Mg 等被氧化了。提纯的程度以式（5.14）~ 式（5.17）反应式配平的数目来确定，其中括号中表示的是炉渣中所含的物质，而下划线表示的是熔在硅水中的元素。

$$4\underline{Al} + 3(SiO_2) === 3Si(1) + 2(Al_2O_3) \tag{5.14}$$

$$2\underline{Ca} + SiO_2 === Si(1) + 2(CaO) \tag{5.15}$$

$$2\underline{Mg} + SiO_2 === Si(1) + 2(MgO) \tag{5.16}$$

$$S(1) + O_2 === SiO_2 \tag{5.17}$$

理论上讲可以将 Al 和 Ca 降到很低的水平，但实际上由于这会带来大量的能量损失而无法做到，温度会降到 1500 ~ 1700℃，为防止硅水凝结，为造渣所需的二氧化硅需要直接将氧气吹入硅水中将硅氧化得到（加入氧气可以通过硅的放热氧化反应加热硅以保持它为液态）。这样做的不利之处是硅水中的氧分压会消耗较多的硅，使成本上升。

在铸勺中氧化提纯后，含有杂质的硅渣被用机械方式或重力移去，而硅水则被注入到浇铸模子中。造渣剂影响着硅渣的密度和流动性，因此也就影响了实际的硅渣分离和最终的铸硅的纯度。例如，较高 CaO 的含量会降低硅渣的流动性，使得硅渣沉到铸勺的底部，而 CaF_2 会增加流动性。硅水和硅渣的密度和流动性要充分得不同，以使两者可以很好地分离，这一工艺步骤有很多研究和现场的改进[14]。

碳在硅溶液中主要是以溶解的 C 和 SiC 颗粒存在。随着温度的降低 SiC 成分会增加，因而 SiC 颗粒可以有效地被硅渣抓取，并在后续铸勺处理以及硅液浇铸过程中从硅液中除去。而 SiC 可以用简单的机械方式分离，这些 SiC 是沉积在铸勺和其他接触硅液的容器壁上的颗粒[15]。最好的情况下，最终留在提纯的冶金级硅合金中的碳的含量在 80 ~ 100ppm（w）。

在液态硅中氧主要以溶解的 O 存在，但在固化时，硅氧沉淀主要出现在炉渣中。

使用这种提纯方法制备太阳能级硅材料将在本章 5.7.2 节讨论。

5.3.3　铸锭和粉碎

提纯的硅液被从铸勺浇铸到铁的模子或铺有硅细颗粒的床上。铸体最好是在浇铸过程中还没有充分固化时从模子中分离出来。在标准的工业条件下，固化后的冶金级硅是多晶的，晶粒尺寸从铁模子靠近边缘部分的 1mm 到硅粉床模子的靠近中心区域的 100mm[8]。杂质通常作为间隙杂质位于晶粒边界处，但是如果冷却速度足够快的话，也可以进入晶粒中[16]。氧和碳也作为包含物位于晶粒间界，同时也以较低的浓度数量级存在于晶粒内部。

为方便顾客使用，固化的硅需要进一步粉碎成大约 100mm 的块。由于在室温下，硅较硬且脆，可以在罐状和滚筒粉碎器中破碎。在破碎过程中会产生大量的细粉，这些细粉在后续处理和运输中不好处理，并且混有杂质，因此在最初的破碎之后要将这部分细粉去掉。主要的颗粒模式是过渡型颗粒，它由 Forwald 等人给出[4,17]。对于化学方面的应用，硅块应进一步破碎到硅粉状，力度大约从几十到几百微米。这要使用工业设备来进行，如球磨机。

最近发展出的一种替代的方法是快速冷却，目的是增加硅的固态结构的均匀性，甚至杂质分布和中间相的均匀性。在水中颗粒化已经成为几个制造商的标准方法[18-20]，该法可以形成几毫米的颗粒，避免了铸锭以及随后的破碎过程。为避免成锭、破碎和细化，一些制造商和用户还尝试了气相雾化法，但由于经济上的原因而没有工业化[21,22]。

5.3.4 商用硅材料的纯度

使用上述原理制备的金属硅材料的纯度见表 5.2，这种金属硅每年有数百万吨用在制铝和化学工业中。由表可见，每种杂质都有很宽的范围，但在具体的应用和具体的消费者的需求中这一范围会很窄。对于铁元素尤其如此，它在金属硅中是一种很重要的杂质，仅有少数应用允许这种杂质高于 0.35%。

表 5.2 中所列商用级纯度的硅不能直接用于光伏工业。由上述 5.3 节中的原理所提纯的硅进一步制成太阳能级硅将在后续的 5.7 节和 5.7.2 节中进一步讨论。在讨论之前，我们应该记住在还原炉中的氧化提纯会对下述元素有效：铝、钙、镁、碳和硼，但对铁和其他过渡金属无效。铸锭和粉碎对后者有一定效果，因为这些杂质可以在晶界偏析，并且可通过过滤和磁分选移除一些。化学湿法过滤和情况也可用作提纯技术[23]。

5.3.5 经济分析

在电弧炉中进行的由石英制备硅的碳热还原法消耗大量的能源和原材料，最好炉子的表现是每吨金属硅耗能 10 ~ 11MWh 并有 90% 的产出率，因此电力和原材料（如石英和煤）的价格和是否容易获得对于硅材料经济性非常敏感。

地区之间和生产者之间影响成本的经济因素差别很大。进行详细的经济分析并非我们的目的。我们仅限于指出一般的趋势以便有利于很好地理解本章内容。表 5.3 给出了在 1993 年西方国家生产商的统计结果以及 2006 年西方国家和中国生产商的对比数据[25]。

表 5.3 西方国家（1993，2006）和中国（2006）生产商生产金属硅的生产成本结构

成本因素	西方生产商 1993 年[24]	西方生产商 2006 年[25]	中国生产商 2006 年[25]
还原材料（如煤）	20%	22%	17%
石英	9%	8%	5%
电棒	12%	9%	9%
电能	21%	28%	46%
供应和设备	16%	17%	14%
劳动力	17%	11%	4%
运输（到消费者）	5%	5%	5%

尽管在表 5.3 中显示的西方制造商的成本结构看起来相对稳定，但是该产业还是经历了戏剧性的发展（电力和原材料价格的突然上升）以及个别企业的改进（电极技术、劳动力的减少）。

尽管这种传统冶金产品相对高的增长率（过去十年的 8% 年增长率），但是西方国家并没有扩充其制造业产能。少数企业将硅铁炉改成金属硅炉，但技术和设备很相近。在绿色和褐色地区产能扩张需要负担得起长期的电力合同，但是这一点比过去困难多了。一个典型的产能为 40000 ~ 60000 吨的绿色工厂需要三年的建设期以及至少 2 亿美元，对于这样的资本投入，西方生产者只有看到价格有望达到 2.5 美元/kg 时才愿冒这样的风险。这一价格比过去十年的价格高出许多（40% ~ 50%），尽管经历了 2006 ~ 2008 年价格的快速上涨，但这一价格一直跟随着原材料指数变动直至 2008 年的国际经济危机和 2009 年的衰退。然而，过去十年中产能的扩张只来自中国，它成为了最大的生产国和出口国，具有世界产能的一半。

与产能扩张相比，西方生产商宁可聚焦于新的业务。通过冶金途径制造太阳能级硅就提供了这样的机会。最著名的生产商以及其他一些公司将他们的 R&D 和技术资源放在了太阳能项目上（见 5.7.2.4 节）。

5.4 多晶硅生产/电子级和光伏级硅

金属硅之外，另一种具有商业规模的硅是超纯硅，也称多晶硅，它是专门为半导体行业提供的。半导体行业所需多晶硅的杂质应在 ppb（a）~ ppt（a）量级，超高的纯度确保了在晶体生长中硅的半导体性质。整个过程首先是制备易挥发的硅氢化合物，然后将其分馏纯化，接下去就是使用热解或化学气相沉积法将这些氢化物分解成硅元素。易挥发的硅化合物涉及一些外来的反应物及其分解，从而产生一些副产物，这些副产物需要回收再利用。因此各种多晶硅的路径需要控制四个步骤，所有这些步骤都对多晶硅产品的可行性和经济性产生强烈的影响。

1）准备/合成挥发性的硅氢化合物。
2）提纯。
3）分解成硅单质。
4）副产品的循环再利用。

许多工艺都经过测试，并获得专利，有些已经实际运行了许多年，但是目前在使用的只有三个大的、经济的工艺。

最流行的工艺是在一个沉积腔室中的具有 1100℃ 的硅棒或硅丝上热解三氯氢硅。该工艺是在 20 世纪 50 年代后期发展起来的，一般称为西门子法，以纪念最早开发出该工艺的公司。

$$2SiHCl_3 \Longrightarrow SiCl_4 + Si + 2HCl \tag{5.18}$$

到 2001 年采用该工艺或其变种生产的多晶硅仍占据全球整个多晶硅产量的 60%。

更近期（20 世纪 80 年代早期）的是由美国 Union Carbide Chemicals 公司和日本小松电子材料公司开发出的一种工艺，它使用 SiH_4 代替了三氯氢硅，但是仍保留了其在封闭腔室中在热棒上沉积的工艺过程。

$$SiH_4 \Longrightarrow Si + 2H_2 \tag{5.19}$$

这一工艺现在由美国 Advanced Silicon Meterials LLC 公司获得，该公司是 Renewable Energy Corporation Silicon 公司的继承人，在过去 15 年中获得了市场的认可。

最后，第三个工艺仍使用 SiH_4，但是用加热硅颗粒的流化床取代了封闭腔室的硅热棒。

硅颗粒作为籽晶，SiH_4 不断在其上沉积以得到更大的高纯硅颗粒。与前两种方法不同，此工艺为连续过程。这一工艺称为 Ethyl Corporation 工艺，以纪念 20 世纪 80~90 年代开发该工艺的公司，此工艺目前由位于美国得克萨斯 Pasadena 的 MEMC 公司使用。MEMC 是 Ethyl Corporation 公司的间接继承者。截止到本文写作时，该工艺被 REC 公司在华盛顿州 Moses 湖的工厂所采用。这两家公司都有其专有技术，都使用流化床上硅烷热解。

下面我们将阐释各个工艺的性质以及优缺点。

5.4.1 西门子法：氯硅烷和热丝

西门子法工艺如图 5.2 所示。

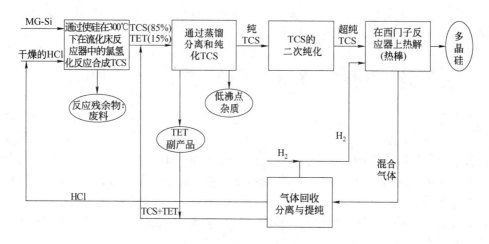

图 5.2 西门子法工艺图示

MG-Si—冶金级硅 TCS—三氯氢硅 TET—四氯化硅

三氯氢硅是由冶金级硅在流化床反应器上进行氢氯化获得的，其反应为

$$Si(s) + 3HCl \Longrightarrow SiHCl_3 + H_2 \tag{5.20}$$

此反应在 300~350℃ 下进行，无催化剂，一个竞争性的反应为

$$Si(s) + 4HCl \Longrightarrow SiCl_4 + 2H_2 \tag{5.21}$$

该反应产生出 10%~20% 摩尔百分比的不需要的四氯化硅。

选择三氯氢硅是由于其具有高的沉积速率、低的沸点（31.8℃）和相对高的挥发性，因此可以得到相对较高纯度的多晶硅，其硼磷含量可以降低到 ppb 量级。其他的与三氯氢硅在一起的硅烷的沸点为 SiH_4（-112℃）、SiH_2Cl_2（8.6℃）、$SiCl_4$（57.6℃）。三氯氢硅通过分馏进行双重纯化，第一步是去除在合成过程中形成的最重的化合物，第二步是蒸馏掉比三氯氢硅轻的化合物。之后三氯氢硅被汽化并用高纯氢气稀释，并导入反应器。气体将会在被电加热到 1100℃ 的籽晶棒表面上分解，生长出高纯的多晶硅棒。

分解反应腔中的主反应过程如下：

$$2SiHCl_3 \Longrightarrow SiH_2Cl_2 + SiCl_4 \tag{5.22}$$

$$SiH_2Cl_2 \Longrightarrow Si + 2HCl \tag{5.23}$$

$$H_2 + SiHCl_3 \Longrightarrow Si + 3HCl \tag{5.24}$$

$$HCl + SiHCl_3 \Longrightarrow SiCl_4 + H_2 \tag{5.25}$$

离开反应器的副产物气流包含：H_2、HCl、$SiHCl_3$、$SiCl_4$、SiH_2Cl_2。

图 5.3 给出了西门子法反应器的图示。

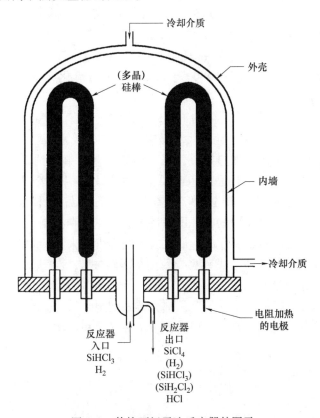

图 5.3　传统西门子法反应器的图示

　　西门子法是高能耗的，能量的主要部分被传导走并失去了。为避免将硅沉积到腔室内壁上，腔壁要冷却。最初的沉积室使用石英钟罩，其中有一个 U 形籽晶硅棒，多晶硅沉积工艺的一个主要改进是使用金属钟罩替代石英钟罩。因石英钟罩由于易碎而不易制作成加大的尺寸。钢的钟罩的发展使得一个罩内可以放 30 个甚至更多的倒 U 形棒，这在降低多晶硅每千克能耗的基础上非常显著地提高了产能。

　　反应式和平衡等式（5.22）~（5.25）表明反应会产生副产品。不幸的是每转化出 1mol 的硅，会转变 3~4mol 的 $SiCl_4$，携带了大量的氯和有价值的硅。工业上的四氯化硅的主要用途是作为气相二氧化硅的原料。气相二氧化硅市场的增长远低于多晶硅产业（每年 5%），多晶硅产业的爆发源于太阳能的需求。另外，气相二氧化硅的主要来源是焚烧硅酮副产品。在多晶硅产业的早期阶段，气相二氧化硅产业足以吸收多晶硅产业所产出的气相二氧化硅，这就可以解释在全球范围内多晶硅厂总是与气相二氧化硅厂安排在一起的格局。由于多晶硅产业发展速度远高于硅酮和气相二氧化硅产业，这就产生一个问题，如何处理或循环利用四氯化硅。今天最好的解决方案是现场将副产物循环再利用，使之变成原材料，形成闭环生产过程。有两个基本的化学工艺过程可用于将 $SiCl_4$ 转变为 $SiHCl_3$。

　　1）四氯化硅和氢气的高温还原。

$$SiCl_4 + H_2 \Longrightarrow SiHCl_3 + HCl \tag{5.26}$$

在大约 1000℃时，摩尔比为 1:1 的 $SiCl_4$ 和 H_2 的混合会产生 20%~25% 摩尔的 $SiHCl_3$。这一工艺需要很多的能量，但是有明显的优点，就是产出的三氯氢硅的质量很高。因为其反应物是由式（5.22）和式（5.25）合成的四氯化硅和氢气，它们都是高纯的。

2）在冶金级硅质量床中将四氯化硅氢化。

$$3SiCl_4 + 2H_2 + Si \Longrightarrow 4SiHCl_3 \tag{5.27}$$

使用 1:1 的 $SiCl_4$ 与 H_2 的气流在 500℃、35atm 下通过流化床中的冶金级硅一次会产生大约 20%~30% 的三氯氢硅。

尽管西门子法作为最流行和占主流的工艺，但是它还是有下述缺点：

- 高能耗，输入能量的 90% 消耗在冷却反应墙壁上。
- 籽晶经常需要两套电源和加热系统，籽晶棒的高电阻率（约 230000Ω·cm）需要非常高功率的电源，为加热籽晶棒也需要很高的起始功率。因此，一个分离的电源用来为石英灯或石墨感应棒加热，它们被用来将籽晶棒加热到 400℃（大约 0.1Ω·cm），然后较低功率的电源可以持续提供热量和控制。
- 籽晶棒的电接触是用石墨制作的，使之成为碳污染的来源。
- 电源失效（尤其是在起始阶段）会导致整个运转失败。
- 可能发生热击穿和灯丝烧断。
- 气体夹杂物和在连接处的不均匀沉积都会带来问题。
- 为获得优化的沉积速率需要在沉积过程中调整气流和电功率。
- 工艺是批次式的。
- 大量的副产物需要处理和循环使用。

现在已经开发了一些工艺来克服这些缺点。

5.4.2　Union Carbide 和小松工艺：单硅烷和热丝

此工艺的研究起于 1976 年石油危机之后，美国政府资助几个项目旨在寻找不是很昂贵的太阳能级硅材料的制备途径。用来生产硅烷的 Union Carbide 工艺和用来生产多晶硅的流化床工艺被作为候选资助项目。由于政治原因，项目没有获得资助，Union Carbide 公司决定使用硅烷技术来制备半导体级多晶硅。多晶硅棒沉积技术的专利授权来自日本小松电子金属公司，该公司也是 Union Carbide 公司的多晶硅的主要消费者。1990 年经营业务卖回给小松公司，并转变成先进半导体公司（ASiMI）。1998 年在美国建起了两家较大的硅材料厂，其产能达到 5500MT，使 ASiMI 公司位列世界多晶硅生产厂商的第三位。在 2002 年 ASiMI 与挪威的 REC 成立合资公司 Solar Grade Silicon 公司，专门针对太阳能市场运营其两个最老的工厂（华盛顿州 Moses 湖），并同时开发流化床反应腔技术。2005 年 REC 从小松公司那里获得了其全部多晶硅业务，并从 ASiMI 那里获得了技术。之后，REC 在产能方面扩张成世界多晶硅产业中第二或第三的大公司。Union Carbide 多晶硅工艺示意图如图 5.4 所示。

主要工艺步骤如下：

四氯化硅通过位于流化床的金属硅质量床进行氢化，如式（5.27）。

三氯氢硅分馏，而不参加反应的四氯化硅回流到氢化反应器。

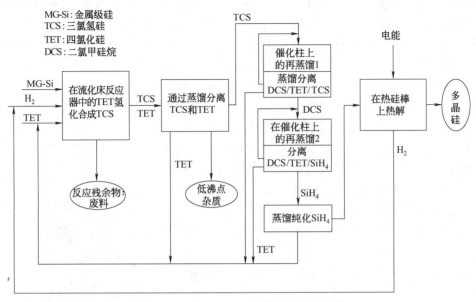

图 5.4 Union Carbide 多晶硅工艺示意图

纯化的三氯氢硅通过一个固定床柱进行两步再分布，固定床中充满了四价氨离子交换树脂作为催化剂，再分布的反应公式如下：

$$2SiHCl_3 \Longrightarrow SiH_2Cl_2 + SiCl_4 \tag{5.28}$$

$$3SiH_2Cl_2 \Longrightarrow SiH_4 + 2SiHCl_3 \tag{5.29}$$

式（5.28）和式（5.29）的产物经分馏分离，四氯化硅和三氯氢硅分别进入氢化反应器式（5.27）和第一个再分布式（5.28）。硅烷进一步分馏纯化并送入金属壁反应器在硅籽晶棒上热解：

$$SiH_4 \Longrightarrow 2H_2 + Si \tag{5.30}$$

由于氢气和氯是循环使用的，唯一需要的原材料是冶金级硅，应将其根据需要制成颗粒状。从式（5.27）到式（5.29）的反应过程的产率较低，而每次循环都要进行分馏，因此中间体三氯氢硅和四氯化硅在制备成 SiH_4 之前要经过多次循环和纯化。这导致硅烷纯度极高，因此多晶硅的纯度也极高。这一运行是闭环的，而不是批次的。

使用 SiH_4 的其他优点是：分解可以在较低温度（如 800℃）下进行；分解彻底；转化效率高；没有腐蚀性化合物生成。由此方法制备的多晶硅棒均匀、直径大、长、密度高、无空隙，特别适合用于区熔（FZ）工艺制备单晶硅棒。

硅烷法的缺点是这种气体价格昂贵，因为在从三氯氢硅制备硅烷气体时需要一些附加的工艺步骤。另外，当使用这种方法时氯硅烷的循环再利用是必不可少的，因为每次再分布过程产生所需要的硅烷的百分比很小。

还需要使用反应腔内壁冷却以避免从硅烷转化成硅时均匀分解而产生的硅粉。然而这种冷却增加了附加的热量损失，提高了能耗。

5.4.3 Ethyl Corporation 法：硅烷和流化床

此种方法是与上述 Union Carbide 法同时、同样条件、同样的政治原因下由美国公司

Ethyl Corporation 发展起来的。尽管管理方式不同，但是项目产出的结果是相似的，即都是从太阳能级多晶硅的研究出发，而最终以在电子行业中应用的新型商用多晶硅工艺结束。与西门子法和 Union Carbide 法相比，Ethyl Corporation 法除了在纯化和使用热解法分解挥发性的硅化合物的概念外，在各个方面都是革命性的。

第一个基本的变化是不选择冶金级硅作为制备硅烷的初级原材料，而是使用碱金属氟硅化物（M_2SiF_6，M是碱金属元素）。它是巨大的化肥工业的废弃副产品，每年有数万吨氟硅酸盐，因此这是一种非常廉价的原材料。四氟化硅（SiF_4）可以通过加热氟硅酸盐得到，然后氟化硅经过金属氢化物氢化还原生产硅烷，这些金属氢化物通常为氢化锂铝或氢化钠铝。

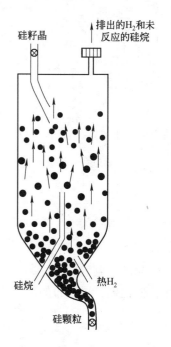

$$2H_2 + M + Al \overline{} AlMH_4，M 为 Na 或 Li \quad (5.31)$$

$$SiF_4 + AlMH_4 \overline{} SiH_4 + AlMF_4 \quad (5.32)$$

$AlMF_4$ 在铝工业中具有应用价值，能够成为可销售产品。

在分馏之后硅烷会按式（5.30）生成多晶硅。可是为实现这一过程，Ethyl Corporation 工艺没有使用在钟罩反应器中的静态硅籽晶棒，而是使用在流化床中的动态的硅球或籽晶，流化床维持硅烷和氢气气氛。流动床的原理如图 5.5 所示。

与钟罩反应器相比，流化床反应器具有明显的优点，西门子工艺中的主要缺点均被克服。能量损失以及能耗都明显降低，这是因为热解温度降低了，并且不需要钟罩的降温。能耗降低 80%，这是该工艺最主要的优点。这种方法另一个优点是可以建造大

图 5.5   用于生产多晶硅的流化床反应器

型反应器，并使反应连续进行，从而降低投资和运营成本。从反应室中出来的产品可以直接使用，无需后处理，无需破碎，从而避免了一些工作负荷及可能的污染。

最终产物是小的硅颗粒，当用户为自动生产或需要连续进料时，这种颗粒硅具有优点。

不利之处是硅烷在自由空间反应器中的均匀分解易形成粉末，氢气也容易吸附在多晶硅沉积层上。由于比表面大，且颗粒接触容器壁的风险高，颗粒的污染在所难免。由于这种颗粒硅并没有被半导体工业完全接受，因此有相当充分的理由认为它是光伏工业的较好的材料。

5.4.4   经济和商业分析

截至 2003~2004 年，多晶硅的商业活动主要是为半导体工业服务的，太阳能分支被认为是半导体工业的残次品或降级品的销售领域。Solar Grade Silicon 公司（5.4.2 节）重开了他们的一个闲置的工厂以满足日益增长的光伏产业对多晶硅的市场需求，这改变了对这种产业的观念。2003~2004 年硅材料的持续短缺成为一种不争的事实，开拓了参与者和研究者的眼界。受价格暴涨以及有吸引力的长单合同的刺激，制造商在其已经具有的生产基地扩大产能（去除瓶颈的绿色和褐色的新生产线和工厂）。2006 年太阳能领域的多晶硅份额首次超

过半导体领域的多晶硅份额。现在三个最大的生产商（合计占时间半数以上的产能）对太阳能产业似乎超过了半导体行业。2007～2008 年全球多晶硅产出超过了 50000 吨。多晶硅没有政府定价。我们最近一段时间观察到价格在 50 美元/kg（长单价格）到数百美元/kg（现货市场或二手市场）之间一个很宽的范围内变动。我们进一步认识到，在过去五年太阳能产业的硅材料的价格在 65 美元/kg。我们也预期在未来价格的变动在 20～100 美元/kg。多晶硅是一个数十亿美元的业务，支撑着两个数十亿美元的大市场：电子行业和光伏行业。

多晶硅产业的第一个特征就是它是一个极度的资本密集型的产业。新生产线或工厂的产能一般在 2000～10000 吨，其典型的资金需求是 130～200 美元/kg。

其第二个特征是在分解沉积工艺中需要大量的能量。在早期阶段，350kWh/kg 的能耗并非不常见。随着效率的改进，能耗降到 150～160kWh/kg，目前先进的技术已经达到 100kWh/kg，流化床技术的能耗甚至更低。因此任何产能扩张都需要长期电力供应的合同，这对于多晶硅的全球快速扩张以满足太阳能产业的需求是一个严峻的挑战。

多晶硅制造商的长期参与者主要集中在美国（四个厂商，五间工厂）、欧洲（两个厂商，两间工厂）、日本（两个厂商，三间工厂）。高额利润、长期销售订单以及太阳能良好的发展前景吸引着商业上的新来者（包括化学和冶金公司，在产业链的下游具有坚强的立足点的太阳能公司，以及投资者等等）。一些新的参与者已经成功进入日本、中国和韩国市场，在欧洲、美国、中国、韩国和俄国有些项目已经处于完成状态。

直至近年，技术是专有的，并且在那些长期经营者中受到严格保护。这些保护政策在最近的超常需求下似乎难以维持。现在一些技术供应商和工程公司可以向潜在的新客户提供交钥匙项目。到目前为止，提供的技术限于西门子法反应室（热丝）。所有的新项目都包括四氯化硅副产品的循环利用。

由于投入和能耗，多晶硅仍然是一种昂贵的产品。它比金属硅贵 20～30 倍。光伏能源的大规模应用需要成本和能耗急剧的降低。长期玩家和新进入者都花费大量的 R&D 和技术资源以期开发出新的、创新性的工艺以应对这种挑战，见后续 5.7.1 节。

5.5 现有用于太阳能的硅材料

在 5.3 节和 5.4 节我们看到，自 20 世纪 60 年代以来长期存在两种商业级别的多晶硅：其一是金属硅，其产量为数百万吨，价格在 1～4 美元/kg 浮动，其杂质含量较高；其二是半导体工业的多晶硅，每年数万吨，价格在 20～100 美元/kg 浮动，杂质含量在 ppb 量级。

表 5.2 给出了典型的金属硅的化学纯度。对于更好的价格，一些供应商可以使用冶金法将其纯度进一步提高，列于表 5.4。对于半导体级硅，其纯度在 ppb 量级，电阻率在 1000～30000Ω·cm。

多晶硅铸锭的最低纯度要求由表 5.5 和表 5.6 给出。我们相信这一指引被近期的铸锭生产商所观察到。但是我们发现在实际使用中，人们更关注电阻率甚于关注纯度。

从表 5.4～表 5.6，可以看到最好级别的金属硅的杂质含量，特别是硼和磷的含量，阻碍了这种材料专用于制造太阳电池。然而，太阳电池的纯度要求没有半导体行业那么严格，半导体级硅材料似乎太好，从而导致不必要的高价。

表 5.4 冶金硅和多晶硅的最佳纯度

纯　度	高纯金属硅 包括一维定向凝固	太阳能级多晶硅	电子级多晶硅
总金属含量/ppm（w）	<1	<0.05	<0.001
施主/磷/ppm（a）	<5	<0.005	<0.0005
受主/硼/ppm（a）	<5	<0.0005	<0.0001
碳/ppm（w）	<50	<5	<0.1
氧/ppm（w）	<100	<5	<1

表 5.5 目前制备多晶硅片最低级的硅材料的化学杂质参数

杂　质	参　数
Fe，Al，Ca，Ti，金属杂质	少于 0.1ppm（w）每种
C	少于 4ppm（w）
O	少于 5ppm（w）
B	少于 0.3ppm（w）
P	少于 0.1ppm（w）

表 5.6 目前制备多晶硅片最低级的硅材料的电学参数

特　性	参　数
电阻率	高于 $1\Omega\cdot cm$，p 型
少子寿命	高于 $25\mu s$

2000 年光伏工业消耗 4000 吨硅，五年后用硅量提升到 17000 吨，到 2008 年预计将达 40000 吨。这里必须注意到，一些显而易见的努力使得太阳电池单位电力输出的硅耗量（gSi/W）下降了。技术进步降低了硅片的厚度（从 $320\mu m$ 降到 $180\mu m$），并提高了电池的效率。从 2000 年至 2008 年，硅消耗率从 15～17gSi/W 降到 7～9gSi/W，这使得数千吨的硅可以制备出更多的电池。

到 2000 年，为了降低价格，太阳能产业选取各种半导体二级多晶硅作为原材料，比一级硅材料的价格要便宜。我们假设光伏工业所用硅材料平均为一级硅价格的三分之一。这些硅材料是各种废弃料的混合，如晶体生长的废弃料（头尾料、砸锅料、生长结构失配料、锅底料）和各种多晶硅制造者的废弃料（在第 1 版第 5 章中有过详细总结）。2000 年来自单晶生长和多晶硅厂的各种废弃料最多 2500～3000 吨。在半导体行业和用于光伏工业的硅，也就是一级硅和二级硅之间有必要达到平衡。2000 年多晶硅产能大于需求约 5000 吨，这吸引一些制造商为太阳能产业提供硅料，即运转在更高的产能状态以降低其运营成本。这也刺激硅锭制造商增加产能，并且稀释其他来源的硅材料中的杂质。这就很幸运地给了消费者、铸锭商、电池制造商一个机会。同期太阳电池的效率有了明显的提高。然而在效率的提高和使用更多的原生硅之间的关系还没有清晰地证明，而在同期其他方面的改进对效率的提高的贡献却得到证明。

在 2003～2004 年前后出现了由半导体和太阳能产业的强劲需求所导致的突然但却持续的

短缺。这刺激了制造者扩大产能，并且开展了一些项目寻找最适合太阳能级硅材料的数量、成本、纯度的新方法，这些方法可以是冶金法或化学法，这些开发还没有完成。这些进展将在 5.7 节论述和评论。在此期间，一些金属硅制造和提纯公司可以提供高纯金属硅，表 5.4 给出了这种高纯金属硅的纯度的实验特性，这些数据是从近期的报道中得到的[26,27]。

由这种材料短缺的驱使，许多硅锭和电池制造商更愿意测试和评估这些新出现的硅材料。目前铸锭和硅片制造商所使用的是一种混合硅料，其主要部分来自专门生产太阳能用多晶硅材料的工厂。从单晶硅和多晶硅制造商那里得到的废料仍继续使用，但是其产出量远远不能满足增长的需求。高纯金属硅渐渐增加了其在混合硅中的比例，但并非所有铸锭厂商都使用这种材料。这种混合料更多地被铸锭厂采用。单晶硅厂商更谨慎地采用这种硅料，其原因包括操作方面的（无法形成单晶，晶体结构不完整）以及商业方面的（单晶硅片更加针对高效电池市场）。

表 5.7 给出了更新后的地面主要商用太阳电池的技术比例份额。只有 5.2% 是非硅太阳电池，另外 5.2% 为非晶硅薄膜太阳电池，其余 90% 为晶体硅技术（单晶、多晶、硅带）。

表 5.7　各种技术的太阳电池组件出货量[1]

技术	2000 年（MW）	2000 年（%）	2007 年（MW）	2007 年（%）
单晶硅片	107	37.4	1800	42.2
多晶硅片	138	48.2	1940	45.2
硅带/多晶硅膜	12	4.3	100	2.3
非晶硅/微晶硅	28	9.6	220	5.2
非晶态硅	1.5	0.5	220	5.2
总地面 PV 产量	287	100	4280	100

单硅烷（SiH_4）是使用沉积法制备非晶硅或微晶硅的来源，这种沉积是使用辉光放电或低温等离子体进行的。硅烷（单硅烷）可使用 Union Carbide 公司（REC 部门）和 Ethyl Corporation 公司（MEMC）的方法进行大规模生产，这在上面 5.4.2 节和 5.4.3 节中已经描述。全球硅烷年产量大约 10000 吨（2007 年），其中少量在日本和韩国生产，该产品产量也正在快速增长。这其中的主要部分在现场（美国）制备成多晶硅，其余部分通过分销商销售给用户，例如工业气体公司。全球硅烷市场大约 3000 吨（2007 年），其主要用途为制备硅薄膜用于半导体、光伏、玻璃和陶瓷领域。其应用主要包括钝化或半导体层，用于集成电路、平板显示，外延膜和建筑玻璃涂层，特种陶瓷，表面处理和非晶硅太阳电池。硅烷的供应在量和纯度上都超过了光伏市场的需求。对于硅薄膜太阳电池，硅的量和成本几乎没有什么重要性，其每瓦硅耗量比晶体硅的耗量低 50 ~ 100 倍。非晶硅薄膜的硅耗量为 100 ~ 400mg/W，而晶体硅电池的硅单耗量为 7 ~ 9g/W。

5.6　晶体硅太阳电池对硅材料的要求

每一种杂质元素或一些杂质元素的总浓度是选择和混合硅材料的一个关键指标。硅中特定杂质对电池性能的影响并没有得到最终的理解。直到最近，材料的选择和组分混合已经有了一些半经验的公式和个人的经验或感觉，对大多数组件制造者来说，唯一使用的标准就是电阻率测试。本节我们试图使用科学方法，结合理论、实验数据和模型，探讨一下晶体硅特别是多晶硅太阳电池为获得足够好的性能所需要的结构和化学限制。我们将审视一下关键的杂质或结构缺陷的效应。

5.6.1 定向固化

当硅固化时，均匀的溶解并不能导致均匀的固体，而会出现浓度梯度，如图 5.6 和图 5.7 所示。

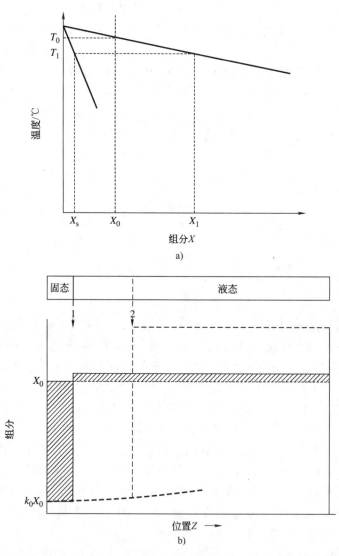

图 5.6　a）相图左边 $k_0 < 1$，b）在"正常固化"条件下固态和液态沿着固化柱自左端向右组分的变化

图 5.6 表示了一个硅角的相图，当混合相 X_0 从熔化状态冷却时，它在温度 T_0 处开始固化。而对于较低温度 T_1，该部分已经固化。在平衡状态下，固态和液态部分分别对应 X_s 和

X_1，平衡相分凝系数 k_0 定义为平衡固相成分和液相成分之比，即

$$k_0 = X_s/X_1 \qquad (5.33)$$

对于平衡态，固相和液相分别有均匀的成分 X_s 和 X_1。

在常规的固化过程中，液态和固态都不是平衡态，这一原理可用来纯化材料。如果固-液界面是平的，溶解具有均匀的组分，且忽略在固体中的扩散，当在界面上平衡态为主时，混合相如图 5.6 所示。

具有初始均匀组分 X_0 的液相态的水平柱从最左端开始冷却（见图 5.6b）。假设小量的固态形成，使固-液界面处于位置 1。当小部分被固化后，该区域内的组分从 X_0 降到 $k_0 X_0$，与位置 1 左面的

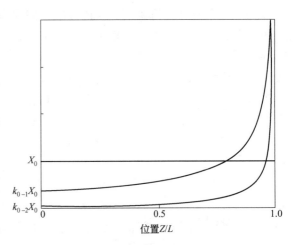

图 5.7　图 5.6 中的整根棒固化后的组分断面曲线，说明在两个不同 k_0 值下的正常固化，k_0，$k_{0-1} = 0.35$（上面的曲线）和 $k_{0-2} = 0.05$

阴影面积成比例的溶解物质将从固体中移出并被排入剩余的液体中。这将增加液体成分使之高于 X_0。假如考虑固化过程中固-液界面的局部平衡占主导地位，则在界面的固体和液态的组分以公式 $X_s = k_0 X_1$ 联系起来。随着固化过程的进行，当液态组分上升时，固态组分也上升。当固-液界面移动到位置 2 时，固态组分将有所上升，如图 5.6b 所示。对于一个长度为 L 的棒的归一化的固化方程表达为

$$X_s(Z) = k_0 X_0 (1 - Z/L)^{k_0 - 1} \qquad (5.34)$$

图 5.7 表示了在固体硅中有明显的杂质分布效应，对于不同元素的 k_0 值列于表 5.8[28,29]。杂质有很低的 k_0 值，如铁的 $k_{0,Fe} = 8 \times 10^{-6}$，对固化有很大的纯化作用。在熔融硅中 100000 个铁原子仅有 1 个在固化过程中进入固体，对于 k_0 值接近 1 的元素，杂质浓度在熔体和固体之间没有很大的差别。

表 5.8　硅中一些元素在熔点时的分凝系数 k_0[14,28-30]

元　　素	k_0	元　　素	k_0
B	0.75	Ti	3.6×10^{-4}
Al	0.002	Cr	1.1×10^{-5}
Ga	0.008	Mn	1×10^{-5}
N	7×10^{-4}	Fe	8×10^{-6}
P	0.35	Co	8×10^{-6}
As	0.3	Ni	8×10^{-6}
C	0.07	Cu	4×10^{-4}
O	0.85	Zn	1×10^{-5}

在固化过程中，界面上杂质的浓度随着被固化的熔融硅的组分和 k_0 而变化。假如进入

界面的溶质不能立即被排入到界面的熔融一侧的话，溶质将会驻留在界面。当溶质驻留界面时，跨过界面的溶质浓度将会增加，由于扩散的增加将会导致跨越界面的输运也增加，直至进出界面层的溶质量达到平衡为止。在这点上比率 $(X_1)_{interface}/(X_1)_{bulk}$ 变成常数。有效分凝系数 k_{eff} 定义为

$$k_{eff} = X_{s,\,interface}/X_{1,bulk} \tag{5.35}$$

它表示在界面液态混合的程度，对于差的混合程度，$k_{eff} = 1$，而对于好的混合程度，$k_{eff} = k_0$。

Burton 等人[31] 推导出了以晶体生长速率 f 从溶液中拉制旋转晶体硅的 k_{eff} 公式：

$$k_{eff} = k_0/[k_0 + (1 - k_0)]\exp^{-\Delta} \tag{5.36}$$

式中，

$$\Delta = f\delta/D_1 \quad 而 \quad \delta = 1.6D_1^{1/3}\nu^{1/6}\omega^{-1/2} \tag{5.37}$$

式中，δ 是生长界面到溶液中浓度均匀分布区域 $(X_{1,bulk})$ 之间的距离；D_1 是溶质的扩散系数；ν 是黏度；ω 是旋转速率。

Kodera[32] 使用这些理论得到了具有不同转速和多种掺杂的 δ/D_1 和 D_1 值，见表 5.9。对于 CZ 法生长的硅，拉晶速率约为 1mm/min，Δ 很小，而 k_{eff} 接近于 k_0[28]。

表 5.9　不同元素的 δ/D_1 和 D_1 值[32]

杂质元素	旋转速度 /(r/min)	$\dfrac{\delta}{D_1}$/(s/cm)	扩散系数 D_1 /(cm²/s)
B	10	170 ± 19	$(2.4 \pm 0.7) \times 10^{-4}$
	60	84 ± 37	$(2.4 \pm 0.7) \times 10^{-4}$
Al	10	86 ± 34	$(7.0 \pm 3.1) \times 10^{-4}$
	60	40 ± 17	$(7.0 \pm 3.1) \times 10^{-4}$
P	5	127 ± 36	$(5.1 \pm 1.7) \times 10^{-4}$
	55	60 ± 19	$(5.1 \pm 1.7) \times 10^{-4}$
As	5	190 ± 53	$(3.3 \pm 0.9) \times 10^{-4}$
	55	79 ± 16	$(3.3 \pm 0.9) \times 10^{-4}$

Kvande 等人[33] 估算出使用布里奇曼法有意掺铁的多晶硅在凝固时，铁的 $k_{eff} = 2 \times 10^{-5}$。铁可以表现为固溶体和沉淀物。

在固体中无扩散的假设将不适用于低速固化。中试的铸锭实验报道称铁的背向扩散可以进入 110mm 高的硅锭中距顶部 17mm 深处[33]。

通过固化提纯熔融硅的能力随着杂质的种类和工艺参数的变化而变化。此外，杂质从坩埚向固体中扩散，其数量取决于温度、时间和坩埚涂层的涂料的纯度。选择优化的铸锭工艺参数和升降温条件是很复杂的，其改进依赖于详细的实验和对整个过程的模拟。

5.6.2　晶体缺陷的影响

区分固溶体中的杂质和作为沉淀物的杂质是很重要的。作为固溶体的杂质对太阳电池的负面影响可以在很大程度上通过吸杂工艺降低。而在晶界或位错中沉淀的杂质却几乎没有什么吸杂效果，可以在热处理过程中析出进入晶格。

对晶粒内和晶界附近局部电子性能测试表明，晶粒之间的特性差别可以很大。晶界平面对于界面特性（如溶质偏析、能量、动量等）的影响，可以随着取向失配程度和晶粒间相互适应的好坏而变化。孪晶对少子寿命的影响最低，而亚晶界就具有大的负面影响[34]。希望这方面的进一步的研究可以揭示多晶硅晶粒结构和其电性能之间的关系。

位错密度影响少子寿命。实验给出了高位错密度区与该区域短的少子寿命之间很好的符合关系，因而在铸锭过程中控制位错密度已经成为重要任务。位错的移动和增殖以及它们与固溶体中杂质原子或生产过程中以复合物形式存在的杂质原子的相互作用，对于我们模拟复杂关系的能力都是挑战。

5.6.3　不同杂质的影响

众所周知，杂质原子对硅光伏器件效率有很强的影响。而且知道，杂质的影响可以通过热处理和暴露于吸杂气氛而改变。

杂质原子出现的形式可以是固熔体、与其他元素成对（FeB，BO），或与硅和其他元素形成更大的团组/沉淀（如 Fe_2Si，SiC），究竟以何种方式存在与温度、缺陷（位错、晶界）浓度和密度有关。如果温度或（化学）环境变化，在新的平衡确立之前需要一定时间。达到平衡所需的时间与温度、冷却/加热速率、化学组分、晶粒尺寸、位错密度等因素有关。当对文献数据结果进行比较时，其中相关参数的背景条件不能确定，可能会出现一定差别。

用于光伏电池的硅中的绝大部分杂质浓度都非常低。由于微量杂质的测量有困难，当新的和更好的仪器出现时，就会出现许多新的进展。近几年来出版的许多评论文章和书籍讨论了晶硅中杂质的影响。有兴趣的读者可以阅读参考文献 [29, 35-40]。下面对这方面新的有关知识进行简要介绍。

硅中杂质的最大固溶度 $X_{s(max)}$ 与熔点处的分配系数有关，按照 Fischler 发现的经验公式[41]为

$$X_{s(max)} = 0.1k_0 \tag{5.38}$$

或以原子/cm^3 单位表示：

$$C_{(max)} = 5.2 \times 10^{21} k_0 \tag{5.39}$$

虽然发现对氮、碳和氧[42]有偏差，但该关系还是有用的。

5.6.3.1　ⅢA 族（B，Al，Ga 等）或 ⅤA 族（N，P，As，Sb 等）元素的原子

这些原子在硅中以替位杂质存在。在 ⅤA 族杂质（如磷）替代了硅原子的位置上，磷的四个 d- 电子被束缚在硅附近，第五个电子与 ⅤA 族原子联系比较弱。第五个电子不能完全自由运动，但很容易被活化到导带上。因而，ⅤA 族原子成为施主原子。

ⅢA 族原子（如硼）类似，没有足够的价带电子满足四个相邻共价键配对。这使得空穴与 ⅢA 族原子的联系很弱。因而，这些杂质产生的电子能级刚刚在价带边界之上的禁带中，ⅢA 族原子被称为受主。

为了能够控制掺杂水平，来自 ⅢA 和 ⅤA 族的不希望掺入的元素浓度应该远低于掺杂元素的浓度。这对于使用再生硅料和非原生硅料（见 5.5 节）变得富有挑战性。如果磷的浓度相对于硼来讲太高，可能发生转型，使 p 型变成 n 型。这就降低了原料的使用率。这一效应可以通过增加硼掺杂而部分抵消，这称为补偿。但是增加硼含量会使太阳电池更容易出现

光衰减（LID），这种衰减与硼和氧的浓度有关。

对硅中ⅢA 和ⅤA 族以外杂质性质的了解还远不深入。但是当新的仪器出现时，许多高标准的实验结果就会发表。

5.6.3.2 碳

碳通常是替位杂质，与硅一样有四个价电子因而呈电中性。碳原子小于硅原子，因而可能形成沉淀物，像氧化硅一样使晶格膨胀。

熔点的固溶度极限为 $C_s = 3.5 \times 10^{17}$ 原子$/cm^3$，或 $C_s(T) = 4 \times 10^{24} \exp(-2.3eV/kT)$ 原子$/cm^3$，式中 k 为玻尔兹曼常数[43,44]。

在冶金级（MG）硅（见表 5.2 和表 5.4）中，碳的浓度超过固溶度极限且通常以 SiC 沉淀存在。在太阳电池用硅锭中，粗大的 SiC 颗粒的存在可能造成线切割的问题，并在太阳电池中形成短路[45]。在电子级（EG）硅中（见表 5.4），碳的浓度低。但在与坩埚接触和富碳（石墨）气氛下，熔体很难避免污染。

作为替位元素，碳的扩散相当快 $[D = 1.9 \exp(-3eV/kT) \, cm^2/s]$，但远低于间隙杂质。

5.6.3.3 氧

硅中氧原子的课题已经研究了很多年。由于不同热历程下完成的实验结果不同，对此进行的讨论仍在继续。

固溶体中氧原子是电非活性的，且优先进入间隙位置。熔点的固溶度平衡值一般为 1×10^{18} 原子$/cm^3$ [14]。然而固溶度与温度关系的测量结果有显著差别。因而 k_0 值有可能变化。

在 Itoh 和 Nozaki[39] 的工作中指出的关键点是，在给定温度的平衡状态下，氧浓度由该温度下占多数的稳定氧化物所决定。SiO_2 在 Si-O 系统中似乎是热力学稳定的组分，但是 SiO_2 是以多种（同质异晶）晶相的形式出现的。尽管有各种相的稳定性和杂质效应的讨论，但是在 870℃ 以下石英是稳定相。有报道认为超过这个温度后在熔融状态下鳞石英[46] 是稳定态。在 1470～1725℃ 的熔融态下，白石英为稳定态。即使在 1400℃ 的高温下，从石英向鳞石英的转变也要花数小时。Jackson[30] 计算了含有 0.003at% 的氧的硅的最低溶解温度比纯硅的熔点低 0.04K。在液态硅中氧的固溶度有些不确定。Schei 等人[14] 发表的结果表明在接近熔点的液态硅中，氧的固溶度在 25～40ppm（w）之间变化，并建议读者采用 Jackson 的结果作为假设值。可是 Jackson 的结果给出的 $k_0 < 1$，接近 0.85。

当冷却时，容易达到过饱和，氧沉淀速率与氧含量、温度、该温度下的时间和成核位置有关。在晶界处常发现小的硅氧颗粒[47,48]。也发现碳对氧化物有影响，这可能是因为当氧化物生长时碳原子决定了晶格膨胀。

氧的扩散系数高，$D = 0.13 \exp(-2.53/kT)$ [49]。热处理可以改变氧化物颗粒分布，因为氧化物颗粒在加热时溶解、冷却时生长。发现氧能改变其他杂质的影响，即所谓的内吸杂过程。这是一种著名的现象，被用在集成电路工业中，在那里近表面特性是主要的。坩埚是氧的重要来源。硅通常熔融在高纯熔融石英（SiO_2）坩埚中（单晶）或表面包覆了高纯氮化硅（Si_3N_4）涂层的石英坩埚中（多晶）。如果涂层出现孔洞，石英很容易进入熔硅，从而提高硅中的氧含量。

前面 5.6.3.1 节提到氧与硼结合会影响光致衰退（LID）。

对氧在硅中的各种影响的观察一定会进一步激发关于此的长期研究。

5.6.3.4 过渡族金属

有许多文献论述了硅中过渡族金属杂质的影响[35-37,40,50-54]。过渡族金属用符号 3d、4d 和 5d 表示，它特指中性原子的外层电子结构。在硅中形成深能级（导带和价带之间的"中间位置"）的大多数金属属于这一族，因而对硅的少数载流子寿命有很大影响。

在硅中发现的主要杂质属于 3d 过渡金属（Sc、Ti、V、Cr、Mn、Fe、Co、Ni、Cu）。它们一般以间隙杂质存在。

扩散率随 3d 族元素的原子数增加而增加（见图 5.8），已知 Ni 和 Cu 在硅中的扩散系数最大。

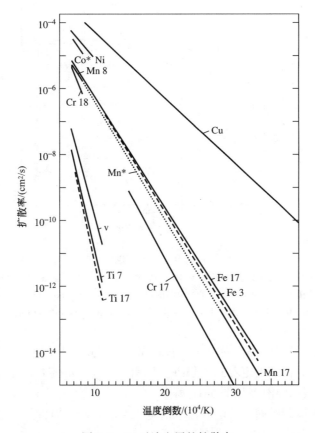

图 5.8 3d 过渡金属的扩散率

（引自 *Metal Impurities in Silicon-Device Fabrication*，Graff K，29，2000，ⒸSpringer-Verlag GmbH & Co. KG）

硅中的空位浓度很低，因而 3d 元素的高扩散系数只能用间隙扩散机理解释，而与空位无关。

3d 过渡族金属的固溶度相图如图 5.9 和图 5.10 所示，其温度-固溶极限关系曲线很陡，使它们在冷却过程中容易过饱和。因而它们通常在位错处、晶界或其他晶格缺陷处形成复合物/沉淀物。在晶体铸锭生长过程中对微结构的发展在巨大影响的退化行为几乎没有任何影响[55]。

室温下过渡族元素的溶解度非常低。然而，某些 3d 元素却能在室温下移动。所以迁移率最高的原子（Co、Ni、Cu）在冷却过程或刚冷却后会从固溶体中出来。因此，冷却后具

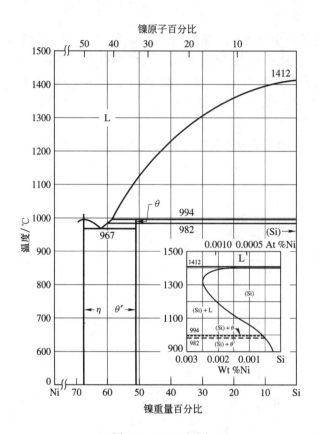

图 5.9　Ni-Si 相图

（Si 侧的固相线表示在插图中。可以看到 Ni 在 Si 中的固溶度是低的，它在包晶点温度（994℃）以上增加并在
1300℃达到最大值（固溶体）。引自 ASM Handbook，Vol. 8，*Metallography*，*Structures and
Phase Diagrams* 8*th* Edition，ASM International，Materials Park，Ni-Si Phase Diagram，p. 325）

有低扩散率的 3d 金属原子可能在固溶体中的间隙位置滞留很长时间。这可能与晶体的完美
程度有关，晶体的完美程度决定着到达陷阱（位错、晶界和沉淀）的扩散长度。

硅中 3d 过渡金属的固溶度如图 5.10 所示。

可以预料，固溶体杂质捕获荷电载流子对电子性能有严重损害。低注入水平的少子寿命
τ_0 与杂质浓度 N（1/cm³）成反比[35]，即

$$\tau_0 = (\sigma v N)^{-1} \tag{5.40}$$

式中，v 为电子热速度，它是电子与原子、杂质或其他缺陷随机碰撞所形成的平均速度；σ
的单位为 cm²，代表杂质原子捕获少子的有效截面积。

这里的捕获载流子横截面积 σ_e（cm²）是对 p 型硅中的电子，σ_h 是对 n 型硅中的空穴。
室温下电子的热扩散速度 v 为 2×10^7 cm/s。

不同过渡金属的捕获截面积有几个数量级的差别。结果是，硅样品的少子寿命可能最终
由少量杂质的浓度决定，如果这些杂质是具有高捕获少子截面的 "寿命杀手"。因而，可接
受的寿命值所容许的杂质浓度与该种杂质的化学性质及它们对少数载流子（p 型中为电子，
n 型中为空穴）捕获截面积有关。两个参数大小有数量级的差别，因此一定杂质可接受的浓

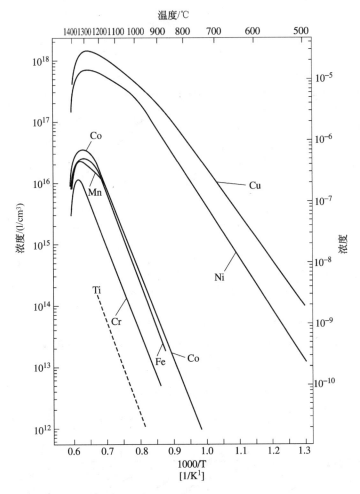

图 5.10　硅中 3d 过渡元素的固溶度

（至今缺 Sc 的数据，但假定在 Ti 值之下少许。引自 *J. Appl. Phys.* Weber E，A30，

1-22，1983，ⓒSpringer- Verlag GmbH & Co. KG. Ti 的值取自参考文献［56］）

度在 p 型和 n 型硅中差别很大（见图 5. 11 和图 5. 12[37]）。

　　铜和镍的扩散系数高而捕获截面积小，在冷却到室温后这些元素将迅速进入一个低固溶
水平，因而可以预料它们对寿命影响比扩散率低、捕获截面积高的元素（Fe、Ti）小。

5. 6. 3. 5　沉淀

　　除了冷却时能形成 Cu₃Si 颗粒的铜外，其他 3d 金属形成 MeSi₂ 沉淀（Me 表示金属）。
对硅中几种过渡金属沉淀的晶相结构、形貌和组分的研究确认，晶体硅化物 FeSi₂、CoSi₂、
NiSi₂ 是影响少子扩散长度的化合物。形貌和密度与温度和处于该温度的保持时间有关。这
些沉淀物主要存在于晶粒边界和位错处[48,51-54]。Ni 和 Cu 这类有高扩散率的元素容易形成沉
淀物，降低了固溶体中的原子数，因而可能改变电性能。Kittler 及其合作者[38]研究了 n 型
单晶硅（FZ 材料）中 NiSi₂ 的沉淀和粗化以及沉淀对少子扩散长度的影响。使用电子束诱
导电流（EBIC）的扫描电镜（SEM）揭示，NiSi₂ 沉淀是有效复合中心，且少子扩散长度 L_D

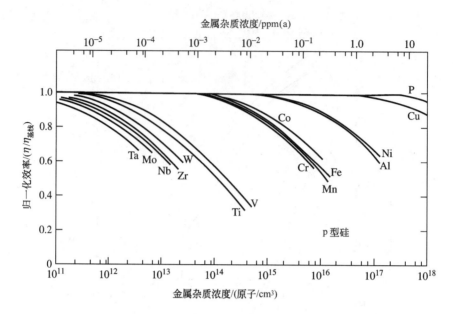

图 5.11　杂质浓度与 4Ω·cm p 型器件的太阳电池效率关系[37]

（引自 Davis Jr. J *et al.*, *IEEE Trans. Electron Devices* ⓒ 1980 IEEE）

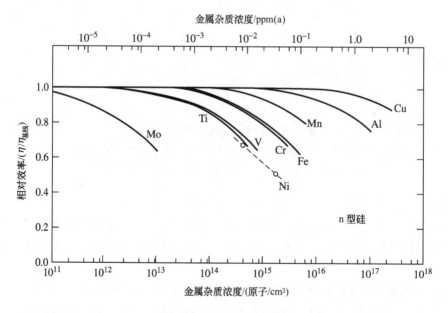

图 5.12　杂质浓度与 1.5Ω·cm n 型器件的太阳电池效率的关系[37]

（引自 Davis Jr. J *et al.*, *IEEE Trans. Electron Devices* ⓒ 1980 IEEE）

与沉淀密度 N_P 有关。

$$L_D = 0.7 N_P^{-1/3} \tag{5.41}$$

这个关系式表明扩散长度仅与沉淀密度有关，而与杂质浓度无关。因而，适当的温度过程可

增加扩散长度 L_D。这只有当大沉淀消耗小沉淀从而增加了沉淀间的距离时才会发生。在热处理中反复地观察到了这种沉淀的熟化过程。

5.7　太阳能级硅的技术路线

本章到目前为止，讨论了两种商业级别的多晶硅材料的生产方法、应用以及其经济分析。这两种硅材料的纯度没有重叠，其间存在很大的差别（好几个数量级）。进而通过实验数据、理论分析和模型计算推测出对于大多数元素来说，太阳电池对于这些元素纯度的要求就处于这个间隙中。将科学方法和商业实践中的经验知识结合起来，我们可以对硅材料和其技术途径尝试性地提出一个标准规格和指标。表 5.10 给出了在 2008 年研讨会上[27]欧洲联合研究计划 Crystal Solar 提出的一些尝试性的建议。

表 5.10　尝试性的太阳能级硅的化学特性。标有（a）的表示 ppm（a），其他的以 ppm（w）表示[27]

	材料 A	材料 B	材料 C
B	0.05	0.45	1.5
P	0.1（a）	0.6	4（a）
Al	0.05（a）	5（a）	5（a）
Fe	0.05	5	
Cu	0.01	1	Fe，Cu，Ni，
Ni	0.01	1	Cr 之和：5
Cr	0.05	1	
Ti（*）	0.005	0.05	0.05
Na	0.01（a）	0.01（a）	
K	0.01（a）	0.01（a）	Na，K 之和：0.01（a）
Zn		2	
Ca			
C	5	30（多晶）1（单晶）	
O	5（多晶），1（单晶）	20（多晶）	
施主/受主 在铸锭中混合物补偿	否	是	是
在电池工艺中进行 附加的缺陷处理工艺	否	否	是

这一技术指引连同成本和规模上的约束很可能对设计太阳能级硅的技术路径是十分有用的。这样的想法并不是新的挑战，在第一次世界石油危机后的 20 世纪 70 年代中期，这个问题就被首先严肃提出和普遍强调。在 1975～1985 年间开展了大量的 R&D 工作，特别是美国在能源部（DOE）指导下的工作以及日本政府（NEDO）的工作。在这期间及结束时，有大量的专门文章、研究评论和会议记录出版[57-59]。由于在 2003～2004 年发生的严重而持续的硅材料短缺，这些历史上的文件又被学术界和工业界的研究者所重新审视。下面给出了对这

些研究的一个汇总和虽不很严谨的更新。为简单起见，所有工艺可以分成如下四类：

1）第一类涉及的工艺为通过易挥发的硅化合物的氧化还原反应进行的提纯，其包括了一些现有工艺的简化版。也包括一些与现有挥发性化合物不同的化合物以及一些不同的还原方法。此处的挑战是如何在可接受的成本下得到足够多的产出。

2）提升冶金级硅的纯度的方法是一种可能生产百万吨硅的技术。这是第二类方法。这种新方法的目的和挑战是以可接受的成本获得适当的纯度。

3）第三类方法是电解法、冶金还原法。

4）上述后两种方法很难达到合适的纯度，大多数情况在所有步骤中都要加入定向固化。结晶化被证明是一种有效的提纯技术。固化结晶也是制备硅锭和硅片的必要工艺环节。问题是太阳电池制备产业链中的晶化环节是否能与纯化工艺结合起来。这是第四类。

5.7.1　多晶硅工艺的进一步发展和涉及的挥发性化合物的新工艺

Union Carbide 和 Ethyl 公司的多晶硅工艺（参见 5.4.2 节和 5.4.3 节）试图制作出比西门子（Siemens）工艺更经济的多晶硅。项目目标是满足 1975 年美国能源部设定的 10 美元/kg 价格目标。西门子工艺在 1960 年左右得到充分发展，但自 1940 年起电子器件和其他目的的多晶硅已经生产。西门子工艺是第一个设计合理的工业过程，通过迅速和广泛的专利许可得到了国际认可。在西门子工艺之前至少开发过十几种工艺，且与西门子工艺共存，直到 20 世纪 70 年代。基于半导体工业要求，纯度和高产率是主要的工艺设计准则。资本投入和能耗是考虑的第二准则。而半导体超纯多晶硅以合理价格的大规模生产已经实现，这个价格对开发低成本太阳能光伏系统来说太高了。对太阳电池来说，需要的是低成本、低能耗、高产率工艺，而纯度水平并不像半导体那样重要。自过去已经开发的几个工艺以来，建议对这些工艺的硅化学工业进行评述和再评价（见表 5.11 和表 5.12）。

表 5.11　制造多晶硅的历史过程（引自参考文献 [60]）

公　司	挥发性硅源	还原剂	反应器类型
Dupont	$SiCl_4$	锌	内石英管
Bell labs	$SiCl_4$	氢	Ta-丝
Union Carbide	$SiHCl_3$	氢	内石英管
Int'l Telephone	$SiCl_4$	氢化钠，NaH	Ta-丝
Mallinckrodt	SiI_4	氢	内石英管
Transitron	SiH_4	分解	内石英管
Texas Instruments	$SiCl_4$	氢	外石英管
Foot Mineral	SiI_4	分解	Si-丝
Chisso	$SiCl_4$	氢	内石英管
Siemens	$SiHCl_3$	氢	Si-丝
Komatsu	$SiH_4/SiHCl_3$	分解	Si-丝
Motorola	$SiHCl_3$	氢	W-丝
Phoenix Materials	$SiCl_4$	氢	Si-丝
Texas Instruments	$SiHCl_3$	氢	流化床球

表 5.12　1975 年后低成本太阳电池项目鼓励的多晶硅研究计划[60]

机构	挥发性硅源	还原剂	反应器类型
Aerochem Res. Lab.	$SiCl_4$	钠	自由空间
Eagle Picher/General Atomic/Allied	SiH_4	分解	流化床
Battelle	$SiCl_4$	锌	流化床
Hemlock	SiH_2Cl_2	氢	Si-丝/棒
Union Carbide	SiH_4	分解	自由空间
Union Carbide	SiH_4	分解	流化床
Ethyl Corp	SiH_4	分解	流化床
Motorola	Si_nF_{2n+2}	分解	
NEDO	$SiHCl_3$	氢	流化床
Rhône-Poulenc	SiH_4	分解	
Schumacher	$SiHBr_3$	氢	流化床
SRI International	SiF_4	钠	固体分离
Westinghouse	$SiCl_4$	钠	自由空间
Bayer	$SiCl_4$	铝	熔化
Bayer	SiH_4	分解	流化床
Wacker	$SiHCl_3$	氢	流化床

与历史上工艺相比，研究计划并没有真正发现新的硅化合物。卤化硅$SiX_{4-n}H_n$显然不能避免。然而发现了生产这些硅化合物的新方法。冶金级硅在大多数情况下仍然是起始点，但来自磷酸盐浸洗（肥料）中得到的副产物氟化硅和天然二氧化硅直接氯化生产四氯化硅被看作是严峻的挑战。研究完全抛弃了热丝或晶种棒概念，显然是因为成本太过昂贵。Texas仪器公司证实流化床技术是有利的，即

- 高产出；
- 低能耗；
- 连续运行；
- 低资本投入。

虽然这种质量的硅不能制作微电子器件，但可用于太阳电池。

除流化床外，通过硅烷均匀分解、无晶种自发形成固体硅颗粒的自由空间反应器也受到 Union Carbide 等公司的重视[57]。

我们需要强调的是表 5.11 和表 5.12 中的列表并不详尽，而只是给出一个观察的视角和部分探索的路径。2003~2004 年的硅材料短缺危机使得众多的这种项目得以恢复和加速。令人惊奇的是，绝大多数（如果不是全部）"创新"的想法都是对表 5.11 和表 5.12 的历史上的方法的修改。由于大规模产量、周边技术（晶化技术）以及更加宽松的参数的要求，这些技术看起来比三十多年前要现实了许多。它们吸引了研究者、工业界以及投资者们的新的注意力。下面我们看一下主要的进展。

一些长期存在的多晶硅公司（至少有 4 个主要所有者）利用已有的专有技术扩大产能，在其核心技术之外进行了一些改进以降低成本并利用光伏技术较之半导体技术更宽松的技术

指标（高的产率、简化的破碎工艺、不用后处理和很少的产品分析）。

与这些扩产同时并行的是这些公司正在开发和实现新的沉积技术以减低能耗。目前最成功的是流化床法，该技术已经由 MEMC 长期运行了（Ethyl Corporation 工艺，见 5.4.3 节），REC 的新工厂（美国）正在建设，瓦克（德国）正在开发，或许还有 Hemlock（美国）。德山曹达（日本）正在开发一种由气相到液相的反应室（VLD），在这个反应室中三氯氢硅分解沉积到硅的液态膜上。这一工艺的优点是具有高的沉积速率、高的产出率以及较少的副产品，其缺点是较高的工艺温度和较高的反应物衬底沾污（碳）。

新进入者是购买基于传统西门子技术的交钥匙线，但是要匹配一些副产品循环再利用环节以及简化工艺，以适应太阳能级硅较宽松的品质要求。产量和进入市场的时间是第一优先的考虑。发展新的成本较低的工艺是第二位的考虑因素，以备未来可能发生的新一波扩产潮。

在现有生产者之外可以列出一个长长的拥有试图进入市场的新技术的候选者清单。

联合太阳能硅公司（Joint Solar Silicon）是 Solar World（Bayer Solar 的继承者）和 Evonik（Degussa 的改名）共同成立的一家合资企业，该公司正在开发一种自由空间技术，可以使用硅烷直接生产硅粉，然后再用机械法将其压缩成小球。据这家公司报道，该技术正在位于德国 Rheinfelden 的 Evonik 公司进行放大。

新的流化床反应腔被用在各种研究中包括：硅烷（SiH_4）、三氯氢硅（$SiHCl_3$）、三溴硅烷（$SiHBr_3$）、碘硅烷。

在欧洲和日本至少有两个公司开展了使用金属还原四氯硅烷的技术，他们都使用锌（Zn）。其挑战是氯和锌的闭环使用。

磷化肥工业产出的大量副产品为廉价的氟硅酸，它作为挥发性的氟化硅（SiF_4）的来源似乎仍有吸引力，这种氟化硅可以经过金属钠（Na）的还原制备多晶硅，或者使用 Ethyl Corporation 公司的方法（5.4.3 节）经过硅烷制备成多晶硅。

所有这些发展都是希望能够保证高效晶体硅太阳电池所需要的高纯硅的巨额数量，而这些高效太阳电池又是为了满足太阳能电力市场的需求。

5.7.2　提升冶金级硅纯度的路径

对于铝工业及化学工业来说，冶金级硅的提纯过程证明，通过重复方法和几种方法联合，绝大部分金属杂质可降低到相当低的水平，如 100ppm（w）（见表 5.13）。由于金属可能通过后定向固化进一步降低，因此探索低成本途径是完全可能的。

表 5.13　用高纯原材料的碳热还原法所获得的最好结果

杂　　质	B	P	Al	Fe	Ti
最低含量 ppm（w）	2	1	100	100	10
最高含量 ppm（w）	4	3	300	200	20

5.7.2.1　使用纯原材料和纯衬里

在炉子和装液态硅的中间容器中使用纯衬里是第一种方法。一些公司研究了这种方法，如 Dow-Corning、Elkem/Exxon、Siemens、NEDO 等[61-68]。选择原始石英或石英砂经过浸洗或者从水玻璃溶液中沉淀获得高纯度原料。纯化炭黑作为还原剂，石英砂或沉淀二氧化硅以及炭黑分别来源于块状晶体石英和块状碳（焦炭或者碳热还原中常用的木炭）。必须开发新技术，特别是采用有机非污染黏合剂（如蔗糖或稻壳）制作粉末状原材料团粒，因为它们含有二氧化硅和碳，且可能作为大规模低成本原材料。用稻壳、蔗糖作黏合剂的挤压团粒在埋弧炉技术中似乎是活泼的。用这种特殊的原材料，硼和磷的含量在 1~4 ppm（w）。在标准的冶金级硅中，硼和磷的范围在 7~50ppm（w），典型平均值约为 25ppm。用稻壳可使硼的含量低到 1ppm（w），然而，磷的含量却高达 40ppm（w），且要求太阳电池工艺对这种硅材料进行额外的和特殊的处理。

5.7.2.2 化学浸洗后处理

在晶界分凝的金属杂质与硅形成由硅化物和硅酸盐组成的金属间相。酸处理和浸洗水法冶金提纯硅已经有很长的历史。以 *Silgrain*ⓒ 为 Elkem AS 商标的工艺是以氯化铁的酸性酒精溶液提炼硅铁（90% Si），其在 2008 年的产量为 30000 吨。该工艺对去除铁和过渡元素特别有效，因为这些元素在硅中的分凝系数特别低。铁和过渡元素容易在浸洗酒精中溶解并通过与 Al、Ca 或同结构元素如 Sr、Ba、Ga 或镧系化物形成稳定的金属间相。该工艺在过去的 20~30 年间，随着太阳能级硅的需求已有很大改进[69-71]。

用氢氟酸或 HCl/HF 混合物表面处理或浸洗也是洗出氧化物和硅酸盐等残留杂质的熟知方法。浸洗前把硅磨碎增加暴露表面积可强化提纯效果[72,73]。作为碳热还原后的后处理提纯工艺[69-73]，酸浸洗受到 Wacker 和 Elkem 等几个公司和小组的重视。

然而必须强调的是，这个方法在每一种元素固化组分点的溶解极限以下时，实际上并不能提纯硅。对于冶金级硅中的主要杂质 Fe、Ca 和 Al，经典铸勺提纯工艺至今得到的溶解极限超过 ppm 水平。冶金级硅的有效浸洗后处理已经有可能使这些主要元素含量低于 10ppm（w），使少数过渡元素含量低于 1ppm（w）。作为充分获得太阳电池要求纯度的一次定向固化受到重视。酸处理或浸洗法对除去如硼、碳和氧等间隙杂质和替位杂质并不有效。然而在酸处理前在硅合金中加入 Ca 证明，P 可能被降低到 1/5，使浓度低于 5ppm（w），这可能是因为 P 被溶解在硅化钙中[70,71]。在合金中加入钡证明对在酸洗中移除硼也有一定效果[72,73]。

5.7.2.3 铸勺中冶金提取的后处理

液态硅的后处理是铝工业和化学工业中精炼冶金级硅的实用方法。其目的是把 Al、Ca 和可能包括的 C 调整到几百或几千 ppm（w）的适当浓度。这方面可参阅 Schei 等人编写的综合性手册[14]。如上所述，结晶和浸洗是除去在固-液硅中有高分凝能力的化学元素（如 Fe 和大多数金属过渡元素）的有效方法。为了除去关键元素 P、B 和 C，自液相硅或液-液、液-固或液-气中的冶金提炼已受到相当大关注。当硅保持在液态时，有可能通过连续萃取置换两相间存在的平衡，逐渐除去不适宜杂质。

杂质（液态硅）=杂质（液态渣）	Ksi/ls
杂质（液态硅）=杂质（固态渣）	Ksi/ss
杂质（液态硅）=杂质（气体）	Ksi/g

需要对硼和磷特别注意，因为这些元素是硅的 p 型和 n 型主要掺杂剂，还因为它们以高出一二个浓度量级与冶金级硅共存，这对太阳电池来说太高了。

硼对氧的亲和力几乎与硅相同。硼形成类似于 SiO 的气态亚氧化物 BO，在熔渣形成温度和碱土元素存在下，相信它的稳定氧化物 B_2O_3 类似 SiO_2。因而可以期望，硼在高温下可以以氧化物或以气态亚氧化物的熔渣成分被除去。两种理论的可能性都已被试验证实。

自从 Theuerer1956 年发表著作以来[74]，已经知道当液态硅与气体混合物 Ar-H_2-H_2O 接触时可使硅相对于硼得到纯化。H_2 和 H_2O 有助于萃取的独特作用受到 Khattak 等几个作者重视[75-78]，而巴黎大学的 Amouroux 和 Morvan 等人[79-82]及日本的 Kawasaki Steel/NEDO 小组[83-87]强调了在潮湿和氢气存在下使用氧化性气氛的等离子体的好处。Amouroux、Morvan 等人表示，当氟化物（如 CaF_2）被注入进等离子气体中时，硼的去除被强化。

Kema Nord、Wacker、Elkem 和 NEDO/Kawasaki 的几个公司和小组已经进行了用熔渣提取法除去硼的实验。Schei[88]对通过部分萃取法在半连续工艺的逆流固-液反应器中除去硼的挪威 Elkem AS 的专利技术进行了描述。

可以证明，磷可以在真空条件下从硅熔体中被蒸发掉[89,90]。Miki 等人[91]通过包括气态中单原子和双原子磷的反应对这个过程的热力学进行了解释：

$$P_2(g) = 2\underline{P}(1\% 在 Si(l)中) \tag{5.42}$$
$$P(g) = \underline{P}(1\% 在 Si(l)中) \tag{5.43}$$

下划线符号表示溶解在液态硅中的元素，这点已在5.3.2节中定义了。由于 P 的分凝系数为0.35（见表5.8），因此它也可在反复结晶中被提纯。

碳热还原法生产的硅从炉子中分流出来时，碳是以 SiC 形式过饱和，且可能含有高达 1000~1500ppm（w）的 C。当这种硅被冷却到固化温度时，多数碳以 SiC 颗粒沉淀出来而离开，硅中碳的浓度大约 50~60ppm（w）。从液态硅中除去碳因而是两步操作：

1）尽可能接近固化温度除去沉淀的 SiC；

2）通过氧化成 CO(g) 除去溶解的 $\underline{C}$。

正如已提醒的那样，SiC 颗粒在氧化提纯过程中变成被有效收集的熔渣相，现今工业上的主要目的是除去 Al 和 Ca，或以相似的操作除去 B 或 P。与温度和熔渣/熔硅相互混合的程度有关，这个处理使产品的含碳量在 80~100ppm（w）之间。已经应用并证明在固化温度附近有效的其他方法是：过滤、离心或与慢冷却结合的沉降。几个研究提供的方法建议是有价值的，如与定向固化结合的沉降法[92]、与氧化结合的过滤法[93]、氧化性等离子体法[85-87]、用惰性气体清洗或真空下脱碳[15,93]等。Klevan[15]提出了一种数学模型来描述使用惰性气体清洗时的脱碳动力学。然而机械去除法对替位碳的影响不大。更有效的方法如氧化性等离子体和真空蒸发，相信是更有力的技术。

值得注意的是，这些操作类型全是在衬碳的铸勺中进行的。然而，从液态 Si (l) 中除去溶解碳的几步处理必须在无碳环境和尽可能高的温度下进行，以便得到最佳的反应平衡和动力学条件：

$$\underline{C} + 1/2O_2 \Longrightarrow CO(g) \tag{5.44}$$

遗憾的是，这也有影响硅产率的平行反应发生，即

$$Si(l) + 1/2O_2 \Longrightarrow SiO(g) \tag{5.45} = (5.8)$$

碳在硅中的固溶度值大约 10ppm（a），与晶格中硅位置上的替位碳原子的均匀分布对应。用红外光谱可检测到这种类型的碳杂质。更高浓度的碳导致了不同尺寸和形貌的 SiC 沉淀。这种类型的碳可用燃烧方法或二级离子质谱（SIMS）检测和分析。

5.7.2.4 挑战和成就

与浸洗和定向固化相结合的改良二氧化硅碳热还原法已经能够生产出全金属杂质浓度为

亚 ppm 级的硅。通过冶金路线控制非金属元素（特别是 B、P、C 和 O）以达到太阳电池应用的纯度要求仍然存在着重大挑战。遗憾的是，没有一种能同时降低这些关键元素的普适方法。结果是，必须使用多个带有降低硅产率风险的提纯步骤。另一个风险是，来自反应剂、处理衬底和液态硅处理过程中的再污染。在 20 世纪 80 年代初期对这种路线已经进行过广泛研究，此后的研究逐渐减少。被 NEDO 所炒热的日本计划是代表这种技术路线进行得最多的计划（见表 5.14[86]）。在这个项目结果基础上，Kawasaki 建立了 60t 中试线，但该路线的经济可行性仍不确定。在 NEDO 工艺中，冶金级硅的提纯是通过如下步骤进行：

1）用电子束和真空蒸发熔融硅；

2）第一次定向固化；

3）再熔硅和等离子焰强化气体处理（$O_2 + H_2O$）；

4）二次定向固化。

表 5.14　用 NEDO 方法通过提纯冶金级硅所得到的太阳能级硅[86]

B	P	Al	Fe	Ti	O	C	电阻率	寿命
ppm（w）	ppm（w）	ppm（w）	ppm（w）	ppm（w）	ppm（w）	ppm（w）	$\Omega \cdot cm$	μs
0.04 ~ 0.10	0.03 ~ 0.14	<0.01	<0.05	<0.01	<6	<5	0.8 ~ 1.2	>7.7

其他的金属硅生产者（诸如：在巴西的 CBCC/道康宁，加拿大魁北克的 Silicium Becancour/Timminco Solar，挪威的 Elkem Solar，西班牙和法国的 Ferroatlantica/Photosil，美国的 Globe Metallurgical，还有挪威的 Fesil/Sunergy）正在为太阳能用户生产或准备开始生产高纯金属硅，用于这种硅材料的成功的提纯方法包括：

1. 对用于碳热还原的原材料的硅石进行精选，以最大程度地减少硼和磷的含量。

2. 在铸勺或炉体中进行火法冶金提纯，可以包括或者不包括等离子体或其他设备，可以进行两相或三相提纯（液、固、气）：其目的是去除比硅活泼的元素。这些步骤也被用来减少最困难的硼和磷。

3. 定向结晶以减少金属杂质。

工艺细节都来自发表的专利，当然也较难断定这些专利的细节中哪些被用在工业生产中。生产者对他们的工艺配方和所能达到的纯度水平都严格保密，我们认为到目前为止的纯度标准与表 5.10（材料 B 和 C）相一致。尽管这些方法有达到表 5.14 所列举的纯度水平的潜力，但是问题是成本如何？

5.7.3　其他方法

除上述 5.7.1 节和 5.7.2 节中所描述的方法外，还有其他一些路线，如：

1）Wacker 公司研究的二氧化硅铝热还原[58]：

$$3SiO_2 + 4Al \Longrightarrow 3Si + 2Al_2O_3 \tag{5.46}$$

2）硅从阳极（部分由冶金级硅与 Cu 合金形成的 $Cu_3Si\text{-}Si$ 组成）通过液态电解质（由 KF：LiF：SiK_2F_6 组成）电解转换到石墨阴极，如 Olson 等人所述[94-96]。

$$Si（冶金级）\rightarrow Si(4+) + 4e(-) \rightarrow Si（纯硅） \tag{5.47}$$

虽然有研究团体和公司重新研究电化学方法，但以我们的观点，它们都无法达到工业化水平。

5.7.4 结晶法

在 5.7 节引言中提到，如果没有定向凝固（即晶化步骤），5.7.2 节和 5.7.3 节中的工艺没有能力将金属杂质浓度降到合适的水平。结晶过程的效率可从分凝系数或每一种杂质在硅的固相和液相中的分凝系数预测（参见 5.6.1 节）。发表的数据（见表 5.8）清楚地表明，ⅢA 族（B、Al、Ga）和 VA 族元素（P、As）的分凝系数接近 1，很难把它们从硅中分开。这些元素是硅的电子掺杂剂，而且在全部制造过程中都必须严格控制它们的浓度。它们与硅相互作用的化学和物理行为和它们与硅元素紧邻有关。在没有前处理情况下，这种结晶纯化是不满意的，特别是要除去 P 和 B 这些元素。

从熔硅中结晶：通过定向固化产生大的定向晶体的不同方法已经证明是提纯硅的有用方法。所有这些结晶方法也用在制造硅光伏器件中，这将在第 6 章中进行讲述，其他的一些资料可参见文献 [58，59]。

从熔铝中结晶：硅在铝中以 12.6%（w）的浓度形成唯一的低共熔相。几个公司（Union Carbide、Alcoa 和 Wacker）已试图利用这个性质提纯硅。通过冷却过共熔组分，纯硅相从熔铝中结晶并沉淀出来。在过共熔合金固化后，铝母体可以通过浸洗溶解，留下纯硅晶体[58,97-100]。铝在硅中的含量高达 300ppm（w）。铝在硅的分凝系数限制了进一步提纯，铝的进一步降低要通过硅的定向固化，但是成本会增加。把铝降低到 1ppm（w）以下的其他冶金途径需要通过熔硅和先后相继的提取工艺，但存在再污染和材料严重损失的双重风险。

5.8 结论

在原书英文第 2 版撰写（2008 年）时，硅是主要光伏材料，近 95% 的电池和组件是基于硅材料的。晶体硅约占 90%。在可预见的未来还看不到有替代的可能，至少在原书英文第 3 版之前。晶硅技术要求消耗大量的纯硅。工业硅原料的首选是单晶硅废次料和次级多晶硅，在原书英文第 1 版（2003 年）时，这些材料来源不能满足快速增长的太阳能光伏工业需求。专为太阳能光伏应用的多晶硅和一级品多晶硅开始被广泛使用。这增加了太阳电池成本，但明显的，这并没能限制过去 10 年光伏发电市场的快速发展（平均每年接近 50% 增长）。在 2003~2004 年，产生了硅料的持续短缺。这刺激了生产商的产能扩张及一些新技术的研究，但只有部分引入了新想法，更多的是重新拾起了老概念，它们大多形成在 30~35 年前，在两次原油危机之后。而吸引着大多数科学家和技术专家兴趣的仍然是两个方向，即进一步开发液体硅的高温冶金处理和简化多晶硅化学法提纯工艺。把结晶工艺应用于硅并制备光伏器件，对硅的纯化和成型有重要作用，且在很大程度上影响着太阳级硅的开发和最后定义。资本投入是总成本的重要部分，是需要克服的障碍之一。质量和成本需求已对太阳能级硅提出了严格限制，但对硅原料的技术要求目前还没有很好建立，随着硅原料短缺和新的太阳能级硅工艺的产生，目前更多的努力被放在从实验和理论上去理解单个杂质或杂质种类的影响上。毫无疑问，到原书英文第 3 版时，随着新生原料和电池工艺的商业成熟，在此主题上将会有更多令人兴奋的新成果。

参考文献

1. Hirshman W P, Hering G, Schmela M *Photon International*. **3**, 140–174 (2008).
2. Murphy G, Brown R, *Silicon in Bulletin 675 Mineral Facts and Problems*, Bureau of Mines, US Department of Interior, Washington DC (1985).
3. Kerkhove D, *Silicon Production Technology*, Technische Universiteit Delft, Netherlands (1994).
4. Forwald K, *Dissertation NTNU*, Norway, MI-47 (1997).
5. Dosaj V, *Kirk-Othmer Encyclopedia of Chemical Technology*, 4th edn, Vol. **21**, 1104–1122, John Wiley & Sons, Inc., New York (1997).
6. *Properties of Crystalline Silicon*, EMIS Datareviews series No. 20. INSPEC, Robert Hull, University of Virginia, USA.
7. Moretto H, Schulze M, Wagner G, *Ullmann's Encyclopaedia Ind. Chem*. **A24**, 57–93 (1993).
8. Rong H, *Dissertation NTNU*, Norway, IUK-67 (1992).
9. Sørheim H, *Dissertation NTNU*, Norway, IUK-74 (1994).
10. Alsema E, de Wild-Scholten M, *Proc.22nd European Photov. Solar Energy Conf*., Milan, Italy (2007).
11. Rangei M, Frankl P, Alsema E, de Wild-Scholten M, Fthenakis U, Kim H, *Proceedings AIST Symposium Expectation and Advanced Technologies in Renewable Energy*, Chiba, Japan (2007).
12. Alsema E, de Wild-Scholten M, *Proceedings MRS Fall Meeting*, Boston, USA (2007).
13. Watt M, *Added Values of Photovoltaic Power Systems*, Report IEA-PVPS T1-09 (2001).
14. Schei A, Tuset J, Tveit H, *Production of High Silicon Alloys*, Tapir forlag, Norway (1998).
15. Klevan O, *Dissertation NTNU*, Norway, MI-167 (1997).
16. Anglezio J, Servant C, *J. Mater. Res*. **5**, 1894–1899 (1990).
17. Forwald K, Schüssler G, *Proc. Silicon for the Chemical Industry I*, pp 39–46, Norway (1992).
18. Nygaard L, Brekken H, *Proc. Silicon for the Chemical Industry II*, pp 61–67, Norway (1994).
19. Brekken H, Nygaard L, Andresen B, *Proc. Silicon for Chemical Industry III*, pp 33–45 Norway (1996).
20. Pachaly B, *Proc. Silicon for Chemical Industry II*, pp 55–60, Norway (1994).
21. Forwald K, Soerli Oe, Schüssler G, EP 0 372 918 B1 (1989).
22. Schulze M, Licht E, *Proc. Silicon for the Chemical Industry I*, pp 131, Norway (1992).
23. Aas H, *The Met. Soc. AIME, TMS Paper Selection* **A71-47**, 651–667 (1971).
24. Boardwine C *et al*., Progress in Organic Chemistry, *Proc. Int. Symp. on Organosilicon Chemistry X (1993)*, pp 555–569, Gordon & Breach Science Publishers, Amsterdam (1995).
25. De Linde J, 2207 *Int. Forum Annual Conference of Chinese Industry*, Shenyang (2007).
26. Photon International, *5th Silicon Conference*, Munich (2008).
27. Crystal Clear, *Workshop on Arriving at Well Founded SOG Silicon Feedstock Specifications*, Amsterdam (2008).
28. Kobayashi S, in Hull R (ed.), *Properties of Crystalline Silicon*, pp 6–22, University of Virginia, USA (1999).
29. Trumbore F, *Bell Syst. Tech. J. (USA)* **39**, 205 (1960).
30. Jackson K A, *Bulletin on Alloy Phase Diagrams*, **9**(5), 548–549 (1988).
31. Burton J, Kolb E, Slichter W, Struthers J, *J. Chem. Phys*. **21**, 1991–1996 (1953).
32. Kodera H, *Japan J. Appl. Phys*. **2**, 212–219 (1963).
33. Kvande R,. Geerligs L J, Coletti G, Arnberg L, Di Sabatino M, Øvrelid E, Swanson C C, *J.Appl.Phys*. **104**, 064905 (2008).
34. Stokkan G, Riepe S, Lohne O, Warta W, *J. Appl. Physics*, **101**, 053515.
35. Graff K, *Metal Impurities in Silicon-Device Fabrication*, 29, Springer, Berlin (2000).
36. Istratov A, Hieslmair H, Weber E, *Appl. Phys*. **A70**, 489–534 (2000).
37. Davis Jr. J *et al*., *IEEE Trans. Electron Devices* **Ed-27**, 677–687 (1980).
38. Kittler M, Lärz J, Seifert W, *Appl. Phys. Lett*. **58**, 911–913 (1991).

39. Itoh Y, Nozaki T, *Japan J. Appl. Phys*. **24**, 279–284 (1985).

40. Weber E, *J. Appl. Phys*. **A30**, 1–22 (1983).

41. Fischler S, *J. Appl. Phys*. **33**, 1615 (1962).

42. Jaccodine R, Pearce C, in Bullis W, Kimerling L (Eds), *Defects in Silicon*, 115–119, The Electrochemical Society, Pennington, NJ (1983).

43. Nozaki T, Yatsurgui Y, Akiyama N, Endo Y, Makida Y, Behaviour of Light Impurity Elements in the Prod. of Semicond. Silicon, *J. Radioanal. Chem*. **19**, 109–128 (1974).

44. Bean A, Newmon R, *J. Phys. Chem. Solids* **32**, 1211–1219 (1971).

45. Al Rifai M H, Breitenstein O, Rakotoniaina J P, Werner M, Kaminski A, Le Quang L, *Proc.9th European Photov.Solar Energy Conf*., Paris, June 7–11, 632–635 (2004).

46. Wriedt H A, *Bulletin of Alloy Phase Diagrams*, **11** (1), 43–61 (1990).

47. Møller H, Long L, Riedel S, Rinio M, Yang D, Werner M, *7th Workshop on The Role of Impurities and Defects in Silicon Device Process*., NREL, Vail, Colorado, 41–50 (1997).

48. Nordmark H, Di Sabatino M, Acciarri M, Libal J, Binetti S, Øvrelid E J, Walmsley J C and Holmestad R, *Proc. 33rd IEEE PhotovoltaicSpecialists.Conf*., San Diego, USA (2008).

49. Mikkelsen Jr. J, *Mater. Res. Soc. Symp. Proc. (USA)* **59**, 19 (1998).

50. Solberg J K, Nes E, *Acta Crystallogr*, **A 34**, 684 (1978).

51. Ryoo K, Drosd R and Wood W, *J.Appl.Phys*. **63**, 4440 (1988).

52. Heuer M, Buonassisi T, Istratov A A, Pickett M D, *J.Appl.Phys*. **101**, 123510 (2007).

53. Rakotoniaina J P, Breitenstein O, Werner M, Al Rifai M H, Buonassisi T, Pickett M D, Ghosh M, Muller A, Quang N L, *Proc. 20th European Photov.Solar Energy Conf. and Exh*., Barcelona (Spain) p. 773 (2005).

54. Nordmark H, Di Sabatino M, Øvrelid E J, WalmsleyJ C and Holmestad R, *Proc.22nd European Photov. Solar Energy Conf*., Milan, p. 1710 (2007).

55. Buonassisi T, Heuer M, Istratov A A, Pickett M D, Marcus M A,. Lai B, Cai Z, Heald S M, Weber E R, *Acta materialia*, **55**, 6119 (2007).

56. Hocine S, Mathiot D, *Mater. Sci. Forum* **38-41**, 725 (1989).

57. Lutwack G, *Proc. of the Flat-Plate Solar Array Project Workshop on Low-Cost Polysilicon for Terrestrial Photovoltaic Solar-Cell Applications*, Contract DOE/JPL-1012-122, JPL Publication 86-11 (1986).

58. Dietl J, *Silicon for Photovoltaics*, Vol. 2, 285–352, North Holland, Amsterdam (1987).

59. Lanier F, Ang T, *Photovoltaic Engineering Handbook*, pp 3–17, Adam Hilger, Bristol (1990).

60. *Silicon Industry Vol. 2 – Technology Assessment*, Strategies Unlimited, Mountain View, CA 94040, USA (1983).

61. Hunt L, Dosaj V, Final Report, Contract DOE/JPL 954 559-78/7 (1979).

62. Hunt L, Dismukes J, Amick J, *Proc. Symp. Materials and Processing Technologies for Photovoltaics*, 106, The Electrochemical Society, Pennington, NJ (1983).

63. Amick J *et al*., *Proc. Symp. Materials and Processing Technologies for Photovoltaics*, 67, The Electrochemical Society, Pennington, NJ (1983).

64. Amick J *et al*., *Proc. 5th EC Photovoltaic Solar Energy Conf*., 336, Kovouri, Athens (1983).

65. Aulich H, Eisenrith K, Urbach H, Grabmaier J, *Proc. 3rd Symp. Materials and Processing Technologies for Photovoltaics*, 177 The Electrochemical Society. Pennington, NJ (1982).

66. Aulich H *et al*., *Proc. 4th EC Photovoltaic Solar Energy Conf*., 868 (Stresa, 1982).

67. Aulich H, *Proc. 5th EC Photovoltaic Solar Energy Conf*., 936 Kovouri, Athens (1983).

68. Yoshiyagawa M *et al*., Production of SOG-Si by Carbothermic Reduction of High Purity Silica, Presented at *Silicon for Solar Cells Workshop* (Schliersee, 1981).

69. Aas H, Kolflaath J, *US Patent 3,809,548* (1974).

70. Halvorsen G, *US Patent 4 539 194* (1985).

71. Ceccaroli B, Friestad K, Norwegian Patent Application WO 01/42 136 (2000).

72. Pizzini S, *Sol. Energy Mater*. **6**, 253 (1982).

73. Dietl J, *Sol. Cells* **10**, 145 (1983).

74. Theuerer H, *J. Met*. **8**, 1316 (1956).

75. Khattak C, Schmid F, Hunt L, *Proc. Symp. Electronic Properties of Polycrystalline or Impure Semiconductors and Novel Silicon Growth Methods*, pp 223–232, Saint Louis, MO,The Elec-

trochemical Society, Pennington, NJ (1980).

76. Khattak C, Schmid F, *Proc. Symp. Materials and Processing Technologies for Photovoltaics*, pp 478–489, The Electrochemical Society. Pennington, NJ (1983).
77. Khattak C, Schmid F, *Silicon Processing for Photovoltaics II*, pp 153–183, Elsevier Science Publishers B.V., Amsterdam (1987).
78. Schmid F, Khattak C, *US Patent 5,972,107* (1999).
79. Amouroux J, Morvan D, *High Temp. Chem. Processes* **1**, 537–560 (1992).
80. Cazard-Juvernat I, Bartagnon O, Erin J, *High Temp. Chem. Processes* **3**, 459–466 (1994).
81. Combes R, Morvan D, Picard G, Amouroux J, *J. Phys. III France* **3**, 921–943 (1993).
82. Erin J, Morvan D, Amouroux J, *J. Phys. III France* **5**, 585–604 (1995).
83. Suzuki K, Sakaguchi K, Takano K, Sano N, *J. Jpn. Met.* **54**, 168–172 (1990).
84. Suzuki K, Kumagai T, Sano N, *ISJN Int.* **32**, 630–634 (1992).
85. Baba H *et al.*, *Proc. 13th Euro. Conf. Photovoltaic Solar Energy Conversion*, pp 390–394 (Nice, 1995).
86. Nakamura N *et al.*, *Proc. 2nd World Conf. on Photovoltaic Solar Energy Conversion* (Vienna, 1998).
87. Nakamura N *et al.*, *EP Patent 0 855 367 A1* (1998).
88. Schei A, *US Patent 5,788,945* (1998).
89. Suzuki K, Sakaguchi K, Nakagiri T, Sano N, *J. Jpn. Inst. Met.* **54**, 61 (1990).
90. Ikeda T, Maeda M, *ISIJ Int.* **32**, 635–642 (1992).
91. Miki T, Morita K, Sano N, *Met. Mater. Trans.* **27B** 937–941 (1996).
92. Aulich H, Schulze F, Urbach H, Lerchenberger A, *Proc. Flat-Plate Solar Array Project Workshop on Low-Cost Polysilicon for Terrestrial Photovoltaic Solar-Cell Applications*, Contract DOE/JPL-1012-122, JPL Publication 86-11, pp 267–278 (1986).
93. Sakaguchi K, Maeda M, *Met. Trans. B* **23B**, 423–427.
94. Olson J, Carleton K, Kibbler A, *Proc. 16th IEEE Photovoltaic Specialists Conf.*, pp 123–127 (1982).
95. Olson J, Carleton K, *J. Electrochem. Soc.* **128**, 2698 (1981).
96. Carleton K, Olson J, Kibbler A, *J. Electrochem. Soc.* **130**, 782–786 (1983).
97. Dawless R, *US Patent 4,246,249* (1981).
98. Smith F, Dawless R, *Electrochem. Soc.* **81-2**, 1147 (1981).
99. Kotval P, Strock H, *US Patent 4,195,067* (1980).
100. Hanoka J, Strock H, Kotval P, *J. Appl. Phys.* **52**, 5829–5832 (1981).

第6章 光伏用晶体硅的生长和切片

Hugo Rodriguez[1], Ismael Guerrero[1], Wolfgang Koch[2], Arthur L. Endrös[3], Dieter Franke[4], Christian Häßler[2], Juris P. Kalejs[5], H. J. Möller[6]

1. 西班牙莱昂，DC 硅片公司
2. 德国克雷费尔德，Bayer 公司
3. 德国慕尼黑，Siemens&Shell 太阳能公司
4. 德国亚琛，Access e. V.
5. 美国马萨诸塞州，RWE Schott 太阳能公司
6. 德国弗赖贝格，TU Bergakademie Freiberg

6.1 引言

毫无疑问，促进光伏产业前进的中坚力量是硅材料。近 90% 的太阳电池组件是晶体硅组件，其中又有 50% 左右是多晶硅组件（见图 6.1）。

最早的硅太阳电池是 50 年前采用微电子行业的 Cz 直拉单晶硅制备的。后来，利用区熔（Fz）单晶硅以很高的成本实现了实验室的世界最高效率。实验室效率达到 25%，产业化最高效率达到近 22%。

成本的压力促使发展多晶硅浇铸工艺来制备大硅锭，到 2009 年，典型尺寸已做到了 450kg。对生长工艺的深入理论理解和对整个工艺过程的数值模拟（到微结构缺陷级别）使得已经能够经济地生产高质量的材料。将硅材料切成满足电池良好特性要求的硅片，要浪费 40%～50% 的昂贵的纯硅原料，其代价非常高。因此一种选择是开发晶体硅薄片工艺，也就是硅带工艺，这些工艺目前正处于研发或商业化的不同阶段。另一种选择是开发所谓的无损耗技术，从硅锭直接剥离出硅片而不用切割，这类技术正逐渐发展到了研发及初期中试阶段。

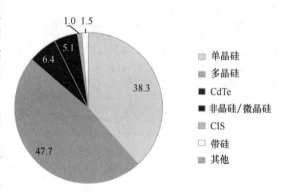

图 6.1 2009 年光伏技术市场份额。有几乎 90% 的太阳电池组件由晶体硅制成[1]

6.2 单晶硅体材料

光伏产业需要解决的最大问题是以高效低成本的方式大规模地生产制备太阳电池。整个

产业的目标是大幅降低每瓦的成本。目前商业化生产主要用的晶体硅是 Cz 直拉单晶硅和铸造多晶硅。到目前为止，人们一直致力于重复而稳定地将产业化电池的效率提至超过 20%[2]，甚至也已经实现了更高的效率[3,4]，但不幸的是，效率的改善总是靠增加成本的步骤实现的，这样的工艺步骤并不能直接用于产业生产，而是必须经过改进以使成本足够低。因此，尽管单晶硅电池的实验室效率已经大于 24%，但目前大规模生产的低成本产业化的 Cz 晶体硅电池的效率只在 16%~17%，二者之间还有很大的差距。

几年前，组件的成本几乎被硅片（33%）、电池工艺（33%）和组件制备（33%）三部分的成本平分，无论对单晶硅还是多晶硅，这个比例关系都发生了变化。2004 年后，在多晶硅短缺的那几年，硅片所占的成本超过了 50%，而电池工艺和组件制备工艺仅各占 25%。主要的原因一方面是电池和组件工艺方面的成本在逐步稳定的下降，另一方面是硅原料的价格不断上涨，并且硅片的厚度一直维持在 250~350μm。目前，硅料已经不再稀缺，硅片的厚度也降低到了 200μm 以下，成本构成大致如下：硅料 14%、硅片 20%、电池 26%、组件 40%[5]。

尽管不如以前那么严重了，但硅片成本仍是组件成本构成中非常重要的一部分。满足硅片成本更低的途径是：①在保持硅片质量的情况下，改善生产率并减少材料消耗；②减少线切割过程中的成本；③切出更薄的硅片。经过多年的持续努力，硅片厚度已经从 300μm 降低到了 180~200μm。尽管根据现有的设备情况，厚度还可以降低，但在产业化生产中很难实现低于 150~170μm 的厚度。主要原因是这样的硅片很容易破碎。维持低破碎率对硅片、电池和组件制造商以及硅片处理设备制造商都是个难题。理论上，为实现太阳光的全部吸收，计算得到的硅片最佳厚度是 60~100μm[6]。在这个厚度范围内可以实现电池的理论极限效率。同时，在这个厚度范围内，硅片的机械稳定性也基本不那么重要，此时硅片不再那么易碎而是具有柔性。这在多晶硅上比单晶硅实现得更快，多晶硅已实现了 110μm 的厚度[7]。然而，在这样的厚度下，必须改进制造工艺来避免硅片的弯曲或破碎。另外必须要考虑的问题是，尽管超薄硅片具有柔性，但显然没有厚硅片坚固。随着硅厚度的降低，硅片表面钝化的必要性也进一步增加。钝化工艺的改进必定引起成本的增加，因此所增加的任何工艺步骤都必须要能提高电池的转换效率以维持电池的低成本。其他的能改善电池效率的方法包括减反层性能的改善、电极栅线遮光的改善、发射极蓝光响应的改善，以及材料体内钝化的改善等。近年来，所有这些方面的改善都在和硅片薄片化同时进行。

因为微电子行业和光伏行业的共同作用，世界上对高质量多晶硅的需求增长非常快。1980 年，世界单晶硅的产量约 2000t/年，这个数据相当于每年近 100000 根硅棒，这包括 Cz 硅（80%）和 Fz 硅（20%）。光伏产业以 5 美元/kg 的价格收购高质量微电子行业晶棒的头和尾料来满足原料的需求，并从"老大哥"微电子行业那里购买低等级的 Cz 直拉炉。既然微电子行业在过去和现在都一直在增加硅棒的直径，小尺寸的 Cz 设备就可以按有吸引力的价格卖给光伏行业。在微电子行业的上一轮扩张中（1993~1999 年），光伏行业经历了严峻的缺少原料的考验，为了满足产量，即使是炉底的废料都使用了。一些新的、很有需求的技术在很短的时间内就被开发出来，例如，如何将硅料从石英坩埚上分离下来，以及如何预选择和预清洗这些材料。同样，晶粒细小的材料也变得有用起来。21 世纪最初 10 年的情况也类似，2000 年预测 2010 年世界上光伏行业对太阳能级硅的需求是 8000~10000t。但是光伏产业的增长远超预期，平均年增长率为 35%，2004 年及 2008 年增长率甚至超过 65%。由于光伏产业的快速增长，又发生了新一轮硅料的短缺。2004 年硅料价格快速上涨。此后，硅料制造商增加了产能，全球多晶硅消耗量在 2008 年达到 65000t，2009 年达到 100000t，预计在 2010 年达到 170000t。光伏行业对多晶硅料的需求已经超过了微电子行业（2006 年分别为 55% 和 45%）[8]。严重的硅材料短缺促进了光伏专用多晶硅料产业的发展，并且成为近些年不可缺少的部分。其他途径的原料，如高纯冶金级硅、低质量西门子硅以及其他种类的硅近来也都在开发中并取得了一些好的结果。

不可否认，晶体硅料的制备已经发展成为了一项科技产业。在现今的光伏行业中，一些大型企业每天能将 20t 以上的硅变成太阳能级 Cz 硅和太阳电池。由于光伏行业与微电子行业对拉硅棒有不同要求，设备和工艺开发所关注的焦点自然也不同。

6.2.1 直拉（Cz）单晶硅

采用直拉（Cz）法拉出的单晶硅和硅片制成的太阳电池与多晶硅电池一起构成了现今光伏产业的主要部分。这是由于以下几个方面的优势。

Cz 硅棒可以采用不同形状和掺杂的原料。这使得光伏产业可以买到能保证一定质量的低价硅原料，甚至可以直接在现货市场上购买。对于所需要的具体规格参数，尽管只采用某种特定的原料可能制备不出来，但通过将不同形状、晶粒尺寸和电阻率的原料按要求混合然后在石英坩埚中熔化却可以实现。然而，特别要注意的是不要将任何根本不会熔化的宏观颗粒（SiO_2、SiC）混入，特别是在使用锅底废料时。

直拉过程相当于一个针对影响寿命的元素进行纯化的过程。大多数影响寿命的主要元素（Fe、Ni、Au、Ti、Pt、Cr）的有效分布系数在 10^{-5} 的范围或更低。结合适当的吸杂过程后，即使使用低质量的锅底废料拉出的硅棒制备的电池也能实现高效率。最近十多年来，在缺陷和杂质工程方面进展很大，大量的研究工作都致力于研究硅体材料中的杂质和缺陷的真实作用[9]。在光伏应用的硅材料中高浓度的金属杂质方面的研究获得了令人惊讶的结果[10]。已进行的研究很多，特别是针对铁，将硅故意沾污上铁后使铁浓度高达 10^{15} 原子/cm^3[11]。传统的微电子行业认为高于 10^{12} 原子/cm^3 的浓度将破坏少子寿命，与此不同的是，在光伏行业，这样高的浓度也获得了很高的电池转换效率。所有这些结果说明，从微电子行业继承而来的很多结论和假设对光伏行业来说也许太过苛刻。因此对光伏行业来说，杂质和缺陷的影响又是一个新的研究课题，需要继续在此方面投入精力。

在优化的工艺窗口下实现结晶，生长的硅棒无位错，因此 Cz 工艺本身就起到了质量控制的作用。光伏用太阳能级 Cz 硅棒在材料结构和电子特性上的一致性非常好，而铸造多晶硅锭的相关参数就差别较大。所以，采用 Cz 硅制作太阳电池时，就可以使用一些工艺窗口更窄的高效工艺，这样的工艺对原始材料的质量一致性要求很高。

Cz 技术较为成熟并且成本很低。半自动化设备和工艺可以广泛应用于商业生产中，所以一个操作员可以同时操作几台 Cz 拉晶炉。由于设备结构坚固，许多 20 多年以上的 Cz 拉晶炉仍能进行生产。

硅棒可以按 <100> 方向生长。这对后续的太阳电池工艺而言非常经济，因为这样的晶向可以使用低成本的化学腐蚀方法在硅片上制备出均匀分布的绒面，其表面布满了随机金字塔，它们可以非常有效地增加电池对光的吸收。这个作用加上单晶硅通常较高的扩散长度使得与制备工艺相似的多晶硅电池的效率相比 Cz 硅电池的效率大大提高。

在提升净拉速方面也就是产率上还有很大的潜力，可以通过精细设计加热区和往热坩埚中加硅的再进料系统，以及调节生长配方等来实现最优拉速。与微电子行业相比，光伏行业处于一个全新的位置，它可以忽略微电子行业中的大部分特殊要求。例如，现在大多数的 Cz 拉晶炉都在炉体内加装了再进料系统[12,13]。

和微电子行业的要求相比，光伏行业需要调节的参数要少很多，光伏行业仅仅简单地要求如下几个主要参数：最大的生产率、大于硅片厚度的扩散长度和在 $0.3 \sim 10\Omega \cdot cm$ 之间的常用的 p 型掺杂电阻率，这取决于所制备的电池类型。

Cz 法的主要缺点是它拉出的晶棒是圆形的，而方形电池适合于制备高效率的电池组件。为了最大程度地利用晶棒同时最优化组件面积，硅棒通常在切片之前切成准方形。另外，硅棒的头尾部分不能用来做电池。裁剪下来的材料，包括头尾和切方去掉的部分，会再次投放回生长工艺中。

Cz 直拉法用的设备和基本原理如图 6.2 所示，这个设备由一个真空腔体构成，在这个腔体里，将原材料（多晶硅或剩余的单晶硅材料）在一个坩埚中熔化，首先将一个晶体硅的种子（籽晶）放入硅熔体中，然后缓慢地沿着熔融液面的垂直方向将籽晶向上拉，这时熔融液体会在籽晶上结晶。仅在熔化重量比较小（$< 1 \sim 2kg$）的情况下使用高真空条件，在熔化重量较大（通常尺寸大于 100kg，一些专利设备甚至可以达到 200kg[14]）时，采用在氩气流保护下提拉。为了减小氩气消耗，光伏行业中使用的氩气压力一般在 $5 \sim 50mbar^{\ominus}$ 的范围，而在微电子行业中也使用大气压。

图 6.2　光伏生产环境中的 a）Cz 直拉炉和 b）在石英坩埚中正在生长的 Cz 硅棒

将硅完全熔化，在熔融体的温度稳定到设定值后将籽晶放入熔融体中。设定的温度必须能保持籽晶在直径上不会增加（熔融体温度太低）或减少（熔融温度太高）。在光伏行业，籽晶通常是 <100> 晶向的单晶，通过向上拉形成"晶颈"。由于位错沿着（111）面传播，它在 <100> 晶向的晶体中就是斜的，在晶颈之下几厘米之后位错逐渐消失，所以即使用有位错的籽晶，在晶棒的剩余部分生长的也不再含有位错。没有位错的晶棒的表面有棱。如果没有位错，晶棒的直径在缓慢的拉升过程中逐渐增大，直到需要的尺寸。从籽晶点到晶棒的圆柱部分，或多或少是圆锥体的形状，并因此被称为"籽晶锥"。这个圆锥可以被拉出平的或尖的不同的形状。

在即将达到理想的半径时，提拉速度增加到一个特定的值，在这个速度下生长的晶棒可以达到要求的半径。由于籽晶的旋转，晶棒的横截面通常是接近圆形的。一般来说，在生长

$\ominus$　$1 bar = 10^5 Pa$。

圆柱部位时的拉速不是稳定不变的，而是随着晶棒生长到底部速度逐渐减小。这主要是由于随着熔融液面的降低，坩埚壁的热辐射逐渐增加，所以结晶过程中散热变得更困难，并且需要更长的时间来生长相同长度的晶棒。在圆柱范围内，标准的拉速是 0.5 ~ 1.2mm/min。光伏用晶棒一般的尺寸是 200mm 和 300mm[15]，这是因为更大电池的短路电流将会超过 6A，如此很难有一个合适的前电极设计来避免高串联电阻带来的损失。电池尺寸越大，这个问题就越严重。

为了在晶棒生长过程中避免位错的出现，晶棒的尺寸要逐渐减少，最终形成圆锥体。为了这个目的，提高拉速可以降低晶棒半径。如果半径足够小，晶棒就可以与液面分离时不在圆柱体内产生位错。这种分离速度可以相对较高，但是不要太快，因为太快产生的热冲击会导致晶棒底端的塑性变形，叫作"滑动"。最终的晶棒长度依赖于坩埚的容积，一般在 200 ~ 400cm 之间[16]。

目前，用于 Cz 晶棒生长的籽晶是不含位错的。但是，每次将籽晶浸入到熔液中，由于温度的突然变化以及熔液与晶棒之间的表面张力作用都会产生位错。通常，这些位错会延伸或者运动到生长的晶棒中，特别是对于具有大半径尺寸的晶棒更是如此。位错的运动受冷却应变和有缺陷的晶棒生长的影响。

在大尺寸晶棒中，因为晶棒的内部区域和外部区域不同的降温速度产生的应力可能是导致位错运动的主要原因。对通常 < 100 > 晶向的晶棒来讲，作为主要位错滑移面的（111）晶面与晶棒轴不平行。所有的（111）滑移面和晶棒轴的方向成一定角度。因此，只在一个滑移面内运动的位错在一定时间之后都会运动到晶棒外面。位错在拉棒方向上的运动一定是沿着 4 个不同的（111）滑移面中的至少两个呈"Z"字形运动。没有位错的晶棒生长相对来说比较稳定，对于大尺寸晶棒，尽管有更高的冷却应变，情况仍然如此。这是因为一个完美的晶棒很难产生第一个位错。然而，第一个位错一旦形成，就会大量复制并往晶体中移动。最终形成大量位错，并在晶体中扩展，直到没有足够大的应变使位错继续移动为止。所以，如果没有位错的晶棒在生长过程中某个点的生长被打乱了，整个横截面部分和大量已经生长好的晶棒将充满向回生长的滑移位错。位错回退的长度大约等于晶棒的直径。有这种位错的硅片和电池可以很容易通过氢钝化改善。

在失去无位错的生长状态后，晶棒带着高密度位错继续生长，并且位错以杂乱无章的方式存在。这些位错一部分是由生长引入的，另一部分是由后续的应变造成的。在高温时，发生的"攀移过程"会更加扰乱位错的分布，进一步增加位错形状和分布的不规则性。与简单的滑移位错相比，这些"原生"位错在后续的电池工艺中没法被氢钝化。当晶棒尺寸大于 30mm 时，有位错的单晶生长不稳定，并且在大多数情况下可能变成多晶生长，因为在存在应变和位错时，硅晶体有形成孪晶的倾向。孪晶还会进一步倍增，形成更多的孪晶，这样很快就会形成多晶。这种小晶粒的多晶硅材料没法用于太阳电池。已知的生长出第一个位错的原因可能是熔液中运动到凝固前沿的固态颗粒、陷在凝固前沿的气泡、熔液中过饱和的杂质、晶棒和熔液的波动、热冲击或太高的降温应变。

籽晶锥的生长是直拉单晶中最关键的环节。因为产量的原因，一般选择比较平的形状，因为花费的时间比较少。然而，比较尖的籽晶锥产生位错的可能性小，尽管这意味着对相同长度的棒体要多消耗 15% ~ 25% 的时间以及更多的材料。对大尺寸的晶棒，时间和材料的消耗更多。

由于液态硅和石英坩埚之间的反应，坩埚对拉棒非常重要。坩埚中的二氧化硅会产生大量的氧到熔液中，由于二氧化硅的纯度很高，所以很少有别的杂质进入熔液。然而，在长时间的使用后，随着坩埚的溶解，坩埚中的颗粒进入熔液中的风险大大增加。硅晶体中的氧含量增加到 10^{18} 原子/cm^3，碳含量通常小于 10^{17} 原子/cm^3，对电池性能几乎没有影响。氧的作用如热施主和沉淀可以在电池工艺中被很好地控制。

6.3　多晶硅

除了单晶硅外，多晶硅是当今光伏技术的主流。与单晶硅相比，多晶硅尽管效率稍低，但是在生产成本和对原材料的苛刻程度上大有优势。多晶硅另一个与生俱来的优势是，其具有长方形或正方形的硅片外形，与多数为圆形或准方形的单晶硅片相比可以更好地利用组件面积。多晶硅太阳电池的效率受具有复合活性的杂质原子和扩展缺陷（如晶界、位错等）的影响。获得高的太阳电池效率的一个关键条件是在铸锭和制作电池时有一个好的温度处理曲线，以便能控制扩展缺陷的数量和电学活性。并且，在多晶硅太阳电池制造中进行氢钝化被证明尤为重要。随着沉积氮化硅薄膜进行氢钝化工艺的引入，工业生产的多晶硅太阳电池的效率已大大地提高到 14% ~ 15%，因此市场份额不断向多晶硅转移，使之成为光伏行业的主流材料。如今，产业化效率达到了 16%，缺陷工程在硅锭制备及太阳电池制备中变得越来越重要。

6.3.1　铸锭制备

制造多晶硅有两种不同的方法，Bridgman 法和浇注法（见图 6.3 和图 6.4）。采用这两种方法均可以制造出重 450kg、截面积达到 $90cm \times 90cm$、高度超过 30cm 的高质量多晶硅锭。然而 Bridgman 技术较为常用，仅有日本京瓷和德国 Deutsche Solar 两家公司采用浇注技术[17,18]。这两种技术的主要不同之处是，Bridgman 技术中熔融和结晶工序仅使用一个坩埚，而浇注技术在结晶工序中使用另一个坩埚。

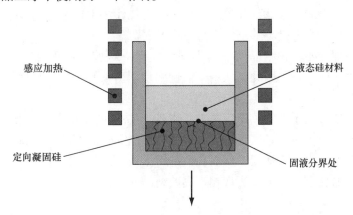

图 6.3　传统的 Bridgman 技术仍主要用于制造多晶硅锭。硅材料的熔化和晶化
都在同一个氮化硅涂层的石英坩埚内。通过将盛有液体硅的坩埚慢慢
往下移出工艺炉的感应加热区，形成多晶硅锭

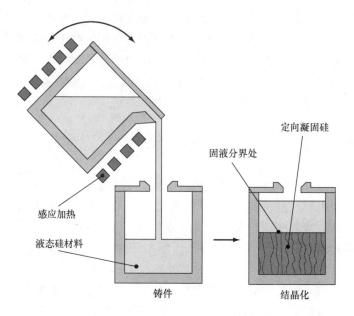

图 6.4　浇注法制造多晶硅。在一个石英坩埚里熔融硅原料后，硅被倒入另一个
有氮化硅涂层的石英坩埚内。图中没有画出结晶坩埚的加热单元。
与 Bridgman 技术相比（见图 6.3），此方法采用了一个更容易
调节的加热系统，所以结晶和冷却的时间更短

在 Bridgman 工艺中，通常采用氮化硅（Si_3N_4）包覆的石英坩埚来熔融硅原料，然后用来凝固成多晶硅锭。氮化硅层作为抗黏结层，防止硅锭粘在石英坩埚上，因为在硅材料晶化时体积膨胀会不可避免地导致硅锭和坩埚破损。浇注技术在无涂层的石英坩埚里熔融硅材料，然后将熔融的硅倒入第二个坩埚中结晶，这个坩埚也有氮化硅涂层。

通常，在这两种技术中，在坩埚底将温度降低至硅的熔点（1410℃）以下，从坩埚底开始结晶。在 Bridgman 技术中，通过将盛着液体硅的坩埚向下移出结晶炉的加热区或升高感应加热区直至移出坩埚区来达到降温的效果。而在浇注法中，通过调节相应的加热器来达到降温，在凝固过程中坩埚是不移动的。

凝固从坩埚底部开始后，结晶前沿（即固液界面）顺着坩埚垂直向上移动。这个所谓的定向凝固导致生成柱状晶，因此，从一个硅锭中切割出来的相邻的晶片有着几乎相同的缺陷结构（晶界和位错）。

Bridgman 技术通常采用的结晶速度是 1.5cm/h 左右（对大型硅锭，相当于25kg/h）。要提高结晶速度，即提高产率，必须要考虑到硅锭已结晶部分的冷却。太高的结晶速度，会在已凝固的硅区内产生大的温度梯度，从而导致硅锭出现裂纹甚至破碎。但对于浇注技术，由于其多样和精密的加热系统，可以实现相当高的结晶速度[18]。

6.3.2　掺杂

标准的多晶硅是硼掺杂的 p 型材料，且电阻率大约为 1.5Ω·cm，相当于硼的浓度大约为 $1 \times 10^{16}/cm^3$。调节电阻率的目标是优化太阳电池的性能。通常，硼的浓度根据特定太阳电池制造的要求而变化。到目前为止，用于太阳电池制造中的电阻率为 0.1~5Ω·cm。硼

的浓度通常由在硅原材料熔融之前往其中添加的硼决定，硼的来源有多种，如 B_2O_3、硼粉、或重掺杂的 Cz 硅等。依据所需要的硼的数量来确定各类硼源的加入量。对于其他的掺杂元素如镓（p 型）或磷（n 型），必须要考虑到决定电阻率的分凝系数随硅锭高度的增长而降低。硼的分凝系数为 0.8，几乎一直是优选的掺杂元素，在整个硅锭中电阻率的变化很小（见图 6.5），而镓和磷的分凝系数分别是 0.008 和 0.35，不是那么适合。

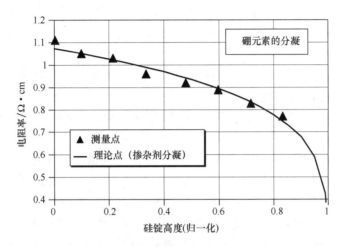

图 6.5　在 p 型多晶硅中，由于掺杂硼元素的分凝而导致的电阻率降低

磷作为 n 型掺杂剂，有如下缺点，较低的少子（空穴）迁移率，较复杂的太阳电池制造工艺，需要更高温度来扩散硼而不是扩散磷。尽管如此，使用磷作为 n 型掺杂剂也有很多优点，使得 n 型材料也成为一种具有潜力的光伏材料；使用 n 型硅材料可大量采用微电子行业的废料；使用 n 型硅材料可减少众所周知的 p 型硅材料中的硼氧缺陷对。另外一个 n 型硅材料的潜在优势是对一些重要金属杂质有更大的容忍度，尽管这点仍存在争议[19,20]。在任何情况下，都有足够的证据表明 n 型多晶硅具有非常高的少数载流子寿命[21]。最近十年在 n 型电池制备方面取得很多进展，转换效率超过了 18%，非常有希望在未来几年实现高性价比的产业化生产[22-24]。

6.3.3　晶体缺陷

多晶硅中主要的晶体缺陷是晶界和位错。考虑其电池所能达到的效率，不仅这些缺陷的浓度，它们的电学活性也是至关重要的。

关于晶界和晶粒尺寸，在硅锭底部结晶过程开始之处观察到的基本是较小的晶粒。随着硅锭高度的增加，周围的小晶粒聚集成一个大晶粒，因此使得平均晶粒尺寸上升。这种晶粒尺寸的增加，取决于结晶速度（见图 6.6）。越高的结晶速度意味着更高的温度梯度，因此在熔融物中形成

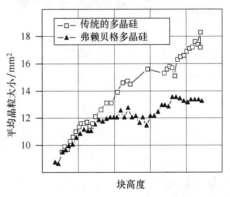

图 6.6　在 Deutsche Solar 公司位于弗赖贝格的生产工厂里，采用传统 Bridgman 法和结晶速度更快的浇注法制备的多晶硅中平均晶粒尺寸与硅锭高度之间的关系。结晶时间的降低导致晶粒尺寸的逐渐减小

籽晶的概率增加，这样反过来又会限制晶粒尺寸。这也就是为什么结晶速度更快的浇注技术比传统的 Bridgman 技术得出晶粒更小的原因。

但是，如果晶界的电活性足够低，现代的浇注材料得到的晶粒尺寸依然足够大而不会降低太阳电池的效率。如果晶界和位错带电，会俘获少子，因此会形成高活性的光生载流子复合中心。晶界和位错的电活性由它们的杂质修饰（尤其是被过渡金属所修饰）决定，并且随着杂质浓度增加而迅速增加。最近，还发现晶界会影响 Fe 的吸杂，进而影响电活性：与高-Σ 的或者随机的晶界相比，低-Σ 的晶界吸杂能力弱，因而有更低的电活性[25]。小角度（SA）晶界比其他晶界的电活性更高。

此外，据发现，在凝固过程中凝固前沿的形状也明显地影响晶界活性[26]，严格保持平的凝固前沿可以明显减少晶界的活性。因为现代高产率的工艺中可以在整个结晶过程中保持几乎完美的平整的凝固前沿，晶界仅能表现出很弱的电活性，因此一般认为不会对太阳电池效率产生重要影响。

在多晶硅太阳电池中对效率影响最大的缺陷是晶体位错。可以通过实验来估测位错密度，即在适当的化学腐蚀后对微米量级的坑的数量进行计数。可以清楚地看到位错密度与晶片寿命和扩散长度的相关性（见图 6.7），晶片寿命和扩散长度与太阳电池的性能密切相关。位错由热应力产生和增多，热应力来自结晶和硅锭冷却过程中的温度不均匀。在保持高工艺速度的同时减少这些温度的差异是进一步改良多晶硅的最重要的方向之一。在位错工程中减少晶体位错采用的另一种方法是在切片时进行高温退火，最近获得的非常有吸引力的结果是位错密度大大降低[27]。但在退火过程中如何保持寿命的问题等仍未解决。

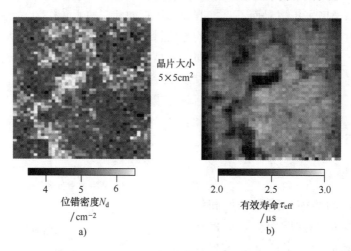

图 6.7　一个典型的多晶硅晶片的 a）位错密度 N_d 和 b）有效寿命 τ_{eff} 的分布形貌图，
表现出这两种参数极好的关联性。有效寿命测量前未做任何表面钝化，
因此受表面复合影响寿命仅在约 3μs 以内

从晶体缺陷和产率的角度来看，一个优化的生产多晶硅的制造工艺应从低结晶速度和最小化温度梯度开始，以保证硅锭底部区域含有低的缺陷密度，然后出于产率考虑，可以将结晶速度大幅提高，但同时要保持凝固前沿为平面，以及在已凝固的硅体内部低的温度梯度。

6.3.4　杂质

尽管硼是作为标准掺杂物有意掺入的杂质，但是在多晶硅内氧和碳具有更高的浓度。在多晶硅工艺中，两个过程影响间隙氧的浓度：一个是在熔融过程中由石英坩埚引入的氧；另一个是蒸发出 SiO 引起的氧损失，也就是说蒸发出仅在高温下稳定的一氧化硅。因为分凝系数大于 1，氧含量随着硅锭高度的增加而减少。表 6.1 给出了 Bridgman 法和浇注法硅材料中间隙氧含量的典型浓度。显而易见，虽然在 Bridgman 法中熔化的硅不直接与石英坩埚接触，其铸造的多晶硅材料并没有明显表现出比浇注法铸造的多晶硅材料具有更低的氧浓度。因而我们可以确定在 Bridgman 法中氧仍然可以从 Si_3N_4 涂层（含有一定比例的氧）中释放到熔融硅中。此外，我们观察到浇注法制备的硅锭，随着高度的增加，其氧浓度降低得更快。这是因为在这个工艺中，通常采用更低的环境气压以及增强的气体交换。

表 6.1　德国 Deutsche Solar 公司位于弗赖贝格的工厂出产的浇注法多晶硅材料以及典型的 Bridgman 法多晶硅材料中所含有的间隙氧（O_i）的典型浓度值（对采用傅里叶变换红外光谱（FTIR）测定的氧浓度，使用的换算因子为 $2.45 \times 10^{17}/cm^2$）

硅锭位置	间隙氧（O_i）的浓度/（$10^{17}/cm^3$）	
	浇注法	Bridgman 法
底部	6.5	6
中部	0.9	3.5
顶部	0.5	2

虽然在晶格间隙位的氧不是电活性的，但是在退火工序后会产生具有复合活性的氧复合体，如热施主[28-30]、新施主[31,32]和氧沉淀，尤其是在高氧浓度的硅锭底部（见图 6.8 中所给出的施主活性的例子）。

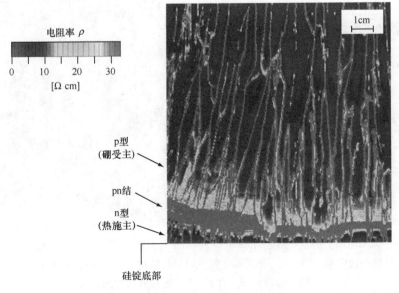

图 6.8　从一个专门用于测试的高电阻率 p 型多晶硅锭上垂直切割下来的硅片的高分辨电阻率分布图（van-de-Pouw 法测量）。（在底部，由于氧含量的增加，热氧施主的形成将导电性改变为 n 型。电阻率的明显增加处为 pn 结）

尤其是，热施主被证明是在 Bridgman 法的硅锭底部引起 4 ~ 5cm 宽的低寿命区域的主要原因[33]。由于在太阳电池制造的高温处理过程中热施主是不稳定的，因而这样的低寿命并不会导致低的效率。值得注意的是，硅锭底部这些低寿命区域的宽度在浇注法中大大减少。最可能的解释是浇注法的工艺时间更短，因而由间隙氧生成氧复合体的时间也更短。

与金属类似，在晶界和位错处的氧分凝增强了这些扩展缺陷的复合强度。氧沉淀也可能在结晶过程中吸附金属杂质，然后在太阳电池制造中释放这些金属杂质成为高复合活性的点缺陷。

总体来说，氧总是与一些会影响到效率的微观过程相关，这使得减少多晶硅中氧的引入成为改善材料特性最重要的目标之一。

类似于氧，碳在多晶硅中的浓度也明显高于掺杂硼的浓度。替位碳的浓度典型值在 2 ~ $6 \times 10^{17}/cm^3$，一般随着硅锭高度的增加而增加。在结晶腔室内，SiO 与石墨加热极发生化学反应形成 CO，从而将碳引入到熔融硅当中。碳浓度增加引发的最大问题是在硅材料中形成 SiC 晶体（通常与氧和氮一起，见图 6.9）。SiC 为导电的半导体材料，能有效地短路掉太阳电池的 pn 结，因此导致效率急剧下降。形成 SiC 的问题，通常只发生在硅锭的最上部分，而这部分因为金属杂质的分凝，终归是要去掉的。在氮的浓度很高时，也会引入 Si_3N_4 颗粒沉淀，其电活性和效果与引入的 SiC 相似[34]。

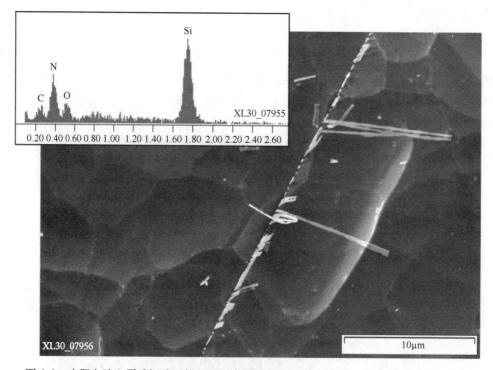

图 6.9　太阳电池上严重短路区的 SEM（扫描电子显微镜）图像。在显微镜图像揭示的
针状结构中包含硅、氮、氧和碳。推测短路的机制是导电性的 SiC 使得太阳
电池的 pn 结短路。含有 Si_3N_4 也会有相似的效果

尽管氧和碳浓度很高，过渡金属（如铁和钛）对太阳电池效率的影响更大，除了硅锭的外沿部分（宽 5 ~ 10mm）和顶部金属分凝区。在外沿部分可能有 Si_3N_4 向硅内的扩散。在

高质量的多晶硅中存在的金属点缺陷的浓度水平低于深能级瞬态谱（DLTS）的测量极限，即低于约 $10^{12}/cm^3$。对于多晶硅太阳电池而言，金属杂质的重要性在于金属杂质控制扩展缺陷的活性，尤其是晶体的位错缺陷。

已经预见到金属杂质会造成多晶硅晶片寿命在 800～1000℃ 高温处理（即扩散磷形成太阳电池的 pn 结）后发生变化。晶片在高于 900℃ 退火处理后，寿命通常大大变短，并且退火后的快速冷却会使寿命变得更短。寿命变短的可能机制是高温处理使位错这样的扩展缺陷释放出金属原子到硅体材料中，然后发生淬火成为一个高复合活性的点缺陷。

图 6.10 给出了扩展缺陷和金属杂质之间存在强相互作用的另一个证据。图中给出了一个特意受铁（平均铁浓度为 $7.9 \times 10^{17}/cm^3$）污染的多晶硅锭的理论分凝曲线和实验结果的比较。我们可以清楚地看出，实验结果中分凝效果减弱，很可能是由于结晶过程中铁分凝进入扩展缺陷与分凝进入液相硅过程相竞争导致的。

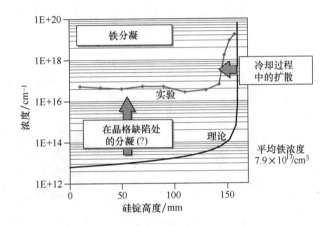

图 6.10　实验确定的一个故意污染的多晶硅测试硅锭中的铁浓度（铁的平均浓度为 $7.9 \times 10^{17}/cm^3$）。实验数据给出了浓度与硅锭高度之间的关系，并与理论期望值进行了比较。在硅锭的中部和底部，浓度比理论值高出很多，这被归因于铁在凝固过程中不仅分凝进入熔融硅中，也分凝到了扩展的晶体缺陷中

为避免这样的缺陷与金属的相互作用导致复合活性增强，需要确保向硅锭顶部区域进行非常有效的金属杂质分凝。这个分凝效果不仅随着结晶速度的增加而减小，也随着扩展缺陷浓度的增加而减小。

这又反过来证明了恰当的调节和控制结晶速度的重要性。为了确保高质量多晶硅能有一个有效的杂质分凝，尤其在缺陷密度增加的区域（如硅锭底部），以一个较低的结晶速度进行凝固是非常必要的。

在改善结晶过程中分凝效果的同时，还可以通过在晶体生长和电池制备过程实施缺陷和杂质工程来降低杂质的电活性。近来已经开展了很多研究，不仅试图降低硅中铁的含量，而且试图将其转化为电学非活性的形式。已经表明，铁与其他金属在硅中形成共沉淀要比硅中间隙铁的危害小很多[35]。而且，最近发现，在磷扩散后采用较慢的降温步骤会影响寿命，这被认为与铁形成了共沉淀有关[36]。有了这些新发现，缺陷和杂质工程成为一个进一步提高电池效率的非常有潜力的方向。

6.4 切片

目前太阳电池的 80% ~ 90% 需要对大的硅锭进行切割[37]。采用 Bridgman 或梯度凝固技术生长的多晶硅锭的横截面现在可以大于 80cm × 80cm，重量大于 400kg。直拉单晶硅的直径达到 20cm。在过去几年，尽管太阳电池和组件的制造成本已经明显下降，硅片的切片成本却仍然很高。

从图 6.11 可以看出，切片成本在硅片制造成本中占相当大的一部分（29%），并且在整个组件成本中所占比重也很大。由于硅晶体的切割会造成大量的材料损失（大约 40%），因为能避免切割，硅带技术或薄膜技术，在开发更低成本电池方面具有很高的潜力，尽管这些技术所存在的一些其他问题所导致的成本增加使其在多晶硅价格很低的情况下缺乏吸引力。这两种技术仍面临着大量的困难，它们的发展可能还至少需要 5 ~ 10 年。因此在大规模生产中进一步降低成本，目前要做的就是要优化切片技术。

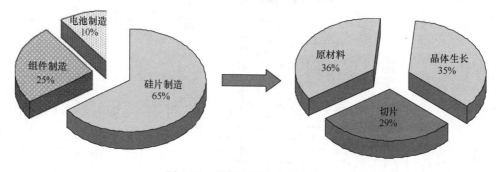

图 6.11 组件和硅片的成本分布

在光伏产业的初始阶段，使用的是微电子行业的切片技术。硅锭主要是由内圆切片（ID）机切割。然而这项技术相对而言切片速度较慢且对量产来说不够经济[38]，因此后来逐渐被多线切片技术取代[39]。多线切片的优势是生产效率高，每天每台机器可切割 8000 ~ 10000 片，且切口损失更小，约为 100 ~ 180μm，并且几乎对硅锭的尺寸没有限制。现在通常切割的硅片厚度在 180 ~ 220μm 之间，但是实验室用这种技术也可以切出 100μm 厚的硅片[40]。由于这项技术相对较新并且还在开发过程中，大多数的硅片制造商根据自己的经验来优化切片工艺。切片工艺依赖于多个工艺参数，下面将详细描述，这使得按照生产率、材料损失、减少消耗材料用量和硅片质量来优化工艺变得很困难。为了更好地控制硅片切割，要对切片工艺进行更细致的研究。在下面的部分，将按目前的理解深度对切片工艺原理进行描述。

6.4.1 多线硅片切片技术

晶体生长成形后首先第一步通过带锯或线锯将其切割成具有一定截面积的柱状体，截面积的大小决定最终硅片的尺寸。在太阳电池中采用的标准尺寸大约是 15cm × 15cm，但更大的尺寸可以达到 21cm × 21cm。然后将柱状晶体粘在一个支撑体上再放到多线切片机上切成最终的硅片。多线切片技术的原理如图 6.12 所示。切割线通过带轮和张力控制装置从供线轴绕到四个捆丝导向器上，捆丝导向器上有固定间距的刻槽，通过将线绕在捆丝导向器上 1000 ~ 1200 个平行的刻槽中构成了多股的线网。一个收线轴将所有使用的线收起来。切割线靠主动装置和从动装置施加的扭转力拉动，线上的拉力由带反馈的控制装置维持在一个设定值。固定的硅柱被推动穿过运动的线网，从而被切割成大量硅片。切割线或者以一个方向运动或者前后运动。用于太阳电池的硅片一般采用同一方向运动的方式切片，而用于微电子的硅片一般采用前后来回运动的方式切片。同一个方向的切割线速较高，为 5 ~ 20cm/s，但是切割出的面不太平整。前后来回切割

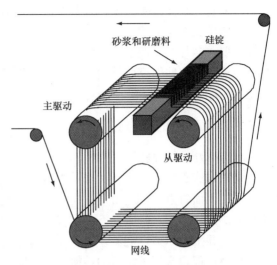

图 6.12　多线切片技术原理示意图

能切割出更平更光滑的表面。线的长度依赖于切片速度（也称为台面速度，即硅块通过切割线的速度，一般平均在 0.3mm/min），但是为了一次切割完四个硅柱，一般在 250 ~ 550km 之间。线的材料通常是不锈钢。

切片过程中还要使用有磨蚀作用的砂浆，浆料通过喷嘴喷到线网上并通过线传送到划刻的位置。砂浆由硬质研磨颗粒组成的悬浮液构成。现在 SiC 是最常用的研磨材料。SiC 很贵，占切割成本的 25% ~ 35%。砂浆中 SiC 颗粒的体积比在 20% ~ 60% 之间，颗粒尺寸主要分布在 5 ~ 15μm。为了达到抛光的目的，要使用更小的颗粒尺寸，一般小于 1μm。砂浆的主要目的是将研磨颗粒传送到切割位置，同时还要保持颗粒的分散性，必须防止颗粒聚团。在线和高黏度砂浆的相互作用下有一部分砂浆进入到切割位置。通常只有很小部分的砂浆进入到切割位置。这里很重要的两个影响因素是黏度和线速，为了理解涉及的流体力学问题，要建立复杂的物理模型。最近关于这方面的一些前期的描述可参见参考文献 [40-43]。

目前大多数的商用砂浆都采用聚乙二醇（PEG）做液态载体，SiC 做研磨介质。砂浆的性能对获得好的切割性能非常关键，大多数硅片制造商都会紧密监测砂浆的很多参数，包括颗粒尺寸分布、湿度、黏度等。目前，通过不同的技术，PEG 和 SiC 都能实现大约 80% 的回收，这无论是从节约成本的角度考虑还是从保护环境的角度考虑都是非常重要的。

通过线下面的 SiC 颗粒与硅表面的相互作用，硅柱逐渐被切割。SiC 的研磨作用依赖于很多因素，如线速、线和硅之间力的大小、砂浆中固态 SiC 的比例、砂浆的黏度、颗粒尺寸和 SiC 颗粒形状。因为在切片过程中温度会上升，砂浆必须要制冷并在切片过程中实现对温度的控制。切片过程中不断磨下来的硅料和从切割线上磨损下来的铁还会使砂浆的黏度发生改变，从而使砂浆的研磨性能下降，所以每经过一段时间就需要对砂浆进行更换或者重新混入新的砂浆。

切口损失和表面质量依赖于切割线的直径、SiC 颗粒的尺寸分布和线的横向振动。横向振动的幅度对线的张力很敏感，但是也同样依赖于砂浆的注入情况。增加线的张力将会减少振动幅度，也就减少了切口损失 [44]。典型的线的直径大约为 120 ~ 140μm，活性颗粒的尺寸主要分布在 5 ~ 15μm。这样产生的切口损失大约为每片 150 ~ 200μm。

　　切片的目标是在高生产率、砂浆和硅材料损失最低的情况下切割出高质量的硅片。因为切片过程中涉及的参数非常多，所以优化切片工艺并不是一件简单的事情。目前，这样的优化工作主要由硅片制造商进行，但他们多数是凭经验进行的。在接下来的章节里，总结了主要的研究成果，这些研究成果包含了现在人们对切片工艺深入细致的理解，对优化工艺给出了一定的指导。

6. 4. 2　切片工艺的显微过程

　　图 6.13 给出了切割区域切割线的横截面图。线和所切割硅的表面之间充满了砂浆和 SiC 颗粒。切割线施于颗粒上的压力根据接触面位置的不同而不同。当颗粒在线的下方时力最大，在线的侧面时力最小。由于横向的振动，线同样会施加侧向力，这对所切出的硅片的表面质量起决定性作用。研磨性 SiC 颗粒和硅材料之间的相互作用会对硅片表面产生严重损伤，这通过显微技术可以观察。在光学显微镜下观察到的典型的表面结构如图 6.14 所示。在整个接触区都观察到了相似的结构，这说明在各个方向上的研磨过程是一样的。

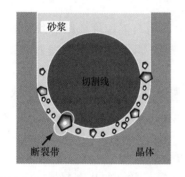

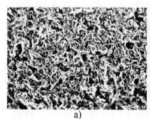

a)　　　　　　　　　　　　b)

图 6.13　切割区域的切割线、含研磨　　　图 6.14　a）刚切好的硅片表面的光学显微照片；
介质的砂浆与晶体的横截面图　　　　　　　　b）抛光硅片表面的几个显微压痕

　　从表面结构来看，有很多平均直径为几微米的局部压痕。形成这样的一个均匀结构的原因是那些松散的、滚动着的颗粒的相互作用，这些颗粒随机地研磨硅表面直到小的硅颗粒被切下来。因为 SiC 颗粒有很多面并且还有尖锐的边和角，它们可以在硅片上施加非常高的局部压力。这个"颗粒滚动"模型是线切割工艺的物理基础。用松散的研磨性颗粒研磨半导体表面也会得到相似的表面结构。

　　单个具有尖锐边缘的颗粒与脆性材料表面之间的相互作用可以通过显微压痕实验来进行研究。如图 6.14b 所示，用维氏金刚石压痕计刻画出来的具有几个重叠的显微压痕的表面和刚切割完的硅片表面很相像。过去在单晶硅表面已经进行了大量的显微压痕实验来对损伤结构进行定量研究（如参考文献 [45-49]）。图 6.15 总结了用尖的四面椎体形状的维氏压痕计刻画出的主要结果。用尖的压痕计加载首先导致表面残余塑性压痕的产生，被称为弹塑区。关于这一区域，最近的拉曼研究表明，在高压下硅的晶格会转变成其他结构。已经在压痕计的作用下观察到了好几种相变化，特别是金属高压相[50,51]。在 11.8GPa 的施压下，会发生吸热型的向金属硅（Si II）的相转变（$\Delta G = 38kJ/mol$），其中有部分重新变成另一种高压相（9GPa 下的 Si III，$\Delta G = -8.3kJ/mol$）。在金属态，硅可以发生塑性变形并且被去除，正如对韧性金属的加工一样，这是一个缓慢但是温和的过程。

随着载荷的增加，材料开始破碎，产生的裂纹平行于载荷的轴向方向并且从塑性区向外延伸。纵向裂纹在张应力最大的塑性区下产生，以圆环或不完整圆环形式出现。在一个临界尺寸下，它们变得不稳定并向表面延伸。另外，浅的径向裂纹可能在塑性区的边缘产生。纵向裂纹和径向裂纹可能一起形成半个硬币状的裂纹，这样的裂纹可以在表面看到（见图 6.16）。在卸去载荷后，弹塑区的残余压力将导致平行于表面的横向裂纹。当这些横向裂纹达到表面，材料呈碎片状被切掉。这是切片过程中材料被切掉的主要过程。削切需要一个最小的力来实现（削切阈值）。高于这个极限值后，当材料被去除后仅留下纵向和径向裂纹。它们构成最终的线切割损伤。

基于上述的"颗粒滚动"相互作用的定量模型已经被开发出来。比较模拟结果和在产业中多线切片的工艺实验结果，可以得出一些有用的结论，具体内容见参考文献 [52]。

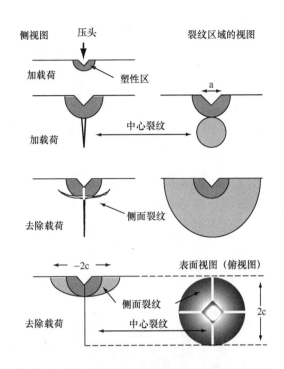

图 6.15　在尖锐的压头作用下和作用后裂纹系统的发展机制示意图（暗灰的区域是压头下的塑性区。虚线区域是半硬币状的纵向裂纹的裂纹面。从裂纹始点往终点看（左图）或垂直于裂纹面看（右图）。如果径向裂纹也出现，它们将和纵向裂纹一起作用并形成相似的裂纹图形）

6.4.3　硅片质量和切割损伤

目前认为决定硅片质量的几个因素包括：损伤特性、裂纹密度、厚度变化、表面粗糙度和洁净度。切片完成后，硅片的表面受到损伤，而且被砂浆中的有机和无机残留物污染。因此，制造太阳电池之前，必须清洗晶片，然后通过腐蚀消除损伤。此外，由于硅片的厚度和表面粗糙度可能不同，可能对后续的一些工艺造成不好的影响。所有的因素都与切片工艺有关。图 6.17 展示了一个切割表面的形貌，包括在不同长度范围内的厚度不一致。在毫米范围内，可以观察到平行于线锯方向的沟槽，特别在负荷更高的情况下出现，并可能是由于砂浆量不足、机械振动或材料的不均一性造成的。大多数情况下，相当数量的平行硅片都会受到影响。晶片上的沟槽不能通过腐蚀来消除，因而降低了硅片的质量。

在 100μm 的长度范围内，允许硅片表面有起伏，除非有陡峭的台阶，这种起伏并不会带来伤害。在微米长度范围内，表面呈一定粗糙度，这与之前描述的显微切片过程有直接关系。可以在加工成太阳电池之前通过腐蚀消除的损伤，其典型的损伤程度在 5～10μm 范围内。

砂浆中的颗粒和切割线本身也有损伤。虽然 SiC 颗粒的断裂强度要大于硅，但是颗粒由于磨损逐渐不再尖锐，降低了切片能力。为了减少颗粒的磨损，切片时加在单个颗粒上的负载应高于硅的断裂强度，但要低于 SiC 的断裂强度。

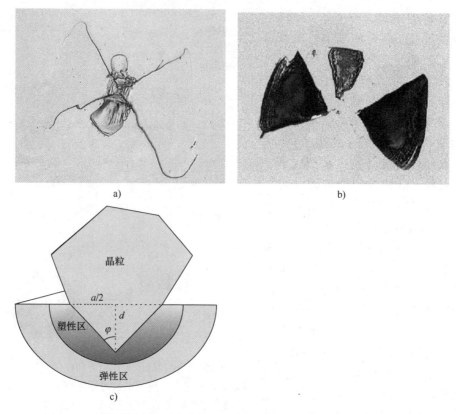

a)   b)

c)

图 6.16   在维氏硬度计压痕中的 a) 纵向裂纹、b) 横向裂纹（表面之下）
的光学显微镜照片和 c) 尖锐的颗粒压入表面的示意图

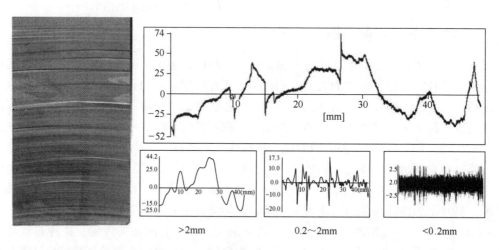

>2mm   0.2~2mm   <0.2mm

图 6.17   表面因不均匀切割形成沟槽的晶片表面结构。也可以看出切片过程中线锯在负载下
的弯曲。表面形貌通过右边描述的激光扫描形貌仪测得。右下为经不同波长滤波后的形貌

　　典型地，光伏产业采用的线锯直径在 120～140μm，长度约为 500km，由不锈钢制成，
再包覆一层铜。重要的是，在整个长度上厚度要非常均匀，因为直径的突变将导致切割线的
断裂或硅片表面的破坏。不锈钢线的磨损也是由于与晶粒的相互作用。过度磨损导致损坏，

这是在切片过程中不希望出现的，因为在机器内重建线网很费时间。有些制造商开始开发现场检测系统来控制切片过程，防止切割线断掉。

6.4.4　成本和尺寸考虑

线切割的显微检查为选择最好的参数范围和进一步调整奠定了基础，可以让人们改善切片能力、减少砂浆、SiC 颗粒、切割线材料和腐蚀液的消耗，从而降低成本。并且，使硅片质量，如粗糙度、平整度以及表面损伤得到改善。从开发更薄硅片太阳电池的角度来看，这也非常重要，因为减少了昂贵的硅的消耗。当前生产中的切片技术可以切割硅片厚度薄至 $180\mu m$，研究上可以到 $100\mu m$ 以下[53]。目标是在生产中进一步降低厚度到 $100\mu m$ 以下。新的技术比如直接薄膜转移[54]或者激光化学处理[55]表明切出更薄的晶片是可能的，通过这些技术，硅片的机械性能得到改善，变得柔软[54-56]。尽管这些技术及其他一些技术仍然处于研发阶段，但具有很大的发展潜力。下面介绍几种潜力较大的技术。

6.4.5　新的切片技术

与多线切片技术相关的主要问题是切口损失、昂贵的砂浆消耗、硅片破碎率以及切片厚度到 $180\mu m$ 以下的挑战等。已有报道采用多线切片生产出了 $80\mu m$ 厚的硅片[53]。尽管该技术所带来的机械损伤使得处理起这样的硅片来非常具有挑战性，但光伏产业价值链还是希望下一步对产线进行改良以降低硅片的破碎率。

没有这些问题的切片技术正被开发。一个例子是直接薄膜转移技术[54]，这种技术通过高能氢束辐照，在硅内一定厚度的地方形成解理面，一旦发展了解理面，把硅放到一个解理亚系统中通过起始-扩展两步顺序将硅片从硅上解理下来。由于没有采用研磨体系，硅片表面质量和机械性能都非常优异，也没有切口损失。但从生产的角度来看，这种技术的产量和能耗仍是很大挑战，并且，这种技术只能用来制造单晶硅片。

另一种也在开发中的技术是应力诱导剥离技术[56]，这种技术同样没有切口损失。在硅材料表面上丝印上一层金属层，然后在带式炉中在高温下退火，在冷却过程中，金属层和硅都经历热收缩。由于它们之间的热膨胀系数不同，在其中就会产生一个很大的应力场，结果就会有一层硅被剥离下来贴在金属层表面。之后再用化学腐蚀方法将金属层去掉。这种也只能用来生产单晶硅片，量产型设备仍在开发中。

在水介质中的激光化学处理[55]已给出的结果表明可以生产出切口损失很小的薄硅片，但其主要问题是表面质量以及所消耗的电力。

最后，多线切片技术本身也在不断革新，最主要的进展是引入了金刚线无砂浆系统，将尖锐的金刚石颗粒用树脂镶嵌在铁基材切割线上作为研磨介质[57]。金刚线技术的主要优点是，高产量（是现有砂浆系统的 2.5 倍以上），采用水作为冷却液，不需要昂贵的 SiC 或者 PEG，同时还改善了硅片的表面质量；更重要的是，目前采用的绝大多数切片设备都不需要大的改动就能采用金刚线。并且，有潜力对这种技术产生的切口损耗进行回收，因为只有硅。存在的主要挑战是金刚线的价格以及将硅片厚度切到 $100\mu m$ 以下的难度。

6.5　硅带和硅箔的生产

晶体硅生长技术中关于晶体硅带的研发已经进行了 40 多年。人们对晶体硅片制造技术的兴趣起始于 20 世纪 70 年代中期的石油危机。这阶段之后开始了第一轮大规模的研发投入，来开发低成本的生产太阳电池用硅衬底的方法。在 1975 年到 1985 年之间，由 Jet Propulsion 实验室的平板阵列项目主导的一个关于此方面研究的重要项目在美国开展[58]。正是这期间这个项目的一些研究活动，加上来自于美国和其他国家的私人投资，种下了现在已经商业化的晶体硅带和硅箔生产技术的种子。

在 1990 ~ 2000 年，晶体硅材料方面的研发因前所未有的硅片生产的膨胀速度而达到了极点。基于 Cz 生长、直接凝固和铸锭技术的一些已有的生产方法经历了繁荣发展，而新一代的硅带技术经历了研发阶段进入到了大规模生产阶段，并且可以和传统方法相竞争。硅带技术，其中一些早在 20 世纪 70 年代就已经开始研发，随着兆瓦级生产的开始进入了其成熟期。它包括定向喂边技术（EFG）、条带（STR）技术和硅薄膜（Silicon Film™，SF）技术。枝蔓蹼技术（WEB）和衬底上硅带生长技术（RGS）开始了中试。表 6.2 给出了主要的硅带/硅箔技术在过去几十年中状态的变化。

表 6.2　在过去的几十年内主要的硅带技术的研发和生产状态

硅片工艺/开始年份	状 态 水 平			示　例
	1990	2001	2009	
WEB/1967	研发　< 0.1MW	中试　0 ~ 1MW	无数据	图 6.19
EFG/1971（硅带）、1988（八边体）	中试　1.5MW	生产　20MW	生产关闭	图 6.20
ESP（STR）/1980	研发	生产　< 5MW	美国　170MW 亚洲　400MW	图 6.22
SF/1983		生产　> 5MW	无数据	
RGS/1983	研发	中试　< 1MW	荷兰　380MW	图 6.23

上面提到的这些方法中的大多数都不是连续的。这些研发曾经中断，当有新的低成本生产机会时，研发又开始继续。EFG 的研发持续时间最长。EFG 的研究在 1971 年开始于 Tyco 实验室，后来自 1974 年获得了来自美孚石油的资助，使研究得以增强。从 1971 年到现在，从单一硅带到现在商业化的八边形管状晶硅带，有五种不同技术的中试线被建立并评估。

所有权于 1994 年转给了美国 ASE 公司，同时也开始了向商业化生产的过渡。并有几年产量达到了 200MW，但是现在，最后的技术所有者德国 Schott 太阳能公司关闭了 EFG 在德国和美国的所有生产点[59]。经历了研发低谷期，继所有权转手之后，WEB、STR 和 RGS 技术在过去的几年里研发实力都得以大大增强。WEB 技术于 20 世纪 70 年代在西屋公司的资助下开始研发，但是现在已经归属于 EBARA 太阳能公司，但到 2004 年业务停止。STR 技术开始于 20 世纪 80 年代，先后由美国国家可再生能源实验室和 Arthur D. Little 负责开发，分别被命名为 ESR（Edge Stabilised Ribbon）和 ESP（Edge Supported Pulling），之后在 1994 年被 Evergreen Solar 公司接手，在美国的工厂的产能接近 170MW，最近宣布要在亚洲增开 400MW 的工厂。RGS 技术由 Bayer 开发，但是现在由荷兰的 ECN 研究所在继续研究，Sunergy 和 Deutsche Solar 加入了产业联合项目，这两家公司联合投资了在荷兰的 Solwafer 公司。2009 年第一个工厂工程完工，有 6 条 380MW 的产线，计划在 2010 年达到满产，然后在 2012 年继续扩大到 455MW[60]。

如果硅带和硅箔技术要继续扩大生产并保持其竞争力，必须能够满足光伏市场的种种挑战，并克服一系列现存的技术屏障。要面临的挑战是如何提高单炉生产力来降低劳动力和成本，如何在保持低成本的情况下提高硅片的机械和电学性能以使用其制造的太阳电池效率达到 18% ~ 20% ，如何在保持成品率的情况下降低硅片厚度来减少对硅原材料的需求。

然而，在过去十年，尽管也获得了部分成绩，EFG 的实验室电池效率达到了 18.9% ，STR 达到了 17.8%[61]，但上述目标并没有完全实现。从图 6.18 中可以看出，虽然在过去十年中，存活下来的这些技术的绝对产量提高了不少，但硅带的市场占有率却在逐年下降[1]。全球硅料短缺给硅带提供了很好的成长机会，但下降的市场占有率反过来说明存在的困难很大。

下面的章节将主要侧重于介绍每种方法的技术描述、发展阶段分析和为了保持竞争力要克服的屏障。

6.5.1　技术工艺描述

在过去 40 年里提出的，到研发和商业生产阶段仍能存在的硅带技术（见表 6.2）基本上可以分为两类："垂直"和"水平"生长技术。其中水平生长可以分为有衬底和无衬底两种。垂直还是水平方法的划分涉及的与其说是硅带的拉制方向还不如说是沉积时的温度梯度方向，温度梯度在界面起作用并影响生长特性。EFG、WEB 和 STR 技术都属于垂直生长范畴，而 RGS 和 SF 技术属于需要衬底的水平生长技术。硅箔就是指硅片，但是在这里特指 RGS 硅片来区分出它的独特特性：硅片通过和衬底接触而结晶，然后将其从衬底上分离，分离后的衬底可以重复使用。

如表 6.2 中所示，硅带/硅箔生长技术的一系列的变体和改进都经过了历史的评估。许多技术变体的成功与失败经常促进了新工艺的出现或者导致对旧的变体的发展或改进。关于许多硅带生长技术和技术发展历史的描述以及详细的历史前景都可以在参考文献 [62-64] 里找到。

在这两种硅带和硅箔生产方法里热传递和界面温度梯度方面有着本质的不同。这导致好几个很重要方面的工艺极限都不相同：单一炉管的产能或者生产潜力、籽晶或晶粒成核特征以及拉速。速度受限于结晶的热弹性应力，这种应力在生长过程中作用于晶体上。拉速和应力影响缺陷密度和电学质量，例如，对垂直生长技术——WEB、EFG 和 STR 技术，晶体生长方向和主要的从界面发出的潜热传递方向都平行于硅带的拉动方向并垂直于生长界面。沿着硅带产生的潜热通过辐射释放到环境中。拉速和界面生长速度一致。对 RGS 和 SF 技术，晶体在衬底上成核并且几乎垂直于拉动方向生长，而生长界面一般和拉动方向成一定角度。生长界面的潜热的热传导在垂直于拉动轴方向较强，也就是说，沿着硅带的厚度方向，因为热要传导到衬底上。这种增强的散热使得硅带的产率可以很高，由此在高拉速 v_P 下可以获得低的界面生长速率 v_I ，即

$$v_P = v_I / \cos(\theta)$$

式中，θ 是界面的法线和拉动方向之间的角度，并且接近 90°。反过来，低的界面生长速率减少了对高的界面温度梯度的需求，而在垂直生长技术中要求有高界面温度梯度来维持生长的稳定性。在垂直方法里的梯度是高的热弹性应力的成因，并且当要求低缺陷态密度和平整的硅带表面时会限制实际生产中的生产率。详细的关于影响水平生长技术的工艺

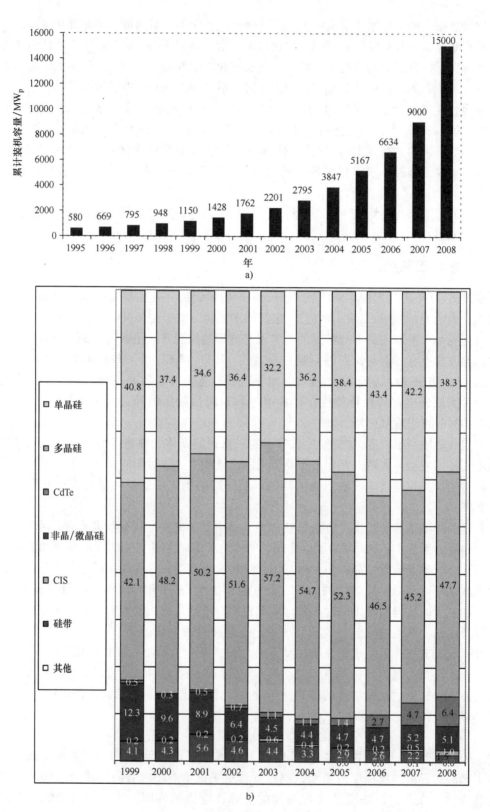

图 6.18 最近几年的 a）光伏市场增长与 b）各种技术的市场占有率[1]

限制的描述可以在其他文献中找到[65,66]。我们接下来针对表 6.2 中列出的每项技术给出详细描述。

WEB 技术：枝蔓蹼状晶直接由坩埚中的熔融硅生长，没有塑型设备[67]（见图 6.19）。枝蔓状种子或"把手"放置在较低的过冷熔融区。种子通过横向生长形成"把手"。当种子拉出来时，两个二级枝蔓从"把手"的底部扩展到熔融体中，形成一个框架来支撑凝固的硅带，这个枝蔓生长到低几摄氏度的过冷熔融体中。要求对熔融温度实现精确控制，以保持过冷的界面条件并防止拉过头，否则会由于没有弯月面而导致生长停止。硅带的宽度由两个枝蔓的位置决定。生长速度由潜热释放到硅带的速度及经弯月面传导到熔融体的速度决定。典型的生长速度是 1 ~ 3cm/min。

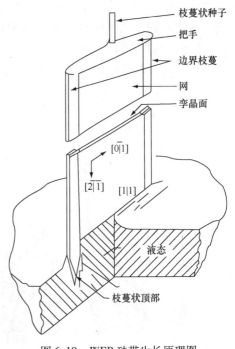

图 6.19　WEB 硅带生长原理图

在垂直硅带生长中，弯月面包括悬浮的熔体，这部分熔体连接着下面整个的熔融体和生长界面及硅带。它的形状和自身的热传导是影响杂质分凝和结晶条件以及晶体形状的关键条件。弯月面远离枝蔓影响的高度 h，由表面张力、液态硅接触角和液态密度决定。这可以从 Yong-Laplace 方程计算出来。方程中液固界面的接触角为 $\Theta = 11°$，方程如下：

$$h = a[1 - \sin(\Theta)], a = (2\sigma/\rho g)^{1/2}$$

式中，$\sigma = 720 \mathrm{dyn}^{\ominus}/\mathrm{cm}$ 是表面张力；$\rho = 2.53\mathrm{g/cm^3}$ 是液态硅的密度；g 是重力加速度。因为热辐射是硅带中的主要散热方式，所以隔热罩和基座盖的形状控制着熔液和硅带的等温线。

精确的温度控制（达几十分之一摄氏度），对确保均匀的硅带宽度和厚度是非常必要的。熔液表面的温度必须在硅带生长宽度上保持恒定，以防止枝蔓生长进去或长出来。WEB 中的主要杂质是氧，因为使用石英坩埚。典型的 WEB 厚度为 100 ~ 150μm，宽度可以到 8cm。中试的生长长度可以达到几十米。

EFG 技术：在 EFG 技术中，硅带的几何形状由开有狭缝的石墨模具决定，凭借毛细作用将硅填入模具内[68]（见图 6.20）。籽晶逐渐放下直到接触到毛细管中的液体。然后液体扩张填满模具上端并一直到边，在边上液体受表面张力的作用而固定。接着籽晶向上升，拉着液体向上，同时更多的液体向上流过毛细管。随着带向上升，液体凝固。模具和毛细管是由一整块石墨制成的。材料的厚度由模具上端的宽度、模具尖端到液面之间的距离、弯月面的形状、硅带的热损失及拉速决定。液-气界面即弯月面的形状由 Young-Laplace 或者毛细

$\ominus$　$1\mathrm{dyn} = 10^{-5}\mathrm{N}_{\circ}$

管方程决定，该界面连接着模具和固化的硅带。与 WEB 技术一样，生长速率受热从界面传导出去的速度及固态晶体散热速度（热辐射或对流）决定。生长是自稳定的，因为随着拉速的增加弯月面的高度也会增加。弯月面的弯曲导致了硅带厚度的减少，这增加了界面单位面积的散热速度，这样就增加了生长速度直到它和拉速再次平衡。

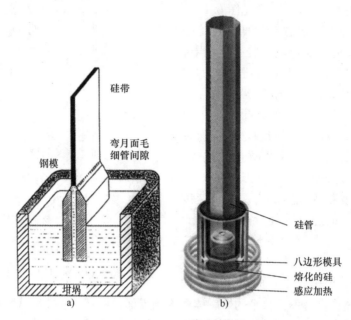

图6.20　EFG 技术原理示意图：a）石墨模具和坩埚，b）八边形结构

EFG 中主要的杂质是碳，碳是过饱和的。界面温度控制在几摄氏度的范围足以防止硅带拉断或生长的硅带凝固在模具上端。使用一段时间后，模具被腐蚀，这将影响硅带的特性，并会导致硅带厚度不均匀且生长困难。

从 400 ~ 100μm 厚的硅带都可以生长。为了提高产量，通常不是拉出一张平的硅带，而是拉出一个中空的多边形硅带筒。目前产业化中比较合适的几何形状是八边形，边长为 10cm 或 12.5cm，相当于单根炉中生长 100cm 宽的硅片。不一样的几何图形，包括 5cm 边长的九边形和大尺寸的圆柱形都生长过。八角形 EFG 的生长速度为 1.7cm/min。EFG 工艺参数和硅带特性之间的关系（包括热压力、杂质及缺陷对材料质量的影响）已经被广泛研究并总结在参考文献［69］中。

最近示范性的生长了直径 50cm 的圆柱形的 EFG 材料[70]。图 6.21 给出了一个这样的 EFG 材料，长为 1.2m。与平面的硅带相比，圆柱的几何形状可以更有效地帮助热弹性压力的释放。这使得我们可以考虑通过更大的直径和更高的生长速度来实现更高的产量。也尝试了生长平均厚度下降到 100μm 的 EFG 材料，并试着使用该材料制备了太阳电池[71]。

STR 技术：在这项技术中，硅带直接从熔融的硅中生长出来而不需要使用控制硅带几何形状的模具（见图 6.22）。不同于 WEB 技术中用的枝蔓，STR 技术中硅带边的位置由两根穿过坩埚底部洞眼的线丝来固定。线丝被向上拉离熔液来支撑弯月面和硅带，并且它们的拉速决定硅带的生长速度。硅带的厚度由表面张力、硅带面上的散热速度及拉速决定。STR 工艺和 WEB 工艺之间的一个重要区别是，不需保持枝蔓的扩展也不需要过冷熔融体，这就使得 STR 技术不必像 WEB 技术一样对温度控制要求那样高。高的弯月面 7mm，使得对生长过程的控制变得简单，并使其对机械和热的波动有最大的稳定性。依赖于线丝的浸润性和直径，线丝上边缘处的弯月面高度不同于中心处的，并且边缘处高度要低得多[72,73]。

图 6.21　炉子里拉出的实验型的 50cm 直径的 EFG 硅带

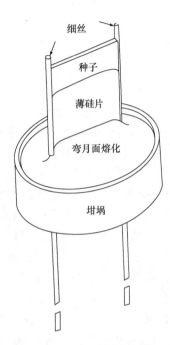

图 6.22　STR 技术原理图

细丝

种子

薄硅片

弯月面熔化

坩埚

对相似的厚度，STR 技术的生长速度和 EFG 及 WEB 技术的生长速度接近。仔细地调整生产参数可以生产出非常薄的硅带，薄到 5μm[74]。一般使用被动式后加热器，也有一些使用主动式后加热器以降低应力，这样可以生长 100μm 厚的硅带。这种技术生长的硅片表面非常平，足以制备太阳电池。由于在线上液面向下凹，线上任何的成核晶粒都能扩展到硅带中。

RGS 技术：这项技术中，放置熔融硅的容器和模具都放在靠近衬底上表面的地方，硅带在衬底上生长。衬底可以是石墨或陶瓷[75]（见图 6.23）。生长时在结晶区前沿形成楔形。模具里有熔融料并且由模具来固定硅箔的宽度。硅箔的厚度由衬底的热释放能力、拉速和膜的表面张力决定。结晶和生长的方向几乎是垂直的。生长界面的面积和硅箔的厚度相比可以很大。潜热通过传导到衬底释放。靠近界面处的温度梯度小，因此减少了热导致的硅片中的应力。一般的生长速度为 4~9m/min。一个典型的例子是 8.6cm 宽、300μm 厚的硅箔，以 6.5m/min 的速度生长[76]。

在 RGS 技术研发阶段的一个重要目标是实现衬底的可重复利用。在降温后，硅箔可能由于衬底和硅之间不同的热膨胀系数而分离。目前已经生长出了厚度在 100~500μm 的材料。将硅箔厚度方向的温度梯度降至更低，但是还不能低于满足快速生长的要求，在这种条

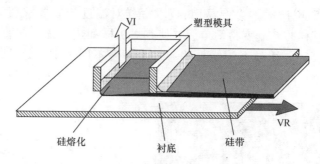

图 6.23　RGS 技术原理图

件下生长，拉速和梯度的波动对硅箔厚度影响很小[75]。

　　SF 技术：SF 的工艺细节仍处于产权保护之中。晶体硅以薄膜方式直接生长在绝缘或导电衬底上，中间有一层促进成核的阻挡层[77]。在绝缘衬底情况下，阻挡层必须导电来收集电池上产生的电流。在导电衬底上，如果有通孔或者洞来连接晶体硅层和衬底，衬底还可以充当导电层。SF 薄膜和阻挡层不会像 RGS 技术一样在降温后从衬底上剥离开，而是变成太阳电池中的活性部分。生长的多晶硅非常薄（$< 100 \mu m$），这样可以减少硅材料的用量。现在，正在开发 $20 \mu m$ 厚的硅薄膜。用过的衬底材料很多，包括不锈钢、陶瓷和石墨布[77,78]。阻挡层的一个很关键的作用是阻挡衬底中的杂质进入到硅中。阻挡层在生长中对硅浸润并且在其上成核，它还是电学钝化的背场并有很高的反射率。

　　关于使用绝缘阻挡层的也有报道，使用绝缘阻挡层可以促进大的柱状晶粒（大于 1mm）的生长，柱状晶粒在厚度上贯穿整个 SF 硅薄膜[77]。在有涂层的陶瓷衬底上在线生长出来的硅薄膜扩散长度很差，不到 $10 \mu m$。使用新的阻挡层和衬底可以使扩散长度增加到 $20 \sim 40 \mu m$，通过磷吸杂还可使这种硅薄膜的特性得到改善。

6.5.2　生产能力的比较

　　用硅带生长方法制备硅片的技术很久以来一直被人们评估着，以期在其体材料电学质量和产能（每炉的产量）之间寻求一种平衡。晶体硅生长的条件由硅片生长成本和生产出电池的效率两方面决定。好的质量可以生产出高效率的电池，这是指引硅带生长工艺进步的基本市场驱动力。硅带比直接固化的铸锭或 Cz 硅棒的生产成本更低，因为硅带避免了在切割过程中造成的损失，这种材料损失能超过 50%。但是，随着多晶硅材料价格的下降，节约原材料所带来的好处不再那么明显。如果将工艺速度与商用的浇铸切割的硅片相比，如表 6.3 中所示，假定其中的限制步骤是定向凝固系统的速度（作为比较，也给出了线切割的相关参数），那么，只有 RGS 技术具有较大的产量，拥有工艺速度方面的优势。可以看到，在商用的浇铸切割技术中，线切割的速度 $1550 cm^2/min$ 远远快于除了 RGS 之外的所有硅带技术的速度。考虑到浇铸切割的硅片具有更高的体电学质量、更高的太阳电池和组件效率，硅带技术目前面临着前所未有的竞争压力，它们的价值在于对硅的利用率更高，因为没有切割损失。

　　表 6.3 给出了目前仍在发展的硅带技术的特性总结。对大规模生产和产业化，硅带技术的发展动力主要是它的每炉生产量。产量控制着投资成本和直接的劳动力成本，而劳动力成本是正在进行的硅带技术的大规模产业化的主要障碍。

表 6.3　在开发中的和已商业化的硅带技术的单炉特性比较。常用的线切割和
DSS 生长技术的参数也给出来作为比较

技术/参数	拉速 /(cm/min)	宽度 /cm	产量 /(cm²/min)	每 100MW 需要的炉子数量①
WEB	1~2	5~8	5~16	2000
EFG 八边形	1.65	8×15.6	165	100
STR	1~2	8	5~16	900
SF	②	15~30	②	②
RGS	600~1000	15.6	7500~12500	2
DSS 生长（25 片/cm）③	0.0125	15.6	1901	16
线切割（4×500 根线）	100④	15.6	1550	10

① 炉子的数据取自参考文献 [60，79-81]，其中为了比较，将产量按照 90% 的开工率和 15% 的电池效率对各种工艺技术进行了归一化。

② SF 技术的相关参数没有查到。

③ 作为比较，对常规 DSS 生长，取拉速与产量等价；拉速小但面积非常大。如果要将体生长速度转换成硅片的表面速度，必须考虑每厘米硅锭可以得到的硅片的数量（25 片）。

④ 该表面速度是由一次线切割四个硅块切出 2000 片硅片得到的。实际的工作过程是切割线一次同时在四个硅块上缠绕 500 次。

6.5.3　产业制造技术

从表 6.3 可以看出，硅带技术在沿着两条路线发展。WEB 和 STR 技术依赖于低的炉子成本来保持在硅片成本上的竞争力；SF 和 RGS 技术的开发则关注于获取超高的单炉产能。

但是对硅带工厂的规模规划，比如 1GW，都明显超过了目前实际的生产水平。这对两种路线提出了不同的挑战。低产量的炉式硅带（WEB、STR）要求简单和低成本的炉子设计，高水平的自动化和低的基础设施成本。相比较而言，对高产能的 SF 和 RGS 技术，炉子和生长工艺的高可靠性、长的无故障工作时间是最关键的因素。EFG 技术的发展方向是在这两个极端方向之间折中。

图 6.24 中给出了现有的 EFG 和 STR 技术产业制造中采用的一些设备。图 6.24a 给出的是 EFG 八边形生产线的一组炉子，它们需要很高的空间来生产 5.4m 长的 EFG 八边形筒状材料。EFG 硅片的标准产品是 15.6cm×15.6cm，由高速激光（图中没有给出）从八边筒上切割下来。关于这种技术的更多的细节见参考文献 [59，82]。

图 6.24b 是生长 8cm 宽的 STR 硅带的生产线中的单带炉子。1m 左右的硅带在生长过程中从拉的硅带中切下来，然后在处理前进一步切成硅片。

WEB 和 SF 硅带技术都处于研发和中试性示范的不同阶段，为今后的产业化而做准备。近年来公开的信息很少。在 2000 年前后，SF 技术可能离成功的规模化生产最近，因为更宽的硅带（20cm）和更高生产率的炉子已经到了最后的示范阶段。WEB 技术正以生产 5cm 宽的硅片的单硅带炉技术来实现扩张到 1~2MW 的中试线。但是最近这些年没有能查到进一步的数据。

RGS 已经发展到了产业化阶段，目前正新建的 380MW 的工厂采用单带炉来生产 15.6cm

图 6.24　产业制造中采用的硅晶体生长设备。a）EFG 技术；b）STR 技术

的高质量硅带，并有较大的产能。

6.5.4　硅带的材料性能和太阳电池

除了 WEB 技术，所有的生长技术都得到多晶硅带。WEB 硅带以（111）晶面生长（见图 6.21）。典型的 WEB 硅片没有任何晶界，但是在硅片厚度的中部有一个多孪晶晶界。每个（111）面由单晶构成，并且位错密度是任何硅带中最低的，为 $10^3 \sim 10^4/cm^2$。

对于其他两个垂直生长的硅带情况，EFG 和 STR 技术中，额外的晶体通常在硅带的边上产生（如八角筒的拐角处）并且沿着硅带生长轴的方向扩展。这些晶体形成长晶粒并且经常在生长轴方向上长达几厘米，且贯穿硅带的厚度。在 EFG 技术中，这些晶粒带着大量的孪晶晶界阵列分散在硅带中。在 STR 技术中，带边的晶粒通常小于中心的。因为靠近每个线的弯月面是向下凹的，在线上成核的晶粒可以扩展到硅带中心。在 EFG 和 STR 技术中，典型的晶粒尺寸要比硅带的厚度和扩散长度（刚生长出的硅带的）大，并且电荷收集和电池效率受晶界复合的影响很小。

对 SF 和 RGS 技术，衬底提供主要的成核中心。在合适的拉速和界面倾斜度下，晶粒通常呈柱形并且贯穿硅片厚度，其厚度要比硅带的扩散长度还大。

固液界面的快速移动降低了凝固过程中杂质的分凝能力。如表 6.4 中所示，表中还给出了不同技术生产的硅带的晶向和位错密度。

表 6.4　硅带材料的性能比较。所有情况中，柱状晶都穿透硅带的整个厚度。
对硅带的体寿命危害最大的典型杂质的热平衡分凝系数 k_0，大约为 10^{-5}

材　　料	结晶状况	位错密度/cm^{-2}	有效分凝系数	厚度/μm
EFG	在生长方向的柱状晶	$10^5 \sim 10^6$	$k_0 < k_{eff} < 10^{-3}$	$250 \sim 350$
WEB	（111）面单晶，中心存在孪晶面	$10^4 \sim 10^5$	$k_0 < k_{eff} < 10^{-3}$	$75 \sim 150$
STR	在生长方向的柱状晶	5×10^5	$k_0 < k_{eff} < 10^{-3}$	$100 \sim 300$
SF	穿透厚度的柱状晶	$10^4 \sim 10^5$	$k_{eff} < 1$	$50 \sim 100$
RGS	穿透厚度的柱状晶	$10^5 \sim 10^7$	$k_{eff} < 1$	$100 \sim 500$

在硅带材料中多数的晶体内部位错是生长过程中由于温度梯度产生的应力造成的。最好质量的 EFG 材料的结果显示，电流的损失与位错密度有关，而不是晶界[83]。但是并不清楚是位错本身充当复合中心还是此处的杂质为复合中心。有 SiO_x 沉淀的位错已经被证明对 WEB 技术和 RGS 技术生长的硅带的少子寿命有影响[84,85]。最近的光致发光研究表明在 EFG 材料中也有相似的情况[86]。

影响太阳电池效率的一个关键因素是硅带的厚度。正如 Bowler 和 Wolf 的研究所示[87]，在一个优化的厚度下产生最大效率。这个厚度依赖于制备技术和材料特性，包括前面和背面复合速率，少数载流子寿命和基区电阻率等。对典型的 n^+pp^+ 结构，其扩散长度（L_d）为 $200\mu m$，有背场和单层减反膜，通过 PC-1D 计算，其优化的厚度在 $80\mu m$ 左右一个较宽的范围内[88]（见图 6.25）。如果 $L_d = 100\mu m$，其最优化厚度为 $50\mu m$，$L_d = 400\mu m$，其最优化厚度将近 $120\mu m$。其中假设前表面复合速率为 $10^5 cm/s$。

WEB 和 SF 硅片的厚度比其他三种硅带技术更接近于优化值。陷光技术将使优化值更薄，最近在光学结构方面已经进行了很多研究，参见如参考文献［89］。对在衬底上的生长来说，有可能将衬底制绒来陷光，这已经在 SF 硅片上获得证实[78]。

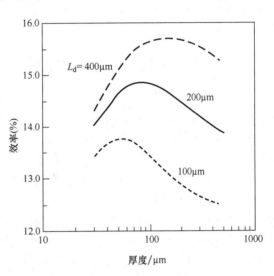

图 6.25　太阳电池效率和厚度的关系
（见文中关于电池参数的描述）

用硅带材料制备太阳电池通常采用由直拉和铸锭工艺制备的硅片制备太阳电池的传统工艺。如果硅带是 p 型掺杂的，通常用磷扩散制备 n 型发射极，可以采用 $POCl_3$、PH_3 或旋涂浆料法。前电极一般用丝印或蒸发制备，背面通过扩散或铝合金化的方式形成背场及背接触。正面可以使用双层或单层减反膜。对生长在绝缘衬底上的 SF 硅带，要求腐蚀出孔，来实现背表面和导电阻挡层的接触。表 6.5 总结了不同硅带材料的材料特性和电池性能潜力。硼将硅带掺杂为 p 型材料，可以用锑实现 n 型掺杂，正如 WEB 技术中报道的。

表 6.5　不同硅带技术的"最好"太阳电池效率水平

材料（参考文献）	电阻率/$\Omega \cdot cm$	碳/cm^{-3}	氧/cm^{-3}	效率（%）
EFG［61, 90］	2~4, p 型	10^{18}	$<5 \times 10^{16}$	18.9
WEB	5~30, n 型	未检测到	10^{18}	17.3
STR［61］	1~3, p 型	4×10^{17}	$<5 \times 10^{16}$	17.8
SF［91］	1~3, p 型	5×10^{17}	5×10^{17}	16.6
RGS［92］	2, p 型	10^{18}	2×10^{18}	14.4

然而，硅带电池工艺需要意识到每种技术的局限性。正如上面提到的，硅带材料的质量是与高生产率妥协的结果。这个战略是基于产业上对低成本硅片的需求而建立的，低成本硅一直与常规的低产量的直拉硅或铸锭多晶硅相竞争。刚生长出的硅带材料其扩散长度一般小于 $100\mu m$。为了在这种和常规电池片相比有着更高位错密度和杂质的硅带材料上获得最大电池效率，特地开发了针对硅带的电池工艺，包括如何提高体寿命。例如，通过铝合金化和氢钝化提升体寿命对 EFG 材料非常有效[70,93,94]。另外一个途径是使用 PECVD 生长氮化硅产生的氢来钝化体硅[95]。这种技术近年来在生产传统的 Cz 或者铸造硅电池的工艺中已经变为了通用技术。

6.5.5　硅带/硅箔技术：未来的发展方向

硅带/硅箔的硅片生产已经准备好开始新一轮的挑战，建造大规模（500～1000MW）的生产设施来生产晶体硅带硅片。RGS 硅箔片技术是所有硅带技术中最具有潜力的一种技术，因为每炉的产量高而成本低，已经进入产业化阶段，有 380MW 的 6 条线可在 2010 年底投入运行。这项工艺克服了一些实现高产量所面临的工艺和设备方面的挑战。RGS 技术可以生产出质量稳定的材料，能够将电池效率提高到大于 13%；通过工艺控制能够重复地生产出低应力、结构规则、15.6cm 宽的硅带，适用于高成品率的电池工艺，且厚度为 150～300μm 左右；质量可靠的炉子可以通过熔融料的补充实现连续生产。

WEB 和 STR 技术未来的关注点在工艺自动化和炉子及基础设施如何降低成本上，因为它们属于低产量（每炉）工艺。最近没有它们的发展信息，因而对其前景无法评价。STR 技术正在扩大 300μm 厚硅片的生产。尽管在研发阶段，STR 技术生产的硅片能制备出效率近 18% 的电池，但是以几兆瓦级规模生产出的硅片的质量及相应的电池效率还正在验证，从 2008 年开始建设新的 170MW 的工厂。在未来的几年内，这种技术将试着以经济有效的成本运营它们的几兆瓦规模的生产。最有潜力降低这些硅片材料成本的研发方向，就是生长更宽的硅带和每炉生长更多的硅带。

尽管最近 EFG 工厂已经关闭，SF 技术也归于沉寂，但 EFG 和 SF 技术已经成功地完成了它们初始的生产规模扩张，现在已经到了几兆瓦的级别。工艺的可控性和设备的稳定性的改善，将促进产量和成品率的提高，这在决定制造成本上变得越来越重要。随着每炉产量的提高，在每炉上的资金成本也在降低。如果要持续的向大规模的硅片生产（500～1000MW）转变，对所有硅带技术都具有压力要进一步降低炉子的成本。

通过降低硅带/硅箔的厚度实现的硅料节约和潜在的电池效率增加的益处，对所有的硅带技术都是一样不言而喻的。然而，这方面的研发压力相比于传统的晶体硅并不那么大，因为毕竟硅带技术在节省原材料方面的优势已经实现了。下一代垂直生长技术的研发目标是在 5 年内实现更薄硅片的中试。促进厚度降低的推动力主要来源于效率提高的压力，就现在的电池设计和硅片质量而言，效率值只能在 17%～19% 的范围，见表 6.5。硅带的低成本电池设计更容易在更薄的硅片上实现，这种设计可以突破瓶颈以达到效率值 18%～20%，但是在降低硅片厚度的同时要保证实现其体电学质量的提高。

垂直法生长技术的主要问题是如何找到一种方法来降低热应力效应。现在唯一的方法是降低拉速。以圆柱形生产的 EFG 硅片可能在降低热应力方面有所帮助，但是代价是要用薄的弯曲的硅片来生产电池和封装组件。尽管衬底生长技术不存在热应力，但是仍存在着高产量和高材料质量（大晶粒）之间的矛盾。

6.6　晶体生长技术的数值模拟

在 20 世纪 70 年代初期出现了商用的计算机辅助的有限元模拟工具，用于结构分析。今天，在不同的工业生产中模拟工具已经必不可少，比如汽车生产中的撞击模拟，航空产业中的气流模拟。作为一种先进的应用，模拟的目的是研究整个的生产工艺过程。如果成功，计算机模拟将缩短生产设施的开发时间、减少工程成本并加速工艺优化。在本节里，我们将介绍一些模拟软件、不同的热模型和硅结晶过程的数值模拟实例。

6.6.1　模拟工具

在通用的场合和特殊场合下数值模拟软件不尽相同。商业的通用数值软件有 ABAQUS[96]、ANSYS[97] 和 MARC[98]，它们广泛地适用于结构分析、热和流体模拟或者电磁场模拟。专用的数值模拟软件不知道有多少，很多大学和公司都特别开发了软件工具来解决他们遇到的特殊问题。最近，一些大的商业软件可以让用户在其软件内添加他们自己的子程序来运行。

大多数模拟软件的主要结构是相似的：一个运行前模块，即定义模拟运行的起始和边界条件，并包括模拟范围（有限元网格）；和描述材料特性的物理参数；一个运行模块，通常是一个不含人机互动的数学方程的求解器；一个运行后模块，用来使模拟结果可视化。

对模拟工具的需求依赖于物理问题和用户要求模拟的技术过程的复杂性。通常，可以描述的物理关系都是相对简单的并是已知的问题。通过数值模拟对一个产业化制造的整个过程进行描述在今天还是不可能的，而且在不远的将来也是不可能的，因为有太多的细节太过复杂。因此，开发有用的简化是成功模拟的至关重要的一步。这需要一个团队的工作来实现，包括模拟软件的用户和生产设备的操作人员及工艺专家们。

另一个重要的问题是通过实验数据验证模拟结果的正确性。考虑到生产设备的工艺特性，至少需要两个实验来验证模拟结果。这就意味着模拟模型应该在标准情形和最差情形两种情况下进行验证，以保证结果在一个大范围内的正确性。通常，这些实验都是昂贵的，并且很难在生产过程中实现。然而，运行非优化的生产过程更昂贵。无论怎样，为保证模拟方法的正确性，对模拟结果的验证是必需的。

6.6.2　硅结晶技术的热模型

用于晶体硅太阳电池的硅材料可以分为硅带和体硅材料。对大多数硅片制备工艺，数值模拟用于描述结晶过程中的热条件。在制备晶化硅带的技术中，仅仅 EFG[99,100] 和 STR[101] 技术已经产业化。最近，RGS 技术也进入了产业化生产。Cz 直拉技术是微电子行业单晶硅片的标准工艺，并且占据了光伏市场中的主要部分[102,103]。硅锭的结晶特性可以通过它们的固-液界面的形状解释。不管怎么说，现今的硅锭结晶越来越是平面凝固。对冷壁工艺用的数值模型参见参考文献 [104，105]，对热交换模型（Heat Exchange Method, HEM）见参考文献 [106]，对平面凝固过程（Solidification by Planar Interface, SOPLIN）见参考文献［107，108］。

在结晶过程中为了模拟温度的变化过程，必须要考虑到不一样的热效应。图 6.26 给出了硅带和硅锭结晶过程中的热状况图。两者最大区别是在晶体生长过程中变冷的表面和体之间关系（SV）的变化。这个关系可以用来量化分析在平衡环境下不同晶体的降温行为。对硅带生长来说，表面与体的比率（SV）是 2/硅带的厚度，对硅锭而言 SV 是 1/硅锭的高度。对硅带，SV 数值较高（如 SV = 66/cm），意味着表面影响晶体的生长，而对硅锭，SV 的数值较低（如 SV = 0.033/cm），意味着体效应对结晶过程更重要。基于此，SV 参数表征了不同结晶技术的模拟要求。在体结晶过程中，在液-固界面的潜热必须通过硅锭底部的散热器散掉。这样，晶化顺着固态硅锭体内的传导热流逐渐进行，并且一定注意要模拟体内部的温度梯度。在硅带生长过程中，硅表面的热对流和辐射是主要的潜热散发机制，并由此决定凝固过程。因此，模拟结果对热传导系数和硅带表面的辐射非常敏感。

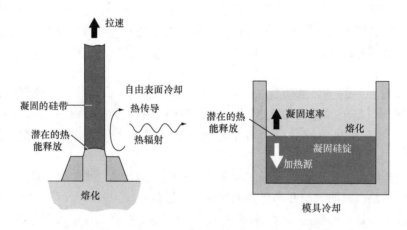

图 6.26　硅带生长和铸锭晶化过程中的热效应

更进一步来说，这两种技术都可以分为准稳态和界面移动过程。假设拉速是稳定的，硅带生长的特征是有个稳态的温度场，并且液-固相界面可以用固定的温度界面条件来模拟，也就是硅的熔融温度 1410℃。在铸锭过程中，界面相沿着晶棒方向移动并且潜热的释放可以用热熔方程来模拟。这样，有限元的潜热释放可以直接在整体凝固完成后考虑，或者对部分凝固的有限元部分考虑潜热释放的比例[109,110]。通过评估典型的铸锭过程（大约 9000cm³/h）中的结晶体积比，精确的模拟潜热释放的重要性就更明显了，也就是说，这意味着在相的边界处潜热源超过 8kW。拉一段 10cm 宽的硅带，结晶的体积比大约为 30cm³/h，释放的潜热只有 0.03kW。

Cz 直拉技术可以归类到硅带和铸锭技术中。其温度曲线可以认为是不变的，并且 SV 参数为 1/晶棒直径，在 0.066/cm 的范围。

总之，在结晶过程中硅中的热流可以由下面的热传导方程描述[111-113]：

$$\rho c_p \frac{\partial T}{\partial t} = \lambda \nabla^2 T + L \frac{\partial f_c}{\partial t}$$

式中，硅的数据如下：

固态硅的密度	$\rho_{(1410℃)} = 2.30\text{g/cm}^3$
液态硅的密度	$\rho_{(1411℃)} = 2.53\text{g/cm}^3$
热容	$c_{p(20℃)} = 0.83\text{J/(g·K)}$
	$c_{p(1410℃)} = 1.03\text{J/(g·K)}$
热导率	$\lambda_{(20℃)} = 1.68\text{W/(cm·K)}$
	$\lambda_{(1410℃)} = 0.31\text{W/(cm·K)}$
相变潜热	$L = 3300\text{J/cm}^3$

时间 t 和温度 T 是可变的,并且根据模拟而定。对界面移动的情况,凝固的比例 f_c 很重要。这个参数依赖于有限元温度,并且在 0(完全液相)和 1(完全固相)之间。

除了材料特性以及硅材料中的热流机制外,为了对晶化设备进行模拟,还必须考虑炉体的内部构造。这包括几何形状的描述、内部结构的材料特性及加热器和制冷设施之间的辐射热交换。

6.6.3　体硅晶化模拟

作为硅锭结晶过程中温度模拟的一个例子,选择了 SOPLIN 铸锭技术。为了模拟这个过程,大约 230000 个元素的有限元网格被建立起来,以描述炉体的几何形状。这个有限元网格包括了硅锭、模具、所有的绝缘材料和加热制冷系统,如图 6.27 所示。因为和工厂的保密协议,图中没有给出加热和制冷系统。所有的热传导和热容效应以及非静态的潜热释放都已经考虑进去。在硅和模具或者绝缘材料之间所有的接触位置,都用热流-热阻参数进行了模拟。为了描述炉内辐射的热通量,软件中还包括有视图因子模型。所有的材料数据都按温度依赖性进行了处理并且所有的炉内部控制系统都添加到了模拟软件中。

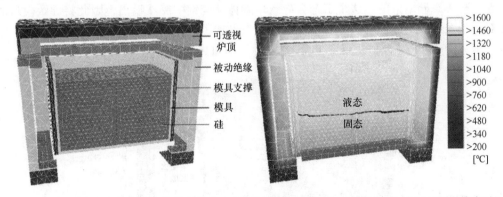

图 6.27　硅锭铸造炉的有限元几何形状和在参考工艺下的模拟温度分布(固-液界面用黑线表示)

为了让模拟开始运行,仅仅需要输入制冷的水的温度和与时间有关的工艺控制信息,正如在结晶炉中输入的那样。计算的输出是一个炉体的三维温度的变化过程,从倒入熔融体开始,到硅锭内都到达相同的 300℃ 作为结束。这项计算在通常的单处理器工作站上需要将近 6h。

图 6.27 给出了一个从中部纵向切面的参考工艺中温度分布的例子。液-固界面由熔点温

度下的等温线标出。凝固前沿基本是平的，有点不对称是因为加热系统的特殊构造引起的。这个模拟结果经过了实验的验证，和结果非常吻合。

通常，凝固前沿的形状由潜热通量控制，而垂直方向的加热和制冷条件控制着凝固速度。为了研究所述炉子的这些特性，模拟了不同的工艺控制过程。图 6.28 给出了两种情况。如果铸锭炉边墙的加热功率增加 30%，凝固前沿的形状会变得更凸。相反，如果加热功率减少 20%，其形状会变得更凹。另外，除了这个效应，模拟结果显示，凸形的凝固时间增加 44%，而凹形的凝固时间缩短 30%。这两个方面的效应都是由于炉子总的输入功率的改变引起的。这些模拟结果使得炉子的操作人员可以寻找出材料质量和工艺成本之间的平衡，正如大家知道的，平面凝固时的材料质量最好。

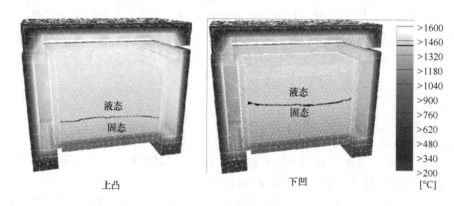

图 6.28　由于铸锭炉边墙加热功率不同造成的上凸和下凹固-液界面的例子
（两幅图处在同一工艺时间）

在图 6.29 中，给出的模拟结果代表了一种显著减少硅锭顶部加热功率的情况。通过此举，可以加快凝固速率而使凝固时间减半。然而，在这种模拟情况下，凝固过程是以固态硅中封着一些液态硅结束的。这个工艺会导致熔融体从硅锭中突然喷出，因此将导致模具的断裂并对炉子造成一定的损害。这种情况的模拟就发现了最糟糕的工艺条件，在生产中一定要避免。更多的 SOPLIN 模拟结果参见参考文献 [114-116]。

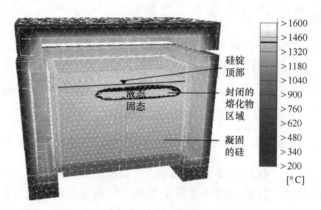

图 6.29　硅锭上端加热功率显著减少情况下的模拟结果。此时，凝固时间
缩短一半，但是凝固过程结束后内部还有硅液体

6.6.4 模拟硅带的生长

作为模拟硅结晶工艺的第二个例子，我们列举的是 RGS 技术。这个工艺的基本概念是衬底的提拉方向和硅本身的凝固方向不同，我们知道硅是在衬底上凝固的，因此可以实现非常高的生产速率（每几秒一个硅片），如图 6.30 所示。对这个工艺，数值模拟更详细地模拟了硅带的晶化过程。这个模拟通过相场实现[117]。在图 6.31 中，通过两维温度场的模拟比较了硅在衬底上的两个成核状态。在第一种状态下，结晶点前端的过冷区域会

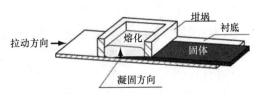

图 6.30 RGS 工艺机制，潜热通过衬底释放，这样，凝固沿着垂直于衬底的方向进行并且和衬底拉动的方向不同

导致晶体的枝丫状生长，因为液-固界面形状的不稳定。在第二种状态下，由于在衬底上形成了一系列新的晶粒，过冷效应减少，这将导致晶体更趋向于柱状生长。两种晶化模型都依赖于衬底的表面和控制衬底及熔融体温度的加热功率。数值模拟使得研究晶体生长趋势及衬底与硅带的接触位置的温度场成为可能。在图 6.32 中，给出了一种在衬底上生长单一晶粒的例子[118]。用这种方法，数值模拟可以研究在不同温度条件下晶粒的生长机制以及晶粒选择机制。

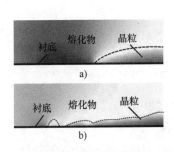

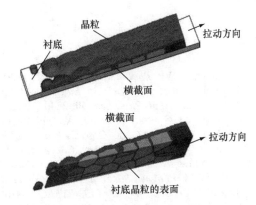

图 6.31 在 RGS 衬底上模拟的温度曲线。浅灰色的区域为高温。固-液界面由虚线表示。在硅带前端形成了伸入到过冷熔体中的不稳定结晶。由于新的晶粒的形成限制了过冷情况并导致稳定的柱状晶粒生长

图 6.32 在 RGS 衬底上模拟得到的凝固过程中晶粒生长的结果。不一样的晶粒用不同的灰度表示。固-液界面由更黑的灰度表示并包裹着晶粒。为了看起来更方便，图中没有给出液态硅

6.7 结论

目前，光伏产业仍依赖于晶体硅太阳电池，大约 90% 的光伏装机容量都是晶体硅。人们预测单晶硅和多晶硅电池在未来的 10 年还将是光伏行业的主导。

通过采用微电子行业不用的剩料，光伏行业用直拉法制备单晶硅锭。由于没有微电子行业要求那么严格，光伏用直拉硅的产量仍旧可以提高，并保持好的质量来制备出 16%~18%

效率的电池片。

多晶硅的制造成本比单晶硅更低，但是电池效率也更低，主要是由于位错和其他晶体缺陷造成的。随着新技术的引入，单晶硅和多晶硅之间的差距将会越来越小。目前的绝对效率差在 1% ~ 1.5% 。

硅锭用多线切割法切割成薄的硅片，产量是每天每台机器大约 10000 片。线切割造成大量的材料损失，成为硅片成本中很可观的一部分。对线切割工艺的更详细地了解将有助于优化工艺并提高切割质量。

硅带/硅箔技术在过去的 10 年里逐渐成熟，一些硅带技术已经很成熟并且具有很好的重复性，能够实现兆瓦级的生产，但是仍然没有达到可与传统硅片制造相竞争的规模。在过去几年里，EFG 和 STR 技术已经建立了达到几百 MW 的工厂，但 SF 和 WEB 技术还没有实现这样的目标。

在最近 10 年，计算机的功能增长了很多，并且在模拟物理现象和开发模拟软件方面取得了很大的进步。计算机模拟在科学和产业化应用中变成了强有力的工具。本章给出的产业化结晶过程的模拟结果和通过数值模拟进行的关于晶化过程的详细研究都是现今存在的一些例子。数值模拟在很大程度上帮助我们更多地理解了晶化过程和技术工艺中的基本物理知识。计算机模拟方面一个持续不断的需求就是如何使科学和工程模拟越来越接近现实情况。

参考文献

1. Hirshman WP, *Photon International*, 170–206, March (2009).
2. Knobloch J *et al*., *Proc. 13th Euro. Conf. Photovoltaic Solar Energy Conversion*, 9 (1995).
3. Li J *et al*., *Appl. Phys. Lett.* **60**, 2240 (1992).
4. Zundel M, Csaszar W, Endrös A, *Appl. Phys. Lett.* **67**, 3945 (1995).
5. Sinke W, Cañizo C, del Coso G, *Proc. 23rd EU-PVSEC*, 700–3705 (2008).
6. Güttler G, Queisser H, *Energy Conversion* **10**, 51 (1970).
7. Hahn G *et al*., *Solid State Phenomena* **156–158**, 343–349 (2010).
8. Rogol M, *Photon's 8th Solar Silicon Conference*, Stuttgart (2009).
9. Rinio M *et al*., *Proc. 23rd EU-PVSEC*, 10014–1017 (2008).
10. Hofstetter J *et al*., *Materials Science and Engineering B* **150–160**, 299–304 (2008).
11. Laades A *et al*., *Solid State Phenomena* **156–158**, 381–386 (2010).
12. Klingshirn H, Lang R, *U.S. Patent 5324488* (1994).
13. Fickett B, Mihalis G, *Journal of Crystal Growth*, **225**, 580–585 (2001).
14. Spangler MV, Seburn CD, *U.S. Patent 7141114* (2006).
15. Hu T *et al*., *Microelectronics Engineering*, **56** (1–2), 89–92 (2001).
16. www.longi-silicon.com.
17. Koch W *et al*., *Solid State Phenomena* **401**, 57–58 (1997).
18. Häßler C *et al*., *Proc. 2nd World Conf. Photovoltaic Solar Energy Conversion*, 1886 (1998).
19. Schmidt J *et al*., *Proc. 22nd EU-PVSEC*, 998–1001 (2007).
20. Nage., H. *et al*., *Proc. 22nd EU-PVSEC*, 1547–1551 (2007).
21. Cuevas A *et al*., *Applied Physics Letters*, **81**, 4952 (2002).
22. Tucci M *et al*., *Proc. 23rd EU-PVSEC*, 1847–1850 (2008).
23. Uzum A *et al*., *Proc. 23rd EU-PVSEC*, 1625–1628 (2008).
24. MacDonald D *et al*., *Proc. 23rd EU-PVSEC*, pp 1475–1477 (2008).
25. Chen J *et al*., *Solid State Phenomena* **156–158**, 19–26 (2010).
26. Koch W, Krumbe W, Schwirtlich I, *Proc. 11th EU Photovoltaic Specialist Conf.*, 518 (1992).

27. Bertoni M *et al.*, *Solid State Phenomena* **156–158**, 11–18 (2010).
28. Fuller C, Logan R, *J. Appl. Phys.* **28**, 1427 (1957).
29. Kaiser W, Frisch H, Reiss H, *Phys. Rev.* **112**, 1546 (1958).
30. Wagner P, Hage J, *Appl. Phys. A: Solids Surf.* **49**, 123 (1989).
31. Cazcarra V, Zunino P, *J. Appl. Phys.* **51**, 4206 (1980).
32. Pensl G *et al.*, *J. Appl. Phys. A.* **48**, 49 (1989).
33. Häßler C *et al.*, *Proc. 14th Euro. Conf. Photovoltaic Solar Energy Conversion*, 720 (1997).
34. Du G *et al.*, *Semicond. Sci. Technol.*, **23**, 055011 (2008).
35. Hudelson S *et al.*, *Proc. 23rd EU-PVSEC*, 963–964 (2008).
36. Hofstetter J *et al.*, *Solid State Phenomena* **156–158**, 387–393 (2010).
37. EPIA Report, *Global Market Outlook for Photovoltaics until 2013*, see www.epia.org (2009).
38. Chonan S, Jiang Z, Yuki Y, *J. Vib. Acoustics* **115**, 529 (1993).
39. Wells R, *Solid State Technol.* **30**, 63 (1987).
40. Sahoo R *et al.*, in Subramania K (ed.), *ASME – IMECE Manufacturing Science and Engineering*, 131, ASME press, New York (1996).
41. Li J, Kao I, Prasad V, *ASME – IMECE Manufacturing Science and Engineering*, 439, ASME press, New York (1997).
42. Yang F, Kao J, *J. Electron. Packaging* **121**, 191 (1999).
43. Bhagavat M, Kao I, Prasad V, *ASME J. Tribology* **122**, 394–404 (2000).
44. Kao I, Wie S, Chiang P, *Proc. of NSF Design & Manufacturing Grantees Conf.*, 239 (1997).
45. Chen C, Leipold M, *J. Am. Ceram. Soc.* **59**, 469 (1980).
46. Lawn B, Marshall D, *J. Am. Ceram. Soc.* **62**, 347 (1979).
47. Anstis G, Chantikul P, Lawn B, Marshall D, *J. Am. Ceram. Soc.* **64**, 533 (1981).
48. Evans A, Charles E, *J. Am. Ceram. Soc.* **59**, 371 (1976).
49. Lawn B, Evans A, *J. Mater. Sci.* **12**, 2195 (1977).
50. Gogots Y, Baek C, Kirscht F, *Semicond. Sci. Technol.* **14**, 936 (1999).
51. Weppelmann E, Field J, Swain M, *J. Mater. Res.* **8**, 246 (1993).
52. Borst C, Möller H, *German BMBF VEDRAS Report*, 23 (1999).
53. Beesley JG, Schönholzer U, *Proc. 22nd EU-PVSEC*, 956–962 (2007).
54. Henley F *et al.*, *Proc. 23rd EU-PVSEC*, 1090–1093 (2008).
55. Hopman S *et al.*, *Proc. 23rd EU-PVSEC*, 1131–1135 (2008).
56. Dross F, *et al.*, *Proc. 33rd IEEE-PVSC*, 1–5, (2008).
57. Bye, JI, Jensen SA, Aalen F, Rohr C, Nielsen Ø, Gäumann B, Hodsden J, Lindemann K, *Proc. 24th EU-PVSEC*, 1269–1272 (2009).
58. Electricity from Solar Cells, *Flat Plate Array Project*, 10 Years of Progress, JPL Publication 400–279 10/85 (October 1985).
59. www.schott.com/photovoltaics.
60. www.solwafer.eu/nl.
61. Rohatgi A *et al.*, *Applied Physics Letters*, **84**, 145 (2004).
62. For comprehensive reviews see bibliographies in *J. Cryst. Growth*, **50** (1980); *J. Cryst. Growth*, **82** (1987); *J. Cryst. Growth*, **104** (1990).
63. Ciszek T, *J. Cryst. Growth* **66**, 655 (1984).
64. Bell R, Kalejs J, *J. Mat. Res.* **13**, 2732 (1998).
65. Chalmers B, *J. Cryst. Growth* **70**, 3 (1984).
66. Thomas P, Brown R, *J. Cryst. Growth* **82**, 1 (1987).
67. Hopkins R *et al.*, *J. Cryst. Growth* **82**, 142 (1987).
68. Ravi K, *J. Cryst. Growth* **39**, 1 (1977).
69. Kalejs J, in Khattak C, Ravi K (eds), *Silicon Processing for Photovoltaics II*, 185–254, North Holland, Amsterdam (1987).
70. Garcia D *et al.*, *J. Cryst. Growth* **225**, 566 (2001).
71. Mackintosh B *et al.*, *Proc. 28th IEEE Photovoltaic Specialist Conf.*, 46 (2000).
72. Sachs E, *Proceedings. of the Flat-Plate Solar Array Project Research Forum on the High-Speed Growth and Characterisation of Crystals for Solar Cells*, JPL, 279 (1984).

73. Sachs E, Ely D, Serdy J, *J. Cryst. Growth* **82**, 117 (1987).
74. Wallace R *et al.*, *Sixth Workshop on the Role of Impurities and Defects in Silicon Device Processing – Extended Abstracts and Papers*, NREL/SP-413-21550, 203 (1996).
75. Lange H, Schwirtlich I, *J. Cryst. Growth* **104**, 108 (1990).
76. Schönecker A *et al.*, *12th Workshop on Crystalline Silicon Solar Cells, Materials and Processes* (2002).
77. Cotter J *et al.*, *Proc. 13th Euro. Conf. Photovoltaic Solar Energy Conversion*, 1732 (1995).
78. Barnett A *et al.*, *Proc. 18th IEEE Photovoltaic Specialist Conf.*, 1094 (1985).
79. Ruby D, Ciszek T, Sopori B, *NCPV Program Review Meeting*, April, 16–19, Denver, CO, unpublished.
80. www.evergreensolar.com.
81. *Evergreen annual report 2008*, in www.evergreensolar.com (2009).
82. Schmidt W, Woesten B, Kalejs J, *Proc. 16th EPVSEC*, 1082–1086 (2000).
83. Sawyer W, Bell R, Schoenecker A, *Solid State Phenomena* **37–38**, 3 (1994).
84. Meier D, Hopkins R, Campbell R, *J. Propulsion Power* **4**, 586 (1988).
85. Koch W *et al.*, *Proc. 2nd World Photovoltaic Conf.*, 1254 (1998).
86. Koshka Y *et al.*, *Appl. Phys. Lett.* **74**, 1555 (1999).
87. Bowler D, Wolf M, *IEEE Trans. Components, Hybrids Manufacturing Technology* **3**, 464 (1980).
88. Basore P, Clugston D, PC1D Version 4.2 for Windows, Copyright University of New South Wales.
89. Van Nieuwenhuysen K *et al.*, *Journal of Crystal Growth*, **287**(2), 438–441 (2006).
90. Bathey B *et al.*, *Proc. 28th IEEE Photovoltaic Specialist Conf.*, 194 (2000).
91. Sims P *et al.*, *Annual Report on DOE/NREL Subcontract No. DE-AC36-98-GO20337*, Publication No. NREL/SR-520-28547 (2000).
92. Seren R *et al.*, *Proc. 22nd EU-PVSEC*, 854–858 (2007).
93. Sana P, Rohatgi A, Kalejs J, Bell R, *Appl. Phys. Lett.* **64**, 97 (1994).
94. Bailey J, Kalejs J, Keaveny C, *Proc. 24th IEEE Photovoltaic Specialist Conf.*, 1356 (1994).
95. The earliest work is reported in the *3rd Photovoltaic Science and Engineering Conference* by Morita H *et al.*, *Jpn. J. Appl. Phys.* **21** 47 (1982); *U.S. patent No. 4,640,001* (1987) and *Australian patent No. 609424* (1991); a comprehensive review of recent developments is given by Szlufcik J *et al.*, *Proc. E-MRS Spring Meeting*, E-VI.1 (2001).
96. www.abaqus.com.
97. www.ansys.com.
98. www.marc.com.
99. Lambropoulos J *et al.*, *J. Cryst. Growth* **65**, 324–330 (1983).
100. Kalejs J, Schmidt W, *Proc. 2nd World Conf. Photovoltaic Solar Energy Conversion*, 1822–1825 (1998).
101. Wallace R, Janoch R, Hanoka J, *Proc. 2nd World Conf. Photovoltaic Solar Energy Conversion*, 1818–1821 (1998).
102. Chang C, Brown R, *J. Cryst. Growth* **63**, 343–352 (1983).
103. Zulehner W, Huber D, *Crystals*, Vol. 8, 3–143, Springer Verlag, Berlin, Heidelberg, New York (1982).
104. Helmreich D, The Wacker Ingot Casting Process, in Khattak C, Ravi K, (eds), *Silicon Processing for Photovoltaics*, Vol. II, 97–115, North-Holland, Amsterdam (1987).
105. Schätzle P *et al.*, *Proc. 11th Euro. Conf. Photovoltaic Solar Energy Conversion*, 465–468 (1992).
106. Khattak C, Schmid F, *Proc. 25th IEEE Photovoltaic Solar Energy Conversion*, 597–600 (1996).
107. Koch W *et al.*, *Proc. 12th Euro. Conf. Photovoltaic Solar Energy Conversion*, 797–798 (1994).
108. Häßler C *et al.*, *Proc. 2nd World Conf. Photovoltaic Solar Energy Conversion*, 1886–1889 (1998).

109. Zabaras N, Ruan Y, Richmond O, *Computer Methods in Applied Mechanics and Engineering*, Vol. 8, 333–364, Elsevier Science Publisher B.V., Amsterdam (1990).
110. Diemer M, Franke D, Modelling of Thermal Stress Near the Liquid–Solid Phase Boundary, in Thomas B, Beckermann C, (eds), *Modelling of Casting, Welding and Advanced Solidification*, Vol. 8, 907–914, TMS (1998).
111. Zienkiewicz O, Taylor R, *The Finite Element Method*, McGraw-Hill, London (1989).
112. Bathe K, *Finite Element Procedures in Engineering Analysis*, München Verlag, Wien (1984).
113. Kurz W, Fischer D, *Fundamentals of Solidification*, Trans Tech Publications, Zürich (1998).
114. Franke D *et al.*, *Proc. 25th IEEE Photovoltaic Specialist Conf.*, p 545–548 (1996).
115. Häßler C *et al.*, *Solid State Phenomena* **67–68**, 447–452 (1999).
116. Franke D, Apel M, Häßler C, Koch W, *Proc. 16th Euro. Conf. Photovoltaic Solar Energy Conversion*, 1317–1320 (2000).
117. Steinbach I *et al.*, *Physica D* **94**, 135–147 (1996).
118. Steinbach I, Höfs H, *Proc. 26th IEEE Photovoltaic Solar Energy Conversion*, 91–93 (1997).

第 7 章　晶体硅太阳电池和组件

Ignacio Tobías[1], Carlos del Cañizo[1], Jesús Alonso[2]

1. 西班牙，马德里 Politécnica 大学，太阳能研究所
2. 西班牙，马拉加，Isofotón 公司

7.1　引言

从光伏技术出现开始，晶体硅电池和组件就在光伏技术中占据主导位置。它们一直占据着光伏市场85%以上的份额，目前尽管由于技术的原因出现了一些衰退，但毫无疑问，它们将在未来的一段时间内，至少是下一个十年之内，仍会保持其主导地位。

晶体硅电池占据光伏主导地位的一个原因是微电子技术已经在很大程度上对硅材料相关技术进行了发展。光伏行业不仅受益于微电子行业的知识积累，而且以合理的价格从中获取了硅原料和二手设备。同时微电子行业也利用了光伏技术里的一些创新和新进展。

在过去的几十年里，地面用光伏市场主要用的是 p 型直拉单晶硅做衬底。在性能、产能以及可靠性方面的持续改善使晶体硅电池成本不断下降，并因此导致了光伏市场的扩张。因为多晶硅的成本更低，作为单晶硅电池的一种替代品在 20 世纪 80 年代出现了多晶硅（MC）电池。但因为它们质量较差使得多晶硅电池无法达到和单晶硅电池一样的效率，所以在很长一段时间内两种技术的品质因数（单位：美元/W）都很相似。

对多晶硅材料的物理和光学特性的深入理解带来了器件设计方面的改进，这使得这种技术的应用更为广泛。材料质量和材料加工方面的进步，使其在仍旧较低的成本下获取了较高的效率，增加了多晶硅在光伏市场所占的份额。表 7.1 给出了最近市场的演变[1]。

表 7.1　单晶和多晶太阳电池市场份额[1]

年	单晶硅太阳电池		多晶硅太阳电池	
	产量/MW	市场份额（%）	产量/MW	市场份额（%）
1996	48.7	55	28.4	32
2000	92.0	32	146.7	51
2007	1805	42	1934	45

本章详细地讲述硅太阳电池和组件技术。首先从光伏角度介绍硅材料的特性，然后整体回顾硅太阳电池的设计，重点突出不同方法的优势和局限所在。描述太阳电池制备工艺，特别关注目前主要应用的工业技术，大部分都是基于丝印技术。尤其是强调提高太阳电池技术的各种方法，其中包括已经在产线被应用的其他方法。接下来，回顾晶体硅太阳电池组件的制造，包括其电学特性、加工过程和稳定性等问题。

7.2　光伏用晶体硅材料

7.2.1　体材料特性

在环境温度下，晶体硅的间接带隙为 $E_G = 1.17eV$[2]，直接带隙大于 $3eV$[2]。这些特性决定了硅的光学特性随波长的改变而改变，包括对带隙附近光子产生的载流子低的吸收系数[3]。在太阳光谱的短波长（UV）处，有可能一个入射光子产生两个电子-空穴对，尽管从数量上来说这种效应很少[4]。而在红外波段，寄生自由载流子吸收与带间吸收会产生互相竞争[5]。本征浓度是和能带结构相关的另一个重要参数。它将载流子的不平衡与电压联系起来[6]。

在高载流子密度时（掺杂或激发诱导），带隙的改变导致了有效本征浓度的增加，这就是一种所谓的重掺效应，它能导致重掺区光伏特性下降[7]。

硅中的复合主要是缺陷复合，通常用 Shockley-Read-Hall（SRH）寿命描述。其相关寿命 τ（也可以用扩散长度 L 描述）在高质量材料中较高。相反，俄歇复合作为一个基本过程，在高载流子浓度时变得很重要[8]。据报道，在中等载流子浓度时，由于激子效应俄歇系数反而更高[9]。带间直接复合当然也是一种基本的复合机制，但是从数量上来说很少（然而，需要一提的是创纪录的太阳电池有非常低的 SRH 复合，以至于它们的性能就像 1%效率的发光二极管，也就是说，辐射复合占主导[10]）。

在低和中等掺杂浓度下，电子的迁移率比空穴的大三倍，但都受到声子散射的限制。在更高掺杂浓度下，杂质散射占主导地位[11]。在高注入材料中载流子-载流子散射影响输运特性[12]。

7.2.2　表面

7.2.2.1　接触

电接触是构建于半导体表面的一种结构，通过这种结构使载流子在半导体和外电路之间流动。在太阳电池中，要求电接触能从吸光的半导体衬底中拽出光生载流子。它应该具有选择性，也就是说只能允许一种载流子从硅内流到金属中去而且没有能量损失，但是能阻止另一种载流子从金属流向硅。

通常来说直接的硅-金属接触并非如此。作为一种例外，就是当 Al 和高掺杂的 p 型 Si 衬底可以形成良好的空穴接触。但是通常使用最多的方法是在金属接触的地方形成重掺，p 型重掺用于空穴的输出，而 n 型重掺用于电子的输出。在重掺区域的多子可以在低电压损失的情况下流过接触区。而少子的迁移由表面复合速率（SRV）S 表征，尽管 SRV 比较高，但是由于只受热扩散限制，所以 $S \approx 10^6 cm \cdot s^{-1}$[13]。对一个给定的 pn 结，少数载流子的浓度被高掺杂抑制并且其流动也被减少。正如后面所示，针对少数载流子的接触通常放在衬底的前表面（入射光面），相应的重掺层通常被称作发射区。在电池背面的多数载流子下的掺杂区被称为背表面场（BSF）。

在重掺区的复合由饱和电流密度 J_0 描述，它包括了体和实际电极接触复合。它们的厚度 w 应当远远大于少数载流子扩散长度 L 以使少量的过剩载流子达到接触区，并且掺杂浓度必须足够高来降低接触电阻和少数载流子浓度，尽管重掺效应可能会对这些区域的理想掺杂水平造成限制。BSF 层的复合特性通常用有效 SRV 来表征，而不是饱和电流密度。

典型的 J_0 值一般在 $10^{-13} \sim 10^{-12} A \cdot cm^{-2}$ [14,15]。磷扩散用于 n 型接触。对 p 型接触而言，铝合金相比硼的优势是可以在很短的时间内在不是很高的温度下形成很厚的 p^+ 层，而且具有吸杂作用[16]。但缺点是 p^+ 层厚度不均匀，而且有可能局部没有 p^+ 层。这种情况下的 J_0 通常要大于均匀背场的。和 Al 相比，硼背场有更高的掺杂浓度，因为硼在硅中有更高的固溶度[17]并且由于硼背场对光透明，所以它可以用于电池的受光面。

宽带隙材料的异质结，例如在 SanyoHIT[18]电池中的 a-Si：H/ITO 透明电极接触，如果获得合适的能带匹配，那么可以得到选择性电极接触。其他测试的结构包括金属-绝缘体-半导体（MIS）接触[19]，多晶硅接触[20,21]。

7.2.3 无接触的表面

由于硅原子键破坏严重，在裸硅表面存在很大数量的带间态，它们充当着 SRH 复合中心，使得 SRV 非常大，大约为 $10^5 cm \cdot s^{-1}$ [22]。为了减少表面复合，主要采取了以下两种途径[23]。

首先，带隙中电子的表面态密度可以减少，通过在表面沉积或生长一层合适的材料，使这种材料可以部分地恢复表面硅原子键。这种材料必须是绝缘的。

热氧化的 SiO_x 在大约 1000℃ 的高温下，在富氧的氛围中通过消耗硅原子生长而成。SiN_x 薄膜通过在 300~400℃ 范围内采用等离子体增强化学气相沉积（PECVD）法沉积而成[24]。两种技术的质量都对随后的处理工艺很敏感，因为要获得低于 $100 cm \cdot s^{-1}$ 的 SRV，氢起到主要作用。

其他太阳电池潜在的钝化体系是 PECVD 氧化硅[25,26]，碳化硅[27]以及氧化铝[28,29]。由于多晶硅衬底对热工艺比较敏感，因此低温沉积的材料对多晶硅更有优势。

作为一种通常的规律，S 随着衬底的掺杂浓度增加而增加。它同样依赖于注入水平和掺杂类型，因为界面包含的正电荷可以影响到硅片表面的载流子数量，并且因为对电子和空穴俘获的概率也不一样。n 型或者本征表面通常好于 p 型表面[30-32]。紫外线辐照下的稳定性是另外一个基本的考虑因素。

在第二个途径中，相比于体内，界面的过剩少数载流子密度降低了。这个作用导致了在相应的空间电荷区的体边缘处有效 SRV 降低。通过对表面层加载电荷、掺杂或和 MOS 结构有关的静电感应可以实现这种作用[33]，因其包含大量正电荷，此方法对 SiN_x 的钝化层的生成非常重要。

表面层可以是积累的或反型的，或者相应地进行与衬底类型相同的或相反的掺杂。它的复合活性可以更好地通过一个恒定的饱和电流密度 J_0 描述。如果表面 S 值高的话，它的最小化遵循着和上面提到的接触一样的规律。相反，当和表面层少数载流子 D/L 值相比（D 是扩散常数，L 是衬底的扩散长度）S 值较低时，表面层最好薄一点或者对少数载流子"透明"（$w < L$）。优化的掺杂水平是在过剩载流子的降低、重掺效应及掺杂加重 SRV 三者间折中。在这种情况下，适中的掺杂水平是有利的。在钝化的表面，J_0 值大约可以达到 $10^{-14} A \cdot cm^{-2}$，在磷掺杂的衬底上效果还要好于硼掺杂的[14,15]。

总之，相比有金属化的地方而言，复合在没有电极接触的表面可以控制到很低，并且这对硅太阳电池结构的演变产生了很深的影响。在过去的几年里，低温钝化层和异质结接触已非常重要。

7.3　晶体硅太阳电池

7.3.1　电池结构

针对效率极限和优化电池结构方面已经开展大量工作[34-37]。所有的可避免损失都被假设尽可能地降低：

1）没有反射损失并且可通过理想光陷阱技术获得最大吸收；

2）最小的复合：认为 SRH 和表面复合可以避免并且仅仅剩下俄歇复合；

3）理想的电极接触：既没有阴影也没有串联电阻损失；

4）在衬底中没有输运损失：衬底中载流子的分布轮廓是平的，所以在给定电压下复合最小。

优化的电池应该使用本征材料来最小化俄歇复合和自由载流子吸收，并且应该大约为 $80\mu m$ 厚，这是一个吸收和复合相互折中后的厚度。这样应该在 25℃、1 个太阳 AM1.5G 下，可获得将近 29% 的效率[35]。

这种理想的情况没有告诉我们哪儿放电极。为了实现上面提到的第 4 个条件，电极应该放在电池的受光面或者前面（见图 7.1a），但金属阴影造成的损失使条件 3）不可能实现。下面这种方案是出于聚光电池而考虑的[38]。把电池电极都放于电池背面（见图 7.1b）。背接触电池的效率在聚光条件下创造了世界纪录，并且在 1 个太阳下效率高达将近 23%[39]。在 7.6.3 节中将看到，采用这种方法的电池，在工业水平下也可达到最高效率。

在大多数情况下，每个电极应放置于电池的不同面，这样的结构从技术上来说很容易实现（见图 7.1c）。衬底中的少数载流子通常在电池正面收集，因为少子的密度较低，所以它们的收集更成问题。扩

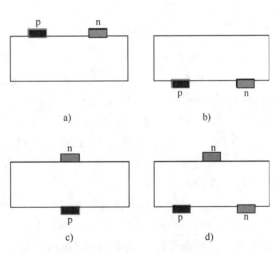

图 7.1　电极接触结构：a）都在前表面，b）都在背表面，c）两面都有，d）两面都有某种载流子对应电极（结构中用 n 型或 p 型衬底都可以）

散长度指的是它们可以被收集的最远距离。多数载流子可以漂移到背接触处而损失很少。有一些设计是从前面和背面同时收集少数载流子[40]（见图 7.1d），这样增加了有用的光生载流子的数量。

设计双面电池是为了两面收集太阳光，从而使得在背面有较多反射光时输出功率大幅增加。图 7.1 中的任何结构都可以实现双面结构，只要双面都有光通过[35]。

实现 25% 的最高实验室效率的电池[41]（见图 7.2a）和一般效率为 15.5% ~ 16%（多晶

硅）或者 16.5% ~ 17%（单晶硅）的批量生产的工业电池（见图 7.2b）其电极接触都如图 7.1c 所示。它们将在后文中详细描述，用以说明理想电池和最高效率电池及最高效率电池和产业化电池之间性能差异及造成差异的原因。

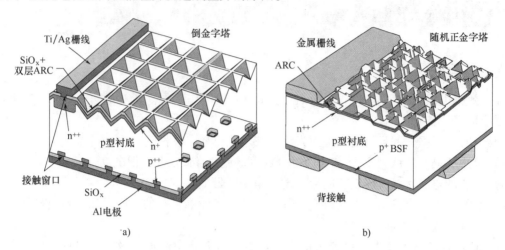

图 7.2　a）钝化发射极和局部背接触（PERL）电池；
b）产业化的用丝印法制备电极的电池（非等效尺寸）

7.3.2　衬底

7.3.2.1　材料和工艺

最高效率是在区熔单晶硅（FZ-Si）上实现的，区熔单晶硅不仅在晶格上相当完美，而且材料中金属和轻杂质（O、C、N）含量非常低。这就意味着经过工艺处理后有最长的 SRH 寿命，大约在微秒范围，但是仍然要短于俄歇复合的极限。磁场直拉（MCz）硅由于比传统 Cz 硅含有少得多的氧，因而也能得到非常高的效率[36]。产业化电池使用直拉硅是因为它们可以大量获得。传统直拉硅虽然晶体结构也很完美，但是其氧含量很高，这会从一些方面对硅片寿命造成影响[42]。

产线太阳电池使用容易获得的 Cz 硅片。Cz 片也是一种完美的晶体，但是它们包含着高浓度的氧，其通过几种不同的方式影响寿命[43]。也有一些产业化电池用铸锭或拉带（其工艺专为光伏应用而设计）法制备的多晶硅。除了晶体缺陷（如晶界和位错）更高外，由于在快速凝固过程中金属更少地分凝出来，使金属含量更高。因此，多晶硅片的寿命较低。

寿命在太阳电池最终的制备过程中也很重要，因为在制备过程中寿命可能发生很大的变化。在实验室和工厂环境下对这个问题有不同的解决办法。在实验室中，主要是采取措施避免高温过程中的沾污来保持其高的初始寿命，如炉管清洗、超纯气体等。而在较为粗糙的工业环境中，加之使用的是有缺陷的直拉硅和多晶硅，问题变得更加复杂。除了来自环境的沾污，衬底里的杂质和缺陷在高温时会移动、交互作用和发生变化，这时的主要解决方案是通过吸杂[44]来减少沾污的影响，并且针对不同材料特性采取合适的高温过程。工业用太阳电池在经历所有工艺过程后寿命大约在 $10 \sim 20 \mu s$ 之间。

吸杂技术减少了或解决了硅片中沾污的杂质，并且抑制了寿命的衰减。尽管还没有完全理解吸杂过程，但是不得不承认，在吸杂过程中会形成一些特殊区域，这里聚集了大量的寿命杀手——杂质，但是它却不会损害器件的质量，至少这个区域很容易被去除。

在太阳电池的制备中，我们利用了用来做电池的发射区和背场（BSF）的磷和铝在某些条件下能产生吸杂作用的优势[45]。人们也探索了其他技术来吸杂[46,47]，但是这些技术和太阳电池工艺过程的兼容性不是很好。

事实证明，如果扩散是在过饱和条件下进行的（也就是超过它的固溶度），很多种磷扩散技术（如旋涂、$POCl_3$、PH_3 等）都具有磷吸杂效果。但是不幸的是，这样的话会造成"死层"，也就是在硅片表面存在大量非活性磷原子，如果这一层不腐蚀掉的话会降低对紫外光的响应[48]。另一个和磷原子过饱和相关的现象是硅的自间隙原子注入到体材料中，从而增加吸杂效果[49]。

当 Al 沉积到硅上（通过溅射、真空蒸发或丝印）并在高于合金温度（577℃）下退火，就会形成液态的 Al-Si 合金层，由于在合金层中具有更高的固溶度，杂质会出现分凝[50]。在降温后这些杂质仍留在合金层，所以经过这一过程体寿命会得到改善。

由于在多晶硅材料中存在金属杂质，晶体缺陷和其他杂质（主要是氧和碳）之间的相互作用，多晶硅衬底的吸杂条件（温度，工艺时间，…）不同于单晶硅衬底。

对于多晶硅，已经证明吸杂的效果强烈地取决于材料自身[51,52]。其原因来源于不同铸锭技术的多晶硅片具有不同数量和不同分布的缺陷。甚至在相同硅锭的不同区域发现不同的缺陷分布[53]。

除此之外，在平面和深度两个方面多晶硅片都呈现非均匀的特性，因此对吸杂工艺的响应是不均匀的，影响了太阳电池最终的电气性能[54,55]。

提高材料质量的其他方法是氢处理的"体钝化"，原子氢与硅体内的杂质和缺陷之间的相互作用，将这些杂质和缺陷的复合特性中和到某种程度[56]。氢化通常发生在 PECVD 沉积 SiN_x 过程中。

第三种可能性，主要是与多晶硅衬底中的较多缺陷和杂质相关，称为"缺陷工程"，这种方法是基于"如果你不能消除杂质，那么不如减少它们的影响"的想法，通过调整热工艺或者降温步骤形成这些杂质的沉淀[57]。

7.3.2.2 掺杂水平和类型

世界纪录的实验室效率和低成本工业太阳电池都使用硼掺杂的衬底，这除了原理上的优势外[58]，还有实际应用（磷扩散的特性及 Al 合金的易于实现）和历史的原因[59]。更多的证据支持 n 型硅：硼在 Cz-Si 中会引起光致衰减[48]，在 p 型材料中，多晶硅中的结构缺陷，铁和其他重要的杂质具有较高的活性[61,62]。然而，这个主题是有争议的，对于所有类型的材料和太阳电池并没有有效的确切结论[63]。产业化的 HIT 和背接触高效器件使用的是 n 型硅衬底。

衬底掺杂的优化依赖于电池结构和占主导位置的复合机制。尽管本征衬底的优势是最高的俄歇极限寿命，当 SRH 复合出现后，高些的掺杂更有利。既然复合正比于过剩载流子浓度，在给定电压下，过剩载流子浓度随着掺杂的增加而下降[34]。这和寿命本身的减少相平衡。

高的掺杂浓度会帮助减少串联电阻损失，串联电阻与载流子迁移到厚电池的背面有关，电池中多数载流子的接触在电池背面。

工业用太阳电池衬底的掺杂水平一般在 $10^{16} cm^{-3}$ 范围。高效电池的衬底有低的（如

PERL 电池用 $1\Omega \cdot cm$），也有高的（如点接触电池[39]）。

7.3.2.3 　电池厚度

从电学特性的角度来说，衬底厚度的优化同样依赖于电池的结构、衬底材料的质量和其他的一些因素。

在扩散长度大于衬底厚度的电池中，最重要的问题是表面复合，如果背面的 S（最好的电池大约是 $250cm \cdot s^{-1}$）高于衬底中少数载流子的 D/L，将电池减薄会增加给定电压下的复合，反之亦然。电池变薄同样会导致吸收太阳光的减少，这种效应通过光陷阱技术可以补偿。据报道，PERL 电池当衬底厚度从 $280\mu m$ 增加到 $400\mu m$ 后，电池效率得到了改善，其主要原因是由于相对高的背面复合和不理想的光陷阱[64]。

在传统电池中，硅片变薄会改善从非入射光面流出的载流子在输运过程中的损失，这也导致了串联电阻的减少。在背接触电池中，两种类型的载流子都会受益于硅片变薄，但是减薄的同时会影响吸收，两相平衡取 w 值大约在 $150 \sim 200\mu m$。

在工业化电池中，与衬底厚度相关的主要因素是价格和可制造性。较薄的电池节省了昂贵的原材料，正在研发先进的切片技术，以及大面积薄硅片上不会碎的电池制备工序。薄片化之后光陷阱和表面复合变得更加重要。当前，硅片的典型厚度大约为 $200\mu m$，这个与少子扩散长度相当，因此引入背面钝化的 BSF。

7.3.3 　前表面技术

7.3.3.1 　金属化技术

电池正表面的金属电极用来收集表面分布的光生载流子。为了同时满足串联电阻和表面遮光率的要求，表面电极应该做得非常窄而厚，并且使用高电导率的金属材料以保证与硅的接触电阻足够低。

实验室用光刻和蒸发技术实现 $10 \sim 15\mu m$ 的金属电极。Ti/Pd/Ag 结构的电极对 n-Si 有低的接触电阻和高的体电导率。但这些工艺与工业化生产不匹配，工业化生产用的是厚膜技术。丝印的 Ag 电极宽度超过 $100\mu m$，其体电阻和接触电阻相对较高。在激光刻蚀形成的槽中电镀金属镍的精细化栅线技术中，栅线大约为 $40\mu m$ 深，$20\mu m$ 宽[65]。这种被称为激光刻槽埋栅技术在过去被应用到市场中最高效的电池中并得到肯定，尽管由于丝网印刷是一种粗糙的金属化技术，具有较高的遮光和电阻损失，限制了内部电池设计带来的效率增加程度，但是这种技术相对简单，所以激光刻槽埋栅技术正在消失。还有其他可供选择的技术，包括移印，喷墨打印，激光烧结金属粉末，或者激光烧蚀 + 电镀[66]。

7.3.3.2 　均匀发射区

在金属电极下的衬底部分一定是重掺的以便制备选择性接触。通常在掺杂范围内，发射区布满整个前表面，通过给衬底中的少数载流子提供一个到金属栅线的低电阻通道，从而起到一个"透明电极"的作用。

当受光面没有钝化（见图 7.3a）时，发射区应当越薄越好，因为高的表面复合速率使得这个区域吸收的光有很差的收集率，同时用高掺杂来降低复合。另一方面，串联电阻要足够低。这个方案是制备非常薄但是高掺杂的发射区。

如果表面钝化了（见图 7.3b），通过降低掺杂水平来避免重掺和其他不利影响可以提高发射区的收集效率，但这必须与接触电阻平衡。在金属化之前通常要将钝化层腐蚀掉（在不采取丝印技术的电池中）。为了保持低的串联电阻并减少在金属部分的复合，发射区要做得较深（大约为 $1\mu m$）。值得注意的是，靠近表面处载流子的收集要求发射区较少数载流子扩散长度（$w < L$）要薄，所以它对表面复合非常敏感。如图 7.3[67] 所示，通过使接触窗口窄于栅线宽度，可以使复合进一步降低。

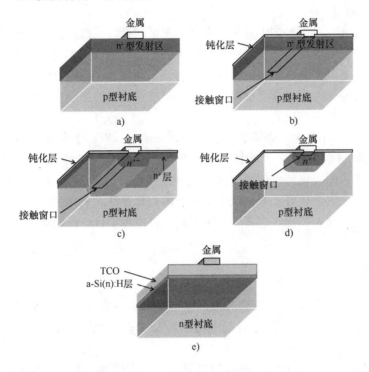

图 7.3　不同的发射区结构：
a）没有表面钝化的均匀发射区；b）有表面钝化的均匀发射区；
c）选择性发射区；d）局域发射区；
e）HIT 太阳电池中的异质结发射区

通过一个加热步骤沉积适量的磷或硼（预沉积）然后将磷或硼扩散到衬底中（推结）可以控制表面浓度和发射区深度。发射区的 J_0 是对整个接触面积的平均值和加权值，接触部分和非接触部分的 J_0 都包含在其中。

7.3.3.3　选择性发射区和点发射区

既然这些区域的要求不同，进一步的改进包括对不同的区域进行分别扩散，如图 7.3c 所示[68]。在电极接触处发射区重而深，在有钝化处发射区轻而浅。这些结构也就是所谓的"选择性发射区"，是以复杂的工艺过程（如光刻和自对准）为代价实现的。

如果可能实现非常低的表面复合率，最好没有发射区因为掺杂会降低体寿命（见图 7.3d）。如背点接触电池和双面接触的点发射区电池[69]，起初是为了聚光电池设计的，但是在一个太阳下效率也非常高。

对局部接触而言，表面复合的降低是以衬底中增加的输运损失为代价的：少数载流子的浓度梯度更大，或者多数载流子的串联电阻增加，因为在接触点附近的电流拥挤。这种折中随着接触尺寸的增大而变小[70]。轻的和/或局部扩散都在吸杂作用方面比较差。

7.3.3.4 异质结太阳电池

7.6.2 节描述了异质结太阳电池的结构。其特征为一个连续的透明电极与硅衬底之间插入了一层非晶硅薄膜，这样可以将界面复合降低到非常低的水平。还需要另外的丝网印刷栅线提供充足的横向电导（见图 7.3e）。

7.3.3.5 工业化电池

工业电池丝印技术很大程度上影响了电池发射区的设计，电池的发射区必须设计非常重的掺杂来减少接触电阻，发射区也不能过浅以保证在烧结过程中不至于烧穿，电极烧穿将引起结短路。另外，宽的金属电极之间要分得足够开。并且为了保持栅线阴影损失在可接受范围内，发射区的横向电导率必须足够高，这就要求深且重的掺杂。这些特征有利于减少接触区的复合，但是远远不够优化。

工业上典型的磷发射区，表面浓度大于 $10^{20} \, cm^{-3}$，结深约为 $0.4 \mu m$，串联电阻约为 60Ω。正如已经提到过的，非常高的掺杂几乎没有光电活性，其原因是出现了沉淀（死层）。因此，即使进行了表面钝化，电池对短波区的响应很差并且 J_0 值很大。这种技术的优点是重掺杂磷扩散的吸杂效果很好。人们也考虑了如何把选择性发射区和丝印技术相结合，SiN_x 膜很适合用于表面钝化。然而，这必须和降低栅线宽度相结合，以便于可以接受更低的串联电阻。

7.3.4 背表面

如前所述，p^+ 层在降低接触复合方面非常有用。在这方面，制备背场（BSF）是第一步（见图 7.4a）。当前，工业化的太阳电池的特征是丝印的 Al 背电场加上银或者银-铝电极。

如图 7.4b 所示，局部接触会进一步降低复合。一些双面电池就采用这种结构[71]。工业太阳电池中如果表面钝化很好，BSF 只限于点接触位置，每个接触点的尺寸大约几微米，正如 PERL 电池和其他类似电池[72]（见图 7.4c）。图 7.4d 中电池的背面用 SiN_x 薄膜钝化。

浅而轻的扩散可以有效减少表面复合（见图 7.4e）。扩散可以是和衬底相同的类型或相反的类型，所谓的 PERT（Passivated Emitter Rear Totally diffused，钝化发射区全背扩散）电池[42] 和 PERF（Passivated Emitter Rear Floating junction，钝化发射区背面浮结）电池[73] 很好地说明了这些概念。后一个电池的结构得益于 n^+ 层的更低的 J_0 值，并且没有电子流从 n 区注入到 p 型接触是很有必要的，即结必须处在开路状态下（"浮"结）。在钝化硼掺杂表面中，由于正的极化电荷和硼表面耗尽导致反型层的形成，这样会在电子和空穴准费米能级之间产生漏电，降低了钝化。

几个研究组提出了产业化可行的局域背接触设计。通过介电薄膜钝化层激光烧结铝是局域 BSF 形成点接触的有趣技术[74]。

7.3.5 尺寸效应

衬底边缘是高的复合表面，对电池性能有不利的影响，特别是对小尺寸、长扩散长度的电池。对实验室电池而言，效率的计算基于电池设计面积。其发射区通过平面掩蔽或台面刻蚀严格等于电池设计面积。其实际的边缘离电池发射区的边缘很远，所以复合很低。在实际应用中，考虑的是衬底总面积，边缘的优化更复杂。人们正在研究更先进的钝化技术，如边

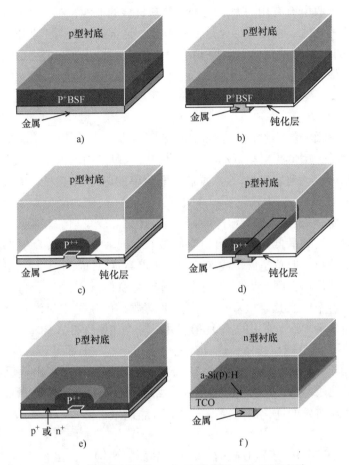

图 7.4　背面接触结构：a）连续 BSF；b）双面电池；
c）局部 BSF；d）局部 BSF，双面电池；
e）选择性发射区或浮结钝化；f）HIT 电池

缘扩散[75,76]。在大面积的工业电池中，这种边缘复合更重要。

工业上更愿意制备大面积电池，$(12.5 \times 12.5)\,cm^2$ 或 $(15.6 \times 15.6)\,cm^2$ 属于标准尺寸。除了可制备性，更大的电池意味着电池接线端上收集的电流更大，所以焦耳损失更大：金属电极长度方向的电阻会随着长度的增加呈二次方的增加。这个问题对很粗糙的金属化技术而言更严重，将导致效率随着尺寸的增加而下降。为了减少串联电阻就要增加电池遮光面积，因此金属接线端焊接到处于电池活性面积内的主栅线上，这样减少了电流被收集后沿导线的输运距离。

7.3.6　电池光学特性

平面电池在工作时接受来源于太空的大部分辐照，不仅仅因为太阳光的辐射成分不同，而且因为太阳随着季节和时间一直在运动。所以根据角度分布，这些电池必须接受来自于整个半球的光线。光谱的分布随着时间、季节等的不同而不同。为了校准，采用了一种标准光谱 AM1.5G 作为参考条件，通常定义为 $0.1\,W \cdot cm^{-2}$。

太阳电池应当吸收所有有用的太阳光。对没有封装的电池，第一个光学损失是在入射光面由金属电极造成的遮光，前提条件是这面有电极。这部分损失对工业电池而言能占到大于7%，而对实验室的较细的栅线而言，就要小得多。人们提出了一些技术来减少有效遮光，如改变电极形状、棱镜盖板或者折射腔[77]等，它们的效果依赖于入射光的方向，所以它们不适于多方向入射。

7.3.6.1 减反膜

损失来源于硅界面处的反射，对空气中的裸硅而言要大于30%，这是由于硅的高折射率。需要在硅上制备一层低折射率（n_{ARC}）的对硅吸收范围内的太阳光无吸收的薄膜来降低反射：缓变折射率可以达到零反射[78]。如果这层薄膜的厚度大于入射光的相干长度（对于太阳光其值大约为1μm），膜中就没有干涉效应。封装（玻璃加层压）属于这种情况。

减反膜是光学薄介质层，通过光学干涉作用设计来减少反射。当薄膜厚度是$\lambda_0/4 \cdot n_{ARC}$的奇数倍时，反射率达到最低，$\lambda_0$是自由空间波长。这种情况下，反射部分干涉相消。在其他波长时反射率较高，但总是低于或者至少等于没有 ARC 时的值[79]。ARC 通常用600nm时反射最小的原则来设计，因为太阳光谱的光通量在600nm时最大。为了使最小值处的反射率为零，膜的折射率应当是空气和硅的几何平均数，也就是说对没封装的电池在600nm处其折射率应该为2.4。工业使用的 TiO_x 薄膜用化学气相沉积（CVD）法制备。PECVD 法制备的 SiN_x 薄膜不仅具有减反作用，还具有钝化作用，正如前面已经讨论的。

将 $\lambda/4$ 设计用于双层减反膜，随着从空气到硅折射率的增加，出现反射最小值范围变宽。实验室高效电池用蒸发的 ZnS 和 MgF_2 做减反层。低折射率的 SiO_x 薄膜会破坏减反射特性，所以在其能实现有效的钝化的前提下，要尽可能地做得薄[80]。

7.3.6.2 制绒

碱溶液（KOH 或 NaOH 基）对硅的 $\{111\}$ 晶面的腐蚀速率最慢。在 $[100]$ 取向的硅片上形成随机分布的金字塔，通过调整腐蚀时间和温度可以把金字塔的尺寸控制到几微米。在制绒的表面，光线被反射到相邻的金字塔上（见图7.5a），因此吸收增强。尽管计算反射要求对入射光线进行追踪，但是通过假设每束入射光在硅片上反射两次，那么反射是没有制绒表面的二次方，这样可以得到一个大致的接近正常的估算。由于多晶硅衬底分布着多个晶向，碱刻蚀没有效果，提

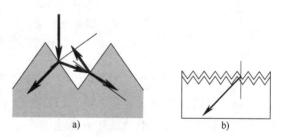

图7.5　表面制绒的作用：a）减少反射，
b）增加衬底的光生效应

出了几种可以达到相似减反射效果的替代方法，这部分内容将会在7.4.1节中描述。

产业化电池和实验室电池都用到了制绒，并且与减反膜一起使反射损失降到了百分之几。在实验室中，为了更好地控制金字塔的几何形状和控制表面的细节特征，可以用光刻技术在需要的位置来制备倒的或正的金字塔。这种情况下的反射率和随机金字塔的差不多[81]。

经制绒表面进入到衬底的光相对于电池法线是倾斜的。这就意味着光生载流子主要发生在靠近结区的位置，通过将中长波长的光的收集效率提高，对扩散长度短的电池非常有利（见图7.5b）。这个作用等同于增加吸收系数。但是缺点是，制绒的表面处 SRV 值更高。

7.3.6.3　光陷阱

长波长的光子在硅中的吸收很弱，并且除非内反射高，它们将穿透衬底出去，而对光生效应没有任何贡献。光陷阱或者光学限制技术是为了获得高的内反射。

与电池电学设计完全相兼容的实际的电池背部镜面是可以实现的，如图 7.4 所示。金属可以提供很好的反射，但是 Al，特别是经过高温后，反射率很低。如图 7.4c 所示，通过利用界面作用[83]，硅-氧-金属结构可以提供很高的反射率。

在电池前面，金属镜面是不适用的，因为电池前面要能够吸收入射光。因为全内反射效应，高的前反射也能得到[77]。以大于空气-硅临界角入射的太阳光将被全部反射。通过使光倾斜，在具有肉眼可见或者微观尺度特征的单面制绒或双面制绒表面可以满足这一目的。即使在制绒表面定位很好的硅片，硅片内光线的方向在几次内部反射后也变成随机的了，这就是 Lambertian 情况，该情况是一种对光陷阱很有用的分析近似。因为相同的原因，在图 7.4 中的双面结构可以很有效地限制光线[84]。

光陷阱增加硅片的有效厚度。在几何光学下，对单面同一方向的入射光而言，最大可以提升 4 $(n_{Si}/n_{air})^2$ 倍（尽管可能实现不了），也就是说，每束光线穿出硅片前在硅片中传播了 50 倍电池厚度的距离[85]。由于长波的光产生的载流子被自由载流子吸收，所以光电效应被光陷阱加强的效果降低。

光陷阱对薄的电池非常必要。即使是厚的 PERL 电池，与内反射为零的情况相比短路电流能提高 $1\mathrm{mA/cm^2}$。

7.3.7　特性比较

表 7.2 给出了俄歇复合限制的理想硅基电池的一些相关参数[35]，包括一个太阳下最好的 PERL 电池[42]和典型的丝印产业化多晶硅太阳电池。当比较这些数字时必须说明每个数字后的概念。例如，理想电池是假设受同向光入射，而测试是在接近正常的入射光下进行的。

表 7.2　电池特性（25℃，AM1.5G $0.1\mathrm{W \cdot cm^{-2}}$）

电池类型	理想情况 （计算值）	PERL （测量值）	工业生产（典型值）
大小/cm^2		4	225
厚度/μm	80	450	250
衬底电阻率/Ωcm	本征	0.5	1
短路电流密度（J_{SC}）/（A/cm^2）	0.0425	0.0422	0.034
开路电压（V_{OC}）/V	0.765	0.702	0.600
填充因子（FF）	0.890	0.828	0.740
效率 η（%）	28.8	24.7	15.0

注：参考光谱变化后，该电池的效率被修正为 25%（±0.5%）（Green MA, Emery K, Hishikawa, Warta W, *Prog. Photovolt: Res. Appl.*, 17, 85. 94 (2009)）。

最好的和理想的电池之间的最显著的区别是设计上的不同：一个是厚而低的注入，一个是薄而高的注入。在降低表面复合方面，PERL 电池的设计毫无疑问是最好的，表面复合可以限制开路电压的提高并且使优化厚度更厚。从对所选结构的电子输运考虑选择低电阻率。理想电池非常高的填充因子是典型的高注入、俄歇复合限制条件下的结果。

在最好的实验室电池中，表面复合的减少依赖于表面钝化和将重掺区控制到很小的范围。因为可以在表面上定义和排列非常小的图形，所以这是可能实现的。

在产业化电池中，重掺的发射区和很低的体寿命，会造成短路电流和开路电压的下降。填充因子受电池的大面积和目前的金属化技术限制，另外由于目前的金属化技术造成的遮光进一步降低了电池的电流。

不断改进的材料质量和为了降低成本不断将电池变薄，这些增加了产业化电池对表面钝化的需求。这就需要改善金属化技术；另外一个问题是，在产业化环境中依赖高掺杂吸杂来提高体寿命的做法与优化表面特性完全不兼容。PERL 电池的制备——高温过程和精细结构是实现高效的最成功但不是唯一的途径，这激励了产业化电池的发展。所以从这方面来说，值得一提的是 HIT 电池是世界上少数几个通过不同途径制备出的效率大于 20% 的电池（见7.6 节）。

7.4　制备工艺

7.4.1　工艺流程

图 7.6 给出了简单的基于丝印技术的太阳电池制备的主要步骤。大多数制造商都采用这一工艺流程，各流程之间或多或少有一些改动。这个已经使用了 35 年的工艺流程的主要优点是易于实现自动化，重复性好，对材料利用得很好并且产出高。它的缺点，正如前面提到过的，是由于不好的金属化技术造成的效率损失。

为了让大家清楚，在下文中对每一步都进行了详细描述，温度值、时间等参数仅是参考。

7.4.1.1　上料

产业上使用的所谓的太阳能级 Cz-Si 起初是圆形，一般将单晶硅切割成带圆角的正方形，将多晶硅切割成正方形。硅片一般为12.5 ~ 15.6cm 宽，180 ~ 210μm 厚。一般是 p型（硼掺杂），电阻率大约 0.5 ~ 6Ω·cm。

7.4.1.2　去损伤层

线切割使得刚切下来的硅片表面损伤很严重。这将导致两个问题：一是表面质量很

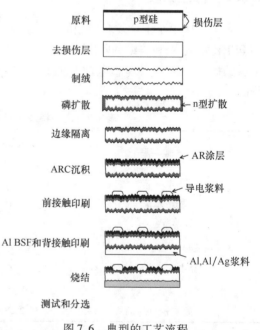

图 7.6　典型的工艺流程

差；另一个是在工艺流程中硅片破碎[87-89]。因此，用碱或酸溶液将硅片每一片腐蚀掉大约10μm。硅片浸入在含有一定温度和配比溶液的特氟龙槽中腐蚀。从废弃物处理来说，碱溶液要优于酸溶液，但是由于酸性溶液能够提供各向同性刻蚀，对于多晶硅材料来说更具有优

势，这将会在后面进行解释。等离子体刻蚀也可以用来进行去损伤层。

7.4.1.3　制绒

KOH 制绒形成微米级的金字塔，一般在单晶硅上使用。金字塔的尺寸一定要经过优化，因为很小的金字塔会导致高的反射率，而很大的金字塔又不利于金属电极的接触。图 7.7 显示了织构化表面的 SEM 图。

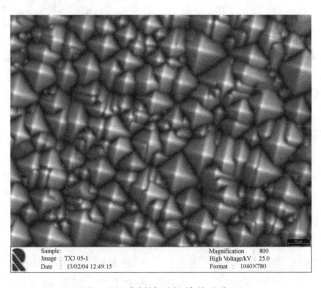

图 7.7　碱制绒后的单晶硅表面

为了获得布满硅片且大小合适的金字塔，必须控制溶液的浓度、温度和溶液的搅拌及反应时间（事实上，常用更高的温度和浓度的 KOH 溶液去除表面损伤层）。乙醇的添加可以改善硅片表面的浸润性从而制备出更均匀的绒面。典型的制绒参数是 5% KOH，80℃、15min[90]。

碱溶液的各向异性腐蚀也被应用在多晶硅片上，但是结果则差很多。由于晶粒的方向是随机的，刻蚀速率与（100）面的不同，所以织构化硅片的反射率相对要高。另外的一个缺点就是在晶粒之间存在台阶，这样可能导致丝印栅线的中断。

那就是为什么要引入另外工艺的原因。对它们的评价不仅要考虑在晶粒中的反射，而且要考虑表面损伤和金属化之间的兼容性。这些方法的可能性已经得以证明，同时工业化应用方面也得到发展，然而其他方面仍然需要更多的研究。它们中的一些方法形成的表面特征在尺寸方面与波长相当，几何光学不再适用。可以作为一种衍射光栅，作为散射媒介，或者在非常小的特征尺寸极限下作为梯度式折射率渐变层。

7.4.1.3.1　酸制绒

现已提出了几种化学方法。它们中的一些导致了倒金字塔结构的形成，但是需要光刻进行图形化，这是与工业化兼容性方面的一个严重缺陷[91]。通过强制氧化的酸制绒方法在多晶硅上获得了接近 20% 的转换效率[92]。更为简单的一种方法是基于一种酸性溶液的各向同性刻蚀，溶液中包含硝酸、氢氟酸和其他添加剂。形成了直径在 $1\sim10\mu m$ 之间的刻蚀坑，在整个硅表面形成了均匀的反射，同时各个晶粒之间也不存在台阶（见图 7.8）。需要去除表面的能够吸光的多孔硅层，一般在碱性溶液中进行。与各向异性腐蚀的结果相比，各向同性腐蚀可以使太阳电池的短路电流增加大约 5% ~ 7%[93,94]。会遇到一些技术方面的困难，例如溶液的耗尽、放热效应等。通过设计带有对溶液进行控温和自动更换化学试剂的刻蚀槽已经解决了这些问题。工业线上的设备也已经市场化，其中的一些能够同时或者先后进行去损伤层和制绒步骤。

通过形成多孔硅减少反射也正在发展之中[95]。当考虑多孔硅层中的总的吸收和反射情况，进行详细的分析后显示 5% ~ 6% 的光学损失。同时也需要考虑形成的多孔硅与丝印接触之间的兼容性。

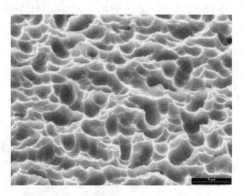

图 7.8　酸制绒后的多晶硅表面。转载自 Solar Energy Materials and Solar Cells，74，155-164，（2002）Szlufcik J，Duerinckx F，Horzel J，Van Kerschaver E，Dekkers H，De Wolf S，Choulat P，Allebe C and Nijs J，High-efficiency low-cost integral screen-printing multicrystalline silicon solar cells，得到 Elsevier Science 的许可

7.4.1.3.2　等离子体制绒

反应离子刻蚀（RIE）是在氯或者氟等离子体气氛下对硅进行表面制绒，是一种各向同性的干法刻蚀工艺，一般在表面形成了直径小于 1μm 的高密度陡峭刻蚀坑[96-99]。在现有报道的无掩膜技术中，与各向异性绒面相比，短路电流增加在 10% 以内[100,101]。RIE 也可以与掩膜层结合形成更加规则的特征[102]。工业化使用的主要障碍在于涉及的化学物质具有高的全球变暖可能性，以及非常低的产能。

7.4.1.3.3　机械制绒

采用传统的切割锯和斜刃对硅片进行机械摩擦，然后用碱性溶液去除损伤，可以在硅表面形成 50μm 深的 V 形槽。通过这种技术，可以获得 6% ~ 8% 范围之内的平均反射率[103-105]，在封装之后，转换效率增加了 5%（相对的）[106]。接触栅线应该与槽平行，为了保证方便丝印，丝印在留下的未制绒的平台上，因此需要一些对准方法。也可以使用其他接触制备方法，例如滚筒印刷[107]或者埋栅接触[108]。相关的自动化系统正在开发并测试其工业化可行性。

另外一种方法就是通过激光刻槽[109]。通过化学腐蚀去掉两个正交的平面槽中的残余硅，可以形成高度为 7μm 的正金字塔。结合单层减反射层，激光绒面将反射率降低到 4%，是在相同 AR 下的各向异性刻蚀的表面的一半。为了能够适应丝网印刷技术，进行了一些工艺的调整获得更加平滑和较小的槽。

7.4.1.3.4　AR 层和封装

以上制绒方法获得的反射性能都不一样，由于绒面最终需要沉积 AR 层和进行电池封装，因此几种不同制绒方法之间的相对差异经常减少，如表 7.3 所示。

表 7.3　对比几种不同表面处理之后的多晶硅片在 AM1.5 下的加权反射率

反射率（%）	碱制绒	酸制绒	无掩膜的 RIE
裸硅片	34.4	27.6	11
有 SiN 减反射层	9	8	3.9
SiN 和封装之后	12.9	9.2	7.6

7.4.1.4 磷扩散

磷扩散广泛应用于在衬底上制备 n 型掺杂层。因为在固态中的扩散要求高温，所以在扩散前表面有无沾污非常重要。为此，碱制绒后的硅片要经过酸洗来中和残留的碱并去除硅片上吸附的金属杂质。

在产业化中要经过一系列步骤形成磷扩散。下面对扩散过程的分类是基于高温过程中炉管的类型。

7.4.1.4.1 石英炉

将要扩散的电池片放置于石英舟中，然后放于能隔热的石英管中一直保持在工艺温度中（见图 7.9）。电池片进出都从石英炉的一端，气体从另一端通入。通常用氮气经鼓泡的方式通过液态 $POCl_3$ 来携带磷源进入扩散管内。固态源扩散也同样适用于炉管式扩散炉。一般说来，扩散发生在 830～860℃，20～30min。正如图 7.6 所示，硅片两面和边缘都被扩散上了。

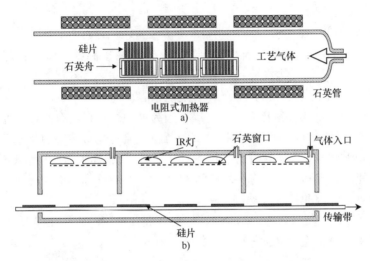

图 7.9 磷扩散用扩散炉：a）石英扩散炉；b）链式扩散炉

7.4.1.4.2 链式扩散炉

在这种情况下，在一个表面或者两个表面沉积上磷源，在电池片的一边用丝印[111]、旋涂[112] 或 CVD 法沉积含有磷化合物[116] 或者通过蒸发[117] 制备掺杂源，然后烘干，放于传送带上通过扩散炉（见图 7.9）。

炉内温度通过好几个区来调节，尽管炉体不是封闭的，还是可以通气体。硅片所经历的温度循环曲线和炉体内的温度随时间的变化是一致的，这种温度曲线还由带速决定。工艺时间和工艺温度的循环与石英炉中的扩散是相似的。从原理上来说，硅片只有一面被扩散，但是因为有源的气态形式存在，在硅片边缘还是会被扩散上形成寄生结（需要被去掉），有些时候双面扩散具有吸杂效应增强的优势。

石英扩散炉主要的优势是干净，且在加热过程中没有接触金属材料也没有空气流过炉体。尽管采用的是分批扩散，但是也可以有很高的产量，因为一次可以扩散很多硅片，工业上用的扩散炉一般是四管。而链式扩散炉，空气可以进入炉体内而且传送带就是金属污染源。链式炉的优势是自动化、在线生产、高产率、与设定温度曲线很好地吻合。现在正在设计新的能同时包含两种设备优势的设备[118]。

扩散后，在硅片表面形成了非晶态的磷硅玻璃，因为这层磷硅玻璃会不利于后续的工艺，所以一般用 HF 洗去。

7.4.1.5 边缘隔离

在石英炉扩散中在背面形成的 n 型扩散区域不需要被去掉，但是在硅片边缘的 n 型区将会连接电池的前后表面：形成一个并联通道因而造成低的并联电阻。为了去除这个区域，可以使用几种程序。

在硅片边缘的激光刻槽最为广泛使用[119]。20μm 深和 60μm 宽的 V 形槽足够达到有效的绝缘。这个步骤是在金属化之后完成，这样避免了热处理带来的未绝缘化影响。

另外一个选项是酸性溶液的单面刻蚀，片子在表面张力的作用下漂浮在化学槽中，因此只有背面和边缘是湿的[120]。这种化学方法的先进性在于它可以与去磷硅玻璃过程一起集成到在线设备中。

7.4.1.6 ARC 沉积

对封装的电池来说，TiO_2 薄膜常用来做减反层，因为它很接近最佳折射率。常用常压化学气相沉积法（APCVD）以钛的有机化合物和水做原料来制备：将原料用喷嘴喷到加热到 200℃ 的硅片上，然后化合物水解到硅表面上形成 TiO_2[121]。这个过程很容易在有传送带的反应器中实现自动化。也可以旋涂或丝印合适的浆料。

但是当前，更趋向于选择氢化氮化硅薄膜，因为这种薄膜在具有减反射性能的同时也具有体和表面钝化的特性。可以通过几种技术沉积薄膜，但是经常使用的是硅烷和氨气之间反应的化学气相沉积方法（CVD）。相比于其他 CVD 方法（常压 CVD 或者低压 CVD），等离子体增强化学气相沉积（PECVD）是一种低温工艺（$T < 500℃$），意味着减少了工艺的复杂性和阻止了寿命衰减，因此被优先选择。

PECVD 技术导致了氢化，而带来的好处是众所周知的[122,123]。PECVD 非晶氮化硅薄膜中氢含量达到了 40%（尽管习惯上这些薄膜被称为 SiN_x，实际应为 a-SiN_x:H）。需要对薄膜进行退火去活化氢，在工业中这步是通过金属烧结步骤完成的[124]。

除此之外，已经报道 PECVD 沉积 SiN_x 薄膜的表面钝化[125]。在磷掺杂发射极上的表面钝化效果与高品质氧化硅钝化的相似，在抛光的 $1.5\Omega \cdot cm$ 的 FZ p 型硅片上获得了低至 4cm/s 的表面复合速率[24]。

PECVD 氮化硅薄膜中的三个不同性能（AR 层、体钝化和表面钝化）并不能够独立改变，必须要达到一个优化的折中沉积工艺参数（温度，等离子体激发功率和频率，气体流量比）。因此，不同的 PECVD 技术给出不同的结果。

在"直接法"PECVD 中（见图 7.10a），电磁场激励工艺气体，硅片置于等离子体中。硅片的体内得到有效的钝化，但是硅片的表面由于直接暴露在等离子体下会出现表面损伤，不能获得好的表面钝化。甚至，暴露在紫外光之下表面钝化会发生衰减。

"直接法"PECVD 有高频（13.56MHz）和低频（10~500kHz）两种，前者在表面钝化和紫外稳定性方面要好一些。另外，它很难获得均匀的薄膜。

"离域"PECVD 是一种不同的方法，其中硅片是置于等离子体形成区域之外的。通过这种方式可以避免表面损伤，因此可以获得好的表面钝化。另一方面降低了体钝化。图 7.10b 显示了工业化 PECVD 的结构图。硅片可以连续行进，这方面的优点可以与批次型的直接法 PECVD 相当。

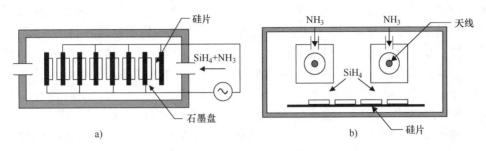

图 7.10 工艺化 PECVD 反应腔体：a) 直接等离子体反应腔，b) 离域等离子体系统

另外一种能够获得与 PECVD 方法一样的表面和体钝化特性的方法就是溅射[128]，这种方法的优点是避免了使用自燃性的硅烷。在这个工艺中，片子垂直通过在线系统，在 Ar 和 N_2 下交替溅射硅靶在硅片上沉积氮化硅薄膜。加入 N_2 和氨气可以调整薄膜的折射率和氢成分。

7.4.1.7 前电极丝印和烘干

对前电极的要求是，和硅之间的接触电阻低，体电阻低，电极宽高比值低，好的粘附性、可焊性和与封装材料的兼容性。从电阻率、价格和易于获得性来考虑，银是前电极的理想选择。铜也有相似的优势，但是不适用于丝印技术，因为接下来的高温过程会使高扩散系数的铜扩散进硅片中成为杂质。

丝印和真空蒸发技术相比在上述的前三个要求上都不具有优势。前面已经讨论过丝印技术怎样影响电池设计并造成产业化电池和实验室电池之间的效率差。但是它的高产量和低成本弥补了自身的不足。

丝印将在后续讲述中深入地描述。将含有银颗粒的浆料以梳状（细栅加主栅）印刷在硅的正表面。已有的自动丝印机可以在线、连续地生产，因而产量很高。全自动丝印机可以从盒、花篮或传送带中取片，而且精度很高，丝印后将电池片传送到传送带上。由于包含了一些溶剂，浆料是有一定黏性的液体；这些溶剂在 200～250℃ 下经过烘烤后挥发。烘干的浆料才适用于后续工艺。

7.4.1.8 铝层印刷和干燥

通过丝印在背面丝印 Al 浆料，很容易形成高掺杂的 p 型区域，形成了背表面电场（BSF）[129]。Al-Si 的低共融温度（577℃）意味着一些硅将会熔解在 Al 中，然后在烧结步骤中冷凝再结晶，形成 p 型 BSF 层。这层薄膜的特征（厚度，均匀性，反射率）取决于浆料的量（mg/cm^2）。

7.4.1.9 背电极丝印和烘干

由于在 Al 上不能够焊接，因此丝印 Ag-Al 浆料制备主栅，用于与焊带焊接形成在组件中的电池串，这个将会被简要解释。

7.4.1.10 烧结

高温过程是一定需要的，因为浆料中的有机成分必须被烧掉、金属颗粒必须被烧结在一起以形成良导体，并且必须与下面的硅形成良好的电学接触。如图 7.6 所示，前电极浆料沉积在一层绝缘层（ARC 薄膜）上，Al 背场与后电极沉积在背面寄生的 n 型层上（如果这个寄生层已经在隔离过程中被去掉，那么直接沉积在衬底上）。

通过烧结，前电极浆料中的活性成分必须穿透 ARC 膜与 n 型发射区形成接触而不发生短路：烧结温度不够高将导致高的接触电阻，但是太高的烧结温度将会使 Ag 原子穿透发射区而接触到衬底基区。在极端的情况下，这将使电池发生短路从而失效。稍好的情况是少量造成低的并联电阻或暗电流中高的理想因子，高的理想因子会导致低填充因子和开路电压。

电池背面的浆料，必须在烧结过程中完全穿透背面的寄生发射区到达基区。

为了满足这些苛刻的条件，浆料的成分和烧结的温度曲线必须被小心谨慎的调节。

另外值得考虑的一个方面是 Al 浆料的热学行为与硅的不同，引起 200μm 厚的硅片翘曲。这个效应可以通过在烧结之后将片子置于 IR 烧结炉的尾端进行淬火冷却得以减少。

7.4.1.11 测试和分选

最终电池光照下的 *I-V* 曲线在人工光源下测试，其光谱成分和太阳光的相似（太阳模拟器），测试温度控制在 25℃。除了有问题的电池，剩下的电池按输出功率分类。

一般制造商根据最大功率点附近的固定电压下的电池电流设定一些分档。接下来用相同分档的电池制造组件，这样保证最小的失配损失。

例如，如果一档内电池的电流不应相差超过 5%，系统的精确度和稳定性必须要优于这个值。现在已有高生产能力的可以满足这些特别要求的自动测试系统。

7.4.2 丝印技术

丝印是一种厚膜技术，该技术术语和通常微电子过程中的蒸发薄膜技术不同。它将需要的材料按希望的图形转移到硅片上。尽管它几乎可以用在太阳电池制备的任何过程中，但丝印的最大的需求、使用最频繁和最明显的应用就是制备电极。网版和浆料是这项技术的关键元素[87]。

7.4.2.1 网版

网版是由铝框中拉紧的人造织物或不锈钢丝构成，如图 7.11 所示。网版上涂有感光胶，采用照相技术将网版中要印的图形部分去掉。

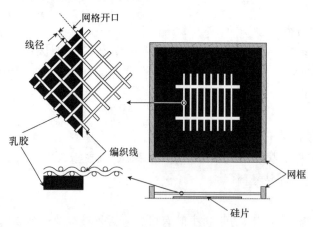

图 7.11　前电极网版

要将图形印得又细又厚，如电池正电极所要求的线必须非常细并且间隔很密[130]。另一方面，网格开口必须要数倍浆料里最大的颗粒。典型的太阳电池用网版每英寸 325 根线，每

根线大约 $30\mu m$，网格开口大约 $50\mu m$，大约 40% 的开口面积，也就是说线是不断的，而且总厚度（线加乳胶）大约为 $90\mu m$。对于背面电极，栅线有些不同；每英寸 200 根线，线的直径为 $40\mu m$，网格开口 $90\mu m$ 对应的开口面积为 50%，总的厚度为 $110\mu m$。

7.4.2.2 浆料

浆料是将活性材料转移到硅片表面的载体。通过调整成分来优化丝印特性。用于太阳电池金属电极的浆料由以下几部分组成：①有机溶剂：使浆料有流动性以便于印刷；②有机黏结剂：在受热前将活性颗粒黏结在一起；③导电材料：是十分之几微米的银晶体颗粒，对 p 型接触而言，也有铝。这部分在浆料中占 60%~80%；④玻璃料：占总重量的 5%~10%，是不同氧化物的颗粒（氧化铅、铋、硅等）。因为有低的熔点和高的活性，才使得银颗粒运动并且腐蚀硅表面以实现紧密的接触。浆料成分对金属化过程的成功与否非常重要，并且与热处理过程关系紧密。

7.4.2.3 印刷

图 7.12 给出了将浆料通过网版印刷的过程，网版和硅片并不接触，它们之间的距离叫作"离网高度"。将浆料涂匀后，压力作用于刮刀上，刮刀可以是金属的或橡胶的，这样网版就和硅片接触上了，然后刮刀从网版的一面运动到另一面，从前面推着、压着浆料。当到开口处时，浆料充满开口处并留在硅片上，当刮刀过去后网版因有弹性又恢复原状，这样浆料就一直留在那里了。

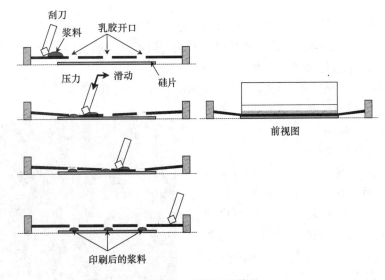

图 7.12 丝印过程说明

所印刷浆料的总量取决于网版材料和乳胶的厚度以及网格开口面积。它同样依赖于印刷电极的宽度。

材料的黏度最为关键。当印刷的时候，浆料须有足够的流动性来填满由网线和乳胶定义的开口处而不留任何空白，但是印刷后浆料不能向表面流动。

这个过程的关键是印刷中施加的压力、离网距离和刮刀速度。

7.4.2.4 干燥

印刷后溶剂在 $200~250℃$ 之间挥发，所以硅片上的图形可以在后续处理中避免被损毁。

7.4.2.5　烧结

浆料的烧结通常在红外链式炉中完成，可以理解为三个步骤。在空气中 500 ~ 600℃ 预热步骤之后，黏结金属颗粒的有机溶剂受热挥发到空气中，然后升温到 750 ~ 800℃ 形成 BSF，达到峰值温度 900℃ 形成前表面接触。整个过程持续几分钟。烧结需要考虑晶向和浆料的成分。最后一步是硅片的降温。

在烧结过程中发生的现象很复杂并且没有被完全理解。氧化物构成的玻璃料熔融，使得银颗粒经过烧结形成相互连接的导体，所以才表现出很低的串联电阻。在烧结过程中，既没有达到银的熔点，也没有达到硅-银的合金温度。烧结后的金属团由固体银晶体组成。同时，熔融的玻璃料腐蚀掉一些硅，从而使得银颗粒和衬底硅形成紧密接触。腐蚀掉的硅大约为 100nm，当有 SiN 时，玻璃料可以腐蚀穿它们。事实上，因为更好的均匀性，接触的质量大大改善了。

降温后的电极接触区中有两个区域[131]。在里面的区域，银晶体嵌入硅中形成晶体界面，并且以一种"点接触"表现出了很好的电学接触特性。这些颗粒嵌于非晶态玻璃中。外层区域呈多孔状，有银晶粒和玻璃料。这种多孔特性很好地解释了银浆料的电阻比纯银高的原因。

另外，相同掺杂的 n 型硅的接触电阻，采用丝印技术的要远远大于蒸发的。似乎是尽管有足够的银颗粒与硅接触，但是它们没有都与外层颗粒发生连接，有许多都被玻璃料隔离开了。

在背面金属化过程中，当浆料包含铝和银，会形成 Al-Si 合金，并且会再结晶来确保好的接触。由于有介质层，接触也是局部接触，其中有效的是玻璃料中的金属原子[132]。

7.4.2.6　丝印金属电极的局限和趋势

正如前面所述，如果使用丝印技术，高接触电阻和玻璃料的腐蚀要求前发射区必须是高掺杂的，并且不是很薄。只有改善浆料成分和工艺才能克服这个局限。

我们需要窄而且厚的栅线。栅线的线宽一定比网版尼龙丝间距宽许多。60μm 的线宽应该可以达到，但通常是 100μm（见图 7.13）。增加透过的浆料量意味着增加乳胶的厚度或者增加网丝的间距与其直径的比值，但这两项都是有极限的。另外，随着使用网版的变形，会导致印刷出来的图形受损。

在丝印过程中，硅片受到一定压力。这对很薄的或不规则的硅片是个问题，比如对硅带，可能在印刷过程中破碎。

金属网线[76]具有更好的印刷表现。它们可以制备出更细的有着更好高宽比的电极线，而且可以使用更长时间不会损坏，并且清洗维护得更少。滚筒印刷和移印方法作为一种高产能的替代方法也被提出来，能够给出狭

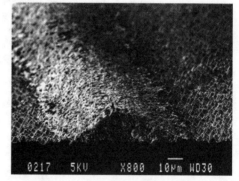

图 7.13　丝印的电极；也能看到制绒的金字塔（引自 Solar Energy Materials and Solar Cells, 41/42, Nijs J, Demesmaeker E, Szulfcik J, Poortmans J, Frisson L, De Clerq K, Ghannam M, Mertens R, Van Overstraeten R, "Recent improve-ments in the screen-printing technology and comparison with the buried contact technology by 2D-simulation", 101-107, (1997), 得到 Elsevier Science 允许)

窄的栅线。

现在开发出了一些其他的金属化工艺，它们中的一些已经在工业中使用。这些将在 7.7 节详细描述。

7.4.3　产能和成品率

由于快速发展的需求，光伏企业快速地扩张着它们的产能，所以企业有很强的驱动力来提高工艺和设备的产量。自动化广泛地应用于太阳电池的制备，并且在线的、连续的操作取代批次式操作将成为趋势。在上面提到的工艺过程中，仅仅化学腐蚀、管式扩散和边缘隔离是批次式的。自动化和大规模生产也有利于降低成本[137,138]。

上面提到的大多数工艺都是从电子行业借鉴过来的：扩散、等离子体刻蚀等都是微电子行业的标准工艺，而丝印作为一种厚膜技术更是广泛地应用于混合电路中。工业特点不一样使它们对设备的要求不同，并且可以预见光伏行业的巨大改进将会发生，目前，巨大的市场吸引了设备生产商参与进来。

现代的工厂生产线大约能够处理 1500～3000 片/h，也就是，处理一片只需 1～2s。当然，整个生产线上最慢的工艺环节将会制约整体产能。为了按此估算一下年产量，让我们默认电池面积为 $(15.6 \times 15.6)\,cm^2$，效率为 15.8%（每个电池 $3.85W_p$），如果整条线的生产没有中断，并且所有的硅片都没有出现意外，这样在一年期间将生产：

$$3.85W_p/电池 \times 2000\,电池/h \times 24h/天 \times 365\,天/年 \approx 67.5MW_p/年$$

这个数实际没有这么高，因为①由于维护、维修等原因设备会停运；②成品率，也就是说考虑坏的或碎的硅片的比例。考虑到这两个因素，每条生产线产能也就 50～55MW_p/年。

成品率是电池生产最重要的因素。它定义为制备出来的合格成品与投入硅片的比例。既然光伏技术对原材料很敏感，成品率对成本影响很大。硅片破损和电学性能很差是造成低成品率的主要因素，通常来说这两种情况通过自动化生产得以改善。从这方面来说，在线质量控制与快速探测和问题处理有很大的关系，这影响着成品率。

在每片电池每项操作的给定的时间内，如果电池功率增加则产能也会增加。这通过增加电池的面积和效率可以实现，这同样也可以降低成本。当硅片变得越来越大时，串联电阻及发射区、AR 膜等的均匀性对太阳电池电学特性的影响变成一个重要的问题。另外，更大的电池更难在工艺中保持不碎，这样的话成品率会受到影响。

产业化电池效率的提升空间仍很大，实现这些改进的工艺已在实验室进行了验证。但问题是怎样在产业化环境中实现并维持它的低成本。

7.5　对基本工艺的改进

本节将主要介绍为改进效率、提升产能和降低成本而进行的工艺改进。一些改进已在生产中有应用，但大多数仍处在实验室阶段。

7.5.1　硅片薄片化

切割硅片和直接制备硅片技术得到改进，并制备出更薄的衬底，近期的构想是使硅片厚度低于 $200\mu m$[140,141]。当处理这些硅片时，又会有很多相关的问题出现。

在硅片处理过程中硅片破碎的可能性增加，特别是硅片面积较大时，因此必须设计合适的装卸工具。一些步骤是很关键的，如在化学槽内液体的对流会对硅片造成很大的扭矩。这个问题使得大家对硅片的机械特性的研究大大增多[142-144]，甚至使大家有兴趣开发新的晶体结晶过程。

由于减少了热质量，硅片在热处理过程中的行为也有所变化。另一方面，硅片更容易弯曲了[145]。对薄硅片，处理工艺尤其需要优化[146-148]。

薄的电池很大程度上依赖于表面钝化和光学设计。如果达到一个合理的程度，薄电池的效率也会很大程度地得到改善，否则电池特性不会很理想。必须开发出新的优化的结构。

7.5.2 背表面钝化

改善材料质量和降低硅片厚度将使得背表面的钝化更为必要。一些方法可以和丝印技术相兼容。

● 硼背场。使用硼代替铝形成背电场能够增加太阳电池的转换效率，另外能够避免薄片电池的翘曲[149]。在石英管中进行液态源扩散会存在一些问题，由于需要高温，所以通过固态源扩散更容易集成到基本工艺步骤中。尽管在一步高温过程中同时扩散磷和硼听起来很吸引人，但是这样扩散出来的曲线远远不够优化[150]。

● 电介质钝化。大量的电介质沉积技术（氧化硅、氮化硅、碳化硅或者氧化铝）已经在背面钝化中获得了优异的表面钝化性能，这个已经在 7.2.2 节中进行了解释，正在努力将这些技术引入到产业化太阳电池的生产中。为了达到这个目的，需要考虑与太阳电池工艺兼容的沉积条件和将光反射回硅衬底的能力，以及针对背表面形貌具有怎样的需求[136]。例如，高温过程将会降低薄膜的钝化特性，或者使薄膜与金属之间发生相互作用形成漏电[151]。

● 非晶硅钝化。氢化非晶硅在 HIT 太阳电池中作为钝化层，这个将会在 7.6.2 节中进行描述，而且它也已经在传统的电池结构中得到应用，得到了高的转化效率[152,153]。

7.5.3 前发射区的改善

只有当使用了更好的浆料配方和更细的丝印线使发射区更薄或掺杂更低后，才能取得电池复合电流和光谱响应方面的定量改善[154]。在这种情况下，高温氧化和氮化硅沉积似乎是工业应用很好的候选对象。

采用与丝印兼容的选择性发射区电池正处在实验室研发阶段。科研人员提出了大量的与丝印技术兼容的新技术：

1）对金属化的和非金属化的区域分别进行扩散，重扩范围通过丝印或者掩模板严格控制在金属化区域[155,156]。

2）通过传统手段扩散出一个均匀且厚的发射区，用丝印的模板来保护金属化的区域不被等离子体刻蚀掉。通过这种方法，未保护区域的发射极变薄掺杂程度变低[157,158]。

3）通过有图形的固态源扩散可以实现自对准选择发射区，在掺杂源下形成重扩散区，在没有掺杂源的地方，通过气相掺杂实现很轻的扩散[159]。

4）首先形成高串联电阻的发射区，然后使用含有磷和银的浆料。选择在银-硅合金点之上的温度烧结，这样形成重掺磷的合金层[160]。

这些方法中的大部分技术都要求图形对准来在重掺区域丝印前接触电极。自动丝印机有足够高的精度来实现这个任务。另外需要考虑由于磷过饱和扩散带来的额外吸杂损失。

很显然，发射区中没有金属化的部分对表面钝化很敏感，表面必须有氧化硅或氮化硅。

7.5.4　快速热处理

在传统的闭管扩散炉和链式扩散炉中，不仅仅硅片加热到工艺温度，而且设备本身，包括腔体、衬底或舟等也都被加热。这使得：①由于涉及很大的热质量，因此加热/冷却时间很长；②很高的被玷污的风险，因为设备由很多部件组成（其中一些是金属的）也处于高温中；③高能耗。

另一方面，在最近几年微电子行业的发展中，出现了所谓的快速热处理（RTP），其中仅仅是硅片，而不是硅片周围的环境被加热到很高的温度。选择性加热过程中伴随着半导体材料的紫外光辐照。人们之所以对采用 RTP 方法制备太阳电池感兴趣，是因为其缩短到几分钟的加热周期（包括加热和制冷），产能大大提升。另外，除硅片外其他部分不会加热，既降低了玷污的风险又节约了能量。

在实验室规模，快速热处理扩散出很薄的发射区（对电学性能有利）的技术已经得到证实。丝印的金属电极和 Al 背场的快速热烧结，以及其他的一些如快速氮化和快速氧化硅表面钝化等有潜力的技术，都已成功实现[161,162]。所以说，太阳电池中每一个热工艺都可以通过 RTP 实现。

这个技术一个可能的缺陷是（和传统的工艺相比对一些材料而言），它可能导致衬底少子寿命的衰减。其原因是快速升温降温会导致缺陷形成或淬火，也可能是因为没有了吸杂作用[163]。

影响 RTP 工艺产业化应用的原因是缺少合适的设备。因为微电子行业中都使用单硅片的反应腔，而光伏行业需要大产能的批次式或更好的、在线式连续生产型设备。倒是有可能装备一台传送带式的配有 UV 灯的炉子来实现 RTP 的产业化，但是也必须要考虑到温度的均匀性[164]。

7.6　其他产业化工艺

本节将讨论其他可以实现产业化的技术，它们都有望降低每瓦的造价，下面就是这些方法的介绍：

1）使用带状材料作为衬底，正如第 6 章所述。
2）采用不需要高温过程的技术，如 HIT（一种基于 a-Si/c-Si 的异质结电池）。
3）n 和 p 区以及相应的接触都在太阳电池的背面。
4）部分依附连接在 1mm 厚的硅片上的一系列硅条："sliver" 电池。

7.6.1　硅带技术

硅带技术和晶体硅相比的优势是成本低，因为没有切割过程。它们占据了光伏市场的 3%，其中 EFG 技术最为成熟，然而 STR 和 WEB 技术也都实现了产业化。

带状衬底需要特殊的电池工艺过程，因为衬底中缺陷密度很高（位错、晶界、杂质等）。通常印刷的 Al 浆料要产生足够厚的背场来吸杂，并且通过 PECVD 法沉积 SiN_x 来实现体缺陷钝化和减反。对 EFG 太阳电池，片子不平的表面很难通过碱性和酸性溶液制绒，同时这种表面不平妨碍了丝印技术的使用，所以背面和前面的电极利用银浆料和墨水采用移印技术和直接写入（喷墨）技术[165]。

对于 EFG 和 STR，生产线上大面积的效率已经达到 15% ~ 16%，某些是采用 RTP 烧结丝印金属浆料[166,167]，然而采用更加复杂的工艺可以达到 18% 的效率水平[168,169]。

而 WEB 硅片，在锑掺杂的高阻硅片上采用了 n^+np^+ 结构（前面磷扩散，后面 Al 合金层）。因为衬底厚度薄（100μm），因而可以采用背面 pn 结结构，加上有效的前表面场，使得电池有高的扩散长度并避免了光致衰减作用。使用具有产业化价值的高产能的工艺，WEB 硅片的效率可以高达 14.2%[170]。

其他硅带方法正处于发展阶段，转换效率在 12% ~ 13% 范围，但是具有低硅耗量的优点（见参考文献［171］RGS 技术）

7.6.2　带本征层的异质结电池

HIT 电池结构使用更便宜的非晶硅（a-Si）电池技术，即在晶体硅上采用 PECVD 法沉积非晶硅[18]。它可以在较低的温度（低于 200℃）下实现很有效的表面钝化，避免体材料的寿命衰减。另一方面，钝化严重依赖于表面形貌和清洗度，同时如果随后工艺中的温度升高它将消失。

图 7.14 给出了 HIT 电池的结构。它使用制绒的 n 型 Cz-Si 做衬底，发射区和 BSF 分别由 p 型和 n 型非晶硅层构成，并在非晶硅和晶体硅之间插入一层非常薄的本征非晶硅层。这些非晶硅层的厚度为 10 ~ 20nm。在上下掺杂层上都有一层采用溅射法制备的透明导电膜（TCO），然后丝印金属电极。背电极仍然为梳指状来减少热和机械应力，从而使得电池结构对称成为双面电池。

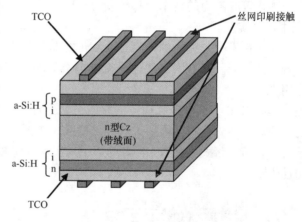

图 7.14　HIT 电池结构

报道的转换效率已经大于 21%[172]。从 1997 年开始，HIT 组件就已经实现了产业化，并且针对屋顶瓦和双面应用也有特殊设计的组件。

7.6.3　全背接触技术

有几种电池的所有接触都在背表面，如图 7.1b（插指状的背接触，IBC 电池），或者是图 7.1d（金属环绕，MWT，或者发射极环绕，EWT 电池）所示[40]。尽管在两种情况下电池的方法和性能都不同，但是在组件的制备方面都是有相似性的（见 7.7 节）。

在 7.3.1 节中已经提到，世界纪录的硅聚光太阳电池是采用 IBC 结构获得的[39]，这种技术已经在世界上的几个公司中得以产业化。更加复杂的聚光太阳电池工艺已经被采用到地面用太阳电池的工业化工艺中，采用的是低成本的丝印技术形成背面硼和磷扩散图形，采用氧化硅作为表面钝化层，Ni 电镀作为金属化[173]。更加复杂的工艺被可观的转换效率补偿，在生产线中效率已经超过了 22%[174]。

为了在背面结中有效地收集载流子，IBC 结构需要高质量的衬底，因此，为了在低质量的衬底中引入全背接触结构，例如多晶硅，双面磷扩散，然后通过孔洞在硅中进行互连，将前表面的金属栅线与背面的主栅进行连接（MWT 方法[175]），或者在背面磷扩散的整个负电极局域化（EWT[176]）。图 7.15 给出了示例图。在产业化工艺中转换效率在 15% ~ 16% 之间[177-179]。

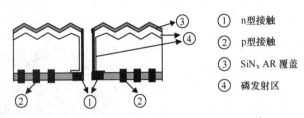

① n型接触
② p型接触
③ SiN$_x$ AR 覆盖
④ 磷发射区

图 7.15　金属环绕电池结构示意图

7.6.4　Sliver 电池

在 Sliver 电池工艺中，厚的硅片（在 1mm 范围）通过微机械加工形成狭窄的沟槽，这些沟槽将硅片分隔成非常窄（大约 50μm）的硅条（"sliver"）。每个硅片可以包含几千个硅条，其面积是硅片表面积的 20 ~ 50 倍。由于硅条两端仍然由硅片边缘作为支撑，可以进行太阳电池的工艺，硅单位体积的有效表面积增加可以引入许多高效结构，已经在高品质的 FZ 衬底上获得了超过 19% 的转换效率。由于 Sliver 电池的特点，可以制备双面、透明和柔性组件。

7.7　晶硅光伏组件

单个晶体硅电池的功率比较小，必须将一些电池片连接起来才能满足实际使用。组件是发电站的一个单元，能在市场上买到，所以说组件才是真正的光伏产品。光伏系统的特性和寿命依赖于组件结构对电池的保护。

大多数制造商采用的基本组件制备工艺早在 30 多年前就有了，下面将进行简单描述。对特殊应用的组件（建筑一体化、海上应用等），在材料和工艺上有一些改动。

7.7.1　电池阵列

在一个组件中，电池通常串联。电池制备好后，锡铜带焊接在电池正面的主栅上（见图 7.16a）。通过这种方式，形成 9 ~ 12 个电池串。

必须要注意的是，焊带必须沿着电池主栅的方向和主栅重叠很长的一段，这是因为丝印的主栅的电导率太低。

每个电池有两根焊带（更大的电池可能是三根）以保证即使在一些意外情况下电池的栅线有破损也能充分地保证电流的收集与流动[181]。此外，栅线的长度是硅片边长的 1/4（或 1/6），以减小串联电阻。焊带在电池之间的连接不是很紧密，为热膨胀预留了空间。

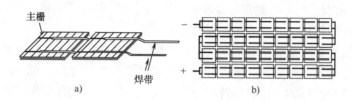

图 7.16　焊带焊接电池：a）两个电池串联，b）36 片电池串联的布局

在过去，串焊通过两步完成：首先是焊带焊接在前表面，接着是通过将焊带焊接到另一片的背面实现一串电池的串联。然而，必须考虑到在过去的几年中，硅片的厚度已经降低到 200μm 以下。在这种情况下，在焊接过程中由于硅和铜的热膨胀系数不一致而出现大的翘曲（见图 7.17a）。这种翘曲最终会导致在随后背面焊接和封装步骤中出现碎片。为了解决这个问题，在同一个电池的前后表面放置焊带要同时进行。然而，在加热和冷却过程中形成的热应力会导致微裂（见图 7.17b），这会使组件在电站中使用一段时间之后出现性能衰减。

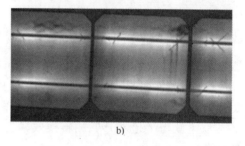

图 7.17　a）焊接后电池出现弯曲，b）串接过程中由于应力导致的微裂纹的热成像

为了降低在焊接过程中微裂纹的形成，导电树脂或者低温焊接合金[182]可以代替传统的焊带，并用光照代替电烙铁加热。

串与串之间通过汇流条或者电路板形成电池阵列。尽管几个串之间进行并联也是可以的，但是一般情况下串之间是串联的（见图 7.16b）。

通常组件由 36 片串联的电池片组成，这样在工作条件下，组件在最大功率点可以提供 15V 的电压，正好适用于蓄电池的 12V 充电电压[183]。随着并网，以及相对较少的建筑—体化及其他途径的应用增长，有不同电学参数的组件也进入了市场，因此现在的标准是 72 片 125 × 125cm^2 电池和 60 片 156 ×156cm^2 电池。

7.7.2　组件的层结构

电池必须被正确封装以保证组件在室外可以可靠地使用至少 25 年。此外，必须要考虑到几个因素，如机械强度、抗潮气能力、为用户安全的保护措施等。

构成组件的不同层被叠加起来，其结构如图 7.18 所示。

3 ~ 4mm 厚的钠钙玻璃用来做盖板，可以在光透过的同时提供机械强度并保护组件，但必须是低铁玻璃，否则光的透过会受影响。为了增加抗撞击能力以及考虑在组件破碎情况下的安全原因，玻璃必须经过回火处理（钢化玻璃）。

电池阵列夹在两层密封剂之间。最常用的封装密封剂是醋酸乙烯共聚物 EVA（Ethylene-Vinyl- Acetate），它是一种长分子塑料，具有单一共价键的碳原子骨架。EVA 是一种热塑性材料，也就是说，在加热情况下形变是可逆的。它是一种成卷购买的挤塑薄膜，大约厚

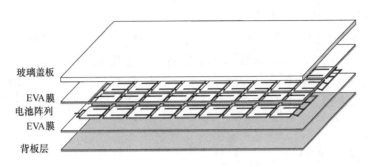

玻璃盖板
EVA膜
电池阵列
EVA膜
背板层

图7.18　层压的材料叠层

0.5mm。膜里有固化剂和稳定剂，它们的作用将在后面讨论。

　　组件的不受辐照那一面的外层通常是一层复合塑料板，作为潮气或相关成分的一种阻挡层，同时为了安全原因应该提供电学绝缘的功能。一般通过三层薄膜层压而成。最外层是Tedlar（商业名字为氟聚合物，DuPont 提供），是一种完美的阻挡层，但是它不具备高电压绝缘性；第二层薄膜是由聚酯组成。对于最内层，经常是由另外的 Tedlar 或者是由 EVA 粘贴聚酯薄膜组成。一些新型的背板只由聚酯薄膜组成。

7.7.3　层压

　　这些步骤在层压机中完成，层压机中有一个可以被加热的桌面，并装有一个盖子可以使关闭时边缘的密封性很好。盖子有一个内腔室和一层隔膜，隔膜将内腔室和装组件的腔室分开。两个腔室可以独立地抽真空。这种结构使组件在承受外加压力时，将保持真空。

　　在层压过程中，两个腔体都抽真空，同时温度升到高于 EVA 熔点的 120℃。抽真空对于排除空气（这样可以阻止空气泡的形成）、水汽和其他气体是很重要的。EVA 高于熔点后熔化流动并将电池包容在其中。几分钟后，组件腔体仍处在真空中，上腔体填充空气通过隔膜施加压力于层压材料。温度增加到 150℃ 时开始固化过程。固化剂诱导 EVA 分子链交联，也就是说，固化前连接微弱的化学键在固化后在长分子间形成横向化学键。之后 EVA 膜变得富有弹性，像橡胶一样。确实，固化过程与橡胶的硫化过程类似。对于标准的 EVA 这一过程一般为 12~15min[184,185]。

　　层压过程曾是组件制备的瓶颈。为了改善产能，人们提出了好几个方案：①商业化的快速固化 EVA 使得固化时间大幅消减到少于 10min；②正在评估的基于硅密封胶，聚亚胺酯，离子交联聚合物，或者聚烯烃类等的其他一些材料可将封装工艺时间缩短到 2~4min；③大的层压面积——大到好几平方米的层压面积可以同时处理 10 块组件或处理很大面积的组件。

7.7.4　层压后处理步骤

　　这些步骤包括：①将封装材料多余的边裁掉；②用硅橡胶来密封以防止铝边框和玻璃之间不同的热膨胀；③将塑料接线盒粘在层压层后面并完成连接；④如果需要，安装阳极氧化处理的铝框（见图 7.19）。铝框和电池片电路之间必须完全做到电绝缘来保证在电学负载终端和铝框之

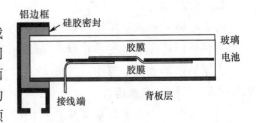

铝边框
硅胶密封
玻璃
电池
胶膜
胶膜
接线端
背板层

图7.19　标准组件的横截面

间保持着高的电压差而没有电流流过。

另外，最后要进行测试，所有组件要进行标准条件下的 I-V 曲线测试（使用太阳模拟器）来检测是否满足要求。由于节能原因通常使用瞬态光谱的模拟器，还有一个能在不到 1s 内记录 I-V 曲线的电学设备。一方面增加了产能另外避免在测试过程中由于温度原因导致的误差。模拟器的光谱必须和标准 AM1.5 的相近，或者必须使用相同技术制备的标准片来标定模拟器。

7.7.5　自动化和集成化

到 20 世纪中期，工厂的产能只有几十 MW，组件制造全部是人工完成。甚至，大部分使用的设备，例如层压机或者太阳模拟器，绝大多数情况下都是 PV 制造商自造的。

在第二阶段，当工厂的产能达到几百 MW 时，使用了能够自动完成大部分工艺的复杂设备。由于连接好的电池非常易碎很难人工操作，产能和产量都得益于自动化，导致了成本的急剧下降。较低增长潜力的其他行业的设备制造商（例如自动化工厂）为 PV 工业提供了特殊的设备。然而，大部分工艺（串焊，封装，裁边框）保持"岛"结构，与中间缓冲区一起促进生产程序管理。

现在的生产车间的产能能够达到几百 MW，不久的将来期待能够达到 GW 水平。在这个水平上，全自动和整个组件生产链的集成是必须的。以这种方式，通过简化工序提高操作规程，从而减少成本。另外一个方面，为了能够从这个集成化概念中完全获利，材料和组件的标准化是必须的。最终，生产管理应该由工艺自动控制来维持。

7.7.6　特殊的组件

7.7.6.1　BIPV 产品

建筑一体化的光伏组件（BIPV）从数量上来说已经成为最重要的一种光伏应用形式。这种组件的主要作用有两个：既是建筑材料，又是发电设备。组件可以以不同的方式与建筑集成，并且开发出的特殊组件不再仅仅是光伏产品。如很大面积的采用特殊方式固定在屋顶的或与建筑形成集成外观的组件，含有电池的屋顶瓦和半透明的可以透光的组件等都已经开发出来了。透光程度可以通过组件形状、封装技术和电池颜色进行改善[186]。另外，这些产品必须符合建筑标准，比如防火性等。

一般用在这些用途上的组件采用双玻结构，其他的聚合物材料（PVB）作为粘接胶膜代替 EVA。这种材料在组件制造的早期被使用过，同时在玻璃行业中常被使用。加工的方式与 EVA 相似。

7.7.6.2　双面组件

可以有好几种方法实现组件的双面接收光。通过封装两片玻璃板，双面组件不用任何技术改进就可以提高电池的单位面积的输出功率。尽管双面组件有这样的优势，目前它们在市场上占据的份额还是非常小。

7.7.6.3　背接触电池组件

背接触电池不需要焊带焊接，它们的连接和电子电路中的 PCB 工艺类似。这些实验设计使得组件制备更加方便并改善了外观。

7.8 组件的电学和光学特性

7.8.1 电学和热学特性

原则上来说，组件的电压是串联的电池片的单片电压之和，组件电流是并联电池片的单片电流之和。无论怎样组合，组件的功率都等于单片电池的功率之和；然而由于欧姆损失（主要由焊带引起），光学损失和不匹配效应导致 3% ~ 4% 的功率损失。目前常规厂家大批量生产的组件功率一般为 150 ~ 300W_p，电流为 5 ~ 10A，电压为 20 ~ 40V。更低的和更高的电压值一般用于特殊场合。

生产商一般会提供在标准条件（STC）下测试的组件 I-V 曲线的一些特征值（短路电流、开路电压和最大功率），这些标准条件是指 1kW/m^2（0.1W/cm^2）光强、AM1.5 光谱分布和 25℃ 的电池温度。组件在 STC 条件下的最大功率叫作峰值功率，用 W_p 标记。效率对电池最重要，而对组件就不那么重要，因为组件不是所有的地方都覆盖有昂贵的电池片。

实际的工作条件并不是标准条件，相反，工作条件变化很大并影响电池的电学性能，导致比 STC 条件下测试的低。这种效率损失的来源主要是以下 4 个方面[188]：

1）入射光有角度：因为太阳的运动和辐照成分的漫射，入射光不能垂直照射到组件上，而通常测试效率时入射光是垂直入射的。

2）入射光的光谱成分：在相同的入射能量下，根据光谱响应的不同，不一样的光谱产生不一样的电池光电流。太阳光谱随着太阳的位置、天气和污染等而变化，并且从来不精确地等于标准的 AM1.5。

3）辐照强度：在一定温度下，组件的效率随着辐照强度的减少而减少。在一个太阳光强附近，效率的下降主要是由于开路电压对电流的对数依赖关系。在很低入射光强度下，效率损失更多并且更难预测。

4）电池温度：环境温度变化，而且由于封装造成的热隔离，光导致组件中的电池被加热，更高的温度意味着性能的降低。这可能是最主要的特性损失。

但是，我们需要能在不一样的工作条件下预测组件的响应来正确地评估一个野外光伏系统年发电量。关于温度和辐照对电池性能的影响的物理机制大家已经都知道，所以原则上来说，组件的输出可以根据物理模型推出来。然而这是不现实的，并且对光伏系统工程师来说，可能采用的方法各不相同。

事实上，已经有非常简便的方法来预测不同工作条件下的 I-V 特性，并且已经开发出针对产业化组件的标准化程序[189]。这些方法在一定范围的温度和辐照条件下是适用的。但是这个范围应接近测试条件，并要求几个很容易测试的参数。组件出厂时，制造商给出的数据表通常包括这些参数中的一部分，因而可以进行一些最简单的估计。比如说：

1）稳定状态的能量平衡决定电池温度：输入是吸收的入射光能量，这部分能量一部分转换成有用的电能，另一部分辐射到周围环境中。对流是地面的平板应用中主要的散热方式，而辐射是第二种不能被忽视的散热方式。一种常用的简化假设是电池和环境的温度差随着辐照线性增强。系数依赖于组件的安装、风速、环境潮湿度等，尽管只用一个值来表征组件类型。这些信息都包含在标准电池工作温度（NOCT）中，NOCT 被定义为环境温度为

20℃、辐射强度为 0.8kW/m² 、风速为 1m/s 时的电池温度。典型的 NOCT 值为 45℃。对不一样的辐射值 G，可以通过下面的公式获得：$T_{电池} = T_{环境} + G \times (\text{NOCT} - 20℃)/0.8\text{kW/m}^2$ ；

2）组件的短路电流通常被认为严格地正比于辐照强度。随着电池温度的增加，短路电流少量地增加（这来源于带隙的降低和少数载流子寿命的改善）。系数 α 表征了每升高 1℃ 时相对的电流增量。结合以上两个假设，在任意辐照强度和电池温度下的短路电流可以通过下式计算：

$$I_{SC}(T_{电池}, G) = I_{SC}(\text{STC}) \times (G/1\text{kW/m}^2) \times [1 + \alpha(T_{电池} - 25℃)]$$

对于 Si 晶体，α 约为 0.025%/℃ 。

3）开路电压很强烈地依赖于电池温度（主要是对本征浓度的影响），并随着温度升高而线性减小。根据这个系数 β，可以得出开路电压为

$$V_{OC}(T_{电池}, G) = V_{OC}(\text{STC}) - \beta(T_{电池} - 25℃)$$

辐照强度包含在 $T_{电池}$ 中，对晶体硅，每个串联接触的电池 β 大约是 2mV/℃，大约 0.4%/℃ 。

4）很多的因素都会影响最大功率（或者说效率）随辐照强度和温度的改变。参数 γ 被定义为每升高 1℃ 组件效率的相对下降为

$$\eta(T_{电池}, G) = \eta(\text{STC}) \times [1 - \gamma(T_{电池} - 25℃)]$$

通常 γ 值近似为 0.5%/℃ 。

7.8.2　制备过程中的分散性和失配损失

当有着不同 *I-V* 特性的电池连接在一起后就出现了所谓的失配损失，由于器件上的偏压，使得组件的输出少于所有电池功率之和。这种电池的差别来源于电池制备过程中不可避免的分散性，或者是因为组件中各个位置具有不同的辐照强度和工作温度。

为了使失配损失降到最低，制备好的电池在工厂里要经过测试和分选。对串联，重要的参数是在最大功率点的电流值，通常在封装前要测试在接近最大功率点处的固定电压下的电流值来相应地给电池分组，尽管也可以用其他的分选方式[190]。在每一组中，所有的电池电流在一个限定的范围内来确保当这些电池串联在一起形成组件时，失配损失可以控制在期望的范围内[191]。依赖于不同的分组，组件的额定功率各不相同，这也就说明了为什么制造商按完全相同的方法制备的组件却有着很多不同的功率。

7.8.3　局部阴影和热斑的形成

由于局部的阴影或失效，一个或几个电池的短路电流都会远远小于串联于该串中其他的器件。如果坏掉的电池被迫要流过高于它的发电容量的电流，它们就会处于反偏状态，甚至被损坏，从而不是发出功率而是吸收功率。

图 7.20 解释了这种情况。图中是 18 个电池组成的串，其中一个电池被阴影遮挡，所以它的短路电流是其余电池的一半，整串的短路电流用一条水平线标注。可以看出，在这种条件下被阴影遮挡的电池处于很强的反偏状态，并且消耗了其他没有被遮挡的电池发出的功率。这种效应当然会严重降低组件效率，但是更重要的是组件可能被损坏。

雪崩击穿一般是由于结电流的不均匀分布所引起的，击穿通常发生在工艺过程中造成损坏的位置。局部放出的很强的热能会导致非常高的温度（热斑）。如果温度到了大约 150℃，

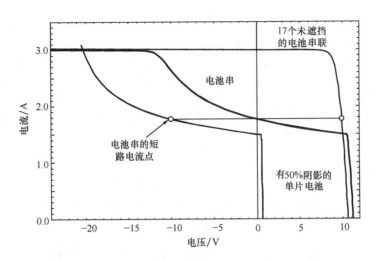

图 7.20　计算机模拟的有 50% 阴影遮挡的单片电池及 17 个未遮挡的电池串联的
I-V 曲线，前者表现出典型的软反向击穿特性，当将两者串联后，
得到图中"电池串"所示的 I-V 曲线

层压的材料的性能会衰减，并且组件不可避免地会被损坏[192,193]。由于电池工艺的局域化特性，电池的反向特性具有很大的分散性，所以在有局部阴影的情况下，很难准确预测组件的特性。

　　为了说明防止热斑失效产生的意义，我们考虑一下最坏的情况。这种情况是 N 个电池串联成的串被短路，并且被阴影遮挡的电池在剩余的 N-1 个好电池的电压下反偏，如图 7.20 所示。可以导致热斑的最小的 N 值（也就是说可以安全工作的最大 N 值）依赖于一些不确定因素。对采用标准技术制备的硅太阳电池而言，N 值大约在 15 ~ 20 之间。UMG 硅太阳电池的击穿电压在 10 ~ 12V。

　　由于通常使用更大数量的串联串，所以解决的途径是每组电池并联一个二极管（旁路二极管），但是它是反向连接的。每组中电池的数量按防止热斑的产生来确定。当一个或几个电池被阴影遮挡，它们仅能反偏到导致二极管被正向导通的程度。二极管流过电流来保持这组电池处于近短路状态。

　　图 7.21 说明了旁路二极管的作用。当流过被阴影遮盖的子串的电流就是反向偏压等于旁路二极管阈值时的电流时，旁路二极管通过流过必要的电流来保持串工作在这个偏压点，从而阻止在被遮蔽的电池上消耗的功率增加。同样很明显，旁路二极管使得输出功率显著增加，因为可以使组件保证输出未受影响部分的功率。

　　很明显，每一个二极管负责的电池片数量越少，在有遮蔽时所受的效率损失的影响就越少，但是这同时也意味着更高的成本和更复杂的制备。曾经提出过在每个电池上并联一个旁路二极管，这样是以更复杂的工艺为代价将这些效应的影响降到最低[194]。

　　实际中是不仅仅在串联串的终端引出接线端（在封装的外面），在中间点也会引出，所以在接线盒中每 18 ~ 20 个电池连接一个旁路二极管（见图 7.22），或者对 UMG 太阳电池是 12 个电池连接一个旁路二极管。对遮挡造成影响的抵抗力是测试组件质量的一个标准项目。

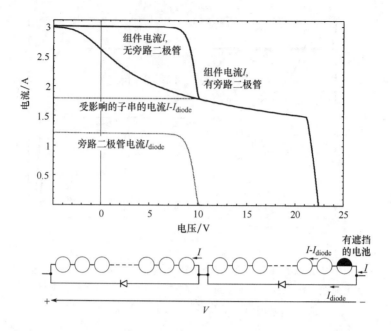

图 7.21　计算机模拟的 36 个电池串联成的串在有和没有两个旁路二极管情况下的 I-V 曲线（连接方式如图中下半部分所示，其中一个电池被 50% 遮挡。同时给出了流过有遮挡的子串和它的旁路二极管的电流）

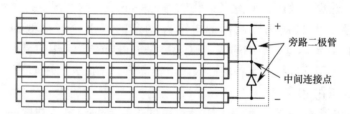

图 7.22　36 个电池的组件中两个旁路二极管（连接在接线盒中）

　　部分阴影对组件输出功率的影响也依赖于电池的 I-V 特性。在某种周围环境导致的部分阴影下，电池表现出的一定的漏电是有益的。然而，通过工艺精确控制漏电流并不容易。

7.8.4　光学特性

　　封装以多种方式影响电池的光学特性，电池的光学特性必须根据成本和封装后的特性优化。封装的一些作用如下[195]：

　　1）玻璃和 EVA 的折射系数相近，都是大约为 1.5，介于空气和硅之间。封装就相当于一层厚的减反膜。对很好制绒的硅太阳电池而言，这样的减反效果已经很好，有时都不需要再使用薄的减反层。

　　2）设计电池的减反层必须要考虑到光是通过这层介质入射到电池上的。优化的减反层折射率是大于空气的。

　　3）玻璃和 EVA 吸收一些短波长的光。

　　4）典型地来说，4% 的反射发生在空气-玻璃界面［见图 7.23（1）］[196]。通过覆盖减反层和制绒可以降低这部分损失和增加能量输出。

5）在金属电极和电池表面反射的光，如果相对法线是斜的，可以通过玻璃-玻璃界面上的全内反射再反射回来［见图 7.23（2）］。这部分反射通过将电池表面制绒加工出斜的金字塔而不是通过碱腐蚀（100）面出来的正金字塔而改善[197]。

6）由于折射率的差别比较低，尽管电池的陷光能力看起来在封装后有所降低，但是逃脱的光线仍捕获在玻璃中，所以在理想情况下吸收的改善没有受到影响。

7）白色背板因为是漫反射，所以使得一些入射在电池之间的光经反射后被电池收集［见图 7.23（4）］。

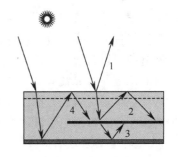

图 7.23 封装的光学作用
1—玻璃反射 2—捕获电池上的反射光
3—捕获电池透过的光 4—收集
周围的杂散光

7.9 组件的现场特性

7.9.1 寿命

寿命长是光伏产品的一个主要优点，并且一些制造商现在能够提供大于 20 年的保证，对短期研发来说目标是 30 年的寿命。这就意味着在这段时间内要保证组件能正常工作，要按照近似于初始效率 80% 的输出功率设计，衰减也包括安全性或外观的特性。两个因素决定寿命：可靠性，指产品的提前失效；耐久性，指缓慢的衰减直到性能降低到不能接受的水平。成本收益、能量回收期和公众对光伏的接受，在很大程度上依赖于组件的稳定性和长的寿命。

世界范围内已经有光伏系统一直工作超过 20 年，这使得我们可以收集关于衰减机制的一些信息。在野外的组件要承受静态的或动态的机械载荷、热循环、曝晒、潮气、冰雹、灰尘、局部阴影等的影响。通常的失效[181,198]与制备过程中缺乏对气候的分析有关。

同时，也发现了组件输出的稳定性在局部区域出现衰减，而短路电流和填充因子是最主要受影响的因素。在许多情况下，这和 EVA 的衰减有关[185]。EVA 就像大多数聚合物，已经证明存在光热衰减：紫外光辐照导致分子链断裂。化学物质因此很容易通过扩散穿过它，所以潮气和一些相关的物质可以进入，而吸收剂和稳定剂则向外扩散。

黄色或棕色的 EVA 对光学的透过性有一定的影响，进而也会影响电流。因此，EVA 的配方里含有 UV 吸收剂。含铈的玻璃可以缓解这个问题。衰减同样降低了封装的强度，导致对电池黏附性降低甚至脱离（出现分层）。因为每天的热循环导致不一样的膨胀系数，这造成的剪切应力会加剧这种现象。分层会对吸收光和散热带来不利影响。另外，质量下降的封装会更容易被潮气和化学物质穿透。其中，玻璃中的钠和电池发射区的磷会在电池表面沉淀，腐蚀焊带接头并增加串联电阻[198]。封装材料的配方一直在不断地改善以解决这些问题。

7.9.2 认证

有一些机构，如国际电工委员会（IEC）、美国电气和电子工程师协会（IEEE）等，都设计了测试实验来保证光伏产品的质量[199]。这些测试都有标准程序，如果能顺利通过检测，光伏组件的可靠性就可以保证。

制造商可以自愿地将他们的产品送到可信赖的实验室进行测试，包括对组件上数据表中的参数的认证及可靠性测试。获得的认证是对客户的质量保证。

认证包括通过视觉检测组件的完整性、在 STC 条件下测试电学性能和在以加速的方式模拟真实工作条件对电学性能和电绝缘性的影响。例如，IEC 标准 61215[200] 定义如下：

- 氙灯下的紫外辐照；
- 在模拟气候的腔体里进行热循环（-40~50℃，50 个循环）；
- 湿气冷冻循环（在 85% 的相对湿度下进行热循环）；
- 湿热（在 85℃、90% 相对湿度下加热 1000h）；
- 测试抗扭转实验；
- 在组件上施加压力测试抗静态机械载荷能力；
- 冰雹影响实验，以 23m/s 的速度将 25mm 直径的冰球砸向组件；
- 室外曝晒；
- 热斑测试，组件选择性的进行局部遮蔽。

对一些组件进行一些不同组合的测试。如果没有严重的失效并且视觉上没有破损，电学性能在标称值的 90% 内，并且绝缘仍旧有效，那么组件就是合格的。

7.10 结论

本章对晶体硅电池和组件的现状进行了总结与回顾。本章的主线可以归纳如下：

1) 不断扩大的规模：现在光伏市场的繁荣促使和推进了技术及工艺的进步。

2) 实验室-产业化的差距：一方面实验室的现有成熟技术可以制备出高性能的电池；另一方面，产业化用的是可靠的、生产快速的、已经 30 年的能制备出中等效率的工艺。如何跨越这个差距是实现更低成本的关键。

3) 新型硅材料：市场的扩张和硅材料的短缺刺激了新材料和薄片的出现，而这些都需要新的技术路线。

4) 技术多样化：这两项挑战将在未来几年遇到。现在正在广泛地开展产业前期的研究，并且有一些不同的技术路线。

5) 质量：产品的可靠性和重复性及环境和外观友好都和成本一样对光伏产业的发展非常重要，并且它们也同样影响着技术。

6) 长期发展纲要：替代晶体硅电池的技术正在被广泛地研究着，并且其中的一些技术可能会成功地将光伏成本降到具有竞争性的水平。然而，要想使这些跃变发生，必须要稳固成熟的光伏市场。对市场而言，在下一个 10 年间硅技术仍将是非常必要的。

参考文献

1. Schmela M, *Photon International* **3**, 140 (2008).
2. Turton R, *Band structure of Si: Overview* in Hull R (ed.), *Properties of Crystalline Silicon*, INSPEC, Stevenage, UK (1999).

3. Green M, Keevers M, *Prog in Photovoltaics* **3**, 189–192 (1995).
4. Kolodinski S, Werner J, Wittchen T, Queisser H, *Appl. Phys. Lett.* **63**, 2405–2407 (1993).
5. Clugston D, Basore P, *Prog in Photovoltaics* **5**, 229–236 (1997).
6. Sproul A, Green M, *J. Appl. Phys.* **70**, 846–854 (1991).
7. Altermatt P *et al., Proc. 16th EC PVSEC* 102–105 (2000).
8. Dziewior J, Schmid W, *Appl. Phys. Lett.* **31**, 346–351 (1977).
9. Altermatt P, Schmidt J, Kerr M, Heiser G, Aberle A, *Proc. 16th EC PVSEC,* pp 243–246 (2000).
10. Green M *et al, Nature* **412**, 805–808 (2001).
11. Thurber W, Mattis R, Liu Y, Filliben J, *J. Electrochem. Soc.* **127**, 1807–1812 (1980), and *J. Electrochem. Soc.* **127**, 2291–2294 (1980).
12. Kane D, Swanson R, *Proc. 20th IEEE PVSC*, pp 512–517 (1988).
13. Sze S, *Physics of Semiconductor Devices*, Chap.5, John Wiley & Sons, Inc., NY (1981).
14. King R, Sinton R, Swanson R, *IEEE Trans. Electron Devices* **37**, 1399–1409 (1990).
15. King R, Swanson R, *IEEE Trans. Electron Devices* **38**, 365–371 (1991).
16. Narashima S, Rohatgi A, Weeber A, *IEEE Trans. Electron Devices* **46**, 1363–1370 (1999).
17. Honsberg C, Slade A, McIntosh K, Vogl B, Cotter J, Wenham S, *Proc. 16th EC PVSEC*, pp 1655–1658 (2000).
18. Taguchi M *et al, Prog in Photovoltaics* **8** 503–514 (2000).
19. Wang TH *et al, Proc. 14th Workshop on Crystalline Silicon Solar Cells and Modules*. NREL/CP-520-36669 (2004).
20. Grauvogl M and Hezel R, *Prog in Photovoltaics* **6**, 15–24 (1998).
21. Gan J, Swanson R, *Proc. 21st IEEE PVSC*, pp 245–250 (1990).
22. Mäckel H and Cuevas A, *Proc. 3rd World Conf on Photovoltaic Energy Conversion*, pp 71–74 (2003).
23. Aberle A, *Prog in Photovoltaics* **8**, 473–488 (2000).
24. Aberle A, Hezel R, *Prog in Photovoltaics* **5**, 29–50 (1997).
25. Choulat P, Agostinelli G, Ma Y, Duerinckx F, Beaucarne G, *Proc. 22nd European PVSEC*, pp 1011–1014 (2007).
26. Yamamoto H *et al., Proc. 22nd EC PVSEC*, pp 1224–1226 (2007).
27. Martín I, Vetter M, Orpella J, Cuevas A, Alcubilla R, *Applied Physics Letters* **79**(14), 2199–2201 (2001).
28. Agostinelli G, Delabie A, Vitanov P, Alexieva Z, Dekkers HZW, De Wolf S, Beaucarne G, *Solar Energy Materials & Solar Cells* **90**, 3438–3443 (2006).
29. Schmidt J. *et al., Prog. in Photovoltaics* **16**, 461–466 (2008).
30. Cuevas A, Basore P, Giroult-Matlakowski G, Dubois C, *Proc. 13th EC PVSEC*, pp 337–342 (1995); Cuevas A, Stuckings M, Lay J, Petravic M, *Proc. 14th EC PVSEC*, pp 2416–2419 (1997).
31. Eades W, Swanson R, *J. Appl. Phys.* **58**, 4267–4276 (1985).
32. Kerr, MJ, Cuevas A, *Proc. IEEE PVSC*, pp 103–107 (2002).
33. Aberle A, Glunz S, Warta W, *Sol. Energy Mat. Sol. Cells* **29**, 175–182 (1993).
34. Luque A, The requirements of high efficiency solar cells, in Luque A and Araújo G (eds), *Physical limitations to photovoltaic energy conversion*, pp 1–42, Adam Hilger, Bristol (1990).
35. Green M, *Silicon solar cells. Advanced principles and practice*, Chap. 7, Centre for Photovoltaic Devices and Systems, University of New South Wales, Sydney (1995).
36. Tiedje T, Yablonovitch E, Cody G, Brooks B *IEEE Trans. Electron Devices* **31**, 711–716 (1984).
37. Kerr MJ, Campbell P, Cuevas A, *Proc. IEEE PVSC*, pp 439–441 (2002).
38. Luque A, Tobías I, Gidon P, Pirot M, del Cañizo C, Antón I, Jausseaud C, *Progress in Photovoltaics* **12**, 503–516 (2004); Luque A, Gidon P, Pirot M, Antón I, Caballero LJ, Tobías I, del Cañizo C, Jausseaud C, *Progress in Photovoltaics* **12**, 517–528 (2004).
39. Verlinden P, Sinton R, Wickham K, Crane R, Swanson R, *Proc. 14th EC PVSEC*, pp 96–100 (1997).
40. Van Kerschaver E, Beaucarne G, *Prog in Photovoltaics* **14**, 107–123 (2006).

41. Luque A, Ruiz J, Cuevas A, Agost M, *Proc. 1st EC PVSEC*, pp 269–277 (1977).
42. Zhao J, Wang A, Green M, *Prog in Photovoltaics* **7** 471–474 (1999).
43. Saitoh T, Hashigami H, Rein S, Glunz S, *Prog in Photovoltaics* **8** 535–547 (2000).
44. Myers S, Seibt M, Schröter W, *J. Appl. Phys.* **88** 3795–3819 (2000).
45. McHugo S, Hieslmair H, Weber E, *Appl. Phys. A* **64**, 127–137 (1997).
46. Ohe N, Tsutsui K, Warabisako T, Saitoh T, *Sol. Energy Mat. Sol. Cells* **48**, 145–150 (1997).
47. Martinuzzi S *et al.*, *Mat. Science and Eng. B* **71**, 229–232 (2000).
48. Wenham S, Green M, *Prog. in Photovol* **4**, 3–33 (1996).
49. Schröter W, Kühnpafel R, *Appl. Phys. Lett.* **56**, 2207–2209 (1990).
50. Joshi S, Gösele U, Tan T, *J. Appl. Phys.* **77**, 3858–3863 (1995).
51. Périchaud I, Floret F, Martinuzzi S, *Proc. 23rd IEEE PVSC*, pp 243–247 (1993).
52. Narasimha S, Rohatgi A, *IEEE Trans. on Electron Devices* **45**, 1776–1782 (1998).
53. Macdonald D, Cuevas A and Ferraza F, *Solid State Electronics* **43**, 575–581 (1999).
54. Gee J and Sopori B, *Proc. 26th IEEE PVSC*, pp 155–158 (1997).
55. del Cañizo C, Tobías I, Lago R, Luque A, *J. of the Electrochem. Soc.* **149**, 522–525 (2002).
56. Sopori B *et al*, *Sol. Energy Mat. Sol. Cells* **41/42** 159–169 (1996).
57. Buonassisi T, Istratov A, Marcus M, Lai B, Cai Z, Heald S, Weber E, *Nat. Mater* **4**, 676–679 (2005).
58. Waver P, Schmidt A, Wagemann H, *Proc. 14th EC PVSEC*, pp 2450–2453 (1997).
59. Green M, *Prog in Photovoltaics* **8**, 443–450 (2000).
60. Schmidt J, Bothe K, Hezel R, *Proc 29th IEEE PVSC*, pp 178–181 (2002).
61. Geerligs LJ, Macdonald D, *Prog in Photovoltaics* **12**, 309–316 (2004).
62. Cotter JE *et al*, *IEEE Trans on Electron Devices*, **53** 1893–1901 (2006).
63. Schmidt J *et al.*, *Proc. 22nd EC PVSEC*, pp 998–1001 (2007).
64. Zhao J, Wang A, Green M, *Prog in Photovoltaics* **2**, 227–230 (1994).
65. Wenham S, *Prog in Photovoltaics* **1**, 3–10 (1993).
66. Glunz SW *et al.*, *Proc. 21st European PVSEC*, pp 746–749 (2006).
67. Cuevas A, Russell D, *Prog in Photovoltaics* **8**, 603–616 (2000).
68. Green M, *Silicon solar cells. Advanced principles and practice*, Chap. 10, Centre for Photovoltaic Devices and Systems, University of New South Wales, Sydney (1995).
69. Cuevas A, Sinton R, Swanson R, *Proc. 21st IEEE PVSC*, pp 327–332 (1990).
70. Luque A, *Solar cells and optics for photovoltaic concentration*, Chap.6, Adam Hilger, Bristol (1989).
71. Moehlecke A, Zanesco I, Luque A, *Proc. 1st World CPEC*, pp 1663–1666 (1994).
72. Glunz S, Knobloch J, Biro D, Wettling W, *Proc. 14th EC PVSEC*, pp 392–395 (1997).
73. Wenham S *et al*, *Proc. 1st World CPEC*, pp 1278–1282 (1994).
74. Schneiderlöchner E, Preu R, Lüdemann R, Glunz SW, *Progress in Photovoltaics* **10**, 29–34 (2002).
75. Mulligan W *et al*, *Proc. 28th IEEE PVSC*, pp 158–163 (2000).
76. Zhao J, Wang A, Altermatt P, Zhang G, *Prog in Photovoltaics* **8** 201–210 (2000).
77. Luque A, *Coupling light to solar cells* in Prince M Ed, *Advances in Solar Energy Vol 8*, American Solar Energy Society, Boulder, pp 151–230 (1993).
78. Kuo ML *et al*, *Optics Letters*, **33**, 2527–2529 (2008).
79. Born M, Wolf E, *Principles of Optics*, 7th edn, Chap. 1, Cambridge Universtity Press, Cambridge, UK (1999).
80. Zhao J and Green M, *IEEE Trans. on Electron Devices* **38**, 1925–1934 (1991).
81. Rodríguez J, Tobías I, Luque A, *Sol. Energy Mat. Sol. Cells* **45**, 241–253 (1997).
82. Kray D, Hermle M, Glunz SW, *Prog in Photovoltaics* **16**, 1–15 (2008).
83. Green M, *Silicon solar cells. Advanced principles and practice*, Chap. 6, Centre for Photovoltaic Devices and Systems, University of New South Wales, Sydney (1995).
84. Moehlecke A, *Conceptos avanzados de tecnología para células solares con emisores p⁺ dopados con boro*, Chap. 5, *Ph D Thesis*, Universidad Politécnica de Madrid (1996).
85. Miñano J, *Optical confinement in Photovoltaics* in Luque A and Araújo G Eds, *Physical limitations to photovoltaic energy conversion*, Adam Hilger, Bristol. pp 50–83 (1990).

86. Neuhaus D-H, Münzer A, *Advances in Optoelectronics* vol 2007, article ID 24521, doi 10.1155/2007/24521.
87. Van Overstraeten R, Mertens R, *Physics, Technology and Use of Photovoltaics*, Chap. 4, Adam Hilger Ltd., Bristol (1986).
88. Funke C, Wolf S, Stoyan D, *J. Sol. Energy Eng.*, **131**(1), 11012−11017 (2009).
89. Barredo J, Fraile A, Jimeno JC, Alarcón E., *Proc. 20th European PVSEC*, pp 298−301 (2005).
90. Hylton J, Kinderman R, Burgers A, Sinke W, Bressers P, *Prog in Photovoltaics* **4**, 435−438 (1996).
91. Shirasawa K *et al.*, *Proc 21st IEEE PVSC*, pp 668−73 (1990).
92. Zhao J, Wang A, Campbell P, Green M, *IEEE Trans. Electron Devices* **46**, 1978−1983 (1999).
93. De Wolf S *et al.*, *Proc. 16th EC PVSEC*, pp 1521−1523 (2000).
94. Hauser A, Melnyk I, Fath P, Narayanan S, Roberts S, Bruton TM, *Proc 3rd WCPEC*, pp 1447−1450 (2003).
95. Bilyalov R, Stalmans L, Schirone L, Lévy-Clement C, *IEEE Trans. Electron Devices* **46**, 2035−2040 (1999).
96. Ruby D *et al.*, *Proc. of the 2nd·WCPEC*, pp 39−42 (1998).
97. Lüdemann R, Damiani B, Rohatgi A, Willeke G, *Proc 17th EC PVSEC*, pp 1327−1330 (2001).
98. Dekkers HFW, Agostinelli G, Deherthoghe D, Beaucarne G, Traxlmayer U, Walter, G, *Proc. 19th European PVSEC*, pp 412−415 (2004).
99. Mrwa A, Ebest G, Erler K and Rindelhardt U, *Proc 21st European PVSEC*, pp 815−817 (2006).
100. Inomata Y, Fukui K, Shirasawa K, *Sol. Energy Mat. and Solar Cells* **48**, 237−242 (1997).
101. Ruby DS, Zaidi SH, Narayanan S, *Proc IEEE 28th PVSC*, pp 75−78 (2000).
102. Winderbaum S, Reinhold O, Yun F, *Sol. Energy Mat. and Solar Cells* **46**, 239−248 (1997).
103. Narayanan S, Wohlgemuth J, Creager J, Roncin S, Perry M, Proc 12th European PVSEC, pp 740−742 (1994).
104. Szlufcik J, Fath P, Nijs J, Mertens R, Willeke G, Bucher E, Proc 12th European PVSEC, pp 769−772 (1994).
105. Fath P *et al.*, *Proc 13th European PVSEC*, pp 29−32 (1995).
106. Spiegel M *et al.*, *Sol. Energy Mat. Solar Cells*, **74**, 175−182 (2002).
107. Huster F, Gerhards C, Spiegel M, Fath P, Bucher E, *Proc 28th IEEE PVSC*, pp 1004−1007 (2000).
108. Joos W *et al.*, *Proc 16th EC PVSEC*, pp 1169−1172 (2000).
109. Pirozzi L, Garozzo M, Salza E, Ginocchietti G, Margadonna D, *Proc. 12th EC PVSEC*, pp 1025−1028 (1994).
110. Goaer G, Le Quang N, Bourcheix C, Pellegrin Y, Loretz JC, Martinuzzi S, Perichaud I, Warchol F, *Proc 19th European PVSEC*, pp 1025−1028 (2004).
111. Salami J, Pham T, Khadilkar Ch, McViker K, Shaikh A, *Technical Digest Int. PVSEC-14*, pp 263−264 (2004).
112. Tool CJJ, Coletti G, Granek FJ, Hoornstra J, Koppes M, Kossen EJ, Rieffe HC, Romijn IG, Weeber AW, *Proc 20th European PVSEC*, pp 578−583 (2005).
113. Bentzen A, Schubert G, Christensen JS, Svensson BG, Holt A, *Progress in Photovoltaics: Research and Appl*, **15**, 281−289 (2007).
114. Voyer C, Biro D, Wagner K, Benick J, Preu R, Koriath J, Heintze M, Wanka HN, *Proc 20th European PVSEC*, pp 1415−1418 (2005).
115. Kim DS, Hilali MM, Rohatgi A, Nakano K, Hariharan A, Matthei K, *Journal of Electrochemical Society* **153**, A1391−A1396 (2006).
116. Benick J, Rentsch J, Schetter C, Voyer C, Biro D, Preu R, *Proc 21st European PVSEC*, pp 1012−1015 (2006)
117. http://www.schmid-group.com/en/business-fields/photovoltaic/cell/phosphorus-doper.html
118. Horzel J *et al.*, *Proc. 17th EC PVSEC*, pp 1367−1370 (2001).
119. Emanuel G, Schneiderlöchner, Stollhof J, Gentischer J, Preu R and Lüdemann R, *Proc 17th EC PVSEC*, pp 1578−1581 (2001).

120. Melnyk I, Wefringhaus E, Delahaye F, Vilsmaier G, Mahler W, Fath P, *Proc 19th EC PVSEC*, pp 416–418 (2004).

121. Richards B, Cotter J, Honsberg C and Wenham S, *Proc. 28th IEEE PVSC*, pp 375–378 (2000).

122. Johnson J, Hanoka J, Gregory J, *Proc. 18th PVSC*, pp 1112–1115 (1985).

123. Sopori B, Deng X, Narayanan S, Roncin S, *Proc 11th EC PVSEC*, pp 246–249 (1992).

124. Szulfcik J *et al.*, *Proc. 12th EC PVSC*, pp 1018–1021 (1994).

125. Leguijt C *et al.*, *Sol. Energy Mat. Sol. Cells* **40**, 297–345 (1996).

126. Soppe W *et al.*, *Proc. 29th IEEE PVSC*, pp 158–161 (2002).

127. Ruby D, Wilbanks W, Fieddermann C, *Proc. IEEE 1st WPEC*, pp 1335–1338 (1994).

128. Ruske M, Liu J, Wieder S, Preu R, Wolke W, *Proc. 20th European PVSEC*, pp 1470–1473 (2005).

129. Meemongkolkiat V, Nakayashiki K, Kim DS, Kopecek R and Rohatgi A, *Journal of Electrochemical Society* **153**(1), G53–G58 (2006).

130. Nijs J *et al*, *Proc. 1st World CPEC*, pp 1242–1249 (1994).

131. Ballif C, Huljić F, Hessler-Wyser A, Willeke G, *Proc. 29th IEEE PVSC*, pp 360–363 (2002).

132. Lenkeit B *et al.*, *Proc. 16th EC PVSEC*, pp 1332–1335 (2000).

133. Hoornstra J, de Moor H, Weeber A and Wyers P, *Proc. 16th EC PVSEC*, pp 1416–1419 (2000).

134. Huster F, Fath P, Bucher E, *Proc. 17th EU-PVSEC*, pp 1743–1746 (2001).

135. Huljić DM, Thormann S, Preu R, Lüdemann R, Willeke G, *Proc. 29th IEEE PVSC*, pp 126–129 (2002).

136. Glunz SW, *Advances in Optoelectronics* vol 2007, article ID 97370, doi 10.1155/2007/97370.

137. Bruton T *et al*, *Proc. 14th EC PVSC*, pp 11–19 (1997).

138. Podewils C, Dreaming of dinosaurs, *Photon International* **3**, 114–123 (2007).

139. del Cañizo C, del Coso G, Sinke W, *Prog. in Photovoltaics* **17**(3), 199–209 (2009).

140. Tool C *et al.*, *Prog in Photovoltaics* **10**, 279–291 (2002).

141. Upadhyaya A, Sheoran M, Ristow A, Rohatgi A, Narayanan S, Roncin S, *Proc. 4th WCPVEC*, pp 1052–1055 (2006).

142. Mueller A, Cherradi N, Nasch PM, *Proc. 3rd World CPEC*, pp 1475–1478 (2003).

143. Funke C, Sciurova O, Kaminski S, Fütterer W, Möller HJ, *Proc. 21st EC PVSEC*, pp 171–175 (2006).

144. Cereceda E, Gutiérrez JR, Jimeno JC, Barredo J, Fraile A, Alarcón E, Ostapenko S, Martínez A, Vázquez MA, *Proc. 22nd EC PVSEC*, pp 1168–1170 (2007).

145. Huster F, *Proc. 20th EC PVSEC*, pp 560–563 (2005).

146. Finck von Finckenstein B *et al.*, *Proc. 28th IEEE PVSC*, pp 198–200 (2000).

147. Kim S, Shaikh A, Sridharan S, Khadilkar C, Pham T, *Proc. 19th European PVSEC*, pp 1289–1291 (2004).

148. Jimeno JC *et al.*, *Proc. 22nd European PVSEC*, pp 875–878 (2007).

149. Munzer KA, Holdermann KT, Schlosser RE, Sterk S, *IEEE Trans. Electron Devices* **46**, pp 2055–2061 (1999).

150. Recart F, Freire I, Pérez L, Lago-Aurrekoetxea R, Jimeno JC, Bueno G, *Sol. Energy Mat. Sol. Cells* **91**, 897–902 (2007).

151. Dauwe S, Mittelstädt L, Metz A, Hezel R, *Prog. in Photovoltaics* **10**(4), 271–278 (2002).

152. Hoffman M, Glunz SW, Preu R, Willeke G, *Proc. 21st European PVSEC*, pp 609–613 (2006).

153. Rostan PJ, Rau U, Nguyen VX, Kirchartz T, Schubert MB, Werner JH, *Sol. Energy Mat. Sol. Cells*, **90**(9), 1345–1352 (2006).

154. Moschner J *et al.*, *Proc. 2nd WCPEC*, pp 1426–1429 (1998).

155. Einhaus R *et al.*, *Proc. 14th EC PVSEC* (1997).

156. Raabe B *et al.*, *Proc. 22nd EC PVSEC*, pp 1024–1029 (2007).

157. Ruby DS, Yang P, Ro M, Narayanan S, *Proc. 26th IEEE PVSC*, pp 39–42 (1997).

158. Zerga A, Slaoui A, Muller JC, Bazer-Bachi B, Ballutaud D, Lê Quang N, Goaer G, *Proc. 21st European PVSEC*, pp 865–869 (2006).

159. Horzel J, Szlufcik J, Nijs J, *Proc. 16th EC PVSEC*, pp 1112–1115 (2000).

160. Hilali M, Jeong JW, Rohatgi A, Meier DL, Carroll AF, *Proc. of the 29th IEEE PVSC*, pp 356-359 (2002).

161. Sivoththaman S *et al.*, *Proc. 14th EC PVSEC*, pp 400-403 (1997).

162. Doshi P, Mejia J, Tate K, Kamra S, Rohatgi A, Narayanan S, Singh R, *Proc. 25th IEEE PVSC*, pp 421-424 (1996).

163. Doshi P, Rohatgi A, Ro M, Chen M, Ruby D, Meier D, *Sol. Energy Mat. Solar Cells* **41/42**, 31-39 (1996).

164. Biro D *et al.*, *Sol. Energy Mat. Sol. Cells* **74**, 35-41 (2002).

165. Schmidt W, Woesten B, Kalejs J, *Prog. in Photovoltaics* **10**, 129-140 (2002).

166. Horzel J, Grupp G, Preu R, Schmidt W, *Proc. 20th EC PVSEC*, pp 895-898 (2005).

167. Hahn G, Gabor AM, *Proc 3rd WCPEC*, pp 1289-1892 (2003).

168. J. Junge, *et al.*, *Proc. 33rd IEEE PVSC*, pp 1-5 (2008).

169. Rohatgi A *et al.*, *Proc. 14th International PVSEC*, pp 635-638 (2004).

170. Meier D, Davis H, Garcia R, Salami J, Rohatgi A, Ebong A, Doshi P, *Sol. Energy Mat. Sol. Cells* **65**, pp 621-627 (2000).

171. Seren S, Kaes M, Gutjahr A, Burgers AR, and Schönecker A, *Proc. 22nd European PVSEC*, Milan, pp 855-859 (2007).

172. Tanaka H, Okamoto S, Tsuge S, Kiyama S, *Proc 3rd WCPEC*, pp 955-958 (2003).

173. Mulligan W *et al.*, *Proc. 19th PVSEC*, pp 387-390 (2004).

174. De Ceuster D *et al.*, *Proc. 22nd EC PVSEC*, pp 816-819 (2007).

175. Van Kerschaver E, DeWolf S, Szlufcik J, *Proc 16*[th] *EPVSC*, Glasgow, pp 1517-1520 (2000).

176. A. Kress, R. Kühn, P. Fath, G. P. Willeke, and E. Bucher, *IEEE Trans. Electron. Devices* **46**, 2000-2004 (1999).

177. Hacke P, Gee JM, Hilali M, Dominguez J, Dundas H, Jain A, Lopez G, *Proc 21st European PVSEC*, pp 761-764 (2006).

178. Knauss H, Haverkamp H, Jooss W, Steckemetz S, Nussbaumer H, *Proc. 21st EC PVSEC*, pp 1192-1195 (2006).

179. Romijn I, Lamers M, Stassen A, Mewe A, Koppes M, Kossen E, Weeber A, *Proc. 22nd European PVSEC*, pp 1043-1049 (2007).

180. Blakers AW, Deenapanray PNK, Everett V, Franklin E, Jellett W, Weber KJ, *Proc 20th EC PVSEC*, pp 682-685 (2005).

181. Wenham S, Green M and Watt M, *Applied Photovoltaics*, Chap 5, Centre for Photovoltaic Devices and Systems, University of New Soth Wales, Sydney (1995).

182. B. Lalaguna, P. Sánchez-Friera, I.J. Bennett D. Sánchez L. J. Caballero, J. Alonso *Proc. 2nd EC PVSEC*, pp 2712-2715 (2007).

183. Van Overstraeten R and Mertens R, *Physics, technology and use of photovoltaics*, Chap. 8, Adam Hilger, Bristol (1986).

184. Galica J and Sherman N, *Proc. 28th IEEE PVSC*, pp 30-35 (2000).

185. Czanderna A and Pern J, *Sol. Energy Mat. Sol. Cells* **43**, 101-181 (1996).

186. Ishikawa, N *et al.*, *Proc. 2nd World CPEC*, pp 2501-2506 (1998).

187. Schmidhuber H and Krannich K, *Proc. 17th EC PVSEC*, pp 663-663 (2001).

188. Parreta A, Sarno A, Schloppo R and Zingarelli M, *Proc. of the 14th EC PVSC*, pp 242-246 (1997).

189. Herrmann W, Becker H and Wiesner W, *Proc 14th EC PVSEC*, pp 224-228 (1997).

190. Appelbaum J and Segalov T, *Prog. in Photovoltaics* **7**, 113-128 (1999).

191. Zilles R and Lorenzo E, *International Journal of Solar Energy* **13**, 121-133 (1993).

192. Herrmann W, Wiesner W and Vaaßen W *Proc. 26th IEEE PVSC*, pp 1129-1132 (1997).

193. Herrmann W, Adrian M and Wiesner W, *Proc. 2nd World CPEC*, pp 2357-2359 (1998).

194. Roche D, Outhred H and Kaye R, *Prog. in Photovoltaics* **3**, 115-127 (1995).

195. Hauselaer P, van den Bossche J, Frisson L and Poortmans J, *Proc 17th EC PVSEC*, pp 642-645 (2001).

196. Sánchez-Friera P, Montiel D, Gil JF, Montañez JA, Alonso J, *Proc 4th World CPEC*, pp 2156-2159 (2006).

197. Green M, *Surface texturing and patterning in solar cells*, in Prince M Ed, *Advances in Solar Energy Vol 8*, American Solar Energy Society, Boulder, pp 231–269 (1993).

198. Quintana M, King D, McMahon T and Osterwald C, Commonly observed degradation in field-aged photovoltaic modules, *Proc. 29th IEEE PVSC*, pp 1436–1439 (2002).

199. Wilshaw A, Bates J and Oldach R, *Proc. 16th EC PVSEC*, pp 795–797 (2000).

200. IEC Standard 61215, Crystalline Silicon Terrestrial PV Modules – Design Qualification and Type Approval (1993).

201. McDonald D, Cuevas A, Kerr M, Samundsett C, Ruby D, Winderbaum S, Leo A, *Sol. Energy* **76**(1–3), 277–283 (2004).

第8章 高效Ⅲ-Ⅴ族多结太阳电池

D. J. Friedman, J. M. Olson, Sarah Kurtz
美国国家可再生能源实验室

8.1 引言

　　光伏的大规模应用正在逐步地变为现实。2009年，全世界太阳电池总产量超过10GW，大多是平板式硅太阳电池，是2000年世界产量的10倍以上，具有显著的进步。硅组件的转换效率达到了20%，成本已经下降到5美元/W。然而，相对于世界的能源消耗状况，3GW是一个微不足道的数字。在过去7年，光伏工业的增长受限于高纯硅的可用性。增加生产纯化硅的资本投资是使人畏缩的，尤其是光伏行业Si的使用已超过集成电路产业。解决问题的一种方法是利用"聚光"技术，第10章对聚光进行了详细的讨论，但是原理简单。利用透镜或者镜子（聚光）把更大面积的太阳光聚焦在更小的太阳电池上，实际系统中常用的聚光倍率为500或者更大的倍率。在这种聚光比率下，电池的成本与效率相比已经不重要了。对于空间应用，高效也具有同样的价值（见第9章），降低光伏的尺寸和重量。

　　对于聚光和空间应用，需要使用可能的最高效率的电池。追求高效电池上，传统的单结电池效率的基本限制是一个重要的障碍。对于单结电池，能量大于电池带隙的光子多余的能量将以热的形式损失掉，而能量小于电池带隙的光子不能被吸收，它们的能量将全部损失掉。多结电池能克服这一障碍，光谱将被分成几个波段区域，不同波段的光将被具有相应带隙的电池（结）吸收。图8.1给出了多结电池的工作原理，太阳光谱被分成两个区域，然后通过双结电池对两个区域进行转化，双结电池为GaInP/GaAs，这是工业标准GaInP/GaAs/Ge三结设计的基础，将在本章中对GaInP/GaAs/Ge三结电池进行广泛的讨论。

　　多结的概念简单明了，但是实现实际的

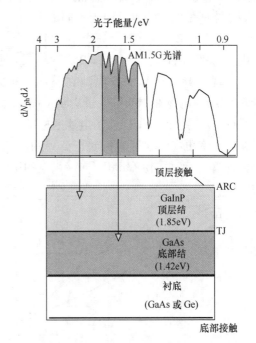

图8.1　GaInP/GaAs双结太阳电池示意图，显示了每个结转换的光谱区域。当制备在Ge衬底上，可以通过Ge衬底引入第三个结，Ge具有低的带隙（0.7eV），因此增加了整个器件的电压和效率。ARC为减反射涂层，TJ为隧穿结，没有按比例

高效的商业化可用的多结电池很复杂。1984 年，美国国家可再生能源实验室（NREL）的研究者们已经开始构想并研究 GaInP/GaAs 双结叠层太阳电池，将成为第一个商业上可行的多结电池[1]，其结构如图 8.1 所示。这种电池的组成中，上部的 $Ga_xIn_{1-x}P$（带隙宽度为 1.8 ~ 1.9eV）子电池生长在晶格匹配的 GaAs 底电池上，两子电池间通过隧道结实现互相连接。如图 8.2 所示，$x \approx 0.5$ 时，$Ga_xIn_{1-x}P$ 带隙宽度为 1.8 ~ 1.9eV，且与 GaAs 的晶格常数相同。在此之前，有几个小组也在研究叠层电池设计，从理论上讲，其效率可以达到 36% ~ 40%。其结构包括在硅衬底上机械叠层几个宽带隙的顶电池和单片式叠层 AlGaAs、GaAs 和 GaInAs，或者在硅上叠层 GaAsP。然而，这种机械叠层结构成本高而且笨重。在单片结构中（例如 GaAs 生长在 GaInAs 上，或者 GaAsP 生长在 Si 上），底电池和顶电池晶格不匹配产生的缺陷是一个不容易解决的问题。晶格匹配的 AlGaAs/GaAs 叠层电池效率可以达到 36%[2]。然而，在原材料和生长系统中 AlGaAs 对痕量级氧的敏感性使得产量很难提高，这也就限制了其规模化量产。NREL 的新想法是适当降低工艺的苛刻性（也就是生产晶格匹配的顶电池和底电池，并且器件材料允许氧存在）来换取略低一些的理论效率值——34%。

在绝大多数方法中，进展是迅速的（见图 8.3），尽管起初有 MOCVD（有机金属化学气相沉积）法生长 GaInP 产生的材料问题和反常的带隙红移问题，1988 年，相当好的 GaInP 顶电池还是被制造出来了[3-5]。在 1990 年，通过改变顶电池的厚度改善电流匹配[6,7]，在 AM1.5G 情况下，一个太阳辐照强度下电池效率超过 27%。这种通过对顶电池厚度的调整来实现电流匹配的方法也可用于不同的应用，NREL 在接下来的三年中取得了一系列的纪录，AM1.5G 下，效率 $\eta = 29.5\%$[8]；在 160 个太阳 AM1.5D 条件下，效率 $\eta = 30.2\%$[9]；在一个太阳 AM0 条件下，效率 $\eta = 25.7\%$[10]（见第 17 章对 AM0 和 AM1.5 光谱的讨论）。1994 年，发现 GaInP/GaAs 叠层电池在空间有很好的抗辐射性。Kurtz 和共同工作者发表结果：GaInP/GaAs 电池在 1MeV 电子以 10^{15} cm^{-2} 通量辐射后，效率仍然高达 19.6%（AM0）[10]，10^{15} cm^{-2} 为用于比较不同太阳电池的标准通量。19.6% 的效率比没有经过辐射的 Si 太阳电池的初始效率更高，这迅速引起了商界的注意。Ge 衬底上 GaInP/GaAs 电池的生产始于 1996 年，1997 年启动了由 GaInP/GaAs 供电的第一颗卫星。

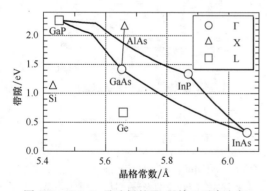

图 8.2 Si、Ge 及选择的Ⅲ - Ⅴ族二元合金与它们三元化合物带隙宽度和晶格常数之间的关系。图例表明带隙在布里渊区中的位置，带隙在 Γ 点的是直接带隙

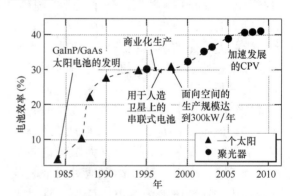

图 8.3 多结电池的最高效率，显示了这些电池的历史发展，表 8.1 总结了最近的最高效率

今天，空间和陆地聚光应用的标准电池是 GaInP 多结电池，超过 12 家公司具有制备这些电池的能力。电池结构不断改进，与其他材料的结合可能会变得重要，正如在 8.9 节描述的那样。表 8.1 给出了目前纪录电池的效率。

表 8.1 纪录电池效率。除非特别说明，所有的电池是由单晶材料制备的，测试是两端子测试[11,12]

电池类型	效率 (%)	面积 /cm²	强度 /个太阳	光谱	描 述
GaAs	25.9 ±0.8	1.0	1	全球	荷兰内梅亨大学
GaAs（薄膜）	24.5 ±0.5	1.0	1	全球	荷兰内梅亨大学
GaAs（聚）	18.2 ±0.5	4.0	1	全球	RTI Ge 衬底
InP	21.9 ±0.7	4.0	1	全球	尖端的，外延生长
$Ga_{0.5}In_{0.5}P/GaAs$	30.3	4.0	1	全球	日本太阳能
$Ga_{0.5}In_{0.5}P/GaAs/Ge$	32.0 ±1.5	4.0	1	全球	光谱仪
$Ga_{0.5}In_{0.5}P/GaAs/Ga_{0.73}In_{0.27}As$	33.8 ±1.5	0.25	1	全球	NREL，反转变质 [13]
Si	24.7 ±0.5	4.0	1	全球	UNSW，PERL
GaAs	27.8 ±1.0	0.20	216①	直接	Varian，ENTECH cover
GaInAsP	27.5 ±1.4	0.08	171①	直接	NREL，ENTECH cover
InP	24.3 ±1.2	0.08	99①	直接	NREL，ENTECH cover
$Ga_{0.5}In_{0.5}P/Ga_{0.99}In_{0.01}As/Ge$	40.1 ±2.4	0.25	135①	低-AOD	光谱仪，晶格匹配
$Ga_{0.44}In_{0.56}P/Ga_{0.92}In_{0.08}As/Ge$	40.7 ±2.4	0.27	240①	低-AOD	光谱仪，变质
$Ga_{0.35}In_{0.65}P/$ $Ga_{0.83}In_{0.17}As/Ge$	41.1	0.051	454①	低-AOD	Fraunhofer，变质
$Ga_{0.5}In_{0.5}P/$ $Ga_{0.96}In_{0.04}As/$ $Ga_{0.63}In_{0.37}As$	40.8 ±2.4	0.1	326①	低-AOD	NREL，反转变质
GaAs/GaSb	32.6 ±1.7	0.053	100①	直接	波音，四端机械堆
InP/GaInAs	31.8 ±1.6	0.063	50①	直接	NREL，三端，单体
$Ga_{0.5}In_{0.5}P/GaAs$	32.6	0.01	1000①	低-AOD	UPM，单体
Si	27.6 ±1.0	1.0	92①	低-AOD	Amonix，背接触

① 1 个太阳定义为 $1000W/m^2$。

本章将讨论Ⅲ-Ⅴ族半导体化合物及其合金的多结太阳电池的原理和工作特性，重点是 GaInP/GaAs 叠层电池。Ⅲ-Ⅴ族半导体有几方面的特征特别适合做太阳电池。有多种直接带隙材料可供选择。因为是直接带隙，其吸收系数高，吸收范围为 $0.7 \sim 2eV$，非常适宜于太阳电池。如带隙宽度为 1.42eV 的 GaAs，带隙宽度为 1.85eV 的 $Ga_{0.5}In_{0.5}P$ 都是很典型的例子。这种材料的 n 型掺杂和 p 型掺杂都很简单，并且用这种材料制备的复杂结构可以通过高产量的生产技术生长，同时保持非常高的结晶度和光电性能。因此，Ⅲ-Ⅴ族电池是目前最高效率的单结电池，虽然这种单结电池效率仅比最好的硅电池略高一点，但是简单的制备方法（包括不同带隙的材料）使得效率超过 40% 的Ⅲ-Ⅴ族多结电池的制备成为可能，超过了任何的单结器件。正如图 8.3 所给出，这些电池的最高效率以每年 1% 的速度增加。电池的生产效率比最高效率略低，进一步发展，可能加入第四结电池，效率将会继续增加，最终会达到45%甚至50%。

8.2 应用

8.2.1 空间太阳电池

由于Ⅲ-Ⅴ族太阳电池的更高效率和抗辐射性，使得它在替代卫星和太空飞船上的硅太阳电池方面非常有吸引力。近几年，在新发射的卫星中，已经用Ⅲ-Ⅴ族多结电池替代硅电池。GaInP/GaAs/Ge 电池制成组件后很像单结太阳电池，但是它更易于在高压和低电流状态下工作，同时也具有良好的抗辐射性能。与硅电池比较，它们具有更低的温度系数，更适合在太空条件下工作。

第9章中将详细讨论 GaInP/GaAs/Ge 和其他的Ⅲ-Ⅴ族太阳电池在太空中的应用。

8.2.2 地面发电

从小的消费产品到大的并网电力系统，现在的光伏产品的地面应用范围非常广泛。多数情况下，当应用于一个太阳强度时，Ⅲ-Ⅴ族电池价格太高，尽管在卫星应用中高成本是可以接受的。对大电量供应，需要400个太阳或更高的聚光比以得到合理的价格，多个公司把Ⅲ-Ⅴ族多结电池应用到地面聚光系统中，在第10章中会详细讨论聚光电池和系统。

在高聚光系统（500倍及以上）中使用 GaInP/Ga（In）As/Ge 电池产生的电力可能会达到7美分/kWh[15]。105MW 的多结太阳电池的价格最低可以降到2400万美元，或者0.23美元/W（http://cleantech.com/news/1713/emcoregets-24m-purchase-order）。目前空间电池约为1MW/年的产能可能有一天会变成1000倍聚光电池的约1GW/年的产能。高效率、预计的低成本，以及易于在现有设备上生产，都会促进这种电池在地面上应用的发展。随着这些电池最高效率的提高，在聚光系统中使用以用于地面电力发电将引起人们更大的兴趣。后面将专题讨论聚光太阳电池的发展。

8.3 Ⅲ-Ⅴ族多结和单结太阳电池物理学

8.3.1 不同波长下的光子转换效率

在详细验证多结电池的设计和性能之前，有必要简单回顾限制单结电池效率的因素。假定一个理想太阳电池的特征带隙为 E_g，当入射光子的能量 $hv > E_g$ 时，光子被吸收并转化为电能，但是过剩的 $hv - E_g$ 的能量以热的形式释放掉，hv 大于 E_g 的越多，光子中越少比例的能量转换成电能。另一方面，当光子能量 $hv < E_g$ 时，则不能被吸收转化为电能。因此光子能量 $hv = E_g$ 时转换效率最大，最大值低于100%，Henry 计算了每一个被吸收光子所能做的最大功[16]。

因为太阳光是宽光谱，光子能量范围大约为 0~4eV，在太阳温度、非聚光情况下黑体辐射单结太阳电池，电池的理论极限效率为31%，为 Shockley-Queisser 限制（见第4章）。

解决问题的方法也很简单（从原理上来说），与其用一个固定带隙的太阳电池转换所有的光子能量，不如将光谱分为几个区域，用几个能带匹配的电池实现光电转换。假设光谱的能量被分为几个区域 $\infty - hv_1$，$hv_1 \sim hv_2$，$hv_2 \sim hv_3$，其中 $hv_1 > hv_2 > hv_3$，则相对应的太阳电池带隙分别是 $E_{g1} = hv_1$，$E_{g2} = hv_2$，$E_{g3} = hv_3$。光谱分段越多，则电池的潜在转换效率则越高。

8.3.2　多结效率的理论极限

Henry 曾计算过地面一个太阳条件下，1、2、3 和 36 个不同带隙的极限转换效率，分别为 37%、50%、56% 和 72%[16]。从一个带隙增加到两个带隙，电池效率的提高非常明显，但是随着带隙数量的增加这种效率的提升逐渐变少。一个大于四结或五结的器件的实用性是不确定的。在多结器件中，只有选择合适的带隙匹配，高转换效率才可能实现，在后面还要详细讲述选择方法。多结器件的理论效率极限是建立在热动力学基础上的，参见第 4 章。

8.3.3　光谱分裂

多结器件的实现需要光子直接到达与之能量匹配的结区。从概念上来说最简单的解决方法是用一个光学分光装置如棱镜根据光的能量将光分到空间的不同区域，把合适的电池分别放在对应的区域来收集光子，如图 8.4a 所示。虽然理论上很简单，然而在实际的环境中这种光学结构复杂得几乎不可能实现。通常一种更好的方法是做一种叠层式的电池结构，见图 8.4b，光首先进入到最高带隙的结中，然后进入到较低带隙的结中，这种结构充分利用了结的低通光子滤波器功能，即只透过下级带隙的光。在图 8.4b 中，光子 $hv > E_{g1}$ 被 E_{g1} 结吸收，光子能量 $E_{g2} < hv < E_{g1}$ 被 E_{g2} 结吸收。换句话说，在多结光转换中，结本身就是一种分配光到不同结区的分光器。这种结构中，带隙必须从上到下逐步降低，这种叠层式的结构不需要光学装置如棱镜来分光。如果这些结本身是相互分离的，它们可以被机械地压在一起，称之为机械叠层。在这种叠层结构中要求除了最底层，其他层对低于带隙能量的光都是透明的。在实际应用中，这会造成一个很大的问题就是每个结的衬底和背电极必须对次级结而言也是透明的。一种简单而又有很多其他好处的解决办法就是制备所有的结，一个在一个上面，单片集成在一个衬底上。这种单片式叠层的方法是本章的重点。

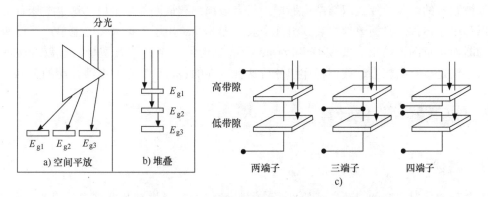

图 8.4　将太阳光分配到不同子电池的途径：a）空间布局法；
b）叠层法；c）双结电池的两、三、四端子连接
（图中画的子电池似乎是一个机械分开的，但是两端子和三端子器件实际可以是单片式结构）

8.4 电池结构

8.4.1 四端子

有几种方法可以把几个结的叠层结构的电连接起来。图 8.4c 给出了双结叠层结构的不同连接方法。在四端子的结构中，每一个子电池有自己的两个输出端子，并且与其他电池是电隔离的。这种结构的优点是不限制子电池极性（p/n 结构或 n/p 结构），或者它们的电流和电压。然而这种四端子结构却很难实现单片集成，因为需要很复杂的电池结构和工艺。通常，这种四端子器件是也必然是一种机械叠层结构。相对于单片集成结构，机械叠层结构由于制备复杂性而远不够理想。而且，需要特殊的能量控制以保证每个电池都在最大功率点工作，然后对不同电池片的功率相加。

8.4.2 三端子

三端子结构中，子电池不是电隔离的，每个电池的底部和下面那个电池的顶部是电连接的。这种单片集成三端子结构的制备相对是简单的，虽然它的制备比两端子的复杂。这种半导体结构中需要设计一层来电接触中间端子，并且在工艺过程中为中间端子留出位置。有了这个中间端子，在这种叠层结构中的子电池不需要具有相同的光电流。而且，这种三端子的结构中，不同的子电池可以有不同的极性，例如上部的电池是 p/n 结构，下部的是 n/p 结构，Gee[17] 详细讨论了三端子和四端子器件的组件连接。

8.4.3 两端子串联（电流匹配）

串联（电流匹配）两端子的串联结构的器件有最多的连接可能。这种结构中要求子电池具备相同的极性，且光电流相互匹配，因为具有最小光电流的子电池限制了整个电池的电流。后面还要更多地讨论这种电流匹配性限制，在这种结构中结带隙宽度的选择有了严格的限制。然而，不利的另一面是有利。高质量的单片式隧道结子电池互连的存在意味着这种电池的层叠可以被制备的就像单片式双结结构那样，只有最顶部和最底部是金属。这也意味着这种器件可以和单结器件一样简单地组装到组件中去。图 8.5 给出了三结太阳电池单片互连两端子串联的断面示意图，给出了实现 GaInP/GaAs/Ge 电池器件结构的典型材料参数。这种两端子串联结构是本章的核心，我们将详细分析这种电池的各设计参数对电池性能的影响。

8.5 串联器件性能计算

8.5.1 概述

本节我们将对串联的、两端子的、多结器件性能的定量模型和器件定量设计进行讨论。重点是带隙的选择和相应结构的效率预测。模型也对器件对于光谱、聚光度、温度方面的依赖特性进行了分析。通过参考文献 [7, 18]，我们给出简化的假设，包括：①透明的零阻抗的隧道结连接；②没有反射损失；③没有串联电阻损失；④结能收集每一个吸收光子；

⑤电流-电压（$J\text{-}V$）曲线满足理想的（$n=1$）二极管方程；⑥发射光子不会再次被吸收（常称为光子再循环利用）。稍后，我们将放宽假设②来分析减反射膜的影响。基于这些假设的模型已经被证实在开发高效多结太阳电池上非常有用。随着电池完美性的提升，模型中包含光子再循环利用不再考虑假设⑥能导致新的结果。应该指出高质量的 III-V 族电池已经获得了预测效率的 80%。

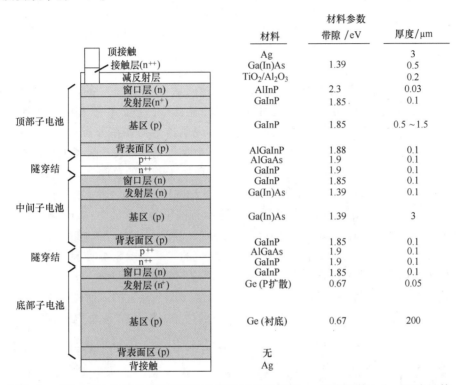

图 8.5　三结太阳电池单片互联两段子的断面结构示意图。p 型半导体上为 n 型半导体。n^{++}、n^+、n（或 p^{++}、p^+、p）代表掺杂电子（或空穴）的浓度分别在 $10^{19} \sim 10^{20}$、10^{18}、10^{17} 量级。给出了 GaInP/GaAs/Ge 器件结构的典型材料、带隙和层的厚度。Ge 结不需要背表面场，因为厚度远大于少子的扩散长度。注意，实际器件中并不包含所有的层（隧道结熔覆层）。示意图没有按比例画

8.5.2　顶部和底部子电池的 QE 和 J_{SC}

通常情况下，顶部和底部子电池的短路电流密度 J_{SC} 取决于子电池的量子效率 QE(λ) 和入射到那个电池上的光的光谱 $\Phi_{inc}(\lambda)$：

$$J_{SC} = e \int_0^{\infty} QE(\lambda) \Phi_{inc}(\lambda) d\lambda \tag{8.1}$$

基区厚度为 x_b、发射层厚度为 x_e 和耗尽宽度为 W（总的厚度 $x = x_e + W + x_b$，）的理想电池的 QE 可以用标准公式表述[19]

$$QE = QE_{emitter} + QE_{depl} + \exp[-\alpha(x_e + W)] QE_{base} \tag{8.2}$$

式中，

$$\text{QE}_{\text{emitter}} = f_\alpha(L_e)\left(\frac{l_e + \alpha L_e - \exp(-\alpha x_e)\left[l_e\cosh(x_e/L_e) + \sinh(x_e/L_e)\right]}{l_e\sinh(x_e/L_e) + \cosh(x_e/L_e)} - \alpha L_e\exp(-\alpha x_e)\right)$$

$$(8.3)$$

$$\text{QE}_{\text{depl}} = \exp(-\alpha x_e)\left[1 - \exp(-\alpha W)\right] \tag{8.4}$$

$$\text{QE}_{\text{base}} = f_a(L_b)\left(aL_b - \frac{l_b\cosh(x_b/L_b) + \sinh(x_b/L_b) + (\alpha L_b - l_b)\exp(-\alpha x_b)}{l_b\sinh(x_b/L_b) + \cosh(x_b/L_b)}\right) \tag{8.5}$$

$$l_b = S_b L_b/D_b, l_e = S_e L_e/D_e, D_b = kT\mu_b/e, D_e = kT\mu_e/e \tag{8.6}$$

$$f_a(L) = \frac{\alpha L}{(\alpha L)^2 - 1} \tag{8.7}$$

这个公式中没有明示光子的波长依赖性，但是通过吸收系数 $\alpha(\lambda)$ 的波长依赖性被引入。参数 $\mu_{b(e)}$、$L_{b(e)}$ 和 $S_{b(e)}$ 分别是基区（发射区）中的迁移率、扩散长度和少数载流子的表面复合速率；T 是绝对温度。在本章的后面，我们将说明这个公式在分析真实的Ⅲ-Ⅴ族电池方面的作用。然而，本节中，我们简单地假想每一个吸收光子都转变成光电流，这是高质量Ⅲ-Ⅴ族结的第一个很好的近似。这里，QE 简单的取决于器件的总厚度，$x = x_e + W + x_b$，即

$$\text{QE}(\lambda) = 1 - \exp\left[-\alpha(\lambda)x\right] \tag{8.8}$$

因为入射光中的一部分 $\exp\left[-\alpha(\lambda)x\right]$ 透过电池没有被吸收。（虽然式（8.8）是不证自明的，但也可通过设定 $S = 0$，$L \gg x$ 和 $L \gg 1/\alpha$，由式（8.2）~式（8.5）推出）。

我们现在考虑多结电池中每个结吸收的光和转化的光。如图 8.4 所示，具有 n 个结的多结电池，从顶到底电池的序号分别为 $1/2/\cdots/n$，相应的带隙分别为 $E_{g1}/E_{g2}/\cdots/E_{gn}$。对于低于带隙的光子，$\alpha(\lambda) = 0$，因此 $\exp\left[-\alpha(\lambda)x\right] = 1$。顶部电池上的入射光 Φ_{inc} 是简单的太阳光谱 Φ_S。入射到第 m 个电池的光经过它上面电池的过滤，因此第 m 个电池接收到的入射光谱为 $\Phi_m(\lambda) = \Phi_s(\lambda)\exp\left[-\sum_{i=1}^{m-1}\alpha_i(\lambda)x_i\right]$，其中 x_i 和 $\alpha_i(\lambda)$ 分别是第 i 个电池的厚度和吸收系数。第 m 个子电池的短路电流密度为

$$J_{\text{SC.}m} = e\int_0^{\lambda_m}\left(1 - \exp\left[-\alpha_m(\lambda)x_m\right]\right)\Phi_m(\lambda)d\lambda \tag{8.9}$$

式中，$\lambda_m = hc/E_{gm}$ 是与第 m 个子电池带隙对应的波长。第 m 个子电池足够厚能吸收所有大于带隙的入射光（即 $\alpha_m X_m \gg 1$），能量大于带隙 E_{gm} 的所有光子的吸收系数的指数部分趋向于零。

让我们考虑简单的双结电池，以便更好地理解 J_{SC} 与不同结带隙的依赖关系。因为底部电池经过了顶部电池的过滤，$J_{\text{SC,2}}$ 依赖于 E_{g1} 和 E_{g2}，然而 $J_{\text{SC,1}}$ 只依赖于 E_{g1}。式（8.9）清楚地表述了无限厚顶部电池情况下的这种相关性。在这种情况下，

$$J_{\text{SC,1}} = e\int_0^{\lambda_1}\Phi_S(\lambda)d\lambda, J_{\text{SC,2}} = e\int_{\lambda_1}^{\lambda_2}\Phi_S(\lambda)d\lambda \tag{8.10}$$

8.5.3 多结 J-V 曲线

对于任意 m 级串联的电池（或者任何一种两端子电池或者器件），其中第 i 个子电池的电流-电压（J-V）曲线用 $V_i(J)$ 描述，则串联后电池的 J-V 曲线可简单地用下式描述：

$$V(J) = \sum_{i=1}^m V_i(J) \tag{8.11}$$

也就是说，在给定电流下的电压等于所有在该电流下的子电池电压之和。每一个独立的子电池都有自己的最大功率点 $\{V_{mpi}, J_{mpi}\}$，最大功率点下 $J \times V_i(J)$ 最大。然而，在这种多结串联电池中，通过每一个子电池的电流被迫具有相同的值，因此，只有每一个子电池的 J_{mpi} 都相同时，即 $J_{mp1} = J_{mp2} = \cdots = J_{mpm}$ 时，才会使每一个子电池都工作在最大功率点。如果这样，这种多结器件的最大输出功率就是每一个子电池的最大输出功率 $V_{mpi}J_{mpi}$ 之和。另一方面，如果子电池没有相同的 J_{mpi} 值，在它们组成的串联电池中，一些子电池必然会偏离最大功率点运行。

当反向偏压下子电池不发生漏电或击穿时，最后一点的结果非常重要。图 8.6 给出了这种情况下的串联 J-V 曲线，包括一个 GaInP 顶电池、一个 GaAs 底电池和两结串联后的 J-V 曲线。在这个例子中，设置底电池的 J_{SC} 比顶电池的高，顶电池略微有分流，这是为了更容易看清串联后 J_{SC} 的特性。在任意的给定电流，串联电压符合 $V_{tandem} = V_{top} + V_{bottom}$，如图中看到的。串联电流接近 $J_{SC} = -14mA/cm^2$ 的区域被放大置于图的底部，需要特别注意。在 $J = -13.5mA/cm^2$ 时，两个子电池是正向偏压，电压略低于各自的开路电压（V_{OC}）。当电流密度升至 $-14mA/cm^2$ 以上时，底电池保持正向偏压，接近 V_{OC}。与此同时，顶电池电压迅速变为负值，因此，当 $J =$

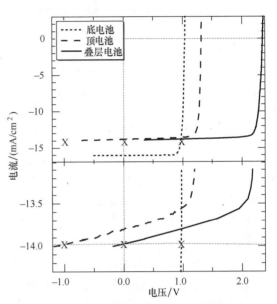

图 8.6 两个子电池串联后 J-V 曲线的叠加（下面的图给出了叠层的 J_{SC} 如何受限于电流较低的子电池。这个例子中顶电池有点漏，这使得子电池 J-V 曲线在靠近 J_{SC} 处的叠加更清楚。图中 X 轴标出了当叠层电池的短路电流在 $14mA/cm^2$ 时，顶、底和叠层电池的电压）

$-14mA/cm^2$ 时，大概已经到了负偏压 $-1V$，与顶电池的正向偏压 $+1V$ 数值上相等，但是反号。在这个电流下，叠层电池是零偏压，这个电流就是 J_{SC}。这种特性表明了一种普遍原理，对没有明显的漏电和反向击穿的子电池，串联 J_{SC} 受限于并非常接近于子电池中低的 J_{SC}（注意这种电流限制效应使得这里考虑的多结电池必定在转换窄带光谱上，例如来自激光的光，比单结电池效果差）。

为了定量的模拟多结器件，我们需要子电池的 J-V 曲线和 $V_i(J)$ 表达式。用经典的理想光敏二极管 J-V 方程（不考虑耗尽区）[19]：

$$J = J_0 \left[\exp(eV/k_B T) - 1 \right] - J_{SC} \tag{8.12}$$

式中，e 是电子电荷，一种重要的特殊情况是

$$V_{OC} \approx (kT/e) \ln(J_{SC}/J_0) \tag{8.13}$$

因为，实际中，$J_{SC}/J_0 \gg 1$，暗电流密度 J_0 为

$$J_0 = J_{0,base} + J_{0,emitter} \tag{8.14}$$

式中，

$$J_{0,\text{base}} = e\left(\frac{D_b}{L_b}\right)\left(\frac{n_i^2}{N_b}\right)\left(\frac{(S_b L_b/D_b) + \tanh(x_b/L_b)}{(S_b L_b/D_b)\tanh(x_b/L_b) + 1}\right) \tag{8.15}$$

$J_{0,\text{emitter}}$ 的表达式与此相似。本征载流子密度 n_i 由下式给出

$$n_i^2 = 4M_c M_v (2\pi kT/h^2)^3 (m_e^* m_h^*)^{3/2} \exp(-E_g/kT) \tag{8.16}$$

式中，m_e^* 和 m_h^* 是电子和空穴的有效质量；M_c 和 M_v 分别是导带和价带中最小能级简并态的数量；$N_{b(e)}$ 是基区（发射区）电离杂质密度。

把这些独立结的 $V_i(J)$ 曲线相加，得出多结 $V(J)$ 曲线式（8.11）。最大功率点 $\{J_{mp}, V_{mp}\}$ 可以在 $V(J)$ 曲线上 $J \times V(J)$ 最大值处计算出来。一些感兴趣的太阳电池参数可以用一些常用方法推出，如 $V_{OC} = V(0)$，$FF = J_{mp}V_{mp}/(V_{OC}J_{SC})$。

8.5.4　电流匹配和顶电池的减薄

顶和底子电池的短路电流密度 J_{SCt} 和 J_{SCb} 取决于子电池的带隙，式（8.10）给出了具有足够光学厚度的子电池的情况。对于这种情况，图 8.7a 显示 AM1.5 光谱，$E_{gb} = 1.42\text{eV}$ 时，J_{SCt} 和 J_{SCb} 与 E_{gt} 的关系，E_{gt} 降低，J_{SCt} 增加、J_{SCb} 降低，当 $E_{gt} < 1.95\text{eV}$，J_{SCb} 小于 J_{SCt}。串联的这两个电池的 J_{SC} 比 J_{SCt} 和 J_{SCb} 小。当电流匹配的带隙 $E_{gt} = 1.95\text{eV}$ 时，J_{SC} 值达到最大，E_{gt} 小于 1.95eV 后，J_{SC} 值迅速降低。

由于太阳电池材料的吸收系数 $\alpha(h\nu)$ 不是无限大，有限厚度（不等于光学厚度）的电池不会吸收所有的高于带隙的入射光。有些光会透射，尤其是当光子能量接近带隙时，此时 α 值小，且电池越薄，透射越多。因此，对于一个双结电池，降低顶电池的厚度将会重新分配两个电池间的光，在降低顶电池电流的同时提高底电池的电流。如果减薄前，$J_{SCb} < J_{SCt}$，通过减薄顶电池可以使 $J_{SCb} = J_{SCt}$。因为多结电池串联后的电流 J_{SC} 受到 J_{SCb} 和 J_{SCt} 中较小的一个的限制，当顶电池减薄至这种匹配电流出现时，J_{SC} 和随之的电池效率最大（这一标准不能严格的使效率最大化，因为电池的最大功率点不在短路处，但对于高质量、高带隙电池它是非常好的近似）。图 8.7b 显示在 $E_{gt} = 1.85\text{eV}$（GaInP）和 $E_{gb} = 1.42\text{eV}$（GaAs）情况下，叠层电池的这种电流匹配性。在顶电池厚度为 $0.7\mu\text{m}$ 时，此时子电池电流匹配，串联电流 $J_{SC} \approx \min(J_{SCt}, J_{SCb})$ 最大。在这个厚度下，$J_{SC} = J_{SCt} = 15.8\text{mA/cm}^2$，或者相当于顶电池厚度无限时 J_{SCt} 的 85%。这样薄的电池能够吸收这样高比例的入射光是由于这种直接带隙材料具有大的吸收系数。

8.5.5　电流匹配对填充因子和 V_{OC} 的影响

叠层电池的填充因子（FF）取决于顶部和底部子电池的光电流。图 8.7c 示意出了填充因子与顶部电池厚度的函数关系，也是与 J_{SCt}/J_{SCb} 的函数关系，所用电池是图 8.7b 所示的。在电流匹配条件时，填充因子是最小的，在子电池相当理想（没有漏电）的条件通常是这样的。这个结果略微降低了在电流匹配条件时由 J_{SC} 增大而提高的电池效率，然而填充因子的降低仅是 J_{SC} 增大的一半。填充因子对子电池电流比例的依赖性非常重要，因为这意味着要正确的测量实际电池的填充因子需要把子电池置于正确的偏光下。这个主题将在第 17 章进一步讨论。

如式（8.13）~式（8.15）所示，V_{OC} 也取决于电池的厚度，图 8.8 给出了有限基区厚度 x_b 和基区表面复合速率 S_b 如何影响 GaInP 电池的 V_{OC}，不考虑光子的循环再利用。这些

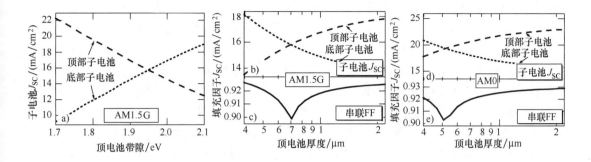

图 8.7　a）在底电池带宽 $E_{gb} = 1.42eV$ 时顶电池厚度假设无限厚时，J_{SCt} 和 J_{SCb} 与顶电池带宽 E_{gt} 的关系；b）在 AM1.5G 光谱下 $E_{gb} = 1.42eV$、$E_{gt} = 1.85eV$ 时，J_{SCt} 和 J_{SCb} 与顶电池厚度的关系。电流匹配时厚度为 0.7μm；c）相应的叠层电池的填充因子；d）在 AM1.5D 光谱下，其余条件同图 b 时 J_{SCt} 和 J_{SCb} 与顶电池厚度的关系。此时电流匹配厚度比 AM1.5G 光谱下的大得多；e）AM0 光谱下相应的填充因子

曲线是用式（8.13）~式（8.15）计算出的，假定体复合速率 $D_b/L_b = 2.8 \times 10^4 cm/s$，即通常 GaInP 电池的值。图中显示，对于基区钝化很好的电池，S_b 足够小，即 $S_b \ll D_b/L_b$，电池的减薄可以有效增加 V_{OC}，另一方面，对于一个基层钝化很差的电池，也即 $S_b > D_b/L_b$，降低电池厚度会导致 V_{OC} 的降低。对于 GaInP/GaAs 叠层结构中由于电流匹配而减薄的顶电池，顶电池基区的钝化对整个电池效率非常重要。GaInP 表面的钝化将在本章的后半部分进行讨论。

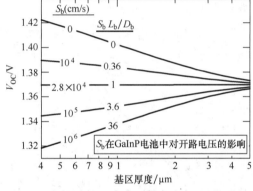

图 8.8　基区厚度 x_b 和表面复合速率 S_b 对 GaInP 电池 V_{OC} 的影响（$J_{SC} = 14mA/cm^2$，基区的体复合速率为 $D_b/L_b = 2.8 \times 10^4 cm/s$。要注意的是当体复合等于表面复合速率时，$V_{OC}$ 与基区厚度无关）

8.5.6　效率与带隙

8.5.6.1　双结电池

为了从上述内容中得到电池性能的精确数值，我们需要选取相关材料性能的参数值以确定每个结的 J_0。参考文献［7］提供了一种双结的 n/p 电池的合理模型，除了带隙是可变的之外，底部的结具有 GaAs 的特征。吸收系数一定是随着带隙的变化而变化的，光子能量小于带隙能量时吸收系数变为零。同样地，对于顶电池，模型使用 GaInP 材料特性，带隙也是可变的。在 300K 时 GaAs 电池的扩散长度 $L_b = 17μm$ 和 $L_e = 0.8μm$；对于 GaInP 电池，$L_b = 3.7μm$、$L_e = 0.6μm$。为了简化，也为了使给出的结果代表最好的可能的特性，所有的表面复合设定为零。两个子电池的发射极的厚度 $x_e = 0.1μm$，离子掺杂浓度 $N_e = 2 \times 10^{18}/cm^3$，两个子电池的基区有 $N_b = 10^{17}/cm^3$。这些数值对应于实际中的高量子效率、低暗电流、低串联电阻的 GaInP/GaAs 多结电池。用这个模型，图 8.9a 画出了双结叠层电池效率的等值线，其中顶电池假设为无限厚，模拟测试条件为一个太阳标准 AM1.5G。类似地，Nell、Barnett[20]、Wanlass 等[18] 给出了不同光谱下的效率等值线。在最佳的带隙组合$\{E_{gt} = 1.75\mathrm{eV}$，$E_{gb} = 1.13\mathrm{eV}\}$ 下，预测效率几乎为 38%，远超过了用这种模型预测的单结器件 29% 的最大效率。即使在 $\{E_{gt} = 1.95\mathrm{eV}$，$E_{gb} = 1.42\mathrm{eV}\}$ 带隙组合条件下，虽然远不及最佳的带隙组合，电池的效率仍然高于最好的单结电池效率。但是当 E_{gt} 从 1.95eV 降至 GaInP 带隙 1.85eV 时（E_{gb} 保持在 GaAs 带隙 1.42eV），效率下降得非常快，从 35% 到 30%，这种下降是由于顶部和底部子电池光电流对顶部带隙具有依赖性，如图 8.7a 所示。如前所述，保持底子电池的带隙为常数，降低顶电池的带隙牺牲底电池的 J_{SC} 来增加顶电池的 J_{SC}。

现在介绍减薄顶电池厚度来实现电流匹配的效应。图 8.9b 所示为最优顶子电池厚度时，电池效率与顶和底电池带隙的等值线。图中给出 $\{E_{gt} = 1.85\mathrm{eV}$，$E_{gb} = 1.42\mathrm{eV}\}$，电池效率大约为 35%，与顶电池没有减薄时相比，效率绝对值提升了 5%。图也给出了优化顶子电池的厚度的等值线，为了保持电流匹配，优化后的厚度随着 E_{gb} 的增加或者 E_{gt} 的降低而降低。虚线是厚度无限顶子电池的等值线。在此线以上，叠层电池电流一直受限于顶电池，在此线以下，降低顶电池的厚度提升叠层电池的效率。通过对图 8.9a 的优化的效率与无限厚度效率相比，我们可以发现顶子电池的减薄显著降低叠层电池效率对子电池带隙的敏感性，有效的增加了可以选择的带隙范围。

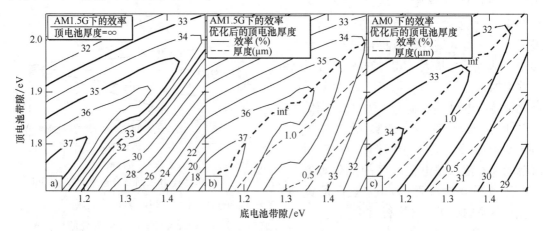

图 8.9　串联两端子双结叠层电池效率与子电池带隙等高线，改编自参考文献 [7]。a）采用 AM1.5 光谱计算，顶子电池厚度无限。b）采用 AM1.5 光谱计算，改变顶子电池厚度以结合顶和底子电池的带隙优化叠层电池的效率。在无限厚度等值线以上区域，叠层电流受限于顶电池。c）给出了采用 AM0 光谱，效率和在图 b 中计算的顶子电池的厚度

8.5.6.2　三结电池

上面双结电池的概念和方法也适用于多结电池。图 8.10 给出了三结电池计算的效率与三个子电池带隙的函数关系。底子电池厚度最优，对底子电池以上的两个电池的厚度进行优化以优化效率。图中是采用低气溶胶光学深度（AOD）的 AM1.5D 直接光谱 500 倍聚光进行的计算。在这些条件下，$\{1.86\mathrm{eV}$，$1.34\mathrm{eV}$，$0.93\mathrm{eV}\}$ 带隙组合下，最高效率几乎为 53%，$\{1.75\mathrm{eV}$，$1.18\mathrm{eV}$，$0.70\mathrm{eV}\}$ 带隙组合下，存在局域最高效率。通过圆柱状标记的 $\{1.86\mathrm{eV}$，$1.39\mathrm{eV}$，$0.67\mathrm{eV}\}$ 带隙组合对应于商业上的晶格常数匹配的 GaInP/Ga(In)As/Ge 三结结构。这章的后面将会具体讨论这种器件的实际考虑。同时表明了另外的两个带隙组合，这会在下面讨论。

8.5.7　光谱的作用

　　入射光的光谱决定了光分配到每一个子电池的量，并相应地决定了每一个子电池产生的电流（参见第 17 章中对光谱和吸收更详细的讨论）。因此，优化的带隙和顶电池厚度都取决于入射光光谱。图 8.9c 给出了标准 AM0 下电池效率与顶电池和底电池带隙之间的关系，图 8.9c 所用电池与图 8.9b 地面光谱模拟的电池是同一个双结器件。在 AM0 光谱下对给定底电池带隙，优化的顶电池带隙 E_{gt} 要高于地面光谱优化的带隙。这种不同是由于 AM0 相比地面波谱，具有更多的蓝光，导致更高的 J_{SCt}/J_{SCb}；通过 E_{gt} 的增加使更多的光入射到顶电池中，从而弥补这种增加。否则的话，对于给定的 E_{gt} 和 E_{gb}，在 AM0 条件下顶电池厚度要比地面光谱的薄。图 8.7d 给出了在 {1.85eV，1.42eV} 的带隙对下 J_{SCt}、J_{SCb} 与顶电池厚度的关系，同图 8.7a，但是是在 AM0 条件下而非地面光谱下进行的计算。因为 AM0 光谱比

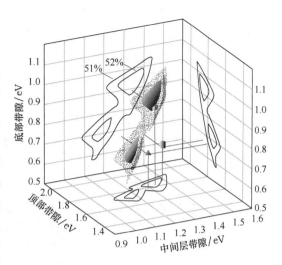

图 8.10　在 500 倍低 AOD 直接光谱太阳和 300K 温度，串联两端子厚度优化三结电池的效率与子电池带隙的关系。给出了 52% 和 51% 的等效率表面，如在二维轮廓上的投影所示。文字中讨论的最高效率器件的带隙组合通过不同形状的标记给出：{1.86，1.39，0.67} eV，圆柱状；{1.80，1.29，0.67} eV，锥状；{1.83，1.34，0.89} V，球状；改编自参考文献 [14]

AM1.5G 有更多的蓝光，因此顶电池相应的更薄，厚度大约是 0.5μm。

8.5.7.1　光谱波动

　　上文分析了在给定的光谱下如何选择顶电池的厚度，实际上没有一个光谱能够准确地代表地面上电池接收的真实光谱。太阳在天空中位置的变化以及大气条件的变化引起的光谱随时间的变化是非常显著的。叠层电池设计所包含的细节是非常复杂的[21,22]。通常，串联形式的叠层电池对大气质量的波动是很敏感的。幸运的是，在高大气质量下，这种影响相对不是很重要，因为这种条件下的净输出功率小。总体上说，即使考虑光谱的波动在内，一个设计好的多结电池也比单结电池性能好很多（有趣的是，光谱波动对电压的影响要小于对电流的影响，因为子电池电流的变化仅对相应电压造成对数的变化）。

8.5.7.2　色差

　　串联的多结电池中一个值得关注问题是光谱的色差，聚光组件中的聚光系统会引起这种色差，尤其是一些聚光结构中用的菲涅耳透镜[23]。这种色差会导致入射太阳光谱随位置的变化。对于低倍聚光应用，通过使底电池的发射极具有高电导率可以缓解这种光谱空间波动造成的不良影响[24]。通过相邻电池间的横向导电有助于电流匹配。

8.5.8　AR 膜的影响

8.5.8.1　引言

　　到目前为止，我们前面的所有讨论都是简单地假设入射到电池正面的光没有任何反射。

然而，如果没有减反射（AR）膜，一般Ⅲ-Ⅴ族电池对光谱中主要波段的反射能达 30%。AR 膜能把这种反射减少至约 1%，但是仅限于一定的光谱范围。这种局限性对叠层电池的电流匹配有着很重要的影响。因此，Ⅲ-Ⅴ族多结电池中对 AR 膜的检测显得尤为重要，本节中将进行介绍。在后面节中，我们将认为没有反射（即具有理想的 AR 膜）。

8.5.8.2　计算

为了分析 AR 膜对多结电池性能的影响，用一个可行的数值模型来模拟是非常有用的。这里，我们用相对简单的 Lockhart 和 King[25] 软件来模拟。这个模拟软件可以计算三层膜的正入射反射。假定每一层都没有损失，因此第 j 层的折射率 n_j，同它的厚度 d_j 可以全面地表征本层的光学性质。层数 $j = 1 \sim 4$，$j = 4$ 是最顶层，$j = 1$ 是衬底。例如，覆在 GaInP 电池上的双层 MgF_2/ZnS 减反膜，AlInP 是窗口层，4、3、2、1 层分别是 MgF_2、ZnS、$AlInP$、$GaInP$。反射率 R 与入射光波长 λ 的函数关系为

$$R = |(X-1)/(X+1)|^2 \qquad (8.17a)$$

式中，

$$X = [n_2(n_3 n_4 - n_2 n_4 t_2 t_3 - n_2 n_3 t_2 t_4 - n_3^2 t_3 t_4) + i n_1(n_3 n_4 t_2 + n_2 n_4 t_3 + n_2 n_3 t_4 - n_3^2 t_2 t_3 t_4)]/$$
$$[n_1 n_4(n_2 n_3 - n_3^2 t_2 t_3 - n_3 n_4 t_2 t_4 - n_2 n_4 t_3 t_4) + i n_2 n_4(n_2 n_3 t_2 + n_3^2 t_3 + n_3 n_4 t_4 - n_2 n_4 t_2 t_3 t_4)]$$

$$(8.17b)$$

和

$$t_j = \tan(2\pi n_j d_j / \lambda) \qquad (8.17c)$$

虽然这种方法假设顶电池层没有吸收，而且完全忽略电池中所有更深的层，但是它给出的结果与更加严密的方法给出的结果符合得相当好[26]，并且它比较简单。下文中关于 AR 膜的计算用的是式（8.17）。然而要知道，更复杂的问题，像机械叠层中背面 AR 膜，需要更加严格的公式。

8.5.8.3　电流匹配

图 8.11a 是 GaInP 电池中 MgF_2/ZnS AR 膜在不同厚度下的反射模拟结果[27]，所用光学常数参见参考文献 [28，29]。反射对层厚的依赖性大约可以分为两方面，即两层厚度的比率和每一层的厚度。合适的比率选择，如图 8.11a 中层的厚度，产生平而低的 V 形最小反射值。保持比率不变，膜的厚度决定最小值的位置，随着总厚度的增加 V 形位置向低光子能量移动。V 形的宽度比太阳光谱范围小，因此无论 V 形在何位置，子电池的光电流都要比理想的零反射情况下的要小。V 向高光子能量移动时，会在牺牲底电池吸收光的同时把更多的光分配到顶电池，反之亦然。这样，AR 膜影响电池中的电流匹配性。图 8.11b 是 AM1.5 地面光谱下 GaInP（1.85eV）/GaAs（1.42eV）叠层电池光电流随 ZnS/MgF_2 AR 膜厚度变化的关系。当顶电池厚度增加时，优化的 AR 膜厚也增加，这样通过入射更多的光到底电池实现电流匹配。

8.5.9　聚光应用

由于这种太阳电池的成本高，高效多结太阳电池通常应用于地面聚光系统。这种电池非常适合聚光应用，不仅因为它们一个太阳下的高效率，而且因为在超过 1000 个太阳的聚光下，也可以保持这种高效率。本节将讨论适用于聚光应用的条件，及器件在聚光后可能的特

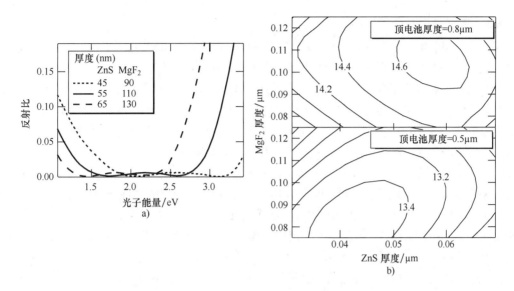

图 8.11 a) 在不同层厚下 GaInP 电池上 MgF₂/ZnS 减反层的反射率，给出了几个不同厚度组合；
b) 在 AM1.5 全球光谱下，GaInP/GaAs 两端子叠层电池光电流（计算值，mA/cm²）随 ZnS/MgF₂
减反层厚度的变化，顶子电池有两个厚度值，两种情况下，顶子电池 AlInP 窗口层厚度为 25nm

性。关于聚光 PV 电池的详细讨论见第 10 章（也可参见参考文献 [30]）。

8.5.9.1 光谱

聚光组件中的电池所接受的光谱与 AMO 相比具有更少的高能光子，AMO 光谱是多结电池在太空应用中所接受的光谱。这种不同要求地面聚光系统中顶电池的厚度比太空中的厚，以满足电流匹配要求。如上所述，对于 GaInP/GaAs 叠层电池，在 AMO 光谱下满足电流匹配条件的顶电池厚度是 0.5μm，如上所述在标准聚光光谱下是 0.9μm[31]。实际中，情况并不是这么简单，因为照射到地面电池上的光谱是随时间变化的，电池设计也依赖于电池温度，电池温度也依赖于组件的一些细节（当然，这也是随时间变化的）。参考文献 [32] 针对多结聚光的这些问题给出了深入讨论。

8.5.9.2 聚光与效率的关系

式（8.13）显示，对于 300K 温度下 $n=1$ 的结，由于入射光通量的增加引起的 J_{SC} 每增大 10 倍，V_{OC} 会增加 $(kT/e)\ln(10) = 60\text{mV}$。对一个串联多结器件，在聚光条件下，每一个结都为 V_{OC} 的净增长提供这个量。V_{OC} 的增长对聚光下的电池效率有明显的提升。对于低带隙结这种提升相对更大。例如，一个两结 GaInP/GaAs 电池，在一个太阳下，V_{OC} 为 2.4V，在 1000 个太阳下，$V_{OC} = 2.76\text{V}$，提升了 15%；一个三结 GaInP/GaAs/Ge 电池，在一个太阳下，V_{OC} 为 2.6V，在 1000 个太阳下，V_{OC} 为 3.14V，V_{OC} 提升了 21%。如果电池可以不考虑串联电阻的影响，聚光下填充因子也会增加，虽然不像 V_{OC} 的增加那样简单。聚光下的增长比例小于 V_{OC}，不考虑串联电阻的理想条件下，当聚光比从 1 升至 1000 个太阳时，填充因子一般大约增加 1% ~ 2%。

注意到有趣的是尽管串联的多结器件随着光强度的增加保持电流匹配（假定光谱不变），但聚光条件下结电压的增加意味着电压匹配的器件仅在一个固定聚光比下是电压匹配的。

8.5.9.3 串联电阻和金属接触

实际中，串联电阻是不可避免的。J^2R 的功率损失是电流的二次方，因此成为随电流增长影响电池效率的一个主要因素。串联电阻主要表现在填充因子的降低上（高电流或者高电阻时，J_{SC} 和 V_{OC} 也一样）。在多结串联电池中，光谱需要分配给几个子电池，因此与单结电池相比，本质上是低电流器件，因此在高聚光比下减少 J^2R 损失时有很大的优势。例如，GaInP/GaAs 叠层电池工作电流为单结 GaAs 电池的一半，在给定的电阻和聚光比下，J^2R 损失仅是 GaAs 电池的 1/4。

即使多结电池具有低电流的特点，那么将一个电池从一个太阳下变为聚光运行时，减小串联电阻也是非常有意义的。聚光下运行的一个很重要的改变就是前金属接触[34]。电池的串联电阻取决于前接触栅线的密集度[35]；1000 倍太阳下最优化的栅线设计比一个太阳下的要密得多。1000 个太阳下使用间距为 200μm 或更低的栅线并非不常见。自然地，降低栅线间距增加了器件遮光，并降低了电流，因此，聚光栅线设计要在遮光和串联电阻之间好好地权衡。幸运的是，在高效器件中用精密的光刻/蒸发/剥离方法可以得到大约 3μm 的栅线宽度，高/宽比为 2 或者更大，虽然栅线宽度为 5μm，高/宽比为 0.6～1 更为典型。这样的栅线尺寸使得高电导性栅线在分布比较密集的同时保持较低的遮光损失。

另外的一个降低串联电阻的方法是提高顶部子电池发射极的导电性（对于单片式的两端子器件，其他子电池的发射极中没有横向电传导，因此只有顶部电池发射极导电性是重要的）。这可以通过提高发射极掺杂和/或厚度来完成。这样做可能会降低顶部子电池的量子效率，因此提高电导率是一个权衡，必须慎重。足够高的发射极电导率更容易在 n/p 电池中实现，因为与 p 型材料相比，n 型材料具有较高的多数载流子迁移率。

互连隧道结中必须有低串联电阻、高隧道电流、低吸收损失，在聚光下运行的单片式两端子多结器件中至少是同样重要的。在本章的后面会详细地讨论。

8.5.9.4 多结聚光电池的测试性能

我们刚刚描述的器件性能与聚光度的关系可以很好地通过最新的 GaInP/Ga$_{0.96}$In$_{0.04}$As/Ga$_{0.63}$In$_{0.37}$As {1.83eV，1.34eV，0.89eV} 三结聚光器件的效率与聚光比之间的关系来描述[14]，见图 8.12，将在 8.9.2 节对这种电池结构进行更详细的描述。随聚光比逐渐增大到近 400 个太阳，V_{OC} 按照每个结具有近理想的 $n = 1.17$ 理想因子相对应的速率增加，如图中顶图虚线所描述的那样。填充因子大致随聚光比增加而增加，与预想的理想结一样，然后在更高聚光比，串联电阻导致效率下降。然而，值得注意的是，在 326 倍太阳下效率最高达到 40.8%。

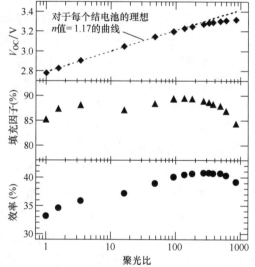

图 8.12　最新水平 GaInP/Ga$_{0.96}$In$_{0.04}$As/Ga$_{0.37}$As 三结电池效率、V_{OC}、填充因子与 J_{SC} 的函数关系，没有显示，J_{SC} 随聚光呈现合理的提升

8.5.9.5 线性

在不同聚光比下测量器件性能时，通常假设 J_{SC} 与聚光比是线性关系，因此 J_{SC} 可以用来

测量聚光程度。对于 III - V 族器件，这种线性假设被认为是很好的[36]。虽然详细的线性讨论超出了本章的范围，但有必要指出因为器件中不同子电池的不同非线性程度可能导致随着聚光出现受限于顶电池与受限于底电池之间的转换。

8.5.10 温度依赖性

聚光电池通常在 -40 ~ 80℃ 工作，地球轨道的空间电池在 -55 ~ 85℃ 工作。用基础电池式（8.1）~式（8.16）[37-39] 来分析器件的温度系数是很有用的，可以在实际工作温度内预测器件的性能，并且对这些温度下测试出来的器件特性进行解释。接下来，我们忽略材料参数比如扩散长度和少子寿命对温度的依赖性，因此 J_0 对温度的依赖变成

$$J_0(T) \approx \text{const} \times T^3 \exp(-E_g/kT) \tag{8.18}$$

我们将会看到串联多结电池中电流匹配限制效应对温度系数有影响，这在单结器件中是看不到的。

8.5.10.1 V_{OC}

对于单（子）电池，结合式（8.13）和式（8.18），对温度进行区分，忽略数值项，得到常规分析公式[37,40]

$$\frac{dV_{OC}}{dT} \approx \frac{1}{T}\left[V_{OC} - \frac{3kT}{e} + \frac{T}{e}\frac{dE_g}{dT} - \frac{E_g}{e} \right] \tag{8.19}$$

以 GaInP/GaAs 双结为例，采用式（8.19），得到 GaInP 子电池的 $dV_{OC}/dT \approx -2.2\text{mV}/℃$，GaAs 子电池的 $dV_{OC}/dT \approx -2.0\text{mV}/℃$。通常，因为串联多结 V_{OC} 是子电池 V_{OC} 的简单相加，多结 V_{OC} 的温度系数 dV_{OC}/dT 同样的是子电池的 dV_{OC}/dT 值相加。因此，GaInP/GaAs 电池 $dV_{OC}/dT \approx -4.2\text{mV}/℃$[37]。表 8.2 比较了几种电池的温度系数。由于低带隙的 Ge 结的影响，可以看到 GaInP/GaAs/Ge 三结电池比 GaInP/GaAs 两结电池有更负的 $1/V_{OC}dV_{OC}/dT$ 值。然而，在高聚光下 $1/V_{OC}dV_{OC}/dT$ 的负值绝对值变小，由于随着聚光程度的增加 V_{OC} 相应提高。而且，从式（8.19）可知，聚光下 dV_{OC}/dT 降低，与聚光相关的只有 V_{OC}/T，聚光下该值增加，因此 dV_{OC}/dT 负值绝对值变小。在多种情况下，式（8.19）给出的值与实验吻合很好，尽管由于忽略了材料参数与温度的关系而有小的偏差[39]。然而，也有 GaInP/GaAs/Ge 三结电池测量的 dV_{OC}/dT 与聚光的依赖关系不按这个简单模型的情况[41]。

表 8.2 多结和单结电池在 300K 下的模拟 V_{OC} 温度系数（假设结的品质因子 $n = 1$）
还给出了相对温度系数 $1/V_{OC} dV_{OC}/dT$，单位为每度 V_{OC} 改变的百分比。除非特别说明，测试都是在一个太阳下进行。表中数据只是一个参考值，对于实际电池有一定偏差，尤其是当结的品质因子严重偏离 1 时。为了比较，表中还给出了 PERL 硅电池的 V_{OC} 温度系数，PERL 电池 V_{OC} 更高，温度系数比标准硅电池的小得多[32]

Cell	V_{OC} /mV	dV_{OC}/dT /(mV/K)	$1/V_{OC}dV_{OC}/dT$ (%/K)
Ge	200	-1.8	-0.90
GaAs	1050	-2.0	-0.19
GaInP	1350	-2.2	-0.16

（续）

Cell	V_{OC} /mV	dV_{OC}/dT /(mV/K)	$1/V_{OC}dV_{OC}/dT$ (%/K)
GaInP/GaAs	2400	-4.2	-0.17
GaInP/GaAs/Ge	2600	-6.0	-0.23
GaInP/GaAs/Ge（500 个太阳）	3080	-4.5	-0.15
PERL Si	711	-1.7	-0.24

8.5.10.2 J_{sc}

虽然串联多结电池的子电池的 V_{OC} 温度系数是独立的和可相加的，但多结电池的 J_{sc} 温度系数要复杂得多。再用 GaInP/GaAs 叠层电池为例，如前所述 GaAs 子电池的 J_{sc} 不仅取决于 GaAs 带隙，而且取决于 GaInP 带隙，因为 GaInP 子电池过滤了到 GaAs 子电池的光。当叠层电池温度上升，底部子电池带隙下降，其 J_{sc} 趋向于升高，同时顶电池带隙也降低，这减少了到达底电池的光，因此减小了底电池 J_{sc} 随温度的增长。

叠层电池中的 J_{sc} 受限于子电池中最小的 J_{sc}。通常，这些子电池的 J_{sc} 不会有相同的温度系数。对一个几乎是电流匹配的叠层电池，有一个交叉温度，在此温度以下串联电池 J_{sc} 受某个子电池的限制，在此温度之上串联 J_{sc} 受另一个子电池限制。图 8.13 给出了以 GaInP/GaAs 为模型的叠层电池的交叉温度，在 300K 时略微受到顶电池的限制。随着温度的升高顶电池 J_{sc} 上升得比底电池快，当温度升至 350K 之上时，出现了一个从顶电池限制转为底电池限制的转折。同样地，叠层电池的 dJ_{sc}/dT 也出现了从 dJ_{sct}/dT 向 dJ_{scb}/dT 的转变。

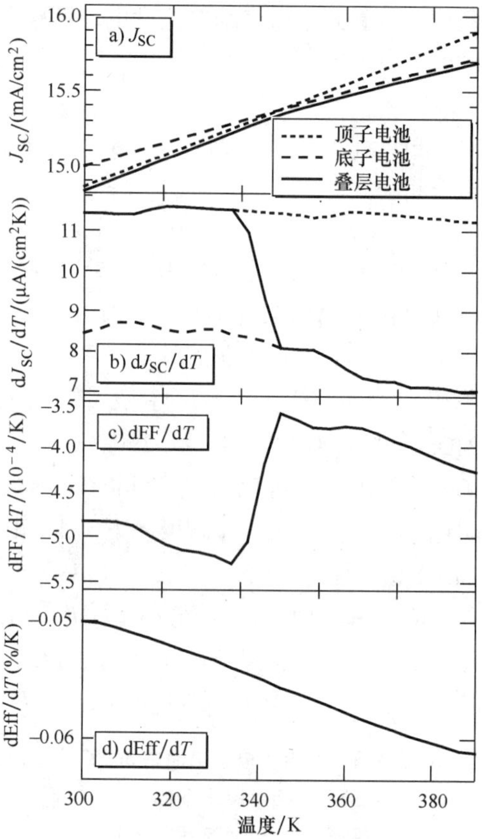

8.5.10.3 填充因子

因为叠层电池的填充因子更多地取决于对电流起到限制作用的那个子电池，而不是其他电池，所以 dFF/dT 与 dJ_{sc}/dT 的转折点类似。在图 8.13c 中，顶电池限制向底电池限制的转变也导致 dFF/dT 的变化。

8.5.10.4 效率

因为效率与 $V_{OC} \times J_{sc} \times FF$ 成比例，并且在通过交叉温度时，dJ_{sc}/dT 和 dFF/dT 变化趋

图 8.13 a）子电池和相应的叠层电池的 J_{sc} 随温度的变化，GaInP/GaAs 叠层电池，在 300K 的温度下受限于顶电池；b）相应的 dJ_{sc}/dT，当电池温度高于 340K，电池由受限于顶电池转变为受限于底电池，并且 dJ_{sc}/dT 发生相应改变；c）填充因子的温度系数 dFF/dT；d）效率随温度改变 dEff/dT

势相反，所以 dEff/dT 随温度的变化较为平滑。图 8.13 中，GaInP/GaAs 双结电池在一个太阳和室温下，dEff/dT 大约为 – 0.05%/K（绝对效率百分比），对应于相对效率损失 $(1/Eff)(dEff/dT)$ – 0.15%/K。通过对比，硅电池相对效率损失通常更大 $(1/Eff)(dEff/dT)$ 约为 – 0.5%/K，由于与 GaAs 和 GaInP 相比，硅带隙低。聚光下，温度系数甚至更低，表 8.2 给出了量化值。而且，聚光组件通常根据环境温度（硅组件通常使用）而不是组件温度来确定额定功率，说明对于聚光组件由于温度提升导致额定功率和观测功率的差别是很小的。

8.6　GaInP/GaAs/Ge 太阳电池相关材料

8.6.1　概述

在上一节中，我们讨论了单片多结太阳电池的基本因素，如图 8.5 所示，这包括子电池带隙、厚度、金属接触和减反膜效果等。我们也假设对所有的光生载流子有均一的收集效率，也就意味着组成半导体的材料、表面和结被假设为完美。然而实际上，诸多的内在外因素都可能对多结太阳电池的质量和性能造成影响。在本节里，我们将对实际的材料和器件包括材料的生长问题进行回顾与探讨。

8.6.2　MOCVD

现今美国、德国有几个大公司正以一定规模商业化生产 GaInP/GaAs/Ge 的两结和三结太阳电池。这些电池主要用美国 Veeco 公司和德国 Aixtron 公司生产的 MOCVD 设备来制备。虽然也可以用其他的方法如分子束外延生长（MBE）[43] 生长这种器件，但主要的生长技术是 MOCVD。因此，MOCVD 是本节的核心。在别处可以找到关于 NREL 使用的 MOCVD 反应室的介绍[44]。简单地说，这里的大部分结果来自于 MOCVD 法生长得到的层和器件，其中反应物用的是三乙基镓（TMG）和三乙基铟（TMI）、三氢化砷和磷（掺在 Pd 净化的 H₂ 气中）。掺杂源包括 H₂Se、Si₂H₆、二乙基锌（DEZ）和 CCl₄。

8.6.3　GaInP 太阳电池

8.6.3.1　晶格匹配

单片式 GaInP/GaAs/Ge 太阳电池的一个主要优点是它由晶格匹配的半导体材料构成。这种单片集成结构是用异质外延工艺制备的，其中一种具体的工艺就是 MOCVD。紧密的晶格匹配使异质外延生长更容易，尤其像化学组成近似的材料，如 AlGaAs 或 GaInP 生长在 GaAs 上。晶格不匹配的异质外延非常困难。成核和位错生成的过程会造成晶格不匹配，其浓度取决于每一层的厚度和层间的不匹配度。这些位错往往是非辐射复合的中心，会限制少子寿命、扩散长度，以及最终的器件效率。

半导体合金 $Ga_xIn_{1-x}P$ 的晶格常数与其组分 x 呈线性关系，即

$$a_{Ga_xIn_{1-x}P} = xa_{GaP} + (1-x)a_{InP} \tag{8.20}$$

式中，$a_{GaP} = 0.54512nm$，$a_{InP} = 0.58686nm$，它们分别是 GaP 和 InP 的晶格常数（见表 8.3）。$a_{GaAs} = 0.565318nm$ 的 GaAs 上的外延层 $Ga_xIn_{1-x}P$ 在 25℃ 下当 $x = 0.516 = x_{LM}$ 时与

GaAs 晶格匹配。当 x 在 x_{LM} 上下浮动很小时，较薄的 $Ga_xIn_{1-x}P$ 外延层质量相当好。图 8.14 给出了来自电解液/$Ga_xIn_{1-x}P$ 结的宽光谱光电流与 $\Delta\theta$ 的函数关系（见 8.7.1 节）。$\Delta\theta$ 大小用 X 射线双晶衍射摇摆曲线测试，用来表征 x[45]。如果 $Ga_xIn_{1-x}P$ 层的厚度比由 x 值决定的临界厚度小，那么外延层与衬底之间是连续的，于是有：

$$\Delta\theta = \tan\theta_B \left(\frac{xa_{GaP} + (1-x)a_{InP} - a_{GaAs}}{a_{GaAs}} \right) \left(\frac{1 + (\nu_{GaP}x + \nu_{InP}(1-x))}{1 - (\nu_{GaP}x + \nu_{InP}(1-x))} \right) \qquad (8.21)$$

式中，θ_B 是布拉格角；$\nu_{GaP}x + \nu_{InP}(1-x)$ 是由 GaP 和 InP 泊松比（见表 8.3）得到的 $Ga_xIn_{1-x}P$ 泊松比（泊松比的定义为在单轴应力下的横向和纵向的应变比的负值）。如果外延层发生完全弛豫，式（8.21）的最后乘积式变成 1。图 8.15a 给出了两种极端条件下 GaAs 上 $Ga_xIn_{1-x}P$ 层的 $\Delta\theta$ 与 x 的曲线图，临界的薄膜厚度是应变能、由于位错介入导致的应变能的释放、位错的自我能量之间的平衡。在临界厚度之下，体系的最低能态是一个晶格常数（在外延层与衬底之间界面上）与衬底晶格常数相同的外延层。在临界厚度之上，最低能态是这样的一种能态，包含有一些外延层应力和一些应力释放位错。这个问题首先由 Matthews 和 Blakeslee[46] 解决。需要注意的是区别共格（没有位错）和不连贯生长。晶格失配和层厚的关系如图 8.15b 所示。

表 8.3　一些 Ⅲ- Ⅴ族二元化合物的晶格常数和泊松比[47]

材　　料	晶格常数/nm	泊松比 ν
AlP	0.546354	
GaP	0.54512	0.307
InP	0.58686	0.360
$Ga_xIn_{1-x}P$ [$x = 0.516$]	0.56532	0.333
GaAs	0.565318	0.311
InAs	0.60583	0.352
Ge	0.5657906	0.273

由图 8.14，当 $\Delta\theta = 0$ 时，临界层厚度无限大并且 J_{SC} 表征的是没有失配位错情况下外延层中本征少数载流子的传输质量。负斜率的实线是 J_{SC} 随 $\Delta\theta$ 的理论变化。当 $\Delta\theta < 0$ 时，外延层是富 In 的（$x < x_{LM}$）并且带隙低于晶格匹配的 $Ga_xIn_{1-x}P$。因此，J_{SC} 随着 $\Delta\theta$ 的减小而增大。当 $\Delta\theta > 0$ 时，外延层是富 Ga 的（$x > x_{LM}$）。开始时，J_{SC} 随着 $\Delta\theta$ 的增大而减小，与富 In 部分的曲线是一致的，但是随着 $\Delta\theta$ 的进一步增大迅速下降。临界的 $\Delta\theta$，即这个转变发生时的 $\Delta\theta$，是动力学因子的函数，动力学因子包括层厚度、生长温度和生长速度。实验上，临界 $\Delta\theta$ 也依赖于 $\Delta\theta$ 的正负，如图 8.14 所示，富 In 材料是受压的。通常相对于张力下的材料，受压应力的材料更难（需要更大的压应变）产生失配和螺旋错位，因此应变-弛豫行为不同。直观地，当生长温度上升或者生长速度下降的时候，压应变材料的临界厚度通常接近于张应变材料。这种特性很常见，需要注意的是这与图 8.15b 中理论计算的结果是相反的。它的计算仅考虑了外延层的平衡态，而应力的正负是不重要的。

多数情况下，$Ga_xIn_{1-x}P$ 顶电池的厚度大约在 1μm 或以下，为了与 GaAs 结的光电流匹配。图 8.15b 中可以看出临界的晶格失配应该小于 2×10^{-4} 或者 $|\Delta\theta| \leqslant 50$arc·s。有如下几

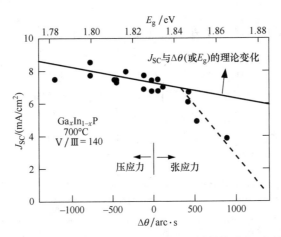

图 8.14 $Ga_xIn_{1-x}P$ 的饱和光电化学电流密度与晶格失配或者与相应的
E_g[45] 之间的关系曲线（其中晶格失配由 X 射线摇摆曲线的峰值间距确定，
单位为 arc·s，生长温度为 700℃ 并且 $PH_3/(TMGa + TMIn) = 140$）。虚线是
便于观看。虚线和实线交叉点是临界 $\Delta\theta$，临界值上面外延应力通过位错
释放，反过来这降低了外延层的光电性能

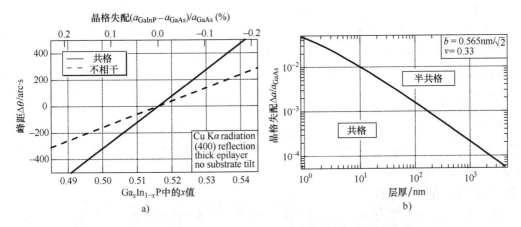

图 8.15 a）$\Delta\theta$ 与 GaAs 上 $Ga_xIn_{1-x}P$ 中的 x 之间的关系曲线；
b）$Ga_xIn_{1-x}P$ 的泊松比为 ν，伯格斯矢量为 b，共格与半共
格外延的均衡边界与外延晶格失配和厚度绝对值的函数关系

种因素会使这种容许极限增大或减小：

1）室温时晶格匹配的材料在生长温度下变为晶格不匹配。这是由于 $Ga_xIn_{1-x}P$ 和 GaAs（见表 8.4）之间的热膨胀系数不同。因为动力学原因，薄膜在生长温度下的晶格匹配更加重要。在 625℃ 的生长温度下，晶格匹配的薄膜在室温下会表现出 $\Delta\theta$ 约为 -200 arc·s 晶格失配[48]，或者在室温下晶格匹配的薄膜在 625℃ 生长温度下会显示出 $\Delta\theta = 200$ arc·s 的晶格失配。因为在高温下很容易介入失配位错，所以可能在生长温度下晶格匹配比较好。因此，在生长温度下 ± 50 arc·s 的容差可以在室温下产生 -250 arc·s $< \Delta\theta < -150$ arc·s 的容差。

2）如上所述，在压应力下生长的材料往往比在张应力下下生长的材料更不容易弛豫，允

许 $\Delta\theta$ 向更负的值偏移。

3）由于动力散射效应，测得薄外延层（≤0.1μm）的 $\Delta\theta$ 比同样的组分和晶格失配的厚层的要小 [49]。

4）在非奇异或邻近（100）面衬底上（衬底取向与精确（100）面有一定偏移）外延生长的 $\Delta\theta$ 值并非唯一的，而依赖于衬底相对于 X 射线束的取向。有效的 $\Delta\theta$ 是测得的两个 $\Delta\theta$ 的平均值。第一次测量是用常规的测量方法；第二次测量是让样品旋转180°[50]。对取向邻近（100）面的衬底，这种影响小，通常在取向偏差为6°时影响约为10%；然而对于 {511} 衬底，这种影响接近50%。

表8.4　Ge、GaAs 和 GaInP 在 298K 下的一些重要特性项目

	Ge	GaAs	$Ga_xIn_{1-x}P$	$Al_xIn_{1-x}P$
原子/cm³	4.42×10^{22}	4.44×10^{22}		
晶格常数 $\vert\lambda\vert$	$5.657906^{[47]}$	$5.65318^{[47]}$	$= a_{GaAs}$对于 $x = 0.516$	$= a_{GaAs}$对于 $x = 0.532$
能带/eV	间接	$1.424^{[47]}$	失调	间接
	0.662		$1.91^{[51]}$	2.34
	直接			直接
	$0.803^{[47]}$			$2.53^{[47]}$
态密度				
导带 N_C/cm⁻³	1.04×10^{19}	4.7×10^{17}		
价带 N_V/cm⁻³	6.0×10^{18}	7.0×10^{18}		
本征载流子				
浓度/cm⁻³	2.33×10^{13}	2.1×10^6		
线性热扩散系数	$7.0 \times 10^{-6[47]}$	$6.0 \times 10^{-6[47]}$ $6.63 \times 10^{-6[48]}$	$5.3 \times 10^{-6[48]}$	

8.6.3.2　GaInP 的光学性质

8.6.3.2.1　GaInP 中的有序性

1986 年以前，通常假设Ⅲ-Ⅴ族的三元合金半导体例如 $Ga_xIn_{1-x}P$ 的带隙仅由其成分决定，很多文献中认为 $Ga_xIn_{1-x}P$ 晶格与 GaAs 匹配，且带隙为 1.9eV。然而，1986 年，Gomyo 等人[52]报道了用 MOCVD 生长的 $Ga_xIn_{1-x}P$ 的带隙小于 1.9eV，并且依赖于其生长条件。在接下来的参考文献 [53] 中报道的带隙的变化与 Ga 和 In 在Ⅲ族亚点阵中的次序相关。与 {111} 相交平面的有序结构是类 CuPt 结构，其分子式为 $Ga_{0.5+\eta/2}In_{0.5-\eta/2}P$ 和 $Ga_{0.5-\eta/2}In_{0.5+\eta/2}P$，$\eta$ 是长程有序参数。完美有序的 GaInP（$\eta = 1$）由 GaP 和 InP 交替组成的 {111} 面构成。Kondow 和他同事[54]的紧束缚理论和 Kurimoto 与 Hamada[55]的"第一性原理"线性扩展平面波（LAPW）理论最先推进了 $Ga_xIn_{1-x}P$ 的有序性理论研究。

Capaz 和 Koiller[56]最先报道了带隙变化 ΔE_g 和 GaInP 的有序参数之间的函数关系，即

$$\Delta E_g = -130\eta^2 + 30\eta^4 \ [单位\ meV] \tag{8.22}$$

一个更新的结果[57]给出如下：

$$\Delta E_g = -484.5\eta^2 + 435.4\eta^4 - 174.4\eta^6 \ [单位\ meV] \tag{8.23}$$

针对各种生长条件对 $Ga_xIn_{1-x}P$ 的有序性和带隙的影响已经广泛开展了研究。$Ga_xIn_{1-x}P$ 的带隙不仅是生长温度 T_g 的函数，也是生长速率 R_g、磷化氢的压力 P_{PH3}、衬底与 (100) 面的偏移角度、掺杂水平等的函数，这些影响的一个结果如图 8.16 所示。虽然这个过程很复杂，但是也有一些特征很明显。例如，衬底与 (100) 的面偏角度在几度之内，用 T_g 约 675℃、R_g 约 0.1μm/min 和 $P_{PH3}/$Ⅲ 约 100 的典型值得到的 GaInP 的带隙更接近于 1.8eV，而不是 1.9eV。用 T_g、R_g 和 P_{PH3} 的极值可以得到接近于 1.9eV 的带隙，但是材料通常也受其他方面的影响，例如，少数载流子扩散长度、

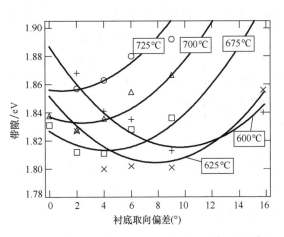

图 8.16　Ga_xP 带隙与生长温度和衬底取向 (100) 向 (111) B 偏差之间的关系

组分或者表面形貌。获得高带隙最直接的方法是使用从 (100) 向 {111} 严重错向的衬底。在闪锌矿体系中，{111} 表面是Ⅲ族的终端面，常标记为 (111) A。向 {11$\overline{1}$} 和 (111) B 错向的衬底往往会提高有序度。在 Ge 上生长时，A 和 B 错向的衬底没有区别，并且很难控制Ⅲ - Ⅴ族（GaAs 或 GaInP）外延层的 A/B 特征。因此，在 Ge 上获得高带隙的 GaInP 的最容易的方法需要用大约 15° 的错向角，同时需要高的 R_g、适当的 T_g 和低 $P_{PH3}/$Ⅲ，或者将 GaInP 的生长面用痕量的 Sb 进行处理，Sb 倾向"阻碍"有序过程，导致 GaInP 的高带隙[58]，Olson 和合作者研究了 Sb 对 GaInP 太阳电池性能的影响[59]。

有序性会影响其他的一些材料特性，包括光学各向异性[60-63]、传输各向异性[64,65] 和表面形貌[66,67]。

8.6.3.2.2　吸收系数

为了模拟和表征 GaInP 外延层和太阳电池的特性，需要精确的 GaInP 光学特性的模型。几个研究小组已经用椭偏光谱法测量 GaInP 的光学参数并建立了模型，而 Kurtz 等人[10] 也用透射法做了测定。图 8.17 概括了上述结果。多数情况下，没有单一模型可以充分地描述任意有序度下晶格匹配的 GaInP 宽谱的光学性质。Kato[70] 模型在短波区适用，但是不适用于近带边的光学性质。Schubert 和 Kurtz 的模型仅适于近带隙的跃迁。

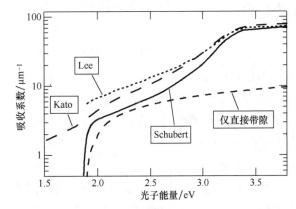

图 8.17　比较了发表文献中已经发表的 $Ga_xIn_{1-x}P$ 的吸收系数。Lee 等[68] 和 Schubert 等[69] 数据为椭偏仪数据。Kato 等[70] 模型在高能能很好地符合，在低能处较差。标记为"仅直接带隙"是式（8.24）得到的图

Kurtz 等人对 GaInP 吸收系数 α_{GaInP}（μm^{-1}）的模型如下：

$$\alpha_{GaInP} = 5.5\sqrt{E - E_g} + 1.5\sqrt{E - (E_g + \Delta_{so})} \tag{8.24}$$

式中，E 为光子能量；E_g 为带隙能；Δ_{so} 为自旋轨道能，单位是 eV。当然，E_g 的值是随有序度（即 η）变化的，但是一般 Δ_{so} 的值设定为 0.1eV，与 η 无关。这个模型可以合理地解释两个在 E_g 和 $E_g + \Delta_{so}$ 近带边跃迁的吸收，并且对从近带边光响应测量中推导出少数载流子扩散长度是有用的[71]。对更高能量光子的吸收这并非是一个好的模型。

8.6.3.3　掺杂特性

8.6.3.3.1　n 型掺杂

1. 硒

元素硒是一种常用的Ⅲ-Ⅴ族材料的 n 型掺杂物，通常从 H_2Se 的分解得到。针对 H_2Se 的分解特性已经展开了大量的研究[72-77]。在多数生长条件下，掺杂的电子浓度随着 H_2Se 流量或者分压的增大而增大，大约在 $2 \times 10^{19} cm^{-3}$ 时饱和并取决于 T_g。硒的掺杂也依赖于 PH_3（对 GaInP 而言）或 AsH_3（对 GaAs 而言）的分压。掺杂浓度与以下公式符合得很好：

$$n^{-1} = (1 + \alpha P_V)(\beta P_{Se})^{-1} + k^{-1} \tag{8.25}$$

式中，n 是掺杂电子浓度；P_V 和 P_{Se} 分别是 V 族元素和 Se 的分压；系数 α 和 β 依赖于 T_g 和载气流速（停留时间），并且取决于反应系统的结构。这种掺杂特性可以从一个修正的郎缪尔吸收模型导出，这个模型可以解释固定位置数目 k 下，Se 和 V 族的竞争吸附，这取决于诸如台阶和扭折的密度，即衬底的取向偏差。这个模型比文献中常见到的 ad hoc 公式（$n \propto P_{Se}^x P_V^y$），更加适合。

当电子浓度大于 $2 \times 10^{18}/cm^3$ 时，GaInP 的带隙宽度增大，有序度降低，生长的表面形貌变平滑[75]。在足够高的 Se 流下，表面又会变得粗糙。同时，电子浓度开始下降[72]，并且在透射电子显微镜（TEM）[1]中可以看到 Se 沉淀。在 $(Al_xGa_{1-x})_{0.5}In_{0.5}P$ 中，当 Al 含量 x 大约大于 0.4[78]时，硒已经连接到类 DX 中心。

2. 硅

硅是另一种广泛用在Ⅲ-Ⅴ族材料和器件中的掺杂材料，其最常用的掺杂源是 Si_2H_6。Hotta 和他们的同事首先报道了用 Si_2H_6 给 GaInP 掺杂[79]。他们发现 $T_g < 640℃$ 时，n 随着 T_g 的下降而降低，大概是由于 Si_2H_6 分解速率降低。当 $T_g > 640℃$ 时，使用 Si_2H_6 掺杂，$n = 5 \times 10^{18}/cm^3$ 时达到饱和，大概是由于非离化复合物的生成，例如（$Si_{\text{Ⅲ}}^+ - Si_V^-$）或（$Si_{\text{Ⅲ}}^+ - V_{\text{Ⅲ}}^-$），下标和上标代表Ⅲ-Ⅴ晶格位置/电荷状态，$V_{\text{Ⅲ}}^-$ 代表在Ⅲ位置为负电荷空位。Si 掺杂 GaAs 也得到相近的结果。Scheffer 和他的同事[80]发现没有证据表明使用 Si_2H_6 时，电子浓度达到 $8 \times 10^{18}/cm^3$ 会饱和，Minagawa 和他的同事[81]发现电子的饱和浓度大约在 $1 \times 10^{19}/cm^3$，并基本上与衬底的取向和生长温度无关。

相对于均匀掺杂，硅在 GaInP 中的 Δ 掺杂（掺杂限制在单层或一系列层中）[82,83]增大了电子的最大饱和浓度和电子的迁移率。这些研究结果显示 Si 的 Δ 掺杂产生更少的浅受主缺陷。硅明显没有在 GaInP 中引入深能级，但是在 $(Al_xGa_{1-x})_{0.5}In_{0.5}P$ 中，$x > 0.3$ 时却引入了。如同 Se 一样，当 Si 高于一定的浓度时，会破坏 $Ga_xIn_{1-x}P$ 的有序性，导致带隙增加，但是其中的细节非常不同。Gomyo 和他的同事[74]报道了使 GaInP 失序的 Si 的浓度要低于达到同样效果时 Se 的浓度。而 Minagawa 及其同事[81]发现破坏 $Ga_xIn_{1-x}P$ 有序性的 Si 的浓度更接近 $1 \times 10^{19}/cm^3$，这与 T_g 有关。

8.6.3.3.2　p 型掺杂

1. 锌

在 GaInP 中最常见的 p 型掺杂物是锌。典型的来源是二甲基锌（DMZ）和三乙基锌（DEZ）。相当多的研究者已经研究了锌掺杂的特性[42,72,73,85]。掺入效率与输入流量呈现典型的亚线性关系，随着生长温度的降低和生长速率 R_g 的加快而提高。Kurtz 等人提出了一种模型来解释其中的部分效果[85]。

GaInP 中高的锌浓度会导致几个问题。$1 \times 10^{18}/cm^3$ 左右的载流子浓度会破坏 $Ga_x In_{1-x} P$ 中的有序性并且增大带隙宽度[86]。高的 Zn 浓度（或者准确地说，高 DEZ 流量）会导致 GaInP[45] 和 AlGaInP[87] 中 In 的流失。这个问题可能与涉及 DEZ、TMIn 和 PH_3 的气相伴生反应有关。这些反应的结果可能足以显著改变生长速率和材料中的 Ga/In 比。Ga/In 比的改变会使晶体远离晶格匹配条件，以至影响表面形貌。高的 DEZ 气流也会妨碍 Ga 原子的掺入，但是程度较小。

在外延生长过程中锌的扩散会导致太阳电池性能的衰减[88]。在衬底、背场（BSF）、隧道结层中掺杂的锌可能扩散到在 p 型材料上生长 n 型层制备而成的电池的基区。扩散的动力来源于 n 层生长过程中引入的点缺陷。减少任意层（包括 n 型层）的掺杂水平、增加扩散阻挡物和/或用 Se 替代 Si 在 n 层中掺杂[88]，都可以降低这种效应。Zn 扩散的一个副作用是破坏任何有序结构的有序性[89]。

Minagawa 和他的同事们[90] 已经研究了改变盖层或者底层和冷却气体对 Zn 掺杂的 $(Ga_{1-x} Al_x)_{0.5} In_{0.5} P$（$x = 0.7$）中的空穴浓度的影响。在含有 AsH_3 或者 PH_3 的 H_2 气氛中冷却会减小空穴浓度。Ⅴ族氢化物分解出的氢基很容易扩散进外延层中并且钝化 Zn 受主。n 或 p-GaAs 的盖层能够帮助阻止 H 的体内扩散，底层能增强 H 的体内扩散，这是一个在 n 型材料上生长 p 型层制备而成的电池特有的问题[88]。

2. 镁

一些研究者已经研究了在 AlGaInP 中的镁掺杂（用环戊二烯基镁）[86,91-94]。镁掺杂有利于在 AlGaInP 和 AlInP 层获得更高的空穴浓度。然而镁的掺入效率随着温度的降低而降低。因此，它需要高的生长温度，这对 AlGaInP 是优势。但是，由于掺杂物扩散速率随着温度的升高增长很快，这对于制备稳定的隧道结和稳定的 GaAs/Ge 界面是不利的。对于 GaInP，与掺 Zn 相比掺杂镁没有明显的优势，并且有更严重的记忆效果[92]。再者，对源材料和系统洁净度多加注意可以得到相对高质量的 Zn 掺杂 AlInP[95]。

3. 碳

用碳掺杂（CCl_4 或 CBr_4）已经被广泛的研究。卤化物容易侵蚀 GaInP[96]，侵蚀的铟比镓多。再者，碳掺杂 GaInP 的少子传输特性差[96,97]。

8.6.3.4　窗口层和背场

8.6.3.4.1　AlInP 窗口层

发射区窗口层的功能是钝化发射区表面的表面态，这些表面态是少数载流子的陷阱。钝化效果用表面（或界面）复合速率 S 来表征，S 的值范围从没有钝化的 GaInP 的 $10^7 cm/s$ 到高质量 AlInP/GaInP 界面的不足 $10^3 cm/s$。高表面复合速率会降低 GaInP 太阳电池的光谱响应，尤其是蓝光区的光谱响应。对于一个 p 型材料上生长 n 层制备而成的电池，有效的窗口层材料应该具有以下特征：

1）晶格常数与 GaInP 相近；

2）E_g 比发射区的大；

3）具有大的价带失配，为发射区的少子空穴提供势垒；

4）相对高的电子浓度（在 $n \geqslant 10^{18}/cm^3$）；

5）一定的材料质量以产生低的界面复合速率。

半导体 AlInP 基本满足以上要求，当 $x = 0.532$ 时，$Al_xIn_{1-x}P$ 与 GaAs 晶格匹配。AlInP 间接带隙是 2.34eV，比 GaInP 高 0.4~0.5eV。$Al_xIn_{1-x}P$/GaInP 的能带排列为第Ⅰ型排列，$\Delta E_c \sim 0.75\Delta E_g$ 和 $\Delta E_v \sim 0.25\Delta E_g$[98]，这意味着在 p 型材料上生长 n 层制备而成的器件的 GaInP 发射区中 AlInP 应该有合理的空穴限制。AlInP 很容易用 Si 或 Se 掺杂成 n 型半导体。在 3.5eV 的光子照射下，有良好的 $Al_xIn_{1-x}P$ 窗口层的 GaInP 的内量子效率大于 50%。然而，氧和 $Al_xIn_{1-x}P$ 中的 Al 有着非常强的结合，并且在 $Al_xIn_{1-x}P$ 中氧是一个深的施主。因此，如果源材料的反应腔受到水蒸气或者其他氧化物的污染，$Al_xIn_{1-x}P$ 的质量包括导电性将会下降。低质量的 $Al_xIn_{1-x}P$ 将会降低 GaInP 电池的蓝光响应和填充因子（通过接触电阻）[8]。

8.6.3.4.2 背面势垒

顶电池背面势垒的作用是钝化顶电池基区和隧道结互联（TJIC）的界面。某些情况下，它可以减少掺杂原子从 TJIC[99] 向外的扩散。这个界面的高表面复合速率会影响光谱响应（尤其是红光的光谱响应）和 V_{OC}。图 8.8 给出了复合速率对 V_{OC} 的影响，可以看到影响的程度非常大，同时基区少数载流子扩散长度和厚度也对其有影响。好的背面势垒层需具备的特性如同前表面窗口层，对于一个 p 型材料上生长 n 层制备而成的电池，应该具有

1）接近 GaInP 的晶格常数；

2）E_g 大于 GaInP 的；

3）相对于 GaInP 有大的导带失配；

4）较高的空穴浓度（大约 $p = 1 \times 10^{18}/cm^3$）；

5）较好的少数载流子迁移性质；

6）对底部 GaAs 电池具有高透过率。

最初研究结果表明[100]，对低带隙的 GaInP 顶电池而言，无序或者高带隙的 GaInP 做背场要好于 AlGaInP。这可能是由于 AlGaInP 层中的氧污染。作为深施主，在 p 型 AlGaInP 中，氧是很大的问题。其他研究者发现应变的富 Ga 的 $Ga_xIn_{1-x}P$ 比无序的晶格匹配的 GaInP 或者 AlGaAs[101] 更好。最近，最好的商业化叠层电池用的是 AlGaInP[102] 或者 AlInP[103] 背场。一些其他的研究者发布了生长高质量的 Zn 掺杂的 AlGaInP 及其质量测评方法[93,95,104]。

8.6.3.5 现有 GaInP 电池的表征

因为 GaInP 的带隙可以通过生长条件大幅的改变，GaInP 子电池的优化设计与单结 GaInP 电池的优化设计不同，仅用效率来讨论现有的 GaInP 子电池的质量是没有意义的。当单结带隙增大，V_{OC} 应该增大，但是 J_{SC} 和效率应该降低（注意，如上面图 8.9 所示，随着 GaInP 带隙增大到 2eV，电流匹配的 GaInP/GaAs 叠层电池的效率会稍有增大）。在任何优化的多结太阳电池中，GaInP 电池厚度应该比较薄，也就是说吸收较少的光子，因此比厚的电池效率低。所以在比较单结电池效率时，厚度和带隙是必须考虑的两个重要的参数。通常，

相对值的测量即在给定 E_g 时的 V_{OC} 比较有用。

8.6.4 GaAs 电池

8.6.4.1 Ge（100）衬底上的 GaAs 质量

尽管 GaAs 和 Ge 衬底之间的晶格非常匹配，在 Ge 上生长的 GaAs 的质量仍是不确定的（参见 8.6.5.3 节对 Ge 上生长的异质外延 GaAs 的讨论）。当然，判定异质外延 GaAs 质量的首要标准是叠层的 GaAs 和 GaInP 电池的效率。通常，好质量的一个标志是很少或者没有雾状的外延面，通常是由反相畴（APD）引起的，，并且扩展缺陷很少，如坑、小丘或者滑移线。对于一个外延生长的 GaAs 层，应该能看到淡淡的"交叉阴影线"的构型。这是 GaAs/Ge 交界面上的失配位错阵列的反复出现或者它的影子。有的时候，缺少这种交叉阴影线说明失配位错通过螺旋位错弛豫掉了。这种螺旋位错密度高到足以影响 GaAs 和 GaInP 太阳电池的少数载流子传输特性，因此，应该避免。

在 GaAs 上生长的 $Ga_x In_{1-x}P$ 形貌更精确地表征了 GaAs 表面的质量。在 GaAs 体内或表面上的一些形貌缺陷会被 $Ga_x In_{1-x}P$ 的生长所"修饰"。这可能是因为缺陷引起的 Ga 和 In 在不同取向的表面上的附着的不同。

在 Ge 上生长的 GaAs 中增加约 1% 的铟可以实现与 Ge 的晶格匹配。这可以消除异质外延中的"交叉阴影"，但是不会使异质外延更容易。在最佳条件下，$Ga_{0.99}In_{0.01}As$ 太阳电池比在 Ge 上生长的 GaAs 电池稍好[105]。

8.6.4.2 光学性质

在 Aspnes 和他的同事们[106]的工作中，把 GaAs 的光学参数列成了表格，并提出了一个 GaAs（和 $Al_x Ga_{1-x}As$）光学介电函数[107]。

8.6.4.3 窗口层和背场

$Ga_x In_{1-x}P$ 和 $Al_x In_{1-x}P$ 可以为 GaAs 太阳电池[108,109]提供极好的窗口层和背场。两者都具有第 Ⅰ型能带排列，具有合适的导带失配和价带失配[98,110]。理想情况下，因为 $Al_x In_{1-x}P$ 具有更宽的带隙，因而比 $Ga_x In_{1-x}P$ 更适宜做窗口层。然而，由于其对氧污染的敏感，$Al_x In_{1-x}P$/GaAs 界面不可能与 $Ga_x In_{1-x}P$/GaAs 界面一样好（这是 AlGaAs/GaAs 在单结 GaAs 太阳电池中应用的主要问题[19]）。没有掺杂的 $Ga_x In_{1-x}P$/GaAs 界面具有包括 SiO_2/Si 界面[108]在内的最低的表面复合速率（$S < 1.5cm/s$）。另外，$Al_x In_{1-x}P$ 的 p 型掺杂很难得到 $p > 1 \times 10^{18}/cm^3$ 的掺杂水平。由于这个原因，$Ga_x In_{1-x}P$ 通常是 GaInP/GaAs 叠层电池结构中 GaAs 太阳电池的优选窗口层和 BSF 层。

8.6.5 Ge 电池

8.6.5.1 Ge 的光学性质

文献中（见参考文献 [47]）详细地报道了 Ge 的光学和电学性质。锗具有与 GaAs 相近的晶格常数和金刚石结构，但其力学性能比 GaAs 更强，因此，一直以来被看好为 GaAs 衬底的替代物。Ge 的带隙宽度为 0.67eV，与薄的 GaAs 顶电池电流匹配[7]，也是在四结叠层电池中底电池的候选对象。然而，在这两种情况下，它也有很多缺点：

1) 由于低的带隙，Ge 结的 V_{OC} 受限于非直接带隙，理论带隙大约为 0.3V，并且对温度更加敏感[112]。

2）锗价格很高，因此它不能作为一个太阳下的电池材料（除了太空中的应用）。

3）锗是 GaAs 和 GaInP 的 n 型掺杂物。在 GaInP 中，它显示两性，补偿比率为 $N_a/N_d =$ 0.4[113]，并且伴随有深受主态[114]。

4）Ga、As、In 和 P 都在 Ge 中掺杂很浅。因此，当有Ⅲ-Ⅴ族异质外延生长工艺时，制结工艺的控制变得很复杂。

8.6.5.2　Ge 中结的形成

Ge 子电池中，扩散Ⅴ族或者Ⅲ族掺杂物是最普通的制结工艺。的确，由于接近Ⅲ-Ⅴ族外延层以及外延过程中的高温，Ⅲ族和Ⅴ族原子进入 Ge 衬底是不可避免的。其中的关键所在是通过控制工艺得到具有优良光伏性质的 Ge 子电池，同时形成无缺陷的且具有合适的导电类型的 GaAs 异质外延层。这里不对详细的优化工艺进行讨论，但是有一些关键因素需要考虑到：

1）扩散系数是热活化的。因此，通常在低于扩散的温度下，掺杂和结更稳定一些。

2）Tobin 等人[115]提到，在 700℃时 As 在 Ge 中的扩散系数比 Ga 的高，但是 Ga 的固溶度比 As 的高。

3）对三结 GaInP/GaAs/Ge 电池而言，Ge 器件参数中重要的是 V_{OC}，因为 Ge 子电池的 J_{SC} 可能比 GaInP（或 GaAs）子电池的大很多，因此不是电流限制结。

4）据报道，到现在为止的 Ge 太阳电池最高的 V_{OC} 是 0.239V[112]。这个 V_{OC} 的值对工艺很敏感，尤其是对Ⅲ-Ⅴ/Ge 界面的质量和界面的制备过程更敏感。

5）AsH_3 腐蚀 Ge。腐蚀速率随着温度和 AsH_3 分压增加。如果腐蚀很重，奇异的和斜切的 Ge（100）表面形貌粗糙[116]。因此，要避免 Ge 在 AsH_3 中的暴露。

6）PH_3 的腐蚀速率更低一些，因此暴露于 PH_3 气氛中的表面相比更光滑一些[116]。P 在 600℃的扩散系数大约比 As 的低两个数量级[47]，因此 PH_3 可能是比 AsH_3 更好的Ⅴ族、n 型掺杂源。

8.6.5.3　Ⅲ-Ⅴ族异质外延

尽管在 Ge（100）上生长 GaAs 的工艺参数五花八门，它们都可以实现镜面表面或者低反相畴（APD）或者低层错密度，但是很多结果是相矛盾的。例如，Pelosi 等人[117]发现在低的 V/Ⅲ族比（大约为 1）、中等的生长速率（R_g 约为 3.5μm/h）、低生长温度（$T_g =$ 600℃）条件下 GaAs 表面形貌是最好的。另一方面，Li 等人[118]发现在高 V/Ⅲ族比，低 R_g 和高（700℃）T_g 时可以得到最低的反向畴密度。Chen 等人[119]提出仅在 600～630℃生长温度范围内才能得到"好"的形貌。

还不能很确定引起这些不同的原因。有可能是反应室的设计和洁净度不同，也可能与 Ge 衬底的质量有关。其他的研究者[116]提出可能与成核前的条件或者 GaAs 成核前 Ge 表面的状态有关。

关于 Ge（100）表面结构的文献很多，其中大多是在超高真空系统（UHV）或 MBE 环境下的表面。然而，研究表明在很多情况下，在 MOCVD 反应室中 AsH_3 处理的表面与下面说明的有很大不同[116,120,121]。在 Ge（100）平台上砷形成一行行的二聚体，如同在 GaAs（100）[120,121]上一样。这样将非重构的 Ge 表面的（1×1）对称性分解成（2×1）或者

（1×2）表面对称性。对于（2×1）的重构结构，二聚体的键是平行的，并且成排的二聚体垂直向台阶边缘移动。在 As 终止的（100）Ge 表面上的相邻的平台可能由正交的重构组成，在（100）GaAs 上相邻的平台通常是同样的类型。在 UHV 或者 MBE 环境中制备的 As 终止的 Ge 表面显示出单一的（1×2）对称。MOCVD 方法制备的表面开始是（1×2），但是伴随着一个一到几十分钟的过渡期，趋向于（2×1）对称，这个过渡期取决于温度、AsH₃ 分压、衬底温度。当然，中间态是由（1×2）和（2×1）混合相组成，在 GaAs 异质层中有助于 APD 的形成。同样地，如上所述，AsH₃ 刻蚀 Ge。这种刻蚀会造成明显的台阶群或刻蚀面以及微观的粗糙表面。

8.6.6　隧道结互联

　　GaInP 和 GaAs 子电池之间的隧道结互联（TJIC）的目的是在 GaInP 的 p 型背场和 GaAs 底电池的 n 型窗口层之间提供一个低阻的连接。如果没有隧道结互联，这个 pn 结会有极性或者正向开压，其方向与顶部或底部电池的相反，当受到光照时，产生的光电压大约与顶部电池的相当。一个隧道结是一个简单的 p⁺⁺n⁺⁺ 结，其中，p⁺⁺ 和 n⁺⁺ 分别代表重掺或者简并掺杂。p⁺⁺n⁺⁺ 结的空间电荷区应该很窄，大约为 10nm。在正偏压时，通常的热电流特性使（载流子）隧穿过窄的空间电荷区从而使 pn 结短路。因此，隧道结的正向 I-V 特性表现得很像一个电阻，电流密度低于一定临界值，这个临界值叫作隧穿电流峰值 J_p，J_p 的函数可以用一个指数公式来表示，即

$$J_p \propto \exp\left(-\frac{E_g^{3/2}}{\sqrt{N^*}}\right) \tag{8.26}$$

式中，E_g 是带隙；$N^* = N_A N_D / (N_A + N_D)$ 是有效掺杂浓度[122]。J_p 的值一定比叠层电池的光电流大，在 1000 个太阳下工作的聚光电池，J_{SC} 约为 14A/cm²。

　　高效太阳电池中最好的隧道结是相对没有缺陷的。寿命的限制、带隙中的缺陷仅会增加过电流。没有证据表明点或扩展缺陷会增加 J_p 或 I-V 曲线中隧穿部分的电导率。高的过电流可以掩盖低 J_p，但是通常这种结的电导率低得难以接受。另外一方面，可能高密度的点或扩展缺陷能补偿结中的施主和受主，使耗尽宽度增加并降低隧穿电流。另外，缺陷能降低隧道结的热稳定性和叠层的质量。因此，通常最好要生长没有点缺陷或者扩展缺陷的隧道结互联。

　　第一个高效 GaInP/GaAs 双结太阳电池采用光学厚度薄的 GaAs 做隧道互联。最好的隧道结掺杂了 C 和 Se。因此，在生长顶部电池的温度下，它们很稳定，并且可以工作在 1000 个太阳下，也就是 $J_p > 14$A/cm²。其厚度不超过 30nm 并且对下层电池的遮光度不超过 3%。对于光学厚度大的没有退火的器件，隧穿电流的峰值大于 300A/cm²，而过电流密度接近零[8]。

8.6.6.1　AlGaAs/GaInP 的隧道结互联

　　尽管带隙较高并且由于高带隙导致了一些其他不良影响，Jung 和他的同事提出的 p⁺⁺ AlGaAs/n⁺⁺ GaInP 异质结隧道二极管是在一个太阳条件下运行比较好的隧道结互联，可能也适合聚光条件[123]。利用了 AlGaAs 易于和 C 结合以及 GaInP 易于和 Se 结合的特性，可以比较容易得到高 N^*，曾报道过高至 80A/cm² 的峰值隧穿电流，这种器件也是热稳定的。在

650℃时，退火 30min J_p 降低到 70A/cm^2；在 750℃时，退火 30min J_p 降低到 30A/cm^2。这种隧道结互联比薄的 GaAs 的更加光学透明，并且能产生更高的叠层电池光电流。

8.6.7 化学腐蚀剂

把外延工艺结合到完成器件中不在本章范围内。大多数工厂里使用的工艺是受专利保护的，有很多实验室工艺，例如蒸镀金属和光学薄膜，都是适合研究的。一个对工业和实验室工艺都常用的工艺是用对 GaInP/GaAs 多结太阳电池中各种材料的选择性和非选择性的腐蚀。下面列出了这些腐蚀剂（腐蚀速率是在室温下的）。注意含 H_2O_2 的溶液的腐蚀速率依赖于溶液的放置时间[124]。

1）氨水、过氧化氢和水腐蚀 GaAs，但是不能腐蚀 GaInP 和 AlInP。一种常见的配比是 2 份 NH_4OH，一份 30% H_2O_2，10 份 H_2O（2:1:10）。H_3PO_4、H_2O_2 和 H_2O 以 3:4:1 混合可以腐蚀 GaAs，但不能腐蚀 GaInP。

2）浓盐酸可以迅速地腐蚀 GaInP，但是表面很容易被稀 HCl 和 HCl 蒸气钝化。HCl 不能腐蚀 GaAs。

3）稀 HCl：H_2O 可腐蚀 AlInP[125]。

4）2:1:10 的 NH_4OH、H_2O_2 和 H_2O 的溶液和浓 HCl 对金无效。

5）一种 1:20 的 HCl 和 CH_3COOH 溶液可以以 70nm/min 的速率腐蚀 GaInP，以小于 5μm/min 速率[124] 腐蚀 GaAs。

6）$5H_2SO_4$:$1H_2O_2$:$1H_2O$ 在室温下大概以 25nm/min 的速率腐蚀 GaInP，刻蚀 GaAs 非常快，大于 1μm/min。

7）HCl：H_3PO_4：H_2O 的混合物可腐蚀 GaInP[126]，当 HCl 含量大时，刻蚀速率约为 1μm/min。

8.6.8 材料的获取

所有太阳电池技术中非常有意义的一个问题是适合于电池非常大规模的、长时间生产的电池构成材料的可获取性。可以预测像镓、铟、锗等自然资源很难保证长时间的可获取性。这些问题已经被研究了多年，包括 Andersson[127] 的最近的大量工作。结果显示限制 GaInP/GaAs/Ge 电池生产的材料可能是锗。如果是这样，一种解决办法就是在 GaAs 上生长 GaInP/GaAs 两结结构放弃锗结的作用。另外采用剥离活性结的方式实现衬底的重复利用也是可行的。不管是哪种情况，采用聚光系统无疑是对这些材料的最好利用。

8.7 外延表征和其他诊断技术

在第 17 章中描述了测量光照、暗 I-V 曲线和 QE 曲线的标准过程。这里，我们将描述一些其他的表征材料和器件的方法。

8.7.1 外延层的表征

改进的电化学电容-电压（ECV）曲线（（http://www.nanometrics.com/products/ecvpro.html）Nanometrics，Inc.）能确定外延层中载流子浓度、带隙和少子扩散长度[71,128]。

样品被安装在一个特殊的装置上，可以在典型的固态器件所要求的非常短的时间内形成所需要的前和背接触，通过导入一个脉冲电流（类似于一个点焊）在晶片背面形成欧姆接触。在外延层和水性电解液（例如 0.1M HCl）之间形成一个结。通过这种结的电容-电压特性（$C\text{-}V$）可以测试载流子浓度随深度的变化。在一个完成的器件中，单层的载流子浓度可以通过在电化学电池中剖开（或腐蚀）整个结构来测量，或者通过选择性腐蚀来研究感兴趣的层。用 $C\text{-}V$ 法测量被处理过的单结器件（而不是水-半导体结）时，由于低的串联电阻会给出低的耗散因子，但是却仅能给出结的轻掺的那一面的信息。因此，在固态器件中，用 $C\text{-}V$ 方法很难确定发射极是否经过掺杂。虽然 ECV 曲线法就是用来在多叠层结构被腐蚀时测试每一层的掺杂水平的，但是对多结太阳电池的测试分析需要相当的技巧和运气。不均匀的刻蚀会破坏结果，尤其是当材料有缺陷时。一些层还可能会被彻底腐蚀掉。通常，当腐蚀一部分预先进行，一部分在测试设备上进行时（参见 8.6.7 节），比较容易给出最好的结果。氨水和（稀的）过氧化氢混合物能腐蚀 GaAs，但是不能腐蚀 GaInP 和 AlInP；而浓 HCl 可以腐蚀 GaInP 和 AlInP，但是不能腐蚀 GaAs。GaInP 并不能总是用浓 HCl 腐蚀，尤其是当表面湿的时候，HCl 就不够强了，并且/或 GaInP 表面预先接触过稀 HCl 溶液时，结果也是一样的。

在 ECV 电池中，水与半导体结上有一个窗口来接收入射光。长波段结中的内部光电流（QE_{Internal}）满足下式：

$$QE_{\text{Internal}} = \alpha(hv)L / [1 + \alpha(hv)L] \tag{8.27}$$

式中，hv 是光子能量，并且假设 L 远远长于耗尽宽度但是短于层厚。当 L 比耗尽宽度长而比层厚短时，L 拟合值会反映少数载流子扩散长度。对于小的 $\alpha(hv)L$，QE 与 $\alpha(hv)$ 是成比例的，通过 $\alpha(hv) = A(hv - E_g)^{0.5}$ 可以比较容易地拟合确定 E_g。

光致发光（PL）强度通常用来检测材料质量，但是强度取决于载流子浓度和表面复合情况。用时间分辨 PL 法测量不同厚度的双异质结（钝化层）可以量化少数载流子寿命和界面复合速率[129,130]。

当与合金比如 GaInP 一起工作时，摇摆 X 射线衍射对于确定是否得到了（见 8.6.3.1 节）期望的晶格常数（合金组成）很有用。

8.7.2 传输线测量

一个器件做好之后，除了 $I\text{-}V$ 和 QE 测量之外，使用传输线测量法表征器件的金属接触特性对诊断问题也是非常有用的。传输线测量[131]可以确定接触电阻（ρ_c）和串联电阻（R_s）。两个接触点之间的电阻 R 是两个接触点距离 x 的函数，即

$$R = 2\rho_c / (w^2) + xP_s / w \tag{8.28}$$

式中，w 是传输线的宽度和矩形接触点的尺寸。ρ_c 和 R_s 可通过计算线的截距和斜率而得出[131]。如果串联电阻比接触电阻大，通过半导体/接触点界面的电流是不均匀的，并且 ρ_c 可以通过公式修正为更精确的接触电阻值 ρ_c'，即

$$\rho_c' = \rho_c^2 / (w^2 R_s) \tanh^2 \{ w^2 R_s / [\rho_c \tanh(w^2 R_s / \rho_c)] \} \tag{8.29}$$

8.7.3 多结电池的 $I\text{-}V$ 测量

第 17 章描述了在标准的参照光谱和其他光谱下如何测量 $I\text{-}V$ 曲线。要想对多结电池的

特性进行完整的诊断，需要知道其中每一个活性 pn 结的特性（I-V 曲线），从而对结的光电流和并联特性进行量化分析。确定每一个结的光电压和串联电阻也是有用的，但是这对于两端子的串联电池是很困难的或者根本不可能的。这里我们描述一些可能的其他方法来表征每个独立的结。

某些情况下，可以在串联的结中增加一个电接触。三端子结构可以测量双结电池中的每一个结，三端子结构可以独立的测量顶电池或者底电池，但是如果测量中间的电池则需要四端子结构。三端子方法最基本的优点是可以测量每一个结的光电压。当引入第三个端子时，结面积会发生改变，测量的光电流也要调整。顶电池增加的外围面积有时也会影响暗电流。

可以通过化学法除去顶部结来研究底部的结。这种情况下，底部结的响应光谱会更宽。

对两端子多结电池的表征也是有用的。串联多结电池 I-V 曲线的形状是由产生最小光电流那个结的特性决定（可以回顾前面的图 8.6 来理解这个概念）的。通过调整光谱以使被测试结得到最小光电流的方法可以测试出每个结的 I-V 曲线。通过用这些测量方法，如参考文献[132] 所述，每一个结的 I-V 曲线都可以通过数学方法推算出来。下面给出一个例子。通过独立的 I-V 曲线，可以计算出多结电池在任意光谱下的 I-V 曲线。对某些样品而言，通过在结上施加超过结击穿点的反向偏压也可以测量 J_{sc} 的值[133]。最后，Kirchartz 等[134] 最近介绍了一种通过结合电致发光和量子效率的测量得到每个子电池 I-V 曲线的方法。

8.7.4　形貌缺陷的评定

利用显微镜对器件进行仔细的检测可以确定很多问题，尤其是当器件在正偏压下发光时，或者可以得到光诱导电流（OBIC）图像时。GaInP 结发射红光，通常裸眼就可以看得到。GaAs 的发射可以通过红外（IR）成像器件观测到。当出现暗的或者亮斑时，往往可以用形貌缺陷来解释。金属（例如金属电极）可能接触到附近的层并造成短路。有时用显微镜也能检测出这种情况。

8.7.5　器件诊断

通常低的 J_{sc} 可以通过光电流损失的能量依赖关系来进行评估。测试和拟合计算样品的内 QE 是很有用的。第 17 章中描述了外 QE 的测量。内 QE（忽略光子循环）可以利用式（8.2）~式（8.8）进行模拟（见图 8.18），并且经试验验证可以通过以下公式得到：

$$QE_{Internal} = QE_{external}/(1 - R) \tag{8.30}$$

要想很好地拟算出内 QE，需要准确地知道吸收系数。GaAs 和 GaInP 的吸收系数前面已经讨论过了。高质量样品的光子循环利用是不能忽略的，因此模型中忽略光子循环需要进行修改。在电池中损失严重时，采用式（8.2）~式（8.8）是最有用的。

图 8.19a 将典型的 GaInP 电池的 QE 曲线（实线）和假设 AlInP 窗口层没有损失的情况（上面的曲线）及发射区收集很差（下面的曲线）的情况进行了比较。虽然窗口吸收损失很容易与发射区损失区分，但是从下面的两条曲线的相似性可以看出很难将差的前表面复合与低质量的发射区材料区分开来。然而，通过改变基区厚度可以比较容易区分是材料质量问题还是背部钝化问题。基区较厚的电池对基区的扩散长度更敏感，而基区较薄的电池对背场的质量更为敏感（见图 8.19b）。

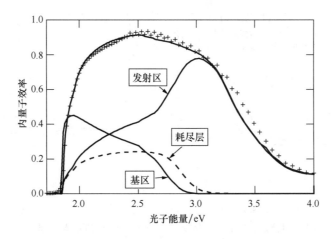

图 8.18　GaInP 太阳电池的测试（十字点）和模拟（线）出的量子效率曲线
（图中标出了电池中不同层的贡献，并且标出了发射区怎样影响蓝光响应，
基区怎样影响红光响应，发射区相对大的贡献源于直接带隙材料强的吸收）

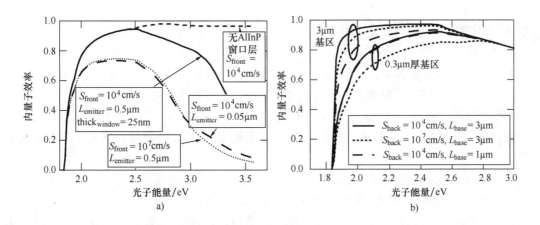

图 8.19　GaInP 电池的 QE 模拟曲线
（图 a 中的实线，相对于"无 AlInP 窗口层"的曲线，表现出了 25nm 的 AlInP 的吸收作用。两个低
一些的曲线表现出了前表面复合速率（S_{front}）增加和发射区扩散长度（$L_{emitter}$）
降低造成的 QE 衰减。图 b 为薄（0.3μm）的和厚（3μm）的 GaInP 电池的比较）

V_{OC} 和 FF 降低的原因有很多，图 8.20 列出了两个例子。

在使用 Ge 时很容易造成额外的结，因为Ⅲ-Ⅴ族元素会掺杂 Ge，而 Ge 也会掺杂Ⅲ-Ⅴ族材料。在使用 Ge 晶片前必须要将其腐蚀一下以避免在背面形成额外的结[135]。Ge 中意外出现的结往往具有很大的漏电作用，几乎表现出了欧姆 I-V 特征。这种情况在高倍聚光时非常容易发现，因为 Ge 结的 V_{OC} 随光电流的增加要比其他结的更快。Ge 中的假结可能增加、减少或既增加又减少 V_{OC}（在背对背结的情况下）。

当一个双结电池表现出漏电特性时，确定究竟是哪个结出了问题是非常有用的。这可以通过测量两种不同光谱下的 I-V 曲线确定，一种减少顶部结的光电流的富红光，另一种减少底部结的光电流的富蓝光[132]。图 8.20b 中显示的是底电池出现并联问题。这种问题往往和

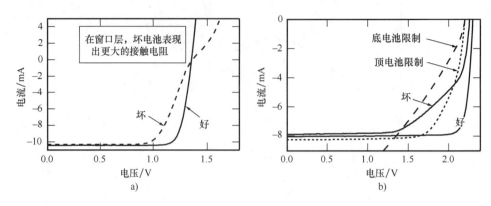

图 8.20　a）好的 GaInP 电池和有由 AlInP 窗口层造成的额外结的 GaInP 电池的 I-V 曲线的比较。图中虚线的接触电阻比较高。b）GaInP/GaAs 叠层电池的好的与坏的 I-V 曲线的比较。坏的曲线表明结有点漏。通过在底电池和顶电池条件下测试发现是底电池的结出现问题

颗粒或低质量晶片造成的缺陷有关。生长前或者生长中在微尘中的暴露对于 GaInP/GaAs 电池的影响比单结电池更为严重。

8.8　可靠性和性能衰退

聚光系统多结电池的成功部署需要发展稳定产品。第 10 章介绍了聚光系统的可靠性。利用发光二极管（LED）和聚光电池的相关的工作温度、电流密度和其他工作条件，可以预测在 100 个太阳下，聚光系统的寿命可以超过 10^5h（运行 34 年）[136]。因为多结电池在 600℃ 或者更高的温度外延生长得到，只要电池不被照射或者电偏置，室温下晶体稳定性很好。

然而，在电池运行条件下，晶体结构缺陷比如位错、堆垛层错、针孔可能降低电池的稳定性。位错是局域复合中心，随着注入电流的增加位错密度增加。高达 $10^4 \sim 10^6$cm^{-2} 位错密度能导致任何尺寸电池的稳定性问题。堆垛层错和针孔通常导致局域电流漏电。随着电流通过堆垛层错时间的延长，并联电阻降低，尤其是当流过高的漏电电流时。幸运的是，当代水平晶格匹配电池的堆垛位错密度和其他电流漏电缺陷通常很低，在 1cm^{-2} 量级。电池中这些缺陷的密度与电池的密度成正比，因此缺陷成为大面积电池的一个问题。大电池面积因通过大的电流而使缺陷的副作用增强。在 500 个太阳下，1cm^2 电池的电流量级在 5～10A。在前栅线辅助下，前栅线主要是为了增加横向电流传导，这大大提高横向电流传输，光电流可能会有效地流向缺陷，尤其是当电池处于最大功率点附近或接近开路时，所以缺陷上会有一个电压损失。缺陷面积可能在 $(100\mu m)^2$ 左右，这意味着穿过缺陷的电流密度高达 10^5A/cm^2 或更大，这足够破坏电池。

8.9　下一代太阳电池

GaInP/Ga(In)As/Ge 电池在空间应用已经近乎成熟，但是效率仍在不断地增加，236 个太阳，最高效率已经达到了 40.1%[137]。在 AM1.5G 光谱下 500 个太阳时的理论效率是

48%。以前，基于Ⅲ- Ⅴ族的多结电池已经达到了其理论效率的 80% ~ 90%[111]。得到更高效率的很有希望的一种方法是发展比晶格匹配 GaInP/Ga(In)As/Ge 结构 {1.86eV，1.39eV，0.67eV} 带隙更优化的带隙组合。图 8.10 表明 {1.86eV，1.34eV，0.93eV} 带隙有望得到 53% 的效率，{1.75eV，1.18eV，0.70eV} 能得到局域最大 52.5% 的效率。对于四结电池，同类型的计算给出的最优带隙组合为 {1.93eV，1.44eV，1.04eV，0.70eV}，相应效率为 57%，{2.03eV，1.56eV，1.21eV，0.92eV} 局部最大效率为 56%（以上数据和下面要讨论的电池是在地面聚光下运行的，运行条件为 300K 时 500 个太阳）。实际制备电池的挑战：不仅使电池具有期望的带隙，而且还要实现期望的性能。

8.9.1　晶格失配 GaInP/GaInAs/Ge 电池

与地面光谱相比 AM0 光谱是富蓝光的，因此 GaInP 顶电池能获得更多的光，可以预测当 GaInP 带隙增加的时候，GaInP/GaAs/Ge 电池的 AM0 效率会进一步提高。然而，在 GaInP 电池中增加铝会增大顶部电池带隙，但不是效率，因为 J_{sc} 的减少超过 10%，而 V_{oc} 只有轻微的提高，这大概是因为 Al（和相关的氧）对少数载流子特性起了副作用[138]。

最普通的方法是在 GaAs 层中或 GaInP 层中增加铟降低 {1.75eV，1.18eV，0.70eV} 组合中顶和中间电池的带隙。240 个太阳下，带隙为 {1.80eV，1.29eV，0.67eV} 的 $Ga_{0.44}In_{0.56}P/Ga_{0.92}In_{0.08}As/Ge$ 电池获得了 40.7% 的效率[139]。图 8.10 用圆锥符号标记了这个带隙组合。具有这个带隙的顶和中间电池与 Ge 衬底有 0.5% 的晶格常数失配。具有 1.2% 晶格失配、带隙为 {1.67eV，1.17eV，0.67eV} 的 $Ga_{0.35}In_{0.65}P/Ga_{0.83}In_{0.17}As/Ge$ 电池在 454 个太阳下获得了 41.1% 的效率[140]。这些结构能获得高的效率，需要去除由于晶格失配而产生的位错所带来的有害影响。这种晶格不匹配在太阳电池制造性和可靠性方面的影响仍然需要评估。

8.9.2　倒置晶格失配 GaInP/GaInAs/GaInAs（1.83eV，1.34eV，0.89eV）电池

最近引入了反向、晶格失配 $GaInP/Ga_{0.96}In_{0.04}As/Ga_{0.63}In_{0.37}As$ 结构，有时指倒置变形多结（IMM）电池，已经表现出获得下一代效率的巨大希望[14,141]。基本概念是通过增加晶格失配有序度制备 {1.86eV，1.34eV，0.93eV} 带隙组合（见 8.5.6.2 节）的高性能结，因此降低了结结构中应力诱导缺陷引起性能的退化。首先生长晶格匹配的 GaInP 结（1.86eV），获得不存在应力和缺陷的表面来生长稍微失配的 $Ga_{0.96}In_{0.04}As$ 中间结（1.34eV）。最后生长高失配的 $Ga_{0.63}In_{0.37}As$ 结（0.93eV）。应力导致的缺陷对其他结影响很小。按与常规多结电池生长的倒置序列生长的结，需要去除衬底，为了让光首先进入最高带隙的子电池，正如在标准叠层子电池多结配置中。（衬底去除之前，将"作为支撑的"异质衬底与电池的另一面相连。这个支撑衬底要比原始衬底便宜，可以选择具有柔性特性的衬底，可用于特定场合）。阶梯渐变缓冲层之间使用不匹配的结，以减轻应变和限制位错远离有源区交界处。缓冲层组合物对底层结是光透明的。图 8.21a 显示刚生长的器件结构，而图 8.21b 显示连接支撑衬底并去除衬底后的成品。

这种方法的成功取决于 GaInAs 对螺旋位错的容忍度和我们对生长不匹配的结构理解的进步[142]，这些进步借助了高分辨率 X 射线衍射、透射电子显微镜和原位应力测量技术[143]。

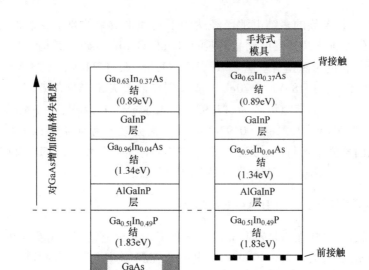

图 8.21　a）刚生长的倒置的变形三结电池生长。没有显示隧道结。该图样没有标尺。
b）沉积背接触、手柄安装、去除衬底、前接触沉积完成后的器件结构

用这种方法已经获得了非常高的效率：326 个太阳聚光下，具有 40.8% 的效率[14]，如图 8.12 所示。随着持续发展，应该能获得接近 45% 的效率。此外，需要去除衬底的额外处理步骤所增加的成本可能通过衬底的回收或再利用获得补偿。

8.9.3　其他晶格匹配的方法

为了避免生长高品质、晶格不匹配结的挑战，已投入相当大的努力研究与 GaAs 晶格匹配和与 GaAs 和 Ge 带隙匹配的材料。不幸的是，这很困难。

1）$Ga_{1-x}In_xAs_{1-y}N_y$ 可以实现约为 1eV 的带隙[144]且与 GaAs 晶格匹配（$x = 3y$），但是载流子扩散长度小，很难制备高质量的结[145-147]。

2）$ZnGeAs_2$ 有些难以生长（尤其在低压下）并且会造成交叉污染（例如，接下来的生长会有 Zn 污染）[148]。

3）据报道，$Ga_{0.5}Tl_{0.5}P$ 与 GaAs 是晶格匹配的，带隙宽度大约是 0.9eV[1,49]，但是很多实验室都没能重复出原始报道的结果[150,151]。

4）与 GaAs 晶格匹配的 BGaInAs 的带隙宽度已达到 1.35eV，但是目前还做不到 1.0eV[152]。BGaInAs 材料质量也较差[153]。

8.9.4　机械叠层

通过机械叠层也可能获得高效率，但这降低了对晶格匹配的要求。最有可能的是 GaInP/GaAs 与 GaInAsP（1eV）/GaInAs（0.75eV）或者 GaSb[154,155]的叠层。这种叠层实施中的困难是上部电池要制造的对下部电池带隙的光非常透明（上部电池用透明的 GaAs 衬底，背部电极接触采用非常规手段，背面用好的 AR 膜，像前面的一样），并且要找到一种方法把两个电池固定在一起，具有同步的散热和电绝缘，这个问题在 500~1000 倍时比在 10~50 倍时

更为严重。这种方法的最大的优点在于两部分的光电流不再相互影响（假设制备成四端子），这样在选择材料时具有了更大的空间并且改变光谱后可能获得更高的效率。

对于两端子形式，直接把两种半导体键合在一起就实现了机械叠层[156]。因为晶片键合在很多器件的连接中经常使用，具有现成技术，并且这种晶片键合避免了透明衬底材料的使用，避免了折射损耗，去除了散热和叠层之间电绝缘的难度。如果衬底再利用的方法更经济，晶片键合还具有降低衬底成本的潜在优势。

在本章讨论之外还有很多种制备多结电池的方法。所有的方法都是在图 8.4 所示的结构上的变化。Ⅲ - Ⅴ族多结电池与硅晶片键合会有比较轻的衬底（尤其对空间电池而言），如果原衬底可以再利用，还可以降低成本。用 GaAs 电池和硅片制作 GaAs - Si 的方法已有报道[144]。晶片键合在太阳电池中还没有大批量的生产。但是大面积的晶片键合是可以得到的，8in⊖ 的 SOI 衬底已经商业化了。目前其价格很高（与 4in Ge 晶片比较），将来可能会降低。

8. 9. 5　在其他衬底上的生长

Si- Ⅲ - Ⅴ族叠层也可以直接在 Si 上外延生长 Ⅲ - Ⅴ族材料来制备。在 Si 上生长 GaAs往往是有问题的，因为两种材料之间晶格和热膨胀很不匹配。然而在 Si 上生长晶格匹配的 Ⅲ - Ⅴ族合金可能和在 Ge 上生长 GaAs 比较相似。曾报道过生长出与硅具有相似晶格常数的 AlGaNP 合金[158]。作为 1eV 材料在多结高效叠层中使用 Si 是需要权衡的，因为其具有很差的红光响应，但是硅衬底低的价格和重量是具有吸引力的地方，即使不能得到高效率。

在 InP 上的双结结构（InP/GaInAs）上得到了高效率电池[18]，在 InP 上三结或者四结结构可能具有更高的效率。但这种方法受限于如何得到与 InP 晶格匹配的高带隙材料及 InP 衬底的重量和当前的价格。

8. 9. 6　光谱分解

近年来，一些研究小组也致力于光谱分解，将分解的光谱分波段照射到最合适该波段的太阳电池上，如图 8.4a 所示。如果使用四个或者五个单结太阳电池，理论效率将相当高。然而，安装成本问题预示着这种方法只对空间电池有意义，在空间高效才是最根本的，不增加聚光比而增加多种衬底所带来的成本在经济上也是可接受的。多结或者机械叠层电池也可以利用光谱分解方法[159]。

8. 10　总结

多结太阳电池具有比单结电池更高效率的潜能。在晶格匹配 GaInP/GaInAs/Ge 三结电池中实现了 40% 的实验室效率，可用于空间和高聚光地面应用。使用晶格失配合金组合能提供具有更高效率的下一代电池的可行路线。GaInP/GaInAs/Ge 和倒置的 GaInP/GaInAs/GaInAs 晶格失配方式都呈现出比晶格匹配方式更高的效率。随着进一步发展，包括引入合适的四结构，获得 50% 的转换效率是有可能的。

⊖　1in = 0. 0254m，后同。

参考文献

1. Olson JM, Gessert T, Al-Jassim MM, *18th IEEE Photovoltaic Specialists Conference* 552 (1985).
2. Fan JCC, Tsaur BY, Palm BJ, *16th IEEE Photovoltaic Specialists Conference* 692 (1982).
3. Olson JM, Kurtz SR, Kibbler AE, *18th IEEE Photovoltaic Specialists Conference* 777 (1988).
4. Kurtz SR, Olson JM, Kibbler A, *Solar Cells* **24**, 307 (1988).
5. Kurtz SR, Olson JM, Kibbler A, *Appl. Phys. Lett.* **57**, 1922 (1990).
6. Olson JM, Kurtz SR, Kibbler AE, Faine P, *Appl. Phys. Lett.* **56**, 623 (1990).
7. Kurtz SR, Faine P, Olson JM, *J. Appl. Phys.* **68**, 1890 (1990).
8. Bertness KA, Kurtz SR, Friedman DJ, Kibbler AE, Kramer C, Olson JM, *Appl. Phys. Lett.* **65**, 989 (1994).
9. Friedman DJ, Kurtz SR, Bertness KA, Kibbler AE, Kramer C, Olson JM, King DL, Hansen BR, Snyder JK, *Prog. Photovolt.* **3**, 47 (1995).
10. Kurtz SR, Bertness KA, Friedman DJ, Kibbler AE, Kramer C, Olson JM, *1st World Conference on PV Energy Conversion* 2108 (1994).
11. Green MA, Emery K, King DL, Igari S, Warta W, *Prog. Photovolt.* **9**, 49 (2001).
12. Green M, Emery K, Hishikawa Y, Warta W, *Prog. Photovolt.* **16**, 435 (2008).
13. Geisz JF, Kurtz SR, Wanlass MW, Ward JS, Duda A, Friedman DJ, Olson JM, McMahon WE, Moriarty T, Kiehl J, *Appl. Phys. Lett.* **91**, 023502 (2007).
14. Geisz JF, Friedman DJ, Ward JS, Duda A, Olavarria WJ, Moriarty TE, Kiehl JT, Romero MJ, Norman AG, Jones KM, *Appl. Phys. Lett.* **93**, 123505 (2008).
15. Swanson RM, *Prog. Photovolt. Res. Appl.* **8**, 93 (2000).
16. Henry CH, *J. Appl. Phys.* **51**, 4494 (1980).
17. Gee JM, *Solar Cells* **24**, 147 (1988).
18. Wanlass MW, Coutts TJ, Ward JS, Emery KA, Gessert TA, Osterwald CR, *22nd IEEE Photovoltaic Specialists Conference* 38 (1991).
19. Hovel HJ, *Solar Cells*. Willardson RK, Beer AC, (eds), *Semiconductors and Semimetals*, Academic Press, New York, (1975), vol. 11.
20. Nell ME, Barnett AM, IEEE Trans. *Electron Devices* **ED-34** 257 (1987).
21. Faine P, Kurtz SR, Riordan C, Olson JM, *Solar Cells* **31**, 259 (1991).
22. McMahon WE, Emery KE, Friedman DJ, Ottoson L, Young MS, Ward JS, Kramer CM, Kurtz S, Duda A, *Proceedings of the 31st IEEE Photovoltaic Specialists Conference* 715 (2005).
23. Nishioka K, Takamoto T, Agui T, Kaneiwa M, Uraoka Y, Fuyuki T, *Japanese Journal of Applied Physics Part 1 – Regular Papers & Short Notes* **43**, 882 (2004).
24. Kurtz SR, O'Neill MJ, *25th IEEE Photovoltaic Specialists Conference* 361 (1996).
25. Lockhart LB, King P, *J. Opt. Soc. Am.* **37**, 689 (1947).
26. Bader G, Ashrit PV, Girouard FE, Truong VV, *Applied Optics* **34**, 1684 (1995).
27. Friedman DJ, Kurtz SR, Bertness KA, Kibbler AE, Kramer C, Emery K, Field H, Olson JM, *12th NREL Photovoltaic Program Review* 521 (1993).
28. Palik ED, Addamiano A, "Zinc Sulfide", *Handbook of Optical Constants of Solids*, Palik ED, (ed.), Academic Press, San Diego, 1998, vol. I, p. 597.
29. Cotter TF, Thomas ME, Tropf WJ, Magnesium Fluoride (MgF$_2$), *Handbook of Optical Constants of Solids*, Palik ED, (ed.), Academic Press, San Diego, 1998, vol. II, p. 899.
30. Andreev VM, Grilikhes VA, Rumyantsev VD, *Photovoltaic conversion of concentrated sunlight*, John Wiley & Sons, Ltd, Chichester, Sussex, (1997).
31. Myers D, Emery K, Gueymard C, *ASME Journal of Solar Energy Engineering* **126**, 567 (2004).
32. Kurtz SR, Olson JM, Faine P, *Solar Cells* **30**, 501 (1991).
33. Gray JL, Schwartz RJ, Nasby RD, *IEEE International Electron Devices Conference* 510 (1982).
34. Rey-Stolle I, Algora C, *IEEE Trans. Electron Electron Devices* **49**, 1709 (2002).
35. Gessert TA, Coutts TJ, *J Vac Sci Technol A* **10**, 2013 (1992).

36. Emery K, Meusel M, Beckert R, Dimroth F, Bett A, Warta W, *28th IEEE Photovoltaic Specialists Conference* 1126 (2000).

37. Friedman DJ, *25th IEEE Photovoltaic Specialists Conference* 89 (1996).

38. Nishioka K, Takamoto T, Agui T, Kaneiwa M, Uraoka Y, Fuyuki T, *Solar Energy Materials and Solar Cells* **90**, 57 (2006).

39. Kinsey GS, Hebert P, Barbour KE, Krut DD, Cotal HL, Sherif RA, *Prog. Photovolt.* **16**, 503 (2008).

40. Fan JC, *Solar Cells* **17**, 309 (1986).

41. H. Cotal, Sherif R, *4th IEEE World Conference on Photovoltaic Energy Conversion* 845 (2006).

42. Zhao J, Wang A, Robinson SJ, Green MA, *Prog. Photovolt.* **2**, 221 (1994).

43. Lammasniemi J, Kazantsev AB, Jaakkola R, Aho R, Mäkelä T, Pessa M, Ovtchinnikov A, Asonen H, Robben A, Bogus K, *Second World Conference and Exhibition on Photovoltaic Energy Conversion* 1177 (1998).

44. Bertness KA, Friedman DJ, Kibbler AE, Kramer C, Kurtz SR, Olson JM, *12th NREL Photovoltaic Program Review Meeting* 100 (1993).

45. Olson JM, Kibbler A, Kurtz SR, *19th IEEE Photovoltaic Specialists Conference* 285 (1987).

46. Matthews JW, Blakeslee AE, *J. Cryst. Growth* **27**, 118 (1974).

47. O. Madelung, (ed.), *Semiconductors: Group IV Elements and III-V Compounds*; Springer-Verlag: Berlin, (1991).

48. Kudman I., Paff RJ, *J. Appl. Phys.* **43**, 3760 (1972).

49. Wie CR, *J. Appl. Phys.* **66**, 985 (1989).

50. Tanner BK, Miles SJ, Peterson G, Sacks RN, *Mater. Lett.* **7**, 239 (1988).

51. Delong MC, Mowbray DJ, Hogg RA, Skolnick MS, Williams JE, Meehan K, Kurtz SR, Olson JM, Schneider RP, Wu MC, Hopkinson M, *Appl. Phys. Lett.* **66**, 3185 (1995).

52. Gomyo A, Kobayashi K, Kawata S, Hino I, Suzuki T, Yuasa T, *J. Cryst. Growth* **77**, 367 (1986).

53. Gomyo A, Suzuki T, Kobayashi K, Kawata S, Hino I, Yuasa T, *Appl. Phys. Lett.* **50**, 673 (1987).

54. Kondow M, Kakibayashi H, Minagawa S, Inoue Y, Nishino T, Hamakawa Y, *J. Cryst. Growth* **93**, 412 (1988).

55. Kurimoto T., Hamada N, *Phys. Rev. B* **40**, 3889 (1989).

56. Capaz RB, Koiller B, *Phys Rev B – Condensed Matter* **47**, 4044 (1993).

57. Zhang Y, Mascarenhas A, Wang LW, *Phys. Rev. B* **63**, 201312 (2000).

58. Shurtleff JK, Lee RT, Fetzer CM, Stringfellow GB, *Appl. Phys. Lett.* **75**, 1914 (1999).

59. Olson JM, McMahon WE, Kurtz S, *IEEE 4th World Conference on Photovoltaic Energy Conversion*; IEEE: Waikoloa, HI, 787 (2006).

60. Mascarenhas A, Olson JM, *Physical Review B* **41**, 9947 (1990).

61. Mascarenhas A, Kurtz S, Kibbler A, Olson JM, *Physical Review Letters* **63**, 2108 (1989).

62. Luo JS, Olson JM, Bertness KA, Raikh ME, Tsiper EV, *J Vac Sci Technol B* **12**, 2552 (1994).

63. Luo JS, Olson JM, Kurtz SR, Arent DJ, Bertness KA, Raikh ME, Tsiper EV, *Phys Rev B – Condensed Matter* **51**, 7603 (1995).

64. Friedman DJ, Kurtz SR, Kibbler AE, Bertness KA, Kramer C, Matson R, Arent DJ, Olson JM, *Evolution of Surface and Thin Film Microstructure* 493 (1993).

65. Chernyak L, Osinsky A, Temkin H, Mintairov A, Malkina IG, Zvonkov BN, Safanov YN, *Appl. Phys. Lett.* **70**, 2425 (1997).

66. Friedman DJ, Zhu JG, Kibbler AE, Olson JM, Moreland J, *Appl. Phys. Lett.* **63**, 1774 (1993).

67. Friedman DJ, Horner GS, Kurtz SR, Bertness KA, Olson JM, Moreland J, *Appl. Phys. Lett.* **65**, 878 (1994).

68. Lee H, Klein MV, Olson JM, Hsieh KC, *Phys Rev B – Condensed Matter* **53**, 4015 (1996).

69. Schubert M, Gottschalch V, Herzinger CM, Yao H, Snyder PG, Woollam JA, *J. Appl. Phys.* **77**, 3416 (1995).

70. Kato H, Adachi S, Nakanishi H, Ohtsuka K, *Jpn. J. Appl. Phys. Pt 1* **33**, 186 (1994).

71. Kurtz SR, Olson JM, *19th IEEE Photovoltaic Specialists Conference* 823 (1987).

72. Iwamoto T, Mori K, Mizuta M, Kukimoto H, *J. Cryst. Growth* **68**, 27 (1984).
73. Ikeda M, Kaneko K, *J. Appl. Phys.* **66**, 5285 (1989).
74. Gomyo A, Hotta H, Hino I, Kawata S, Kobayashi K, Suzuki T, *Jpn. J. Appl. Phys.* **28**, L1330 (1989).
75. Kurtz SR, Olson JM, Goral JP, Kibbler A, Beck E, *J. Electron. Mater.* **19**, 825 (1990).
76. Goral JP, Kurtz SR, Olson JM, Kibbler A, *J. Electron. Mater.* **19**, 95 (1990).
77. Kurtz SR, Olson JM, Friedman DJ, Kibbler AE, Asher S, *J. Electron. Mater.* **23**, 431 (1994).
78. Watanabe MO, Ohba Y, *J. Appl. Phys.* **60**, 1032 (1986).
79. Hotta H, Hino I, Suzuki T, *J. Cryst. Growth* **93**, 618 (1988).
80. Scheffer F, Buchali F, Lindner A, Liu Q, Wiersch A, Prost W, *J Cryst Growth* **124**, 475 (1992).
81. Minagawa S, Ishitani Y, Tanaka T, Kawanaka S, *J Cryst Growth* **152**, 251 (1995).
82. Wang CJ, Wu JW, Chan SH, Chang CY, Sze SM, Feng MS, *Japanese Journal of Applied Physics Part 2 – Letters* **34**, L1107 (1995).
83. Malacky L, Kudela R, Morvic M, Cerniansky M, Peiner E, Wehmann HH, *Appl. Phys. Lett.* **69**, 1731 (1996).
84. Suzuki M, Ishikawa M, Itaya K, Nishikawa Y, Hatakoshi G, Kokubun Y, Nishizawa J, Oyama Y, *J Cryst Growth* **115**, 498 (1991).
85. Kurtz SR, Olson JM, Kibbler AE, Asher S, *Proc. of the InP and Related Materials Conf.* (1992).
86. Suzuki T, Gomyo A, Hino I, Kobayashi K, Kawata S, Iijima S, *Jpn. J. Appl. Phys.* **27**, L1549 (1988).
87. Nishikawa Y, Ishikawa M, Tsuburai Y, Kokubun Y, *J. Cryst. Growth* **100**, 63 (1990).
88. Kurtz SR, Olson JM, Bertness KA, Sinha K, McMahon B, Asher S, *25th IEEE Photovoltaic Specialists Conference* 37 (1996).
89. Dabkowski FP, Gavrilovic P, Meehan K, Stutius W, Williams JE, Shahid MA, Mahajan S, *Appl. Phys. Lett.* **52**, 2142 (1988).
90. Minagawa S, Kondow M, Yanagisawa H, Tanaka T, *J Cryst Growth* **118**, 425 (1992).
91. Hino I, Gomyo A, Kawata S, Kobayashi K, Suzuki T, *Inst. Phys. Conf. Ser.* **79**, 151 (1985).
92. Kondo M, Anayama C, Sekiguchi H, Tanahashi T, *J Cryst Growth* **141**, 1 (1994).
93. Bauhuis GJ, Hageman PR, Larsen PK, *J Cryst Growth* **191**, 313 (1998).
94. Stockman SA, Huang JW, Osentowski TD, Chui HC, Peanasky MJ, Maranowski SA, Grillot PN, Moll AJ, Chen CH, Kuo CP, Liang BW, *J. Electron. Mater.* **28**, 916 (1999).
95. Bertness KA, Kurtz SR, Asher SE, Reedy RC, *J Cryst Growth* **196**, 13 (1999).
96. Kibbler AE, Kurtz SR, Olson JM, *J. Cryst. Growth* **109**, 258 (1991).
97. Friedman DJ, Kibbler AE, Reedy R, *Appl. Phys. Lett.* **71**, 1095 (1997).
98. Ishitani Y, Minagawa S, Kita T, Nishino T, Yaguchi H, Shiraki Y, *J. Appl. Phys.* **80**, 4592 (1996).
99. Suguira H, Amano C, Yamamoto A, Yamaguchi M, *Jpn. J. Appl. Phys. Pt 1* **27**, 269 (1988).
100. Friedman DJ, Kurtz SR, Kibbler AE, Olson JM, *22nd IEEE Photovoltaic Specialists Conference* 358 (1991).
101. Rafat NH, Bedair SM, Sharps PR, Hills JS, Hancock JA, Timmons ML, *1st World Conference on Photovoltaic Energy Conversion* 1906 (1994).
102. Karam NH, King RR, Haddad M, Ermer JH, Yoon H, Cotal HL, Sudharsanan R, Eldredge JW, Edmondson K, Joslin DE, Krut DD, Takahashi M, Nishikawa W, Gillanders M, Granata J, Hebert P, Cavicchi BT, Lillington DR, *Solar Energ Mater Solar Cells* **66**, 453 (2001).
103. Chiang PK, Chu CL, Yeh YCM, Iles P, Chen G, Wei J, Tsung P, Olbinski J, Krogen J, Halbe S, Khemthong S, Ho F, *28th IEEE Photovoltaic Specialists Conference* 1002 (2000).
104. Kadoiwa K, Kato M, Motoda T, Ishida T, Fujii N, Hayafuji N, Tsugami M, Sonoda T, Takamiya S, Mitsui S, *J Cryst Growth* **145**, 147 (1994).
105. Takamoto T, Agui E, Ikeda E, Kurita H, *28th IEEE Photovoltaic Specialists Conference* 976 (2000).
106. Aspnes DE, Studna AA, *Phys. Rev. B* **27**, 985 (1983).
107. Kim CC, Garland JW, Raccah PM, *Phys Rev B – Condensed Matter* **47**, 1876 (1993).

108. Olson JM, Ahrenkiel RK, Dunlavy DJ, Keyes B, Kibbler AE, *Appl. Phys. Lett.* **55**, 1208 (1989).
109. Kurtz SR, Olson JM, Kibbler A, *21st IEEE Photovoltaic Specialists Conference* 138 (1990).
110. Oshea JJ, Reaves CM, Denbaars SP, Chin MA, Narayanamurti V, *Appl. Phys. Lett.* **69**, 3022 (1996).
111. Kurtz SR, Myers D, Olson JM, *26th IEEE Photovoltaic Specialists Conference* 875 (1997).
112. Friedman DJ, Olson JM, *Prog. Photovolt.* **9**, 179 (2001).
113. Lee JB, Kim I, Kwon HK, Choe BD, *Appl. Phys. Lett.* **62**, 1620 (1993).
114. Yoon IT, Han SY, Park HL, Kim TW, *J Phys Chem Solids* **62**, 607 (2001).
115. Tobin SP, Vernon SM, Bajgar C, Haven VE, Geoffroy LM, Sanfacon MM, Lillington DR, Hart RE, Matson RJ, *20th IEEE PVSC* 405 (1988).
116. Olson JM, McMahon WE, *2nd World Conf. on Photovoltaic Energy Conversion* (1998).
117. Pelosi C, Attolini G, Bocchi C, Franzosi P, Frigeri C, Berti M, Drigo AV, Romanato F, *J. Electron. Mater.* **24**, 1723 (1995).
118. Li Y, Salviati G, Bongers MMG, Lazzarini L, Nasi L, Giling LJ, *J. Cryst. Growth* **163**, 195 (1996).
119. Chen JC, Ristow ML, Cubbage JI, Werthen JG, *J. Electron. Mater.* **21**, 347 (1992).
120. McMahon WE, Olson JM, *Phys Rev B – Condensed Matter* **60**, 2480 (1999).
121. McMahon WE, Olson JM, *Phys Rev B – Condensed Matter* **60**, 15999 (1999).
122. Sze SM, *Physics of Semiconductor Devices*, John Wiley & Sons, Inc., New York, (1969).
123. Jung D, Parker CA, Ramdani J, Bedair SM, *J. Appl. Phys.* **74**, 2090 (1993).
124. Flemish JR, Jones KA, *J Electrochem Soc* **140**, 844 (1993).
125. Lothian JR, Kuo JM, Hobson WS, Lane E, Ren F, Pearton SJ, *J Vac Sci Technol B* **10**, 1061 (1992).
126. Lothian JR, Kuo JM, Ren F, Pearton SJ, *J. Electron. Mater.* **21**, 441 (1992).
127. Andersson BA, *Prog. Photovolt.* **8**, 61 (2000).
128. Blood P, *Semicon. Sci. Technol.* **1**, 7 (1986).
129. Ahrenkiel RK, *Solid State Electron* **35**, 239 (1992).
130. Ahrenkiel RK, Minority-Carrier Lifetime in III–V Semiconductors, *Minority Carriers in III–V Semiconductors: Physics and Applications*, Ahrenkiel RK, Lundstrom MS (eds), Academic Press Inc, San Diego, 1993, vol. 39, pp 39.
131. Berger HH, *J. Electrochem Society* **119**, 507 (1972).
132. Kurtz SR, Emery K, Olson JM, *1st World Conference on Photovoltaic Energy Conversion* 1733 (1994).
133. King DL, Hansen BR, Moore JM, Aiken DJ, *28th IEEE Photovoltaic Specialists Conference* 1197 (2000).
134. Kircharz T, Rau U, Hermle M, Bett AW, Helbig A, Werne J.H, *Appl. Phys. Lett.* **92**, 123502 (2008).
135. Friedman DJ, Olson JM, Ward S, Moriarty T, Emery K, Kurtz S, Duda A, King RR, Cotal HL, Lillington DR, Ermer JH, Karam NH, *28th IEEE Photovoltaic Specialists Conference* 965 (2000).
136. Vazquez M, Algora C, Rey-Stolle I, Gonzalez JR, *Prog. Photovolt.* **15**, 477 (2007).
137. King RR, Law DC, Edmondson KM, Fetzer CM, Kinsey GS, Krut DD, Ermer JH, Sherif RA, Karam NH, *Proceedings of the 4th International Conference on Solar Concentrators (ICSC-4)* 5 (2007).
138. King RR, Karam NH, Ermer JH, Haddad M, Colter P, Isshiki T, Yoon H, Cotal HL, Joslin DE, Krut DD, Sudharsanan R, Edmondson K, Cavicchi BT, Lillington DR, *28th IEEE Photovoltaic Specialists Conference* 998 (2000).
139. King RR, Law DC, Edmondson KM, Fetzer CM, Kinsey GS, Yoon H, Sherif RA, Karam NH, *Appl. Phys. Lett.* **90**, 183516 (2007).
140. Guter W, Schöne J, Philipps SP, Steiner M, Siefer G, Wekkeli A, Welser E, Oliva E, Bett AW, Dimroth F, *Appl. Phys. Lett.* **94**, 223504 (2009).
141. Wanlass MW, Geisz JF, Kurtz S, Wehrer RJ, Wernsman B, Ahrenkiel SP, Ahrenkiel RK, Albin DS, Carapella JJ, Duda A, Moriarty T, *Proceedings of the 31st IEEE Photovoltaic Specialists Conference* 530 (2005).

142. Ahrenkiel SP, Wanlass MW, Carapella JJ, Gedvilas LM, Keyes BM, Ahrenkiel RK, Moutinho HR, *J. Electron. Mater*. **33**, 185 (2004).

143. Geisz JF, Levandor AX, Norman AG, Jones KM, Romero MJ, *J. Crystal Growth* **310**, 2339 (2008).

144. Kondow M, Uomi K, Niwa A, Kitatani T, Watahiki S, Yazawa Y, *Jpn. J. Appl. Phys*. **35**, 1273 (1996).

145. Geisz JF, Friedman DJ, Olson JM, Kurtz SR, Keyes BM, *J Cryst Growth* **195**, 401 (1998).

146. Kurtz SR, Allerman AA, Jones ED, Gee JM, Banas JJ, Hammons BE, *Appl. Phys. Lett*. **74**, 729 (1999).

147. Friedman DJ, Geisz JF, Kurtz SR, Olson JM, *J. Cryst. Growth* **195**, 409 (1998).

148. Timmons M, private communication.

149. Asahi H, Fushida M, Yamamoto K, Iwata K, Koh H, Asami K, Gonda S, Oe K, *J. Cryst. Growth* **175**, 1195 (1997).

150. Friedman DJ, Kurtz SR, Kibbler AE, *NREL/SNL PV Program Review Meeting* 401 (1998).

151. Antonell MJ, Abernathy CR, Sher A, Berding M, Van Schilfgaarde M, *InP and Related Materials* 444 (1997).

152. Geisz JF, Friedman DJ, Olson JM, Kurtz SR, Reedy RC, Swartzlander AB, Keyes BM, Norman AG, *Appl. Phys. Lett*. **76**, 1443 (2000).

153. Geisz JF, Friedman DJ, Kurtz S, *28th IEEE Photovoltaic Specialists Conference* 990 (2000).

154. Moto A, Tanaka S, Tanabe T, Takagishi S, *Solar Energ Mater Solar Cells* **66**, 585 (2001).

155. Fraas L, Daniels B, Huang HX, Avery J, Chu C, Iles P, Piszczor M, *28th IEEE Photovoltaic Specialists Conference* 1150 (2000).

156. Tanabe K, Morral AFi, Atwater HA, Aiken DJ, Wanlass MW, *Appl. Phys. Lett*. **89**, 102106 (2006).

157. Arokiaraj J, Okui H, Taguchi H, Soga T, Jimbo T, Umeno M, *Solar Energ Mater Solar Cells* **66**, 607 (2001).

158. Fujimoto Y, Yonezu H, Utsumi A, Momose K, Furukawa Y, *Appl. Phys. Lett*. **79**, 1306 (2001).

159. Barnett A, Honsberg C, Kirkpatrick D, Kurtz S, Moore D, Salzman D, Schwartz R, Gray J, Bowden S, Goossen K, Haney M, Aiken D, Wanlass M, Emery K, *4th World Conf. on Photovoltaic Energy Conversion* 2560 (2006).

第 9 章　空间太阳电池和阵列

Sheila Bailey[1], Ryne Raffaelle[2]
1. 美国俄亥俄州克里夫兰美国国家航空航天局格林研究中心
2. 美国国家可再生能源实验室国家光伏中心

9.1　空间太阳电池的历史

9.1.1　从先锋 1 号到深空 1 号

20 世纪 50 年代中期，基于硅和砷化镓的单晶光伏太阳电池的转换效率已经高达 6%[1,2]。到 1958 年，在地面光照下，小面积硅基太阳电池的转换效率达到了 14%。这些成就为其在航天器上的应用提供了可能。1958 年 3 月 17 日，世界上第一个太阳能卫星——先锋 1 号发射[3]。它运载两个独立的无线电发射机来传输一些相关的科学和工程数据及铺在其外层的 48 个 p/n 硅基太阳电池的性能和寿命的相关数据。蓄电池只为无线电发射机提供 20 天的电力，但是太阳电池一直供电到了 1964 年，因为那时发射机电路出现了损坏。先锋 1 号验证了空间太阳电池发电的优势，创造了一个新的卫星寿命记录。用于先锋 1 号上的太阳电池是霍夫曼电子公司在 Fort Monmouth 为美国陆军信号研究与发展实验室研制的。1961 年，Fort Monmouth 许多参与硅电池研制的工作人员转移到了俄亥俄州克利夫兰美国国家航空航天局的刘易斯研究中心（现格林研究中心）。从那时起，格林的光伏分支机构一直作为光伏领域的研发基地，来满足美国国家航空航天局（NASA）对太阳能发电的需求。鉴于太阳电池的轻体重和可靠性，几乎所有的通信卫星、军事卫星和空间科学探测器都以太阳能作为动力。应当指出的是，这里所回顾的历史主要针对美国太空计划。美国国家航空航天局成立于 1958 年，宇宙科学研究所（ISAS）和位于日本的国家太空发展局（NASDA）分别成立于 1965 年和 1969 年；1975 年欧洲航天研究组织（ESRO）和欧洲运载火箭发展组织（ELDO）合并成为欧洲空间局（ESA）。这些机构在光伏领域创造了许多显著的成就。

随着首个光伏器件的诞生，人们理论上预测，在地面光照条件下，硅电池的效率可能达到 20%，而如果电池材料具有最佳带隙宽度（约为 1.5eV），其效率可能达到 26%[4]。此外，不久前提出了叠层电池的概念，可进一步提升效率。优化的三叠层电池效率很快接近理论最佳效率 37%[5]。早期太阳电池研究的重点是理解和减少一些因素（例如少子寿命、表面复合率、串联电阻、入射光的反射和非理想二极管行为）对电池效率的限制。

起初的卫星只需要几瓦到几百瓦电力。因为早期的发射成本约为 10000 美元/kg 或是更多，所以它们需要能量来源可靠并且最好有很高的比功率（W/kg）。这些卫星的电力系统只占卫星和发射成本的一小部分，所以它的费用并不是重要的因素。早期的卫星由于受限于卫星星体安装阵列设计，电池阵列的尺寸及其发电量受到限制。因此众多因素导致工作重点为开发更高效率的电池。1958 年发射的探索一号发现了范艾伦辐射带，提出了空间太阳电池一个新问题（即电子和质子辐照损伤）。1962 年通信卫星的发射将空间光伏推向了一个新的时代（即地面通信）[6]。通信卫星的初始功率 14W，但是由"海星"高海拔核武器实验所造成的高辐射减少了其输出电力[7]。这项试验造成了一些航天器停止传播信号。探索一号和通信卫星所带来的经验教训推动了对空间太阳电池辐射防护的研究，为抵抗超强的辐射，采用了以 p 型硅为衬底，扩散 n 型杂质（而不是以 n 型硅为衬底，扩散 p 型杂质）的结构。20世纪 60 年代，在美国海军研究实验室进行的辐射损害研究提供了许多的方法指导航天器设计者计算电池衰减[8]。

20 世纪 60 年代，通信卫星迅速发展，它们的电力需求也不断提高，对太阳电池阵列的尺寸和重量的要求也相应提升。早期解决重量问题的方法是采用薄膜电池，如在 CuS_2 衬底上生长 CdS 的异质结器件[9]。不幸的是，它们的严重衰减特性极大地阻碍了其在空间电池的应用。碲化镉电池的效率达到了 7% 左右[10]。然而，硅太阳电池的更高的效率和稳定性使其在未来 30 年可以很好地为卫星提供电力。由于薄膜电池具有更高的比功率和可能更低的价格，其在空间应用的研究非常具有吸引力。

1973 年，最大的太阳电池阵列安装在了低地球轨道上运转的太空实验室 1 号上[11]。太空实验室由轨道实验室阵列和阿波罗望远镜阵列两部分提供电力。轨道实验室阵列包括两翼，每翼有 73920（2cm×4cm）个 p 型衬底硅电池，提供超过 6kW 的能量。不幸的是，其中一侧在发射过程中丢失了。阿波罗望远镜阵列有 4 翼，分别有 123120（2cm×4cm）个电池和 41040（2cm×6cm）个电池，提供超过 10kW 的能量。同时，20 世纪 70 年代，首次出现了浅结硅电池来增加电池对蓝光的响应和输出电流，出现了背场和高低结理论来增加硅电池电压输出和环绕电极用于高效硅以能够自动化阵列集成和降低成本。

20 世纪 80 年代，硅、砷化镓、磷化铟等电池的实验室效率几乎达到了理论极限[12]（见图 9.1）。新的薄膜电池（如非晶硅和 $CuInGaSe_2$）因为其潜在的更高的效率和与柔性的轻质衬底相兼容的特性，令航天界兴奋不已。然而，硅仍然在空间供能和在国际空间站的太阳电池阵列中扮演了主要的角色（见图 9.2）。

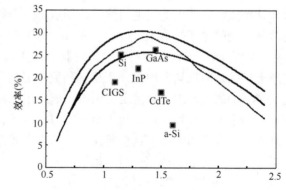

图 9.1　电池测量效率与理论极限的对比（效率是带隙的函数）[12]

国际空间站拥有太空中迄今最大的光伏发电系统。国际空间站的供电系统由 8 个太阳电池阵列（每个约为 34m×12m）构成，其中每个包含 262400 个（8cm×8cm）平均效率为 14.2% 的硅太阳电池，每个产生约 32kW 的电力[13]。1998 年开始部署阵列，2009 年 3 月完成整列的部署。系统将产生大约 110kW 的平均电力，除了给蓄电池充电、生命支持和配电管理外，将为研究实验提供 46kW 的连续不断的电力。俄罗斯还额外为国际空间站供应 20kW 的太阳能。国际空间站位于低地球轨道，阵列输出能会随时间衰退，主要是由于陷于上面提及的范艾伦辐射带中的低能电子。

20 世纪 90 年代，空间太阳电池的研究集中在 III-V 族和多结太阳电池上，这些电池有更

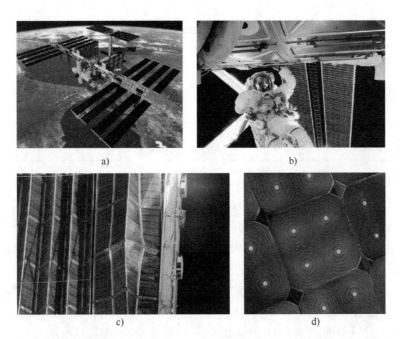

图 9.2 国际空间站现状。a）竣工，b）宇航员近距离对单个阵列进行维护，
c）阵列部署，d）阵列中使用的硅电池特写（NASA 提供）

高的效率并更能抵御辐射环境。卫星的体积和电力需求不断增长，需要更大型的太阳电池阵列。大众需求和化石燃料污染也在持续推动空间光伏研究机构研发效率更高的电池。卫星电力系统的费用保持在约 1000 美元/W。

深空 1 号航天器发射于 1998 年 10 月，是第一个依靠 SCARLET 聚光阵列为其离子推进发动机供电的航天器[14]。聚光阵列是利用折射或反射直接将太阳光会聚到一个较小的太阳电池上。深空 1 号有两个这样的阵列，而且每个都能在 100V（直流）时产生 2.5kW 的电量。聚光阵列由 AEC- ABLE 工程公司研制，受到弹道导弹防御局（BMDO）的资助。这些阵列在运行中表现得非常完美。不幸的是，最近使用聚光阵列没有进展。在波音 702 通信卫星上使用的聚光太阳阵列性能衰退比设想的更严重。问题出在聚光器反射表面，阵列的脱气附着在反射表面导致其性能的衰退。

如今最先进的空间太阳电池是三结的 Ⅲ- Ⅴ 族半导体电池。然而，高效率的硅电池仍然有许多空间应用。表 9.1 总结了现有的空间太阳电池[15]。

表 9.1 AM0 时现有空间太阳电池性能总结[15]

参 数	硅	高效硅	单结 GaAs	双结 Ⅲ- Ⅴ	三结 Ⅲ- Ⅴ 电池
状态	陈旧设备	SOA	陈旧设备	陈旧设备	SOA
STC 效率（%）	12.7 ~ 14.8	16.6	19	22	29.9
STC 路电压/V	0.50	0.53	0.90	2.06	2.29
电池重量 /（mg/cm²）	13 ~ 50	13 ~ 50	80 ~ 100	80 ~ 100	80 ~ 100

（续）

参 数	硅	高效硅	单结 GaAs	双结 Ⅲ-Ⅴ	三结 Ⅲ-Ⅴ电池
28℃时的温度系数	-0.55%/C	-0.35%/C	-0.21%/C	-0.25%/C	-0.19%/C
电池厚度/μm	50~200	76	140~175	140~175	140~175
可接受的辐射度	0.66~0.77		0.75	0.80	0.84
吸收率	0.75		0.89	0.91	0.92

在过去的十年，地面光伏发电的生产和部署复合年增长率约为30%。空间太阳电池情况不是这样。空间太阳电池的需求一直保持平稳，约27%，与每年的地球同步（GEO）、卫星保持一致。如今用于卫星的太阳电池最大的需求是常规 Ge 上晶格匹配的三结Ⅲ-Ⅴ族太阳电池。出乎意料的是，目前由于大的二维聚光系统的出现，这类光伏电池在地面上也有市场需求。空间高效电池的优势在地面市场上同样存在。能同时应用于空间和地面的太阳电池是有优势的。然而，与空间相比，太阳电池的地面应用市场广大。这就导致人们担心制造厂家对空间应用是否还有兴趣。

有几件潜在的事情能改变现状并能找到一些新的有利可图的市场。在众多权衡分析中，关于卫星采用低效薄膜太阳电池的讨论是有据可查的。1994 年，Si 电池售价 432 美元/W，GaAs/Ge 电池售价 644 美元/W。在 AM0 照射下，除非薄膜太阳电池的效率达到13%并且可以以低成本设计空间阵列，薄膜太阳电池用于空间是不经济的。目前薄膜太阳电池组件效率已经达到了13%。最近对轻量级、刚性阵列结构的质量和成本进行了对比，发现薄膜太阳电池在节省成本和质量上具有相当的优势，尤其在高辐射轨道。波音高功率太阳电池阵列中采用了这样的概念，并与波音 702 刚性阵列结构进行了对比。假定高功率太阳电池阵列功率为30kW。如果采用价格为 750 美元/W、效率为 28%的多结刚性阵列，重量比功率为 83W/kg。如果采用效率为 13%的 CIGS 太阳电池，重量比功率为180W/kg。

美国的 NASA 和空军已经大大减少了用于开发轻量级阵列结构的经费，轻量级阵列结构可能会考虑使用薄膜（非晶硅、CIGS、CdTe）太阳电池。目前没有明确的计划开发这样的阵列。然而随着薄高效多结Ⅲ-Ⅴ族电池的研发，可能重新计划开发非常高比功率的阵列。美国空军正在组建工作车间，致力于新型薄Ⅲ-Ⅴ族太阳电池的集成问题，以用于 2010 年空间能量工厂的空间阵列。

9.2　空间太阳电池的挑战

2002 年，NASA、能源部和空军研究实验室的工程师们组成的工作小组最近总结了中长期空间科研任务的电力技术需求，评估了最先进的太阳电池和阵列技术的可适性[17]。目前，低成本卷对卷制备薄膜电池表现出其在太空发电方面的潜能，然而，薄膜电池一直在进步。United Solar Ovonic 在 25μm 的聚酰亚胺衬底上，利用卷对卷技术采用 PECVD 制备了非晶硅基隧穿结空间电池，孔径效率达到了 9.84%，初始比功率高达 1200W/kg[18]。

最好的空间太阳电池是三结Ⅲ-Ⅴ族电池，在 AM0 时，效率约为 30%，这些阵列能满足许多近地飞行任务，但在三个方面不能满足 NASA 空间科学办公室（OSS）的一些关键任务的需要。它们分别是：①需要太阳能电力推进（SEP）和更高的比功率（150～200W/kg）的任务；②完成恶劣环境下的任务（低温/低太阳能光强、高太阳光强（HIHT）、高辐射和火星环境等）；③日地连接任务，需要无静电阵列，该阵列不允许阵列电压对等离子环境造成扰乱。无静电阵列全部表面大约与航天器有相同电势。这样阵列的例子是那些专为太阳探测（SPP）航天器设计的阵列。有各种各样的方法来实现这一目标，例如使用导电的光阑和氧化铟锡涂层[19]。美国 AFR、能源部和其他政府机构已经支持了这项工作的大部分。表 9.2 比较了空间太阳能发电驱动器和现有技术水平。美国的几个国家实验室、大学和太阳电池公司正在开发效率 30% 以上的空间太阳电池。采用的方法包括利用新材料比如 InGaAsN 为常规三结太阳电池开发四结太阳电池，多量子阱和量子点器件，机械叠层电池和/或为单结电池采用分束（彩虹方法），变形（晶格不匹配）器件。然而，在空间电力界最领人兴奋的新的机会是倒置的变形太阳电池或者 IMM[20]。

表 9.2　目前空间太阳电池技术要求对比[17]

技　术	任 务 驱 动	任 务 应 用	产 品 状 态
高能阵列的太阳能电子推进（SEP）	彗星群的回归，外星球探索，金星表面取样，火星表面取样	＞150W/kg 特殊能量供应到 5AU	50～100W/kg 未知的 LILT 影响
电子统计清洁技术	太阳地球联系任务	＜120% 的传统阵列成本	约 300% 的传统阵列成本
火星阵列	火星登陆、取样、观测任务	90% 满能量下大于 180 个太阳，效率 26%	80% 满能量下 90 个太阳，效率 24%
高温的太阳能阵列	太阳能探针	＞350℃工作（减少高温危险和加强任务）	130℃稳定状态；短时间内 260℃
高效电池	所有任务	30% 多	27%
低强度低温（LILT）电阻阵列	外太空任务，SEP 任务	没有隐藏的能量减少（在 LILT 条件下）	在 LILT 条件下 MJ 电池存在不确定的行为
高辐射任务	木卫二和木星任务	最小重量和最小危险的辐射电阻	较厚的玻璃覆盖

IMM 主要涉及包括倒置生长或者从上到下生长常规三结太阳电池。长在 Ge 上的 AlIn-GaP 结，其次是 InGaAs 结，一系列渐变梯度层用于形成底部的 InGaAs 结。去除 Ge 衬底完成电池的制备。与常规多结电池相比，这种方法具有较高的太阳光谱响应。出现第一批 IMM 电池后，Spectrolab 和 Emcore 公司开始开发 IMM 电池用于空间，目前，1 个太阳、AM0 光谱所产生的 CIC 的效率已经超过 32%[21,22]。

器件的柔性设计和效率的改进具有明显的吸引力，但是最有趣的一面，IMM 方法制备的电池超级薄、重量轻、柔性。这些电池厚度约是传统多结太阳电池厚度的 1/15。这些电池使一类新的重量极轻、高效、柔性太阳电池阵列用于空间应用。

美国空军研究实验室，空间飞行器理事会，一直领引美国空间太阳电池阵列的发展，通过使用 IMM 太阳电池可以为潜力巨大的空间电力系统节省重量。波音公司开发了一种柔性太阳电池板，适用于实现 33% 的 IMM 电池，他们称之为集成毯式/互连系统（IBIS）[23]。还有许多由 Lockheed Martin 公司生产的平折折叠"柔性"阵列，整合传统高效三结太阳电池，重量比功率超过 100W/kg，如凤凰号火星探测器和 EOS-AM（Terra）太阳电池阵列，这是 IMM 集成显而易见的应用[24]。

JAXA 还开发了一种"太空太阳电池板"，把 1 个太阳、AM0 效率为 25% 的薄膜双结电池（InGaP/砷化镓）结合在柔性薄片上，薄片可以是透明的聚酰亚胺薄片用于 LEO 应用，薄片也可以是薄的盖板玻璃用于 GEO 应用。薄片的重量比功率为 500W/kg，生产中设计的重量比功率为 700W/kg。太空太阳能板的未来版本可能会利用 IMM 的效率优势，这无疑将会推动比功率达到更高的水平[25]。

9.2.1 空间环境

全部太空的太阳电池必须考虑到空间环境的独特性。太空的光谱没有经过大气的过滤，因此不同于地球上的。空间太阳电池的设计和测试根据 AM0 光谱（见图 18.1）。更多关于大气质量的讨论能在本书其他地方找到。

光伏在地面的应用中，成本仍然是光伏发展的驱动力，这已引起了人们对许多薄膜材料（即非晶硅、CuInGaSe$_2$、碲化镉）系统的兴趣。薄膜阵列更小的材料成本和更高的生产能力，可以使光伏组件低于目前的成本。目前，国家光伏目标是开发出 20% 效率的薄膜电池。然而其在空间的应用要复杂得多，因为要生长在柔性的轻质衬底上来经受严峻的太空环境。这表明，要与现有的卫星电力系统竞争，至少在 AM0 时效率达 15%。目前空间光伏常用的是商用多结Ⅲ-Ⅴ族 GaInP/GaAs/Ge 电池，本章后面将对其进行详细介绍。表 9.3 列出了在标准条件（AM1.5G）以及外太空条件（AM0）下的一些电池效率。

表 9.3　小面积电池的测试的 AM1.5G 和测试的或估算①的 AM0 效率

电池	效率（%）全球 AM1.5 条件下	效率（%）AM0	面积/cm^2	制造商
c-Si	25.0	22①	4.00	UNSW
Poly-Si	20.4	18①	1.00	FhG-ISE
a-Si	9.5	8①	1.07	U. Neuchatel
GaAs	26.1	23①	1.00	Radboud U. Nijmegen
InP	22.1	19①	4.02	Spire
GaInP/GaAs/Ge	32.0	29①	3.99	Spectrolab
CIGS	19.4	17①	0.99	NREL
CdTe	16.7	15①	1.03	NREL
a-Si/uc-Si	11.7	10①	14.23	Kaneka

① 基于标准条件下测量的效率估算 AM0 效率。使用 ASTM E490-2000 参考光谱和假设增加光电流不改变填充因子计算效率。计算中使用与量子效率对应表项。

设计者所关心的太阳电池主要的辐射损伤类型是由于高能电子和质子造成的离子化和原子移位（尽管低能质子可能会造成没有盖层保护的太阳电池前表面和没有保护的背面出现问题）。太阳风是电子、质子源、范艾伦辐射带源，因此，辐射环境不会随着太阳活动的改变而改变。太阳耀斑会引起强通量的高带电粒子。次要的辐射来源于太阳系统外的宇宙射线。

随着色心的出现，离子效应降低了太阳电池盖板玻璃的透过率。辐射造成的电离电子被氧化物中的杂质原子俘获，形成了稳定的缺陷复合体。电离辐射对空间太阳电池阵列的其他材料也有很大损害。它在二氧化硅钝化层中产生了陷阱电荷，从而导致漏电流增加。电离辐射，包括紫外光子，对阵列中使用的有机材料例如聚合物特别有害，因为可以产生离子、自由电子和自由基，这些将严重地改变这些材料的光学、电学和力学特性。

高能质子和电子由于与材料中电子相互作用导致的能量损失，占了耗散能量的很大一部分。事实上，这种碰撞可以用来确定那些在 $0.1 \sim 10\mathrm{MeV}$ 的电子和质子的注入范围。然而，由辐射造成的原子移位是空间太阳电池衰减的主要原因。

原子从晶格点移位需要的能量类似于原子升华或产生一个空位需要的能量。硅原子升华需要 $4.9\mathrm{eV}$，形成空位需要 $2.3\mathrm{eV}$。原子移位形成空位、间隙并且通常还会形成一些声子。因此，原子移位需要的能量是产生空位的几倍。

辐射效应造成移位缺陷主要影响少子寿命。在硅太阳电池中，p 型材料的寿命是对辐射敏感的主要参数。这是 20 世纪 60 年代将太阳电池结构从 p 型在 n 型衬底上面转为 n 型在 p 型衬底上面的基础[31]。辐射下，太阳电池的少子寿命或扩散长度可能是过剩或非平衡少子的函数，这种现象被称为注入水平依赖。这通常与高能质子造成的损害有关。

硅中主要的辐射缺陷具有高迁移性。辐射对硅造成的影响主要是由于辐射缺陷之间及辐射缺陷和材料中的杂质的交互作用造成的。在这些电池中，通过在这些缺陷稳固之前去除一些方法可以降低辐射造成的损害。抗辐射硅电池通过在辐射缺陷还具有迁移性时采用本征吸杂去除一部分辐射损害。这些电池在靠近表面或"剥离区"有相对较纯的区域，并且在离结较远的位置有富氧的吸杂区。尽管采用这样的方法降低了 BOL（初始寿命）输出，但是它增加了衰减后（EOL，终止寿命）输出。这样的电池抗辐射性更强，能服务更长久。

对被辐照后的太阳电池进行退火可以消除一些损害，尽管退火温度并不等同于太空应用时的实际温度。近 $400\mathrm{℃}$ 的退火温度可以显著改善硅太阳电池，然而也会发生一定程度的环境退火。在空间中，损伤和退火过程同时发生，因此很难量化。然而在实验室里 22 个月后发现退火使短路电流提高了多达 20%。

减轻空间太阳电池辐射损伤的主要方法是配备盖板玻璃。盖板玻璃不仅阻止低能质子，同时也会减弱高能粒子。它还能阻止微粒充当减反层、屏蔽电荷，甚至为航天器提供一些热控制。在 20 世纪 70 年代，制造商开始在盖板玻璃里增加了 5% 的氧化铈。这显著地提升了玻璃对辐射或紫外线辐照的抵御能力[32]，同时也提高了用于粘着玻璃的黏合剂寿命。最先进的盖板玻璃是一种铈掺杂的硼硅玻璃。如今研究的重点是提高玻璃更广的光谱范围内的透过率，以适应新的多结电池。

砷化镓太阳电池辐射手册（喷气推进实验室 96-9）记录了计算太阳电池损伤的方法。最近开发的移位损伤剂量（Dd）模型可以模拟辐射衰减。这种方法目前已被用于 SAVANT 辐射衰减计算机模拟程序中[33]。

带电粒子对电池的轰击对太阳电池阵列会导致非常危险的高压。这些大电压可能会导致灾难性的静电放电事件。对大型阵列而言这更是个问题，并且对今后在大面积阵列上使用聚合物衬底提出了严峻的考验。人们在接地和屏蔽阵列方面做了大量工作来减轻阵列荷电造成的影响[34]。开发了使阵列与空间等离子等势位的等离子触头，在解决这个问题上取得了进展。

由于中性粒子或微粒的撞击，太阳电池的性能也随时间的推移而降低。空间太阳电池的 EOL 性能中有 1% 的衰减是由此引起的[35]。它们可能也与上文提到的放电激励有关。空间太阳电池和阵列还必须能抵抗等离子体环境（辐射和充电）。几乎脱离了地球电磁场的保护，空间太阳电池不断受到高能电子和质子撞击，由这些粒子造成的辐射损伤将会降低太阳电池的性能并降低航天器的寿命。在中距离地球轨道尤为如此（2000 ~ 12000km），那里工作的电池必须通过范艾伦辐射带，从而比低地球轨道（小于 1000km）或地球同步轨道（35780km）受到更多的辐射。低地球轨道上取向不同，辐射量不同，例如两极轨道辐射量超过赤道轨道。图 9.3 比较了不同的轨道上硅太阳电池受到的影响。从图 9.4 可以看出中距离轨道上电池 EOL 发电量急剧下降[36]。辐射损伤造成的太空中电池的衰减可以通过使用盖板玻璃来缓解，但是这又增加了航天器的重量。图 9.5 显示了在 1853km、103° 太阳同步轨道上，10 年来功率密度随时间的下降。

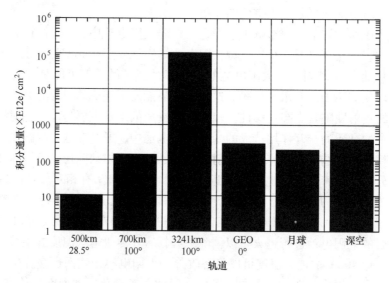

图 9.3　在不同的轨道（海拔（km））和倾角（°），相当于 1MeV 电子辐照硅太阳电池

9.2.2　热环境

空间用太阳电池会遭遇到变化范围非常大的温度和辐照强度。空间太阳电池的温度基本上取决于辐照的强度和时间[42]。在典型的低地球轨道，例如国际空间站轨道，跟踪太阳时硅太阳电池的工作温度是 55℃，在最长阴影区时是 -80℃；在木星的轨道上平均辐照温度是 -125℃；在常规水星轨道，温度为 140℃。同样地，在木星轨道的平均辐照强度只有地球半径处的 3%，然而在水星轨道的平均强度大约是地球上的两倍。地球绕日轨道是椭圆的，所以环地球轨道太阳能强度随季节变化。轨道的特性也是热变化的一个主要来源。大多数航天器都在不同的轨道经历过不同的阴影区。这会导致电池有非常大的并且迅速的温度变化，如上面所述的空间站太阳电池。空间太阳电池的温度也受行星反射的太阳光即返照率影响。地球的平均反照率是 0.34，但范围可以从 0.03（经过森林）~ 0.8（经过云彩）[7]。在通常情况下，地球轨道上的太阳电池的温度范围大约为 20 ~ 85℃。

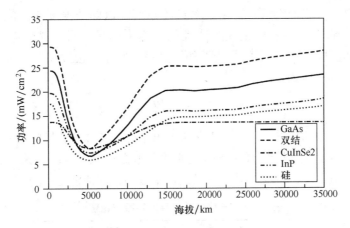

图 9.4 太阳电池功率密度与海拔的关系，太阳电池已工作 10 年，在 60°轨道，
覆盖有 300μm 厚的玻璃盖板

（GaAs：BOL 24.4（mW/cm²）[37]；双结 GaInP/GaAs/Ge[38]：BOL 29.3（mW/cm²）；

CuInSe₂：BOL 14.4（mW/cm²）[39]；InP：BOL 19.7（mW/cm²）[40]；

Si：BOL 17.5（mW/cm²）[41]。图片由俄亥俄州航空航天研究所汤姆顿提供）

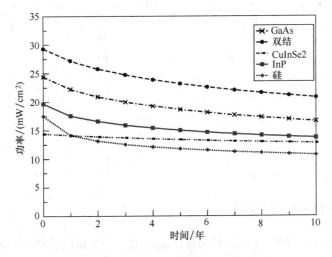

图 9.5 太阳电池功率密度随时间的变化

［与图 9.6 为同一电池，在海拔 1853km，103°太阳同步轨道上（图片由俄亥俄州航空航天研究所汤姆顿提供）］

　　太阳电池温度的提高会导致短路电流略有增加，但开路电压明显减小（见图 9.6）。因此，总的效果是随温度增加太阳电池功率减少。通常小于 0.1%/℃，但不同的电池类型相差很大。再加上与阴影区有关的温度快速变化将导致电池输出功率的波动。

　　太阳电池性能随温度的衰减可以用温度系数表示。有几种不同的温度系数用来描述太阳电池的热性能。这些系数为器件在希望的工作温度下与参考温度（一般是 28℃，虽然新的国际空间组织（ISO）标准是 25℃）下测试出的参数（即短路电流、

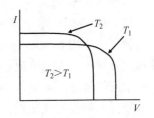

图 9.6 温度增加对太阳电池
光电流 I-V 特性的影响

开路电压、峰值电流、峰值电压或转化效率）的差值除以两个温度的差值。大部分太阳电池在 -100~100℃ 范围内的响应是相当线性的。不幸的是，对非晶硅电池或窄带隙电池（如 InGaAs），响应只在较小范围内是线性的。另一种常用的温度系数定义是归一化温度系数。以效率举例，其表达式为

$$\beta = \frac{1}{\eta}\frac{d\eta}{dT} \tag{9.1}$$

或者随着温度变化效率的变化百分比。表 9.4 给出了硅、锗和砷化镓的归一化效率温度系数的理论值。表 9.5 给出了不同类型的空间电池的典型温度系数。一般来说，随着带隙的增加，温度系数绝对值下降，但除非晶硅可以是正系数外，其他都是负的。

表 9.4　归一化的效率温度系数理论值[43]

电池类型	温度/℃	η (28℃)	$1/\eta d\eta/dT/(\times 10^{-3}℃^{-1})$
Si（计算）	27	0.247	-3.27
Ge（计算）	27	0.106	-9.53
GaAs（计算）	27	0.277	-2.4

表 9.5　各种类型的空间太阳电池的温度系数测量值[36]

电池类型	温度/℃	η (28℃)	$1/\eta d\eta/dT/(\times 10^{-3}℃^{-1})$
Si	28~60	0.148	-4.60
Ge	20~80	0.090	-10.1
GaAs/Ge	20~120	0.174	-1.60
双结 GaAs/Ge	35~100	0.194	-2.85
InP	0~150	0.195	-1.59
a-Si	0~40	0.066	-1.11（非线性）
CuInSe$_2$	-40 to 80	0.087	-6.52

9.2.3　太阳电池的校准和测量

　　空间太阳电池的校准对卫星电源系统设计非常重要。太阳电池性能的准确预测对设计太阳电池阵列大小是至关重要的，往往偏差需要在 1% 以内。校准标准是带隙的函数，需要在地球上模拟 AM0 下进行效率测量。校准标准通过航天飞机或在不久的将来在国际空间站上的不同电池类型来确定。制定标准的一种低成本途径是利用高空飞机或气球飞行。美国 NASA 格林研究中心的太阳电池标定飞机自 1963 至今已飞行了 531 次[44]。校准包括 AM0.2 真实数据并使用 Langley-plot 法和臭氧修正系数一起推算 AM0。比较 AM0 校准数据表明，气球和航天飞机的太阳电池有良好的相关性，相差在 1% 之内。

　　太阳强度（solar intensity）是太阳光必须通过的大气质量（AM）的函数。太阳电池短路电流与太阳强度成比例，画出短路电流对数与 AM 的函数关系可以推导出未测的 AM 和 AM0（Langley-plot 法）。早期地面测量所依据的是太阳在天空走过所经历的大气变化（也就是说，在黎明、黄昏时 AM 较大，正午时最低）。这与用于飞机的方法是基本相同的，通过改变飞行高度来改变大气质量。

1963～1967 年的早期飞行获取的数据表明，推算出的 AM0 数据略低于辐照计数据。这是由于上层大气中臭氧吸收太阳光所致。还注意到当飞机低于对流层顶，数据的线性发生了改变。这与大气中微粒物质的 Mie 散射和水分吸收有关。这些影响主要表现在太阳光谱的高能区域。目前的校准飞机都飞在对流层以上并且使用了对臭氧吸收的校准。如今都使用美国 NASA 格林研究中心的 Lear 25A 喷气式飞机进行飞行校准（见图 9.7）。自 1984 年以来，它已飞行了 324 次。这架飞机能飞至 15km 的高空，在北纬 45°得到大于 AM0.2 的数据。现在是通过连续降落而不是在一定范围的高度内保持水平来收集数据的。

图 9.7　美国 NASA 格林研究中心太阳电池校准飞机（照片由美国 NASA 提供）

现在的 Lear 测试装置有一个 5∶1 的准直管，代替了原来的一个飞机窗户。该管照亮了 10.4cm 直径的温度控制板。该管的角度可以根据日照角来调整。在下降时最多 6 个电池的 I-V 特性、压力传感器、热电偶和温度传感器都被测量。这些电池始终保持不超过 ±1℃的温度变化。连接到测试面板的光纤也连接到光谱辐照计上，该光谱辐照计能够测量 250～2500nm 的太阳光谱，分辨率为 6nm，并且有第二个光谱仪用来测量 200～800nm 的光，分辨率为 1nm。这两个光谱仪都用来检测光谱异常，并提供臭氧吸收的信息。

目前有几种商用的稳态和脉冲太阳模拟器，可以模拟不同条件（即 AM1.5，AM0）的太阳光。美国 NASA 格林研究中心使用 Spectrolab 的 X 25 Mark Ⅱ 氙弧灯太阳模拟器。稳态太阳模拟器一般用于实验室或生产环境的高精度光伏器件测试。太阳模拟器也用于地面、航空航天和卫星产品，作为一种长期模拟太阳光照射系统来测试光学薄膜、热控涂层和油漆等。脉冲太阳模拟器使人们有可能测试大型太阳电池组件和太阳电池阵列。

美国 NASA 格林研究中心使用 Spectrolab 的 Spectrosum 大面积脉冲太阳模拟器。它有一个氙弧灯一闪即产生近似 AM0 大约 1 个太阳的光照光谱。闪光持续约 2ms，在这期间整个电池电压加大，并测量了由此产生的电流。同时测试一个相同类型的标准电池的短路电流，通过测试的电流来校准闪光光强从而校准测试样品的电流。

空间太阳电池校准的标准由国际标准化组织（ISO）技术委员会 20：飞机和航天器，及分委员会 14：空间系统和操作主持。ISO 15387 工作草案确定了参考太阳电池的要求、大气层外太阳光谱辐照度和测试条件。对比循环测试，就是电池在不同测试机构来回测试，包括美国 NASA、CAST、ESA，正用来进行空间太阳电池的校准。美国采用 AIAA 标准，包括 AIAA S-111-2005 "空间应用太阳电池的质量要求及检测" 和 AIAA S-112-2005 "空间应用太阳电池板的质量要求及检测"。这些标准目前正在修订。

9.3　硅太阳电池

硅太阳电池是所有空间太阳电池技术中最成熟的，自美国的太空计划开始以来，已几乎用于每一个近地航天器上。在 20 世纪 60 年代初，硅太阳电池的效率约为 11%，而且相对便宜，适合低功率（数百瓦）和短任务周期（3～5 年）。在标准 AM0 测试条件下，目前的

"标准技术"硅太阳电池的转换效率范围为 12% ~ 15%[26]。通常电池的效率越低，越抗辐射。

无论作何应用，电池效率都应该考虑以下因素进行调整：阵列的封装类型、辐射损伤、紫外线衰减、组件损失以及由于偏离标准条件的强度和温度而进行的校准等。在工作温度下，由于带电粒子辐射损伤，在对地静止轨道中运转超过 10 年的硅太阳电池效率将降低约 25%[45]。在很高辐射环境中，如靠近木星轨道或中地球轨道的位置下，这些电池性能会明显降低（通常降低超过 50%）。硅电池相对较大的温度系数也将导致高温下效率的极大衰减[36]。

多年来，硅电池改进很多，不仅效率得到了提升而且更适合于空间应用。制绒的前表面可以吸收更多的太阳光、带背反射器的薄电池具有很好的光陷阱效应、钝化的电池表面减少了表面复合损失，这些仅仅是几个例子，更详细的讨论参见第 7、8 章。当前，很多生产商都可以生产效率高达 17%（AM0）的硅电池。高效硅电池相对于Ⅲ-Ⅴ族电池的优势在于其相对较低的成本和更低的材料密度。然而，硅太阳电池不太适用于空间辐射环境。

9.4 Ⅲ-Ⅴ族太阳电池

从硅到砷化镓和Ⅲ-Ⅴ族半导体，空间太阳电池的效率取得了显著的提高。1.43eV 的直接带隙接近于理想的太阳能转换带隙（见图 9.1）。至 1980 年，几种类型的Ⅲ-Ⅴ族太阳电池已在太空中测试，1984 年开发了效率为 16% 的砷化镓太阳电池，1989 年开发出了效率为 18.5% 的 GaAs/Ge 太阳电池。也有人认为，砷化镓电池明显比硅电池抗辐射。效率值达到其理论最高值的 80% 以上的砷化镓电池在 1998 年已经实现商业化生产。单结锗衬底上的砷化镓电池具有 19%（AM0）效率和 0.9V 的开路电压，并且现在也实现了商业化生产。由于锗片比砷化镓具有更低的成本和更高的机械强度，Ⅲ-Ⅴ族空间应用太阳电池目前生长在锗片上。

在 20 世纪末效率的改进，集中表现在开发多结电池和聚光电池。大部分多结 GaAs 电池的开发都是受资助于空军制造技术（ManTech）计划和太空飞行器管理局、空间导弹中心和美国 NASA[46]。因此开发出了"双结"电池，低带隙宽度的砷化镓上生长高带隙宽度的 GaInP 电池。带隙为 1.85eV 的 GaInP 吸收转换短波光子，而砷化镓转换低能量的光子。商用双结 GaInP/GaAs 电池的 AM0 效率为 22%，其中开路电压为 2.06V。Ⅲ-Ⅴ族电池一直长期保持着单片集成电池结构的效率纪录。目前主要有两家美国公司：Spectrolab 和 Emcore 生产晶格匹配Ⅲ-Ⅴ族空间电池。Spectrolab 和 Emcore 公司单片集成三结电池（GaInP/GaAs/Ge）的纪录效率（AM0）都稍微高于 30%。Emcore 公司的 ZTJ 电池和 Spectrolab 公司的 XTJ 电池目前正在接受 AIAA S-111 测试，是美国政府制造项目的一部分。Spire Semiconductor 公司和美国的 Microlink 公司、英国的 Azur 公司、日本的 Sharp 公司目前也在生产多结Ⅲ-Ⅴ族电池，性能与 Emcore 和 Spectrolab 公司生产的太阳电池相近。

SpectroLab 公司，创建于 1956 年，为世界航天器提供了一半以上的太阳电池，已生产了里程碑式的 25000 片三结 GaInP/GaAs/Ge 太阳电池，Spectrolab 公司超级三结电池目前最低平均效率为 28.3%，最新设计的或者 XTJ 太阳电池最低平均效率为 29.9%（见图 9.8）。

新的多结Ⅲ-Ⅴ族太阳电池和硅太阳电池相比，在相同功率情况下尺寸更小、重量更轻。换句话说，它们和同等大小的硅阵列相比增加了有效载荷功率。科学家预计在未来 5 年发射

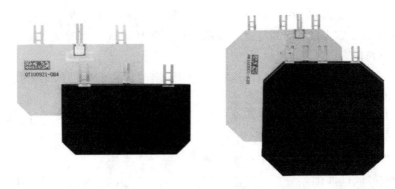

图 9.8　已产业化的效率 30% 的 GaInP/GaAs/Ge 三结电池结构（得到 Spectrolab 公司许可使用该照片）

的商业和军事航天器中的大多数都会使用常规晶格匹配多结 III-V 族技术。2009 年 4 月在空间能量工作站，Spectrolab 和 Emcore 公司在倒置变形多结电池上都取得了进步。Spectrolab 公司测量效率为 31.5%，25 个电池中有 20 个电池效率超过 30%。两家公司都开展了电池接触结构、互联贴附、面积扩大、操作问题和键合等研究工作。当需要高功率质量比（1W/g）、高比面积能量（400W/m^2）和柔性电池时，低质量（0.012g/cm^2）、高效率（大于 32.4% AM0）的柔性电池是很好的选择。这包括无人机以及低质量柔性卫星太阳能电池板。

有许多正在开展的项目致力于在常规晶格匹配 III-V 族多结电池上制备四结电池，使效率达到 30% 的低中水平。然而，由于前述激动人心的 IMM 电池设计，这些努力有些黯然失色。2009 年美国空军启动了一个项目，到 2011 年开发出 37% 的 AM0 IMM 电池。

采用最佳子带隙（2.09/1.58/1.21/0.93eV）的四结 IMM 电池的理论效率为 41.3%[47]。Emcore 公司生产的具有（1.92/1.42/1.02/0.70eV）结构的实际四结电池的效率为 33.9%，在 NASA 格伦研究中心、一个太阳 AM0 模拟光谱下进行测量[48]。

IMM 电池仍然需要使用单晶衬底模板，然后将其去除。如果想保留衬底以再次使用，从而降低成本，需要采用几种途径。MicroLink 公司已经开发了外延剥离专利技术（ELO），可有效地将外延电池从 4in 晶片上剥离下来[49]。

Microlink 公司制备了双结 ELO 太阳电池，转化效率为 28%（1 个太阳，AM1.5）。他们也成功地剥离了 InP 晶片。这提供了一种新电池结构配置的可能性。还有使用衬底"受损"层剥离电池的其他技术。几年以前，我们采用"分离"工艺移除电池。之后可以把 IMM 电池转移到需要的衬底上。最近的一些研究转向长在薄 Ge 衬底上的三结电池和长在薄金属衬底上的 CIGS 电池。对电池进行了一系列的性能测试，这些薄电池性能相当好。需要指出的是，完全得益于这些三结电池阵列的高比功率（W/kg），三结电池可以取代一些轨道运行上采用的相对厚的盖板玻璃电池[50]。

常规晶格匹配三结 III-V 族技术（GaInP/GaInAs/Ge）已经成熟。即使把相关技术应用到四结和五结电池以提升相应电池的性能，收益也呈现递减规律[50]，特别是当我们在增加结提升效率和这些电池保持抗辐射性之间寻求平衡时。考虑性能，IMM 是一项技术突破，是朝向更高效率空间电池的最显而易见的途径。然而，这受限于高能环境仍然需要厚的盖板玻璃。然而，并非所有的空间任务都在高辐射环境。在非高辐射环境，IMM 电池的轻重量和柔性潜能优势就会呈现出来。高空长航时飞机的电力系统就是一个很好的应用例子。他们需要高的转换效率和功率/重量比。对于这样的应用，薄膜 IMM 电池可以制备在柔性轻重量的衬底上，能集成到飞机的结构部件上。要利用这项潜在突破技术的全部优势，需要开发热管理和先进的阵列排布方式。

多结Ⅲ-Ⅴ族电池的生产费用相对较高。与 IMM 电池相关的增加的工艺和阵列部署增加了成本。使用这些电池制备大面积阵列成本高昂。减少总成本的一个方案是将电池置于太阳能聚光器中，利用透镜或反射镜减少电池面积。前面提到的在深空 1 号上的 SCARLET 聚光器阵列中使用了 GaInP/GaAs 高效双结电池。基于 SCARLET 技术的更先进的 SCARLET-Ⅱ 阵列成本更低，更容易制造，并简化了组装和测试[14]。

除了增加额外的结或使用变形方法继续增加Ⅲ-Ⅴ族太阳电池的性能，还可以采用许多其他方法。采用新电池结构，如量子点电池、中间带电池、上下光子转换、多量子阱电池热载流子、超晶格、甚至机械叠层或光刻集成方法正在进行研究中，虽然目前技术水平还不高。还有尝试在多晶薄膜衬底上制备近似单晶多结电池，或者采用另外的方法制备高效、薄轻重量的柔性器件。

9.4.1 薄膜太阳电池

第一个薄膜电池是 Cu_2S/CdS，它是为空间应用而开发的。尽管其 AM1.5 效率超过 10%，但可靠性问题限制了这种电池无论是在空间还是在地面的应用。薄膜电池所需要的材料更少，这样重量更低因此具有大面积低成本的潜在优势。直到最近，空间太阳电池的开发的重点都是效率而不是成本。在数十亿美元的航天器上太阳电池的成本相对较小，只是 1000 美元/W 左右，基本上是现在阵列的价格。这主要针对那些功率需求在几百到数万千瓦的航天器。然而，开发大型的地球轨道航天电源系统或一些已被提议的太阳能电力推进任务将对光伏阵列在重量、空间环境下的稳定性、效率和成本及在空中的部署等方面提出更高的要求。开发可变的薄膜阵列已成为空间飞行任务的必需[51]。这些任务包括超长期工作气球（如奥林巴斯）、深空太阳能电力推进的"拖船"阵列、火星表面电力前哨和火星太阳能电力推进器的阵列等（见图 9.9）。太阳能电力推进任务是指用太阳能阵列为电力推进系统（如霍尔推进器或离子推进器）提供电力。这些任务需要大面积、重量轻、成本低的发电系统。研究表明，某些需求的功率

图 9.9 已提出的火星太阳能电力推进器（图片来自美国 NASA）

或单位重量的功率（如 1kW/kg）无法用单晶技术实现[40]。空间发电需要的比功率几乎是目前商用电池阵列的 40 倍。虽然高效率超轻阵列不可能在短时间内商业化，薄膜电池的进展仍影响了其他空间技术（如薄膜集成的供电系统），并且为很多空间任务提供了支持。

更加轻便的发电系统将会提高航天器的有效载荷。此外，更便宜的发电装置将降低任务预算，或者能将更多的预算分配到航空器上。这是确保一些任务能够实现的一个基本特性，如火星前哨 SEP 的拖船。对现已取消的 ST4/Champollion 来说，一个说明薄膜光伏阵列好处的例子就是当薄膜太阳电池阵列发电系统结合先进的电推进器后可以节省 5000 万美元的发

射费用并增加30%的飞船质量。从结果来看它对其他太阳能系统任务（例如小行星主带的星际飞行，火星太阳能电力推动车、木星卫星、金星卫星、月球表面电力系统等）也有相似的好处[40]。

最初的薄膜太阳能光伏阵列的开发主要针对地面市场。研究人员认为开发这种电池的空间应用有巨大的利润。电池的效率、材料的稳定性和兼容性、低成本和大规模制造性对这两种环境都很重要。然而，在许多空间应用中很多关键因素对陆地使用不是很重要，因而两方面进展不同。在空间阵列能够投入使用之前，一些问题必须首先解决，如抗辐射性、AM0性能、使用轻质柔性衬底、阵列收起体积和部署机制等。然而不幸的是，针对这些进行的研究开发和随后的对其空间应用的检验需要的高昂成本限制了薄膜阵列在空间的应用。

美国NASA和美国空军正在不断地努力希望解决这些和薄膜阵列空间应用相关的问题。铜铟镓硒（CIGS）、碲化镉（CdTe）和非晶硅（a-Si）薄膜材料似乎有一些潜力[52]。前面已经提到，USO已经制备效率达10%（AM1.5）的柔性衬底大面积非晶硅三叠层电池。

表9.6概述了目前已经上市的薄膜太阳电池技术。关于a-Si、CIGS和CdTe太阳电池的详细介绍可以在本书的其他部分找到。一些器件结构可以提供超过1000W/kg的比功率，但这些值仅包括器件和衬底，没考虑整个组件和阵列。这个表说明了更轻更薄衬底对获得更高比功率的重要性。注意到多结电池（如非晶硅三结电池）的厚度和带隙宽度已经根据AM1.5光谱优化，应根据AM0光谱再优化，因为光子在电池的顶部、中部和底部的分配不同，这也改变了电流匹配。单结薄膜电池不需要再次优化。参考文献［39］和［40］说明非晶硅电池不依赖衬底，也就是说，在薄的（$10 \sim 25\mu m$）或厚的（$125\mu m$）不锈钢衬底上和在聚酰亚胺上具有相同的效率。这对制备更轻的具有更高比功率的薄膜器件而言是一个好消息。与此相反，不锈钢基底厚度从$128\mu m$减少至$20\mu m$，Cu(InGa)S器件的效率从10.4%下降至4.1%[53]。据未发表的报道，$10\mu m$的聚酰亚胺衬底上的碲化镉效率是11%[54]。

表9.6　小面积薄膜太阳电池质量比功率[17]

电池类型	厚度（电池 + 衬底）/μm	标准 AM1.5 下效率（%）	标准电池比功率/（W/kg）
非晶硅/聚酰亚胺	50	5.0	700
非晶硅/不锈钢	127	7.0	70
CdTe/玻璃	5000	7.0	6
CIS/玻璃	3000	8.0	11
a-Si/玻璃	3000	5.0	7
CIS/聚酰亚胺	50	7.0	985

目前正在开发用于CIGS上形成双结的其他宽带隙薄膜材料。正如之前论述的，用于空间的III-V族电池，双结器件可以大幅度提高单结电池效率。美国NASA和国家可再生能源实验室都开始了双结的CIS基的薄膜器件项目。镓的使用扩大了CIGS的带隙，从而提高了效率[58]。对顶电池而言，用硫替代硒似乎也很有吸引力。特别是柔性不锈钢衬底上的$CuIn_{0.7}Ga_{0.3}S_2$（禁带宽度1.55eV）薄膜器件AM0效率达到8.8%[60]。大多数地面应用的薄膜器件都置于比较重的衬底上，如玻璃。但是，通过使用薄的金属箔和轻巧灵活的聚酰亚胺或塑料衬底，减少了衬底重量[63]。使用如Upilex或聚酰亚胺之类的塑料衬底稍微限制了工

艺温度。当然，如果在重量上没有要求，使用金属箔可以避免这种情况。

除了为航天器节省成本和重量，薄膜太阳电池相对于单晶电池在提高抗辐射性和延长任务时间方面具有潜力。例如，GaAs 电池在 10^{16} 1MeV 电子/cm^2 的剂量下辐照后，电池最高发电量可以降低到少于 BOL 的一半。相比之下，经过 10^{13}/cm^2 10MeV 的辐照后（这将使 GaAs 电池发电性能降低到少于 BOL 的 50%），CIS 电池所产生的功率仍超过 BOL 值的 85%[48]。最近意大利航天局资助在宽范围辐射影响下获得 12% 稳定效率 CIGS 电池[65]。上述研究中使用的电池是从意大利的一所大学和全球太阳能生产线获取的。除了薄膜电池，制作空间薄膜阵列还有其他一些问题。当谈到打开合起时，聚合物衬底上薄膜电池的柔软性有巨大的优势。但是，当阵列打开后必须要能非常好的支撑住电池。除了电池技术，还要做一些工作来研究如何最好地打开和支撑薄膜电池阵列。之前单晶电池遇到的在空间环境中的稳定性问题，对于薄膜电池阵列仍然存在。根据美国政府军用标准 1540C，电池阵列必须通过质量鉴定试验，包括置于高温、辐射（特别是电子和质子）、热循环、振动和机械应力及原子氧环境后的完整性和性能。

美国空军在"空军军民两用科学和技术项目"支持下正在领导一个庞大的多学科小组，开发实用的空间薄膜阵列[66]。该项目有以下明确目标：

1）在 AM0 时有稳定的 10%~15% 效率的薄膜亚组件；
2）亚组件和组件的电气构造，包括旁路二极管和阻塞二极管；
3）亚组件和组件的机械界面构造、组件强度和结构支撑需求；
4）可满足不同功率范围的阵列支撑结构；
5）薄膜阵列的空间环境和热控保护/鉴定标准。

这一工作最终将设计出一个 1kW 的低地球轨道和一个 20kW 的地球同步轨道的薄膜太阳电池阵列。

9.5　空间太阳电池阵列

自从先锋 1 号卫星发射以来，太阳电池阵列设计经历了一个稳步的发展。早期卫星使用的蜂窝状的硅太阳电池板安装在航天器上。早期的空间太阳电池阵列仅产生几百瓦的电力。然而，如今的卫星需要低重量太阳电池阵列来产生几万千瓦的电力。在过去 40 年来，开发出了好几种结构的太阳电池阵列，提高了阵列的比功率，并减少了发射过程中电池的收起体积。

空间用太阳电池阵列所需的最重要的特点有

1）高比功率（W/kg）；
2）低收起体积（W/m^3）；
3）低成本（美元/W）；
4）高可靠性。

此外，一些空间飞行任务对太阳电池阵列提出了其他要求。几项用来研究太阳的地球轨道飞行任务需要"静电清洁"阵列。内行星飞行任务和在数个太阳半径范围内研究太阳的任务，需要太阳电池板能经受的温度超过 450℃，同时在高太阳强度下（HIHT）正常工作。外行星飞行任务需要太阳电池板可以在低太阳强度和低温（LILT）环境下正常工作。除了近太阳任务，木星及其卫星任务还需要太阳电池阵列承受高强度辐射。

太阳电池阵列在 EOL 时的最终发电情况受很多方面影响。在 5×10^{14} 的 1MeV 电子（即典型的在地球同步轨道上受到的 EOL 影响）辐射后，每平方米的起始功率减少 8％。由于太阳电池工作在 75℃ 而不是 25℃ 的测试环境，其每平方米电力减少 9％。由于紫外线辐照导致的衰减大约是 1.7％。随时间推移，由于微流星和常有的表面污染，每项损失约为 1％[34]。

目前应用的太阳电池阵列可分为以下七大类：

1）体装式太阳电池阵列；

2）刚性平面电池板阵列；

3）柔性平面电池板阵列；

4）柔性卷状电池板阵列；

5）聚光阵列；

6）高温/高辐照强度阵列；

7）静电清洁阵列。

这些阵列一些重要的典型特性总结见表 9.7。

表 9.7　空间太阳电池阵列质量比功率、成本和功率比面积[17]

技　　术	比功率/（W/kg）（BOL）@ 电池效率	成本/（10^3 美元/W）	单位功率面积/（m^2/kW）
高效硅（HES）刚性面板	58.5 @ 19%	0.5 ~ 1.5	4.45
HES 活性阵列	14 @ 19%	1.0 ~ 2.0	5.12
三结（TJ）GaAs 刚性	70 @ 26.8%	0.5 ~ 1.5	3.12
TJ GaAs 超快光学技术	115 @ 26.8%	1.0 ~ 2.0	3.62
CIGS 薄膜	275 @ 11%	0.1 ~ 0.3	7.37
非晶硅 MJ/薄膜	353 @ 14%	0.05 ~ 0.3	5.73

9.5.1　体装式阵列

体装式阵列非常适合于只需要几百瓦的小卫星。早期球形卫星和自旋稳定的圆柱状卫星使用这种阵列方式，晶体硅电池按蜂窝状排列。这种类型的阵列简单，而且已被证明是非常可靠的。这种阵列的缺点之一是限制了航天器的飞行方向。这种类型的阵列仍然使用在较小的航天器和自旋稳定的航天器上。最近部署的火星探路者号（Sojourner Rover）也使用这种结构的太阳电池阵列（见图 9.10）。

9.5.2　刚性电池板平面阵列

刚性电池板阵列已在许多需要几百瓦到数万瓦功率的航天器上使用。它们由蜂窝芯电池板构

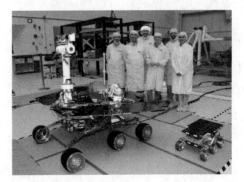

图 9.10　火星探路者号上的体装式阵列
（图片来自美国 NASA 喷气推进实验室）

成，这些蜂窝芯电池板相互连接，所以在发射中可以折叠到航天器的侧壁上（见图9.11）。每个电池板都是刚性的，相当坚固，但相当大程度地增加了阵列质量。最近除铝以外的电池板材料（即石墨/环氧树脂片和带）已经取得了很大发展，也开发了铝和环氧树脂/玻璃混合电池板。

图9.11　刚性 GaAs 太阳电池板阵列（图片来自于美国 NASA，该光伏阵列由两个面板构成，每个面板有五个组件）

刚性电池板阵列的起始功率密度非常依赖于所用太阳电池的类型。硅电池的起始功率密度范围是 35～65W/kg，GaAs/Ge 电池是 45～75W/kg。阵列中配件占总质量的 75%～80%，其余是电池板的收起和打开结构[17]。热带降雨测量任务（TRMM）和罗西 X 射线计数探测器（XTE）都采用刚性电池板阵列。典型的刚性电池板阵列可提供从很小到超过 100kW 的功率。

9.5.3　柔性可折叠阵列

由于高比功率、高封装效率（低收起体积）和简单的打开系统，柔性可折叠阵列对需要几千瓦功率的太空任务非常具有吸引力。这些阵列通常按如下两种基本方式设计：

1）线性布置的柔性平板阵列，如图9.12所示。

a)　　　　　　　　　　　　　b)

图9.12　a) ISS 阵列；b) 线性布置的 ISS 阵列（图来自于美国 NASA）

2）圆形布置的柔性圆形阵列，如图9.13所示。

这些阵列有柔性或半柔性电池板，在发射时阵列收起，电池板之间可以像手风琴一样折叠起来。到达合适轨道后，阵列通过 Astromast™、Ablemast™ 或其他类似装置打开。这种阵列的功率比范围为 40～100W/kg，依赖于电池类型、功率、任务可靠性、航天器方向和可操作性及安全方面的要求。起初，柔性阵列获得市场的原因是每单位重量产生的功率得到很大改进。然而，尽管柔性阵列在这方面有很好的数据，最好的刚性蜂窝状电池板也不差，但是非常大的柔性太阳电池阵列有结构复杂和航天器设计的问题。这种类型阵列用于 MILSTAR 系列飞船、TERRA 飞船和国际空间站上（见图9.2）。

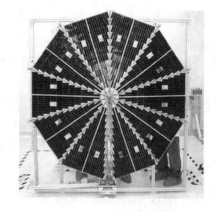

图9.13　圆形布置的柔性圆形电池板阵列（图片由 AEC- ABLE 提供）

美国天合公司（TRW，Inc.），与美国 NASA 喷气推进实验室签订合同，在 20 世纪 80 年代后期开发了一种柔性平板/矩形阵列，称为先进光伏太阳电池阵列（APSA）[68]。美国国防部资助过相似的阵列开发。这些阵列基于相同的基本概念，轻质量的铰链连接聚酰亚胺电池板，电池板通过可延伸的支撑杆打开。用于阵列的硅电池平均 AM0 效率是 14%。结构装置（支撑杆、释放电动机、控制盒）占总阵列重量的 51%，其余的是电池板配件（聚酰亚胺衬底、太阳电池、盖板玻璃、内部互连线、铰链和线束）。

APSA 起初被设计为工作在地球同步轨道，初始功率为 5.3kW，比功率为 130W/kg。但是，这种阵列的比功率并非是线性的。这种低功率阵列的比功率为 40～60W/kg。20 世纪 90 年代初，硅和砷化镓电池的 APSA 阵列的 BOL 和 EOL 比功率如图 9.14 所示[14]。

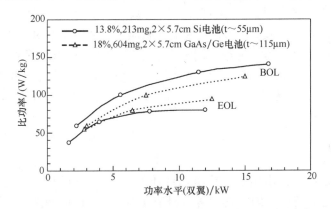

图 9.14　有多种电池技术的 APSA 阵列的预测比功率[14]

Terra 卫星使用了 APSA 型阵列。这个阵列的比功率仅为 40W/kg。因为装载盒不能按照 APSA 起初设计的那样由飞船结构来加固，因此必须对装载盒另外加固。还有，可能使用了比 APSA 之前设计得更结实、更重的衬底。由于阵列需要额外的机动性、安全性和可靠性，国际空间站的阵列的比功率也为 40W/kg[13]。

9.5.4　薄膜或柔性卷状阵列

柔性或半柔性基板除了发射时卷成圆柱状，它与之前提到的手风琴式的折叠阵列类似。哈勃太空望远镜使用了这种卷状阵列（见图 9.15），使用聚酰亚胺衬底，阵列使用管状伸缩臂（Bi-STEM）方式布置。柔性卷状阵列是为美国空军开发的。

在轨道运行 8 年后，哈勃太空望远镜的太阳电池阵列衰退，在轨道上进行了更换[69]。在修复过程中，观察到太阳电池阵列导电条剥离，也注意到两个铰链销都开始脱落。一个阵列送回地球进行研究，而其他阵列丢入太空。返回的太阳电池阵列被运到欧洲航天局作进一步研究。这些卷状阵列改为更加可靠的刚性阵列。

AFRL 已经与两个主要承包商（波音和洛克希

图 9.15　哈勃太空望远镜上的卷状阵列
（图片由美国 NASA 提供）

德马丁公司）开始了一个投资 600 万美元为期 3 年的计划，进行调查和设计独特的完整阵列以适合薄膜太阳电池。AEC- ABLE 正在开发的 SquareRigger™ 太阳电池阵列是由一个个模块组成的柔性毯。这种阵列有超高功率（大于 30kW）与高的比功率。SquareRigger™ 太阳电池阵列系统设计初始功率为 180 ~ 260W/kg，其具体值依赖于不同类型的电池。使用薄膜电池的 SquareRigger™ 系统预计成本比传统刚性电池板系统能降低一个数量级。

Ultraflex 太阳电池阵列最近给凤凰号火星探测器提供电力。凤凰号火星探测器于 2007 年 8 月发射，凤凰号火星探测器是美国 NASA 的第一个探测计划。凤凰号的目的是研究火星北极地区富冰土壤中水的历史和可居住的潜力。这是加利福尼亚州戈利塔（Goleta）的 ATK 航空航天系统公司独特设计的太阳电池阵列技术的第一次飞行。每个凤凰号阵列向东方呈扇形展开组成直径为 2.1m 的圆形，在地球离太阳的距离吸收太阳光产生 770W 的电力。因为火星离太阳比地球离太阳约远 1.5 倍，火星上太阳能量不到地球上的一半。打算在猎户座飞船（新提出的载人探索飞行器）使用相同阵列的太阳电池。AFRL/RV 高功率的太阳电池阵列（HPSA）和美国国防部高级研究计划局高发电系统（HPGS）太阳电池阵列项目承诺为现有在轨的运载火箭整流罩提供高达 500kW 的电力，电池阵列使用厚度 12 ~ 14μm 的薄、柔性太阳电池。

9.5.5　聚光阵列

光伏聚光阵列已经被提出用于外行星飞行任务、太阳能电力推进任务和高辐射环境任务。这些任务需要这种阵列，因为它们可以具有更高的比功率，更高的抗辐射性及在 LILT 环境下更优良的性能。使用聚光阵列的技术问题包括指向精度、散热、非均匀辐照、光污染、环境互动和复杂的部署系统。因为指向失误，可能造成航天器重大的电力损失，因而可能降低整体航天器的可靠性。

反射系统可以提供从 1.6 倍至超过 1000 倍的聚光比，实际使用约为 100 倍。折射系统约为 5 ~ 100 倍，实际使用约为 20 倍。太阳能根据聚光器的设计可以聚焦成平面、线或点。如果使用分布式聚光设计聚光器可能又多又小，如果使用集中式聚光，可能是一个大型聚光器。

NRO STEX 航天器的 AstroEdge™ 阵列发射于 1998 年 10 月，是第一个使用聚光阵列作为其主要动力源的航天器。该系统采用了反射槽设计，标称 1.5 倍的聚光度。阵列成功部署，并且电池电流略高于预期。由于聚光器工作温度更高，一些电池板有散热问题。

图 9.16 是用于深空 1 号上的 SCARLET 阵列。深空 1 号发射于 1998 年 10 月，使用 SCARLET 聚光阵列为离子推进发动机提供电力（见图 9.16）[14]。它的两个阵列在 DC 100V 下能产生 2.5kW 的电力。SCARLET 阵列由 AEC- ABLE 开发，是一项得到 BMDO 资助的项目。

SCARLET 阵列为折射线性分布聚光，聚光比为 7.5 倍。该阵列有 720 个镜片将太阳光聚焦到 3600 片太阳电池上。深空 1 号两翼是 SCARLET 太阳电池阵列组件。每个组件由一个复合互锁结构、四个复合蜂窝电池板和四个框构成。该阵列使用三结 $GaInP_2/GaAs/Ge$ 高效电池。

第一个为太空开发的商用聚光阵列是波音 702。它应用在银河 X1 航天器上，在 2000 年 1 月 12 号被配置。它是反射聚光设计，其太阳光反射到矩形太阳电池平面上。它采用薄膜反

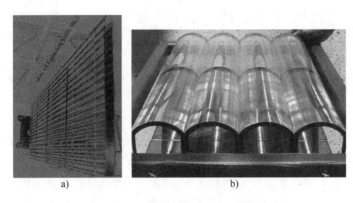

图 9.16　a）用于深空 1 号的 SCARLET 阵列；b）新一代柔性
SCARLET 阵列原型（照片由 NASA 提供）

射器，聚光比为 1.7。设计功率值为 7 ~ 17kW，设计寿命 16 年以上。阵列按预期配置，BOL 功率在预期范围内。但是在轨道上，聚光器的表面衰退很快。阵列的比功率约是 60W/kg，使用效率为 24% 的多结电池。类似的使用普通太阳电池阵列的波音 601，由于收起体积的限制，阵列功率仅大约为 15kW。

9.5.6　高温/高辐照强度阵列

到水星及其他的靠近太阳区域的任务（即太阳探测），需要能在高光强、高辐射、高温环境中工作的电池和阵列。已经启动了两个类似的任务：Helios A，到达 0.31AU（天文单位，表示地球到太阳的平均距离），于 1974 年 12 月 10 日发射；Helios B，到达 0.29AU，于 1976 年 1 月 15 日发射。这些航天器使用普通硅电池，但是为高光强应用而做了改造，并且安装了第二面镜子来冷却阵列，其他的技术与标准阵列非常相似。除了这些任务，即将举行的 MESSENGER Discovery 任务计划在 0.31AU 的位置工作。其太阳电池阵列设计已经处于开发阶段。

目前的太阳电池阵列技术能够满足 MESSENGER 或其他接近太阳约 0.3AU 的航天器的需求，但相对于其他的应用，性能降低而风险增加。对靠近太阳的航天器，电池和阵列都需要进一步改善。迄今为止一直工作的高温高强度太阳电池阵列的共同特征是用光学太阳反射镜（OSR）替换了相当一部分的太阳电池。这些镜子控制了靠近太阳时阵列的温度，但代价是在远离太阳时发电量减少。

MESSENGER 的设计思路是当飞船接近太阳时使阵列偏离来保持阵列温度低于 130℃。设计的阵列可以在太阳下聚焦最长 1h（可能更长）。然而，在此极端条件下（即 260℃）阵列将无法工作。

20 世纪 80 年代末，美国空军和 BMDO 还开发了一些高温阵列。SCOPA 和 SUPER 阵列在激光攻击下也能工作。聚光器将入射激光导出太阳电池。虽然激光不会直接撞击电池，但阵列的温度还是会大幅度增加，因而阵列需要承受高达几百摄氏度的温度。

SCOPA 和 SUPER 的高温耐受性是通过改变金属接触和在 GaAs 电池中使用扩散阻挡层实现的。Tecstar 和 Spectrolab 进行了这方面的研究。其他较小的公司如 Astropower、Kopin 和 Spire 也致力于开发高温电池。AM0 效率达 18% 的 GaAs 电池，在 550℃，真空退火 15min，一个太阳下衰退小于 10%。聚光电池反复在 600℃经历 7min 后仍能正常工作。这些电池在 700℃下只有 10%的衰减。美国 NASA 目前在全力开发全带隙的高温/高光强太阳电池。电池使用的材料，如 SiC、GaN 和 AlGaInP 也正在开发中[69]。高发射率的选择性涂层对这种电池也非常有用，这些涂层可以限制无用的红外光进入太阳电池，从而降低电池的稳态温度。

9.5.7 静电清洁阵列

有一些研究任务旨在研究太阳地球之间的关系（SEC）。这些航天器通常要测量与太阳风相关的场和粒子。这就需要被开发的阵列不破坏局部环境或是静电清洁。这些阵列必须使其电压不受太空等离子的干扰，并且与航天器保持一样的电势。因此通常在电池上的玻璃上覆盖一层导电涂层。由于盖板玻璃上的涂层必须是透明的，透明导电氧化物（TCO）被使用。电池间的涂层不能造成电池短路，所以在制备导电涂层或 V 形夹之前必须在所有的连接处应用绝缘涂层。所有这些绝缘层厚度约为 0.08mm 和宽度约为 0.8mm。

制造静电清洁阵列目前费用是典型阵列的 3~6 倍。这主要是由于开发这种阵列需要手工劳动。由于缺乏维持等电位稳定的导电涂层，这些阵列也不太可靠。此外，这些阵列也一般是体安装结构，它减少了航天器的可用功率（即指向问题等）。由于高辐射环境要使用厚的盖板玻璃，因此发电量也受限制。很不幸，现在缺乏开发静电清洁阵列需要的广泛的知识基础。从开发快速极光快照（FAST）太阳电池阵列的成本就可以看出。FAST 的静电清洁体安装式太阳电池板的成本超过了 7400 美元/W。

在最新一代的多结太阳电池中，使用单片二极管被证明在开发静电清洁阵列中有着巨大的优势。来自体安装的天线、机械臂和固体件要求太阳电池要有旁路二极管来减少阴影损失和电位损害。新的内置二极管将避免增加二极管到阵列电路中的需要和花费。美国 NASA 戈达德太空飞行中心（NASA-GSFC）最近资助复合光学公司（COI），通过太阳能地面探针（STP）计划的磁层多尺度（MMS）和地球空间电动力学关系（GEC）项目，研究静电清洁太阳电池阵列。COI 将为通信/导航中断报警系统（CNOFS）供应静电清洁太阳电池板。

9.5.8 火星太阳电池阵列

火星轨道飞行器使用的光伏阵列非常类似于在地球轨道中使用的，并有良好的结果。然而，在火星表面处太阳光谱的短波长光几乎耗尽，因此火星表面任务中使的电池的效率要低于火星大气层以上的电池。电池的效率减少了大约 8%（相对百分数）。此外，在火星探路者任务中，通过检测电池的短路电流发现了灰尘聚集造成的影响。通过一个电池的实验表明在最初的 20 个火星日，电池"昏暗度"的增加速度为 0.3%/火星日（注意，一个火星日为 24.6h）。通过另一个电池的实验表明经过 80 个火星日后，电池"昏暗度"的变化趋于平缓并且大约趋于 20%[69]。因此开发适应火星太阳光谱的电池及减轻沙尘影响的方法对制备出高效的火星表面任务用的电池阵列将非常必要。

9.5.9 电力管理与配电（PMAD）

连接空间太阳电池阵列和负载需要许多不同的设备。管理和配电系统包括稳压器、转换器、充电控制器、阻塞二极管和导线[70]。这一系统必须根据不同的光照、温度和电池衰减来调节功率，保持发电系统的适当电流和电压水平。该系统的电力汇流排还必须能够将失效电池板从整个阵列中隔离开，以保证飞船不会因为一个电池板的问题而丢失整个阵列的电力。整个 PMAD 系统的重量通常将占传统阵列电力的 20%～30%。如果使用非标准系统，这个比例可以减少。

通常，太阳能发电系统还配有蓄电池装置，以备在阴影区时使用。为了给蓄电池提供适当的充电条件，也为了避免过度充电和过热，应采用峰值功率跟踪（PPT）或直接能量传输（DET）法。采用 PPT 控制阵列，所以它只能产出串联在阵列中的 DC-DC 变换器所要求的功率。PPT 常用于需要较低的（EOL）发电量的任务中。PPT 系统大约使用 5% 的阵列功率。DET 系统有固定的阵列电压，通过并联电阻分流多余的功率。阵列固定电压接近 EOL 最大功率点电压。这些系统通常有较高的 EOL 效率，因此用于更长期的任务。

在有蓄电池存储部件的非调节母线中，负载上的电压就是蓄电池当时的电压。这会导致负载电压大幅波动（即 20%），幅度取决于蓄电池的化学成分和放电深度。在准调节系统中，仅采用一个简单的电池充电器，在充电时负载电压高于蓄电池电压。但是，蓄电池放电时，负载的电压随着蓄电池电压的降低而降低。对于完全调节的系统，使用调节器来维持负载电压，使之不随蓄电池的充放电变化。一个完全调节的系统，需要更多的元件，因此增加了电力管理和配电系统的复杂性和规模。系统效率也由于总汇流排电阻而下降。然而，它带来了更多的可靠性并增加了蓄电池寿命。使用更高的总线电压，可以使电阻上的功率损失降低。阵列的最大电压必须保证发电系统中的裸露出来的部分不通过空间等离子发生放电（对低地球轨道，约为 50V）。

9.6　未来可能的电池和阵列

9.6.1　低强度低温（LILT）电池

LILT 电池指在距太阳大于 1AU 的距离作业的太阳电池阵列。典型的沿地球轨道运行的太阳电池阵列的稳态被照射温度为 40～70℃。一直到 -50℃ 大多数电池的效率都会升高，这个温度对应的距离大约为 3AU。目前现有的电池在 LILT 条件下的特性不确定。美国 NASA 格林研究中心发起了一项计划，来评估 LILT 条件下太阳电池的性能和研究如何提高其性能。

9.6.2　量子点太阳电池

最近提高薄膜光伏太阳电池效率的一个办法是嵌入量子点[71]。目前半导体量子点引起了人们的极大关注，主要是由于它们电子结构的尺寸效应，特别是增加了带隙，因此光电性能可调。迄今，这些纳米结构主要限于传感器、激光、发光二极管和其他光电器件。然而，其独特的尺寸依赖特性增加了谐振器强度，这是由于量子点的强束缚，同时量子点的带隙蓝移也可用来开发相比传统电池更具优势的光伏器件。理论研究预测，对单尺寸量子点，潜在效率是 63.2%，这大约比任何现有的最先进的电池优异两倍。在最普遍的情况下，有无限多尺寸的量子点的系统与具有无限多带隙的系统具有相同的理论效率，达到 86.5%。最近一些工作说明量子点太阳电池具有抗辐射性能，也可以应用于空间电池[72]。量子点和理论效率较完整的讨论参见第 4 章。

9.6.3 集成发电系统

美国 NASA 也一直研究在小面积柔性衬底上开发重量轻的集成空间发电系统[73]。这些系统通常包括一个高效率的薄膜太阳电池、高能量密度的固态锂离子电池和相关的控制电子器件。这些器件可以直接集成到微电子或微机电系统（MEMS）器件，这非常适合于卫星上的分布式电力系统，甚至可以成为纳米卫星的主电源。正如一个旋转卫星或"旋转关节"以及低地球轨道的卫星那样，通过配有发电和存储系统，这种系统能够在变化的或时断时续的光照下产生稳定的功率输出。

一个集成的薄膜发电系统有可能为小型航天器提供一个低重量和低成本的系统来替代现有的最先进的电力系统。集成薄膜电源简化了航天器汇流排设计和减少了能量传输、转换和存储所造成的损失。希望这样的简化也将带来更高的可靠性。在美国 NASA 格林研究中心结合星光大气研究卫星项目最近开发出一种为空间飞行试验供电的微电子电力供应系统（http://www.azinet.com/starshine/）。

该器件集成了 7 结的小面积 GaAs 单片集成光伏模块（MIM），该模块带有一个全聚合物 $LiNi_{0.8}Co_{0.2}O_2$ 锂离子薄膜蓄电池。阵列的输出与充电是匹配的，提供必要的 4.2V 充电电压，这最大限度地减少了相关的控制电子元器件。使用匹配的 MIM 和薄膜锂离子蓄电池存储，最大化了功率比并且最小化了器件的面积和厚度。这种发电系统被设计成面安装方式安装到星光 3 号卫星上，该卫星发射到低地球轨道，固定的转动速度是 5°/s。即使由于卫星旋转和在低地球轨道所造成的间断照明，这种设计仍能提供不间断的电力[74]。

9.6.4 高比功率阵列

阵列要获得 1kW/kg 的比功率，需要更高比功率的电池。同样，太阳电池毯的比功率（包括互连、二极管和接线）也必须超过 1kW/kg。APSA 评估确定对一个轻质量系统而言展开系统的重量基本上等于太阳电池毯的重量[31]。因此，比功率大约 2000W/kg 的电池毯可以做成 1000W/kg 的阵列。美国 NASA 目前正在资助 AEC-ABLE 工程，开发轻量级薄膜阵列展开系统。

增加工作电压可以增加阵列的比功率。更高的阵列工作电压可降低导线质量。APSA 被设计为工作电压为 28V，输出功率为几千瓦，其中导线占总阵列质量的 10%，产生的比质量约为 0.7kg/kW。如果此阵列设计为 300V 工作电压，比质量至少减少 50%。仅此一点，没有任何其他修改的情况下，将增加 APSA 比功率 5% 或更多。

为太阳能电力推进和空间太阳能发电应用所开发的具有极高比功率的阵列，需要重量轻巧的太阳电池阵列，该阵列在空间等离子体环境中能够在高电压下工作。仅太阳能电力推进任务就需要 1000~1500V 的电压直接为电力推进航天器供电（即推力器工作不需要升高电压）。美国 NASA 提出了一个独立的薄膜阵列，比功率是最先进的 III-V 族阵列的 15 倍，面功率密度是最先进的 III-V 族阵列的 1.5 倍，并且费用比最先进的 III-V 族阵列低 15 倍[75]。

9.6.5 高辐射环境太阳电池阵列

有几种办法来减轻高辐射对太阳电池阵列的影响。最简单的是采用厚的盖板玻璃

（假设有商业来源）。厚的盖板玻璃可使电池免受低能量质子造成的严重损害，但是将大幅度降低阵列的比功率。然而，如果采用聚光器设计可以减少这种降低，当然聚光系统的附加元件也要承受高辐射环境。一种不同的做法是尝试研发更抗辐射的电池。正在研究的一些高温、高强度材料，也表现出了良好的抗辐射性。但是，这些不适合于与 LILT 有关的高辐射任务。许多正在考虑的美国 NASA 的高辐射任务距离远远大于 1AU。假如薄膜的低效率问题可以解决的话，薄膜是一种可能的选择，因为它们已经显示出如前所述的抗辐射方面的优势。

9.7 发电系统的品质因素

在开发空间太阳能发电系统中有许多方面的品质因素要考虑（如比重量、比功率、每瓦的成本、温度系数和太阳电池的预期辐射衰减）。

正如之前的讨论，Ⅲ-Ⅴ族多结电池的抗辐射强度和温度系数明显优于硅电池。这导致多结电池的 EOL 功率明显高于硅电池。这些列于表 9.8，其中有室温下的电池 BOL 效率，典型的低地球轨道和地球同步轨道上正常工作温度和辐射环境中的 EOL 电池效率。

表 9.8 低地球轨道和地球同步轨道上运行的 75μm 的多结电池和高效硅电池的相对辐射衰减的对比[68]

太阳电池技术	BOL 效率 @ 28℃ （%）	在轨道上的 EOL 效率 （%）
GEO 条件 （60℃）-1MeV，$5 \times 10^{14} e/cm^2$		
HE Si	14.1	12.5
2J Ⅲ-Ⅴ	20.9	20.0
3J Ⅲ-Ⅴ	23.9	22.6
LEO 条件 （80℃）-1MeV，$1 \times 10^{15} e/cm^2$		
HE Si	13.4	10.6
2J Ⅲ-Ⅴ	19.7	18.1
3J Ⅲ-Ⅴ	22.6	20.3

辐射衰减的差异对电力系统设计可以产生巨大的影响。例如，典型的刚性电池板面积约为 $8m^2$，典型的太阳电池面积是 $24cm^2$，采用包装因子 0.90 的电池板可以容纳 3000 个电池。在地球静止轨道，高效硅电池组成的电池板会产生 1.2kW 的 EOL 功率。如果电池板由最先进的三结电池组成，EOL 功率几乎翻倍达到 2.2kW。另外，为了在地球静止轨道提供等量的 EOL 功率，高效硅电池组成的电池板比三结电池的大 77%，而在低地球轨道则需要大 92%。

硅和多结太阳电池板的大小差异，在收起、部署和航天器姿态控制方面非常重要。这一点尤其适用于高功率地球同步轨道通信卫星，其中硅太阳电池阵列面积超过 $100m^2$。相比之下，三结电池阵列，虽然并不小，但是面积只有 $59m^2$。阵列的大小将影响航天器的重量、体积（阵列收起时）和对航天器姿态控制系统的要求（额外的化学燃料）。

三个重要的用于电力系统优化的品质因素是 EOL 面功率密度 （W/m^2）、比重量 （W/kg）与成本 （美元/W）。各种最先进电池技术的典型值列于表 9.9。

表 9.9　未封装的双结（2J）、三结（3J）和高效硅太阳电池的 EOL 面积功率密度（W/m²）、比重量（W/kg）和归一化（针对高效硅电池）成本（美元/W）[68]

太阳电池技术	W/m²	W/kg	归一化成本/(美元/W)
GEO 条件（60℃）– 1MeV，5×10^{14} e/cm²			
75μm HE Si	169	676	1.00
2J Ⅲ - Ⅴ	271	319	1.38
3J Ⅲ - Ⅴ	306	360	1.22
LEO 条件（80℃）– 1MeV，1×10^{15} e/cm²			
75μm HE Si	143	574	1.00
2J Ⅲ - Ⅴ	245	288	1.29
3J Ⅲ - Ⅴ	275	323	1.15

多结电池单位面积的 EOL 功率明显优于硅电池。然而，硅电池的 EOL 比重量几乎比多结电池的大两倍。这导致高效硅电池每瓦有一个稍小的 EOL 成本。这表明在过去几年中，多结电池的成本大幅度降低。

如果考虑必要的组件部件的重量（如电池板衬底、盖板玻璃、黏合剂、铰链、绝缘体、电线等），不同类型电池的单位面积的等价功率和与电池互连及封装有关的费用，开发多结电池阵列的成本要略低于高效硅电池。在铺设和层压（100μm 的氧化铈掺杂的盖板玻璃）后，电池板的 EOL 比功率以及电池板的归一化的每瓦成本见表 9.10。与稍便宜的 100μm 的高效硅电池（电池板）的比较看出多结电池在成本上稍具优势。100μm 硅电池相比于 75μm 硅电池，抗辐射性较差，有较低的比功率（W/kg），但是成本下降约 35%。

目前，就电池板而言传统的空间硅电池比多结电池要稍便宜。然而，常规空间硅电池的 EOL 功率远低于高效硅电池或多结电池。在对比研究中，要考虑使用它们必定要遇到的重量和面积的增加，而不是考虑节约成本和其他环节。

表 9.10　高效硅电池和双结、三结电池在层压后及制成电池板后的 EOL 比功率（W/kg）[68]

太阳电池技术	CIC 比功率 /(W/kg)	面板比功率 /(W/kg)	归一化成本/(美元/W)
GEO 条件（60℃）– 1MeV，5×10^{14} e/cm²			
75μm H. E. Si	261	75	1.00
2J Ⅲ - Ⅴ	219	95	0.9
3J Ⅲ - Ⅴ	248	108	0.8
LEO 条件（80℃）– 1MeV，1×10^{15} e/cm²			
75μm H. E. Si	221	63	1.00
2J Ⅲ - Ⅴ	199	86	0.84
3J Ⅲ - Ⅴ	223	97	0.75

9.8　总结

自从早期的太空计划，工程师们就致力于改善空间太阳电池和阵列的所有重要参数。无数研究表明，只要能降低阵列重量，高额的阵列费用是值得投资的。一般情况下，发电系统重量减少表明可以搭载更多的有效载荷。如果有效载荷产生的收入（即在通信卫星上有更多发射机）大于更高效率太阳电池的成本，是很容易做出选择的。然而，越多的功能（如命令和数据处理、结构、姿态控制等）要求越多的电力。这些增加可能使整体航天器的优势弱化。

参考文献

1. Chapin D, Fuller C, Pearson G, *J. Appl. Phys*. **25**, 676–681 (1954).
2. Jenny D, Loeferski J, Rappaport P, *Phys. Rev*. **101**, 1208–1212 (1956).
3. Easton R, Votaw M, *Rev. Sci. Instrum*. **30**, 70–75 (1959).
4. Loeferski J, *J. Appl. Phys*. **27**, 777–785 (1956).
5. Jackson E, *Trans. of the Conf. on the Use of Solar Energy*, Vol. 5, pp 122–128 (Tucson, AZ, 1955).
6. *Bell Syst. Tech. J*. **42** (1963).
7. Solar Cell Array Design Handbook, *JPL* **SP43-38**, Vol. 1, pp 1.1–2 (1976).
8. Statler R, Curtin D, *Proc. International Conf. on the Sun in the Service of Mankind*, pp 361–367 (1973).
9. Reynolds D, Leies G, Antes L, Marburger R, *Phys. Rev*. **96**, 533 (1954).
10. Lebrun J, *Proc. 8th IEEE Photovoltaic Specialist Conf*., pp 33–37 (1970).
11. North N, Baker D, *Proc. 9th IEEE Photovoltaic Specialist Conf*., pp 263–270 (1972).
12. Bailey S, Raffaelle R, Emery K, *Proc. 17th Space Research and Technology Conf*. (2001).
13. Hague L, *et al*., *Proc. 31st Intersociety Energy Conversion Engineering Conf*., pp 154–159 (1996).
14. Stella P, *et al*., *Proc. 34th Intersociety Energy Conversion Engineering Conf*. (1999).
15. Bailey S, Landis G, Raffaelle R, *Proc. 6th European Space Power Conf*. (2002).
16. Ralph E L, High Efficiency Solar Cell Arrays System Trade-Offs, *First WCPEC*, pp 1998–2001 (1994)
17. Bailey S, *et al*., *Solar Cell and Array Technology for Future Space Science Missions*, Internal NASA report to Code S (2002).
18. Banerjee A, Xu X, Beernink K, Liu F, Lord K, DeMaggio G, Yan B, Su T, Pietka G, Worrel C, Ehlert S, Beglau S, Yang J, Guha S, *Proc. 35th IEEE Photovoltaics Specialists Conf.* (2010).
19. Stern T, Krumweide D, Gaddy E, Katz I, Proceedings of the *28th IEEE Photovoltaic Specialists Conference*, Anchorage, AK (September 2000).
20. Wanlass M W, Ahrenkiel S P, Albin D S, Carapella J J, Duda A, Geisz J F, Kurtz S, Moriarty T, Wehrer R J, and Wernsmann B, *Proc. 31st IEEE Photovoltaics Specialists Conference*, p. 230 (2005).
21. Yoon H, Hadda M, King R R, Law D C, Fetzer C M, Sherif R A, Edmondson K M, Kurtz S, Kinsey G S, Cotal H L, Krut D D, Ermer J H, and Karam N H, *Proc. 20th European Photovoltaic Solar Energy Conference*, p. 118 (2005).
22. Boisvert J C, Law D C, King R R, Bhusari D M, Liu X-Q, Zakaria A, Mesropian S, Larrabee D C, Woo R L, Boca A, Edmondson K M, Krut D D, Peterson D M, Rouhani K, Benedikt B J, Karam N H, *Proc. 35th IEEE Photovoltaics Specialists Conf.* (2010).
23. Breen M L, Street A R, Cokin D S, Stribling R, Mason A V, Sutton S C, *Proc. 35th IEEE Photovoltaics Specialists Conf.* (2010).
24. Kurlan R, Schurig H, Rosenfeld M, and Herriage M, *28th IEEE PVSC*, pp 1061–1066 (2000).
25. Imaizumi M, Takahashi M, Takamoto T, *Proc. 35th IEEE Photovoltaics Specialists Conf.* (2010).
26. Bücher K, Kunzelmann S, *Proc. 2nd World Conference and Exhibition on Photovoltaic Solar Energy Conversion*, 2329–2333 (1998).
27. Green M, *et al*., *Prog. Photovolt*. **6**, 35–42 (1998).

28. Green M, *et al.*, *Prog. Photovolt*. **9**, 287–293 (2001).
29. King R, *et al.*, *Proc. 28th IEEE Photovoltaic Specialist Conf.*, pp 982–985 (2000).
30. Reynard D, Peterson D, *Proc. 9th IEEE Photovoltaic Specialist Conf.*, p. 303 (1972).
31. Crabb R, *Proc. 9th IEEE Photovoltaic Specialist Conf.*, pp 185–190 (1972).
32. Bailey S, *et al.*, *Proc. 2nd World Conf. Photovoltaic Solar Energy Conversion*, pp 3650–3653 (1998).
33. Ferguson D, *Interactions between Spacecraft and their Environments*, AIAA Paper 93-0705, NASA TM 106115 (1993).
34. Landis G, Bailey S, *AIAA Space Sciences Meeting*, AIAA-2002-0718 (Reno, NV, 2002).
35. Flood D, *Proc. NHTC'00, 34th National Heat Transfer Conf*. (2000).
36. Spanjers G, Winter J, Cohen D, Adler A, Guarnieri J, Tolliver M, Ginet G, Dichter B, Summers J, *Proc. 2006 IEEE Aerospace Conference*, pp 1–10 (2006).
37. Anspaugh B, *GaAs Solar Cell Radiation Handbook*, 6–54, NASA JPL Publication 96-9 (1996).
38. Marvin D, Nocerino J, *Degradation Predictions for Multijunction Solar Cells on Earth-Orbiting Spacecraft*, Aerospace Report No. TOR-2000(1210)-2, 9 (2000).
39. Walters R, *et al.*, *Technical Digest of the International PVSEC-11*, pp 813–814 (1999).
40. Walters R, *Proc. 15th SPRAT*, pp 30–34 (1997).
41. Tada H, Carter J, Anspaugh B, Downing R, *Solar Cell Radiation Handbook*, 3–82, JPL Publication 82–69 (1982).
42. Fahrenbruch A, Bube R, *Fundamentals of Solar Cells*, Chap. 2, Academic Press, Boston (1983).
43. Landis G, *Proc. 13th SPRAT*, pp 385–399 (1994).
44. Scheiman D, *et al.*, *Proc. 17th SPRAT Conference* (Cleveland, OH, Sept. 11–13, 2001).
45. Bailey S, Flood D, *Prog. Photovolt*. **6**, 1–14 (1998).
46. Keener D, *et al.*, *Proc. 26th IEEE Photovoltaic Specialist Conf.*, pp 787–281 (1997).
47. Aiken D J, Cornfeld A B, Stan M A, Sharps P R, *Proc. 4th World Conference of Photovoltaic Energy Conversion*, p. 838 (2006).
48. Cornfeld A, Aiken D, Cho B, Ley V, Sharps P, Stan M, Varghese T, *Proc. 35th IEEE Photovoltaics Specialists Conf.* (2010).
49. Tatavarti R, Hillier G, Dzankovic A, Martin G, Tuminello F, Navaratnarajah R, Du G, Vu D P and Pan N, Lightweight, Low Cost GaAs Solar Cells On 4 Epitaxial Liftoff (ELO) Wafers, *33rd IEEE PVSC* (2008).
50. Sharps P R, Cho B, Cornfeld A, Diaz J, Newman F, Stan M, and Varghese T, "Next Generation High-Efficiency Space Solar Cells", *Space Power Workshop* (2009).
51. Hoffman D, *et al.*, *Proc. 35th IECEC*, AIAA-2000-2919 (2000).
52. Bailey S, Hepp A, Raffaelle R, *Proc. 36th Intersociety Energy Conversion Engineering Conference*, pp 235–238 (2001).
53. Guha S, *et al.*, *Proc. 2nd World Conf. PV Solar Energy Conversion*, pp 3609–3612 (1998).
54. Deng X, Povolny H, Han S, Agarwal P, *Proc. 28th IEEE Photovoltaic Specialist Conf.*, pp 1050–1053 (2000).
55. Arya R, *et al.*, *Proc. 1st World Conf. Photovoltaic Solar Energy Conversion*, pp 394–400 (1994).
56. Contrera M, *et al.*, *Prog. Photovoltaics* **7**, 311–316 (1999).
57. Hanket G, *et al.*, *Proc. 29th IEEE Photovoltaic Specialist Conf.*, pp 567–570 (2002).
58. Dhere N, Ghongadi S, Pandit M, Jahagirdar A, Scheiman D, *Prog. Photovoltaics* **10**, 407–416 (2002).
59. Romeo A, Blatzner D, Zogg H, Tiwari A, *Mat. Res. Soc. Symp. Proc*. Vol. 668, pp H3.3.1–3.6 (2001).
60. Ferekides C, *et al.*, *Thin Solid Films* **361–362**, 520–526 (2000).
61. Marshall C, *et al.*, *IECEC*, 1999-01-2550 (1999).
62. Messenger S, *et al.*, *Proc. 16th European Photovoltaic Energy Conference*, pp 974–977 (2000).
63. Tringe J, Merrill J, Reinhardt K, *Proc. 28th IEEE Photovoltaic Specialist Conf.*, pp 1242–1245 (2000).
64. Stella P, West J, *Proc. 21st IEEE Photovoltaic Specialist Conf.*, pp 1362–1366 (1990).
65. Contini R, Ferrando E, Hazan D, Romani R, Campesato R, Casale M C, Gabetta G, "Compar-

ison Between CIGS And Triple Junction GaAs On Thin Ge Solar Cell Assemblies and Related Development Strategies", *33rd IEEE PVSC* (2008).

66. Gerlach L, Fournier-Sirce A, Fromberg A, Kroehnert S, *Proc. 21st IEEE Photovoltaic Specialist Conf.*, pp 1308–1312 (1990).
67. *Science*, Vol. 305, issue 5685, pp 737–900 (6 August 2004).
68. Scheiman D, Landis G, Weizer V, *AIP Conf. Proc.* **458**, 1–6 (1999).
69. Landis G, *Acta Astronautica* **38**, 1 (1996).
70. Larson W, Pranke L, Eds, *Human Spaceflight Mission Analysis and Design*, McGraw Hill, New York (1999).
71. Luque A, Marti A, *Phys. Rev. Lett.* **78**, 5014 (1997).
72. Leon R, *et al.*, *Appl. Phys. Lett.* **76**, 2071 (2000).
73. Hoffman D, Raffaelle R, Landis G, Hepp A, *Proc. 36th IECEC*, IECEC-2001-AT-21 (2001).
74. Raffaelle R, *et al.*, *Proc. 36th IECEC*, IECEC2001-AT-66 (2001).
75. Bailey S, *et al.*, *Proc. 17th Euro. Photovoltaic Solar Energy Conference*, pp 2137–2143 (2001).

第 10 章　光伏聚光器

Gabriel Sala, Ignacio Antón
西班牙马德里理工大学太阳能研究所

10.1　光伏聚光的宗旨是什么，它有什么作用

　　光伏聚光是平板太阳电池板的一种替代技术，包括用光学元件替代平面太阳电池，此光学元件增加了来自于太阳的发光功率密度（辐照度（W/m^2））并将它投射到特定的电池，其面积比光接收面要小得多，如图 10.1 所示。

　　虽然通过热力学理论预测了光伏电池转换效率的增加[1]，实验也已经证实了这点。但发展聚光光伏（CPV）技术的唯一理由是具有如下合理性，采用此技术发电，从环境方面考虑是可持续和可接受的。除非效率增加，聚光并没有减少收集器的面积。

　　聚光光伏技术几乎与地面光伏（PV）同时出现。1975 年，光伏电池太贵，减少光伏电池的面积、用光学元件取代成为一个直接和有吸引力的选择。这就是为什么在 1975 年美国推出国家计划，在桑迪亚国家实验室（DOE）的带领下研发聚光光伏的概念和原型机[2]。一些原型机证明了概念的可行性，其中一个演变成为商业安装，在 2009 年累计安装达 10MW[3]（见图 10.2）。

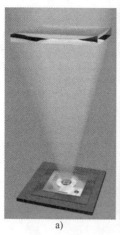

a)　　　　　　　b)

图 10.1　光伏聚光的概念。a）具有旋转对称的透镜把直射太阳光会聚在一个焦点上（Fraunhofer-ISE 提供）。b）抛物柱面聚光器，在太阳电池上太阳光会聚成线形（IES-UPM 提供，Euclides Prototype 1996）

图 10.2　桑迪亚国家实验室（1976）菲涅耳透镜技术的发展和商业化：$750kW_p$，Cáceres，西班牙，2007 年由 Guascor Fotón 制造和安装（Guascor Fotón 提供）

尽管在 1976 年至 1985 年聚光光伏技术发展迅速，然而人们很快便清楚地发现，市场还没有准备好兴建聚光光伏需求的大型设施，鉴于其组件规模不大（>1MW），在如此规模与来自于常规电站能源的价格相竞争是困难的。但组件规模限制严格意义上并不是聚光技术的结果，而是起源于所采用的跟踪结构，只有在几兆瓦的大型电站中才会盈利。

市场上并网大型电站的出现，并采用效率高于 40% 的多结电池，给聚光技术带来了新的发展和投资，聚光技术重新兴起。

随着常规光伏组件价格的持续下跌，桑迪亚国家实验室建立的聚光光伏的基本原则，即减少电池数量已变得不那么有吸引力。目前比较盛行的原则是在数百个太阳下采用高效率的多结电池以减少系统总面积 [4-6]。不过，仍然有人坚持采用效率在 20% 范围内的电池组成，且聚光率小于 10 倍的简单聚光系统去实现竞争 [7]。

10.2 目标、限制和机会

10.2.1 目标及优势

为了让读者自己能够对某种技术实现一定经济目标的能力及其能对一些重要参数的敏感性进行分析，下面介绍一个简单公式，给出聚光光伏在给定环境中每年的核算成本 [8]

$$\text{COST kWh}(\text{欧元}) = \left[\frac{\text{BOS}\left(\frac{\text{欧元}}{\text{m}^2}\right) + \dfrac{\text{Cell}\left(\frac{\text{欧元}}{\text{m}^2}\right)}{C}}{E_{\text{in}}\left(\frac{\text{kWh}_{\text{sol}}}{\text{m}^2}\right) \cdot \eta_{\text{sys}}\left(\frac{\text{kWh}_{\text{elect}}}{\text{kWh}_{\text{sol}}}\right)} \times (\text{ADR}) \right] \tag{10.1}$$

式中，BOS 为聚光器所有元件每平方米的成本，除太阳电池和受聚光倍数影响的元件的成本（例如，电池基板、二次光学元件等）之外，还包括现场安装；

Cell 为每平方米电池成本；

C 为有效聚光倍数；

E_{in} 为 1m^2 接收器在一年达到的有用累积辐射（kWh/（m^2·年）），它是位置的函数。除聚光倍数小于 5 时能够俘获一定量的散射辐射外，只有垂直辐射通常是有用的；

η_{sys} 为根据阵列收集器的表面获得的光能量所产生的电能计量得到的整个系统的效率。这个数字是现场工作温度下的电池效率、跟踪器上组件的光学效率及直流/交流转换效率的综合结果；

（ADR）为年贴现率：到系统报废时投资成本的年度分配（通常为 25 年）。

该公式表明，阳光充足的地方产生更便宜的能源，而且高效电池的单位价格，虽然可能会非常高，但可以通过使用高倍聚光大幅度降低。同时，转换效率直接与系统成本有关。可以说，由于聚光，提高效率所增加的成本几乎不会增加系统成本。

但读者必须认识到，使用聚光技术时，需要支付由光学系统产生的不可避免的损失所带来的成本，尽管这还不太明确。

正如后面所述，为工作在最佳水平，聚光光伏需要精确保持收集器对准太阳。这就是它的移动结构比静态平板组件更昂贵的原因。

基于高效电池的聚光光伏具有巨大的发展潜力。因为制造聚光光伏的材料成本高达80%的系统成本，这些材料是常规和广泛使用的。例如，一个巨大的年产量100GW的聚光光伏将影响2%的钢材和10%的玻璃市场（假定收集器由玻璃制成）。

除了材料的可用性，有大量有生产能力的公司和适应了这种技术的工人（例如，汽车或家电市场公司）。可以通过一些高科技公司生产太阳电池，能够在不断扩大和低风险的市场情况时做出快速决策[9]。

这种情况的证据在一些主要专业杂志上可以看到：自2006年以来，世界各地已产生了多达40个商业项目，设立了制造多样化，效率和规模的聚光光伏系统的目标。

虽然如此，只有一些公司聚光器在兆瓦级。我们发现在带有多结电池组的高倍聚光器中使用反射主收集器的团队有SolFocus公司（美国）及Solar Systems公司（澳大利亚）（见图10.3）。

然而2009年，大多数商业化的聚光器都采用了基于聚甲基丙烯酸甲酯的菲涅耳透镜，作为折射主收集器，电池在超过30W/cm^{2}的条件下运行。例如，Guascor-Fotón，一家西班牙公司，在聚光光伏市场是领先的，它使用改进的Amonix

图10.3　太阳系统（澳大利亚）的抛物面反射镜盘，大面积的聚焦以能够给主动冷却接收器提供500倍能量（John Lasich提供）

公司的技术和27%效率的背面点接触硅电池[10]，2007年和2008年间安装9MW（见图10.2）。如今，已采用多结电池代替硅电池。采用透镜作主收集器的其他大型组件制造商还有Concentrix Solar（德国），它采用复合玻璃-硅菲涅耳透镜（见图10.4）。

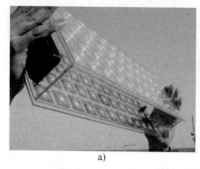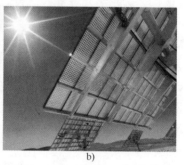

a)　　　　　　　　　　　b)

图10.4　a) Fraunhofer-ISE发展和生产的FLATCON-组件，FLATCON概念现在已经被Concentrix Solar GmbH商业化（Fraunhofer-ISE提供）；b) Concentrix的商业聚光系统（Concentrix Solar GmbH允许呈现）

10.2.2　光伏聚光器的成本分析

现在我们来探究组件构成部件的生产水平和电池最佳尺寸对制造成本的影响。这个分析将仅限于当前最常见的组件，即带有多结电池的菲涅耳透镜，一个次级光学聚光器（SOC）和双轴跟踪系统。变革性的例子可能不同于这些结果，但我们认为它具有代表性。

透镜尺寸和聚光倍数在此类型组件中是非常重要的。非常小的电池，尽管增加了晶圆的损失和生产的复杂性，但节省材料、存储和运输成本，因为组件变薄了和透镜变小了。因此，对于1000倍（80W/cm^{2}时）的固定增益，我们要按照电池的大小来研究成本。

用于分析的菲涅耳透镜的组件接收器类型如图10.5所示。

我们将分析两种情况，针对不同的生产水平：10MW/年和30MW/年。

通过探索电池尺寸从1mm^{2}到100mm^2，1000倍和f数 =1，我们获得图10.6详细曲线，其中显示了电池尺寸在10mm^{2}和20mm^{2}时，组件成本最小，但随着尺寸增加，成本也缓慢增加。这种随电池尺寸变大，成本的缓慢增加是由于较大电池不利于散热，以及I^2R_s损失增加造成的。

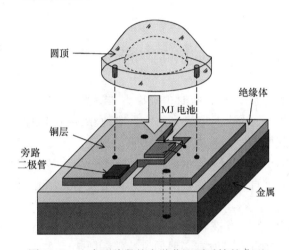

图 10.5 一个两阶段的光学菲涅耳透镜的典型接收器。衬底提供绝缘和良好的热传输。它设有一个旁路和一个"silo"或"domo型"圆顶（UPM-IES 提供）

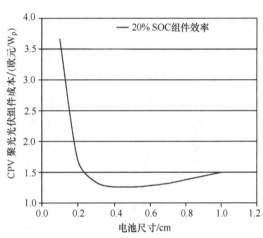

图 10.6 带有 f: 1 菲涅耳透镜和假设 20% 户外效率的多结电池的组件成本与电池尺寸之间的关系。随尺寸变大，成本的增加是由于较大电池不利于散热，以及 I^2R_s 损失增加造成的（UPM-IES 提供）

对于1mm^{2}和9mm^{2}尺寸的电池，具体分析结果见表10.1。在850W/m^2，一个正常的电池工作温度（NOTC）下测得的组件效率是20%，年产30MW的公司，可达到1.0欧元/W的成本。Concentrix Solar 公司已经制备得到27%效率的组件和23%效率的户外阵列[11]。

表 10.1 20% 高效聚光光伏组件标准工作条件（850W/m^2 和电池工作温度）下每瓦的成本

	电池 1mm × 1mm		电池 3mm × 3mm	
	10MW/（欧元/W$_p$）	30MW/（欧元/W$_p$）	10MW/（欧元/W$_p$）	30MW/（欧元/W$_p$）
设备	0.13	0.04	0.09	0.03
劳动力	0.08	0.05	0.06	0.04
材料	2.82	2.70	0.976	0.93
总组件成本	3.02	2.80	1.13	1.00
安装和跟踪	0.9	0.7	0.9	0.7
现场系统（直流）	3.39	3.50	2.03	1.70
连接电网（交流）	4.27	3.75	2.28	2.05

已添加跟踪系统，以及现场安装成本，包含功率调节和网络连接。

有趣的是，设备和劳动力成本相对于组件材料是不显著的，因为它们可以随着生产量的增加而减少，主要是电池本身。后者也可以通过提高工作效率降低成本。

我们可以从表 10.1 中看到，包含了现场成本，安装和跟踪系统成本后，总成本可达到 0.7 ~ 0.9 欧元/W，成本接近于平板系统，这表明跟踪在成本上仍然起着很大作用，应继续被减少。采用 30% 的组件效率，在电站中为 27%，聚光光伏的成本比任何其他光伏技术都低。

10.3　典型聚光器：分类尝试

10.3.1　光伏聚光器的类型、组件和操作

光伏聚光器始终有两个主要的和不可避免的要素：一个小面积的特定电池和一个可将太阳光束定向投射到电池上的收集器。

利用平面镜来谱强照射到传统平面电池板上的系统[12]，有时也被称为"聚光器"。为了与聚光光伏区分开来，我们将他们称为"增强镜子系统"。聚光光伏中，电池和接收器的设计需要同时考虑到其苛刻的操作条件，及确保其可靠性，并遵守特定的官方规定。

为说明光伏聚光器的基本概念，将首先集中于图 10.1a 所示的系统。它由一个旋转凸透镜组成，当采用合适太阳跟踪驱动器使太阳光束垂直入射在透镜表面时，此透镜将太阳光聚焦到接收的太阳电池上。

正如所有的光伏系统，到达太阳电池的部分光将被转换成热，因为转换效率小于100%。尽管通过提高收集器/电池面积比可以增加电力，但有必要通过特殊的散热元件来将废热传递到周围空气中。

透镜型收集器允许热量通过聚光光伏组件的整个后侧来散热。相比平板组件，运行的聚光器每单位面积较前者须消散较少的热量，因为它仅收集垂直辐射，后者能更有效地发电。

透镜需要做好封闭，既保护透镜也提供结构支撑：该结构也用于保护器，虽然带有菲涅耳透镜的组件内部的冷凝水是与此技术相关的困难之一，如图 10.7 所示。一些制造商已采取行动来避免它，比如当有日常的凝结时，采用干燥空气吹干。

在前面的例子中，我们已经看过一个光学系统，也被称为点聚焦，太阳的圆形图像投射到电池。然而，也有可能由圆柱形收集器将太阳光聚集到一个线性接收器。最常用的聚光类型是槽式反射器装置，它工作在低或中等聚光水平，如图 10.1b 所示。

此聚光器必须是移动的，使其平面总是包含太阳圆盘。如果收集器是一个反射镜，仅需单

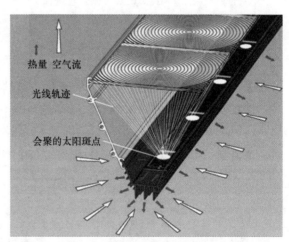

图 10.7　聚光光伏组件菲涅耳透镜的原理及元件
（经 Whitfield Solar Ltd 允许呈现）

轴跟踪。焦点是一条线，接收器通常由放置在聚焦线上的一组串联的电池构成，如图 10.8 所示。

具有线性菲涅耳透镜的接收器也被提出，但斯涅耳定律的"机制"需要使用两个轴，以保持焦点永久在电池平面上进行跟踪。线性系统可以使用主动或被动增强的散热片制冷（见图 10.8）：通常主动制冷通过热能的低温利用实现。

虽然单轴系统更简单，对于一个给定的额定功率有更小的使用空间，但如果太阳并不总是垂直于收集器，它们收集的能量会更少。

预期具有改进的光学性能的新设计是基于非成像光学，光学新的学科，旨在投射光功率到目标上但在系统中的任何平面上不保留图像。非成像光学允许设计理想聚光器，它可以达到物理所允许的最大增益。

图 10.8　消散热量的线性聚光光伏接收器的散热片（UPM-IES 提供）

采用近乎理想的聚光器，可能使线性聚光器达到 5 倍增益，称为静态聚光器，它能全年"发现及聚光"太阳盘的光线以及天空中很大一部分光线。它们通常是圆柱形，东-西取向。虽然有几个是在 20 世纪 80 年代初开发的，但它们还没有商业化。

聚光器的工作原理可以在多次获奖的 Richard Swanson 博士写的经典论文"聚光器的承诺"中找到[13]。在这篇优秀论文中，读者可以找到最好的书目参考列表，包括直到 2000 年与聚光光伏有关的一切。

10.3.2　聚光器的分类

光伏聚光器比平板组件具有较多的特征参数，这是为什么可以根据许多可能的标准对它们进行分类。例如：几何形状，光学，聚光水平，电池类型，跟踪方法，散热性等。

如果为每个标准重排所有选项，会发现约 500 种可能性设计。当根据预期或测量的性能及经济因素过滤时，现实的方案数量大大降低。

因此，简言之，目前两个占主导地位的趋势是

1）高倍聚光（>300 倍）的点聚焦系统，采用高效率（>35%）高成本的Ⅲ-Ⅴ族太阳电池。

2）低或中倍聚光（2～60 倍）系统，采用 20%～22% 效率的低成本硅太阳电池。

了解了这些主要趋势，当前可行的聚光光伏中各部件的现实组合见表 10.2。（阅读 10.6 节定义的"组件"和"模块"概念之后，该表就更好地被理解）。

表 10.2　C-RATING 项目（EU，5thFP）中聚光器的分类

参考 聚光器	主要 光学器件	电池组	电池类型	聚光比率	冷却	跟踪	二次 光学器件
聚光光伏 组件 （点聚焦）	菲涅耳透镜 或小的体透镜 或小抛物线圆 盘或 RXI 器件	单个电池或 具有特殊光束 分离的几个 电池	单结硅 或Ⅲ-Ⅴ或 多结	对于硅太阳电 池 50 < xg < 500 其他电池 >500	被动	双轴	是/否

（续）

参考聚光器	主要光学器件	电池组	电池类型	聚光比率	冷却	跟踪	二次光学器件
点聚焦组	大或中等尺寸的抛物线圆盘或中央塔式发电厂	电池拼接板	单结硅或Ⅲ-Ⅴ或多结	$150 < xg < 500$	主动	双轴	是/否
线性系统	线性透镜或抛物线槽型	线方阵电池	硅或Ⅲ-Ⅴ（有 3D 二次）	$15 < xg < 60$（无二次）$60 < xg < 300$（有二次）	被动	对抛物槽是单轴；对于透镜是双轴	是/否
静态系统	非成像器件	通常是线方阵电池	硅	$1.5 < xg < 10$	被动	无或手动	否

10.3.3 可变光谱聚光系统

我们认为提到一组聚光器很有趣，它们通过染料（或吸收颜料）吸收太阳光，然后产生各向同性荧光发射，试图避免与亮度和太阳角度有关的聚光度的局限性（见 10.4 节）[15,16]。

原则上，这个过程似乎注定要失败，因为最初能量源的温度被降低（染料在比太阳温度低时再次发射荧光），但考虑到该单结电池适应户外太阳光谱很差（吸收时也降低了源温度），这个不利相当好得到补偿。另一方面，光的吸收和发射发生在折射率大于 1 的空间里，对光有一定限制。图 10.9 详述了荧光聚光器的基本布局。

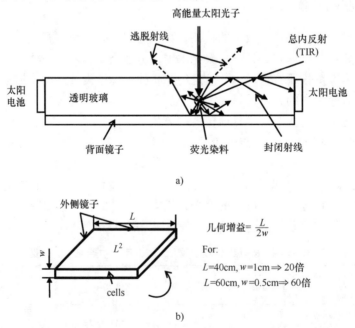

图 10.9 荧光聚光器基本原理。a）由染料分子发射的许多射线被限制在透明电介质板内，小型太阳电池位于其边缘。b）荧光聚光器理论几何增益的概念（UPM-IES 提供）

在图 10.9 看到太阳（从任何角度入射）的准直光产生一个再发射，大约 70% 的光被局限在包含颜料的透明的电介质内。如果将电池放在电介质板的一侧，产生的几何聚光度增益等于 $L/2w$。这个增益范围在 20~60 倍之间。不幸的是，颜料的效率和荧光再吸收降低增益到小于 6 倍。

颜料的稳定性也必须改善以便于这种想法，仍处于开发阶段，可能变成实际的商业应用。

10.4　聚光光学：热力学极限

10.4.1　聚光光学系统中需要什么

光伏应用中，聚光光学系统已经成为对地面应用而言获取高效率太阳电池所必需的工具，通过显著减少收集面积带来真正成本降低。为应对昂贵的高效率电池成本，聚光光学系统必须提供足够的聚光倍数，有时被称为"增益"，对于现代的 III-V 族电池应该是高达 500~1000 倍。

聚光光学系统的另一个性能参数通常被称为接收角，指的是指向太阳的角度容差，这是所有聚光器把传入的直射光线投射到接收电池上所需的条件。光学聚光器的接收角越大，接收器全年接收的光越多，即使存在跟踪误差和结构变形，聚光器也能把大量光线聚集到太阳电池。正如下面将看到的，聚光倍数和接收角受基本物理原理的限制约束。

除了这些特性，还需要该光学系统尽可能均匀或一致地将光投射到太阳电池上，尤其是对于单结聚光电池。均匀性与上述的基本限制无关，而与非成像光学规则相关的特殊设计方法有关。对后者的是两个相反的特征量，这更深入分析超出了本章的目的，但可阅参考文献 [19]。

10.4.2　一个典型的反射式聚光器

首先我们考虑一个旋转抛物面盘式反光镜，假定形状和反射率是完美的。该反射器遵从简单的光学定律：

- 入射角 = 反射角；
- 反射前后，光线处于与表面垂直的平面内。

从使用"光线"这个词，读者将猜到我们要使用"几何光学"相关知识对聚光器进行分析。

在图 10.10，给出包含一个旋转轴的反射镜截面曲线。得到一个平面上的抛物线。这条曲线（以及曲面盘）最熟知的特性是，所有平行于轴的入射光线在抛物线的内镜面反射后通过一个点 F，被称为焦点。

距离地球约 1 亿 5 千万千米，来自太阳的光束，以绕着圆锥轴线 ±0.27° 的锥形射线方式到达地球上的每个点。这不是一个"点源"，而它是一个"广延源"。可以假定在整个曲盘内亮度是均匀的。

朝着太阳圆盘中心定向抛物曲盘反光镜，可以看到，圆锥的中心光束朝着点 F，但其余的光束都围绕此点 F 扩展。如果想要收集所有光束，将必须使用广延的直径为 a 的接收器。因此，考虑到这发生在曲盘的所有点上，将看到，整个曲盘上的几何增益为

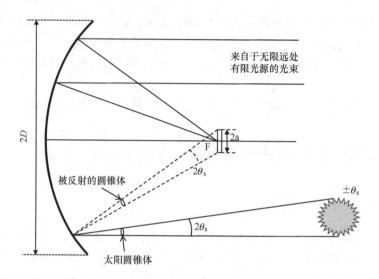

图 10.10　光源的角宽度和聚光度增益（对于任何聚光器）之间的关系。对于光束的总收集，角度为 $2\theta_s$ 的锥形需要尺寸为 $2a$ 的接收器。增益为 $C = D^2/a^2$。对于更宽光源，增益 C 的值是较低的（UPM- IES 提供）

$$C_G = \left(\frac{D}{a}\right)^2 \tag{10.2}$$

这不再是一个无限值。

它清楚地明白，如果锥角宽度增大，$\theta'_s > \theta_s$，（例如，如果我们更接近太阳）所需要的接收器的尺寸将越大，$a' > a$。因此，可以理解为什么聚光倍数的最高水平取决于光源的大小，并且，真实光源的聚光倍数是有限的（它不能是无限的）。

这些特性不是仅对抛物线曲盘而言，而是对基于几何光学的所有聚光系统都适用，虽然对一些聚光器这两个量级间的关系是不同的。因此，对于一个抛物线曲盘的最佳比例，能提供的最大聚光倍数是

$$C_{max} = \frac{1}{4\sin^2\theta_s} \tag{10.3}$$

通过斯涅耳定律可推导出一个有趣的特性：如果接收器是在折射率为 n 的电介质中，而光源处在空气中（太阳为例），接收器在 $\theta_{电介质}$ 角度可以看到太阳，它满足 $\sin\theta_{Dielectric} = (\sin\theta_{air})/n$。使得该接收器可以更小，对于线性系统比率为 n 及点聚焦系统为 n^2。

因此，对于周围有介电折射率 n 的接收器，抛物曲盘达到的最大聚光倍数为，

$$C_{max} = \frac{n^2}{4\sin^2\theta_{air}} \tag{10.4}$$

10.4.3　理想聚光倍数

如果希望有一个很好的聚光器，必须努力做的第一件事是让所有可用的光束到达聚光器的入口，并确保它能把它们全部收集。这个条件可以写成一个简单的公式，表示从光源到收集器的能量保持。

如果计算从一个很远的圆盘型光源发出的光，张角 $\pm\theta_s$ 和均匀亮度 B_s，接收面积为 A_s 的聚光器对于总入射功率的接收值为 A_s：$P_s = \pi A_s B_s \sin^2\theta_s$（见图 10.11）[17]。

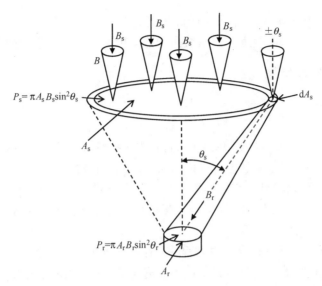

图 10. 11　光学系统（第一定律）功率守恒。Poincaré 后，在光学中通常被称为 "扩展度" 守恒。光束
截面（区）的下降由角宽度的增加（由 $\sin^2\theta$）来补偿。BR 是光源亮度（W m^{-2} sterad^{-1}），
它可以根据第二个原理守恒或衰退，但从来没有增加（UPM-IES 提供）

聚光器的作用是通过会聚光束，把所有能量输送到面积为 A_r 的接收器上。所有光线锥角宽度 $\pm\theta_r$，亮度 B_r。如前所述，通过计算，来自于接收器表面收集器的所有光束，得到的功率 $P_r = \pi A_r B_r \sin^2\theta_r$，必须等于输入功率。

在这些条件下，定义的聚光倍数为面积比 A_s/A_r，$P_s = P_r$，

$$C = \frac{A_s}{A_r} = \frac{B_r \sin^2\theta_r}{B_s \sin^2\theta_s} \tag{10.5}$$

在这个表达式中，主要分析分子，因为光源（分母）的性能是不清楚的。

但由于亮度只是温度的函数，热力学第二定律阻止我们假设亮度大于光源。所以最好的情况，将是 $B_r = B_s$。

现在，可以优化的唯一条件是 $\sin^2\theta_r$，$\theta_r = 90°$ 时，其最大值为 1。即，聚光器表面每一个点各向同性（2π 球面度）被辐照，并且亮度等于光源表面亮度时，接收器将出现最大聚光倍数。

绝对最大聚光倍数为

$$C_{max} = \frac{1}{\sin^2\theta_s} \tag{10.6}$$

如果接收器被放在一个比光源所在的材料折射率大 n 倍的材料内，上式将变成 $n^2/\sin^2\theta_s$ 符合此公式的聚光器将被称为理想聚光器[18]。

可以再次看到聚光器射入的角宽 θ_s 与最大聚光倍数（被材料本身吸收或其他限制造成的损失不包括在此表达式中）之间的依赖关系。

如果能够建立一个聚光器，具有式（10.6）的特征，从地球上观察太阳，$\theta_s = \pm 0.27°$，并且点聚焦系统可以充分利用所有到达接收器的光束，将有

$$C_{max} = n^2 \cdot 45032 \tag{10.7}$$

在这种接收器中，将具有与太阳表面相同的辐照度和光束角分布。一般来说，"聚光"

就像是越来越接近太阳中心 C_{ideal} 平方根的许多倍。在这种情况下，有确切的亮度 $B_r = B_s$ 和到达接收器的光将是在 ±90°范围。这恰恰是表达理想聚光倍数概念的最大辐照度条件。

10.4.4 创建一个理想聚光器

现在我们可以问自己一个理想聚光器如何能够实现理想增益，按照下面的公式

$$C_{ideal} = n^2 / \sin^2 \theta_s \qquad (10.8)$$

显然，如果接收器被浸在折射率为 n 的材料中，抛物曲盘只能够达到这个值的 1/4。在一个理想聚光器中，光应该在 ±90°范围内均匀辐照到接收器上每个点。

有了这个标准，可以看到，有效的抛物线曲盘不能视为理想的，因为它不会传递 ±90° 角度范围内的所有光束，也不能将从表面所有点上的光都聚集到接收器上。这些限制使其与理想聚光器还有一些距离。

R. Winston 是第一个发现符合理想方程的线性聚光器的人。它被称为复合抛物面聚光器（CPC），如图 10.12a 所示。这个聚光器能够把包含在 ±θ_s 的所有光束反射到能接收 ±π/2 内光束的接收器上。

该组 θ_s 被称为接收角，并且对于一个给定的增益，在理想聚光器中是最大的。一个理想的聚光器的传递曲线如图 10.12b 所示。

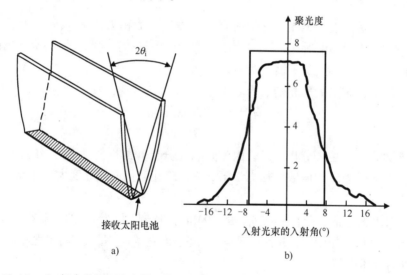

图 10.12 a）复合抛物面聚光器：第一个被发现的理想聚光器。b）反射复合抛物面
聚光器理想和实验的传递函数（IES-UPM，西班牙）

对不同聚光倍数，通过计算 θ_s 的值推导出式（10.8）的主要结果。我们将看到，对于聚光倍数大于 10 的线性聚光器，只有在 5.74°内的光线才能到达接收器。

因为太阳在天空中有更大的角度，我们必须得出这样的结论，为实现聚光器的持久性功能，它们必须移动以保持光学系统以要求的接收角准确地指向太阳。

10.4.5 实际聚光器的光学系统

尽管 Winston 的复合抛物面聚光器对于一个给定的聚光倍数允许最大孔径张角，但有显著的实用和经济限制。原则上它消耗了大量与孔径张角有关的材料。这就是为什么实际聚光

器已被引导使用更紧凑和简单的技术，以提供较低的成本，例如菲涅耳透镜和非球面反射镜，而不是理想的复合抛物面聚光器。

10.4.5.1　菲涅耳透镜

在聚光光伏中使用的菲涅耳透镜具有低 f 数（f 数是焦距和透镜或反射镜的直径之比）的折射收集器器件。小 f 值的传统凸镜片很厚且很重。图 10.13 中给出了将其轻便化的方式。

由于制造简单，重量轻，使用方便，所以这是最常用的折射聚光器。菲涅耳透镜调节光线的光束，增加其会聚，但不反转光束的方向。因此接收器可以被定位在透镜下方，并具有大的表面，以便散除多余的热量，而不产生阴影。

透镜保护接收器，因为透镜的表面较低，但其中的脊形位置，容易沉积灰尘。基于同样原因上表面通常是平的。这就是为什么具有折射元件的组件要放在封闭的盒子里，它的外表面必须具有有效的散热。

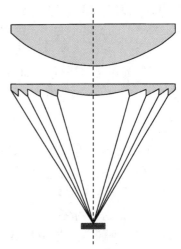

图 10.13　菲涅耳透镜的概念：由透镜曲率投影得到的低 f 数的厚常规透镜。其结果是性能相当并减少材料消耗（UPM-IES 提供）

具有菲涅耳透镜的聚光器不如反射器紧凑，能获得的聚光倍数也低。在下一节，可以了解到菲涅耳透镜的设计及最大增益的计算。

10.4.5.2　菲涅耳透镜的设计和局限性

下面"设计"一个旋转对称的扁圆形菲涅耳透镜。这种透镜离散齿的不连续性与常规透镜相比给我们设计更大自由度，因为后者受表面导数的连续性限制。

我们将计算最外齿的斜率 α，它将最大程度调节入射光束的方向，如图 10.14 所示。

由于透镜垂直于太阳光束，太阳光束经过 AA′ 表面没有折射，从 B 点出射的光线必须到达接收器的中心（这是设计的一个可能标准）。因此，它应该形成一个角度 δ_{max}，近似遵守

$$\tan\delta_{max} = \frac{D}{2F} = \frac{1}{2f} \qquad (10.9)$$

f 即"f 数"。（此表达式更为近似，因为 AA′ 尺寸较小。）

利用斯涅耳定律，通过式（10.9）可以得到 α_{max} 和透镜 f 值之间的关系

$$\sin^2\alpha_{max} = \frac{\sin^2\delta_{max}}{n^2 + 1 - 2n\cos\delta_{max}} \qquad (10.10)$$

为了计算第二个齿的斜率，我们只需要做相应替换，$\delta_{max} \to \delta$ 和 $\alpha_{max} \to \alpha$。

虽然设计倾斜齿使其均通过透镜的中心，

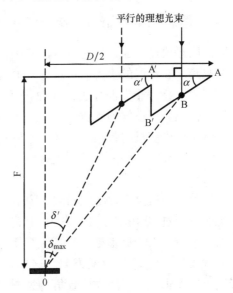

图 10.14　用于光伏聚光菲涅耳透镜的设计原理：角度 δ 与齿角 α 相关（UPM-IES 提供）

但图像并不是完全准确，原因有三个：

1）齿 AA′ 的宽度不为零，因此许多移位平行光束将在接收器上扩展一段长度

$$CC' = AA'(1 - \tan\alpha\tan\delta) \qquad (10.11)$$

2）太阳光不是由平行光束构成，而是 ±0.27°光束。这种效应将在径向上增大聚焦光束的尺寸

$$\Delta_s \approx \frac{F}{\tan\delta}2\theta_s = 4\theta_s\frac{F^2}{D} = 4\theta_s fF \qquad (10.12)$$

我们可以看到，为了减少这种加宽，做非常紧凑的系统是必要的，具有非常小的齿和很短的焦距（可以看出，它随着 F^2 是减小的）。一个非常紧凑的系统需要最后一个脊的斜率 α 更大，而对于 $\alpha \approx 42°$，将产生全内反射，不能再起折射作用。即使在达到 $\alpha \approx 42°$之前，因为空气和塑料折射率的变化，在 A′B′ 界面上会产生显著的菲涅耳损失。这就是为什么制备 $f \leq 0.9$ 的有效折射菲涅耳透镜是不可能的，这是与更紧凑的镜子相比的一个缺点。

3）最后，由于制备透镜的材料折射率的变化所带来的脊（它们是小棱镜）的白光散射，发生另一个重要现象，即产生色差，紫光线在 δ 角度会聚，而有用的红外线在 $\delta' < \delta$ 角度会聚。这是光束展宽的第三个原因。

通过结合所有这些局限性，带有 1mm 指状物的 PMMA 菲涅耳透镜，只能得到 80 倍的增益（如果我们不希望失去任何光束，并需要 ±1°接收角）[18]。

用于光伏的第一个菲涅耳透镜被设计低于 70 倍增益，因此具有可接受的接收角时将实现其目标。最近，具有非常高成本（欧元/cm²）的高效率电池的开发，需要大于 300 倍的较大聚光倍数。

上述透镜的物理局限性效应带来接收角度的减小，因此需要几乎"完美"的跟踪。

最终的结果是，对于增益大于 80，菲涅耳透镜通常需要结合某种类型的次级聚光器，以提高光学效率，进而增大接收角。

10.4.6 两级光学系统：二次光学结构

我们已经说过，通常聚光器增益和接收角具有相反的性能。但是，有一种策略，可以改善其接收角。在扩展的收集器焦点上放置具有"理想"或"准理想"特点的一个小的"二次"聚光器，像一个菲涅耳透镜或抛物面反射镜。二次聚光器可以是一个光学耦合的电介质透镜或仅是充满空气的反射器。

虽然设计中变量的数量较大（信息资料可在专门的参考文献 [19] 中找到），在一般情况下，该二次光学元件采用具有大接收角的"非成像"器件制作，在入光口可看到作为光源的主收集器。

采用简单的折叠铝片制成的截头圆锥或截头金字塔型二次器件通过菲涅耳透镜已经非常成功地实现超过 80 倍增益（见图 10.15a）。

通过锥体（对于圆形电池）或金字塔（对于正方形电池），超过电池尺寸的光斑部分通过反射（见图 10.15b）改变方向。这样，电池的尺寸可以减小，但是 15% 的光被铝吸收。该二次收集器也有助于增大接收角（见图 10.16）[20]。

通过采用体电介质材料制成的二次元件，对于相同的接收角，所获得的聚光增益更大，正比于 n^2。

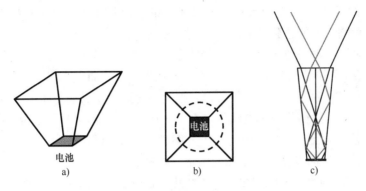

图 10.15 最常用的二次光学器件。它们被用来增加真正的
菲涅耳透镜的有限增益（UPM-IES 提供）

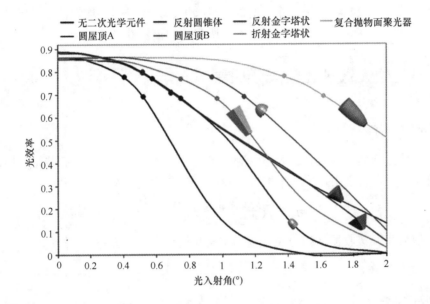

图 10.16 由同种菲涅耳透镜，但具有不同二次光学元件制成的几个聚光器系统的传递函数。
今天，由全内反射的绝缘材料制成的二次元件理论上较好，但反射二次光学元件是
最常用的（UPM-IES 提供）

二次透镜被用来实现万花筒般的效果，使光在电池上均匀辐照。这对于能产生全内反射
（TIR）的相当细长的介电截棱锥是非常有效的，如图 10.15c 所示。电介质二次元件的缺点
是由新出现的空气-电介质界面或空气-反射器界面造成的损失。

接收器能够接收到 ±90% 的光的理想聚光器的潜力不能被使用，因为超出 65° 电池上的
菲涅耳反射是过量的，这就是为什么二次器件的最大实际增益一般是

$$G_{sec} \leqslant \frac{n^2 \cdot \sin 65°}{\sin^2 \delta_{max}} \tag{10.13}$$

δ_{max} 是来自主透镜的最大角度，其与式（10.9）中的 f 数有关。

因此，用实际和有效的设计，理想二次光学元件的增益将是

$$C_{sec} \leqslant 1.84(1 + 4f^2) \tag{10.14}$$

对于 $f=1.2$ 的透镜，C_{sec} 的最大值为 12.5 倍，随 f 增加而快速增加。非理想的二次光学器件，如金字塔和圆锥不能达到此值。

图 10.16 的曲线给出了位于 $f=1$ 的菲涅耳透镜下方几个典型的二次器件的传递函数（或光效率与光入射角的函数关系）。图中考虑了在界面上的菲涅耳损耗和实际反射镜中的吸收。可以看出，最接近理想的是，旋转复合抛物面聚光器，其贡献了较大的接收角[20]。

在一般情况下，出射面积小于电池的二次系统比圆顶形的提供了更好结果。然而，后者更容易制造和装配，构成一个有希望的解决方案，其成本预测约 0.1 美元/W。这种类似大规模 LED 应用技术的协同作用对于聚光光伏将是积极的。

到现在为止，二次透镜至少已经被下面的组件制造公司使用：Isofoton（2 种）、Amonix公司、Daido、Emcore、Solfocus、Sol3G 和 Opel Solar。但由于需要更大的接收角和聚光倍数，几乎所有带有菲涅耳透镜的组件最终将停止使用。

虽然努力设计两级光学系统，除了增益与接收角，其还可提供均匀辐照，但是多结电池的小电流和高电压特性降低了其在单结电池上所起到的重要性[21]。

10.5　影响聚光器性能的光学因素

10.5.1　光学效率

一个实际聚光器捕获的光到达太阳电池之前经过了多次调节：其中有些是有用的，但有些则是不可取的，在转换中造成功率损失。我们定义光学效率为

$$\eta_{op} = \frac{\text{接收器上的入射功率}}{\text{聚光器入口的入射功率}} \tag{10.15}$$

如果入口面积为 A_i 及接收器面积为 A_r，我们定义几何聚光倍数为

$$C_g = \frac{A_i}{A_r} \tag{10.16}$$

由此，回到 η_{op} 的定义

$$\eta_{op} = \frac{<E_r>A_r}{B(n)A_i} = \frac{<E_r x>}{B(n)} \frac{1}{C_g} \tag{10.17}$$

式中，$B(n)$ 是收集器上的垂直辐射（DNI），$<E_r>$ 是接收器表面上的平均辐照度（单位为 W/m^2）。所以 $\eta_{op}=1$ 意味着有一个无吸收、散射和几何缺陷的理想光学系统。

聚光器的光学元件通常通过某些波长光的优先吸收和颜色色散调节进入的光谱：这是为什么必须说明，该光学效率实际是光谱相关的参数，所以每个围绕 λ 的波长范围 $\Delta\lambda$，有一个 η_{op} 值（见图 10.17）。这就是

$$\eta_{op}(\lambda) = \frac{<E(\lambda,\Delta\lambda)>}{B(\lambda,\Delta\lambda)C_g} \tag{10.18}$$

对于给定聚光倍数的收集器，这个光学效率依据接收器的尺寸降低：实际上，如果我们想要节省重要的电池面积，可能许多光束不会辐照到其表面上。另一方面，当电池尺寸达到一定值时，即使我们增加它的面积，也不会收集更多的光束。η_{op} 与电池尺寸之间的关系被称为"环围功率"。它允许我们计算电池尺寸对系统额定功率的经济利益。

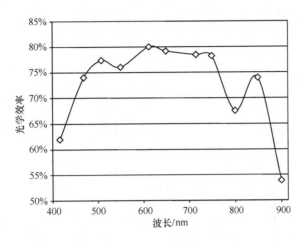

图 10.17　由丙烯酸菲涅耳透镜和砷化镓电池上 600 倍聚光的旋转电介质复合抛物面聚光器二次
元件组成的系统的光谱光学效率，在 800nm 附近的曲线谷底是聚甲基丙烯酸甲酯（PMMA）的
吸收所致，这表明原始太阳光谱的修正（UPM-IES 提供）

正常系统的光学效率值通常不超过 85%。它是一个基本参数，因为它影响到电池效率和系统成本。随着光通过界面数量的增加，η_{op} 值下降⊖。

10.5.2　接收器上光的分布和轮廓

聚光光学元件在接收器表面上产生的"光斑"通常是不均匀的：最常见的是具有诸如图 10.18 所示的分布图。有特殊设计和自由形式的光学元件，降低不均匀性是可能的。

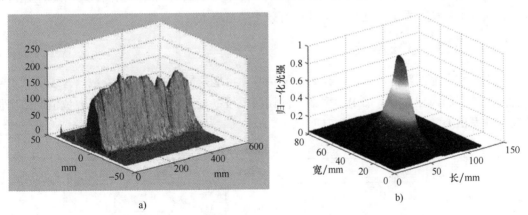

a)　　　　　　　　　　　　　　　b)

图 10.18　两个不同聚光器焦点上的光轮廓图。a）线性抛物面反射镜。
b）旋转抛物面圆盘（UPM-IES 提供）

总光功率通常是通过太阳电池或热接收器的短路电流来测定，我们只知道在传感器区域中的总功率，而不是它的分布：因此所测量的有效聚光倍数，是一个"平均聚光倍数"。然而，我们应该知道分布图（x, y）函数来表达平面上的辐照度分布。

⊖　但必须记住，理想的，对于光通过的每个空气-玻璃界面，功率减小到 96%，铝反射降低到 85% 及银反射减少到 92%。

相对于用均匀光获得的效率，均匀性的缺乏会引起效率的降低。在许多实际情况下，真正的分布图可以通过一个"碉堡"分布图近似，这产生类似的结果，更容易分析[22]（见图 10.19）。

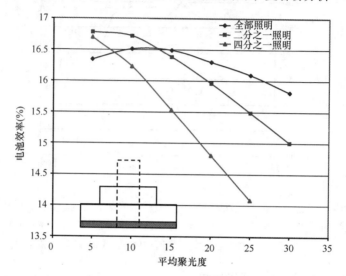

图 10.19　对于均匀和非均匀照明，电池效率（实验）随聚光度的变化。在实验中，短路电流是恒定的，仅光的分布随不透明掩模变化，而非电池上的整体功率（UPM-IES 提供）

如果设太阳电池上最大辐照度与平均辐照度的比率为 U，可以证明在太阳电池性能模型中，功率损失与将电池串联电阻 R_s 的替换为 $R_s' \approx U^* R_s$ 得到的结果非常相符。在图 10.19 中，可以看到对于恒定电流不同辐照度分布时，效率随聚光倍数变化的典型曲线。在效率递减范围内，曲线的斜率实际上是正比于电池的有效串联电阻 R_s。

10.5.3　接收角及传递函数

除光学和电池的转换效率，聚光系统的接收角可能是最重要的性能参数。这表明相对于产生最大功率的最佳方向，输出功率在不同偏向角按一定值降低。对于每个方位值的效率值或输出功率值通常被称为传递函数（见图 10.20）。

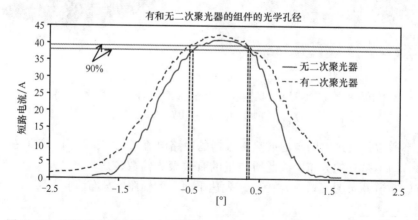

图 10.20　有和无 V 型金属二次透镜的 Euclides 组件（线性）传递曲线（实验）。接收角已被标记（UPM-IES 提供）

　　理想聚光器的前述公式（式（10.6）和式（10.8））和抛物线盘式聚光器公式（式（10.3）），对于一个给定的聚光倍数，在没有光损失条件下，给出了最大的理论接收角。在实际中，考虑到光分布是不均匀的，接收角通常被定义为子午面内，输出功率相对于最大功率下降到90%的角度。它是一种相对测量，因此很容易获得。

　　由于太阳有 ±0.27° 角宽度，为看到来自于太阳盘面的所有光束，聚光器有此接收角可能就足够了。然而，在工程实践中，为了能够补偿因缺乏支撑的平坦性，载荷的变形和跟踪误差造成的影响，接收角的一定余量必须考虑。

　　当单个组件或太阳电池和它的光学元件被分析时，对不同的指向角，传递函数可从短路电流来获得。然而，在具有许多组件或串联电池和旁路二极管的系统中，短路电流 I_{sc} 的测量是无效的，因为在这种情况下，对每个角度，我们都低估了最佳被辐照电池的电流。

　　图10.21 显示了由69个组件构成的，具有圆柱形抛物面镜线性聚光器上的一个真实测量（EUCLIDES，单轴，N/S 方向）。反射镜因为结构和构造的原因并不能被完全一致排列[23]。

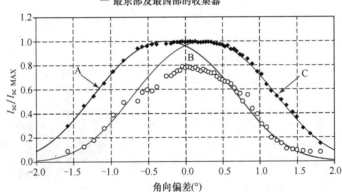

　　图10.21　69个串联组件组成的线性聚光光伏聚光器的传递曲线，每一个带有旁路二极管。顶部，
较宽的曲线从短路电流记录获得。下部的曲线（小圆圈）记录的是最大电流与偏差角度间关系。
第二条曲线给出了真实的系统性能（IES-UPM，西班牙，2009 年）

　　曲线 A 和 C 对应于两个情况，分别是反射镜大部分转向东方和转向西方。由于具有69个旁路二极管，记录的短路电流为我们提供了非常宽的传递曲线，它包含了69个单独的传递曲线。

　　从这个基于“I_{sc}”的曲线获得的接收角比单个组件获得的大得多，因此认为单一收集器排列越差，系统的功能越好，这将是荒谬的。如果一直关注在最大功率点时的电流 I_{mp}，会得到一条曲线，其近似由曲线 A 和 C 相交得到，此时曲线 B 点上对应最大值。实际测试与实验圆点定义的功率降低是一致的。接收角在90%时变成只有 ±0.2°。在点聚焦系统中，在两个角度方向，会发生同样的事情。

　　在 I-V 曲线中，这些角误差的影响或者换句话说，接收角的减小可以表示为一个赝电阻，其导致了 I_{mp} 比短路电流 I_{sc} 小得多。

　　图10.21 描述了一个较差的组件排列，远低于目前商业产品的性能。

10.6 光伏聚光组件和模块

10.6.1 定义

聚光器质量检测的第一个规则文件，IEC-62108，区分了"组件"和"模块"。这个文件中的定义如下：

聚光组件：一组接收器，光学元件和其他相关部件，如互连和固定，用于接收未会聚的太阳光。上述所有部件通常被预制成一个单元，其焦点是不能在现场调节的[24]。

额定功率和热性能当组件出厂时已被确定。这些组件通常是设计成采用被动式制冷操作的子系统（见图 10.4 和图 10.7）。

聚光模块：一组接收器，光学元件和其他相关部件，如互连和固定，用于接受未会聚的太阳光。上述所有部件通常会分开装运，需要现场安装，并且焦点是现场可调的[24]。

接收器可以有或没有二次光学元件，但它总是需要特别的制冷器件（被动散热片或主动制冷）。在现场检测组件功率对整个方阵才有意义。模块的最常见的例子如图 10.1b、图 10.3 和图 10.8 所示。

目前大部分商业"组件"采用菲涅耳透镜制作收集器，追随桑迪亚国家实验室提出的方法。紧随其后的有美国的 Amonix 公司、Opel Solar 公司、Emcore 等，欧洲的 Guascor- Foton、Concentrix、Sol3g、Isofoto 以及日本的 Daido Steel。

目前，只有 SolFocus 公司商业化了基于反射器（反射镜）的组件，它在工厂里（见图 10.22）测量表明非常有效。带反射器的组件能以比透镜更短的焦距有效运行，这就是为什么它们可以平均比透镜紧凑 3 倍以上。

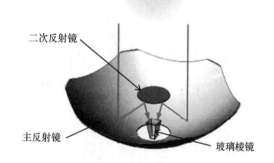

图 10.22 SolFocus 公司聚光器（美国），采用 Cassegrain（两个反射镜）结构，由六边形玻璃反射器及耦合多结电池的玻璃截棱锥等组成：聚光器原理的方案（SolFocus 公司提供）

10.6.2 聚光组件的功能和特性

聚光光伏组件需主要提供：光学元件、外罩、电绝缘性、散热和电池互连。在本节中，将考虑基于菲涅耳透镜的组件。

组件的一个功能是将菲涅耳透镜固定和支持在离电池正确的距离和位置，不会因热变化引起强制变形，并且具有防水性。通过将很多单个的透镜安装在由各种零部件制成的单片拼接板上制成透镜串。

电池被放置在透镜的焦平面上，它们与光学轴之间的相关位置至关重要。透镜和基板不同程度的热膨胀能在它们之间产生更大失配。这就是为什么为降低机械应力，需要采用由柔软材料制成的密封件。

对于在上和下表面上使用玻璃有一些有趣的解决方案。因为使用玻璃制造高品质和高聚光倍数的透镜是不可能的，这些透镜都是混合的，也就是说，它们是由"塑料聚合物"薄膜层组成，在其上透镜的齿都是被雕刻或模压的，之后粘接到玻璃基板上。透明硅树脂由于其柔性及稳定性是一个适合材料。该解决方案被授予了专利，并在 1979 年被发表[25,26]，目前被由 Reflexite 制造的 Concentrix 采用。

菲涅耳透镜的光学效率随着 f 数的增大而减少，以这样的方式，找到具有 $f < 1$ 的菲涅耳透镜的组件是不寻常的。需要制造薄组件时，使用小透镜是必须的。对于 $f = 1$ 时，电池尺寸近似由透镜面积和聚光器增益决定：

$$电池面积(cm^2) = \frac{L^2}{C_g} \cong \frac{F^2}{2C_g} \tag{10.19}$$

即，对于给定的 C_g，电池尺寸将随焦距的平方而变化，实践中，由于电池价格 C_g 是固定的。

接收器的平面与透镜的平面平行放置：主要使热量远离组件，耗散到外部的空气。它通常是由一块金属制成，厚度足以实现从电池向基板的周围区域扩散热量。有时散热片接近电池被安装以更容易进行热交换。电池与背衬板的热连接必须是良好的，但保持电绝缘性。

聚光光伏组件中的电绝缘性最初并没有得到充分评价，因为平板组件由玻璃、EVA、Tedlar 等制成，所有这些材料都是绝缘的，里面也没有潮湿空气，不受这个问题影响。但在传统的聚光光伏中，因为接收器是由导电材料包围的，漏电可以由制造误差或通过热循环引起的中断或传导发生。由于这些原因，采用昂贵的高质量基板来减少接受面积，高倍聚光系统使用如图 10.11 所示的解决方案。

这包括绝缘板，它由烧结材料构成，如具有高导热性和优良电绝缘性的氧化铝或氮化铝。虽然氮化铝更好，但氧化铝以较低的价格提供了足够的热传导性：常用的氧化铝只有 0.3mm 厚度，并用类似厚度的铜来金属化（敷铜板）。

电池和基板的焊接通常是用导电浆料（含银或铜的环氧树脂）进行，以避免热-机械应力，即使采用软焊料，超过 220℃ 时电池也会衰退。

较高温度对改善串联电阻是有利的，但造成的热冲击是危险的。芯片-电池通过浆料焊接的可行性是通过测验被保证的，此测验在电池和衬底之间产生特定的温度周期，而整个装置保持在一个较高温度。只有少数参考书介绍了这些测验的具体行为，并包含在了 IEC62108 的规则中。

10.6.3 组件中电池的电气连接

以额定聚光倍数运行良好的聚光电池的串联电阻必须满足条件 $KT \geqslant R_s I_{sc}(C)$。以 30W/cm² 运行的硅电池，只要求 2.5mΩ/cm² 的电阻。如果我们达到了这个优秀水平，相比于 $R_S = 0$ 的理想电池，只有 5% 的损失。

电池之间的连接和电线不应引入额外的显著损失。例如，对于 1cm² 的硅电池和 18cm × 18cm 的透镜，如果仅想得到略高于 0.25mΩ 的电阻，必须选择直径为 4mm（或截面积 13mm²）的铜线。

幸运的是多结电池正降低对粗电线的需求。如果采用近似，在 N 结电池中，电流比单结电池低 N 倍，电压高 N 倍，可以说，要求有相同的相对损失的串联电阻将近似为

$$R_s(N) \approx N^2 R_s(1) \tag{10.20}$$

也就是说，对于相同聚光倍数，可以放宽多结电池串联电阻的设计达到单结电池 R_s （1）的 N^2 倍。综上所述，在聚光光伏系统中，可以建立由串联电阻效应造成的最小损失是 10%。

与每个电池并联的旁路二极管通常安装在喷镀金属的绝缘基板上，在电流严重不匹配时保护电池。

10.6.4　有关电池安装的热-机械效应

关于安装和制冷，聚光电池的尺寸起着重要作用。因为在上一节中我们已经看到：由于串联电阻及热的要求，高聚光倍数电池必须小尺寸。

当电池后表面上被喷涂金属，热和电方面是更加方便，它们能被焊接到镀有铜或镍的金属基板上。一个模型，假设电池和衬底之间焊接完好，随着冷却所产生的应力和整体弯曲不依赖于电池尺寸，而只取决于电池和衬底的厚度。根据这个模型，对于 2mm 厚的铜板，电池会破碎。实践经验与这个结果并不相符。但如果采用滑移模型，在两种材料（考虑到焊料的塑性）之间的界面上，那么产生的张力成正比于电池侧面尺寸的平方，在小电池中热应力方面将存在较少的问题。总之，热-机械分析表明，焊接材料在尺寸大于 5 毫米电池中将工作在塑性模式。塑性变形的重复应予以避免，因为它最终会导致破碎。因此，去开展合适的认证测验获得真实效果将更好。

传导热和电的胶，材料需要根据电池尺寸以弹塑性极限工作：采用胶水有避免焊料从液相冷却到固相的优点，但必须能忍受现场热循环。因此弹性工作的胶水最安全。

从这个讨论，可以得出结论，工作在中等或较低聚光倍数（几厘米长和宽）下的大电池的封装，会产生困难的经济和技术问题：一方面，喷镀金属的绝缘基板（DCB）成本过高，而双面绝缘胶带已证明不是很可靠并且是不良热导体[27]。

表 10.3 显示了对于小型和大型聚光电池的安装和绝缘所使用或建议使用的几种材料。同样，表明了对于几种程度的聚光倍数，在电池和热沉之间所带来的热降。

表 10.3　对于聚光光伏接收器，最常用绝缘体和导体的热性能

材　　料	$\sigma /(\text{W/C cm})$	R_{th} @0.6mm 厚 /$(\text{℃ cm}^2\text{W}^{-1})$	热降@100 倍/℃	热降@500 倍/℃
BeO	2.2	2.73×10^{-2}	0.27	1.35
NAl	1.8	3.33×10^{-2}	0.37	1.85
Al_2O_3	0.21	2.86×10^{-1}	2.9	14.5
铜	4.01	1.50×10^{-2}	0.15	0.75
铝	2.37	2.53×10^{-2}	0.25	1.25
玻璃	1.0	6.00×10^{-2}	0.6	3.0
硅	0.9	6.67×10^{-2}	0.68	3.4
IMS 衬底		1.67（厚度）	16.7	83.5
导热胶带薄膜		4~6（厚度）	40~60	200~300

因此，对于 500 倍的聚光电池，将很难将其降低到小于 15℃，即使使用最好的基板；对于大电池，即使辐照度较小，将不得不使用低质量的产品来降低成本。

10.6.4.1 聚光太阳电池热量的排出

单晶半导体的热导率较高，约是良好导体的 1/3。这就是为什么安装在允许散热的衬底上的电池，尽管几乎所有功率都被表面几微米厚度所吸收，都不会过热。

面积为 A 的物体的表面和空气之间的热交换通过牛顿热方程建立

$$P = Ah\Delta T \tag{10.21}$$

式中，h 是流体、界面、表面和风等的函数，h 值由流体动力学原理和热交换方程计算得到。对于实际效果，金属板到空气自然对流，$h = 5 \sim 10 \times 10^{-4} \, \mathrm{Wcm^{-2}°C^{-1}}$。

根据此值，并假设一个聚光器组件具有等于入射表面的背面热交换表面，可以估算界面处预期的温度增加为：

$$\Delta T = \frac{P_{in}}{hA} = B(n) \cdot \eta_{op} \cdot \frac{A}{hA} \geqslant \frac{850 \cdot 0.80}{10} = 68°C \tag{10.22}$$

正如通过实验证实[28]前面和侧面散失 25% 的热量，可以估算平静空气中，背板到空气界面的实际下降将等于或大于 $0.75 \times 68°C = 51°C$。

在聚光器运行中，风制冷是非常重要的。实际上，在背面仅 2m/s 风速时，h 值增加一倍，因此金属板将高于环境温度约 26°C。读者会发现，通过计算的简单化，这些都是近似值，但可快速估计背板温度。

与层和空气之间的温度下降相比，特别是在无风时，可以看出（见表 10.3），电池与层之间的热差较小；因此应该花很少的钱来减少这种仅几摄氏度的温差，但在安装或焊接时，集中精力实现良好的绝缘性和可靠性更好。

电池的温度可通过一个简单公式获得

$$T_{cell} = \left(R_{thspread} + \frac{1}{A_{hs} \cdot h}\right) B(n) \eta_{op} \cdot A_i + T_{amb} \tag{10.23}$$

式中，h 是风速的函数，$R_{thspread}$（°C/W）是热分配器和黏合剂的几何形状的函数。A_i 和 A_{hs} 分别是光进入及与空气热交换的面积。

10.6.4.2 热分配器的热阻

电池或绝缘衬底到空气之间的热分配必须通过组件背板来实现。如果想使整个背板非常有效，必须使这层几乎等温。该解决方案或许需求过量的厚度和成本。为近似计算该层的厚度，它与平均温度的关系，对于半径为 r_c 和厚度 w 的圆形层，能够得到热方程式的解[29]。

首先，当半径大于 r_{max} 时，厚度为 w 背板不起作用。

$$r_{max} = 0.66 \sqrt{\frac{w\sigma}{h}} = \frac{0.66}{\alpha} \tag{10.24}$$

电池或接收器底部和背板材料最冷点之间的温度是

$$T_{cell} - T_{plate} \cong B(n) \eta_{op} \frac{A_i}{\pi\omega\sigma} \ln(\alpha R_c) \tag{10.25}$$

式中，σ 是背板材料的热导率（$\mathrm{W°C^{-1}cm^{-1}}$）和 R_c 是电池半径。

事实证明更小尺寸的电池是可取的，但聚光透镜的尺寸更是这样：对同一热降，相比小透镜系统，大透镜系统将需要更大的背板（大于 w）。

如果决定仅使用一个背板（即，没有额外的散热片装置）用于散热，收集器面积 A_i 等于背板的有效导热面积 $A_i = \pi r_{max}^2$，在整个分配器上的温降为

$$T_{cell} - T_{plate} \cong 0.44 B(n) \eta_{op} \frac{\ln(\alpha R_c)}{h} \qquad (10.26)$$

式中，最重要的参数是 h 和电池半径。（在这种情况下，h 应包括背板到周围的热辐射）。

10.6.5 聚光组件的描述和制造问题

主要目标包括保证不透水性，电绝缘性和所有透镜焦点上所有电池的对准。最终，衬底上的电池必须用均匀热接触固定，保证生命周期中的许多次循环周期的耐用性（估计在系统生命周期中，有 100000 ~ 200000 次温度上下快速变化大约 15℃）。

在这些菲涅耳透镜模型中，通常由一个拼接板组成，具有几个要素：接收器通过机器人被高精度放置在衬底上。如果保持底板不动，机器人的臂必须去移动和执行许多动作使电池被组装。因此，如果电池尺寸小，有必要放置大量电池，并更迅速地使机器人移动。因为电池尺寸较小，所以在放置电池时精度也必须更大。一般来说，需要有一个光控制来保证透镜的拼接板和衬底上电池之间的对准。这就是为什么采用折射或反射性拼接板的工艺与使用分离的透镜的方法相比具有制造工艺和质量方面的优势。

尽管组装复杂，但组件的成本主要还是由材料和部件的成本决定。虽然不是很复杂，但背面层中铝的成本是重要的，因此替代性的解决方案，如玻璃，可以使成本具有竞争力。

10.6.6 采用二次光学结构

在 10.4 节，可以看到，如果希望有一个合理的接收角，使用带二次光学元件的透镜几乎是必不可少的。介电二次光学元件相比于纯反射二次光学元件具有光学优势：然而，这些二次透镜的结合产生了一些问题。例如，必须使用能够耐受高密度辐照的透明胶水，使电介质与电池连接：非电介质的光学装置容易组装，并随着时间的推移更可靠。

虽然采用最佳电介质二次光学的系统尚未工业化，然而，650 个太阳，80% 的效率已经由来自 Isofotón 称为 RESET 的实验系统所证明。其将二次双复合抛物面聚光型电介质透镜安装在 Fraunhofer-ISE 制造的 FLATCON 组件中，具有准最佳的电介质透镜。

透明玻璃是用于二次光学的理想材料，虽然到现在为止，其价格一直是个限制因素。由玻璃制成的截棱锥体，提供了 2 ~ 4 的聚光倍数和万花筒效应，目前在商业组件中是最常用的电介质二次光学元件。

制造任何形状（圆顶形，筒仓形，复合抛物面聚光形等）的二次光学元件的透明硅树脂，对于带有菲涅耳透镜的组件被认为是一个合适的工业备选产品。

总之，可以说，电介质二次光学元件对于小电池是适合的，所需材料量随电池直径的立方而变化。

10.6.7 带有反射元件（反射镜）的组件

基于聚光反射镜的组件原则上比透镜好，因为它们可以更紧凑。

这种技术（见图 10.22）的一个例子是 Solfocus 公司的商业组件。主镜和整个装置由一个玻璃表面保护。由此，8% 的光通过菲涅耳反射损失。为在散热板背部放置电池，在 Cassegrain 结构中，放置二次反射镜，以便于向上转移光束。

用两个反射面实现了 84% 的光最大传输。为了增加接收角，并使光在电池上均匀，可采用截棱锥体电介质，通过全内反射工作。截棱锥体用透明弹性黏结剂与电池接合，该系统是非常紧凑的，并具有几乎 1.2°接收角和进入电池前 74% 的理论光学效率。

Miñano 等人开发了更紧凑的具有类似形状的聚光器，但是使用"连续表面的方法"设计，如图 10.23 所示。在本设计中，折射，反射和全内反射结合在一个非常紧凑的光学系统中以达到高聚光倍数[30]。

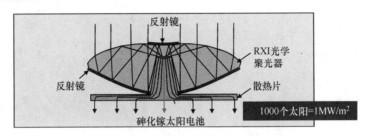

图 10.23　超小型 RXI 聚光器，对于 1000 倍聚光度提供 1.2°接收角（Miñano，IES- UPM，1994）

近来，Light Prescriptions Innovations（LPI）公司为 Boeing 设计了一个反射自由式聚光器（不旋转，但仍然点聚焦），特别强调电池上辐照的均匀性。它采用的是电介质二次光学元件，但在一个面上制冷，正如大多数聚光光伏[31]。来自 IES- UPM 集团最近的一个方案是采用流体既作为制冷机又作为折射材料。它只有一个菲涅耳界面反射。整体的光学效率是 82%。具有避免冷凝的优点和不需要热分配器，因为它使用两面散热（见图 10.24）[32]。

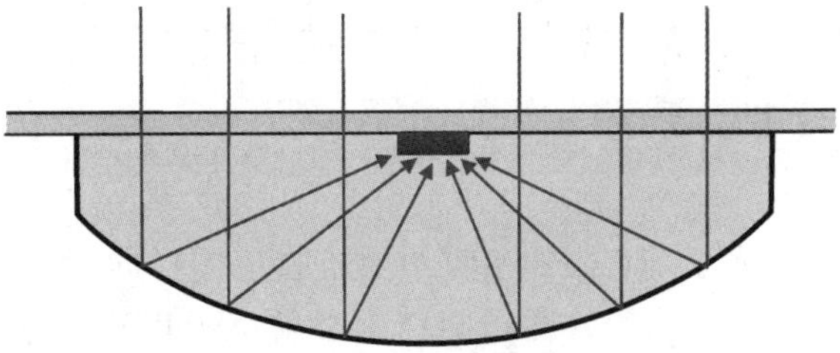

聚光度	
500倍	±1.47°
1000倍	±1.04°
1700倍	±0.8°

图 10.24　Sala，Antón，IES- UPM，在 2007 年提出的 Fluidrefex 聚光光伏概念。光学折射率、冷却和绝缘由惰性透明液体提供。只有一个界面存在菲涅耳损失（IES- UPM 提供）

10.6.8　基于模块的聚光器的描述和生产问题

在这些聚光器中，主要技术问题集中在接收器。在一般情况下，大的系统一直被制作，因此，一个高质量光学系统的结构最终成为一个挑战。

一个模块的例子是 EUCLIDES 技术：1998 年，在 Tenerife 安装了 450kW$_p$，即使单个反射镜获得一个近乎完美的轮廓，这些收集器的组装和对准由于光学的不匹配也会带来损失（见图 10.21）。

该模块的接收器需要特殊制冷元件，因为与空气的接触表面较小。在 EUCLIDES 技术中，具有许多小于 1mm 散热片的散热器是必要的，以使热交换到空气中。在线性系统中，备选方案是用流体的循环主动冷却，例如，在 CHAPS 系统，用一个主动散热能够节省大量的铝，且利用该热来预热家庭热水[33]。

低聚光倍数的情况下，也就是说，10 倍的增益水平，光学元件和热所确定的要求被放宽，尽管所用电池效率低（≤22%），这可能导致一个高效及具有竞争性的系统。这是

Archimedes 系统的情况：接收电池放置在充当散热器的与其接触的金属反射镜背面。

Skyline（CA., USA）采用 Euclides 方法，将增益从前者的 32 倍放宽到目前系统的 6 倍（见图 10.25）。

澳大利亚 Solar Systems 公司模块的方案是非常不同的（见图 10.3）。在一个大约 $55 \times 55cm^2$ 的接收电池拼接板中采用多结电池[34]。反射镜是由聚光倍数高达 500 倍的独立平面组成的抛物面盘。接收器使用永久泵抽液体主动制冷，如果泵出现故障，它有响应关闭系统作为保护。它不消耗水，如果气候需要时，每八个盘中的一个被用来制冷设备里剩余的接收器。

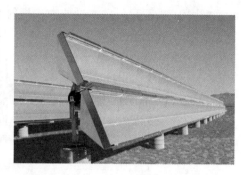

图 10.25　以 6 倍增益运行的 Skyline 槽
（Skyline Solar, Inc 提供）

聚光光伏模块借助其热-光伏混合功能相比于组件似乎有显著优势。然而，这是非常明显的，因为它包含低温热量，必须有一个合适应用来原位利用这些热量，在与公用电网连接的高功率多兆瓦工厂中，这并不常见。

10.7　聚光系统的跟踪

聚光系统有限的接收角要求收集器指向太阳，因此，要不断地改变其位置。对于聚光器，结合平行组件的指向精度必须小于 $0.1°$，远小于平板发电装置跟踪结构需求的 $\pm5°$，图 10.26 详细表明了一个与机械装置及组件接收角结合的跟踪控制系统的真实占空比。

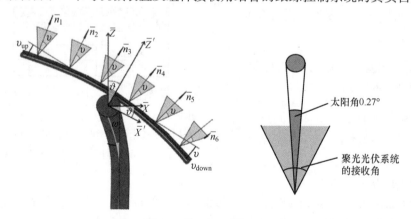

图 10.26　接收角的值定义了跟踪系统的强度和驱动精度要求。这张照片显示了在实际跟踪中误差的主要来源：跟踪的目的是电池方阵的整体均匀照明，不仅仅是去保持矢量 z 指向太阳（BSQ Solar 提供）

聚光光伏跟踪器真正问题不是要系统驱动一直对着太阳，而是让太阳光束到达方阵中所有电池。这种情况基本上改变了结构的设计和施工要求，必须是非常严格去限制组件接收角的改变。这样的要求表明跟踪器占用了聚光光伏系统的重要成本，目前正放缓聚光光伏承诺的成本降低的步伐。

钢的必要刚性和目前成本决定了聚光光伏跟踪器的最佳尺寸范围：其中 24% 的方阵效率，产量为 $6 \sim 18 kW_p$ 的方阵，收集器面积约 $30 \sim 90 m^2$。

10.7.1　聚光光伏跟踪策略

点聚焦聚光光伏系统需要双轴跟踪，而如果收集器是反射器的线性聚焦需要单轴，如果收集器是透镜需要双轴。普通跟踪驱动策略如图 10.27 所示。

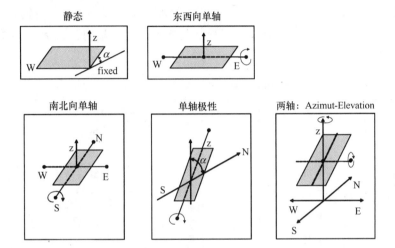

图 10.27　跟踪太阳路径最常见策略。固定位置是一个参考，但对于静态聚光器可以认定为定位。在同一高度的单轴跟踪在这里未提到，因为它在平板中是常见的，但在聚光光伏中是不常见的（UPM-IES 提供）

10.7.1.1　双轴跟踪系统

双轴跟踪系统中，我们发现：
- 用方位角和高度角驱动（见图 10.2b）的基座式类型是最常用的。
- 用方位角和高度角驱动转盘式类型。理论上，前一类型比转盘式类型需要更多钢材，因为载荷都集中在基座的中心。转盘有很多支撑点，因此钢筋可以是轻薄的。但后者需要一个庞大及构建良好的水平地基，而基座只需要在垂直管周围由混凝土包围固定。成本和精度的不同还不很清楚（见图 10.28）。

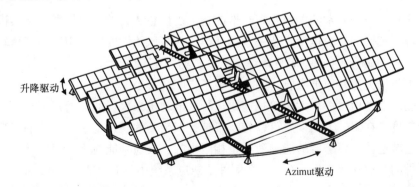

图 10.28　转盘跟踪概念。载荷在许多垂直支撑之间被共享。它减少了必要的钢材量，但基底比底座选项具有更多要求。关于最佳解决方案的争论从 30 年前持续到现在（Sandia 实验室提供）

- 端柱双轴跟踪器。最初 Entech 用于线性透镜系统，目前被 CHAPS 系统（ANU）用于圆柱形反射镜。
  - 极轴加赤纬轴式驱动：这不是用于大型系统，但主要用于测试。它具有简单的优点。主驱动仅仅是一个"时钟"，提供恒定转速。

10.7.1.2 单轴跟踪系统

这些只适合反射收集器（见图 10.1b 和图 10.25）。正确操作的唯一条件是保持平面垂直于孔径，其中包括含有"太阳盘"的轴，南/北水平轴跟踪器比东/西轴收集更多能量，表 10.4 列出了在马德里不同跟踪形式的聚光器收集到的垂直辐射值及表面的总辐照值，单位是 kWh/m^2[35]。

表 10.4 平均年度和月度垂直辐射

月份	双轴	南-北轴	极性轴	东-西轴
1 月	2.31	1.45	2.16	1.93
2 月	3.23	2.36	3.15	2.56
3 月	4.24	3.61	4.23	2.95
4 月	4.73	4.41	4.62	3.03
5 月	5.95	5.74	5.62	3.74
6 月	6.98	6.76	6.42	4.37
7 月	8.61	8.34	8.03	5.46
8 月	7.89	7.49	7.66	4.83
9 月	6.38	5.67	6.36	4.20
10 月	4.51	3.52	4.45	3.39
11 月	3.26	2.14	3.09	2.68
12 月	3.04	1.81	2.80	2.60
年度垂直辐射	5.15	4.46	4.90	3.48
年度总辐射	7.08	6.24	6.87	5.61

10.7.2 跟踪系统的实际安装

聚光光伏跟踪系统力学的关键要素和性能指标是齿轮和它的有限齿隙的最大耦合力。对于基座式方阵，现代的方法包括安装一个标准螺钉或液压线性促动器用于高度角转动。在非常大的方阵中（Amonix，Guascor-Foton，200m^2，见图 11.2），液压系统是首选，其中来自于阵风的巨大作用力更好地被吸收，因为避免了齿隙。

方位角驱动器是由以一个大齿轮减速比运行的电动机来执行的，通常不小于一千。采用这种齿轮减速度，在主轴上的误差可以忽略不计，但余下的误差是最后齿轮的齿隙。

伴随上述减速比，跟踪器的能量消耗是相当小的，其通常能被重力很好平衡。实际上施加在驱动元件的摩擦功率小于1%，一个例外是液压系统中具有达3%~5%的消耗。

对于低聚光倍数，Archimedes Systems ZSW 公司成功开发并使用了液压被动供电驱动器，它使用太阳光束同时作为跟踪传感器和电源[36]。

10.7.3 跟踪控制系统

目前是微机系统，其控制驱动交流或直流电动机的激活。在两个相反的方向，必须提供位移，以恢复跟踪结构的早晨位置。各轴的运动都被软件和机械式传感器限制。

10.7.4 指向策略

用于操纵跟踪器垂直于太阳光束的两个基本策略：一种是基于太阳的直视，而另一个是使用太阳的天文历。

10.7.4.1 阳光的直接视觉传感特性

经典的传感器详见图 10.29，如果传感器未指向太阳，电误差信号是由两个光传感器产生电流的不同造成的。该信号被用于连续地或以时间间隔来激活驱动器。

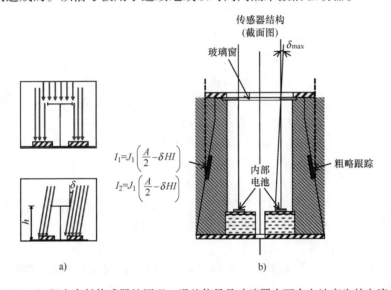

图 10.29　a）阳光直射传感器的原理：误差信号是玻璃罩内两个电池产生的电流之差。
b）一旦太阳在小于 ±10°偏差，真实传感器从侧面电池提供粗略跟踪及内部电池提供
精确跟踪（UPM 1980，基于 1977 年 Sandia 实验室，原型）

这个策略在晴朗天行之有效，这时传感器近似对准太阳。但是额外计算是必要的，去引导传感器到太阳视觉操作模式和日落之后让系统返回到朝向东，这些系统的精度是相当不错的，优于 0.05°

现代传感器包括 XY CCD 阵列，它提供误差信号的数字化，避免了典型的失配问题。

10.7.4.2 天文历方法

天空中太阳的复杂路径是众所周知的，精确的公式可用于计算在任何时刻及地球上任何一点的瞬态太阳矢量。GPS 提供准确的时间和地点数据。该程序对云、灰尘、光线强度、天空、透明度等不敏感。

太阳历是使用软件代码来计算的，它也接收方阵的绝对参考方位（例如零方位角和零高度角）作为主要输入。这些数据输入的不准确性成为绝对的指向偏差。

从 UPM 独立出来的 Inspira 公司，已通过分析方阵的输出功率及相对于理论位置的指向

误差来降低固定误差[37,38]。从该分析中所创建的误差表允许区分初始位置误差，并对于一个给定的方阵生成最佳特定太阳历。该过程被编程用于更新误差表，从而更新太阳历计划。实际方阵超过 95% 的工作时间，这种方法已在 ± 0.1° 内进行跟踪。

10.7.5　结构及跟踪控制成本

为使在重力和风力载荷作用下仅十分之一的弯曲度，聚光器的支撑结构在弹性应变模式内必须很好设计。对于极端的自然条件，这种条件比建筑法规要求更高。

因此，对于小型电厂或小的生产水平，当前跟踪结构成本通常超过 0.8 欧元/W_p。如果设计和生产被合并在几个大型专业化企业下，更低数字是可以设想的。

10.8　聚光条件下的电池、组件及光伏系统测量

在聚光光伏技术中将被测量的主要量纲或方面是
- 额定聚光条件下的电池的电性能；
- 电池和空气或其他热排放之间的热阻；
- 一个完整的聚光元件（例如，主收集器、二次光学元件和电池）的光学性能；
- 聚光组件或模块的电学、光学和热学性能；
- 一个或多个跟踪方阵的电学、光学和热学性能。

10.8.1　聚光电池的测量

采用标准运行时的辐照水平进行测量是很重要的，因为虽然，光伏电流被假设正比于入射的光功率，但是另一方面，复合效果和串联电阻依赖于辐照强度是显而易见的。

10.8.1.1　聚光电池的测量（无光学元件）

高强度辐照通过强大的闪光源是容易做到的，每次闪光能处理超过 3000J。在 30cm 范围内，可以提供高达 200W/cm^2 的强度，在 1~2cm^2 电池上提供良好的均匀性。

使用闪光灯的测量要求一次得到瞬态 I-V 曲线。闪光持续时间为 1~10ms 的量级。不幸的是，在此期间，强度和光谱都不是均匀的，而是变化的，如图 10.30 所示。

高效率硅聚光电池由于长载流子寿命具有低的响应。太阳电池好的性能会干扰瞬态测量的有效性，在某种意义上说，得到的 I-V 曲线不等同于稳态下电池的行为。源于瞬态的这些问题容易通过如下方法被证实：获得从 $I = I_{sc}$ 到 $I = 0$ 的 I-V 曲线，之后再获得从 $I = 0$ 到 $I = I_{sc}$ 的 I-V 曲线。如果存在瞬态效应，这两条曲线将不

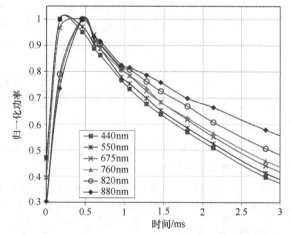

图 10.30　不同波长氙气闪光灯功率的瞬时变化（实验）：蓝色成分的强度比淡红色熄灭更快；光谱成分在整个放电过程变化（UPM-IES 提供）

会重合。

在这些情况下建议由几个瞬态闪光（多闪光模式）进行测量。包括电压源从 $V = 0$ 到 $V = V_{OC}$ 时在尽可能多的间隔极化电池，他们想要为每个极化点应用一个闪拍。负载通常是电容器。

为了找出适合的光闪时间，"快速响应的"单结太阳电池的短路电流被用来按 A/W 校准参考光谱。该电池提供电池上实际的照度信息，并允许每次按照真正辐射到电池上的瞬态辐照度进行校正。使用相同技术的参考电池作为测量电池避免光谱校正[39]。

10.8.1.2　无封装的或基片上聚光电池的测量

聚光电池测量的主要要求或许是获得低接触电阻，以便获得大电流。闪光辐照模式（瞬时的和几毫秒），消除了散热问题。不大于 $10~mm^2$ 的非常小的电池可以在基片上以极高的速率与细探针结合来测量，但是大面积的电池需要使用多接触系统。

对于电池，这种测量是困难和危险的，电池需要首先封装到绝缘基片上，在额定聚光条件下，通常在 $30 \sim 80W/cm^2$ 下，测量已组装完整的单元。为了降低测量成本，几个电池应在相同的单一闪光模式下同时测试。一个商业产品已经在 UPM 被开发，以 $50W/cm^2$ 聚光条件，可测量 12 个 $1cm^2$ 的电池。

10.8.2　聚光器单元和组件的测量

我们所说的基本聚光器或聚光器单元，由一个光学元件（透镜）和一个包括二次光学元件的电池组成，如果电池已有一级光学元件。聚光组件在 10.6.1 节中定义。

为了在实验室以简单的方式重现在真正太阳下的行为，我们必须有一个具有太阳角宽度的从初级聚光光伏能看到的光源。

为了具有 $\pm 0.27°$ 角宽度，我们必须将一个直径 5cm 的光源，放在距离接收器 5.3m 的位置。在这个距离上，此光源必须提供大约 $1000W/cm^2$ 强度，在 XY 平面上具有良好的均匀性。灯需要的亮度近似由下式确定

$$BR = 1000~(W/m^2)/\Omega_{sun} \tag{10.27}$$

式中，Ω_{sun} 是指聚光器看到整个光源的立体角。

此光源上得到的 BR 亮度值大约是 $1.4 \times 10^7 Wm^{-2} sterad^{-1}$。这类似于太阳表面上的亮度，因为我们以相同的立体角看到太阳，在地球表面上需要直射的太阳辐照。

尽管灯和接收器之间距离为 5m，某些光束可以以光学元件接收角以外的角度到达入口。例如，我们可以看出，外部光束以角度 δ 到达直径为 20cm 的透镜

$$\delta = \arctan \frac{0.1m}{5m} \approx 1.15° \tag{10.28}$$

这个值比市场上大多数实际初级聚光器的接收角大得多。因此，这对于由若干个基本单元组成的测试组件（见图 10.31）也是一个问题。要使投射光在组件表面每个点必须包括相同的准直光束。这可以在真正的太阳光下实现，但在户外测试产品厂家是不能接受的。出于这个原因，有必要在室内建立一个光源进行照明，类似在太阳光下。

质量足够好，成本低的抛物面反射镜，在大面积上能够保证一个均匀的，相当于太阳的辐照，并且不会发生光谱改变这是目前被几家公司和实验室采用的方案[40]。菲涅耳透镜的方法，在尺寸上受到限制，也产生不可避免的色差。目前可用的结构包括 6m 焦距的抛物面反射镜，以这样一种方式，一个位于焦点的直径 6cm 的光源，应提供 $\pm \theta_{sol}$（即接近 $\pm 0.27°$）

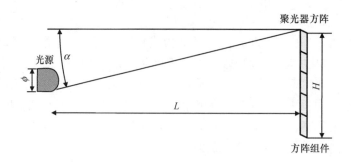

图 10.31　准直室内光源。显示太阳角宽度的单一人工光源，在一个组件中的所有元件表面不能提供
相同入射角：角度 α 比接收器的接收角大得多，因此许多电池并没有被照明（UPM-IES 提供）

的光束，与直径 2m 的反射镜一样。

　　然而，比天文望远镜有较低的价格和质量的一种反射盘，以如下方式产生一定散射：光束具有小于 ±0.5° 的幅度，对大多数接收器的测量已经足够了（见图 10.32）。如果一个较小角度是必要的，那么需要正确放置用一个较小直径的光源。

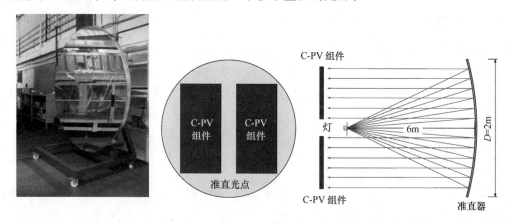

图 10.32　产生 ±0.4° 准直光的抛物面盘。该系统是 UPM 以合理的价格开发，允许聚光光伏
组件的室内检测。这是目前商用系统（UPM-IES 提供）

10.8.3　模拟器绝对和相对测量

　　来自太阳模拟器的光的绝对测量是不容易的，其光谱更是如此。如果光源是不连续的或闪光型的，获得它的光谱组成变得更困难。基于 CCD 传感器的现代光谱仪可以认为是"瞬时的"，但对于闪光灯速度非常快的变化仍然不是很可靠。

　　由于这个原因，最常见和最简单的方法是采用相同技术的一个校准电池作为被测量电池。以这种方式，参考光谱下得到的校准电池的电流对任何其他光谱变成校准电流，特别是灯作光源的光谱。在这种情况下，我们说的不匹配因子 $M = 1$。但是，这是可取的，灯的光谱是连续的（没有窄谱带），与太阳光谱类似。

　　然而，组件或基本单元的电池都位于其传输依赖于波长的光学元件下面。因此，标准测试条件（STC，垂直的和额定的，850W/m²，AM1.5）下测试一个聚光光伏组件，我们参考的必须是一个包含相同光学和电池的在 STC 下已校准的基本单元而不是组件。光学材料和可能的色散效应可以引起到达该组件内部电池的参考光谱辐照 $E_{ref}(\lambda)$ 相当大的变化。我们可以把这种变化表示为 $t(\lambda)$，其根据如下积分影响电池的电流

$$I_L = A\int E_{ref}(\lambda)t(\lambda)S(\lambda)d\lambda \neq I_{L_{ref}} \qquad (10.29)$$

式中，$S(\lambda)$ 是电池的光谱响应。I_L 是组件内的实际电流，不同于单个独立电池在相同光源下产生的电流，其不受 $t(\lambda)$ 的影响。

使用这种方法得到的结果对所有聚光光伏组件或配备了单结太阳电池的基本单元是相当令人满意的。

10.8.4 聚光光伏组件和系统中的光学失配

众所周知，具有不同短路电流的电池或组件串联连接在相同辐照度下，相对于采用相同短路电流的电池系列，其输出功率会降低。

如果选良好的平板组件与它们的静态或跟踪结构大致平行安装，输出不会受到光学失配的影响，因为太阳辐照度对它们是均匀的。只有树木所造成的遮蔽，鸟粪或其他类似阴影造成"电流失配"。

另一方面，聚光器中，辐射到电池上的光发生了极大变化，除了阴影和污迹，还有光学，跟踪的定位精度，二次光学元件等造成了以上结果。这意味着有新的电流不均匀的来源可能会造成"光学失配"。

聚光光伏强度失配的原因是如此不同，电流损耗的分布预期对应于一个标准的高斯分布。结合 $I\text{-}V$ 曲线形状上的旁路二极管的效果，该光学失配的有形效应包括短路电流 I_{sc} 值和最大功率点之间的斜率。

图 10.33 给出了一个具有反射镜和配有旁路二极管的线性接收器的抛物面槽式聚光系统

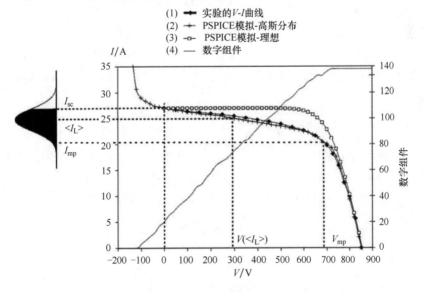

图 10.33　光学失配的来源是由于多种原因，并联一个旁路二极管的每个元件产生的电流遵循高斯分布。电流失配显示为一个并联电阻。在短路时，几个组件被需要加偏压非理想的旁路二极管。在这种情况下，19 个组件或 100V 都是必需的（EUCLIDES Tenerife，Array n° 7，UPM-1999）

的 I-V 曲线，由于强的光学失配，呈现出一种伪并联电阻效应：J. C. Arboiro 和 I. Antón 把伪并联电阻与理论及实验的高斯分布中的参数联系起来[41]。但是，必须指出，这是存在缺陷的非常极端的情况。

如在图 10.22 中可以看出，接收角和最大功率因为组件电流的分散被降低。此失配的来源不仅是每个组件内的电池，而且包括缺乏安装组件的平行性。对于许多系统，这种平行性必须优于 0.2°。

接收角的测量，可以在户外真正太阳下进行，这是一个复杂实验，随太阳在天空"移动"，在商业的跟踪器上控制十分之几度，并记录转换曲线与最大功率。使用室内聚光光伏太阳模拟器记录所有入射角时的 I-V 曲线，这实验变得相当容易。对于大方阵，户外测试始终是必需的。

10.8.5 配备多结太阳电池的聚光光伏组件和系统的测量

多结Ⅲ-Ⅴ族电池的极高效率，使它们成为聚光器系统的理想器件。这些电池，更好地利用太阳光谱，目前包括三种电学串联的器件，同时作为太阳电池和"带通"光学滤光片。它们对光谱变化比窄带隙的单结太阳电池（例如硅）更敏感。

这些电池和由它们组成的组件的测量需要同时控制光的准直和光谱分布。闪光灯必须提供光谱参考标准或等效于参考光谱。

单结电池的 I-V 曲线的测量，必须基于与参考电池强度的比较，但现在，在测试中同时也有三个参考子电池。

在多结叠层电池中，只有所有的光电流值 I_{L1}、I_{L2} 和 I_{L3} 同时等于对应于参考光谱的光生电流值 I_{Ljref} 时，才是在一个参考光谱下进行正确的测量。也就是说，当满足下列验证关系：

$$I_{Lj} = \int_{\lambda_{j1}}^{\lambda_{j2}} E_{ref}(\lambda) \cdot S'_j(\lambda) d\lambda \equiv I_{Ljref} \text{（校准值）} \tag{10.30}$$

式中，$j = 1$、2 和 3，指多结电池的每个子电池的电流和光谱响应。

当然，在每次闪光都得到准确的参考光谱 $E_{ref}(\lambda)$ 几乎是不可能的，模拟真实太阳也是不可能的，但任何光谱，在下面的公式中被称为"局部的"，能够同时提供局部电流 I_{Li} 和 I_{Lj}，由此得到以下等式：

$$\frac{I_{Li\,local}}{I_{Lj\,local}} = \frac{I_{Li\,ref}}{I_{Lj\,ref}}; \quad \min(I_{Ljref}) = \min(I_{Ljlocal}) \tag{10.31}$$

可以被称为"等效参考光谱"，可以提供由标准辐照度辐照的多结电池相同的 I-V 曲线。

虽然式（10.31）表达的条件似乎很复杂，实际上因为第三结的 I_{L3ref} 和 $I_{L3local}$ 通常比 I_{L1} 和 I_{L2} 大而变得相对简单。这意味着我们必须只需关注顶部和中间结。这样条件变得更简单。

$$\frac{I_{L1ref}}{I_{L2ref}} = \frac{I_{L1local}}{I_{L2local}} \tag{10.32}$$

$$I_{L1ref} = I_{L1local} \text{ 如果 } I_{L1} < I_{L2}$$
$$I_{L2ref} = I_{L2local} \text{ 如果 } I_{L1} > I_{L2} \tag{10.33}$$

随着闪光灯的光强变弱，它的光谱发生变化，成为浅红色，而光谱蓝色成分能用电源调制，因此可以在闪光放电时找到某一时刻使以前条件（式（10.32）和式（10.33））被满足（见图 10.34）。这个过程被用在现代太阳模拟器中，使制造商能够在标准条件下，在室内评估组件的实际功率。

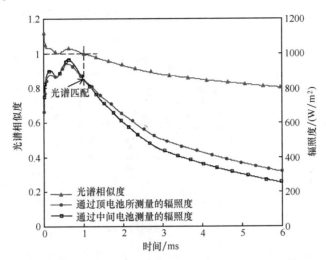

图 10.34　在同一闪光辐照下每个组件电池同时产生电流 I_{L1} 和 I_{L2}。当两个电流相等时，多结电池或系统被正确测量。在此条件下的人工光谱等效于参考光谱（UPM-IES 提供）

10.8.6　组件光学元件内部的多结电池

当电池在组件光学元件下时，该参考子电池在参考光谱下的校准值变得无效，因为光学元件修改了光源的光谱透射率函数 $t(\lambda)$。那么我们有

$$I_{Ljref}^{Op} = A_i \int E_{ref}(\lambda) t(\lambda) S_j(\lambda) \mathrm{d}\lambda \neq I_{Ljref} \tag{10.34}$$

式中，上标 Op 表示该电池是在光学元件下。

假设以等效谱测量电流，新的比率为

$$\frac{I_{Liref}^{Op}}{I_{Ljref}^{Op}} = \frac{I_{Lilocal}^{Op}}{I_{Ljlocal}^{Op}}; \quad \min(I_{Ljref}^{Op}) = \min(I_{Ljlocal}^{Op}) \tag{10.35}$$

这些条件要求，该测试可用的参考元件是一个被校准的聚光器[42]。

10.8.7　光伏聚光器的输出与光谱变化的日光的有效可用辐射

一个聚光光伏系统的年输出能力应主要基于可获得的正常垂直辐射、现场温度和方阵间的阴影。这个运行条件是相当均匀的，因为太阳光垂直入射及窄幅垂直辐射值产生入射功率的主要部分。

此计算的基准是在标准测试条件（STC）下的额定功率，它定义了组件或系统额定值的辐照度水平，光谱和电池温度。

尽管已被证明光伏组件的响应依赖于光谱[43]，它对硅基系统能量生产效应的影响小于 0.5%，事实上可以忽略。但这种影响在多结电池中是更重要的。多结电池的光谱依赖意味着它们在日出和日落时将表现较差，因为一个电池，通常是顶电池，限制了整体的电流。

相对于现场的总的太阳辐射 H（周期），统计多结系统使用的有效辐照量 $H(\lambda,$ 周期），是评估光谱失配的能量效果的一种合适方法。

在图 10.35 中，我们绘制了一整天直接辐射 $B_{pirhel}(t)$ 的记录，这是用太阳热量计测量的，此测量计收集从 $0.3 \sim 4\mu m$ 所有的辐射，和多结电池系统的等效辐照度，计算公式为

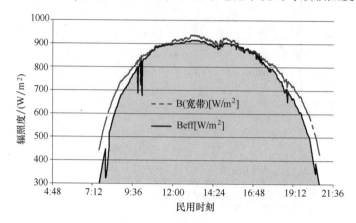

图 10.35　等效辐照度成正比于多结电池的实际电流，而太阳热量计辐射度 $B_{BB}(t)$ 成正比于参考光谱下多结电池的电流。瞬态 $B_{eq}(t)$ 下的面积除以 $B_{BB}(t)$ 下的面积提供了因子 EMFE，大约占光谱失配所引起的能量损失（UPM-IES 提供）

$$B_{equiv}(t) = \frac{I_{cell}^{Op}(t)}{I_{ref}^{Op}} B_{STC} \tag{10.36}$$

式中

$$I_{cell}^{Op}(t) = \min(I_{top}^{Op}(t), I_{mid}^{Op}(t) \cdot I_{bot}^{Op}(t)) \tag{10.37}$$

I_{ref}^{Op} 是光学系统内多结电池在标准测试条件下的电流，$I_{top}^{Op}(t)$、$I_{mid}^{Op}(t)$、$I_{bot}^{Op}(t)$ 是在聚光器光学元件下所测量的三个校准的同种电池的瞬态电流，同时用太阳热量计记录。这些同种电池，对应于直接辐照的系统内的多结电池的顶、中、底电池。

全天 $B_{equiv}(t)$ 下的面积被太阳热量计曲线 $B_{pirhel}(t)$ 的面积相除产生能量光谱失配率（ESMR），它代表了一整天所有可用的直接辐射的有效百分比。

有了许多天的这四个记录，对于一个位置，这个数值可按每月、每年来定义。例如，定义 $ESMR_{每月}$ 的有用方程是

$$H(\lambda, 月) = H(月) \cdot ESMR_{每月} \tag{10.38}$$

式中，H（月）为用太阳热量计所记录的实际每月的直接辐射（kWh/m^2）。光谱依赖效应被合成为一个新数值，称为"等效月辐射"$H(\lambda, 月)$，它允许对多结电池系统进行预测，就像单结电池，只是具有较小的输入能量（低 kWh/m^2）。

作为一个例子，在马德里（海拔 600m）一个典型晴朗的二月天，我们得到每天平均值：$H(\lambda, 2009 年 2 月每天) = 0.93H$（2009 年 2 月每天），然后根据在马德里记录的 2009 年的数据，我们得到 $ESMR_{每年} = 0.95$。

10.9　总结

聚光器已经开始商业化。它们需要一个学习曲线来达到成熟，这将比传统光伏发展更快。达到成本目标需要累积生产高达近 600MW，对于大型工厂整个系统的成本将小于 2 美

元/W_p。每家公司将需求约 10 ~ 30MW/年以达到约 0.8 ~ 1.0 美元/W_p 的组件价格水平。因此，大约十家公司可能会坚持 3 ~ 4 年的时间达到成熟。然而有更多的开放举措在参考文献 [44] 中可见。

这里介绍 ISFOC 举措（普尔托努，2006 年，西班牙），包括花费 1600 万欧元来发展聚光光伏，多次召集超过 200kW_p 的项目，并为中标企业提供性能测试和诊断及给客户和金融机构作质量认证。这已成为一个世界性聚光光伏系统的参考中心。对于光伏，聚光光伏和聚光太阳能发电，在美国科罗拉多州有类似的举措（2009 年 10 月公布），但资源量尚不清楚。

2009 年底由硅光伏产业发生的降低价格运动可能会损坏聚光光伏及其他新兴技术的发展，在新技术全面产业化所需的时间内占领市场。

聚光光伏承诺的高生产率已经在普尔托努和塞维利亚的 Concentrix Solar 被证明，每年有超过 20% 的能效。也就是说，接收到的能量的 20% 已被转化成电能，连接到电网。伴随下一代组件，这个数字可以增高到 23%（记住最好的传统光伏系统的数值接近 12%）[45,46]。

参考文献

1. This book: Section 3.5.5 and Chapter 4.
2. Burgess EL, Pritchard DA, Performance of a one kilowatt concentrator array utilizing active cooling. *Proc. 13th IEEE Photovoltaic Specialists Conf.* (New York) 1978, pp 1121–1124.
3. Toña J, Guascor Fotón, CPV Systems Concentrated Photovoltaic Summit 08, *CPV Today*, 1–2 April 2008, Madrid.
4. Luther J, Luque A, Bett AW, Dimrot F, Lerchenmüller H, Sala G, Algora C, Concentration photovoltaics for highest efficiencies and cost reduction, *Proc. 20th European Photovoltaic Solar Energy Conf.*, pp 1953–1957, Barcelona 2005.
5. Bett AW, Burger B, Dimroth F, Siefer G, Lerchenmuller H, High-Concentration PV using III-V Solar Cells, *PV-IEEE 4th World Conference*, Vol. 1, pp 615–20, Waikoloa, HI, 2006.
6. Algora C., The importance of the very high concentration in 3rd generation solar cells. *Next Generation Photovoltaics for High Efficicncy Through Full Spectrum Utilization*, Institute of Physics Publishing, 2004, Bristol, UK.
7. O'Neill M, Fifth Generation 20X Linear Fresnel Lens/Silicon Cell Concentrator Technology, *International Conference on Solar Concentrators for the Generation of Electricity ICSC-5*, Palm Desert 2008.
8. Sala G, Concentrator Systems, *Practical Handbook of Photovoltaics Fundamentals and Applications*, Chapter IIId, p. 682, Elsevier, 2003.
9. Sala G, Antón I, Photovoltaic concentrator systems facing the problems of commercialization, *Proc. 4th World Conf. on Photovoltaic Energy Conversion*, pp 609–614, Hawaii 2006.
10. Swanson R M, Point contact solar cells: Modeling and Experiment, *Solar Cells*, **17**, 85–118, 1985.
11. Gombert A, Hakenjos A, Heile I, Wullner J, Gerstmaier T, Van Riesen S, FLATCON CPV System, Field Data and New Development, *24th European Photovoltaic Solar Energy Conference*, Hamburg, September 2009.
12. Muñoz JA, Silva D, Payán A, Pereles O, Osuna R, Alonso M, Chenlo F, Two years of operation of the Sevilla PV 1.2 MW Grid Connected Plant, *Proc. 23rd European Photovoltaic Solar Energy Conf.*, pp 3199, Valencia 2008.
13. Swanson, The promise of concentrators, *Progress in Photovoltaics*, **8** (1) 93–111, 2000.
14. Antón I, Pachón D, Sala G, Results and conclusions of C-Rating Project: An European initiative for normalisation and rating of PV concentrator systems, *19th European Photovoltaic Solar Energy Conference*, París 2004, pp 2121–2124.

15. Goetzberger A, Greube W, Solar energy conversion with fluorescents collectors, *Appl. Phys.* **12**, 123–139, 1997.

16. Goldschmidt JC, Peters M, Dimroth F, Bett AW, Hermle M, Glunz SW, Willeke GP, Steidl L., Developing Large and efficient Fluorescents Concentrator Systems, *Proceedings of 24th European Photovoltaic Solar Energy Conference*, Hamburg 2009.

17. Winston R, Welford WT, *Optics and nonimaging concentrators: light and solar energy*, Academic press San Diego, 1978.

18. Luque A, *Solar Cells and Optics for photovoltaic concentration*, Adam Hilger, ISBN 0-85274-106-5, p. 462.

19. Winston R, Miñano JC, Benítez PG, Non Imaging Optics, ISBN 0-12-759751-4 *Elsevier Inc.*, 2005.

20. Victoria M, Domínguez C, Antón I, Sala G, Comparative analysis of different secondary optical elements for aspheric primary lenses, *Optics Express*, **17** (8) 6487–6492, 2009.

21. Sala G, Measurement of CPV Components and Systems, CPV Today, Photovoltaic Concentator Summit, 1–2 April 2008, Madrid.

22. Antón I, Solar R, Sala G, Pachón D, IV testing of concentration modules and cells with non-uniform light patterns, *Proc. 17th European Photovoltaic Solar Energy Conf.*, pp 611–614, Munich 2001.

23. Antón I, Sala G,. Losses Caused by Dispersion of Optical Parameters And Misalignments in PVConcentrators, Prog. Photovolt: Res. Appl. **13**, 341–352, 2005.

24. Concentrator Photovoltaic (CPV) modules and assemblies- Design qualification and type approval, *IEC 62108 Ed 1.0*, 2007.

25. *Patente de Invención N° 470994*. Concentrador y/o reflector de luz y procedimiento para su Fabricación. Madrid, 21 de Junio de 1978. (Consiste en una lente de fresnel hibrida de vidrio-silicona o vidrio-elastomero transparente). En explotación durante 1981 y 1982.

26. Sala G, Lorenzo E, Hybrid silicone-glass Fresnel lens as concentrator for photovoltaic applications., *2nd European Photovoltaic Solar Energy Conference and exhibition*, Berlin, 1979, pp 1004–1010.

27. Vivar M, Antón I, Pachón D, Sala G *et al.*, Third generation of EUCLIDES Systems: First Results and Modelling of Annual Production in Ideoconte Project test sites, *ICSC-4*, El Escorial, March 2007.

28. Martínez M, Antón I, Sala G, Prediction of PV Concentrators Energy Production: Influence of wind in the Cooling mechanism. First Steps, *ICSC-4*, El Escorial, March 2007.

29. Luque A, Solar Cells and Optics for Photovoltaic Concentration, Adam Hilger, ISBN 0-85274-106-5, p. 265.

30. Miñano JC, González JC, Benítez P, (1995). RXI: A high-gain, compact, nonimaging concentrator. *Applied Optics*, Vol. 34, **34**, 7850–7856.

31. Zamora P, Cvetkovic A, Buljana M, Hernández M, Benítez P, Miñano JC, Dross O, Alvarez R, Santamaría A, Advanced PV Concentrators, *Proceedings of the 34th IEEE Photovoltaic Specialists Conference*, 7–12 June 2009, Philadelphia.

32. Victoria M, Domínguez C, Antón I, Sala G, High Concentration Reflexive System With Fluid Dielectric. *Proceedings of the 23rd European Photovoltaic Solar Energy Conference*, Valencia, September 2008.

33. Smeltink JFH, Blakers AW, 40 kW PV Thermal Roof Mounted Concentrator System *Photovoltaic Energy Conversion Conference record of the 2006 IEEE 4th World Conference*, May 2006 ISBN: - 1-4244-0017-1, Vol. 1, pp 636–639.

34. Verlinden PJ, Lewandowski A. Kendall H, Carter S, Cheah K, Varfolomeev I, Watts D, Volk M, Thomas I, Wakeman P, Neumann A, Gizinski P, Modra D, Turner D, Lasich JB, Update on two-year performance of 120 kW_p concentrator PV systems using multi-junction III-V solar cells and parabolic dish reflective optics, *Proc. 33rd IEEE Photovoltaic Specialists Conf.*, pp 1–6, 2008.

35. Lorenzo E, *Electricidad Solar Ingeniería de los Sistemas Fotovoltaicos*, p. 218, 1994 PROGENSA, Sevilla, Spain.

36. Klotz FH, Möhring HD, Integrated Parabolic Trough (IPT) for low concentrator PV systems,

Proc. 4th Int. Conf. on Solar Concentrator for the Generation of Electricity or Hydrogen, pp,
El Escorial, 2007.

37. Arboiro JC,. Sala G, A constant self-learning scheme for tracking systems, *Proc. 14th European Photovoltaic Solar Energy Conf.*, Barcelona, pp 332–335, 1997.

38. Luque Heredia I, Moreno JM, Magalhaes PH, Cervantes R, Quemere G, Laurent O, Inspira's CPV Sun Tracking, *Concentrator Photovoltaics*, Springer, Berlín, pp 221–251, 2007.

39. Mau S, Krametz T, Influence of solar cell capacitance on the measurement of I-V-curves of PV-modules, *Proc. 20th European Photovoltaic Solar Energy Conf.*, Barcelona, Spain, 2005.

40. Domínguez C, Antón I, Sala G, Solar simulator for concentrator photovoltaic systems, *Opt. Express*, **16**, 14894–14901, 2008.

41. Antón I, Sala G, Arboiro JC, Effects of the optical performance on the output power of the EUCLIDES array, *Proc. 16th European Photovoltaic Solar Energy Conf.*, Glasgow, 2000.

42. Domínguez C, Askins S, Antón I, Sala G, Indoor characterization of CPV modules using the Helios 3198 Solar Simulator, *Proc. 24th European Photovoltaic Solar Energy Conf.*, Hamburg, pp 165–169, 2009.

43. Huld T, Sample T, Dunlop ED, A simple model for estimate the influence of spectrum variations on PV performance, *Proc. 24th European Photovoltaic Solar Energy Conf.*, Hamburg, pp 3385–3389, 2009.

44. Wilming W, CPV Systems: Bringing the sun into focus, *Sun and Wind Energy*, **12**, 100, 2009.

45. Gombert A, Hakenjos A, Heile I, Wúllner J, Gerstmaier T, Van Riesen S, DLATCON CPV systems- Field data and new development, *Proc. 24th European Photovoltaic Solar Energy Conf.*, Hamburg, pp 156–158, 2009.

46. Martínez M, Sánchez D, Perea J, Rubio F, Banda P, ISFOC demonstration plants: Rating and production data analysis, *Proc. 24th European Photovoltaic Solar Energy Conf.*, Hamburg, pp 159–164, 2009.

Armin G. Aberle[1]，Per I. Widenborg[2]

　　1. 新加坡国立大学电子与计算机工程系，新加坡太阳能研究所

　　2. 以前在澳大利亚悉尼新南威尔士大学光伏与可再生能源工程学院，目前在新加坡国立大学新加坡太阳能研究所

11.1　引言

11.1.1　为什么要研究 c-Si 薄膜太阳电池

　　目前，绝大多数（>80%）的光伏组件是由晶体硅（c-Si）构成的[1]。c-Si 统治光伏市场的原因是多方面的，组件效率高（12%～19%），电池及组件制造工艺成熟度高产量大，组件的长期稳定性优异（>25 年），原料丰富并且无毒。另一个重要原因是硅片是集成电路（IC）工业的原料，这使得可以从 IC 工业为光伏产业分担一些技术和基础设施成本，无论硅片制造还是光伏电池及组件制造都能从 IC 工业中获得良好的成熟技术和设备。很少有材料能像晶体硅被研究的这样透彻。2007 年，全球光伏产量超过 3GW$_p$，相当于每秒钟产出大约 30 片硅电池。现代化的硅片电池生产线不久将可以达到每秒钟一片的生产速度。硅片光伏组件也在每年变得更加便宜和/或高效，是任何其他与其竞争的光伏技术所追赶的目标。

　　但是，尽管从过去到现在都很成功，硅片存在的一个问题就是成本。目前，标准的硅片光伏组件的制造成本大约为 2～3 欧元/W$_p$，其中有几乎一半来自原材料，即没有加工的晶体硅片。这些方形（或者带圆角的准方形）硅片的面积在 150～250cm^2，厚度在 180～300μm，每片的成本大约为 2～3 欧元（大约 1.3 欧分/cm^2）。这些光伏组件的用硅量大概是 10g/W$_p$。要进一步降低光伏电力的成本，光伏工业正朝着采用更大面积硅片的方向发展。正在测试面积超过 300cm^2 的电池，十年内 400cm^2 的面积也可能成为标准。同时，工业界的目标是尽可能降低硅片的厚度，这样就能从硅棒或硅锭上切下来更多的电池。硅片的最小厚度是由光伏工厂的碎片率决定的，而不取决于进一步降低厚度有多少降低成本的潜力。硅片尺寸越大，所需要的最小厚度就会越大。对于面积大于 400cm^2 的硅片，为了控制碎片率，其最小厚度至少要在 100μm。另外，随着硅片变薄，硅料的切片损失（kerf loss）将会增加。

　　与现有技术相比，传统的硅片光伏技术的用硅量减少的潜力系数大约为 2（带状硅技术有相对更大一些的下降潜力）。除了原材料的限制外，硅片制造本身也是高耗能的。所以，随着化石能源成本的不断上升，采用环境友好的加工工艺将硅片光伏组件的成本降低到 1 欧元/W$_p$ 以下将是非常困难的。通过烧煤来制造光伏硅片不是一个选择。

　　采用薄膜技术看上去有可能更加容易地将光伏组件的成本降低到 1 欧元/W$_p$ 以下。主要原因是制造薄膜组件需要更少的能量和原料，薄膜能够在更大面积上沉积，薄膜电池可以通

过更加快速廉价的方式串联。而且，重要的是，薄膜光伏组件的效率和长期稳定性都在提高，而制造成本却在降低。这样，在大规模制造中采用薄膜更有可能将光伏组件的成本降低到 1 欧元/W_p 以下。薄膜光伏组件对新兴应用比如大型光伏电站和光伏建筑一体化也更有吸引力。

11.1.2　晶体硅薄膜光伏技术和材料的分类

对不同的晶体硅薄膜光伏技术进行区分的一个简便方法是根据所采用的支撑材料的温度稳定性将其分为低温（< 450℃）、中温（450 ~ 700℃）和高温（> 700℃）技术。通常来讲，晶体硅薄膜的结晶和电学质量会随沉积或生长温度的提高而改善，这就是研究高温技术的原因。另一个需要提及的重要因素是支撑材料在最终的光伏组件中是作为电池的下衬底还是上衬底。在上衬底结构中，太阳光从支撑材料入射因此需要其具有高的透光性。这种上衬底结构具有成本上的优势，因为此时的支撑材料可以同时起到光伏组件前盖板的作用。这一点也是为什么在薄膜光伏中玻璃上衬底尤其具有吸引力的原因之一。另外的原因是玻璃具有优异的紫外稳定性和抗潮抗湿的能力。

薄膜光伏采用的标准低温支撑材料是低铁含量的钠钙玻璃，厚度在 3 ~ 4mm 的成本大约是 10 欧元/m^2。但是，直到今天，还没有方法能够在钠钙玻璃或者类似的低温支撑材料上制备出真正有效的晶体硅薄膜太阳电池。与此接近的技术是在低温（< 200℃）下沉积微晶硅（一种含有非晶和结晶成分的混合相材料），这会在本书第 12 章中介绍。在过去十年中，针对光伏应用出现的一种重要的中温支撑材料是德国 Schott AG 公司开发的硼硅浮法玻璃（Borofloat33）[2]。其成本在厚度为 3 ~ 5mm 时大约为 25 欧元/m^2。主要的高温支撑材料有晶体硅片、陶瓷（比如氧化铝、莫来石）、玻璃陶瓷（比如美国康宁公司的 9664 产品）、石墨和钢。衬底成本是大多数高温技术所面对的主要问题。表 11.1 对在支撑材料上制备晶体硅薄膜太阳电池的高温和中温路线进行了总结，并列出了二者中各自最领先的具体技术。

表 11.1　在同质或者异质支撑衬底上制备 c- Si 薄膜太阳电池的技术路线。
低温路线由于还没有制备出有效的太阳电池而没有列出

	高温路线	中温路线
衬底	硅片、氧化的硅片、陶瓷、石墨、钢	硼硅玻璃、硼铝硅玻璃、金属
太阳电池工艺	扩散发射极（大约 900℃）或者低温非晶硅异质结发射极	生长制备发射极或者低温非晶硅异质结发射极
晶化后处理（可选）	无需缺陷退火，氢化（200 ~ 700℃）	缺陷退火（700 ~ 1000℃），氢化（200 ~ 700℃）
晶化	$T_{melt} \approx 1400℃$（几秒钟到几分钟），对 Si 片衬底无需此步	$T_{SPC} \approx 600℃$（h） $T_{IAD} \approx 600℃$（min） $T_{laser} \approx 1400℃$（μs）
Si 沉积（沉积速率、Si 膜厚度、晶粒尺寸）	700 ~ 1200℃（达几 μm/min、10 ~ 100μm、$g > 50$μm）	200 ~ 700℃（达 1μm/min、1.5 ~ 5μm、500nm < g < 50μm）
最先进的光伏技术	EpiWE（Fraunhofer、IMEC） 石墨上硅（Fraunhofer） 硅转移（多个单位）	CSG（CSG Solar） PLASMA（UNSW）

为更加方便地对这两种晶体硅薄膜光伏技术路线所取得的结果进行讨论，对各种材料进行如下定义：

sc-Si（单晶硅：晶粒尺寸 $g > 10 \text{cm}$）

mc-Si（多晶硅：$g = 1 \sim 100 \text{mm}$）

pc-Si（细晶硅：$g = 1 \sim 1000 \mu\text{m}$，无非晶相）

μc-Si（氢化微晶硅或者纳米硅：$g < 1 \mu\text{m}$，材料中含有非晶相）

图 11.1 给出了这些硅材料的一些代表性例子。截面透射显微镜（XTEM）照片（图 11.1a）给出的是在大约 600℃，采用离子辅助沉积（IAD）在（100）晶向的硅片上外延生长的单晶硅薄膜[4]。无法看清生长界面，生长的薄膜内含有的结构缺陷很低。另一个能证明这个薄膜硅材料是单晶的证据是在硅晶片中可以看到有干涉条纹平滑的越过生长界面并伸入到了外延层中。这些干涉条纹产生的原因是 TEM 样品的厚度波动。截面 TEM 照片（图 11.1b）给出的是在氮化硅（SiN）包覆的玻璃上通过对蒸发的非晶硅前驱体进行固相晶化（SPC）得到的 $2 \mu\text{m}$ 厚的细晶硅薄膜[5]。其平均晶粒尺寸大约为 $1 \mu\text{m}$，薄膜中具有相对较高的结构缺陷密度。

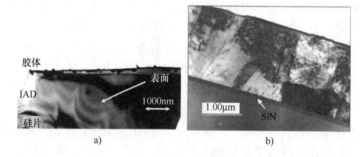

图 11.1 a）600℃ 在（100）晶向的硅片上生长的单晶硅薄膜的截面透射显微镜（XTEM）照片（取自参考文献 [4]，经过 Elsevier 授权）；b）在氮化硅（SiN）包覆的玻璃上通过对蒸发的非晶硅前驱体进行固相晶化得到的细晶硅薄膜的 XTEM 照片（参考文献 [5] 授权使用，American Institute of Physics ⓒ 2005）

11.1.3 硅沉积方法

在过去 40 年中，开发了很多沉积硅薄膜的方法。标准的硅同质外延方法是热化学气相沉积（CVD），这种方法采用硅烷（SiH_4）、二氯二氢硅（SiH_2Cl_2）或者三氯氢硅（$SiHCl_3$）作为硅气源在高温（约 1100℃）下沉积硅薄膜[6]。优选采用硅氯化物而不采用硅烷的原因是出于成本和安全的考虑。如果在异质衬底上沉积，热 CVD 得到的是细晶硅（pc-Si）。热 CVD 可以在常压下进行（APCVD），也可以在低压下进行（LPCVD）。液相外延（LPE）是另外一种能够得到高质量硅薄膜的高温外延方法。其进行的衬底温度一般在 $700 \sim 1000 \text{℃}$ [7]。最主要的中温同质外延方法是分子束外延（MBE）[8] 和离子辅助沉积（IAD）[9]。MBE 和 IAD 是物理气相沉积（PVD）方法，其采用大功率的电子束（$> 1 \text{kW}$）来熔融和蒸发水冷坩埚中的高纯硅。另外一种取代直接同质外延生长的方法是固相外延（SPE），先沉积非晶硅，然后再采用热退火的方式使其晶化成外延薄膜[10]。标准的低温硅沉积方法是等离子体辅助化学气相沉积（PECVD），其采用硅烷做原料，生成氢化非晶硅（a-Si：H）[11]。沉积非晶硅的标准 PECVD 系统采用平板结构，并采用 13.56MHz 的等离子体激发频率。如果采用硅烷浓度只有百分之几的硅烷/氢气混合气，则可以生成氢化微晶硅（μc-Si：H）[11,12]。除了 APCVD，所有的这些硅沉积方法都要采用特定的真空沉积系统。与 CVD 法相比，PVD 法需要在低很多的气压下进行（高真空或者超高真空），因此需要更加特定的真空泵系统（分子泵和/或冷凝泵），要能够使系统的本底真空度达到 1×10^{-5}Pa 以下。相反，绝大多数 CVD 方法的工作气压在 10Pa 量级，因此确保本底气压在大约 10^{-2}Pa 就足够了，这样就可以省去昂贵的真空泵。但是，为了将所沉积的硅薄膜中的污染保持在可接受的水平，需要流速高的高纯硅气源。结果，CVD 通常具有相对较低的硅原子利用率（比如，热 CVD 不足 10%[6]）。上面提到的这些沉积硅薄膜的不同方法的与光伏相关的一些具体细节，有兴趣的读者可以阅读参考文献 [7，11-15] 以及本书中的第 12 章。

11.1.4 有晶种和无晶种生长硅薄膜的比较

在采用异质衬底或者质量较差的同质衬底时，"晶种层"有其自身的优势。这个思路源于在衬底上形成高材料质量的薄层（晶种层），然后采用该晶种层作为模板在上面生长结晶层，这样，晶种层的结晶性能可以通过外延传递给后续生长的结晶材料。这种有晶种的两步生长法相比无晶种生长法的主要好处是对晶种层的性能和后续生长的结晶层的厚度可以独立进行优化，由此，可以将重点放在晶种层的结构质量和晶粒尺寸，以及为吸收太阳光而相对厚得多的外延层的电学质量和高速沉积上[16]。如在 11.3.2 节和 11.4.2 节中将要讨论的，针对光伏应用，有很多方法来制备这样的晶体硅晶种层。

11.2 模拟

11.2.1 吸收区扩散长度对太阳电池效率的影响

晶体硅薄膜太阳电池的吸收区通常都是掺杂的，因为相比于不掺杂的本征吸收区，这样可以获得更高的效率（通过更高的开路电压和填充因子）。在低注入条件下，在掺杂半导体层中的少子输运由扩散决定[17]。这样，吸收区中的少子扩散长度 L_{abs} 对晶体硅薄膜太阳电池的效率就有重要影响。为了能够通过解析方式来分析这个影响，我们假设吸收区的厚度远远大于扩散长度（厚吸收区），从而确保吸收区的背表面复合对太阳电池的电学性能的影响可以忽略。如果扩散长度 L_{abs} 远小于吸收区的厚度，就会有几个因素导致太阳电池性能严重下降。首先是短路电流 J_{sc} 会下降，因为越来越多的光生载流子远离 pn 结，收集起来越来越困难。其次是 L_{abs} 的减小会增大二极管暗饱和电流密度中的吸收区项 $J_{0.abs}$ [18]：

$$J_{0.abs} = \frac{qn_i^2}{N_{abs}} \frac{D_{abs}}{L_{abs}} \tag{11.1}$$

式中，q 是基本电荷，n_i 是半导体的本征载流子浓度，N_{abs} 是吸收区的掺杂浓度，以及 D_{abs} 是吸收区中的少子扩散系数。在忽略了电池在发射极和结内空间电荷区中的复合后，太阳电池的开路电压就由吸收区决定[17]：

$$V_{\text{OC.abs}} = \frac{nkT}{q}\ln\frac{J_{\text{SC}}}{J_{0.\text{abs}}} \tag{11.2}$$

式中，n 是二极管理想因子，k 是玻尔兹曼常数，T 是绝对温度。这样，L_{abs} 的减小会使 V_{OC} 下降。再次，随着 V_{OC} 下降，太阳电池的填充因子也会下降。下面的解析表达式给出了在没有寄生串并联电阻，并且二极管理想因子为 1 时，二者之间的关系[19]：

$$\text{FF} = \frac{[v_{\text{OC}} - \ln(v_{\text{OC}} + 0.72)]}{(v_{\text{OC}} + 1)} \tag{11.3}$$

式中，$v_{\text{OC}} \equiv V_{\text{OC}}/(kT/q)$ 是约化后的开路电压。这个简式说明吸收区中少子扩散长度的下降会导致决定太阳电池效率的三个电学参数（V_{OC}、J_{SC}、FF）都下降。所以，晶体硅薄膜太阳电池获得理想效率的一个关键前提是要有足够大的 L_{abs}。

从式（11.1）和式（11.2）中可以看出，吸收区中掺杂浓度的提高也会提高电池的 V_{OC}。但是，在高掺杂浓度情况下，由于重掺效应，比如俄歇复合和 SRH 复合会导致扩散长度严重下降[17]。在实际的细晶硅薄膜样品中，从理论上去预测 SRH 相关的载流子寿命是不可能的，因为这取决于如下非常多的参数，比如杂质浓度（例如氧、氮、碳、金属）、缺陷类型、缺陷性质、缺陷密度、掺杂原子浓度、掺杂原子的激活比例、晶粒尺寸以及晶界性质等。由于这些复杂性，在开发晶体硅薄膜太阳电池时，通常采用的方法是通过改变吸收区的掺杂浓度，比如从 $1 \times 10^{15}\,\text{cm}^{-3}$ 到 $5 \times 10^{17}\,\text{cm}^{-3}$，来从实验上具体确定电池效率最高时的掺杂浓度。

图 11.2 具体给出了一个例子来说明吸收区扩散长度从理论上如何影响在一个太阳下的电池效率[20]。计算采用的软件是 PC1D[21]。平面电池具有 $2\,\mu\text{m}$ 的厚度，在前后表面的复合都设定为 0。关闭了 PC1D 中的电场增强复合模型（Hurkx 模型）。发射极是 p 型重掺杂（$1 \times 10^{19}\,\text{cm}^{-3}$），厚度为 50nm。吸收区是 n 型的（$1 \times 10^{16}\,\text{cm}^{-3}$），厚度为 1900nm。背场（BSF）层是 n 型重掺杂的（$1 \times 10^{19}\,\text{cm}^{-3}$），厚度为 50nm。实线表示的是具有优异陷光效果（前表面的内反射为 80%，背表面的内反射为 90%）以及含有减反射涂层时的结果，虚线则是陷光效果差（前表面的内反射为 10%，背表面的内反射为 50%）以及前表面外反射率对所有波长为 10% 时的结果。

从图 11.2 中可以得到一些规律，这可以用来指导开发 pc-Si 薄膜太阳电池。无论陷光效果如何，J_{SC} 都随吸收区扩散长度的增加而增加，直到扩散长度超过吸收区厚度的两倍时达到饱和。对这里所给出的电池，陷光使 J_{SC} 增加了近 60%，扩散长度越大，增益就越大。与 J_{SC} 相反，开路电压没有随扩散长度饱和的现象（尽管一旦扩散长度超过了吸收区的厚度，其增加速率变缓）。而无论扩散长度如何，陷光对 V_{OC} 影响较小（<10%）。基于此，太阳电池的效率随吸收区扩散长度的增加而增加。扩散长度为 $10\,\mu\text{m}$ 时，具有陷光效果的电池的效率达到约 12.5%。

对太阳电池设计者而言，图 11.2 的结果为优化 pc-Si 薄膜太阳电池的效率给出了如下策略：首先要确保 L_{abs} 大于吸收区的厚度（这可以通过提高吸收区质量或者减小吸收区厚度实现）。其次是引入高效陷光机制来提升 J_{SC}。再次是进一步改善吸收区、发射极以及背场层的电学质量来使 V_{OC} 最大化。

11.2.2　表面复合的影响

如果背表面具有很高的复合率，那么对于 $L_{\text{abs}} > W_{\text{abs}}$ 的太阳电池来讲，尽可能减小体内

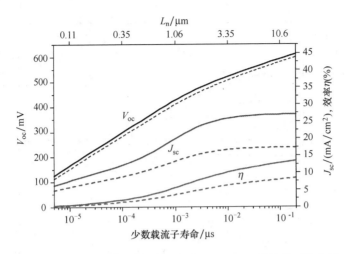

图 11.2　针对一个 $2\mu m$ 厚的 p^+nn^+ pc-Si 薄膜太阳电池采用 PC1D 计算的开路电压、短路电流密度和
效率对吸收层少子寿命和扩散长度的依赖关系。前后表面的表面复合设定为 0。实线假设具有
很好的陷光效果，虚线具有较差的陷光效果（取自参考文献 [20]，经过 Daniel Inns 授权）

（吸收区内）的复合将没有任何作用。对于吸收区的电学厚度很厚（$L_{abs} < W_{abs}$）的 pn 结二
极管，假设其掺杂浓度 N_{abs} 和少子扩散长度 L_{abs} 在空间上都是均匀的，其暗饱和电流密度
（参见式（11.1））可以写成：

$$J_{0.abs} = \frac{qn_i^2 D_{abs}}{N_{abs} L_{abs}} = \frac{qn_i^2}{N_{abs}} S_\infty \qquad (11.4)$$

式中，材料参数 $S_\infty = D_{abs}/L_{abs}$，具有速率量纲，可以称为无穷厚的均匀掺杂的吸收层的复合
速率[22]。对于高质量的单晶硅，S_∞ 只是轻微受掺杂浓度的影响，其值在 $300 \sim 600 cm/s$ 之
间。如果吸收区的电学厚度不够大（例如吸收区的厚度没有明显大于扩散长度），那么 $J_{0.abs}$
的表达式就要考虑吸收区背表面上的复合来进行修正，结果变为[23]

$$J_{0.abs} = \frac{qn_i^2}{N_{abs}} S_\infty f_{geo} = \frac{qn_i^2}{N_{abs}} S_\infty \frac{\cosh(W_{abs}/L_{abs}) + (S_\infty/S)\sinh(W_{abs}/L_{abs})}{(S_\infty/S)\cosh(W_{abs}/L_{abs}) + \sinh(W_{abs}/L_{abs})} \qquad (11.5)$$

式中，f_{geo} 是吸收区的形状因子，W_{abs} 是厚度，S 是在背表面的复合速率。吸收区的形状因子
完全由下面两个比值决定，S_∞/S 和 W_{abs}/L_{abs}。图 11.3 给出了对于不同的 S_∞/S，形状因子与
W_{abs}/L_{abs} 之间的关系。存在如下两个区域。第一个区域在 $W_{abs} > 2L_{abs}$，此时，背表面对 $J_{0.abs}$
没有影响，形状因子固定为 1。第二个区域在 $W_{abs} < L_{abs}$，此时，有如下三种情况：①当
$S > S_\infty$ 时，形状因子大于 1，此时吸收区表面具有比体内更严重的复合，为了减少表面对
$J_{0.abs}$ 的副作用，需要增大吸收区的厚度。②当 $S = S_\infty$ 时，无论 W_{abs}/L_{abs} 的值如何，形状因子
固定为 1，此时，吸收区的厚度对 $J_{0.abs}$ 没有影响。③当 $S < S_\infty$ 时，形状因子小于 1，此时，
表面质量对降低 $J_{0.abs}$ 有利，因此可以通过减薄吸收区厚度来提高太阳电池的开路电压。但
是，这样会由于光吸收的减少而使短路电流降低，需要开发高效陷光机制，这将在下一小节
讨论。

吸收区背表面的复合不但会降低太阳电池的开路电压，也会降低电池的短路电流。图 11.4
就给出了这方面的一个 n^+p pc-Si 薄膜太阳电池的例子。所给出的最大电池厚度是 $10\mu m$，这
比一般硅片的厚度要小得多。计算仍然采用的是 PC1D[21]，并关闭了场增强复合模型

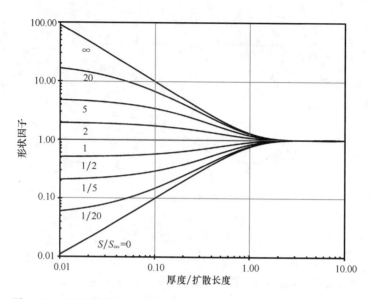

图 11.3　对于不同的 S_{∞}/S，形状因子 f_{geo} 与 W_{abs}/L_{abs} 之间的函数关系

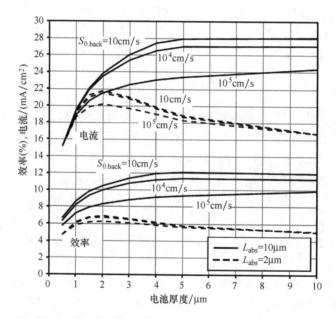

图 11.4　采用 PC1D 计算得到的 $n^+p\,c\text{-}Si$ 薄膜太阳电池在一个太阳下的短路电流密度和效率与电池厚度之间的关系。计算参数为：吸收区的扩散长度 L_{abs} 为 $2\mu m$ 和 $10\mu m$，吸收区背表面的复合速率 $S_{0.back}$ 为 $10cm/s$、$10^4 cm/s$、$10^5 cm/s$。潜在 V_{OC} 可以达到 $690mV$ 的电池结构为：结深 $200nm$，余误差分布，表面浓度为 $1\times10^{20}\,cm^{-3}$，带隙中央表面态对应于 $S_{n0}=S_{p0}=S_{0.front}=10^4 cm/s$，并具有良好的陷光性能（两个表面的内反射率均为 80%），前表面的反射损失对所有波长均为 5%

（Hurkx 模型）。具有 $200nm$ 厚的发射极的平面电池的潜在 V_{OC} 可以达到 $690mV$。对所有波长，将前表面的外反射率固定在 5%，并且电池具有相当好的陷光性能（两个表面的内反射

率都达到 80%)。实线给出的是吸收区具有长扩散长度($10\mu m$)的结果,而虚线所对应的吸收区的扩散长度为 $2\mu m$。如图所示,在扩散长度长时,对背表面的钝化能够将 J_{sc} 提高近 $4mA/cm^2$(17% 的增益),效率提高近 2%(20% 的增益),获得最高效率(12.1%)的电池的厚度在 $5\sim8\mu m$。当背表面的复合速率减小到 $10^4cm/s$ 之后继续减小不会带来明显的增益。原因是吸收区厚度薄,此时可以确保在吸收区中产生的光生电子-空穴对非常靠近收集这些载流子的 pn 结,从而在 1 个太阳下的最大功率点上,在吸收区中的过剩载流子浓度非常低(约 $10^{12}cm^{-3}$),这使得尽管背表面复合速率相对较高,但在背表面上的复合率却比较低(表面复合率是体内过剩载流子浓度与表面复合速率的乘积)。当扩散长度较短($2\mu m$)时,背表面复合速率对电流和效率的影响就比上述情况小很多(< 10%),获得最高效率(6.9%)的电池的厚度大约为 $2\mu m$。从图 11.4 可以看出,作为经验,具有良好陷光效果的 c-Si 薄膜太阳电池的厚度需要为吸收区扩散长度的约 50% ~ 80%。

对于这里研究的 n^+p 电池,前表面复合速率的影响明显要比背表面复合速率的影响小很多,尽管最大的载流子产生发生在前表面。原因是在发射极中,因掺杂梯度产生的电场可以排斥少子从而使其远离电池的前表面。结果,当前表面的复合速率从 $10^6cm/s$ 减小到 $10cm/s$,效率相对只有大约 5% 的提高。相似的结论也适用于异质发射极的 c-Si 薄膜太阳电池。

从技术上讲,降低晶体硅表面复合速率的方法有很多,有兴趣的读者可以阅读参考文献 [24]。

11.2.3 陷光的影响

由于晶体硅对近红外光的弱吸收特性,对 c-Si 薄膜太阳电池来讲,开发高效陷光结构是必要的。一种获得陷光的有效途径是在沉积硅薄膜之前将支撑材料织构化。由此可以得到带织构的硅薄膜,光在其中能够斜着传播,从而显著提高光学路径、增大光吸收。通过在背表面沉积高质量的反射镜(背表面反射镜(BSR)),能够使光二次穿过硅薄膜,从而进一步提高光吸收。如果通过优化织构和 BSR,使得在硅薄膜的前后表面上都发生全内反射,那么吸收较弱的光线就可以多次穿过硅薄膜。除了所带来的陷光好处,硅薄膜织构化还可以降低太阳电池表面的反射损失(二次回弹效应)。

采用参考文献 [25] 中的方法(基于蒙特卡罗(Monte Carlo)模拟和光线追踪(Ray Tracing)方法),我们针对从玻璃面入射的空气/玻璃/SiN/c-Si/空气结构(上衬底结构)计算了光吸收的理论极限。假设玻璃/SiN 界面、SiN/c-Si 界面以及 c-Si 背表面具有完美的随机织构结构(比如 Lambertian 结构),但玻璃前表面是平的。假设玻璃是 3.3mm 厚的 Schott 公司的硼浮法玻璃[2],SiN 层厚度为 70nm,固定折射率为 2.0,对所有波长无吸收。由于真正的 SiN 薄膜会强烈吸收紫外光[26],所以模拟时针对的波长大于 400nm。而 c-Si 薄膜的光学参数都假设与高质量的本征 c-Si 体材料相同。图 11.5 给出了厚度在 $0\sim2.7\mu m$ 之间的 c-Si 薄膜的光吸收与波长之间的依赖关系,这些是在玻璃上衬底上制备 c-Si 薄膜太阳电池时常用的厚度。可以看出,对长波长光(> 1100nm),吸收主要发生在玻璃面板内[25]。而对于波长小于 800nm 的光,在玻璃面板内的吸收与硅薄膜中的吸收相比可以忽略。作为比较,图中还给出了 c-Si 薄膜厚度为 $2.7\mu m$,结构为平面的相应结构的光吸收(虚线)。可以看出,平面结构与所研究的织构化结构相比,即使针对最薄的 c-Si 薄膜($0.5\mu m$),都具有低得多的吸收性能。

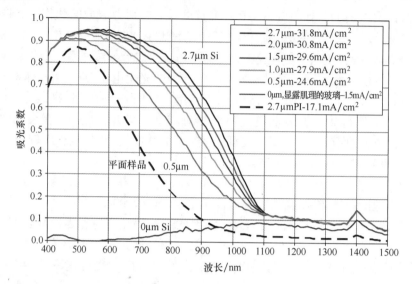

图 11.5　从 3.3mm 厚的硼浮法玻璃面入射的空气/玻璃/SiN/本征 c-Si/空气结构（上衬底结构）
计算得到的光吸收与波长之间的关系。硅薄膜厚度为 2.7μm、2.0μm、1.5μm、1.0μm、
0.5μm 和 0μm，并假设玻璃内表面是织构化的作为比较，给出了一个具有相应的平面结构，
c-Si 薄膜厚度为 2.7μm 的结果（虚线）。图中所给出的电流密度是相应结构在 AM1.5G
辐照条件下所得到的吸收限制短路电流密度

假定采用 AM1.5G 的标准太阳光谱（1000W/cm²），并且对波长从 400nm 到 c-Si 带隙波长 1130nm 之间的所有光的内量子效率为 100%，可以计算出所述结构由吸收所产生的极限电流。所得结果也在图 11.5 中给出。结果表明，在织构化的玻璃上，2.7μm 厚的 c-Si 薄膜获得将近 32mA/cm² 的短路电流密度 J_{SC} 是可能的。硅薄膜厚度为 0 的曲线给出了 3.3mm 厚的硼浮法玻璃的寄生吸收，对应于大约 1.5mA/cm² 的 J_{SC}。要得到高效率的 c-Si 薄膜太阳电池，要求 J_{SC} 至少要达到 30mA/cm²。图 11.5 的结果表明，即使采用了高质量的本征 c-Si 体材料的光学参数，要获得如此高的电流，c-Si 薄膜的厚度也必须至少要达到 2.7μm。

需要提到的是，在上述模拟过程中假定了 BSR 是空气，在真正的太阳电池中并不是这样。空气的折射率为 1.0，可以使背表面上的内反射最大化。而通过 c-Si 背表面/空气界面射出的光还可以通过与全内反射不同的 BSR 机制反射回 Si 薄膜中。因此，图 11.5 中所给出的吸收电流极限并不是这些结构真正能够获得的最大电流。但是，这些结果对不同 c-Si 薄膜厚度，都说明了随机织构化结构的优异潜力。另外的一个好处是空气/玻璃/SiN/c-Si/空气样品的实际吸收是可以测量的，从而可以与计算结果进行比较，这会在 11.4.2.1 节中进行。

11.3　在同质或者高温异质支撑材料上制备的晶体硅薄膜太阳电池

11.3.1　同质支撑材料

显然，生长在同质支撑材料（比如 c-Si）上可以得到最好的 c-Si 薄膜（硅同质外延）。

采用同质材料的好处在于消除了支撑材料和 c-Si 薄膜之间的热膨胀系数的差异，从而使硅薄膜生长可以在高温（700~1200℃）下进行。这样获得的硅薄膜尺寸受硅片尺寸的限制，电池连接也需要一片一片进行，就像传统的硅片光伏组件那样。标准的 Si 同质外延方法是热 CVD，在大约 1100℃ 进行，采用的是微电子工业开发的反应设备。在标准的 Cz 硅片上，通过热 CVD 方法已经获得了硅薄膜厚度为 40μm，效率达到 17.6% 的太阳电池[6]。澳大利亚国立大学（ANU）的研究人员在大约 900℃ 下采用液相外延（LPE），在薄的（15μm）轻掺杂的 Fz 硅片上外延 35μm 厚的硅薄膜，获得了 18.1% 的效率[27]。这些结果证明，高温方法能够在高纯衬底上获得高效率的薄膜电池。但是，高纯衬底与薄膜光伏电池所追求的低成本不兼容，高温方法要解决的一个关键问题是如何防止杂质从低纯度衬底中往生长的硅薄膜中扩散。将上述 17.6% 的 CVD 太阳电池工艺应用到由铸造多晶硅以及由硅颗粒制备的硅带（SSP）得到的低纯度硅片上，硅薄膜电池的效率分别降低到了大约 13%~8%[6]。这说明，对于在高温下生长的硅薄膜，为了获得理想的光伏转换效率，至少需要中等纯度的硅衬底。另外一种方法是在低纯度的硅衬底上预先包覆一层合适的异质阻挡层材料，然后制备高质量的晶种层，之后再在这个晶种层上进行外延生长[28]。采用这种方法制备的太阳电池目前的效率达到了 11.3%[28]。

　　采用硅片外延生长薄膜太阳电池的方法现在一般称为外延晶片等价物（epitaxial wafer equivalents，EpiWE）方法[29]。这种方法最近在欧盟支持的一个项目（SWEET）下进行了较详细的研究，其中包括几个欧洲光伏机构[29]。SWEET 项目表明，除了薄膜电池生长步骤和表面织构化步骤外，所有其他的电池和组件制作工艺与标准的采用丝网印刷制备电极的硅片光伏生产线兼容。所以，EpiWE 方法对现有光伏技术没有破坏，这有利于其进入产业化，因而有明显的成本优势。高掺杂的硅片可以作为外延基底，并可以为 c-Si 薄膜提供物理支撑，同时作为欧姆接触。在光伏产业中，硅片的表面织构化是通过湿化学刻蚀实现的，这会去除 5~10μm 厚的硅层。这对于外延的硅薄膜来讲是不能采用的，因为硅的生长速度只有 1μm/min 的量级，生长这么厚的多余硅层需要消耗显著的 CVD 时间。而且，SWEET 项目研究表明，湿化学织构化刻蚀难以在大面积上获得良好的均匀性。一种可供选择的方法是在外延之前将 EpiWE 衬底织构化。另外一种方法是在获得薄膜电池后用含氟等离子体对其进行等离子体织构化，SWEET 项目研究表明这种方法可以在大面积上获得很好的均匀性，而去除的硅层厚度只有大约 1μm。SWEET 项目采用大面积（100cm²）的重掺杂（约 0.02Ω·cm）的无光伏活性的高纯铸造 mc-Si 衬底和高温硅生长工艺，通过丝网印刷得到的 EpiWE 太阳电池，在采用的硅薄膜厚度为大约 20μm 时已经得到了大约 13.5% 的良好效率。由于陷光较差，获得更高效率需要沉积更厚的硅薄膜，这对目前的方法来讲是不经济的。但 13.5% 的效率结果表明，EpiWE 技术与采用丝网印刷制备电极的标准光伏生产线兼容，并能得到相近的效率。更重要的，SWEET 项目还证明，高质量的外延硅薄膜能够采用在线 CVD 反应设备进行生长。这对于降低硅外延成本（欧元/m²），使其满足光伏应用的需要是非常关键的。

　　与标准的硅片光伏技术中采用的硅片相比，EpiWE 对所需要的硅片的要求宽松很多。首先，掺杂浓度可以非常高，而且不再需要精确控制，实际上只要电阻率小于大约 0.5Ω·cm 就能满足要求。其次，EpiWE 所需衬底的平均晶粒尺寸可以小到 1mm 而不会对薄膜电池的效率有太大影响。由于生长的硅晶粒厚度远小于 100μm，这些晶粒像饼一样，可以保证电池的绝大部分区域离 pn 结的距离比离晶界的距离更近。再次，对薄膜电池来讲，良好收集光生载流子所需要的扩散长度大大缩短，因此与标准的硅片电池相比，允许存在更高的杂质水平（比如金属杂质等）。结果，采用高纯冶金级硅（UMG）通过铸造或者带硅生长制成的中等纯度的多晶硅片或者带硅，有足够的可能获得效率大于 12% 的 EpiWE 太阳电池。基于低成本的 EpiWE 衬底，以及廉价的在线 CVD 反应设备进行硅外延，对 EpiWE 方法制造的光伏组件的经济分析表明，与标准的硅片光伏组件相比，其具有明显的成本优势（10% ~ 20%）[29]。

通过采用低纯度的硅片衬底并结合中间反射层，可以实现更低的成本[29]。中间反射层作为薄膜电池的背面反射镜，增强薄膜电池的陷光效果，从而进一步降低对扩散长度的要求。而且，中间反射层在低纯度衬底和高纯度外延硅薄膜之间还起到阻挡层的作用，使薄膜电池具有好的扩散长度。该技术的难度在于中间反射层不能对硅外延工艺产生影响，也就是说，其要能作为外延生长所需要的高质量的晶种层。一种可能的解决方案是多孔硅反射层[29]。

上面讨论的外延薄膜电池都是采用的低成本硅片（细晶硅或者多晶硅）做衬底，这些衬底留在最终的光伏组件中。另一种方法是采用高质量的单晶硅片做衬底，首先在这种衬底上/内制作一层隔离层，然后在此隔离层上生长单晶硅薄膜二极管，之后将完成的薄膜二极管转移到另外一种低成本的衬底上。这种工艺可以多次循环，同一片硅衬底能够反复进行外延生长。为了具有竞争力，这种"硅转移技术（silicon transfer processes）"的关键是需要低的原材料消耗，简单而成熟的制造工艺，以及好的光伏效率（>15%）。

一种称为外延层转移（epitaxial layer transfer，ELTRAN）的技术采用多孔硅作隔离层[30]。多孔硅层通过在含有氢氟酸（HF）的溶液中进行阳极氧化电化学刻蚀形成。依据所采用的工艺参数，多孔硅层中可以有 20% ~ 90% 的硅被去除。通过硅片键合，可以将在这层多孔硅上外延生长的硅薄膜粘贴到另一个表面氧化了的硅片上。一种注水工艺能将起始硅片从外延硅薄膜上剥离下来。转移下来的硅薄膜在 IC 工业中可以用来制造绝缘层上硅（silicon on insulator，SOI）。这种方法对光伏应用来讲看起来并不经济，因为硅薄膜没有被转移到低成本的衬底上。但是，这种技术证明：①在多孔硅膜上能够外延高质量的硅薄膜。②外延得到的硅薄膜能够可靠地从多孔硅膜上分离下来并转移到另外的一种衬底上。

另一种有意思的硅转移方法称为 Smart- Cut[31]，这种方法采用往硅片衬底内部进行氢注入来产生隔离层。将完成氢注入的晶片键合到另一个硅片或者其他衬底上。经过一个高温退火过程，硅注入层会从母硅片上分离下来，由此转移到新衬底上。这些步骤循环进行，母硅片可以重复利用。对光伏应用来讲，这种方法看上去可以用来在高温异质衬底上获得单晶硅晶种层。但是采用这种方法制造的太阳电池的结果还未见报道。

在一种称为 PSI 或者 Ψ 的方法中[32,33]，将（100）取向的单晶硅片进行化学织构化（倒金字塔），然后在上面形成薄的多孔硅隔离层，之后在高温下进行薄膜硅电池的外延生长，并将其转移到玻璃衬底上。这种方法已经获得了 12.2% 的效率[34]。

在 1990 ~ 2000 年间，索尼公司开发了一种层转移方法，其在单晶硅片衬底上采用了双层多孔硅[35]。下面的多孔硅具有高的孔隙度，作为隔离层，上面的多孔硅具有低的孔隙度，在高于 1000℃ 的高温退火过程中，多孔硅叠层会发生结构转变。低孔隙度的多孔硅层会转变为单晶硅薄膜，其中存在尺寸在 100nm 左右的空隙，但在表面上是连续的，因此可以作为常规高温 CVD 外延的晶种层。在外延之后，可以将硅片衬底从外延薄膜上剥离下来并重复利用。

索尼实现的 $4cm^2$ 的太阳电池，效率达到了 12.5%[35]。采用相似的方法，斯图加特大学的 Bergmann 等在硅薄膜厚度为 44.5 μm 时获得了 16.6% 的效率[36]。巴伐利亚 ZAE 的 Brendel 等在硅薄膜厚度为 25.5 μm 时获得了 15.4% 的效率和 $32.7mA/cm^2$ 的短路电流密度[37]。

三菱电子公司开发了一种称为通过孔刻蚀剥离薄膜（via-hole etching for the separation of thin-films，VEST）的层转移方法[38]，通过热 CVD 将薄的细晶粒 pc-Si 薄膜沉积到表面氧化了的单晶硅片上。再沉积上一层覆盖层后，将样品进行区熔再结晶（zone melt recrystallisation，ZMR）处理，从而将硅薄膜转变成大晶粒的主要为（100）取向的高质量 pc-Si 晶种层。在 ZMR 炉中，可以通过比如将从椭圆形镜子内安装的卤素灯上发出的光聚焦形成一个窄的线型加热区，样品以恒定的速率从这个加热区中通过[28]。然后通过热 CVD 沉积背表面场（BSF）层和厚的吸收区层。之后采用模板进行各向异性刻蚀，形成规则的 $100μm^2$ 尺寸的孔阵列，这些孔阵列穿透硅薄膜结构层直到下面的 SiO_2 层。孔间距为 1.5mm。之后，通过将样品浸入 HF 中刻蚀 SiO_2 层，从而将硅薄膜剥离下来。剥离下来的硅薄膜具有足够的厚度（约 80μm），因而能够自我支撑。之后将前表面进行湿化学织构化形成随机金字塔结构，并通过重扩散磷在整个前表面以及孔内形成 n^+ 发射极。之后将发射极进行部分刻蚀以改善电池的蓝光响应，接着通过 LPCVD 沉积 SiN 减反射层。随后，通过丝网印刷在背表面上形成插指状栅线。最后，进行一步氢注入，从而改善二极管的电学质量。在电池面积为 $96cm^2$ 时，已经实现了 16% 的转换效率（$V_{OC} = 589mV$，$J_{SC} = 35.6mA/cm^2$，FF = 76.3%）。

表 11.2 总结了近些年来一些重要的基于同质支撑材料开发的 c-Si 薄膜太阳电池技术所获得的效率和开路电压的结果。除了 ANU 的 LPE 生长硅薄膜外，所有其他的硅薄膜都是采用高温 CVD 生长的。所有这些技术都还未到中试阶段。最近刚开发出来用于光伏硅外延的生长型高温 CVD 反应设备原型[39]。人们对此设备的希望是 Si 的沉积速度能够达到每分钟几微米，对 10μm 厚的硅薄膜来讲产量能够达到 $150000m^2$/年，硅外延步骤的成本能够达到大约 10 欧元/m^2。

表 11.2　近年来在同质支撑材料上开发的一些主要的 c-Si 薄膜太阳电池。按所报道的电池效率（Eff）进行顺序排列。同时也给出了相对应的技术所报道的最好的 V_{OC}
（也就是说，最好的 V_{OC} 和 Eff 不一定针对同一个太阳电池）

机　构	Eff (%)	V_{OC} /mV	来源	发展阶段	详细情况
Australian National University	18.1	666	[27]	实验室	在轻掺杂的薄 Fz Si 衬底上进行 LPE，Si 薄膜厚度 35μm，将衬底减薄到 15μm
Fraunhofer ISE	17.6	661	[6]	实验室	EpiWE，Cz 硅衬底，Si 薄膜厚度 37μm
University of Stuttgart	16.6	645	[36]	实验室	硅转移，薄膜厚度 45μm
Mitsubishi Electric	16.0	589	[38]	实验室	硅转移（VEST），77μm 厚 pc-Si，面积 $96cm^2$，晶种层由 ZMR 形成
ZAE Bavaria	15.4	623	[37]	实验室	硅转移，25.5μm 厚硅薄膜
Fraunhofer ISE，IMEC	15.2	649	[29]	实验室	EpiWE，Cz Si 衬底，大约 20μm 厚硅薄膜
ZAE Bavaria	12.2	600	[34]	实验室	硅转移（PSI），15.5μm 厚硅薄膜
Fraunhofer ISE	11.3	578	[28]	实验室	35μm 厚的 Si 薄膜生长在用绝缘阻挡层包覆的 SSP Si 衬底上，晶种层采用 ZMR 形成

11.3.2 高温异质支撑材料

表 11.3 给出了近些年来开发的一些最有希望的基于高温异质支撑材料的 c-Si 薄膜太阳电池。这些电池所采用的衬底包括石墨、陶瓷，以及金属。尽管获得了很大进展，但仍没有进入中试阶段的技术。AstroPower 的 Silicon-Film™ 技术是一种基于厚的自支撑 mc-Si 硅带的方法[40]，因此这里不再对其进行讨论。对薄膜生长最有潜力的高温支撑材料看上去是石墨[41]以及陶瓷，比如碳化硅[42]、氧化铝[43]和玻璃陶瓷[44,45]。但这些光伏技术要想商业化，仍需要有重大突破才行。和在高温同质衬底上一样，最重要的高温 Si 沉积方法仍然是热 CVD。

表 11.3 近年来在高温异质支撑材料上开发的一些主要的 c-Si 薄膜太阳电池。按所报道的电池效率（Eff）顺序排列。同时也给出了相对应的技术所报道的最好的 V_{OC}（也就是说，最好的 V_{OC} 和 Eff 不一定针对同一个太阳电池）

机　　构	Eff（%）	V_{OC} /mV	来源	发展阶段	详　细　情　况
Fraunhofer ISE	11.0	570	[41]	实验室	SiC 包覆的石墨衬底，硅膜厚度大约 55μm（包括大约 40μm 的 BSF 层），高温 Si 沉积工艺，晶种层通过 ZMR 处理
Fraunhofer ISE	9.3	567	[42]	实验室	SiO/SiN/SiO 包覆的 SiSiC 衬底，硅膜厚度大约 60μm（包括大约 40μm 的 BSF 层），高温 Si 沉积工艺，晶种层通过 ZMR 处理
IMEC	8.0	536	[43]	实验室	AIC 方法形成晶种层的陶瓷（氧化铝）衬底，硅厚度大约 2.5μm（p^+p），高温 Si 沉积工艺，a-Si 异质发射极，下衬底结构
IMEC	5.4	539	[44,45]	实验室	AIC 方法形成晶种层的玻璃陶瓷（康宁 9664）衬底，硅膜厚度大约 2μm（p^+p），高温 Si 沉积工艺，a-Si 异质发射极

对于耐高温的异质支撑材料，主要关心的是成本（欧元/m^2）、可利用性以及杂质含量。另外，很多异质材料（比如石墨）具有多孔结构，这使得传统的湿化学工艺很难进行甚至不能进行。避免杂质和空隙所带来的问题的一种方法是采用平滑的阻挡层将这些异质支撑材料包覆起来，这样的阻挡层材料的例子是氧化硅、氮化硅以及碳化硅。

1997 年，ASE GmbH（现在叫 Schott Solar）与 Fraunhofer ISE 合作在碳化硅（SiC）包覆的石墨衬底上制备了效率达到 11.0% 的 pc-Si 薄膜太阳电池[41]。整个石墨衬底用 SiC 包覆（在上表面的 SiC 膜是导电的，但在下表面的是绝缘的），在上面通过热 CVD 沉积了细晶粒的 40μm 厚的 p^+ 掺杂的 pc-Si 薄膜。然后将这层 p^+ 薄膜进行 ZMR 处理，获得大晶粒的 p^+ 层，作为外延生长吸收层的晶种层，同时作为完成后的太阳电池的 BSF 层。有源层（厚度在 15~30μm）采用热 CVD 沉积。n^+ 发射极通过常规磷扩散形成。太阳电池工艺采用干法工艺（反应离子刻蚀（RIE））代替湿化学工艺。电池面积是 $1cm^2$。在石墨衬底背面通过钻孔并蒸发 Al 膜形成背接触。电池效率达到 11%，V_{OC} 为 570mV，J_{SC} 为 25.6mA/cm^2，FF 为 75.7%。尽管获得的效率尚可，但要使这种技术能够从成本上与 11.3 节中所提到的 EpiWE 技术竞争，仍需要进行很多改进。对 Fraunhofer ISE 采用 SiC 衬底制备的薄膜电池来讲也是如此[42]。

对在抗高温衬底上外延制备太阳电池来讲，通过非晶硅的铝诱导晶化（AIC）来形成晶种层也是一个有吸引力的途径。尽管这种技术是针对中温衬底比如硼硅玻璃开发的（参见11.4.2 节），但比利时 IMEC 的研究者证实，AIC 工艺也能很好地应用在高温衬底比如氧化铝[43]和玻璃陶瓷[44,45]上。在进行 AIC 之前，先将氧化铝衬底用旋涂的可流动的氧化物（Dow Corning 公司的 Fox-25）进行包覆以减小表面粗糙度。在具有 AIC 晶种层的氧化铝衬底上通过热 CVD 制备的外延太阳电池，已经实现了 8.0% 的效率和达到 536mV 的电压[43]。Si 薄膜的总厚度在 $2 \sim 4\mu m$。n^+ 发射极是通过低温沉积掺杂非晶硅形成的异质结发射极，这与 Sanyo 公司的 HIT 硅片光伏技术相似[46]。如果采用通过磷扩散形成的同质结发射极来代替这个异质结发射极，IMEC 的这种薄膜电池的 V_{OC} 会显著下降，这被认为是由于在高温扩散过程中，磷会沿着晶界往里渗入，这增大了结面积，导致 $n = 2$ 的结复合损失增大[43]。IMEC 的研究人员还将这种技术应用到了抗高温的玻璃陶瓷（康宁 9664）上，获得了 5.4% 的电池效率[44]。但是，这种玻璃陶瓷对光伏应用来讲过于昂贵，很少用来做工艺开发和/或学术研究。而像氧化铝这样的陶瓷材料对光伏来讲则还算便宜。为了能够产业化，采用带 AIC 晶种的氧化铝的技术需要使电池效率至少达到 12% ~ 13%。这一效率是有可能获得的，因为目前 8% 效率的电池仍然含有太高密度的电活性的晶粒间缺陷（大约 $10^9 cm^{-2}$）[47]，这也许是由于所采用的 AIC 晶种层的质量较低造成的。

11.4　在中温异质支撑材料上制备的晶体硅薄膜太阳电池

表 11.4 给出了近年来在中温（450 ~ 700℃）异质支撑材料上开发 c-Si 薄膜太阳电池所取得的主要成果。所有这些电池中的硅薄膜都是细晶硅，衬底是硼硅玻璃，除了 Sanyo 开发的电池采用了金属衬底。在 11.4.1 节中，将对 Sanyo 电池进行详细介绍。11.4.2 节则介绍制作在硼硅玻璃上的电池。在 1990 ~ 2000 年间，由 Yamamoto 等和 Kaneka 开发的效率 10% 的 STAR 太阳电池在这里没有包括，因为其是微晶硅电池。微晶硅是含有晶体硅和非晶硅的混合相材料。有关微晶硅电池的详细情况将在本书第 12 章中介绍。

表 11.4　近年来在中温异质支撑材料上开发的一些主要的 c-Si 薄膜太阳电池。按电池效率
（Eff）顺序排列。同时也给出了相对应的技术所报道的最好的 V_{OC}
（也就是说，最好的 V_{OC} 和 Eff 不一定针对同一个太阳电池）

机　　构	Eff （%）	V_{OC} /mV	来源	发展阶段	详 细 情 况
CSG Solar	10.4	492/电池	[58]	工厂	CSG，硼硅玻璃上的 pc-Si，上衬底结构，PECVD 沉积 a-Si 然后进行 SPC 处理，硅膜厚度 2.2μm，发射极为生长形成，组件面积 94cm²
UNSW	9.3	528	[79]	实验室	PLASMA，硼硅玻璃上的 pc-Si，上衬底结构，PECVD 沉积 a-Si 然后进行 SPC 处理，硅膜厚度 2 ~ 5μm，发射极为生长形成，电池面积 4.4cm²
Sanyo Electric	9.2	553	[54]	放弃	金属衬底上形成 pc-Si，硅膜厚度约 5μm，PECVD 形成 $n^+ n^- $ a-Si 结构然后进行 SPC 处理（10h，600℃），a-Si 在 550 ~ 650℃ 生成，异质结发射极

（续）

机　　构	Eff（%）	V_{OC}/mV	来源	发展阶段	详细情况
UNSW	5.8	517	[79]	实验室	SOPHE，pc-Si 沉积在由 SPC 形成了晶种层的硼硅玻璃上，上衬底结构，a-Si 结构由 PECVD 或者蒸发形成，然后进行 SPE 处理（17h，550℃）
UNSW	5.2	517	[92]	实验室	EVA，pc-Si 生长在硼硅玻璃上衬底上，蒸发 a-Si 并进行 SPC 处理，硅膜厚度 1.5 ~ 3μm，生长形成发射极
IPHT	4.8	510	[99]	实验室	pc-Si 生长在硼硅玻璃上衬底上，晶种层和吸收层都由激光晶化形成（ISC-CVD 电池）。晶种层和吸收层由热 PECVD 沉积（大约600 ℃）
UNSW	4.8	480	[79]	实验室	ALICE，pc-Si 生长在有 AIC 晶种的硼硅玻璃上衬底上，PECVD 或者蒸发形成 a-Si 结构然后进行 SPE（17h，550℃）

11.4.1　在金属上制备的太阳电池

非晶硅薄膜的固相晶化（SPC）的研究已经超过了30年，可以参见参考文献 [49] 和 [50]。之所以光伏研究对 SPC 方法感兴趣是因为这种方法比较成熟、产量大、价格不算昂贵，而且适合规模化。由 SPC 方法制成的 pc-Si 薄膜已经被用在了集成的有源矩阵液晶显示中[51]，因此，SPC 工艺的开发能够从半导体工业中获得大量资源。

采用非晶硅 SPC 制备太阳电池最早由日本公司 Sanyo Electric 在 1980 ~ 1990 年前后进行，其采用不锈钢和石英作衬底，采用 PECVD 进行 a-Si：H 沉积[52-55]。Sanyo 开发了一种局部掺杂的方法，并通过 SPC 在大约 600 ℃的温度下经过几小时将非晶硅双层薄膜材料（厚度在 1 ~ 20μm）晶化。他们的研究表明，如果非晶硅双层膜由一层薄的 n^+（磷掺杂）层和一层很厚的未掺杂（或轻掺杂）层构成，则通过 SPC 可以获得质量非常好的 pc-Si 膜。这样能够得到高质量的原因是整个叠层的定向晶化是从 n^+ 掺杂层开始的，然后才逐步穿过整个晶化层。Matsuyama 等的研究表明，重磷掺杂的 a-Si 层比轻掺杂（或者未掺杂）的 a-Si 层晶化更加快速，因此能够在 n^+n（或者 n^+i）结构中起到优异的晶核层的作用[52-55]。为了在由 n^+n 叠层结构固相晶化获得的薄膜上实现二极管结构，Matsuyama 等在低温下，在 n 型 pc-Si 层上沉积了本征 a-Si：H/p^+a-Si：H 双层，构成了由晶硅和非晶硅材料组成的异质结二极管。

采用下衬底结构，Sanyo 按照如下叠层顺序制造太阳电池：金属衬底/n^+ pc-Si/n pc-Si/i a-Si：H/p^+a-Si：H/ITO。标准测试条件（1 个太阳）下的测试表明，这样通过低温在金属上制作的异质结硅薄膜太阳电池的光伏效率达到了 9.2%[54]。吸收层的厚度大约为 5μm，电池面积为 1cm²，短路电流密度为 25mA/cm²，吸收层中的少子扩散长度大约为 10μm。Sanyo 的 SPC 电池制作在织构化的衬底上[53,54]。尽管已经提到了织构化的衬底所带来的光吸收提高，并将其归因于光散射[55]，但采用织构化衬底的首要原因是为了改善 SPC 硅材料的质量。需要提到的是，Sanyo 的 SPC 电池没有后晶化处理工艺，比如快速热退火或者氢化

（参见 11.4.2.4 节）。1996 年，Sanyo 获得了 9% 的效率，这在光伏发展史上是一个重大成就，但自从 1996 年之后，Sanyo 再没有在这上面发表任何新的结果。似乎是 Sanyo 已经放弃了 SPC pc-Si 薄膜路线，转而开始研究所谓的 HIT 电池，这种电池同样采用了相似的异质结结构，用 a-Si：H 作发射极，但采用了 n 型单晶硅片来作为吸收材料[46]。

11.4.2 在玻璃上制备的太阳电池

对薄膜光伏来讲玻璃是优异的异质支撑材料，它价格便宜、机械性能稳定、产量大、尺寸也大、在户外条件下长期稳定、具有优异的抗潮湿性能，而且对绝大部分的太阳光都是高度透明的，这使得可以采用玻璃板作为光伏组件的前盖板，另外，玻璃还可以织构化，这样制作在其上的 c-Si 薄膜太阳电池就能获得很好的陷光效果。

在本节中，我们首先介绍近年来为薄膜光伏应用开发的玻璃织构化方法，然后介绍如何测量制作在织构化玻璃上的 pc-Si 薄膜二极管的光吸收。之后，我们介绍两种针对 pc-Si 薄膜电池的金属化方法，它们能使制作在玻璃上的 pc-Si 薄膜电池在一个太阳下的填充因子超过 70%。本节还包括对一些在玻璃上制备 pc-Si 薄膜电池并能获得较好效率的方法的综合介绍。

11.4.2.1 玻璃织构化

玻璃是各向同性的，因此采用化学刻蚀来生成织构化玻璃表面不太容易。然而，Pacific Solar（现在叫 CSG Solar）公司的研究者开发了一种方法，这种方法采用氢氟酸，并往其中加入了另外一种化合物（例如 $BaSO_4$），在刻蚀过程中在玻璃表面充当局部掩模，从而制出了织构化表面[56]。但是，Pacific Solar 公司没有公布采用这种织构化方法制出的任何太阳电池的结果，也没有公布这种方法的任何更进一步的细节。

另外一种由 Pacific Solar 公司开发的制作织构化玻璃表面的方法是采用含有 SiO_2 球（玻璃珠）的液体表面涂层（溶胶-凝胶）[57]。这种方法目前被用在了 CSG Solar 在德国的光伏工厂里。对小型组件，CSG Solar 报道说采用这种织构化方法后的 J_{sc} 达到了 $25.6mA/cm^2$，pc-Si 薄膜的厚度为 $1.6\mu m$[58]。

另一个能够明显织构化玻璃表面的方法是喷砂[59]。最近，CSG Solar 通过采用喷砂之后再用氢氟酸刻蚀的玻璃板，获得了效率达到 10.4% 的 pc-Si 小型组件，硅膜厚度为 $2.2\mu m$，电流达到了 $29.5mA/cm^2$。采用氢氟酸进行刻蚀的目的是为了平滑喷砂后受损伤的粗糙的玻璃表面。

另一个织构化玻璃表面的方法是压印。压印的原理是将具有某种特定织构化结构的压印模压入加热的玻璃中从而在其上形成织构化表面[60]。为了形成小尺寸结构，需要在低于玻璃软化点的温度下进行压制。但这样获得的尺寸结构仍然在 $10\mu m$ 量级[61]，这对于 $1\sim3\mu m$ 的硅膜厚度来讲仍然是不合适的。

再一种织构化玻璃的方法是等离子体刻蚀或者反应离子刻蚀（RIE），并可以结合光刻进行[62-65]。但采用这种方法获得的陷光效果（参见比如参考文献 [64]）不如上述采用玻璃珠方法或者喷砂/湿法刻蚀方法获得的效果。

我们开发了另外一种织构化玻璃的方法[66]，称为铝诱导织构化（aluminium-induced texture，AIT）。通过蒸发或者溅射在平面玻璃上沉积一层薄的牺牲 Al 膜，然后在惰性气氛中在中温（大约 600℃）下退火。退火触发了 Al 的氧化反应并使玻璃还原成硅，如下式所示：

$$4Al + 3SiO_2 \longrightarrow 3Si + 2Al_2O_3 \tag{11.6}$$

基于此过程中的成核条件，就会在玻璃表面上形成织构化。之后采用湿化学刻蚀去除玻璃上的反应生成物获得织构化表面。图 11.6 给出了这种 AIT 方法的示意图。图 11.7 给出了在 AIT 玻璃上生长的 pc- Si 薄膜的典型的表面和截面形貌。

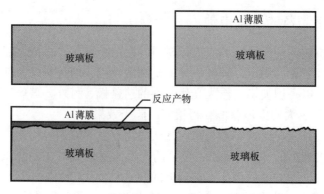

图 11.6　AIT 玻璃织构化工艺示意图

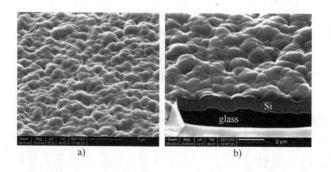

图 11.7　在由 SiN 包覆的 AIT 织构化的玻璃上通过 PECVD 沉积 a- Si 后进行 SPC 形成的
pc- Si 薄膜的聚焦离子束显微照片：a) 表面形貌（取自参考文献 [70]，经 Hindawi 授权），
b) 截面形貌（取自参考文献 [15]，经 Elsevier 授权）。注意两图具有不同的尺寸，
所示区域宽度为：a) 22μm，b) 13μm

近来，通过采用 PECVD SPC pc- Si 工艺在 AIT 玻璃板上制备硅薄膜二极管，结果对一系列厚度的 pc- Si 薄膜都获得了优异的光吸收提升[67]。比如，图 11.8 给出了 pc- Si 薄膜厚度分别为 2.7μm 和 1.15μm 的两个空气/AIT 玻璃/SiN/$n^+ pp^+$ pc- Si 二极管/空气结构的光吸收的测量结果。对每个 pc- Si 薄膜厚度，AIT 工艺都进行了优化。光吸收通过 $A = 1 - R - T$ 计算，其中 R 和 T 分别是通过积分球测量获得的半球反射率和透过率，光谱仪采用的是 Varian 公司的 Cary 5G。从图中可以看出，在 800nm，当 pc- Si 膜厚度为 2.7μm 时，采用 AIT 玻璃所获得的吸收率超过了 80%，即使 pc- Si 膜厚度只有 1.15μm 时，相对应的吸收率仍然高于 60%。作为比较，图 11.8 中还给出了 pc- Si 膜厚度为 2.7μm 的平面结构的测量结果，可以看出，其光吸收在长波（＞600nm）范围内要比织构化样品的结果差很多。

图 11.8 中同时给出了采用织构化表面上的 Lambertian 散射计算得到的理论吸收极限。计

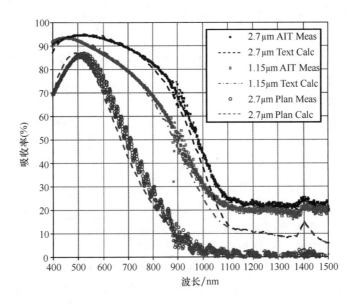

图 11.8　测量得到的 pc-Si 薄膜厚度分别为 2.7μm 和 1.15μm 的空气/AIT 玻璃/SiN/n⁺ pp⁺ pc-Si 二极管/空气结构的光吸收（上衬底结构）。作为比较，同时给出了 pc-Si 膜厚度为 2.7μm 的平面结构的测量结果。虚线给出的是采用 11.2.3 节中的方法计算得到的理论吸收极限，计算时采用了本征 c-Si 的光学性能，即忽略了自由载流子吸收

算方法在 11.2.3 节中给出。可以看出，对于两个 pc-Si 厚度，在 AIT 玻璃上所获得的结果基本都已经达到了 Lambertian 吸收极限，在计算模型中采用了高质量本征 c-Si 的光学常数和实验测量的 3.3mm 厚的硼浮法玻璃板的光学常数，显著低估了织构化样品在长波（>1100nm）范围内的寄生吸收。如其他地方曾给出的，由于硅二极管中薄的重掺杂区内的自由载流子吸收，这种差异更大。对于平面样品以及织构化样品只看短波（<800nm）范围时，自由载流子吸收的影响不明显。如 11.2.3 节中已经提到的，织构化玻璃板本身在长波（>1100nm）范围内的吸收就很大。此外，可能的寄生吸收还来自于晶界上和/或晶粒间的缺陷。测量误差也会带来一些差异。

11.4.2.2　背表面反射器

由于 c-Si 低的近红外吸收系数和通常厚度在 10μm 以下，大部分入射的光子在经过第一次穿过后都不能被完全吸收。这些光子到达背表面并会与背表面反射器（BSR）发生作用。图 11.9 给出了光强度随离 c-Si 入射表面的距离逐渐衰退的情况，比如，800nm 的光进入 1.1μm 厚的 c-Si 薄膜后大约 90% 的光子会到达背表面并与 BSR 发生作用。而且，如果样品具有陷光效果，这种作用将发生很多

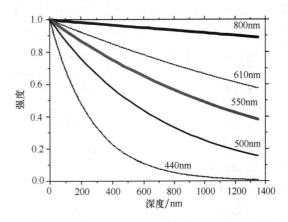

图 11.9　5 个不同自由空间波长的光在晶体硅中的光能量衰减（取自参考文献 [20]，经 Daniel Inns 授权）

次。因此，对提高 pc-Si 薄膜太阳电池的陷光效果而言，BSR 的光学性能起着非常重要的作用。

可以通过两种不同的思路优化 BSR 的光性能。一种是基于在硅/BSR 界面上的全内反射。如果光束不是垂直入射到背表面上的（例如衬底被织构化了），可以利用全内反射防止光进入到 BSR 中，从而实现光在吸收层中的多次吸收。这里有两个关键参数，一个是 BSR 的折射率，另一个是光入射到背表面上的入射角。BSR 的折射率越低，发生全内反射所需要的光的入射角就越小。斯涅耳定律给出了临界角，入射角比临界角小的光可以透过半导体，而入射角比临界角大的光就会发生全反射，如图 11.10 所示。对于半导体/空气界面，临界角 θ_1 由下式给出

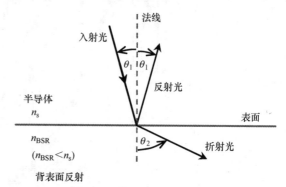

$$\theta_c = \sin^{-1}(n_{air}/n_s) \qquad (11.7)$$

式中，n_{air} 是空气的折射率，n_s 是半导

图 11.10　在两种不同材料的界面上，入射光被全部或者部分反射。折射光线的方向由斯涅耳定律给出。图中给出的是光线在半导体和光疏材料界面上的部分反射。当入射角 θ_1 达到特定值（临界角 θ_c）时，折射角 θ_2 达到 90°。入射角 θ_1 大于临界角 θ_c 时，折射就不再发生，全部光线在界面上发生反射（全内反射）

体的折射率。对于 c-Si/空气界面，$n_s = 3.57$，对于波长为 1000nm 的入射光，临界角为 16.3°。在三维空间中，临界角限定了一个锥面，在此锥面内入射的光线（$\theta_1 < \theta_c$）能够从高折射率材料中透射出来（逃逸锥面），而在逃逸锥面外入射的光线（$\theta_1 \geqslant \theta_c$）发生全内反射。由于半导体材料具有相对较大的折射率，逃逸锥面比较尖，光线就很难从半导体中逃逸透射到空气中。对于 BSR，只需要将空气的折射率换成 BSR 的折射率来进行分析。表 11.5 给出了几种重要的 BSR 材料的折射率[68,69]和相应的临界角 θ_c。如 11.2.3 节中已经提到的，空气作为 BSR 可以获得最大的全内反射。如参考文献 [70-72] 所示，Al 在 c-Si 上是性能很差的 BSR，特别是在织构化的 Si 表面上。但是，如果在 Al 和 c-Si 之间插入一层 SiO₂，无论是对平面 c-Si 薄膜还是织构化的 c-Si 薄膜，Al 自身的寄生吸收都会大大降低[73]。这个结果至少部分是由于在 Si/SiO₂ 界面上发生的全内反射。

表 11.5　一些重要的背表面反射材料针对 1.5eV 光子的折射率 n_{BSR}[68,69]以及相应的由式（11.7）得到的针对 Si/BSR 界面的临界角 θ_c

材　　料	n_{BSR}	θ_c
空气	1.00	16.9°
SiO₂	1.46	25.1°
ITO	1.65	28.6°
SiN（等离子体沉积）	2.00	35.5°
ZnO	2.02	35.9°
c-Si	3.44	-

第二个思路是允许光进入到 BSR 中,但通过 BSR 的合理设计,能够使光重新回到 c-Si 薄膜中,这个思路可以单独使用,也可以与第一种思路结合使用。对于没有任何陷光特征的平面样品,绝大多数未被吸收的光都会垂直入射到背表面上 ($\theta_1 \approx 0°$),因此第二种思路是此时唯一可行的陷光策略。这种思路的一个很好的例子是在制作在玻璃上衬底上的平面 pc-Si 薄膜背表面上涂一层白漆。如参考文献 [71] 所述,此时,大部分的入射光都会进入到 BSR 中,由于在白漆中,大量漆粉悬浮在光学黏结剂中,它们产生的随机光 Mie 散射可以使大部分的光重新散射回 c-Si 薄膜中。图 11.11 给出了这种采用粉状散射反射器(PDR)作为玻璃衬底上的硅薄膜电池的 BSR 的原理示意图。PDR 由粉体(通常是 TiO$_2$)悬浮在介质(通常是有机黏结剂)中构成。正是这些粉体使进入到 BSR 中的大量光子都重新散射回硅薄膜中,因此,白漆不但能使大部分的光重新返回到 c-Si 薄膜中,而且能有效起到陷光作用。

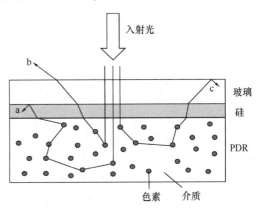

图 11.11　粉状散射反射器(PDR)在玻璃衬底上的硅薄膜电池背表面上的工作原理图
(取自参考文献 [71],经 Elsevier 授权)

由于白漆的 80% ~ 95% 都是由低折射率(在 1.4 ~ 1.6 的范围)的有机黏结剂构成[74],将白漆应用到制作在玻璃上衬底上的 pc-Si 薄膜太阳电池的织构化的背表面上有如下好处:①能使到达 c-Si/白漆界面上的大部分光发生全内反射;②由于粉体的散射作用,能使进入到漆中的大部分光重新被散射回 pc-Si 薄膜中。因此,在织构化的 pc-Si 背表面上应用白漆,同时利用了上面所述的两种思路,可以获得非常高的短路电流密度。CSG Solar 采用白色的树脂层作为织构化的 pc-Si 表面上的 PDR[75]。这种树脂被认为具有与白漆相似的成分(即有机黏结剂和 TiO$_2$ 粉),使得在玻璃上的厚度为 2.2μm 的织构化的 pc-Si 太阳电池的 J$_{sc}$ 达到了 29.5mA/cm^2[58]。

需要注意的是,PDR 概念还需要 pc-Si 背面具有非常好的横向导电性,由于 PDR 本身是绝缘体,因此需要进行局部开孔(形成点或者线接触),从而使背金属电极能与 pc-Si 膜之间实现电接触。由于这个原因,PDR 不能用在 a-Si:H 和 μc-Si:H 太阳电池上。由于它们具有非常高的方块电阻(> 10^{4}Ω/sq),这些电池技术需要依赖于透明导电氧化物(TCO)/金属结构,以获得高的背面导电性和背面反射性。如参考文献 [72,76,77] 中所讨论的,TCO 必须仔细优化,否则其对波长大于 600nm 的光会有明显的寄生(自由载流子)吸收[77]。

11.4.2.3　金属化

为了从太阳电池中取出能量,需要在电池上制作正负接触并形成导电回路(通常是金属),用来传送从电池上产生的电流和电压。因此,所有的太阳电池都需要金属化步骤来制作这些接触和导电通路。由于在玻璃上的薄膜光伏组件都具有很大的尺寸,因此需要将其分割成更小的电池单元,然后将它们串联起来,从而将欧姆损失保持在可以接受的范围内。

但是，在基于玻璃/TCO衬底的a-Si：H薄膜光伏工业中采用的电池单元集成串联的方法对玻璃上的pc-Si薄膜光伏来讲是不能用的，这有两个方面的原因[78]：首先，TCO没有足够的温度稳定性，无法抵抗在pc-Si薄膜电池制备过程中的一些高温步骤（>600℃），这样就没可能在TCO层（前TCO）上制备pc-Si太阳电池。其次，掺杂的pc-Si层具有比掺杂的a-Si：H层高得多的电导率（即方块电阻小很多），如果TCO膜沉积在其侧壁上，从而将一个电池的背表面与相邻的另一个电池的前表面连接起来会产生严重的漏电。

近年来，UNSW开发了一种针对玻璃上的pc-Si薄膜太阳电池进行金属化的方法[73,79]。这种方法包含两步光刻。如图11.12所示，在太阳电池的整个背表面沉积一层薄的SiO_2层，大约100nm，然后在该层上制出圆孔阵列（直径大约为30μm，间距大约为80μm，表面覆盖率大约为5%）。有多种方法可以生成这些圆孔。比如，通过传统的光刻步骤结合湿化学刻蚀（此过程中对光刻版没有对准要求），或者控制沉积氢氟酸小液滴。该SiO_2层在室温下通过RF溅射生成。接下来，通过采用比如直流磁控溅射在室温下在所获得的结构上沉积一层大约600nm厚的Al层。这种SiO_2/Al叠层结构的作用是同时获得太阳电池的背电极和高质量的背表面反射器（BSR）。SiO_2由于如前所述的在SiO_2/c-Si界面上的全内反射而实现良好的陷光效果。之后，在Al层上涂上光刻胶，并采用光刻版形成传统的梳状结构。这种结构限定了发射极（在玻璃一侧）电极的位置，此步图形化步骤不需要光刻版对准。然后采用湿化学刻蚀步骤去除光刻胶孔下面的Al和SiO_2，暴露出下面的pc-Si膜（见图11.12b）。接下来，通过干法刻蚀步骤（等离子体刻蚀）在硅膜中刻出U形沟道，采用的是传统的13.56MHz的平板等离子体刻蚀机，刻蚀气体是SF_6，得到的结构如图11.12c所示。在经过简单的HF酸浸渍处理后，通过电子束蒸发沉积上600nm厚的Al膜。然后，通过在丙酮溶液中进行超声处理，获得如图11.12d所示的最终结构。

在UNSW，已经形成了固定流程，针对5cm×5cm玻璃板上的4个独立的电池来进行上述形成插指状电极的金属化工艺，所得电池的填充因子可以超过70%，在$4.4cm^2$的电池上获得的最好填充因子已经达到了75.9%，这是已知在玻璃上制备的pc-Si薄膜电池所获得的最高的填充因子。这个结果证明了这种金属化工艺的应用潜力。尽管需要两步光刻，但不需要光刻版的对准。由于UNSW的pc-Si太阳电池需要一步很短的高温（>900℃）缺陷退火步骤，这会造成玻璃有些变形，如果光刻版需要对准，工艺将很难进行，会变得很慢而且昂贵。我们还注意到，可以用一种低成本的LED阵列作为紫外光源来进行光刻胶曝光，这种方法很容易扩大到大面积上使用。进行大面积光刻胶沉积可以采用通过微喷嘴的狭缝式涂覆技术，采用这种技术在大面积（$>1m^2$）玻璃衬底上涂覆光刻胶目前已经成为了LCD平板显示工业中的标准工艺[80]。但是，这种金属化方法的缺点是在太阳电池背表面上没有PDR，需要两次Al沉积，还需要额外的步骤来将单个太阳电池串联起来。UNSW目前正在进行的工作是要对这种方法进行步骤简化、引入PDR，并将相邻的太阳电池串联起来。

Basore开发了另外一种形成串联的pc-Si薄膜光伏组件的方法[75]。这种技术被称为玻璃上形成晶体硅（crystalline silicon on glass，CSG）技术，也是唯一一个进入了工业化生产的技术。首先采用脉冲激光将硅层切割成一系列相邻的大约6mm宽的长条形电池，然后将整个组件用混合了白漆粉的酚醛树脂覆盖，这样就能提高反射率，改善电池的陷光效果。接下来，制

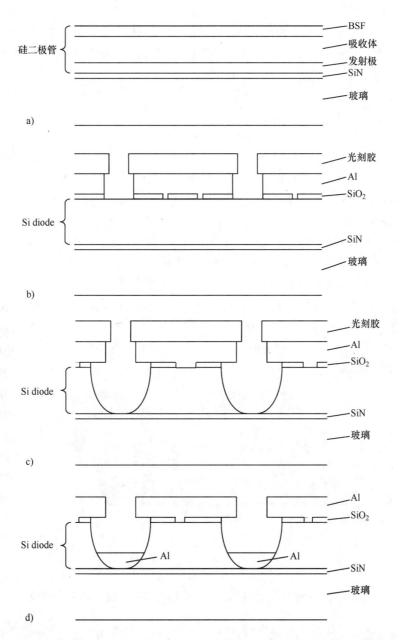

图 11.12 由 UNSW 开发的针对玻璃上的 pc-Si 薄膜太阳电池的金属化方法的原理示意图。a) 初始
结构，b) 为制备发射极电极而进行等离子体刻蚀步骤之前的结构（背接触叠层上的开孔由光刻和
湿化学刻蚀形成），c) 为制备发射极电极而进行等离子体刻蚀步骤之后的结构，d) 最终结构

备 n 型发射极接触的深孔（Crater），这包括在树脂层上刻蚀出孔（采用喷墨打印头），然后
对 Si 进行化学刻蚀。之后，采用相同的喷墨技术制作 p 型背面接触的浅孔（Dimple）。然后
通过溅射覆盖上 Al 电极形成 n^+ 和 p^+ Si 层上的电接触。之后采用激光脉冲将 Al 膜切割成很
多独立的接触块，每块接触 Al 膜将一个电池的在一条线上的 p 型接触与相邻的另一个电池
的在一条线上的 n 型接触连接一起。最终结构如图 11.13 所示。这种金属化和内连接方式同

样没有用到 TCO 层。

与上述 UNSW 金属化方法相比，该方法的优点是只采用了一步金属沉积步骤，并引入了 PDR，而且太阳电池是自动串联在一起的。但是，Basore 技术的一个挑战是需要制备出大量的（每平方米几百万个）平台和凹坑。而且，这些平台和凹坑的位置在整个组件内都需要特别精确，这就给玻璃板和图形化工具（比如喷墨机或者激光）的对准提出了极大挑战[75]。

11.4.2.4 在硼硅玻璃上固相晶化制备的 pc-Si 电池

通过 PECVD 制备的电池：Pacific Solar 成立于 1995 年（即在 Sanyo 公司停止其 SPC 研究之前不久），是从悉尼的新南威尔士大学（UNSW）拆分出来的。2002 年，该公司报道了在织构化的 SiN 包覆的硼硅玻璃上衬底上制备 SPC pc-Si 太阳电池的技术[81,82]。SiN 层的功用有两个，首先是作为减反射层，其次是作为扩散阻挡层，防止杂质从玻璃板中扩散到 pc-Si 中[83]。不像 Sanyo 的 pc-Si 电池（采用了 a-Si：H/pc-Si 异质结），Pacific Solar（现在叫 CSG Solar）采用的是同质结结构，如图 11.13 所示，为玻璃/SiN/n^+ pc-Si/p^- pc-Si/p^+ pc-Si。与 Sanyo 相比，CSG Solar 还采用了两个关键的 SPC 后处理步骤：缺陷退火和氢化。下面将对此进行更加详细的解释。前面已经对 CSG Solar 的良好的陷光结构、背反射器，以及金属化工艺进行了介绍。实现的最好的光伏效率达到了 10.4%，是 2007 年在光入射面积为 94cm^2 的小型组件上获得的[58]，J_{SC} 为 29.5mA/cm^2，pc-Si 薄膜的厚度为 2.2μm，玻璃板经过喷砂和后续 HF 酸刻蚀获得织构化，如 11.4.2.1 节中所介绍的。

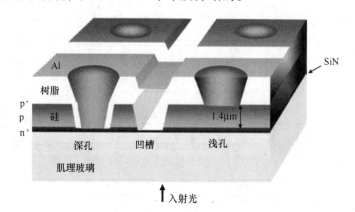

图 11.13   CSG 技术示意图（取自参考文献 [75]，经 CSG Solar 授权）

平板显示工业已经促进了能够进行 24/7 工作的非常大规模的 PECVD 设备的快速发展。CSG Solar 利用了这些成果，并对最初用于平板显示的大型 PECVD 设备进行了改良。a-Si：H（以及 SiN）层是用一种批次型的多腔室 PECVD 设备沉积的（Oerlikon 公司的 KAI-1200），硅沉积速率大约为 30~40nm/min[84]。每台 KAI-1200 设备可以同时处理 20 片玻璃板（1.10m × 1.25m）[85]。CSG Solar 在德国 Thalheim 的工厂已经具备了大约 20MW$_p$/年的产能[86]。

自从 2004 年以来，UNSW 开发了一种与 SPC 有关的太阳电池（PLASMA）[70,73]，采用不同的方法来进行玻璃织构化（AIT）、a-Si：H 二极管沉积、缺陷退火，以及金属化。PLASMA 电池的效率已经达到了 9.3%，采用的 pc-Si 吸收层的厚度是 2.3μm，电池面积为 4.4cm^2。通过采用近来改进后的 AIT 玻璃织构化方法，有希望将效率进一步提高，参见 11.4.2.1 节。

UNSW 采用了传统的平板 PECVD 设备（来自美国 MVSystems 的团簇式设备），能够处理 15cm×15cm 的玻璃衬底。等离子体激发频率为 13.56MHz，a-Si：H 沉积速率与 KAI-1200 的速率相近。

SPC 方法的一个好处是 Si 的沉积速率不受所沉积的材料的电性能的限制（这在 a-Si：H 太阳电池中是个主要问题），材料的电性能由后续的热处理步骤决定[85]。如参考文献［85］中所指出的，CSG Solar 的 KAI-1200 PECVD 设备的成本基本上等于其他工艺设备成本的总和。因此，明显降低 CSG 组件成本的一种可能的方式就是大大提高 a-Si：H 的沉积速率。如文献中熟知的，提高沉积速率可以采用更高的等离子体激发频率。例如，参考文献［87］采用 81MHz 的线型等离子体源在线沉积器件级质量的 a-Si：H，稳定沉积速率达到了 120nm/min。在 UNSW 正开展一个项目，研究采用 VHF PECVD 在玻璃上制备 SPC pc-Si 太阳电池的好处。看上去在不久的将来通过提高 PECVD 沉积 a-Si：H 的速率来大大降低 PECVD SPC 技术的成本是有可能的。

由 UNSW 近来开发的另外两种 pc-Si 薄膜太阳电池（ALICE 和 SOPHE）都在 SiN 包覆的玻璃板上制备了薄的（大约 100nm）pc-Si 晶种层[16,79]。这层晶种层是通过本征 a-Si：H 层在大约 500℃ 进行 AIC 形成的（ALICE 电池），或者是通过重掺杂的 a-Si 层在大约 600℃ 进行 SPC 形成的（SOPHE 电池）。通过电子束蒸发或者 PECVD 制备重掺杂的 a-Si 层（n⁺ 和 p⁺），通过直流磁控溅射或者 PECVD 制备本征 a-Si 层。有关 AIC 和 SPC 的细节可以在参考文献［88，89］中找到。在制备了晶种层之后，接下来是在重掺杂的晶种层上通过 PECVD 或者蒸发制备比晶种层厚很多的 pp⁺ 或者 nn⁺ a-Si 结构，然后进行 SPE 使其晶化，之后对样品进行沉积后处理（RTA、氢化），以及金属化。采用 PECVD 沉积吸收层的这种带晶种层的太阳电池的效率已经达到了 5.8%（SOPHE）和 4.8%（AL-ICE）[79]。这些效率要比没有晶种层的常规电池低很多，这似乎表明采用晶种层的思路没有什么前景。然而，这种电池目前只是处在发展的初始阶段，对其应用前景进行判断还为时尚早。

通过蒸发制备的电池：电子束蒸发是用来沉积作为 SPC 前驱体的 a-Si 薄膜的最初方法[90]。采用蒸发制备非晶硅的原因是这种方法具有非常高的沉积速率，可以达到 1000nm/min，而且不使用有毒或者昂贵的气体，比如硅烷[91]。UNSW 在 2002 年开始研发通过蒸发来制备 SPC pc-Si 电池（EVA 电池）[79]，目前，平面的 EVA 电池的效率已经达到了 5.2%[92]，这大致与平面的采用 PECVD 制备的 SPC pc-Si 太阳电池的效率相当。进一步提高效率需要采用织构化的玻璃板。如参考文献［25，93］中所描述的，这样有可能会带来一些问题，因为蒸发一般是直线进行的，在织构化表面上就会产生包覆不均匀。UNSW 正在开展如何提高蒸发的 SPC pc-Si 太阳电池的陷光效果的研究。

通过热丝 CVD 制备的电池：热丝 CVD 同样适合用来进行硅薄膜的高速沉积（≫100nm/min）。与蒸发相比，这种方法由于采用的气压高，在织构化表面上沉积时也不会产生问题。然而，还没有采用热丝 CVD 制备的 SPC pc-Si 太阳电池效率的报道。NREL 的研究者指出，采用热丝 CVD 沉积的 a-Si：H 具有非常高的成核速率，这会导致与 PECVD 沉积的材料相比，在 SPC pc-Si 中的晶粒尺寸变小[94]。

缺陷的消除和钝化：已知很多 SPC 后处理步骤能够改善 SPC pc-Si 薄膜的结构和电学性能。例如，1994 年，Dyer 等将在低应变点玻璃衬底上通过 PECVD 沉积制备的 SPC pc-Si 薄膜暴露在氢等离子体中处理显著提高了薄膜的光电导（大约 10 倍）[95]。同样在 1994 年，Sharp 公司的 Morita 等提出采用卤素灯快速热退火（RTA）代替准分子激光退火来减少制备在玻璃上的 SPC pc-Si 薄膜晶体管（TFT）中的缺陷[96]。1998 年，Girginoudi 等发现对 SPC pc-Si 薄膜在 850℃进行 45s 的 RTA 能够明显减少晶粒间的缺陷密度[97]。2004 年，Green 等报道，CSG Solar 在采用 RTA 缺陷退火步骤之后再进行氢处理来改善制备在玻璃上的 SPC pc-Si 太阳电池的效率[82]。2005 年，Keevers 等发现通过高温离域等离子体氢处理步骤能使 CSG 组件的效率提升超过 4 倍[98]。他们还提到，CSG Solar 采用的 RTA 步骤将硅膜加热到了 900℃以上。这已经高于了玻璃的软化点，但只维持非常短的时间（在 1min 的量级）。同样在 2005 年，Terry 等的研究表明，在 900℃进行 RTA 能够对在玻璃上蒸发制备的 SPC pc-Si 太阳电池进行点缺陷退火和掺杂剂激活，通过采用 900℃下的 RTA 步骤之后再在大约 480℃的玻璃温度下进行射频（13.56MHz）平板氢等离子体处理，样品的开路电压提高了超过 3 倍[5]。所有这些研究结果表明：①对制备在玻璃上的 SPC pc-Si 太阳电池，高温 RTA 能够提供点缺陷退火和掺杂剂激活；②之后进行的热氢化步骤（500~650℃）能够钝化大部分剩余的影响电学活性的缺陷。

11.4.2.5 在硼硅玻璃上制备的激光晶化的 PECVD 电池

针对在玻璃上制备的 pc-Si 薄膜太阳电池，进行 SPC 可以采用的另一种方法是逐层激光晶化（layered laser crystallisation, LLC）[99,100]。LLC 工艺包含如下两步：①通过激光晶化形成晶种层；②沉积一层 a-Si，然后用 UV 激光对表面进行周期性扫描使其晶化，以这样的方式逐层晶化从而实现外延增厚。对 LLC 制备的材料进行透射电镜（TEM）分析表明所制备的 pc-Si 薄膜具有优异的结构质量[100]。采用 LLC 工艺在平面玻璃上制备的 pc-Si 薄膜电池的效率已经达到了 4.8%，其中，吸收层是用 PECVD 沉积的[99]。考虑到电池没有陷光结构，这个结果是可以接受的。

11.5 结论

本章对近年来在晶体硅薄膜太阳电池研究上所取得的主要理论和技术成果进行了概括。对这种电池的兴趣来源于对其与标准的基于硅片的光伏组件相比能够以更低的成本（欧元/W_p）制备出长期稳定的（>25 年）高效率的（>10%）光伏组件，并且没有原材料供应问题和毒性问题。对这种电池的理论分析表明，获得 10% 的光伏组件效率需要非常好的陷光性能、吸收层中的扩散长度至少要达到几微米，以及电池的厚度至少要达到 1.5μm。所进行的研究取得了明显进步，德国 CSG Solar 开发的技术已经成为第一种进入商业生产的 c-Si 薄膜光伏技术，能够提供大面积的（1.4m²）稳定效率在 6%~8% 之间的组件。CSG 工厂的产能为 20MW$_p$/年，估算的组件成本大约为 1.5 欧元/W_p[75]。CSG 技术在硼硅玻璃上衬底上制备非常薄（>2μm）的 pc-Si 薄膜。其他的 c-Si 薄膜光伏技术也有非常好的进展，其中一些（包括 PLASMA、EVA、EpiWE、石墨或氧化铝上硅）正准备进行中试。因此，尽管 c-Si 薄膜光伏技术以前认为很难商业化，但其进展正在加速，在 10 年内廉价的 10% 效率的 pc-Si 薄膜组件的商业化是非常有可能的。这一判断无论对通过高温技术制备的硅薄膜太阳电池（例如 EpiWE），还是通过中温技术制备的硅薄膜太阳电池（比如 CSG 或者 PLASMA）都是适用的。

致谢

　　本章所述的新南威尔士大学（UNSW）的工作受到澳大利亚研究委员会、新南威尔士州政府以及 UNSW 的资助。新加坡太阳能研究所（SERIS）受到新加坡政府以及新加坡国立大学的资助。

参考文献

1. Hirshman WP, Hering G, Schmela M, Market survey on cell and module production 2006, *Photon International*, March 2007, 136 (2007).

2. http://www.schott.com/hometech/english/products.

3. http://www.corning.com.

4. Straub A, Harder NP, Huang Y, Aberle AG, High-quality homoepitaxial silicon growth in a non-ultra-high vacuum environment by ion-assisted deposition, *Journal of Crystal Growth*, **268**, 41–51 (2004).

5. Terry ML, Straub A, Inns D, Song D, Aberle AG, Large open-circuit voltage improvement by rapid thermal annealing of evaporated solid-phase-crystallized thin-film silicon solar cells on glass, *Applied Physics Letters*, **86**, 172108–172110 (2005).

6. Faller FR. Hurrle A, High-temperature CVD for crystalline-silicon thin-film solar cells, *IEEE Transactions on Electron Devices*, **46**, 2048–2054 (1999).

7. McCann MJ, Catchpole KR, Weber KJ, Blakers AW, A review of thin-film crystalline silicon for solar cell applications. Part 1: Native substrates, *Solar Energy Materials and Solar Cells*, **68**, 135–171 (2001).

8. Foxon CT, Three decades of molecular beam epitaxy, *J. Crystal Growth*, **251**, 1–8 (2003).

9. Itoh T, Nakamura T, Epitaxial growth of silicon assisted by ion implantation, *Radiation Effects*, **9**, 1 (1971).

10. Zotov AV, Korobtsov VV, Present status of solid phase epitaxy of vacuum-deposited silicon, *Journal of Crystal Growth*, **98**, 519 (1989).

11. Shah AV, Schade H, Vanecek M, Meier J, Vallat-Sauvain E, Wyrsch N, Kroll U, Droz C, Bailat J, Thin-film silicon solar cell technology, *Progress in Photovoltaics*, **12**, 113–142 (2004).

12. Keppner H, Meier J, Torres P, Fischer D, Shah A, Microcrystalline silicon and micromorph tandem solar cells, *Applied Physics A*, **69**, 169–177 (1999).

13. Bergmann RB, Crystalline Si thin-film solar cells: a review, *Applied Physics A*, **69**, 187–194 (1999).

14. Catchpole KR, McCann MJ, Weber KJ, Blakers AW, A review of thin-film crystalline silicon for solar cell applications. Part 2: Foreign substrates, *Solar Energy Materials and Solar Cells*, **68**, 173–215 (2001).

15. Aberle AG, Fabrication and characterisation of crystalline silicon thin-film materials for solar cells, *Thin Solid Films*, **511–512**, 26–34 (2006).

16. Aberle AG, Widenborg PI, Straub A, Harder NP, Polycrystalline silicon on glass thin-film solar cell research at UNSW using the seed layer concept, *Proc. 3rd World Conference on Photovoltaic Energy Conversion*, Osaka, 2003, pp. 1194–1197.

17. Sze SM, Physics of Semiconductor Devices, 2nd edn (John Wiley & Sons, Inc., New York, 1981).

18. Shockley W, The theory of p-n junctions in semiconductors and p-n junction transistors, *Bell System Technical Journal*, **28**, 435 (1949).

19. Green MA, Accuracy of analytical expressions for solar cell fill factors, *Solar Cells*, **8**, 3–16 (1983).

20. Inns D, *PhD Thesis*, School of Photovoltaic and Renewable Energy Engineering, University of New South Wales, Sydney, Australia, 2007.

21. Basore PA, Numerical modeling of textured silicon solar cells using PC1D, *IEEE Transactions on Electron Devices*, **27**, 337 (1990).

22. Aberle AG, Untersuchungen zur Oberflächenpassivierung von hocheffizienten Silicium-Solarzellen, *PhD Thesis*, Faculty of Physics, University of Freiburg, Germany (1991).

23. Fahrenbruch AL, Bube RH, *Fundamentals of Solar Cells* (Academic Press, New York, 1983).

24. Aberle AG, Surface passivation of crystalline silicon solar cells: a review, *Progress in Photovoltaics*, **8**, 473–487 (2000).

25. Campbell P, Widenborg PI, Sproul A, Aberle AG, Surface textures for large-grained poly-silicon thin-film solar cells on glass using the AIT method, *Proc. 15th International Photovoltaic Science and Engineering Conference*, Shanghai, 2005, 859–860.

26. Nagel H, Aberle AG, R. Hezel R, Optimised antireflection coatings for planar silicon solar cells using remote PECVD silicon nitride and porous silicon dioxide, *Progress in Photovoltaics*, **7**, 245–260 (1999).

27. Blakers AW, Weber KJ, Stuckings MF, Armand S., Matlakowski G, Stocks MJ, Cuevas A, 18% efficient thin silicon solar cell by liquid phase epitaxy, *Proc. 13th European Photovoltaic Solar Energy Conference*, Nice, 1995, 33–36.

28. Kieliba T, Bau S, Osswald D, Eyer A, Coarse-grained Si films for crystalline Si thin-film solar cells prepared by zone-melting recrystallization, *Proc. 17th European Photovoltaic Solar Energy Conference*, Munich, 2001, 1604–1607 (WIP, Munich, 2001).

29. Reber S, Duerinckx F, Alvarez M, Garrard B, Schulze FW, EU project SWEET on epitaxial wafers equivalents: Results and future topics of interest, *Proc. 21st European Photovoltaic Solar Energy Conference*, Dresden, 2006, 570–576 (WIP, Munich, 2006).

30. Yonehara T, Sakaguchi K, Sato N, Epitaxial layer transfer by bond and etch back of porous Si, *Applied Physics Letters*, **64**, 2108 (1994).

31. Bruel M, Aspar B, Auberton-Herve AJ, Smart-Cut: A new silicon on insulator material technology based on hydrogen implantation and wafer bonding, *Japanese Journal of Applied Physics*, **36**, 1636–1641 (1997).

32. Brendel R, A novel process for ultrathin monocrystalline silicon solar cells on glass, *Proc. 14th European Photovoltaic Solar Energy Conference*, Barcelona, 1997, p. 1354 (Stephens, Bedford, 1997).

33. Brendel R, Review of layer transfer processes for crystalline thin-film silicon solar cells, *Japanese Journal of Applied Physics*, **40**, 4431–4439 (2001).

34. Brendel R, Auer R, Artmann H, Textured monocrystalline thin-film Si cells from the porous silicon (PSI) process, *Progress in Photovoltaics*, **9**, 217–221 (2001).

35. Tayanaka H, Yamauchi K, Matsushita T, Thin-film crystalline silicon solar cells obtained by separation of a porous silicon sacrificial layer, *Proc. 2nd World Conference on Photovoltaic Solar Energy Conversion*, Vienna, 1998, p. 1272 (European Commission, Ispra, 1998).

36. Berge C, Bergmann RB, Rinke TJ, Werner JH, Monocrystalline silicon thin film solar cells by layer transfer, *Proc. 17th European Photovoltaic Solar Energy Conference*, Munich, 2001, 1277–1281 (WIP, Munich, 2001).

37. Feldrapp K, Horbelt R, Auer R, Brendel R, Thin-film (25.5 μm) solar cells from layer transfer using porous silicon with 32.7 mA/cm^2 short-circuit current density, *Progress in Photovoltaics*, **11**, 105–112 (2003).

38. Morikawa H, Nishimoto Y, Naomoto H, Kawama Y, Takami A, Arimoto S, Ishihara T, Namba K, 16.0% efficiency of large area (10 cm × 10 cm) thin film polycrystalline silicon solar cell, *Solar Energy Materials and Solar Cells*, **53**, 23–28 (1998).

39. Reber S, Schillinger N, Bau S, Waldenmayer B, Progress in high-temperature silicon epitaxy using the RTCVD160 processor, *Proc. 19th European Photovoltaic Solar Energy Conference*, Paris, 2004, 471–474 (WIP, Munich, 2004).

40. Bai Y, Ford DH, Rand JA, Hall RB, Barnett AM, 16.6% efficient Silicon-Film™ polycrystalline silicon solar cells, *Proc. 26th IEEE Photovoltaic Specialists Conference*, Anaheim, 1997, 35–38 (IEEE, New York, 1997).

41. Lüdemann R, Schaefer S, Schüle C, Hebling C, Dry processing of mc-silicon thin-film solar cells on foreign substrates leading to 11% efficiency, *Proc. 26th IEEE Photovoltaic Specialists Conference*, Anaheim, 1997, 159–162 (IEEE, New York, 1997).

42. Reber S, Faller FR, Hebling C, Lüdemann R, Crystalline silicon thin-film solar cells on SiC based ceramics, *Proc. 2nd World Conference Photovoltaic Solar Energy Conversion*, Vienna, 1998, 1782–1785 (European Commission, Ispra, 1998).

43. Gordon I, Carnel L, Van Gestel D, Beaucarne G., Poortmans J, 8% efficient thin-film polycrystalline-silicon solar cells based on aluminum-induced crystallization and thermal CVD, *Progress in Photovoltaics*, **15**, 575–586 (2007).

44. Gordon I, Van Gestel D, Carnel L, Beaucarne G, J. Poortmans J, Pinckney L, Mayolet A, Thin-film polycrystalline-silicon solar cells on high-temperature substrates by aluminium-induced crystallization, *Proc. 21st European Photovoltaic Solar Energy Conference*, Dresden, 2006, 992–995 (WIP, Munich, 2006).

45. Beaucarne G, Gordon I, Van Gestel D, Carnel L, Poortmans J, Thin-film polycrystalline silicon solar cells: An emerging photovoltaic technology, *Proc. 21st European Photovoltaic Solar Energy Conference*, Dresden, 2006, pp. 721–725 (WIP, Munich, 2006).

46. Taguchi M, Kawamoto K, Tsuge S, Baba T, Sakata H, Morizane M, Uchihashi K, Nakamura N, Kiyama S, Oota O, HIT™ Cells – High-efficiency crystalline Si cells with novel structure, *Progress in Photovoltaics*, **8**, 503–513 (2000).

47. Van Gestel D, Romero MJ, Gordon I, Carnel L, D'Haen J, Beaucarne G, Al-Jassim M, Poortmans J, Electrical activity of intragrain defects in polycrystalline silicon layers obtained by aluminum-induced crystallization and epitaxy, *Applied Physics Letters*, **90**, 0921103 (2007).

48. Yamamoto K, Very thin film crystalline silicon solar cells on glass substrate fabricated at low temperature, *IEEE Transactions on Electron Devices*, **46**, 2041–2047 (1999).

49. Harbeke G, Krausbauer L, Steigmeier EF, Widmer AE, Kappert HF, Neugebauer G, High quality polysilicon by amorphous low pressure chemical vapor deposition, *Applied Physics Letters*, **42**, 249–251 (1983).

50. Spinella C, Lombardo S, Crystal grain nucleation in amorphous silicon, *Journal of Applied Physics*, **84**, 5383–5414 (1998).

51. Im JS, Sposili RS, Crystalline Si films for integrated active-matrix liquid-crystal displays, *MRS Bulletin*, March 1996, 39–48 (1996).

52. Matsuyama T, Wakisaka K, Kameda M, Tanaka M, Matsuoka T, Tsuda S, Nakano S, Kishi Y, Kuwano Y, Preparation of high-quality n-type poly-Si films by the solid phase crystallisation (SPC) method, *Japanese Journal of Applied Physics*, **29**, 2327–2331 (1990).

53. Matsuyama T, Baba T, Takahama T, Tsuda S, Nakano S, Polycrystalline Si thin-film solar cell prepared by solid phase crystallization (SPC) method, *Solar Energy Materials and Solar Cells*, **34**, 285–289 (1994).

54. Matsuyama T, Terada N, Baba T, Sawada T, Tsuge S, Wakisaka K, Tsuda S, High-quality polycrystalline silicon thin film prepared by a solid phase crystallisation method, *Journal of Non-Crystalline Solids*, **198–200**, 940–944 (1996).

55. Matsuyama T, Tanaka M, Tsuda S, Nakano S, Kuwano Y, Improvements of n-type poly-Si film properties by solid phase crystallization method, *Japanese Journal of Applied Physics*, **32**, 3720–3728 (1993).

56. Shi Z, Wenham SR, Green MA, Basore PA, Ji JJ, Thin films with light trapping, *USA patent* US6538195 (2003).

57. Ji JJ, Shi Z, Texturing of glass by SiO₂, *European patent EP1142031* (2000).

58. Keevers MJ, Young TL, Schubert U, Green, MA 10% efficient CSG minimodules, *Proc. 22nd European Photovoltaic Solar Energy Conference*, Milan, 2007, pp 1783–1790 (WIP, Munich, 2007).

59. Tomandl G, Determination of light-scattering properties of glass surfaces, *Journal of Non-Crystalline Solids*, **19**, 105–113 (1975).

60. Bradshaw JM, Gelder R, Method of producing a surface microstructure on glass, *USA patent* US005090982 (1992).

61. Campbell P, Enhancement of absorption in silicon films using a pressed glass substrate texture, *Glass Technology*, **43**, 107–111 (2002).

62. Deckman HW, Dunsmuir JH, Natural lithography, *Applied Physics Letters*, **41**, 377–379 (1982).

63. Ruby D, Zaidi SH, Metal catalyst technique for texturing silicon solar cells, International PCT patent application WO 0213279 A2 (2002).

64. Niira K, Senta H, Hakuma H, Komoda M, Okui H, Fukui K, Arimune H, Shirasawa K, Thin film poly-Si solar cells using PECVD and Cat-CVD with light confinement structure by RIE, *Solar Energy Materials and Solar Cells*, **74**, 247–253 (2002).

65. Gandon C, Marzolin C, Rogier B, and Royer E, Transparent textured substrate and methods for obtaining same, International PCT patent application WO 0202472 A1 (2002).

66. Aberle AG, Widenborg PI, Chuangsuwanich N, Glass texturing, International PCT patent application WO 04089841 A1 (2004).

67. Jin G, Widenborg PI, Campbell P, Varlamov S, Enhanced light trapping in SPC poly-Si thin film solar cells on aluminium induced textured glass superstrates, *Proc. 18th International Photovoltaic Science and Engineering Conference*, Kolkata, 2009, paper 4-2o-012 (Editors: Swati Ray and Parsathi Chatterjee, Indian Association for the Cultivation of Science, Kolkata, 2009).

68. Pankove JI, Optical Processes in Semiconductors (Englewood Cliffs,Prentice Hall, 1971).

69. Weast RC, Astle MJ, Beyer WH, CRC Handbook of chemistry and physics, 67th edn (CRC Press Inc, Boca Raton, 1987).

70. Widenborg PI, Aberle AG, Polycrystalline silicon thin-film solar cells on AIT-textured glass superstrates, *Advances in OptoElectronics*, **vol. 2007**, article ID 24584, 7 pages, doi:10.1155/2007/24584. Article freely available from publisher at www.hindawi.com/journals/aoe/.

71. Berger O, Inns D, Aberle AG, Commercial white paint as back surface reflector for thin-film solar cells, *Solar Energy Materials and Solar Cells*, **91**, 1215–1221 (2007).

72. Müller J, Rech B, Springer J, Vanecek V, TCO and light trapping in silicon thin film solar cells, *Solar Energy*, **77**, 917–930 (2004).

73. Widenborg PI, Chan SV, Walsh T, Aberle AG, Thin-film poly-Si solar cells on AIT-textured glass – Importance of the rear reflector, *Proc. 33rd IEEE Photovoltaic Specialists Conference*, San Diego, 2008, paper 34-05 (IEEE, New York, 2008).

74. Sands S, Defining luminous effects, *Just Paint*, **12**, 8–9 (2004).

75. Basore BA, Simplified processing and improved efficiency of crystalline silicon on glass modules, *Proc. 19th European Photovoltaic Solar Energy Conference*, Paris, 2004, pp. 455–458 (WIP, Munich, 2004).

76. Shah A, Meier J, Buechel A, Kroll U, Steinhauser J, Meillaud F, Schade H Dominé D, Towards very low-cost mass production of thin-film silicon photovoltaic (PV) solar modules on glass, *Thin Solid Films*, **502**, 292–299 (2006).

77. Springer J, Rech J, W. Reetz W, Müller J, Vanecek M, Light trapping and optical losses in microcrystalline silicon pin solar cells deposited on surface-textured glass/ZnO substrates, *Solar Energy Materials and Solar Cells*, **85**, 1–11 (2005).

78. Kuwano K, Tsuda S, Onishi M, Nishikawa H, Nakano S, Imai T, A new integrated type amorphous Si solar cell, *Japanese Journal of Applied Physics*, **20**, 213–218 (1981).

79. Aberle AG, Widenborg PI, Campbell P, Sproul A, Griffin M, Weber JW, Beilby B, Inns D, Terry M, Walsh T, Kunz O, He S, Tsao CY, Ouyang Z, Wong J, Hoex B, Shi L, Sakano T, Wolf M, Huang J,. Jin G, Huang L, Peng S, Lang M, Schmunk D, Bamberg F, Chan SV, Han J, Ruof T, Berger O, Di D, Fattal A, Gress P, Pelletier M, Mitchell E, Zhou Y,

Fecker F, Pohlner S, Poly-Si on glass thin-film PV research at UNSW, *Proc. 22nd European Photovoltaic Solar Energy Conference*, Milan, 2007, pp. 1884–1889 (WIP, Munich, 2007).

80. Takayasu K, Method of and apparatus for application of liquid, International patent application, WO94/27737 (1994).

81. Basore PA, Pilot production of thin-film crystalline silicon on glass modules, *Proc. 29th IEEE Photovoltaic Specialists Conference*, New Orleans, 2002, pp. 49–52 (IEEE, New York, 2002).

82. Green MA, Basore, PA, Chang N, Clugston D, Egan R, Evans R, Hogg D, Jarnason S, Keevers M, Lasswell P, O'Sullivan J, Schubert U, Turner A, Wenham SR, Young T, Crystalline silicon on glass (CSG) thin-film solar cell modules, *Solar Energy*, **77**, 857–863 (2004).

83. Quinn LJ, Mitchell SJN, Armstrong BM, Gamble HS, Plasma-enhanced silicon nitride deposition for thin film transistor applications, *Journal of Non-Crystalline Solids*, **187**, 347–352 (1995).

84. Egan RJ, Young TL, Evans R, Schubert U, Keevers M, Basore PA, Wenham SR, Green MA, Silicon deposition optimization for peak efficiency of CSG modules, *Proc 21st European Photovoltaic Solar Energy Conference*, Dresden, 2006, pp. 874–876.

85. Basore PA, CSG-1: Manufacturing a new polycrystalline silicon PV technology, *Proc. 4th World Conference on Photovoltaic Energy Conversion*, Hawaii, 2006, pp. 2089–2093.

86. See www.csgsolar.com.

87. Strobel C, Zimmermann T, Albert M, Bartha JW, Beyer W, Kuske J, Dynamic high-rate-deposition of silicon thin film layers for photovoltaic devices, *Proc. 23rd European Photovoltaic Solar Energy Conference*, Valencia, 2008, pp. 2497–2504 (WIP, Munich, 2008).

88. Widenborg PI, Aberle AG, Surface morphology of poly-Si films made by aluminium-induced crystallisation on glass substrates, *Journal of Crystal Growth*, **242**, 270–282 (2002).

89. Goldschmidt JC, Roth K, Chuangsuwanich N, Sproul AB, Vogl B, Aberle AG, Electrical and optical properties of polycrystalline silicon seed layers made on glass by solid-phase crystallisation, *Proc. 3rd World Conference on Photovoltaic Energy Conversion*, Osaka, 2003, pp. 1206–1209.

90. Blum NA, Feldman C, The crystallization of amorphous silicon films, *Journal of Non-Crystalline Solids*, **11**, 242–246 (1972).

91. Aberle AG, Progress with polycrystalline silicon thin-film solar cells on glass at UNSW, *Journal of Crystal Growth*, **287**, 386–390 (2006).

92. Kunz O, Ouyang Z, Varlamov S, Aberle AG, 5% efficient evaporated solid-phase crystallised polycrystalline silicon thin-film solar cells, *Progress in Photovoltaics*, **17**, 567–573 (2009).

93. Ouyang Z, Kunz O, Wolf M, Widenborg P, Jin G, Varlamov S, Challenges of evaporated solid-phase-crystallised poly-Si thin-film solar cells on textured glass, *Proc. 18th International Photovoltaic Science and Engineering Conference*, Kolkata, 2009, paper 1-3p-023 (Swati Ray and Parsathi Chatterjee, eds, Indian Association for the Cultivation of Science, Kolkata, 2009).

94. Young DL, Stradins P, Xu Y, Gedvilas L, Reedy B, Mahan AH, Branz HM, Wang Q, and Williamson DL, Rapid solid-phase crystallization of high-rate, hot-wire chemical-vapor-deposited hydrogenated amorphous silicon, *Applied Physics Letters*, **89**, 161910–1 (2006).

95. Dyer TE, Marshall JM, Davies JF, Optoelectronic properties of polycrystalline silicon produced by low-temperature (600°C) solid-phase crystallization of hydrogenated amorphous silicon, *Philosophical Magazine B*, **69**, 509–523 (1994).

96. Morita T, Tsuchimoto S, Hashizume N, The low temperature polysilicon TFT technology for manufacturing of active matrix liquid crystal displays, *Material Research Society Symposium Proceedings*, **345**, 71–80 (1994).

97. Girginoudi S, Girginoudi D, Thanailakis A, Georgoulas N, Papaioannou V, Electrical and structural properties of poly-Si films grown by furnace and rapid thermal annealing of amorphous Si, *Journal of Applied Physics*, **84**, 1968–1972 (1998).

98. Keevers MJ, Turner A, Schubert U, Basore PA, Green MA, Remarkably effective hydrogenation of crystalline silicon on glass modules, *Proc. 20th European Photovoltaic Solar Energy Conference*, Barcelona, 2005, pp. 1305–1308 (WIP, Munich, 2005).

99. Andrä G, Bochmann A, Falk F, Gawlik A, Ose E, Plentz, Diode laser crystallized multicrystalline silicon thin film solar cells on glass, *Proc. 21st European Photovoltaic Solar Energy Conference*, Dresden, 2006, pp. 972–975 (WIP, Munich, 2006).

100. Falk F, Andrä G, Laser crystallization – a way to produce crystalline silicon films on glass or on polymer substrates, *Journal of Crystal Growth*, **287**, 397–401 (2006).

第12章 非晶硅基太阳电池

Eric A. Schiff[1], Steven Hegedus[2], Xunming Deng[3]

1. 美国纽约 Syracuse 大学物理系
2. 美国特拉华 Delaware 大学节能研究所
3. 美国俄亥俄 Toledo 大学物理与天文学系

12.1 综述

12.1.1 非晶硅：第一种可掺杂的非晶半导体

晶体类半导体是非常熟知的，包括硅（现代电子学中集成电路的基础）、锗（第一个晶体管材料）、GaAs 和其他Ⅲ-Ⅴ族化合物（许多发光器件的基础），以及 CdS（经常用作光传感器）。在晶体中，原子按近乎完美的规则阵列或者晶格排布。晶格必须与原子的化学键性质相一致。例如，硅原子与在其周围对称分布的近邻原子之间形成 4 个共价键。这种"四面体"排布在晶体硅的"金刚石"晶格中可以完美保持。

同时也存在很多非晶半导体。在这些材料中，原子的化学键与在晶体中的基本没有变化。然而，在键角上存在的很小的无序波动，破坏了规则的晶格结构。这些非晶半导体都具有相当不错的电性能，对很多应用已经足够。第一个商业化的重要例子是现代复印技术[1,2]，其利用了非晶硒的光电导性能。自从 1870 年左右以来，人们就认识到了硒在光照射下的不寻常性能，并将其用来制造效率较低的太阳电池，直到 1950 年前后被硅代替[3]。像所有半导体一样，硒吸收入射光中能量大于特定阈值能量的光子，这个阈值能量就是"带隙能"。在太阳电池中，所吸收的光子产生一个正的"空穴"和一个负的自由电子，它们能够被电场分离取出。

大约 1973 年，苏格兰的 Dundee、Walter Spear 和 Peter Lecomber 发现采用硅烷（SiH$_4$）气体的"辉光放电"制备的非晶硅具有好的不同寻常的电学性能；他们的工作建立在 Chittick、Sterling 和 Alexander 以前的工作[4]基础上。辉光放电是我们熟悉的霓虹灯灯光的基础。在特定的条件下，对横跨气体施加一个电场可以在气体内部产生非常大的电流，当气体分子被电流激发时会发光。非晶硅以薄膜的形式被沉积在插入到硅烷气体辉光中的衬底上。"非晶"一词通常用来指那些通过采用气体沉积制备而成的未结晶材料。Spear 和 LeComber 在 1975 年报道[5]，当将一些磷烷（PH$_3$）或者硼烷（B$_2$H$_6$）与硅烷混合时，非晶硅的电导率可以显著提升。正像晶体硅那样，非晶硅掺入磷就会产生与自由电子相关的电导率（材料是 n 型的），掺入硼会产生与自由空穴相关的电导率（材料是 p 型的）。

1974 年，在普林斯顿的美国无线电公司（RCA）研究室中，David Carlson 发现采用硅烷的辉光放电来沉积薄膜可以制作出相当高效的电池。1976 年，他和 Christopher Wronski 报道了基于非晶硅的太阳电池，转换效率大约为 2.4%[6]（关于这段历史的讨论参见参考文献 [3，7]）。

图 12.1 给出了 Carlson 和 Wronski 所报道的电流密度与输出电压之间的关系，同时给出了当前的一些基于叠层的更加高效的太阳电池的结果[8,9]。正像这些科学家发现的那样，采用辉光放电（或者"等离子体沉积"）制备的非晶硅的光电性能要比采用例如硅的简单蒸发等方法制备的非晶硅薄膜的性能优异很多。在经历了很多年的探索之后发现，等离子体沉积的非晶硅中含有相当比例的氢原子，这些氢原子融入非晶硅结构中，是提高等离子体沉积材料的光电性能的关键[10]。结果，这种改善的非晶硅已经被广泛地称为氢化非晶硅（或者简写成 a-Si:H）。近年来，很多作者采用"非晶硅"一词来指代这一氢化结构，因为不含氢的非晶硅目前已经很少再研究。

为什么 Carlson 和 Wronski 制作的非晶硅太阳电池有这么大的吸引力呢？首先，它所包含的技术与生长晶体的技术相比简单廉价。另外，正像我们现在要解释的，非晶硅的光学性能非常适合用来收集太阳能。在图 12.2 中，上部给出的是非晶硅和晶体硅相比的光吸收系数 $\alpha(hv)$ 的谱线[11]。关于光子能量 hv 和光吸收系数 α 的概念，可以参看本书第 3 章的 3.2 节。下部给出的是太阳辐照光谱在能量阈值 hv 之上的光子所携带的太阳能的总强度（W/m^2）[12]。

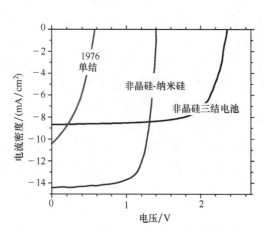

图 12.1 非常早期的单结非晶硅太阳电池[6]，
非晶硅-纳米硅叠层电池[9]，以及全非晶硅
三结电池[8] 在太阳辐照下的电流
密度与电压曲线

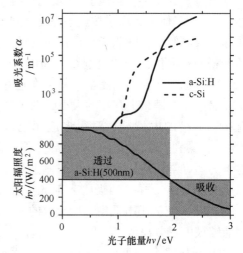

图 12.2 （上部）晶体硅（c-Si）和氢化非
晶硅（a-Si:H）的光吸收系数 $\alpha(hv)$ 与光子
能量 hv 之间的关系，取自参考文献 [11]。
（下部）在太阳光谱中能量大于 hv 的光子
辐射。灰色区域表示 500nm 厚的
a-Si:H 薄膜吸收或者透过的光辐射

我们采用这些图谱来分析不同厚度的薄膜可以吸收多少太阳能量。图中所采用的例子是厚度 $d = 500nm$ 的 a-Si:H 层。该层基本上可以吸收掉能量大于 1.9eV（$\alpha = 1/d$ 处的能量）以上的所有光子。假设太阳光的反射已经最小化，则该层可以吸收大约 $420W/m^2$（标有"吸收"的灰色区域）。有 $580W/m^2$ 的能量透过，与 c-Si 所得到的结果相比，对于 500nm 厚的晶体硅，能够吸收的能量小于 $200W/m^2$。

要与 500nm 的 a-Si:H 层吸收同样的能量，c-Si 层需要更厚。c-Si 和 a-Si 的非常不同的光性能反应了二者不同的电子态分布。在固体物理教材中，我们知道，是"选择定则"大大降低了 c-Si 的光吸收，因为 c-Si 是间接带隙的半导体。这种选择定则对 a-Si 是不适用的。另外，a-Si 的带隙要比 c-Si 的带隙大很多。但是，二者之间并不是完全的竞争关系，通过将 a-Si:H 与纳米硅薄膜相结合，可以开发出更有吸引力的电池，如图 12.1 中的曲线所示。

在下面的部分中，首先描述在实际中如何实现非晶硅太阳电池，然后简单地总结一下其电性能的一些重要特征。

12.1.2 非晶硅太阳电池设计

图 12.1 给出的是非晶硅基太阳电池效率在过去 25 年里所取得的重大进展。在本节中，将简单介绍一下在当前的高效器件中所包含的两个基本思想：pin 光电二极管结构，以及相应的叠层多结光二极管结构，对这些概念的深入理解有助于对本章内容的掌握。

12.1.2.1　pin 光电二极管

在非晶硅基太阳电池内部的基本光电二极管结构有三层，按 pin 顺序沉积或者按 nip 顺序沉积。这三层是非常薄的（一般为 10nm）p 层、厚很多（一般为几百纳米）的未掺杂的本征层（i 层），以及非常薄的 n 层。如图 12.3 所示，在这种结构中，过剩电子从 n 层传给 p 层，在两个层中分别留下正电荷和负电荷，产生一定的内建电场（一般大于 $10^4V/cm$）。

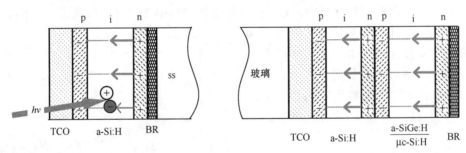

图 12.3　（左）制作在不锈钢（ss）衬底上的单结 pin 太阳电池。在无光照条件下，电子会从本结构中的 n 型掺杂层传给 p 型层，产生如图所示的空间电荷和电场。在光照条件下，被未掺杂的本征层吸收的每个光子产生一个电子和一个空穴。电场会使这些光生载流子按照图中所示的方向漂移。（右）在玻璃"上衬底"上的叠层 pin 太阳电池。第二个本征层一般具有更小的带隙，用来吸收从第一个电池中透过来的光子。对非晶硅基电池来讲，如图所示，光子通过 p 型窗口层进入到电池中。图中 TCO 是透明导电氧化物，BR 是背表面反射器

太阳光穿过 p 层进入到光电二极管中，这基本上是透明的窗口层。太阳光子主要被较厚的本征层吸收，吸收的每个光子将产生一对电子和空穴[13,14]。这些光生载流子被内建电场分别抽取到 n 层和 p 层，由此产生光电流。

采用 pin 结构是非晶硅太阳电池与其他材料的太阳电池设计之间的不同，其经常采用简单的 pn 结构。对掺杂非晶硅来讲，已经证明其光生少子（在 n 型非晶硅中是空穴，在 p 型非晶硅中是电子）迁移速率不够快，因此 pn 结构只能收集在掺杂非晶硅的非常薄的一层中产生的光生载流子。实际上，在分析非晶硅基电池的性能时，一般认为被掺杂层吸收的光子都被浪费掉了。不在吸收层中使用掺杂原子，可以使吸收层有足够的厚度去吸收更多的太

阳光。

在 12.4 节中，将对 pin 太阳电池的器件物理做更加详细的介绍。那里会说明为什么窗口层是 p 型的，并解释吸收层的厚度如何进行折中设计。

12.1.2.2 多结太阳电池

通过彼此上下叠加起来沉积两个或者三个这样的光电二极管，构造"多结"器件，可以使刚才描述的非常简单的非晶硅 pin 光电二极管结构的转换效率得到显著提高。在图 12.3 中给出了这种叠层器件的图示，需要注意，在内部相连的 p 型层和 n 型层之间并没有形成 pn 结二极管，而是简单的欧姆接触。这方面的内在物理机制将会在 12.5.3 节中介绍。相对于简单的单结设计，叠层设计的主要好处是对太阳辐照的"分光谱"作用。由于吸收系数随着光子能量的增加而迅速变大，叠层电池的顶层起到了"低通"光学滤波片的作用。图 12.2 说明了这种效用，从中可以看到，0.5μm 厚的非晶硅层可以吸收能量大于 1.9eV 的光子，通过的光子具有更小的能量。"浪费"的低能光子可以有效地被与非晶硅相比具有更小带隙的材料俘获，非晶硅锗合金以及纳米晶硅与非晶硅相比，对能量低于 1.9eV 的光子都具有更大的吸收系数。总体来讲，多结设计的好处远大于其复杂性以及沉积工艺成本的增加。如图 12.1 所示，目前采用的有双叠层和三结器件。多结太阳电池的细节将在 12.5 节中讨论。

12.1.3 Staebler-Wronski 效应

在最初几百小时的辐照过程中，非晶硅太阳电池的效率会发生显著衰退。纳米晶硅电池则没有这种效应。图 12.4 给出的是 United Solar Ovonic 公司制作的单结非晶硅电池和三结电池组件所呈现的这种效应[16,17]。在大约 1000h 辐照后，单结电池损失了初始效率的大约 30%，三结组件损失了初始效率的大约 15%。

所有非晶硅基太阳电池在辐照下都表现出这一初始行为。这种行为主要是由于"Staebler-Wronski"效应[18]，来源于在电池中所采用的氢化非晶硅（a-Si:H）以及相关材料的光诱导变化。尽管这里没有进行说明，但可以在大约 160℃ 的温度下退火几分钟去除 Staebler-Wronski 效应。在夏天工作温度达到 60℃ 会产生这种退火效应。

"Staebler-Wronski"会带来非晶硅电池组件的转换效率在旷野中的显著季节波动。图 12.5 给出了在瑞士安装的一个三结组件每天的平均转换效率和环境温度的关系。该组

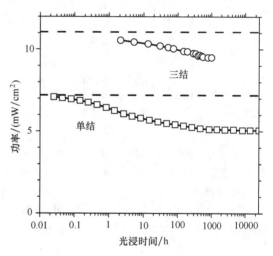

图 12.4 在最初光辐照时，非晶硅基太阳电池产生显著效率衰退。本图给出了 United Solar Ovonic 公司制作的单结电池（i 层的厚度为 260nm）和三结电池组件在太阳光模拟器辐照（100mW/cm²）下所呈现出的衰退效应[16,17]。虚线表示的器件的初始功率

件在热的季节性能很好，随温度提高效率增加的温度系数约是 +5×10⁻³/K。值得注意的是，在整个三年的测试过程中，该组件并没有发生可观测到的永久性衰退。但一项超过 10

年的研究表明，与 c-Si 电池的长期稳定性相比，每年的衰退大约为 0.7%[19]。这种效率随温度增加的趋势，与其他材料制造的电池相比是不同的。例如，晶体硅太阳电池的温度系数约是 $-4 \times 10^{-3}/K$[21,22]。有意思的是，如果对 a-Si:H 太阳电池的温度依赖性进行快速测量，也就是没有时间产生 Staebler-Wronski 效应，那么温度系数也是负的（大约为 $-1 \times 10^{-3}/K$）[21]。在旷野中的这种组件行为可以理解成是 Staebler-Wronski 效应的慢速退火（产生正的温度系数）和更小的本征的负温度系数之间竞争的结果[23,24]。

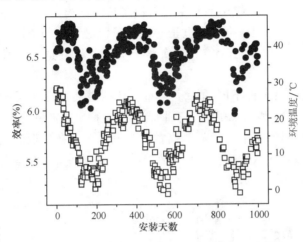

图 12.5　一个非晶硅三结组件每天的平均转换效率随季节的波动情况（实心符号），
以及相应的每天的平均温度（空心符号）

12.1.4　本章大纲

本章下面的部分这样组织：在 12.2 节，将介绍一些解释非晶硅和相关材料包括非晶硅锗合金和纳米晶硅性能所需要的基本物理概念。12.3 节总结制造非晶硅基太阳电池所采用的基本方法，比如等离子体沉积。12.4 节描述最简单的单结电池是如何工作的，也就是电池的光电行为是如何与基本概念联系在一起的。基于非晶硅技术的高效电池是多结器件，在12.5 节将讨论它们是如何制造的，以及如何去理解和优化它们的性能。12.6 节描述与制造组件相关的一些问题。作为本章总结，12.7 节将给出我们认为本领域未来发展所需要重点考虑的几个方向。

最近几年，已经有了一些关于非晶硅基太阳电池非常优秀的文章和综述，本章将在认为有用的地方提及这些文献，来对本章内容进行扩展和补充。

12.2　氢化非晶硅的原子和电子结构

12.2.1　原子结构

在非晶硅中的硅原子绝大部分保持了与晶硅中相同的基本结构：每个硅原子与其他四个硅原子通过共价键连接构成四方结构。这种理解来自对这两种材料进行的 X 光散射（"衍射"）测量[25]，也是对这两种材料进行理论和计算研究的结果。

如果用木棍（代表共价键）和被这些木棍钻了四个孔的木球（代表硅原子）来搭建非晶硅结构，将会遇到一些麻烦。为了不搭建成晶硅结构，需要将木棍变弯。很快，一些原子就必须放弃四木棍结构，从而产生带有"悬挂键"的非晶结构。所遇到的问题与四面体成键有关：在非晶结构中，如果想要将所有键长和键角都保持在硅的化学特性所要求的值，就会对原子位置有非常多的限制，数学计算方法也得到了相同的结论[26,27]。比如 As_2Se_3 合金，从液态冷却下来很容易形成非晶玻璃，其每个原子具有的平均化学键数约是 2.7 或者更少。

对氢化非晶硅（a-Si: H）来讲，硅-氢键解决了这个结构问题。有百分之几的硅原子只与三个邻近硅原子形成共价键；第四个电子与氢原子成键。这些关键的氢用 X 光是看不到的，但是用核磁共振[28]、红外光谱[29]、二次离子质谱[30]和在退火过程中的氢析出[31]可以明显检测到。

a-Si: H 中的氢具有很多种不同的原子排布。被核磁共振证实了的氢的两个最基本的"相"称为稀释相或隔离相和团聚相[28]。在稀释相中，特定的氢原子与任何其他氢原子之间的距离大约为 1nm；在团聚相中，有两个或者多个氢原子处在更近的范围内。在图 12.6 中给出了用计算机计算得到的这种结构的一个例子[32]。在每种相中的氢原子密度，以及氢的总密度，都依赖于材料的制备条件。

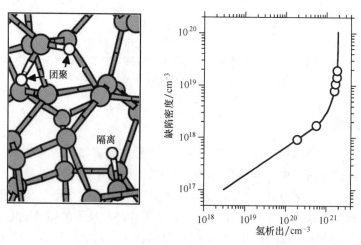

图 12.6 （左）氢化非晶硅化学键的计算模型。较大的灰球代表硅原子，较小的白球代表氢原子，如图中所示，氢原子要么团聚在一起，要么按稀释相彼此隔离。（右）在 a-Si: H 中的缺陷密度（悬挂键）和加热时从材料中释放的氢密度之间的关系（氢析出）。数据点是由 Jackson 等根据氘和缺陷的分布推导出的（350℃氘化）[35]。曲线是采用 Zafar 和 Schiff 所提出的模型拟合的结果[34]

12.2.2 缺陷和亚稳定性

尽管图 12.6 所示的结构是非晶态，但却是化学理想状态：每个原子都形成了特定数目的化学键（硅四个，氢一个）。这种非晶原子结构基本上决定了这种材料的所有电子和光学特性。但是，a-Si: H 的很多电学特性还极大地受到化学键的总缺陷的影响。已经采用电子自旋共振对 a-Si: H 中键缺陷的原子结构进行了深入研究。单点缺陷，D-中心，在未掺杂的 a-Si: H 中占据了绝大多数[25]。D-中心通常被定义为一个硅悬挂键[33]。

通过图 12.6 可以直观地认识一下悬挂键：想象一下氢原子从图右下角稀释相的位置移出，留下一个未成键的电子（"悬挂键"）。这种简单的图形与下面所观察到的景象一致：当加热使氢从 a-Si:H 中去除时，悬挂键的密度增加。在图 12.6 中，给出了一个描述这种关系的模型和测量效果之间的比较[34,35]。需要注意的是，悬挂键的密度通常比从这种结构中失去的氢的密度要低，这种现象归因于从团聚相位置放出的氢不会产生悬挂键。

对 a-Si:H 缺陷进行的绝大多数研究并不是集中在氢与缺陷的直接关系上，而是集中在光老化效应上。图 12.4 中给出了光老化如何使太阳能转换效率下降，在图 12.7 中给出了其是如何使缺陷增加的。对高强度辐照，稳态缺陷密度可以达到大约 $10^{17}/cm^3$。为了商用目的，将 a-Si:H 经过光老化处理后使其达到这种"稳定"状态是非常重要的。

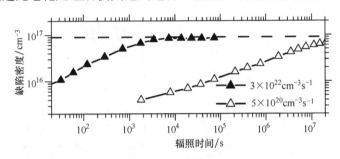

图 12.7 由 Park、Liu 和 Wagner 测量的 a-Si:H 在持续辐照下的缺陷密度（悬挂键）的变化[38]分别给出了在高强度和低强度辐照下的数据；图标所示为在每个辐照强度下的光生载流子的产生速率

尽管光老化后会改变的不仅仅只有 a-Si:H 的缺陷密度[36]，很多人都认为 Staebler-Wronski 效应的根本原因是光老化后悬挂键密度的增加。在 a-Si:H 中，氢和缺陷之间的紧密关系使得人们在通过氢的亚稳结构理解缺陷的产生方面进行了大量努力[34,37]。认为辐照为氢原子从稀释相位置迁移提供了能量，从而产生悬挂键。建立起 Staebler-Wronski 效应下面所蕴含的原子机制的技术重要性在于，有可能通过改变制备条件，可以使这种效应减弱。

a-Si:H 电池和薄膜光老化效应的基本特征是，这种效应是亚稳的，通过在 150℃ 以上退火可以基本上完全去除。更一般地，a-Si:H 电池和薄膜的稳定条件与温度有关。例如，图 12.5 表明，基本上组件效率与季节有关，在最热的时候效率最大。这个测试结果可以这样理解，稳定条件取决于两个速率之间的竞争：因光产生亚稳缺陷的速率和热激活过程使缺陷退火消失的速率。

12.2.3 电子态密度

理解半导体光学和电学性质最重要的概念是电子态密度 $g(E)$。这种思想是一种简单的近似：如果将单个电子放入到固体中，可以将其看成是去占据具有特定能量 E 的确定状态（或者分子"轨道"）。在 ΔE 范围内，单位体积的固体中含有这种状态的数量为 $g(E)\Delta E$。

图 12.8 给出了氢化非晶硅的态密度，这主要通过电子光发射[39,40]、光吸收[41]、电子和空穴漂移迁移率[42]测量得到。在低温黑暗状态下，在费米能级 E_F 以下的态被电子填充，在费米能级以上的态是空的。如图所示，有两个很强的带：被占据的价带（$E < E_V$），来源于 Si-Si 和 Si-H 成键轨道，以及未被占据的导带（$E > E_C$），来源于"反键"轨道。

12.2.4 带尾、带边和带隙

在导带和价带之间存在"能量带隙"，其中的态密度非常低。任何有用的半导体材料，晶态的或者非晶态的，都必须具有带隙。对完美晶体，价带和导带带边能量为 E_V 和 E_C，带隙能量为 $E_G = E_C - E_V$。有意思的是，在无序的半导体中，在这些带边附近存在指数分布的带尾。对价带带尾，可以写成 $g(E) = g_V \exp[-(E - E_V)/\Delta E_V]$。这种指数分布的带宽 ΔE_V 在解释光吸收实验方面是很重要的，其通常被确定为指数式"Urbach"带尾，如图 12.2 所示。对 a-Si:H，$\Delta E_V = 50 \times 10^{-3}$ eV，ΔE_V 也被用来解释空穴在电场中非常慢的迁移（即空穴的漂移迁移率）[42,43]。导带带尾的宽度 ΔE_C 要窄很多，对最好的 a-Si:H 材料，大约是 22×10^{-3} eV，但对非晶硅锗合金则大大增加[44]。

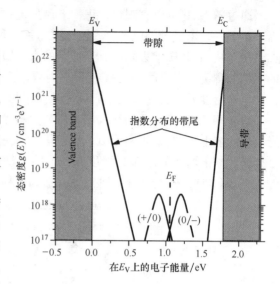

图 12.8 在氢化非晶硅中的电子态密度 $g(E)$。阴影区是能带中的非局域态，这些能带自身含有指数分布的局域态带尾。在两个能带之间所示的为由缺陷比如悬挂键引起的缺陷能级

由于存在指数带尾，带边能量是否确切存在就受到质疑。显然，对漂移迁移率测量的详细分析支持存在确定带边的概念[42,45]。更多的学者认为，带边是将电子轨道从局域态（即在空间上具有确定的位置）和非局域态分开的能量。因此，带边相应地被认为是导带和价带的迁移率边[46]。

但是，对于非晶半导体，没有单一的结论性的办法来确定态密度的带边。带隙因此很难精确确定。尽管在太阳电池中使用的非晶硅基材料具有可变的带隙，用传统方法来对带隙进行比较仍然是非常重要的。确定 a-Si:H 的有效带隙有几种光学方法，最常见的方法是分析测量得到的光吸收系数 $\alpha(hv)$，如图 12.2 所示。一种典型的分析可以得到"光学"或者"Tauc"带隙 E_T[49]：

$$\alpha(hv) = (A/hv)(hv - E_T)^2 \tag{12.1}$$

Tauc 带隙 E_T 可以通过 $(hv\alpha)^{1/2} - hv$ 图线的截距得到。比例常数 A 是对很多效应的概括，通常不能进行单独研究。

对 a-Si:H，采用这种方法得到的带隙一般是 1.75eV，但是基本上会随沉积条件和锗或者碳合金含量的变化而变化。比 Tauc 法更简单的方法是将带隙定义为具有特定光吸收系数 α 的光子能量，采用 $\alpha = 3 \times 10^3$/cm 所得到的值（表示为 $E_{3.5}$）与 Tauc 法得到的接近。最后，毫无疑问的是，这些光学方法确定的值与真正的电子带隙 $E_G = E_C - E_V$ 之间存在着差异（见图 12.8）。内部光发射测量[50]表明电学带隙要比 Tauc 带隙大 50~100meV。

12.2.5 缺陷和带隙态

在带尾之间存在缺陷能级。在未掺杂的 a-Si:H 中，电子自旋共振测量表明，这些能级

好像完全是由悬挂键（"D-中心"）产生的。例如，在能量大约为 1.2eV 附近的红外吸收，对从缺陷上激发一个电子使其到导带中或者将一个电子从价带转移到缺陷上的光学过程非常灵敏。在图 12.2 中，这种红外信号是非常明显的。对于具有不同电学性能的样品，红外吸收系数在至少 100 多倍的范围内都正比于 D-中心的密度[51]。

下面要解决的是相应能级的位置，如图 12.8 所示。D-中心是"两性"的，有三个带电状态（+e，0，-e），可以产生两个能级（在 0/+ 之间的跃迁和在 -/0 之间的跃迁）。在接近黑暗的条件下，一种粗略的确定能级位置的方法如下：在低缺陷密度的未掺杂的 a-Si:H 中，（+/0）能级大约在 E_c 以下 0.6eV 的位置[52]。（+/0）能级大约在（-/0）能级以下 0.3eV 的位置。两个能级之间的差异通常被称为 D-中心的相关能[52]。

在掺杂的和本征的 a-Si:H 之间[25]，在具有不同 D-中心密度的本征样品之间[53]，以及可能的在黑暗状态和辐照状态之间[54]，实际的能级位置都会有很大变化。这些效应通常采用"缺陷池（defect pool）"模型来进行解释[25]。

12.2.6　掺杂

在 pin 太阳电池中，掺杂层是重要的组成部分。掺杂是为了移动材料的费米能级而有意掺入像磷和硼这样的原子，掺杂在非晶硅中的作用与在晶体硅中非常不同。例如，在晶体硅（c-Si）中，磷（P）原子取代了晶格中硅原子的位置，P 具有 5 个价电子，因此在具有"四重对称"的 Si 晶格中，有 4 个电子与近邻的硅原子参与成键。第 5 个"自由"电子占据了略微低于导带的能级态，这些杂质使费米能级升高到接近这个能级的水平。

在 a-Si 中，大多数 P 原子只与 3 个硅原子近邻，它们处在"三重对称"的位置。这种结构在化学上实际是有好处的。磷原子一般只形成 3 个键（在"p"原子轨道上包含 3 个价电子）。剩下的 2 个电子在"s"原子轨道成对，不再参与成键，紧密束缚在 P 原子上。这在 a-Si 中比 c-Si 中更容易产生的原因是非晶硅中缺乏严格的晶格结构。当 a-Si 薄膜生长时，成键网络会自我调节以使掺入的杂质原子接近理想的化学排布。在 c-Si 中，必须对晶格中的几个 Si 原子重新排布以留出一定数量的 Si 悬键，从而使 P 原子可以融入这种结构中。这种重新排布的额外能量大于 P 原子更理想成键获得的能量，优选的是替代位掺杂。

这样，在非晶硅中磷的掺杂就是存在疑问的。首先，不清楚为什么可以实现，因为掺杂需要四重对称的 P，但是 P 原子在 a-Si 中一般是三重对称的。这个困惑最先由 Street 在 1982 年解决，其意识到除了更理想的三重对称外，还可以随机地独立形成带正电荷的四重对称的 P_4^+ 和带负电荷的悬键 D^-[25]。这个理解产生了两个重要结果。第一个，在 a-Si 中，掺杂是不充分的，大多数掺杂原子都不能贡献出"自由"电子，不会提升费米能级。第二个，对可以贡献电子的每个掺杂原子都会有一个平衡的 Si 悬键来接收它。这些缺陷能级刚好处在导带之下，这样，四重对称的 P 原子提升费米能级的作用要比在 c-Si 中弱。另外，掺杂引起的负电荷悬键是空穴的非常有效的陷阱。由于电子和空穴的两极输运对光伏能量转换都是必要的，因此，在掺杂层中吸收的光子对电池产生的能量没有贡献。

12.2.7　合金化和光学性能

上面描述的结构和光学性能基本上都会随沉积条件的变化而变化。例如，改变衬底温度或者硅烷的氢稀释比（在等离子体沉积中）会引起 a-Si:H 薄膜的光学带隙至少可以在 1.6~

1.8eV 之间变化[55]，这些变化可以归因于薄膜中氢微结构的变化。通过合金化往里面掺入另外的元素，比如 Ge、C、O、N，可以带来更大的变化。合金化可以通过往硅烷气体中混合比如 GeH$_4$、CH$_4$、O$_2$ 或者 NO$_2$ 和 NH$_3$ 等来实现。所得到的合金，比如我们下面要给出的 a-Si$_{1-x}$Ge$_x$:H 可以具有范围很宽的带隙。为了简单，通常用简写的 a-SiGe 来代替 a-Si$_{1-x}$Ge$_x$:H，对其他合金材料，也是这样处理。

这些材料中只有一些被证明可以用在器件中。特别是 a-SiGe 合金的带隙可以降低到大约 1.45eV，从而可以用在多结 pin 电池中作吸收层。与 a-Si 相比，a-SiGe 的带隙较窄，使其可以提高对低能光子的吸收[56]。图 12.9a 所示是 a-SiGe 合金的吸收系数 $\alpha(h\nu)$ 谱线随原子百分比 x 的变化关系，曲线上注明了光学带隙。需要说明这些数据的两个特征，第一个，在整个带隙范围内，Urbach 斜率保持恒定（在大约 50meV）。第二个，在最低能量处的吸收系数平台随带隙变小而稳步增加，这表明缺陷密度增加。哈佛大学在 1980 ~ 1990 年前后对锗合金化对缺陷和光电性能的影响进行了深入的研究[57]，认为结构的不均一性导致生成两相材料是随着 Ge 含量增加合金性能下降的原因。

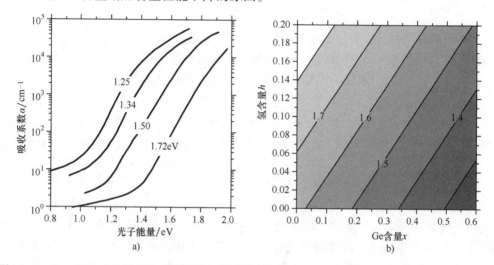

图 12.9 a) a-SiGe 合金的吸收系数图谱，光学带隙和相应的 Ge 含量 x 为 1.25-0.58、1.34-0.48、1.50-0.30、1.72-0.0[55]。b) a-Si$_{1-x}$Ge$_x$:H 合金的光学带隙与 Ge 含量 x 和氢含量 h 之间的关系

图 12.9b 是 a-Si$_{1-x}$Ge$_x$:H 的光学带隙随 Ge 组分比 x 和氢原子分数 h 变化的关系曲线。该图给出的是具有不同氢分数的 a-Si:H[55] 和具有不同 x、h 的 a-SiGe:H 合金[58] 的实验结果。图 12.9 是基于公式 $E_G = 1.62 + 1.3h - 0.7x$ 绘制的，这个公式是通过对 Hama 等在参考文献 [55] 和 Middya 等在参考文献 [58] 中所报道的实验结果进行拟合得到的。需要关注的是，对于恒定的分数 h，随 Ge 组分比 x 从 0 增加到 1，带隙下降大约 0.7eV。带隙随氢原子分数 h 的增加而增加。图 12.9 应该认为只是有用的近似，特别是氢原子分数仅仅是 a-SiGe 合金的氢微结构的一个方面，与图上存在数值偏差是可能的。另外，图中表示的材料只有一些可以用作吸收层。具体地，当 Ge 组分比 x 升到大约 0.5 时，光电性能会变差，以致于这些材料不能再用在太阳电池中[59]。相似地，也只有在有限的氢原子分数 h 范围内才能得到有用的吸收层。

也许会认为 a-SiC 也能够用作带隙较宽的吸收材料。尽管已经进行了一些前期研究[60]，这种材料还没有被用在吸收层中。B 掺杂的 a-SiC 被广泛用作 p 型窗口层[61]，a-SiO 和 a-SiN 在薄膜晶体管中被用作绝缘层[62]，但是不是太阳电池中的主要组成部分。

12.2.8　纳米晶硅简介

用来沉积非晶硅的相同的沉积工艺也可以用来沉积氢化纳米晶硅（nc-Si: H）。在本章的太阳电池应用中，纳米晶硅可以看成是用硅做成的一种法式甜点"clafouti"。直径只有几纳米的细硅晶粒镶嵌在氢化非晶硅的基体中。还需要注意的是，这里称为纳米晶硅的材料过去已经被称为微晶硅很多年。

对于能量低于 1.6eV 左右的光子（即波长大于 750nm），纳米晶硅比 a-Si: H 具有更强的光吸收，与晶体硅相似（见图 12.2）。这种光吸收性能使得可以在多结太阳电池中采用纳米晶硅代替 a-SiGe: H 来作红外吸收层。这样的双叠层太阳电池有时称为"micromorph"太阳电池，这是微晶（microcrystalline）和非晶（amorphous）两个单词的组合。

已经证明，用来评价 nc-Si: H 中结晶相和非晶相相对体积比最有用的工具是拉曼（Raman）散射，测量结果表明，在 micromorph 太阳电池中采用的混合相纳米晶硅通常含有的非晶相体积分数在 10% 或者更大。对 nc-Si: H 的具体性能做详细介绍超出了本章的范围，有兴趣的读者可以参看参考文献［63］。我们需要说明，nc-Si: H 和 a-Si: H 的两个主要区别，尽管两种材料都可以采用图 12.8 中的态密度图，但具体参数有很大不同，在 12.4 节中会具体介绍。尽管和在 a-Si: H 中一样，在 nc-Si: H 中悬挂键也很重要，虽然存在一定分数的 a-Si: H 相，但在 nc-Si: H 中，Staebler-Wronski 衰退效应要比在 a-Si: H 中弱很多。

12.3　沉积非晶硅

12.3.1　沉积技术综述

由 Chittick 等[64]以及 Spear 和 LeComber[65]制备的第一个 a-Si 材料是用由射频（RF）电压激发的硅烷辉光放电制备的。这种方法现在称为等离子体增强化学气相沉积（PECVD）。基于这个先期工作，已经开发了很多种沉积方法来提高材料的质量和沉积速率。在这些方法中，13.56MHz 激发的 RF-PECVD 仍然是今天研究和制备 a-Si 基材料中最广泛采用的方法。然而，很多新出现的沉积方法在最近几年被广泛研究，其中大多数是想以更快的沉积速率制造纳米晶硅薄膜或制造质量更好的纳米晶硅薄膜。表 12.1 总结了最广泛采用的一些沉积技术以及它们的一些优点和缺点。在这些方法中，本章将对采用甚高频（VHF）的 PECVD 和热丝（HW）催化沉积技术做进一步讨论，因为它们有潜力在未来高产量的太阳电池生产中得到应用。

表 12.1　用来淀积非晶硅基材料的各种淀积技术

技　　术	最大速率①/(Å/s)	优　　点	缺　　点	生　产　商	参考文献
RE PECVD	3	高质量，均匀	慢	很多	77-79
DC PECVD	3	高质量，均匀	慢	BP Solar	66, 67
VHF PECVD	20	高质量，尤其对 nc-Si 非常快	均匀性差	Oerlikon Solar Sharp	68, 94

（续）

技　术	最大速率①/(Å/s)	优　点	缺　点	生　产　商	参考文献
微波	100	非常快	薄膜质量不太好	Canon	70
热丝	50	非常快	均匀性差	无	71, 72
光-CVD	1	高质量	慢	无	73, 74
溅射	3		质量差，慢	无	75, 76

① 最大淀积速率：超过了这个淀积速率，薄膜质量会迅速变坏，这些数值是经验性的，不是根本限制，并且代表的只是本书出版时的现有结果。

12.3.2　13.56MHz RF 等离子体辅助化学气相沉积（RF-PECVD）

采用 PECVD 制备 a-Si 和 nc-Si 是一个由下述因素决定的复杂工艺：等离子体的性质比如电子密度和能量分布、气相反应化学、前驱体在生长表面的运输，以及表面反应。图 12.10 给出了一种典型的 RF-PECVD 腔室和相关部件的示意图。将含有硅的气体，比如硅烷和氢气的混合物通入到用真空泵抽成真空的真空腔室中，在腔室中安装有两个电极板，在电极板上加载了一个 RF 源。加载方式的一个选择是将其中的一个电极板接地，在电极板之间给定一个 RF 电压，在一定的气压范围内，就会产生等离子体。在腔室中，等离子体激发并分解气体，产生自由激元和离子。可以将各种衬底固定在一个或者两个电极上，当这些自由激元扩散到衬底上时，就会在上面长成薄的氢化硅薄膜。为了获得最佳薄膜质量，可以将衬底加热到 150 ~ 300℃，这归因于生长薄膜上吸附的原子在表面上的热激活扩散。可以看到，沉积 a-Si 和 nc-Si 薄膜所采用的温度要比沉积太阳电池用的其他多晶材料比如 CdTe 和 CIGS 所用的温度低很多。

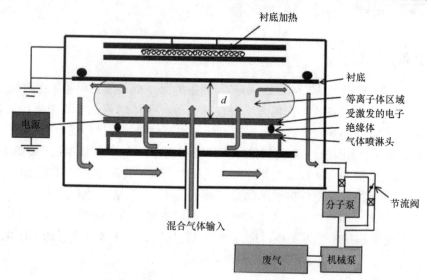

图 12.10　典型的 RF-PECVD 沉积腔室示意图。d 为电极与衬底之间的间距

PECVD 系统通常由几个主要部分组成：①供气系统（气瓶、压力调节器、质量流量控制器，以及引导气流的各种气体阀门）；②可以达到高真空的沉积腔室，其中含有电极、衬底支架、衬底加热器以及 RF 源接入器；③真空系统，其通常由 3 个泵构成：分子泵、接在

分子泵后面的机械泵，以及一个只在沉积过程中用来抽走剩余气体和反应副产物的工艺泵；④检测和控制腔室压力的压力控制系统，包括电容真空计、电离真空计、热偶真空计和/或节流阀；⑤高频电源（RF 或者 VHF 电源，带有阻抗匹配系统）；⑥工艺气体排废系统（一般地，要么通过化学冲洗将气体中和，要么通过"燃烧塔"将其热解）。在多腔室系统中，在真空系统内有传动系统将衬底通过合适的闸板阀在各个沉积腔室之间移动。从成本和维护方面考虑，大体积的生产系统一般不含分子泵。

在 PECVD 工艺中，薄膜生长包括如下几步：源气扩散、电子碰撞分解、气相化学反应、自由激元扩散以及沉积[77-80]。为了沉积出器件质量的 a-Si 薄膜，沉积条件需要控制在能够生长高质量 a-Si 的特定范围内。在表 12.2 中总结了 a-Si 生长需要的典型参数范围。而沉积器件质量的 nc-Si 薄膜则需要不同的条件，这将在 12.5.4 节讨论。

表 12.2　具有优化性能的 a-Si: H 薄膜的 RF-PECVD 淀积条件范围

（这些数据都是经验性的，不是根本限制，只代表本书出版时的结果）

范　围	压力/Torr	RF 功率密度/(mW/cm^2)	衬底温度/℃	电极间距/cm	有效气流量①/$(seem/cm^2)$	H_2 稀释比 R②
最大值	2	100	350	5	0.02	100
中间值	0.5	20	250	3	0.01	10
最小值	0.05	10	150	1	0.002	0

① 有源气体，比如 SiH_4、GeH_4 或者 Si_2H_6，在淀积面积（电极 + 衬底 + 腔室壁）上的单位面积气流量。

② 氢气稀释比 R，定义为氢气和有源气体气流量之间的比（比如 H_2/SiH_4）。

气压范围通常在 0.05 ~ 2Torr 之间。较低的压力有助于均匀沉积，较高的压力有助于获得高生长速率和制备纳米晶硅薄膜。大多数研究者采用在 0.5 ~ 1Torr 之间的压力来沉积 a-Si。对于电容耦合的反应室，RF 功率应该设定在 10 ~ 100mW/cm² 之间，低于 10mW/cm²，难以维持等离子体，较高的功率有助于得到较高的沉积速率。但是，在 100mW/cm² 以上，在气体之内的快速反应会产生硅粉而污染生长的 Si 薄膜。通过采用非常低的压力或者高的氢稀释比可以减轻这个问题，但都会使生长速率下降。

衬底温度通常设定在 150 ~ 350℃之间。在较低的温度下，会有更多的 H 进入到薄膜中。正如图 12.9 中所示，这可以略微提高 a-Si: H 的带隙[81]。但是，较低的衬底温度（ < 150℃）会加剧硅粉的产生，除非采用更高的氢稀释比。在较高的衬底温度（ > 300℃）下，进入的氢会变少，带隙会略有下降。这些效应归因于热提高了生长过程中吸附的原子的表面扩散，温度越高，硅网络就越理想，结合的氢就越少。研究者在器件制作中发现了衬底温度对带隙的影响。较宽带隙的材料（较低的衬底温度）被用在三结太阳电池的顶电池中[83]。较窄带隙的 a-Si（较高的衬底温度）被用来做 a-Si/a-SiGe 叠层电池顶电池的 i 层。无论在高温还是低温下，合适的氢稀释比都是获得高质量 a-Si 的关键。但是，在温度高于 350℃时，材料的质量会下降，这种效应被归因于氢原子对悬挂键的钝化效果消失。

在 RF-PECVD 中，电极间距通常设定在 1 ~ 5cm 之间来沉积 a-Si。较小的间距有利于均匀沉积，而较大的间距容易维持等离子体。通入腔室的气体中，一些硅原子会沉积到衬底或者腔室壁上，剩余的被真空泵当废气抽走。每种气体的气流量和气压决定了相应的化学分子在腔室中的停留时间，进而决定了在给定 RF 功率条件下的沉积速率。生产者更喜欢气体利用率较高的条件（低的气体流量和较高的 RF 功率），以减小 SiH_4 成本。但是，当采用线性气流方式时，会损害在下游气流区附近沉积的 a-Si 薄膜的质量。对电极面积为 $200cm^2$ 的 R&D 型沉积系统，要以 1Å$/s$ 的速率沉积 a-Si，一般采用的 SiH_4 流量为几 sccm（在大气压下 cm^3/min）。由此容易算出，对电极直径为 16cm、电极间距为 2.54cm 的腔室，1sccm 的 SiH_4（或者对于整个腔室单位面积的流量为 0.005sccm$/cm^2$），1Å$/s$ 的沉积速率对应于气体利用率为 11%。商业规模的 PECVD 系统的气体利用率也在 20% 以下，也就是有 80% 左右的硅原子没有转化为硅薄膜。值得庆幸的是，硅烷只占制造组件的所有材料成本的百分之几。为了沉积高质量、稳定的 a-Si 材料，如在 12.3.6 节中所描述的，通常需要采用合适的氢稀释比。

生长高质量 a-Si 薄膜的另外一个重要因素是减少污染物，比如氧、碳、氮或者金属元素。所幸的是，由于非晶固体材料中成键网络的灵活性，在 a-Si 中对污染物的容忍程度要比在晶体中高很多。污染可能由于真空泄漏而来自大气（CO_2、H_2O、N_2），也可能来自气体中的杂质（H_2O、氯硅烷、硅氧烷）、泵油反流（碳氢化物）或者反应腔室表面上的吸附（H_2O）[85,86]。尽管没有标准，能够接受的器件质量的本征 a-Si 薄膜中 O、C、N 杂质的浓度一般需要 $O < 10^{19}/cm^3$、$C < 10^{18}/cm^3$、$N < 10^{17}/cm^3$。如果在本征层中的污染物的量比这些值高，电池性能特别是填充因子就会由于光生载流子寿命减小而下降[87]。

为了理解和监控 PECVD 工艺中的薄膜生长，经常采用各种光谱工具，包括光发射谱[88]、光吸收谱[89]和残余气体分析仪[90]等，来对反应室中的等离子体和各种物质的浓度进行测量。目前认为，SiH_3 自由激元是生长高质量 a-Si 薄膜最关键的[91]。这些光谱工具对在生长过程中研究监测有源物质和污染物，特别是对生产过程中的工艺控制非常有用。

RF-PECVD 系统可以设计成不同的几何形状。但在 R&D 工艺中，衬底和电极通常水平放置，在生产工艺中，为提高产量和减小占地面积通常将衬底垂直安装。

12.3.3 不同频率的 PECVD

标准的 RF-PECVD 采用的频率 f 为 13.56MHz，这是政府和国际权威机构分配给工业生产的频率。但已经探索了更宽的频率范围，包括 DC($f=0$)、低频（f 约为 kHz 级）、甚高频（VHF）($f \approx 20 \sim 150$MHz)，以及微波频率（MW）($f=2.45$GHz)。RCA 实验室在早期制备非晶硅材料和器件时采用 DC 辉光放电[82]，BP solar 公司在生产中也采用了这种方法[93]。AC 辉光放电，包括 RF、VHF 以及 MW PECVD，通常比 DC 应用得更广泛，因为辉光相对更容易保持，并且离化度更高。由于 VHF 和 MW 沉积在制备非晶硅和纳米晶硅方面具有更高的沉积速率，也已经进行了深入的研究。通过研究 DC、RF、VHF 放电对生长速率、带隙、氢含量和稳定性的影响，结果发现，采用所有这 3 种类型的等离子体制备 a-Si 薄膜时，衬底温度和氢稀释比都对薄膜性能有基本相似的影响[94]。

12.3.3.1 VHF-PECVD

VHF 等离子体的主要优点是更高的激发频率（$f=40 \sim 100$MHz）使得在高速（>10Å$/s$）沉积 a-Si 和 nc-Si 薄膜时更加稳定，而不会产生多氢化物粉体。相反，如果在 13.56MHz 时通过增大 RF 功率来提高沉积速率，当沉积速率 >3Å$/s$ 时，薄膜和器件的质量以及稳定性就会受到影响。Neuchâtel 大学的研究组[95]首先对采用 VHF 等离子体来提高 nc-Si 薄膜的沉积速率进行了前期研究，尽管也发现 VHF 同样有利于提高 a-Si:H 的沉积速率和稳定性。很多研究组都采用 VHF 沉积获得了高质量的器件[96-99]。在 Oerlikon[100]、Canon[101]、三菱重工[105]、以及 Sharp[106]的生产线中也采用了 VHF 等离子体。

模拟表明，随着等离子体激发频率的提高，电子的平均能量下降，总的电子密度增加[102,103]。这得到了 Langmuir 探针测量和光发射谱测量的实验验证[104]。

图 12.11 给出了在给定的 H_2 等离子体条件下，等离子体中的电子能量、电子密度以及 1/4 波长大小随等离子体激发频率的变化关系。更高的电子浓度有利于提高自由激元的密度（原子氢以及薄膜生长的前驱体 SiH_x）。这些自由激元不但能够选择性刻蚀无规非晶硅相、减少缺陷和孔洞，而且可以让晶粒快速生长。这些对 nc-Si 生长都非常有利。

表 12.3 比较了在其他沉积条件相同的情况下，采用低频率和高频率，以及低功率和高功率制备本征层的四个单结太阳电池。对于低功率沉积，电池的性能是相似的，在高速沉积下，VHF 得到的器件

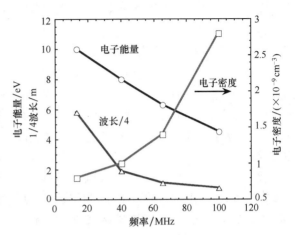

图 12.11　等离子体中的电子能量、电子密度以及 1/4 波长大小随等离子体激发频率的变化关系（条件：H_2 流量 50sccm，VHF 功率 150W，气压 8Pa，取自参考文献 [106] 中的图 3）。等离子体的波长只与频率有关，而与等离子体气体条件无关

在效率和稳定性上更加优越。采用 VHF 可以在高速下沉积高质量 a-Si 材料的能力对于高产量制造来讲是非常重要的，尤其是当用来制备 nc-Si 本征层时。

表 12.3　采用 RF 和 VHF 频率以及不同淀积速率淀积本征层得到的电池性能比较。给出的是单结（1J）a-Si 电池[115]和三结（3J）a-Si/a-SiGe 电池[97]。在调整淀积条件下 VHF 淀积的器件优越

激发频率/MHz	电池结构	淀积速率/(Å/s)	初始电池功率/(mW/cm²)	衰退（%）
RF（13.56）	1J	0.6	6.6	14
VHF（70）	1J	10	6.5	10
RF（13.56）	1J	16	5.3	36
VHF（70）	1J	25	6.0	22
RF（13.56）	3J	1	约12.0	约16
RF（13.56）	3J	4~6	约10.7	约21
VHF	3J	6~8	约11.0	约8

尽管已经清晰地表明，采用 VHF 沉积在高速生长方面是有好处的，将 VHF 沉积应用到生产中仍然主要有两个挑战：①在大的生产型衬底上沉积不均匀。当电极尺寸与 RF 波的 1/4 波长差不多时，在电极上会形成 RF 驻波。如图 12.11 所示，50MHz 等离子体的波长大约为 1m，这与反应室和玻璃衬底的尺寸相当，结果会因干涉效应而导致驻波和等离子体空间分布的不均匀。Oerlikon 采用了 40MHz 的 VHF-PECVD，从而在尺寸 1m 左右的衬底上消除了这种效应。三菱重工采用了一种"ladder"电极结构，允许在相邻的电极组元之间存在

小的相差或者频率差，从而消除这种效应，采用 60MHz 的频率在 2.5nm/s 的沉积速率下获得的电池初始效率超过了 11%[105]。Sharp 则采用脉冲 VHF，等离子体的快速开关避免了驻波形成[106]。②当将 VHF 功率从发生器耦合到大面积电极上[107,108]，以及从电极耦合到衬底上时，还需要特别关注均匀性。

12.3.3.2 微波辉光放电沉积

采用 2.45GHz 的微波频率进行辉光放电沉积可以获得非常高的沉积速率[109,110]，如图 12.11 所示。当 MW 等离子体直接与衬底接触时，得到的沉积薄膜光电性能与 RF 沉积的薄膜相比很差，不适合用来做高效太阳电池的本征层。离域 MW 激发能够获得高质量的薄膜[111,112]。在离域等离子体沉积工艺中，衬底被放在等离子体区的外面。MW 等离子体用来激发或者分解携载气体，比如 He、Ar 或者 H_2，这些气体通过微波区并通向衬底。这些被激发的载气然后在衬底附近激发直接通入腔室中的 SiH_4 或者 Si_2H_6。采用这种间接激发工艺，可以维持 SiH_3 自由激元的浓度，同时减小其他激元的浓度（SiH_2、SiH 等），由此使沉积速率减小。MW 等离子体沉积已经在 USO[113] 和 Canon[114] 进行了研究，并被应用在了 Canon 的 $10MW_p$ 三结电池生产线上。一般地，采用 MW 沉积的 a-Si 基薄膜的结构和光电性能都比 RF 沉积的薄膜要差。但是，在非常高速的沉积条件下，例如 50Å/s，MW 沉积的薄膜的性能比采用 RF 和 VHF 沉积的薄膜的性能都要优越。当然，任何一种在如此高速下制备的材料性能都要比在低于 10Å/s 时制备的要差。

12.3.4 热丝化学气相沉积

在热丝化学气相沉积（HWCVD）提出后几年[116,117]，Mahan 等改进了沉积工艺并制备出了具有器件质量的 a-Si 薄膜。从那时起，HWCVD 就在世界范围内被用来进行高速沉积高质量的 a-Si 和 μc-Si 基薄膜的研究。HWCVD 系统的结构与图 12.10 所示的 RF-PECVD 相似，只不过 RF 电极被热丝所代替。在 HW 工艺中，SiH_4 气体或者 SiH_4 和其他气体，比如 H_2 或者 He 的混合物直接通入腔室中。气体被加热到高温（大约 1800~2000℃）的金属灯丝（Pt、W、Ta）催化激发或者分解成自由激元或者离子，然后硅自由激元在腔室中扩散，并沉积到距离几厘米远并被加热到 150~450℃高温下的衬底上。Mahan 等展示的 HWCVD a-Si 材料呈现出相对较低的 H 含量，与 RF-PECVD 薄膜相比，具有更好的稳定性来抵抗光诱导衰退[118]。改良的 HWCVD a-Si 已经被用到了 n-i-p 太阳电池中做本征层，并获得了约 10% 的初始效率[119]。

HWCVD 被认为是相当有潜力的，尽管其还没有被用到今天的大规模生产工艺中，其能够在非常高的速率（可以达到 150~300Å/s）下沉积 a-Si 和 a-SiGe 薄膜的能力已经引起了人们的极大兴趣[120]。研究者对 HWCVD 感兴趣的另一个原因是其在制备纳米晶硅和多晶硅薄膜上是非常有效的。Utrecht 的研究组已经在柔性不锈钢衬底上制备出了单结 nc-Si、三结 a-Si/a-SiGe/nc-Si、以及 a-Si/nc-Si/nc-Si（无 Ge）电池，其稳定效率分别达到了 8.6%、10.6% 和 10.6%[121]。

将 HW 工艺引入到生产中有这样几个需要注意的问题。首先，HW 薄膜的均匀性仍然比 RF-PECVD 薄膜差，尽管一些公司已经在这上面进行了工作并取得了显著改善[122]。第二，需要改良灯丝以减少生产中的维护时间。第三，HW 沉积的太阳电池还未获得与 RF-PECVD 采用低速沉积所制备的电池相同的性能，尽管在两个方面投入的 R&D 努力并不相同。

12.3.5　其他沉积方法

除了 PECVD 和 HW 沉积方法外，还有其他很多沉积 a-Si 薄膜的方法，我们只列举一些曾报道了电池结果的方法。这些包括：①采用氢气和氩气混合物从硅靶反应磁控溅射沉积[123]；②采用紫外光激发和汞敏化的光 CVD[124,125]；③离域等离子体化学气相沉积[126]；④电子回旋共振（ECR）微波等离子体化学气相沉积[127,128]；⑤喷气沉积[129]。这些沉积方法制备的 a-Si 薄膜或者电池与用 RF-PECVD 沉积的薄膜和器件相比，要么性能差，要么很难用来制备大面积的均匀薄膜，因而不能在大规模 a-Si 太阳电池生产中使用。

12.3.6　氢稀释

已经发现，在 a-Si 沉积过程中硅烷气体混合物采用大氢稀释率有助于减少缺陷态密度，提高材料抗光致衰退的稳定性。采用大 H_2 稀释比 $R = [H_2]/[SiH_4]$（[ ]表示气体的流量）沉积本征层的太阳电池具有改良的性能稳定性[130,131]。氢稀释有另外两个重要作用。当稀释比增加时，沉积速率下降，当氢稀释比增加到足够大时，沉积的硅薄膜将变成纳米晶硅。

已经采用即时光谱椭偏仪（RTSE）对在各种氢稀释条件下沉积的硅薄膜的微结构演化进行了细致研究，由此提出了一个非常有用的概念"相图"[132]。基于对生长薄膜的原位 RTSE 测量得到的相图在图 12.12 中给出[133]。这个相图针对特定的 RF 功率、衬底（c-Si）和衬底温度。对低的氢稀释比（$R < 10$），薄膜是非晶的，当达到临界厚度时会有一个往"粗糙"表面的转变。这个"粗化"转变会随氢稀释比增加而受到抑制。对较大的氢稀释比，所生成的薄膜首先仍是非晶结构，称为"protocrystalline"区。随着薄膜厚度的增加，在非晶基体中形成结晶体（产生"混合相"），这些结晶体与稳定性的改善有关[134]。最终，薄膜变成完全的纳米晶。这个相图的细节强烈地依赖于沉积的细节，特别是依赖于功率、厚度和衬底条件，但是相图的结构是不变的。

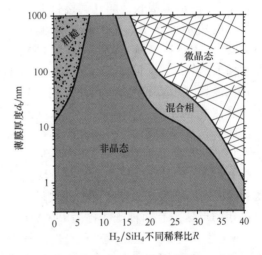

图 12.12　等离子体沉积的硅薄膜对硅烷在氢气中的不同氢稀释比 R 和薄膜厚度 d_b 的结构相图，薄膜沉积在单晶硅衬底上。对较低的稀释比（$R < 10$），薄膜保持在非晶态，但是在较厚的薄膜中有一个粗化转变。对较大的稀释比，薄膜开始是非晶态，之后发展出硅晶粒，最终完全转变为微晶。本图基于 Ferlauto 等在参考文献［133］中根据原位光谱椭偏测量所提出的相图

在生长过程中氢稀释的作用主要可能是由于如下一个或几个效应：①原子氢"刻蚀"生长的薄膜，去除出现在能量不合适位置上的有应变的弱键；②高流量的原子氢可以促进表面吸附原子的扩散，使其移动到能量更加稳定的位置，形成更强的键；③原子氢扩散到网络中，重构并产生更加稳定的结构。由于相同的原因，足够大的氢稀释可以制备纳米晶硅。在很多沉积技术，包括 PECVD（DC、RF、VHF 以及 MW）和 HW CVD 中，都已经观察到通过氢稀释可以提高短程和长程的有序性。

当然，对于不同的沉积技术，从非晶往纳米晶结构的转变发生在不同的氢稀释比。现在已经确信，在接近形成纳米晶的条件下沉积的非晶硅更加稳定，能够更好地抵抗光诱导缺陷的产生，这种材料有时也称为"近边缘（near the edge）"材料[135]。

从非晶硅薄膜往纳米晶硅薄膜转变的氢稀释比也依赖于其他沉积条件。在较高的衬底温度（高于300℃）下，从非晶态往纳米晶态转变发生在较高的氢稀释比。这种效应可能是由于氢在表面的黏滞系数低。在低温（低于250℃）下，要达到从非晶态往纳米晶态的转变同样需要高的氢稀释比，这个效应可能是由于在生长过程中氢的表面扩散低。当在较低的温度下采用较高的氢稀释比沉积 a-Si 时，更多的氢会进入到薄膜中，材料具有更宽的带隙。当维持在"protocrystalline"区，但降低沉积温度时，沉积得到了宽带隙的 a-Si 和开路电压为1.04V 的单结 a-Si n-i-p 电池[83]。还已经观察到，在"protocrystalline（但仍然是非晶）"区和纳米晶形成区之间的转变区内沉积的材料表现出结构的中程有序性[136]。通过显微镜观测能够看到晶粒结构随 R 的演化[137]。

12.3.7　高速沉积纳米晶硅（nc-Si）

由于 nc-Si 的低吸收性能（间接带隙约 1.1eV），将其用在多结电池结构中的底电池内时，其厚度是 a-Si 厚度的 5～10 倍，因此，为了使产能保持不变，必须要把它的沉积速率提高大约 5～10 倍。高质量 nc-Si 薄膜的高速生长需要两个条件，要有足够的原子氢在薄膜生长表面上诱导结晶，同时要有足够的含 Si 自由激元输运到薄膜生长表面上以提高生长速率。仅仅提高 R 可以得到 nc-Si，但生长速率会低很多（低的生长速率有助于晶态键的形成，因为到达生长表面的 Si 原子在下一波 Si 原子到来之前有足够的时间来形成 Si-Si 键）。只提高 RF 功率会提高生长速率，但也增大了对薄膜表面的离子轰击，导致更多的缺陷，阻碍结晶相的形成。有两种既能提高 PECVD 沉积 nc-Si 的生长速率又能减少离子轰击的技术被广泛研究，并被用到了生产中。①将等离子体的激发频率从 RF（13.56MHz）提高到 VHF（40～100MHz）；②将气压从 <1Torr 提高到 5～10Torr（称为高气压耗尽条件 HPD）。日本AIST 的研究组对这两种方法对 nc-Si 的生长速率、性能和器件性能的影响进行了详细研究，可以参看参考文献［96］。

图 12.13 给出的是对于"器件级"质量的 nc-Si，其生长速率对 RF 功率密度的经验依赖关系。图中给出了 RF、VHF 和 LPD、HPD 的四种组合。要获得最大的生长速率（>2nm/s），需要在 HPD 区采用高功率和 VHF。

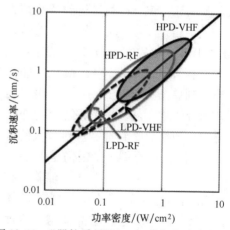

图 12.13　"器件质量"nc-Si 的沉积速率与 RF 或 VHF 功率密度之间的关系。LPD 和 HPD 分别指低气压耗尽区和高气压耗尽区。LPD 数据为虚线，HPD 数据为实线，RF 为灰色，VHF 为黑色。VHF-HPD 的数据是填充区。图中针对这四种组合所示的数据范围综合了 30 多篇发表文献的结果。在高频高气压下获得的最大速率超过 2nm/s。图中还有一条实线，其是经验拟合的结果，显示了一个指数为 0.85 的功率依赖关系。基于参考文献［96］中的图 1

VHF PECVD 可以提高 nc-Si 薄膜的生长速率而不会损害材料质量[138]，这是由于在等离子体中存在更高的电子浓度（见图 12.11），这有利于提高对生长薄膜有利的自由激元的密度（原子氢和 SiH$_x$ 前驱体），同时降低有害的离子的能量。这些自由激元一方面刻蚀无规的非晶相，一方面促进晶粒的快速生长。

对于标准的 f = 13.56MHz 的等离子体，在低于 1Torr 的气压下提高 RF 功率会增大能够轰击生长表面的高能正离子的浓度，这会破坏结晶，还会增大负离子的浓度，它们会在等离子体中聚集起来形成粉尘。但高气压（> 1Torr）等离子体可以通过碰撞损失而降低离子能量，从而减小其对生长表面的轰击。在 HPD 生长区，随着气压的提高，生长速率的饱和被归因于 Si 源气体比如 SiH$_4$ 的耗尽。硅烷的缺失有助于减小气相中的氢的湮灭反应 H + SiH$_4$ $\longrightarrow$ H$_2$ + SiH$_3$，从而使更多的原子氢到达生长表面促进结晶。随着气压增大，电子密度增大，能量减小，这与气压高于 1Torr 时的 VHF 等离子体基本相似。对于标准的 RF-PECVD，通过采用高压高功率的沉积条件，也能高速沉积 nc-Si[139]，并且已经在约 1m^2 的面积上实现[140]。但是，能够获得高速沉积和高效率的工艺窗口非常窄，尤其是在比较大的面积上，均匀性是一个难点问题。

12.3.8 合金和掺杂

如在 12.2.7 节中所述，可以采用 SiH$_4$ 与其他气体，比如 GeH$_4$、CH$_4$、O$_2$（或者 NO$_2$）以及 NH$_3$ 来沉积 a-Si 基合金，分别得到 a-SiGe$_x$、a-SiC$_x$、a-SiO$_x$ 和 a-SiN$_x$。在这些合金材料中，只有 a-SiC 作为宽带隙的 p 层和 a-SiGe 作为窄带隙的吸收层在光伏应用中得到了广泛研究。在 1980～1990 年间，就对 a-SiGe 进行了广泛的研究，并被 United Solar Ovonic、Canon 以及 BP Solar 用到了生产中。作为多结器件中的窄带隙吸收层，a-SiGe 已经被应用了 20 多年。正如从图 12.9 中所看到的，随着 Ge 含量增加，带隙 E_G 减小。当 E_G 降低到 1.4eV 以下时，缺陷密度变得非常高，使得这种材料不能再用作太阳电池中的本征层。尽管已经取得了重大进展，器件级质量的窄带隙（低于 1.3eV）的 a-SiGe 还没有制备出来，这很大程度上是由于结构缺陷导致了低的迁移率和电学缺陷[57,141]。投入到窄带隙 a-SiGe 上的研究强度已经下降。

另一个与 a-SiGe 沉积相关的重要方面是沉积均匀性。因为在 RF 等离子体中锗烷（GeH$_4$）和硅烷（SiH$_4$）的分解速率不同，在腔室中靠近进气口的地方沉积的薄膜比排气口附近的薄膜具有更高的 Ge 含量。GeH$_4$ 和乙硅烷（Si$_2$H$_6$）的分解速率近似，一些研究组采用 GeH$_4$ 和 Si$_2$H$_6$ 的混合物沉积 a-SiGe 合金，成功得到了均匀的薄膜[142]。

正如在 12.2.6 节中所讨论的，a-Si 可以采用含磷烷（PH$_3$）的混合气体掺杂成 n 型或者采用混合了硼烷（B$_2$H$_6$）、BF$_3$ 或者三甲基硼 [TMB，B(CH$_3$)$_3$] 的气体掺杂成 p 型。由于 p 层作为太阳光的窗口层需要是透明的，绝大多数电池采用微晶硅或者 a-SiC 作为最上面的 p 层。用于 p-i-n 器件中的非晶 SiC p 型层通常采用氢气稀释的 SiH$_4$ 和 CH$_4$ 的混合气体沉积[143]，得到的带隙在 1.85～1.95eV 之间。用于 n-i-p 器件中的微晶硅 p 层通常靠 PECVD 工艺用高氢稀释比和高 RF 功率在相对较低的温度下沉积。对 a-Si n-i-p 太阳电池，优选的 p 层是非晶和纳米晶的混合相[144]。p 层一般要尽可能薄，大约 50～150Å，以使其自身的吸收尽可能小。如此薄层的性能与那些经常在表征时采用的厚度大于 1000Å 的膜层的性能会有显著不同，并且强烈地依赖于所采用的衬底类型[145]。

12.4   理解 a-Si pin 电池

12.4.1   pin 器件的电学结构

图 12.14 给出了 a-Si: H 基 pin 太阳电池在黑暗和光辐照下的带边能级 E_C 和 E_V 的分布图。这些能级在空间中的变化是由于器件中存在的内建电场 $F(x)$，其使所有的电子能级（如 E_C 和 E_V）按照相同的方式在空间中变化。对于 E_C，表达式为 $eF(x) = \partial E_C(x)/\partial x$。式中 e 是电子电荷量。此图是计算模拟的结果，目前还没有技术能够对此进行直接测量。

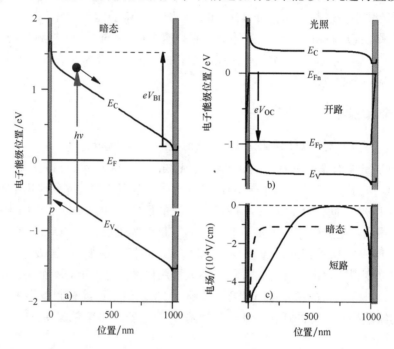

图 12.14   计算得到的 pin 太阳电池中的电子能级位置和电场分布。a）黑暗条件下的能级分布，V_{BI} 为内建电势，p 层的带隙比 i 层略宽 0.2eV。b）在光照（均匀的光产生率 $G = 3 \times 10^{21} \mathrm{cm}^{-3} \mathrm{s}^{-1}$）条件下的开路状态时的能级分布，开路电压为 V_{OC}。c）短路状态下的电场，其在黑暗条件下的分布基本均匀，但在有光照时在 d_C 约等于 400nm 的宽度范围内发生坍塌

这个内建电场是从哪里来的呢？在分开时，p 型和 n 型材料具有不同的费米能级，在图 12.14 的计算过程中，假设 p 层的 E_F 高于 Ev 0.2eV，而 n 层的 E_F 低于 E_C 0.1eV。当结合成 pin 器件时，这些费米能级必须相同，以达到热平衡。电子从 n 层流动到 p 层，这就产生了内建电场；而能级的位置，比如 E_C 和 E_V 也就随位置而发生变化，但费米能级本身是恒定的。初始费米能级之间的差值成为图 12.14a 中所示的横跨器件的"内建势" eV_{BI}。内建电场如图 12.14c（黑暗条件下的）所示。由光吸收生成的电子和空穴将在内建电场中按图 12.14a 所示的方向产生漂移。

有几种计算机软件都可以方便地用来进行采用 a-Si: H 和 nc-Si: H 的太阳电池的计

算[146]。本节中所采用的计算程序是 AMPS-1D©[147]，计算参数只进行了简单设置，没有包含缺陷[148]。在非晶半导体中，带尾态总是存在的，在决定一些光电性能方面有时会超过缺陷。在模拟电池光衰退时，需要进行包含缺陷在内的复杂计算。要了解这些电池模拟方面的内容，可以参看 Schropp 和 Zeman 对此专门所做的综述[149]。

12.4.2　电压对吸收层厚度的弱依赖关系

图 12.15 给出了实验得到的具有不同厚度的一系列 a-Si:H 太阳电池的功率和开路电压的结果[150]，包括初始结果和经过 800h 光衰退后的结果。这里，我们来看初始结果，从图中可以得到两个重要特征：①开路电压 V_{OC} 基本不随厚度变化；②功率输出在电池较薄时随厚度增大上升较快，但超过一定厚度后基本就不再变化。

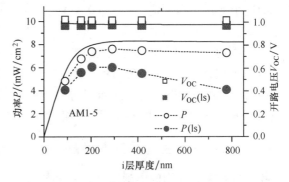

图 12.15　一系列具有不同本征层厚度的 a-Si:H 太阳电池的功率（圆圈）和开路电压（方框）[150]。空心符号表示的是初始结果，实心符号表示的 800h 光衰退后的结果。实线是依据文中方法计算得到的结果。图中 ls 表示光衰退

我们首先来看 V_{OC} 是如何与图 12.14 中的能级分布有关的，以及为什么 V_{OC} 对厚度只有很弱的依赖性。图 12.14b 给出的是计算得到的电池在均匀光下的开路状态下的 E_C 和 E_V 分布，这可以认为是对太阳辐照下的简单近似。此图没有给出费米能级，因为此时电池被光辐照并不处在热平衡态。但是，给出了"准费米能级" E_{Fn} 和 E_{Fp} 来描述光生电子和空穴的分布（关于准费米能级可以参见 3.3.1 节）。这两个准费米能级在 p 层的左边缘和 n 层的右边缘合并在了一起。合并意味着尽管有光存在，但可以采用正常的费米能级。eV_{OC} 乘积是这两个准费米能级之差，如图中所示。电池的中央区域起到真正的太阳电池的作用。

电子的准费米能级 E_{Fn} 由下面的式子给出[151,152]：

$$E_{Fn} \equiv E_C + k_B T\ln\left(\frac{n}{N_C}\right) \tag{12.2}$$

式中，n 是导带中的自由电子的密度（即图 12.8 中导带内的阴影区）。N_C 是这些导带态的有效密度（cm^{-3}），$k_B T$ 是波尔兹曼常数 k_B 和开尔文温度 T（单位 K）的乘积。对空穴的准费米能级 E_{Fp} 有相似的表达式，用 p 表示在价带中的空穴的密度，N_V 表示价带态的有效密度。

在图 12.14 中，空穴的准费米能级 E_{Fp} 在整个电池中基本不变，只是在 n 层中才会抬起以与 E_{Fn} 合并，相似地，电子的准费米能级除了在 p 层中外也维持恒定。这意味着在电池中部的准费米能级决定了 V_{OC}。

基于图 12.8 中的态密度并假定导带带尾陷阱和深能级可以忽略，能够推导出一个公式来计算出 i 层中 E_{Fn} 和 E_{Fp} 之间的差别。结果如下式[162]：

$$eV_{OC} = E_G - \frac{k_B T}{2}\left\{\ln\left(\frac{b_R N_C^2}{G}\right) + 2\ln\left(\frac{b_T N_V^2}{G}\right)\right\} + \frac{(k_B T)^2}{2\Delta E_V}\ln\left[\frac{b_T}{b_R}\left(\frac{b_T N_V^2}{G}\right)\right] \tag{12.3}$$

光产生率 G 是单位时间单位体积内因光照而产生的电子空穴对数（$s^{-1}cm^{-3}$）。计算时假定在电池的整个本征层内 G 是均匀的。E_G 是带隙能，ΔE_V 是价带带尾的宽度。系数 b_R 表述的是电子和空穴彼此复合湮灭的速率。具体地，计算中假设单位体积内的复合率 $R = b_R nP$，其中 n 为电子的密度，P 为空穴的总密度，包括自由的和被价带带尾俘获的。b_T 是自由空穴被俘获到价带带尾态上的速率。

通过这个公式可以理解实际的太阳电池的 V_{OC} 的三个性质。①V_{OC} 确实与厚度无关，在公式中没有厚度作变量。②随带隙 E_G 增大，V_{OC} 变大。如果带隙的变化不会引起其他性能的变化，则这个变化基本上是 1∶1，即 0.1eV 的带隙增加会带来 0.1eV 的 V_{OC} 增大。③随着温度 T 的升高，V_{OC} 大致呈线性下降。

当采用均匀光照并考虑了温度增高引起的带隙变窄时，式（12.3）能够很好地给出 a-Si:H 太阳电池 V_{OC} 对温度的依赖关系[153]。这个公式忽略了缺陷，尽管缺陷对 V_{OC} 的影响较弱，但对电池的光衰退却毫无疑问的非常重要[154-156]。对于初始电池，在计算太阳辐照下的电池功率 P 和 V_{OC} 时，忽略缺陷是一种很好的近似[157]。

12.4.3 对功率产生有用的厚度是多少

我们现在来看有用的电池厚度，厚度超过该值不会再进一步增加功率。在图 12.15 中，这个厚度大约是 200nm。有两个因素决定了这个厚度。一个是太阳光谱中的蓝光部分只在靠近表面的地方被吸收。在 1000nm 厚的吸收层中，有超过 70% 的光是在表面 200nm 的厚度范围内被吸收的[158]，因此剩下的 800nm 吸收很少。

另一个更重要的因素是光生载流子的输运范围。在 p 层附近产生的光生空穴比在离 p 层较远处产生的空穴更容易收集。在 a-Si:H 中产生的光生载流子能够被收集的范围主要是由空穴的"漂移迁移率" μ_D 决定的。μ_D 用来描述光生载流子产生（$t=0$）之后的位移 $x(t)$。如果电场是均匀的，那么 $x(t) = \mu_D Ft$。图 12.16 中给出了一些 a-Si:H 和 nc-Si:H 中的载流子在 $F = 10^4$V/cm 时的位移与时间曲线图[159]。在 a-Si:H 中的电子的迁移率大约为 $2cm^2/Vs$，这大约比晶体硅的小 500 倍。非晶网络的无序性明显对电子的运动有很大阻碍。

在 a-Si:H 中的空穴运动得更慢，移动 200nm 需 1μs，这要比电子需要的时间长 1000 倍。如此低的漂移迁移率主要是由于价带带尾态俘获空穴[160,161]。在 nc-Si:H 中的空穴具有大一些的迁移率，但仍然处在非晶的特征范围内，与晶体硅相差很远。

低的空穴漂移迁移率显著影响了太阳电池的性能[162]。当光产生率足够大时，由于空穴的移动缓慢而造成正电荷的积累，这会导致电池中内建电场的分布发生改变。在短路状态

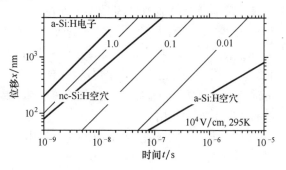

图 12.16　光生载流子产生（$t=0$）后位移随时间的函数关系。粗线对应的是 a-Si:H 中的电子和空穴，以及 nc-Si 中的空穴，结果是对实验进行"多次俘获（multiple-trapping）"参数拟合得到的[159]。细的灰色对照线是漂移迁移率分别为 $1.0cm^2/Vs$、$0.1cm^2/Vs$ 和 $0.01cm^2/Vs$ 时的位移

下，这种影响可以参见图 12.14c。在黑暗条件下在整个电池内部分布基本恒定的电场在光照下发生改变，在接近 p 层的地方变得更强，而在接近 n 层的地方变得非常弱。

图 12.17 给出了计算得到的电池处于最大功率点时的这些影响的结果。在图 12.17a 中给出了三个不同能带迁移率 μ_p 空穴的光生载流子的复合分布 $R(x)$。空穴的漂移迁移率比 μ_p 小，但与其成正比。存在一个始于 p 层界面的 $R \sim 0$ 的"收集区"，在这个区域内产生的光生载流子对电池的光电流（和功率）有贡献。而超出了这个收集区则是复合区，其中产生的光生载流子会复合掉而对电池输出没有贡献。

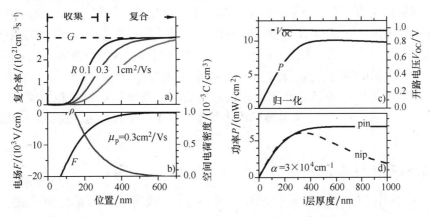

图 12.17 a、b）对具有均匀光产生率 G 的 a-Si:H 电池（1000nm 的 i 层厚度）计算得到的复合率 R、电场 F 和空间电荷密度 ρ 分布。R 的三个分布对应于所示的三个不同的空穴能带迁移率 μ_p。相应的电压和功率分别为 0.69V 和 7.3mW/cm^2、0.71V 和 9.8mW/cm^2、0.72V 和 13.9mW/cm^2。c）计算得到的 $G = 3 \times 10^{21} \, s^{-1} cm^{-3}$ 时不同 i 层厚度得到的功率和开路电压。可以看到，当厚度大于图 a、b 中所示的收集区宽度时，功率达到饱和。d）当采用从 p/i 界面上（常规照射）和从 n/i 界面上（背面照射）按指数衰减从 $3 \times 10^{21} \, s^{-1} cm^{-3}$ 下降的光产生率 G 时，功率随厚度的变化

我们将收集区的宽度定义为 $R/G = 0.5$ 的位置，这个宽度当空穴的能带迁移率从 $0.1 cm^2/Vs$ 增大到 $1.0 cm^2/Vs$ 时从大约 200nm 增大到了 400nm。图的下面部分表明，收集区与接近 p 层的正空间电荷 ρ 有关。由于光生电子比空穴具有更大的漂移迁移率，在收集区中产生的光生电子会很快地移向 n 层进入到复合区。而移动慢的空穴留在后面从而产生了空间电荷。这些空间电荷进而使电场强度下降。空间电荷越多，电场强度下降越快。大的空穴迁移率能够减弱空间电荷，从而使电场变化缓慢，并能覆盖整个收集区[163]。尽管不能被收集的载流子会复合掉，在决定 d_c 方面，a-Si:H 中的复合参数与迁移率参数相比起到的作用很小。

图 12.17c 给出了计算得到的不同 i 层厚度的电池的功率。当 i 层的厚度大于收集区宽度时，功率达到饱和，但如前所述，V_{OC} 基本不受电池厚度的影响。这与图 12.15 中给出的实验测量结果符合得很好。

图 12.17a ~ c 给出的是在均匀光产生率 G 时的结果。图 d 给出的是在光吸收系数为 $\alpha = 3 \times 10^4 cm^{-1}$ 的非均匀光产生率下的功率。在 p/i 界面处的光产生率 G 对所有分图都是相同的，但在图 d 中 G 随深度呈指数衰减。标注 pin 的曲线对应于从 p 层照射的标准状态，功率

随厚度单调上升，这与图 c 中相一致。非常薄的电池具有基本均匀的光产生率，结果是图 c 和 d 符合很好。对于较厚的电池，功率也基本在相同的厚度下达到饱和，但与均匀光产生率相比功率略有下降。

标有 nip 的曲线对应于从 n 层的"不正确"的照射，这解释了为什么 a-Si:H 太阳电池要从 p 层照射。非常薄的电池（$d < 200nm$）仍然具有均匀的光产生率，没有看出变化。但厚电池的功率却随着厚度的增加而下降，这与均匀光产生率下的情况非常不同。在这些电池中，空穴主要在接近 n 层的地方产生，它们必须穿过整个电池厚度才能够被收集起来。空间电荷的积累问题比在均匀光产生率条件下更加严重，电池功率下降。因此，a-Si:H 电池需要从 p 层照射的原因是 a-Si:H 中空穴具有比电子低得多的漂移迁移率。如果我们假设一种材料的电子具有比空穴低的漂移迁移率，那么由这种材料构成的电池需要从 n 层照射。总之，我们在设计太阳电池时，需要让光从可以收集那些"受限制的载流子"（具有短的扩散或者漂移长度的载流子）的接触面照射，这样它们只需要输运很短的距离就可以被收集。空穴的漂移长度限制是 p-i-n 太阳电池的收集效率与电压有关的原因，这会影响电池的填充因子和光电流[84]。

12.4.4 掺杂层和界面

我们上面的讨论忽略了这些 pin 太阳电池中掺杂层的细节。在所给出的模型中，我们已经将 p 层和 n 层的性能调节到了尽可能理想的状态，对计算结果基本没有影响。在实际的电池中获得这些理想层和界面是非常具有挑战性的。一般而言，理想 p/i 界面的获得是更加困难的一个，差的 p/i 界面区会导致开路电压的降低。

在 1980 ~ 1990 年后期，有两个重要的创新来改善 V_{OC}，并已经得到了广泛应用。下衬底型电池一般制作在不锈钢上，按照 nip 的沉积顺序生长，最后的 p 层是硼掺杂的"纳米晶硅"，能够使这种电池获得最好的开路电压[164]。上衬底电池通常制作在 TCO 覆盖的玻璃上，能够获得最好开路电压的 p 层是硼掺杂的非晶硅碳合金（a-SiC:H:B）。对于采用 a-SiC:H:B p 层的电池而言，要获得高的开路电压，还有一个小细节是在电池的 p 层和本征层之间插入一层薄的（$<10nm$）未掺杂的 a-SiC:H 作"缓冲层"[165-167]。

一些研究组对这些技术背后的机制进行了研究[168,169]。降低 p 层的费米能级从而提高 V_{BI} 是一个可能的原因，但这不能解释插入缓冲层的作用，这或许是起到一个阻挡层的作用，阻止光生电子从 i 层往 p 层扩散。

一个重要问题是是否这些技术已经使 V_{OC} 达到了由本征层而不是由掺杂层决定的"本征极限"。有两个原因让我们相信具有最好 V_{OC} 的电池已经接近了这个极限。首先是在高 V_{OC} 的电池中，其 V_{OC} 对温度的依赖关系与计算的本征极限结果的一致性[157]。其次是 V_{OC} 对吸收层带隙的依赖关系也和极限值相一致，这会在后面讨论。

12.4.5 光致衰退效应

在图 12.15 中，我们给出了由 United Solar Ovonic 在 2009 年制造的具有不同厚度的一系列 a-Si:H 太阳电池的功率输出[150]。同时给出了电池的初始状态和电池在开路状态下辐照了 800h 后的结果。需要注意的是 nc-Si:H 太阳电池的光衰退效应要比 a-Si:H 太阳电池小很多。我们认为，a-Si:H 太阳电池和 nc-Si:H 太阳电池的初始性能都不用考虑缺陷（D-中心）的影响。如图 12.7 所示，随光照时间的延长，缺陷密度会逐渐增加，最终，增加的缺陷密度使电池的效率降低。当电池的效率明显降低时，光致衰退效应也达到了它的稳定状态。但对这显而易见的一致性产生的原因还没有达成共识。

对于一些通过均匀辐照进行了光衰退后的电池，通过简单的往带尾中增加均匀密度的光诱导缺陷来对电池性能进行模拟计算，可以得到比较满意的结果[157]。但这种方法不能很好地解释图 12.15 中的光衰退测量结果。有人认为光致衰退导致产生的缺陷密度在电池的整个本征层中分布是不均匀的。另外，研究者一般都认为缺陷的性质与其产生的具体细节有关。因此，在电池中，缺陷在带隙中的能级位置以及它们的密度会随着空间位置的不同而改变。尽管对这样的复杂性进行建模的工作量是相当大的，但还是有一些研究者进行了这样的工作，具体可以参看参考文献 [172] 以及其中引用的参考文献。

12.4.6 合金和纳米晶电池

在图 12.18 中，我们总结了一些非晶硅基太阳电池的开路电压 V_{OC} 与本征吸收层带隙之间的函数关系[173]。测量的结果包括了硅锗、硅碳合金电池，以及纳米晶硅电池。测量是在标准太阳辐照条件下进行的。对于非晶电池，可以得到如下关系 $V_{OC} = (E_G/e) - 0.80$。我们可以将这个 0.80 称为 "V_{OC} 缺失"。拟合的结果与式（12.3）给出的结果一致[174]。

在图中，对 nc-Si:H，带隙采用 1.12eV，与 c-Si 的相同[175]。在 a-SiGe:H 合金电池中，E_G/e 和 V_{OC} 之间的 V_{OC} 缺失为 0.80V，而对最高效率（大约 10%）的 nc-Si:H 电池，这个值减小到了 0.55V，这说明在 nc-Si:H 中具有更小的有效能带态密度 N_C 和 N_V，以及更小的带尾宽度[176]。

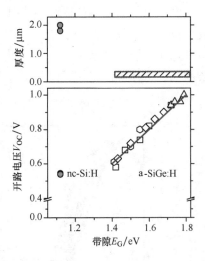

图 12.18 nc-Si:H、a-SiGe:H 和 a-SiC:H 单结太阳电池的开路电压和厚度与吸收层带隙之间的函数关系[170,171,173]

与 a-Si:H 相比，采用 a-SiGe:H 合金制备的电池的有用厚度没有明显不同，这个结果也与测量结果一致，表明合金化并没有使空穴的漂移迁移率改变得特别大[159]，合金化主要影响电子的漂移迁移率。

优化的 nc-Si:H 电池的厚度大约是 a-Si:H 电池的 10 倍，这是因为 nc-Si:H 在绝大多数可见光范围内具有比 a-Si:H 低的吸收系数。由于 nc-Si 与 a-Si:H 相比具有更大的空穴漂移迁移率（见图 12.16）[176]，这个厚度的增加是可以接受的，在如此厚度内产生的光生载流子可以被收集。"micromorph" 电池就综合了两种材料的性能，从而给出了比单独采用 a-Si:H 或者 nc-Si:H 更高的效率。

12.4.7 a-Si:H 和 nc-Si:H 太阳电池的光学设计

在本节中，简单地综述一下背反射器和衬底织构化的应用，这是用来提高绝大多数薄膜太阳电池功率输出的光学设计的基本原理。图 12.19a 所示是厚度为 250nm 的 a-Si:H 太阳电池的"量子效率"随织构和背反射器变化的情况[177]，其中的吸收率是根据 a-Si: H 的吸收系数计算得到的。标有"无陷光效果"的虚线吸收率对应于 $A(\lambda) = 1 - \exp(-\alpha(\lambda)d)$，假设为垂直入射并忽略了前后表面的反射，250nm 厚 a-Si: H 层的光吸收率。随着波长的增加，吸收率下降，这与图 12.2 中厚度为 250nm 时的光吸收系数的结果相一致。

太阳电池的量子效率（QE）定义为在特定的波长下，光电流密度 $j(\mathrm{A/cm^2})$ 与入射光子流量 $f(\mathrm{cm^{-2}s^{-1}})$ 之间的比值：

$$QE(\lambda) = j(\lambda)/[ef(\lambda)] \tag{12.4}$$

式中，e 是电荷量。◆符号表示的是沉积在 TCO 覆盖的平面衬底上并且没有背反射器的 a-Si: H pin 电池的 QE 测量结果。对于波长大于 550nm 的光，其与计算得到的吸收率相当。这说明，被电池吸收的每个光子对光电流都有贡献。在短波范围内，量子效率曲线比吸收率曲线低很多，这主要是由于 p 层中的光吸收，其对功率输出没有贡献。在短波长区，a-Si: H 和 p 层的吸收系数大于 $10^5 \mathrm{cm^{-1}}$，所以，即使很薄的 p 层也能产生很大的吸收。在估算光电流时，通常不考虑在 p 层（或者 n 层）中产生的光生载流子，在 p 层中产生的电子很大程度上都被掺杂剂或者悬挂键俘获住了而不会逃出到 i 层，n 层中产生的空穴也同样如此。

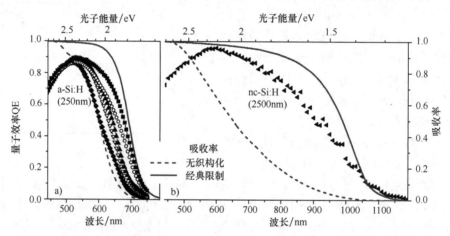

图 12.19　a) 计算得到的 250nm 的 a-Si: H 的吸收率曲线，及一系列具有 250nm 厚 i 层和不同衬底与背反射器的 a-Si: H nip 太阳电池的测量的 QE 曲线[177]。◆（衬底无织构化，无背反射器），▽（衬底无织构化，背反射器无织构化），▲（衬底无织构化，背反射器有织构化），■（衬底有织构化，背反射器无织构化）。b) nc-Si: H 太阳电池计算得到的吸收率曲线和测量得到的 QE 曲线[184]

从图 12.19 可以看出，引入一个光滑的背反射器大致将吸收较弱的长波长处的 QE 提升了 1 倍。背反射器可以让光束穿过薄膜两次。其余的曲线表明"织构化"的衬底和背反射器能够进一步提高电池的 QE，它们会使光在离开薄膜之前经过薄膜很多次。衬底织构化还会使蓝光区（大于 2.5eV）的 QE 有一定程度的增加，这是由于减小了电池前表面的反射率。对 a-Si: H，最好的织构化结构能够使电池的短路电流提升大约 25%[178,179]。

通过织构化成功提升 QE 的原因可以从下面几个方面进行解释。一个简单的观点是织构化或者图形化使入射光发生折射，从而提高了在薄膜内部的光学路径长度，同时增大了发生全内反射的可能。这对与光波长相比非常厚的晶体硅电池而言是正确的，但并不能直接用在薄的 a-Si: H 太阳电池上。Yablonovitch 在 1984 年给出了一个更深入的分析[180]。他注意到在介质膜中的电磁模式密度是在真空中的 n^2 倍，通过织构化使入射光变得随机分散，能够导致在电池中光强度的相应提高。对于具有完美背反射器的电池，对吸收弱的光来讲，由于这种"随机陷光效应"能够将吸收率提高 $4n^2$ 倍。

Zhou 和 Biswas 将陷光效应的这种随机极限称为"经典极限"[181]。Tiedje 等提出了一个对所有波长都可以采用的计算这个经典极限吸收率的公式，包括那些强吸收的波长。在图 12.19 中，我们就采用这个公式计算了经典极限曲线。要注意，经典极限吸收率对吸收层的厚度有相当强的依赖关系。

对 a-Si:H 电池，在长波区最好的结果接近经典极限。有一些研究者结合光学和电学模拟来对 a-Si:H 电池进行 QE 研究，希望更好地理解测量得到的 QE 的起源。比如，Krc 和合作者就通过测量织构化衬底的散射来对测量得到的不同厚度的 a-Si:H 电池的 QE 曲线进行了解释[183]。

图 12.19b 给出了一个厚 2500nm 的 nc-Si:H 电池的吸收率和测量得到的 QE 曲线[184]。吸收率是采用晶体硅的吸收系数计算的，这是一个可以接受的近似[185]。可以看到，陷光效应起作用的光谱范围对 nc-Si 而言，要比 a-Si:H 宽很多。原因是 nc-Si:H 具有更小的光吸收系数，其随波长的变化也小。这也说明，通过陷光手段提高 nc-Si:H 太阳电池的效率所获得的效果要比在 a-Si:H 电池上获得的效果更好。

对于上衬底型电池和下衬底型电池，制作织构化和背反射器，以及前表面"减反射"层的方法有很大不同，这方面的细节可以参见本书第 17 章。上衬底型电池通常在透明的衬底（通常是玻璃）上制备具有织构化的透明导电氧化物（TCO）层。有多种技术来制备不同材料（a-Si 基电池采用的典型的是 SnO_2 或者 ZnO）的具有不同织构和电性能的 TCO 层。然后再在织构化的 TCO 层上沉积半导体层。在 TCO 层上采用等离子体沉积 p 层有一定难度，因为这层氧化物会被化学还原，所以，很难得到具有理想性能的 p 型薄层。最后再在半导体层上沉积背反射器，其通常是两层结构，一层薄的 TCO 层，然后是一层金属反射层（一般为获得最好的反射率用 Ag，为提高生产产量用 Al）。

在下衬底型电池中，半导体层沉积在背反射器上，其同样是两层结构，一层织构化的银或者铝金属，之后是织构化的 TCO[186]。在沉积完半导体层之后，再在上面沉积顶 TCO 层。

尽管大多数研究者都研究了介质材料织构化和不完美织构化的背反射器的陷光效果，但金属膜的"等离子激元"效应也同样重要，其会导致损耗，也能改善陷光效果。最近的计算结果也的确表明，具有独特结构的背反射器能够使陷光效果超过经典极限[181]。针对基于非晶硅和其他材料的电池，已经在等离子激元陷光结构方面进行了大量研究，但从 2009 年至今还没有人报道电池的量子效率超过了经典极限[187]。

12.5　多结太阳电池

12.5.1　多结太阳电池的优势

非晶硅太阳电池可以制作成叠层结构来制备多结太阳电池。这种策略对非晶材料是特别成功的，因为不但不需要考虑晶体异质结所需要的晶格匹配，而且可以通过 Ge 合金化或者制备 nc-Si 方便地对带隙进行调节。图 12.3 所示的是串联在一起的双叠层电池结构

（两个 pin 光电二极管）。多结 a-Si: H 基太阳电池可以比单结电池具有更高的太阳能转换效率（见图 12.4），并且目前被应用在了大多数的商业组件中。直到 1990 ~ 2000 年后期，大多数常见的多结 a-Si 基太阳电池都是用 a-SiGe 作窄带隙吸收层的双结或者三结电池。但从那时起，对采用 a-Si 作宽带顶电池和 nc-Si 作窄带底电池的"micromorph"电池进行了广泛的研究，一些大的制造商也已经开始使这种 a-Si/nc-Si 多结叠层组件商业化。图 12.20 给出了一种经常研究的多结太阳电池结构，其中 i 层的厚度与实际情况基本一致，从而可以看出在 a-SiGe 和 nc-Si 底电池之间的明显不同。

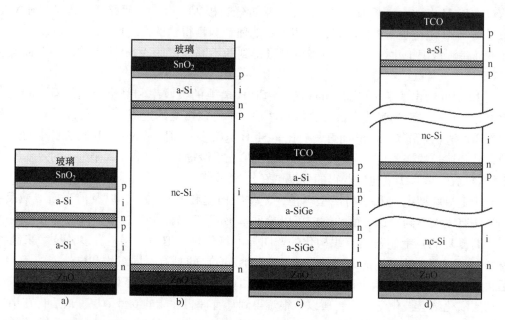

图 12.20　目前生产或者重点研究的多结电池结构。a）a-Si/a-Si 上衬底双结电池，b）a-Si/nc-Si "micromorph"上衬底双结电池，c）a-Si/a-SiGe/a-SiGe 衬底三结电池，d）a-Si/nc-Si/nc-Si 下衬底三结电池。光从电池上部入射。实的黑色区域是背金属接触。TCO 是 ITO 或者 ZnO。图中示意给出了 i 层厚度的差异

　　多结太阳电池的基本概念是"分光谱"。考虑两个 pin 结，其中一个制作在另一个的上面。顶部的结可以对到达底部的结的太阳光进行"过滤"：在顶部结中吸收的光子不会再到达第二个底电池。图 12.2 表明了这种过滤效应，500nm 的 a-Si: H 基本上可以完全吸收掉能量大于 2eV 的光子，通过的光子具有更小的能量。在实践中，调节顶部 pin 结的厚度使其能过滤掉大约一半的光子，否则这些光子将在底部 pin 结中被吸收。[⊖] 由于在顶结中吸收的光子具有相对较大的能量，可以采用相对带隙较大的材料作为这个结的吸收层，这样可以由顶电池得到比底结更大的开路电压。这就是"分光谱"效应。可以看到多结叠层电池并不会比只用底电池本身时吸收更多的光子，但顶电池可以将其吸收的光子转变成具有更高能量的电子。这样，就会有更高的能量转换，尽管没有吸收更多的光子数。在本书的第 4 章和第 8 章

⊖ 在本章中，我们只讨论"两端子"多结电池，其中只有一个电流从串联的电池中流过。进一步对 2、3、4 端子多结电池的讨论可以参见第 8 章。

中，也有对多结电池器件物理的讨论。

具体地，来看一个底电池材料的电学带隙为 1.55eV、顶结材料的电学带隙为 1.80eV 的叠层电池。底电池具有 0.65V 的开路电压，而顶电池的开路电压是 0.90V。在没有顶部 1.80eV 的结时，优化后的 1.55eV 的结可以得到短路电流 $J_{sc} = 20mA/cm^2$。假设填充因子（FF）为 0.7，功率输出将是 9.1mW/cm²。当集成为叠层电池后，通过每个结的电流是上述值的一半，大约为 10mA/cm²，但是开压将大于两倍（$V_{OC} = 0.65V + 0.90V = 1.55V$）。这样，输出功率将上升到 11.2mW/cm²，与 1.55eV 的单结器件相比，有 19% 的提高。

a-Si:H 叠层电池的效率比单结电池高可归因于三个原因。首先，已经描述过的分光谱效应。其次，"薄结"效应：在优化后的多结电池中，顶电池的厚度要比单结电池的厚度小很多，这意味着其具有更好的填充因子。这种效应被用在采用"相同带隙"的双结电池中，两个结采用了相同的材料[149]。再次，多结电池比单结电池提供更高的电压和更小的电流，电流小就降低了电流从结中流出到负载过程中的电阻损失。

另一方面，制作多结电池也要比单结电池更有挑战性，这至少有 3 个原因：①由于分光谱效应，多结电池的性能对入射光谱更加敏感。这使得控制单层的带隙和厚度变得更加苛刻。②窄带隙底电池的沉积仍有很多问题，无论是采用 a-SiGe 还是 nc-Si 作吸收层。a-SiGe 合金需要采用锗烷（GeH_4），其比硅烷贵很多倍，并且有剧毒。相比于 a-Si 沉积采用的其他气体比如 SiH_4 和 PH_3，制造者必须采用更加严格的安全程序来处理这些气体。而如果采用 nc-Si，其厚度要比 a-SiGe 大 5~10 倍，沉积时间和速率就成为限制产能的主要因素。③多结电池需要在各结电池之间制备欧姆接触的透明的 n/p 内连接"隧穿"结。

多结电池组件的一个潜在问题是其对入射光谱变化的敏感性。入射光谱每时每刻都会随着大气质量、污浊度以及太阳入射角度的变化而变化。由于带隙和厚度都是针对 AM1.5G 的入射光谱进行优化的，蓝、绿、红不同波长光的相对比例随着天气和季节的变化会导致各结之间的光电流平衡发生改变。但是，无论是理论研究[188]，还是实验研究[189]都表明，多带隙多结 a-Si 基电池在不同的光谱和强度条件下都表现出比单结 a-Si 组件更好的性能，而且实验研究是在两种非常不同的气候条件下进行的。一个最近在商业化的重要的非微晶叠层组件上进行的研究发现，尽管其每年的输出受光谱的影响，但实验观测到的每年的最好性能都出现在相同的平均光子能量上，尽管这个平均光子能量与 AM1.5 谱中的平均光子能量不同[190]。

总之，多结电池能够提供更高、更稳定的功率输出的好处超过了其制造难度和对光谱辐照的敏感度。我们下面将首先讨论 a-SiGe 基多结电池，然后讨论非微晶叠层电池。

12.5.2 采用合金来改变带隙

通过往合金中引入不同数量的 Ge，a-SiGe 合金的带隙可以在 1.7~1.1eV 之间连续调节。计算表明能够获得最大转换效率的理想材料的带隙为大约 1.2eV（见图 8.9c）。然而，a-SiGe 的光电性能（即缺陷和载流子输运）会在带隙降低到 1.4eV 以下时迅速下降。这些材料还没有证实可以用在光伏应用中。

图 12.21 给出了一系列在 i 层中具有不同 Ge 含量的 a-SiGe 太阳电池的 J-V 特性曲线（具有恒定的厚度，没有背反射器）[191]。当带隙随 i 层 Ge 含量的增加而下降时，V_{OC} 下降，这与图 12.18 中一致。由于窄带隙材料能够吸收更多的太阳光，电池的 J_{sc} 增大。随着带隙

减小，电池的填充因子下降，这反映了空穴漂移迁移率的下降或者缺陷密度的增加。当然，对经过光衰退后的电池研究这些规律才更有意义。

与 a-Si 的沉积相似，采用高氢稀释比制备的 a-SiGe 薄膜和器件表现出更好的性能和光稳定性[192]。但窄带隙的 a-SiGe 材料的光电性能（迁移率、寿命、收集长度）比 a-Si 材料的要差。

12.5.2.1 a-SiGe i 层的带隙渐变

为了提高 a-SiGe 电池的填充因子，采用带隙渐变来提高对空穴的收集[193,194]。在这种设计中，通过调节 i 层中的 Ge 含量，形成不对称的"V"形带隙分布，使得在接近 n 和 p 层的地方是带隙较宽的材料，带隙最窄的材料处在靠近 p 层的位置（光子通过 p 层进入到器件中）。这种梯

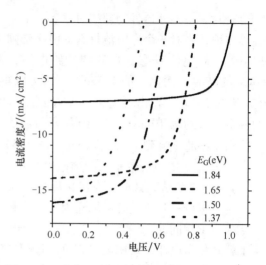

图 12.21　本征层中具有不同 Ge 含量的 a-SiGe 和 a-Si nip 太阳电池的性能。这些电池 i 层的带隙分别为 1.84eV、1.65eV、1.50eV 和 1.37eV，对应的填充因子分别为 0.70、0.62、0.55 和 0.43[191]

度结构可以使更多的光在接近 p 层的地方吸收，这样较慢的空穴不会输运太远就能被收集（见图 12.16）。同样，对价带的剪裁能够形成一个电势梯度或者电场，这也有助于在 i 层的中部或者接近 n 层的地方产生的空穴往 p 层移动。在生长过程中通过采用合适的氢稀释比和带隙渐变，a-SiGe 电池能够在标准 AM1.5 光照条件下产生达到 27mA/cm² 的光电流，尽管更加有代表性的评价是通过滤光来模拟其在三结电池中作中间电池或者底电池的状态。

12.5.2.2 作宽带隙吸收层的 a-SiC 合金

a-SiC 的带隙可以在 1.7~2.2eV 之间进行调节，主要依赖于碳的含量[195]。在经过 1990~2000 年早期的深入研究之后，大多数研究者都认为 a-SiC 不适合用作多结结构中顶电池的 i 层。为了提高带隙而引入了大量碳的 a-SiC 材料与 a-Si:H 相比电子的漂移迁移率明显下降[43]，特别是在光衰退之后，具有相当高的缺陷[196]。

12.5.3　a-Si/a-SiGe 双结和 a-Si/a-SiGe/a-SiGe 三结太阳电池

双结的 a-Si/a-Si（相同带隙的叠层）太阳电池比采用 a-SiGe 的双结叠层电池具有较低的材料成本（没用 GeH₄），效率比单结 a-Si 电池略高（0.5%~1%）。相同带隙的 a-Si/a-Si 双叠层电池已经生产了几十年[197]。多带隙的双结太阳电池（a-Si/a-SiGe[92]、a-Si/nc-Si[201,256]）和三结太阳电池（a-Si/a-SiGe/a-SiGe 或 a-Si/a-SiGe/nc-Si）采用分光谱技术来收集太阳光。它们能够获得更高的效率，在小面积（小于 1cm²）上获得的稳定效率通常超过 10%[92,100,106,120]。在表 12.4 中能够找到这方面的数据和参考文献。尽管全非晶的 a-Si（1.8eV）/a-SiGe（1.6eV）/a-SiGe（1.4eV）三结太阳电池是目前效率最高的 a-Si 基太阳电池[8]，基于 a-Si/a-SiGe/nc-Si 或者 a-Si/nc-Si/nc-Si（无 Ge）的三结电池也已经获得了基本相当的稳定效率[100,120,98]。图 12.20c 和 d 给出了这两种生长在不锈钢（SS）柔性衬底上的

三结电池结构，从中可以看出厚度的差别。在所有结构中，光都从 p 层入射，这样空穴在收集之前输运的距离要比电子小。下面我们将简单地介绍一下目前广泛采用的两种电池结构和相应的一般的沉积工艺过程。

对于沉积在不锈钢（SS）衬底上的 nip 三结电池，首先在衬底上通过溅射或者蒸发沉积一层反射金属层，然后通过溅射沉积 ZnO 缓冲层。通常在研究中采用银作为反射层，因为它的反射率高，在生产中由于银的产量受限而采用铝。金属层在高温（300 ~ 400℃）下沉积，金属薄膜的自聚集效应可以产生陷光所需要的织构。然后将样品转移到 RF-PECVD 沉积系统中进行半导体层的沉积。首先沉积采用 a-SiGe i 层（1.4 ~ 1.5eV 的带隙）的底部 nip 层，然后沉积第二个 a-SiGe 基的中间电池（1.6 ~ 1.65eV 的带隙）。最后再沉积 a-Si 基的顶电池（1.8 ~ 1.85eV 的带隙）。本征层采用高氢稀释比在相对较低的温度下制备。之后，采用蒸发或者溅射在上面沉积上氧化铟锡（ITO）层。这层厚度大约为 70nm，在用作顶电极的同时作为减反射涂层。进一步降低接触电阻可以再在 ITO 上通过蒸发或者溅射沉积金属栅线。

对于沉积在玻璃上的上衬底类型的 pin 双结电池，首先采用如常压化学气相沉积（APCVD）[199,200] 或者低压化学气相沉积（LPCVD）等方法在玻璃衬底上沉积织构化的透明导电氧化物，通常是 SnO₂ 或者 ZnO。关于织构化的 TCO 材料的详细内容见本书第 17 章。然后沉积 pin 顶电池，其采用 a-Si 作 i 层，之后沉积 a-SiGe 或者 nc-Si 底电池。最后沉积 ZnO 缓冲层和金属背反射器。关于 pin 和 nip 电池以及组件的更详细的细节将在 12.6 节中给出。

在过去 15 年里，United Solar Ovonic/ECD 几乎是凭一己之力独立推动了 a-Si/a-SiGe/a-SiGe 三结电池的进步。Utrecht 大学和 Canon 则是对 a-Si/nc-Si/nc-Si 三结电池的发展做出了主要贡献。但在世界上有为数众多的研究者进行 a-Si/nc-Si 双结电池的工作。

12.5.3.1　电流匹配

在三结电池中，三个子电池是单片叠层在一起的。由于子电池串联在一起形成两端子器件，在工作过程中，电流密度最小的子电池将限制整个三结叠层电池的总电流。所以，在太阳光照下的每个子电池的最大功率点处，所有子电池的电流密度（J_{MP}）需要匹配（相同）。

子电池的短路电流 J_{SC} 对此仅能作为大致参考。对 a-Si/a-SiGe/a-SiGe 三结电池来讲，底部 a-SiGe 子电池通常具有最小的填充因子，而顶部的 a-Si 电池具有最大的填充因子。因此，每个电池具有不同的 J_{MP}/J_{SC} 比值。所以，底电池的 J_{SC} 需要比中间电池的略大。同样地，中间电池的 J_{SC} 也要比顶电池的 J_{SC} 略大。对于优化的三结电池，在底电池和中间电池之间以及中间电池和顶电池之间的 J_{SC} 差异大约为 $0.5 ~ 1\text{mA/cm}^2$。这是为了让电池在工作点处匹配而在 J_{SC} 设计上采用的有意失配。这可以通过调节各个子电池 i 层的带隙和厚度来实现。在调节电流匹配时，需要考虑的是，底电池的光吸收会因背反射器而获得较大改善，而中间电池和顶电池就几乎无法从背反射器上获得收益。

尽管在叠层非微晶叠层电池中实现电流匹配是比较复杂的，因为 nc-Si 底电池会比 a-Si 顶电池吸收多很多的太阳光。这个问题可以通过适当地增加顶电池的厚度来缓和，但这样会导致稳定后的填充因子降低。一个更好的方法是在顶电池和底电池之间沉积高度透明的介质反射层，比如 ZnO 或者 SiO₂，将更多的光反射回顶电池中，从而减少底电池的光吸收[201,202]。这样就能使双结叠层电池成为"底电池"限制的电池（从底电池上产生的电流小），这可以极大地提高稳定性，因为 nc-Si 底电池本身光衰退就小，但是这样做之后必须要对光谱敏感性、可生产能力以及另外增加一个 ZnO 溅射腔室的成本等问题进行评估[203]。

12.5.3.2 隧穿结

在制作多结太阳电池时，在相邻的 pin 电池的界面处需要形成隧穿结（也称为短路结）。这些 n/p 结将电池彼此连在一起，在正常工作时处于反偏状态。这些结必须基本上不能产生 V_{OC}、电阻和光吸收[204]。

也许有人会认为它们具有与经典 pn 结二极管相似的电学性能。但是，如 12.2.6 节中所述，当掺杂度提高时会产生悬挂键。被俘获在界面一侧的缺陷上的载流子会简单地通过量子机械隧穿移动到界面另一侧的陷阱上。这个"短路"电学输运过程包含了导带和价带能级态。因此，在隧穿结处的掺杂层，特别是界面附近的亚层，被制备成非常高的掺杂度，甚至有意形成缺陷。高密度的悬挂键可以让从下面电池过来的空穴和从上面电池过来的电子实现有效的中性化（通过隧穿）。掺杂 nc-Si 层或者其他缺陷层可以用来提高复合，但不影响吸收。可以通过制备 pnip 或者 npin 器件[205]或者通过将叠层电池施加红、蓝或者无光照偏置进行 QE 测量[206]来对隧道结或者短路结进行研究。

12.5.3.3 多结 I-V 测量和解释

在对多结分光谱太阳电池进行 I-V 性能测量时，研究者需要特别注意入射光的光谱（见第 18 章中更加详细的讨论）。三结太阳电池在标准 AM1.5G 光谱下电流匹配的 pin 子电池在不同的光源下会表现出很差的性能，如钨灯或者多云天气。三结电池的 J_{sc} 通常接近起限制作用的子电池的 J_{sc}，除非存在很大的失配，并且起限制作用的子电池具有非常低的填充因子。三结电池的 V_{OC} 是子电池 V_{OC} 的总和（会因隧穿结处可能存在的光伏电压而减小）。需要注意的是，在三结电池中底电池产生的光电流只有其在全太阳光谱照射下产生的 1/3，所以其开压 V_{OC} 比其在全光谱照射下的要低一些（通常大约低 20mV）。中间电池与全太阳光谱照射下相比则有大约一半的电流。三结电池的填充因子依赖于起限制作用的子电池的填充因子，以及这些子电池之间的电流失配。大的失配会导致三结电池的填充因子较高，但另一方面会导致三结电池的电流低。

12.5.3.4 多结电池的量子效率测量

在三结太阳电池的 QE 测试中，需要施加合适的光偏置和电偏置[207,208]（也可以参见第 17 章）。没有任何光偏置和电偏置而进行的简单 QE 测量会得到"Λ"形曲线，只有在三个结都有吸收的中间光谱区才有响应。因为只有所有的子电池都同时照射时，电流才可以流出电池。这是有用的诊断测试[190]。

当对特定的子电池进行 QE 测量时，比如中间电池，需要将一个 DC 偏置光（无斩波调制的光）通过滤光片照射到电池上，这个滤光片仅仅让顶电池（蓝光）和底电池（红光）吸收的光透过。在这种条件下，当通过单色仪的光被中间电池吸收时，中间电池的电流才是起限制作用的。流过样品的电流仅仅是中间电池的电流，即由中间电池吸收单色光所产生的 AC 光（有斩波调制的光）电流。这种 AC 光电流是通过光斩波器调制得到的，所以可用锁相放大器方便地进行检测（参见 18.4 节）。

采用同样的方法可以对其他两个子电池进行测量，只需要采用不同的滤波片以产生所需要的偏置光（蓝-绿偏置光用来测量底电池，黄-红偏置光用来测量顶电池）。当电池在不存在额外的电偏置下进行测量时，子电池实际上是在有偏置的条件下测量的，这个偏置等于其他两个子电池 V_{OC} 的和。此时，QE 曲线表明的是电池在偏压条件下的 QE，当子电池的填充因子高时，这很接近在短路条件下的 QE。为测量短路条件下的 QE，需要额外施加电压以抵消在光偏置条件下由另外的电池所产生的电压。图 12.22 给出的是采用这种方法测量得到的三结太阳电池的 QE 曲线[222]。子电池的短路电流可以通过将 QE 值在 AM1.5 光谱条件下进行积分来得到。在图 12.22 中，最外面的曲线由三者 QE 的叠加得到。

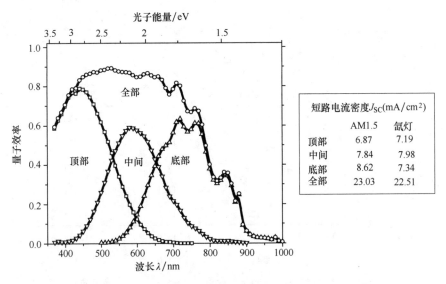

图 12.22　典型三结太阳电池子电池的量子效率曲线，表中给出的是子电池在 AM1.5 辐照下和在氙灯模拟器条件下测量得到的短路电流密度 J_{SC}[222]

每个子电池的长波 QE 响应由它的 i 层厚度、空穴收集长度和带隙决定。另外，对底电池而言，背反射器会起到重要作用。但是，中间电池和底电池的短波 QE 则主要是受它们各自的厚度和带隙的影响，因为这些子电池对短波长光（高能量光子）起到滤光的作用。顶电池的短波 QE 则对 ITO 和自身 p 层的吸收以及反向扩散到 p 层并被俘获的电子损失敏感。最近，USO 制造的三结电池获得了很大的电池电流（8.8/9.2/8.8mA/cm²），累加在一起的总电流大于 26mA/cm²。

12.5.3.5　高效多结太阳电池

表 12.4 中列出了世界上一些实验室制备的多结太阳电池（<1cm²）的性能。只含有非晶层的多结太阳电池的衰退通常在 10% ~ 20% 的范围内，而单结 a-Si 太阳电池的衰退通常在 20% ~ 40%（见图 12.15）。那些含有一个或者两个 nc-Si 子电池的衰退更小（<5%），尤其是如果其性能是受底电池限制的，因为 nc-Si 本身非常稳定。目前作为研究光衰退的标准协定，是将电池于 50℃用 1 个太阳的辐照强度辐照 1000h 后计算辐照前后性能衰退的百分比。如图 12.4 所示，三结电池的衰退比单结的小。从表 12.4 中可以看到，三结电池的最高稳定效率是 13%，这是 United Solar Ovonic 制造的。表 12.4 中同样给出了采用 nc-Si 作子电池的最好电池结果，最高稳定效率的 a-Si/nc-Si 非微晶叠层电池是由 Kaneka 制造的，稳定效率达到 12%。

表 12.4 不同实验室制备的小面积太阳电池的效率。采用了不同的稳定方法和时间。尽管不是所有的结果都经过了第三方独立测试，但我们认为它们是可信的。前面两个是单结电池，其他的是多结电池，USO 为 **United Solar Ovonic**

结 构	沉积速率/(Å/s)	初始效率（%）	稳定效率（%）	机 构	参 考 文 献
a-Si			10.0	Oerlikon	[209]
		11.2	9.5	U. Neuchatel	[210]
nc-Si		10.1	10.1	Kancka	[211]
			9.9	U. Neuchatel	[212]
a-Si/a-SiGe	1	14.4	12.4	USO	[213]
		11.6	10.6	Sanyo	[214]
		11.6	10.6	BP Solar	[215]
a-Si/nc-Si		13.0	12.0	Kancka	[216]
		13.5	11.8	USO	[217]
	7	>12.8	11.9	Oerlikon	[218]
		12.6	11.1	U. Neuchatel	[219]
	4.5	12.0	11.4	Utrecht	[220]
a-Si/a-SiGe/a-SiGe	1	15.2	13.0	USO	[8]
	1	11.7	11.0	Fuji	[221]
		12.5	10.7	U. Toledo	[222]
a-Sic/a-SiGe/a-SiGe		11.4	10.2	Sharp	[223]
a-Si/nc-Si/nc-Si	5	14.1	13.2	USO	[224]
	20	13.0	11.5	Canon	[225]
		12.0	12.0	Kaneka	[226]
		10.9	10.6	Utercht	[117]
a-Si/a-SiGe/nc-Si		14.3	13.3	USO	[227]
		12.4	11.0	U. Toledo	[228]
		11.4	10.7	ECD	[229]

12.5.4 纳米晶硅（nc-Si）太阳电池

纳米晶硅（也称为微晶硅（μc-Si））已经被广泛研究了 30 多年，已经在 a-Si 太阳电池[164]中被用作掺杂层和用来制造 nc-Si 太阳电池[230]。由于难以钝化在晶界上的缺陷，nc-Si 在 pin 或者 nip 型太阳电池中一直都没有被用作本征层。直到 1992 年，Faraji 等[231]和 Meier 等[232]报道了采用 VHF-PECVD 制备的 nc-Si 基 pin 太阳电池。从那时起，很多研究组制备出了 nc-Si 和晶粒更大的 poly-Si 太阳电池[233]。

在图 12.22 中给出了这种纳米晶硅基太阳电池的 QE 曲线。可以看出，纳米晶硅在长波

（>850nm）区具有比 a-Si 和 a-SiGe 电池更高的 QE。通过合适的背反射器，由约 1.5～2.0μm 厚的纳米晶硅电池产生的光电流超过了 25mA/cm²[234]。所以，这种电池适合在采用 a-Si 基电池作顶电池的叠层电池中用作底电池。用纳米晶硅作窄带隙电池代替 a-SiGe 的好处是：①在长波区有更好的 QE；②只有很小的光致衰退，即使 i 层中含有 30%～50% 的非晶成分（在 c-Si 中产生的光电流不受 Staebler-Wronski 效应的影响）；③可以降低材料成本，因为纳米晶硅采用 SiH₄ 制备，其与 GeH₄ 相比成本低；④纳米晶硅电池具有更高的填充因子。但另一方面，与 a-SiGe 相比，采用纳米晶硅作底电池需要解决的问题有：①纳米晶硅需要更厚的 i 层（1.0～2.0μm，a-SiGe 只要 0.2～0.3μm）来吸收太阳光，这是由于与非晶半导体相比，（间接带隙）晶体的带间吸收系数小；②沉积厚的纳米晶硅层需要长得多的沉积时间，除非能够将纳米晶硅的沉积速率提高到 a-SiGe 沉积速率的 10 倍；③与产生相同 J_{sc} 的 a-SiGe 电池相比，纳米晶硅电池具有较低的 V_{oc}（为 0.53V 左右）。

沉积 nc-Si 的最常用的三种方法是 RF-PECVD（13.56MHz）、VHF-PECVD（40～100MHz）以及 HWCVD，如 12.3 节中所讨论的那样。采用 RF-PECVD 沉积 nc-Si 需要在高功率/高气压区[96]。a-SiGe i 层的典型沉积速率是 3Å/s（太高质量会下降）。要采用差不多的沉积时间来完成纳米晶硅沉积，则纳米晶硅的沉积速率需要达到大约 20～30Å/s，只有这样，在生产中才不会受速度限制。在沉积速率大于 20Å/s 时，已经获得了效率大于 9% 的单结 p-i-n nc-Si 电池[235]。

与 a-Si 太阳电池相比，优化沉积 nc-Si 主要有下面几个不同。首先，衬底织构的影响非常明显[236]。制备 a-Si 最好的织构是 Asahi Type U，其棱角清晰，有尖的峰和谷。在这些尖锐结构上沉积的 a-Si 能够非常均匀，但是 nc-Si 却不能沉积到尖锐的谷中，从而产生空洞和缺陷。所以，对 nc-Si 而言，理想的是更加圆滑的"浅坑（dimpled）"状织构[237]。这可以通过对溅射获得的平面 ZnO 进行酸刻蚀获得[237,238]，也可以通过 LPCVD 直接沉积织构化的 ZnO[239]。第二个不同是采用梯度氢稀释比会给 nc-Si 制备带来好处。低的氢稀释比（R<5）最初沉积的是 a-Si 膜，但如果厚度足够大，最终会转变成 nc-Si，这意味着初始的 a-Si 孵化层的厚度在几十纳米到几百纳米，但生长速率足够高（见图 12.12）。高的氢稀释比（R>5）能够更快地转变成生长 nc-Si，但生长速率就低很多。所以，经常采用的是两步或者梯度渐变：先是采用高氢稀释比来尽可能减薄 a-Si 孵化区，然后降低氢稀释比，从而获得高的 nc-Si 生长速率[240,241]。这就大大增加了对生长过程仔细控制和优化的需要。如何优化氢稀释比依赖于衬底材料、织构、温度和 nc-Si 的总厚度。

12.5.5　非微晶叠层以及其他纳米晶硅基多结电池

Neuchâtel 的研究组首先采用 a-Si pin 结作为顶子电池、nc-Si pin 结作为底子电池制作了 a-Si/nc-Si 叠层电池[95,99,202,203,232]，他们将这种电池称为非微晶叠层器件。许多研究组大量光伏技术的模拟显示，无论双叠层电池的顶/底电池的寿命或者结晶状况如何，顶/底电池 1.7eV/1.1eV 的带隙为它们提供了近乎理想的带隙匹配，（参见图 8.9b，其针对的是高效 III-V 族叠层，或者参见参考文献［242］，其针对的是 poly-Si 薄膜叠层）。而值得高兴的，这两个带隙恰恰是 a-Si 和 nc-Si 的带隙。

为了使 a-Si/nc-Si 双叠层电池具有与 a-Si/a-SiGe 差不多的性能，nc-Si 底电池必须至少有 26mA/cm² 的电流密度（但电池如果是底电池限制的，将会有更好的稳定性，因为 nc-Si

不会衰退）。产生这么高的电流需要 nc-Si 厚度达到 $1.0 \sim 2.0\mu m$，并需要利用先进的陷光机制。在非微晶叠层电池中，为了保持电流匹配，顶 a-Si 子电池必须产生 $13mA/cm^2$ 的电流（即独立纳米晶硅电池电流的一半）。此外，需要这种 a-Si 电池在光照下相对稳定，叠层电池才能稳定。

为此，可以采用两种方法。首先，a-Si 的 i 层采用相对较高的制备温度，这样具有较低的氢含量，减小带隙到约 $1.65 \sim 1.70eV$。其次，在顶电池和底电池之间的隧道结上插入半反射介质层（比如 ZnO 或者 SiO_2）[202]。这种半反射层能够通过降低底电池的电流来提高顶电池的电流，从而实现电流匹配，而不用增加顶电池的厚度。通过这两种方法，顶电池采用厚度为 3000Å 的 a-Si 层，可以得到 $13mA/cm^2$ 的 J_{SC}。为了将电流提高到现有水平之上，需要采用其他创新性的方法。采用非微晶叠层设计，已经制备出了稳定效率达到 11% ~ 12% 之间的太阳电池[201,203,243]。

也可以将 a-Si 和 nc-Si 结合来制作 a-Si/nc-Si/nc-Si 三结电池。这种设计降低了对 a-Si 顶电池电流匹配的严格要求，因为此时其只要产生底电池电流的 1/3 即可。但是，中间电池的厚度就要比其取代的 a-SiGe 电池的厚度大很多，这导致三结电池的总厚度超过 $6\mu m$，而全非晶三结电池的厚度只有不到 $1\mu m$。

另外的一种三结电池设计是将 1.8eV 的 a-Si 顶电池和 1.6eV 的 a-SiGe 中间电池以及 1.1eV 的 nc-Si 底电池结合起来[198]。这种电池设计与非微晶叠层电池相比，可以具有更薄、更稳定的顶电池，具有更好的长波收集率，与全非晶的 a-Si/a-SiGe/a-SiGe 三结电池相比，可以减少昂贵的 GeH_4 气体的消耗。已经讨论了与通过厚度或者带隙调节实现光电流匹配、稳定性和沉积时间相关的很多问题（Unisolar[198,244]，Utrecht[121]）。针对高速沉积的 a-Si/a-SiGe/nc-Si 三结电池和 a-Si/nc-Si/nc-Si 三结电池，United Solar Ovonic 已经获得了基本相同的稳定效率，12.6 ~ 13.0%。但 a-Si/a-SiGe/a-SiGe 三结电池更容易制造[198,244]。而 Canon 已经开始生产 a-Si/nc-Si/nc-Si 三结电池，其中每结电池能产生 $10 \sim 11mA/cm^2$ 的电流，三结累加的总电流超过了 $31mA/cm^2$[101]。尽管总厚度比 a-Si/a-SiGe/a-SiGe 三结电池大出了近一个量级，但电流大了约 $4mA/cm^2$。令人惊异的是，当采用 10Å/s、20Å/s、30Å/s 的沉积速率制备 nc-Si 时，获得了相似的稳定性能约 12.5%（初始效率 13.4%，衰退 6%）。

12.6　 组件制造

在过去的 10 多年里，国际上 a-Si 太阳电池组件的产量迅速增加。在 2003 年，产量（不是产能）为 29MW，2008 年增加到了 270MW，复合年增长率为 56%。但 a-Si 在世界光伏市场中的份额只从 4% 增加到了 5%。在 2008 年，United Solar Ovonic 出货了 112MW 的三结柔性组件，而 MHI、Sharp 分别出货了 40 ~ 60MW 的单结 a-Si 或非微晶叠层玻璃组件[245]。Sharp 刚投运了一个生产厂来制备 $1.1 \times 1.4m^2$ 的双叠层（a-Si/nc-Si）和/或三结（a-Si/nc-Si/nc-Si）组件，已有的产能为 160MW，另外的 640MW 的产线也在建设，这将使其成为世界上最大的 a-Si 光伏生产线。对产能与年产量需要仔细区分。很多生产厂都没有满产，要么是因为市场不好，要么是满产反而对产量有负面影响。因此，我们避免引用这些公司的现有产能或者将来的产能。

最近取得的很大进展是很多的"交钥匙（turnkey）"生产线正在安装，能够生产的非微晶叠层组件的性能获得了第三方机构的认证。很多公司比如 Oerlikon Solar、Applied Materials、Ulvac Solar 以及 Leybold Optics 等能够提供 50～100MW 范围的完整的非微晶叠层生产线。一份商业调查详细列出了十几个单结和非微晶叠层交钥匙生产线制造商的生产线产能（MW/年）、组件尺寸、产量、性能、成品率、资本成本等[246]。Oerlikon 宣称其 1.4m² 的 a-Si 和 a-Si/nc-Si 组件的产能达到 95MW 和 140MW，效率分别为 6.7% 和 10%。Applied Materials 宣称其 "champion" 5.7m² 组件的稳定效率超过了 8%[255]。Oerlikon 和 Applied Materials 都说已经售出了超过 10 条生产线，大多数在亚洲和欧洲。这些配置与 IC 厂的生产线相似，而 CdTe 或者 CIGS 相当不同，每个厂家的工艺设备都是独特的。这些生产线配置对光伏应用是否经济，还需要观察。

将在小面积上所取得的 R&D 进展扩展到大规模生产中，需要解决的重点问题包括大面积上的均匀沉积、工艺气体的利用率、沉积速率、产量、工艺重复性、机器设备的可维护性及售后服务、工艺自动化程度，以及成品率等[247]。

对于大规模的生产线，在线连续（in-line）和批次（batch）等离子体工艺都有被主要厂家采用。下面，我们将用 United Solar Ovonic 的生产工艺作为下衬底 nip 电池在线连续工艺的例子，用 EPV 的工艺作为上衬底 pin 电池批次处理工艺的例子来进行介绍。

12.6.1 不锈钢衬底上的连续卷对卷制造

最早的连续卷对卷太阳电池沉积工艺是在 1980～1990 年早期由 Delaware 大学的能量转换研究所针对在 Cu 箔上制备 Cu₂S 电池开发的（参见 1982 年 3 月 9 日归档的美国专利 4318938）。而连续的 "卷对卷" a-Si 基光伏制造工艺是由 Energy Conversion Devices 公司（ECD）开发的，并已经被 ECD 的光伏联合供应商和合作伙伴（United Solar Ovonic、Sovlux 以及 Canon）以及 Power Film 所采用[249]。卷对卷工艺指的是这样的工艺：将一卷柔性的不锈钢衬底展开并送入制造工艺中，当制造步骤完成后重新将衬底卷起来。

前端工艺包括在不同设备中完成的 4 个连续的卷对卷步骤：①衬底清洗；②背反射层溅射沉积；③a-Si 半导体沉积；④ITO 顶电极沉积。所采用的磁性不锈钢网一般是 125μm 厚、0.35m 宽、目前 1500m 长，通过磁性卷轮的引导，不锈钢网连续通过这些卷对卷设备。不锈钢卷从一端模块化的 "释放" 室中展开，在另一端模块化的 "收起" 室中重新卷起来。

在卷对卷的清洗设备中，不锈钢网被引导着依次通过用旋转刷擦拭表面的超声油污清洗台、多次去离子水冲洗槽以及红外烘干室。然后用保护性隔离层将无油、无颗粒的干净不锈钢卷卷起来。

之后，将这些不锈钢卷从清洗设备的收起室中取出，装入到背反射层溅射设备的释放室中。在这个设备里，不锈钢网被拉着通过含有几个金属靶（Al、Ag 或者其他合金）以及 ZnO 靶的 DC 磁控溅射区来制备反射层和 ZnO 缓冲层。在溅射过程中，将衬底保持在高温以使金属薄膜形成织构，从而提高光学性能[250]。

然后，将这些不锈钢卷装入到 RF-PECVD 设备中，进行连续的卷对卷沉积 9 层半导体层（nip/nip/nip）以及 a-SiGe 吸收层两侧的缓冲层。这些不同层的沉积是依次进行的，并且只通过一次。创新性的 "气体门" 设计使得制造者可以将不同腔室内的供应气体隔开，防止交叉污染。同时，不锈钢网可以按顺序连续地通过一系列腔室。

沉积半导体后，将这些不锈钢卷装入到 TCO 沉积设备中，TCO 制备要么用铟在氧气氛下反应蒸发，要么在氩气氛下从 ITO 靶溅射。需要细致监测 ITO 的厚度以获得最佳的减反射性能。

目前，难以将这 4 个卷对卷步骤集成到一个设备中。因为 4 个设备需要不同的压力范围：清洗是大气压，背反射层溅射是几 mTorr，PECVD 是 1Torr，TCO 溅射是几 mTorr。

不锈钢卷是一个巨大的太阳电池，有 1500m 长，需要将其变成很多更小的电池串联起来才能得到组件所需的更高的电压。如此，需要将一卷沉积了 TCO 的 a-Si 剪裁成小电池或合适尺寸的条形。然后将符合标准的电池条用一个电解池进行漏电钝化工艺处理，通过将漏电点处的 TCO 变成绝缘体，去除和隔离小的漏电点[188,251]。之后，在电池条上采用碳膏或者涂有碳膏的铜线作栅线，从而制备出大面积的三结电池。对于 400cm^2 的组件，这种大电池可以产生约 2.3V 的电压和约 3.2A 的电流。通过将一个条形电池的栅线/主栅与相邻的条形电池的不锈钢衬底（另一个电极）相连，将不同数量的条形电池串联在一起，就像房顶铺瓦一样。为了对电池进行保护，还要连上旁路二极管。然后将连接好的电池用透明的封装层材料聚乙烯醋酸乙烯酯（EVA）和 Tefzel 覆盖，并在炉子中焙烘，装框之后如果需要，可以在标准测试条件（STC）下对组件进行测试。

有所不同的，Power Film（以前的 Iowa Thin Films 公司）在柔性塑料（Kapton™）衬底卷上沉积 a-Si 双叠层电池。通过激光划刻实现电池的内部连接。

12.6.2　玻璃上的上衬底 a-Si 组件生产

很多公司正在开发在玻璃衬底上的上衬底 a-Si 太阳电池板，包括 Energy Photovoltaics Solar（EPV）[52]、三菱重工（MHI）[106]、Sharp[106] 以及 Schott Solar[253]。Applied Materials（AMAT）[254,255] 以及 Oerlikon（以前由 Uniaxis 开发）[99,256] 出售新的交钥匙生产线来制造单结 a-Si 和 micromorph 叠层组件。它们均采用了单片集成工艺，通过三次激光划刻将约 100 个电池串联起来做成组件。

这种工艺采用的是很大的浮法玻璃板，有 3mm 厚，尺寸为 1.2m × 0.6m、1.4m × 1.0m、2.0m × 2.2m 或者 2.2m × 2.6m。采用 APCVD 工艺在玻璃上沉积织构化的氧化锡 TCO 层，可以在玻璃供应商的生产线上制备，也可以在光伏生产线上制备。可供选择地，为了在玻璃上获得非微晶叠层组件通常采用的织构化的 TCO，可以溅射制备平面的 ZnO，然后通过湿法刻蚀出织构，也可以通过 LPCVD 直接沉积出带织构的 ZnO[38]，将这种玻璃衬底边缘抛光并清洗，然后将银焊料用作主栅线，并在带式炉中焙烘。用激光将这种织构化的 TCO 层划刻成大约 9mm 宽的条。然后将衬底装入到 PECVD 设备中，对于 a-Si/a-Si 或者 a-Si/nc-Si pin/pin 双叠层结构需要沉积 6 层半导体层。一些系统可以同时水平地装入很多衬底（批量），一些系统则需要衬底垂直放置，并连续地通过很多等离子体腔室。对反应腔室采用反应气体比如 NF$_3$ 进行刻蚀是很关键的，这样可以避免堆积和交叉污染[254]。半导体层沉积完成后再采用溅射或者 LPCVD 沉积非常薄的 ZnO 缓冲层。在与第一道线相邻的地方进行第二次激光划刻。第二次划线采用的激光功率低，这样尽管 ZnO 和 a-Si 层被划开了，但下面的织构化的 ZnO 层仍然相连。然后用磁控溅射沉积铝层作背反射层和背接触。在与第二道线相邻的地方对 Al 层进行第三次划刻，如图 12.23 所示，就完成了相邻电池之间的内部连接。沿着太阳电池板的周边采用高功率进行第四次激光划刻，隔开有源区与边缘。然后将第二块玻璃板或者保护性的聚合物背板用 EVA 黏结在电池上面封装成组件。

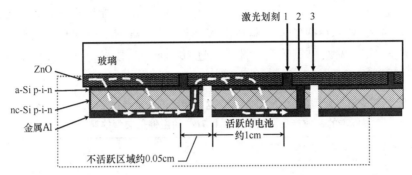

图 12.23　上衬底太阳电池的电池内部互连结构，显示了三道激光划刻

12.6.3　制造成本、安全性及其他

　　任何制造工艺的一个重要方面是成本，这通常主要包括原料、劳动力、设备的资产折旧以及管理。单位产品的总制造成本随产量的增加而下降。在本书出版时，这些 50～100MW 的生产线的资本花费成本是 2.00～3.00 美元/W[245]，而真正的生产成本则是保密的。一个工业分析研究组估算的生产成本为 1.10～1.50 美元/W，但是 Oerlikon 宣称其成本已经在 1.0 美元/W 以下，在 2011 年达到 0.70 美元/W（2010 年 9 月 7 日 GreenMedia 的在线资料）。有研究预测，在高产量时，也许 100MW$_p$/年，成本有希望降低到 1 美元/W$_p$ 以下[247]。目前，主要的材料成本是组件框、密封材料以及衬底（玻璃或者不锈钢）的成本。

　　与 a-Si 基光伏制造相关的另一个重要方面是生产线的安全性。尽管在最终产品中没有有毒物质，但是在生产过程中包含了很多有毒的和/或容易自燃的气体，比如锗烷、磷烷、三甲基硼烷、硅烷、氢气等。非晶硅光伏制造商，已经学习并借鉴了集成电路工业发展的很多安全程序，采用了很多方法来保证工作人员的安全[257]。有毒气体被用氢气或者硅烷稀释到 1%～20%。气体瓶放置在户外或者防火气柜中。在整个生产线中安装了毒气检测装置，自动气体隔离和操作关闭装置。

12.6.4　组件性能和可靠性

　　所有生产的薄膜组件的太阳能转换效率都比研发规模的小面积太阳电池的效率低很多，因为生产工艺更加受到成本和产量的限制[247]。效率的差异主要来自 TCO 和玻璃的质量（成本驱动）、半导体材料的质量、沉积的均匀性（产量驱动）、封装损失、栅线遮光及电学损失、小的漏电。对研发的电池与生产制造的电池之间的效率差异已经进行了详细分析[271,272]。最大的两个损失因素是 TCO 衬底的光学质量和生产上对更简单更实用但并不是最佳的工艺的需要。

　　通常要评价光伏组件的两个方面，并需要经过第三方认证：标准测试条件（STC）下的最大太阳能转换效率或者功率输出，及特定环境条件下的长期稳定性。实际上，与 STC 下的最大瓦数相比，每年的能量产出 kWh/kW 更加重要，但这需要更加细致的测量和监测。

表 12.5 给出了世界上一些公司制造 a-Si 基光伏组件的效率，尽管器件结构（a-Si 单结，a-Si双结或者 a-Si/a-SiGe/a-SiGe 三结）和衬底（玻璃或者不锈钢）有显著不同，商用组件的稳定效率一般都在 5.5% ~ 6.5% 的范围，除了 a-Si/nc-Si 双叠层组件的效率可以达到大约 8% ~ 10%，但也只是在 2009 年才被制造出来（Sharp，Kaneka 和 Astronergy）。在 2008 年，市场上大约有 15 家 a-Si 组件制造商，提供超过 400 种产品型号，尽管有些是从最初的生产商那里出来后重新进行了贴牌[273]。

表 12.5　大面积 **a-Si** 基原型组件的稳定效率。这些结果不一定经过了第三方的认证，也可能不是标准的商业产品，面积大于 **0.7m²** 的组件是典型的商业产品

结　　构	稳定效率（%）	尺寸/m²	公　　司	参考文献
a-Si	5.9	1.4	Ersol	[258]
a-Si	6.6	5.7	Signet	[259]
a-Si	6.3	1.5	Mitsubishi HI	[260]
a-Si/a-Si	6.9	1.4	Schott	[261]
a-Si/a-Si	6.0	0.94	EPV	[262]
a-Si/a-SiGe	9.3	0.52	Sanyo	[263]
a-Si/a-SiGe/a-SiGe	9.0	0.32	Fuji	[160]
a-Si/a-SiGe/a-SiGe	6.7	2.2	USO	[264]
a-Si/a-Si/a-SiGe	9.2	0.81	USO	[265]
a-Si/nc-Si	11.0	0.52	Sharp Solar	[106]
a-Si/nc-Si	10	1.4	Oerlikon	[266]
a-Si/nc-Si	8.0	1.4	Ersol	[267]
a-Si/nc-Si	9.0	1.4	Sharp	[268]
a-Si/nc-Si	9.2	0.20	Astronergy	[269]
a-Si/nc-Si	9.8	0.37	MHI	[105]
a-Si/nc-Si	10.0	1.2	Kaneha	[195]
a-Si/nc-Si	8.6	5.7	Kaneka	[270]
a-Si/nc-Si	8.0①	0.80	Appl. Mat.	[255]
a-Si/nc-Si/nc-Si	12.2	0.80	Canon	[100]

① 在 444W，曾报道过的最大薄膜模块。

　　尽管与其他商用的太阳电池相比，a-Si 基组件的稳定转换效率较低，但其温度系数较小，因而对温度不是很敏感，a-Si 的温度系数为 -0.2%/℃，而 c-Si 的温度系数为 -0.4 ~ -0.5%/℃。结果，在世界很多地方，与 c-Si 光伏产品相比，a-Si 光伏产品都呈现出高 5% ~ 15% 的年能量产率（每安装 1kW 产生多少 kWh 的能量）[247]。

　　和所有的光伏产品一样，a-Si 组件还要必须通过本书第 18 章所描述的可靠性和质量检测。在 IEC 61646 中列出了薄膜组件要进行的相关质量检测[274]。这些检测包括在 -40 ~

90℃之间的热循环、湿度冷冻循环、冰雹冲击、喷湿条件下的高偏压测试，以及其他。a-Si 组件的长期大规模户外应用在很多地方都实现了成功展示[201,275,276]。每年的相对衰退率大约为 1%，这与 c-Si 组件的相似。与 c-Si、多晶硅和 CdTe 组件一样，薄膜硅组件一般都会保证在 20 年甚至 25 年后仍能维持 80% 的输出。

12.7　结论和将来的方向

12.7.1　a-Si 基光伏的优势

a-Si 比 c-Si 对太阳光的吸收更强，厚度为 $0.3\mu m$ 的 a-Si 薄层就能吸收大于 90% 的太阳光。通过加入 Ge 或者形成 nc-Si，可以改变带隙，因此通过采用一种沉积工艺就能直接制备多结器件。非晶硅光伏产品可以在低温下通过低成本的连续或者批次工艺沉积在廉价的衬底上，并且是环境友好的，不含重金属（如 Cd），也不含稀有元素（如 In 和 Te），采用的 Si 也比 c-Si 太阳电池少得多。已经确信，即使规模达到 TW 也不会出现原料供应问题[277]。能量回收时间（非晶硅组件产生出其自身制备过程中所消耗的能量的时间）是所有光伏技术中最短的，估算的在 1 ~ 1.5 年。尽管其已经实现商业化生产近 20 年，生产工艺仍然会变得越来越成熟可靠，随着生产规模的扩大，成本有希望进一步下降。

当沉积在玻璃上时，a-Si 组件可以用来发电，也可以用于与建筑集成的应用。当沉积在质量轻的柔性衬底上，比如不锈钢或者塑料上时，其更有可能作为便携式电源，同样也可以用在与建筑集成的其他应用中。a-Si 组件还具有强的抗辐照能力，这对空间电源应用是很重要的。

12.7.2　a-Si 光伏的现状和竞争力

经过了近四分之一个世纪的努力，人们在 a-Si 基材料和太阳电池的性能理解以及沉积工艺方面已经取得了显著进展。在 1997 年，得到了初始效率为 15.2%、稳定效率为 13% 的 a-Si 基太阳电池[8]。在过去 10 年，a-Si 太阳电池组件的制造量已经提高了 10 倍以上，现在产能已经超过了 $270MW_p$/年。目前，很多制造厂家已经具有了几十年的制造经验，比如 United Solar Ovonic、Sharp、Mitsubishi 和 EPV，还有很多新的制造商拥有 Oerlikon Solar、Applied Materials、Ulvac Solar 以及 Leybold Optics 制造的巨大的、新的组件自动化生产线。Applied Materials 的 "fab" 生产线可以在 $5.7m^2$ 的玻璃板上制备组件，每年的产能可以达到 45MW（a-Si 单结）和 80MW（非微晶叠层）。尽管其效率较低，但一些工业专家预测由于这些新建生产线的进入，a-Si 将超过 CdTe 成为成本最低的光伏技术[278]。但是，所有的市场预测都是基于假设。如第 1 章的图 1.7 所示，低效率组件的 LCOE 下降很快，LCOE 对效率要比对成本敏感很多。因此，多数专家都认为无论成本多低，组件效率低于 8% 都不会有前景。所以，a-Si 制造必须要实现更高的组件性能。看上去，在将来的生产中必须采用 nc-Si 的多结器件。

已经在快速淀积工艺（>5Å/s）上取得了显著进展，并且可以与目前的低速工艺得到基本相同的性能，如在 12.3 节中所描述的。随着将快速淀积和高气体利用率工艺引入到生产中，成本会进一步降低。

另外，在 a-Si 基叠层太阳电池中采用纳米晶硅作窄带吸收层，在不同实验室中都已得到了超过 12% 的转换效率（稳定后的）。有几个生产商已经报道了大面积组件的稳定效率超过了 8%，包括 Sharp 和 Oerlikon 宣布在 $1.4m^2$ 商业组件上获得了 10% 的稳定效率。引入了纳米晶硅的电池在克服光衰退方面表现出更加优异的光稳定性。实际上，如果其是底电池限制的，将基本上没有衰退。最后，已经有分析给出了实现 15% 稳定效率双叠层器件的不同途径[279,280]。

12.7.3 进一步提升的关键问题和潜力

为了使 a-Si 基光伏应用显著地超过现在的水平，必须解决下面的这些关键问题：

1）必须更深入地理解光致衰退。将来需要开发出降低或者控制衰退的方法。目前，在器件设计上需要很多工程折中，比如采用薄的 i 层来限制衰退等。如果材料可以制备得在光照下更加稳定，这些折中就可以放宽，器件也就可以获得更高的效率。

2）当最小化与光衰退相关的总缺陷时，就需要提高空穴的迁移率。

3）需要改善 a-SiGe 的性能，这样这种窄带隙的材料就可以应用到电池中，能够更多地利用太阳光谱中的红外光。

4）需要在（至少）保证现有工艺的转换效率的前提下开发更快的沉积工艺。这是低成本、高产量生产的关键。另外，这些高速工艺也必须要有高的气体利用率。

5）纳米晶硅基太阳电池还需要更加深入的开发，来替代在双叠层或三结电池中 a-SiGe 窄带隙子电池。希望开发出沉积速度更快（>20Å/s）的沉积工艺。提高开路电压，需要更好地理解使开路电压大于 0.60V 的方法。

6）需要透明导电材料有更好的陷光效果以及可以更好地为 nc-Si 的生长提供模板。光学性能包括更小的内部寄生吸收，以及能够提高 J_{sc} 但不会导致 V_{oc} 因漏电而降低的织构。能够抵抗高功率高氢稀释比等离子体的破坏对沉积 nc-Si 也是有价值的。另外一个很有吸引力的是等离子激元背反射器。

7）需要进一步改善组件的设计，进一步降低装框和封装的成本。同时，必须保证或者提高组件在标准环境测试下的耐用性。

8）需要在现有市场中进一步发现 a-Si 光伏产品的新应用，包括建筑一体化光伏、空间电源以及电子消费器件、大规模并网电站等。

致谢

感谢如下人员对撰写本章的帮助：Rana Biswas（Iowa 州立大学），Nerio Cereghetti（LEEE），Gautam Ganguly（BP Solar 公司），Subhendu Guha，Baojie Yan，Jeff Yang，Guozhen Yue（United Solar Ovonic LLC），Scott Jones，Stanford Ovshinsky（Energy Conversion Devices），Bolko von Roedern（国家可再生能源实验室），Chris Wronski（Pennsylvania 州立大学），Brent Zhu，Brad Culver，Ujjwal Das（能量转换研究所）。另外，与 1992 ~ 2004 年美国国家可再生能源实验室支持的 a-Si 工业/大学/国家实验室研究组同事的讨论与合作使作者受益匪浅。

参考文献

1. Williams E M, *The Physics and Technology of Xerographic Processes*, John Wiley & Sons, Inc., New York, (1984).
2. Mort J, *The Anatomy of Xerography: Its Invention and Evolution*, McFarland, Jefferson, N.C. (1989).
3. Perlin J, *Space to Earth: The Story of Solar Electricity* (aatec publications, Ann Arbor, 1999).
4. An historical discussion is given by Chittick R C and Sterling H F, in *Tetrahedrally Bonded Amorphous Semiconductors*, edited by Adler D and Fritzsche H, Plenum, p. 1 New York (1985).
5. Spear W E, LeComber P G, *Solid State Comm.* **17**, 1193 (1975).
6. Carlson D E, Wronski C R, *Appl. Phys. Lett.* **28**, 671–673 (1976).
7. Wronski C R, Carlson D E, Amorphous Silicon Solar Cells, in *Clean Electricity from Photovoltaics*, Archer M D and Hill R (eds), World Scientific (2001).
8. Yang J, Banerjee A, Guha S, *Appl. Phys. Lett.* **70**, 2977–2979 (1997).
9. Yoshimi M, Sasaki T, Sawada T, Suezaki T, Meguro T, Matsuda T, Santo K, Wadano K, Ichikawa M, Nakajima A, Yamamoto K, *Conf. Record, 3rd World Conference on Photovoltaic Energy Conversion*, pp 2789–2792 (Osaka 2003).
10. Fritzsche H, in *Amorphous and Heterogeneous Silicon Thin Films*, Collins R W, *et al.* (eds), Materials Research Society, Symposium Proceedings Vol. 609, p. A17.1 Warrendale (2001).
11. Vaneček M A, Poruba A, Remeš Z, Beck N, Nesládek M, *J. Non-Cryst. Solids* **227–230**, 967 (1998).
12. The figure was calculated based on the hemispherical irradiance (37° south-facing) American Society for Testing and Materials (ASTM) Table G159-98 Standard Tables for References Solar Spectral Irradiance at Air Mass 1.5: Direct Normal and Hemispherical for a 37° Tilted Surface.
13. Carasco F and Spear W E, *Phil. Mag. B* **47**, 495 (1983). Near room temperature, these authors reported that a-Si:H has a "quantum efficiency" of essentially 1.00 for generating photocarriers when a photon is absorbed. This ideal value is rather surprising. Many other noncrystalline materials have "geminate recombination" of the electron and hole immediately after their generation, which would of course lead to a loss of conversion efficiency; see reference [14].
14. Schiff E A, *J. Non-Cryst. Solids* **190**, 1 (1995).
15. The spectrum splitting multi-bandgap a-Si/a-SiGe tandem was proposed by Vik Dalal and Ed Fagen of the Institute of Energy Conversion: Dalal V, Fagen E, *Proc 14th IEEE Photovoltaic Spec Conf* (1980) 1066; and also patented by Dalal #4,387,265 (1983).
16. Guha S, in *Technology and Applications of Amorphous Silicon*, 252–305, Street R A (ed), Springer, Berlin (1999). Fig. 6.10 of this paper is a valuable compilation of power measurements for varying cell thicknesses and light-soaking histories.
17. Guha S, Yang J, Banerjee A, Glatfelter T, Hoffman K, Xu X, *Technical Digest - 7th International Photovoltaic Science and Engineering Conference PVSEC-7*, p. 43 (Nagoya 1993).
18. Staebler D L and Wronski C R, *Appl. Phys. Lett.* **31**, 292 (1977).
19. Gregg A, Blieden R, Chang A, Ng Herman, *Proceedings 31st IEEE Photovoltaic Specialists Conference*, 1615, (Orlando, 2005).
20. Measurements furnished through the courtesy of N. Cereghetti, Laboratory of Energy, Ecology and Economy (LEEE), Scuola Universitaria Professionale della Svizzera Italiana. These data apply to the 0.5 kW array, and are described in more detail by Cereghetti N, Chianese D, Rezzonico S, Travaglini G, *Proceedings of the 16th European Photovoltaic Solar Energy Conference*, James and James, London (2001).
21. Emery K, Burdick J, Calyem Y, Dunlavy D, Field H, Kroposki B, Moriary T, Ottoson L, Rummel S, Strand T, Wanlass M W, *Proceedings 25th IEEE Photovoltaic Specialists Conference*, p. 1275, (Washington DC, 1996).

22. Kameda M, Sakai S, Isomura M, Sayama K, Hishikawa Y, Matsumi S, Haku H, Wakisaka K, Tanaka K, Kiyama S, Tsuda S, Nakano S, *Proceedings 25th IEEE Photovoltaic Specialists Conference*, p. 1049 (Washington 1996).

23. del Cueto J A and von Roedern B, *Prog. Photovolt: Res. Appl.* **7**, 101 (1999).

24. Carlson D E, Lin G, and Ganguly G, in *Proceedings of the 28th Photovoltaic Specialists Conference*, p. 707, IEEE (2000).

25. Street R A, *Hydrogenated Amorphous Silicon*, Cambridge University Press, Cambridge (1991).

26. Phillips J C, *J. Non-Cryst. Solids* **34**, 153 (1979).

27. Boolchand P, Lucovsky G, Phillips J C, and Thorpe M F, *Phil. Mag.* **B85**, 3823 (2005).

28. Reimer J A and Petrich M A, in *Amorphous Silicon and Related Materials*, Vol. A, 3, Fritzsche H (ed.), World Scientific, Singapore (1989).

29. Zhao Y, Zhang D L, Kong G L, Pan G, Liao X B, *Phys. Rev. Lett.* **74**, 558 (1995).

30. Santos P V, Johnson N M, and Street R A, *Phys. Rev. Lett.* **67**, 2686 (1991).

31. Beyer W, Herion J, Wagner H, Zastrow U, *Phil. Mag.* **B63**, 269 (1991).

32. Figure courtesy of R. Biswas; for information on the calculations, see Biswas R and Li Y P, *Phys. Rev. Lett.* **82**, 2512 (1999).

33. The assignment of the D-center observed in electron paramagnetic resonance measurements with a dangling bond has been challenged in favor of "floating bonds" (Stathis J H, Pantelides S T, *Phys. Rev. B* **37**, 6579–6582 (1988)).

34. Zafar S, Schiff E A, *Phys. Rev. Lett.* **66**, 1493 (1991).

35. Jackson W B, Tsai C C, Thompson R, *Phys. Rev. Lett.* **64**, 56 (1990).

36. See the review by Fritzsche H, *Annu. Rev. of Mater. Res.* **31**, 47 (2001).

37. Branz H M, *Phys. Rev. B* **59**, 5498 (1999).

38. Park H R, Liu J Z, Wagner S, *Appl. Phys. Lett.* **55**, 2658 (1989).

39. Ley L, *J. Non-Cryst. Solids* **114**, 238 (1989).

40. Jackson W B, Kelso S M, Tsai C C, Allen J W, Oh S J, *Phys. Rev. B* **31**, 5187 (1985).

41. Cody G, Tiedje T, Abeles B, Brooks B, Goldstein Y, *Phys. Rev. Lett.* **47**, 1480 (1981).

42. Tiedje T, in *Hydrogenated Amorphous Silicon II*, 261–300, Joannopoulos J D and Lucovsky G (eds), Springer-Verlag, New York (1984).

43. Gu Q, Wang Q, Schiff E A, Li Y-M, Malone C T, *J. Appl. Phys.* **76**, 2310 (1994).

44. Wang Q, Antoniadis H, Schiff E A, Guha S, *Phys. Rev. B* **47**, 9435 (1993).

45. Gu Q, Schiff E A, Chevrier J-B, Equer B, *Phys. Rev. B* **52**, 5695 (1995).

46. Mott N V, *Conduction in Non-Crystalline Solids*, Oxford University Press, Oxford (1987).

47. Dawson R, Li Y, Gunes M, Heller D, Nag S, Collins R, Wronski C, *Amorphous Silicon Technology – 1992*, Thompson M J *et al.* (eds), Materials Research Society, Symposium Proceedings Vol. 258, pp 595–600, Pittsburgh (1993).

48. Hishikawa Y, Nakamura N, Tsuda S, Nakano S, Kishi Y, Kuwano Y, *Japan J Applied Physics* **30**, 1008–1014 (1991).

49. Tauc J, in *Optical Properties of Solids*, 277, Abeles F (ed.), North Holland, Amsterdam (1972).

50. Chen I S, Wronski C R, *J. Non-Cryst. Solids* **190**, 58 (1995).

51. Jackson W B, Amer N, *Phys. Rev. B* **25**, 5559 (1982).

52. Lee J-K, Schiff E A, *Phys. Rev. Lett.* **68**, 2972 (1992).

53. Antoniadis H, Schiff E A, *Phys. Rev. B* **46**, 9482–9492 (1992).

54. Han D, Melcher D C, Schiff E A, Silver M, *Phys. Rev. B* **48**, 8658 (1993).

55. Hama S T, Okamoto H, Hamakawa Y, Matsubara T, *J. Non-Cryst. Solids* **59–60**, 333 (1983).

56. Guha S, Payson J S, Agarwal S C, Ovshinsky S R, *J. Non-Cryst. Solids* **97, 98**, 1455 (1987).

57. Mackenzie K, Burnett J, Eggert J, Li Y, Paul W, *Physical Review B* **38**, 6120–6136 (1998).

58. Middya A R, Ray S, Jones S J, Williamson D L, *J.Appl. Phys.* **78**, 4966 (1995).

59. Stutzmann M, Street R A, Tsai C C, Boyce J B, Ready S E, *J. Appl. Phys.* **66**, 569 (1989).

60. Li Y-M, Catalano A, Fieselmann B F, in *Amorphous Silicon Technology – 1992*, Thompson M J *et al.* (eds), 923, Materials Research Society, Symposium Proceedings Vol. 258, Pittsburgh (1993).

61. Arya R R, Catalano A, Oswald R S, *Appl. Phys. Lett.* **49**, 1089 (1986).
62. Tsukada T, in *Technology and Applications of Amorphous Silicon*, Street R A (ed.), Springer, Berlin (2000).
63. Vallat-Sauvain E, Shah A, Ballat J, in *Thin Film Solar Cells: Fabrication, Characterization, and Applications*, Poortmans J, Arkhipov A (eds), John Wiley & Sons, Ltd (2006).
64. Chittick R, Alexander J, Sterling H, *J. Electrochem. Soc.* **116**, 77–81 (1969).
65. Spear W, LeComber P, *J. Non-Cryst. Solids* **8–10**, 727–738 (1972).
66. Arya R, Carlson D, *Prog. Photovoltaics* **10**, 69–76 (2002).
67. Carlson D, *US Patent 4,317,844* (1982).
68. Curtins H, Wyrsch N, Shah A, *Electron. Lett.* **23**, 228–230 (1987).
69. Chatham H, Bhat P, Benson A, Matovich C, *J. Non-Cryst. Solids* **115**, 201–203 (1989).
70. Saito K, Sano M, Matsuyama J, Higasikawa M, Ogawa K, Kajita I, *Tech. Digest PVSEC-9*, 579 (1996).
71. Matsumura H, *Jpn. J. Appl. Phys.* **25**, L949–L951 (1986).
72. Mahan A, Carapella J, Nelson B, Crandall R, Balberg I, *J. Appl. Phys.* **69**, 6728–6730 (1991).
73. Takei T, Tanaka T, Kim W, Konagai M, Takahashi K, *J. Appl. Phys.* **58**, 3664–3668 (1991).
74. Rocheleau R, Hegedus S, Buchanan W, Jackson S, *Appl. Phys. Lett.* **51**, 133–135 (1987).
75. Paul W, Lewis A, Connel G, Moustakas T, *Solid State Commun.* **20**, 969–972 (1976).
76. Moustakas T, Wronski C, Tiedje T, *Appl. Phys. Lett.* **39**, 721–723 (1981).
77. Chapman B, *Glow Discharge Processes*, John Wiley & Sons, Inc., New York (1980).
78. Luft W, Tsuo Y, *Hydrogenated Amorphous Silicon Alloy Deposition Processes*, Marcel Dekker, New York (1993).
79. Kushner M, *J Appl Phys* **63**, 2532–2552 (1988).
80. Matsuda A, *J Vac Sci Tech A* **16**, 365–368 (1998).
81. Y Hishikawa, S Tsuda, K Wakisaka, Y Kuwano, *J Appl. Phys.* **73**, 4227–4231 (1993).
82. Zanzucchi P, Wronski C, Carlson D, *J Appl Phys* **48**, 5227–5236 (1977).
83. Deng X, Narasimhan K, Evans J, Izu M, Ovshinsky S, *Proc. 1st World Conf. on Photovoltaic Energy Conversion* p. 678 (Hawai'i 1994).
84. Hegedus S, *Progress in Photovoltaics* **5**, 151–168 (1997).
85. Dickson C, Fieselmann B, Oswald R, *J Crystal Growth* **89**, 49–61 (1988).
86. Kamei T, Matsuda A, *J Vac Sci Tech A* **17**, 113–119 (1999).
87. Kinoshita T, Isomura M, Hishakawa Y, Tsuda S, *Jap J Appl Phys* **35**, 3819–3824 (1996).
88. Kampas F, *J. Appl. Phys.* **54**, 2276–2280 (1983).
89. Jasinski, J, Whittaker, E, Bjorklunk G, Dreyfus R, Estes R, Walkup R, *Appl. Phys. Lett.* **44**, 1155–1157 (1984).
90. Robertson R, Gallagher A, *J. Chem. Phys.* **85**, 3623–3630 (1986).
91. Gallagher A, *J. Appl. Phys.* **63**, 2406–2413 (1988).
92. Doughty D, Gallagher A, *Phys Rev A* **42**, 6166–6170 (1990).
93. Arya R, Carlson D, *Prog. Photovoltaics* **10**, 69–76 (2002).
94. Platz R, Wagner S, Hof C, Shah A, Wieder S, Rech R, *J Appl Phys* **84**, 3949–3953 (1998).
95. Shah A, *et al.*, *Solar Energy Matl Solar Cells* **78**, 469–491 (2003).
96. Smets A, Matsui T, Kondo M, *J Appl Physics* **104**, 034508 (2008).
97. Yue G, Yan B, Yang, J, Guha, *Proc 33rd IEEE Photovoltaic Specialist Conf,* paper 260 (San Diego, 2008).
98. Schropp R, *et al.*, *Proc 31st IEEE Photovoltaic Specialist Conf* (Orlando, 2005) pp 1371–1374.
99. Vetterl O, *et al.*, *Solar Energy Materials Solar Cells* **62**, 97–108 (2000).
100. Kroll U *et al.*, *Proc 22nd Euro PVSEC* (Milan, 2007).
101. Saito K, Sano M, Otoshi H, Sakai A, Okabe S, Ogawa K. *Proc 3rd World Conf on PV Energy Conversion* (Osaka, 2003).
102. C. Ferreira, J. Loureiro, *J. Phys. D* **16**, 2471–2483 (1983).
103. M. Wertheimer, M. Moisan, *J. Vac. Sci. Tech.* A3, 2643–2649 (1985).
104. S. Oda, J. Noda, M. Matsumura, J, *Jpn. J. Appl. Phys.* **29**, 1889 (1990).

105. H Takatsuka, M Noda, Y Yonekura, Y Takeuchi, Y Yamauchi, *Solar Energy* **77**, 951–960 (2004).

106. Fujioka, Y, Shimuzu A, Fukuda H, Oouchida T, Tachibana S, Tanamura H Nomoto K, Okamoto K, Abe M, *Solar Energy Materials and Solar Cells* **90**, 3416–3421 (2006).

107. Ito N, Kondo M, Matsuda A, *Proc. 28th Photovoltaic Specialists Conference*, pp 900–903 (Anchorage, 2000).

108. H Meiling, W van Sark, J Bezemer, W van der Weg *J Appl Phys* **80**, 3546–3551 (1996).

109. Kato I, Wakana S, Hara S, Kezuka H, *Jpn. J. Appl. Phys.* **21**, L470 (1982).

110. Hudgens S, Johncock A, Ovshinsky S, *J. Non-Cryst. Solids* **77–78**, 809 (1985).

111. Watanabe T, Azuma K, Nakatani M, Suzuki K, Sonobe T, Shimada T, *Jpn. J. Appl. Phys.* **25**, 1805 (1986).

112. Saito K, Sano M, Matsuyama J, Higasikawa M, Ogawa K, Kajita I, *Tech. Digest PVSEC-9*, p. 579 (1996).

113. Guha S, Xu X, Yang J, Banerjee A, *Appl. Phys. Lett.* **66**, 595–597 (1995).

114. Saito K, Sano M, Ogawa K, Kajita I, *J. Non-Cryst. Solids* **164–166**, 689 (1993).

115. Deng X, Jones S, Liu T, Izu M, Ovshinsky S, *Proc. 26th IEEE Photovoltaic Specialists Conference*, p. 591, (Anaheim, 1997).

116. Matsumura H, *Jpn. J. Appl. Phys.* **25**, L949–L951 (1986).

117. Wiesmann H, Ghosh A, McMahon T, Strongin M, *J. Appl. Phys.* **50**, 3752 (1979).

118. Mahan A, Carapella J, Nelson B, Crandall R, Balberg I, *J. Appl. Phys.* **69**, 6728–6730.

119. Bauer S, Herbst W, Schroder B, Oechsner H, *Proc 26th IEEE Photovoltaic Spec Conf* 719–722 (Anaheim, 1997).

120. Mahan A, Xu Y, Nelson B, Crandall R, Cohen J, Palinginis K, Gallagher A, *Appl. Phys. Lett.* **78**, 3788 (2001).

121. Schropp R, Li H, Franken R, Rath J, van der Wert C, Scuttauf J, Stolk R, *Thin Solid Films* **516** (2008) 6818–6823; or *Solar Energy Materials and Solar Cells* 2009 (on-line 20-Mar-2009).

122. Osono S, Kitazoe M, Tsuboi H, Asari S, Saito K, *Thin Solid Films* **501**, 601 (2006).

123. Moustakas T, Maruska H, Friedman R, *J. Appl. Phys.* **58**, 983–986 (1985).

124. Konagai M, Kim W, Tasaki H, Hallerdt M, Takahashi K, *AIP Conf. Proc.* **157**, 142–149 (1987).

125. Rocheleau R, Hegedus S, Buchanan W, Jackson S, *Appl. Phys. Lett.* **51**, 133–135 (1987).

126. Parsons G, Tsu D, Lucovsky G, *J. Vac. Sci. Technol., A* **6**, 1912–1916 (1988).

127. Sakamoto Y, *Jpn. J. Appl. Phys.* **16**, 1993–1998 (1977).

128. Dalal V, Maxson T, Girvan R, Haroon S, *Mater. Res. Soc. Symp. Proc.* **467**, 813–817 (1997).

129. Jones S, Crucet R, Deng X, Izu M, *Mater. Res. Soc. Symp. Proc.* **609**, A4.5 (2000).

130. Guha S, Narasimhan K, Pietruszko S, *J. Appl. Phys.* **52**, 859 (1981).

131. Okamoto S, Hishikawa Y, Tsuda S, *Japan J Appl Physics* **35**, 26–33 (1996).

132. Collins R, *et al.*, *Solar Energy Materials Solar Cells* **78**, 143–180 (2003).

133. Ferlauto A, Koval R, Wronski C, Collins R, *Appl. Phys. Lett.* **80**, 2666 (2002).

134. Kamei T, Stradins P, Matsuda A, *Appl Phys Lett* **74**, 1707–1709 (1999).

135. Guha S, *Solar Energy* **77**, 887–892 (2004).

136. Guha S, Yang J, Williamson D, Lubianiker Y, Cohen D, Mahan H, *Appl Phys Lett* **74**, 1860–1862 (1999).

137. Vallat-Sauvain E, Kroll U, Meier J, Shah A, Pohl J, *J Appl Physics* **87**, 3137–3142 (2000).

138. Shah A V, Meier J, Vallat-Sauvain E, Wyrsch N, Kroll U, Droz C, Graf U, Material and solar cell research in microcrystalline silicon, *Sol. Energy Mat. Sol. Cells* **78**, 469–491 (2003).

139. Guo L, Kondo M, Fukawa M, Saitoh K, Matsuda A, *Jpn. J. App. Phys.* **37**, L1116–L1118 (1998).

140. Rech B, Repmann T, van den Donker M N, Berginski M, Kilper T, Hupkes J, Calnan S, Stiebig H, Wieder S *Thin Solid Films* **511–512**, 548–555 (2006).

141. Paul W, Street R, Wagner S, *J Electronic Mat* **22**, 39–48 (1993).

142. Guha S, Payson J, Agarwal S, Ovshinsky S, *J. Non-Cryst. Solids* **97–98**, 1455 (1987).

143. Tawada Y, Tsuge T, Kondo M, Okamoto H, Hamakawa Y, *J Appl Physics* **53**, 5273–5281 (1982).

144. Pearce J, Podraza N, Collins R, Al-Jassim M, Jones K, Wronski C, *J Applied Physics* **101**, 114301 (2007).

145. Rath J, Schropp, *Solar Energy Materials Solar Cells* **53**, 189–203 (1998).

146. Burgelman M, Verschraegen J, Degrave S, Nolletet P, *Prog. Photovolt: Res. Appl.* **12**, 143–153 (2004).

147. Zhu & AMPS-1D H, Kalkan AK, Hou J, Fonash SJ, *AIP Conf. Proceedings* **462**, 309 (1999). -1D is a copyright of Pennsylvania State University.

148: Welcome, expert. The intrinsic layer parameters for most of the calculations in this section were published in Jianjun Liang, Schiff EA, Guha S, Baojie Yan, Yang J, *Appl. Phys. Lett.* **88** 063512 (2006). Idealized doped layer parameters were chosen; the details have no significant effect on the calculations.

149. Schropp R E I, Zeman M, *Amorphous and Microcrystalline Silicon Solar Cells: Modeling Materials, and Device Technology*, Kluwer, Boston (1998).

150. Measurements are provided through the courtesy of United Solar Ovonic LLC. The untextured cells were made on uncoated stainless steel, which has a reflectivity of about 30%.

151. Rose A, *Concepts in Photoconductivity and Allied Topics* (Krieger, 1978).

152. Fonash S, *Solar Cell Device Physics* (Academic Press, New York, 1981).

153. Zhu K, Yang J, Wang W, Schiff EA, Liang J, Guha S, in *Amorphous and Nanocrystalline Silicon Based Films - 2003*, Abelson JR, Ganguly G, Matsumura H, Robertson J, Schiff EA (eds.) (Materials Research Society Symposium Proceedings Vol. 762, Pittsburgh, 2003), pp 297–302.

154. Zeman M, in *Thin Film Solar Cells: Fabrication, Characterization, and Applications*, Poortmans J, Arkhipov A (eds), John Wiley & Sons, Ltd (2006).

155. Dutta U, Chatterjee P, Tchakarov S, Uszpolewicz M, Roca I Cabarrocas P, *J. Appl. Phys.* **98**, 044511 (2005).

156. Eray A and Nobile G, The optimization of a-Si:H *pin* solar cells: more insight from simulation, in *Recent Developments in Solar Energy*, Tom P. Hough (ed.) (Nova Science, 2007).

157. Liang J, Schiff E A, Guha S, Yan B, Yang J, *Appl. Phys. Lett.* **88**, 063512 (2006).

158. For optically simple, untextured cells such as those in Figure 12.15, this fraction can be calculated from the optical absorption spectrum and the solar illumination spectrum (Figure 12.2).

159. Schiff E A, *J. Phys.: Condens. Matter* **16**, S5265 (2004). Figure 12.16 was generated using the multiple-trapping equations and fitting parameters presented in this paper.

160. In Figure 12.16, the displacement of electrons is proportional to time, which is unsurprising. However, the displacement of holes increases only as (roughly) the square-root of time. This peculiar behavior is called "anomalous dispersion" [161]. In a-Si:H and related materials, anomalous dispersion is attributed to trapping by states in the bandtail. Thus a free hole – one in a level below E_V – has a band mobility μ_p around 0.5 cm^2/Vs. However, a hole is trapped and released by valence bandtail states many times in a microsecond, which reduces its travel in a microsecond by more than 100 times. For more details, see [159]. The conduction band also has a bandtail; it is about 22 meV wide in a-Si:H, which is about half the width of 45–50 meV width for the valence bandtail. The narrower width means it has little effect near room-temperature, which is why an electron's drift-mobility is so much larger than that of a holes.

161. Scher H, Shlesinger M F, Bendler J T, *Physics Today* **44** (1), 26 (1991).

162. Schiff E A, *Solar Energy Materials and Solar Cells* **78**, 567 (2003).

163. It should be noted that the collection zone's width is not the ambipolar diffusion length. The latter is a well-known concept for high-mobility semiconductors such as c-Si. Ambipolar diffusion applies near the edge of what we've termed the recombination region, and its minor effect in a-Si:H can be just barely discerned in Figure 12.17. Instead, the concept of a limiting carrier collection, or drift, length is the more useful and appropriate for analysis of a-Si solar

cells [84].

164. Guha S, Yang J, Nath P, Hack M, *Appl. Phys. Lett.* **49**, 218 (1986).

165. Arya RR, Catalano A, Oswald R S, *Appl. Phys. Lett.* **49**, 1089 (1986).

166. Hegedus SS, Rocheleau R E, Tullman R N, Albright D E, Saxena N, Buchanan W A, Schubert K E, Dozier R, *Proceedings 20th IEEE Photovoltaic Specialists Conference*, p. 129 (Las Vegas 1988).

167. Sakai H, Yoshida T, Fujikake S, Hama T, Ichikawa Y, *J. Appl. Phys.* **67**, 3494 (1990).

168. Munyeme G, Zeman M, Schropp REI, van der Weg WF, *Phys. Stat. Sol. (c)* **1**, 2298 (2004).

169. Williams EL, Jabbour GE, Wang Q, Shaheen SE, Ginley DS, Schiff EA, *Appl. Phys. Lett.* **87**, 223504 (2005).

170. Bailat J., Domine D., Schluchter R, Steinhauser J, Fay S, Freitas F, Bucher C, Feitknecht L, Niquille X, Tscharner T, Shah A, Ballif C, *Proceedings IEEE 4th World Conference on Photovoltaic Energy Conversion*, p. 1533 (Hawai'i 2006).

171. Mai Y, Klein S, Carius R, Wolff J, Lambertz A, Finger F, *J. Appl. Phys.* **97**, 114913 (2005).

172. Klaver A and van Swaaij R.A.C.M.M., *Solar Energy Materials and Solar Cells* **92**, 50 (2008).

173. Crandall R S and Schiff E A, *13th NREL Photovoltaics Program Review*, Ullal H S, Witt C E (eds), *Amer. Inst. of Phys., Conf. Proc.* **353**, pp. 101–106 (1996).

174. Two effects cancel to yield the net slope of 1.0 v/eV in Figure 12.18. As the bandgap decreases, the photogeneration rate increases and increases V_{OC} slightly. Concurrently, the bandtails widen, which decreases V_{OC}.

175. B. Pieters B, Stiebig H, Zeman M, van Swaaij R. A. C. M. M., *J. Appl. Phys.* **105**, 044502 (2009).

176. Schiff E A, in *Amorphous and Polycrystalline Thin-Film Silicon Science and Technology-2009*, Flewitt A, Wang Q, Hou J, Uchikoga S, Nathan A (eds) (*Mater. Res. Soc. Symp. Proc.* Volume 1153, Warrendale, PA, 2009), 1153-A15-01.

177. Hegedus S and Deng X, *Proceedings 25th IEEE Photovoltaic Specialists Conference*, p. 1061, (Washington DC 1996).

178. Hegedus S, Buchanan W, Liu X, Gordon R, *Proceedings 25th IEEE Photovoltaic Specialists Conference*, p. 1129, Institute of Electrical and Electronics Engineers (1996).

179. Lechner P, Geyer R, Schade H, Rech B, Müller J, *Proceedings 28th IEEE Photovoltaic Specialists Conference*, p. 861, Institute of Electrical and Electronics Engineers (2000).

180. Yablonovitch E, *J. Opt. Soc. Am.* **72**, 899 (1982).

181. Zhou D, Biswas R, *J. Appl. Phys.* **103**, 093102 (2008).

182. Tiedje T, Yablonovitch E, Cody G D, Brooks B G, *IEEE Trans. on Elect. Devices* **ED-31**, 711 (1984).

183. Krc J, Zeman M, Smole F, Topic M, *J. Appl. Phys.* **92**, 749–755 (2002).

184. Yan B, Yue G, Xu X, Yang J, Guha S, *Phys. Status Solidi A* **207**, 671 (2010).

185. Poruba A, Fejfar A, Remes Z, Springer J, Vanecek M, Kocka J, Meier J, Torres P, Shah A, *J. Appl. Phys.* **88**, 148.

186. Banerjee A and Guha S, *J. Appl. Phys.* **69**, 1030 (1991).

187. Atwater H, Polman A, *Nature Materials* **9**, 205–213 (2010).

188. Smith Z, Wagner S *Proceedings 19th IEEE Photovoltaic Specialists Conference*, pp 204–209 (New Orleans 1987).

189. Jardine C, Conibeer G, Lane K, *Proceedings of the 17th European Photovoltaic Solar Energy Conference*, pp 724–727 (Munich 2001).

190. Minemoto T *et al.*, *Solar Energy Material Solar Cells* **91**, 120–122 (2007).

191. Agarwal P, Povolny H, Han S, Deng X, *J. Non-Cryst. Solids* **299–302**, 1213–1218 (2002).

192. Yang L, Chen L, Catalano A, *Mater. Res. Soc. Symp. Proc.* **219**, 259–264 (1991).

193. Guha S, Yang J, Pawlikiewicz A, Glatfelter T, Ross R, Ovshinsky S, *Appl. Phys. Lett.* **54**, 2330 (1989).

194. Zimmer J, Stiebig H, Wagner H, *J. Appl. Phys.* **84**, 611–617 (1998).

195. Bullot J, Schmidt M, *Physica Status Solidi (B)* **143**, 345–416 (1987).

196. Li Y-M, *Proc. Mater. Res. Soc. Symp.*, **297**, p. 803 (1993).

197. For example at Energy Photovoltaics (EPV, previously Chronar and Advanced Photovoltaic Systems); Power Film (previously Iowa Thin Film); and Sinar Solar.
198. Yang J, Yan B, Yue G, Guha S, *Proc 31st IEEE Photovoltaic Spec Conf*, pp 1359–1362 (Orlando, 2005).
199. Iida H, Shiba N, Mishuka T, Karasawa H, Ito A, Yamanaka M, Hayashi Y, *IEEE Electron Device Lett.* **EDL-4**, 157–159 (1983).
200. Gordon R, Proscia J, Ellis F, Delahoy A, *Sol. Energy Mater.* **18**, 263–281 (1989).
201. Yamamoto K *et al. Solar Energy* **77**, 939–949 (2004).
202. Fischer D, *et al. Proc 25th IEEE Photovoltaic Specialist Conf*, pp 1053–1056 (Washington DC 1996).
203. Meier J, Kroll U, Vallat-Sauvain E, Spritznagel J, Graf U, Shah A, *Solar Energy Matl Solar Cells* **77**, 983 (2004).
204. Hegedus S, Kampas F, Xi J, *Appl. Phys. Lett.* **67**, 813 (1995).
205. Banerjee A, Yang J, Glatfelter T, Hoffman K, Guha S, *Applied Physics Lett* **64**, 1517–1519 (1994).
206. Loffler J, Gordijn A, Stolk R, Li H, Rath J, Schropp R, *Solar Energy Materials and Solar Cells* **87**, 251–259 (2005).
207. Burdick J, Glatfelter T, *Sol. Cells* 9 (classic reference but no longer available) **18**, 310–314 (1986).
208. Mueller R, *Sol. Energy Mater. Sol. Cells* **30**, 37–45 (1993).
209. Benagli *et al.*, *Proc. 24th EU PVSEC* paper 3BO.9.3, pp 2293–2298 (Hamburg 2009).
210. Meier, J. Spitznagel, U. Kroll, C. Bucher, S. Faÿ, T. Moriarty, A. Shah, *Thin Solid Films*, **451–452**, pp 518–524 (2004).
211. Yamamoto K, Yoshimi M, Suzuki T, Tawada Y, Okamoto Y, Nakajima A, Thin Film Poly-Si Solar Cell on Glass Substrate Fabricated at Low Temperature, in *Amorphous and Micro-crystalline Silicon Technology – 1998*, pp 131–138 (Mat. Res. Soc. Symp. Proc. Vol. 507, 1998).
212. Bailat, D. Dominé, R. Schlüchter, J. Steinhauser, S. Faÿ, F. Freitas, C. Bücher, L. Feitknecht, X. Niquille, T. Tscharner, A. Shah, C. Ballif, *Proc 4th WCPEC Conference*, 1533–1436 (Waikoloa 2006).
213. Yang J, Banerjee A, Lord K, Guha S, *2nd World Conf. On Photovoltaic Energy Conversion*, p. 387 (1998).
214. Hishikawa Y, Ninomiya K, Maryyama E, Kuroda S, Terakawa A, Sayama K, Tarui H, Sasaki M, Tsuda S, Nakano S, *Conference Record 1st IEEE World Conf*. Photovoltaic Solar Energy Conversion, pp 386–393 (1994).
215. Arya R, Oswald R, Li Y, Maley N, Jansen K, Yang L, Chen L, Willing F, Bennett M, Morris J, Carlson D, *Conference Record 1st IEEE World Conf. Photovoltaic Solar Energy Conversion*, p. 394 (1994).
216. Yamamoto K *et al. Proceedings 31st IEEE Photovoltaic Specialists Conference* 1468–1471 (Orlando 2005).
217. Yang J, Guha S, *SPIE* 2009.
218. Bailat J, *et al.*, *Proc 26th EU-PVSEC*, paper 3BO-11-5 (Valencia 2010) .
219. Domine D, Buehlmann, Bailat J, Billet A, Feltrin A, Ballif C, *Proc. 23rd EU-PVSEC*, Valencia, Spain, p. 2096, 2008.
220. Rath J, *Proceedings 4th IEEE WCPEC* (2006 Waikoloa) pp 1473–1476.
221. Yoshida T, Tabuchi K, Takano A, Tanda M, Sasaki T, Sato H, Fijikake S, Ichikawa Y, Harashima K, *Proceedings 28th IEEE Photovoltaic Specialists Conference*, 762–765 (2000).
222. Wang W, Povolny H, Du W, Liao X, Deng X, *Proceedings 29th IEEE Photovoltaic Specialists Conference*, 1082–1085 (2002).
223. Nomoto K, Saitoh H, Chida A, Sannomiya H, Itoh M, Yamamoto Y, *Solar Energy Materials and Solar Cells* **34**, 339–346 (1994).
224. Yue G, Yan B, Ganguly G, Yang J, Guha S, *Appl. Phys. Lett.* **88**, 263507 (2006).
225. Saito K, Sano M, Matuda K, Kondo Takaharu, Nishimoto T, Ogawa K, Kajita I, *Proc. 2nd World Conf. Photovoltaic Solar Energy Conversion*, pp 351–354 (1998).

226. Yamamoto K *et al. Solar Energy* **77**, 939–949 (2004).

227. Yan B, Yue G, Owens JM, Yang J, Guha S, *Conference Record 4th WCPEC*, p. 1477 (2006, Waikoloa).

228. Deng X *et al.*, *Proceedings 4th WCPEC* pp 1461–14 (Waikoloa 2006).

229. Jones S, Crucet R, Capangpangan R, Izu M, Banerjee A, *Mater. Res. Soc. Symp. Proc.* **664**, A15.1 (2001).

230. Hamma S, Roca I Cabarrocas P, *Solar Energy Matl and Solar Cells* **69**, 217–239 (2001).

231. Faraji M, Gokhale S, Ghoudhari S, Takwake M, Ghaisas S, *Appl. Phys. Lett.* **60**, 3289–3291 (1992).

232. Meier J, Fluckiger R, Keppner H, Shah A, *Appl. Phys. Lett.* **65**, 860–862 (1994).

233. Yamamoto K, Yoshimi M, Suzuki T, Okamoto Y, Tawada Y, *Proc 26th IEEE Photovoltaic Spec Conf*, 575–580 (Anaheim 1997).

234. Yang J, Yan B, Yue G, Guha S, *Proc 31st IEEE Photovoltaic Spec Conf*, pp 1359–1362 (Orlando 2005).

235. Matsui T, Matsuda A, Kondo M, *Solar Energy Materials and Solar Cells* **90**, 3199–3204 (2006).

236. Bailat J, Vallat-Sauvain E, Feitknecht L., Droz C., Shah A., *Journal of Non-Crystalline Solids* **299–302**, 1219–1223 (2002).

237. Kluth O, Zahren C, Steibig H, Rech B, Schade H, *Proc 19th EU PVSEC*, 3DV1.56 (Paris, 2004).

238. Kluth O, Rech B, Houben L, Wieder S, Schöpe G, Beneking C, Wagner H, Löffl A, Schock H W, *Thin Solid Films* **351**, 247–253 (1999).

239. Rech B, Kluth O, Repmann T, Roschek T, Springer J, Muller J, Finger F, Stiebig H, Wagner H, *Solar Energy Matl Solar Cells* **74**, 439 (2002).

240. Yan B, Yue G, Yang J, Guha S, Wiilliamson D, Han D Jiang C, *Appl Phys Lett* **85**, 1955–1957 (2004).

241. van den Donker, Rech B, Finger F, Houben L, Kessels W, van de Sanden, *Progress in Photovoltaics* **15**, 291–301 (2007).

242. Coutts T, Emery K, Ward S, *Progress in Photovoltaics* **10**, 195–203 (2002).

243. Ganguly G, Yue G, Yan B, Yang J, Guha S, Proc 4th World Conf Photovoltaic Energy Conversion, pp 1712–1715 (Waikaloa, 2006).

244. Yan B, Yue G, Guha S, *Material Res Soc Symp Proc* **989**, 0989-A15-01 (2007).

245. *Photon International 2008 Module Production Survey* pp 195–202 (March 2009).

246. Richard D, *Photon International*, pp 190–207 (November 2009).

247. Hegedus S, *Progress in Photovoltaics* **14**, 393–411 (2006).

248. Izu M, Ellison T, *Solar Energy Materials and Solar Cells* **78**, 613–626 (2003).

249. Guha S, Yang J, *Proceedings 29th IEEE Photovoltaic Specialists Conference*, 1070–1075 (New Orleans, 2002).

250. Deng X, Narasimhan K, *Proceedings 1st World Conf. on Photovoltaic Energy Conversion*, p. 555 (Hawai'i, 1994).

251. Nath P, Hoffman K, Vogeli C, Ovshinsky S, *Appl. Phys. Lett.* **53**, 986–988 (1988).

252. Jansen K, Varvar A Groelinger J, *Proceedings 33rd IEEE PVSC* (San Diego, 2008).

253. H. Maurus, M. Schmid, B. Blersch, P. Lechner, H. Schade. *Proceedings of 3rd World Conference on Photovoltaic Solar Energy Conversion*, pp 2375–2378 (Osaka, 2003).

254. Klein S, Repmann T, Wieder S, Muller J, Buschbaum S, Rhode M, *Proc 22nd EU PVSEC* (Milan, 2007).

255. Fan Y, *et al.*, *Proc 34th IEEE Photovoltaic Spec Conf* (2009, Philadelphia).

256. Meier J, *et al.*, *Material Research Soc Symp Proc* Vol 889, 0989-A24-01 (2007).

257. Brookhaven National Photovoltaic Environmental Research Center www.bnl.gov/pv.

258. Ersol Solar Nova T-85 product specification sheet.

259. Signet Solar SI S1-380Ax product specification sheet.

260. Mitsubishi Heavy Industry MA-100-T2 product specification sheet.

261. Schott Solar ASI-TM-100 product specification sheet.

262. Energy Photovoltaic EPV-53 product specification sheet.

263. Okamoto S, Terakawa A, Maruyama E, Shinohara W, Hishikawa Y, Kiyama S, *Proc 28th IEEE Photovoltaic Specialists Conference*, pp 736–741 (Anchorage, 2000).
264. United Solar Ovonic PVL-144 product specification sheet.
265. Xu X, *et al.*, *Proceedings 34th IEEE Photovoltaic Specialists Conference* (2009, Philadelphia) 002159–002164.
266. Fecioru-Morariu M, *et al.*, *Proc 26th EU-PVSEC*, paper 3AV.1.23 (Valencia 2010)
267. Ersol Vega-T Module Data Sheet, downloaded 13 August, 2009.
268. Sharp Solar Press Release, 14 October, 2008.
269. Astronergy CEO Liyou Yang, Greentech Media Webinar (September 29, 2010).
270. Kaneka U-EA105 product specification sheet.
271. Rech B *et al.*, *Proc. 2nd World Conf. on Photovoltaic Solar Energy Conversion*, pp 391–396 (1998).
272. Shah A, *et al.*, *Progress in Photovoltaics* **12**, 113–142 (2004).
273. 2008 Module Survey, *Photon International* (February 2009) 136–209.
274. International Electrotechnical Commission, *Thin-film terrestrial photovoltaic (PV) modules – Design qualification and type approval* (2008).
275. Osburn D, *Proc Amer Solar Energy Soc Conf* (2003 Austin). Also available at www.nrel .gov/ncpv/thin_film/pn_techbased_amorphous_silicon.html.
276. Adelstein J, Sekulic B, *Proc 31st IEEE Photovoltaic Spec Conf*, pp 1627–1630 (Orlando) 2005.
277. http://www.nrel.gov/pv/thin_film/docs/035098_pvfaq_materials.pdf.
278. PV News Thin Film Forecast, published by Prometheus News June 2007.
279. Vanecek M, Springer J, Poruba A, Kluth O, Repmann T, Rech B, Meier J, Shah A, *Proc 3rd WCPEC* (Osaka 2003) 5PLD1-01.
280. Kondo M, Nagasaki S, Miyahara H, Matsui T, Fujiyabashi T, Matsuda A, *Proc 3rd WCPEC* (Osaka 2003) S20B9-01.

第 13 章　Cu(InGa)Se₂ 太阳电池

William N. Shafarman[1], Susanne Siebentritt[2], Lars Stolt[3]

1. 美国特拉华大学
2. 卢森堡大学
3. 瑞典 Solibro Research AB 公司

13.1　引言

$Cu(InGa)Se_2$ 基太阳电池通常被认为是最有前景的高效低成本太阳能光伏发电技术之一。在过去的 10 年中，这也导致全世界许多新建公司和大公司制造业发展的激增。Solar Frontier 公司目前正在建立 1GW 的生产设施。$Cu(InGa)Se_2$ 的前景部分原因是薄膜本身的优势：廉价、高速大面积半导体沉积、只需几微米厚、可以制造单片集成互联式组件。其实更为重要的是，$Cu(InGa)Se_2$ 电池和组件都达到了很高的效率。现在，最高效率是美国国家可再生能源实验室（National Renewable Energy Laboratory）创造的 20.0% 的效率，电池面积为 $0.5cm^{2[1,2]}$，德国巴登符腾堡太阳能和氢能源研究中心（ZSW）报道获得了效率为 20.3% 的 $Cu(InGa)Se_2$ 太阳电池（Powalla M 等在欧洲材料研究学会春季会议报道的最新结果，Strassbourg（2010），Green, M. A., Emery, K. A., Hishikawa, Y., Warta, W., Prog. Photovolt. 18, 346（2010））。此外，有几家公司也已经制造出了效率为 12%～14% 的大面积、生产规模的组件，包括已经证实的面积为 $3459cm^2$、效率为 13.5% 的组件[3] 和中试规模组件，面积为 $1000cm^2$、效率大于 15%。最后，$Cu(InGa)Se_2$ 太阳电池和组件在室外的测试中也显示出了长期的、优异的稳定性[4]。除了其大面积地面应用的优势，$Cu(InGa)Se_2$ 也可以制备成很轻重量和柔性太阳电池，可用于建筑一体化和便捷应用。$Cu(InGa)Se_2$ 的抗辐射能力也高于晶体硅和其他Ⅲ-Ⅴ太阳电池[5,6]，所以在空间应用也很有潜力。

$CuInSe_2$ 太阳电池始于 Bell 实验室 20 世纪 70 年代早期的工作。1953 年，Hahn 首次报道合成和表征了 $CuInSe_2$ 材料[7]，几个研究小组表征了其他三元黄铜矿结构的材料[8]。这些工作之后，Bell 实验室小组生长了多种这类材料并且表征了他们的结构、电学和光学性质[8-10]。首个 $CuInSe_2$ 太阳电池是在 p 型单晶 $CuInSe_2$ 上蒸发 n 型 CdS 制备而成的[11]。最开始认为此器件可以用作近红外光电探测器，因为相比 Si 光电探测器它们的光谱响应更宽、更均匀。经过优化，电池效率达到了 12%，测试是在户外"新泽西的一个晴朗的天气里"进行的[12]。

这些早期工作以后，对单晶 $CuInSe_2$ 器件的研究相对较少，部分原因是生长高品质的晶体极其困难[13]。相反，由于薄膜固有的优点，几乎所有的焦点都集中在薄膜太阳电池上。首个 $CuInSe_2$/CdS 薄膜器件是由 Kazmerski 等制造的，$CuInSe_2$ 薄膜采用蒸发 $CuInSe_2$ 粉末并伴过量 Se 而制备[14]。然而，薄膜 $CuInSe_2$ 太阳电池自 Boeing 制造出第一个效率高达 9.4% 的电池后才开始引起大家的关注[15]。与此同时，由于电化学不稳定性带来的问题，对于 Cu₂S/CdS 薄膜电池的研究兴趣大减，因此许多从事这方面研究的工作者注意力纷纷转向 CuInSe₂。

Boeing 的器件制备工艺是这样的：首先采用共蒸发在镀有 Mo 背电极的陶瓷衬底上制备 CuInSe₂ 薄膜，共蒸发使用分立的单质源蒸发[16]。接着蒸发两层 CdS 或 (CdZn)S 来完成电池制备，首先是一层本征 CdS，紧接着是一层 In 掺杂的 CdS 作为主要的电流输运层[16]。整个 20 世纪 80 年代，Boeing 和 ARCO Solar 都在致力于解决与规模、产量、成品率有关的产业化技术难题，并导致了 CuInSe₂ 电池的很多技术进步。Boeing 致力于共蒸发法沉积 Cu(InGa)Se₂，而 ARCO Solar 倾心于前驱物反应过程，在低温分别沉积 Cu 和 In 而后在 H₂Se 中进行反应退火。这两种加工方法，共蒸发和前驱物反应，今天仍然是最普遍的和制备最高转化效率电池和器件的沉积方法。

以 Boeing 提出的基本的电池结构为基础，进行了一系列提升效率的技术改进。其中最重要的技术改进包括：

- 通过 Ga 部分取代 In，吸收层的带隙从 CuInSe₂ 的 1.04eV 增加到 1.1 ~ 1.2eV，使效率大幅度提高[17]。

- ≤50nm 的不掺杂的 CdS 和导电的 ZnO 电流输运层取代了 1 ~ 2μm 厚的掺杂 (CdZn)S 层[18]。提高了短波（蓝光）响应从而增加了电池电流。

- 钠钙玻璃取代了陶瓷或硼酸盐玻璃衬底。起初这一改变是因为钠钙玻璃成本更低并且和 CuInSe₂ 有更好的热膨胀匹配。然而，人们很快发现玻璃中 Na 向内扩散会提高器件性能和工艺容忍度[19]。

- 沉积在聚酰亚胺或者金属箔柔性衬底上的电池，呈现了卷对卷加工的制备优势和空间或便携式应用的可能性。

- 开发了先进的吸收层制备工艺，使用具有带隙梯度的吸收层，从而增加了工作电压和收集电流[21,22]。

从其早期发展来看，由于 CuInSe₂ 优良的电学和光学性能，包括直接带隙导致的高吸收系数和固有的 p 型特征，CuInSe₂ 被认为是非常有前途的太阳电池材料。随着科学技术的发展，人们还发现它也是一个非常宽容的材料，因为①可以容许 Cu(InGa)Se₂ 的成分发生变动的情况下仍然可以获得高效率的器件[23,24]，②晶界本身就是钝化的，所以晶粒小于 1μm 的薄膜也可以使用，③器件性能对于结附近的缺陷不敏感，这种缺陷是由于 Cu(InGa)Se₂ 与 CdS 之间的晶格失配或杂质造成的。最后一条使加工高效器件成为可能，虽然在结形成之前 Cu(InGa)Se₂ 就暴露于空气中。

在全球范围，至少有 10 个小组制备出了转化效率为 18% 或者更高效率的高效 CuInSe₂ 基的太阳电池。这些小组使用了不同的制备技术，电池的基本结构相同。基本上是以溅射的 Mo 做背电极，以 Cu(InGa)Se₂/CdS 为结的下衬底结构。然而，一些纪录电池和组件也有缓冲层，不仅只有 CdS（13.4.4 节）。图 13.1 给出了标准器件的截面示意图。这种结构中以钠钙玻璃为衬底，溅射 Mo 层作为背电极。Cu(InGa)Se₂ 沉积之后，利用化学水浴法沉积一层厚度约 50nm 的 CdS，形成结。然后沉积一层高阻的 ZnO 层和一层透明导电氧化物，通常为掺杂的 ZnO 或者 ITO，通常采用溅射或化学气相沉积法制备。最后制作电流收集的栅线或单片集成串联以完成器件或组件。图 13.2 给出了同一结构的透射电镜图像，可以清晰地看到这些材料的多晶特征，以及 CdS 层的完全覆盖。

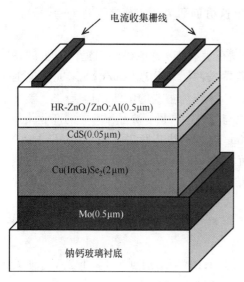

图 13.1　典型的 Cu(InGa)Se$_2$ 太阳
电池截面示意图

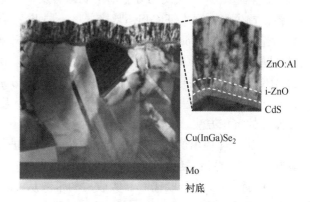

图 13.2　Cu(InGa)Se$_2$ 太阳电池截面
透射电镜照片

由于全世界冒险发展 Cu(InGa)Se$_2$ 组件制造的商业数量和种类的多样性，提供公司的清单和几乎立刻完备的方法是不可能的。方法包括通过共蒸发沉积、前驱物反应沉积和基于这些过程的宽泛的新型方法。不同材料的选择包括：不含镉的窗口层材料，玻璃衬底和柔性组件，在线和批量过程，大范围电池和组件连接和封装材料构造技术。

尽管人们在开发生产工艺方面已经做了很多努力，但是实验室效率和小组件及大组件效率之间仍然存在着很大的差距。这是任何光伏技术固有的与面积相关的性质，但在薄膜体系中更加明显，因此有必要开发适于大面积、高产出的完全新的工艺和设备来制作薄膜光伏电池。另外我们也缺乏对 Cu(InGa)Se$_2$ 材料和器件科学认识的基础，认识仍然不完全，部分原因是因为它在其他应用方面还没有引起广泛兴趣。在大部分技术进步都是依靠经验积累的时期，缺乏根本认识也许是限制 Cu(InGa)Se$_2$ 太阳电池技术成熟的最大障碍。尽管如此，最近几年在许多领域对其更深入的理解已开始涌现出来。

在本章我们将回顾薄膜 Cu(InGa)Se$_2$ 太阳电池的发展现状和技术理解。对于某些问题进行更深入的讨论，我们将参考一些文献。为了便于叙述，这个综述包括：（13.2 节）Cu(InGa)Se$_2$ 的结构、光学性能、电学性能，并且包括 Na 和 O 杂质的影响；（13.3 节）沉积 Cu(InGa)Se$_2$ 薄膜的方法，最常见的可以分为两类，一类是多源共蒸发，一类是预置层沉积和硒化两步工艺；（13.4 节）结和器件的形成，典型的是化学浴沉积 CdS 和沉积导电 ZnO 导电层；（13.5 节）器件原理，重点强调光学、电流收集、复合损失机理；（13.6 节）组件生产的问题，包括工艺和性能问题以及对环境问题的讨论。最后（13.7 节）CuInSe$_2$ 基太阳电池的展望和未来发展的关键问题。

13.2　材料性质

对用于光伏器件的 Cu(InGa)Se$_2$ 薄膜的理解，主要基于对它的基础材料——纯 CuInSe$_2$

的研究。关于 $CuInSe_2$ 早期工作的综述可查阅参考文献 [25-27]。然而，现在制作太阳电池的材料是 $Cu(InGa)Se_2$，不仅含有 Ga，而且含有相当（0.1% 数量级）的 $Na^{[28]}$。虽然 $CuInSe_2$ 的性质为理解器件品质的材料提供了很好的基础，但是当 Ga 和 Na 存在于薄膜中会存在明显的差异。

在本节中，总结了 $CuInSe_2$ 的结构特性、光学性质、电学性质，以及表面和晶界的知识及衬底的影响。在下面相应的每一部分，我们将会对 $CuGaSe_2$ 合金化形成 $Cu(InGa)Se_2$ 以及 Na 和 O 对材料性能的影响予以适当的讨论。表 13.1 总结了一些基本材料性质。

13.2.1　结构和成分

$CuInSe_2$ 和 $CuGaSe_2$ 具有黄铜矿结构。黄铜矿结构是一种类金刚石结构，与闪锌矿结构相似，不同的是 Ⅰ 族（Cu）和 Ⅲ 族（In 或 Ga）有序地替代闪锌矿中 Ⅱ 族（Zn）的位置。如图 13.3 给出了一个晶格参数 c/a 接近 2 的正方晶包（见表 13.1）。对 $c/a=2$ 的偏离称为四方畸变，是由 Cu-Se 和 In-Se 或 Ga-Se 键强度不同造成的。

在 Cu-In-Se 系统中可能存在的相显示于图 13.4 的三元相图中。在有过量 Se 供应环境中制备的 Cu-In-Se 薄膜，也就是 $Cu(InGa)Se_2$ 薄膜生长的正常条件，其成分位于或接近于 Cu_2Se 和 In_2Se_3 之间的连接线。因此，许多的相都称为有序缺陷化合物（ODC），因为它们的结构可以用黄铜矿结构来描述，这些结构中有序地插入本征缺陷。Gödecke 等对 Cu-In-Se 相图进行了全面的研究[39]。Cu_2Se-In_2Se_3 连接线的接近 $CuInSe_2$ 一端的详情被描述为如图 13.5 所示的赝二元相图[39]。其中，α 是黄铜矿 $CuInSe_2$，δ 是具有闪锌矿结构的高温相，β 是 ODC 相。有意思的是对于 $CuInSe_2$ 在低温的单相区比早期认为的要狭窄，且并不含有 25% Cu。在更高的典型薄膜生长的温度，500℃ 附近，相区向富 In 一侧扩大。典型的器件质量的薄膜平均成分含有 22%~24% 原子百分比的 Cu，在其生长温度时落在单相区域。

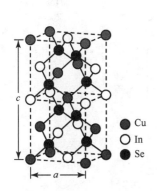

图 13.3　黄铜矿晶体结构的晶胞

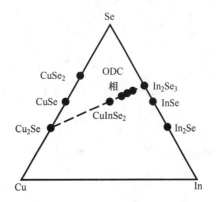

图 13.4　Cu-In-Se 体系的三元相图。薄膜成分通常落于赝二元 Cu_2Se-In_2Se_3 的连接线附近

表 13.1　$CuInSe_2$ 的选择性质

性　　质		数　　值	单　　位	参考文献
晶格常数	a	5.78	Å	[29]
	c	11.62	Å	

（续）

性 质		数 值	单 位	参考文献
密度		5.75	g/cm³	[29]
熔点		986	℃	[30]
室温时的热膨胀系数	a 轴	11.23×10^{-6}	1/K	[31]
	c 轴	7.90×10^{-6}	1/K	
273K 时的热导率		0.086	W/(cm·K)	[32]
介电常数	低频	13.6		[33]
	高频	7.3 ~ 7.75		[34]
有效质量（m_e）	电子-实验	0.08	m_{e0}	[35]
	理论（‖c轴）	0.08	m_{e0}	[36]
	（‖a轴）	0.09	m_{e0}	
	空穴（重）-实验	0.72	m_{e0}	[34]
	空穴（轻）-实验	0.09	m_{e0}	[37]
	理论（‖c轴）	0.66, 0.12	m_{e0}	[36]
	（‖a轴）	0.14, 0.25	m_{e0}	
带隙（E_g）		1.04	eV	[7]
带隙温度系数		-1.1×10^{-4}	eV/K	[38]

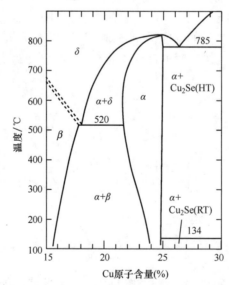

图 13.5　位于 CuInSe₂ 黄铜矿相（标为 α）附近的赝二元 In₂Se₃-Cu₂Se 平衡相图。

δ 相是高温闪锌矿结构相，β 相是有序缺陷相。Cu₂Se 以室温（RT）相或高温（HT）相存在。

（Gödecke T, Haalboom T, Ernst F, Z. *Metallkd.* 91, 622-634 (2000)[39]）

CuInSe₂ 能与 CuGaSe₂ 以任意比例合金化，从而形成 Cu(InGa)Se₂。相似地，在赝二元连接线末端的二元相 In₂Se₃ 能够被合金化形成 (InGa)₂Se₃，虽然在 Ga/(In + Ga) = 0.6 时发生结构转变[40]。在高性能器件中，Ga/(In + Ga) 的典型比值是 0.2 ~ 0.3。在本章中，如果没有特别指出，Cu(InGa)Se₂组成将被认为在这个比例范围内。

Cu(InGa)Se₂最重要的性能是允许成分上有大的变化而不明显改变其光电性能。这个性质是 Cu(InGa)Se₂作为高效低成本光伏组件材料的基础之一。制备高性能太阳电池的 Cu/(In + Ga) 比例从 0.7 变化到接近 1.0。理论计算表明复合缺陷 2V_{Cu} + In_{Cu}，即两个铜空位与位于 Cu 反位缺陷上的 In，具有很低的形成能，所以这类缺陷在电学上不活泼[41]。因此，这些复合缺陷的产生能够容纳铜不足，CuInSe₂少 Cu/富 In 的成分不会对光伏性能产生副作用。此外，推测这些复合缺陷是晶格有序的[41]，这就解释了观察到的 Cu₂In₄Se₂、CuIn₃Se₅、CuIn₅Se₈等 ODC 相。

黄铜矿相区可以因 Ga 或 Na 的添加而扩大[42]。这是因为 Ga_{Cu}（在 CuGaSe₂中）比 In_{Cu}（在 CuInSe₂中）具有更高的形成能，而使得形成有序的复合缺陷的趋势降低。这一点导致 2V_{Cu} + In/Ga_{Cu}缺陷簇团相对于 ODC 相的不稳定[43,44]。Wei 等人计算过 Na 在 CuInSe₂结构中的作用[45]，结果表明 Na 取代了 In_{Cu}反位缺陷，减少了补偿施主的浓度。测试多晶或者外延 Cu(InGa)Se₂薄膜的结果，发现 Na 强烈地降低了补偿施主的浓度[44]同时增加了净受主密度[46]。加上 Na 占领 Cu 空位的趋势，反位缺陷形成趋势的减小也抑制了有序复合缺陷的形成。因此对于 Na 的影响，计算结果与实验相符，Na 的存在增加了单相黄铜矿存在的组分范围和导电性[45,47]。

13.2.2　光学性质和电学结构

CuInSe₂的吸收系数 α 非常高，对于 1.3eV 和更高的光子能量高达 $3 \times 10^4/cm$[48-50]。图 13.6 给出了薄膜 Cu(InGa)Se₂的吸收系数，$x \equiv Ga/(In + Ga) = 0$ 和 0.3，及吸收太阳光谱中总的光子分数与厚度的关系。高的吸收系数意味着只需要 1μm 厚度的薄膜就吸收了 95% 的入射太阳光强。在许多研究中，能量（E）依赖于接近能带 E_g 的基本的吸收边，吸收边能量近似表述为

$$\alpha = A(E - E_g)^{0.5}/E \tag{13.1}$$

对于直接带隙半导体，前因子 A 取决于态密度。

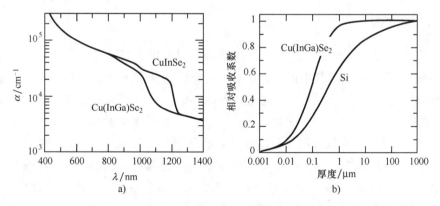

图 13.6　a) CuInSe₂和 Cu(InGa)Se₂的吸收系数，$x = 0.3$，$E_g = 1.18eV$[50]，

b) AM1.5 太阳波谱，Cu(InGa)Se₂吸收 $E > E_g$ 光子总分数与厚度的关系，与晶体 Si 相比

参考文献 [48] 给出了 CuInSe₂、CuGaSe₂和其他 Cu 的三元黄铜矿的光学性质，包括带

隙值和其他一些关键数据。对单晶试样进行分光椭偏测量，从中得到了介电函数。对组分从 $0 \leqslant x \leqslant 1$ 的多晶 $Cu(InGa)Se_2$ 铸锭[49]和多晶薄膜[50]也进行了相似的研究。

对于其他半导体合金，能带和组成的依赖关系与用依赖于 x 的二次方的经验公式相对应。对于薄膜[50]可以写成：

$$E_g = 1.04 + 0.65x - 0.26x(1-x) \qquad (13.2)$$

在这个方程中，所谓的弯曲系数 b 是 0.264，$Cu(InGa)Se_2$ 的能带为 1.035eV，$CuGaSe_2$ 的能带为 1.68eV。弯曲系数 b 理论计算得到的值是 0.21，不同试验确定的值在 0.11 ~ 0.26 之间[51]。

通过光学测量和从头计算研究了 $CuInSe_2$ 和其他黄铜矿半导体的电学结构。在黄铜矿材料中，简并价带顶（在 Γ 点）通常被移除。这不像在多数情况下的普通半导体，例如 Si，Ⅲ-Ⅴ 或 Ⅱ-Ⅵ 族化合物，其中重空穴和轻空穴带简并在布里渊区的中心，只有第三频带通过自旋-轨道耦合被分割出来。由于四方变形，黄铜矿有一个额外的晶体场分裂[8]。这方面的一个表现是垂直和平行于晶体 c 轴光极化的吸收边不同[36,52]。全铜黄铜矿的一个与光伏有关的显著特征是它们的带隙比它们的二元类似物例如 ZnSe 低得多。这是由于铜 d 态及其与阴离子的 p 态杂化的贡献。这种作用可以通过对从价带分裂得到的自旋轨道和晶体场的值与计算出的自旋-轨道和晶体场分裂的伪立方模型的预测进行说明。能带结构的第一性原理计算证实，该带隙降低主要是由于铜的 d 电子态的价带顶[53]的贡献。

影响传输性能的一个重要的电子结构参数是有效质量，它描述了 Γ 点处能带的曲率。许多测量已给出了 $CuInSe_2$ 的有效质量。电子的有效质量的值报道为 $0.1m_0$[54,55]和空穴有效质量的值报道为 $0.7m_0$[47,44]。近期精致的局域密度近似计算重现了这些值，进一步显示了空穴有效质量的强各向异性，平行于 c 轴和垂直于 c 轴能相差 4 倍[46]。$CuInSe_2$ 垂直于 c 轴具有更低的空穴有效质量，而 $CuGaSe_2$ 平行于 c 轴具有更低的空穴有效质量。偏振光致发光测量表明，只有很少的 Ga 就可以使价带的对称性从类 $CuInSe_2$ 改变为类 $CuGaSe_2$[52]。$CuGaSe_2$ 制备的太阳电池在Ⅲ族原子位置大约有 30% 的 Ga。因此，在太阳电池吸收层中，平行于 c 轴的有效质量应当低。

13.2.3　电学性质

含有过量 Cu 的 $CuInSe_2$ 呈 p 型，而富 In 的薄膜可以呈 p 型也可以呈 n 型，取决于 Se 的含量[56]。通过在硒过饱和蒸气中退火，n 型材料能够转化成 p 型，相反，在低压硒蒸气中退火，p 型材料能够转化成 n 型[57]。这与 $CuGaSe_2$ 相反，$CuGaSe_2$ 始终为 p 型[58]。器件品质的 $Cu(InGa)Se_2$ 薄膜，在过量 Se 中制备，是 p 型，载流子密度大约 $10^{15} \sim 10^{16}/cm^3$[59]。已报道的 $CuInSe_2$ 的迁移率值很分散。最高的空穴迁移率在外延生长的薄膜中获得，空穴浓度为 $10^{17}/cm^3$，测得迁移率为 $200cm^2/Vs$，纯 $CuGaSe_2$ 的迁移率则高达 $250cm^2/Vs$[44]。单晶薄膜的空穴迁移率为 15 ~ 150cm^2/Vs，电子迁移率为 90 ~ 900cm^2/Vs[57]。多晶薄膜电导率和霍尔效应测试是横跨晶粒的，对于器件来说，竖直穿过晶粒的测试值更重要，因为单个晶粒可以从背电极一直延伸到结界面。因此，在工作的太阳电池中，利用基于电容的技术来确定迁移率，给出的值为 5 ~ 20cm^2/Vs[61]。

在黄铜矿结构中可能存在着大量的本征缺陷。因此，通过光致发光、温度依赖性霍尔测量、光电导、光电压、光吸收和电容测量已经观察到了一些电子跃迁。在理论方面有有关缺陷形成熔和缺陷能级的局域态密度近似计算。有关单晶、外延薄膜、多晶的光致发光测量的比较揭示了或多或少相同的光谱特征，表明在非常不同的条件下制备得到的材料具有相同的浅能级缺陷。这一观察表明，CuInSe$_2$和 Cu(InGa)Se$_2$由本征缺陷掺杂，可能存在 12 个原生缺陷（三个空位、三个间隙和六个反位缺陷），这取决于材料的组成，那些具有最低形成能的是 Cu 空位，In 或 Ga 空位，Cu$_{III}$或 III$_{Cu}$反位和硒空位[43,45]。硒空位最近被鉴定为一种两性缺陷[62]，它可以描述在太阳电池中观察到的亚稳态的影响（参见 13.5.2 节）。该 III$_{Cu}$反位缺陷一直显示为与 DX 中心有关[63]，这可能是宽带隙 Cu(InGa)Se$_2$掺杂限制的主要原因。

　　大量的光致发光和霍尔测量结果的解释是基于外延薄膜的结果，显示出有四个主要的浅缺陷包括三个受主和一个施主[64-66]。表 13.2 列出了缺陷的离化能。一个重要的发现是在铜过量下制备的材料，缺陷光谱光致发光是最有用的。贫铜材料光致发光光谱是由波动势决定的[67,64]，因为高的补偿[68]。许多猜测提出把观测的缺陷能级与特定的缺陷结构相关联。与理论计算结果的比较是不可用的，因为实验缺陷能级的能量比计算小得多，CuInSe$_2$和 CuGaSe$_2$之间的趋势在某些情况下是相反的。三元化合物不能进行退火实验，因为这将需要两个组分的控制[69]。人们预计，电子自旋共振测量可以使电子缺陷能级与缺陷结构相关联，但是只发现了一个广泛的共振，与 Cu^{2+}和单一完全的各向同性峰相关，与一个缺陷结构不能有任何的关联[70]。

　　由于光致发光和霍尔测量只给出浅掺杂缺陷相关的信息，电容测量的不同方法已被应用于研究深能级缺陷。所有 Cu(InGa)Se$_2$的样品中出现了两个主要的深的缺陷：一个有时标记为 N2，离价带 250 ~ 300meV 的能级处[71]，及一个离价带 800meV 的深能级。因为对于所有的 Ga/In 比，由于 N2 缺陷离带隙中部足够远，就复合中心而言，它不表现为一个很严重的问题。然而 800meV 处的缺陷成为高 Ga 含量的带隙中部缺陷，因此，在高于标准吸收材料的高 Ga 含量的合金中，它可能作为一个复合中心发挥了重要作用。

表 13.2　CuInSe$_2$和 CuGaSe$_2$中实验观察到的缺陷能级

缺　陷	能 级 位 置	材　料
受主 1	$E_V + 0.04$eV	CuInSe$_2$
	$E_V + 0.06$eV	CuGaSe$_2$
受主 2	$E_V + 0.06$eV	CuInSe$_2$
	$E_V + 0.10$eV	CuGaSe$_2$
受主 3	$E_V + 0.08 - 0.09$eV	CuInSe$_2$
	$E_V + 0.13 - 0.15$eV	CuGaSe$_2$
施主 1	$E_C - 0.01$eV	CuInSe$_2$
	$E_C - 0.01$eV	CuGaSe$_2$
深能级 1	$E_V + 0.3$eV	CuInSe$_2$
	$E_V + 0.3$eV	CuGaSe$_2$
深能级 2	$E_V + 0.8$eV	CuInSe$_2$
	$E_V + 0.8$eV	CuGaSe$_2$

13.2.4　表面和晶界

　　表面形貌和晶粒结构通常是用扫描电镜（SEM）来表征，但是透射电镜（TEM）和原子力显微镜也是有用的手段。典型的扫描电镜图如图13.7所示，透射电镜截面照片如图13.2所示。通常，器件薄膜中的晶粒粒径的数量级为1μm，但是晶界尺寸和形貌可以变化很大，依赖于制备方法和制备条件。在薄膜中已经观察到了各种结构缺陷包括孪晶、位错、空隙和堆垛层错[73-76]。

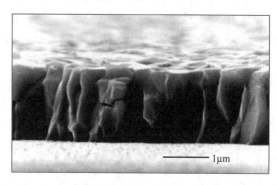

图13.7　在覆盖有 Mo 的玻璃衬底上共蒸发制备的典型 Cu(InGa)Se$_2$ 薄膜的扫描电镜图

　　Cu(InGa)Se$_2$ 的表面倾向于 {112} 生长面[77]。X 射线光电子谱（XPS）分析表明 CuInSe$_2$ 薄膜的自由表面稍微贫 Cu，组分上接近于 CuIn$_3$Se$_5$[78]，对应于一种有序缺陷相。试图在薄膜顶部找出这样的一层还没有定论。相反，似乎从体态到薄膜的表面组成逐渐发生变化。铜迁移已归因于费米能级相关的缺陷的形成[79]。由于表面缺陷、吸附或结的形成，表面费米能级移向导带。减少铜浓度已被解释为 Cu 空位的形成，这在具有更高费米能级时更倾向于形成[41]。另外，提出表面电荷导致的能带弯曲趋使 Cu 向内部电迁移，造成表面贫 Cu[42]。当组分为 CuIn$_3$Se$_5$ 时这种消耗停止，因为继续消耗需要材料结构发生变化。Cu 在 CuInSe$_2$ 中的电迁移已经得到证实，也与黄铜矿材料的型的转变相关[80]。

　　当 CuInSe$_2$ 暴露于大气一段时间，能带弯曲和 CuInSe$_2$ 表面的 CuIn$_3$Se$_5$ 会由于表面形成氧化物而消失。Na 的存在则会加剧表面氧化[47]。氧化之后的表面化合物为 In$_2$O$_3$、Ga$_2$O$_3$、SeO$_x$ 和 Na$_2$CO$_3$[81]。

　　Cu(InGa)Se$_2$ 器件在空气中进行200℃的后处理是很普遍的做法。当器件通过真空蒸发 CdS 或（CdZn）S 形成结时，经常要通过几小时退火以优化器件性能[15,82]。氧的主要作用被解释为钝化晶粒上的 Se "表面" 空位[83]。这一模型假定晶界处的施主类型的 V$_{Se}$ 可以作为复合中心。和这些施主型缺陷结合的正电荷减少了有效空穴浓度同时载流子在晶粒间的输运也受到阻碍。当氧替代了缺失的 Se 时，这些负面影响消失。

　　Na 的存在对 Cu(InGa)Se$_2$ 薄膜光伏性能有着有益的影响，对于这一影响目前还缺乏完整的解释。在参考文献 [84] 中提出了 Na 对氧化的催化效应，促进分子氧分解成原子氧，使得对晶粒表面的 V$_{Se}$ 的钝化更有效。这一模型与观察到的实验结果相一致，即 Na 和 O 主要存在于 CuInSe$_2$ 薄膜中的晶界处而不是在晶粒体内[85]。然而其他研究没有发现在晶粒内部和晶界成分上的任何差异[98,99]。

Cu(InGa)Se₂太阳电池的一个显著特征是对晶粒尺寸和形貌不敏感,导致的结论是,在晶界上没有显著的复合损失。因为多晶电池的性能优于单晶电池,甚至认为晶界实际上对太阳电池是有益的。然而,目前仍没有有关晶界行为的明确的图片。

可以考虑两种基本的解释来解释晶界处不存在电学损失。一种情况下,晶界天生是钝化的,在带隙中不存在电学缺陷,可能是因为 Na 或者 O 的影响或因为 CuInSe₂三元性质,使与晶界相关的缺陷转移到带中[86]。另一种情况下,价带或导带边的变化对至少一种载流子的传导产生势垒,因此在晶界没有复合。表面形成的理论计算预测一个与 Cu 空位[87]相关的价带最大值降低。然而,试图测量晶界[88-90]组成的变化有不同的结果。另外,在晶界处的缺陷对多子形成陷阱,导致能带弯曲和晶粒内的空间电荷区[91,92]。

应用一系列的实验技术进行能带弯曲相关的研究,这些研究在各种组合物和沉积方法的薄膜中进行,参考文献 [93] 进行了综述。这包括输运测量(温度依赖性的导电性和霍尔效应),其中横跨晶粒的空穴传导的激活能与势垒相关,扫描隧道技术如开尔文探针力显微镜可以测量横跨单一晶界的功函数的变化,及扫描隧道发光或阴极射线发光。所有这些测量表明通常势垒相对较小,范围为 20 ~ 100meV[93]。因此,效率最高的器件可能同时需要晶界处的传输势垒和晶粒表面低密度的电子活性缺陷。

13.2.5　衬底的影响

衬底对于多晶 Cu(InGa)Se₂薄膜性能上的影响可分为三类:①热膨胀效应;②化学作用;③表面对成核的影响。这些都取决于衬底材料:玻璃或柔性金属箔或塑料网。

可以认为薄膜生长之后,当衬底和薄膜仍处于生长或者反应温度时,Cu(InGa)Se₂薄膜中的应力是比较低的。从生长温度开始的冷却会造成 500℃ 的温度变化,如果衬底与 Cu(InGa)Se₂薄膜的热膨胀不同的话,薄膜中就会存在应力。Cu(InGa)Se₂薄膜的热膨胀系数在我们感兴趣的温度区间里是 $9 \times 10^{-6}/K$,和钠钙玻璃的热膨胀系数相近。CuInSe₂薄膜如果沉积在低膨胀系数的衬底上,比如硼酸盐玻璃,在冷却过程中张应力将不断增加。通常情况下,这样的薄膜会出现孔洞和微裂纹[74]。当衬底的热膨胀系数比薄膜材料的热膨胀系数大时,比如说聚酰亚胺,将会在薄膜中产生压应力,导致薄膜脱落。

钠钙玻璃衬底对于 Cu(InGa)Se₂薄膜生长最重要的影响是给生长的黄铜矿材料提供 Na。这一作用是与钠钙玻璃热膨胀匹配作用截然不同的[94]。Na 的扩散要通过 Mo 背电极,这意味着对 Mo 质量的控制是很重要的[95]。Cu(InGa)Se₂薄膜的微结构受 Na 的影响很大,Na 使得薄膜形成更大的晶粒和更一致的取向,即(112)晶面平行于衬底。Wei 等人针对高浓度的 Na 存在时的这一作用提出了一种解释[45]。

根据不同的生长过程或者衬底,Cu(InGa)Se₂的择优取向能变化很大。最高效率的器件通常具有(220)/(204)择优取向[96]。控制实验显示择优取向和器件的直接联系还没有定论。变化由黄铜矿材料成核的表面控制。将在镀 Mo 衬底上与直接在钠钙玻璃衬底上生长的 Cu(InGa)Se₂薄膜比较发现,在玻璃上的膜(112)取向显著得多,然而在两种衬底上生长的薄膜测量中 Na 含量上没有区别[19]。有研究表明 Cu(InGa)Se₂薄膜的择优取向与 Mo 膜取向有直接的关系[97]。

13.3 沉积方法

Cu(InGa)Se$_2$有多种沉积方法。判断能否成为商业生产组件中最有前途的技术，其首要的标准就是沉积技术必须在成本低的同时保持高沉积速率、高成品率且工艺重复性好。大面积组分均匀是高成品率必需的。器件要求 Cu(InGa)Se$_2$层应该至少有 1μm 厚来完全吸收入射光，如图 13.6 所示，相应的成分范围由相图决定，正如 13.2.1 节中已讨论的。电池或组件生产中，Cu(InGa)Se$_2$层通常沉积在镀有 Mo 的玻璃衬底或者柔性衬底上。

组件产业化中最有前途的沉积方法有两种。这两种方法都可以制备出高效率的器件并且现在已经应用于制造。第一种方法是物理气相沉积，此方法中，所有元素，所有的组成部分——Cu、In、Ga、Se 同时到达加热到 400 ~ 600℃ 的衬底上，一步生长工艺就形成 Cu(InGa)Se$_2$薄膜。这种工艺通常通过热共蒸发方法实现，通过将元素源 Cu、In、Ga 加热到 1000℃ 以上的温度。

第二种方法是两步工艺，将金属的沉积和反应形成器件品质薄膜的过程分开。典型的过程是这样的，采用低温、低成本的易于均匀沉积的方法沉积包含 Cu、Ga、In 的前驱物。然后薄膜在 Se 和/或 S 气氛中退火，同样在 400 ~ 600℃。由于反应或者扩散动力学的原因，反应和退火步骤通常比共蒸发法成膜时间要长，但是此方法适于批量化生产。通过在连续的工艺步骤中不间断地移动，或者在某一需要较长时间的沉积或反应工艺步骤中处理多个平行的衬底这样的批量处理工艺，可以获得很高的工艺速率。

13.3.1 衬底和 Na 添加

普通窗户上的钠钙玻璃，由于可以大量廉价地获得，并且曾经用于制作最高效率的器件，所以是最常用的 Cu(InGa)Se$_2$衬底材料。Cu(InGa)Se$_2$沉积要求衬底温度 T_{ss} 至少是 350℃，最高效率电池的薄膜是在最高温度 $T_{ss} \approx 550℃$ 下沉积的，该温度玻璃衬底可以承受而不会软化的太严重[98]。钠钙玻璃的热膨胀系数是 9×10^{-6}/K[98]，和 Cu(InGa)Se$_2$薄膜匹配得很好。其中典型的成分包含各种氧化物比如 Na$_2$O、K$_2$O、CaO。在电池工艺中会引入碱性杂质，扩散进 Mo 和 Cu(InGa)Se$_2$薄膜中[19]，产生的有益影响在 13.2 节中讨论过了。

Cu(InGa)Se$_2$也可以沉积在柔性衬底上，柔性衬底可以提供制备的优势，允许连续的卷对卷工艺和能制造柔性、轻的光伏组件[99,100]。对于空间应用，轻重量尤其重要。高温聚合物是一个很吸引人的衬底选择[20]，能提供最轻的重量和具有电绝缘的优势，为单片互联组件制作提供便利（见 13.6.2 节）。目前商业可用的聚酰亚胺网可以在最高温度 425℃ 加工，因此使该电池的效率通常比玻璃上的低。金属箔可以承受更高的温度，但金属箔是导电的，并在 Cu(InGa)Se$_2$的制备过程在某些情况下与 Se 反应。已经使用了各种各样的金属箔衬底[99]，不锈钢是最常见的，并获得了最高效率的柔性 Cu(InGa)Se$_2$电池[96]。

用任何柔性衬底，Na 必须人为地提供给 Cu(InGa)Se$_2$，因为从衬底中没有 Na 的扩散。即使使用钠钙玻璃，提供一个更可控的 Na 供应的过程比从衬底的扩散可能更有利于改善均一性和制备产率。这一点可以通过设置扩散缓冲层比如 SiO$_x$、Al$_2$O$_3$或者 SiN 来阻挡来自衬底的 Na[101,102]。然后在阻挡膜覆盖的玻璃或柔性衬底上，通过在 Mo 薄膜上沉积一层含 Na

的，通常厚度为 10nm 的 NaF 前驱物层，在 Cu(InGa)Se₂生长过程中可以直接提供 Na[103]。或者，Na 可以与 Cu(InGa)Se₂共同沉积[104]。即使一个后沉积 Na 处理也给出了与沉积过程中提供 Na 相同的增加的电池性能[105]，这表明 Na 的好处与材料或者表面性质，而不是薄膜的生长相关。

13.3.2　背接触

高效器件中使用的 Mo 背接触典型的制备方法是直流磁控溅射。其厚度取决于电阻的要求，而电阻则取决于电池或组件结构。厚度为 1μm 的薄膜典型的方块电阻是 $0.1 \sim 0.2\Omega/\square$，比 Mo 体材料高 2 ~ 4 倍。溅射沉积 Mo 层要求小心地控制气压以控制薄膜中的应力[106]，避免一系列的问题，例如可能由应力导致的差的附着力。在 Cu(InGa)Se₂沉积过程中，会在界面形成 MoSe₂层[107]。该层的性能受 Mo 膜的影响，在低压下溅射沉积的致密 Mo 层上形成的 MoSe₂少[75]。这一界面层不会降低器件性能，可能甚至促进欧姆接触的形成。也曾研究过其他的金属电极，Ta 和 W 使用达到了可比的电池性能[108]。

13.3.3　共蒸发制备 Cu(InGa)Se₂

最高效率的电池是用从元素源热共蒸发方法制备的。图 13.8 为 Cu(InGa)Se₂共蒸发的实验室装置示意图。该工艺中 Cu、In、Ga、Se 从克努森型束源瓶或开放式舟源中被蒸发到加热的衬底上[109]。对于每一种金属蒸发的温度取决于特定源的设计，典型的范围是 Cu：1300 ~ 1400℃，In：1000 ~ 1100℃，Ga：1150 ~ 1250℃，Se：250 ~ 350℃。

Cu、In、Ga 的黏附系数相当高，所以薄膜的组分和生长的速率仅由每一种蒸发源的流量分布和蒸发速率决定。只要有足够可用的 Se，最终薄膜的组分倾向于根据 Cu 与 In 和 Ga 之间的相对含量，一般满足 (InGa)₂Se₃与 Cu₂Se₃之间的赝二元连接线（见图 13.4）。In 和 Ga 的相对含量按式 (13.2)的方式决定了薄膜的带隙，并且在整

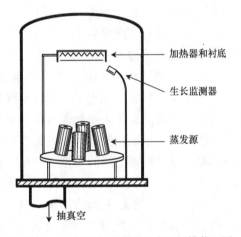

图 13.8　多元元素共蒸发实验室规模装置图

个沉积过程中束源流量能够在沉积过程中变化以使薄膜组分随着厚度而变化。Se 具有高得多的蒸气压和较低的黏附系数，所以总是超过最终薄膜所需的量来蒸发。Se 不足会导致 In 和 Ga 以生成 In₂Se 或 Ga₂Se 形式的损失[110]。

在共蒸发中，特意使束源流量随时间变化，得到了不同的沉积工艺。图 13.9 给出了四种不同的曾经实现高于 16% 效率的工艺方案。在每一种情况下，最终的目标成分是贫铜的 Cu/(In + Ga) = 0.8 ~ 0.9。典型的沉积速率为 20 ~ 200nm/min，取决于源的束流速率。因此，对于厚度为 2μm 的薄膜，总的沉积时间可以从 10min 到 90min 内变化。

第一种工艺是最简单的均匀工艺，在工艺中所有的流量保持不变[111]。然而在多数情况下，流量是变化的，因此整个薄膜成分是富 Cu 的，所以除了 Cu(InGa)Se₂相以外还含有

Cu_xSe 相[16]。然后调节挥发的源，通过富 In 和 Ga 束流完成沉积，因此，最终就得到理想的贫 Cu 的薄膜组分。对这种工艺的一种改进方式为图 13.9 所示的第二种工艺。此工艺首先在 450℃不含 Na 的衬底上沉积 $CuInSe_2$，获得的薄膜的晶粒尺寸大，提高了器件的性能。Klenk 等人提出 Cu_xSe 在更高 T_{ss} 下作为助溶剂促进晶粒生长[112]。然而，在 $T_{ss} > 550℃$ 得到的含有 Na 和 Ga 的器件，用富 Cu 的工艺或均匀生长的工艺制备的薄膜器件性能并没有区别[111]。

图 13.9 中的第三种工艺是一种顺序沉积工艺，In 和 Ga 与 Cu 分开沉积。Kessler 等人首先提出这种工艺[113]。首先沉积 $(InGa)_xSe_y$ 化合物，接着沉积 Cu 和 Se，直至薄膜到达要求的成分。层间互扩散形成 $Cu(InGa)Se_2$ 薄膜。Gabor 等人改进此法[114]允许 Cu 连续蒸发直至 Cu 过量。然后第三步在 Se 过量的（气氛）中蒸发 In 和 Ga，直到薄膜成分回到贫 Cu。金属的互扩散形成三元黄铜矿薄膜。此工艺曾制备出最高效率的器件[1]。性能的提高归功于带隙的梯度变化，Ga 含量从 Mo 背电极到自由表面逐渐降低，然后在顶部几十微米内又重新增加造成了带隙的梯度变化[21]。性能的提高也归功于薄膜大的晶粒尺寸[115]。

图 13.9 中的最后一种工艺是一种在线工艺，衬底依次经过不断涌出 Cu、Ga、In 蒸发源而得到图示的束源流量分布图。首先在静态蒸发系统中进行过这种工艺的模拟[116]，然后有几个公司在生产系统中应用。

共蒸发过程的各种改进可能提供特定沉积条件下的优点，包括：低 Ga 含量的表面终止[1]，水蒸气的添加[117]或沉积过程中的硒束流的优化控制[118]。

具有良好重复性的蒸发工艺要求能很好地控制从蒸发源蒸发出的各个元素流量，发展可靠的诊断工具很关键[119]。当蒸发速率简单地由源的温度控制时，这种情况下可能不会有好的重复性，特别是对于最高温度的 Cu 而言。敞开的舟型源的蒸发速率的重复性更差，因为这极大地取决于舟的填充水平，并且与沉积体系的其余部分没有辐射绝缘。因此，经常用直接原位测量流量的方法来控制蒸发源。电子碰撞谱[16]、质谱[120]、原子吸收谱[120]都被成功地应用于此。直接流量测量在大规模生产中显得尤为有价值，特别是当源使用较长时间后，源的温度与蒸发速率之间的关系会发生变化。此外，也可以通过用石英晶体检测器原位测量膜的厚度，或者监测正在生长的薄膜的光谱或 X 射线荧光[122]来监控工艺过程。后者也被用来测量组成。当沉积工艺即将结束出现由富 Cu 到贫 Cu 成分的转变时，这一变化可以通过监测改变而得知，包括利用激光光散射[123]监测薄膜结构的转变，由于薄膜辐射率的改变而引起的温度变化[124]或者红外线透视的改变[125]而得知。

元素共蒸发工艺的最主要的优点是非常大的工艺灵活性来选择工艺细节并控制薄膜成分和带隙。其灵活性的有力证据是迄今为止人们已经利用许多工艺方法制备出了高效的太阳电池。最大的缺点是很难控制，特别是 Cu 蒸发源，以及由此带来的对沉积、诊断和控制技术的改进需求。缺乏大面积热共蒸发商业可用的设备，尤其是 Cu、Ga 和 In 蒸发源，但是最近几个设备公司已经提供专门为 $Cu(InGa)Se_2$ 沉积设计的设备。

13.3.4　前驱物反应工艺

$Cu(InGa)Se_2$ 薄膜形成的第二种常用的方法是两步工艺，也称硒化法，可以通过任何几种方法沉积含有 Cu、In 和 Ga 的前驱物薄膜，然后在高温下反应形成 $Cu(InGa)Se_2$ 薄膜，这有时被称为硒化，虽然如下所述在多种情况下也添加 S。这种方法首先由 Grindle 等[126]采

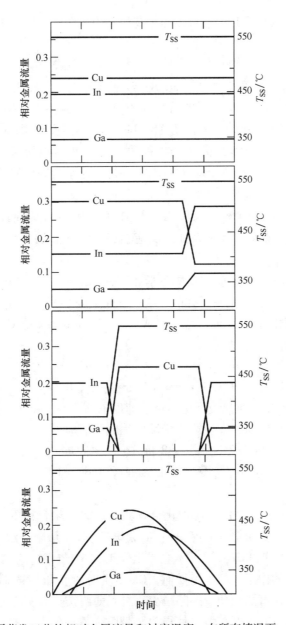

图 13.9　不同蒸发工艺的相对金属流量和衬底温度。在所有情况下，Se 流量是常量

用，他们首先溅射 Cu/In 层，然后在硫化氢气氛中反应生成 CuInS₂。此法被 Chu 等人用于生成 CuInSe₂[127]。用前驱物反应制备 Cu(InGa)Se₂ 电池报道的最高转换效率是 16.5%（活性面积效率）[128]，但是在优化实验室电池效率方面所做的工作远比共蒸法少。单片连接大面积 Cu(InGa)Se₂ 组件报道的最高效率，由 Showa Shell[129] 通过溅射前驱物反应制备。

金属预置层，包含 Cu、Ga、In 有时还有 Se 和 S，决定了薄膜最后的组分。基于不同的过程的低成本选择不同的过程，包括设备成本和材料的使用空间均匀性，和应用程序或沉积速率。溅射是一种有吸引力的工艺，因为它便于利用商业化设备实现规模化生产，并实现大面积均匀高速沉积，但是材料的利用是一个问题。电沉积能以较低的成本提供非常高的材料的利用率。油墨或喷雾颗粒的利用还可以提供高的利用率和均匀性。正在开发所有这些方法以便商业制造。

预置层薄膜的反应是在 400 ~ 500℃ 的 H_2Se 蒸气中进行高达 60min 的反应来形成 $Cu(InGa)Se_2$。黏附性差[130]以及在 $Mo/CuInSe_2$ 界面形成过量的 $MoSe_2$ 层[131]会限制反应的时间和温度。在 H_2Se 中硒化的优点是能够在常压下反应并能够精确控制，但是该气体毒性极强使用时需要特殊的预防措施。预置层薄膜也可以在由热蒸发获得的 Se 蒸气中反应，形成 $Cu(InGa)Se_2$ 薄膜[132]。第三种反应方法是将包括 Se 在内的各单质层[133,134]或蒸发得到的非晶 Cu-In-Ga-Se 层[135]进行快速热处理（RTP）。使用二乙基硒进行的反应也已经被展示，与采用硒化氢相比的优势是在大气压下反应，气体的毒性也更小[136]。

Cu-In 预置层转化成 $CuInSe_2$ 的反应化学和动力学特征可由时间渐变反应 X 射线衍射（XRD）[137]和原位扫描差热法[138]来表征。反应路径与 Cu/In 层在 H_2Se 或元素 Se 中反应相同[139]。

原位 X 射线衍射测量被用来研究反应化学和堆叠 Cu-In-Se 层在 RTP 过程的动力学[140]。在这些实验中，$CuInSe_2$ 形成遵循一系列的反应。首先生成 $CuIn_2$ 和 $Cu_{11}In_9$ 中间化合物。随着温度的升高，这些中间化合物与 Se 反应，形成一系列二元硒化物。$CuInSe_2$ 的生成遵循如下两个反应：

$$CuSe + InSe \longrightarrow CuInSe_2$$
$$1/2Cu_2Se + InSe + 1/2Se \longrightarrow CuInSe_2$$

在 400℃ 下约 10min 内即可反应完全，反应速度依赖于 Se 的浓度和可用的 Na。当 Ga 被添加到堆叠的金属预置层中时，发生第三个反应生成黄铜矿相：

$$1/2Cu_2Se + 1/2Ga_2Se_3 \longrightarrow CuGaSe_2$$

虽然形成 $CuGaSe_2$ 比 $CuInSe_2$ 慢。最后，在 $CuInSe_2$ 和 $CuGaSe_2$ 混合的情况下形成 $Cu(InGa)Se_2$。

较慢地形成 $CuGaSe_2$，这是由于与铟化合物相比，镓锡化合物更稳定[141]，导致了反应薄膜中形成组分梯度。在反应得到的薄膜中 Ga 会聚集于 Mo 层附近形成 $CuInSe_2/CuGaSe_2$ 结构，最终得到的器件如同 $CuInSe_2$[142]，不会产生像 13.5.4 节中讨论的由于带隙变宽而导致的开压增加和其他有利的作用。但无论如何，Ga 杂质增加了 $CuInSe_2$ 膜与 Mo 背电极之间的黏附性，提高了性能，这可能归功于缺陷减少改进了薄膜结构。实际上在惰性气氛中 600℃ 退火 1h，Ga 和 In 能够有效地互扩散，使得薄膜带隙变得均匀和增加器件的开压[143]。但是这种退火对于产业化并不实用。

性能最好的电池中的薄膜由于在前表面附近有 S 进入而导致带隙增加，形成梯度渐变的 $Cu(InGa)(SeS)_2$ 层[22,144]，这能够增加器件的开路电压。Showa Shell 报道的两步反应过程包括一个局部反应：在 450℃ 下，Cu-Ga-In 前驱物在 H_2Se 反应约 20min，随后在 H_2S 中、在 480℃ 下反应约 15min[144]。进一步表明，通过改变两个阶段的时间和温度分布，第二个阶段的温度增加到高于 480℃，Ga 能均匀地分布在薄膜中[145]。这个过程中的一个重要方面是，H_2Se 反应阶段，薄膜还没有完全转变为黄铜矿相，仍含有富镓金属间相[146]。图 13.10 给出了 Cu-Ga-In 前驱物薄膜在 450℃，在 H_2Se 中反应 30min 或者 15min，然后在 550℃，在 H_2S 反应 15min，通过俄歇电子能谱测量得到的成分深度分布图[147]。更长的 H_2Se 反应，前驱物几乎完全反应，Ga 偏析到薄膜的背面（靠近 Mo），与只在 H_2Se 反应的薄膜类似。较短的反应，不完整的 H_2Se 反应，高温 H_2S 反应后，Ga 分布在整个薄膜中。在这两种情况下，在薄膜的自由面附近也有一个 S 的梯度，因为在 H_2S 反应过程中 S 的扩散。H_2S 反应阶段更高的温度能够使反应更快地完成和制备质量更好的薄膜，但可能会发生在高温 H_2Se 反应的粘连问题。然而，由 Showa Shell 和其他人在生产规模使用的大面积衬底可能会限制反应温度。

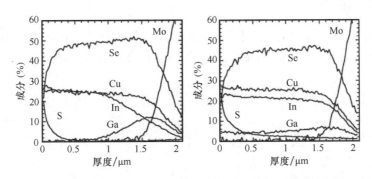

图 13.10 Cu-Ga-In 前驱物薄膜在 450℃、在 H_2Se 中反应 30min（左图）或者 15min（右图），
然后在 550℃、在 H_2S 反应 15min，通过俄歇电子能谱测量得到的成分深度分布图

前驱物反应法工艺最大的优点在于能够使用更加标准和更加成熟的技术来进行金属沉积、反应及退火，并可以通过批次反应模式或对含 Se 的预置层进行 RTP 处理来弥补反应时间较长的不足。成分和均匀性由预置层的沉积来控制，在两个步骤中间可以进行测量作为过程控制。这些方法最大的缺点是通过薄膜成分有限的控制性和差的黏附性，可以通过一个两阶段反应过程在很大程度上克服。这也同样可以使器件前面部分 S 的分布受控，从而加宽了带隙，并增加开路电压。在很小程度上，许多这些过程中使用的 H_2Se 和 H_2S 是有害的，并且处理起来可能价格昂贵。

13.3.5 其他沉积方法

除上述讨论的沉积方法，可以利用很多潜在的低成本方法沉积 CuInSe₂基薄膜。这些方法包括反应溅射[148]、混合溅射（即 Cu、In、Ga 采用溅射，而 Se 采用蒸发法）[149]、近空间升华[150]、化学水浴沉积（CBD）[151]、激光蒸发[152]、喷雾分解法[153]。在共蒸发和两步法工艺占主导之前，人们在开发薄膜沉积技术方面做了大量努力。这些早期技术可以见参考文献 [27]。

13.4 结和器件的形成

首个显示 CuInSe₂高效太阳电池潜力的实验室器件是由 p 型单晶 CuInSe₂和 n 型 CdS 薄膜构成的异质结[11,12]。在最早的薄膜工作中，结是由在 CuInSe₂上沉积 CdS 形成的[154]。器件随后发展成含有一个不掺杂的 CdS 层，接着沉积一层掺 In 的 CdS 层，两者都用蒸发的方法沉积[15]。这就定义了器件的结构（见图 13.1），基本上和我们今天用的结构一样，掺杂的 CdS 在功能上是透明导电层。认识到由于 CdS 中的光吸收不会被收集，电流有重大的损失，于是将 CdS 和 ZnS 合金化以增加带隙，提高了性能[16]。用掺杂的 ZnO 层取代掺杂的 CdS 层，可进一步提高性能[155,156]。为了使光透过率最大化，紧邻 $Cu(InGa)Se_2$ 薄膜的无掺杂 CdS 层的厚度变小。ZnO 的禁带宽度比 CdS 大，所以会有更多的光到达器件的活性层，增加了电流。保形、无针孔的这一 CdS 薄层薄膜由化学水浴沉积法来制备，可以充当缓冲层作用。

13. 4. 1　化学水浴法

化学水浴法（CBD）沉积薄膜材料，也被称为液相生长法。这种方法用于硫族元素化合物，比如 PbS[157]、CdS[158] 和 CdSe[159]。许多前驱化合物或离子都可用来沉积某种特定的化合物。

在 $Cu(InGa)Se_2$ 上 CBD 沉积 CdS 层通常是在碱性溶液中（pH > 9）进行的，溶液由以下三种组分构成：

1）Cd 盐：例如，$CdSO_4$、$CdCl_2$、CdI_2、$Cd(CH_3COO)_2$

2）络合剂：通常是 NH_3（氨水）

3）硫前驱体：通常是 $SC(NH_2)_2$（硫脲）

各种化合物溶液的浓度可以在很大范围内变化，而每个实验室都喜欢用自己的特定配方。其中一个现在用来生产 $Cu(InGa)Se_2$ 太阳电池的配方是：

1）1.4×10^{-3} M CdI_2 或 $CdSO_4$。

2）1M NH_3。

3）0.14 M $SC(NH_2)_2$。

$Cu(InGa)Se_2$ 薄膜浸在盛有这些溶液的容器中，沉积会在 60 ~ 80℃下几分钟内发生。可以将薄膜浸入室温下的容器中然后加热到指定温度，或者提前加热溶液。反应过程如下式所示：

$$Cd(NH_3)_4^{2+} + SC(NH_2)_2 + 2OH^- \longrightarrow CdS + H_2NCN + 4NH_3 + 2H_2O$$

实际上，实验室化学水浴沉积通常是在实验室做的很简单的装置，由带有磁力搅拌器的热台和一个盛放浸渍衬底溶液的大烧杯及一个测量温度的热偶组成。图 13.11 给出了一个典型的装置，装置上还有一个水浴锅以使温度更加均匀。在 13.6.1 节中讨论规模化生产的化学水浴沉积工艺。

CBD 法沉积 CdS 薄膜的生长是离子与离子的反应或者离子与胶状粒子团簇的反应。根据水浴的条件，得到的 CdS 晶体结构可以是立方、六方或者混合结构[160]。在用于 $Cu(InGa)Se_2$ 电池的典型制备条件下，相当薄的 CdS 层靠离子与离子的反应生长得到致密均匀的薄膜[161]，是立方/六方混合结构或者六方晶格为主的结构[71,162,163]。薄膜的晶粒尺寸在几十纳米数量级[162]。

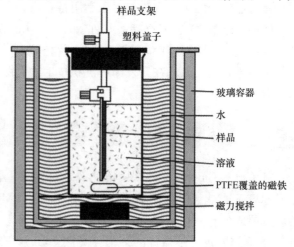

图 13.11　典型的化学水浴沉积 CdS 的实验室装置

组分偏离化学剂量比是常见的。特别是，薄膜易于贫硫并含有相当数量的氧[164,165]。除了氧以外，在器件品质的薄膜中也探测出来了相当数量的氢、碳、氮[166]。这些杂质与光学带隙的减少有关，也与立方 CdS 和六方 CdS 的相对含量有关[167]。

13.4.2　界面影响

Cu(InGa)Se₂ 与 CdS 之间的界面被认为是 CdS 赝外延生长和化学组分的混合。电学能带结构将会在 13.5.3 节中讨论。透射电镜观察显示在 Cu(InGa)Se₂ 层上用化学水浴沉积法生长的 CdS 层有一定的外延生长关系，表现为黄铜矿结构的 Cu(InGa)Se₂（112）面平行于 CdS 立方结构的（111）面或六角结构的（002）面[75,163]。彼此之间晶格失配很小，对于纯 CuInSe₂（112）晶面间距是 0.334nm，与 CdS 立方结构（111）面和六角结构（002）面的晶面间距 0.336nm 比较相差无几。平面之间的晶格间距与这些四面体键合材料的面内晶格间距直接相关。Cu(InGa)Se₂ 中晶格失配随着 Ga 的增加而增加。$CuIn_{0.7}Ga_{0.3}Se_2$ 和 $CuIn_{0.5}Ga_{0.5}Se_2$ 的（112）晶面间距分别为 0.331nm 和 0.328nm。

当 Cu(InGa)Se₂ 薄膜浸在化学水浴中沉积 CdS 时，它们的表面同时也遭受化学腐蚀。特别是，氨水腐蚀掉了自然氧化层[168]。因此，CBD 工艺清理了 Cu(InGa)Se₂ 薄膜表面，使得外延生长 CdS 层能够进行。

在早期的单晶研究中，同质 p-n 结是在 200~450℃，向 p 型的 CuInSe₂ 中扩散 Cd 或 Zn 来实现的[169,170]。对 CuInSe₂/CdS 界面的研究表明 150℃ 以上 S 和 Se 发生互扩散，并且 350℃ 以上 Cd 会快速扩散进入 CuInSe₂[171]。最近，甚至用温度相对低的 CBD 工艺生长 CdS，也观察到 Cu(InGa)Se₂/CdS 异质结成分发生混合的现象[172]。针对没有硫脲情况下的化学水浴的作用的研究表明，Cd 在 Cu(InGa)Se₂ 表面发生聚集，可能形成 CdSe[168]。在完整的化学水浴沉积中在 CdS 沉积的初始阶段也观察到了 Cd 在 Cu(InGa)Se₂ 表面的聚集[173]。虽然对是否有界面化合物生成并无定论，但是透射电镜研究显示在 Cu(InGa)Se₂ 贫 Cu 的近表面区域中 Cd 存在的深度可达 10nm[163]。同时，观察到了 Cu 含量的降低。一种解释是 Cu^+ 被 Cd^{2+} 取代，因为两种离子的半径很接近，分别为 0.96Å 和 0.97Å。Cu(InGa)Se₂ 薄膜和 CuInSe₂ 单晶经过不含硫脲的化学水浴后进行 XPS 和二次离子质谱（SIMS）分布分析，结果证明了 Cd 的内扩散或电迁移的存在[174]。

13.4.3　其他沉积方法

在早期的 Cu(InGa)Se₂ 研究中，通常用真空蒸发 2~3μm 厚的 CdS，但是利用真空蒸发方法 CdS 薄膜很难凝聚成核并生长成非常薄的连续薄膜，就像目前最先进的 Cu(InGa)Se₂ 器件中所用的。为获得优异的光学和电学性能，CdS 蒸发时衬底温度通常在 150~200℃。这一衬底温度比化学水浴沉积的温度要高。相比热蒸发，溅射沉积则能更好地覆盖相对粗糙的 Cu(InGa)Se₂ 薄膜。工业大规模溅射沉积的成功激发了溅射沉积 CdS 缓冲层的开发。利用光发射谱来监控溅射过程，Cu(InGa)Se₂ 太阳电池效率达到了 12.1%，可与用 CBD 方法沉积 CdS 的电池效率 12.9% 相比[175]。蒸发和溅射都是真空工艺，都可以和其他真空工艺步骤合并成线列式的系统，并不产生任何液态废物。然而，CBD 工艺仍然是沉积 CdS 的首选工艺，原因是形成共形薄膜方面的优势。

原子层沉积（ALD）是一种改变了的化学气相沉积（CVD）方法，可以精确控制薄膜共形层的生长[176]。在工业上已经用这种方法沉积另外一种 II - VI 族化合物 ZnS。沉积 CdS 使用的无机预置层要求衬底温度相当高（>300℃），这样就限制了有机物预置层的应用。取代对环境不良的 Cd 的强大驱动力使得原子层沉积集中在 CdS 之外的材料上。对于更常规的化学气相沉积（CVD）法也是如此，即使有一些金属有机 CVD（MOCVD）的工作已见报道。化学气相沉积 CdS 的潜力没有被完全开发出来。

电镀可以用来沉积 CdS 薄膜，但是在 Cu(InGa)Se$_2$ 太阳电池上的应用未见报道。

13.4.4　其他可选缓冲层

利用 CBD 法制备 CdS 缓冲层的 Cu(InGa)Se$_2$ 太阳电池组件中 Cd 的含量很低。研究表明。将环境因素和制造过程中的危害物都考虑到（见 13.6.5 节），Cu(InGa)Se$_2$ 太阳电池组件中的 Cd 是能够安全处理的。然而，电子产品中对镉使用的管制越来越严格，因此，无 Cd 器件正在升温。使用替代缓冲层的另一个原因是提高短路电流密度，当使用带隙比 CdS 更宽的缓冲层时就可以达到这一目的。有两种方法可以得到无 Cd 的器件：①找到取代 CdS 的材料；②去除 CdS 层，直接在 Cu(InGa)Se$_2$ 薄膜上沉积 ZnO。在实际应用中，通常将这两种方法结合起来使用，即在沉积 ZnO 薄膜之前不沉积或沉积几乎可以忽略的薄膜，通过这样对 Cu(InGa)Se$_2$ 表面的处理来取代化学浴沉积 CdS 层。一般来说，仅仅不使用缓冲层就得到了很好的效率，虽然可能导致差的重复性[174,177]。

人们一直尝试一系列的方法和材料来沉积缓冲层的替代物，表 13.3 对有前途的结果进行了一个选择。CBD，用于 CdS，也被应用于其他各种材料。基于化学反应的其他方法，包括 ALD、MOCVD 和离子层气相反应（IRGAR），通常为很薄层提供很好的覆盖层。然而对于一些化合物，物理气相沉积例如蒸发或溅射也提供了很好的结果。通常使用的材料比 CdS 具有更大的带隙，因此允许更多的光到达吸收层。选择比吸收层具有更小电子亲和势的材料要非常小心，以避免在导带（见 13.5.3 节）形成悬崖（即缓冲层的导带比吸收层导带低）。

表 13.3　具有不同缓冲层和制结方法（除了化学浴法沉积 CdS）的 Cu(InGa)Se$_2$ 薄膜电池特性

材料	E_G/eV	沉积方法	太阳电池结果					
			η（%）	J_{SC}/(mA/cm^2)	V_{OC}/V	FF（%）	面积/cm^2	参考文献
CdS	2.4	CBD	20.0	35.5	0.690	81	<1	[1]
Zn(S,O,OH)	3.0~3.8	CBD	18.6	36.1	0.661	78	<1	[96]
			15.2	36.2	0.601①	70	900	[129]组件
		ILGAR	14.2	35.9	0.559	71	<1	[178]
		ALD	16.0	32.0	0.684	73	<1	[179]
Zn(Se,O,OH)	2.0~2.7	CBD	14.4	33.9	0.583	73	<1	[180]
			11.7	36.5	0.508①	63	20	[181]迷你组件
		MOCVD	13.4	34.3	0.551	71	<1	[182]
		ALD	11.6	35.2	0.502	65	<1	[183]
(Zn,In)Se	2.0	蒸发	15.1	30.4	0.652	76	<1	[184]
In(OH)$_3$	5.1	CBD	14.0	32.1	0.575	76	<1	[185]

(续)

材料	E_G/eV	沉积方法	$\eta(\%)$	J_{SC} /(mA/cm²)	V_{OC} /V	FF (%)	面积 /cm²	参考文献
					太阳电池结果			
In(OH,S)	2.0～3.7	CBD	15.7	35.5	0.594	75	<1	[186]
In₂S₃	2.7	ALD	16.4	31.5	0.665	78	<1	[187]
			10.8	29.5	0.592①	62	900	[188]组件
		ILGAR	14.7	37.4	0.574	68	<1	[189]
		蒸发	14.8	31.3	0.665	71	<1	[190]
		溅射	12.2	27.6	0.620	71	<1	[191]
ZnMgO	3.6	ALD	13.7	30.8	0.610	73	<1	[192]
无缓冲层		部分电解质	15.7	34.6	0.636	72	<1	[193]
		ILGAR-i-ZnO	14.5	34.9	0.581	71	<1	[194]
		Zn 处理的 i-ZnMgO	16.2	40.2	0.587	69	<1	[195]
		未处理的 i-ZnMgO	12.5	33.2	0.544	69	<1	[196]

① 对于组件，每个电池的 V_{oc}。

当对表 13.3 中的值进行评估时，我们必须记住 Cu(InGa)Se₂层的质量在不同实验中发生显著的变化，有些是用 CdS 作缓冲层创造纪录效率的电池，其他的一些来自工业中试线。评价方法也不同，一些是室内测量，其他的得到了认证。为了从此方面评价各种不含 Cd 的制备方法，在图 13.12 中列出了从大量的实验得到的电池的效率和参考文献或者测量方法。通常，不含 Cd 的电池与电镀 CBD 法生长 CdS 的电池效率相当。

总而言之，获得不含 Cd 的高效太阳电池有几种可能性。所有列于表中的方法都含有 Zn、In、S 中的一种或几种元素。Zn 或者直接存在于缓冲层中，或者间接地以与 In_xSe_y、In(OH, S)$_x$、In₂S₃接触的 ZnO 透明导电膜的形式存在。当在 Cd、Zn 溶液中处理 Cu(InGa)Se₂层时，发现 Zn 的 n 型掺杂和 Cd 的 n 型掺杂是相似的[174]，这与固体扩散进入单晶中形成结是一致的[170]。

在图 13.12 中，对于直接 ZnO（无缓冲层）电池，CdS 参考电池和不含 Cd 的电池之间似乎有更大的差别。好像在 ZnO 与 Cu(InGa)Se₂层之间的缓冲层是有益的。这样一层可以使 Cu(InGa)Se₂表面反型（见 13.5.3 节），也可能在随后的透明接触材料沉积中保护结和近表面区域。

13.4.5　透明接触

早期的 Cu(InGa)Se₂电池使用 CdS 双层：与 Cu(InGa)Se₂接触的未掺杂的 CdS 缓冲层和 In 或 Ga 掺杂的 CdS 前电极层。短波长的光（<520nm）在厚的 CdS 层的表面附近被吸收，并不产生任何光电流。化学水浴沉积使 CdS 层足够薄，因此它就不会限制Cu(InGa)Se₂短波的收集，通过增加接触层的带隙宽度可以增加光电流。因为接触层同时必须有高的电导率以收集横向电流，很明显应该选用透明导电氧化物（TCO），这是一种用于显示器和车窗玻璃

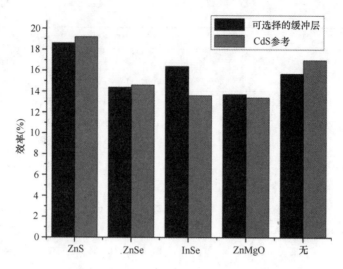

图 13.12　用不含 Cd 的制结方法以及相应的用 CBD 法制备 CdS
缓冲层的 Cu(InGa)Se$_2$ 太阳电池效率

上低发射率涂层上的经典材料。这类中有三种主要的材料：掺杂的 SnO$_2$、In$_2$O$_3$：Sn（ITO）和掺杂 ZnO。SnO$_2$ 的沉积温度相对较高，这样就限制了其在 Cu(InGa)Se$_2$ 电池中的应用，因为沉积 CdS 层之后，无法承受高于 200～250℃ 的温度。ITO 和 ZnO 都能用，但是最常用的材料是 ZnO，因为具有低的材料成本而备受青睐。关于 TCO 薄膜材料的综述见第 17 章。

最普遍的低温沉积 TCO 的方法是溅射。工业规模，通常采用直流溅射制备 ITO 层。工业上在 Ar：O$_2$ 混合气氛中溅射陶瓷 ITO 靶材。典型的溅射速率是 0.1～10nm/s 之间，取决于应用[197]。

在其他应用中例如显示器，掺杂 ZnO 薄膜的溅射不像溅射 ITO 那样常见，然而无论有没有 CBD 法的 CdS，对大多数研发小组而言，它是 Cu(InGa)Se$_2$ 器件沉积透明前接触的首选方法。通常由射频磁控溅射沉积 ZnO：Al，靶材为 Al$_2$O$_3$ 质量百分比为 1% 或 2% 的 ZnO：Al$_2$O$_3$ 靶。在大规模生产中，直流溅射陶瓷靶材，由于溅射速率快、设备简单更加受青睐[198]。

也用 Al/Zn 合金靶的反应直流溅射制备 Cu(InGa)Se$_2$/CdS 器件，并得到了与射频溅射 ZnO：Al 相同的性能[199]。使用 Al/Zn 合金靶比陶瓷 ZnO：Al$_2$O$_3$ 靶的成本更低，但是由于反应溅射所谓的磁滞效应，要求有很精确的过程控制[200]，因此，获得优异光电性能的工艺窗口很窄，已经得到的沉积速率在 5～10nm/s 范围内。

化学气相沉积提供了另外一种选择，至少已经被一家 Cu(InGa)Se$_2$ 组件的生产商用于沉积 ZnO[129]。在常压下发生水蒸气与乙基锌之间的反应，薄膜掺杂有 F 或 B。

当有 Mo 背接触时，对于透明导电电极方阻的要求取决于特定电池和组件的设计，方阻通常受控于层的厚度。典型的小面积电池的要求是 20～50Ω/□ 和厚度为 100～500nm，商业组件要求 5～10Ω/□ 和相应更大的厚度，因为组件的几何形状要求运输到更远的距离，因此导致更高的串联电阻。随着厚度的增加和电阻的降低，由于自由载流子吸收，透明度有越来越多的损失，减少了 Cu(InGa)Se$_2$ 可吸收的光。具有更高掺杂效率和更高迁移率的 TCO 材料已经发现能降低自由载流子的吸收[201]。

13.4.6　高阻窗口层

通常在溅射沉积 TCO 层之前要沉积一层不掺杂的高阻 ZnO 层。根据沉积方法和条件，这一层的电阻率在 $1 \sim 100 \Omega cm$ 之间，而透明电极的电阻率为 $10^{-4} \sim 10^{-3} \Omega cm$。50nm 厚的高阻 ZnO，通常利用射频磁控溅射氧化物靶得到。

在普通的化学水浴制备 CdS 的电池中使用高阻的 ZnO 高阻层带来的特性改善与 CdS 的厚度有关[199,202,203]。参考文献［202］给出的一种 ZnO 高阻层作用的解释，认为是由 Cu(InGa)Se₂层的局部不均匀电学质量造成的，可用具有高复合电流的并联二极管模型来解释。这些区域对电池整体性能的影响被高阻 ZnO 的串联电阻削弱了，而这个串联电阻对于器件的主要部分影响很小。与此相关的一个解释是 CdS 层中的针孔产生了与 Cu(InGa)Se₂/ZnO 结并联的二极管，使局部位置的二极管特性变差。在这种情况下，由于高阻层而改善的二极管质量将提高整个器件的性能。两种情况都与观察到的结果一致，即当 CBD- CdS 层厚度足够厚时观察不到高阻层带来的改善，通常是开路电压增加[203]。

另外一种潜在的原因是高阻 ZnO 缓冲层的存在增加了对界面的保护，避免在 TCO 通常需要更苛刻的条件溅射时由于其更具损伤性的工艺造成界面损伤。这一点对于不含 Cd 的缓冲层，或者有直流磁控溅射法沉积的 TCO 层时更为重要[204]。

13.4.7　器件完成

为了测试完成的器件，需要在 TCO 层上沉积金属接触。金属电极做成栅线的形式且遮光面积尽可能的小，使更多的光进入电池。太阳能测试标准推荐的最小电池面积为 $1cm^2$，但是许多实验室通常使用面积为 $0.5cm^2$ 的电池。制备金属电极时可以先沉积几十纳米的 Ni 来避免高阻氧化层的生成，然后再沉积几微米数量级的 Al。利用掩模板来蒸发电极栅线是合适的方法，尽管人们一直认为，对于最高效率的电池，光刻画出的网格是最好的[205]。

沉积完金属栅线以后，用机械或激光刻划去除电池以外的 Mo 层以上的各层来定义电池面积。或者用光刻和腐蚀的办法只将 Cu(InGa)Se₂以上的各层除去，因为 Cu(InGa)Se₂的横向电阻阻止了电池以外部分的电流收集。或者通过掩模板沉积 TCO 来限定电池的面积。

最后，最高效率的电池上可能沉积一层抗反射层，使光学损失最小。通常蒸发约 100nm 厚的 MgF_2 层。然而，虽然这与组件不相关，组件中封装玻璃或封装剂是必需的。实验室电池与组件唯一重要的差别是 TCO 层的厚度。集成组件（请参阅 13.6.2 节）在整个电池面积上通常没有栅线用以辅助收集电流，就需要有更厚、具有更高面电导率的 TCO 层，来减少电阻带来的损失。具有更高面电导率的 TCO 层，通常由于自由载流子吸收的增加，也具有更低的红外波段光学透过率，结果导致光电流的减小。

13.5　电池运行

Cu(InGa)Se₂太阳电池的实验室效率已经超过 20%，这在很大程度上归功于工艺的改进，虽然对于深层机理和影响器件特性的电子缺陷还缺乏完全的理解。最近几年，相当大的努力用于发展界面、晶粒晶界、点缺陷等影响的模型，使我们能够更好地理解器件本身，并找出未来改进的途径。

Cu(InGa)Se₂/CdS 太阳电池的特点是高的量子效率和短路电流。开路电压随着吸收层的带隙增加而增加，对晶界和 Cu(InGa)Se₂/CdS 界面的缺陷不敏感。电池的性能可通过表征损失机制来描述，这些机制可以分为三种。第一类是光学损失，它限制载流子的产生，因此限制器件的短路电流密度。第二类是复合损失，它限制开路电压和填充因子。最后是寄生损失，比如串联电阻、并联电阻、与电压有关的电流收集，这对填充因子的影响更为显著，但是同样降低短路电流和开路电压。

从 20 多年前的研究，就已经出现了一个基本的器件模型，在这个模型中，Cu(InGa)Se₂ 吸收层中空间电荷区的体陷阱的复合限制电压。可以通过 Cu(InGa)Se₂ 表面反型使 Cu(InGa)Se₂/CdS 界面复合达到最小。处理这一行为的例外，例如在何种情况下，电压是由界面复合限制，有助于确定对这一基本原理的了解。同样，对光曝光或电流注入的亚稳态反应的表征进一步增加了对器件物理的了解。

13.5.1 光生电流

最高效率的 Cu(InGa)Se₂ 电池短路电流为 $J_{sc} = 36mA/cm^{2[1]}$，而对于 1.12eV 的带隙在 AM1.5G 光照下可获得的可能电流密度为 42.8mA/cm²。量子效率在评价电流损失的原因方面是一个很有用的工具。光生电流是外量子效率（QE_{ext}）和光谱之间乘积的积分。QE_{ext} 由 Cu(InGa)Se₂ 吸收层的带隙、CdS 和 ZnO 窗口层及一系列的损失机制控制，这些损失在图 13.13 中有所表现，其中给出了两个不同偏压下（0 V，−1V）的典型 QE 曲线。−1V 下的 QE 曲线在长波段稍高，因为在反向电压下大的空间电荷区的宽度，这增加了有效收集长度。表 13.4 给出了在 100mW/cm² 光照下每个机制的电流损失。1 ~ 5 属于光学损失，6 属于电学损失。实际上，这些损失的数量级取决于具体的电池设计和各层的光学性质。这些损失包括：

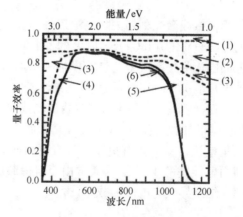

图 13.13　在 0 V 和 −1V 下的量子效率（实线），以及 Cu(InGa)Se₂/CdS/ZnO 电池的光学损失，其中 Cu(InGa)Se₂ 的带隙为 $E_g = 1.12eV$

1）用于大多数器件收集的栅线的遮挡。在互联组件中，这将用互联所占据的面积取代，正如 13.6.2 节中所讨论的。

2）前表面反射。在效率最高的器件中，通过减反射层达到最小。

表 13.4　图 13.13 中示意的典型的 Cu(InGa)Se₂/CdS/ZnO 太阳电池由于光学和收集损失造成的电流损失 ΔJ，对于 $E_g > 1.12\text{eV}$

图 13.13 中的位置	光学损失机制	$\Delta J/(\text{mA/cm}^2)$
(1)	4% 的栅线面积造成的遮光损失	1.7
(2)	Cu(InGa)Se₂/CdS/ZnO 的反射	3.8
(3)	ZnO 的吸收	1.8
(4)	CdS 的吸收	0.8
(5)	Cu(InGa)Se₂ 中的不完全产生	1.9
(6)	Cu(InGa)Se₂ 中的不完全收集	0.4

3）ZnO 的吸收。典型地，在可见光区有 1%~3% 的吸收，在 $\lambda > 900\text{nm}$ 的近红外区自由载流子吸收变得显著起来，而在 $\lambda < 400\text{nm}$ 接近 ZnO 的带隙宽度的区域增加。

4）CdS 的吸收。这一吸收在波长小于 520nm 时变得显著起来，这对应着 CdS 的带隙 2.42eV。$\lambda < 500\text{nm}$ 时，QE 的损失正比于 CdS 的厚度，一般认为在该层中产生的电子空穴对是不能被收集的。图 13.13 给出的是约 30nm 厚的 CdS 的器件。实际上，CdS 层经常更厚，因此吸收损失更大。

5）在 Cu(InGa)Se₂ 层中靠近 Cu(InGa)Se₂ 带隙处的不完全吸收。源于 Cu(InGa)Se₂ 薄膜中组分渐变造成的带隙梯度，同样影响 QE 曲线长波部分的坡度。

6）光生载流子在 Cu(InGa)Se₂ 中的不完全收集。讨论如下：

QE_{ext} 由下式给出：

$$\text{QE}_{\text{ext}}(\lambda, V) = [1 - R(\lambda)][1 - A_{\text{ZnO}}(\lambda)][1 - A_{\text{CdS}}(\lambda)]\text{QE}_{\text{int}}(\lambda, V) \quad (13.3)$$

式中，R 是总反射，包括了栅线遮光，A_{ZnO} 是 ZnO 层的吸收，A_{CdS} 是 CdS 层的吸收。QE_{int} 是内量子效率，是收集到的光生载流子与到达吸收层的光子通量之比，能近似表达为[206]

$$\text{QE}_{\text{int}}(\lambda, V) = 1 - \exp[-\alpha(\lambda)(W(V) + L_{\text{diff}})] \quad (13.4)$$

式中，α 是 Cu(InGa)Se₂ 的吸收系数，W 是 Cu(InGa)Se₂ 空间电荷区的宽度，L_{diff} 是少数载流子扩散长度。这一近似假设所有在空间电荷区产生的载流子都被收集而没有复合损失。既然 W 是所加偏压的函数，QE_{int} 和总光生电流也都与电压有关，所以后者可以写作 $J_L(V)$。已报道的典型电池在 0V 偏压时 W 的值在 $0.1 \sim 0.5\mu\text{m}$ 之间。

图 13.14 给出了从式（13.4）计算的内量子效率，总有效收集长度 $L_{\text{eff}} = W(V) + L_{\text{diff}}$，值为 $2.0 \sim 0.4\mu\text{m}$。该计算是对 Cu(InGa)Se₂，$E_g = 1.12\text{eV}$ 和假设 $E < E_g$ 光产生的载流子没有收集。如果有效收集长度 L_{eff} 小于 $1\mu\text{m}$，由于降低的吸收系数，越来越重要的电子在 Cu(InGa)Se₂ 层较深的位置中产生，而非在收集长度内产生。因此，载流子不会被收集，在长波，QE 降低。这些电子的不完全收集是 Cu(InGa)Se₂ 器件的主要损失机制[156,207]。$J_L(V)$ 对于电流-电压行为的影响随着收集长度降低和正偏压而增加，因此对填充因子和开路电压的影响最大[208,209]。在图 13.13 中通过 -1V 偏压下与 0V 偏压下相比 QE 的增加表现出电压决定的电流收集能降低短路电流的影响。

当前对电流收集的这种分析是，Cu(InGa)Se₂ 足够厚，所有的光都能吸收的情况。实验室器件中 Cu(InGa)Se₂ 典型的吸收层厚度为 $2\mu\text{m}$，商业组件的吸收层厚度为 $1.2 \sim 1.5\mu\text{m}$。

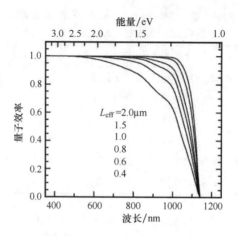

图 13.14　计算的 Cu(InGa)Se$_2$ 内量子效率 QE $= 1 - \exp\left[-\alpha(\lambda)L_{eff}\right]$，$E_g = 1.12\text{eV}$ 和从 2.0μm（顶）到 0.4μm（底）的收集长度，吸收系数的数据来源于参考文献 [50]

在制造中尽量降低 Cu(InGa)Se$_2$ 的厚度，以提高产量和降低材料成本。但如果 Cu(InGa)Se$_2$ 厚度低于约 1μm，由于在长波长不完全吸收，电流损失变得非常重要。如果忽略在背接触的反射，减少厚度的效果与减小收集长度是相似的，因此，图 13.14 中 $d = L_{eff}$ 可以作为薄吸收层预期的 QE$_{int}$ 的极限情况。已经表征了采用共蒸发沉积亚微米吸收层厚度的电池器件[210,211]。$d < 1\mu m$，J_{SC} 的下降大于预期，由于不完全光吸收，无法用器件模拟来解释[212]。采用较薄吸收层的器件，背接触对器件的影响增加。光通过吸收层可以到达背接触，说明在 Mo/Cu(InGa)Se$_2$ 背接触处低的光学反射与器件性能相关[213]。已经报道了取代背反射后的高反射结果[108,213,214]。例如，与 TiN 接触，0.45μm 厚 Cu(InGa)Se$_2$ 的 J_{SC} 增加 0.8mA/cm^2，与增加反射的模拟结果合理地吻合[212]。

另一方面，V_{OC} 和 FF 可以与 2μm 厚吸收层电池器件的相当，即使吸收层薄膜厚度为 0.5μm[210,211]。这是令人惊讶的，因为随着厚度的降低，更多少数载流子到达背电极并复合，从而降低 V_{OC}。在 Mo/Cu(InGa)Se$_2$ 界面形成 MoSe$_2$ 层[107]，可作为背表面场，反射少数载流子，正如基于能带对齐已经提出的[215]，从而阻止背表面复合。采用取代的背接触的结果证明了这个想法。例如，使用 0.6μm 厚的 Cu(InGa)Se$_2$ 层，采用 ZrN/Cu(InGa)Se$_2$ 接触，V_{OC} 降低，但是沉积一层薄的 MoSe$_2$ 界面层后，V_{OC} 恢复[213]。采用 Ga 梯度形成的背表面场，通过降低薄吸收层背接触的复合，也能阻止 V_{OC} 的损失[210]。

即使只有 J_{SC} 的部分损失可以通过不完全的光学吸收来解释，增加电流的一个潜在的方法是使用光陷阱来增加光在吸收层中的光学路径长度，这常用于非晶硅基太阳电池（见第 12 章），与亚微米 Cu(InGa)Se$_2$ 类似，吸收层厚度小于光学吸收深度。Cu(InGa)Se$_2$ 薄膜太阳电池的光捕获可以采用绒面 TCO 层来散射入射光或采用织构的背接触实现，如果通过随后层的保形维持织构和形态，因此顶 TCO 层能再次散射入射光。形成织构 TCO 薄膜的方法将在第 17 章中讨论。在任一情况下，也需要考虑从 Cu(InGa)Se$_2$ 粗糙表面的光散射。

13.5.2　复合

Cu(InGa)Se$_2$/CdS 太阳电池的 J-V 曲线关系可以由一个二极管方程来描述：

$$J = J_D - J_L = J_o \exp\left[\frac{q}{AkT}(V - R_S J)\right] + G(V - R_S J) - J_L \qquad (13.5)$$

二极管电流 J_o 由下式给出：

$$J_o = J_{oo} \exp\left(-\frac{\Phi_b}{AkT}\right) \qquad (13.6)$$

理想因子 A、势垒高度 Φ_b 和前因子 J_{oo} 由支配 J_o 的具体复合机制来决定。串联电阻 R_S 和并联电导 G 是发生在与主二极管串联或者并联电路上的损失。在不同复合情况下，如在界面、空间电荷区或者吸收层内，能在各种教科书中找到 A、Φ_b、J_{oo} 的一般表达式。

为了理解 Cu(InGa)Se₂/CdS 太阳电池特定的二极管行为，有必要来看一看Cu(InGa)Se₂ 能带的影响。通过改变 $x(x \equiv Ga/(In + Ga))$ 和温度可以改变带隙。图 13.15 和图 13.16 给出了三个电池 $x = 0$、0.24、0.61 的 J-V 和 QE 曲线，相应的 $E_g = 1.04eV$、$1.14eV$、$1.36eV^{[207]}$。随着 E_g 的增加，V_{OC} 增加并且 QE 的长波边向短波段移动。图 13.17 给出了这些器件 V_{OC} 随温度的变化。在每一种器件中，随着温度趋近于零，V_{OC} 趋近于 E_g/q。这样，合并式（13.5）和式（13.6）并且假设 $G \leqslant J_L/V_{OC}$，则开路电压变为

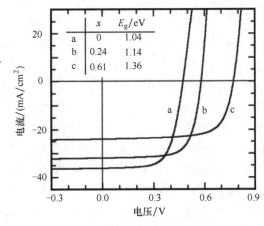

图 13.15　不同 Ga 含量的 Cu(InGa)Se₂/CdS 太阳电池的电流-电压曲线，
a—$E_g = 1.04eV$，b—$E_g = 1.14eV$，c—$E_g = 1.36eV$

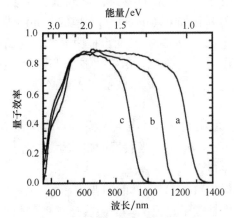

图 13.16　图 13.15 中的器件的量子效率曲线

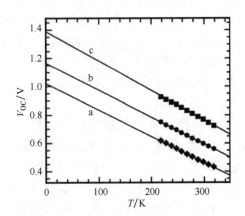

图 13.17　图 13.15 中器件的 V_{OC} 随温度的变化

$$V_{OC} = \frac{E_g}{q} - \frac{AkT}{q}\ln\left(\frac{J_{oo}}{J_L}\right) \tag{13.7}$$

各种复合路径并联在一起，所以 V_{OC} 受控于复合电流 J_{REC} 最高的那个主导复合机制。Φ_b 和 A 值可以用来区分复合是在体吸收层，Cu(InGa)Se$_2$ 空间电荷区，还是在 Cu(InGa)Se$_2$/CdS 界面[216-218]。图13.15中的每一条曲线都满足式（13.5），其中 $A = 1.5 \pm 0.3$。对于许多种薄膜太阳电池，已经证实了 $V_{OC}(T \to 0) = E_g/q$ 和 $1 < A < 2$，和以上的数据很相似。在 CuInSe$_2$[156,219] 和许多 Cu(InGa)(SeS)$_2$[217] 器件中已经证实了 $\Phi_b = E_g$，与（CdZn）S 缓冲层的带隙无关[219]，适于各种沉积工艺制备的吸收层[172]。这些 Φ_b 和 A 的结果表明 Cu(InGa)Se$_2$/CdS 太阳电池中二极管电流受到 Cu(InGa)Se$_2$ 吸收层中 Shockley-Read-Hall 型复合控制。通过 Cu(InGa)Se$_2$ 空间电荷区的深陷阱态的复合最大，那里电子和空穴数目相当，$p \approx n$。A 在 1~2 之间的变化依赖于充当主要陷阱态的深陷阱能级[221]。当这些缺陷态向带边移动时 $A \to 1$，且复合变成接近于带间的体复合。一些非常高效率器件的特点之一是其相对较低的值 $A \approx 1.1 \sim 1.3$[1]。

Cu(InGa)Se$_2$/CdS 界面处的复合不会限制 V_{OC} 这似乎令人吃惊，因为在 Cu(InGa)Se$_2$ 电池制备过程中，没有采用特别的方法来匹配晶格常数或者降低界面缺陷，在 Cu(InGa)Se$_2$ 和 CdS 之间的沉积，器件通常暴露在空气中。这可以通过 Cu(InGa)Se$_2$ 近结区域的有效反型来解释[222,223]，由能带弯曲和界面费米能级钉扎诱发产生[216,218,224]。图13.18所示的 Cu(InGa)Se$_2$/CdS 能带图显示了界面附近的费米能级接近于导带，因此电子在 Cu(InGa)Se$_2$ 近表面区是有效的多数载流子，通过 Cu(InGa)Se$_2$ 界面态提供的可用复合的空穴供应不足。正如 Turcu 等解释的那样[217]，在组成范围内和由吸收层和/或者缓冲层合金化产生的能带分布范围内，贫 Cu 的 Cu(InGa)Se$_2$ 表面形成有序缺陷化合物在阻止界面复合中起着关键作用。这个表面具有更宽的带隙[78,225] 和更低的价带能级，如图13.18所示，形成一个势垒，以防止空穴到达吸收层/缓冲层界面和在吸收层/缓冲层界面复合。一个重要的例外可以强烈地支持这一解释，当吸收层中没有 Cu 空位，这种情况在宽带隙器件中很常见（见13.5.4节），尤其是利用 Cu(InGa)S$_2$ 为吸收层的器件[226]，不管其带隙，这样的器件具有更低的 V_{OC} 和 $\Phi_b < E_g$，表明界面复合[227,217]，以致没有空穴传导的势垒。

已经提出，在化学水浴沉积 CdS 过程中，由于 Cd 扩散的掺杂，形成 n 型发射极和 Cu(InGa)Se$_2$ 的 p-n 同质结[174]。然而，对强吸收材料比如 Cu(InGa)Se$_2$ 深埋的 p-n 结进行模拟，p-n 同质结导致量子效率在蓝色光谱区域中相当大的损失立刻变得很明显，因为高吸收光子产生的电荷载流子在吸收层表面复合，不能到达实际的 p-n 结[218]。这与 Si 太阳能电池不一样，晶体硅太阳电池吸收太阳光更弱。因此，Cu(InGa)Se$_2$ 吸收层的表面必须反型，但是不能形成同质结。

Na 对器件性能的主要影响表现在 V_{OC} 上[228]，可用钝化界面复合来解释。有限制 Na 从玻璃扩散势垒的 Cu(InGa)Se$_2$ 器件的 V_{OC} 降低 120mV，Φ_b 小于吸收层的带隙[229]，通过电容测量表明在 Cu(InGa)Se$_2$/CdS 结附近有高的缺陷密度[230]。

另一个可能降低 V_{OC} 的潜在复合来源是在 Mo/Cu(InGa)Se$_2$ 界面的背表面复合。只要少数载流子扩散长度小于 Cu(InGa)Se$_2$ 的厚度，这将是微不足道的。当吸收层很薄的情况下，可以通过增加 Mo 附近 Ga 的浓度产生背面场[213]。

真正的 Cu(InGa)Se₂材料结构并不完美，缺陷态并不以分立的缺陷能级形式存在，而是形成缺陷带或者价带、导带的带尾。可以通过对缺陷光谱积分来获得总的复合电流。而产生复合陷阱特定的点缺陷还不明确，应当指出的是，在 $E_V + 0.8eV$ 的缺陷可能是与此相关的重要缺陷，瞬态光电电容测量可以确定这一点缺陷[72]。指数形式带尾态的复合用于解释在有些器件中观察到的 A 对温度的依赖现象[231]。A 对温度的依赖的分析可以进一步由复合电流的隧穿增强来解释，特别是在低温中[232]。导纳谱是表征 Cu(InGa)Se₂/CdS 太阳电池电学缺陷分布有用的工具[233]，并且认为距价带约 0.3eV 的受主态密度与 V_{OC} 有关[234]。少子寿命是表征 Cu(InGa)Se₂/CdS 太阳电池的另外一个有价值的参数。瞬态光电流[255]和时间分辨光致发光[209,236]测试都可以用来确定高效器件中 10～250ns 范围内的寿命。然而，一个关键的问题是需要分辨出在 13.2 节中讨论的哪些缺陷是限制器件开路电压的复合中心。

在实践中，对 J-V 数据的分析通常可以用来确定二极管参数 J_o、A、Φ_b[242]。这就要求 R_s 和 G 是可以忽略的，或者至少需要对数据做适当的修正，并且在分析范围内 J_L 独立于 V。对 $J_L(V)$ 的错误理解可以导致在分析电流-电压数据时发生错误[208]包括错误的过高的 A 值，并且在很多情况下不可能得到基本的二极管参数的确切值，除非使用暗 J-V 数据[207]。另外，还必须确认在任何电极或结都不存在非欧姆效应，非欧姆效应会导致出现式（13.5）未考虑的二极管。经常在温度降低时观察到这样的非欧姆接触效应[219,220]。一旦证明可以忽略这些寄生效应时，或者已经做了修正，能够通过线性拟合 $(J + J_L)$ 对 $(V$-$R_s J)$ 的半对数的曲线获得 J_o，而能够从 dV/dJ 对 $1/J$ 在正偏压下的斜率获得 A[243]，或者能够通过最小二乘法拟合式（13.5）获得 J_o 和 A。最后，可以从图 13.17 中依赖于温度的 V_{OC} 或者 J_o 中导出 Φ_b。

需要注意的是许多对于传输和复合的描述忽略了晶界的影响，因为假设晶粒为柱状，所有的传输不用穿过晶界。正如上面所述，严格地讲这种情况是极少的，所以需要一个更全面的对 Cu(InGa)Se₂太阳电池的描述来说明晶界复合的可能性，晶界的复合降低了收集电流或电压。不同器件模型的数值模拟得出，价带势垒大于 200meV，与在 13.2.4 节中描述的测量值一致，能很好地避免晶界上的损失，得到高效的器件[244,245]。有人认为沿晶界的传导有助于电流收集这不能进行模拟，因为没有同时产生电压损失。

13.5.3　Cu(InGa)Se₂/CdS 界面

图 13.18 Cu(InGa)Se₂/CdS 能带图显示由于 Cu(InGa)Se₂表面 Cu 空位导致带隙变宽。实验证实只有表面为 Cu 耗尽，没有形成厚 ODC 层。从能带图中可以看出 Cu(InGa)Se₂和 CdS 之间的导带失配 ΔE_c 对于在 Cu(InGa)Se₂中产生反型也是非常重要的。在此图中，体 Cu(InGa)Se₂为 p 型，E_g 依赖于 Ga 含量。CdS 为 n 型层，$E_g = 2.4eV$，是完全耗尽的，体 ZnO 为 n⁺ 层，$E_g = 3.2eV$。认为在 n⁺ – ZnO 与 CdS 之间的极薄的高阻 ZnO 也是耗尽的。正的 ΔE_c 表明在导带会有一个尖峰，CdS 最低导带能高于 Cu(InGa)Se₂最低导带能。图 13.18 给出了 $\Delta E_c = 0.3eV$ 与 ZnO 和 CdS 之间导带失配为 – 0.3eV 的情况[78]。一些电流传输和复合的模拟已经考虑了 ΔE_c 的影响[247-249]。这些模型显示如果 ΔE_c 大于 0.5eV，Cu(InGa)Se₂光生电子的收集将会受到阻碍，J_{SC} 和 FF 将会迅速降低。对较小的尖峰，电子能够通过热电子发射的方式通过界面[247]。另一方面，对于足够负的 ΔE_c，将会消除在Cu(InGa)Se₂吸收

层表面的反型，缓冲层界面处的电子浓度增加，界面态复合将限制 V_{OC}。

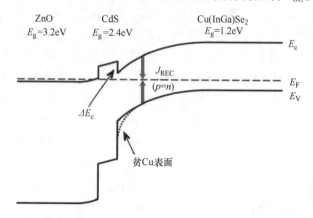

图 13.18 无光照无偏压条件下的 ZnO/CdS/Cu(InGa)Se₂ 器件能带图。值得注意的是复合电流 J_{REC} 在 Cu(InGa)Se₂ 空间电荷区中 $p = n$ 的地方最大，而并不是在界面上。贫 Cu 表面用点线表示

由于 Cu(InGa)Se₂/CdS 器件电学性能的重要性，人们在计算或者测量 ΔE_c 方面做出了很多努力，也得到了很多结果。通过能带结构计算得出纯 CuInSe₂ $\Delta E_c = 0.3eV$[250]。CuGaSe₂ 导带最小值具有高能量[251]，预计 Cu(InGa)Se₂ 有小的 ΔE_c 失配。另一方面计算显示 ODC 化合物导带最小值低于黄铜矿[252]。

通过光电子能谱（基于 XPS、UPS 或同步测试）可以在实验上获得价带的偏移。对于未氧化的 Cu(InGa)Se₂ 与 CdS 界面，价带的偏移值为 -0.9eV，此值介于黄铜矿和 ODC 理论值之间[253]。在纯 CuInSe₂ 多晶[78] 或者外延薄膜[254] 或者单晶[255] 中发现了相同的价带偏移，与表面取向或者 CdS 薄膜的沉积方法无关[177]。假设带隙为 1.4eV 的 ODC 表面，这些测量显示导带偏移为 0.3eV。所有的测量均在原位制备 CIGS 吸收层表面，而太阳电池的制备，吸收层表面在沉积 CdS 缓冲层之前需要暴露在空气中。此外，假定体能带在表面，通过价带偏移确定导带偏移是有限的。特别是，缓冲层和吸收层的互扩散会改变能带，在这种情况下，不能通过价带偏移来确定导带偏移。通过逆光电子发射能谱（IPES）能直接得到导带的偏移，在 CuInSe₂/CdS 界面偏移为零[256]。这是由于界面的互混合。抑制界面复合，必须不能存在"悬崖"，因此，零导带偏移结果与 J-V 测量吻合，发现空间电荷区的复合是主要的路径。

13.5.4 宽带隙和梯度带隙器件

通常最高效率的器件 Ga/(In + Ga) ≈ 0.1 ~ 0.3，此时 $E_g ≈ 1.1 ~ 1.2eV$，人们又在基于宽带隙合金高效太阳电池方面进行了积极探索，做出了很大努力。人们相信宽带隙合金将会拥有更高的组件效率，这是由于在最大功率下更高电压和更低电流之间的折中会减少损失。由此带来的功率损失的减少，正比于 I^2R，能够被用于以下两者中其一：①通过增加连接线之间或者网格线的距离来增加组件的有效面积；②既然 TCO 层允许更高的电阻，可以减少其中的光吸收。带隙更宽的电池其输出具有更低的温度系数[257]，将会提高它们在大多数地面应用中在高温下的性能，宽带隙器件也可作为叠层电池或多结电池结构中的顶电池。

引起最多关注、可做器件的宽带隙材料是 CuGaSe₂ 和 CuInS₂。CuGaSe₂ 的 $E_g = 1.68eV$，

非常适合做叠层结构中的宽带隙电池。CuInS₂的 $E_g = 1.53eV$，接近单结电池的优化值。基于 CuInS₂ 的最高效率的电池是这样制作的：先沉积富 Cu 的薄膜，其中过量的 Cu 以 Cu$_x$S 第二相形式存在，在沉积 CdS 之前腐蚀掉[226]。因此，据上所述，在这些电池中界面很重要，仔细控制表面包括 Ga 掺入能提高 V_{OC}[258]。

也考虑过 Cu(InAl)Se₂ 太阳电池，在 $E_g = 1.15eV$ 器件中曾经得到过 17% 的转化效率[259]。Cu(InAl)Se₂ 的 $E_g = 2.7eV$，与含 Ga 的合金相比，要达到相同的带隙，要求合金含量和晶格参数变化更小。最近（AgCu）(InGa)Se₂ 薄膜中展示了最终宽带隙器件有前途的结果包括高的 V_{OC}[260,261]，Cu 被 Ag 取代，增加了带隙，降低了合金熔点，薄膜具有更低的缺陷密度。表 13.5 中列出了采用不同的合金的最高效率的宽带隙电池。

表 13.5　不同合金吸收层宽带隙器件的最高总面积效率，给出了低带隙 CuInSe₂ 和 Cu(InGa)Se₂
电池的纪录效率来进行对比

材　　料	E_g/eV	效率（%）	V_{OC}/V	J_{SC}/(mA/cm²)	FF（%）	参考文献
CuInSe₂	1.02	14.5	0.491	41.1	71.9	[262]
Cu(InGa)Se₂	1.12	20.0	0.692	35.7	81.0	[263]
CuGaSe₂	1.68	9.5	0.905	14.9	70.8	[264]
Cu(InGa)Se₂	1.53	12.9	0.832	22.9	67.0	[258]
Cu(InGa)Se₂	1.51	9.9	0.750	20.1	65.8	[265]
(AgCu)(InGa)Se₂	1.6	13.0	0.890	20.5	71.3	[261]
Ag(InGa)Se₂	1.7	9.3	0.949	17.0	58	[260]

Ga 对于薄膜性能和器件行为有一系列的影响，因为带隙增加了。CuInSe₂ 中添加少量的 Ga 增加了开路电压，即使 Ga 仅局限于吸收层的背面而且并不增加空间电荷区的带隙[142]。Ga 添加提高附着力，与 S[266] 和 Al[259] 合金中观察到的类似。图 13.19 给出了几个组利用不同的工艺发现的带隙的增加对 Cu(InGa)Se₂/CdS 太阳电池的 V_{OC} 和效率的影响的结果。当 $E_g < 1.3eV$ 或者 Ga/(In + Ga) < 0.4 时效率大致与带隙无关[207]，V_{OC} 随 E_g 增大而线性增加。对于更宽的带隙，V_{OC} 增至大于 0.8V，但是效率却降低。这就表明了 Cu(InGa)Se₂ 吸收层的电学性质较差，这将会有两个影响：复合增加，使 V_{OC} 低于式（13.7）的理论值[215,216]。电流收集依赖于电压[207]，使填充因子降低。图 13.19 中虚线的斜率 $\Delta V_{OC}/\Delta E_g = 1$。理想的情况下，$V_{OC}$ 的增加只会导致斜率降低一点，因为式（13.7）的第二项对 J_L 的依赖性。随着 Ga 含量的变化已经观察到了一些变化。导纳谱测试表明复合与激活能约为 0.3eV 的缺陷的密度有关，随着带隙增大而增大[267]。瞬态光电容测量发现一个离价带 0.8eV 的缺陷带，与 Ga 的含量没有关系，该缺陷带随着带隙的增加会向带隙中间移动，因此变成更为有效的复合中心[72]。随着 Ga 含量的增加，理想因子 A 向 $A = 2$ 增加[267]，与陷阱移向接近带隙中间一致[221]。吸收层和硫化镉缓冲层之间的能带排列从尖峰改变为悬崖[268]，这可能会影响复合机制[218]。此外，随着能带带隙的增加，Cu(InGa)Se₂ 显示出更大的载流子浓度，使空间电荷区宽度变小，从而缩短收集长度[269]。最后也有文献报道，随着 Ga 含量的增加，共蒸发 Cu(InGa)Se₂ 的晶粒尺寸减小[270]，但是没有显示这会影响电池的性能，CuGaSe₂ 与低 Ga 含量的 Cu(InGa)Se₂ 具有相同范围内的晶粒尺寸。已经有建议通过控制 Ga 或 S 形成带隙渐变

来作为增加器件效率的方法，渐变带隙可以分别减少复合和收集损失[21,271-273]。当扩散长度与薄膜厚度相近时，可通过在导带一侧从 Cu(InGa)Se$_2$/Mo 界面处更宽的带隙渐变到空间电荷区附近更窄的带隙来有效增加电场，从而增强少子的收集[273,274]和降低背表面复合，当扩散长度与薄膜厚度相当时[275]。另一种方法，相反的带隙渐变，即从 Cu(InGa)Se$_2$/CdS 界面处的更宽带隙渐变到空间电荷区边缘的更窄带隙，这能够减少复合增加开路电压，在这种情况下，在器件体内的较小带隙仍能保证高的光吸收率和 J_{SC}[21,273]。然后需要保证最小处在空间电荷区，否则会形成势垒，阻止电荷载流子的传导[272]。最有效的引入表面带隙梯度的方法是在前表面引入 S[22]，其原因是此处降低价带是最主要的效应，而不是像 Ga 那样升高导带，这对于收集光生电子的影响更小。

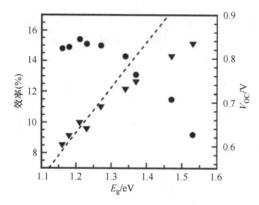

图 13.19　Cu(InGa)Se$_2$ 能隙与效率（●）和开路电压（▼）之间的关系图，通过增加 Ga 的相对含量来增加能隙（来自 Shafarman W，Klenk R，McCandless B，*Proc. 25th IEEE Phptovaltalic Specialist Conf.*，763-768（1996）[274]）。虚线的斜率为 $\Delta V_{OC}/\Delta E_g = 1$

发展宽带隙合金的另外一个动力是它们与叠层电池的结合，是制备高效薄膜组件的一种方法。提议的单片串联叠层电池的结构如图 13.20 所示，能带 ≥ 1.5eV 的宽带隙 I-III-VI$_2$ 基电池通过一个短接线直接连接到一个窄带隙电池上。CuInSe$_2$，能带为 1.04eV 非常适合做底电池。对一系列多晶薄膜连接的叠层电池进行模拟，发现顶电池优化的带隙为 1.72eV，底电池优化的带隙为 1.14eV[276]。1.04eV 的底电池，使用 CuInSe$_2$ 将与 1.65eV 的顶电池理想地匹配，所以 CuGaSe$_2$ 非常适合。真正的光学损失通常需要顶电池具有更高的带隙，虽然改进叠层结构可以拓宽其范围，例如，降低其厚度或者顶电池的面积[277]。

两端或者四端单片互联的机械堆叠结构[278]，完整太阳光谱完全照射到宽带隙电池，而照射到窄带隙电池的光被宽带隙电池过滤。因此，宽带隙电池对叠层电池性能的贡献更大，从而要求高的转化效率。需要解决其他一些困难使这个突进可行[279]。顶电池需要高红外光学透过性，红外光的能量小于吸收层的带隙。这意味着 Mo 接触必须被不能在薄膜沉积温度与 Se 反应的其他透明背接触代替。使用高掺杂的氧化膜[280]，可能包括非常薄的一层 MoSe$_2$，已经得到了一些有前景的结果。下一个，必须发展一个短路连接，使空穴从顶电池传输到底电池，电子沿相反方向传输，没有寄生光吸收。这一方法的途径可以借鉴 III-V 或非晶硅多结器件的知识（见第 8 或 12 章）或用于背接触的 TCO 可能只提供所需的结[279]。最后，单片结构需要顶、宽带隙电池制作在底电池上，而不会降低其性能。

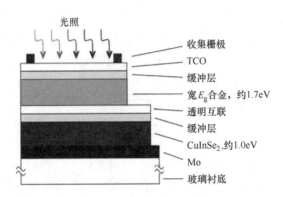

图 13.20　两端单片互联叠层电池的下衬底结构，CuInSe₂基合金作为顶和底电池

13.6　制造问题

光伏技术的竞争主要表现在性能、可靠性和成本上。最好的 Cu(InGa)Se₂ 太阳电池和组件已经与商业的许多晶体硅电池相当。长期稳定性看起来也不是重要问题，因为实验组件的野外测试结果说明了这一点，但是低成本、大产量生产仍需要实践来证明。

很明显薄膜具有降低生产成本的潜力。低端的生产成本，沉积在塑料薄膜上防潮的铝膜，比如用在食品包装袋上的那种，价格小于 0.01 美元/m^2。更多更加先进的功能涂层一般要昂贵些。例如，建筑玻璃上的薄膜的成本在 1 美元/m^2。因此，薄膜材料的光伏组件有廉价生产的可能性。Cu(InGa)Se₂组件是否能够达到很低成本的潜力，取决于工艺技术能够多大程度地满足材料成本、产量和良品率的要求。

13.6.1　工艺和设备

沉积工艺可以是批量式的，其中大量的衬底是并行处理的；也可以是线列式的，其中一个衬底紧跟着一个衬底。在批量式工艺中，一个工艺完全结束了才开始下一个工艺。而线列式工艺中一个衬底可以在上一衬底完成该工艺之前就开始此工艺，过程连续运转。

在大规模生产中一种普遍的观点认为线列式连续生产是低成本的必要条件。理想情况下，在组件制造过程中的所有步骤可以同步，从而使组件可以移动，连续通过整个过程线。而这需要每个步骤处理时间相同，有一定的灵活性，使运行速度较慢的步骤与多个设备步骤平行运行。使用物理气相沉积法制备大面积薄膜时经常利用连续或准连续的线列式系统。然而，在生产量很大的情况下批量生产工艺的成本同样可以很低。例如，用前驱体反应，反应时间可能很长，可能是这种情况。对于 Cu(InGa)Se₂组件的生产，这就意味着化学水浴沉积 CdS 虽然通常是批量式工艺，也能够满足低成本生产的要求。相似地，假如周期足够短或者批量足够大，批量式硒化生长 Cu(InGa)Se₂并不一定比线列式的共蒸发生长成本高。

卷对卷工艺，最初用于蒸发 CdS 半导体薄膜，已经用于太阳电池[282]，可以以组合的方式来实现。单一的工艺步骤可以连续地操作，涂覆材料到可能是千米量级长度的衬底材料卷。然后将涂覆的卷移动到下一个处理步骤，如批处理模式。也可能是单一卷连续移动通过多个过程。

溅射是成熟的大规模沉积技术，已经被广泛应用于各类大面积薄膜的涂层，比如说在玻璃工业上。相似的工艺用在制作大部分 Cu(InGa)Se$_2$组件的 Mo 背电极和 TCO 前电极，所以可以从许多设备供应商那里获得同样的设备。也可以商购制备规模卷对卷溅射沉积。溅射也是应用于前驱物反应过程中沉积制备 Cu(InGa)Se$_2$层的金属预置层薄膜的一种选择。其他方法，包括电沉积或油墨涂料，在过程中具有潜在成本优势，正在进行开发，虽然设备可能仍然需要定制开发。硒化步骤也要求特定的定制设备。这样的设备可以是炉子，一批带有预置层的衬底在含有硒的气氛中硒化，或者线列式反应腔体中试样或者卷连续穿过含硒和衬底温度可控的环境[283]。

单质共蒸 Cu(InGa)Se$_2$层要求定制的设备包括特殊设计的可以用于精确控制长沉积时间（许多小时）大面积衬底均匀沉积的蒸发源。使用线列式蒸发源的在线蒸发是一种简单的方法，已经有几家实验室和公司开发出这样的设备。该设备的图解可参看图 13.21。所示的结构具有专为向下蒸发的源设计，这比向上蒸发的源设计复杂。但向下的蒸发是优选的，因为支撑位于玻璃下方使玻璃在移动过程中更容易获得更高的衬底温度。

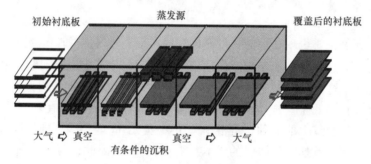

图 13.21 线列式蒸发系统，衬底板上面为线蒸发源，下面有加热器（ZSW 提供）

化学水浴沉积 CdS 或者无 Cd 缓冲层适于低成本的批量工艺，此工艺是一种表面可控的工艺，要求一定量的溶液体积。用于浸泡带 Cu(InGa)Se$_2$层衬底的装置相对简单，甚至大面积。现在可以商购也可以定制。但是液体危险废物产生是这个过程的一个额外支出。已提出利用率高或连续的化学水浴沉积[284]，以及回收程序[285]。如 ALD 和 ILGAR 缓冲层制备的替代过程具有潜在的制备优势，由于避免湿过程和废物产生，但仍然需要发展大规模、高产出的制造设备。化学气相沉积掺杂的 ZnO 作为溅射的替代方法是一种典型的批次式生产工艺，每批沉积的衬底相对少一些。产量最终是一个很大的问题。然而，已经开发出了在线 CVD 工艺，比如在非晶硅太阳电池组件中。

13.6.2 组件制备

两个常用于工业的主要组件制备方法，将在下面进行讨论：①单片集成，薄膜沉积成大面积组件，通过切割制备出单个的电池并通过内部互联连接成组件。②制备小面积的电池（通常是几百平方厘米），配备用于电流收集的栅线，通过焊接连在一起形成组串，然后形成组件，像硅晶电池技术。

浮法钠钙玻璃是目前为止最好的衬底材料，无论是性能还是重复性方面都给出了很好的结果。它满足成本要求（批量生产的玻璃 3 ~ 4 美元/m^2），平整且稳定，所以非常适合商业生产。需要注意的是在生产中钠钙玻璃在 500℃以上开始软化。然而，最好光伏性能的 Cu(InGa)Se$_2$层是在 500℃以上生长的。在组件生产中不能接受由于玻璃软化造成的塑性变形，需要仔细的优化时间-温度曲线使变形最小化。发展具有较高软化温度的玻璃，在热膨胀和 Na 方面与 Cu(InGa)Se₂过程兼容，并具有有竞争力的成本，对 Cu(InGa)Se₂制备有很大益处。

薄膜光伏组件与硅片组件相比一个本质的成本优势是可以单片互联，大大简化组件制备。这使得组件可以直接生产而不用像硅片太阳电池那样先制备电池然后铺设、连接，按要求把电池串联起来。一个典型的单片互联示意图可参看图 13.22。最普通的方法是使用激光对 Mo 层进行划刻（P1），然后用机械刻槽法对接下来的两步进行划刻（P2 和 P3）。通过精心优化，互连的总宽度，与性能有关的死区已减少到小于 200μm[129]。电池的宽度取决于电池的电流密度（因此带隙或 Ga 的相对含量）和 TCO 层的面电阻（因为 Mo 的面电阻通常要小得多）。将在第 17 章中讨论优化的步骤。该划刻电池宽度决定了电流和电池的串联数（受整体组件尺寸限制），然后确定该组件的电压。

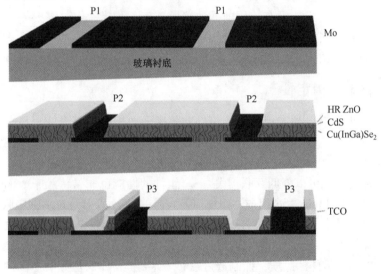

图 13.22　生产 Cu(InGa)Se₂单片互联组件的生产步骤示意图

一个典型的组件原理流程如图 13.23 所示，虽然可采用很多变型方式来沉积和互连，最后的制作步骤包括安装金属线和汇流条。金属焊带可被焊接或者粘在靠近衬底边缘的接触区上。为了增加与层压材料（通常是 EVA）之间的黏性，在层压前玻璃之前，要把衬底板外侧的薄膜去干净。最后封边，连接引线或接线盒，装上边框，但在一些应用中可以省去这一工序。

柔性衬底材料非常具有吸引力，一方面可以生产出重量轻的柔性产品用于一些特定场合，一方面可以用卷对卷工艺生产薄膜，而这在低成本方面非常具有潜力。最有希望的衬底材料有聚酰亚胺、钛、钢[99]。聚酰亚胺的缺点是不能承受高温，最好的聚酰亚胺薄膜只能承受住 400~450℃，热膨胀系数较高。钛和钢的主要缺点是导电，这就意味着集成互联电池时衬底箔和 Mo 之间需要有电绝缘层[101]。在这种情况下，无论是较高温度的聚酰亚胺或绝缘层涂覆的衬底箔，都是商业发展可取的改进衬底。

用导电性箔衬底，由于单片集成是不可能的，基片被切成单片电池，其上应用收集栅线，通常通过印刷，类似于 Si 晶片电池。通过移动和穿线或瓦搭接配实现电池的机械互联，

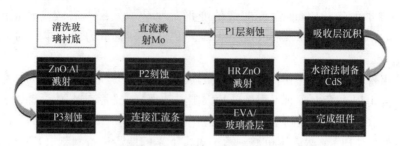

图 13.23　按序制备 Cu（InGa）Se₂ 组件的生产步骤示意图

一个电池的背面重叠在紧邻电池的顶部，通过焊料、导电环氧树脂或胶带连接。单个电池额外的处理增加了处理步骤的数量，并增加了制造成本。然而，可以对每个电池的性能进行测量并据此进行筛分可以放宽对产量的限制。

对于一个柔性组件，当然没有使用前面的覆盖玻璃。相反，组件需要一个封装层，其要求非常苛刻。此密封材料必须在组件的全额定寿命内保持柔软性、透明性、耐紫外线和保持水分进入到一个非常低的水平。对于 20 ~ 30 年的寿命，目前还没有这样的材料。

13.6.3　组件性能和稳定性

最好的电池、小型组件和大规模生产组件的效率随面积增大而降低。与电池相比，互联的组件有额外的损失，这些损失来自于串联电阻和非活性区域所占的面积。在已经优化的串联薄膜组件设计中，这些损失对应效率损失绝对值大约为 1%。在更先进的电池设计中使用金属栅线实现内部互联，可以降低互联损失[286]。组件的性能也非常依赖于大面积材料和器件性能的均匀性，包括 Cu（InGa）Se₂ 组成。组件需要较厚的 TCO 以避免过多的串联电阻，这会导致更高的自由载流子吸收，上面（13.4.5 节）已经讨论了。组件与最高效电池另外的区别是电池可以使用更高的工艺温度，因为它们对玻璃变形并不敏感。同样，实验室工艺可以用非常低的沉积速率，以达到最佳的品质，而制造过程必须需要高产量，必须有更高的沉积速率。因此，小面积电池的这些结果并不一定与组件生产相关，但是表现出了材料的潜力。

如果电池经过一段时间使用后效率发生衰退，那么产品的初始效率是没有多大意义的。由 ARCO Solar 和后来的 Siemens Solar 制造的 Cu（InGa）（SeS）₂ 组件在超过 12 年野外测试显示了很好的稳定性[4]，而这也进一步延伸到了 20 年[287]。因为在户外测试显示相似的稳定性，一些制造商已经缩短工期。另一方面，将没有封装的电池置于相对湿度 85%、85℃ 的条件中经过 1000h 后观察到严重的衰减[288]，这就是所谓的湿热测试，是 IEC 61646 协议中的一个认证测试。氧化锌的降解增加了串联电阻，进而降低了填充因子，导致功率的损失。较小程度上，二极管结衰退降低了开路电压和填充因子。湿热测试对于暴露的电池是很严重的破坏，这就要求封装技术，使薄膜材料暴露于湿气中达到最小。湿热测试暴露后组件的输出损失在光照后可以完全恢复，因此，针对 Cu（InGa）Se₂[289] 提出了改良湿热测试，其中包括光照。

图 13.24 中给出的组件户外性能表明 Cu（InGa）Se₂ 组件的稳定性和在任何形式的应用中都具有性能竞争力，无论是单机还是并网使用。在电力需求可能相对较少的应用中，薄膜组件比晶体硅组件更具有优势。80Wₚ 或者更高功率的大组件，能够很方便地切成基本上任何功率规格的小块。这样比制作小的晶体硅组件要便宜得多，对于晶体硅来说每一块电池在组装成组件之前都必须切成小块。另外，组件可以按照不同的形式连接来满

足各种形状和电压的要求。例如，一个制造商已经使用相同尺寸的组件制备若干 80W 组件，但有一定范围的电流和电压输出，由刻划电池宽度和电池数量的权衡决定。在建筑应用上，相比晶体硅组件不均匀的浅蓝色外观，Cu(InGa)Se₂ 和其他薄膜组件深黑色的外表可能更好。

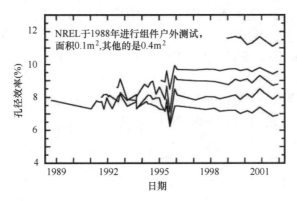

图 13.24　NREL 给出的 Cu(InGa)Se₂ 组件在户外测试的结果，显示了 12 年以来的稳定性。
1992～1996 年的波动是由于测试条件的变化造成的（数据由 Shell Solar Industries 提供）

最后，在空间应用中，Cu(InGa)Se₂薄膜太阳电池也具有潜在的优势，因为与晶体硅太阳电池相比具有更高的抗辐射性能力[5,6]。使用重量轻的塑料或者箔衬底能够使太阳电池拥有高比功率，即功率除以质量，这一点对于一些空间应用是很关键的（见第 9 章更全面的讨论）。然而，Cu(InGa)Se₂空间太阳电池技术还没达到商业生产阶段。

13.6.4　生产成本

材料成本分为直接成本和间接成本，并依赖于沉积工艺决定材料成品率。直接材料成本，即原料的成本，不会由于产量的增加而降低，只取决于原材料的市场价格和需求量。间接成本，包括溅射靶材的准备或者其他（蒸发、溅射）源的材料成本，当生产量足够大时可以被降低。材料成品率，或者说有多少源材料最终成膜，对于各种薄膜工艺，这个比例可能从少于 50% 变化到大于 90%，例如电沉积和墨水基工艺。一般情况下，直接材料成本非常小，这些材料在未来可用性不确定，特别是 In 和 Se，可能导致费用的增加。然而，最大的材料成本，并且可能会保持，是光伏部件之外的成本。包括基板、封装、配线等[290]。除了材料以外，对于薄膜组件其他的主要生产成本就是设备的投资成本。任何大规模的自动化沉积设备都有相似的价格。因此，产量或者产能对投资成本是十分重要的。大面积沉积系统的工业可用性取决于具体过程，虽然所有情况下，设备制造商正在开发并开始提供生产规模的沉积设备，甚至交钥匙的生产线，专门用于薄膜光伏。一旦工程设计、优化和设备建造全部完成，实现了工艺设备乃至整个生产线的完全复制，将带来设备成本的最大优势。

在中试生产中，每个薄膜沉积或者工艺步骤成本在 20 美元/m² 是可以接受的。能使大规模生产中的成本控制在 1～5 美元/m² 范围内的工艺路线还有待证实。产量对成本有直接影响。在线列式工艺中，这决定于衬底宽度和线速度，而线速度决定于沉积速度和薄膜的理想厚度。如果沉积速率相对较低，通过在系统中加长沉积区可以改善，比如说，在溅射系统中采用多个靶材，这只会增加少量的投资。

如果没有很高的成品率，将会失去薄膜所有的成本优势。总的生产成品率能够被分解为电学成品率和机械成品率。电学成品率反映的是组件的可重复性，因为它是满足最低性能要求的组件所占的比例。机械成品率是进入生产线并最终生产出产品的百分比。机械损失来自于玻璃衬底的破碎或者设备故障。一般来讲，总的成品率应该超过 90%。

另外一个生产成本是能源的消耗。测量的方法是能量回收期，指一个组件全寿命周期内通过发电能把所消耗的能量回收回来的时间。最近的一个比较大的沙漠为基础的系统报告称额定效率为 11% 的 $Cu(InGa)Se_2$ 的能量回报期为 1.6 年，与其他光伏技术一样甚至更短[291]（进一步的讨论参见第 1 章）。

生产一成本分析得出一定范围的工厂成本，依赖于许多假设和不同的过程。各种情况表明，只要有足够大的产能（ > 100MW 级），制造成本能低于 1 美元/W_p，甚至降低到 0.4 ~ 0.6 美元/W_p[290]。

13.6.5　环境问题

与 $Cu(InGa)Se_2$ 组件中的材料有关的环境问题是稀有元素的储量。主要材料的含量以 g/kW_p 计算，假设组件的效率为 12%，计算的结果同每年提纯的量一起列在表 13.6 中[292]。第四列表示每年提纯的材料可以转化成多少组件发电量，而最后一列是基于各种元素的储量计算的结果。由于对储量或者资源的最大量的估计不确定，表 13.6 只是给出了哪种材料或者在什么水平上会发生供应不足的问题。很明显，考虑到主要的材料供应，In 是潜在的瓶颈。In 主要从 Zn 矿副产品中得到，因此它的可利用性与 Zn 储量关联在一起，因为很少有单独开采 In 的。基于制造中开采量、回收、利用率，以及组件厚度和性能提高的假设，估计 In 供应能使 $Cu(InGa)Se_2$ 提供 100GW/年产能，一直持续到 2050 年[293]。尽管如此，In 的可用性将最终限制 $Cu(InGa)Se_2$ 组件的产能。这种状况可以通过发展不含 In 的锌黄锡矿合金得以缓解，例如 Cu_2ZnSnS_4 和 $Cu_2ZnSnSe_4$ 是效率接近 10% 最有前景的材料[294]。

表 13.6　$Cu(InGa)Se_2$ 组件中的主要材料（Andersson B，Azar C，Holmberg J，Karlsson S，Energy 5，407-411（1998）[292]）

元素	材料含量 /(g/kW_p)	提纯量 /(kt/年)	提纯量/含量 /(GW_p/年)	储量/含量 /TW_p
Mo	42	110	2600	130
Cu	17	9000	529000	30000
In	23	0.13	5.7	0.1
Ga	5	0.06	12	2.2
Se	43	2	46	1.9
Cd	1.6	20	12500	330
Zn	37	7400	2000000	4100

曾在老鼠身上试验过 $CuInSe_2$ 的毒性[295]。即使在高剂量下探测到的影响也是微乎其微的。由这些研究推算，对于人类，产生可观察到副作用的最低剂量是 8.3μg/kg/天。

其余构成 $Cu(InGa)Se_2$ 组件的物质除了 Cd 都是无毒的。Fthenakis 和 Moskowitz 研究过 Cd 在光伏生产中的许多应用[296]。化学水浴沉积 CdS 是涉及健康问题最多的工艺步骤，由于使用了 Cd 和硫脲，并且产生废液。在电沉积 CdTe 中，也是一个使用 Cd 的预置层的湿法工艺，人们发现 Cd 对健康最大的危害来自原料准备过程中产生的粉尘和水浴锅附近的细小颗粒[296]。工艺点的生物监测显示这种危害能够维持在对工人无伤害的水平。硫脲是一种有毒的致癌物质，存在暴露危险。冲洗水和酸及 Cd 化合物的稀释溶液能够使用沉淀/离子交换两步工艺进行处理。Cd 可以去除到 1 ~ 10ppb 的水平，并能回收[296]。

大多数 Cu(InGa)Se₂ 工艺使用元素 Se，但是以固态的丸状或小球状使用，因而释放出非常少的可被吸入的灰尘。元素 Se 被认为有相对低的生物活性，但是许多化合物是强活性和高毒性的。特别是硒化氢，一种用在硒化工艺中的气体，是极其有毒的，瞬间危及生命和健康（IDLH）的值仅有 2ppm[296]。

在 Cu(InGa)Se₂ 组件运行过程中也会有环境危害问题。一个潜在的风险是关键材料会被溶解进雨水中。这种情况只会在组件破损或粉碎以至于正常封装好的活性层暴露出来时发生。对有毒元素从粉碎的 CuInSe₂ 组件进入到雨水中或进入土壤中的研究发现，这对于人类或环境不会有明显的危险[297]。在组件有效寿命期间主要的危害是火灾。一项关于在太阳电站发生火灾的潜在危险的研究显示这只是少数情况[298]。在一个大规模系统中如果大部分的 CuInSe₂ 材料在火灾中释放出来，有毒物质的浓度在下风 300m 处仍可达到产生危害的程度。如果有 10% 的 CuInSe₂ 材料释放，即使在最坏的气象条件下有害气体的浓度也不至于产生危害。研究得出的结论是如果有 CuInSe₂ 组件存在的地方发生火灾对于公众不会立刻产生危害。

根据元素的浸出能力对 Cu(InGa)Se₂ 的安置进行了研究。元素 Zn、Mo 和 Se 最易浸出。参考垃圾掩埋标准，CuInSe₂ 组件可以达到德国和美国的要求[295]。因为 CuInSe₂ 组件的主要元素的浸出量很低且浸出速率很慢，根据多数的 US 规定它们不会列为有害废弃物[299]。

环境法规、废物处理方式以及经济的发展使得回收变得越来越重要。在大规模 Cu(InGa)Se₂ 组件的使用中，稀有元素的供应，特别是 In，也有 Se 和 Ga，更进一步提供了回收利用的动力。如果组件材料能够回收的话，回收成本将得到补偿。特别是，如果玻璃板能够回收并且重复利用，那将会使得回收产生净收益。因此，回收将是封装方式选择上的一个重要考虑。双玻璃结构是很有用的，能够减少 CuInSe₂ 材料在火灾中的释放，但是会增加金属回收和玻璃板再利用的成本[299]。

13.7　Cu(InGa)Se₂ 的前景

显然，Cu(InGa)Se₂ 太阳电池已经有了巨大的进步，这可以从以下几方面得到证实：许多小组和公司已经制作出了高效的电池和组件；已开发的沉积技术和器件结构多种多样；不断积累的材料和工艺的科学及工程方面的知识。我们有理由相信电池效率、组件的性能和成品率会持续改进。但是，我们还缺乏对一些涉及半导体工艺的关键问题的理解，我们还需要投入时间和精力去研究，在实验室范围侧重于基本问题，在中试线上则侧重于设备和规模化问题，并要验证工艺和提高组件的效率。

从早期的发展来看，CuInSe₂ 基太阳电池和其他薄膜光伏材料包括 CdTe 和非晶硅，由于已知它们比晶体硅在生产上更具低成本潜力引起了人们的兴趣。这一点已得到了确切的证实，First Solar 公司大规模生产的 CdTe 组件目前是市场上价格最低的组件（见第 14 章）。然而，虽然经过 30 年的研究和发展，$Cu(InGa)Se_2$ 目前也只是向大体量生产迈进，类似的、具有成本优势的经济规模还需要进一步的实验。最近几年一个重要的发展是对辅料和支撑工业的投资，包括：正在开发的沉积设备、诊断工具，以及新材料如衬底和专用于薄膜光伏尤其是 $Cu(InGa)Se_2$ 的封装材料。这些公司显然已经意识到薄膜光伏的巨大商业潜力。

一个关键的问题是，我们需要做什么保证 $Cu(InGa)Se_2$ 太阳电池技术展示它大规模发电的潜力。

答案的一部分是要侧重于加速开发成熟制造技术和标准化沉积设备与工艺。同时，也需要开发新的诊断和工艺控制工具。这就需要具备基本的材料和器件知识来确定电池或组件生产中什么特性是可以测量的，并能够有效地表征最终特性。以更坚实的知识为基础的改进工艺、设备和控制能够直接转换成更高的生产量、成品率及更好的性能。

虽然有很多突破，在材料和器件的基本科学方面的提高仍是一个重要需求。效率上的重大突破将只会来源于开路电压的增加，所以需要深入理解限制开路电压的缺陷化学和电学的性质以及它们的来源。这为 $Cu(InGa)Se_2$ 生长建立一个与影响缺陷形成、结形成及器件极限相关的工艺参数相关联的全面模型。另外，对 Na 的作用及晶界和自由表面性质的基本理解仍然不完全。对 CdS 层的作用和化学水浴沉积工艺的更好理解使我们可能找到不含镉的更宽带隙材料实现更高的效率和更好的重复性。

最后，利用其呈现的独特优势，例如，从柔性到相对高效、重量轻或抗辐射，充分地进行应用开发，$Cu(InGa)Se_2$ 的潜力将得到最快地实现。另外，在建筑一体化，柔性或者刚性 $Cu(InGa)Se_2$ 电池可能是首选[300]。这将增加需求，带动商业发展，加速实现大的经济规模，实现极低成本的制造。第二个关键的问题是，哪方面的突破能够产生下一代的薄膜 $Cu(InGa)Se_2$ 基太阳电池。

宽带隙合金能够制造 $E_g \geqslant 1.5eV$ 的电池而丝毫不降低性能，进一步开发这种合金对于组件生产和性能很有益处，如 13.5.4 节中讨论的那样。另外，开发 $E_g \approx 1.7eV$ 的高效电池是发展多晶薄膜叠层电池的前提。单片式叠层电池，技术上具有挑战性，效率有可能达到 25% 或更高。在不影响最终电池效率的前提下，$Cu(InGa)Se_2$ 层低温工艺非常有用。在比较低的工艺温度下，其他的衬底材料，如柔性聚合物就能够使用。另外，较低的 T_{ss} 能够减少衬底热应力，允许更快的加热和冷却，减少整个沉积系统的热负荷和热应力。类似地，$Cu(InGa)Se_2$ 层的厚度小于 $1\mu m$ 的话，在成本和电池结构工艺方面也有着优势。降低厚度能降低材料的使用量，增加产出率，发展不含 In 的合金也有显著的效益。

正因为存在增进 $Cu(InGa)Se_2$ 材料和器件基本知识、发展新生产技术和发展新突破这些方面的挑战，研究和发展 $Cu(InGa)Se_2$ 和相关的材料仍然是令人激动和充满希望的。当初对于薄膜 $Cu(InGa)Se_2$ 的潜力感到兴奋的所有理由现在仍然有效。高效、稳定性、材料和工艺参数的灵活性带给我们巨大的希望——它将对我们未来的太阳能发电做出主要的贡献。

参考文献

1. Repins I et al,. *Prog. Photovolt.* **16**, 235–239 (2008).
2. Repins I et al., *Proc. SPIE 2009 Solar Energy + Technology Conf.* (2009).
3. Tanaka T et al., *Proc. 17th Euro. Conf. Photovoltaic Solar Energy Conversion*, pp 989–994 (2001).
4. Wieting R, *AIP Conf. Proc.* **462**, 3–8 (1999).
5. Burgess R et al., *Proc. 20th IEEE Photovoltaic Specialist Conf.*, pp 909–912 (1988).

6. Jasenek A *et al., Thin Solid Films* **387**, 228–230 (2001).
7. Hahn H *et al., Z. Anorg. Allg. Chem.* **271**, 153–170 (1953).
8. Shay J, Wernick J, *Ternary Chalcopyrite Semiconductors: Growth, Electronic Properties, and Application*, Pergamon Press, Oxford (1974).
9. Tell B, Shay J, Kasper H, *Phys. Rev.* **B4**, 4455–4459 (1971).
10. Tell B, Shay J, Kasper H, *J. Appl. Phys.* **43**, 2469–2470 (1972).
11. Wagner S, Shay J, Migliorato P, Kasper H, *Appl. Phys. Lett.* **25**, 434–435 (1974).
12. Shay J, Wagner S, Kasper H, *Appl. Phys. Lett.* **27**, 89–90 (1975).
13. Meakin J, *Proc. SPIE Conf. 543: Photovoltaics*, 108–118 (1985).
14. Kazmerski L, White F, Morgan G, *Appl. Phys. Lett.* **29**, 268–269 (1976).
15. Mickelsen R, Chen W, *Proc. 15th IEEE Photovoltaic Specialist Conf.*, pp 800–804 (1981).
16. Mickelsen R, Chen W, *Proc. 16th IEEE Photovoltaic Specialist Conf.*, pp 781–785 (1982).
17. Chen W *et al., Proc. 19th IEEE Photovoltaic Specialist Conf.*, pp 1445–1447 (1987).
18. Potter R, *Sol. Cells* **16**, 521–527 (1986).
19. Hedström J *et al., Proc. 23rd IEEE Photovoltaic Specialist Conf.*, pp 364–371 (1993).
20. Basol B *et al., Sol. Energy Mater. Sol. Cells* **43**, 93–98 (1996).
21. Gabor A *et al., Sol. Energy Mater. Sol. Cells* **4**, 247–260 (1996).
22. Tarrant D, Ermer J, *Proc. 23rd IEEE Photovoltaic Specialist Conf.*, pp 372–375 (1993).
23. Rocheleau R, Meakin J, Birkmire R, *Proc. 19th IEEE Photovoltaic Specialist Conf.*, pp 972–976 (1987).
24. Mitchell K *et al., IEEE Trans. Electron. Devices* **37**, 410–417 (1990).
25. Kazmerski L, Wagner S, Cu-Ternary Chalcopyrite Solar Cells, in Coutts T, Meakin J, (eds), *Current Topics in Photovoltaics*, pp 41–109, Academic Press, London (1985).
26. Haneman D, *Crit. Rev. Solid State Mater. Sci.* **14**, 377–413 (1988).
27. Rockett A, Birkmire R, *J. Appl. Phys.* **70**, R81–R97 (1991).
28. Rockett A, Bodegård M, Granath K, Stolt L, *Proc. 25th IEEE Photovoltaic Specialist Conf.*, pp 985–987 (1996).
29. Suri D, Nagpal K, Chadha G, *J. Appl. Cystallogr.* **22**, 578–83 (1989) (JCPDS 40-1487).
30. Ciszek T F, *J. Cryst. Growth.* **70**, 405–410 (1984).
31. Bondar I, Orlova N, *Inorg. Mater.* **21**, 967–970 (1985).
32. Neumann H, *Sol. Cells* **16**, 399–418 (1986).
33. Li P, Anderson R, Plovnick R, *J. Phys. Chem. Solids* **40**, 333–334 (1979).
34. Chattopadhyay K, Sanyal I, Chaudhuri S, Pal A, *Vacuum* **42**, 915–918 (1991).
35. Arushanov E, *et al., Physica B* **184**, 229–31 (1993).
36. Persson C, *Appl. Phys. Lett.* **93**, 072106 1–3 (2008).
37. Neumann H, *et al., phys. stat. sol. b* **108**, 483–87 (1981).
38. Nakanishi H Y, Endo S, Irie T, Chang B H, *Proc. Int. Conf. Ternary and Multinary Compounds.* 99–104 (1987).
39. Gödecke T, Haalboom T, Ernst F, *Z. Metallkd.* **91**, 622–634 (2000).
40. Ye J, Yoshida T, Nakamura Y, Nittono O, *Jpn. J. Appl. Phys.* 35, 395–400 (1996).
41. Zhang S, Wei S, Zunger A, *Phys. Rev. Lett.* **78**, 4059–4062 (1997).
42. Herberholz R *et al., Eur. Phys. J.* **6**, 131–139 (1999).
43. Wei S, Zhang S, Zunger A, *Appl. Phys. Lett.* **72**, 3199–3201 (1998).
44. Schroeder D, Rockett A, *J. Appl. Phys.* **82**, 4982–4985 (1997).
45. Wei S, Zhang S, Zunger A, *J. Appl. Phys.* **85**, 7214–7218 (1999).
46. Schuler S *et al., Phys. Rev. B* **69**, 045210 (2004).
47. Ruckh M *et al., Sol. Energy Mater. Sol. Cells* **41/42**, 335–343 (1996).
48. Alonso M *et al., Phys. Rev. B* **63**, 075203 1–13 (2001).
49. Alonso M *et al., Appl. Phys. A* **74**, 659–664 (2002).
50. Paulson P, Birkmire R, Shafarman W, *J. Appl. Phys.* **94**, 879–888 (2003).
51. Wei S, Zunger A, *Appl. Phys. Lett.* **72**, 2011–2013 (1998).
52. Hönes K, Eickenberg M, Siebentritt S, Persson C, *Appl Phys Lett*, **93** 092102 1–3 (2008).
53. Jaffe J, Zunger A, *Phys. Rev. B* **29**, 1882–1906 (1984).
54. Weinert H *et al, phys. stat. sol.* b, **81**, K59–61 (1977).

55. Arushanov E *et al*, *Physica B*, **184**, 229–31 (1993).
56. Noufi R, Axton R, Herrington C, Deb S, *Appl. Phys. Lett.* **45**, 668–670 (1984).
57. Neumann H, Tomlinson R, *Sol. Cells* **28**, 301–313 (1990).
58. Siebentritt S, *Thin Solid Films* **403–404** 1–8 (2002).
59. Heath J, Cohen J, Shafarman W, *J. Appl. Phys* **95**, 1000–1010 (2004).
60. Siebentritt S, *Thin Solid Films* **480–81**, 312–317 (2005).
61. Lee J, Cohen J, Shafarman W, *Thin Solid Films* **480–481**, 336–340 (2005).
62. Lany S, Zunger A, *Phys. Rev. Lett.* **93**, 156404 1–4, (2004).
63. Lany S, Zunger A, *Phys. Rev. Lett.* **100**, 016401 1–4 (2008).
64. Bauknecht A, Siebentritt S, Albert J, Lux-Steiner M, *J. Appl. Phys.* **89**, 4391–4400 (2001).
65. Siebentritt S, Rega N, Zajogin A, Lux-Steiner M, *phys. stat. sol. C* **1**, 2304–10 (2004).
66. Siebentritt S *et al.*, *Appl. Phys. Lett.* **86**, 091909 1–3 (2005).
67. Dirnstorfer I *et al.*, *phys. stat. sol. a* **168**, 163–175 (1998).
68. Shklovskii B, Efros A, *Electronic Properties of Doped Semiconductors*. 1984, Berlin: Springer-Verlag.
69. Bardeleben, H.J.v., *Solar Cells* **16**, 381–90, (1986).
70. Aubin, V., Binet, L., Guillemoles, J. F., *Thin Solid Films*, **431-2**, 167–71 (2003).
71. Turcu M, Kötschau I, Rau U, *J. Appl. Phys.* **91**, 1391–99 (2002).
72. Heath J *et al.*, *Appl. Phys. Lett.* **80**, 4540 (2002).
73. Kiely C, Pond R, Kenshole G, Rockett A, *Philos. Mag. A* **63**, 2149–2173 (1991).
74. Chen J *et al.*, *Thin Solid Films* **219**, 183–192 (1992).
75. Wada T, *Sol. Energy Mater. Sol. Cells* **49**, 249–260 (1997).
76. Lei C *et al*, *J. Appl. Phys.* **100**, 073518 (2006).
77. Liao D, Rockett A, *J. Appl. Phys.* **91**, 1978–1983 (2002).
78. Schmid D, Ruckh M, Grunwald F, Schock H, *J. Appl. Phys.* **73**, 2902–2909 (1993).
79. Klein A, Jaegermann W, *Appl. Phys. Lett.* **74**, 2283–2285 (1999).
80. Gartsman K *et al.*, *J. Appl. Phys.* **82**, 4282–4285 (1997).
81. Kylner A, *J. Electrochem. Soc.* **146**, 1816–1823 (1999).
82. Damaskinos S, Meakin J, Phillips J, *Proc. 19th IEEE Photovoltaic Specialist Conf.*, pp 1299–1304 (1987).
83. Cahen D, Noufi R, *Appl. Phys. Lett.* **54**, 558–560 (1989).
84. Kronik L, Cahen D, Schock H, *Adv. Mater.* **10**, 31–36 (1998).
85. Niles D, Al-Jassim M, Ramanathan K, *J. Vac. Sci. Technol., A* **17**, 291–296 (1999).
86. Yan Y *et al.*, *Phys. Rev. Lett.*, **99**, 235504 (2007).
87. Persson C, Zunger A, *Phys. Rev. Lett.* **91**, 266401 1–4 (2003).
88. Hetzer M *et al.*, *Appl. Phys. Lett.* **86**, 162105 1–3 (2005).
89. Lei C *et al*, *J. Appl. Phys.* **101**, 024909 1–5 (2007).
90. Yan Y, Noufi R, Al-Jassim M, *Phys. Rev. Lett.* **96**, 205501 1–4 (2006)
91. Seto J, *J. Appl. Phys.* **46**, 5247–54 (1975).
92. Siebentritt S, Schuler S, *J. Phys. Chem. Solids* **64**, 1621–26 (2003).
93. Rau U, Taretto K, Siebentritt S, *Appl. Phys. A* **96**, 221–34 (2009).
94. Bodegård M, Stolt L, Hedström J, *Proc. 12th Euro. Conf. Photovoltaic Solar Energy Conversion*, pp 1743–1746 (1994).
95. Bodegård M, Granath K, Rockett A, Stolt L, *Sol. Energy Mater. Sol. Cells* **58**, 199–208 (1999).
96. Contreras M *et al.*, *Prog. Photovolt.* **7**, 311–316 (1999).
97. Schlenker T, Laptev V, Schock H, Werner J, *Thin Solid Films* **480–481**, 29–32 (2005).
98. Boyd D, Thompson D, Kirk-Othmer *Encyclopaedia of Chemical Technology*, Vol. 11, 3rd Edition, 807–880, John Wiley & Sons, Inc. (1980).
99. Kessler F, Herrmann D, Powalla M, *Thin Solid Films* **480–481**, 491–498 (2005).
100. Birkmire R, Eser E, Fields S, Shafarman W, *Prog. Photovolt.* **13**, 141–148 (2005).
101. Herz K *et al.*, *Thin Solid Films* **431–432**, 392–397 (2003).
102. Palm J *et al.*, *Thin Solid Films* **431–432**, 514–522 (2003).

103. Probst V *et al., Proc. 1st World Conf. Photovoltaic Solar Energy Conversion*, pp 144–147 (1994).
104. Bodegård M, Granath K, Stolt L, *Thin Solid Films* **361–362**, 9–16 (2000).
105. Rudmann D, Brémaud D, Zogg H, Tiwari A, *J. Appl. Phys.* **97**, 084903 1–5 (2005).
106. Vink T, Somers M, Daams J, Dirks A, *J. Appl. Phys.* **70**, 4301–4308 (1991).
107. Wada T, Kohara N, Nishiwaki S, Negami T, *Thin Solid Films* **387**, 118–122 (2001).
108. Orgassa K, Schock H, Werner J, *Thin Solid Films* **431–432**, 387–391 (2003).
109. Mattox D, *Handbook of Physical Vapor Deposition (PVD) Processing*, Noyes Publ., Park Ridge, NJ (1998).
110. Jackson S, Baron B, Rocheleau R, Russell T, *Am. Inst. Chem. Eng. J.* **33**, 711–720 (1987).
111. Shafarman W, Zhu J, *Thin Solid Films* **361–2**, 473–477 (2000).
112. Klenk R, Walter T, Schock H, Cahen D, *Adv. Mater.* **5**, 114–119 (1993).
113. Kessler J *et al., Proc. 12th Euro. Conf. Photovoltaic Solar Energy Conversion*, pp 648–652 (1994).
114. Gabor A *et al., Appl. Phys. Lett.* **65**, 198–200 (1994).
115. Hasoon F *et al., Thin Solid Films* **387**, 1–5 (2001).
116. Stolt L *et al., Appl. Phys. Lett.* **62**, 597–599 (1993).
117. Ishizuka S *et al., J. Appl. Phys.* **100**, 096106 1-3 (2006).
118. Hanna G *et al. Thin Solid Films* **431–432** 31–36 (2003).
119. Sakurai K *et al., Prog. Photovolt: Res. Appl.* **12**, 219–234 (2004).
120. Stolt L, Hedström J, Sigurd D, *J. Vac. Sci. Technol.* **A3**, 403–407 (1985).
121. Powalla M, Voorwinden G, Dimmler B, *Proc. 14th Euro. Conf. Photovoltaic Solar Energy Conversion*, pp 1270–1273 (1997).
122. Eisgruber I *et al., Thin Solid Films* **408**, 64–72 (2002).
123. Scheer R *et al., Appl. Phys. Lett.* **82**, 2091–2093 (2003).
124. Nishitani M, Negami T, Wada T, *Thin Solid Films* **258**, 313–316 (1995).
125. Negami T *et al., Mater. Res. Soc. Symp.* **426**, 267–278 (1996).
126. Grindle S, Smith C, Mittleman S, *Appl. Phys. Lett.* **35**, 24–26 (1979).
127. Chu T, Chu S, Lin S, Yue J, *J. Electrochem. Soc.* **131**, 2182–2185 (1984).
128. Alberts V, *Semicond. Sci. Technol.* **22**, 585–592 (2007).
129. Kushiya K *et al. Thin Solid Films* **517**, 2108–2110 (2009).
130. Kapur V, Basol B, Tseng E, *Sol. Cells* **21**, 65–70 (1987).
131. Sato H *et al., Proc. 23rd IEEE Photovoltaic Specialist Conf.*, pp 521–526 (1993).
132. Kessler J, Dittrich H, Grunwald F, Schock H, *Proc. 10th Euro. Conf. Photovoltaic Solar Energy Conversion*, pp 879–882 (1991).
133. Oumous H *et al., Proc. 9th Euro. Conf. Photovoltaic Solar Energy Conversion*, pp 153–156 (1992).
134. Palm J, Probst V, Karg F, *Solar Energy* **77**, 757–765 (2004).
135. Mooney G *et al., Appl. Phys. Lett.* **58**, 2678–2680 (1991).
136. Sugiyama M, *et al., J. Crystal Growth* **294**, 214–217 (2006).
137. Verma S, Orbey N, Birkmire R, Russell T, *Prog. Photovolt.* **4**, 341–353 (1996).
138. Wolf D, Müller G, *Thin Solid Films* **361–2**, 155–161 (2000).
139. Orbey N, Norsworthy G, Birkmire R, Russell T, *Prog. Photovolt.* **6**, 79–86 (1998).
140. Hergert F *et al., Journal of Physics and Chemistry of Solids* **66**, 1903–1907 (2005).
141. Dittrich H, Prinz U, Szot J, Schock H, *Proc. 9th Euro. Conf. Photovoltaic Solar Energy Conversion*, pp 163–166 (1989).
142. Jensen C, Tarrant D, Ermer J, Pollock G, *Proc. 23rd IEEE Photovoltaic Specialist Conf.*, pp 577–580 (1993).
143. Marudachalam M *et al., Appl. Phys. Lett.* **67**, 3978–3980 (1995).
144. Nagoya Y, Kushiya K, Tachiyuki M, Yamase O, *Solar En. Mat. Solar Cells* **67**, 247–253 (2001).
145. Alberts V, *Mat. Science Eng.* **B107** 139–147 (2004).
146. Hanket G, Shafarman W, McCandless B, Birkmire R, *J. Appl. Phys.* **102**, 074922 (2007).

147. Hanket G, Shafarman W, Birkmire R, *Proc. 4th World Conf. Photovoltaic Solar Energy Conversion*, pp 560–563 (2006).
148. Thornton J, Lomasson T, Talieh H, Tseng B, *Sol. Cells* **24**, 1–9 (1988).
149. Talieh H, Rockett A, *Sol. Cells* **27**, 321–329 (1989).
150. Guenoun K, Djessas K, Massé G, *J. Appl. Phys.* **84**, 589–595 (1998).
151. Murali K, *Thin Solid Films* **167**, L19–L22 (1988).
152. Galindo H *et al., Thin Solid Films* **170**, 227–234 (1989).
153. Abernathy C *et al., Appl. Phys. Lett.* **45**, 890 (1984).
154. Kazmerski L, Ireland P, White F, Cooper R, *Proc. 13th IEEE Photovoltaic Specialist Conf.*, 184–189 (1978).
155. Potter R, Eberspacher C, Fabick L, *Proc. 18th IEEE Photovoltaic Specialist Conf.*, 1659–1664 (1985).
156. Mitchell K, Liu H, *Proc. 20th IEEE Photovoltaic Specialist Conf.*, 1461–1468 (1988).
157. Cashman R, *J. Opt. Soc. Am.* **36**, 356 (1946).
158. Kitaev G, Uritskaya A, Mokrushin S, *Sov. J. Phys. Chem.* **39**, 1101 (1965).
159. Kainthla R, Pandya D, Chopra K, *J. Electrochem. Soc.* **127**, 277–283 (1980).
160. Kaur I, Pandya D, Chopra K, *J. Electrochem. Soc.* **127**, 943–948 (1980).
161. Lincot D, Ortega-Borges R, *J. Electrochem. Soc.* **139**, 1880–1889 (1992).
162. Lincot D, Ortega-Borges R, Froment M, *Philos. Mag. B* **68**, 185–194 (1993).
163. Nakada T, Kunioka A, *Appl. Phys. Lett.* **74**, 2444–2446 (1999).
164. Kylner A, Rockett A, Stolt L, *Solid State Phen.* **51–52**, 533–539 (1996).
165. Hashimoto Y *et al., Sol. Energy Mater. Sol. Cells* **50**, 71–77 (1998).
166. Kylner A, Lindgren J, Stolt L, *J. Electrochem. Soc.* **143**, 2662–2669 (1996).
167. Kylner A, Niemi E, *Proc. 14th Euro. Conf. Photovoltaic Solar Energy Conversion*, pp 1321–1326 (1997).
168. Kessler J *et al., Tech. Digest PVSEC-6*, pp 1005–1010 (1992).
169. Yu P, Faile S, Park Y, *Appl. Phys. Lett.* **26**, 384–385 (1975).
170. Tell B, Wagner S, Bridenbaugh P, *Appl. Phys. Lett.* **28**, 454–455 (1976).
171. Kazmerski L, Jamjoum O, Ireland P, *J. Vac. Sci. Technol.* **21**, 486–490 (1982).
172. Heske C *et al., Appl. Phys. Lett.* **74**, 1451–1453 (1999).
173. Kylner A, *J. Electrochem. Soc.* **143**, 1816–1823 (1999).
174. Ramanathan K *et al., Proc. 2nd World Conf. Photovoltaic Solar Energy Conversion*, pp 477–482 (1998).
175. Wang L *et al., MRS Symp.* **569**, 127–132 (1999).
176. Leskelä M, Ritala M, *Thin Solid Films* **409**, 138–146 (2002).
177. Hunger R *et al., Thin Solid Films* **515**, 6112–18 (2007).
178. Muffler, M *et al., Proc. 28th IEEE Photovoltaic Specialist Conf.*, 610–613 (2000).
179. Platzer-Björkman C, Kessler J, Stolt L, *Proc. 3rd World Conf. Photovoltaic Energy Conversion*, pp 461–64 (2003).
180. Eisele W *et al., Sol. Energy Mater. Sol. Cells* **75**, 17–26 (2003).
181. Ennaoui A *et al., Sol. Energy Mater. Sol. Cells* **67**, 31–40 (2001).
182. Siebentritt S *et al., Prog. Photovolt.* **12**, 333–38 (2004).
183. Ohtake Y *et al., Japanese J. Appl. Phys.* **34**, 5949–55 (1995).
184. Yamada A, Chaisitsak S, Ohtake Y, Konagai M *Proc. 2nd World Conf. Photovoltaic Solar Energy Conversion*, pp 1177–1180 (1998).
185. Tokita Y, Chaisitsak S, Yamada A, Konagai M, *Sol. Energy Mater. Sol. Cells* **75**, 9–15 (2003).
186. Hariskos D *et al., Sol. Energy Mater. Sol. Cells* **41/42**, 345–53 (1996).
187. Naghavi N *et al., Mat. Res. Soc. Symp. Proc.* **763**, 465–70 (2003).
188. Spiering S *et al., Thin Solid Films* **431–2**, 359–63 (2003).
189. Allsop N *et al., Prog. Photovolt.* **13**, 607–616 (2005).
190. Strohm A *et al., Thin Solid Films* **480**, 162–67 (2005).
191. Hariskos D *et al., Proc. 19th Euro. Conf. Photovoltaic Solar Energy Conversion*, pp 1894–97 (2004).
192. Törndahl T, Platzer-Björkman C, Kessler J, Edoff M, *Prog. Photovolt.* **15**, 225–235 (2007).

193. Ramanathan K *et al., Proc. 29th IEEE Photovoltaic Specialist Conf.*, pp 523–26 (2003).
194. Bär M *et al., Sol. Energy Mater. Sol. Cells* **75**, 101–07 (2003).
195. Negami T *et al., Proc. 29th IEEE Photovoltaic Specialist Conf.*, pp 656–59 (2002).
196. Glatzel T *et al., Proc. 14th Int. Photovoltaic Science Engineering Conf.*, (2004).
197. Lewis B, Paine D, *MRS Bull.* **25**, 22–27 (2000).
198. Menner R, Schäffler R, Sprecher B, Dimmler B, *Proc. 2nd World Conf. Photovoltaic Solar Energy Conversion*, pp 660–663 (1998).
199. Ruckh M *et al., Proc. 25th IEEE Photovoltaic Specialist Conf.*, pp 825–828 (1996).
200. Westwood W, Reactive Sputter Deposition, in Rossnagel S, Cuomo J, Westwood W, (eds), *Handbook of Plasma Processing Technology*, Chap. 9, Noyes Publ., Park Ridge, NJ (1990).
201. Hagiwara Y, Nakada T, Kunioka A, *Solar Energy Mat. Solar Cells* **67**, 267–71 (2001).
202. Rau U, Schmidt M, *Thin Solid Films* **387**, 141–146 (2001).
203. Kessler J *et al., Proc. 16th Euro. Conf. Photovoltaic Solar Energy Conversion*, pp 775–778 (2000).
204. Cooray N, Kushiya K, Fujimaki A, Okumura D, *Jpn. J. Appl. Phys.* **38**, 6213–6218 (1999).
205. Jackson P *et al., Prog. Photovolt.*, **15** 507–519 (2007).
206. Klenk R, Schock H, Bloss W, *12th Euro. Conf. Photovoltaic Solar Energy Conversion*, 1588–1591 (1994).
207. Shafarman W, Klenk R, McCandless B, *J. Appl. Phys.* **79**, 7324–7328 (1996).
208. Eron M, Rothwarf A, *Appl. Phys. Lett.* **44**, 131–33 (1984).
209. Ohnesorge B *et al., Appl. Phys. Lett.* **73**, 1224–1227 (1998).
210. Lundberg O, Bodegard M, Malmstrom J, Stolt L, *Prog. Photovolt* **11**, 77–88 (2003).
211. Shafarman W, Huang R, Stephens S, *Proc. 4th World Conf. Photovoltaic Solar Energy Conversion*, 420–423 (2006).
212. Gloeckler M. Sites J, *J. Appl. Phys.* **98**, 103713–1-7 (2005).
213. Malmstrom J, Schleussner S, Stolt L, *App. Phys. Lett.* **85**, 2635–2637 (2004).
214. Guo S, Shafarman W, Delahoy A, *J. Vac. Sci. Tech.* **24**, 1524–1529 (2006).
215. Rau U, Schock H, Cu(InGa)Se₂ Solar Cells, in *Clean Electricity from Photovoltaics*, MD Archer, R. Hill (eds), Imperial College Press, London, UK, pp 277–343 (2001).
216. Phillips J *et al., Phys. Status Solidi B* **194**, 31–39 (1996).
217. Turcu M, Pakma O, Rau U, *Appl. Phys. Lett.* **80**, 2598–2600 (2002).
218. Klenk R, *Thin Solid Films* **387**, 135–140 (2001).
219. Roy M, Damaskinos S, Phillips J, *Proc. 20th IEEE Photovoltaic Specialist Conf.*, pp 1618–1623 (1988).
220. Shafarman W, Phillips J, *Proc. 23rd IEEE Photovoltaic Specialist Conf.*, pp 364–369 (1993).
221. Sah C, Noyce R, Shockley W, *Proc. Inst. Radio Engrs.* **45**, 1228–1243 (1957).
222. Turner G, Schwartz R, Gray J, *Proc. 20th IEEE Photovoltaic Specialist Conf.*, pp 1457–1460 (1988).
223. Schwartz R, Gray J, Lee Y, *Proc. 22nd IEEE Photovoltaic Specialist Conf.*, pp 920–923 (1991).
224. Turcu M, Rau U, *J. Phys, Chem. Solids* **64**, 1591–1595 (2003).
225. Kashiwabara H *et al. Mater. Res. Soc. Symp. Proc.* **1012**,. 89–95 (2007).
226. Scheer R *et al., Appl. Phys. Lett.* **63**, 3294–3296 (1993).
227. Eron M, Rothwarf A, *J. Appl. Phys.* **57**, 2275–2279 (1985).
228. Rudmann D *et al., Appl. Phys. Lett.*, **84**, 1129–1131 (2004).
229. Thompson C, Hegedus S, Shafarman W, Desai D, *Proc. 33rd IEEE Photovoltaic Specialist Conf.* (2008).
230. Erslev P, Halverson A, Shafarman W, Cohen J, *Mater. Res. Soc. Symp. Proc.* **1012**, -Y12-30, (2007).
231. Walter T, Herberholz R, Schock H, *Solid State Phen.* **51**, 301–316 (1996).
232. Rau U, *Appl. Phys. Lett.* **74**, 111–113 (1999).
233. Walter T, Herberholz R, Müller C, Schock H, *J. Appl. Phys.* **80**, 4411–4420 (1996).
234. Herberholz R *et al., Proc. 14th Euro. Conf. Photovoltaic Solar Energy Conversion*, pp

1246–1249 (1997).

235. Nishitani M, Negami T, Kohara N, Wada T, *J. Appl. Phys.* **82**, 3572–3575 (1997).
236. Metzger W, Repins I, Contreras M, *Appl. Phys. Lett.* **93**, 022110 (2008).
237. Ruberto M, Rothwarf A, *J. Appl. Phys.* **61**, 4662–69 (1987).
238. Rau U *et al., Appl. Phys. Lett.* **73**, 223–5 (1998).
239. Lany S, Zunger A, *J. Appl. Phys.* **100**, 113725 (2006).
240. Lee J, Heath J, Cohen J, Shafarman W, *Mat. Res. Soc. Symp. Proc.* **865**, 373–378 (2005).
241. Igalson M, *Mat. Res. Soc. Symp. Proc.* **1012**, 211–216 (2007).
242. Hegedus S, Shafarman W, *Prog. Photovolt* **12**, 155–76 (2004).
243. Sites J, Mauk P, *Sol. Cells* **27**, 411–417 (1987).
244. Gloeckler M, Sites J, Metzger W, *J. Appl. Phys.* **98**, 113704 (2005).
245. Taretto K, Rau U, *J. Appl. Phys.* **103**, 094523 (2008).
246. Rockett A *et al., Thin Solid Films* **431-32**, 301–06 (2003).
247. Niemegeers A, Burgelman M, De Vos A, *Appl. Phys. Lett.* **67**, 843–845 (1995).
248. Liu X, Sites J, *AIP Conf. Proc.* **353**, 444–453 (1996).
249. Minemoto T *et al., Thin Solid Films* **67**, 83–88 (2001).
250. Wei S, Zunger A, *Appl. Phys. Lett.* **63**, 2549–2551 (1993).
251. Wei S, Zunger A, *J. Appl. Phys.* **78**, 3846–56 (1995).
252. Zhang S, Wei S, Zunger A, *J. Appl. Phys.* **83**, 3192–96 (1998).
253. Schulmeyer T, *et al., Proc. 3rd World Conference on Photovoltaic Energy Conversion*, pp 364–67 (2003).
254. Schulmeyer T *et al., Appl. Phys. Lett.* **84**, 3067–9 (2004).
255. Löher T, Jaegermann W, Pettenkofer C, *J. Appl. Phys.* **77**, 731–38 (1995).
256. Morkel M, *et al., Appl. Phys. Lett.* **79**, 4482–4 (2001).
257. Kniese R *et al.*, in *Wide-Gap Chalcopyrites*, S Siebentritt, and U Rau (eds), Springer, Berlin, Heidelberg, 2006, pp 235–254.
258. Merdes S, *et al., Appl. Phys. Lett.* **95**, 213502 (2009).
259. Marsillac S *et al., Appl. Phys. Lett.* **81**, 1350–1352 (2002).
260. Nakada *et al., Mater. Res. Soc. Symp. Proc.* **865**, 327–334 (2005).
261. Hanket G, Boyle J, Shafarman W, *Proc. 34th IEEE Photovoltaic Specialist Conf* (2009).
262. AbuShama J *et al., Prog. Photovolt.* **12**, 39–45 (2004).
263. Green M, Emery K, Hishikawa Y, Warta W, *Prog. Photovolt.* **17**, 320–326 (2009).
264. Young *et al., Prog. Photovolt.* **11**, 535–541 (2003).
265. Shafarman W *et al. Proc. 29th IEEE Photovoltaic Specialist Conf*, pp 519–522 (2002).
266. Ohashi T, Hashimoto Y, Ito K, *Sol. Energy Mater. Sol. Cells* **67** 225–230 (2001).
267. Hanna G, Jasenek A, Rau U, Schock H, *Thin Solid Films* **387**, 71–73 (2001).
268. Schulmeyer T *et al., Thin Solid Films* **451-52**, 420–423 (2004).
269. Schuler S *et al., Mat. Res. Soc. Symp. Proc.* **668**, H5.14.1 (2001).
270. Abou-Ras D *et al., phys. stat. sol. (RRL)* **2**, 135–137 (2008).
271. Gray J, Lee Y, *Proc. 1st World Conf. Photovoltaic Solar Energy Conversion*, pp 123–126 (1994).
272. Topic M, Smole F, Furlan J, *J. Appl. Phys.* **79**, 8537–8540 (1996).
273. Dullweber T, Hanna G, Rau U, Schock H, *Sol. Energy Mater. Sol. Cells* **67**, 145–150 (2001).
274. Shafarman W, Klenk R, McCandless B, *Proc. 25th IEEE Photovoltaic Specialist Conf.*, pp 763–768 (1996).
275. Dullweber T *et al., Thin Solid Films* **387**, 11–13 (2001).
276. Coutts T, *et al. Progress in Photov.* **11**, 359–375 (2003).
277. Schmid M, Klenk R, Lux-Steiner M, *Sol. Energy Mater. Sol. Cells* **93**, 874–78 (2009).
278. Nishiwaki S, Siebentritt S, Walk P, Lux-Steiner M, *Prog. Photovolt.* **11**, 243–248 (2003).
279. Shafarman W, Paulson P, *Proc. 31st IEEE Photovoltaic Specialist Conf*, pp 231–235 (2005).
280. Nakada T, *et al., Solar Energy* **77**, 739–747 (2004).
281. Abou-Ras D, *et al., Thin Solid Films* **480-481**, 433–438 (2005).
282. Russell T *et al., Proc. 15th IEEE Photovoltaic Specialist Conf.*, pp 743–748 (1982).
283. Probst V *et al., Thin Solid Films* **387**, 262–267 (2001).

284. McCandless B, Shafarman W, *Proc. 3rd World Conf. Photovoltaic Solar Energy Conversion*, pp 562–565 (2003).
285. Malinowska B, Rakib M, Durand G, *Prog. Photovolt.* **10**, 215 (2002).
286. Kessler J, Wennerberg J, Bodegård M, Stolt L, *Sol. Energy Mater. Sol. Cells* **67**, 59–65 (2001).
287. del Cueto J, *et al., Proc. 33rd IEEE Photovoltaic Specialist Conf.* (2008).
288. Wennerberg J, Kessler J, Stolt L, *Sol. Energy Mater. Sol. Cells* **75**, 47–55 (2003).
289. Kushiya K, *et al., Proc. 4th World Conf. Photovoltaic Solar Energy Conversion*, pp 348–351 (2006).
290. Hegedus S, *Prog. Photovolt.* **14**, 393–411 (2006).
291. Ito M *et al., Prog. Photovolt.* **16**, 17–30 (2008).
292. Andersson B, Azar C, Holmberg J, Karlsson S, *Energy* **23**, 407–411 (1998).
293. Fthenakis V, *Ren. Sust. Energy Reviews* **13**, 2746–2750 (2009).
294. Todorov T, Reuter K, Mitzi D, *Adv. Mater.* **22**, (2010).
295. Thumm W *et al., Proc. 1ˢᵗ World Conf. Photovoltaic Solar Energy Conversion*, pp 262–265 (1994).
296. Fthenakis V, Moskowitz P, *Prog. Photovolt.* **3**, 295–306 (1995).
297. Steinberger H, *Prog. Photovolt.* **6**, 99–103 (1998).
298. Moskowitz P, Fthenakis V, *Sol. Cells* **29**, 63–71 (1990).
299. Eberspacher C, Fthenakis V, *Proc. 26th IEEE Photovoltaic Specialist Conf.*, pp 1067–1072 (1997).
300. Pagliaro M, Ciriminna R, Palmisano G, *Prog. Photovolt.* **18**, 61–72 (2010).

第14章 碲化镉太阳电池

Brian E. McCandless[1], James R. Sites[2]
1. 美国特拉华州纽瓦克市特拉华大学
2. 美国科罗拉多州科林斯堡市科罗拉多州立大学

14.1 引言

太阳能产品主要取决于太阳电池技术的迅速发展，而碲化镉（CdTe）薄膜太阳电池是太阳电池技术迅速发展的基础。作为美国 2006 ~ 2010 年组件出货量的领军技术，CdTe 薄膜组件已经显示了长期的稳定性和具有竞争力的性能，并具有持续吸引规模化投资生产的能力。本章回顾了 CdTe 薄膜太阳电池的发展状况，着重于 CdTe 作为有利于地面光伏太阳能转换方面的特性、发展历史、器件制备方法、器件性能分析、制作策略，以及当前和未来 CdTe 薄膜太阳电池和组件的制备技术挑战。

理想太阳电池转换效率与带隙宽度关系的计算表明 CdTe 与太阳光谱匹配得非常好，太阳是一个具备等效于表面温度 5700K 黑体辐射光球的 G2 光谱级星球，总亮度为 $3.9 \times 10^{33} \mathrm{erg}^{\ominus}/\mathrm{s}$。CdTe 是一种 $\mathrm{II^B}$ - $\mathrm{VI^A}$ 族化合物半导体，为直接带隙材料，其带隙宽度与太阳光谱光伏能量转换最优值匹配。CdTe 的直接带隙宽度（$E_g = 1.5\mathrm{eV}$）和高吸收系数（$>5 \times 10^5/\mathrm{cm}$）意味着在从紫外光区到 CdTe 的带隙（大约 825nm）这样一个很宽的范围内都具有高量子产率。对 $E > E_g$ 的光子，CdTe 具有高的吸收系数（$>5 \times 10^5/\mathrm{cm}$）意味着 2μm 膜厚就可以吸收 AM1.5 光谱中 99% 的大于其带隙宽度的光子。图 14.1[1,2] 比较了 CdTe

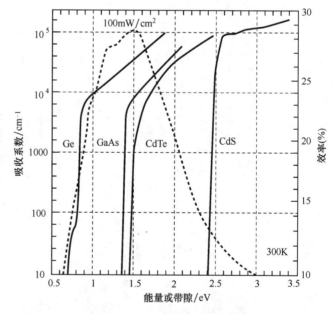

图 14.1 不同半导体光伏材料的太阳电池在 AM1.5 光谱光照下的理论效率（虚线）与带隙宽度的关系，及其吸收系数（实线）与光子能量的关系。突出了常见的吸收材料

$\ominus$ $1\mathrm{erg} = 10^{-7}\mathrm{J}$。

和其他几种光伏材料的太阳电池的理论效率与带隙宽度，以及光学吸收系数和能量的关系。

14.2　发展历史

1879 年，法国化学家 Margottet 通过化学的方法首次合成了 CdTe[3]。但是，直到 1947 年 CdTe 才作为可用的电学材料出现，1947 年，Frerichs 利用 Cd 蒸气和 Te 蒸气在氢气中反应合成了 CdTe 晶体，并测试了 CdTe 晶体的光电导率[4]。了解 CdTe 电学性质的早期基础来源于随后对区熔单晶的研究。1954 年，通过掺入其他杂质，Jenny 和 Bude 首次得到了 p 型和 n 型 CdTe[5]。此后不久，Krüger 和 de Nobel[6] 证实可以通过改变 Cd-Te 的化学计量比控制 CdTe 的导电类型。和 PbS、PbSe、PbTe 类似，富 Cd 的 CdTe 为 n 型，富 Te 的 CdTe 为 p 型。1959 年，de Nobel[7] 建立了 Cd-Te 体系的 p-T-x（压强-温度-配比）相图及其与本征电导性和通过引入其他原子形成的外电导率之间的关系，de Nobel 提出了两个与 Cd 空位有关的电子能级和一个与晶格间隙 Cd 原子有关的电子能级，后者导致了在不同温度和 Cd 分压下测得的电导率变化。此外，也确认了 In 作为 n 型掺杂和 Au 作为 p 型掺杂的电子能级。

1956 年，RCA 的 Loferski 首次提出将 CdTe 应用在光伏太阳能转换[1]。尽管早在 1960 年就已经建立了控制 CdTe 晶体 n 型和 p 型电导率的方法，但是有关同质 p/n 结的研究相当有限。1959 年，同样来自 RCA 的 Rappaport，在 p 型 CdTe 晶体中扩散 In 得到了转换效率大约为 2% 的 CdTe 单晶同质结电池，得到的 $V_{OC} = 600$mV，$J_{SC} \approx 4.5$mA/cm^2（73mW/cm^2 光照），和填充因子（FF）= 55%[8]。1979 年，法国的 CNRS 小组采用近空间气相输运沉积法（VTD）在 n 型晶体上沉积了砷掺杂的 p 型 CdTe 薄膜，获得了 >7% 的转换效率，其 $V_{OC} = 723$mV，$J_{SC} \approx 12$mA/cm^2（AM1 光照）和 FF = 63%[9]。随后他们报道了转换效率 >10.5% 的电池，$V_{OC} = 820$mV，$J_{SC} = 21$mA/cm^2，FF = 62%[10]。后继，关于 CdTe 同质 p/n 结的工作鲜有报道。

相比于 p/n 同质结的发展，自 1960 年，根据 CdTe 的导电类型，沿着两条路线广泛研究了 CdTe 异质结太阳电池。对 n 型 CdTe 单晶和多晶薄膜，大量研究了与 p 型 Cu$_2$Te 组成的异质结。在 20 世纪 60 年代早期，通过在含有 Cu 盐的酸性水溶液里的表面化学反应，将 n 型 CdTe 单晶或多晶薄膜转变成 p 型 Cu$_2$Te，制备了类似 CdS/Cu$_2$S[11] 结构的 n-CdTe/p-Cu$_2$Te 器件[12-16]。到 20 世纪 70 年代早期，Justi 等[16] 报道了最好的 CdTe/Cu$_2$Te 薄膜太阳电池，效率高于 7%，$V_{OC} = 550$mV，$J_{SC} \approx 16$mA/cm^2（60mW/cm^2 光照），FF = 50%。有趣的是，这些电池底层采用 5μm 厚的 n-CdS 层来改善 20μm 厚的 CdTe 薄膜与 Mo 衬底的黏附性和电极接触性能。由于难于控制 Cu$_2$Te 的形成过程，和 CdTe/Cu$_2$Te 电池的不稳定性，以及缺乏 p 型透明导电层，最终研究者研究的重心转移到 p 型 CdTe 异质结结构。其他关于 n 型 CdTe 的工作采用肖特基势垒器件结构，通过加热使 Pt 或者 Au 栅线与 n 型 CdTe 单晶[17] 或电镀沉积的 CdTe 薄膜接触，获得了接近 9% 的转换效率[18]。

广泛研究了使用稳定氧化物如 In$_2$O$_3$:Sn（ITO）、ZnO、SnO$_2$ 和 CdO 与单晶 p 型 CdTe 形成的异质结太阳电池。在这些器件中，短波光谱响应主要受异质结区的透过率及其低电阻接触（统称为窗口层）的影响。1977 年，斯坦福研究小组在 p 型 CdTe 单晶上使用电子束蒸发的铟锡氧化物（ITO）做窗口层取得了 10.5% 的效率，其 $V_{OC} = 810$mV，$J_{SC} = 20$mA/cm^2，

FF $=65\%$ [19]。1987 年，通过在 p 型 CdTe 单晶上反应沉积氧化铟（In_2O_3）获得了总面积效率为 13.4% 的电池，$V_{OC} = 892mV$，$J_{SC} = 20.1mA/cm^2$，FF $= 74.5\%$ [20]。在这种器件中，CdTe 晶体的空穴载流子浓度为 $6 \times 10^{15}/cm^3$，且 CdTe（111）面在放入真空沉积 In_2O_3 之前，先在溴甲醇中腐蚀过。这种电池的开压在已报道的 CdTe 光伏器件中一直保持了最高纪录。在 p 型 CdTe 单晶上沉积 ZnO 窗口层的太阳电池的结特性则比较差，效率 < 9%，$V_{OC} = 540mV$ [21]。

在 20 世纪 60 年代中期，Muller 等首先在 p 型单晶 CdTe 上蒸发 n 型 CdS 薄膜，电池转换效率不到 5% [22,23]。1977 年，Mitchell 等采用厚度为 $1\mu m$ 的 CdS 和 ITO 透明电极获得了转换效率为 7.9% 和 $V_{OC} = 630mV$ 的电池 [24]。1977 年，Yamaguchi 等采用化学气相沉积在磷掺杂 p 型 CdTe 单晶（111）面上沉积 $0.5\mu m$ 厚的 CdS 薄膜，取得了 11.7% 的最高转换效率，$V_{OC} = 670mV$ [25]。

薄膜 CdTe/CdS 异质结太阳电池采用两种不同的结构，即所谓下衬底（substrate）和上衬底（superstrate）结构。在两种结构中，光都穿过透明导电氧化物（TCO）和 CdS 薄膜进入电池。然而，在上衬底电池中，TCO、CdS、CdTe 依次沉积在作为电池机械支撑的玻璃上，光必须先通过玻璃才能到达 CdS/CdTe 结界面。在下衬底结构中，CdTe 通常先沉积在合适的衬底上，然后再依次沉积 CdS 和 TCO。新的方案证明，也可以将整个电池从一次性上衬底转移到新衬底上获得下衬底电池结构（例如，参考文献 [26]）。

1969 年，Adirovich 等通过蒸发的方法把 CdTe 蒸发到 CdS/SnO_2/玻璃上衬底上，第一次实现了上衬底结构的多晶 CdTe/CdS 异质结薄膜太阳电池，并得到了大于 2% 的转换效率 [27]。接着，1972 年，在第九届欧洲光伏专家会议上，Bonnet 和 Rabenhorst 在他们的论文里报道了转换效率为 5%~6% 的下衬底 CdS/CdTe/Mo 结构，他们通过化学气相沉积制备 CdTe 和真空蒸镀 CdS 薄膜 [28]。这篇论文描述了至今仍然影响着发展高效 CdTe/CdS 薄膜太阳电池的几个基本问题：①Cu 在 p 型掺杂 CdTe 中的作用；②CdTe 中掺杂效率的控制作用；③CdTe-CdS 突变与缓变异质结的效应；④活性与钝化晶界的效应；⑤与 p 型 CdTe 形成低电阻接触。

20 世纪 80 年代和 90 年代期间，通过改进结构设计、后处理和制备低电阻电极，而不是对特定的沉积方法精益求精，继续推进 CdTe/CdS 太阳电池的制备工艺。这主要是因为与制备 CdTe 所用的单质或化学前驱物相比，CdTe 具有更高的化学稳定性。因此，可以用许多薄膜制备工艺（在本章中将介绍其中的八种）来沉积 CdTe，以从中得到高效率的太阳电池。令人惊奇的是，转换效率 10%~16% 的 CdTe/CdS 太阳电池都具有相类似的光伏特性。电学分析显示器件的运行主要受空间电荷区的 Shockley-Read-Hall 复合限制 [28]。

尽管对沉积方法的宽容性，制备高效率 CdTe/CdS 薄膜太阳电池仍有两个方面的难题，即在 CdS 上沉积 CdTe 的上衬底结构，及将 CdTe-CdS 薄膜暴露在 Cl 和 O 下处理的工艺。在 20 世纪 80 年代，性能方面突出的成果是通过对上衬底结构中的工艺参数的经验优化实现的，如 CdTe 沉积温度、后续热处理、生长或者处理的化学环境、CdTe 接触的形成等。例如，松下蓄电池工业公司报道了丝网印刷/烧结的 CdTe 电池的关键是通过控制浆料和随后的烧结工艺的温度-时间工艺序列来控制电池结构中 $CdCl_2$、O 和 Cu 的浓度 [29]。Monosolar 的电沉积工艺通过在 CdTe 电镀槽中添加 Cl 以及使用所谓的"转型结形成"后处理来电激活电池，将电池效率提高到 10% [30]。柯达的研究小组采用近空间升华法沉积 CdTe，通过优化 CdTe 沉积温度和沉积腔室中氧的含量取得了 10% 的转换效率[31]。

CdTe 薄膜电池性能改良的转折点是 Ametek 和能源研究所把有 CdCl$_2$ 涂层的 CdTe/CdS 结构在空气中进行热处理工艺，此工艺还提高了对工艺过程的宽容性[32,33]。1993 年南佛罗里达州大学的小组结合 CdCl$_2$ 热处理工艺和低电阻接触形成方面的进展，通过近空间升华法，取得了效率 >15% 的 CdTe 电池[34]。窗口层工艺的精益求精[35] 和气相 CdCl$_2$ 处理的应用[36] 进一步改善了电池。迄今为止的纪录效率为由美国国家可再生能源实验室小组创造的 16.5% 的转换效率，其中 $V_{OC} = 845\text{mV}$，$J_{SC} = 25.9\text{mA/cm}^2$，$FF = 75.5\%$[37]，图 14.2 给出了此电池的 J-V 和量子效率（QE）图。

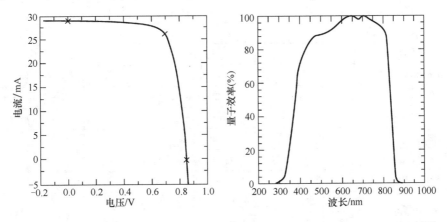

图 14.2　转换效率为 16.4% 的 CdTe/CdS 薄膜太阳电池的 J-V 和相应的 QE 曲线[37]

2000 年以后，上衬底 CdTe/CdS 多晶太阳电池的发展已经发展成了非常成功的光伏电源。正如下面 14.6 节所讨论的，2008 年，商业化 CdTe 组件约占美国光伏产品的一半。

14.3　CdTe 的性能

本节总结了 CdTe 的基本性质并描述沉积多晶 CdTe 薄膜的方法。CdTe 在 II^B-VI^A 化合物（如 ZnS、CdSe、HgTe）中具有独特的性能，有最高的平均原子数、最低的负生成焓、最低的熔融温度、最大的晶格常数和最高的离子性。电学上，CdTe 表现出两性半导体特性，这使得本征和外掺杂 n 型与 p 型都成为可能。所有的这些因素，结合其几乎理想的光学带隙和地面光伏器件的吸收系数，使之成为一种对薄膜材料沉积和控制宽容的材料。表 14.1 给出了 CdTe 相应的物理和光电数据。

表 14.1　CdTe 的光电和物理化学性质

特　性	值 或 范 围	参 考 文 献
CdTe 光学带隙 E_g(300K)	$1.50\text{eV} \pm 0.01\text{eV}$	单晶［38］多晶薄膜［39］
CdTe$_{0.95}$S$_{0.05}$ 合金光学带隙	$1.47\text{eV} \pm 0.01\text{eV}$	多晶薄膜［159］
温度依赖系数 dE_g/dT	-0.4meV/K	［40］
电子亲和力 χ_e	4.28eV	［41］

（续）

特　　性	值或范围	参考文献
吸收系数（600nm）	$>5 \times 10^5/cm$	[39]
折射率（600nm）	~3	[42]
静电介电常数 $\varepsilon(\theta)$	9.4, 10.0	[41, 43]
高频介电常数 $\varepsilon(\infty)$	7.1	[43]
m_e^*	0.096	[44]
m_h^*	$0.35m_0$	[44]
μ_e	$500 \sim 1000cm^2/Vs$	[44]
μ_h	$50 \sim 80cm^2/Vs$	[44]
空间群	F-43m	[45]
晶格常数 a_0（300K）	6.481Å	[45]
Cd-Te 键长	2.806Å	从 a_0 计算得到
密度	$6.2g/cm^3$	从晶体结构计算得到
熔解热：ΔH_f^0（300K）	-24kcal/mol	[46]
熵 S^0（300K）	23cal/deg-mol	[46]
升华反应	$CdTe \longrightarrow Cd + 1/2Te_2$	[46]
升华压力 p_{sat}	$\log(P_s/bar) = -10650/T(K)$ $2.56\log(T) + 15.80$	[46]
熔点	1365K	[44]
热膨胀系数（300K）	$5.9 \times 10^{-6}/K$	[47]

II^B-VI^A化合物的合成得益于其大的负形成焓（ΔH_f）和化合物比其组成元素具有更低的蒸气压（p_{sat}）：CdTe，$\Delta H_f = -2.4kcal/mol$，$p_{sat}(400℃) = 10^{-5}Torr$；CdS，$\Delta H_f = -30kcal/mol$ 和 $p_{sat}(400℃) = 10^{-7}Torr$[46]。CdTe 固体与 Cd 和 Te 气体的平衡反应为

$$Cd + 1/2Te_2 \Leftrightarrow CdTe$$

图 14.3a 给出了常压下 Cd-Te 体系的相图。图 14.3b 给出了 CdTe、CdS、Cd、Te 和 CdCl$_2$ 在制备太阳电池的温度区间 100 ~ 600℃ 内各自的气态-固态平衡。CdTe 的一致蒸发促进了蒸发沉积技术的应用，而 Cd 和 Te 相对较高的升华气压确保了在高于 300℃ 真空沉积中化合物的单相组分。由于 Cd 和 Te 足够接近的还原电势和 CdTe 低的溶解度，CdTe 也是含 Cd 和 Te 溶液阴极还原的稳定产物。

常压 CdTe 体系的 T-x 相平衡通过 $Cd(x=0)$ 和 $Te(x=1)$ 为端点和 CdTe 化合物来表征（见图 14.3a）。值得注意的是，CdTe 的熔化温度为 $T_m = 1092℃$，比 Cd 的 $T_m = 321℃$ 或 Te 的 $T_m = 450℃$ 的熔化温度都高[49]。详细研究 T-x 在 CdTe 化学计量附近的突起部分表明，500℃ 以下的对称区域非常窄，约为 10^{-6} 原子百分比（at%）。在温度更高的情况下，存在域变宽且不对称，在达到 700℃ 前偏向富 Cd，而温度更高时变成富 Te[44]。缺陷的存在区域和内在结构与块体材料的制备条件有关，自 de Nobel 以来已进行了广泛地研究[50]。1977 年 Krüger 发表了关于缺陷化学的全面性的综述[51]。最近，CdTe 缺陷能级的理论处理扩展了这

一基本理论[52]。这一研究的关键点就是体材料的性质如何转移到 CdTe 薄膜。

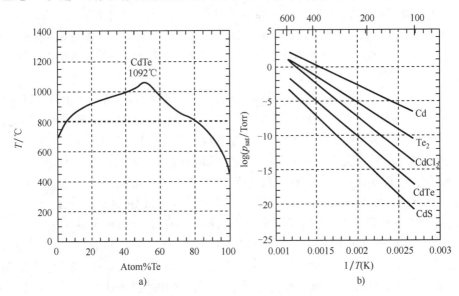

图 14.3 a) CdTe $T\text{-}x$ 相图（一个大气压）[48]；b) CdTe、CdS、$CdCl_2$、Cd 和 Te 的

气-固 p_{sat} 与 $1/T$ 关系图[46]

从 CdTe 价键的离子性质推导出 CdTe 的固态性质。在 $\text{II}^B\text{-}\text{VI}^A$ 化合物中，CdTe 具有最高的飞利浦斯离子性尺度值 0.717，该值低于八面体配位结构的飞利浦斯的阈值 0.785[53]。几何上考虑，阴/阳离子半径比在 0.225 ~ 0.732 之间的离子二元化合物倾向于四面体配位结构，而比例大于 0.732 的倾向于八面体配位结构[54]。在 CdTe 中，阴/阳离子半径比是 $r(Cd^{2+})/r(Te^{2-}) = 0.444$，因而更倾向于四面体配位结构。

四面体的原子配位，有四个最近邻的其他元素原子和 12 个次近邻原子，单原子固体中就是金刚石结构，在二元固体中就是闪锌矿和纤锌矿结构。CdTe 固体在常压下以面心立方闪锌矿结构存在，晶胞直径为 6.481Å，键长为 2.806Å。图 14.4 描述了在最近邻的（111）面上观察到的 CdTe 闪锌矿晶体结构的两个视图，即交替的阴离子和阳离子面，以及（110）面，每个平面上的阴离子和阳离子数量相等，这是 CdTe 薄膜的主要取向。

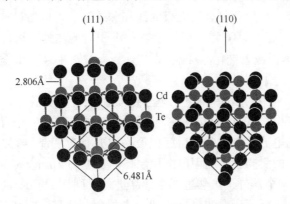

图 14.4 根据（111）和（110）面方向给出的 CdTe 闪锌矿晶体结构，Cd 原子为黑色，
Te 原子为灰色。每个视图中都显示了 Cd-Te 键和面心立方晶胞

根据形成时压强不同，可以形成不同类型的 CdTe[55]。通常与共价固体中的四面体配位相关的六角纤锌矿结构，出现于真空沉积的 CdTe 中。然而，从未报道过纯纤锌矿结构样品[56]。将单晶置于高压下（35kbar 以上），CdTe 可形成卤酸盐 NaCl 结构的八面体配位。在 Ⅱ - Ⅵ族化合物中，在常压和常温条件下，仅离子性为 0.785 的 CdO 呈现出八面体配位的卤酸盐结构。

块体 CdTe 的光电性质源于周期性晶格中价带顶（VBM）和导带底（CBM）附近的电子能带结构。闪锌矿结构 CdTe 的价带顶和导带底位于第一布里渊区相同动量位置 Γ，因此，300K，CdTe 具有 1.5eV 的直接带隙。CdTe 带隙的温度系数约为 -0.4meV/K，这说明在太阳电池正常工作温度范围内，电池性能的最小变化。能带极值附近的曲率，决定了导带底的电子有效质量和价带顶空穴的有效质量，并且控制载流子传输特性和带间态密度（见表 14.1）。

因为布洛赫函数中与晶格具有相同周期性的部分与 Cd 和 Te 原子轨道有关，因此可以从 CdTe 相对高的离子性来定性理解 CdTe 的能带结构。导带来自阳离子的第一个空能级，即 Cd 的 5s 能级。价带顶由阴离子的最高被占据能级构成，即 Te 的 5p 能级。在 20 世纪 60 年代中期，开始采用局部赝势法详细地计算了立方结构 CdTe 和其他 Ⅱ - Ⅵ族化合物的 E-k 能带结构[57]，最近采用线性缀加平面波方法进行了计算，这种计算方法考虑了所有电子和相对论动力学[58]。已经用这些计算方法计算了 CdTe 和其他 Ⅱ - Ⅵ 化合物界面的基本电学和热动力学性能[59]。

CdTe 中的不完美或者缺陷破坏了周期结构，在能带中产生局域电子态，因此改变了电学、光学性质。控制电学性质的缺陷类型包括本征缺陷、化学杂质和相关的复合物。本征缺陷和杂质可以是替位缺陷，也可以是间隙缺陷。例如，Cd 空位（V_{Cd}）是浅受主，而 Cd 替位 Te（Cd_{Te}），则产生浅施主态。间隙 Cd（Cd_i）是相对较浅的施主，而间隙 Te（Te_i）则是深受主态。虽然浅能级态易产生受主和施主[60]，体态的净掺杂同时取决于形成概率和离化率，这反过来决定理想受主态补偿的程度。

正在进行的 CdTe 太阳电池的一个关键工艺已经获得了大于 10^{14}cm^{-3} 的受主浓度。在热处理步骤，半导体系统趋于平衡，第一性原理计算已经表明，在 p 型掺杂中发生了自补偿机制[61]。当费米能级向 VBM 移动，增加了施主形成的化学势，补偿受主的进一步形成，在本质上限定了受主的最大浓度。另一方面，深能级是能降低载流子寿命的陷阱，能增加载流子的复合效应。参考文献 [62] 中总结了在 CdTe 和 CdZnTe 中测量的深电子态。图 14.5 给出了一组选定的覆盖本征、杂质和复合物能级的浅和深缺陷。可以通过热激活处理所需的电性质，即将特定的杂质引入到 CdTe 和 CdS 层。这些沉积后的热处理可以将 CdCl$_2$、O$_2$、Cu 引进 CdTe，这反过来又激活或者钝化本征缺陷[63]。参考文献 [64] 中全面介绍了 Ⅰ、Ⅱ、Ⅲ 族杂质在 CdTe 中的体扩散。

在所有目前电池中采用的多晶 CdTe 的电学性质在几个重要的方面与体性质不同。尤其是，晶界缺陷态在能带中具有不同的能量和不同的形成能。这是一个合理的假设，如将在后面讨论的那样，以提高电池性能的各种后沉积策略主要是改变晶界态，对 CdTe 体态影响较小。例如，在一个简单的实验中，利用电沉积制备的长度为 2μm、宽度为 0.15μm 的纤维状颗粒 CdTe 薄膜制备的两个器件，虽然这两个样品进行了同样的 CdCl$_2$ 处理，但是在 CdCl$_2$ 处理前对其中的一个样品进行了短暂的氧化处理，这两个电池具有类似的 V_{oc}，但是具有不同的光电流[66]。进行了氧化处理的电池中 CdTe 薄膜保持刚沉积完后的晶粒结构和 CdS 薄膜的

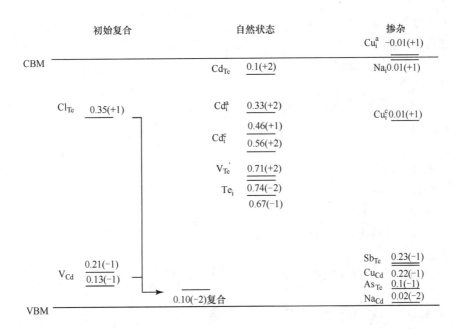

图 14.5　有掺杂和缺陷的 CdTe 能带结构。电荷状态表示在括弧里面，施主（正）态的能量从导带起测量，而受主（负）态从价带起测量，单位为 eV。上标 a 和 c 代表了选择性的间隙态（改编自 Wei S. 在（美国）全国 CdTe 研发团队 2001 年会议的会议记录文章，附录 9[65]）

厚度，电池表现为优异的收集性能，IQE > 90%，表明与没有经过氧化处理样品相比，其光生载流子寿命得到了提高。进行 Cl 处理前，没有经过氧化处理的 CdTe 的晶粒粗化，CdS 薄膜有损失，IQE < 60%。

这个结果凸显 CdTe/CdS 薄膜太阳电池中物理，化学和电学性能之间的关联。电池制备中多晶的问题对薄膜光伏的发展提出了关键性挑战：①将晶粒效应和晶界效应分开；②揭示晶界效应对于器件运作的影响；③在很大面积范围内控制薄膜的特性，具有 1 μm 宽晶粒的 CdTe 组件每平方米包含了约 10^{12} 个晶粒。对于 CdTe/CdS 电池的发展中，表征技术的改进和薄膜沉积与后处理过程的经验优化都已遇过这些挑战。

探测 CdTe/CdS 薄膜太阳电池的微结构、微量化学和电学特性的分析技术的详细介绍超过了本章的范围。然而，几种能定量评估薄膜性质的有力手段已经出现并在别处概括性地讨论过[67,68]，或明确地就 CdTe/CdS 太阳电池讨论过[69-72]。其中的某些方法可能最终在组件生产的在线工艺控制反馈中作为诊断传感器找到用武之地。这些方法如下所列，并伴有一至多个将这些测试技术应用于 CdTe/CdS 薄膜太阳电池的参考文献。

形貌和结构：

扫描电子显微镜（SEM）[73]

透射电子显微镜（TEM）[74]

原子力显微镜（AFM）[75]

X 射线衍射（XRD）[76]

体化学成分组成：

能量色散 X 射线谱（EDS）[77]

X 射线衍射（XRD）[78]

俄歇电子能谱（AES）[79]

二次离子质谱（SIMS）[80，81]

表面化学组成：

X-射线发射光谱（XPS）[82]

掠入射 X 射线衍射（GIXRD）[83]

光电性能：

光吸收 [84]

椭偏仪 [85-87]

拉曼散射 [88]

光致发光（PL）[89，90]

结分析：

电流-电压与光照和温度的函数（J-V-T）[91-93]

光谱响应 [24]

电容-电压（C-V）[94]

光束诱导电流（OBIC）[95]

电子束诱导电流（EBIC）[96]

阴极发光（CL）[97]

14.4　CdTe 薄膜沉积

有多种沉积太阳电池 CdTe 薄膜的方法，正如在 *International Journal of Solar Energy* 杂志的一期专刊[98]和其他综述文章详细介绍的那样[99-101]。这里我们将介绍八种方法，在过去几十年中，已经证明这八种方法具有商业化生产 CdTe 太阳电池和组件的能力。图 14.6 给出了每一种制备工艺的工艺图，包括名义温度和压力条件、薄膜厚度和生长速率。下面对八种方法的讨论按三个化学概念组织：①Cd 和 Te_2 蒸气在表面的凝聚/反应（PVD、VTD、CSS 和磁控溅射）；②Cd 和 Te 离子在表面的电还原（电沉积）；③化学前躯物在表面的反应 [金属有机化学气相沉积（MOCVD）、丝网印刷和喷雾沉积]。

14.4.1　Cd 和 Te_2 蒸气的表面凝聚/反应

14.4.1.1　物理气相沉积（PVD）

CdTe 气相沉积的依据是 Cd 和 Te_2 气体与 CdTe 固体的反应平衡，$Cd + 1/2Te_2 \Leftrightarrow CdTe$。因此，可以通过单质源的共蒸发、CdTe 源的直接升华或者使用载气携带并传递来自单质或 CdTe 源的 Cd 和 Te_2 蒸气的气相传输法来制备 CdTe。CdTe 化合物的一致升华固定了来自 CdTe 源的气相成分，并且 CdTe 相对于 Cd 和 Te 单质较低的蒸气压便于在一个很宽的衬底温度范围内沉积单相固体薄膜（见图 14.3b）。基于相同的考虑，可以采用多个 II-VI 族二元源共蒸发沉积伪二元合金体系，例如 $CdZn_{1-x}Te_x$ 和 $CdTe_{1-x}S_x$。

可以使用敞口的坩埚或者 Knudsen 型的束流源室来进行蒸发，后者更能优异地控制束流的分布和利用率。对束流源-室蒸发而言，源温度、束流室几何形状、源与衬底的距离和总

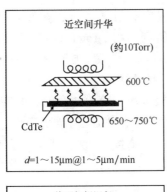

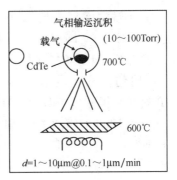

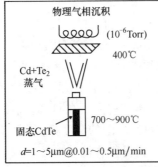

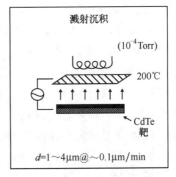

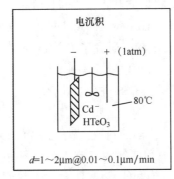

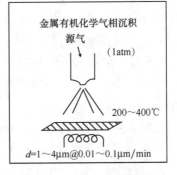

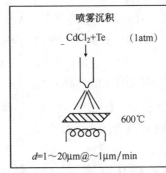

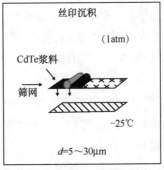

图14.6 八种 CdTe 薄膜沉积技术图示。各视图中的基片通过用交叉线画成阴影的矩形表示。
薄膜的厚度 d 和沉积速率在每幅图的底部

气压决定了沉积速率和到达衬底组分的均匀性[102,103]。在束流源室内，到达喷嘴出口的物质
传输发生在过渡流区，过渡流区是介于自由分子流和扩散限制流之间的一种过渡区域。束流
源室一般用氮化硼或者石墨做成，并采用辐射加热。在中等真空度（约 10^{-6} Torr）、CdTe 源

束流室孔径 0.5cm、CdTe 源温度 800℃、源与衬底的距离 20cm，在使 Cd 和 Te 黏附系数接近一致的充分低的衬底温度（约 100℃）下，得到了约 1μm/min 商业可行的沉积速率。在较高的衬底温度下，撞击 Cd 和 Te 的黏附系数降低，导致了更低的沉积速率，因此，为了 CdTe 的适度利用，实用的衬底温度上限必须要低于 400℃。刚沉积的薄膜通常表现出 (111) 择优方向，正常晶粒尺寸分布即平均粒径依赖于薄膜的厚度和衬底温度。对 2μm 厚的薄膜，平均晶粒直径在 100℃ 的约 100nm 和 350℃ 的 1μm 的范围变化。斯坦福大学[104]、特拉华大学能源转换研究所[105] 和工业（Canrom 和日本能源集团中心研究实验室[106]）研究小组都对物理气相沉积（PVD）过程进行了研究。

14.4.1.2　近空间升华（CSS）

Cd 和 Te 从正在生长的 CdTe 薄膜表面的再蒸发限制了在温度高于 400℃ 的衬底上沉积 CdTe 薄膜的速率和利用率。在更高的气压（约 1Torr）下沉积可以减弱这种效应，物质从源到衬底的转移转变为扩散限制，因此源和衬底必须十分接近。近空间升华（CSS）也称为近空间蒸气输运（CSVT）。CdTe 源材料放在与衬底具有相同面积的支撑物里面，源舟和衬底盖起辐射加热器的作用，分别将热量传递给 CdTe 源和衬底。在舟和衬底之间的固体隔热片起到了绝热的作用，所以可以在沉积中维持舟与衬底之间的温度梯度。通常，沉积气氛为不反应的 N₂、Ar 或者 He 气体，小的氧分压似乎是获得优异薄膜密度和太阳电池结质量的关键。在 550℃ 以上，刚沉积的 CSS 薄膜呈现为随机取向和正常晶粒尺寸分布，平均晶粒尺寸与薄膜厚度相当。CSS 的沉积速率可以大于 1μm/min，Kodak[107]、USF NREL[108,109]、NREL[110]、Matsushita[111] 和 Antec[112,113] 的小组曾经深入研究了 CSS 过程。在图 14.6 所示的所有制备方法中，CSS 曾经制备出性能最高的小面积电池，Abound Solar（原来的 AVA Solar）[114]、Primestar Solar[115] 和 Antec GmbH 曾经利用 CSS 进行商业化生产。

14.4.1.3　气相输运沉积（VTD）

VTD 允许在高衬底温度、压强接近 0.1atm、移动的衬底上高速率沉积 CdTe。与受扩散限制的 CSS 相比，VTD 通过对流将含 Cd 和 Te 饱和蒸气的气流传输到衬底上。与源的温度（>800℃）相比，衬底处于低温（<600℃），过饱和的 Cd、Te 蒸气在衬底上冷凝、反应形成 CdTe。CdTe 源由含有 CdTe 固体的加热腔组成，在加热腔里载气与 Cd 和 Te 蒸气混合，然后通过在移动衬底上方或下方的裂缝排出，两者距离约 1cm 量级。源的几何构造可以影响载气中蒸气的均匀性和利用率。载气的成分可以改变，与 CSS 一样，可以包含有 N₂、Ar、He 和 O₂。制备态的 VTD 薄膜与 CSS 薄膜相似，取向近乎无序和晶粒尺寸正态分布，平均晶粒尺寸与薄膜厚度相当[116]。正如能源研究所呈现的那样，VTD 工艺可以在移动衬底上实现很高的沉积速率[117]。First Solar 公司[118] 已经实现了极其成功的工业发展。

14.4.1.4　溅射沉积

也可以通过射频磁控溅射，溅射化合物靶沉积 CdTe 薄膜。这种沉积方法与上面的沉积方法不同，因为整个薄膜形成的过程可能发生在距热平衡很远的条件下。Cd 和 Te 的质量传输是通过 Ar⁺ 对 CdTe 靶的轰击和随后扩散到衬底并凝聚的过程实现的。通常，在低于 300℃ 的衬底温度和约 10mTorr 的气压下进行溅射沉积。在 200℃ 制备的 2μm 厚薄膜的平均晶粒直径约为 300nm，取向近乎无序。Toledo 大学[119] 和 NERL[120] 的小组都在研究溅射沉积技术。

14.4.2　Cd 和 Te 离子在表面的电还原

14.4.2.1　电沉积

CdTe 电沉积由从酸性电解液中的 Cd^{+2} 和 $HTeO_2^+$ 离子电还原的 Cd 和 Te 构成。在如下的反应中，这些离子的还原使用六个电子：

$$HTeO_2^+ + 3H^+ + 4e^- \longrightarrow Te^o + 2H_2O,\ E_o = +0.559V$$

$$Cd^{+2} + 2e^- \longrightarrow Cd^o,\ E_o = -0.403V$$

$$Cd^o + Te^o \longrightarrow CdTe$$

还原电势巨大的差别要求限制更正物质 Te 的浓度来保持沉积时的化学计量比。实际上，由于 Te 在生长表面的和随后的物质传输中引起溶液中的消耗，低的 Te 浓度（10^{-4} M）限制了 CdTe 的生长速率。为了克服这个缺点，剧烈地搅拌电解液，并采取不同 Te 补给的方法。厚度和沉积面积受正在生长的整个薄膜表面维持恒定沉积电势的能力的限制。沉积态的薄膜可以是化学计量配比的 CdTe、富 Te（通过增加容器中 Te 的浓度）和富 Cd（通过低电势和减少 Te 浓度）薄膜。20 世纪 70 年代后期，F. A. Kröger[121] 发展了沉积速率、化学计量学、镀液组成和沉积电位之间的关系。在 CdS 表面电沉积的沉积态 CdTe 薄膜通常具有很强的 (111) 取向，并具有平均横向直径为 100~200nm 的柱状晶粒。Monosolar[122]、Ametek[123] 和得克萨斯州大学[124] 的小组都深入地研究过电沉积 CdTe 技术。在 20 世纪 80 年代，Monosolar 工艺转移给 SOHIO，随后转移给 BP Solar 公司在加利福尼亚州 Fairfield 的工厂进行商业化开发，他们在工厂生产的纪录效率为 10.9%，组件面积为 $0.48m^2$。在 20 世纪 90 年代早期，Ametek 电沉积工艺转移给科罗拉多州黄金谷的科罗拉多矿业大学。

14.4.3　表面前驱物反应

14.4.3.1　金属有机物化学气相沉积（MOCVD）

MOCVD 是在相对低的温度下使用氢气载运 Cd 和 Te 的有机化学前驱物（如二甲基镉和二异丙基锑）沉积 CdTe 薄膜的一种非真空技术。衬底放在石墨基座上，可通过热辐射或者射频感应器耦合来加热。通过源气体的热分解和 Cd 与 Te 的反应来实现沉积。因此，生长速率严重依赖于衬底的温度，衬底温度变化范围通常为 200~400℃。在 400℃ 沉积的 $2\mu m$ 厚的薄膜展现出横向直径为 $1\mu m$ 左右的柱状晶粒结构。SMU/USF[125] 和佐治亚理工学院[126] 的小组都曾研究过 MOCVD 工艺。

14.4.3.2　喷雾沉积

喷雾沉积是使用含有 CdTe、$CdCl_2$ 和载体（如异丙醇）的浆料来沉积 CdTe 的一种非真空沉积技术。可将浆料喷涂到室温或者加热的衬底上，随后进行反应或者再结晶处理。20 世纪 80 年代，Photon Energy Corporation 开发了沉积 CdTe 薄膜的喷雾技术。1995 年，这家公司卖给了 Coors 公司，改名为金光（Golden Photon）公司。曾获得过 >14% 的电池转换效率和 9% 的组件效率，但是 1997 年停止了商业化开发。在喷雾沉积过程中，将混合物喷涂到室温衬底上，然后在 200℃ 下烘烤使载体媒介挥发掉，随后在 350~550℃ 下，在含氧气氛中烘烤、机械致密化处理和最后的 550℃ 处理。这种方法制得的薄膜形貌、颗粒尺寸和疏松度都会改变，但是用来制备高效电池的薄膜在 CdTe-CdS 界面附近区域会有 1~2μm 厚的致密区域，及相对疏松的背表面区域和随机的晶向。电池制备造成的一个显著结果是 CdS 和 CdTe 层的互扩散，导致在整个吸收层形成一个接近均匀的 $CdTe_{1-x}S_x$ 合金层，使吸收层的带隙减小到约 1.4eV。通过喷涂法沉积的最高效率电池中，CdS 的扩散和随后的合金形成过程消耗了绝大部分的 CdS 薄膜，导致了蓝光光谱响应的提高并相应地提高了短路电流密度。金光公司的研究小组已经深入研究过此工艺[127,128]。

14.4.3.3 丝网印刷沉积和烧结

丝网印刷和相关的沉积技术使用纳米颗粒或者微晶前驱物，可能是最简单的 CdTe 沉积工艺，在合适的黏合剂中 Cd、Te、$CdCl_2$，以及 CdTe 颗粒形成黏性组合物，通过丝网印刷或者刮刀放到衬底上，形成薄膜。随后通过一个烘干过程来去掉黏合剂，然后在高达 700℃ 的温度下，烘烤薄膜使薄膜再结晶并激活结。丝网印刷的薄膜厚度通常为 $10 \sim 20 \mu m$，横向晶粒尺寸约为 $5 \mu m$、取向随机。丝网印刷 CdTe 工艺可以追溯到 20 世纪 70 年代 Matsushita[129] 的开创性工作，随后首尔大学[130] 和根特大学[131] 的小组对其进行了研究。美国加利福尼亚大学伯克利分校[132] 最近使用纳米颗粒为前驱物制备了厚度小于 $10 \mu m$ 的薄膜。

14.5 CdTe 薄膜太阳电池

到目前为止所有的高效率 CdTe 太阳电池本质上都采用相同的上衬底结构，正如 1972 年 Bonnet 和 Rabenhorst 证明的那样[28]。图 14.7 给出了这种结构的示意图，TCO 和 CdS 首先沉积在合适的透明材料上。另一种可供选择的是下衬底结构，首先把 CdTe 沉积在合适的导电衬底上，然后依次沉积 CdS 和 TCO，然而还没有得到高的转换效率，主要是因为低的 CdS/CdTe 结质量和很难在整个电池处理过程中保持与 CdTe 的低阻电接触。

主要 CdTe/CdS 光电二极管设计发生在 p-CdTe 吸收层和 n-CdS 窗口层。然而还有一些复杂因素，例如当 CdS 层减薄时需要一层高电阻氧化层，需要在有 $CdCl_2$ 和氧气氛中热处理来改善 CdTe 的质量，CdS 和 CdTe 之间的互扩散以及与背接触有关的二级势垒。下面几节阐述这些难题。

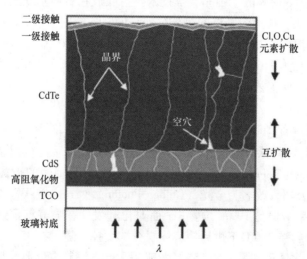

图 14.7 基本的 CdTe 的太阳电池结构。本图描述了 CdS 和 CdTe 的多晶性质，但没有按比例

14.5.1　窗口层

制备上衬底结构 CdTe 电池的第一步是在玻璃衬底上覆盖一层透明导电氧化物（TCO），例如 SnO_2、铟锡氧化物、In_2O_3:Sn（即所谓 ITO），或者锡酸镉、Cd_2SnO_4。透明导电氧化物为前接触和横向电流传输导体。为了在完整电池中得到高的电流密度，CdS 层需要足够薄，传输大部分蓝光光子，在高温处理过程中，难以控制超薄 CdS 层的完整性，提高了 CdTe 和 TCO 之间直接形成结的可能性，产生局部漏电流或者过剩正电流。在 TCO 和 CdS 层之间沉积另一层高电阻的透明氧化层，简称为 HRT 层，提高结的质量和均一性能极大地改善了这一问题，在 $CuInSe_2$/CdS 和 a-Si 薄膜太阳电池也有过类似的报道[133]。可用作高电阻层的材料包括没有掺杂的 SnO_2[134]、Zn 掺杂的 SnO_2、In_2O_3[135,136]、Ga_2O_3[116] 和 Zn_2SnO_4[137]。SnO_2覆盖的钠钙玻璃上的电池，HRT 层也充当扩散阻挡层，保护 CdS/CdTe 结不被来自玻璃的可移动的杂质污染[138]。

绝大多数的 CdTe 电池都采用紧挨着 CdTe 的 n 型 CdS 作为窗口层。可用来制备高品质 CdS 薄膜的沉积工艺几乎如图 14.6 描述的 CdTe 工艺那样多样，包括化学浴沉积、溅射沉积和物理气相沉积。选择哪种工艺通常取决于生产线上与另一沉积工艺的兼容性。虽然通常希望尽可能地薄，以透过大部分短波长的光子（$<520nm$），从而增加短波长 QE 和 J_{SC}，超薄 CdS 也可以导致 V_{OC} 的降低。在本章的写作中（例如在参考文献［133］中的表 2）完全忽略掉 CdS 薄膜的 CdTe 电池还没有很好地工作。使用超薄 CdS 的电池具有 CdTe 与 TCO 直接接触的区域是一个合理的假设。

实际上，如随后将要详细讨论的，电池制备工艺条件通常促成了 CdTe 和 CdS 之间的互扩散来响应界面每一侧合金形成的热动力。导致的 CdS 薄膜的带隙改变降低了窗口层的透过率并降低了短波量子效率[139,140]。通过对 CdS 薄膜进行 $CdCl_2$ 热处理使薄膜再结晶或者恰如其分地控制器件工艺过程来减少剩余 CdS 的有效厚度[137]至零[128]，而将这一影响降至最小。

另外一个降低窗口层吸收的策略曾经通过 CdS 和 ZnS 混合来增加层的带隙，从而增加光子的透过率，但是简单的混合并没有得到最后性能的提升，在 $CdCl_2$ 处理过程中，ZnS 的化学稳定性要比 CdS 差。目前最高效率的 CdTe 电池，利用 Cd_2SnO_4 和 Zn_2SnO_4 的宽带隙和固有电导特性，在 CdS 和玻璃之间采用由 Cd_2SnO_4 为 TCO 和 Zn_2SnO_4 为 HRT 组成的双层结构。这一方式的另一特征是 Zn_2SnO_4 HRT 层对工艺过程中 CdS 层的消耗有贡献[141]。

14.5.2　CdTe 吸收层和 $CdCl_2$ 处理

图 14.6 已经给出了用来沉积器件品质 CdTe 薄膜的一些成功的技术图示。然而，在不含有氯的沉积技术中，如物理气相沉积（PVD），实际上 CdTe 薄膜的沉积工艺不如后处理工艺关键，在后处理工艺中通常先将样品置于适当的高温下，并置于含有氯化合物例如 $CdCl_2$ 中，即通常提到的所谓的"$CdCl_2$ 处理"。处理步骤最关键的组成是 Cl，此处理过程可以采用多种方法，如将 CdTe 层浸入 $CdCl_2$:CH_3OH 或者 $CdCl_2$:H_2O 溶液中，随后干燥沉淀出 $CdCl_2$ 层[142,143]；或者在 CdTe 上蒸发一层 $CdCl_2$[144]；暴露在 $CdCl_2$[145-147] 或 $ZnCl_2$ 气氛中[148]，或者暴露在 HCl[149] 或 Cl_2 气氛中[150]。氯化物也可在 CdTe 薄膜的形成过程中引入，如电沉

积中以 Cl⁻ 离子[151]或者作为丝网印刷浆料中的一种成分[73]。后处理工艺通常的温度-时间范围：380~450℃中处理 15~30min，取决于 CdTe 薄膜厚度，薄膜越薄需要的处理时间越短 CdCl₂ 浓度越少，正如在 14.4.3 节讨论的那样。参考文献 ［152］呈现了用于控制 CdCl₂ 浓度的不同的蒸气方法。

氯的使用和随后的热处理可能以多种方式改变 CdTe 电池。例如，处理可以促进初始为亚微米量级 CdTe 晶粒的薄膜再结晶和晶粒生长[153]。表 14.2 更广泛地比较了几种不同方法沉积的 CdTe 晶粒尺寸、纵横比和结晶取向的改变。

对于具有亚微米的初始微晶尺寸的 CdTe 薄膜，CdCl₂ 处理过程中发生了显著的再结晶，表现为两种形式：①晶粒内部或者一次再结晶使结晶从通常的（111）取向改变为随机取向（见图 14.8）；②晶粒间或者二次再结晶导致晶粒的粗化。薄膜在高温下沉积或者在 CdCl₂ 处理之前在氧气气氛下进行热处理，在 CdCl₂ 处理之后呈现为观察不到的晶粒生长（二次再结晶）。在这些处理条件下，薄膜随机化是主要的作用，说明 CdCl₂ 对晶格排列仍然施加内部晶粒的影响。对晶体性质的影响及 CdTe 缺陷化学和电学性质的密切关系表明 CdCl₂ 处理能影响缺陷水平，缺陷水平能影响寿命和掺杂。

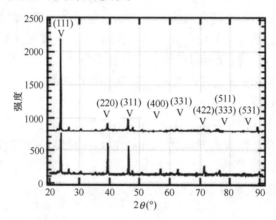

图 14.8　PVD 沉积的 CdTe/CdS 薄膜结构在 CdCl₂、420℃处理 20min 前（上）后（下）的 X 射线衍射图谱，表明薄膜的随机取向。主要的峰来自于 1.5μm 厚的 CdTe 层，其他峰来自于下层的 CdS 和 ITO 薄膜

用 CdCl₂ 进行沉积后的热处理通过增强的化学反应性和物质的流动性改变 CdTe 薄膜和 CdS/CdTe 界面区。结构分析揭示处理后 CdTe 薄膜取向随机，同时也降低了晶格常数，在结界面处具有最强的效应。同样地，已经发现 CdS 薄膜是随机的，晶格常数增加。CdCl₂ 充当助溶剂，打破 Cd-Te 和 Cd-S 键，在比没有 CdCl₂ 时所需温度显著低的温度条件下，促进一次再结晶和阴离子的相互扩散。化学方面，CdCl₂ 处理能改变 Cd/Te 化学计量比，形成镉空位（可能涉及氧）和 Cl 间隙物质。CdCl₂ 处理降低 CdTe 横向晶粒的面电阻，降低强度高达三个数量级[154]，可能归因于 V_{Cd}-Cl_i 受主复合体，降低施主缺陷密度，及提高载流子迁移率和寿命。环境中的氧可能有助于通过在表面的优先反应形成 CdO，从而形成 V_{Cd}，降低局部 Cd 浓度。Marfaing[155]已经提出了掺杂过程的一个缺陷化学模型，zhang 等[156]基于电学能带偏移量提出了一种掺杂模型。Cl 和 O 的组合可能会因此在电子水平上调整阳离子和阴离子的相对浓度。单施主态和双受主态都向带边移动靠得更近，导致相对较浅的单受主态。尽管这种复合体比起单独的 Cd 空位是一种更有效的掺杂，过剩的 Cl 可以抵消 Cl_{Te} 施主。

表 14.2　由于 $CdCl_2$ 不同方法沉积的 CdTe 薄膜的结构改变。数据来源于 McCandless 测量的薄膜。
对喷涂和丝网印刷制备的电池，膜制备工艺形成了随机的晶向

沉积方法	薄膜厚度/μm	晶粒尺寸平均值：D 初始→$CdCl_2$ 后/μm	晶格取向 初始→$CdCl_2$ 后
PVD	4	0.1→1	(111)→(220)
ED	2	0.1→0.3	(111)→(110)
喷涂	10	10→10	随机→随机
丝印	12	约 10	随机→随机
VTD	4	4→4	随机→随机
CSS	8	8→8	随机→随机
溅射	2	0.3→0.5	(111)→(?)
MOCVD	2	0.2→1	(111)→随机

　　$CdCl_2$ 处理对电池性能的影响是显著增加光电流和均匀性，改善开路电压和填充因子。图 14.9 比较了三个由 PVD 方法制备的 $4\mu m$ 厚 CdTe 和 $0.2\mu m$ 厚 CdS 电池的光照 J-V 曲线，具有相同的背电极，但不同的后处理工艺，即无后处理、空气中 550℃ 热处理和优化的 $CdCl_2$ 处理（空气中 420℃ 20min）。未经后处理的器件光电流非常低，且有高的串联电阻。光谱响应整体都低，且在接近 CdTe 带边的位置出现峰值，意味着是 p-i-n 器件[157]。无论经过空气中热处理或 $CdCl_2$ 蒸气 + 空气处理，J-V 性能和光谱响应对应器件的性能具有高的寿命和载流子浓度，不同方法制备的器件都有相似的表现，但是可以通过在高温含氧的气氛下沉积来改善初始条件（见图 14.9a）。

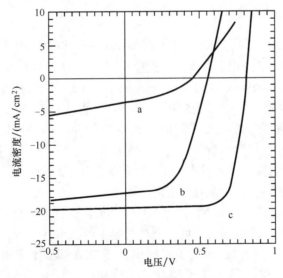

图 14.9　用 Cu_2Te/C 电极和不同后处理制备的 PVD 器件的 AM1.5 光照 J-V 曲线：a—没有热处理；b—在空气中 550℃ 处理 5min；c—在空气中，$CdCl_2$ 蒸气 420℃ 处理 20min[116]

　　CSS 法沉积的 CdTe 电池中 $CdCl_2$ 处理对光电流显微均匀性的作用如图 14.10 所示。左边的量子效率（QE）图是在经过了典型 $CdCl_2$ 处理后的电池上得到的，显示了电流收集的空间

均匀性。右边的图是在一个没有经过 CdCl$_2$ 处理的电池上得到的，显示出明显的非均匀性[158]。没有 CdCl$_2$ 处理的样品中光电流大大降低的区域对应于高的晶界密度。CdCl$_2$ 处理的样品，QE 在超过 95% 的测量面积约为 0.82，但是没有经过 CdCl$_2$ 处理的样品，QE 范围为 0.50 ~ 0.68。

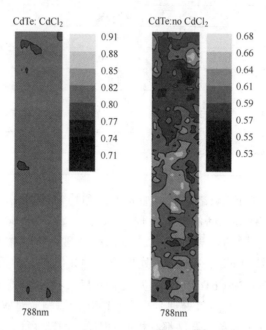

图 14.10　1μm 光束、788nm 波长光照下的电池量子效率局部变化，面积 50μm×10μm

14.5.3　CdS/CdTe 的混合

所有的 CdS/CdTe 电池在 CdCl$_2$ 处理时，都要经历至少 350℃ 的高温过程。在某些沉积技术中，如喷涂热解沉积，更使用了高得多的温度。因此，CdTe 与 CdS 之间会发生化学反应，这种反应可能是 CdTe 和 CdS 的体以及晶界互扩散的驱动力。已有广泛报道，连续的一系列的 CdTe-CdS 固溶合金 CdTe$_{1-x}$S$_x$，能够在低于 200℃ 下通过 CdTe 和 CdS 共沉积形成或者通过溶液电沉积形成，这些合金的光学带隙依据 $E_g(x) = 2.40x + 1.51(1-x) - bx(1-x)$ 的关系式而随组分改变，其中弯曲参数 $b \approx 1.8$，如图 14.11 所示[159]。然而，合金薄膜在有 CdCl$_2$ 时，高于 350℃ 的温度下和在没有 CdCl$_2$ 时，高于 500℃ 条件下进行热处理却会引起相分离，由于平衡态的 CdTe-CdS 混晶存在混溶间隔。

大量的参考文献都已建立了 625℃ 以上 CdTe-CdS 混晶的 T-x 相图关系，这高于用来沉积和处理 CdTe/CdS 薄膜结构的通常温度。通过确定平衡态 CdTe$_{1-x}$S$_x$ 合金薄膜的晶格参数，这个相图已经向下延伸到 360℃，即用于沉积和处理 CdTe 薄膜的温度范围内，如图 14.12 所示[146,166]。采用非理想溶液热力学模型对非对称相边界的热力学分析揭示了 CdS 进入 CdTe 的超额混合焓（excess-mixing enthalpy）值 $\Delta H^{EX} = 3.5\text{kcal/mol}$ 和 CdTe 进入 CdS 的超额混合焓 $\Delta H^{EX} = 5.6\text{kcal/mol}$，都为正值。对于 CdS 溶入 CdTe，实验得到的超额混合焓值证实了用第一原理能带结构理论计算的 CdTe-CdS 体系的结果[167]。

CdTe$_{1-x}$S$_x$ 固体合金的晶格形态通常为闪锌矿（F-43m）结构，而 CdS$_{1-y}$Te$_y$ 为纤锌矿

（P6₃mc）结构。在亚稳态薄膜中，闪锌矿向纤锌矿结构的转变发生在 $x \approx 0.3$ 处，在各种结构类型中的晶格参数遵循 Vegard 原则。亚稳态和平衡态的 $CdTe_{1-x}S_x$ 合金薄膜，显示了相同的 E_g 关系，E_g 最小值为 1.39eV，对应于闪锌矿-纤锌矿的转变。$CdCl_2$ 处理加速平衡过程，但是不改变端点组成。

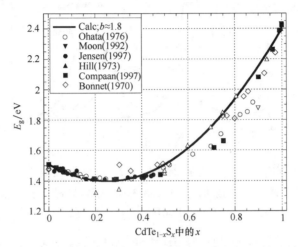

图 14.11 低温沉积的 $CdTe_{1-x}S_x$ 合金薄膜的光学带隙与组分的关系
（数据依次来源于参考文献 [160-165]）

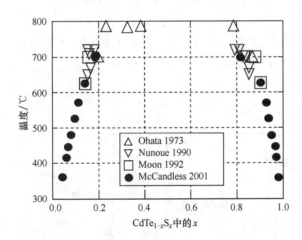

图 14.12 CdTe-CdS 伪二元均衡相图（数据按所列顺序依次来源于参考文献
[160, 78, 161, 168]）

界面区域 $CdTe_{1-x}S_x$ 和 $CdS_{1-y}Te_y$ 合金的形成是由于在空气气氛中 $CdCl_2$ 处理时发生的 CdS 和 CdTe 的相互扩散引起的，并通过晶界扩散而加速[153,169]，扩散机制受限于 Cd 的自扩散。由于 CdTe 扩散进入 CdS 将降低带隙，将降低窗口层从 500nm 到 650nm 的透过性质。然而，CdS 进入 CdTe 的扩散是个更快速的过程，且更难控制，特别是在 CdS 薄膜超薄（<100nm）的电池器件结构中。渐进扩散会在薄膜内产生出一个晶格参数和光学常数的分布区间，可以通过 X 射线线形轮廓分析（见图 14.13）[170]和椭圆偏光法观测到[171]。

体和晶界的扩散系数都是热激活，对处理过程中环境的组合物敏感。在 9mTorr $CdCl_2$ 和

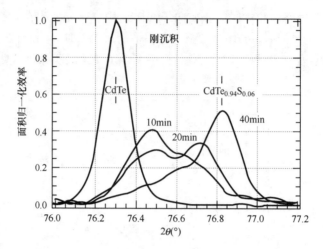

图 14.13　在 250℃ 利用 PVD 法沉积的 CdTe/CdS 薄膜，在 CdCl$_2$:Ar:O$_2$ 气体中 420℃ 处理后，

随时间变化的 X 射线衍射的 (511)/(333) 反射线形谱。已标出纯 CdTe 和

$x = 0.06$ 的 CdTe$_{1-x}$S$_x$ 合金的峰位

150mTorr O$_2$ 下进行处理，CdS 在 CdTe 中体扩散和结晶扩散过程中体扩散系数 (D_B) 和晶界扩散系数 (D_{GB}) 的热依赖关系如下[170]：

$$D_B = 2.4 \times 10^7 e^{-(2.8eV/kT)} \, cm^2/s$$

$$D_{GB} = 3.4 \times 10^6 e^{-(2.0eV/kT)} \, cm^2/s$$

图 14.14 所示为仅通过表面反应的晶界扩散对 CdCl$_2$ 和 O$_2$ 的浓度敏感。在空气中处理，已经确定了在 1 ~ 100mTorr 范围内晶界扩散对 CdCl$_2$ 分压 (P_{sat}) 的依赖关系，通过气相输运方法沉积 CdTe[117]：

$$D_{GB} = 9.0 \times 10^4 \, P_{sat}^{2.73} e^{-(2.0eV/kT)} \, cm^2/s$$

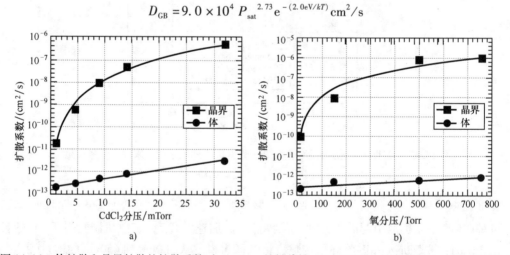

图 14.14　体扩散和晶界扩散的扩散系数对 a) p_{CdCl_2} 的敏感性，$T = 420℃$，恒定氧压 p_{O_2} 约为 125Torr；

b) 对 p_{O_2} 的敏感性，其中 $T = 420℃$，恒定 $p_{CdCl_2} = 9mTorr$

　　合金的形成在电池中同时存在好坏两方面的作用，互扩散使吸收层的带隙宽度变窄，提高了长波的量子效率，尽管内建电压的降低稍微抵消了这一作用，在喷涂热解制备的具有

$x>0.05$ 的 $CdTe_{1-x}S_x$ 合金吸收层的电池中获得了超过 820mV 的开路电压[172]。相互混合降低了界面应力[73]，并可能会降低暗复合电流[83]。CdS 薄膜厚度的降低有助于提高窗口层的透过性，但是不均匀的 CdS 消耗将导致结的横向不连续性和更高的结复合电流。因此，合金的形成可能在具有小晶粒和高晶界密度低温沉积薄膜（比如电化学沉积）具有更显著的效果。在这样的薄膜中，$CdCl_2$ 处理过程中，$CdCl_2$ 高的分压或浓度再加上 O_2 将导致形成相当多的合金；具有不同 CdTe 厚度电池的 $CdCl_2$ 处理的优化需要考虑晶粒的结构。在生长过程中具有含 Cl 的物质高温沉积 CdTe 电池，例如烧结，合金形成显著提升，并导致均匀合金化合物的形成，$x=0.05$ 的化合物在 550℃ 形成。

图 14.15 给出了吸收层中合金形成和长波 QE 的关系。在有 $CdCl_2$、600℃、CSS 沉积并具有大晶粒的 CSS 电池中，吸收层具有窄 XRD 形状，如图 14.15 所示，在 CdTe 位置表明合金形成可忽略程度，因此 $CdCl_2$ 处理后，CdS 在 CSS 沉积的 CdTe 中扩散很少。相应的 QE 曲线中，长波 QE 边出现在与纯 CdTe 对应的波长位置。相反，喷涂热解制备的电池，CdTe 在高温以及 $CdCl_2$ 中形成，其 XRD 表现为不对称的线形形状，峰位接近 $CdTe_{0.95}S_{0.05}$ 的位置，具有向纯 CdTe 位置延伸的峰位，因此 XRD 谱线形轮廓表明 S 在吸收层中的不均匀分布，在 QE 曲线中则显示为长波响应的缓慢下降。PVD 的情况则介于 CSS 和喷涂热解之间，因其晶粒比 CSS 法小，而比喷涂法暴露在 $CdCl_2$ 中更短。因此，除了电流产生的差异，对于吸收层中 $CdTe_{1-x}S_x$ 合金含量不同的器件，其工作基本相似。

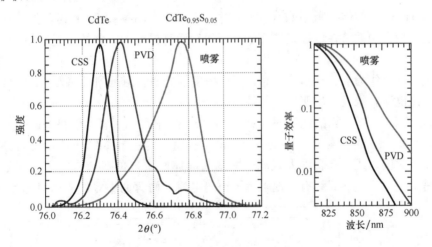

图 14.15　XRD(511)/(333) 反射与长波量子效率的关系（McCandless，没有发表的结论）

14.5.4　背接触

图 14.7 的顶部区域为背接触，由与 CdTe 接触的一级接触（通常由一层含 Te 的 p^+ 层构成）和二级接触（载流导体）构成。与其他宽带隙 p 型半导体一样，CdTe 也倾向于和几乎所有的金属形成肖特基势垒，而使得形成低电阻欧姆接触成为一种挑战。最常用的策略是通过选择性化学腐蚀形成一个富碲的表面，然后敷上铜或者含铜的材料。铜会与 Te 反应形成可与金属或石墨连接的 p^+ 层。用 GIXRD 方法已经在背表面直接测量到了亚碲化物 Cu_2Te[173]。同时，Cu 在 CdTe 中是一种相对较浅的施主，并能够从掺杂的电极材料，如石墨浆料[34] 或者

ZnTe:Cu[174]，扩散进入 CdTe。

在铜层形成之前，可以采用各种各样的表面处理方法来降低背电极势垒。表 14.3 总结了背接触形成的方法，用于中等和高效电池低阻接触的形成。尽管各器件制备实验室都倾向于采用单一的表面处理工艺和接触材料，但几乎没有证据表明优化的接触工艺与沉积技术有关[175]，但是对薄膜厚度非常敏感[176,117]。

表 14.3　背接触形成方法例子（NP = 硝酸 + 磷酸的混合物。
BDH = 顺序在溴、酸性重铬酸钾和联氨中的反应）

CdTe 沉积方法	表面处理	一级接触	热处理	附加接触	参考文献
PVD	Te + H$_2$	Cu	200℃/Ar	C	[177]
ED	BDH	Cu	没有	Ni 或 Au	[178]
喷涂	腐蚀	C + 掺杂	没有	没有	[179]
丝印	没有	C + Cu 掺杂	400℃/N$_2$	没有	[180]
VTD	BDH	Cu	200℃/Ar	C	[152]
CSS	NP 腐蚀	C + HgTe + Cu	200℃/He	Ag 浆料	[34]
溅射	Br 腐蚀	ZnTe:N	原位	金属	[181]
MOCVD	Br 腐蚀	ZnTe:Cu	原位	金属	[182]

Cu 在 CdTe 内高的体扩散系数在 300K 时为 $3 \times 10^{-12} \, cm^2/s$，加上其多价态和弱 Cu-Te 键，导致了在使用中铜潜在的稳定性问题，正如后面将讨论的。背接触过程中 Cu 的替代品已经取得了中等的成功，如 ZnTe:N[183] 和 Sb$_2$Te$_3$[184]，表现出与 CdTe 合理的低电阻接触，当与合适金属结合作为电流输运导体时，只有中度的势垒。但是到目前为止，已确认的无铜电极在高性能电池并未展现出明显的前景。

在 2μm 厚 CdTe 层计算的能带图（见图 14.16）明显显示了背接触势垒的一个结果（并尽量使其值小）[185]。背接触实质上是一个反向二极管，与主 p-n 结极性相反而势垒高度更小。对于厚吸收层，或具有合理大载流子浓度（固体曲线）的吸收层，在大部分的吸收厚度内能带是平整的，主 p-n 结有效地阻碍了正向电流，而背面中等的势垒对电流-电压曲线

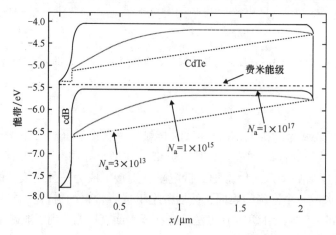

图 14.16　三种 CdTe 受主密度、一个背电极、V = 0 时 CdTe/CdS 结的能带图

仅有较小的影响。但是，具有更加典型载流子浓度的 CdTe（在短划线和虚线之间），主 p-n 结和背电极结的耗尽宽度重叠。背接触电子势垒的有效降低意味着正向电流更加容易流过，降低了开路电压。即使耗尽区不重合，大的电子寿命也能导致过多的正向电流和降低电压[186]。

14.5.5　太阳电池表征和分析

14.5.5.1　沉积制备的电池的初始性能

已经从测量的电流电压（J-V）曲线、量子效率（QE）、电容频率（C-f）曲线和电容电压（C-V）曲线直接推导出了大量 CdTe 太阳电池的电学性质，更多更详细的信息可以从这些曲线的温度变化或者时间演化中得到。

纪录效率电池的 J-V 曲线（见图 14.2）遵循考虑了电路电阻和正向电流机制而不是热电子发射的标准二极管方程：

$$J = J_0 \exp\left[(V - JR)/AkT\right] - J_{sc} + V/r \qquad (14.1)$$

纪录效率 CdTe 电池在光照条件下的 J-V 曲线，J_0 为 $1 \times 10^{-9} A/cm^2$，串联电阻 R 为 $1.8\Omega cm^2$，二极管品质因子 A 为 1.9，并联电阻 r 为 $2500\Omega cm^2$。可根据参考文献［187］所描述的方法得到 R 和 A 的值。

按照对数坐标重新给出上述纪录效率电池的正向电流（$J + J_{sc}$），如图 14.17 所示，为了比较，给出了高效率 GaAs 电池的类似数据[188]。只对两条曲线的串联电阻和并联电阻（R 和 r）做了很小的修正。既然吸收材料的带隙宽度相近，CdTe 和 GaAs 电池应该具有相似的 J-V 曲线。然而，V_{OC} 相差接近 200mV。在最大功率点（MP），电压的差别更大了，接近 300mV，这是因为 CdTe 的 A 因子是 1.9，而 GaAs 的为 1.0。这种物理性质的差别是 CdTe 结中额外的复合电流通道引起的。正常工作条件下，CdTe 电池的过剩正向电流比 GaAs 电池约大两个数量级。

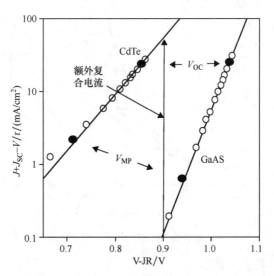

图 14.17　采用对数坐标比较了高效率 CdTe 电池和 GaAs 电池的光照 J-V 曲线，已校正了电阻的影响

图 14.17 中的含义是，通过降低这些复合，或者等同的，即增加常用的寿命参数，CdTe 电池 V_{OC} 还有很大的提升空间。实际上，少子寿命（τ）和开路电压强烈关联。可以通过时

间分辨的光致发光（TRPL）来测量少子寿命，脉冲激发后，来跟踪作为时间函数的光致发光信号。图 14.18 给出了大量 CdTe 电池的 V_{OC}-τ 的关系[189]。右上角为纪录效率的电池，少子寿命大约为 2ns。图 14.18 所提出的一个明显的问题是进一步提高 CdTe 的少子寿命（基本上算是材料问题）是否能进一步提高开路电压，从而提高效率。将在 14.7 节介绍这个问题，其中涉及 CdTe 电池的未来。

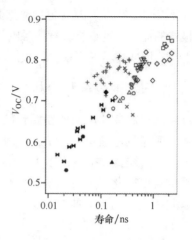

图 14.18　80 多个 CdTe 电池的开路电压与寿命的 TRPL 测量。承蒙 2010 年 W. Metzger 许可使用

已在图 14.16 展示了背接触势垒对器件能带的影响，图 14.19 给出了背接触势垒对 J-V 测量曲线的影响。假设两个耗尽区没有重叠，两个二极管可以作为独立的电路元件来处理。以势垒高度为 0.3eV 的背场二极管计算拟合的结果与测量曲线吻合得非常好。温度较低时，背电极势垒的影响变大。这一影响在第一象限非常显著，在这一象限中，这种 J-V 曲线的形状通常被描述为"rollover"[190-192]。如在图 14.19 所示的这种 J-V 曲线"rollover"程度，已证实与制备背电极时使用铜的量有关[193]。铜的量越少，"rollover"就在越高的温度出现，这说明更大的背电极势垒，并且对电池性能有更大的影响。增加的"rollover"导致填充因子降低，因此，一般铜含量和背势垒之间有相反的关系。

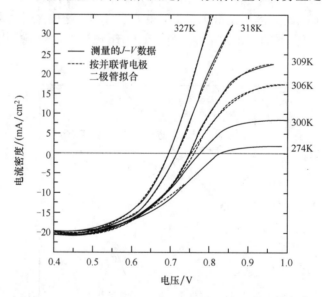

图 14.19　有背电极势垒 CdTe 电池的测量和计算曲线[190]

14.5.5.2　加速寿命："应力"测试

添加铜可以降低背接触势垒并抑制"rollover"的出现，同时也导致 CdTe 电池稳定性的降低，至少会降低高温下工作电池的稳定性。一些研究者发现当 CdTe 电池在高温下（一般为 60～110℃）持久工作后性能发生了显著的变化[194-198]。这种研究，通常被称作"应力

（stress）"测试，报道称填充因子首先降低，紧接着是 V_{OC} 的降低，仅在极端的情况下 J_{SC} 才受影响。图 14.20 给出了 NREL 制备的 CdTe 电池在刚刚制备完成时和在 100℃ 开路条件下光老化不同时间后所得到的 $J\text{-}V$ 曲线。在其他厂家制备的电池中也发现了相似的曲线，电池同样也暴露在 60~100℃。这些电池和其他 CdTe 电池的暗 $J\text{-}V$ 曲线也在持续加温条件下呈现"rollover"的持续增加。定性来说，图 14.19 和图 14.20 测量的电池 $J\text{-}V$ 性质是相似的，强化电池，表明温度降低或者开路 100℃ 光老化时间延长，弯曲都会增加。当 $J\text{-}V$ 曲线的测量温度降低时，（离化的）受主浓度降低，导致背势垒影响更大，如图 14.16 所示。在强化处理过的器件中的"rollover"可能同样是由于 CdTe 层中载流子浓度的减少。

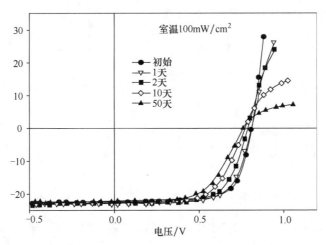

图 14.20　开路 100℃ 条件下，CdTe 电池长时间曝光的 $J\text{-}V$ 曲线[196]

　　不同 CdTe 电池的性能随着应力温度的规律并不一致，但是有研究[196]推算出一个接近 1eV 的激活能经验值，这预测 $J\text{-}V$ 曲线在 100℃ 下的变化速率与电池板经历通常室外温度（一年的）相比快了 500~1000 倍。因此，除非电池在户外使用了很多年，组件性能不会出现显著的变化。

　　额外的"应力"研究显示：与开路[196-198]状态下或者在背接触中使用的铜更少[193]时相比，当偏压保持在短路或者最大功率点，电池性能的降低会减小。此外，没有特意添加铜的电池的性能可以降低，而这些电池在沉积状态表现出与包含铜加速电池相似的 J_0、J_L（V）、rollover 特征[199]。当正向偏压减少电池中电场的时候，铜脱离背接触区域的速度将加快[196,198,200,201]。铜脱离背接触区域对电池性能至少有两个影响：一个是增加背势垒的高度，与无铜的情形相似；另一个是由于铜向前结移动对电池性能造成的不利影响，这可能会增加 CdTe 复合的态，因此降低载流子寿命。

14.5.5.3　光学损失

　　由于光子穿过吸收层的不完全吸收，在光子到达 CdTe 电池吸收层以前的光学损失可以分为吸收损失和散射损失。太阳电池的量子效率（QE），特别是结合对电池和各独立窗口层进行单独的反射及吸收测量，是分析这些损失的一种有效工具。图 14.21 给出了具有相对较大 J_{SC} 损失的 CdTe 电池的数据。这个电池具有 4μm CdTe 和 0.2μm CdS，是特意选择出来用于阐明分析过程的，并不代表目前的电池生产水平。

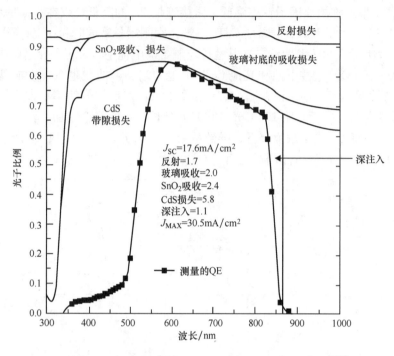

图 14.21　CdTe 电池的光损失和量子效率与波长的曲线[202]

为了对图 14.21 中的光学损失进行量化，测得的 QE 被乘以光谱（单位为光子/cm²/nm），并对波长积分，再乘以单位电荷得到 J_{SC}。作为比较，假定整体 QE 高达带隙截止波长（820nm），得到的最大电流密度 J_{max} 为 30.5mA/cm²。

图 14.21 中涉及的光学区域包括电池的反射、玻璃上衬底的吸收、SnO₂导电接触的吸收、主要被约 250nm 厚的 CdS 窗口层吸收导致的 500nm 以下光损失。电池制备过程中各层制备完成后，对各层进行反射与透射测试得出每层各自的吸收。其他接近带边的光学损失区域可认为是由于光子进入太深而无法完全收集引起的。将这些损失光谱积分，对入射光谱进行加权，通过电流密度对各部分损失进行量化。图 14.21 中列出了这些电流损失（AM1.5 下，归一化到 100mW/cm²）[203]，总的损失就是测量值与最大电流密度之间的差值。

图 14.21 定量地告诉我们在这种情况下，通过采用更薄的 CdS 窗口层可以明显地提高电流，而通过采用不同的玻璃或改善的 SnO₂工艺也可以在较小程度上达到这种效果。通过使用减反射层或通过改善对深注入光子的收集来提高 J_{SC} 的潜力相对较小。然而，损失较大的那些因素是确定可以得以改善的。例如纪录效率电池的 J_{SC} 是 26mA/cm²，其玻璃、SnO₂和 CdS 吸收引起的各项损失都小于图 14.21 所示的电池的 1/5，且没有一项导致大于 1mA/cm² 的损失。

14.5.5.4　电容分析

太阳电池的电容可提供一些禁带内外能级的信息，并且常常可以给出可靠的吸收层载流子密度分布图[204]。图 14.22a 给出了 CdTe 电池在三个偏压下：0V、-1V、-3V，测得的电容与频率的关系。电容的量级相对较小，对应于小的载流子浓度和大的耗尽层宽度。大的耗尽层宽度说明在电场存在的区域吸收了大多数的光子，因此光电流不应随电压有明显的波动[205]，虽然在较低寿命的电池中可以发生明显的光电流收集电压依赖性[206]。在超过三个数量级的频率范围内电容曲线保持相对平直的事实，有力地表明没有明显受外来能级的影响。高频区的上升是由于电路的电感[207]，低频区的奇点是由于仪器的异常引起的。之后的 C-V 测量通常选取在平滑区域中间段的频率，这里是 75kHz。

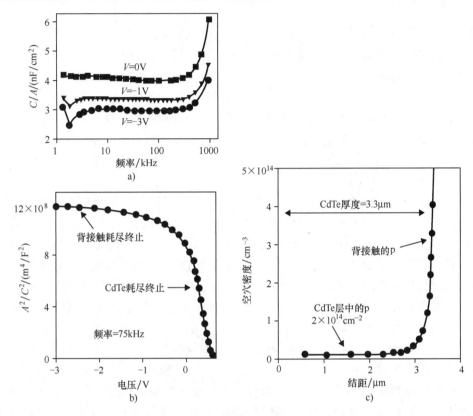

图 14.22　CdTe 太阳电池的电容测量和空穴密度测定

图 14.22b 中以 C^{-2}-V 的形式给出同一个电池在频率 75kHz 的电容-电压数据，其中在给定电压下，纵坐标与耗尽层宽度 ω 的二次方成正比，因为 $C/A = \varepsilon/\omega$。斜率与耗尽区边界的载流子密度成反比。在这种情况下，存在两个明显区分的区间。在反向偏压下，C^{-2}，即耗尽宽度，改变非常小。然而，在接近零偏压和正向偏压时，耗尽宽度明显变窄。

相同的数据能够做出空穴密度 ρ 与耗尽层宽度（即与结之间的距离）的曲线（见图 14.22c），既然吸收层实质上可假设为都是耗尽的，C^{-2}-V 曲线所表征的两个区间已经变得格外清晰。对于起始的 3μm 厚 CdTe，空穴密度非常低（10^{14} 量级），但是随后显著增加。对此的解释是 3μm 为 CdTe 的厚度，当耗尽层边界进入背电极区域时空穴密度迅速增加。实际上，这里的 CdTe 测量厚度多少比 3μm 大。可能的解释是存在有晶界的局部区域，在这些位置背电极材料进入了 CdTe 中，有效地降低其厚度。在这样的加温实验循环之后得到图 14.20，CdTe 的电学厚度也可能有所减少。

在电容测试技术中证明图 14.6 所示的多种技术制备的 CdTe 电池空穴密度都分布在低于 $10^{14}/cm^3$ 和高于 $10^{13}/cm^3$ 之间。相对低的载流子密度可能是实现高效率电池的一个阻碍，这说明对本征施主的补偿仍然是当前 CdTe 电池制备的一个问题。低空穴密度的直接影响是费米能级距离价带顶 250～350mV，因此限制了结的势垒，进而影响了 V_{oc}。一个大的问题是低密度或许是过多复合态的症状，过多的复合态会导致图 14.17 所示大部分电压损失。

14.6 CdTe 组件

CdTe 光伏组件通常是由许多上衬底的 CdTe 电池电学互联构成的，其中上衬底起到机械支撑的作用。组件的电输出取决于单个电池的输出、连接结构和由于无效面积造成的损失以及相互连接的电阻损耗。在组件上获得高电池效率取决于能否将小面积电池的制备过程，例如 $CdCl_2$ 处理，成功地应用于大面积批量生产或连续处理工艺中，还取决于是否将死区面积最小化、电阻损耗以及使用廉价玻璃引起的光损失，局部缺陷的面积。生产厂商的目标是在一个高产量的制备工艺中，有效地获得串联的、具有大面积物理性质和电子学性质空间均匀的 CdTe/CdS 二极管。这种生产的方针与集成电路厂商有所不同，集成电路的挑战在于最大限度地减少每个电路元件的空间尺寸。

与基于晶硅电池连接的电池不一样，薄膜 CdTe 电池可以通过单片集成连接，已证明这是强大的技术，制备的组件对部分遮挡不敏感。对于单片集成，将在一个大面积的下衬底（substrate）或上衬底（superstrate）上的电池，在制备工艺的不同阶段，通过刻划沉积的薄膜实现分离和互联。刻划可以通过机械的或者最好通过激光刻划的方式，这样不同层的吸收特性与激光波长和功率密度之间的匹配决定了（各层）中断点[208]。图 14.23 给出了一种单片集成式互联的组件结构。通常使用三次划线，第一道刻划隔离 TCO 前电极来确定相邻的电池，第二道贯穿 CdS 和 CdTe 上的刻划提供了 TCO 层与相邻电池背电极的连接通道，第三道刻划则分割各电池间的背电极。总的来说，这些刻线在组件上引入一个死区，在实际中应尽量小。各电池产生的光电流从组件的一端流向另一端。组件的电压就是串联的各电池的电压之和。这样的单片集成结构和三次激光刻划与多种沉积在玻璃上的非晶硅和 CIGS 基 PV 组件所使用的非常相似。为了最小化电阻和死区损耗而在非晶硅光伏组件中进行的重要组件几何结构和横向串联电阻的设计分析，一样可应用于 CdTe 光伏组件[209,210]。

图 14.23 所示的结构采用了一块玻璃作为起支撑的上衬底，玻璃的选择基于每瓦成本、光损失和玻璃的耐热性。例如，沉积在硼硅玻璃上的 CdTe 电池的光生电流密度比在钠钙玻璃上要高 $2mA/cm^2$，这是由于钠钙玻璃在波长超过 600nm 的区域较高的光学吸收率。然而，高透过率的玻璃，如硼硅玻璃、熔融石英和石英玻璃（Vycor），需要更多的提纯，即需要比通常用作窗玻璃的钠钙玻璃高得多的成本。这些玻璃和其他玻璃光学性质的综述可见参考文献 [211]。此外，低成本的钠钙玻璃具有更低的软化温度，限制了它在高温工艺中的使用。一个有用的折中方法是降低钠钙玻璃中铁的含量，可以在低于硼硅玻璃和其他高纯玻璃成本的条件下，改善玻璃大于 600nm 波长的透过率，并提高熔化温度。

CdTe PV 组件的商业化依赖于稳定、实惠的原材料特别是 Cd 和 Te 的供应。就材料需求而言，如果对镉和碲的利用率为 100%、吸收层厚度为 $2\mu m$，一个产能为 1GW/年的工厂，将需要大约 40t 的 Cd 和 60t 的 Te。两种元素都来自于矿石精炼的副产品，Cd 来自于锌、铜和铅的精炼，Te 基本上来自于铜电解精炼的副产品和铅产品的残渣[212]。Te 是其中更稀缺、更贵的成分，但是可用量估计约是 1600t/年[213]。目前，纯度约为 95% 的 Cd 和 Te 的价格分别约为 12 美元/lb（24000 美元/t）和 20 美元/lb（40000 美元/t）。因此，每年生产 1GW 需要的 Cd 和 Te 的总花费约为 260 万美元，意味着低于 0.03 美元/W，远远低于 1GW 产量所

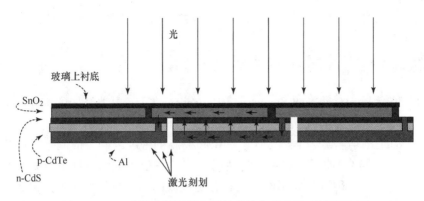

图 14.23　三次激光刻划的串联的单片集成 CdTe 组件示意图

需 100km² TCO 玻璃的价格，相当于 5.00 美元/m²[214]或者大约 0.50 美元/W。PV 组件制造成本的详细分析见参考文献［215］。目前 CdTe 组件的通用面积约为 0.72m²，转换效率已超过 10%，峰值功率为 75W 左右。在本书撰写时，唯一大规模商业化的 CdTe 组件由 First Solar 公司，在俄亥俄州托莱多、德国、马来西亚（见图 14.24）制造，年产 300MW 及以上[216]。另外三家 CdTe 组件生产商已经能小规模制备 CdTe 组件：松下日本电池公司、加利福尼亚州费尔菲尔德的 BP 太阳能和德国的 Antec 太阳能有限公司。另外的三家公司，Abound 太阳能（前身为 AVA）、calixo/Q-Cells 和 primestar 太阳能公司正在积极建设自己的设施和生产能力，可以预期与 First Solar，LLC 相竞争。有几家公司正在从事开发上衬底组件的替代组件。至少有一个公司，如 solexant，Inc.，在加利福尼亚圣若泽，发展卷对卷技术，而其他公司追求剥离和转移技术。

First Solar 组件使用气相输运法在移动的衬底上沉积 CdTe，在维持衬底高温的同时获得高速的生长。组件是在 Pilkington 公司生产的氧化锡涂层的钠钙玻璃上制备的。据报道生产线每分钟的产量为 2.9m²[217]。First Solar 公司的成功证明在目前市场上可以实现高产出、大面积、稳定的生产低成本

图 14.24　First Solar 公司制作的 CdTe 组件和组件阵列
（照片经过许可使用）

组件。图 14.24 为 First Solar 组件和组件阵列的照片。

　　困扰 CdTe 薄膜太阳电池生产厂商的问题包括如何在组件规模上保持小面积电池的效率、在生长的过程中控制 CdTe 均匀性、重复性和具有预期寿命产品的认证。一个关键的权衡的例子是 CdS 薄膜的厚度，厚的 CdS 薄膜可改善生产工艺的宽容度，却会降低光生电流。CdTe 薄膜微观结构的空间变化可以影响 CdS 向 CdTe 内部的扩散，进而影响到结的结构，突出对薄膜的形貌和氯化镉处理过程控制的重要性。在窗口层一侧使用缓冲层、优化后处理工

艺和开发在线传感诊断装置都是有效途径，可用来拓宽提高组件电流密度的工艺的宽容度。

14.7　CdTe 基太阳电池的未来

在过去的 30 年里，对基本的 Bonnet and Rabenhorst CdTe 电池结构的细化一直有稳定的进步。当调整小的带隙差异后，最高电流密度达到类似晶体 GaAs 的电流密度。开路电压和填充因子受过多的正向电流复合、低体寿命和低载流子密度限制，但调整带隙后也达到了 GaAs 的 80% 。有关与 Cu 原子扩散对稳定性的影响，在正常工作条件下良好制备电池的退化中可以忽略不计。尽管 CdTe 太阳电池的状态是健康的，足以扩大主流产品的商品化。没有确定明确的处理路径来实现 20% 的效率，因此需要重要的电池水平的基础研究来克服限制性能的因素。

现在已经很好地建立了 CdTe 薄膜工业，但是它的未来取决于对 CdTe 器件的材料性能、实验室规模器件的性能和光伏组件的提升研究创新思路的持续注入。对实验单结效率进行转移将会进一步降低每瓦的制造成本。然而，达到这些目标需要深入理解工艺条件和高效及长期可靠性所需的关键材料性质之间的关系。

虽然还没有完全理解碲化镉多晶的本质特性，有向高效率的单结薄膜电池发展的可信途径，展示了经验方法的实用优势。此外，我们已经看到几种不同的 CdTe 薄膜沉积工艺，通过合适的后处理和背电极制备工艺的结合，获得了相似的器件性能。如何达到 20% 的效率并将其向实现高效率组件转移的目标，依赖于确定并克服在这一代电池中限制开路电压和较小程度上限制填充因子的机制。最佳 CdTe 薄膜电池的电流密度已经达到 AM1.5 光照条件下的理论最大值的 90% ，并且很好地理解为主要是受限于玻璃/TCO/CdS 结构的光损失。

尽管几十年还没有改变过商业组件发展上的 V_{oc} 约 850mV 、FF 约 75% 的数值，与带隙推导的预期值尚有差距。碲化镉电池电压 200mV 的增加会带来很接近相似能带 GaAs 达到的值，将推动效率高达 20% 。增加这个数量级的电压基本上有两种可能性[218]。一种方法是同时增加三个数量级的 CdTe 的载流子浓度和十个数量级的寿命。然而，这种策略需要主要提高材料的质量，至今为止提高这些参数的尝试没有成功。第二种和可能更实际的方法，是制造完全耗尽的 n-i-p 结构，与现在得到的载流子浓度和寿命相当，但是需要在吸收层和背接触之间加入背电子反射层。从合适的合金例如下面讨论的 x 分别约为 0.25 或者 0.15 的 $Cd_{1-x}Zn_xTe$ 或者 $Cd_{1-x}Mg_xTe$ 扩展能带应该足够了。需要注意的是，它需要与 CdTe 吸收层连续沉积，不能引入显著的界面态。

未来 CdTe 电池开发的第二个成熟的领域是使非常薄吸收层成为可能。在材料利用率和沉积时间上具有明显的优势，但也可能需要最有效地使用背电子反射层。最近 Toledo 大学，在 0.5μm 厚的 CdTe[219] 中取得了 10% 的效率，成功的部分原因是调节 CdTe 处理长度正比于 CdTe 层的厚度。

CdTe 除了是单结光伏器件的一个强有力的参与材料，CdTe 还可以与其他 II-VI 化合物合金化，使多结薄膜电池制备成为可能[220]。利用 CdTe 基宽带隙电池的单片互联的多结电池结构必须面对电池的设计，以及处理的温度和化学稳定性的问题。CdTe 与其他 II^B-VI^A 族化合物组成的合金材料原理上可以提供一个用于器件设计的宽阔的光电性质范围。通过将不同的半导体化合物按人为二元结构合金化，提供了开发可调性材料的基础。对于光伏异质结器件，采用 Cd、Zn、Hg 阳离子和 S、Se、Te 阴离子的半导体展现了一个很宽范围的光学带隙，表明其通过调整材料性质用于优化器件的潜力（见表 14.4）。许多 II - VI 族半导体普遍的高光吸收系数（约 $10^5/cm$）和直接光学带隙，使得它们都适用于薄膜光伏器件。发展双结电池，顶电池吸收层的带隙为 1.7eV、底电池吸收层的带隙为 1.1eV 是可取的[221,222]。然而，另一种可能性是减少 CdTe 的厚度实现电流匹配。

表 14.4　适合作为吸收层的伪二元 II^B- VI^A 化合物的特性

化合物	单晶的光学带隙范围 300K/eV	光学弯曲系数	稳定端点结构	混溶间隙（？）
阳离子替代				
$Cd_{1-x}Zn_xTe$	1.49 ~ 2.25	0.20	ZB-ZB	无
$Cd_{1-x}Zn_xTe$	1.50 ~ 3.00	0	ZB-W	？
$Hg_{1-x}Cd_xTe$	0.15 ~ 1.49	？	ZB-ZB	无
$Hg_{1-x}Cd_xSe$	0.10 ~ 1.73	？	ZB-W	无
$Hg_{1-x}Zn_xTe$	0.15 ~ 2.25	0.10	ZB-ZB	无
阴离子替代				
$CdTe_{1-x}S_x$	1.49 ~ 2.42	1.70	ZB-W	有
$CdTe_{1-x}Se_x$	1.49 ~ 1.73	0.85	ZB-W	？
$CdSe_{1-x}S_x$	1.73 ~ 2.42	0.31	W-W	无
$HgTe_{1-x}S_x$	0.15 ~ 2.00	？	ZB-ZB	？
$HgSe_{1-x}S_x$	0.10 ~ 2.00	？	ZB-ZB	？

表 14.4 所示的合金系统，按在伪二元化合物中阳离子或者阴离子替代来区分，定义了适用于地面光伏转换器件吸收层的一个很宽范围的光学带隙。在 20 世纪 80 年代后期数个实验室曾进行过 $Cd_{1-x}Zn_xTe$ 基薄膜太阳电池的课题研究，其中包括佐治亚理工学院（GIT）和国际太阳能源科技公司（ISET）。在前期的工作中曾考虑过两种 $Cd_{1-x}Zn_xTe$ 薄膜的沉积方法：有序沉积金属层反应（ISET）和金属有机化学气相沉积（GIT）。采用有序沉积金属层反应沉积 $x = 0.1$ 的 $Cd_{1-x}Zn_xTe$ 薄膜的 $CdS/Cd_{1-x}Zn_xTe$ 器件，具有的 E_g 约 1.6eV，3.8% 的转换效率，电池效率受低 V_{OC} 和 FF 限制[223]。至于 MOCVD 沉积的 $CdS/Cd_{1-x}Zn_xTe$ 器件，发现由于锌合金化学转化成了易挥发的 $ZnCl_2$，$CdCl_2$ 加上空气的处理过程会使其带隙从 1.7eV 降低到 1.55eV。1.55eV 带隙制备的电池取得的最好转换效率为 4.4%[224]。最近的工作重点在控制氧化和界面反应，表现出有潜力的器件为 ZnTe 基合金薄膜器件，利用 VTD 和 CSS 制备的 $Cd_{1-x}Zn_xTe$ 吸收层，采用 $ZnCl_2$ 后沉积处理，得到了效率为 12.4% 的 $Cd_{1-x}Zn_xTe/CdS$ 电池，$Cd_{1-x}Zn_xTe$ 带隙为 1.58eV[225]，效率 2% 的 ZnTe/ZnSe 电池，带隙为 2.24eV[226]。

合金系统中沿伪二元连接线发生结构转变，如在 $Cd_{1-x}Mg_xTe$ 系统中的发现，会限制使用的合金组成范围远离过渡组成，当 x 约为 0.7 时，在 $Cd_{1-x}Mg_xTe$ 系统发生这种现象。NREL[227] 和美国托莱多大学[228] 已经制备了工作器件，NREL 制备工作器件中 $E_g = 1.6eV$[227]。

CdTe 基薄膜光伏器件也同样适用于地面能源转换之外的领域，包括太空能源转换、红外探测器和伽马射线探测器。利用最佳实际器件的电流-电压特性，在 AM0 和 60℃ 条件下的工作特性可以根据带隙随温度的变化和辐照光谱的不同修正出来。25℃ 时 AM1.5 转换效率为 16.5% 的最佳电池，在 60℃ 时的 AM0 效率变为 13.9%。通常电池的 25℃ 时 AM1.5 转换效率是 12%，在 60℃ 时的 AM0 效率变成 10%。对于 AM0 光照条件下、0.05mm 厚的聚酰亚胺衬底上的电池，12% 的最佳电池应该产生 1500W/kg 的功率重量比。在空间应用中 AM0 功率重量比大于 1000W/kg 是最理想的，CdTe 在这方面的研究和开发按三条路线进行的结果如下：①下衬底结构沉积的轻质柔性衬底上的薄膜电池，AM1.5 效率为 6% ~ 7%[26]；②将上衬底结构电池从刚性上衬底完整地转移到轻质柔性下衬底上[229]，AM1.5 效率为 11%；③直接沉积在 100μm 厚的玻璃箔上衬底的电池效率为 11%[106]。在 1meV、10^{14} ~ 10^{16}/cm^2 束流密度的电子轰击下的 CdTe/CdS 电池表现出了令人鼓舞的稳定性[230]。

Cd 的毒性以及在电池制备和使用的地方对环境大量 Cd 的排放基本上是毫无根据的。整个生命周期镉的排放，归一化到 GWh 电产生的能量，已被证明是远小于从燃煤发电排放的量，并略小于从核能发电或硅系太阳能光伏板的量[231]。在生产环境中对镉的控制依赖于适当的工艺和化学卫生操作的结合。制备的组件被很好地密封起来，一方面保护电池免受环境影响而衰退，另一方面在电池被机械性破坏掉时避免半导体材料的外漏。通过对达到使用寿命的组件以与金属产品一致的模式回收，基本上可以对组件中的全部镉以 5 美分/W 的价格回收[232]。另一种方式是，通过租赁或者将组件使用限制在工业化管理的能源场的方式的组件布置，有利于全面控制已安装的镉的分布情况。CdTe 薄膜技术是一个可以忽略不计的环境问题，部分原因是 CdTe 薄膜组件中使用镉的量是相当小的。一个 $1m^2$ 面积的 CdTe 组件，可以产生 100W 的功率，使用少于 2μm 厚的 CdTe 层，含有少于 10g 的镉，或者相当于单节的手电筒用镍镉电池的含量[233]。本章回顾了 CdTe 太阳电池和组件的发展和现状。过去 30 年电池水平的研究现在已经转变成一个庞大而令人印象深刻的快速增长的 CdTe 行业。快速增长还将继续，制作成本将进一步降低是合理的预期。然而，与所有的光伏技术一样，CdTe 行业的最终成功将取决于薄膜、器件结构和大规模的制造过程的进一步改善。

致谢

Brian McCandless 希望感谢能量转换研究所技术人员的贡献，特别是 Robert Birkmire、James Phillips 和 Steven Hegedus，感谢他们见解深刻的讨论，感谢 Kevin Dobson 和 Joy Deep Dass 文献提供方面的帮助，感谢 Shannon Fields 和 Erten Eser 所准备的图片。James Sites 深受许多 CdTe 研究同仁的帮助，特别是 Alan Fahrenbruch 博士在这一领域与他一起进行研究的学生们：Pete Mauk、Hossein Tavakolian、Rick Sasala、Ingrid Eisgruber、Gunther Stollwerck、Nancy Liu、Jennifer Granata、Jason Hiltner、Markus Gloeckler、Samuel Demtsu 和 Jun Pan。所有的作者都真诚地感谢美国国家可再生能源实验室长期的支持。没有许多 CdTe 研究团队提供的样品和数据，就不可能有这一工作的完成。

参考文献

1. Loferski J, *J. Appl. Phys.* **27**, 777–784 (1956).
2. Based on Rothwarf A, Boer K, *Prog. Solid State Chem.* **10**, 71–102 (1975).
3. Margottet J, *Annals Scientifiques de l'École Normale Supérieure*, 2nd edn, Vol 8, pp 247–298 (1879).
4. Frerichs R, *Phys. Rev.* **72**, 594–601 (1947).

5. Jenny D, Bube R, *Phys. Rev.* **96**, 1190–1191 (1954).
6. Krüger F, de Nobel D, *J. Electron.* **1**, 190–202 (1955).
7. de Nobel D, *Philips Res. Rpts* **14**, 361–399 and 430–492 (1959).
8. Rappaport P, *RCA Rev.* **20**, 373–397 (1959).
9. Mimilya-Arroyo J, Marfaing Y, Cohen-Solal G, Triboulet R, *Sol. Energy Mater.* **1**, 171 (1979).
10. Cohen-Solal G, Lincot D, Barbe M, *Conf. Rec. 4th ECPVSC*, pp 621–626 (Stresa, Italy, 1982).
11. Fahrenbruch A, Bube R, *Fundamentals of Solar Cells*, Academic Press, New York, 418–460 (1983).
12. Elliot J, Ed, *US Air Force ASD Technical* Report, pp 61–242 (1961).
13. Cusano D, *General Electric Res. Lab. Report*, No. 4582 (1963).
14. Bernard J, Lancon R, Paparoditis C, Rodot M, *Rev. Phys. Appl.* **1**, 211–217 (1966).
15. Lebrun J, *Conf. Rec. 8th IEEE Photovoltaic Specialist Conf.*, pp 33–37 (1970).
16. Justi E, Schneider G, Seredynski J, *J. Energy Conversion* **13**, 53–56 (1973).
17. Ponpon J, Siffert P, *Rev. Phys. Appl.* **12**, 427–431 (1977).
18. Fulop G *et al., Appl. Phys. Lett.* **40**, 327–328 (1982).
19. Mitchell K, Fahrenbruch A, Bube R, *J. Appl. Phys.* **48**, 829–830 (1977).
20. Nakazawa T, Takamizawa K, Ito K, *Appl. Phys. Lett.* **50**, 279–280 (1987).
21. Aranovich J, Golmayo D, Fahrenbruch A, Bube R, *J. Appl. Phys.* **51**, 4260–4265 (1980).
22. Muller R, Zuleeg R, *J. Appl. Phys.* **35**, 1550–1556 (1964).
23. Dutton R, *Phys. Rev.* **112**, 785–792 (1958).
24. Mitchell K, Fahrenbruch A, Bube R, *J. Appl. Phys.* **48**, 4365–4371 (1977).
25. Yamaguchi K, Matsumoto H, Nakayama N, Ikegami S, *Jpn. J. Appl. Phys.* **16**, 1203–1211 (1977).
26. McClure J *et al., Sol. Energy Mater. Sol. Cells* **55**, 141–148 (1998).
27. Adirovich E, Yuabov Y, Yugadaev D, *Sov. Phys. Semicond.* **3**, 61–65 (1969).
28. Bonnet D, Rabenhorst H, *Conf. Rec. 9th IEEE Photovoltaic Specialist Conf.*, pp 129–132 (1972).
29. Suyama N *et al., Conf. Rec. 21st IEEE Photovoltaic Specialist Conf.*, pp 498–503 (1990).
30. Başol B, *Conf. Rec. 21st IEEE Photovoltaic Specialist Conf.*, pp 588–594 (1990).
31. Tyan Y, Perez-Albuerne E, *Proc. 16th IEEE Photovoltaic Specialist Conf.*, pp 794–800 (1982).
32. Meyers P, Liu C, Frey T, *U.S. Patent* 4,710,589 (1987).
33. Birkmire R, *Conf. Record NREL ARD Rev. Meeting*, pp 77–80 (1989).
34. Britt J, Ferekides C, *Appl. Phys. Lett.* **62**, 2851–2852 (1993).
35. Wu X *et al., J. Appl. Phys.* **89**, 4564–4569 (2001).
36. McCandless B, Hichri H, Hanket G, Birkmire R, *Conf. Rec. 25th IEEE Photovoltaic Specialist Conf.*, pp 781–785 (1996).
37. Wu X *et al., Conf. Rec. 17th European Photovoltaic Solar Energy Conversion*, pp 995–1000 (2001).
38. Mitchell K, Fahrenbruch A, Bube R, *J. Appl. Phys.* **48**, 829–830 (1977).
39. Rakhshani A, *J. Appl. Lett.* **81**, 7988–7993 (1997).
40. Zanio K, in: *Semiconductors and Semimetals*, Vol. 13, *Cadmium Telluride*, Willardson R, Beer A (eds), Academic Press, New York (1978).
41. Fahrenbruch A, Colorado State University subcontract report (2000), unpublished.
42. Hartmann H, Mach R, Selle B, Wide Gap II-VI Compounds as Electronic Materials, in Kaldis E, (ed.), *Current Topics in Materials Science*, Vol. 9, North-Holland Publishing Company, New York (1982).
43. Madelung O, *Semiconductors Other than Group IV Elements and III-V Compounds*, Springer-Verlag, New York (1992).
44. Aven M, Prener J, (eds), *Physics and Chemistry of II-VI Compounds*, John Wiley & Sons, Inc., New York, pp 211–212 (1967).
45. International Committee for Diffraction Data, Card Number 15–770.

46. Knacke O, Kubaschewski O, Hesselmann K, *Thermochemical Properties of Inorganic Substances*, 2nd edn, Springer-Verlag, New York (1991).

47. Fonash S J, *Solar Cell Device Physics*, Academic Press, pp 78–79 (1981).

48. Data from *ASM Binary Phase Diagrams* (2000).

49. Hultgren R *et al., Selected Values of the Thermodynamic Properties of Binary Alloys*, American Society for Metals, Ohio, 627–630 (1971).

50. Muranevich A, Roitberg M, Finkman E, *J. Cryst Growth*, **64**, 285–290 (1983).

51. Krüger F, *Revue de Physique Appliquée* **12**, 205–208 (1977).

52. Wei S, Zhang S, Zunger A, *J. Appl. Phys.* **87**, 1304–1311 (2000).

53. Phillips J, *Bonds and Bands in Semiconductors*, 42, Academic Press, New York (1973).

54. Huheey J, Keiter E, Keiter R, *Inorganic Chemistry*, pp 113–126, Harper Collins, New York (1993).

55. Wu W, Gielisse P, *Mater. Res. Bull* **6**, 621–638 (1971).

56. Myers T, Edwards S, Schetzina J, *J. Appl. Phys.* **52**, 4231–4237 (1981).

57. Cohen M, Bergstresser T, *Phys. Rev.* **141**, 789–801 (1966).

58. Wei S, Zhang S, Zunger A, *J. Appl. Phys.* **87**, 1304–1310 (2000).

59. Wei S, Zunger A, *Appl. Phys. Lett.* **72**, 2011–2014 (1998).

60. Mathew X, Arizmendi J R, Campos J, *et. al., Solar Energy Materials and Solar Cells* **70**, 379–393 (2001).

61. Wei S, Zhang X, *Phys. Rev.* **B66**, 155211 (2002).

62. Castaldini A, Cavallini A, Fraboni B, *J. Appl. Phys.* **83**(4) 2121–2126 (1998).

63. Başol B, *Int. J. Sol. Energy* **12**, 25–35 (1992).

64. Capper P, Ed, *Properties of Narrow Gap Cadmium-Based Compounds*, INSPEC, London, pp 472–481 (1994).

65. Wei S, *Mtg. Record, National CdTe R&D Team Meeting* (2001) Appendix 9.

66. Unpublished work carried out by McCandless (2002).

67. Kazmerski L, *Sol. Cells* **24**, 387–418 (1988).

68. Mueller K, *Thin Solid Films* **174**, 117–132 (1989).

69. Levi D *et al., Sol. Energy Mater. Sol. Cells* **41/42**, 381–393 (1996).

70. Durose K, Edwards P, Halliday D, *J. Cryst. Growth* **197**, 733–742 (1999).

71. Dobson K, Visoly-Fisher I, Hodes G, Cahen D, *Sol. Energy Mater. Sol. Cells* **62**, 295–325 (2000).

72. Durose K, *et. al., Prog. Photovolt: Res. Appl.* **12**, 177–217 (2004).

73. Nakayama N *et al., Jpn. J. Appl. Phys.* **15**, 2281 (1976).

74. McCandless B, *Mat. Res. Soc. Symp. Proc.* **668**, H1.6.1–H1.6.12 (2001).

75. Ballif C, Moutinho H, Al-Jassim M, *J. Appl. Phys.* **89**, 1418–1424 (2001).

76. Rogers K *et al., Thin Solid Films*, **339**, 299–304 (1999).

77. Yan Y, Albin D, Al-Jassim M, *Appl. Phys. Lett.* **78**, 171–173 (2001).

78. Nunoue S, Hemmi T, Kato E, *J. Electrochem. Soc.* **137**, 1248–1251 (1990).

79. Martel A *et al., Phys. Status Solidi B* **220**, 261–267 (2000).

80. Dobson K, Visoly-Fisher I, Hodes G, Cahen D, *Adv. Mater.* **13**, 1495–1499 (2001).

81. Wu X *et al., J. Appl. Phys.* **89**, 4564–4569 (2001).

82. Waters D *et al., Conf. Rec. 2nd WCPVSEC*, pp 1031–1034 (1998).

83. Oman D *et al., Appl. Phys. Lett.* **67**, 1896–1898 (1995).

84. Rakhshani A, *J. Appl. Phys.* **81**, 7988–7993 (1997).

85. Li J, Podraza N J, Collins R W, phys. stat. sol. (a) **205** (4), 901–904 (2008).

86. Aspnes D, Arwin H, *J. Vac. Sci. Technol.* **A2**, 1309–1323 (1984).

87. Collins R *et al., 34th IEEE PVSC*, pp 389–392 (2009).

88. Fisher A *et al., Appl. Phys. Lett.* **70**, 3239–3241 (1997).

89. Grecu D *et al., J. Appl. Phys.* **88**, 2490–2496 (2000).

90. Okamoto T *et al., J. Appl. Phys.* **57**, 3894–3899 (1998).

91. Hegedus S, Shafarman W, *Prog. Photovolt.: Res. and Appl.* **12**(2–3), 155–176.

92. Rose D *et al., Prog. Photovolt.* **7**, 331–340 (1999).

93. Desai D, Hegedus S, McCandless B, Birkmire R, Dobson K, Ryan D, *Conf. Rec. 32nd IEEE*

PVSC and WCPEC-4, pp 368–371 (2006).

94. Balcioglu A, Ahrenkiel R, Hasoon F, *J. Appl. Phys.* **88**, 7175–7178 (2000).
95. Dobson K *et al.*, *Mat. Res. Soc. Symp. Proc.* **668**, H8.24.1–H8.24.6 (2001).
96. Galloway S, Edwards P, Durose K, *Sol. Energy Mater. Sol. Cells* **57**, 61–74 (1999).
97. Durose K, Edwards P, Halliday D, *J. Cryst. Growth* **197**, 733–740 (1999).
98. Bonnet D, (ed.), *Int. J. Solar Energy*, **12**, Harwood Academic Publishers, Reading, U.K. (1992).
99. Chu T, Chu S, *Prog. Photovolt.* **1**, 31–32 (1993).
100. Birkmire R, Eser E, *Annu. Rev. Mater. Sci.* **27**, 625–653 (1997).
101. Bonnet D, Meyers P, *J. Mater. Res.* **10**, 2740–2754 (1998).
102. Jackson S, Baron B, Rocheleau R, Russell T, *J. Vac. Sci. Technol. A* **3**, 1916–1920 (1985).
103. Jackson S, Baron B, Rocheleau R, Russell T, *AIChE J.* **33**, 711–721 (1987).
104. Fahrenbruch A, Bube R, Kim D, Lopez-Otero A, *Int. J. Sol. Energy* **12**, 197–222 (1992).
105. McCandless B, Youm I, Birkmire R, *Prog. Photovolt.* **7**, 21–30 (1999).
106. Takamoto T, Agui T, Kurita H, Ohmori M, *Sol. Energy Mater. Sol. Cells* **49**, 219–225 (1997).
107. Tyan Y, Perez-Albuerne E, Conf. Rec. 16th IEEE Photovoltaic Specialist Conf., 794–800 (1982).
108. Chu T *et al.*, *IEEE Electron. Dev. Lett.* **13**, 303–304 (1992).
109. Ferekides C *et al.*, *Thin Solid Films* **361–362**, 520–526 (2000).
110. Wu X *et al.*, *Conf. Rec. 28th IEEE Photovoltaic Specialist Conf.*, pp 470–474 (2000).
111. Ohyama H *et al.*, *Conf. Rec. 26th IEEE Photovoltaic Specialist Conf.*, pp 343–346 (1997).
112. Bonnet D, Richter H, Jaeger K, *Conf. Rec. European 13th Photovoltaic Solar Energy Conversion*, pp 1456–1461 (1995).
113. Bonnet D, *Conf. Rec. 14th European Photovoltaic Solar Energy Conversion*, pp 2688–2693 (1997).
114. Barth K, *Conf. Rec. 34th IEEE Photovoltaic Specialists Conf.* pp 3–8 (2009).
115. Seymour F, *Proc. Mat. Rec. Soc.* pp 255–261 (2009).
116. McCandless B E, Buchanan W A, Birkmire R W, *Conf. Rec. 31st IEEE Photovoltaic Specialist Conf.*, pp 295–298 (2005).
117. McCandless B, Buchanan W, *Conf. Rec. 33rd IEEE Photovoltaic Specialist Conf.* Pp 295–298 (2008).
118. Powell R *et al.*, *U.S. Patent* 5,945,163 (1999).
119. Wendt R, Fischer A, Grecu D, Compaan A, *J. Appl. Phys.* **84**, 2920–2925 (1998).
120. Abou-Elfoutouh F, Coutts T, *Int. J. Sol. Energy* **12**, 223–232 (1992).
121. Kröger F, *J. Electrochem. Soc.* **125**, 2028–2034 (1978).
122. Başol B, *J. Appl. Phys.* **55**, 601–603 (1984).
123. Fulop G *et al.*, *Appl. Phys. Lett.* **40**, 327–328 (1982).
124. Bhattacharya R, Rajeshwar K, *J. Electrochem. Soc.* **131**, 2032–2041 (1984).
125. Chu T, Chu S, *Int. J. Sol. Energy* **12**, 122–132 (1992).
126. Sudharsanan R, Rohatgi A, *Sol. Cells* **31**, 143–150 (1991).
127. Jordan J, *International Patent Application* WO93/14524 (1993).
128. Kester J *et al.*, *AIP Conf. Ser.* **394**, 196 (1996).
129. Ikegami S, *Tech. Digest Int'l PVSEC-3*, pp 677–682 (1987).
130. Kim H, Im H, Moon J, *Thin Solid Films* **214**, 207–212 (1992).
131. Clemminck I, Burgelman M, Casteleyn M, Depuydt B, *Int. J. Sol. Energy* **12**, 67–78 (1992).
132. Gur I, Fromer N A, Geier M L, Alivisatos A P, *Science*, **310**, 462–465 (2005).
133. Bauer G, von Roedern B, *Conf. Rec. 16th European Photovoltaic Solar Energy Conversion*, pp 173–176 (2000).
134. Jordan J, Albright S, *U.S. Patent* 5,279,678 (1994).
135. McCandless B, Birkmire R, *Conf. Rec. 28th IEEE Photovoltaic Specialist Conf.*, pp 491–494 (2000).
136. Takamoto T, Agui T, Kurita H, Ohmori M, *Sol. Energy Mater. Sol. Cells* **49**, 219–225 (1997).

137. Wu X *et al., Conf. Rec. 28th IEEE Photovoltaic Specialist Conf*., pp 470–474 (2000).
138. Romeo N, Bosio A, Tedeschi R, Canvari V, *Conf. Rec. 2nd WCPEC* (Vienna) pp 446–447 (1999).
139. McCandless B, Hegedus S, *Conf. Rec. 22nd IEEE Photovoltaic Specialist Conf*., pp 967–972 (1991).
140. Clemminck I *et al., Conf. Rec. 22nd IEEE Photovoltaic Specialist Conf*., pp 1114 (1991).
141. Wu X, *J. Appl. Phys*. **89**, 4564–4569 (2001).
142. Meyers P, Leng C, Frey T, *U.S. Patent* 4,710,589 (1987).
143. McCandless B, Birkmire R, *Sol. Cells* **31**, 527–535 (1990).
144. Barth K, Enzenroth R, Sampath W, *U.S. Patent* 6,423,565 (2002).
145. McCandless B, Hichri H, Hanket G, Birkmire R, *Conf. Rec. 25th IEEE Photovoltaic Specialist Conf*., pp 781–785 (1996).
146. Mahathongdy Y, Albin D, Wolden C, Baldwin R, *Conf. Rec. 15th NREL PV Rev. Meeting* pp 231–241 (1998).
147. McCandless B, *U.S. Patent* 6,251,701 (2001).
148. McCandless B E, Buchanan W A, Hanket G M, *Conf. Rec. 4th WCPEC* (New Orleans), pp 483–486 (2006).
149. Zhou T *et al., Conf. Rec. 1st WCPVSEC*, pp 103–106 (1994).
150. Qu Y, Meyers P, McCandless B, *Conf. Rec. 25th IEEE Photovoltaic Specialist Conf*., pp 1013–1016 (1996).
151. Başol B, Tseng E, Lo D, *U.S. Patent* 4,548,681 (1984).
152. McCandless B and Dobson K, *Solar Energy* **77**, 839 (2004).
153. McCandless B, Moulton L, Birkmire R, *Prog. Photovolt*. **5**, 249–260 (1997).
154. Birkmire R, McCandless B, Shafarman W, *Sol. Cells* **23**, 115–126 (1985).
155. Marfaing Y, *Thin Solid Films*, **387**, 123–128 (2001).
156. Zhang S, Wei S-H and Zunger A, *J. Appl. Phys*. **83** (6), 3192–3196 (1998).
157. Birkmire R, McCandless B, Hegedus S, *Int. J. Sol. Energy* **12**, 145–154 (1992).
158. Hiltner J, Sites J, *Mat. Res. Soc. Proc*. **668**, H 9.8, 1–7 (2001).
159. Jensen G, *PhD Dissertation*, Stanford University, Department of Physics (1997).
160. Ohata K, Saraie J, Tanaka T, *Jpn. J. Appl. Phys*. **12**, 1641–1642 (1973).
161. Moon D, Im H, *Powder Metall*. **35**, 53–58 (1992).
162. Jensen D, McCandless B, Birkmire R, *Mat. Res. Soc. Symp. Proc*. **428**, 325–330 (1996).
163. Hill R, Richardson D, *Thin Solid Films* **18**, 25–28 (1973).
164. Compaan A *et al., Mat. Res. Soc. Symp. Proc*. **428**, 367–371 (1996).
165. Bonnet D, *Phys. Stat. Sol*. **A3**, 913–919 (1970).
166. McCandless B, Hanket G, Jensen D, Birkmire R, *J. Vac. Sci. Technol. A* **20**(4), 1462–1467 (2002).
167. Wei S, Zhang S, Zunger A, *J. Appl. Phys*. **87**, 1304–1311 (2000).
168. Ohata K, Saraie J, Tanaka T, *Jpn. J. Appl. Phys*. **12**, 1198–1204 (1973).
169. Herndon M, Gupta A, Kaydanov V, Collins R, *Appl. Phys. Lett*. **75**, 3503–3506 (1999).
170. McCandless B, Engelmann M, Birkmire R, *J. Appl. Phys*. **89**(2), 988–994. (2001).
171. Collins R, *Conf. Rec. 4th WCPEC*, pp 392–395 (2006).
172. Albright S *et al., AIP Conf. Ser*. **268**, 17–32 (1992).
173. McCandless B, Phillips J, Titus J, *Conf. Rec. 2nd WCPVEC*, pp 448–452 (1998).
174. Gessert T, Duda A, Asher S, Narayanswamy C, Rose D, *Conf. Rec. 28th IEEE Photovoltaic Specialiss Conf*., pp 654–657 (2000).
175. McCandless B, Qu Y and Birkmire R, *Conf. Rec. 1st WCPVSEC* (Hawaii), pp 107–110 (1994).
176. Wu X, *et al., Prog. in Photovolt: Res. and Appl*., **14**, 471–483 (2006).
177. McCandless B, Qu Y, Birkmire R, *Conf. Rec 1st WCPVSEC*, pp 107–110 (1994).
178. Szabo L, Biter W, *U. S. Patent* 4,735,662 (1988).
179. Albright S, Ackerman B, Jordan J, *IEEE Trans. Elec. Dev*. **37**, 434–437 (1990).
180. Matsumoto H *et al., Sol. Cells* **11**, 367–373 (1984).

181. Lyubormisky I, Rabinal M, Cahen D, *J. Appl. Phys.*, **81**, 6684–6691 (1997).

182. Ringel S, Smith A, MacDougal M, Rohatgi A, *J. Appl. Phys.* **70**, 881–889 (1991).

183. Drayton J *et al., Presented at Spring MRS* (San Francisco, April 2001).

184. Romeo N *et al., Sol. Energy Mater. Sol. Cells* **58**, 209–218 (1999).

185. McMahon T, Fahrenbruch A, *Conf. Rec. 28th IEEE Photovoltaic Specialist Conf.*, pp 539–542 (2001).

186. Pan J, Gloeckler M and Sites J, *J. Appl. Phys.* **100**, 125405 (2006).

187. Sites J, Mauk P, *Sol. Cells* **27**, 411–417 (1989).

188. Kurtz S, Olson J, Kibler A, *Conf. Rec 23rd IEEE Photovoltaic Specialist Conf.*, pp 138–141 (1990).

189. Metzger W, Albin D, Levi D, Sheldon P, Li X, Keyes B, Ahrenkiel R, *J. Appl. Phys.* **94**, 3549–3555 (2003).

190. Stollwerck G, Sites J, *Conf. Rec. 13th European Photovoltaic Solar Energy Conversion*, pp 2020–2022 (1995).

191. Niemegeers A, Burgelman M, *J. Appl. Phys.* **81**, 2881–2886 (1997).

192. McCandless B, Phillips J, Titus J, *Conf. Rec. 2nd WCPVSEC*, pp 448–452 (1998).

193. Asher S *et al., Conf. Rec. 28th IEEE Photovoltaic Specialist Conf.*, pp 479–482 (2000).

194. Fahrenbruch A, *Sol. Cells* **21**, 399–412 (1987).

195. Meyers P, Phillips J, *Conf. Rec. 25th IEEE Photovoltaic Specialist Conf.*, pp 789–792 (1996).

196. Hiltner J, Sites J, *AIP Conf. Ser.* **462**, 170–173 (1998).

197. Gupta A, Townsend S, Kaydanov V, Ohno T, *Conf. Rec. NCPV Rev. Mtg*, pp 271–272 (2000).

198. Hegedus S, McCandless B, Birkmire R, *Conf. Rec. 28th IEEE Photovoltaic Specialist Conf.*, pp 535–538 (2000).

199. Hegedus S and McCandless B, *Sol. Energy Mater. Sol. Cells* **88**, 75–95 (2005).

200. Dobson K, Visoly-Fisher I, Hodes G, Cahen D, *Sol. Energy Mater. Sol. Cells* **62**, 145–154 (2000).

201. Greco D, Compaan A, *Appl. Phys. Lett.* **75**, 36–363 (1999).

202. Stollwerck G, *MS Thesis*, Colorado State University (1995).

203. Hulstrom R, Bird R, Riordan C, *Sol. Cells* **15**, 365 (1985).

204. Mauk P, Tavakolian H, Sites J, *IEEE Trans. Electron Dev.* **37**, 1065–1068 (1990).

205. Liu X, Sites J, *J. Appl. Phys.* **75**, 577–581 (1994).

206. Hegedus S, Desai D and Thompson C, *Prog. Photovolt: Res. Appl.* **15**, 587–592 (2007).

207. Scofield J, *Sol. Energy Mater. Sol. Cells* **37**, 217–233 (1995).

208. Matulionis I, Nakada S, Compaan A, *Conf. Rec. 26th IEEE Photovoltaic Specialists Conf.*, pp 491–494 (1997).

209. Willing F *et al., Conf. Rec. 21st IEEE Photovoltaic Specialists Conf.*, pp 1432–1436 (1990).

210. van den Berg R *et al., Sol. Energy Mater. Sol. Cells* **31**, 253–261 (1993).

211. *Kirk-Othmer Encyclopedia of Chemical Technology*, 3rd edn, Vol. 11, pp 807–880, John Wiley & Sons, Inc., New York (1980).

212. Brown R, *U.S. Geological Survey Minerals Yearbook*, U.S.G.S., 67.1–67.4 (2000).

213. Andersson B, *Prog. Photovolt. Res. Appl.* **8**, 61–76 (2000).

214. Gerhardinger P, McCurdy R, *Mat. Res. Soc. Symp. Proc.* **426**, 399–410 (1996).

215. Zweibel K, *Sol. Energy Mater. Sol. Cells* **59**, 1–18 (1999).

216. Maycock P (ed.), *Photovoltaic News*, **20** (Feb, 2001).

217. Rose D *et al., Conf. Rec. 28th IEEE Photovoltaic Specialist Conf.*, pp 428–431 (2000).

218. Sites J, Pan J, *Thin Solid Films* **515**, 6099–6102 (2007).

219. Plotnikov V, Kwon D, Wieland K, Compaan A, *Conf. Rec. 34th IEEE Photovoltaic Specialists Conf.* pp 1435–1438 (Philadelphia, 2009).

220. Coutts T *et al., Prog. Photovolt: Res. Appl.* **11**, 359–375 (2003).

221. Fan J, Palm B, *Sol. Cells* **11**, 247–261 (1984).

222. Nell M, Barnett A, *IEEE Trans. Elec. Dev.* **ED-34**, 257–265 (1987).

223. Basol B, Kapur V, Kullberg R, *Conf. Rec. 20th IEEE Photovoltaic Specialist Conf.*, 1500–1504 (1988).

224. Rohatgi A, Sudharsanan R, Ringel S, MacDougal M, *Sol. Cells* **30**, 109–122 (1991).

225. McCandless B, Buchanan W, Hanket G, *Conf. Rec. 4th WCPEC*, 483–486 (2006).

226. Fang F, McCandless B, Opila R, *Conf. Rec. 4th IEEE Photovoltaic Specialist Conf.*, pp 547–550 (2009).

227. Dhere R, Ramanathan K, Scharf J, *et al., Mat. Res. Soc. Symp. Proc.* **1012**, Y02–02 (2007).

228. Mathew X, Drayton J, Parikh V, *et al., Semicon. Sci. Technol.* **24**, 015012 (9 pp) (2009).

229. Romeo A, Batzner D, Zogg H, Tiwari A, *Mat. Res. Soc. Symp. Proc.* **668**, H3.3.1–H3.3.6 (2001).

230. Zweibel K, *Conf. Rec. IECEC* (Denver, CO, 1988).

231. Fthenakis V, Kim H, Alsema E, *Environ. Sci. Technol.* **42**, 2168–2174 (2008).

232. Fthenakis V, Eberspacher C, Moskowitz P, *Prog. Photovolt.: Res. Appl.* **4**, 447–456 (1996).

233. Zweibel K, Moskowitz P, Fthenakis V, *NREL Technical Report 520–24057* (Feb. 1998).

第15章 染料敏化太阳电池

Kohjiro Hara[1], Shogo Mori[2]

1. 日本产业技术综合研究所（AIST）
2. 日本信州大学纺织科学与技术学院

15.1 引言

光电化学太阳电池（PSC）目前已得到广泛研究。其电池结构主要由光电极、氧化还原电解质和对电极组成。几种半导体材料，诸如 n 型或 p 型的单晶硅、多晶硅、砷化镓（GaAs）、磷化铟（InP）、n 型的硫化镉（CdS）等，都可作为光电极使用。将不同材料的光电极与合适的氧化还原电解质相搭配可以产生超过 10% 的光电转换效率[1]。然而光照下电极在电解质中时常发生的光腐蚀现象会导致电池稳定性较差，因此提升 PSC 的稳定性是目前业界主要关注的问题。

在溶液中的具有宽带隙的金属氧化物半导体材料在光照下是稳定的，但是此类材料却无法吸收可见光。自 19 世纪后期以来因照相技术的发展需求，已经对通过某些可以吸收可见光的材料对 TiO_2、ZnO 和 SnO_2 等宽带隙半导体材料实现敏化进行了大量的研究。在敏化的过程中，吸附在半导体表面的光敏化剂吸收可见光，激发电子注入到半导体电极的导带中。因此，PSC 便可以使用染料敏化的氧化物半导体材料作为光电极。Gerischer 和 Tributsch 就使用了玫瑰红、荧光素和罗丹明 B 等有机染料敏化的 ZnO 作为光电极[2]。然而，在早期的研究中，由于用作光电极的单晶和多晶材料无法吸附大量染料，导致光捕获效率（LHE）较低，也因此导致了太阳电池的光电转换效率较低。此外，使用的有机染料仅可吸收可见光中较窄的波段也导致了电池的性能不够理想。因此，研究者采用了两种途径来改善光捕获效率和电池性能：一是开发能够吸附大量染料的、大比表面积的光电极材料，二是合成能够吸收更宽波段的染料。在研究增大表面积的方向上，Tsubomura 等使用了多孔 ZnO 材料，它可以吸附大量染料，搭配碘离子电解质，其电池效率相对于平面电极获得了大幅提升[3]。然而，这个表面积却仍然不够大，不足以吸附足够数量的敏化剂。

1991 年，O'Regan 和 Grätzel 报道了电池效率为 7% 的染料敏化太阳电池（DSSC），此番效率的提升主要来源于纳米 TiO_2 增大了吸附表面积，并使用新的钌吡啶敏化剂将光吸收范围拓宽至大部分的可见光和接近红外部分的 400~800nm 的波段[4]。之后，又通过优化纳米孔电极结构、钌吡啶染料和电解质成分等将电池效率提升至 11%[5,6]。

由于 DSSC 的高转换效率，其作为一种非传统、具有较强吸引力和广泛应用前景的太阳电池，在业界得到了深入的研究[7-10]。其研究方向主要包括阐明 DSSC 的工作原理、提升光电转换效率以及商业化应用发展等。DSSC 因其原材料的低成本、简单的制备工艺而使其商业化制造成本相对较低。本章中，我们将从电池结构、工作原理、组分材料、电池特性和长期稳定性等方面全面介绍 DSSC，并讨论其电池性能的优化和商业化应用。

15.2 DSSC 的工作原理

图 15.1 为 DSSC 的基本结构和发电工作原理示意图。一个 DSSC 主要由以下几个部分组成：在透明导电玻璃（例如 F- SnO$_2$/玻璃）上沉积的纳米晶氧化物半导体薄膜电极（如 TiO$_2$ 和 ZnO 等）、敏化剂、含碘电解质和对电极等。首先，吸附在纳米晶氧化物半导体薄膜电极表面的敏化剂分子吸收了入射光子，并从基态（S）跃迁到激发态（S*）。光子激发的其中一种形式是使得敏化剂的电子从最高占据分子轨道（HOMO）上转移到最低未占据分子轨道（LUMO）上。之后，激发电子被注入到 TiO$_2$ 电极的导带中，使得敏化剂分子被氧化（见式（15.2））

$$S + h\nu \longrightarrow S^* \tag{15.1}$$

$$S^* \longrightarrow S^+ + e^- (TiO_2) \tag{15.2}$$

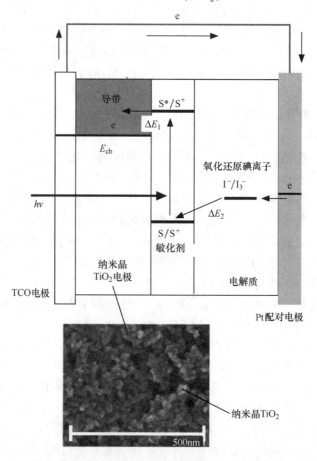

图 15.1　纳米晶 DSSC 的能带图与工作原理，典型纳米晶 TiO$_2$ 电极的
扫描电子显微镜（SEM）图像

这种注入不仅仅发生在单重态上，若能级足够高也会发生在三重态上。之后，被注入的

电子便会通过 TiO_2 电极扩散至 TCO 电极。被氧化的敏化剂被电解质中的 I^- 离子还原,又重新回到基态,I^- 离子则被氧化为 I_3^- 离子。I_3^- 离子扩散至对电极,在这里被还原成 I^- 离子。注意,尚未澄清这些还原过程的细节,近期的文章表示在 I^- 的氧化过程中有 I 原子的出现,之后 I 原子与 I^- 反应,形成了 I_2^- [11]。总之,在发电的过程中没有永久的化学转变发生。

在传统的 p-n 结太阳电池和经典的采用多晶或者单晶作为光电极的 PSC 中,形成光伏活性的结的各组成部分之间的电学连接,在它们中的电学载流子之间的平衡导致了空间电荷区域的形成。光生载流子在空间电荷区中的电场作用下分离。然而,在 DSSC 电池中,由于单个颗粒尺寸过小(约 20nm)而无法形成空间电荷层。此外,在电解质中与 I^-/I_3^- 氧化还原对相反的阳离子掩蔽了电极中的电子,导致在电极中无电位梯度的形成。因此,最初的电荷分离仅仅是将电子注入到半导体中,并在后续的过程中将空穴从敏化剂注入到电解质中。

与传统的 p-n 结太阳电池不同,DSSC 中的光生电子和空穴不是由电场分离开来的,因此二者会相距较近,只是各自处在不同的介质之中。由此,通过半导体/染料/电极界面处的电荷交换发生载流子的复合。当复合速率较低时,便会产生有效的电荷分离,已通过 I^-/I_3^- 氧化还原对证实了这一点。DSSC 中这种电荷分离的过程与自然界中光合作用相似,在光合作用中叶绿素充当了敏化剂,在薄膜中发生了电荷传输。

太阳电池,包括 DSSC,其光电转换效率 η (%),通过如下公式定义:

$$\eta = J_{SC} \times V_{OC} \times FF / I_0 \times 100 \tag{15.3}$$

式中,I_0 为光通量(AM1.5G,其能量密度大约为 $100mW/cm^2$),J_{SC} 为短路电流密度,V_{OC} 为开路电压,FF 为填充因子。V_{OC} 的数值基本上由 TiO_2 电极的费米能级(靠近导带边电势 E_{cb})和电解质中 I^-/I_3^- 氧化还原电势(见图 15.1)之间的能级差决定。参照标准氢电极(NHE),TiO_2 电极的 E_{cb} 和 I^-/I_3^- 氧化还原电势,大约分别为 -0.5V 和 0.4V [8]。因此,在 DSSC 中,采用 TiO_2 电极和 I^-/I_3^- 氧化还原电解质的最大 V_{OC} 约为 0.9V。TiO_2 电极的 E_{cb} 和 I^-/I_3^- 氧化还原电势强烈依赖于电解质组分的类型和浓度,已知 Li^+ 的吸附可以使得 E_{cb} 向正方向偏移 [12],而一些基础化合物例如 4-叔丁基吡啶(TBP)等可以使其向负方向偏移 [13,14]。TiO_2 的费米能级随着电子密度而逐渐升高,也与染料阳离子和 I_3^- 的复合速率有关。目前,优化后的 DSSC 其开路电压大约在 $0.75 \sim 0.85V$ 之间。

短路电流的数值直接由电池的光捕获效率(LHE)、电荷注入效率(φ_{inj})和背接触收集注入电荷的效率(η_c)的乘积所决定。LHE 由公式

$$LHE = 1 - T = 1 - 10^{-A} \tag{15.4}$$

给出,其中 T 是透过率,A 是吸收率。LHE 由染料敏化电子的有效吸收系数决定,而后者则与吸收的染料密度、敏化剂的消光系数和 TiO_2 电极的厚度有关。敏化剂在 HOMO 和 LUMO 的能级差(对应于无机半导体带隙宽度 E_g)直接决定了 DSSC 的光响应范围。为吸收更宽光谱的太阳光,就必须使 HOMO-LUMO 能级差降低,以获得更大的 J_{SC}。为获得更高的 φ_{inj},如图 15.1 所示,LUMO 必须比 E_{cb} 的值更负;ΔE_1 表示两能级之间的差值,并且可以看作是电子注入的驱动力。电子注入后,必须通过氧化 I^- 而重新获得最终的染料阳离子。为了获得较快的电子传输速度,HOMO 必须比 I^-/I_3^- 的氧化还原势更正来有效地接受电子;两能级之间的差值使用 ΔE_2 来表示。对于优化的使用 TiO_2 和 I^-/I_3^- 的 DSSC,其 ΔE_1 和 ΔE_2 分别大约是 0.2eV 和 0.5eV [15,16]。

为获得更高的 LHE，入射光子需由敏化剂吸收。使用大小为 10～30nm 的 TiO_2 纳米颗粒组成多孔电极，相比于其表观表面积，实际的表面积的粗糙因子（rf）大于 1000，这就意味着，$1cm^2$ 的 TiO_2 薄膜（厚度为 $10\mu m$）具有 $1000cm^2$ 的实际表面积。染料可以看作是被吸附在 TiO_2 表面的单分子层，因此，如果纳米介孔 TiO_2 膜具有高粗糙因子，吸附的染料数量就会大幅增加（以 $10^{-7}mol/cm^2$ 为量级），在染料吸收光谱的峰值波长附近会获得接近 100% 的光吸收效率。

电荷收集效率由电子扩散长度 L 决定，L 的表达式为

$$L = \sqrt{D \cdot \tau} \tag{15.5}$$

式中，D 是在纳米介孔半导体电极中的电子扩散系数；τ 是电极中的电子寿命，由电极/染料/电极的界面复合决定。为了能够收集所有的注入电子，L 必须比染料敏化电极的厚度要长。对于液体基的 DSSC，L 可以是几十微米，使得优化后的 DSSC 具有接近 100% 的 η_c。然而，传统的固态 DSSC 的 L 较短，这就要求敏化剂具有更高的吸收系数。

填充因子 FF 部分由太阳电池的并联和串联电阻决定。并联电阻不仅与界面电荷复合有关，在某些情况下，也与 TCO/电解质界面处的电荷复合有关。串联电阻可以通过诸如降低电解质的厚度和增大铂对电极的表面积[17]等方法来降低。其次，填充因子似乎也与光照下电势相关的电子转移/输运率有关[18]。

15.3　材料

15.3.1　TCO 电极

通常使用沉积了 TCO 的玻璃作为 TiO_2 光电极的衬底。对于高性能的电池，衬底必须具有低方块电阻和高透过率。此外，要求方块电阻在 500℃ 以下的范围内与温度无关，因为需在 450～500℃ 的温度下对 TiO_2 电极进行烧结。铟-锡氧化物（ITO）是最有名的 TCO 材料之一，尽管在环境温度下其电阻值较低，但其电阻热稳定性不佳。故通常使用掺氟二氧化锡作为 DSSC 的 TCO 衬底（例如，日本板硝子公司或者日本朝日玻璃公司，$R = 8 \sim 10\Omega/\square$）。如果 TiO_2 电极可以在低于 200℃ 的低温下沉积，那么塑料 DSSC 的衬底便可使用覆盖 ITO 的聚对苯二甲酸乙二醇酯（PET）或者聚萘二甲酸乙二醇酯（PEN）来代替。

15.3.2　纳米晶 TiO_2 光电极

15.3.2.1　TiO_2 纳米颗粒

多孔电极的主要作用是提供足够大的表面积以吸附染料，并且将所有注入的电子传输到 TCO 中，因此要求电极对可见光和红外光透明。电极所需的表面积和厚度由敏化剂的吸收系数决定，而其厚度又受电极中电子的扩散长度限制。对于典型的染料，优化后的多孔电极常使用粒径约 20nm 的颗粒来制备，厚度约为 10～20μm。电极可以使用商用纳米晶 TiO_2 颗粒制备，例如 P25（德固赛）和 ST-21（石原产业株式会社）。为制备高性能的 DSSC，常使用水解Ti（Ⅳ）醇盐（例如钛酸异丙酯和丁醇钛等）的方法制备 TiO_2 胶体。为了得到设定大小的单分散颗粒，必须控制水解和缩聚的动力学。Ti 醇盐经过乙酸或者乙酰丙酮改性后

得到大表面积（>200m²/g）和小颗粒（5~7nm）的胶体[9,19]。胶溶作用导致了初始颗粒的团聚偏析，然后大的团聚体可以通过滤网过滤掉。高压釜处理 TiO_2 胶体溶液使得原始颗粒生长到 10~25nm，在某种程度上增加了锐钛矿结晶度。更高的高压釜温度，特别是 240℃以上的温度，颗粒进一步长大并形成金红石矿结构。一般而言，锐钛矿相 TiO_2 比金红石矿相 TiO_2 更适合用来做电极[20]。使用小纳米颗粒（10~25nm）制备的 TiO_2 电极是透明的。另外，在导电层的顶部添加一层由大纳米晶 TiO_2 颗粒（250~300nm）组成的薄膜能够有效地散射入射光子，从而改善了下节要讲到的光吸收效率。

15.3.2.2　TiO_2 电极的制备

TiO_2 薄膜光电极的制备工艺非常简单。首先将 TiO_2 胶体溶液（或者浆料）涂在 TCO 衬底上，然后在 450~500℃的温度下烧结，便可得到厚度约为 $10\mu m$ 的 TiO_2 薄膜。丝网印刷得到的薄膜，其厚度可以通过选择浆料的组分（例如 TiO_2 纳米颗粒在浆料中的质量分数）、丝网网格的尺寸和重复印刷的次数来控制。另外，可以通过多次印刷来增大电极的厚度。薄膜的孔隙度也十分重要，因为含有氧化还原离子的电解质必须能够有效地渗透进薄膜，使得氧化还原离子能够到达所有被吸附的染料中，并扩散回背电极。合适的孔隙度约为 50%~70%，可以通过在烧结工艺中向 TiO_2 胶体溶液或者浆料中添加聚合物（例如聚乙二醇（PEG）和乙基纤维素（EC））来控制[21]。图 15.1 给出了典型的纳米晶 TiO_2 薄膜的扫描电镜（SEM）图。由于薄膜含有 TiO_2 纳米颗粒并含有纳米介孔结构，因此 TiO_2 薄膜的真实表面积与表观表面积之比，即粗糙因子（rf），是大于 1000 的，即 $1cm^2$ 的 TiO_2 薄膜（厚度为 $10\mu m$）具有 $1000cm^2$ 的实际表面积。

染料在长波段具有较低的吸收系数，为加强此波段的吸收，需要加厚 TiO_2 的厚度。然而，实际的厚度受到电子扩散长度的限制，故为使相对较薄的薄膜捕获到更多的光，便需要在透明 TiO_2 薄膜的顶部增加一层散射层。这层薄膜的散射特性对改善吸附染料薄膜的 LHE 十分重要，可导致电池 IPCE 性能的提升。已对 TiO_2 的这种散射作用导致的光学增强做了详细地研究[9,19,22-24]。如此，入射光的传播长度和吸附染料的吸收系数都可以通过颗粒的尺寸大小来控制。对 DSSC 的 TiO_2 电极的光散射模拟表明，小 TiO_2 颗粒（直径约 20nm）和充当有效光散射中心的大颗粒（直径约 205~300nm）适当地混合，具有极大提高太阳光吸收的潜能[23]。DSSC 的光电流在使用散射薄膜时比使用透明薄膜的大[24]，最近典型的结构使用的便是 $8\mu m$ 的透明薄膜加 $4\mu m$ 的散射层的结构。

由于光散射作用引起了 DSSC 光响应的改善，特别是在染料具有低吸收系数而能够穿透薄膜（见图 15.3）的低能范围（650~900nm）。500~650nm 范围内的光子主要在靠近 TCO/TiO_2 的界面处被吸收，这是由界面具有较大的吸收系数所导致的，但此部分吸收对电池的光学增强无益。

同时也报道了薄膜的 $TiCl_4$ 处理对电池性能，特别是光电流的增强作用[7]。印刷后，将 TiO_2 薄膜在室温下浸入 0.1~0.5M 的 $TiCl_4$ 水溶液中，之后在 450℃烧结 30min。研究称 $TiCl_4$ 处理改善了电子扩散系数和电子寿命，使得 TiO_2 的 E_{cb} 向正方向偏移[25]。

15.3.3　钌络合物光敏化剂

钌络合物光敏化剂吸附在 TiO_2 表面，吸收光子后，将电子注入到 TiO_2 的导带中。图 15.2

展示了 Grätzel 小组开发的钌络合物敏化剂的化学结构，图 15.3 展示了络合物在溶液中的吸收性质。Y 轴代表吸收率和 $1-T$（T：透射率）。N3 染料，链式-二（4,4′-二羧酸-2,2′联吡啶）二硫氰基钌（Ⅱ）[7]，能够吸收 $400 \sim 800nm$ 宽范围内的可见光；黑染料，三硫氰基 4,4′,4″-三羧酸-2′2′:6′,2″-三联吡啶（Ⅱ）[26]，可以吸收近红外区域达 900nm 范围的光。染料吸收可见光和近红外光的过程是通过金属-配位体电荷转移（MLCT）跃迁完成的。最高占据分子轨道（HOMO）和最低未占据分子轨道（LUMO）分别来自于钌金属的 d-轨道和配位体的 π^* 轨道。NCS 配位体使得 HOMO 能级下移，导致了络合物吸收特性的红移，并且提供了来自碘离子的电子接收体。

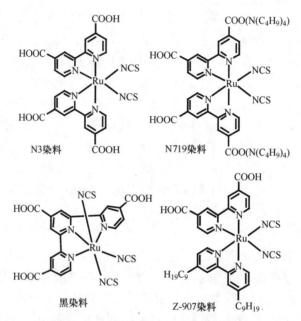

图 15.2　DSSC 中典型钌络合物光敏化剂的分子结构

　　作为溶剂，将这些钌络合物光敏化剂溶解在乙醇溶剂或者与三丁醇乙腈 1:1 混合的溶液中配成浓度为 $0.2 \sim 0.3mM$ 的溶液。将 TiO_2 电极浸入到染料溶液后，在 25℃下放置 12h，使得染料能够吸附到 TiO_2 表面。这些钌络合物中的羧酸基团锚定在 TiO_2 表面。锚定引起了配位体和 TiO_2 导带的大量电子相互作用，导致来自钌络合物的电子有效地注入到 TiO_2。傅里叶红外光谱（FTIR）测试分析表明钌络合物在 TiO_2 表面的吸附是通过羧酸二配位体的配位或者酯化结合来实现的[27-31]。通过推算 TiO_2 表面积和染料数量得知，N3 染料在 TiO_2 表面的覆盖率接近 100%。

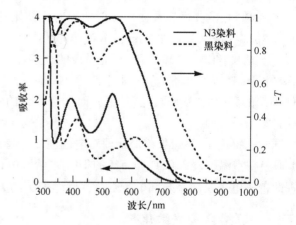

图 15.3　以吸收率和光捕获效率 $1-T$（T：透射率）为纵坐标的 N3 染料和黑染料的吸收光谱

15.3.4 氧化还原电解质

在 DSSC 中使用的电解质包含有 I^-/I_3^- 氧化还原离子，它在 TiO_2 光电极和对电极之间起到传递电子的作用。将碘的混合物，例如，$0.1 \sim 0.5M$（M：摩尔浓度）的 LiI、NaI、KI、四季铵盐碘（R_4NI）和咪唑衍生物碘与 $0.05 \sim 0.1M$ 的 I_2 等，溶解在非极性溶液中。具有较低黏度的腈类溶剂是典型的有机溶剂，例如乙腈、丙腈、甲氧基乙腈、3-甲氧基丙腈等。溶液的黏度直接影响了离子在电解质中的电导率，并因此影响到电池的性能[32]。为改善电池性能，尤其是提高短路电流密度，要求低黏度溶剂能够具有较高的离子电导率；但是低黏度溶剂的蒸气压通常较高，使其难以长时间使用。I_3^- 在甲氧基乙腈中的扩散系数估计为 $5.4 \sim 6.2 \times 10^{-6} cm^2/s$[12]。

碘对应的阳离子，例如 Li^+、Na^+、K^+、R_4N^+ 等，也影响了 DSSC 的性能。由于它们在电解质溶液中具有不同的电导率或在 TiO_2 表面具有不同的吸附性，导致 TiO_2 电极导带能级的偏移[12,33]。例如将基本混合物，例如 4-叔丁基吡啶（TBP），添加到电解质溶液中，可使得 TiO_2 电极的导带边向负方向偏移，这有利于提升开路电压[7,13,34]。电解质同样也影响了电荷复合速率，其机理可能是通过改变双层膜的厚度[13]，也可能是通过改变电极中电子和 I_3^- 离子之间的自由能量差[35]。Grätzel 小组报道了一种典型的针对 Ru 络合物光敏化剂并且能够产生高电池性能的电解质，其组成为乙腈中含有 0.5M 的 1,2-二甲基-3-乙基咪唑碘（DM-HImI），0.04M 的 LiI，0.02M 的 I_2 和 0.5M 的 TBP[19]。另外，已经报道了咪唑衍生物，例如 DMHImI 和 1,2-二甲基-3-丙基咪唑碘（DMPImI），可降低电解质溶液的电阻以改善光伏性能[36,37]，并且也尝试使用 Br^-/Br_2 和对苯二酚等作电解质[3,33,38]，但仍然是碘氧化还原电解质性能最优。

15.3.5 对电极

电解质中的 I^- 离子被染料阳离子氧化为碘三离子 I_3^-，之后又在对电极处被重新还原为 I^- 离子，此种反应要求对电极具有很高的电催化活性。通常使用在 TCO 衬底上溅射 Pt（$5 \sim 10\mu g/cm^2$，厚度约为 200nm）来作为对电极，之后形成的 Pt 胶体也可以改善 TCO 在还原 I_3^- 方面的电催化活性。将少量的 H_2PtCl_6 乙醇溶液滴到溅射了 Pt 金属的 TCO 衬底上，随后在 385℃ 加热 10min，便可以在表面形成 Pt 胶体。Pt 对电极的电阻率和电解质界面直接影响了电池的填充因子。理想的交换电流密度，对应于还原碘三离子的电催化活性，为 $0.01 \sim 0.02A/cm^2$[9,39]。此外，碳材料和高分子材料（如 PEDOT）等也可以作为 Pt 对电极的替代品[40-42]。

15.3.6 密封材料

密封材料起到了防止电解质泄漏和溶剂蒸发的作用。针对不同电解质、碘和溶剂，密封材料都要有一定的化学、光化学稳定性。例如商用的沙林（杜邦），是一种乙烯和丙烯酸的共聚物，便是一种密封材料。

15.4 高效率染料敏化太阳电池的性能

图 15.4 展示了以 N3 和黑染料为敏化剂，以 I^-/I_3^- 作为氧化还原电解质的纳米晶 TiO_2

太阳电池的外光谱响应曲线，其中外量子效率 IPCE 为波长的函数。IPCE 使用以下公式定义：

$$IPCE(\%) = \frac{1240(eV \cdot nm) \times J_{ph}}{\lambda \times \Phi} \times 100 \qquad (15.6)$$

式中，J_{ph} 是单色光照射下的短路电流密度，λ 为单色光波长（nm），Φ 为单色光强度（mW/cm^2）。将透明导电玻璃衬底对光的反射和吸收都计算在内，IPCE 的最高值通常低于 90%。IPCE 同样也可以通过如下公式来表示：

$$IPCE = LHE \times \varphi_{inj} \times \eta_c \qquad (15.7)$$

如图 15.3 所示，纳米晶和纳米介孔 TiO_2 电极（例如 $10\mu m$ 厚）可以吸收大量的染料，使得 LHE 几乎接近 1。因此 IPCE 的值主要还是由 φ_{inj} 和 η_c 来决定。

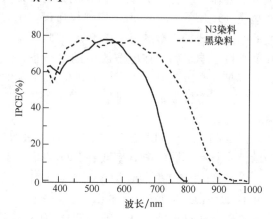

图 15.4　N3 染料和黑染料敏化的 DSSC 的光谱响应曲线。光谱响应曲线（IPCE）随着波长的变化曲线

如图 15.4 所示，钌络合物光敏化剂敏化的太阳电池能够有效地将可见光转化为电流。N3 染料的光谱响应范围为 $400 \sim 800nm$，黑染料对近红外的光谱响应达到 950nm。N3 染料敏化过的电池其 IPCE 在 550nm 可达 80%，在 $400 \sim 650nm$ 的范围可以超过 70%。如果将 TCO 的反射和吸收计算在内，此区域的净光电转换效率可以高达 90%，这也表明此高效 DSSC 具有较高的 φ_{inj} 和 η_c 值。

钌络合物光敏化剂敏化的太阳电池具有较高的转换效率（$\eta > 10\%$），其电池性能见表 15.1。其中电池效率高于 11% 的有分别使用 N719 染料（$J_{SC} = 17.7mA/cm^2$，$V_{OC} = 0.846V$，FF = 0.75）[5] 和黑染料（$J_{SC} = 20.9mA/cm^2$，$V_{OC} = 0.736V$，FF = 0.72）[6] 的。此外也有多个效率高于 9% 的电池报道[43-47]。

表 15.1　基于钌络合物光敏化剂的 DSSC 的性能

染料	面积/cm^2	J_{SC}/(mA/cm^2)	V_{OC}/V	FF	η（%）	参考文献
N719	0.16	17.7	0.85	0.75	11.2	[5]
黑染料	0.22	20.9	0.74	0.72	11.1	[6]
钌三联吡啶	0.25	19.10	0.66	1.72	9.1	[45]
Z-910	0.16	17.2	0.78	0.76	10.2	[43]
Z-73	0.16	17.2	0.75	0.69	9.5	[44]
CYC-B1	0.25	23.92	0.65	0.55	8.5	[47]

注：光源为 AM1.5 模拟器，电极为纳米晶 TiO_2 电极，电解质为有机溶剂中碘氧化还原电解质。

15.5　电子传输过程

15.5.1　电子从染料注入到金属氧化物中

使用 N3 染料的 DSSC 的电子传输过程如图 15.5 所示。钌络合物敏化剂的光激发导致了分子内部的金属-配位体电荷转移（MLCT 跃迁）。HOMO 能级和 LUMO 能级是分别由金属钌的 d 轨道和联吡啶配位体的 π^* 轨道衍生出来的[48]。强电子施主 NCS 配位体使得 HOMO 能级向负方向偏移（导致络合物的吸收红移），并从碘离子中接受电子。在光激发后，联吡啶配位体中的激发电子通过锚定在 TiO₂ 表面的羧基被有效地注入到 TiO₂ 电极的导带中。

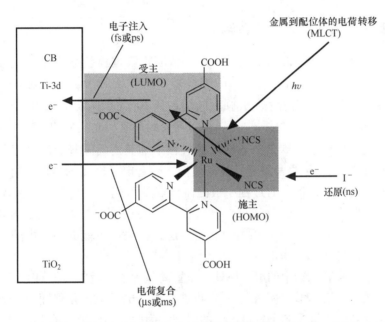

图 15.5　DSSC 中电子传输过程示意图。使用的染料是链式-二（4,4′-二羧酸-2,2′联吡啶）二硫氰基钌（Ⅱ）（N3 染料）

使用瞬态吸收光谱研究电子从吸附的染料注入到金属氧化物的导带的过程[49-54]。优化后的电池观察到的时间大约在飞秒到皮秒量级。由于内部弛豫而导致的荧光衰减的时间常数通常长于几纳秒[15]，这表明电子的注入水平较高。电子注入的速度常数可以写作

$$k_{ET} = \frac{2\pi}{h} J^2 \int_{-\infty}^{+\infty} \Psi_f(E)\,\mathrm{d}E$$

式中，J 是传输积分，$\Psi_i(E)$ 和 $\Psi_f(E)$ 分别是电子脱离谱和连接谱[55]。为了获得充分的重叠，激发态敏化剂的氧化势要比 E_{cb} 更高（即更负），并且观察到二者之间的数值差至少应为 0.2V[15,56]。需要的 ΔE_1（见图 15.1）可以通过假设纳米介孔金属氧化电极表面能量的不均匀性来解释[56]。对于 ZnO 的情况，注入效率不依赖于激发波长，这表明染料中激发态电子的弛豫是在注入进行之前发生的[56]，而使用 TiO₂ 电极却看到从激发态的染料中的直接注入[52]。钌络合物染料表现出从单一激发态到三重激发态快速的系间窜跃。

除电势差之外，金属氧化物表面和敏化剂 LUMO 态之间的空间区别也影响传输速率。Lian 等通过改变羧基和钌络合物染料双吡啶部分之间的非共轭亚甲基单元（-CH$_2$-），研究了距离对于注入动力学的影响[54]，发现注入速率随着距离的增加而降低。但是速率的降低对于太阳电池的能量转换效率影响很小，这是因为注入速率相较于内部弛豫而言已经足够快，因此速率的降低不会影响注入效率。换言之，染料体系和连接器位置之间的配对不是最重要的标准[58]，而有效的电子注入所需要的距离却与敏化剂有关[59]。

目前已对多种金属氧化物和有机染料的注入动力学进行了研究。对于使用 N3 染料的 ZnO、SnO$_2$、In$_2$O$_3$ 等，注入效率可以是 1（100%）[60]。另一方面，动力学可能随着态密度和电子耦合的改变而改变[61]。对于含有羧基的有机染料，其注入效率可与 N3 相当，这与太阳电池所表现出的高 IPCE 相一致[62,63]。

15.5.2　纳米介孔电极中的电子传输

一旦电子注入到导带中，之后的传输将主要依靠扩散过程[64]。多家单位测量了纳米介孔 TiO$_2$ 中的扩散系数 D 的数值，大多数的方法是测试样品对小扰动入射光的电流响应情况[65,66]。测得的响应电流值随着入射光强度的增加从 10^{-8} cm^2/s 提升到 10^{-4} cm^2/s，而在晶体 TiO$_2$ 中此值大约在 10^0 cm^2/s 量级[67]。二者间巨大的差值和光强的相关性可以通过带内电荷陷阱模型来描述，该模型体现了电子在扩散过程中捕获之后又释放的过程[68,69]。因此从电流响应中得到的 D 值是 D 的表象值。根据模型，随着电子密度的增加将会有更多的陷阱被填充，那么后来的电子在扩散的过程中被陷阱捕获的可能性就会越低。所观察到的 D 的幂律相关性是通过假设陷阱的指数分布来模拟的[69]。在模型中被陷阱捕获的电子可以因热运动而被释放，因此认为 D 与温度相关。然而，这种相关性不能够完全由陷阱的幂分布来解释，即此模型还需进一步的修正[70]。

由于纳米介孔金属氧化物中的电子所处的位置离包含了大量阳离子的电解质较近，因此认为电子传输是通过双极扩散来实现的[71]。也就是说，电子电流是伴随着阳离子电流一同发生的，也即观察到的电流受到了较慢电流的限制。因此，当电解质液中的阳离子密度较低时，电子扩散不仅受到了陷阱/释放过程的限制，还受到了阳离子扩散电流的限制。双极扩散系数可以写成

$$D_{amb} = \frac{(n+p)}{(n/D_p)+(p/D_n)}$$

式中，n 和 p 分别是电子和阳离子的密度，D_n 和 D_p 分别是电子和阳离子的扩散系数。图 15.6 显示了 D 与两种 Li$^+$ 浓度的关系[72]。当［Li$^+$］低的时候，D 的数值受电解质中 Li$^+$ 扩散的限制，即 D 不随着 TiO$_2$ 中电子浓度的增加而增加，即当电子具有高电子扩散系数时，应当修正电解质/电荷传输层。D_{amb} 同样也与电解质阳离子的种类有关，因为不同的阳离子在 TiO$_2$ 表面吸附的趋势不同[73]。

尚未明确缺陷的来源和密度。读者可以认为由于比表面积较高，因此绝大部分缺陷位于金属氧化物的表面上。为证实此结论使用不同半径尺寸的纳米颗粒来制备纳米介孔 TiO$_2$ 电极[74,75]。当半径尺寸在 20nm 以上时，D 的数值随着表面积的降低而下降，表明大部分的缺陷都存在于表面处。当半径尺寸在 20nm 以下时，D 的数值也与颗粒之间的晶界数量有关，

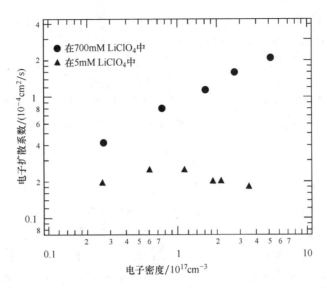

图 15.6　不同电解质组分下纳米颗粒 TiO_2 电极中的电子扩散系数。引自参考文献 [72] 中的图 5

表明缺陷也同样存在于晶界处。

可加入也可去除制备纳米介孔电极的退火步骤。随着退火温度的增加，D 的数值也增加[76]。温度的升高可以导致颗粒间边界接触面积的增加，也可以导致晶界的消除，但 D 数值的增加是由于前者而造成的[76]。还有一个极端的例子是后面将要提到的无晶界的纳米线。另外，随着退火温度的升高而出现电子寿命也随之增加的有趣现象，也与晶界处缺陷的形成有关[77]。

15.5.3　还原染料阳离子的动力学竞争

金属氧化物中注入的电子可以在表面处传输到染料阳离子中，这个电荷复合的过程可以在 I^- 还原染料阳离子的速率比复合速率更快的情形下得以阻止。使用瞬态吸收光谱研究电荷从 TiO_2 传输到染料阳离子的过程（见图 15.7）[78]，当瞬态时间为染料吸收一半的最初入射光子数所需要的时间时，这个一半时间的数值会随着电子密度的增加而降低。这种现象可以通过陷阱捕获复合模型来解释[79]，此模型中复合速率和传输速率呈反比[80]。在各种不同的 DSSC 中都观察到过类似的相关性[74]。由于纳米介孔电极中的电子大部分时间都处于捕获状态，因此复合速率可以近似地认为与导带中电子的浓度有关[81]。使用钌络合物染料时观察到的半衰期在 $10^{-3} \sim 10^{-9}\mathrm{s}$。

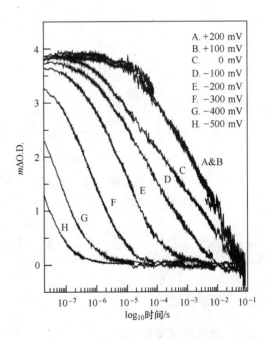

图 15.7　浸入到电解质中的 TiO_2 电极上的染料阳离子在不同偏压下的瞬态吸收光谱。引自参考文献 [78] 中的图 2

由 I^- 还原引起的半衰期在 $10^{-5} \sim 10^{-7} s$[82]，同时半衰期的数值也会受到配对阳离子种类的影响[83]。因此，优化后的钌络合物染料其阳离子态被 I^- 还原的速度要比被导带电子还原的速度快。但是，对大多数材料而言，情况却并非如此[84]，将在下节中详述。

电子从导带传输到染料阳离子的速率受到各种因素的影响，比如金属氧化物表面和染料 LU-MO 能级之间的空间距离、自由能之差、染料的重组能[85]，以及其他因素等[86]。对于 I^-/I_3^- 氧化还原对，染料阳离子和 I^- 离子之间络合物的形成方式则是另一个重要的影响因子[87]。

15.5.4 电子和 I_3^- 离子之间的电荷复合

在优化后的 DSSC 中，电子和 I_3^- 离子之间的电荷复合决定了金属氧化物中的电子寿命。可通过多种技术测得电子寿命，例如光伏响应[34]、电学阻抗[88] 和瞬态光谱测试[82] 等。与染料阳离子传输速率相似，I^- 离子成为 I_3^- 离子的速度随着入射光密度的加强而提高。这也可以通过传输限制复合[89] 和/或表面陷阱处的复合模型来解释，在表面陷阱电子的能量随着缺陷的填充而增大，也因此增加了陷阱电子和基态染料之间的自由能量差[34]。

在典型的纳米介孔 TiO_2 中观察到的电子寿命大约在 $10^{-3} \sim 10^1 s$（见图 15.8），这样长的电子寿命补偿了电子在介孔 TiO_2 中的低扩散系数，获得了可观的电子扩散长度[90]。若使用二茂铁/二茂铁盐作为 DSSC 中的氧化还原对，则电池的 V_{OC} 非常低，表明其复合速率非常快[91]。这说明 I^-/I_3^- 的长电子寿命可能是由于其重组能量大所造成的[92]。但也需注意 I_3^- 的还原率低所带来的缺点，即需要较大的超电势来使 I^- 还原染料阳离子，也因此导致能量损失较多。

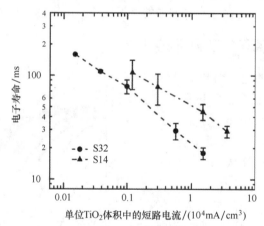

图 15.8　DSSC 中单位 TiO_2 体积中短路电流对电子寿命的影响。其中 S32 和 S14 分别代表其 TiO_2
电极的 TiO_2 颗粒平均半径为 32nm 和 14nm。摘自参考文献 ［74］ 中的图 4

15.6　新材料

15.6.1　光敏化剂

15.6.1.1　金属络合光敏化剂

除了钌络合物，也合成了其他金属络合物，例如铁（Fe）络合物[93,94]、铂（Pt）络合物[95,96]、锇（Os）络合物[97-99]和铼（Re）络合物[100]（见图 15.9），同时也研究了它们在 DSSC 中的性能。基于方形平面铂络合物的 DSSC 在 AM1.5G 太阳辐照下的电池效率为 3%（$J_{SC} = 7.00 \text{mA/cm}^2$，$V_{OC} = 0.60 \text{V}$，$FF = 0.77$）[96]。基于铼络合物的 DSSC 表现出宽光谱响应范围（400～1100nm），最高 IPCE 达到 65%，并在 AM1.5G 辐照下获得短路电流 $J_{SC} = 18.5 \text{mA/cm}^2$[99]。然而，基于这些金属络合物的太阳电池的性能尚未达到基于钌络合物光敏化剂电池的水平，其中一个原因是钌络合物 HOMO 和 LUMO 的能级分别与碘氧化还原势和 TiO_2 电极的导带能级更好地匹配。

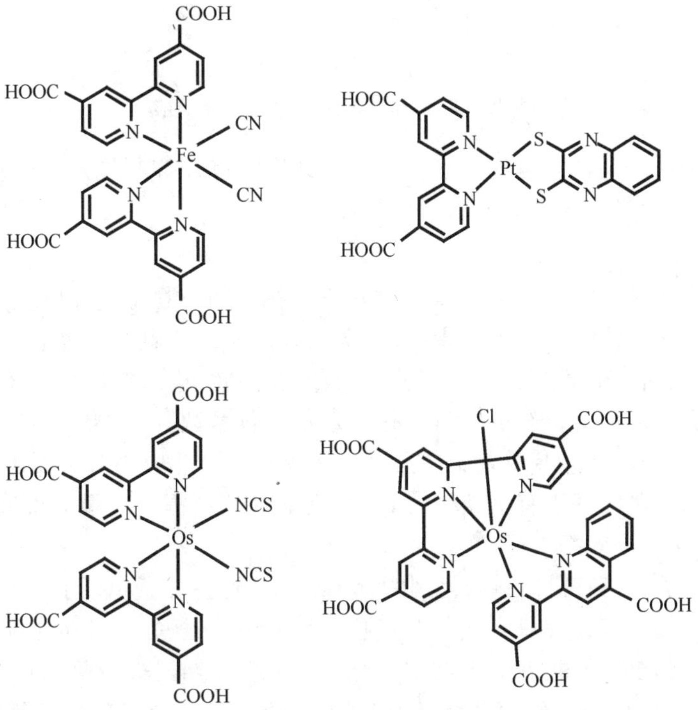

图 15.9　铁络合物、铂络合物和锇络合物光敏化剂的分子结构

15.6.1.2 卟啉和酞菁

卟啉[101-105]、酞菁[106-108]和萘酞菁[109]的衍生物也用作 DSSC 的光敏化剂（见图 15.10）。使用纳米晶 TiO_2 作为电极、Cu 叶绿素为敏化剂的 DSSC 在 100 mW/cm^2 的光照下其光电转换效率为 2.6%（$J_{SC} = 9.4 \text{mA/cm}^2$，$V_{OC} = 0.52 \text{V}$）[101]。对于 Zn-酞菁类敏化剂，Mori 和 Kumura 等[110]通过阻止染料在 TiO_2 电极上的聚合获得了 4.6% 的电池效率。Campbell 等[102]研究了卟啉染料的不同结构，在基于 Zn-卟啉染料的 DSSC 中获得 7.1% 的电池效率（$J_{SC} = 14.0 \text{mA/cm}^2$，$V_{OC} = 0.68 \text{V}$，$FF = 0.74$）[105]。并且通过瞬态吸收光谱观察到从 Zn-卟啉染料到 TiO_2 电极间的超快电子传输（<100fs 至约 10ps）[51,111]。

将钴-吸附物，例如胆酸（CA）衍生物等，加入到基于卟啉和酞菁的太阳电池中，尽管 TiO_2 表面吸附的染料数量会因为钴-吸附物的加入而降低，但是仍能够提高电池的光伏性能[101,107]。卟啉和酞菁分子之间的强分子间相互作用使染料团聚，这直接导致团聚的分子之间和/或团聚的分子和单体之间通过能量传输或电荷传输引起的猝灭过程。共聚物抑制染料

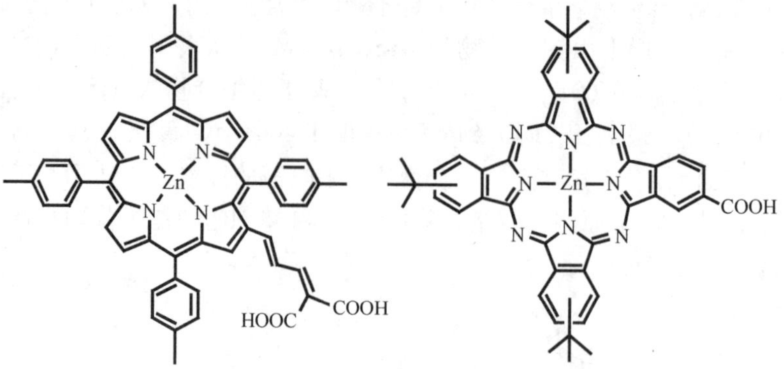

图 15.10　卟啉和酞菁光敏化剂的分子结构

在表面的团聚，从而提高太阳电池性能。此外，共聚物可以抑制注入电子和 I_3^- 离子之间的复合来提升 V_{OC}，此效应可能与敏化剂的结构有关[112,113]。

15.6.1.3　有机染料

无金属的有机染料也可以应用到 DSSC 中[114]。在之前染料敏化光电化学电极的研究中，使用诸如玫瑰红和罗丹明 B 等的 9- 苯基氧杂蒽染料来作为 ZnO 电极的敏化剂[2,3]。有机染料有以下几个优点：一是结构修改容易，可以获得大量的不同结构，二是由于分子内 π-π^* 转变，相对于钌络合物敏化剂而言，有机染料具有高摩尔吸收系数（30000 ~ 100000M^{-1}cm^{-1}）。此外，染料中不包括 Ru、Pt、Os 等贵金属元素，这些元素可能成为含金属敏化剂在大规模商业化生产中应用的限制。基于有机染料的 DSSC 性能已获得提升，最近报道了其在 AM1.5G 辐照下获得了 >9% 的高效率[88,115-124]。

图 15.11 展示了一些有机染料敏化剂的分子结构。这些分子包括了一个施主部分（分子当中的一部分，例如苯胺、香豆素或苯并噻唑单元）和一个受主部分（例如羧酸、丙烯酸或罗丹宁环），二者之间通过 π- 共轭结构（例如 C = C 或寡聚噻吩单元）连接。这个施主-受主结构因为分子内的 π-π^* 转变在可见光 450 ~ 600nm 范围内表现出高吸收系数的强吸收，而这对于捕获太阳光谱是十分必要的。此外，这些有机染料敏化剂与金属络合敏化剂一样都需要一个诸如羧基等的锚基团来使自身吸附到 TiO$_2$ 的表面，通过这些基团，激发态电子在分子内电荷传输后被注入到 TiO$_2$ 电极的导带中。

图 15.12 展示了 DSSC 在太阳光谱（AM1.5G 条件）辐照下的 IPCE 光谱，此电池包括纳米晶 TiO$_2$ 电极、有机染料敏化剂 NKX-2883 和碘氧化还原（I^-/I_3^-）电解质。基于这些有机染料的 DSSC 可以将宽范围波长的光子（350 ~ 800nm）转换成电流。在太阳光谱辐照较强的 420 ~ 660nm 区域获得了高于 70% 的 IPCE，在 490nm 处获得最高值为 81% 的 IPCE。

表 15.2 列举了基于有机染料敏化剂的 DSSC 的光伏性能。基于二氢吲哚染料（D149 和 D205）的 DSSC 在 AM1.5G 光谱（100mW/cm^2）下获得高达 9.5% 的转换效率[115,125-127]。Kim 等[37]设计了一些新的有机染料，并报道了基于 JK-2 染料的 DSSC 获得了 8.0% 的电池效率（J_{SC} = 14.0mA/cm^2，V_{OC} = 0.753V，FF = 0.77）。基于咔唑染料 MK-2 的 DSSC 在孔状掩膜且无减反射层的条件下在模拟 AM1.5G 光谱（100mW/cm^2）中获得了 8.3% 的效率（J_{SC} = 15.2mA/cm^2，V_{OC} = 0.73V，FF = 0.75）[123,128]，此效率可以与相似条件下基于钌络合物 N719 染料的 DSSC 获得的 9.2% 的效率（J_{SC} = 15.9mA/cm^2，V_{OC} = 0.78V，FF = 0.74）

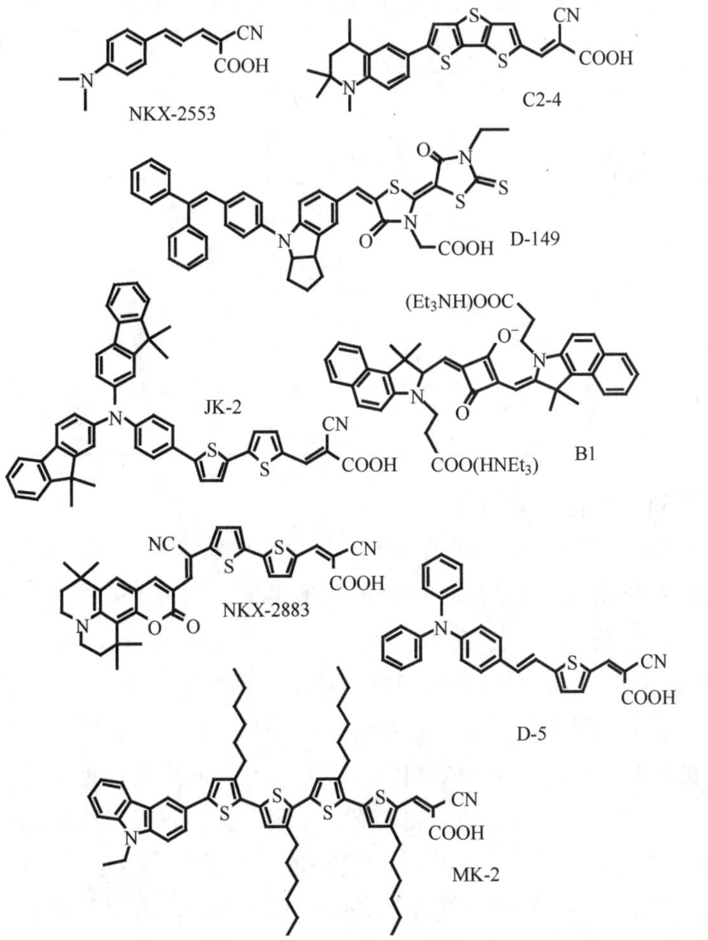

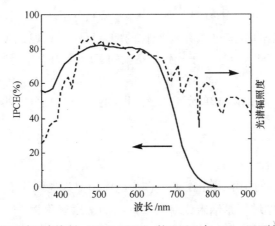

图 15.11　有机光敏化剂的分子结构

图 15.12　基于香豆素染料（NKX-2883）的 DSSC 在 AM1.5G 下的 IPCE 光谱

相比较。此外，基于 NKX-2883 染料的 DSSC 也获得了 18.8mA/cm² 的高短路电流密度（有掩膜，无减反层）[129]。这些结果表明在 DSSC 中有机染料可以有与钌络合物染料近乎相同的优良表现。

表 15.2　基于有机染料敏化剂的 DSSC 性能

染料	面积/cm²	$J_{SC}/(mA/cm^2)$	V_{OC}/V	FF	$\eta(\%)$	参考文献
D-11	0.2	13.9	0.74	0.70	7.2	[120]
JK-2	0.16	14.0	0.75	0.77	8.0	[37]
JK-71	0.18	15.4	0.74	1.74	8.4	[116]
D-149	0.16	18.5	0.69	0.62	8.0	[126]
D-149	0.16	20.0	0.65	0.69	9.0	[115]
D-205	0.16	18.6	0.72	0.72	9.5	[118]
C217	0.16	16.1	0.80	0.76	9.8	[124]
NKX-2700	0.25	15.9	0.69	0.75	8.2	[88]
MK-2	0.25	15.2	0.73	0.75	8.3	[123]

15.6.1.4　敏化染料的问题

与钌络合物染料 N719 相比，几乎所有的有机敏化染料得到的 V_{OC} 都不高，这可归咎于由于染料吸附导致的 E_{cb} 向正方向偏移和/或电子寿命的降低。若 DSSC 中使用了香豆素、二氢吲哚、咔唑、卟啉和酞菁等染料，V_{OC} 的降低则源自于电子寿命的降低（见图 15.13）[35,128,130-132]。染料分子尺寸越大，电子寿命则趋向于越长[35]。若吸附的大分子染料的数目降低，则电子的寿命也随之降低，表明物理上染料分子是阻止 I_3^- 离子靠近 TiO_2 表面的。然而，即使是对更大分子的无金属有机染料，其电子寿命依然比 N719 的低，说明染料是通过削弱染料-I_3^- 络合物的形式来增加 I_3^- 离子的含量的。对于无金属的有机染料，进一步降低染料的含量可以通过建立染料-I_3^- 络合物来获得电子寿命的增加[35]。更进一步，电子寿命还受到了 I^-/I_3^- 氧化还原对的配对阳离子的种类的影响，且影响的途径在各个染料中不同，表明阳离子参与了络合物的形成[35]。注意到配对阳离子还会通过改变 TiO_2 表面双层膜的厚度来影响 $[I_3^-]$ [13]。为了达到 N719 的性能，需避免产生络合物。上文中提到几个系列的染料都表现出相似的规律，但相反的情况也有报道。使用 oligoene 染料的 DSSC，V_{OC} 在染料分子尺寸最小时最高[63]，并且随着分子尺寸的增大，吸收光谱的范围也随着 π 配位的增强而扩宽，但是 V_{OC} 的数值却降低了[133]。这可以用分散力来解释，即长共轭分子导致了更大的极性，也因此导致了在染料和受主种类之间更大的分子间相互作用力[134]。这种作用力较弱，为避免其发生，可以通过在染料上增加诸如烷基链和扭曲苯基环一类的障碍单元等方法，此方法不会增加分子的极性。

15.6.2　半导体材料

15.6.2.1　纳米线/棒/管

尽管大部分 DSSC 都使用纳米介孔 TiO_2 作为电极，但是也开发了其他材料和其他形态的电极，其中一个新兴的领域便是纳米线/棒/管形态的金属氧化物[135-139]。使用固态空穴传输层的一个障碍便是难以将其渗透到传统介孔电极纳米大小的孔洞中去。此外为更好地吸收红外光，目前的潮流是使用更大尺寸的染料分子，而这也对孔径的进一步增大做出了要求。在这些材料当中，垂直对齐的纳米线可以使得渗透更容易[140]。另外使用纳米管还可以减少边界的数量，并控制电荷陷阱。

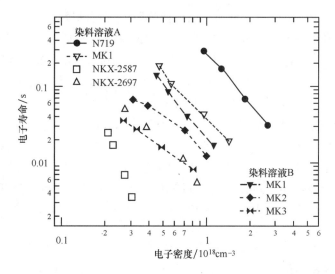

图 15.13　使用不同染料敏化的 DSSC 的电子寿命。染料溶液 A 和 B 分别表示由
AN/tBuOH/toluene 和 AN/tBuOH 制备的染料。摘自参考文献［35］中的图 2（c）

　　图 15.14 展示了纳米线的 SEM 图像[135]。与纳米颗粒基的电极相比，纳米线在电荷收集方面更胜一筹。另外，纳米线只表现出电荷注入的快组分，这也与其更高的晶化程度相符。纳米棒的复合动力学相对纳米颗粒较慢，Martinson[138] 也报道，与纳米介孔电极相比纳米棒阵列表现出更低的电荷复合速率和更快的电子传输速度，这是个非常有趣的结论，因为如上文所言，扩散速度高通常导致复合速率较快。最近 Quintana 等[141] 将他们观察到的长电子寿命归因于耗尽层的形成。这是因为 ZnO 的介电常数较低，因此在纳米颗粒中形成了大量的电压降。耗尽层不仅可以加强电荷分离效率，还

图 15.14　ZnO 纳米线的 SEM 图像。标尺长度为
5μm。引自参考文献［135］中的图 1（b）

可以增加晶界上的势垒。使用纳米管便可以只提高其分离效率而不增加电荷传输的势垒。同样，Law 等人也从另一个角度阐述了耗尽层在电荷分离上的辅助作用[135]。

15.6.2.2　其他的形态和材料

　　为了扩宽敏化染料的光谱吸收范围，需降低 LUMO 能级或提高 HOMO 能级。在降低 LUMO 能级方面，TiO_2 的 E_{cb} 对这些染料的电荷注入而言可能过高[142]，而具有比 TiO_2 的 E_{cb} 低得多的 SnO_2 和 In_2O_3 可能更适合。与 TiO_2 相比，使用这些金属氧化物所得到的 V_{OC} 数值固然低，但它们却是成为制备叠层 DSSC 的关键材料，在叠层 DSSC 中，正需要两种以上具有不同 E_{cb} 的半导体材料与两种以上具有不同 LUMO 水平的染料相匹配，并串联。

　　在短路电流 J_{SC} 方面，使用染料敏化的 SnO_2 的 DSSC 的数值通常要比使用 TiO_2 的低[143,144]。这是因为 SnO_2 中电子迁移率更高，从而导致电荷复合加快[144]。研究显示电荷陷阱极大地影响

了纳米介孔 TiO_2 电极中的电子传输性质，而电荷陷阱的密度和能量分布又与电极制备条件有关[76]。最近染料敏化的 SnO_2 太阳电池表现出可与 TiO_2 基的 DSSC 相比拟的 J_{SC} 值[145]。此番短路电流的提升主要来源于电子寿命的延长，这表明可以通过减少电荷缺陷来使用材料。

另一种扩宽染料敏化光谱吸收范围的方法是使用具有高 E_{cb} 势的金属氧化物材料。此种材料的研发尚未有太多进展，只已知在 TiO_2 中掺入 W 可以使其 E_{cb} 向负方向偏移。之后与具有高 LUMO 势的染料匹配使用可以获得高达 1V 的开路电压[146]。

目前大部分的金属氧化物都是 n 型半导体，但是敏化 p 型半导体也是可行的。NiO 就是一种 p 型半导体，尽管效率较低，但是仍然观察到空穴由染料注入到 NiO 中[147,148]。尽管由于缺少适当的染料和氧化还原对，目前染料敏化 NiO 太阳电池的效率还较低，但是通过替代传统 DSSC 中的 Pt 电极并引入叠层 DSSC 的概念，相信能量转换效率会得到提高[149]。

15.6.3　电解质

15.6.3.1　离子液体电解质

室温离子液体（熔融盐）作为电化学装置（例如电池）中挥发性有机溶剂的替代品而被广泛地研究。室温离子液体具有高离子电导率、化学稳定性和非挥发性等特点，其中非挥发性是保证电化学装置长期稳定性的关键因素。同时，室温离子液体也被用来代替 DSSC 中离子电解质[127,150-153]。在 DSSC 中使用的离子液体有咪唑衍生物等，例如 1-己基-3-甲基咪唑碘（HMImI）[150] 和 1-乙基-3-甲基咪唑双（三氟甲基磺酰）酰亚胺（EMIm-TFSI）[151,153]。Matsumoto 等[151] 报道了使用 N3 染料敏化 TiO_2 电极，并使用含有氢氟化物阴离子（$H_2F_3^-$ 或 $H_3F_4^-$）的 EMIm 盐作为电解质溶剂的 DSSC 在 AM1.5G 的光照条件下获得了 2.1% 的转换效率（$J_{SC} = 5.8mA/cm^2$，$V_{OC} = 0.65V$，FF = 0.56）[151]。Kuang 等[44,127] 报道了基于钌络合物（K-19）和有机染料（D205）的 DSSC，其电池效率在 AM 1.5G 的光照下达到 7%，其中使用的电解质是 0.2M 的 I_2、0.5M 的 N-丁基苯咪唑（NBB）和 0.1M GuNCS（异硫氰酸胍）与 1-甲基-3-n-二异丙基咪唑（MPImI）和 1-乙基-3-四氰合甲基咪唑（EMIB（CN）4）的混合溶液[44,127]。如果这些离子液体的黏度能够降低到与有机溶剂的相当，那么太阳电池的性能将会由于电解质中离子迁移率的增加而得到改善。除黏度之外，将离子液体与大分子尺寸的敏化剂配合使用能够提高电子寿命，从而获得更高的转换效率[154]。

15.6.3.2　新电解质种类

还原染料阳离子所需要的 I^-/I_3^- 氧化还原对的过电势大约在 0.5V。I^-/I_3^- 氧化还原对在 500nm 以下具有优良的吸收系数。氧化还原对的这些性质降低了能够被转换的光子的数量。但是氧化还原对可以在被注入的电子还原之前降低染料阳离子的数量，并且可以等到电子到达 TCO 之后才被转换成 I_3^- 离子。而其他的氧化还原对的速度过慢而不能降低染料阳离子数量[16]，或者速率过快而不能够接受注入电子[91]。最近报道了几种作为氧化还原对设计的金属络合物，钴络合物表现出较低的吸收系数和较高的转换效率[155]，而 Cu 络合物表现出更低的（更正的）氧化还原势和相对更高的 V_{OC}[156]。

15.6.3.3　准固态和固态电解质

开发固态或者准固态 DSSC 是开发长期稳定的太阳电池的基础和商业化的关键。因为传统的 DSSC 使用的是采用有机溶剂的液体电解质，因此必须具有完美的封装技术来避免电解质成分的挥发，特别是户外高温条件下封装技术尤为重要。另外，固体电解质 DSSC 更容易实现电池间互联形成单片式组件。

Grätzel 和合作者研究了使用空穴传输材料 2,2′,7,7′-四（N,N-二-p-甲氧苯基-胺）9,9′-螺二芴（OMeTAD）作为固定电解质的染料敏化太阳电池[157-160]。OMeTAD 旋涂在染料敏化的纳米晶 TiO_2 电极表面，并使用真空蒸镀金作为对电极，形成了一个固态的 DSSC。在 AM1.5G（$100mW/cm^2$）光照条件下其电池效率 η 为 3.2%（$J_{SC} = 4.6mA/cm^2$，$V_{OC} = 0.931V$，$FF = 0.71$）[160]。尽管 OMeTAD 的氧化还原势比 I^-/I_3^- 处于更加正电势的位置，但是电子从 OMeTAD 注入到 N3 染料阴离子的时间从 <3ps 到 >1ns，这比从 I^- 离子中注入电子速度快[158]。使用高消光系数的有机染料 D102 可以使薄膜更薄，此时基于 OMeTAD 的 DSSC 在 AM1.5G（$100mW/cm^2$）光照条件下其电池效率 η 为 4.1%（$J_{SC} = 7.7mA/cm^2$，$V_{OC} = 0.866V$，$FF = 0.612$）[159]。空穴传输层的另一个优点是更正的氧化还原势带来高 V_{OC}，同时通过减少电荷复合可以获得更高的电池效率[161]。

Tennakone 和合作者[162-164]采用 p 型无机半导体材料 CuI（带隙 3.1eV）作为空穴导体制作了固态 DSSC。将 CuI 的乙腈溶液滴到染料覆盖的 TiO_2 薄膜的表面，60℃加热后扩散进薄膜。乙腈蒸发后，CuI 沉积到纳米介孔 TiO_2 膜中。金覆盖的 TCO 衬底作为对电极，压在 TiO_2/染料/CuI 薄膜的表面。TiO_2/N3 染料/CuI/Au 系统得到的效率为 4.5%，表明了制备高效率的固体 DSSC 的可能性[163]。在这些系统中，认为 CuI 部分地与 TiO_2 相接触，因此注入电子的复合导致了电池性能的降低。提高电池效率，必须降低 TiO_2/CuI 的接触电阻。也研究了使用其他有机和无机空穴导体材料的固态 DSSC，这些材料包括 p 型 CuSCN[165,166]、聚吡啶[167]、聚丙烯腈[168]、PEDOT[169,170]、聚（N-乙烯基咔唑）[171]和 P3HT[139]等。

使用凝胶剂作为准固态电解质是代替 DSSC 中液体电解质的另一种方法[172-175]。凝胶化的实现可以通过只在电解质中增加凝胶剂而不改变电解质成分。Yanagida 和合作者研究了采用 L-缬氨酸衍生物作为凝胶剂的电解质凝胶，并测量了采用凝胶电解质的 DSSC 的性能[172]。有趣的是，采用凝胶电解质的 DSSC 性能与采用液体电解质的电池性能基本一致，并且长期稳定性要优于液体电解质的 DSSC。

Hayase 和合作者报道了采用凝胶电解质的高性能 DSSC[173]。凝胶剂在高温下溶解在电解质中，随后凝胶溶液沉积在染料覆盖的 TiO_2 电极表面，然后冷却。凝胶由氮素和卤素化合物的聚合反应生成。采用凝胶电解质的 N3 染料敏化 TiO_2 太阳电池在 AM 1.5G 的光照条件下，得到了 7.3%（$J_{SC} = 17.6mA/cm^2$，$V_{OC} = 0.60V$，$FF = 0.68$）的高转换效率，而采用液体电解质的太阳电池转换效率为 7.8%[173]。因为填充因子没有发生改变，他们认为电解质的电阻没有因为凝胶而增加。光生电流随着入射光强度增加到 $100mW/cm^2$，与液体 DSSC 一样，这表明电解质凝胶没有抑制 I^- 和 I_3^- 离子在电解质中的扩散。

15.7 稳定性

15.7.1 材料的稳定性

DSSC 的商业化要求染料分子、单个太阳电池和大面积组件的长期稳定性。已详细研究了钌络合物的光稳定性和热稳定性[7,176-178]。例如，通过 UV- Vis 吸收光谱和核磁共振光谱（NMR）测量发现，硫氰酸盐（NCS）配位的 N3 染料在甲醇溶液中在光辐照下氧化成氰基（– CN）[7,176]。NCS 配位的 N719 染料的替代品可以通过溶剂（乙腈和 3- 甲氧基丙腈）和 TBP 在高温下（80 ~ 110℃）出现[178]。N3 染料脱羧基反应在氮气气氛下在 290℃以上发生，在空气气氛下在 250℃以上发生[179]。一旦染料被吸附到 TiO₂ 表面，那么空气气氛中的脱羧基反应需加高温到 320℃。

在 DSSC 中通过使用 I^- 离子释放电子给染料阴离子可以获得染料的高稳定性。由于分子内部的电子传输引起从 Ru^{2+} 到 Ru^{3+} 的转变，NCS 配位体降级到 CN 配位体，这个过程在 0.1 ~ 1s 内完成[176]，然而，从 Ru^{3+} 还原到 Ru^{2+} 的过程依赖于电子从 I^- 离子传输到染料阴离子，这个过程却是在纳秒量级内发生[49]。这意味着，1mol N3 染料分子可以实现 $10^7 ~ 10^8$ 次光电转换过程而没有出现退化[176]。考虑到这一点，光照情况下 N3 染料在氧化还原电解质中应该是十分稳定的。

我们调查了香豆素染料 NKX-2311 和 NKX-2677 的热稳定性。在染料的热重分析中，278℃氧气气氛下 NKX-2677 有 8% 的质量损失[62]，NKX-2311 在 230℃氮气气氛下也有相似的质量损失[180]。傅里叶红外光谱（FTIR）测试分析清晰地表明这些质量损失来源于染料脱羧基的分解[180]。从这些结果中得出，有机染料如 NKX-2677 等的热稳定性与 N3 染料一样好。至于光稳定性，我们发现使用寡聚噻吩单元是有优势的，这可能是由于空穴在单元中的不定域性造成的[181]。

我们也必须考虑电解质中溶剂的光电化学和化学稳定性。DSSC 中应用的有机溶剂有碳酸丙烯酯、乙腈、丙腈、甲氧基乙腈、甲氧基丙腈及其混合物等。其中碳酸盐溶剂，例如碳酸丙烯酯，在光照条件下分解，在电池中形成二氧化碳的气泡。甲氧基乙腈（$CH_3O – H_2CN$）与电解质中的微量水反应产生相应的酰胺（$CH_3O – H_2CONH_2$），降低了电解质的导电性[182]。而乙腈和丙腈是相对稳定的，在 60℃黑暗条件下 2000h 内稳定性佳[182]。

也需要考察在 TCO 衬底上蒸镀的作为对电极的 Pt 的电催化稳定性。报道称具有电催化活性的 Pt 层在含有 LiI 和 I_2 的甲氧基丙腈电解质中是非化学稳定的[183]。

15.7.2 太阳电池性能的长期稳定性

最近观察了商用小 DSSC 和大面积组件的长期稳定性[43,44,176,182,184,185]。在持续辐照下，基于钌络合物如 N3、N719 等的 DSSC 具有良好的长期稳定性。例如，Grätzel 和合作者在无紫外 1000 W/cm² 光照条件下获得了 7000h 的电池稳定性[176]。他们总结认为 DSSC 良好的长期稳定性来源于从钌络合物光敏化剂到半导体导带、从碘氧化还原介质到光敏化剂有效的光诱导电子传输。使用一个光敏化分子产生的电子的数量来定义一个光敏化剂分子转换的次数，那么其转换次数高达 5 亿次。更甚，Kern 等报道了在 17℃、2.5 个太阳、无紫外的照射下，电池稳定性超过 10000h[182]。

我们研究了基于香豆素染料 NKX-2883 的 DSSC 在开路状态下，在加了紫外截止（<420nm）滤波片的 AM1.5G（100mW/cm²，50 ~ 55℃）光谱下连续辐照的长期稳定性，在 1000h 内无染料分解或电池性能下降的迹象[129]。这表明香豆素染料在太阳电池辐照下相对稳定，氧化还原离子还存在并且存在有效的电子传输过程。总之，这些结果强烈说明 DSSC 在光辐照下具有良好的长期稳定性，而电池和组件在紫外辐照和高温高湿条件下的稳定性则需要进一步研究。

15.8 商业化应用发展

15.8.1 制备大面积染料敏化电池组件

扩大 DSSC 面积导致的 TCO 衬底方块电阻的增加将引起效率的损失，特别是填充因子。因此，研究通过组件方法来扩大 DSSC 面积[184-186]。一个组件由几个电池互联构成，电池由两个覆盖 TiO₂ 或者 Pt 的 TCO 衬底和其中的电解质构成。电解质包括溶解在有机溶剂中能够溶解金属材料的碘和碘化物。因此，像银这样的标准导体将不能工作，或者必须采用密封材料保护。此外，由于系统中含有有机溶剂，在户外时也必须仔细密封。使用一种填充材料玻璃料来密封组件甚至是连接组件[187]。由 12 个电池连接而成的总面积为 112cm² 的组件，其效率为 7%，与之对比，面积为 3cm² 的电池效率为 7.6%，面积为 1cm² 的电池效率为 8%[187]。

图 15.15 为 DSSC 组件的串联结构示意图[188]。在 Z 型组件（见图 15.15a）中，TiO₂ 电极和对电极分别印刷到两个 TCO 衬底上，通过在 TCO 衬底上划线以分离各个电池，因此各个电池之间必须互连。在 W 型组件（见图 15.15b）中，TiO₂ 电极和对电极在同一块 TCO 衬底上交替印刷，因此各电池间无需互连，但由于光照需透过对电极进入电池，故对电极必须是透明的。第三种类型是单片式组件，如图 15.15c 所示。单片式组件的好处是只需要一块 TCO 衬底，可通过降低 TCO 衬底的用量来大幅降低生产成本。此类组件通常使用碳材料作为对电极材料。Kay 和 Grätzel 提出了一种连续工艺，使用激光刻线和印刷技术来制备单片式串联结构的 DSSC 组件[189]。图 15.16 是日本夏普、日本爱信和丰田中心研发实验室制备大面积 DSSC 组件的照片。

15.8.2 柔性染料敏化太阳电池

近来，使用聚合物或金属箔来取代玻璃作为 DSSC 的衬底扩展了商业应用范围[41,190-192]。聚合物衬底可以卷对卷生产获得高产能。图 15.17 是桐荫横滨大学的 Miyasaka 制作的塑料 DSSC 卷对卷生产示意图。使用聚合物薄膜作为衬底，不含有机表面活性剂的水性 TiO₂ 浆料在相对较低的温度（大约 150℃）下烧结便可获得机械稳定的 TiO₂ 薄膜。Miyasaka 及其合作者报道使用塑料衬底和 N719 染料制备的 DSSC 在一

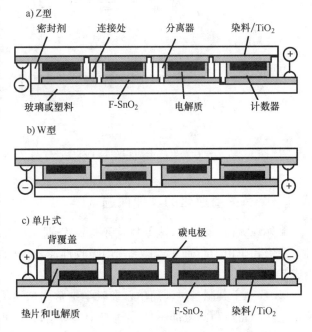

图 15.15 串联 DSSC 组件结构示意图

个太阳辐照下获得了 $\eta = 5.5\%$ 的高效率[193]，他们还制备了大面积塑料 DSSC 组件，如图 15.18 所示。Ito 等在 Ti- 金属箔衬底上制备的柔性 DSSC 的效率为 7.2%[192]。

a)

b)

图 15.16　大面积 DSSC 组件：a）日本夏普制造；b）日本爱信和丰田中心研发实验室制备

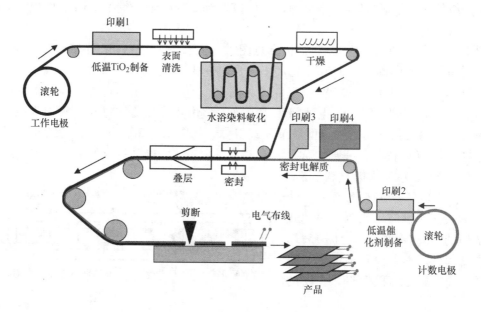

图 15.17　卷对卷生产大面积塑料 DSSC 示意图（由桐荫横滨大学的 Miyasaka 教授提供）

15.8.3　有关商业化的其他课题

在外观方面，根据电池的用途不同，分别在电池中添加不同的染料制作成彩色 DSSC。日本爱信和丰田中心研发实验室选用吸收性质不同的几种染料制备出彩色 DSSC，并将其加工成艺术品（见图 15.19）。

DSSC 由于其制备过程简单，在教学中常用来演示太阳能到电能的转换[189]。在 DSSC 套装中包含制备所需的全部零件，例如 TCO 玻璃、TiO_2 电极、黑莓（即染料）和电解质溶液等（http://www.solideas.com/），读者可以买来并且很容易演示出人造光合作用的过程。细节方面的学习，读者可以从 Solaronix S. A.（http://solaronix.com/）购买其他材料，诸如钌络合物光敏剂、TiO_2 浆料、电解液和密封材料等。

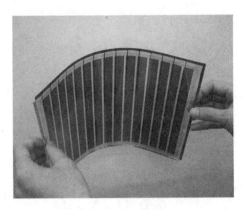

图 15. 18　大面积塑料衬底 DSSC 组件
（由 Miyasaka 教授及其合作者制备）

图 15. 19　使用彩色 DSSC 制作的艺术品
（由日本爱信和丰田中心研发实验室制备）

15.9　总结与展望

自从 1991 年 Grätzel 和合作者报道了高效率的新型 DSSC 以来，全世界的研究者广泛地研究了 DSSC 的机理、新材料和商业化应用。通过使用钌络合物敏化剂，DSSC 已获得了超过 11% 的太阳能-电能转换效率（小电池）。有机染料敏化剂，例如二氢吲哚染料、香豆素染料、咔唑染料等也表现出优异的性能。此外，密封的电池在相对温和的测试条件下（较低温度和没有 UV 光照）可以得到令人满意的长期稳定性。在不久的将来有可能得到室内应用的商业化 DSSC 产品。然而，扩大其商业化应用，在我们面前仍然有许多问题。克服这些问题将使 DSSC 极大地接近商业化应用。

对于商业化应用，太阳电池的效率必须高于 11%（如 15%），并且组件的效率必须高于 10%。为了获得 15% 的电池效率，需要进一步提升 J_{SC} 和 V_{OC}。将光敏化剂的吸收范围扩展到接近红外区域对于提升 J_{SC} 是十分必要的。黑染料的吸收边界接近 900nm，基本上与带隙宽度约为 1.4eV 的单结太阳电池的最佳吸收范围一致。使用黑染料的 DSSC（使用孔状掩膜和减反射层）获得了高达 $20.9mA/cm^2$ 的高短路电流密度。开发具有相对较高吸收系数、能够吸收近红外范围光的新型光敏化剂同样也是必要的。使用黑染料（或新敏化剂）能够提高 DSSC 在 800~900nm 范围内的 IPCE（见图 15.4），能够将 J_{SC} 从 $20.9mA/cm^2$ 提高到 $25mA/cm^2$。将 V_{OC} 从 0.75V 提升到理想的约 0.9V 对于获得更高的电池效率也是十分重要的。之所以目前 V_{OC} 的数值尚未达到理想值，主要是因为注入电子和氧化还原离子 I_3^- 之间的电荷复合、I^-/I_3^- 氧化还原对的大的过电势。同样也需要新的敏化剂来抑制电荷复合和新的氧化还原对/空穴传输材料来提升 V_{OC}。

另外，需要对染料分子和太阳电池性能在更加苛刻的条件（例如接近 80℃ 的高温、高湿和紫外曝光）下进行室外长期稳定性测试。

致谢

我们特别感谢 Tatsuo Toyoda 博士（日本爱信）、Tsutomu Miyasaka 教授（日本桐荫横滨大学）和 Ryosuke Yamanaka 博士（日本夏普）提供 DSSC 组件的照片。

参考文献

1. Gibbons J F, Cogan G W, Gronet C M, Lewis N S, *Appl. Phys. Lett.* **45**, 1095–1097 (1984).
2. Gerischer H, Michel-Beyerle M E, Rebentrost F, Tributsch H, *Electrochimica Acta* **13**, 1509–1515 (1968).
3. Tsubomura H, Matsumura M, Nomura Y, Amamiya T, *Nature* **261**, 402–403 (1976).
4. O'Regan B, Grätzel M, *Nature* **353**, 737 (1991).
5. Nazeeruddin M K, *et al.*, *J. Am. Chem. Soc.* **127**, 16835–16847 (2005).
6. Chiba Y, *et al.*, *Jpn. J. Appl. Phys.* **45**, L638–L640 (2006).
7. Nazeeruddin M K, *et al.*, *J. Am. Chem. Soc.* **115**, 6382–6390 (1993).
8. Hagfeld A, Grätzel M, *Chem. Rev.* **95**, 49–68 (1995).
9. Kalyanasundaram K, Gratzel M, *Coord. Chem. Rev.* **177**, 347–414 (1998).
10. Grätzel M, *J. Photochem. Photobiol. A* **164**, 3 (2004).
11. Gardner J M, Giaimuccio J M, Meyer G J, *J. Am. Chem. Soc.* **130**, 17252–17253 (2008).
12. Liu Y, Hagfeldt A, Xiao X R, Lindquist S E, *Sol. Energy Mater. Sol. Cells* **55**, 267–281 (1998).
13. Nakade S, *et al.*, *J. Phys. Chem. B* **109**, 3480–3487 (2005).
14. Katoh R, *et al.*, *J. Mater. Chem.* **17**, 3190–3196 (2007).
15. Hara K, *et al.*, *J. Phys. Chem. B* **107**, 597–606 (2003).
16. Oskam G, Bergeron B V, Meyer G J, Searson P C, *J. Phys. Chem. B* **105**, 6867–6873 (2001).
17. Han L, *et al.*, *Appl. Phys. Lett.* **86**, 213501 (2005).
18. Tachibana Y, *et al.*, *Chem. Phys. Lett.* **364**, 297–302 (2002).
19. Barbe C J, *et al.*, *J. Am. Ceram. Soc.* **80**, 3157–3171 (1997).
20. Park N G, van de Lagemaat J, Frank A J, *J. Phys. Chem. B* **104**, 8989–8994 (2000).
21. Saito Y, *et al.*, *Sol. Energy Mater. Sol. Cells* **83**, 1–13 (2004).
22. Usami A, *Chem. Phys. Lett.* **277**, 105–108 (1997).
23. Ferber J, Luther J, *Sol. Energy Mater. Sol. Cells* **54**, 265–275 (1998).
24. Rothenberger G, Comte P, Grätzel M, *Sol. Energy Mater. Sol. Cells* **58**, 321–336 (1999).
25. O'Regan B C, Durrant J R, Sommeling P M, Bakker N J, *J. Phys. Chem. C* **111**, 14001–14010 (2007).
26. Nazeeruddin M K, *et al.*, *J. Am. Chem. Soc.* **123**, 1613–1624 (2001).
27. Hara K, *et al.*, *Sol. Energy Mater. Sol. Cells* **85**, 21–30 (2005).
28. Murakoshi K, *et al.*, *Journal of Electroanalytical Chemistry* **396**, 27–34 (1995).
29. Zhang Q L, *et al.*, *J. Phys. Chem. B* **108**, 15077–15083 (2004).
30. Hara K, *et al.*, *Langmuir* **17**, 5992–5999 (2001).
31. Bauer C, Boschloo G, Mukhtar E, Hagfeldt A, *J. Phys. Chem. B* **106**, 12693–12704 (2002).
32. Nakade S, Kanzaki T, Wada Y, Yanagida S, *Langmuir* **21**, 10803–10807 (2005).
33. Hara K, *et al.*, *Sol. Energy Mater. Sol. Cells* **70**, 151–161 (2001).
34. Schlichthörl G, Huang S Y, Sprague J, Frank A J, *J. Phys. Chem. B* **101**, 8141–8155 (1997).
35. Miyashita M, *et al.*, *J. Am. Chem. Soc.* **130**, 17874–17881 (2008).
36. Bonhote P, *et al.*, *Inorg. Chem.* **35**, 1168–1178 (1996).
37. Kim S, *et al.*, *J. Am. Chem. Soc.* **128**, 16701–16707 (2006).
38. Vlachopoulos N, Liska P, Augustynski J, Grätzel M, *J. Am. Chem. Soc.* **110**, 1216–1220 (1988).
39. Papageorgiou N, *Coord. Chem. Rev.* **248**, 1421–1446 (2004).
40. Murakami T N, *et al.*, *J. Electrochem. Soc.* **153**, A2255–A2261 (2006).
41. Ikeda N, Miyasaka T, *Chem. Lett.* **36**, 466–467 (2007).
42. Saito Y, Kitamura T, Wada Y, Yanagida S, *Chem. Lett.*, 1060–1061 (2002).
43. Wang P, *et al.*, *Adv. Mater.* **16**, 1806–1811 (2004).
44. Kuang D, *et al.*, *J. Am. Chem. Soc.* **128**, 4146–4154 (2006).
45. Islam A, *et al.*, *Chem. Mater.* **18**, 5178–5185 (2006).

46. Jiang K J, *et al.*, *Chem. Commun.*, 2460–2462 (2006).
47. Chen C Y, *et al.*, *Angew. Chem., Int. Ed.* **45**, 5822–5825 (2006).
48. Hagfeldt A, Gratzel M, *Acc. Chem. Res.* **33**, 269–277 (2000).
49. Tachibana Y, *et al.*, *J. Phys. Chem.* **100**, 20056–20062 (1996).
50. Haque S A, Tachibana Y, Klug D R, Durrant J R, *J. Phys. Chem. B* **102**, 1745–1749 (1998).
51. Tachibana Y, *et al.*, *J. Phys. Chem. B* **104**, 1198–1205 (2000).
52. Benko G, *et al.*, *J. Am. Chem. Soc.* **124**, 489–493 (2002).
53. Katoh R, *et al.*, *Coord. Chem. Rev.* **248**, 1195–1213 (2004).
54. Asbury J B, *et al.*, *J. Phys. Chem. B* **105**, 4545–4557 (2001).
55. Tachiya M, *Radiation Physics and Chemistry* **17**, 447–456 (1981).
56. Katoh R, *et al.*, *J. Phys. Chem. B* **106**, 12957–12964 (2002).
57. Katoh R, *et al.*, *Comptes Rendus Chimie* **9**, 639–644 (2006).
58. Sayama K, *et al.*, *New J. Chem.* **25**, 200–202 (2001).
59. Matsui M, *et al.*, *Dyes and Pigments* **80**, 233–238 (2009).
60. Katoh R, *et al.*, *J. Phys. Chem. B* **108**, 4818–4822 (2004).
61. Furube A, *et al.*, *J. Photochem. Photobiol., A: Chem.* **182**, 273–279 (2006).
62. Hara K, *et al.*, *J. Phys. Chem. B* **109**, 15476–15482 (2005).
63. Kitamura T, *et al.*, *Chem. Mater.* **16**, 1806–1812 (2004).
64. Södergren S, Hagfeldt A, Olsson J, Lindquist S E, *J. Phys. Chem.* **98**, 5552–5556 (1994).
65. Cao F, Oskam G, Meyer G J, Searson P C, *J. Phys. Chem.* **100**, 17021–17027 (1996).
66. Nakade S, *et al.*, *J. Phys. Chem. B* **107**, 14244–14248 (2003).
67. Dloczik L, *et al.*, *J. Phys. Chem. B* **101**, 10281–10289 (1997).
68. Nelson J, *Phys. Rev. B* **59**, 15374–15380 (1999).
69. Van de Lagemaat J, Frank A J, *J. Phys. Chem. B* **105**, 11194–11205 (2001).
70. Boschloo G, Hagfeldt A, *J. Phys. Chem. B* **109**, 12093–12098 (2005).
71. Kopidakis N, *et al.*, *J. Phys. Chem. B* **104**, 3930–3936 (2000).
72. Nakade S, *et al.*, *J. Phys. Chem. B* **105**, 9150–9152 (2001).
73. Kambe S, *et al.*, *J. Phys. Chem. B* **106**, 2967–2972 (2002).
74. Nakade S, *et al.*, *J. Phys. Chem. B* **107**, 8607–8611 (2003).
75. Kopidakis N, *et al.*, *Appl. Phys. Lett.* **87**, 1–3 (2005).
76. Nakade S, *et al.*, *J. Phys. Chem. B* **106**, 10004–10010 (2002).
77. Mori S, *et al.*, *J. Phys. Chem. C* **112**, 20505–20509 (2008).
78. Haque S A, *et al.*, *J. Phys. Chem. B* **104**, 538–547 (2000).
79. Nelson J, Haque S A, Klug D R, Durrant J R, *Phys. Rev. B* **63**, 2053211–2053219 (2001).
80. Bisquert J, Vikhrenko V S, *J. Phys. Chem. B* **108**, 2313–2322 (2004).
81. Bisquert J, Zaban A, Greenshtein M, Mora-Sero I, *J. Am. Chem. Soc.* **126**, 13550–13559 (2004).
82. Montanari I, Nelson J, Durrant J R, *J. Phys. Chem. B* **106**, 12203–12210 (2002).
83. Pelet S, Moser J E, Grätzel M, *J. Phys. Chem. B* **104**, 1791–1795 (2000).
84. Tatay S, *et al.*, *J. Mater. Chem.* **17**, 3037–3044 (2007).
85. Clifford J N, *et al.*, *J. Am. Chem. Soc.* **126**, 5225–5233 (2004).
86. Chang C-W, *et al.* *J. Phys. Chem. C* **113**, 11524–11531 (2009).
87. Clifford J N, *et al.*, *J. Phys. Chem. C* **111**, 6561–6567 (2007).
88. Wang Z S, *et al.*, *J. Phys. Chem. C* **111**, 7224–7230 (2007).
89. Kopidakis N, Benkstein K D, van de Lagemaat J, Frank A J, *J. Phys. Chem. B* **107**, 11307–11315 (2003).
90. Fisher A C, *et al.*, *J. Phys. Chem. B* **104**, 949–958 (2000).
91. Gregg B A, Pichot F, Ferrere S, Fields C L, *J. Phys. Chem. B* **105**, 1422–1429 (2001).
92. Martinson A B F, Hamann T W, Pellin M J, Hupp J T, *Chemistry-a European Journal* **14**, 4458–4467 (2008).
93. Ferrere S, Gregg B A, *J. Am. Chem. Soc.* **120**, 843–844 (1998).
94. Yang M, Thompson D W, Meyer G J, *Inorg. Chem.* **39**, 3738 (2000).
95. Islam A, *et al.*, *New J. Chem.* **24**, 343–345 (2000).
96. Islam A, *et al.*, *Inorg. Chem.* **40**, 5371–5380 (2001).

97. Alebbi M, *et al.*, *J. Phys. Chem. B* **102**, 7577–7581 (1998).
98. Kuciauskas D, *et al.*, *J. Phys. Chem. B* **105**, 392–403 (2001).
99. Altobello S, *et al.*, *J. Am. Chem. Soc.* **127**, 15342–15343 (2005).
100. Hasselmann G M, Meyer G J, *Zeitschrift Fur Physikalische Chemie-International Journal of Research in Physical Chemistry & Chemical Physics* **212**, 39–44 (1999).
101. Kay A, Grätzel M, *J. Phys. Chem.* **97**, 6272–6277 (1993).
102. Campbell W M, Burrell A K, Officer D L, Jolley K W, *Coord. Chem. Rev.* **248**, 1363–1379 (2004).
103. Imahori H, *et al.*, *Langmuir* **22**, 11405–11411 (2006).
104. Hayashi S, *et al.*, *J. Phys. Chem. C* **112**, 15576–15585 (2008).
105. Campbell W M, *et al.*, *J. Phys. Chem. C* **111**, 11760–11762 (2007).
106. Nazeeruddin M K, Humphry-Baker R, Gratzel M, Murrer B A, *Chem. Commun.*, 719–720 (1998).
107. He J, *et al.*, *J. Am. Chem. Soc.* **124**, 4922–4932 (2002).
108. Cid J J, *et al.*, *Angew. Chem., Int. Ed.* **46**, 8358–8362 (2007).
109. Li X Y, *et al.*, *New J. Chem.* **26**, 1076–1080 (2002).
110. Mori S. *et al.*, *J. Am. Chem. Soc.* **132**, 4045–4046 (2010).
111. Mozer A J, *et al.*, *J. Am. Chem. Soc.* **131**, 15621 (2009).
112. Neale N R, *et al.*, *J. Phys. Chem. B* **109**, 23183–23189 (2005).
113. Yum J H, *et al.*, *Langmuir* **24**, 5636–5640 (2008).
114. Mishra A, Fischer M K R, Bauerle P, *Angew. Chem., Int. Ed.* **48**, 2474–2499 (2009).
115. Ito S, *et al.*, *Adv. Mater.* **18**, 1202–1205 (2006).
116. Kim S, *et al.*, *Chem. Commun.*, 4951–4953 (2008).
117. Hwang S, *et al.*, *Chem. Commun.*, 4887–4889 (2007).
118. Ito S, *et al.*, *Chem. Commun.*, 5194–5196 (2008).
119. Choi H, *et al.*, *Angew. Chem., Int. Ed.* **47**, 327–330 (2008).
120. Hagberg D P, *et al.*, *J. Am. Chem. Soc.* **130**, 6259–6266 (2008).
121. Wang M K, *et al.*, *Adv. Mater.* **20**, 4460–4463 (2008).
122. Liu W H, *et al.*, *Chem. Commun.*, 5152–5154 (2008).
123. Wang Z S, *et al.*, *Chem. Mater.* **20**, 3993–4003 (2008).
124. Zhang G L, *et al.*, *Chem. Commun.*, 2198–2200 (2009).
125. Horiuchi T, Miura H, Uchida S, *Chem. Commun.* **9**, 3036–3037 (2003).
126. Horiuchi T, Miura H, Sumioka K, Uchida S, *J. Am. Chem. Soc.* **126**, 12218–12219 (2004).
127. Kuang D, *et al.*, *Angew. Chem., Int. Ed.* **47**, 1923–1927 (2008).
128. Koumura N, *et al.*, *J. Am. Chem. Soc.* **128**, 14256–14257 (2006).
129. Wang Z S, *et al.*, *Adv. Mater.* **19**, 1138–1141 (2007).
130. Hara K, Miyamoto K, Abe Y, Yanagida M, *J. Phys. Chem. B* **109**, 23776–23778 (2005).
131. O'Regan B C, *et al.*, *J. Am. Chem. Soc.* **130**, 2906–2907 (2008).
132. Mozer A J, *et al.*, *Chem. Commun.*, 4741–4743 (2008).
133. Hagberg D P, *et al.*, *Journal of Organic Chemistry* **72**, 9550–9556 (2007).
134. Marinado T, *et al.*, *Langmuir* **26**, 2592–2598 (2010).
135. Law M, *et al.*, *Nature Materials* **4**, 455–459 (2005).
136. Uchida S, *et al.*, *Electrochemistry* **70**, 418–420 (2002).
137. Adachi M, *et al.*, *Electrochemistry* **70**, 449–452 (2002).
138. Martinson A B F, McGarrah J E, Parpia M O K, Hupp J T, *Phys. Chem. Chem. Phys.* **8**, 4655–4659 (2006).
139. Ravirajan P, *et al.*, *J. Phys. Chem. B* **110**, 7635–7639 (2006).
140. Hamann, T. W. *et al.* Energy & Enviromental Science 66–78 (2008).
141. Quintana M, Edvinsson T, Hagfeldt A, Boschloo G, *J. Phys. Chem. C* **111**, 1035–1041 (2007).
142. Islam A, *et al.*, *Inorganica Chimica Acta* **322**, 7–16 (2001).
143. Kay A, Grätzel M, *Chem. Mater.* **14**, 2930–2935 (2002).
144. Green A N M, *et al.*, *J. Phys. Chem. B* **109**, 12525–12533 (2005).
145. Fukai Y, Kondo Y, Mori S, Suzuki E, *Electrochem. Commun.* **9**, 1439–1443 (2007).

146. Iwamoto S, *et al.*, *Chemsuschem* **1**, 401–403 (2008).
147. He J, Lindström H, Hagfeldt A, Lindquist S E, *J. Phys. Chem. B* **103**, 8940–8943 (1999).
148. Mori S, *et al.*, *J. Phys. Chem. C* **112**, 16134–16139 (2008).
149. He J, Lindström H, Hagfeldt A, Lindquist S E, *Sol. Energy Mater. Sol. Cells* **62**, 265–273 (2000).
150. Papageorgiou N, *et al.*, *J. Electrochem. Soc.* **143**, 3099–3108 (1996).
151. Matsumoto H, *et al.*, *Chem. Lett.*, 26–27 (2001).
152. Kubo W, *et al.*, *J. Phys. Chem. B* **107**, 4374–4381 (2003).
153. Kawano R, *et al.*, *J. Photochem. Photobiol., A: Chem.* **164**, 87–92 (2004).
154. Wang Z S, *et al.*, *Chem. Mater.* **21**, 2810–2816 (2009).
155. Nusbaumer H, *et al.*, *J. Phys. Chem. B* **105**, 10461–10464 (2001).
156. Hattori S, Wada Y, Yanagida S, Fukuzumi S, *J. Am. Chem. Soc.* **127**, 9648–9654 (2005).
157. Bach U, *et al.*, *Nature* **395**, 583–585 (1998).
158. Bach U, *et al.*, *J. Am. Chem. Soc.* **121**, 7445–7446 (1999).
159. Schmidt-Mende L, *et al.*, *Adv. Mater.* **17**, 813–815 (2005).
160. Kruger J, Plass R, Gratzel M, Matthieu H J, *Appl. Phys. Lett.* **81**, 367–369 (2002).
161. Handa S, Haque S A, Durrant J R, *Adv. Funct. Mater.* **17**, 2878–2883 (2007).
162. Tennakone K, *et al.*, *J. Photochem. Photobiol., A: Chem.* **117**, 137–142 (1998).
163. Tennakone K, *et al.*, *Journal of Physics D-Applied Physics* **31**, 1492–1496 (1998).
164. Tennakone K, Perera V P S, Kottegoda I R M, Kumara G, *Journal of Physics D-Applied Physics* **32**, 374–379 (1999).
165. Oregan B, Schwartz D T, *Journal of Applied Physics* **80**, 4749–4754 (1996).
166. Kumara G R R A, *et al.*, *Sol. Energy Mater. Sol. Cells* **69**, 195–199 (2001).
167. Murakoshi K, Kogure R, Wada Y, Yanagida S, *Sol. Energy Mater. Sol. Cells* **55**, 113–125 (1998).
168. Tennakone K, *et al.*, *Chem. Mater.* **11**, 2474–2477 (1999).
169. Saito Y, Kitamura T, Wada Y, Yanagida S, *Synthetic Metals* **131**, 185–187 (2002).
170. Mozer A J, *et al.*, *Appl. Phys. Lett.* **89**, 043509–043511 (2006).
171. Ikeda N, Miyasaka T, *Chem. Commun.*, 1886–1888 (2005).
172. Kubo W, *et al.*, *Chem. Lett.*, 1241–1242 (1998).
173. Sakaguchi S, *et al.*, *J. Photochem. Photobiol., A: Chem.* **164**, 117–122 (2004).
174. Usui H, Matsui H, Tanabe N, Yanagida S, *J. Photochem. Photobiol., A: Chem.* **164**, 97–101 (2004).
175. Komiya R, *et al.*, *J. Photochem. Photobiol., A: Chem.* **164**, 123–127 (2004).
176. Kohle O, Gratzel M, Meyer A F, Meyer T B, *Adv. Mater.* **9**, 904 (1997).
177. Grunwald R, Tributsch H, *J. Phys. Chem. B* **101**, 2564–2575 (1997).
178. Nguyen H T, Ta H M, Lund T, *Sol. Energy Mater. Sol. Cells* **91**, 1934–1942 (2007).
179. Amirnasr M, Nazeeruddin M K, Gratzel M, *Thermochimica Acta* **348**, 105–114 (2000).
180. Hara K, *et al.*, *Sol. Energy Mater. Sol. Cells* **77**, 89–103 (2003).
181. Katoh R, *et al.*, *Energy & Environmental Science* **2**, 542–546 (2009).
182. Kern R, *et al.*, *Opto-Electron. Rev.* **8**, 284–288 (2000).
183. Olsen E, Hagen G, Eric Lindquist S, *Sol. Energy Mater. Sol. Cells* **63**, 267–273 (2000).
184. Sommeling P M, *et al.*, *J. Photochem. Photobiol., A: Chem.* **164**, 137–144 (2004).
185. Toyoda T, *et al.*, *J. Photochem. Photobiol., A: Chem.* **164**, 203–207 (2004).
186. Okada K, *et al.*, *J. Photochem. Photobiol., A: Chem.* **164**, 193–198 (2004).
187. Hanke K P Upscaling of the dye sensitized solar cell, *12th International Conference on Photochemical Conversion and Storage of Solar Energy*, Berlin, Germany, pp 1–9 (August 9–14 1998).
188. J. Kroon A H, *Dye-sensitized solar cells*. Springer: Heidelberg, pp 273–290 (2003).
189. Smestad G P, *Sol. Energy Mater. Sol. Cells* **55**, 157–178 (1998).
190. Lindström H, *et al.*, *Nano Lett.* **1**, 97–100 (2001).
191. Uchida S, Tomiha M, Takizawa H, Kawaraya M, *J. Photochem. Photobiol., A: Chem.* **164**, 93–96 (2004).
192. Ito S, *et al.*, *Chem. Commun.*, 4004–4006 (2006).
193. Kijitori Y, Ikegami M, Miyasaka T, *Chem. Lett.* **36**, 190–191 (2007).

第16章 通过有机物进行光转换

Sam- Shajing Sun[1], Hugh O'Neill[2]

1. 美国诺福克州立大学
2. 美国橡树岭国家实验室

16.1 有机和聚合物光伏电池原理

16.1.1 概述

无机晶体半导体基太阳电池技术相对已经很成熟，AM1.5 条件下，可容易地从商业单片互联晶体太阳电池组件中获得 10%~30% 之间的光电转换效率[1-4]，在晶体多结叠层电池中已经获得了超过 40% 的效率[4]，已经预测了有更高的理论效率[3]。但是，该技术成本相对较高，且目前原材料如高质量单晶硅片短缺。由于对可再生、清洁的太阳能需求快速增长，能够降低太阳电池的成本，并有足够原料供应的替代材料或技术变得有吸引力。虽然正在开发多种非晶、薄膜无机太阳电池，工业制造成本和毒性仍具挑战性[1,2,4]。有机及高分子光电材料和技术是另一种非常有吸引力的选择[5-7]。

与无机太阳电池相比，最近发展的有机和高分子共轭半导体材料在光伏应用中非常有前景，原因有如下几个：

1）材料重量轻，功耗低（即薄膜可以很薄），柔性形状，材料合成和器件制备工艺多种多样，大规模工业化生产成本低。

2）通过分子设计、合成和加工，"材料"的能级和能带几乎连续可调。

3）与其他产品如纺织品的可集成性，可用于制造项目，如服装和太阳电池帐篷，柔性包装系统，轻便消费品和未来可能与生物组织相容的"全塑料"光电子器件[8,9]。

16.1.2 有机与无机光电子过程

在有机 π 电子共轭材料中，外壳或价 π 电子通常决定电学和光电特性，可参见参考文献［8］中的第3章。当材料保持在其最低的基态，最高占据分子轨道（HOMO）一般指的是最高能级和全满电子键轨道，最低未占据分子轨道（LUMO）通常指的是最低能级空反键轨道，一个单占据分子轨道称为 SOMO。

HOMO、LUMO 和 SOMO 也被称为前线轨道。与相应无机半导体相比，典型有机半导体材料包括大多数有机结晶半导体的分子间的电子轨道耦合（也称为轨道在空间和能量上的重叠，或简单地"重叠"，并且在数学上表示为一个电子耦合矩阵元素）一般来说更为贫乏。这是因为典型的有机半导体是分子或无定形的共轭材料，分子间距大，取向随机，而大多数无机半导体紧密排列，并是有序的原子晶体。另外，无机半导体强轨道耦合或重叠主要在原子水平，并在大周期性结构范围内形成电子导带（CB）和价带（VB），具有相当的带宽（布洛赫定理）[1-4]（见参考文献［8］第 3 章）。与此相反，大多数有机半导体，轨道重叠和耦合主要在分子水平，即分子形状或堆叠直接制约或限制了分子轨道耦合或带形成[7-9]。因此，具有一定带宽（即超过 0.1eV）稳定的导带（CB）和价带（VB）在有机半导体中很少见（见参考文献［9］第 1 章）。有机半导体的激发能隙 E_g 通常表示离散 LUMO 和 HOMO 轨道的最小能级差，自由载流子在不同的轨道和位置之间转移或者"跃迁"，而非在"带"间进行输运。"类带"有机半导体是罕见的[10]。在大多数有机半导体，与 E_g 能量匹配的光子激发一个有机分子，一个电子首先从 HOMO 能级转移到 LUMO 能级，即轨道电子转移[5,7,8,17,18]，然后与空穴迅速弛豫（重组），形成一个紧密结合的电子-空穴对，被称为弗伦克尔激子[11]。图 16.1 为一个弗伦克尔激子与在无机半导体很普通的瓦尼尔-莫特激子之间的对比示意图[12]，见参考文献［8］的第 1 和第 3 章。

图 16.2 呈现了库仑势 E_c 与激子大小或半径 r 的依赖关系。图 16.3 呈现了基态（S_0）、第一激发态（S_1）和激子解离态（S_1'）的自由能。如图 16.1 所示，结合能一般大于 0.1 的弗伦克尔激子尺寸通常小于 1nm[7,11]。这部分原因是因为激子结合能 $E_B = E_c + \lambda_2$ 正比于库仑吸引势 E_c，见图 16.3，其中 λ_1 是光生激子的重组/弛豫能，λ_2 是激子离解重组能，$E_c = -e^2/4\pi\varepsilon\varepsilon_0 r$ 与电子和空穴之间的 r 或者激子尺寸呈反比，见图 16.2 和图 16.3。E_B 是一个中性粒子激子解离为一个游离的或不相关的空穴粒子和一个游离的或不相关的电子粒子所需的最小能量，空穴粒子称为正极化子，电子粒子称

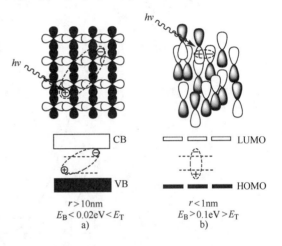

图 16.1 a）无机瓦尼尔-莫特激子与 b）有机弗伦克尔激子

为负极化子，二者也称为带电载流子，或者简单的载流子。在有机或高分子材料，电荷载流子被称为极化子，它们产生大量的电子极化或在它们周围的晶格畸变。正因为如此，典型的室温热能 $E_T = kT$，低于 0.03eV，将不足以解离一个弗伦克尔激子。因此，直接由一个初始光激发产生的不相关的自由电荷载流子，即光产生由价带（VB）到导带（CB）的自由载流子（在典型的无机半导体也被称为"基本的光载流子产生机制"）在有机半导体中是罕见的[7-9]。然而，能带模型或布洛赫定理是基于一个具有很强的原子或分子轨道耦合的完美或理想的周期重复势结构推导出的[7,8]，即使在完美的有机晶体，分子间轨道耦合也可能很弱，这是因为大的分子间距离或间距[10]。

与此相反，瓦尼尔或瓦尼尔-莫特激子为松散的电子-空穴对，尺寸通常大于 10nm，结合能通常小于 0.03eV（［12］，参见参考文献［8］第 1 章），即室温热能 kT 约 0.03eV 足以将这些激子分解成自由载流子。在一个特定的半导体是否生成弗伦克尔或瓦尼尔激子取决于前线轨道耦合、结构周期性和材料的介电常数。例如，某些有机晶体半导体呈现出类似能带输运或瓦尼尔激子特性，在低温区，电导率随着温度降低而增加，在有机晶体红荧烯[10]中观察到超过 20cm²/Vs 的载流子迁移率。由于室温热能 kT 足以分离瓦尼尔激子，室温下光激

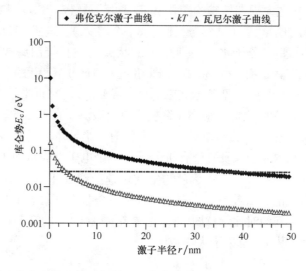

图 16.2　库仑势与瓦尼尔（三角形）和弗伦克尔（钻石形）激子的大小的示意图。
水平虚线表示室温下的热能 kT

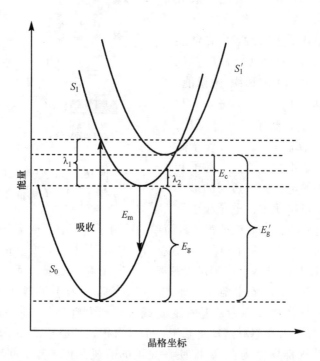

图 16.3　基态（S_0）、第一激发态（S_1）和激子解离态（S_1'）自由能表面示意图

发很容易在导带生成一个自由或不相关的电子，在价带产生一个自由的或不相关的空穴，即
"基本的光载流子产生"的机制很好地适用于瓦尼尔激子，见图 16.1 ~ 图 16.3。对于弗伦克
尔激子，因为在大多数有机半导体，室温下热能量 kT 不足以解离激子，所以为了解离弗伦
克尔激子，需要额外的能量，或一个次级驱动力。在大多数天然植物中光合作用的最初太阳
光捕获步骤遵循这个次级过程[13]，这将 16.2 节中进一步阐述。

16.1.3 有机/聚合物光伏过程

有机/聚合物太阳电池的整体光电转换过程可以分为至少以下五个关键步骤:

1) 光子吸收和激子产生。

2) 激子扩散到给体/受体界面。

3) 在给体/受体界面激子解离或产生载流子。

4) 载流子向着各自的电极输运。

5) 载流子在各自的电极收集。

对于所有目前报道的有机/高分子光电材料与器件,还没有对五个步骤中的任何一个进行优化。因此,与无机电池的效率(通常大于 10%)相比,报道的有机或聚合物太阳电池的光电转换效率(小于 7%)是比较低的并不奇怪。

16.1.3.1 光子吸收和激子产生

对有机光收集系统,也适用于自然界植物的光合作用(见 16.2 节)的一个基本要求是该材料的光学激发带隙 E_g 必须匹配入射光子的能量。正如前面讨论,在大多数有机材料,带隙默认为是 HOMO 及 LUMO 之间的最小能量差。由于弗伦克尔激子通常是有机半导体激发过程中产生的(即从它的 HOMO 到 LUMO 的电子转移),因此,光学带隙 E_g 用来代替传统的电子能量带隙(类似图 16.3 示出的 E_g),在无机半导体中通常是指导带(CB)的最小或最低点和价带(VB)的最大点或最高点的带隙。如果 VB 被定义为包含"自由的"空穴,CB 被定义为包含"自由的"电子,那么对于一个给体/受体二元有机的系统,自组织或良好耦合受体 LUMO"带"可能被称为 CB,自组织或良好耦合给体 HOMO"带"可能被称为 VB。不幸的是,由于差或弱的分子间轨道耦合,在有机中很难形成"带",而电荷迁移率的主要原因是"跳跃"输运机制,而不是"类带"输运。

对于太阳电池应用,太阳辐射跨越宽的光辐射范围,最强烈的光子通量在 600 ~ 1000nm(AM1.5 下的 1.3 ~ 1.8eV)或 400 ~ 700nm(AM0 下的 1.8 ~ 3.0eV)[1-4]。对于地面应用,期望的太阳电池的能带带隙范围为 1.3 ~ 1.8eV。这可以通过叠层电池结构中带隙渐变来实现,这将在后面的章节中进行讨论。到目前为止,广泛用于有机太阳电池研究的几种流行共轭半导体聚合物的带隙高于 1.8eV[5-7]。例如,一些广泛使用的聚磷亚苯基亚乙烯(RO-PPV)的带隙通常为 2.3 ~ 2.5eV,几个代表聚噻吩(包括最流行的 P3HT)的带隙在 1.8 ~ 2.0eV 之间,$1/\alpha$ 值在 $(1 ~ 2) \times 10^5 cm^{-1}$ 范围(见参考文献[5]第 23 章),均远高于最大的太阳光子通量范围 1.3 ~ 1.8eV。虽然某些无机光伏材料,由于俄歇生成机制,一个高能光子可以产生一个以上的激子[14],到目前为止,在有机太阳电池中还未报道过这样的机制。另外,无定形的有机物通常具有低的电荷迁移率或高电阻,通常需要非常薄的膜。因此,能量匹配的光子的一小部分可穿过材料不被捕获。这就是在 AM1.5,PPV 基聚合物太阳电池光子吸收(或激子产生)还远远没有得到优化的原因。这种"光子损失"的问题,其实在大多数目前报道的有机/聚合物光伏材料和器件中非常普遍。捕获大多数光子,同时不会损失光电压的最好的方式可能是叠层电池结构,这将在后面的章节中进行描述。另外,有机材料的一个优点是通过分子设计与合成可以调节能级[7-9]。因此,改善还有充足的机会。低带隙共轭聚合物的最新发展就是这样的例子[15](参见文献[6]第 4 章)。

16.1.3.2 激子扩散到给体/受体界面

一旦在任一给体或受体相中由光产生弗伦克尔激子，它通常会扩散（例如，通过内或分子间能量转移或"跳跃"过程，包括 Förster 或者 Dexter 能量转移过程）到相邻的或较远的位置[60,61]（参见文献［8］第 3 章）。与此同时，激子会通过辐射（即通过光致发光（PL）），或非辐射衰减到基态（即电子从 LUMO 态回到 HOMO 态），寿命通常在皮秒到纳秒范围[5-9]。另外，在固体状态，一些激子可能被陷阱在缺陷或杂质位置，成为一个稳定的电荷对，然后缓慢或无辐射衰变。激子衰退和捕获都对所谓的激子损失有贡献。在其生命周期内，有机激子经过的平均距离被称为激子平均扩散长度（AEDL）[7]。非晶态或者非晶材料，AEDL 严重依赖材料的空间特性，即形态。对于大多数共轭聚合物材料，AEDL 通常是在5 ~ 50nm 范围内[5-9]。例如，PPV 的 AEDL 大概在 5 ~ 10nm[9,16]。由于光生伏特过程中所需的第二个步骤是，每一个光生弗伦克尔激子能到达给体/受体界面，在界面可能发生激子解离（电荷分离），通过制造一个没有缺陷和大给体/受体界面（或容易到达的界面）的形态增加 AEDL 是尽量减少激子损失的一种策略。

16.1.3.3 激子解离和给体/受体界面电荷载流子的产生

如果界面电势场或者能量偏移的幅度使得电荷分离落入由 Marcus 理论定义的最佳电子转移区域，以及这样的界面电子转移的电子耦合矩阵元足够强[7,17,18]（参见参考文献［9］第 1 章），当一个激子到达给体/受体界面，由于给体/受体前线轨道能量的偏移，即图 16.4 的 δE 形成的界面电势场将把激子分解为受体 LUMO 的一个自由电子和给体 HOMO 的一个自

由空穴。这种光诱导界面电荷分离过程也被称为"光掺杂"，因为它是一个光诱导（与化学或热诱导相反）给体和受体之间的氧化还原反应[7-9]。实验已经观察到，在 PPV/富勒烯界面这样的光诱导电荷分离过程要大大地快于无论是 PPV 激子衰退或者分离的电荷再结合[19,20]，这说明此界面的量子效率接近 1。同时提高其他因素，高效有机光电转换系统是可行的。如图 16.4 所示，过程 1 为给体光子激发或激子的形成，过程 2 是给体激子衰退，过程 3 是在给体/受体界面，给体的激子解离（或电荷转移），过程 4 是分离的电荷复合，过程 5 是受体激发，过程 6 是受体激子衰退，过程 7 是受体激发以后在给体/受体界面电子转移，过程8 是受体激发后在界面空穴的转移（备注：在

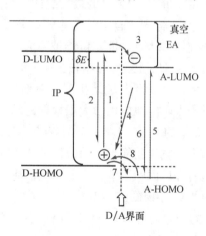

图 16.4 本章中定义的不同过程的给体/受体二进制光收集系统中分子前线轨道和光诱导电子及 Dexter 能量转移过程示意图

不同的报告中，过程 8 和过程 7 是一样的）。过程 1 和 5 是典型的光激发过程，对于与具有足够密度或厚度的材料相匹配的能量的所有光子效率可以接近 1。过程 3、7（或 8）为给体/受体界面电荷转移（或激子解离），它们的效率（参考激子衰退）在最佳条件下接近 1，即优化的能级偏移和电荷转移大的电子耦合[7,17,18,20]（参见参考文献［8］第 3 章）。过程 2 和 6 是激子衰退，它们的效率（参照激子解离）高度取决于材料的形态，例如晶畴越大或者激子到达给体/受体越困难，激子退化就越严重。过程 4 是分离电荷的复合，其效率对电

耦合和电荷复合过程中的能量因素敏感，并且它们可以大大慢于激子解离过程[20]。如果在界面，电子和空穴同时从给体传送到受体，那么它就是一个 Dexter 能量传递过程而不是电荷转移[61]（参见参考文献［8］第 3 章）。

16.1.3.4　载流子向电极输运

一旦在给体/受体界面上产生载流子，空穴需要输运到大功函数电极（LWFE，正电极收集空穴），电子需要输运到小功函数电极（SWFE，负电极收集电子）。载流子输运的驱动力主要包括两个电极功函数差异产生的场、能级跳跃位置和一个"化学势"梯度[21]。"化学势"梯度驱动力可以视为粒子密度势驱动力，即由于热动力学，颗粒倾向于从一个更高的密度区域扩散到较低的密度区域。例如，在以下部分描述的有机给体/受体双层 Tang 电池[22]中，一旦激子离解成 D/A 界面受体侧的电子和 D/A 界面给体侧的空穴，在"化学势"和两个电极功函数差形成场的双重作用下，电子会远离界面，向 SWFE 负电极移动。在相同力作用下，空穴会被"推"向 LWFE 正电极，但是移动方向与电子相反。有了这个化学势驱动力，即使两个电极是相同的，仍然能实现非对称光电压，即给体 HOMO 产生正极和受体 LUMO 产生负极[22]。能级跳跃位置，如许多中间隙状态的物质包括杂质、缺陷或有意掺杂的氧化还原物质，也有利于载流子输运或电导率，通过提供"浅"跳跃轨道位点供电子和空穴跳跃[7-9]。在 D/A 界面电子-空穴分离后，由于自由电子和空穴之间的库仑力或 A-LUMO/D-HOMO 的电位降，它们还会复合。幸运的是，在大多数情况下，载流子的复合速率远远慢于（通常几个数量级）载流子的分离速率（通常在飞秒/皮秒）[5-9,19,20]，因此载流子在复合以前有足够的机会到达电极。然而，在目前大多数报道的有机太阳电池中，电子和空穴传输到各自的电极并不是很顺畅，由于形态不良或载流子传输路径的非双连续性。如果在两个电极之间给体和受体相是完美的双连续性，并且所有的 LUMO 和 HOMO 的轨道是整齐的，而且两个给体和受体相彼此重叠，如在一个高度自组装的薄膜或晶体中，载流子将能够向各自的电极顺利地进行输运，得到转换效率非常高的太阳电池[7]。目前，大多报道的有机光伏系统，认为载流子热跳跃是占主导地位的输运机制。因此，认为"载流子损失"是有机太阳电池低转换效率的另外一个关键因素。

16.1.3.5　载流子在电极的收集

有人提出[23]，当受主的 LUMO 能级与 SWFE 的费米能级相匹配，并且给体的 HOMO 能级与 LWFE 的费米能级相匹配，将会建立理想的电极欧姆接触，能有效收集载流子。到目前为止，没有任何有机/聚合物光伏电池已经实现了这一理想的欧姆接触，由于涉及材料和电极的可用性和局限性。也不清楚这样的匹配是不是最佳的情况，尤其是当涉及重组能量时[7,17,18]。然而有多项研究专注于开路电压（V_{OC}）对 LUMO/HOMO 能级的变化、电极的费米能级和化学势梯度的依赖关系[21,24]。载流子在电极的收集机制研究得相对较少而且未能很好地理解。载流子收集损失（包括在电极上的载流子复合）可能是大多数现有的有机太阳电池低转换效率的另外的关键因素。

16.2　有机/聚合物太阳电池演化与类型

16.2.1　单层有机太阳电池（肖特基电池）

1885 年，Charles Fritts 开发了第一个无机单层光伏电池[25]，如图 16.5a 所示。Fritts 电

池是一个三明治结构，半导体硒薄膜层夹在两个不同金属电极之间，其中一个金属电极是很薄半透明的金层，作为一个 LWFE 收集光生正电荷（空穴），另外一个金属电极由铜层组成，作为 SWFE 收集光生负电荷（电子）。在这种电池中，当能量匹配的光子轰击硒，首先产生一个疏松结合的瓦尼尔-莫特激子。随后室温热激活能 kT 把其分解为一个电子和空穴，自由电子向 Se 的导带（CB）移动，而自由空穴向 Se 的价带（VB）移动，如图 16.6a 所示。然后在两个不同金属功函数差形成的场下自由电子和空穴扩散到各自的电极。该 Fritts 电池光电能量转换效率大约为 1%[25]。

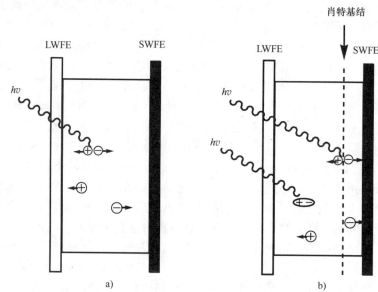

图 16.5　经典 a）无机单层及 b）有机单层太阳电池对比示意图

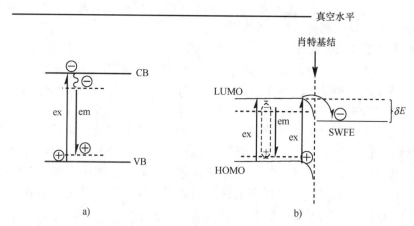

图 16.6　a）无机单层电池（隔离层，无能带弯曲）和 b）具有小功函数电极（SWFE）
如金属（如铝）的有机单层型光伏电池的光诱导激子（ex）和发射（em）能级

　　与此相反，在早期的有机单层光伏/光电二极管电池，如在图 16.5b 和图 16.6b 中所示的 Pochettino 电池中[26]，当能量匹配的光子轰击有机层的大部分时，只产生一个强结合的弗伦克尔激子，其在纳秒或皮秒寿命内通常衰退到基态。在寿命期间，大多数共轭聚合物中大多数弗伦克尔激子只能移动 5 ~ 50nm（激子平均扩散长度（AEDL）），远少于通常超过

100nm 厚度的薄膜。因此，大部分的激子都将丢失。然而，在有机/SWFE 界面肖特基结区产生或者扩散到结区的那些弗伦克尔激子（见图 16.5b），在肖特基结轨道弯曲的作用下激子可离解成一个自由电子和一个自由空穴[1,5]。能带弯曲被认为主要是由于有机/金属界面上产生了杂质和缺陷，因为暴露在氧气中能增加光伏效应（见参考文献［1］第 9 章）。这些单层有机太阳电池具有非常小的光电能量转换效率（通常小于 0.01%）。它们也被称为肖特基电池，因为载流子主要产生在肖特基结。单层太阳电池或肖特基电池可被归类为第一代有机太阳电池。

16.2.2　双层给体/受体异质结有机太阳电池（Tang 电池）

从空间（几何）结构来看，第二代太阳电池为 p/n 结或给体/受体双层电池。在无机太阳电池中这样的电池为双层 p/n 结，1954 年，贝尔实验室 Pearson 等人首先证实该电池[1-4]。如图 16.7a 和图 16.8a 所示，在典型的 p/n 结无机太阳电池，由于 p/n 结场，光生自由电子和空穴有效的分离为 n 侧的自由电子和 p 侧的自由空穴。最重要的是，分离的电子和空穴移向单独的区域（在 p 区空穴为多数载流子，在 n 区电子为多数载流子），载流子复合损失的可能性要小得多。此外，由于 p/n 结附近电荷载流子密度大于体内的电荷载流子密度，不对称的化学势也"助力"载流子扩散到它们各自的电极。类似地，有机太阳电池发展的一个重要里程碑是由柯达的 C. W. Tang 在 20 世纪 80 年代初创造的有机电子给体/受体双层结构[22]，如图 16.7b 和图 16.8b 所示，无论是在给体还是受体层，一旦光生弗伦克尔激子扩散到 D/A 界面，就会发生电荷分离，其中电子将转移到或留在受体 LUMO 能级，空穴将转移到或留在给体 HOMO 能级。由于两个电极诱导的内部场和化学势驱动力，相比单层电池，电子和空穴会更轻松、快速地跳跃到各自的电极。载流子复合的可能性比在单层电池小得多，因为电子和空穴向两个单独的区域移动。由于 Tang 电池的成功展示，有机及聚合物光伏领域开始迅速成长，作为新型有机/聚合物给体和受体进行了广泛的研究。图 16.9 显示了一些有代表性的有机/聚合物的电子给体的化学结构，图 16.10 显示了一些有代表性的有机/

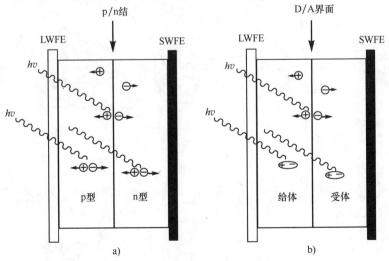

图 16.7　a）具有空穴和电子的典型的无机 p/n 结双层太阳电池和 b）具有激子（ + - ）的有机 D/A 结双层太阳电池光载流子产生过程的对比示意图

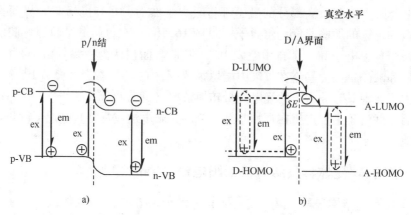

图 16.8　a）无机 p/n 双层及 b）有机 D/A 双层光伏电池在开路电压模式下的能级示意图

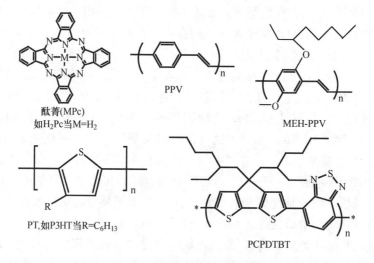

图 16.9　代表性的有机/聚合物的电子给体（p 型半导体）

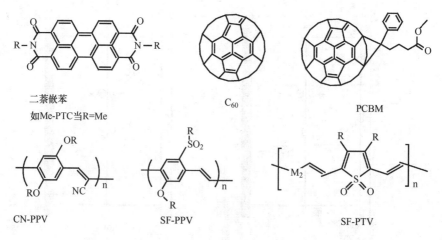

图 16.10　代表性的有机/聚合物的电子受体（n 型半导体）

聚合物的电子受体的化学结构，图 16.11 显示了一些普遍使用的有机/聚合物电子给体和受体的前线轨道能级。关键电极材料的功函数也呈现在图 16.11 中。需要注意的是，给体和受体都是相对的。例如，酞菁 H2Pc 相对二萘嵌苯 Me-PTC 是给体，但相对 MEH-PPV 则为受体。然而，双层电池的一个主要限制因素仍然是相对厚的材料层（通常厚度超过 100nm）与相对短的激子平均扩散长度（AEDL，通常小于 50nm）之间的对抗。这导致许多光生激子在到达给体/受体界面之前的消耗。另一方面，减小膜的厚度会降低光子的吸收。

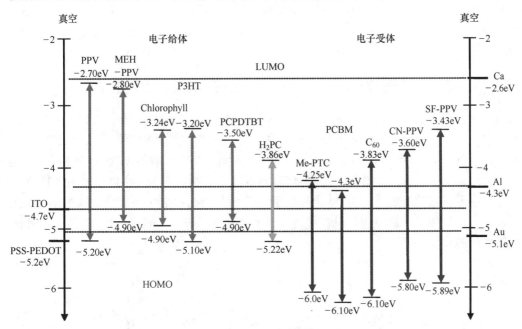

图 16.11　代表的有机/聚合物电子给体和受体的前线轨道能级。几个代表性电极的功函数也列在两侧

16.2.3　体异质结有机太阳电池

第三代有机/聚合物太阳电池被归类为"体异质结"（BHJ）电池，如图 16.12（空间分布）和图 16.13（能量分布）所示[23]。这些电池通过给体（如共轭施主型聚合物）与受体（例如富勒烯）紧密混合组成。在这种结构中，给体/受体界面（因而载流子分离位点）随机分布在体内任何位置，激子更容易到达附近的给体/受体界面，分离为载流子（虽然有些区域尺寸可能仍然比 AEDL 大得多）。例如，发现，在类似条件下，与对应的 D-A 双层电池相比，D-i-A 三层结构的电池的光电转换效率几乎翻倍，D 为给体层，A 为受体层，i 为给体/受体混合层[27]。广泛研究了利用共轭聚合物（如 MEH-PPV，P3HT）作为给体和富勒烯衍生物（如 PCBM）为受体的一些体异质结电池。在 D/A 界面，它们展出接近 1 的光诱导电荷分离（内部量子效率），在不同的辐射条件下，整体光电能量转换效率在 1% ~ 6% 之间[5,6,19,20,23,24,28,29]，

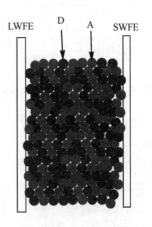

图 16.12　给体/受体共混型体异质结（BHJ）太阳电池的示意图

效率最好的是 P3HT/PCBM 电池，转换效率大约为 5%[28,29]。比上一代双层电池效率高的原因可以归因于光生激子接近于 D/A 界面，以及光子捕获的增加，现在薄膜做得更厚可以捕获更多的光。然而，即使电荷载流子的产生是高效的，与 Tang 双层电池相比，载流子传导到电极问题更大，因为给体和受体区域在两个电极之间不是真正的双连续性。载流子可能在任何岛被停止或被限制，或复合更加频繁，因为差的或者随机的相形貌（见图 16.12）。此外，如果给体和受体都直接与两个电极接触，在有机/电极界面，载流子复合会很严重，导致差的载流子收集效率。一个有趣的方法是先制作一个 D/A 双层，然后使给体和受体部分扩散到对方，形成一个 D-(D/A)-A 的浓度梯度型结构，预计将增加 D/A 界面，同时仍然保持在两个电极之间的 D/A 的空间不对称性[30]。

16.2.4 n 型纳米粒子/纳米棒与 p 型聚合物共混的杂化太阳电池

这里所指的杂化电池通常含有 n 型纳米颗粒或纳米棒与 p 型共轭聚合物如 PPV 或聚噻吩混合[5,31]。聚噻吩优点：更好的化学稳定性，与 PPV 相比更低的带隙[6,9]。n 型纳米颗粒/纳米棒包括各种无机半导体，例如 CdSe、CdTe、PbS、ZnO 或碳纳米管（SWNT）[5]。这些电池的优点如下：无论是聚合物或纳米颗粒/纳米棒都能捕获光子，可以通过纳米颗粒/纳米棒尺寸大小调整带隙，纳米颗粒/纳米棒化学活性强[5]。与晶硅电池相比，柔性薄膜电池重量更轻，价格更便宜。缺点包括电荷载流子传输路径的不连续，使用相对较重的无机材料，铅或镉使用的环境问题。

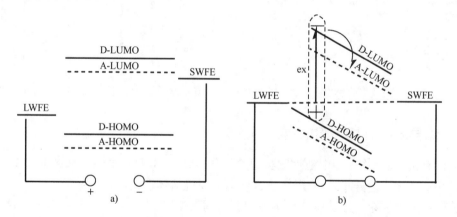

图 16.13　体异质结光伏电池能级示意图：a）开路电压模式，b）短路电流模式

16.2.5 双连续有序纳米结构（BONS）有机太阳电池

图 16.14 和图 16.15[32-36]给出了给体/受体（或 p/n 型）双连续有序纳米结构（BONS）太阳电池。图 16.14 描述了电池的空间结构，图 16.15 描述了该电池在开路电压情况和短路电流情况下的能带结构。在 BONS 电池中，给体/受体双连续两相分离和有序纳米结构形态可以是夹在一个三明治结构中的有序柱或筒形态，并在两个电极之间具有垂直取向。每个柱状或者圆筒形横截面直径在大多数有机半导体激子平均扩散长度范围内（5~50nm）。与混合 BHJ 体系相比，激子更容易到达给体/受体界面（至少在柱状横截面方向），现在两个带电载流子向它们各自的电极有一个连续或不间断的输运途径。这种模式下，活性层厚度可以

比激子平均扩散长度更厚（与 BHJ 电池相同），但在 BONS，载流子传导看起来比 BHJ 更好。由于提出了 BONS 电池[32-36]，已经启动了一些方法以实现 BONS 电池。包括使用嵌段共聚物[32-40]，n 型 TiO_2 或其他无机半导体多孔或填充有 p 型共轭聚合物的隧穿模板图案[31]，n 型排列 ZnO 或与 p 型共轭聚合物混合的其他半导体纳米棒[41]，与 p 型共轭聚合物混合排列的碳纳米管[42]，及为了堆放 p/n 双连续柱状结构的盘状液晶分子[43,44]。这些 BONS 可以应用到所有的有机的 D/A，无机 p/n，或者任何杂化无机/有机 p/n 二元太阳电池中，因为这两个共同的特点是，该纳米区域界面分离激子，而纳米隧道为每个载流子提供平滑的输运路径。

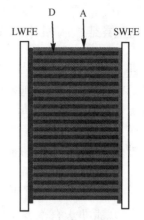

图 16.14 给体/受体（或 p/n 型）的双连续有序纳米结构（BONS）太阳电池示意图

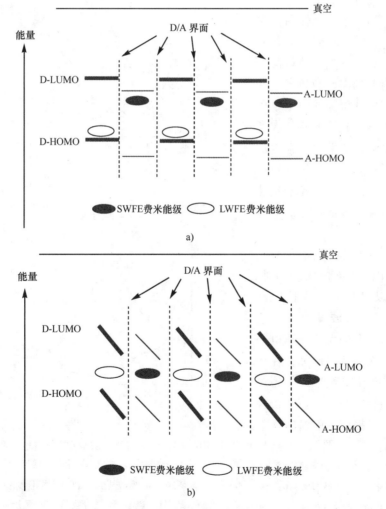

图 16.15 给体/受体（或 p/n 型）的双连续有序纳米结构（BONS）太阳电池在 a）开路电压模式和 b）短路电流模式下能级结构示意图。虚线之间的每个区域代表一个列（或给体或受体），直径小于典型激子扩散长度 5 ~ 50nm

16.2.6　叠层结构有机太阳电池

除了如上所述的在单一电池中期望的形态，电池的光激发也应该与捕获光子的能量匹配。此外，给体和受体之间前线轨道偏移也必须是这样的，电荷分离落入由 Marcus 理论定义的最优电子转移区域，以最有效地分离激子，同时使载流子复合最低[5,7,17,18,37]。正因如此，能量区域的优化也至关重要。因为在各单节电池（或子电池），无论是给体还是受体都只有一个带隙，并且只能捕获范围很窄的能量匹配的光子，并且太阳光辐射跨越广泛的光谱，从紫外一直到红外，串联式堆叠和串联电池是可取的[1-4,7,45-48]（见参考文献[8]第14章）。一个理想的多结叠层电池在叠层电池中应该有带隙梯度，能量范围能覆盖整个太阳光谱，从而可以捕获大部分太阳光（因此电池应该呈现为黑色!）[7]。不同带隙系列电池在空间上彼此平行堆叠，按从大带隙到小带隙的带隙递减顺序排列，跟随光辐射的传播方向。这种方式，在前面的具有最大带隙的电池将首先捕获最高能量的光子，但是允许低能量光子通过后面的具有更低带隙的电池，此电池捕获低能量的光子，并依次类推。此外，即使在前面大带隙电池中一些激子不能分离和弛豫以发射一个更低能量的光子，该光子仍然可以由下一个具有较低带隙的电池捕获[7]。

由于每个电池的开路电压与它的给体 HOMO 和受体 LUMO 相关[24]，因此以串联方式连接电池非常关键，以便叠加光电压。以这种方式，能同时得到大的开路电压和高的能量转换效率。例如，在无机叠层太阳电池中已经报道了超过40%的能量转换效率[4]，在有机叠层太阳电池已经报道的能量转换效率为6%以上[46-48]。图16.16给出了两个有机给体（PCPDTBT 和 P3HT）和两个有机受体（PCBM 和 $PC_{70}BM$）以及它们的复合物的紫外-可见光谱图，得到的叠层电

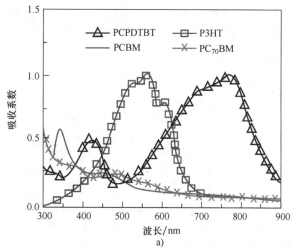

a)

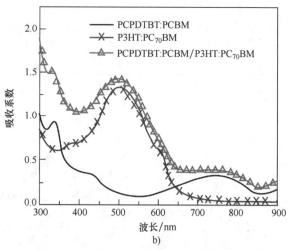

b)

图16.16　a）四个有代表性的 OPV 材料包括两个给体 P3HT 和 PCPDTBT，及两个受体 PCBM 和 $PC_{70}BM$ 薄膜的吸收光谱，b）三个薄膜电池的吸收光谱，PCBM 复合材料（实线平滑曲线），P3HT：$PC_{70}BM$ 复合物（中间叉形曲线），及两个电池的叠层器件结构（顶部三角形曲线）[47]

池的能量转换效率为 6.5%[47]，图 16.17 给出了这些电池的入射光子到电子转换效率（IPCE）和电流-电压（I-V）数据[47]。最佳的器件性能概括如下：PCPDTBT：PCBM 单节电池的短路电流密度 $J_{sc} = 9.2 \mathrm{mA/cm^2}$，开路电压 $V_{OC} = 0.66 \mathrm{V}$，填充因子 FF = 0.50，转换效率 $\eta_e = 3.0\%$。P3HT：PC$_{70}$BM 单节电池的短路电流密度 $J_{sc} = 10.8 \mathrm{mA/cm^2}$，开路电压 $V_{OC} = 0.63 \mathrm{V}$，填充因子 FF = 0.69，转换效率 $\eta_e = 4.7\%$。而叠层电池短路电流密度为 $J_{sc} = 7.8 \mathrm{mA/cm^2}$，开路电压 $V_{OC} = 1.24 \mathrm{V}$，FF = 0.67，$\eta_e = 6.5\%$[47]。I-V 曲线清楚显示叠层电池的光电压大约是各子电池的电压之和。

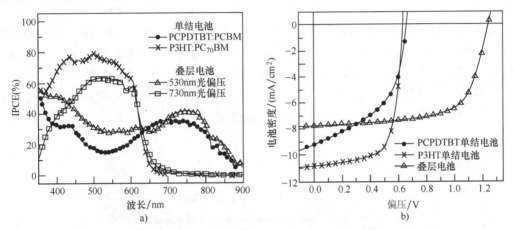

图 16.17　a）不同波长偏置光下两个单结电池和一个叠层电池的 IPCE 谱。用调制光谱和锁相放大器测量 IPCE 数据（单结电池），对叠层电池没有使用偏置光。对于用偏置光对叠层电池的测量，使用的是强度约为 2mW/cm² 未调制的单色光。b）两个单结电池与一个 PCPDTBT 和 P3HT：PC$_{70}$BM 复合材料组成的叠层电池 J-V 曲线，具有 100mW/cm² 的照射强度校准太阳模拟器，AM1.5G 光照（约一个太阳）[47]

16.2.7　"理想"的高效率有机太阳电池

如上讨论，似乎一个理想的高效率有机太阳电池可以是串联或多结式的串联和并联堆叠多层电池（子电池），具有渐变的能带带隙能覆盖大部分的太阳光谱，并且每个子电池具有上面所述的给体/受体（或 p/n）BONS 结构[7]。通过分子和形态的处理和优化，可以进一步提高载流子迁移率，这样的"黑色叠层样式塑料太阳电池"可能会出现与现在高效无机太阳电池可比的光电能量转换效率，但是比高效无机太阳电池更具优势：成本较低、柔性、重量轻。

16.3　有机和高分子太阳电池制备和表征

16.3.1　有机和高分子太阳电池的制备及稳定性

有机或聚合物太阳电池器件结构示意图如图 16.18 所示，有机或聚合半导体层具有光伏功能（称为活性层），通常为夹在透明导电电极（TCE）（例如，铟锡氧化物（ITO）涂覆的玻璃或聚合物膜作为 LWFE，底部）和金属电极（例如作为 SWFE 的铝，上部）之间的三明治结构。然而，最近发现，聚（乙烯二氧噻吩）：聚苯乙烯磺酸层（PEDOT-PSS 或 PSS-PE-DOT[5]，化学结构如图 16.19 所示），以及其他类似的功能化缓冲层将极大地提高活性层和ITO 电极之间空穴的传输[49]。另一方面，薄 LiF 层的使用能增加活性层和金属电极之间的电子传输，这将在下面进一步阐述。对有机小分子太阳电池的制备，通常为高真空（至少 10^{-6}Torr）蒸气沉积，偶尔也会使用溶液结晶工艺在 TCE 衬底生长有机薄膜，接着通过真空热蒸发在光活性层顶部沉积金属电极（主要是铝，有时为钙或银）。出于研究目的，可以在沉积金属电极时，通过在有机活性层顶部使用带阴影的模板确定电池的大小或形状，在一片 2.5cm×7.6cm ITO 玻璃片上制备多个电池是很常见的。之前，有机太阳电池大多制备的面积非常小（例如，2mm×2mm）。现在，在业内强烈推荐或认可至少制备和测试 10mm×10mm 的电池，已得到可信的对比和结果。对于聚合物基太阳电池的制备，通常为溶液旋涂（小型设备），喷墨印刷（中等尺寸的设备），或可用于工业规模制备活性层工艺的卷对卷塑料薄膜制造（大尺寸片）（见参考文献［6］第 19 章）。溶液加工具有大规模工业化生产的低成本和便利[5,6,57]。

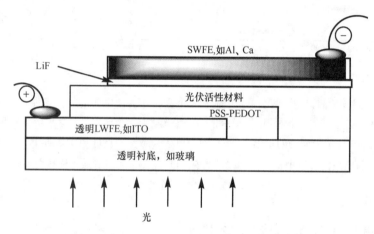

图 16.18　有机/聚合物太阳电池常规横截示意图

透明导电电极（TCO，如 ITO 玻璃）表面处理非常关键。不同方法已应用于清洁 ITO 表面[49]。水溶液处理的 PSS-PEDOT 层涂覆在 ITO 玻璃电极的顶部和活性层的下面，已经观察到这能够优化活性层和 ITO 电极之间的空穴传导。电聚合制备的 PSS-PEDOT 薄膜的电导率可以达到 80S/cm，如通过化学聚合电导率可以低至 0.03S/cm。这被认为是由于聚合物的不同组成[50]。报道的 PSS-PEDOT 方块电阻低至 350～500Ω/□[51]。当发现通过在聚合物活性层和 ITO 玻璃之间插入该材料作为缓冲层，聚合物发光二极管（LED）的性能和稳定性得到了提高，它就成为一种非常有吸引力的材料[52,53]。在水分散体，PSS-PEDOT 是可用的，可以通过溶液

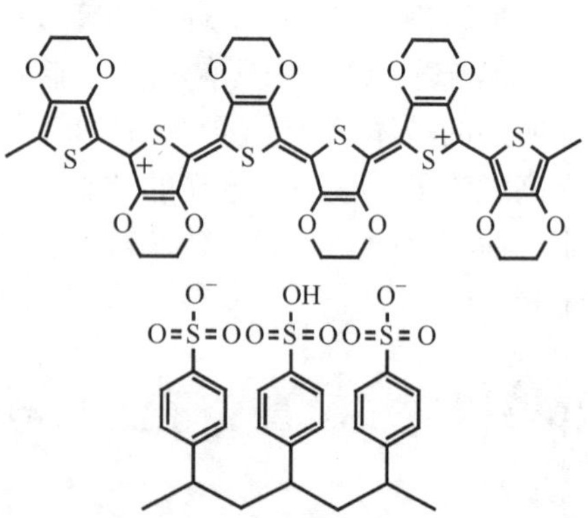

图 16.19　PSS-PEDOT 的化学结构

旋涂制备均匀、透明的导电薄膜。在器件应用中最重要的物理性能是高的功函数（-5.2eV）和光滑的表面。PSS-PEDOT 层应用后器件性能的改善，在空间或者能量控制范围内可能归因于一系列的因素。在空间范围，比如，商业 ITO 玻璃表面非常粗糙和电导率对区域敏感[54]。PSS-PEDOT 层无论是表面粗糙度还是不同点的电导率分布较均匀。PSS-PEDOT 亦可阻止电子到达 ITO 电极，从而有效地防止电子-空穴在 ITO 表面复合。在能量范围，PSS-PEDOT 的功函数位于 ITO 的功函数（-4.7eV）和大多数有机给体材料 HOMO 能级之间。位于中间的功函数可以促进或优化聚合物和 ITO 之间空穴的传输。但是，PSS-PEDOT 薄膜层厚度应进行优化，因为太薄了可能有许多针孔，而太厚则引起串联电阻的增加[54]。

已经认识到用于有机太阳电池制造/测试的惰性气体环境很关键，因为许多有机/聚合物材料能与氧气或者水稳定地反应，特别是在光激发过程中。这样的光氧化可以归因于光诱导电子从有机材料的 LUMO 到氧气的 LUMO（尤其是单一态氧）或水的转移。因此，对氧气/水很好屏蔽的有机太阳电池封装在目前是必要的。例如，Konarka 公司展示了封装条件下，有机太阳电池稳定性能优异，可高达数千小时[55]。另外，材料前线轨道能级的调节（例如，降低材料的前线轨道，以削弱电子向氧和水的转移）也将改善"材料"的环境稳定性（也可参见参考文献［6］第 18 章）。

16.3.2 有机光伏制备现状和挑战

目前，至少有两家公司——Konarka 公司和 Plextronics 公司已经发展了 OPV 组件的规模化生产，两家公司都在美国。Konarka 通过喷墨 "drop-on-demand" 技术在移动的卷对卷纸上打印不同的层[56]。他们已经制造了 6.4% 的小面积（0.75cm²）电池，并提供了系列约 1.6% 高效串联组件，用于不同的消费者和远程能源应用。他们正在波士顿（美国）建设一个组件制造工厂，产能达数百兆瓦。Plextronics 公司制作的小面积 P3HT/PCBM 电池（1×2cm²），使用传统的旋涂法，然后串联其中的 54 个，做成了一个 15cm×15cm 的组件[57]。他们已经取得 1.1% 的总面积转换效率，或 3.4% 的活性面积效率（面积分别为 233cm² 与 108cm²）。最好的小面积器件效率为 5.4%（NREL 认证）。他们的业务集中于出售聚合物油墨，而非组件。

聚合物：富勒烯混合制备的体异质结器件的性能取决于溶剂、退火和干燥条件、给体的化学组成，以及空穴注入层（HIL）的选择。高产量和高收益组件的生产对干燥时间、厚度和组合物的均匀性有附加的限制，另外，在大气压力下形成活性聚合物层，也许是在惰性气氛中。避免所有其他薄膜常用的真空系统导致更低的设备成本，但对大气和颗粒污染具有更高的敏感性。

我们将对喷墨印刷工艺进行简要的论述，因为这种方法显然适合于大面积、高产量涂层。Konarka 公司的喷墨印刷工艺要求在与标准旋涂或流延成型应用非常不同的条件下进行[56]。它的一个独特的功能是实现单片互连，通过仔细记录相邻层的印刷，而不是在其他薄膜组件技术作常用的沉积后激光划线（见 12.6.2 节或 14.6 节）。连续记录方式需要相邻电池小条之间更宽的"死区空间"，从而减小有效面积，但简化了生产。通过卷对卷印刷 OPV 遇到的问题有两种：任何高品质、高精度涂层和封装过程常见的问题和处理 OPV 材料特有的问题。挑战众多，其中一些如下所述。

高质量的涂层常见的严重问题是网格路径清洁。需要净化等级为 1000（ISO 6）或更好的洁净室，以尽量减少空气携带源导致的缺陷。对于 OPV 制造，这种类型的污染会由一个表面问题，最终变成一个严重的失败。

由涂液的不均匀性，如凝胶、凝结剂、异物造成的缺陷和气泡会造成结构中的空隙或杂物，这会导致电池功能失效。任何高质量的涂料都会发生这种情况，但同样，OPV 系统更加敏感。沿衬底行程如条纹和带方向涂层异常导致涂层不均匀，并且可能会导致较低的电池性能。

独特的 OPV 涂层需要电池涂层的侧向记录和功能，以提供电池-电池间串联互连。如果有任何层或加工品只要错位几微米，在该区域中的堆叠将是不完整的，导致短路或断路。同样，通过擦拭透明导电性基材层限定电池。不完整或错误擦拭记录会破坏电池。

OPV 材料，在涂布之前，需要保护，避免特定的污染和极端温度。涂装后，需要其他干燥和退火条件以得到高的转换效率。为了确定和控制这些条件，根据给定的涂装线，需要理论知识，有纪律的实验和严格的过程控制。

涂层电池的封装同样也具有挑战性，因为 OPV 电池对水分和氧气非常敏感[55,58]。无封装 OPV 电池对水分和氧气非常敏感。脆弱的封装网需要对最后的包装产品进行集成之前尽量减少应力。

16.4　天然光合作用，阳光能源转换系统

光合作用是通过捕获太阳光并进行一系列反应的生物学过程，把太阳能转换为维持生命所需要的生化能量。它提供了我们星球所有的营养和大多数能源资源。光合作用的最常见的形式是叶绿素基，并且可以广泛地分为两种不同类型的过程。通过植物、藻类和蓝细菌来完成产氧光合作用，把二氧化碳和水转化为碳水化合物和氧。在原始细菌如紫色和绿色的细菌中发生不产氧光合作用，生产一种碳水化合物、还原酸，及来自二氧化碳和例如硫化氢分子或还原有机分子的水。光合作用过程，与生化过程相关的许多其他能源类似，在脂质双层膜中发生。主反应由包含了色素的蛋白质来完成。这些膜或者是细菌的细胞质膜，或者是蓝藻的高度网状类囊体膜，或者是在高等植物和藻类的叶绿体。叶绿体是亚细胞器，与蓝藻祖先相关。

光合作用过程可分为三个阶段：通过天线系统捕获光，把激子能量转换为化学能，合成和输出产物。通过一系列的蛋白质复合物完成各个单独反应，并且为发展人造系统提供了很多灵感，来模拟它们精湛的分子结构。本节将主要处理与前两个过程相关的仿生光合作用研究进展，这与有机太阳电池非常相似。

16.4.1　光合作用色素

光合作用过程中的第一步是颜料吸收太阳光的光子。所有叶绿素基的光合生物包含多种类型的颜料，用于不同功能的优化[59]。绿素类，如叶绿素 a、b 和细菌叶绿素，除了存在称为碳环的一个额外的环（E），结构上类似于卟啉（见图 16.20）。此外，一个或一个以上环的减少，降低了大环的对称性，导致对应太阳光谱的光合活性区颜料吸收率的增加。叶绿素 a 和 b，是绿色植物和藻类的主要色素，其中 D 环减少。在绿色和紫色的细菌叶绿素中，菌环 B 也减小，引起颜料吸收光谱的红移。烃类尾部基团，通常是类异戊二烯基团，附着于环 D 用于锚定蛋白质环境的色素。二氢卟酚大环化合物中心金属原子的性质对颜料光物理性质起着至关重要的作用。最常见的是镁离子（Mg），虽然也有 Mg 被 Zn 取代的几个例子。具有这些金属的颜料激发态的寿命相对较长，通常为几纳秒。相反，用铁、锰、铜取代，激发态寿命

降低几个数量级，原因是通过金属未填充轨道的超快内部转换，这些颜料不能直接用来敏化光合作用。

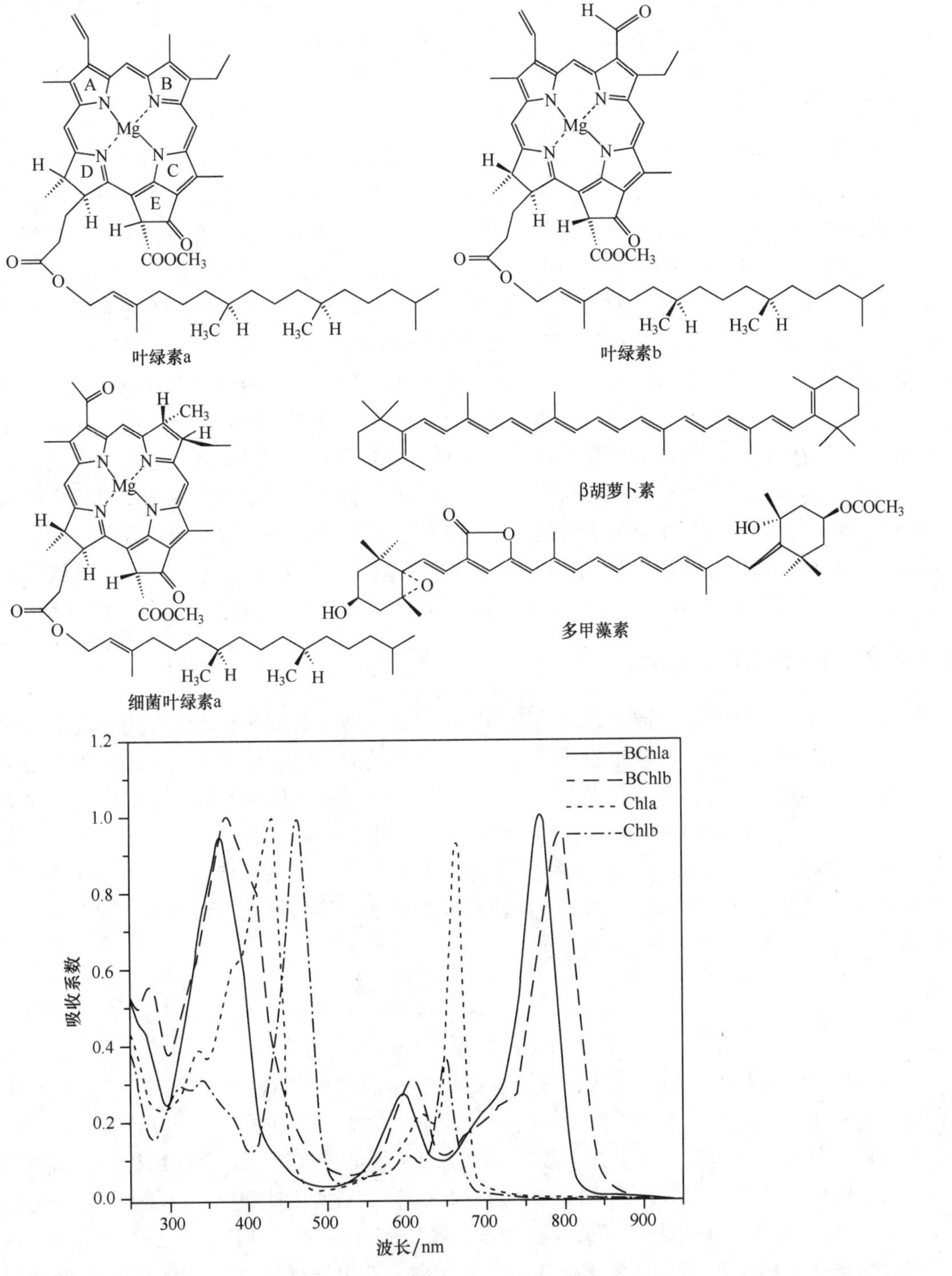

图 16.20　具有代表性的光合色素化学结构和吸收光谱。通过字母指定环。在两个天线和反应中心复合物都发现了叶绿素（Chl）a、细菌叶绿素（BChl）a 和类胡萝卜素，而叶绿素 b 只存在于天线复合物。甲藻是唯一发现的一类天线复合物[60]

　　类胡萝卜素是另一类的颜料，普遍存在于光合作用有机体中。它们的功能是作为天线辅助色素吸收光线并将其转移到叶绿素中，对调控光合作用系统中的能量流非常重要。此外，类胡萝卜素还为有机体提供光保护起到非常重要的作用。它们在灭掉不希望的激发态如叶绿素三重态和单重态氧上非常有效，从而保护色素免于光氧化伤害。

16.4.2　天线配合物

　　大多数颜料在光合作用系统充当天线系统，收集光和递送能量到反应中心[59]。它们大大增加反应中心可用光的数量，因为它们共同比单一颜料吸收更多的光。因此增加光合作用过程的整体效率。天线系统不进行任何化学反应，而是完成电子激发态在分子间能量转移的工作。这个物理过程高度依赖于天线颜料能量耦合，允许在皮秒时间尺度上，叶绿素之间的能量在几纳米之间转移。这体现在光合作用天线蛋白复合物中生色团精致的组织与空间排列。激发能量转移（EET）的过程，其中天线复合物吸收光线，并迅速有效地把产生的激发态能量传递到受体部分，这是天线复合物的主要功能。EET机制可以由跃迁偶极矩之间的库仑相互作用（Förester EET），能量传递速率取决于颜料之间距离的6次方，或者通过电子交换作用，通过直接或间接的波函数的重叠（Dexter型EET）[61,62]。能量传递速率取决于给体和受体能量的跃迁偶极子动量的相对取向，和颜料的光谱重叠。足够快地把能量传递给反应中心复合物，低于颜料激发态的寿命纳秒。在天线复合物中，颜料彼此很近并且在能量上强烈耦合，如在细菌绿色体和LH1与LH2复合物上发现的，激发态在几个分子间离域作为激子[63]。将在本章的后面对单一的自然天线系统和它们与合成系统的关系进行详细介绍。

16.4.3　光合作用反应中心

　　最后一个步骤就是激子通过天线系统扩散，将能量转移到存在于光合作用反应中心的一个特殊的叶绿素二聚体上。这是激子能量转化为氧化还原反应或化学能量的第一步。光合作用反应中心是大型膜结合多亚基蛋白复合物，包含叶绿素和其他电子转移的辅助因子如类胡萝卜素、醌类、铁硫簇和金属心。在所有的反应中心电荷分离的基本机制是一样的。一个具体的叶绿素对（CP）会通过直接吸收光子或更常见的靠天线系统传递的能量达到激发态。在激发态，它是一个非常强的还原剂，能快速地把电子转移到附近的受体分子（A）上，产生离子对（CP$^+$ A$^-$）如方案16.1所示。

$$CP \longrightarrow CP^+ \longrightarrow CP^+ A^-$$

方案16.1　叶绿素对光致电荷分离

　　接近的CP和A基团使系统容易复合，因此能量以热的形式损失掉（方案中的虚线）。然而，这是可以避免的，由于二次受体的位置，能成功地争夺电子，防止复合反应。这些反应在空间上分开正负电荷，减少几个数量级的复合。例如，在产氧光合作用机构光系统I反应中心，吸收一个光子以后，特殊叶绿素对（P700）光化学诱导电荷在反应中心分离，经由中间体A_0、A_1和F_X快速把电子转移到外围的铁硫配合物（F_A和F_B）（见图16.21）。这将导致初级电子给体（P700）处弱氧化剂的产生，和末端电子受体（4Fe-4S中心）处强还原剂的产生。该光化学反应在100~150ns完成[65]，并在6nm的距离产生大约1V电位差[66]。该光化学反应的量子产率接近100%[67,68]。而光子到化学能的能量转换效率接近

$20\% \sim 25\%^{[69]}$。

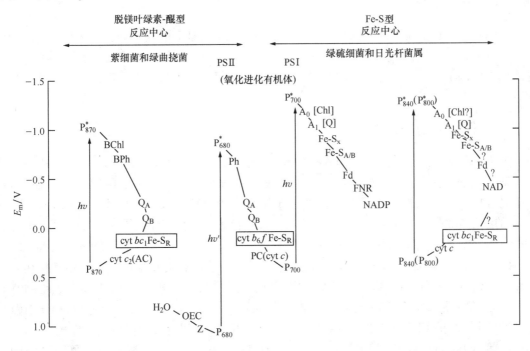

图 16.21　光合作用反应中心的电子转移途径示意图。不产生氧气的紫细菌和不产生氧气的绿硫
细菌的循环电子传递系统分别显示在左边和右边。所谓的通过光系统 I（PS I）和光系统 II（PS II）
执行的产氧光合作用有机体 Z 方案在中心显示。垂直轴为电子载流子氧化还原电势的中点。
括号中的载流子表示在一些有机体的替代种，问号表示电子转移的步骤是可能的，
但不确定已经建立了。缩略词在其他地方列出[64]

　　其他主要反应中心的电子转移路径也显示在图 16.21 中，给出了光合作用系统中各种因
子的氧化还原中点电位及它们的和次要的电子载流子。这个示意图的呈现使光合作用系统的
能量和完整电子转移途径很容易地观察到。垂直箭头表示特殊叶绿素对向其激发态的激发，
它们的长度正比于初级电子给体颜料的激发能。数字的标志（如 P700）表示叶绿素最大吸
收发生的波长，箭头的上端给出叶绿素激发态（P*700）的氧化还原电位势。紫色细菌最简
单的和最好理解的反应中心，将在本章的后面进行讨论。

16.5　人工光合作用系统

　　通过人工光合作用把太阳能转化为电力或化学燃料在化学上是最具挑战性的目标之
一[70]。如上所述，自然光合作用进程的超分子组织提供了发展合成相应物质的灵感。在
自然系统中，通过尺寸上非常精确的组织来实现光到化学能的有效转化：①空间，分子
组成的近端位置；②能源，对于激发态和邻近组织的氧化还原电位；最后，③时间，竞
争过程的速率相关。通过使用共价和非共价键的战略，在分子工程人工系统已经采用了
类似的组织。目前人工光合作用系统的各个方面已经取得了进展。然而，集成到一个工
作系统尚未实现。

16.5.1 天线系统

天线系统的功能是增加光捕获截面积，从而实现能量捕获和输运到反应中心非常高的效率。反过来，这能最大化反应中心的周转率。此外，交互发色团相互作用以及不同的发色物种的使用拓宽了把光转化为能量的可用光谱范围。已经提出了各种合成策略，其灵感来自自然系统。

16.5.2 循环卟啉阵列

近年来，共价连接的光合作用阵列已经用于人工光合作用天线的研究[71]。这些系统的灵感来自光捕获天线复合物（LH2），目前在紫细菌如红假单胞菌嗜酸细胞中存在[72,73]。LH2 复合物是 $\alpha_a\beta_a$ 圆形的九聚物，由两个车轮状的团聚体组成，团聚体为命名为 B800 和 B850 的细菌叶绿素（BChla），直径分别为 62Å 和 52 ~ 54Å（见图 16.22a）。B800 包含 9BChla 分子，每个 $\alpha\beta$ 二聚体脱辅基蛋白上有一个，具有镁-镁交互生色团，距离 21.2Å（见图 16.22b）。该 BChla 分子被认为是单体，因为几乎没有交互生色团电子相互作用。与此相反，18 BChla 分子以 B850 形式形成滑-共面二聚体亚基亚单元，具有镁-镁交互生色团，每个 $\alpha\beta$ 亚单元距离为 8.8Å，亚单元之间距离为 9.5Å（见图 16.22b）。通过 Förester 机制估计 B850 团 LH2 的 EET 速率为 270fs^{-1}，基于共面 BChla 之间较大的偶极相互作用[74]。对球形红细菌 B800 团，该 EET 速率常数估计为 0.8 ~ 1.6ps^{-1}，反映相邻的发色团之间的长距离[75]。

合成循环卟啉阵列的主要动机是复制自然光捕获天线结构和功能。通过共价、非共价键或金属配位键合来构建这些阵列[76-78]。共价键合阵列表现出最高的结构稳定性，但难以制备，最终的环化反应步骤要求模板，使前驱体为了环化反应采取良好的折叠构象。与此相反，非共价组建的金属配位键合的阵列更容易受到环境影响，可诱导解离，这将在后面讨论。

最近对环状卟啉的合成方案进行了综述，以了解种类繁多的可能结构[71]。通常，使用两种合成方法合成环卟啉，无论是苯或乙炔桥低聚结构或微观尺度互联的阵列。虽然所有环卟啉表现出高的 EET 速率[71]，只有在微观尺度互联的卟啉阵列观察到了很有效的 EET 过程。通过锌卟啉单体反应合成这些阵列，单体存在以 Ag(I) 盐方式存在的未取代的微观尺度位置。偶合反应具有高度选择性，只有在卟啉微观尺度位置反应，需要精确控制反应条件，能得到低聚物和期望数量的卟啉[79]。以 5，10-二芳基锌卟啉作为起始单体，合成了具有 4、6 或 8 个卟啉单元直接连接的环卟啉阵列[80]。最大阵列的结构如图 16.22c 所示。这些结构显示出小于 1ps 的 EET 速率，与在天然 LH2 天线系统中观察到的相媲美。这反映了交互生色团空间排布非常紧密，导致非常大的 Förester 型相互作用（见图 16.22c）。这些研究认知了高效 EET 的结构要求，为发展形状持久阵列作为更大的功能聚合体的结构单元提供了希望。

16.5.3 枝状大分子

枝状聚合物是一类具有良好定义的大分子，表现出延长的枝状纳米尺度结构。虽然自然界中没有树突状的捕光天线复合物，对它进行讨论是合适的，因为它强调化学上如何开发天

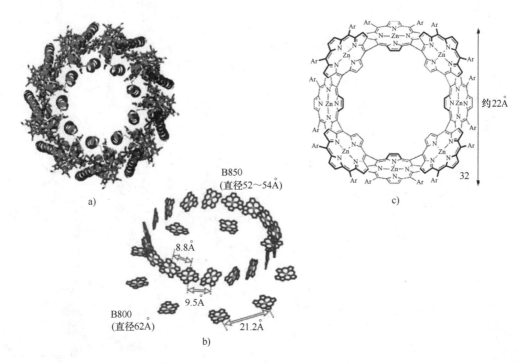

图 16.22　紫色细菌 LH2 天线复合物和合成的循环卟啉结构比较。a）紫细菌 LH2 天线复合物结构式，b）蛋白质复合物中细菌叶绿素的排列，c）LH2 复合物的晶体结构和结合的发色团的空间排列。细微尺度连接的 8 单元的卟啉阵列结构。细观细观结构挂钩 8 单元卟啉阵列。

从参考文献［71］改编。经过许可进行转载

然存在的分子，例如绿素类，设计和合成新的结构。枝状大分子构建捕光天线非常具有吸引力，因为重复的、高收益反应序列允许在具有拓扑控制的有限空间插入大量的生色团。可以理性方式设计扩展枝状大分子，具有预测的光物理和高效的捕光性能。

大的卟啉阵列，意在模仿自然光捕获天线生色团阵列的形貌，已有报道[81]。它是由锚定到中心卟啉单元（P_{FB}）的锌卟啉的七聚体（$7P_{Zn}$）的四个枝状楔组成（见图 16.23）。枝状楔充当给体，受体为中心的卟啉单元（P_{FB}）与周围的聚（苄基醚）单元，以使阵列可溶于普通有机溶剂中。星形枝状阵列（$(7P_{Zn})_4P_{FB}$）中的大量生色团单位（共 28 个）可实现对光子的有效捕获。

锌卟啉单元相互配合，以方便不存在 π- 电子共轭的远距离能量迁移。能量传递 EET 速率恒定，从枝状分子的激发单重态到星形聚合物中心卟啉（$(7P_{Zn})_4P_{FB}$）能量转移是 $1ns^{-1}$，能达到 71% 的效率。相比之下，七聚体锥形形状单元（$(7P_{Zn})_1P_{FB}$）的 EET 速率为 $0.1ns^{-1}$，比星形枝状大分子小几个数量级，效率为 19%。观察到的能量转移速率和效率的巨大差异表明该阵列的形态可显著影响能量转移。在黏性介质，通过稳态荧光偏振研究了具有形态差异的（$(7P_{Zn})_4P_{FB}$）和（$(7P_{Zn})_1P_{FB}$）的能量迁移特性。在这些条件，分子运动受到抑制，能量迁移有望在枝状阵列随机取向的生色团单元发生。用 544nm 偏振光激发（$(7P_{Zn})_4P_{FB}$），在能量转移到枝状核心以前，导致锌卟啉单元高度去极化荧光。荧光各向异性估计为 0.03，显然小于单体参考化合物测量值 0.19，表明在能量转移到枝状核心以前，

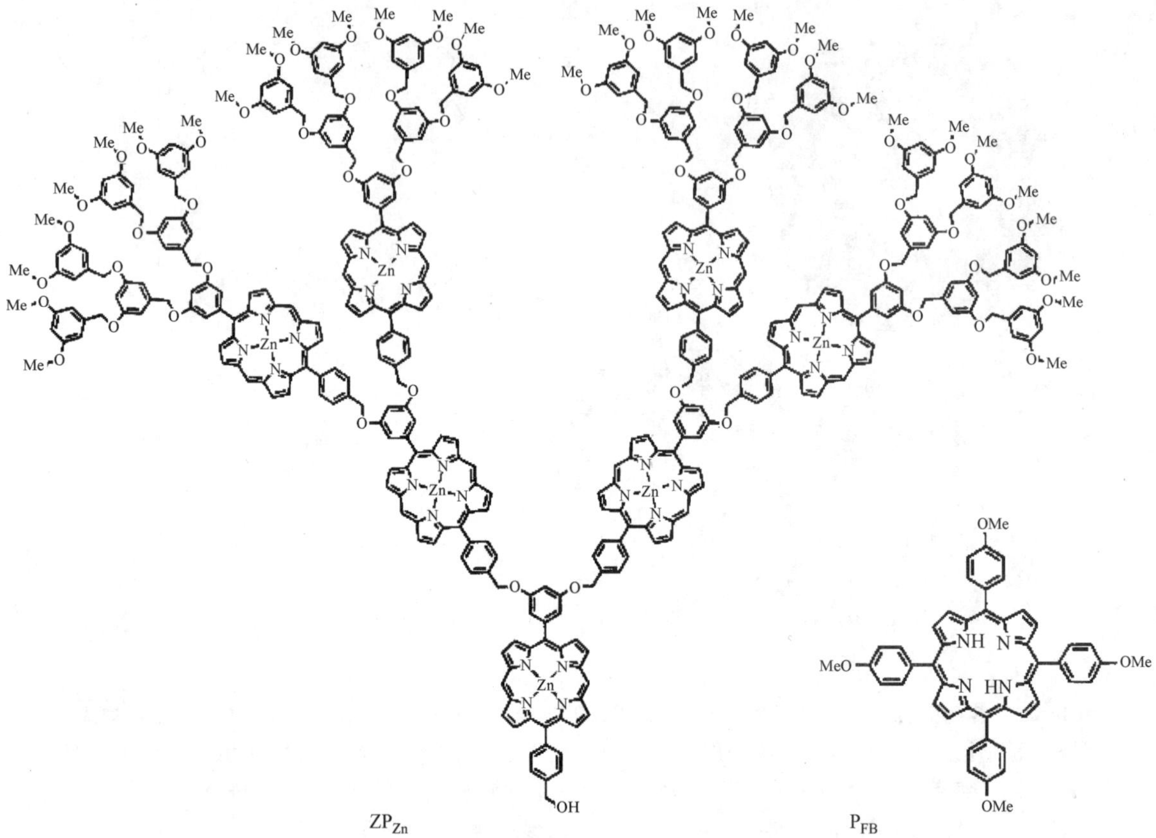

图 16.23　模仿细菌捕光天线复合物的大的枝状多卟啉阵列。P_{FB} 部分作为电子受体的功能，是中央分子，锚定 4 个 $7P_{Zn}$ 圆锥形的枝状楔，制备星形枝状聚合物（参考文献［81］转载，通过许可）

Zn-卟啉单元之间有效的能量转移。圆锥形（$(7P_{Zn})_1P_{FB}$）的荧光各向异性因子比星形对应物的值大 0.10。结果表明四枝状楔（$(7P_{Zn})_4P_{FB}$）之间可能的合作，促进卟啉单元之间的能量迁移。合理设计捕光天线的这种方法，结合 28 卟啉的单位，相互合作，以便利远距离能量迁移，并转移到一个中间受体核心，模仿了天然紫细菌的捕光 LH1 复合物的几个催化性能。

　　除了卟啉枝状捕光天线，还已经研究了其他方法。已经合成了金属配合物的枝状聚合物包含钌（Ⅱ）和锇（Ⅱ）作为金属离子，低聚单元如 2，3-和 2，5-双（2-吡啶基）吡嗪作为桥接单元，2,2-联吡啶和 2,2-联喹啉作为终端配体[82]。已经构建了含有 22 种金属基基元的物种。同时也构建了基于有机分子的枝状大分子。在由三萘嵌二苯酰亚胺为核心的聚苯枝状聚合物，具有四个连接到所述支架的苝单酰亚胺和 8 个在轮辋的萘单酰亚胺，已经在全体和单分子水平研究了天线效应[83]。已经观察到从苝单酰亚胺和萘单酰亚胺到核心的有效能量转移。基于主客体系统枝状聚合物利用枝状大分子的内部空腔，可以承载离子或中性分子，允许所收集的能量由相同的枝状聚合物输送，以便适当调整客体。形状持久阵列由具有表面改性低聚（对-亚苯基亚乙烯基）单位的一个四氮六甲圜核心组成，核心被二甲氧基苯和萘的单元或聚（丙烯胺）枝状大分子包围，已用于承载染料分子如曙红[84]。从枝状聚合物主体到染料客体通过 Förestor 机制的能量转移已被证明是非常有效的，由于它们各自的吸收光谱之间的强烈重叠。

16.5.4 自组装系统

绿色体，在绿硫光合作用细菌中发现的一种细胞器，是在自然界中发现的最高效捕光设备之一。与在前面的部分讨论的自然天线系统不同，它是唯一已知的光合作用系统，在这个系统中多数颜料色素（BChl c，d，e）没有组织成色素蛋白复合物，而是作为颜料色素-颜料色素聚集的团体。该绿色体发现附着在细菌细胞质膜的内侧，尺寸通常为 150nm × 50nm × 20nm，含封装在脂质双层膜内的约 10^5 个 BChl 分子[85]。虽然流行的绿色体结构模型描述了 BChl 聚集到类棒状元素的组织，最近的电子形貌研究辅以溶液小角和广角 X 射线揭示具有 20Å 间距的内部结构，其中 BChl 分子聚合成色素分子的半晶体侧向阵列[86]。这种光合作用结构提供了灵感，以发展合成类似物，类似物模仿这些精美结构的结构和功能特性。复制绿色体内天然存在的 BChl 自组装过程的一种方法已追加到卟啉，战略放置官能团组能够诱导自组装。有趣的是，这些研究又提供了对天然存在系统结构的深入了解。

典型的带有如十一，八乙基或 3,5-二-叔丁基苯官能团的卟啉被用作原料[87]。这些单元可以进一步衍接其他功能基团，如乙酰基或羟乙基，这些基团可促进自组装。自组装过程引起红移和光谱展宽，与在 J-聚集体观察到的类似。聚集体为动态系统，可形成更大的聚集体，这些大聚集体可以通过搅拌或者添加超化学计量比的试剂促进金属接合来分散开。卟啉外消旋混合物比单一的对映体自组装更容易，这表明异向的自组装比纯手性自组装在热力学上更有利[88]。我们可以更深入了解为什么在绿色体中存在 BChl 的差向异构体，即使在自然系统中通常只合成一个分子的一种对映体。一种具有 5-羟基和 15-乙酰基的锌卟啉的结构如图 16.24 所示。它揭示了锌卟啉扩展构架，其中锌原子从卟啉平面一侧上连接到一个羰基氧

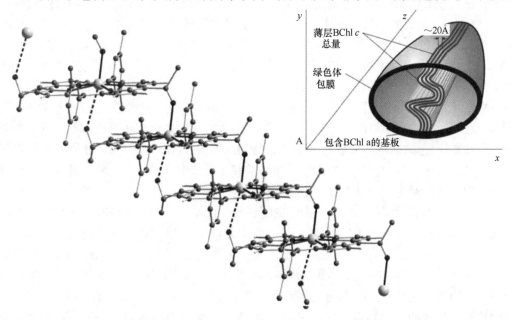

图 16.24 通过 X 射线衍射分析得到的锌卟啉的晶体结构，绿色体细菌叶绿素聚集体的示意图。锌卟啉具有 5-羟基和 15-乙酰基。插图：绿色体里面的片层排列。每一个波浪线通过高度沿绿色体长轴扩展（改编自参考文献［86］和参考文献［87］，得到许可）

原子在相反的一侧连接到乙酰氧。在高浓度卟啉中，堆叠形成层状结构，长晶体轴有 2nm，与 SAXS 和 TEM 测量的 Zn-Zn 间距相同[88]。没有证据显示，结构中有氢键。组装卟啉的整体形态与自然的绿色体非常相似。这就为如下设想提供了支持，绿色体是层状结构，由反平行堆叠的 BChl 二聚体构成，没有组织成棒状单元。

16.6　人工反应中心

16.6.1　细菌反应中心

光合细菌主要有两大类，包括紫硫细菌（着色菌科）和紫色非硫细菌（红螺），含有具有类似结构的光合反应中心（PRC）[89]。在所有自然产生的光系统，紫色细菌的光合反应中心得到了最好的表征。这些蛋白质是跨膜络合物，在光合作用把光能转化为化学能的过程中，起催化第一步的作用。已经通过用 X 射线结晶技术阐述了红假单胞菌和球形红假单胞菌光合反应中心的三维结构[90,91]。它们由至少被称为 L（轻）、M（中）和 H（重型）三种多肽链，和一个被认为第四个蛋白质亚基，四血红素细胞色素 c 组成。多肽亚基 L 和 M 结合 BChl，细菌脱镁叶绿素（BP），醌类化合物，二价铁离子和类胡萝卜素作为辅基。每个 L 和 M 亚基形成五个跨膜螺旋，组成光合反应中心的中央部分。连同它们的辅基，表现出垂直与膜平面的高度局域双重对称性。

除类胡萝卜素之外，L-M 复合体的辅基以两个对称的分支排列，称为 A 和 B 分支。这些辅基进行与电荷分离的主反应，和随后的与激子的能量转换为化学能相关的二次反应。然而，光合反应中心仅利用一边的辅基，用于电子转移。关键的分子成分是一种特殊的细菌叶绿素对（P）、一个细菌叶绿素单体（BC）、一个细菌脱镁叶绿素（BP）、醌（Q_A）和四血红素细胞色素 c（Cyt）。在光合反应中心蛋白质复合物内的颜料的结构组织如图 16.25 和图 16.21 所示。它们保持固定的和精确的几何形状，这是通过多肽链有效电子转移的优化。由于 P 属于两个分支，它的两个 BChl 根据与 Mg^{2+} 相连的亚基用下标 L 和 M 标记。P_L-P_M 对位于对称轴上的周质外膜表面附近，而胞质内的膜表面位于 Q_A 的水平（见图 16.25）。亚铁离子绑定在靠近对称轴附近的醌之间。可以删除或者与一些二价金属交换，不会破坏光合反应中心的功能[92]。类胡萝卜素与 BChl 的 B 支相关联，通过使 P 的三重态在敏化形成强氧化剂单线氧态前淬灭，保护光合反应中心。结晶学和光谱数据表明，类胡萝卜素分子不在全反式构象，但在靠近链多烯的中心有一个顺式键[93]。

图 16.25 给出了紫细菌光合反应中心电子转移的能量图和每个步骤的速率常数。电荷分离和能量传递是通过吸收光子或由激子从捕光天线 LH1 和 LH2 扩散到"特殊叶绿素对" P 产生一个最低的激发态（P^*）而发起。随后是一个快速电子转移（约 3ps）到初级受体 BP 的过程，生成的 P^+-BP^- 中间物。然后转移的电子从 BP^- 到终端电子受体 Q_A，在 200ps 的时间范围内。通过细胞色素，P^+ 部分还原到它的基态。高效率电荷分离过程基于这样的事实，即复合步骤是较慢的，因为它们位于 Marcus 反转区。反应中心的 Q_A^- 基团，通过把电子转移到一个二次醌 Q_B，发生氧化。这个泛醌接收两个光生电子和两个质子，形成氢醌，在从反应中心解离迁移到细胞色素 bc_1 复合物之前，这个过程需要约 200μs。通过蛋白质复合物的一个多步骤的电子和质子转移过程，接着生成三磷腺苷（ATP），这是普遍的细胞能量种

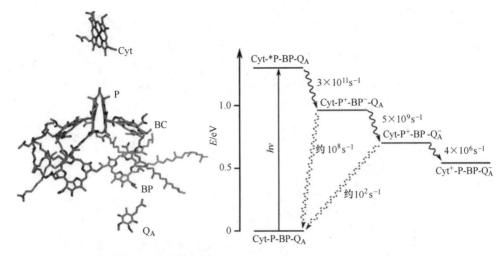

图 16.25 紫细菌反应中心电子转移链组织和能量图的简化视图，显示每个电子转移步骤的速率常数
（© Wiley-VCH 出版社股份有限公司）

类，满足细菌大部分的能源需求。

导致光生电子有效的吸收和迁移及随后到化学能的转换是分子组分的几何结构特征，结合各种电子传输步骤的热力学和动力学性质，其有助于电子朝一个方向运动并抑制电荷耗散。这方面的知识构成了受生物启发开发有机光伏和太阳能燃料系统，进行人工系统设计的关键基础。

16.6.2 人工反应中心

已经有多种尝试来构建人工系统，能够模仿天然反应中心的功能[93]。如上所述，天然系统利用了一系列短程、高效、快捷的电子转移反应，实现电荷长距离分离。类似的策略已经用于发展人工合成系统，通过共价连接的各种分子组合物，使得光的吸收后紧接着产生一系列电子转移步骤，实现电荷分离。这些系统至少具有单个电子给体/受体对，即所谓的二分体，但通常是更复杂的包括高达 6 分子成分（六分体）。已经在有机溶剂中的共价连接的有机化合物中进行了人工系统光生电荷分离的机理研究（最近综述见参考文献 [95]）。激发该发色团组成物，紧接着光诱导电子转移到主要受体。这之后是从给体元件到氧化发色团的热电子转移过程，产生电荷分离态。主要过程与激发态失活相竞争，而二级过程竞争与主要电荷复合相竞争。最后的步骤是远程分子成分之间电荷复合，从而导致基态的恢复。图 16.26 给出了一个三元体系的例子，它由卟啉组成，卟啉作为光吸收的发色团，卟啉共价键连接到富勒烯 C_{60} 和类胡萝卜素上，分别为主要和次要受体[96]。

电子转移导致电荷分离，图 16.26 给出了能级示意图。在 2-甲基四氢呋喃中，光子的吸收导致产生单激发态的卟啉（C-^{1}P-C_{60}），可以快速并几乎完全的形成 C-P$^+$-$C_{60}$$^-$（$k_2$ = 0.33ps^{-1}），量子产率为 1。也形成一小部分 C-P-$^1C_{60}$ 激发态（步骤 3），但是通过电子转移这些衰变成 C-P$^+$-$C_{60}$$^-$。通过从类胡萝卜素到卟啉（$k_8$ =0.15ns^{-1}）的电子转移，卟啉回复到基态，生成 C$^+$-P-$C_{60}$$^-$ 电荷分离态，量子产率为 0.88。通过电荷复合它慢慢地衰退，得到类胡萝卜素的三重态（^{3}C-P-C_{60}），其速率常数为 2.9μs^{-1}。为了比较，细菌反应中心的

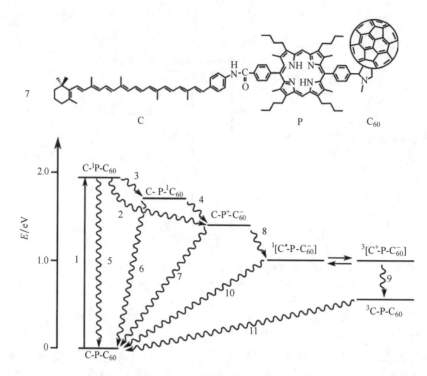

图 16.26　三元人工反应中心结构及能级结构示意图，表明电荷分离过程相关的瞬态物质的相互转换的途径。C，胡萝卜素；P，卟啉富勒烯 C_{60}。改编自参考文献 ［96］

三元组几何量子产率为 1，载流子复合常数约为 $10^2 \ s^{-1}$。这个三元组具有在自然光合中心的性质，但在其他人工反应中心并不常见。即使在 8K，$C\text{-}P^+\text{-}C_{60}^-$ 也能发生载流子的分离态，它和 $C\text{-}P^+\text{-}C_{60}^-$ 重组，产生具有独特的 EPR 可检测的自旋极化模式的 $^3C\text{-}P\text{-}C_{60}$，这两个属性在自然反应中心发现，但在其他人工反应中心并不常见。如前所述，在自然系统，类胡萝卜素淬灭叶绿素三重态，从而提供保护，防止生成单线态氧引起的光降解。有趣的是，在甲苯中的 $C\text{-}P\text{-}^1C_{60}$，激发态不发生电荷分离，而是通过 $C\text{-}P\text{-}^3C_{60}$ 状态衰减到 $^3C\text{-}P\text{-}C_{60}$。这凸显局部环境效应对反应中心活性的影响。

16.7　迈向器件结构

　　自然界中的光合复合物与固态电子学的集成进展，为将这些蛋白质以及由其启发合成的仿生物如何植入到器件结构中提供了深入理解。

　　把光合反应中心（PRC）植入到光电、电化学器件和纳米电子学中最常用的方法是把其吸附到电极表面。电极表面被吸附的蛋白质层的取向是一个关键问题，因为它们像光电二极管，一旦一个光子被捕获，便使单向电子从特殊叶绿素对转移到终端受体位点（见 16.6.1节）。将自组装单层（SAM）作为电极的中间层，提供了一个表面，用于物理或静电定向 PRC。引入一个特定的标记，如用蛋白质主链的基因突变多组氨酸标签也被用来连接和定向 PRC 在镍氨基三乙酸（Ni-NTA）终止的 SAM 上。在大多数应用中，单层蛋白质是可取的，研究已经表明可通过制造过程中真空沉积提高该蛋白在电极表面的密集度。

由于蛋白质内氧化还原基团到电极表面的距离，蛋白质-电极结的性质也很重要。因此，蛋白质和金属表面之间的电子耦合对器件的总体效率非常重要。Das 等[97]报道了把紫细菌光合反应中心植入到固态器件体系结构。PRC 自组装于金-铟-锡氧化物的表面，在用富勒烯（C_{60}）和随后的银涂覆之前用肽洗涤剂稳定。用这种方法实现了与电极的直接通信，在 $10W/cm^2$（$\lambda = 808nm$）激发强度下，这种器件的短路电流密度为 $0.12mA/cm^2$，器件的内量子效率为 12%。

类似的策略已经被用于基于植物的光系统 I（PSI）的器件（见图 16.27）。如上所述，PSI 是一种跨膜的多亚基蛋白-叶绿素复合物，可从植物和蓝藻中提取出来，能够调节矢量光诱导电子转移。在纳米尺度，内部能量产率约 58%（太阳能辐射的 23%），能产生约 1V 的光电压，量子效率接近 1[99]，使这种分子在分子纳米电子学和太阳能转换应用中成为一个非常有前途的基元。干的定向的 PSI 复合物的单层膜，直接连接到金电极或组装在巯基乙醇胺自组装膜中，在光照下分别生成 $0.45V$[100] 和 $1V$ 的光电压[101]。从特殊叶绿素对到电极表面的距离为 28Å，从终端受体到电极的

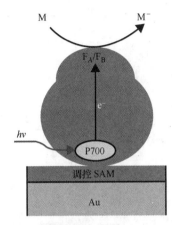

图 16.27　电极表面 PSI 附着和取向的代表性示意图。M 指可溶性介质。改编自参考文献［98］

距离是 17Å。这些相对长的距离使电子直接转移到电极很困难。出于这个原因，至今报道的只有采用水溶性氧化还原介体促进蛋白质和电极表面之间的通信的电化学电池。这些器件的光诱导电流目前不到 $1\mu A/cm^2$[98,102]。

这凸显了一个潜在的应用，其中导电聚合物在实现生物杂化太阳电池中起着作用。对于特殊的叶绿素对（P700）、P700 激发态、终端 FeS 电子受体，PSI 能级分别为 -4.58eV、-2.78eV、和 -3.52eV[100]。因此，为了从和到 PSI 的电子转移进行导电性高分子带隙的优化（见图 16.11）能增加电子转移的总效率，不牺牲蛋白质复合物的光电特性。基于在 16.5 节和 16.6 节描述的人造光捕获和转移中心器件还未得到证实。然而，这些结构具有超越使用天然系统效率与电流密度的潜力，因为 PRC（例如 PSI 为 17nm×15nm×9nm）相对大的尺寸，将决定在表面上这些复杂结构的堆积密度。

16.8　总结和未来展望

目前，有机和聚合物光伏器件光电能量转换效率相对较小（通常小于 6%）主要归因于三个严重的损失[5,34]，包括"光子损失""激子损失"和"载流子损失"，由于材料不合适的前线轨道能级，带隙、给体和受体之间的能量偏移，差的材料形态，尚未优化的电池结构和制造。然而，还有很大的改善空间。应该同时追求在实体空间和在能量空间上的优化，以实现高效率的有机和聚合物光伏器件[7]。

在实体空间上，看起来一个给体/受体双连续有序的纳米结构（BONS）形态最有希望能同时减少激子损失和载流子损失[5,7,33-35]，因为作为给体或受体相的直径可控制在激子平

均扩散长度（AEDL）内，取决于所涉及的材料，和不被中断的垂直于电极平面排列的载流子传输路径。如前所讨论的，正在推行几种有潜力实现这一结构的方法。在碳纳米管和半导体纳米棒的情况下，主要的挑战是制造具有均匀间隔和垂直于水平导电基材良好对齐的管/棒电池。在嵌段共聚物的情况下，主要的挑战在于合成化学和嵌段共聚物处理工艺。图 16.28 显示了一个有潜力的"HEX"式的柱状三形态的给体/受体型嵌段共聚物[33-35]。

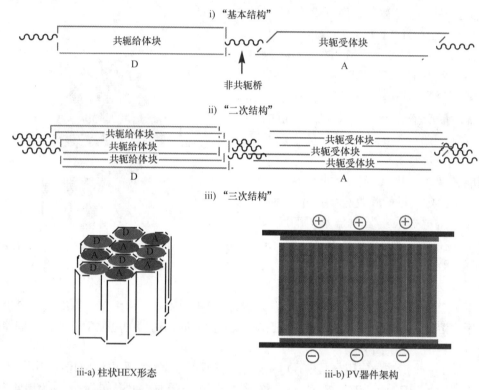

i)"基本结构"

共轭给体块 D ┄ 非共轭桥 ┄ 共轭受体块 A

ii)"二次结构"

共轭给体块 / 共轭给体块 / 共轭给体块 D ┄ 共轭受体块 / 共轭受体块 / 共轭受体块 A

iii)"三次结构"

iii-a) 柱状HEX形态　　　　iii-b) PV器件架构

图 16.28　给体/受体嵌段共聚物的"基本结构""二次结构"和"三次结构"示意图[33-35]

在能量空间上，给体和受体相的光学激发带隙应与预期的光子能量匹配。此外，应对给体/受体的能量偏移以及给体-LUMO/受体-LUMO 电子转移耦合进行优化，使光诱导电荷分离最大化和载流子复合最小化（即受体- LUMO/给体- HOMO 电子转移具有相对小的耦合和能量不平衡）。具体来说，如图 16.29 所示，在电子转移的动态机制，存在一个最优给体/受体 LUMO（或 HOMO）能级偏移，其中激子解离是最有效的（或激子猝灭参数（Y_{eq}）达到最大值[5,7,17,18,37]），和另一个优化的 LUMO（或 HOMO）能级偏移，与载流子分离相比，载流子复合相对较缓慢（或复合猝灭参数 Y_{rq} 变为最大）。虽然电池效率主要受 Y_{eq} 影响，应该设计和开发分子，使得最大 Y_{rq} 接近或者与最大 Y_{eq} 一致[5,7,17,18,37]。此外，还存在第三个能量偏移，那里的电荷复合（k_r）最严重。应设计和开发分子使得最差载流子复合 k_r 远离最大 k_{eq}。这些轨道偏移值对分子结构和能级精细调整非常重要。最后，因为太阳光具有很宽的辐射，光子能量范围从紫外线到红外，串联式和并联式叠层电池结构非常理想，沿光辐射方向，能量带隙逐渐从紫外向红外降低。这将广泛地捕获大部分太阳光子和光电压的总和。

正如本章 16.2 节所述，通过调查并阐明自然光合系统的捕光、电荷分离和能量存储的分子机制，为发展合成类似物提供了很多灵感。应用于自然体系的许多策略能适用于发展有机太

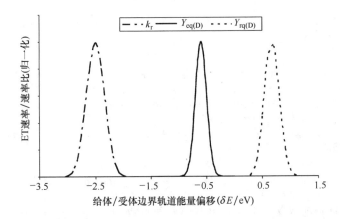

图 16.29　RO-PPV 激子猝灭参数（$Y_{eq(D)} = k_{s(D)}/k_{d(D)}$，中间的实线曲线）、电荷复合速率常数（$k_r$，左点画线曲线）和电荷复合猝灭参数（$Y_{rq(D)} = k_{s(D)}/k_{r(D)}$ 右虚线曲线）与 RO-PPV/SF-PPV-I 对 LUMO 偏移

阳电池。这一复杂问题的每一方面都已经取得了进步，但是还没有实现把功能组件集成到一个既高效又活力充沛的完整工作系统的目标。本章 16.2 节提供的例子是目前合成策略研究的有代表性的例子。虽然在发展共价连接的用于光捕获和载流子分离的功能组件模块上已经取得了很大的进步，基于共价合成化学合成超分子组合阵列效率非常低，而且造价昂贵。需要通过自组装方法从功能化的构建块得到有序复杂结构。如何实现这种结构具有自组装成完整的人工光合作用系统的能力，在很大程度上还是未知的[94]。在自然系统中，通过把单一功能部件支撑和定向到多肽骨架得到超分子组织。已经有若干报道采用自然光合蛋白质的灵感合成类似物，采用多肽结合、定位的发色团，能够进行电荷分离和光捕获反应[103-105]。

迄今为止，虽然发展有机光伏和仿生光合作用是并行路径，很明显，这两个研究领域有很大的协同作用。随着聚合物合成、加工和表征的进一步发展，在设计和合成聚合物时这些方法有很大希望，聚合物同时提供结构和功能支撑，用于自组织系统激子扩散、载流子分离和载流子传输。预计高效光电能量转换有机光收集系统，包括有机光太阳电池、光电探测器或者任何人造光载流子合成器/变换器都能实现。可再生、清洁、廉价、便携或轻量能源的供应的梦想将会变成现实。

致谢

作者想感谢研究/教育基金支持，资金支持机构包括美国国家航空航天局，国防部（MDA，AFOSR，Aro），国家科学基金会，教育部，橡树岭国家实验室（ORNL）实验室导向研究和发展项目，特别是能源部橡树岭国家实验室的教工夏季奖学金（授予孙教授）。（根据合同 NO. DE-AC05-00OR22725）橡树岭国家实验室由能源部委托 UT-Battelle，LLC 管理。由于本项工作的作者之一与美国政府有合同，合同号 DE-AC05-00OR22725，美国政府保留了一个专有的、免费发布或复制发表本工作的许可证，或允许为美国政府服务的其他人这么做。

参考文献

1. Archer MD, Hill R, (eds), *Clean Electricity From Photovoltaics*, Imperial College Press, London (2001).
2. Luque A, Hegedus S, (eds), *Handbook of Photovoltaic Science and Engineering*, 1st edn, John Wiley & Sons, Ltd, Chichester (2003).
3. Green MA, *Third Generation Photovoltaics: Advanced Solar Energy Conversion*, Springer, Berlin (2003).
4. Lazmerski L, *J. Elect. Spec.*, **150**, 105−135 (2006).
5. Sun S, Sariciftci NS, (eds), *Organic Photovoltaics: Mechanisms, Materials and Devices*, CRC Press, Boca Raton, Florida (2005).
6. Brabec C, Dyakonov V, Scherf U, (eds), *Organic Photovoltaics: Materials, Device Physcis, and Manufacturing Technologies*, Wiley-VCH, Berlin (2008).
7. Sun S, Organic and Polymeric Solar Cells, in *Handbook of Organic Electronics and Photonics*, Nalwa HS, (ed), American Scientific Publishers, Los Angeles, California (2008), Vol. 3, Chapter 7, pp 313−350.
8. Sun S, Dalton L, (eds), *Introduction to Organic Electronic and Optoelectronic Materials and Devices*, CRC Press/Taylor Francis, Boca Raton, Florida (2008).
9. Skotheim TA, Reynolds JR, (eds), *Handbook of Conducting Polymers*, 3rd edn, CRC Press: Boca Raton, Florida (2007).
10. Podzorov V, Menard E, Rogers JA, Gershenson ME, *Phys. Rev. Lett.*, **95**, 226601 (2005).
11. Frenkel YI, *Phys. Rev.*, **37**, 1276 (1931).
12. Wannier NF, *Phys. Rev.*, **52**, 191 (1937).
13. Blankenship R, in *Organic Photovoltaics: Mechanisms, Materials and Devices*, Sun S, Sariciftci NS, (eds), CRC Press, Boca Raton, Florida (2005), p. 37.
14. Kolodinski S, Werner J, Queisser H, *Sol. Energy Mater. Sol. Cells*, **33**, 275−285 (1994).
15. Kumar A, Ner Y, Sotzing G, in *Introduction to Organic Electronic and Optoelectronic Materials and Devices*, Sun S, Dalton L, (eds), CRC Press, Boca Raton, Florida (2008), Chapter 7, p. 211.
16. Knupfer M, *Appl. Phys. A*, **77**, 623−626 (2003).
17. Sun S, *Sol. Energy Mat. Sol. Cells*, **85**, 261−267 (2005).
18. Sun S, *Mater. Sci. Eng. B.*, **116** (**3**), 251−256 (2005).
19. Sariciftci NS, Smilowitz L, Heeger AJ, Wudl F, *Science*, **258**, 1474 (1992).
20. Kraabel B, Hummelen J, Vacar D, Moses D, Sariciftci N, Heeger A, Wudl F, *J. Chem. Phys.*, **104**, 4267−4273 (1996).
21. Gregg B, in *Organic Photovoltaics: Mechanisms, Materials and Devices*, Sun S, Sariciftci NS, (eds), CRC Press, Boca Raton, Florida (2005), p. 139.
22. Tang CW, *Appl. Phys. Lett.* **48**, 183−185 (1986).
23. Yu G, Gao J, Hummelen J, Wudl F, Heeger A., *Science* **270**, 1789−1791 (1995).
24. Brabec CJ, Cravino A, Meissner D, Sariciftci NS, Fromherz T, Minse M, Sanchez L, Hummelen JC, *Adv. Funct. Mater.*, **11**, 374−380 (2001).
25. Perlin J, *From Space to Earth-The story of Solar Electricity*, AATEC Publications, Ann Arbor, Michigan (1999).
26. Pochettino, *Acad. Lincei Rendiconti*, **15**, 355−363 (1906).
27. Hiramoto M, Fujiwara H, Yokoyama M., *Appl. Phys. Lett.* **58**, 1062−64 (1991).
28. Ma W, Yang C, Gong X, Lee K, Heeger A, *Adv. Funct. Mater.*, **15**, 1617−1622 (2005).
29. Li G, Shrotriya V, Huang J, Yao Y, Moriarty T, Emery K, Yang Y, *Nature Materials*, **4**, 864−868 (2005).
30. Drees M, Davis R, Heflin R, in *Organic Photovoltaics: Mechanisms, Materials and Devices*, Sun S, Sariciftci NS, (eds), CRC Press, Boca Raton, Florida (2005), p. 559.
31. Coakley K, McGehee M, *Chem. Mater.*, **16**, 4533−4542 (2004).
32. Fan Z, Wang Y, Haliburton J, Maaref S, Sun, S, NASA Tech Report NONP-NASA-CD-

2002153469, NASA/STI Accession number: 20030016552, January, 2001.

33. Sun S, Photovoltaic Devices Based on a Novel Block Copolymer, *US Patent # 20040099307* (Appl.: November 14, 2002).

34. Sun S, *Sol. Energy Mat. Sol. Cells*, **79**, 257–264 (2003).

35. Sun S, *Poly. Mater. Sci. Eng.*, **88**, 158 (2003).

36. Sun S, Fan Z, Wang Y, Haliburton J, Taft C, Seo K, Bonner C, *Syn. Met.*, **137**, 883–884 (2003).

37. Sun S, Fan Z, Wang Y, Haliburton J, *J. Mater. Sci.*, **40**, 1429–1443 (2005).

38. de Boer B, Stalmach U, van Hutten PF, Melzer C, Krasnikov VV, Hadziioannou G, *Polymer*, **42**, 9097 (2001).

39. Zhang C, Choi S, Haliburton J, Li R, Cleveland T, Sun S, Ledbetter A, Bonner C, *Macromolecules*, **39**, 4317 (2006).

40. Sun S, Zhang C, Choi S, Ledbetter A, Bonner C, Drees M, Sariciftci S, *Appl. Phys. Lett.*, **90**, 043117 (2007).

41. Kang Y, Park N, Kim D, *Appl. Phys. Lett.*, **86**, 113101 (2005).

42. Jin M, Dai L, in *Organic Photovoltaics: Mechanisms, Materials and Devices*, Sun S, Sariciftci NS, (eds), CRC Press, Boca Raton, Florida (2005), p. 579.

43. Schmidt-Mende L, Fechtenkötter A, Müllen K, Moons E, Friend RH, MacKenzie JD, *Science*, **293**, 1119 (2001).

44. Kippelen B, Yoo S, Haddock J, Domercq B, Barlow S, Minch B, Xia W, Marder S, Armstrong N, in *Organic Photovoltaics: Mechanisms, Materials and Devices*, Sun S, Sariciftci NS, (eds), CRC Press, Boca Raton, Florida (2005), p. 271.

45. Tsarenkov GV, *Sov. Phys. Semicond.* **9**(2), 166–171 (1975).

46. Xue J, Uchida S, Rand B, Forrest SR, *Appl. Phys. Lett.*, **86**, 5757 (2005).

47. Kim J, Lee K, Coates NE, Moses D, Nguyen T, Dante M, Heeger AJ, *Science*, **317**, 222 (2007).

48. Dennler G, Prall H, Koeppe R, Egginger M, Autengruber R, Sariciftci NS, *Appl. Phys. Lett.*, **89**, 073502 (2006).

49. Djuristic A, Kwong CY, in *Organic Photovoltaics: Mechanisms, Materials and Devices*, Sun S, Sariciftci NS, (eds), CRC Press, Boca Raton, Florida (2005), p. 453.

50. Karg S, Riess W, Dyakonov V, Schwoerer M, *Synth. Metals*, **54**, 427 (1993).

51. Marks R, Halls J, Bradley D, Friend R, Holmes A, *J. Phys.: Cond. Matter*, **6**, 1379 (1994).

52. Antoniadis H, Hsieh B, Abkowitz M, Jenekhe S, Stolka M, *Synth. Metals*, **62**, 265 (1994).

53. Frankevich E, *et al.*, *Phys. Rev. B* **46**, 9320 (1992).

54. Rothberg L, *et al.*, *Synth. Metals*, **80**, 41 (1996).

55. Hauch JA, Schilinsky P, Choulis SA, Childers R, Biele M, Brabec CJ, *Solar Energy Matl and Solar Cell* **92**, 727–731 (2008).

56. Hoth C, Schilinsky P, Choulis S, Brabec C *Nano-letters* **8**, 2806–2813 (2008).

57. Tipnis R, Bernkopf J, Jia S, Krieg J Li S, Storch M Laird D *Solar Energy Materials and Solar Cells* **93**, 442–446 (2009).

58. Dennler G, Lungenschmied, Neugebauer H, Sariciftic N, *J Material Research* **20**, 3224–3232 (2005).

59. Green BR, Parson WW, Kluwer Academic Publishers, Dordrecht 2003.

60. Blankenship RE, in Sun S, Sariciftci NS, (eds) *Organic Photovoltaics: Mechanism, Materials, and Devices*, CRC Press, Taylor Francis Group, Boca Raton 2005.

61. Forester T, *Discussion Faraday Transactions* **27**, 7 (1959).

62. Dexter DL, *Journal of Chemical Physics* **21**, 836 (1953).

63. van Amerongen H, *Photosynthetic excitons*, World Scientific, Singapore, 2000.

64. Blankenship RE, *Photosynthesis Research* **33**, 91–111 (1992).

65. Brettel K, *Biochimica et Biophysica Acta-Bioenergetics* **1318**, 322–373 (1997).

66. Lee I, Lee JW, Stubna A, Greenbaum E, *Journal of Physical Chemistry B* **104**, 2439–2443 (2000).

67. Zankel KL, Reed DW, Clayton RK, *Proceedings of the National Academy of Sciences of the United States of America* **61**, 1243 (1968).

68. Hiyama T, *Physiologie Vegetale* **23**, 605–610 (1985).

69. Blankenship RE, *Molecular Mechanisms of Photosynthesis*, Blackwell Science, Oxford, UK, 2002.

70. Armaroli N, Balzani V, *Angewandte Chemie-International Edition* **46**, 52–66 (2007).

71. Nakamura Y, Aratani N, Osuka A, *Chemical Society Reviews* **36**, 831–845 (2007).

72. Mcdermott G, Prince SM, Freer AA, Hawthornthwaitelawless AM, Papiz MZ, Cogdell RJ, Isaacs NW, *Nature* **374**, 517–521 (1995).

73. Koepke J, Hu XC, Muenke C, Schulten K, Michel H, *Structure* **4**, 581–597 (1996).

74. Trinkunas G, Herek JL, Polivka T, Sundstrom V, Pullerits T, *Physical Review Letters* **86**, 4167–4170 (2001).

75. Hess S, Feldchtein F, Babin A, Nurgaleev I, Pullerits T, Sergeev A, Sundstrom V, *Chemical Physics Letters* **216**, 247–257 (1993).

76. Burrell AK, Officer DL, Plieger PG and Reid DCW, *Chemical Reviews* **101**, 2751–2796 (2001).

77. Wurthner F., You CC, Saha-Moller CR, *Chemical Society Reviews* **33**, 133–146 (2004).

78. Wojaczynski J, Latos-Grazynski L, *Coordination Chemistry Reviews* **204**, 113–171 (2000).

79. Aratani N, Takagi A, Yanagawa Y, Matsumoto T, Kawai T, Yoon ZS, Kim D, Osuka A., *Chemistry–a European Journal* **11**, 3389–3404 (2005).

80. Nakamura Y, Hwang IW, Aratani N, Ahn TK, Ko DM, Takagi A, Kawai T, Matsumoto T, Kim D, Osuka A, *Journal of the American Chemical Society* **127**, 236–246 (2005).

81. Choi MS, Aida T, Yamazaki T, Yamazaki I, *Angewandte Chemie-International Edition* **40**, 3194 (2001).

82. Balzani V, Campagna S, Denti G, Juris A, Serroni S, Venturi M, *Accounts of Chemical Research* **31**, 26–34 (1998).

83. Cotlet M, Vosch T, Habuchi S, Weil T, Mullen K, Hofkens J, De Schryver F, *Journal of the American Chemical Society* **127**, 9760–9768 (2005).

84. Hahn U, Gorka M, Vogtle F, Vicinelli V, Ceroni P, Maestri M, Balzani V, *Angewandte Chemie-International Edition* **41**, 3595–3598 (2002).

85. Montano GA, Bowen BP, LaBelle JT, Woodbury NW, Pizziconi VB, Blankenship RE, *Biophysical Journal* **85**, 2560–2565 (2003).

86. Psencik J, Ikonen TP, Laurinmaki P, Merckel MC, Butcher SJ, Serimaa RE, Tuma R, *Biophysical Journal* **87**, 1165–1172 (2004).

87. Balaban TS, *Accounts of Chemical Research* **38**, 612–623 (2005).

88. Balaban TS, Linke-Schaetzel M, Bhise AD, Vanthuyne N, Roussel C, Anson CE, Buth G, Eichhofer A, Foster K, Garab G, Gliemann H, Goddard R, Javorfi T, Powell AK, Rosner H, Schimmel T, *Chemistry–a European Journal* **11**, 2268–2275 (2005).

89. Pierson BK, Olson JM, in Amesz, J, (ed.) *Photosynthesis*, Elsevier, Amsterdam 1987, pp. 21–42.

90. Deisenhofer J, Epp O, Miki K, Huber R, Michel H, *Nature* **318**, 618–624 (1985).

91. Allen JP, Feher G, Yeates TO, Komiya H, Rees DC, *Proceedings of the National Academy of Sciences of the United States of America* **84**, 5730–5734 (1987).

92. Debus RJ, Feher G, Okamura MY, *Biochemistry* **25**, 2276–2287 (1986).

93. Frank HA, in Deisenhofer J, Norris JR, (eds.) *The Photosynthetic Reaction Center*, Academic Press, San Deigo 1993, pp. 221–237.

94. Balzani V, Credi A, Venturi M, *Chemsuschem* **1**, 26–58 (2008).

95. Wasielewski MR, *Journal of Organic Chemistry* **71**, 5051–5066 (2006).

96. Gust D, Moore TA, Moore AL, *Journal of Photochemistry and Photobiology B–Biology* **58**, 63–71 (2000).

97. Das R, Kiley PJ, Segal M, Norville J, Yu AA, Wang LY, Trammell SA, Reddick LE, Kumar R, Stellacci F, Lebedev N, Schnur J, Bruce BD, Zhang SG, Baldo M, *Nanolett.* **4**, 1079–1083 (2004).

98. Faulkner CJ, Lees S, Ciesielski PN, Cliffel DE, Jennings GK, *Langmuir* **24**, 8409–8412 (2008).

99. Brettel K, Leibl W, *Biochim. et Biophys. Acta–Bioenergetics* **1507**, 100–114 (2001).

100. Carmeli I, Frolov L, Carmeli C, Richter S, *J Amer Chem Soc* **129**, 12352 (2007).

101. Lee I, Lee JW, Stubna A, Greenbaum E, *J. Phys Chem. B* **104**, 2439–2443 (2000).

102. Terasaki N, Yamamoto N, Hiraga T, Yamanoi Y, Yonezawa T, Nishihara H, Ohmori T, Sakai M, Fujii M, Tohri A, Iwai M, Inoue Y, Yoneyama S, Minakata M, Enami I, *Ang. Chem.Int Ed.* **48**, 1585–1587 (2009).

103. Ye SX, Discher BM, Strzalka J, Xu T, Wu SP, Noy D, Kuzmenko I, Gog T, Therien MJ, Dutton PL, Blasie JK, *Nano Letters* **5**, 1658–1667 (2005).

104. Miller RA, Presley AD and Francis MB, *Journal of the American Chemical Society* **129**, 3104–3109 (2007).

105. Liang Y, Guo P, Pingali SV, Pabit S, Thiyagarajan P, Berland KM, Lynn DG, *Chemical Communications* 6522–6524 (2008).

第17章 光伏透明导电氧化物

Alan E. Delahoy[1,2], Sheyu Guo[1,3]

1. 美国新泽西州罗宾斯维尔 EPV SOLAR 公司
2. 美国新泽西州罗宾斯维尔新千年太阳能设备公司
3. 中国苏州羿日新能源有限公司

17.1 引言

17.1.1 透明导电物质

透明导体材料通常以薄膜的形式存在，同时具有光学透过性和电学导电性。虽然金属薄膜（例如 Ag）、掺杂的有机聚合物和金属氮化物（例如 TiN）偶尔用作透明导体，但是透明导体的光学透过性和电学导电性通常是通过对宽带隙半导体（通常是金属氧化物）进行重掺来实现的。最常见的透明导电氧化物（TCO）是基于 SnO_2、In_2O_3、ZnO 和 CdO 制成的。也制备了这些材料的组合物比如 $ZnO\text{-}SnO_2$，也有三元化合物比如锡酸镉（Cd_2SnO_4）。在可见光谱范围内，这些薄膜材料很大程度上是透明的，因为光子能量 E_{ph}（$1.8 \sim 3.0eV$）小于这些材料的带隙 E_g（典型值 $3.2 \sim 3.8eV$），光子不能被吸收。大多数氧化物高度绝缘，但是，通过掺入合适的置换杂质原子、偏离化学计量比或偶尔通过其他杂质，可以产生自由载流子，从而使得 TCO 导电。最常用的透明导电氧化物是 n 型的，这说明自由载流子是电子。高载流子浓度导致了 TCO 的第三个特性——高红外反射率。

最广泛使用的材料是掺氟二氧化锡（$SnO_2:F$），这种材料用作建筑玻璃（节能窗户低辐射玻璃）的热反射涂层，以及用作非晶硅基薄膜太阳电池（a-Si）和碲化镉（CdTe）基薄膜太阳电池的透明电极。其次最广泛使用的材料是掺锡氧化铟（ITO），ITO 通常用于平板显示器（FPD）、高分辨电视、触摸屏以及某些类型的太阳电池比如晶硅、a-Si 或铜铟镓硒（CIGS）。氧化锌（ZnO）也用于薄膜 Si 和 CIGS 光伏技术中。其中一部分应用是把透明导电氧化物沉积在如玻璃等刚性衬底上，而对于触摸屏或金属箔上的薄膜光伏应用，透明导电氧化物是沉积在柔性聚合物薄片（例如聚乙烯对苯二甲酸酯（PET））上，或被覆盖的柔性金属箔上。其他应用还包括带加热的冷冻库的门和驾驶舱的玻璃窗。ZnO 的现有应用还包括变阻器、气体传感器和表面声波器件等，ZnO 的新型应用包括发光二极管、激光器、有机发光二极管、有机发光二极管显示器、透明高迁移率薄膜晶体管、纳米结构器件和自旋电子器件。TCO 具有巨大的工业应用。因此，人们将从开发更低成本、更高性能、适合特定应用的 TCO 中获得巨大的利益。

17.1.2 光伏 TCO

在光伏领域，多数种类的薄膜太阳电池在电池面向太阳一侧需要 TCO 层作为电极来收集电流。这是因为为了使掺杂薄膜具有高的光学透过性，掺杂薄膜做得非常薄，这对于越过一定距离的载流子来说，掺杂薄膜半导体的横向电阻太高了。图 17.1 是具有 TCO 层的主要太阳电池种类的结构示意图。尽管下一代 a-Si/nc-Si 太阳电池倾向于采用掺铝氧化锌（ZnO:Al）或掺硼氧化锌（ZnO:B）作为透明导电氧化物，目前上衬底结构的非晶硅和 CdTe 薄膜光伏技术都主要采用掺氟氧化锡（SnO_2:F）作为透明导电氧化物。染料敏化 TiO_2 太阳电池也用 SnO_2:F，而有机光伏电池已经制备在大多数主要类型的 TCO 上了。基于下衬底技术，例如聚合物或钢箔上的 a-Si 或者在玻璃或金属箔上的 CIGS，可以用 ZnO:Al 或 ITO 作为面向太阳的 TCO。虽然晶硅基的太阳电池不用 TCO，而主要依靠重掺杂发射极和金属栅线来收集电流，但是三洋的 HIT（有本征层的异质结）电池在 n 型 c-Si 基片的 p 型 a-Si 顶上用 ITO 和金属栅线来收集电流。在图中没有显示的另一种结构是机械叠层太阳电池，这种太阳电池需要为上部电池做一个背面 TCO 电极。17.5 节将详细讨论这种应用。

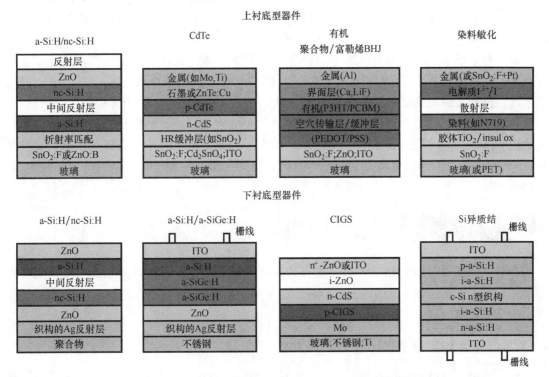

图 17.1　在电池结构中使用一层或多层 TCO 的主要太阳电池类型

17.1.3　特性、选择和权衡

掺杂 TCO 的光学透过性与波长之间的函数关系分为三个不同的区域：短波高效吸收区（$E_{ph} > E_g$）、可见光透光区和 $\lambda > \lambda_p$ 的反射区。这里的 λ_p 是等离子体波长（主要存在于红外光中，见 17.4.2 节）。在高透光区，光学吸收很小，但通常不能忽略。本征电学特性取决于载流子的浓度 n_e（cm^{-3}）和载流子迁移率 μ（cm^2/Vs），两者共同决定电导率 σ（S/cm）$= n_e e \mu$，其中 e 是电子电量。电阻率 $\rho = 1/\sigma$。方块电阻 R_{sh} 表示为欧姆每方块（$\Omega/\square$）。薄膜的方块电阻由下式给出：

$$R_{\mathrm{sh}} = \rho / t \tag{17.1}$$

式中，t 是薄膜的厚度。R_{sh} 不依赖于薄膜的面积。

为特定的应用选取最合适的 TCO 需要考虑很多特性，不仅光学和电学性能，还要考虑表面形态、加工过程中的稳定性、环境稳定性、毒性和生产成本，以及更多专业的特性，比如，弹性、硬度、功函数、沉积对下一层的影响、图案化的简易程度。选择材料后，TCO 的优化是一个复杂的问题，涉及沉积方法、沉积参数、掺杂浓度和薄膜厚度的选择等。增加掺杂浓度可以增加 n_{e}，进而增加 σ，但同时也增加了对光的吸收。超过一定的掺杂浓度，μ 将减小，σ 将不再增加。在太阳电池应用中，TCO 用于传导横向电流，即膜内，有限的电阻率导致能量通过焦耳热（I^2R）的方式在薄膜中损耗。对于给定电阻率的薄膜，增加薄膜厚度可以降低薄膜的方阻，从而减小 I^2R 损失，但是这将会增加薄膜的光吸收。最佳的薄膜厚度要求最小的总能量损失（光能量损失加电能量损失），因此与整个感兴趣波段内光吸收的积分和电流在 TCO 中传导的距离有关，17.4.3 节将详细讨论这个问题。

以下各节概括介绍不同类型的 TCO 薄膜、它们的制备、光电特性及其在不同光伏器件和组件中的应用。为了便于讨论，将介绍这些材料中电子输运和光学行为的基本理论。特定的主题包括通过溅射和化学气相沉积法（CVD）沉积 TCO、电导率的 Drude 理论、最佳特性计算、现代光伏器件中 TCO 的多重角色、制绒薄膜的生长、组件的优化、薄膜特性和环境稳定性。最后一节的结论部分概述未来 TCO 的发展前景，主要对若干选择领域如商业化的 TCO、对高电子迁移率的寻找、透明导电物质的替代（如碳纳米管和非晶 TCO）等进行简洁的综述。

17.2　材料概述

本节中，我们对用于 TCO 的材料进行快速和广泛的综述，重点讨论光伏应用中最常见的材料。为了方便，包含了一些列出材料性质和薄膜结果的表格。本章接下来的几节对许多专题进行更详细的讨论。

17.2.1　分类和重要类型

TCO 薄膜可以由二元化合物和三元化合物制得，也可以由多元氧化物制得[1,2]。通过组合二元化合物构成三元和四元化合物。迄今为止，商业光伏应用的 TCO 薄膜由二元化合物制得，由于二元化合物比三元化合物和多元化合物似乎更容易控制。相关的正离子分类为二价（Cd^{2+} 和 Zn^{2+}）、三价（Ga^{3+} 和 In^{3+}）和四价（Sn^{4+}）。不同种类的 TCO 例子如下：

- 二元化合物：In_2O_3，SnO_2，ZnO，CdO，TiO_2。
- 三元化合物（二元化合物的组合）：Cd_2SnO_4，$CdSnO_3$，Zn_2SnO_4，$CdIn_2O_4$，$Zn_2In_2O_5$，$MgIn_2O_4$，$In_4Sn_3O_{12}$。
- 四元化合物（三元化合物的组合）：$Zn_2In_2O_5$-$MgIn_2O_4$，$ZnIn_2O_5$-$In_4Sn_3O_{12}$，$GaInO_3$-$In_4Sn_3O_{12}$，或 In_2O_3-Ga_2O_3-ZnO。

表 17.1 概述了一些常见或重要的 n 型 TCO。

表 17.1 重要 TCO 概述

TCO	常用沉积方法	掺杂元素	电阻率范围 /10^{-4} Ωcm	带隙（非掺杂）/eV
SnO_2	APCVD，喷涂热解	F, Sb, Cl	$3 \sim 8$	3.6
ZnO	PLD，LPCVD，APCVD，溅射	Al, Ga, B, In, F	$1 \sim 8$	3.3
In_2O_3	PLD，溅射	Sn, Mo, Ti, Nb, Zr	$1 \sim 3$	3.7
CdO	MOCVD	In, Sn	$0.5 \sim 20$	2.4
TiO_2	PLD，溅射	Nb, N	$9 \sim 10^6$	3.2
β-Ga_2O_3	溅射	Si, Sn	$200^{①} \sim 10^6$	4.9
Cd_2SnO_4	溅射，溶凝胶，喷涂热解	自掺杂	$1.2 \sim 10$	3.1
Zn_2SnO_4	射频溅射，（600℃退火形成尖晶石相）	自掺杂	$100 \sim 500$	3.4
a-Zn_2SnO_4	射频溅射（T_S 375 $\sim$ 430℃）[5]	自掺杂	$30 \sim 60$	
a-$ZnSnO_3$	射频溅射（T_S RT $\sim$ 300℃）	自掺杂	$40 \sim 100$	
$Zn_2In_2O_5$	直流或射频溅射	自掺杂	2.9	2.9
a-IZO	直流溅射	自掺杂	$3.0 \sim 5.0$	3.1

① 该数据从体材料上而不是薄膜上获得。

表中也列出了这些薄膜的常用沉积方法和掺杂元素，掺杂薄膜的电阻率，以及未掺杂薄膜的带隙。通常掺杂薄膜的带隙更高，例如，掺杂 CdO 和 ZnO 的带隙分别是 3.1eV 和 3.7eV，未掺杂薄膜的带隙为 2.4eV 和 3.3eV。虽然 CdO 具有低的电阻率，但因为 CdO 有毒性而不被采用。室温下，在氧气气氛中溅射氧化物靶材，然后在 580 $\sim$ 700℃ 的温度下退火，锡酸镉（Cd_2SnO_4）形成单相尖晶石结构，可以获得低电阻率（1.3×10^{-4} Ωcm）的锡酸镉（Cd_2SnO_4）[3]。因为具有低的载流子浓度，不管 Zn_2SnO_4 是多晶还是非晶（a-Zn_2SnO_4），它的电阻率都很高[4,5]。有报道称相对于 SnO_2、In_2O_3 和 ZnO 在可见光范围内通常 1.8 $\sim$ 2.0 的折射率，多晶铟酸锌（$Zn_2In_2O_5$）的折射率在 2.1 $\sim$ 2.4 的范围内[6]。

大多数高质量的 TCO 薄膜（例如 SnO_2:F、ZnO:Al 和高温 ITO）是多晶体，但有趣的是，已经制备了一些非晶态 TCO 薄膜，其中一些在表 17.1 的底部列出，因此低温沉积的 ITO、Zn_2SnO_4 和 IZO（锌的含量 10% $\sim$ 42%）都是非晶体。值得注意的是，非晶 IZO 的电阻率能低到 3.0×10^{-4} Ωcm[2] 而迁移率大于 50cm^2/Vs[2,7]。尽管可以预料迁移率和晶体的完美型高度相关，但也不完全是这样，而且迁移率和缺陷之间的关系可能是有效判断迁移率和晶体完整性的一个方法。多元化合物 TCO 适用于减少铟含量或更好的定义湿法刻蚀行为来改善光刻。就像即将看到的例子，一些多元化合物 TCO 在光伏界将具有重要的应用。

到目前为止，所有已经提到的 TCO 都是 n 型的。而 Cu_2O 是 p 型的，但是其带隙宽度（1.2eV）太小，不能作为 TCO。最近，发现了一组具有黄铜矿结构的 p 型 TCO[8]，这些 p 型 TCO 是 $CuAlO_2$、$CuGaO_2$、$CuInO_2$ 和 $CuCrO_2$，它们具有正的霍尔系数和塞贝克系数。它们的透光性通常比传统的 TCO 低。典型 $CuAlO_2$ 的特性：带隙 3.5eV，电阻率约 1Ωcm，迁移率 10cm^2/Vs。另一种 p 型 TCO 是 Cu_2SrO_2，已经发现了许多其他 p 型透明或半透明的材料。为了制备 p 型 ZnO 付出了很多努力。虽然氮取代氧位是受主杂质，但是它伴随着强烈的补偿效应，而且到目前为止，似乎还没有明确证实其 p 型特性[9]。p 型 TCO 的发现使制备透明晶体管成为可能，并且促进发光二极管的生产，然而，用 p 型 TCO 的有效光伏器件还没有制备出来。

17.2.2 掺杂

在本节中，我们将以 ZnO 为例讨论掺杂。ZnO 具有纤锌矿结构，由六角密排金刚石原胞构成，一个 Zn 原子四面被四个 O 原子束缚，反之，一个锌原子的原子四面体与四个氧原子成键，反之亦然。ZnO 中本征缺陷态包括施主：$Zn_i^{\bullet\bullet}$、$Zn_i^{\bullet}$、Zn_i^x（间隙锌）；$V_O^{\bullet\bullet}$、$V_O^{\bullet}$、V_O^x（氧空位）；受主：V_{Zn}''、V_{Zn}'（锌空位）。17.4.1.1 节将介绍用于表示这些缺陷的 Kröger- Vink 标注法。

众所周知，离子晶体中电学载流子浓度可以由改变化学计量的氧化还原反应控制。因此，在氧气气氛中加热，可以降低电导率；而在氢气气氛中加热，会增加电导率。在 ZnO 中，反应平衡发生在晶体氧含量和间隙锌原子之间，或发生在氧含量与氧空位之间。在前一种情况中，过量的锌离子和电子与氧原子结合形成 ZnO：

$$2Zn_i^{\bullet\bullet} + 4e + O_2 \longleftrightarrow 2ZnO \tag{17.2}$$

名义上，未掺杂 ZnO 可以做到低电阻率，但是这种薄膜在相对低的温度下不稳定。TCO 的外掺杂（如在 ZnO：Al 中）能获得更好的高温稳定性。在 ZnO 中，用第三主族（在国际理论和应用化学联合会（IUPAC）的化学元素周期表中是 13 族）金属原子取代锌原子的位置实现外掺杂，这些掺杂原子可以是 B、Al、Ga 或 In。因为它们（在 ZnO 中）的电离能低（铝为 53meV，镓为 54.5meV），室温下一个额外的电子贡献到导带上。一个卤族元素原子（如 F 和 Cl）可以取代阴离子位置上的氧原子。已经确定 ZnO 中的氢原子是浅施主能级，具有 35meV 的电离能[10]。氢原子总是出现在真空系统中，现在人们怀疑氢对 ZnO 的普遍性 n 型行为有贡献。据报道，可以用形成氧化物的金属 Ti、Zr、Hf 和 Y 来掺杂 ZnO，氧空位作为施主。大多数重掺杂 TCO 都掺杂到简并状态，以便使费米能级在导带边以上，这样的 TCO 表现出金属的行为，即具有正的电阻率温度系数。

17.2.3 光伏应用中 TCO 的特性

以下是光伏应用中最常用到的 TCO 制备和特性方面的概述。

ZnO：通常用直流或射频磁控溅射法或低压化学气相沉积（LPCVD）法制备具有导电性的 ZnO。掺入 Al 或 Ga 的高质量的 ZnO，其电阻率可低至 3×10^{-4} Ωm，平均透光率超过 85%。虽然 Al 是传统的掺杂物，但是它和氧的高反应活性使人们认为 Ga 可能会有更多的优势。由 LPCVD 法沉积得到的掺硼氧化锌（ZnO：B）薄膜表面可以有制绒表面形貌，适合于薄膜太阳电池的陷光作用。制备 ZnO 衬底的温度范围是从室温到约 200℃，低于 SnO_2 和 ITO 的沉积温度。ZnO 易受酸或碱的化学刻蚀，而且据报道 ZnO 具有吸潮性。通常用的刻蚀剂是稀酸或氯化铵。通常人们认为，ZnO 具有卓越的抗氢等离子的能力，是 nc- Si 太阳电池制造中 TCO 的首选。

SnO_2：可以在市场上购买得到光伏应用中 SnO_2 覆盖的玻璃，通过常压化学气相沉积法（APCVD）制备，衬底温度约 650℃，薄膜表面可以有制绒表面形貌。SnO_2 的掺杂元素是氟（SnO_2：F），薄膜电阻率在 $(5 \sim 8) \times 10^{-4}$ Ωcm 之间。通常，商业化 SnO_2：F 在可见光的光学吸收系数通常比较高（大约 $400 \sim 600cm^{-1}$）。SnO_2 具有高达 4.9eV 的功函数。SnO_2 的化学稳定性和热稳定性比 ZnO 好，而且难刻蚀。刻蚀 SnO_2 的一种方法是用 HCl 加锌粉。SnO_2 很容易被氢等离子体还原，还原后 SnO_2 的光学吸收增加。实现 SnO_2 的有效掺杂需要高的工艺温度，而高的工艺温度限制了它在对温度敏感的光伏器件上的应用。

In_2O_3：作为 TCO，In_2O_3 只用在了 HIT 太阳电池和一些 a-Si 基太阳电池上。In_2O_3 没有广泛用于太阳电池工业上，一个原因是 In 相对稀少而且昂贵。但是与其他 TCO 相比，掺杂 In_2O_3 具有更高的载流子迁移率。高载流子迁移率使 TCO 在近红外区（NIR）有低的光学吸收系数但仍具有高的电导率。溅射一个预先掺杂的陶瓷靶（In_2O_3 和约 10% 质量分数的 SnO_2）是沉积 In_2O_3 的常用方法，衬底温度在 150～300℃ 之间，薄膜电阻率约为 2×10^{-4} Ωcm。用于平板显示器工业的 ITO 表面可以制得很光滑。由于需求增加，铟的价格已经从 2002 年的每千克 100 美元涨到目前（2010 年）的每千克 600 美元。

TiO_2：通过脉冲激光沉积工艺（PLD）在单晶衬底上沉积的 TiO_2:Nb 的电阻率已经小于 3×10^{-4} Ωcm[11]。在纯氢气中，对溅射沉积在玻璃衬底上的 TiO_2:Nb 薄膜进行退火获得了电阻率为 9.5×10^{-4} Ωcm 的 TiO_2:Nb 薄膜[12]。TiO_2 的折射率约在 2.5，显然大于上述 TCO 的折射率。17.9.4 节详细介绍了 TiO_2 制备的最新进展。TiO_2 比 SnO_2 更能抗氢等离子。

表 17.2 给出了一些由不同的方法制备的 TCO 的高迁移率或者低电阻率的一些著名的纪录结果。因为现在的文献中到处都是 TCO 的缩写，当这个表中出现导电氧化物时，我们就借此机会列出它们的缩写。通过射频溅射陶瓷靶（Al_2O_3 质量分数为 2% 的 ZnO），在未加热衬底上，许多研究小组获得了最佳电阻率大概为 $(4 \sim 5) \times 10^{-4}$ Ωcm 的 ZnO:Al。一组典型的参数应该是，$n_e = 6.05 \times 10^{20}/cm^3$，$\mu = 25.7 cm^2/Vs$，$\rho = 4.0 \times 10^{-4} \Omega cm$。采用外磁场[13] 和衬底垂直于靶，可获得电阻率为 2×10^{-4} Ωcm 的 ZnO:Al[14]。相对商业生产的 In_2O_3:Sn（$n_e = 1.3 \times 10^{21}/cm^3$）的载流子迁移率 $30 cm^2/Vs$，掺杂 In_2O_3，特别是 In_2O_3:Mo 和 In_2O_3:Ti 的迁移率可以高达 $70 \sim 160 cm^2/Vs$。参考文献 [24] 所报道的 In_2O_3:Sn 的 4.4×10^{-5} Ωcm 的低电阻率似乎是个特例。早期用等离子体辅助电子束蒸发，在 280℃ 衬底温度下，获得了 1.2×10^{-4} Ωcm 的电阻率。

表 17.2　不同制备方法制备的几种 TCO 的创纪录的高载流子迁移率（或在某些情况下为低电阻率）

TCO	缩　　写	$\mu/(cm^2/Vs)$	$\rho/10^{-4} \Omega cm$	沉积方法	参考文献
ZnO:Al	AZO	47.6	0.85	PLD	[15]
ZnO:Ga	GZO	30.9	0.81	PLD	[16]
ZnO:Al		44.2	3.8	射频溅射	[17]
ZnO:Al		49.5	2.9	空阴极溅射	[18]
ZnO:Al		52	7.1	射频溅射 H_2 或 Ar 处理	[19]
ZnO:Al			2.0	射频溅射（衬底垂直于靶）	[14]
ZnO		120	4.6	射频溅射	[13]
In_2O_3:Ti	ITiO	105	1.9	射频溅射	[20]
In_2O_3:Ti		159	0.9	PLD	[21]
In_2O_3:Mo	IMO	130	1.7	反应性蒸发	[22]
In_2O_3:Mo		70.2	1.6	空阴极溅射	[23]

（续）

TCO	缩　写	$\mu/(cm^2/Vs)$	$\rho/10^{-4}\ \Omega cm$	沉 积 方 法	参考文献
$In_2O_3:Sn$	ITO	103	0.44	带束流的电子束	[24]
$In_2O_3:Sn$		42	0.77	PLD	[25]
$In_2O_3:H$	IO:H	140	2.9	射频溅射加后退火	[26]
$SnO_2:F$	FTO	70	7.0	APCVD 加氢等离子体处理	[199]
$TiO_2:Nb$	TNO	22	2.4	PLD（外延）	[11]
Cd_2SnO_4	CTO	68		射频溅射	[28]
Cd_2SnO_4	ZTO	32	57	射频溅射	[5]

为了便于参考，表 17.3 列出了 SnO_2、In_2O_3 和 ZnO 等主要 TCO 的常规特性。所有的三种 TCO 都具有直接光学带隙（见 17.4.2 节中关于 In_2O_3 的附加信息）。SnO_2、In_2O_3 和 ZnO 中每个金属原子氧化形成能（ΔH_f 从 3.6eV 到 6.0eV）的逐渐增加解释了这些 TCO 的化学稳定性逐渐增强的原因，从各种资源包括参考文献 [29，30] 收集得到表中的数据。

表 17.3　SnO_2、In_2O_3 和 ZnO 的特性

参　　数	单　　位	SnO_2	In_2O_3	ZnO
矿物		锡石		红锌矿
晶格		正方晶格	立方晶格	六方晶格
构造		金红石矿	方锰铁矿	纤锌矿
空间群		$P4_2/nmm$	$Ia3$	$P6_3mc$
a, c	nm	0.474，0.319	1.0117	0.325，0.5207
密度	g/cm^3	6.99	7.12	5.67
带隙（E_g）	eV	3.5~3.6（直接带隙）	3.6~3.75（直接带隙） 2.75（间接带隙）	3.3~3.4（直接带隙）
热导系数（k）	$Wm^{-1}K^{-1}$	98 ∥ 55 ⊥		69 ∥ 60 ⊥
膨胀系数（α）	$10^{-6}K^{-1}$	3.7 ∥ 4.0 ⊥	6.7	2.92 ∥ 4.75 ⊥
硬度	模氏硬度	6.5	5	4
$\varepsilon(0)$		9.58 ∥ 13.5 ⊥	8.9	8.75 ∥ 7.8 ⊥
$\varepsilon(\infty)$		4.17 ∥ 3.78 ⊥	4.6	3.75 ∥ 3.70 ⊥
折射率（n）			1.89（633nm）	2.029 ∥ 2.008 ⊥
熔点	℃	1620	1910	1975
熔点（金属）	℃	232	157	420
汽化点（压强 $10^{-3}Pa$）	℃	882	670	208
每个原子氧化形成能量	eV	6.0	4.8	3.6
其他特性				压电性
激子结合能	meV			60
m_e^*/m_e		0.23 ∥ 0.3 ⊥	0.35	0.28
有效 CB DOS（N_c）	cm^{-3}	3.7×10^{18}	4.1×10^{18}	3.7×10^{18}

（续）

参　数	单　位	SnO$_2$	In$_2$O$_3$	ZnO
μ_e（晶格）	cm^{2}V^{-1}s^{-1}	255	210	200
m_h^*/m_e				0.59
μ_h（晶格）	cm^{2}V^{-1}s^{-1}			5 ~ 50
功函数（φ）	eV	4.9	4.7	4.5

注：标志 ‖ 和 ⊥ 表示平行或垂直于 c 轴的方向或极化方向。

材料的功函数是把电子从表面费米能级移到真空能级所需的能量。改变掺杂、表面偶极子或表面能带的弯曲都能改变功函数。尽管表 17.3 中给出了主要 TCO 的功函数，但是功函数是可变的。器件中界面能带排列比较重要，它不仅依赖于功函数的名义数值，而且还依赖于生长顺序和最初的生长阶段。

还有，为了便于参考，我们列出了 TCO 的一些早期和最近的综述[31-34]、半导体物理和数据的来源[35,36]，以及另一本最近出版的关于 ZnO 的书[37]。

17.3　沉积方法

可以用各种沉积技术制备 TCO，而且还在不断地发明新技术，最合适的技术取决于用途。TCO 的发展驱动力在于满足产品的需求和突破生产的局限，来提升其性能、增加产量、降低生产成本和实现可靠的过程控制。TCO 的光、电和表面特性与沉积方法和沉积参数有关。大规模生产中占主导地位的技术是溅射和化学气相沉积。但是，脉冲激光沉积、热蒸发、溶胶凝胶、喷涂热解和其他工艺也被广泛研究。Gläser 的书对这些技术中的许多技术做了很有帮助的综述[38]。

17.3.1　溅射

溅射镀膜是在真空系统中完成的，真空系统包括阴极（装载了即将溅射的靶材）、处于低压下的工作气体（Ar）、即将镀膜的衬底。溅射过程包括在气体中建立辉光放电，从而产生 Ar$^+$离子，给靶提供负偏压从而吸引离子，离子轰击靶，从靶材中喷出原子。溅射产额（每个离子溅射出的原子）取决于入射离子的能量和角度、离子和靶材原子的质量和表面原子的结合能。溅射出的原子以平均大约 5eV 的能量到达衬底上，当然能量值可能会受到氩气气压和靶基距的影响[39]。磁控溅射中，为了限制二次电子，用永磁体在靶上形成一个磁场通道，这增加了等离子体密度，降低了工作气压，因此增加了溅射速率。靶通常是一个矩形材料厚片，在称为赛道的圆环附近非均匀地刻蚀靶。改进的磁控设计已经把靶的利用率从 25% 增加到约 40%。溅射电源可以是直流电源、脉冲直流电源、MF（即中频交流电源）、射频电源或者加在直流电源上的射频电源。

磁控溅射非常适合大规模 TCO 生产，而且节约成本。用磁控溅射来制备用于平板显示器工业生产的 ITO，及 a- Si 和 CIGS 组件的 ZnO：Al。磁控溅射通常采用多腔室在线镀膜机，可以水平或垂直传输衬底。在水平传输中，溅射向下到达衬底，通过滚轴或轮子进行衬底的传输。平板显示器生产中有时采用静态模式。表 17.4 给出了溅射配置的概况，根据阴极种类、溅射电源和靶材进行分类。

表 17.4　溅射配置概况

阴 极 类 型	激发和靶的类型		
	RF	DC	MF
平面磁控管	C	M，C	M，C
圆柱磁控管		M，C	M，C
空心阴极		M	M
双平面		M，C	M，C
双圆柱		M，C	M，C

注：靶：M 表示金属，C 表示陶瓷。

经常直接溅射陶瓷靶，沉积得到像 In_2O_3、ZnO 或 TiO_2 的氧化物薄膜，以一定重量比预混掺杂元素或氧化物，通过压制和烧结氧化物粉末制成靶材。已经研究过了不同的靶，如掺了 Sn、Mo、Ti、Si 或 Ge 的 In_2O_3[20,40-42]、掺了 Al 和 Ga 的 ZnO[17,43] 以及掺了铌（Nb）的 TiO_2[44]。溅射气体通常是添加了少量氧气的氩气。高电阻率的靶只能用射频电源溅射，而且具有相对低的溅射速率，导电靶可以用直流或中频交流电源溅射。陶瓷靶远比金属靶昂贵，而且平面靶的利用率低，使得光伏应用中 $1\mu m$ 厚 TCO 的生产成本高得难以承受。溅射的另一个局限是不能改变从给定陶瓷靶上制得的膜的掺杂情况，因为靶的成分是固定的。尽管靶较贵，陶瓷靶的使用不太复杂，而且常常具有比反应溅射（在下面讨论）更高的产率。

现在圆柱磁控管阴极已可用。使用一个旋转圆柱形靶（本质上是一个金属管），因此，整个靶表面能够被均匀地刻蚀。优势是增加靶的利用率、增加靶的体积、延长运行时间以及减少平面靶中遇到的重新沉积问题和碎片问题。ZnO：Al 用的陶瓷磁控管可由几段组成，它由 ZnO 和 $ZnAl_2O_4$ 组成，可以做成均匀的微观结构，密度可以达到理论密度的 95%。

也可以通过反应溅射制备氧化物薄膜，反应溅射主要优势是能够使用低成本的金属靶。为了与沉积的金属反应形成氧化物薄膜，穿过整个衬底宽度均匀的提供氧气，然而，因会发生靶的氧化（靶中毒），这种方法将变得复杂。金属靶的反应溅射可分为三种靶模式：金属模式、氧化物模式或过渡模式（部分被氧化）。绘制阴极电压和反应气体流量的磁滞回线可以确定靶的模式[45]，对于 Zn，从金属模式变到氧化物模式时，阴极电压从 650V 降低到 400V，金属模式的运行常常导致过多 Zn 从正在生长膜上的解吸附，最后导致沉积系统的污染。

通过不稳定过渡模式可以获得最好的 TCO 薄膜（不吸收也不过度氧化），该模式要求主动反馈来维持良好的中间靶状态。通过控制氧分压控制工艺过程处于过渡状态。比例积分微分（PID）控制器利用阴极电压、氧气分压或光学发射，通过控制放电功率或氧气流使分压的设定值保持稳定。例如，可以计算来自金属原子的光发射，即在 307nm 或 481nm 的 Zn 线，与金属模式下获得的谱线的比例或与在 777.4nm 的氧线的比例，这个电压用来做控制信号。反应溅射的另一个复杂情况是由于绝缘氧化物覆盖在内表面引起阳极消失。使用中频脉冲电源中阴极电压周期性反转可以排除电解质表面，利用它可以减少电弧现象。另一种解决方案是利用异相位交流电双磁控管，以便每一个靶交换作为阴极和阳极，并且每个靶都在溅射过程中得到交替清洗。这种方法有效地改善了靶表面的金属特性，并得到了更高的沉积速率。反应溅射的最佳衬底温度通常高于陶瓷靶溅射的沉积温度。很多论文给出了这些领域中的详细结果[46-49]。图 17.2 给出了双磁控管排列图和照片。

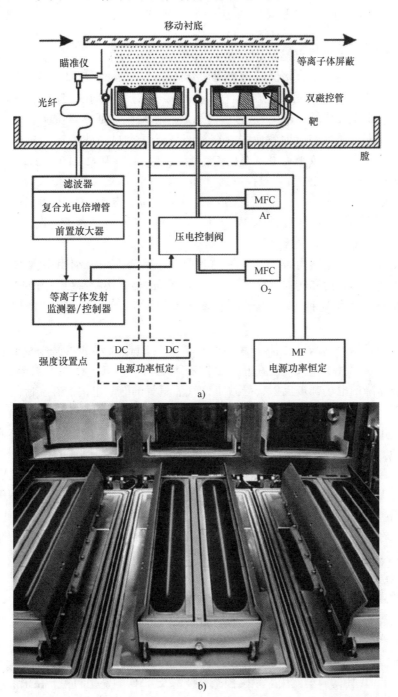

图 17.2 双磁控反应溅射 In_2O_3:Sn 膜直列式镀膜机。a) 等离子体发射过程控制沉积方案的原理图（摘自参考文献 [49]）。b) 打开的系统中靶和阴极的组合（得到真空镀膜机学会的允许使用，转载自 May C，Strumpfel J，Schulze D，43*rd SVC Tech. Conf.*，137（2000）[49]）

随着单个工厂光伏组件产能的稳步提升，需要具有更高产量的直列式磁控溅射机。通过考察为建筑玻璃薄膜加工而设计的溅射系统的演变，能得到一些分析产量的方法。生产中趋向于更大腔室尺寸、更快的抽速、维护的更方便性以及改进的玻璃传输控制软件[50]。

平面磁控溅射的一个特点是沉积在静态衬底上，TCO 的特性随着垂直于阴极方向长轴距离的变化而变化。通常，直接面对靶赛道位置薄膜的电阻率会增加。这种效应的根源可能是因为氧离子（O^-）。随着阴极电压的下降，氧离子被加速，在传输到衬底的过程发生电荷转移，最后轰击正在生长的膜[51]，有可能引起晶格缺陷。通常情况下，金属靶上反应溅射的这种效应比陶瓷靶上的溅射效应强。在动态模式（有衬底的传输）中这些不同的特性一层一层地进入膜中，导致平均电阻率变差，增加的电阻率极大地降低了载流子的迁移率。可以通过在 ZnO：Al 陶瓷靶的直流磁控溅射中加入射频电源来改善这个效应，这种改进具有降低直流溅射电压的作用[52]。人们发现在溅射气体中加入 0.5% 的 H_2 可以改善电阻率的空间分布情况。利用磁控管中的强磁体来减小阴极电压，从而减小离子能量，氧离子轰击的有害效应同样能够降低。

我们简单提一下其他溅射技术的发展。其中一个称为高靶材利用率溅射（HiTUS），利用远程射频等离子体发射和转向磁场来取代磁控管。这种方法能避免赛道的形成，理论上能均匀地刻蚀靶材。利用这种方法已经在玻璃上沉积了 In_2O_3：Sn，得到的电阻率是 $1.6 \times 10^{-4}\Omega cm$。

另一种不用磁场限制来产生溅射高密度等离子体的替代方法是使用空心阴极放电[54]。在空心阴极中，强等离子体被限制在几何上的静态电场中。电子在整个阴极腔中来回振动，每次通过阴极压降的电场都被反射，导致工作气体氩气的有效电离。在实际排列中，通道被限制在间隔 1～3cm 的平面靶之间。在大 Ar 流中溅射靶，Ar 被限制通过通道流动。Ar 把被溅射的原子带出阴极腔并沉积到衬底上。这种方法被称为空心阴极溅射或气体流动溅射。反应气体（如氧气）通过通道外引入[55]，或者更明确地说，是在通道的出口处[56,57]，在等离子体余辉中分解。靶总是以金属模式溅射，以保证反应过程的稳定性和可重复性。磁控溅射的工作气压为 1～10mTorr，导致高能粒子损害正在生长的薄膜的晶格。空心阴极溅射高的工作气压（几百 mTorr）意味着被溅射的原子和其他粒子在到达衬底前被热化，从而实现软沉积。两个团队在发展采用反应溅射、适合大面积制膜的线性空心阴极溅射源已经做了很重要的工作[55,57]。

17.3.1.1 溅射过程及结果

在所有的磁控溅射过程中，溅射气压是一个重要参数。高质量薄膜通常在 2～4mTorr 气压下得到。更高的压力导致溅射原子的增加的热化，从而降低沉积速率，但是低气压能通过负离子的轰击产生薄膜表面的再溅射。能量粒子流及其种类能影响薄膜的特性，如应力、晶粒大小、粗糙度、绒面和点缺陷等。

高质量的 ZnO：Al 薄膜早就用射频磁控溅射技术及 ZAO 陶瓷靶制备。在未加热的静止衬底上，利用含 2% 和 1%（重量比）Al_2O_3 的靶，分别获得电阻率为 $4.0 \times 10^{-4}\Omega cm$ 和 $6.25 \times 10^{-4}\Omega cm$ 的薄膜。衬底温度为 230℃ 时，电阻率低到 $1.4 \times 10^{-4}\Omega cm$[58]。为了提高沉积速率，研究了导电陶瓷靶的脉冲直流溅射。加入 0.3% 的氧以提升薄膜的透光性，在不加热的衬底上获得了电阻率为 $2.2 \times 10^{-3}\Omega cm$ 的薄膜[45]。在 200℃ 的加热衬底上，获得了电阻率为 $7 \times$

$10^{-4}\Omega$cm 的薄膜，该电阻率的值仍然大大高于通过射频或者反应溅射制得的薄膜的电阻率。

为了避免昂贵的陶瓷靶，一直在进行金属 Zn:Al 合金靶的化学反应溅射。使用 Zn:Al 为 1.5wt% 的靶，采用中频溅射，利用 Zn 281nm/O 777.4nm 的光学信号比率控制过渡模型，在 200℃ 获得了 $2.9 \times 10^{-4}\Omega$cm 的电阻率[46]。用双直流磁控溅射 Zn:Al 为 2wt% 的靶，可得到高达 220nm/min 的动态沉积速率。为了避免 CIGS 太阳电池结的损伤，衬底温度被控制在 170℃ 以下。据报道，反应溅射法比陶瓷靶溅射更难以获得良好、均一横向表面电阻。已经采用过 40kHz 交流电源驱动的孪生阴极化学反应溅射，该装置采用氧化和过渡模式[48]。直流反应溅射的一些优势：在整个寿命周期内，靶的稳定状态和打弧的减少。在 300℃ 沉积，获得了 $4 \times 10^{-4}\Omega$cm 的电阻率。典型的 RMS 粗糙度是 2nm，晶粒尺寸是 30nm。中频反应磁控溅射 Zn:Al 孪生靶，通过过渡模式，已经成功在 1.0m × 0.6m 的衬底上制备了 ZnO:Al 薄膜[60]。忽略 Zn 在薄膜上的解吸附，在 150 ~ 200℃ 的衬底温度下，以 80nm/min 的动态沉积速率沉积，得到了电阻率为 $3.4 \times 10^{-4}\Omega$cm 的薄膜。将在 17.6 节中讨论 ZnO:Al 的制绒化工艺。

已经开展了大量的研究工作来研究薄膜特性和薄膜结构之间的关系。在 TCO 这章的上下文中，我们可以查询晶粒尺寸和择优取向对电阻率特别是对电子迁移率的影响。在 ZnO 中，因为 c 轴方向的压电散射，晶粒内的迁移率是各向异性的。在一项研究中发现，随着反应溅射制备的 ZnO:Al 薄膜厚度的增加，c 轴取向（织构指数）增加、晶面内的电阻率逐渐降低[61]。因此，电阻率与织构指数相关，而且也可能和晶粒尺寸有关，尽管还没有研究这种变化。后来发现生长速率（如根据原子面密度定义 RBS）随着沉积时间的增加而增加，约 300s 达到饱和[62]。仍然还是难以弄懂织构的起源和演化。通常长在非晶衬底上的自织构薄膜可能源于优先成核或快速生长晶粒的进化选择。高分辨透射电子显微镜（TEM）表明化学反应溅射生长的 ZnO 薄膜在金属靶模式中以（0001）平面平行于衬底表面生长，形成一个始于衬底-薄膜界面的 c 轴织构柱状结构。另一方面，有报道称在过渡靶模式中生长的薄膜呈现为初始成核的随机取向性。ZnO 织构发展的综述表明尚未最终确定可能的潜在机制[64]。

偶尔尝试用溅射的方法制备掺杂 SnO_2。例如采用 Sn 靶，在氩-氧-氟氯烷气氛中，利用直流反应溅射制备了 SnO_2:F[65]。但是，获得电学有效的施主杂质貌似很困难。

已经通过空心阴极溅射成功制备了大量的氧化物和氮化物，包括 ZnO、In_2O_3、SnO_2、Al_2O_3、$CuAlO_2$、AlN、InN:O、TiO_2:Nb 和 TiN[23,56,66]。就 ZnO:Al 来说，X 射线中（002）方向不存在峰值的移动说明薄膜中几乎不存在应力[67]。已经制备出了迁移率高达 $80cm^2$/Vs 的高性能 TCO 如 In_2O_3:Mo 和 In_2O_3:Ti[23,68,69]。也证明 Zr 元素和 Nb 元素是 In_2O_3 中有效和有用的掺杂。EPV SOLAR 小组把他们的工艺命名为反应环境空心阴极溅射（RE-HCS）。表 17.5 中列出了由 RE-HCS 法生产的一些 TCO 薄膜的特性。

表 17.5　用反应环境空心阴极溅射（RE-HCS）法在钠钙玻璃上制备的 TCO 薄膜的特性

材　料	T_s/℃	t/μm	R_{sh}/(Ω/□)	ρ/$10^{-4}\Omega$cm	N/(10^{20}/cm^3)	μ/(cm^2/Vs)	参考文献
ZnO:Al	250	0.36	21.1	7.59	2.32	35.5	[57]
ZnO:Al	340	1.03	2.8	2.86	4.42	49.5	[70]

（续）

材　　料	$T_s/℃$	$t/\mu m$	$R_{sh}/(\Omega/\square)$	$\rho/10^{-4}\Omega cm$	$N/(10^{20}/cm^3)$	$\mu/(cm^2/Vs)$	参考文献
ZnO:B	160	0.63	9.0	5.7			[57]
ZnO:B	110	0.44	17.8	7.8	2.1	37.8	[23]
ZnO:Ga	175	0.85	12.0	10.2	2.67	23.0	未出版
In_2O_3	260	0.89	20.0	17.0	0.95	38.5	[68, 23]
In_2O_3:Mo	290	1.00	1.9	1.9	4.1	80.3	[56, 23]
In_2O_3:Zr	250	0.56	4.0	2.3	4.3	63.3	[68, 23]
In_2O_3:Nb	260	0.86	3.6	3.1			[23]
In_2O_3:Ti	300	0.54	3.3	1.8	4.3	80.6	[68, 23]
In_2O_3:Sn	280	0.34	5.8	2.0			[57]

17.3.2　化学气相沉积（CVD）

化学气相沉积过程中，气态形式的前驱物分解成原子或分子并在加热衬底表面上通过化学反应形成非挥发性的薄膜层。高温、等离子体或光都能触发前驱物的分解。CVD 的工作气压在几 Torr 到高于大气压强值范围内。根据激发方式、前驱物类型和工作压强，CVD 可以分为常压 CVD（APCVD）、低压 CVD（LPCVD）、等离子体增强 CVD（PECVD）、光 CVD 和金属有机物 CVD（MOCVD）。

APCVD 不需要真空，具有高的沉积速率和巨大的成本优势。平板玻璃工业和 SnO_2:F 薄膜生产已经采用了这种工艺[71,72]。因此，浮法玻璃在退出锡槽时还是热的，在玻璃冷却过程中直接镀上 SnO_2:F。这样的工厂在一天内能在 10~15mile 长、130in 宽的玻璃上镀膜。这种线上涂层可以是平滑的也可以是制绒的。很多不同的前驱物可以用于薄膜沉积。例如，$SnCl_4$（四氯化锡（TTC））[73]、$(CH_3)_2SnCl_2$（二甲基二氯化锡（DMTC））[74] 和 n-$C_4H_9SnCl_3$（单丁三氯化锡（MBTC））[75] 混合着氧气或水汽和其他掺杂材料如氟化氢或有机氯等，经常用于工业生产。最常见的反应过程是

$$SnCl_4 + 2(H_2O) \longrightarrow SnO_2 + 4(HCl) \tag{17.3}$$

过程温度在 590~650℃之间，在这个温度，钠钙玻璃中的离子扩散进入到涂层会降低 SnO_2 的电学性能，因此在沉积 SnO_2 之前先在玻璃上沉积一层 SiO_2 或 SiO_xC_y 薄膜阻挡层。有些情况下，用两层阻挡层，形成"玻璃/SnO_2（约 25nm）/SiO_2（约 20nm）/SnO_2:F"结构。由于这些薄层具有不同的折射率，它们减小了干涉条纹的振幅，因此可作为颜色抑制层来获得较中性的外观[71]。因为钠钙玻璃的热膨胀系数比 SnO_2 的高（300℃以下分别约为 $8.6 \times 10^{-6}/℃$ 和 $4.0 \times 10^{-6}/℃$），因此，可以预测商业 SnO_2 受到压应力。然而基于晶格常数测量的 X 射线衍射（XRD）报道了存在拉伸应力[76]。

APCVD 法沉积的氧化物薄膜可以沉积在粗糙表面上，这对于 a-Si/μc-Si 太阳电池效率的提高非常关键。通过控制沉积条件来控制薄膜的形态。例如，日本的 Asahi 玻璃公司已经生产出具有不同表面制绒的，所谓 U 型和 A 型 SnO_2:F 薄膜[77]。最近 R&D 实验室用 TTC 作为前驱物，制备的 SnO_2:F 薄膜具有非常低的可见光吸收系数（约 $100cm^{-1}$），而大多数商业

SnO_2 的典型吸收系数约为 $400 \sim 600 cm^{-1}$[73]。采用 APCVD 法，在 500℃，用 Ti（OC_3H_7）$_4$ 在 SnO_2:F 上制备了 TiO_2[78]。用 APCVD 法沉积的其他 TCO 包括 ITO[79]、ZnO:F[80,81] 和 ZnO:Al[82]。氟含量约为 0.5at% 时，用二乙基锌 Zn（C_2H_5）$_2$ 做前驱物在 400℃ 得到的 SnO_2:F 最低电阻率为 6×10^{-4} Ωcm，用螯合二乙基锌做前驱物在 $48 \sim 500$℃ 得到 SnO_2:F 最低的电阻率为 5×10^{-4} Ωcm。用 APCVD 法生长获得了电阻率为 3×10^{-4} Ωcm 的 ZnO:Al。已经有报道采用 He、DEZ、CO_2、三甲基铝（TMA）为前驱物，利用等离子体增强 APCVD 法制备 ZnO:Al[83]。图 17.3 为适合连续生产的 APCVD 沉积系统示意图。一般来说，这样的机器由一个皮带运输系统、多个不同的温区、加热喷射头和有传递液态前驱物的鼓泡气态输送系统组成。

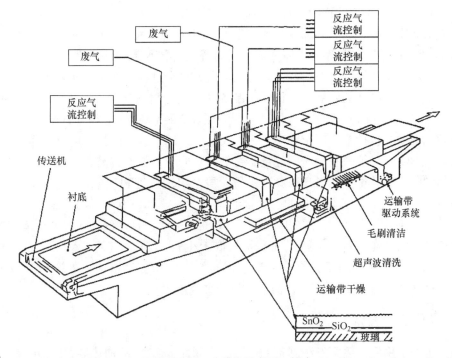

图 17.3　在玻璃上镀 SiO_2/SnO_2 膜的 APCVD 系统示意图。摘自 Sato K *et al.*，*Reports Res. Lab. Asahi Glass Co.*，*Ltd*，422（1992），得到 AGC 的许可[77]

低压 CVD 已经成为制备硼掺杂 ZnO 的一种重要的工艺，以用于 a-Si 和 a-Si/μc-Si 太阳电池[84-87]。这种方法的一个特点是制备的 ZnO:B 具有大晶粒形貌，非常适合上衬底 TCO 的光捕获，另一个特点是该工艺只需要低到 $140 \sim 160$℃ 的衬底温度。这使 LPCVD 能在 pn 结形成后另外沉积作为背接触的具有制绒结构的 ZnO。前驱物是未稀释的二乙基锌（DEZ）和 H_2O 气体，H_2O/DEZ 的比例略大于 1，在 He 中稀释的乙硼烷（B_2H_6）作为掺杂气体。气压从 0.37Torr 到几 Torr。这种机制由动力学限制，而不是由到达衬底上反应物的扩散限制，沉积速率随着温度增加而增加，从 145℃ 的 20Å/s 到 155℃ 的 25Å/s。气压大于 10Torr 时，过早的反应可能发生在气相。当衬底温度大于 145℃ 时，发生强烈的形貌转变，出现大的正方晶粒，XRD 显示强的 $11\bar{2}0$ 取向[84]。衬底表面有小晶粒成核层。通过控制 H_2O/DEZ 比例、气压和衬底温度，太阳电池应用的 ZnO:B 的特性（形貌、光学和电学）可以达到最佳。

17.6 节将对这些方面进行深入的讨论，电阻率最小可以达到 $1.0 \times 10^{-3} \Omega cm$，尽管具有更高电阻率的 TCO 更适合 a-Si/μc-Si 太阳电池组件。

以二乙基锌（DEZ）和 H_2O 为前驱物，采用 MOCVD 制备 ZnO，通过在一个冷的衬底进行中间反应物的捕获，随后同时进行热重和差热分析（TGA-DTA）以分析反应中间物[88]。

作为一个生长更复杂氧化物的例子，我们提到用 MOCVD 法制备 $Zn_2In_4Sn_3O_{14}$ 薄膜，并获得良好的特性（$\mu = 33.2 cm^2/Vs$，$n_e = 4.3 \times 10^{20} cm^{-3}$）[89]。这种膜可以解释为由 In_2O_3 的方铁锰矿构成，其间 Zn^{2+} 和 Sn^{4+} 共同取代两个 In^{3+} 位。

17.3.3　脉冲激光沉积（PLD）

与溅射和 CVD 相比，PLD 的设置更为简单。在真空腔室中，脉冲、高能激光脉冲聚焦在靶材上，引起靶材的蒸发。脉冲能量的典型值是 $300 \sim 600 mJ/$脉冲，瞬时功率密度大约为 $10^9 W/cm^2$，产生发光和定向等离子体羽流，同时等离子体羽流也吸收激光辐射。被加热的衬底对着靶，熔化的材料凝结在衬底上来生长薄膜，这个过程导了到多元素靶材按近化学计量比转移到衬底上。PLD 的发展主要得益于制备高 T_c 超导材料比如 $YBa_2Cu_3O_7$。PLD 用 KrF（248nm）和 ArF（193nm）准分子气体激光器和固体 Nd:YAG 激光器（256nm，355nm）作为光源。激光羽主要包括单个原子和离子，以及电子、原子簇、微粒和熔滴。为了减小粒子的破坏和产生微滴，必须限制激光的能量。在氧化物薄膜生长中，需要氧气环境以便维持薄膜与靶材相同的化学计量比。PLD 法脉冲维持阶段会出现过饱和现象，产生高的形核密度。利用 PLD 法已经制备了许多高质量的 TCO 薄膜[15,16,21,25]。PLD 也可以用来制备三元 TCO[90] 和 p 型 TCO[91]。似乎 PLD 经常制备出非常光滑表面的薄膜，且在低衬底温度下薄膜就结晶，因为等离子体高的动能。后一个特点在塑料衬底上生长 TCO 时有用。另一方面，据报道，高迁移率的 ZnO 薄膜（低的载流子浓度 $3 \times 10^{16} cm^{-3}$）的粗糙度增加。尽管 PLD 技术简单，但是其传质速率低（小于 $10^{-4} g/s$），而且好像很难规模化。

17.3.4　其他沉积技术

实验室中经常用反应热蒸发法制备 ITO 薄膜。因此，采用 W 加热器，BN 坩埚，氧气分压为 $10^{-4} Torr$，衬底温度为 175℃，通过热蒸发制备了 InSn（10wt%）薄膜，薄膜的电阻率为 $2.4 \times 10^{-4} \Omega cm$，如果需要，可以采用射频等离子体激活。另外，可以通过 E 型电子束源对 In_2O_3 加上 9mol% SnO_2 的球团进行蒸发，同样采用部分氧气分压，衬底温度在 300℃，以期获得低吸收率的薄膜[92]。

一些其他真空沉积方法也值得一提。首先是原子层沉积（ALD）。在这种技术中，前驱体和氧化物在长膜腔室中分别按照进气、饱和及吹扫的过程交替进行，很薄的前驱物层（有时只是单层）因此被吸附，然后被氧化，多次重复"四步"循环。以 ALD 沉积 ZnO:B 为例，以 DEZ（+ B_2H_6）为前驱体，H_2O 为氧化物，腔室气压大约为 $0.1 Torr$[93]。ALD 沉积速率很慢，但能产生高度保形的薄膜。这种方法也用于生长锆（Zr）掺杂 In_2O_3[94]。值得注意的第二种方法包括金属原子与氧原子的反应。例如，在真空腔室中同时给加热的衬底提供锌原子和氧原子制备 ZnO。一个固定的电容在点或线源的氧气中耦合射频放电[95]，远程产生氧原子，ZnO:In 峰值沉积速度达到 40Å/s，电阻率可达 $2 \times 10^{-3} \Omega cm$。

现在我们讨论几种制备 TCO 的非真空路线。喷涂热解技术是沉积多种 TCO 的低成本技术。前驱体在溶剂中溶解，然后溶液（包括金属掺杂剂）通过高压喷嘴或超声波雾化器喷向加热的衬底。在衬底表面反应物热解并形成薄膜。衬底温度影响晶粒取向、形貌和薄膜的其他性质，遗憾的是，存在一些不明显的参数而且工艺难以控制。可以通过这种技术制备所有的二元 TCO（如 SnO_2、In_2O_3、ZnO 和 CdO）[96-98]和三元氧化物（如 $CuAlO_2$）。用二甲基二氯化锡（DMTC）为前驱体，NH_4F 和 HF 为掺杂物，在 500~530℃ 的直通炉中，用超声喷涂热解法制备了 SnO_2:F 薄膜，迁移率为 $43.8cm^2/Vs$，电阻率为 $4.1 \times 10^{-4}\Omega cm$[99]。

获得 TCO 的另外一种简单的方法是溶胶凝胶法。溶解于酒精的金属醇化物或"金属-有机物"化合物构成前驱溶液，通过旋涂、浸泡或拉伸把薄膜覆盖在衬底上，接着可能对薄膜进行退火或烧结。已经用这种方法制备了 c 轴取向的 ZnO 薄膜[100]。但是用溶胶凝胶法制备的薄膜经常有气孔，而且其质量比那些用真空激光脉冲法制备的薄膜的质量差。最后，TCO 的喷墨印刷技术在低成本印刷电极和太阳电池中引起了很多注意[101,102]。

17.4　TCO 理论和模拟：电学和光学特性及其对组件性能的影响

在理论和模拟部分，我们将详细讨论 TCO 的一些重要特性，包括 TCO 的电学性质（掺杂、载流子输运和散射）、光学性质（基本的吸收和自由载流子吸收）、考虑 TCO 薄层方阻和光吸收的单片组件设计。在这些例子中，我们列出了一些有用的方程，这些方程对理解概念和定量分析以及模拟目的都有帮助。

17.4.1　TCO 的电学性质

17.4.1.1　自由载流子的产生

TCO 薄膜是宽带隙半导体，室温下本征薄膜的电阻率很高。为了得到导电性薄膜，必须引入合适的杂质（外掺杂）或使薄膜偏离化学计量比。在 17.2 节我们讨论了 ZnO 的掺杂。在本节我们将讨论 Sn 掺杂的晶体 In_2O_3（ITO）的掺杂机制。In_2O_3 晶体具有立方锰铁矿晶体结构。这和萤石结构有关，该结构中阳离子具有面心立方排列，所有的阴离子占据四面体间隙位置，因此，阳离子位于阴离子正方体的中心。在方铁锰矿结构，每个立方单元中缺失两个氧原子，缺失发生在面对角线或体对角线上，导致铟的两种位置[103]。产生自由载流子可能有三种机制[89]，用 Kröger-Vink（K-V）标注法，这些模型可以写成：

$$2In_{In}^x + 2SnO_2 \longrightarrow 2Sn_{In}^\bullet + In_2O_3 + \frac{1}{2}O_2(g) + 2e' \tag{17.4}$$

$$2In_{In}^x + 2SnO_2 \longrightarrow (2Sn_{In}^\bullet O_i'')^x + In_2O_3 \tag{17.5a}$$

$$(2Sn_{In}^\bullet O_i'')^x \longrightarrow 2Sn_{In}^\bullet + \frac{1}{2}O_2(g) + 2e' \tag{17.5b}$$

$$O_O^x \longrightarrow \frac{1}{2}O_2(g) + V_O^{\bullet\bullet} + 2e' \tag{17.6}$$

在 K-V 标注法中[104]，用大写字母标注离子种类或缺陷，用下标标注其位置，用上标标注有效电荷（$\bullet$ 标注正，$'$ 标注负）。因此，式（17.4）描述了 Sn 原子的直接掺杂，锡原子替代亚晶格中的铟原子（In^{3+}），电离的锡原子（Sn^{4+}）贡献一个电子。式（17.5a）中自

补偿反应导致中性 $Sn_2^{\cdot}O_i^{''}$ 的形成同时涉及氧间隙。式（17.5b）中，还原反应通过移开氧间隙原子激活施主原子，这意味着 In_2O_3 中的 Sn 可能被激活也可能不被激活。如式（17.6）所述，在高还原条件下形成氧空位，氧空位充当施主杂质。每一个空位提供两个电子。各种报道称在低锡密度（C_{Sn} 约 2at%），ITO 的掺杂效率（每个锡原子的电子数）范围从略高于 1 到低至 0.25，普遍观察到在 $C_{Sn} = 10at\%$ 附近，载流子密度达到饱和。在该范围，Sn^{4+} 通常与 O^{2-} 阴离子形成 6 配位，被过量氧间隙离子中和了[105]。而且非激活 Sn 原子产生中性散射中心，降低了电子迁移率。不管采用哪种方式制备 ITO，我们都可以说载流子浓度取决于锡浓度、氧分压和温度。

在 17.2 节介绍锡酸镉（Cd_2SnO_4）中，它被描绘成自掺杂，而且就作者所知，这种材料的外掺杂剂还未知。载流子的起源已经归因于氧空位，Cd 间隙原子，或者基于第一性原理计算，Cd 反位上的 Sn[106]。

17.4.1.2 载流子输运和散射

如上所述，自由电子使薄膜具有电学导电性。如果用电子的有效质量 m_e^* 代替真实质量 m_e 来解释晶格的存在，根据经典力学，电子对外场做出响应的标准导致了半导体理论。因此，在电场 E 中，电子受到的力是 $eE = m_e^* dv/dt$。在晶体中，电子与晶体中缺陷相互碰撞，电子在力的方向获得一个平均速度分量，即漂移速度 v_d。漂移速度正比于所加电场和碰撞之间的平均时间 τ，反比于电子的有效质量。

$$v_d = (e\tau/m_e^*)E = \mu_e E \tag{17.7}$$

因此，电子迁移率 μ_e 为 $e\tau/m_e^*$，它正比于碰撞之间的时间（在 TCO 中约 $5 \times 10^{-15} \sim 1 \times 10^{-14}$ s）。电流密度 J 由 $J = n_e e v_d = \sigma E$ 给出。其中，n_e 是薄膜中自由载流子（电子）浓度，σ 是薄膜材料的电导率。因此

$$\sigma = 1/\rho = n_e e \mu_e = n_e e^2 (\tau/m_e^*) \tag{17.8}$$

这个模型与金属中经典电子气的 Drude 理论相似。漂移速度通常远小于电子热运动速度 $(3kT/m_e^*)^{1/2}$。更精确地说，如果把电子看成遵循泡利（Pauli）不相容原理的粒子（因此遵循 Fermi-Dirac 统计），那么在费米面电子速度为 $V_F = (3\pi^2)^{1/3}(\hbar/m_e^*)n_e^{1/3}$ [107]，其数值大约为 5×10^5 m/s。电子平均自由程 $l = V_F \tau = V_F m_e^* \mu_e/e$。如果 $\mu_e = 50cm^2/Vs$ 和 $n_e = 5 \times 10^{20}cm^{-3}$，$l$ 大概是 8nm，这小于 TCO 通常的晶粒尺寸。

根据式（17.8），为了获得高电导率，必须通过掺杂增加 n_e。然而，重掺杂会导致一些缺陷。电离的掺杂原子是散射中心，降低了电子的迁移率。如果杂质浓度超过固溶度极限，将发生相分离。高电子浓度导致长波光的吸收（随后我们将对这个问题进行分析）。某种程度上讲，增加电导率的首选策略是增加电子的迁移率，因此，现在我们将对控制电子迁移率的主要机制进行简短的介绍，在其他文献中会进行全面的综述[108-110]。

1）电离杂质散射。具有高自由载流子浓度的 TCO 薄膜中，存在大量的电离杂质，它们可能是氧空位、掺杂剂或者是过量金属原子，电离杂质是电子的强散射中心。考虑到屏蔽库仑势的散射（Brooks-Herring-Dingle 模型），Dingle 推导出简并半导体中电子迁移率 μ_i 的表达式[111]，电离杂质周围电场的屏蔽作用来源于其周围的自由电子气，结果如下：

$$\mu_i = \frac{3(\varepsilon_0\varepsilon_r)^2 h^3}{Z^2 m_e^{*2} e^3} \frac{n_e}{n_i} \frac{1}{F_i(\xi)} \tag{17.9}$$

式中 $F_i(\xi) = \ln(1 + \xi) - \xi/(1 + \xi)$，$\xi = (3\pi^2)^{1/3}\varepsilon_0\varepsilon_r h^2 n_e^{1/3}/(m_e^* e^2)$，$\varepsilon_0$ 是真空介电常数，ε_r 是相对介电常数，h 是普朗克常数，Z 和 n_i 分别是电荷和杂质浓度。对未补偿的完全电离的半导体，$n_e = n_i$。μ_i 取决于 $1/Z^2$，与温度无关。

2）晶格振动散射。温度增加意味着晶格振动更强、晶格变形以及受声学声子散射限制的电子的迁移率。J. Bardeen 和 W. Shockley[112] 计算出了非极性材料中，来源于晶格散射的迁移率 μ_l 可以表示为

$$\mu_l = \frac{2\sqrt{2\pi}e\hbar^4 C_l}{3m_e^{*5/2}E_d^2(kT)^{\frac{3}{2}}} \tag{17.10}$$

式中，C_l 是纵向弹性常数，E_d 是以 eV 为单位的形变势能常数。$\hbar = h/2\pi$，k 是 Boltzman 常数，T 是半导体的绝对温度。

3）晶界散射。多晶半导体薄膜的晶界包含界面态，界面态能捕获电荷。这些电荷形成势垒，阻碍相邻晶粒中电子的通过，尤其是如果晶粒尺寸和电子平均自由程相当时。对于电子陷阱，晶界两边都形成耗尽区，通过越过势垒的热电子发射描述电流传导[113]。Petritz 模型已经描述了晶界散射导致的迁移率 μ_g[114]，Seto[115] 和 Baccarani[116] 对其进行了推广，基本结果是

$$\mu_g = \left(\frac{L^2 e^2}{2\pi m_e^* kT}\right)^{\frac{1}{2}} \exp\left(-\frac{\phi_b}{kT}\right) \tag{17.11}$$

式中，L 是晶粒尺寸，ϕ_b 是晶界电势（势垒高度）。势垒高度 $\phi_b = e^2 N w^2/2\varepsilon\varepsilon_0$（$w$ 是耗尽区宽度，N 是施主浓度）。因为在 E_F 之下，界面态填满了电子；界面态电荷等于两个耗尽区中的电荷，所以 $eN_T = 2eNw$，其中 N_T 是表面陷阱密度（典型范围在 $(0.3 \sim 3.0) \times 10^{13}\,cm^{-2}$）。我们发现 $\phi_b = e^2 N_T^2/8\varepsilon\varepsilon_0 N$。在典型的 TCO 中，具有高的自由载流子浓度，平均自由程只有几 nm，即小于晶粒尺寸，因此晶界散射的影响似乎相对较小。

4）中性杂质散射。源于中性原子散射的迁移率 μ_n 为

$$\mu_n = \frac{m_e^* e^3}{20\varepsilon_r\varepsilon_0\hbar^3 n_N} \tag{17.12}$$

式中，n_N 是中性散射中心密度[117,118]。

其他散射机制，如电子-电子散射，对 TCO 薄膜的自由载流子迁移率有较小的影响。通过增加碰撞概率，结合上述主要散射过程，可以确定自由载流子迁移率 μ_e：

$$\frac{1}{\mu_e} = \frac{1}{\mu_i} + \frac{1}{\mu_l} + \frac{1}{\mu_g} + \frac{1}{\mu_n} \tag{17.13}$$

对于大多数用于太阳电池窗口电极的 TCO，n_e 在 $10^{19} \sim 10^{21}\,cm^{-3}$ 范围，$\mu_e < 100\,cm^2\,V^{-1}\,s^{-1}$（通常约为 $30\,cm^2\,V^{-1}\,s^{-1}$）。对于相对高的载流子浓度（$> 2 \times 10^{20}\,cm^{-3}$），通常认为迁移率由电离杂质散射决定。载流子浓度在 $10^{19} \sim 10^{20}\,cm^{-3}$ 时，Minami 认为 ZnO 中晶界散射占主导地位[1]（虽然有些人认为中性杂质散射占主导地位[119,120]）。图 17.4 显示了 Minami 计算的结果，同时加上了不同方法制备的杂质掺杂和未掺杂（虽然仍具有导电性）的 ZnO 薄膜的实验数据。为了比较，也包含了三种采用空心阴极溅射制备的掺杂 ZnO 薄膜。ZnO 单晶最大的室温迁移率为 $180 \sim 200\,cm^2\,V^{-1}\,s^{-1}$。

实验上发现 ITO 中电子光学有效质量随着载流子浓度增加而增加[121]，这就提出，在简

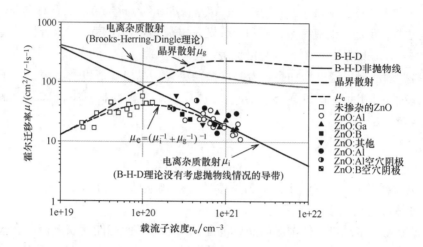

图 17.4　未掺杂和杂质掺杂 ZnO 薄膜中测量的霍尔迁移率与载流子浓度的依赖关系。模型中采用了两种
　　　散射机制——电离杂质散射和晶界散射。主要数据来源于 Minami T，*MRS Bulletin* 25，38（2000）[1]

并半导体中，$E(k)$ 色散关系是非抛物线型的[122]，ZnO：Al 也有类似的结论[123,124]。对于
ITO，电子有效质量作为电子浓度 n_e 函数的经验公式为[109]

$$m_e^* = (0.066 n_e^{1/3} + 0.3) m_e \tag{17.14}$$

式中，m_e 是电子质量。

　　还可以通过测量 Seebeck 系数 S（也用符号 α）来研究散射机制，其单位是 μV/K（见
17.7.1 节）。在简并半导体中，S 取决于温度 T 和载流子浓度 n 的方程可以写为

$$S = -\frac{k}{e}\left(\frac{\pi^2}{3}\right)\left(r + \frac{3}{2}\right)\left(\frac{kT}{E_F}\right) \tag{17.15}$$

对简并电子气，$k/e = 86.2\ \mu V/K$，$E_F = (\hbar^2/2m^*)(3\pi^2 n)^{2/3}$，散射指数 r 取决于主要的
散射过程[118,119]。S 的大小随 $n^{-2/3}$ 变化，因此其数值随载流子浓度的降低而增加。

17.4.2　TCO 的光学特征

　　在半导体中可能发生各种光学吸收过程，比如基本吸收（从价带到导带的跃迁）、杂质
吸收、自由载流子吸收、激子吸收、高能跃迁、带内跃迁以及施主-受主跃迁[125]。用光传
播方向上光强 I 减少的分数定义吸收系数 α：

$$\alpha = -\left(\frac{1}{I}\frac{dI}{dx}\right)$$

　　通常情况下，$\alpha(h\nu) = A\sum P_{if}\, n_i n_f$，其中 P_{if} 是从初态到终态跃迁的概率，n_i 是初态电子密
度，n_f 是未被占据的终态密度，总的吸收系数是对所有光子能量 $h\nu$ 的求和，这里我们讨论
最基本的和自由载流子吸收过程。下面给出的方程以波长的函数计算 TCO 的光学传输。

　　电子越过带隙从价带到导带的直接跃迁，是半导体中的基本吸收，$E > E_g$ 时吸收系
数是

$$\alpha(E) = \frac{A}{E}(E - E_g)^{1/2} \tag{17.16}$$

式中，E_g 是带隙，E 是光子能量，A 是拟合常数[118,126]。假定导带是抛物线状的，而且未被占据。由式（17.16）可知，在 $E > E_g$ 时，$(\alpha E)^2$ 与 E 的关系图是一条直线，直线在 E 轴上的截距是带隙，直接跃迁说明电子动量守恒。在非直接跃迁中，价带中的电子通过声子的参与保持动量守恒，可以到达导带中的任何一个空状态。例如，根据报道，氧化铟的间接带隙是 2.6eV（直接带隙约 3.7eV）[127]。实际上，最近的研究证明从价带顶（VBM）到导带底（CBM）的光学跃迁是部分禁止的，而且强光学吸收在价带顶 0.8eV 以下开始[128]。

在掺杂薄膜中，受电离杂质库仑相互作用的扰动，导带边和价带边的态尾进入到带隙中。能态尾部之间跃迁的光学吸收系数遵守 Urbach 规则：

$$\alpha_u(E) = A_U \exp\left[-\frac{\xi}{kT}(E_g - E) \right] \tag{17.17}$$

式中，A_U 是拟合常数，ξ 是一个描述亚带隙吸收边陡峭程度的参数，可以通过 $E < E_g$ 时，$\ln(\alpha)$ - E 图线获得该参数（例如可以参阅参考文献 [129]）。

在重掺杂半导体中，例如，具有高载流子浓度的 TCO 中，费米能级位于导带中（即半导体是简并的），导带的最低能态是填满的。（这些能态在 $n_e > N_c$ 时开始填充，N_c 是导带有效态密度，ZnO 的 $N_c = 3.7 \times 10^{18} cm^{-3}$）。光子需要比基本带隙 E_{g0} 更高的能量去激发电子从价带到未被占据导带之间的跃迁，图 17.5 展示了这种情况的简化的能带结构图。

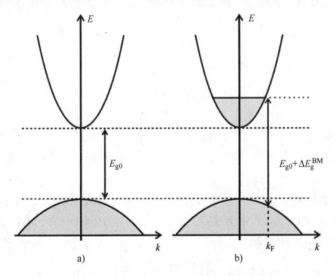

图 17.5　TCO 的能带结构示意图，由基本带隙 E_{g0} 隔开的能带结构具有抛物线形状，光转变发生在垂直方向上。足够高的掺杂填充了导带的最低态，这样因为 Burstein-Moss 转变 ΔE_g^{BM}，导致光学带隙变宽。对文献 Sernelius B *et al.*，*Phys. Rev.* B 37，10244（1988）的图进行了重画[130]

能量增量 ΔE_g^{BM} 被称为 Burstein-Moss（B-M）偏移[131]。

$$\Delta E_g^{BM} = \frac{\hbar^2 k_F^2}{2m_{vc}^*} = \left(\frac{h^2}{2m_{vc}^*}\right)\left(\frac{3n_e}{8\pi}\right)^{2/3} \tag{17.18}$$

式中，k_F 是费米波矢量，m_{vc}^* 是约化有效质量 $(m_{vc}^*)^{-1} = (m_v^*)^{-1} + (m_c^*)^{-1}$，$m_v^*$ 和 m_c^* 是价带和导带态密度有效质量，现在光学带隙可变为

$$E_g = E_{g0} + \Delta E_g^{BM} \tag{17.19}$$

在高电子浓度下，式（17.18）给出的 $\Delta E_{\mathrm{g}}^{\mathrm{BM}}$ 的值相对较大。例如，假定约化质量为 $0.26m_{\mathrm{e}}$，当 $n_{\mathrm{e}} = 2 \times 10^{20}\mathrm{cm}^{-3}$ 时，$\Delta E_{\mathrm{g}}^{\mathrm{BM}} = 0.44\mathrm{eV}$。然而，一旦 n_{e} 值超过约为 $5 \times 10^{19}\mathrm{cm}^{-3}$ 的临界值，带隙缩小机制开始起作用，并且部分抵消了由式（17.18）所导致的带隙增加[132]。或许我们可以给出如下的评论：TCO 在可见光光谱的透光度，要求从低能费米能级态跃迁到未占据的高能导带具有低的概率，这在一定程度上是可以保证的，因为 TCO 阳离子的 d 壳层是填满的，如 Ga 和 Zn 的 $3d^{10}$，In、Sn 和 Cd 的 $4d^{10}$。除此之外，光子的吸收需要吸收或发射一个声子来适应电子动量的改变。为了用量子力学来计算跃迁概率，需要考虑三种粒子（光子、电子和声子）和中间态[118]。接下来，我们将给出自由载流子吸收的经典处理方法。式（17.19）定义的带隙确定了光谱高频部分强 TCO 吸收和透光性之间能量的界定。

在低频波段，TCO 薄膜的光学透过率由自由载流子等离子体的吸收和反射决定。为了模拟这些效应，我们又利用 Drude 模型（见 17.4.1.2 节），该模型把电子看成是经典气体。通过交流电场 $E(t) = E_1 \exp(-\mathrm{i}\omega t)$ 产生光和自由载流子之间的相互作用，所以电子的运动方程变为 $m_{\mathrm{e}}^*(\mathrm{d}^2 x/\mathrm{d}t^2) + (m_{\mathrm{e}}^*/\tau)\mathrm{d}x/\mathrm{d}t = eE(t)$[133]，如前面所述，$\tau$ 是碰撞之间的平均时间。这个方程的解为 $x = (e/m_{\mathrm{e}}^*)E_1 \exp(-\mathrm{i}\omega t)/(-\omega^2 - \mathrm{i}\omega/\tau)$。$x$ 已知，可以计算 $v = \mathrm{d}x/\mathrm{d}t$，由此从 $J = \sigma E = nevE$ 中求得 σ，式中 $\sigma = \sigma(\omega)$ 是复数，是与频率有关的 TCO 的电导率。因此，

$$\sigma(\omega) = \frac{n_{\mathrm{e}}e^2\tau}{m_{\mathrm{e}}^*}\frac{1}{(1 - \mathrm{i}\omega\tau)} = \varepsilon_0\varepsilon_\infty\omega_{\mathrm{p}}^2\tau\frac{1 + \mathrm{i}\omega\tau}{1 + \omega^2\tau^2} \tag{17.20}$$

式中，ω_{p} 是等离子体频率，由下式给出：

$$\omega_{\mathrm{p}} = \left(\frac{n_{\mathrm{e}}e^2}{\varepsilon_0\varepsilon_\infty m_{\mathrm{e}}^*}\right)^{\frac{1}{2}} \tag{17.21}$$

等离子体波长是 $\lambda p = 2\pi c/\omega_{\mathrm{p}}$，如前所述，$n_{\mathrm{e}}e^2\tau/m_{\mathrm{e}}^*$ 是直流电导率 σ。注意，在由 $\omega\tau = 1$ 确定的频率时，电导率的虚部达到峰值 $\sigma/2$。在频率足够高时，材料变成理想的电介质，介电常数为 ε_∞。

从麦克斯韦方程组推导出存在平面波，例如，在 x 方向传播的波具有 $\exp\{\mathrm{i}\omega(t - nx/c)\}$ 形式的横向场分量 E_y 和 H_z，其中 n 是复折射率，$n^2 = \mu(\varepsilon_\infty - \mathrm{i}\sigma/\omega\varepsilon_0) = \mu\varepsilon$[134]。表达式 $\varepsilon_\infty - \mathrm{i}\sigma/\omega\varepsilon_0$ 为复数交流介电常数 ε：

$$\varepsilon(\omega) = \varepsilon_\infty - \mathrm{i}\frac{\sigma(\omega)}{\varepsilon_0\omega} = \varepsilon_{\mathrm{r}}(\omega) + \mathrm{i}\varepsilon_{\mathrm{i}}(\omega) \tag{17.22}$$

介电常数的实部和虚部 ε_{r} 和 ε_{i} 分别是

$$\varepsilon_{\mathrm{r}} = \varepsilon_\infty\left(1 - \frac{\omega_{\mathrm{p}}^2\tau^2}{1 + \omega^2\tau^2}\right) \tag{17.23}$$

$$\varepsilon_{\mathrm{i}} = \frac{\varepsilon_\infty\omega_{\mathrm{p}}^2\tau}{\omega(1 + \omega^2\tau^2)} \tag{17.24}$$

这样在 Drude 模型中，光学行为由频率 ω_{p} 和 $1/\tau$ 决定。对 TCO 来说，$\omega_{\mathrm{p}} \gg 1/\tau$。这种行为可分成三个区域：① $\omega < 1/\tau$；② $1/\tau < \omega < \omega_{\mathrm{p}}$；③ $\omega > \omega_{\mathrm{p}}$。在金属理论中它们分别称为 Hagen- Rubens 区、弛豫区和透明区。当 $\omega = \omega_{\mathrm{p}}$ 时，电子和光场发生共振，吸收能量剧烈，此时 $\varepsilon_{\mathrm{r}} = 0$；当 $\omega < \omega_{\mathrm{p}}$ 时，ε_{r} 是负值，等离子体变得具有反射性。太阳电池通常工作在 $\omega >$

ω_p 的区域。假定 $\mu = 1$，复折射率 $n = n + ik = (\varepsilon_r + i\varepsilon_i)^{1/2}$，则折射率和消光率分别为

$$n = \frac{\sqrt{2}}{2} \sqrt{(\varepsilon_r^2 + \varepsilon_i^2)^{1/2} + \varepsilon_r} \tag{17.25}$$

$$k = \frac{\sqrt{2}}{2} \sqrt{(\varepsilon_r^2 + \varepsilon_i^2)^{1/2} - \varepsilon_r} \tag{17.26}$$

从材料参数方面来说，已经推导出了光学常数，我们可以为衬底上与平面平行的薄膜进行光学建模。基于麦克斯韦方程组的解，参考文献 [135,136] 对薄膜光学理论进行了广泛的分析，电磁矢量的切向分量连续地通过两种介质界面 [134]。我们认为垂直入射情况下，入射光的偏振是等价的。对于单一薄膜层，如 TCO，光学指数为 n 和 k，厚度 d 无限厚，透明衬底折射系数为 n_s，在给定的波长 λ，我们可以用以下公式计算空气-薄膜之间的反射比和进入衬底的透射比 [135]

$$R(\lambda) = \frac{(g_1^2 + h_1^2)e^{2a_1} + (g_2^2 + h_2^2)e^{-2a_1} + A\cos2\gamma_1 + B\sin2\gamma_1}{e^{2a_1} + (g_1^2 + h_1^2)(g_2^2 + h_2^2)e^{-2a_1} + C\cos2\gamma_1 + D\sin2\gamma_1} \tag{17.27}$$

$$T(\lambda) = \frac{n_s[(1 + g_1)^2 + h_1^2][(1 + g_2)^2 + h_2^2]}{e^{2a_1} + (g_1^2 + h_1^2)(g_2^2 + h_2^2)e^{-2a_1} + C\cos2\gamma_1 + D\sin2\gamma_1} \tag{17.28}$$

式中

$$a_1 = \frac{2\pi k d}{\lambda}, \gamma_1 = \frac{2\pi n d}{\lambda}$$

$$A = 2(g_1 g_2 + h_1 h_2), B = 2(g_1 h_2 - g_2 h_1), C = 2(g_1 g_2 - h_1 h_2), D = 2(g_1 h_2 + g_2 h_1),$$

$$g_1 = \frac{1 - n^2 - k^2}{(1 + n)^2 + k^2}, \quad h_1 = \frac{2k}{(1 + n)^2 + k^2}, \quad g_2 = \frac{n^2 - n_s^2 + k^2}{(n + n_s)^2 + k^2}, \quad h_2 = \frac{-2n_s k}{(n + n_s)^2 + k^2}$$

当玻璃衬底有限厚时，玻璃背面的反射扰乱了上面给出的 R 和 T 值。衬底通常足够厚，以至于前背表面的反射光不相干，可以对依次通过前表面和背面波的强度（振幅）简单地相加 [136]。作为第一个近似，反射率 R'（还是在薄膜这一面）$= R + T^2 R_s$，透射率（空气-薄膜-玻璃-空气）$T' = T(1 - R_s)$，其中 $R_s = (n_s - 1)^2/(n_s + 1)^2$，是衬底-空气界面的反射率（约等于 0.04）。

利用上述公式，我们已经模拟了具有折射率 $n_s = 1.52$ 的玻璃衬底上的 500nm 厚的 TCO 薄膜的光学行为。所选 TCO 的材料参数和 $In_2O_3:Ti$ 的参数相似，即 $m_e^* = 0.35m_e$，$\varepsilon_\infty = 4.48$ [68]。模拟的三种不同薄膜的方块电阻均为 $6.24\Omega/\square$，虽然载流子和迁移率不同，但其乘积（$\sigma = n_e e\mu$）保持恒定。1 号薄膜：$n_e = 1 \times 10^{21} \text{cm}^{-3}$，$\mu = 20 \text{cm}^2 \text{V}^{-1}\text{s}^{-1}$，2 号薄膜：$n_e = 5 \times 10^{20} \text{cm}^{-3}$，$\mu = 40 \text{cm}^2 \text{V}^{-1}\text{s}^{-1}$，3 号薄膜：$n_e = 2 \times 10^{20} \text{cm}^{-3}$，$\mu = 100 \text{cm}^2 \text{V}^{-1}\text{s}^{-1}$。图 17.6 显示了作为波长函数的 T 和 A 的计算值。1 号薄膜，具有高 n_e 和低 μ，在等离子体波长 $\lambda_p = 1320 \text{nm}$ 附近出现一个强吸收峰，这个吸收峰削减和降低了薄膜在可见光波段的透光性。虽然图中没有画出，在波长 $\lambda > \lambda_p$ 的红外波段，薄膜反射率强烈的上升。1 号薄膜由于具有高载流子浓度，出现了吸收边向短波长方向的 Burstein-Moss 位移；迁移率增加到 $100 \text{cm}^2 \text{V}^{-1}\text{s}^{-1}$，载流子浓度减少到 $2 \times 10^{20} \text{cm}^{-3}$，等离子体吸收减少，并向更长的波长方向移动，直到对太阳电池使用波长范围内波传播的影响忽略不计。根据式（17.21），λ 随 n_e 明显改变。这个例子表明，为了减少光吸收，可以减小载流子浓度，增加载流子迁移率，这样可以获取指定的方块电阻。与此相反，TiN 薄膜中高载流子浓度导致了电阻率低到

$30\mu\Omega cm$，但是等离子体波长移到 $0.7\mu m$，致使薄膜既反射也吸收红光。

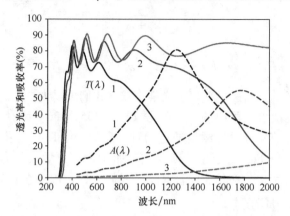

图 17.6　TCO 薄膜（标计为 1、2 和 3）的透光率和吸收率的计算值，这些薄膜具有相同的方块
电阻（6.24Ω/□），但是不同的载流子浓度和载流子迁移率，如下所示：

薄膜 1：$n_e = 1 \times 10^{21}/cm^3$；$\mu = 20cm^2/Vs$

薄膜 2：$n_e = 5 \times 10^{20}/cm^3$；$\mu = 40cm^2/Vs$

薄膜 3：$n_e = 2 \times 10^{20}/cm^3$；$\mu = 100cm^2/Vs$

薄膜厚度是 500nm，衬底是玻璃。模拟中用到的其他参数是

$m_e^* = 0.35m_e$，$\varepsilon_\infty = 4.48$。三种薄膜中的等离子体波长分别是 $\lambda_p = 1320nm$、$1870nm$ 和 $2960nm$。

现在我们讨论衡量 TCO 材料品质因数的主要标准。有人认为 σ/α 的数值是适合的参数，它随着电导率 σ 的增加或光吸收系数 α 的减少而增加。厚度为 t 的薄膜材料的吸收率是 $A = 1 - \exp(-\alpha t)$，因为 $T + R + A = 1$，可知 $\alpha = -(1/t)\ln(T + R)$。$\sigma = 1/(R_{sh}t)$，因此 $\sigma/\alpha = -[R_{sh}\ln(T + R)]^{-1}$，表达式的量纲为 Ω^{-1}，不依赖于材料的厚度。我们认为 σ 是一个和薄膜厚度无关的常数，实际上，σ 通常会随着厚度和晶粒尺寸的增加而增加。已经报道了不同材料的 σ/α 参数在可见光区的值，比如，SnO_2：Sb 0.4；ZnO：B 2.0；SnO_2：F 3.1；ZnO：Al 5.1；Cd_2SnO_4 7.0[138,139]。最近新的研究表明材料的优化会导致更高的迁移率，相关的品质因数的值可能需要更新，不过品质因数也仅供参考。由于必须考虑其他一些重要因素，不建议在产品设计过程中使用一种特定的材料。

基于 17.4.1.2 节和之前给出的理论推导出 σ/α 的表达式。根据前面给出的平面波 $\exp\{i\omega(t - \mathbf{n}x/c)\}$ 电场分量的表达式可以得到，光波在折射率为 $\mathbf{n} = n + ik$ 的介质中传播时，能量流密度会以 $\exp(-2\omega kx/c)$ 的方式降低。因此，吸收系数为 $\alpha = 2\omega k/c = 4\pi k/\lambda$，$\lambda$ 是在自由空间的波长。我们需要 k 的表达式。从式（17.26）中发现，当 $\varepsilon_i << \varepsilon_r$ 时，$k = \varepsilon_i/(2\varepsilon_r^{0.5})$。利用式（17.23）和式（17.24），考虑 $\sigma = n_e e^2 \tau/m_e^*$（式（17.8）），可知：

$$\frac{\sigma}{\alpha} = 4\pi^2 \varepsilon_0 \varepsilon_\infty^{0.5} c^3 \frac{\tau^2}{\lambda^2} \qquad (17.29)$$

这个有趣的方程式表明，在给定的波长，最能控制 TCO 品质因数 σ/α 的基本材料性质是电子碰撞间隔的平均时间 τ，而且品质因数正比于 τ^2。由于 $\tau = \mu m_e^*/e$，我们可能会认为迁移率在决定 TCO 质量中起主要作用。我们注意到 σ/α 也较弱地依赖于高频介电常数 ε_∞ 的平方根。需要指出，利用式（17.29），在 $\lambda = 550nm$，用式（17.29）计算的图 17.6 中模拟

的薄膜 1、2、3 的品质因数 σ/α 分别为 1.0、4.2 和 26。

我们还能发现，可见光区域的吸收系数 α_{vis} 从自由载流子吸收的尾部上升，大概是

$$\alpha_{vis} = \frac{Cn_e\lambda^2}{\varepsilon_\infty^{0.5}\mu m_e^{*2}} = \frac{377\sigma}{n(\omega\tau)^2} \tag{17.30}$$

式中 $C = e^3/(4\pi^2\varepsilon_0 c^3)$。读者必须记住式（17.30）是从经典的 Drude 模型推导出来的，量子力学处理得到稍微不同的波长依赖关系[118]。在 α_{vis} 的第二种形式（简化的）中，自由空间的固有阻抗是 $Z_0 = (\mu_0/\varepsilon_0)^{0.5} = 377\Omega$，$n$ 是折射率，σ 是直流电导率，τ 是电子散射时间。因此，如果 ZnO：Al 的 $\sigma = 1250$S/cm，$n = 1.94$，$\mu = 35$cm^2/Vs，那么 $\alpha_{vis}(550$nm$) = 430$cm^{-1}。式（17.30）的第一种形式显示 $\alpha_{vis} \propto n_e/\mu$，说明为了减小可见光吸收系数需要减小载流子浓度 n_e 和增加载流子迁移率 μ。

在特定波长，自由载流子的光学吸收系数 $\alpha = cn_e/\mu$（式（17.30）），其中 c 是常数。如果 $\alpha t \ll 1$，厚度为 t 的薄膜的光吸收 A 大概是 αt，因此 $A = cn_e t/\mu$。既然方块电阻 $R_s = \rho/t$，因此 $A = cn_e\rho/(\mu R_s) = cn_e/(\mu R_s n_e e\mu)$，即 $A \propto 1/(\mu^2 R_s)$。如果 R_s 一定，那么 TCO 薄膜的光学吸收系数与迁移率的二次方成反比。在太阳电池应用中，我们通常必须使 TCO 的方块电阻达到某个数值来保证 I^2R 损失低。显然，如果有两种 TCO 材料可选，应该选择具有高迁移率的材料。这点在 17.5.3.1 节 CdTe 太阳电池的上下文中将做进一步的分析（见图 17.11）。

由于我们还没有用图表示光谱反射率行为，在图 17.7 中我们绘出了两种玻璃上两种 TCO 薄膜的透射率和反射率与光谱的依赖关系。我们也借此展示高频电介常数 ε_∞ 的影响。在可见光区，$\varepsilon_\infty^{0.5}$ 约等于薄膜的折射率 n，所以 $T(\lambda)$ 和 $R(\lambda)$ 振动的振幅取决于 ε_∞ 并不为奇。根据式（17.21），可以预见，等离子体波长随 ε_∞ 的增加向波长更长的方向移动，可见光吸收的减少是一个自然的结果。虽然具有更高 ε_∞ 的薄膜的平均透射率更低（由于反射率更高），但是，不能认为这个结论在实际太阳电池中适用，因为吸收层的折射系数远大于玻璃的。通过引入相对少量的高 κ 的 HfO$_2$，SiO$_2$：HfO$_2$ 明显表现出比 SiO$_2$ 更大的介电常数 κ[140]。有人已经采用类似的方法，在 In$_2$O$_3$ 和 ITO 中加入 ZrO$_2$ 增加 TCO 的 ε_∞[141]。

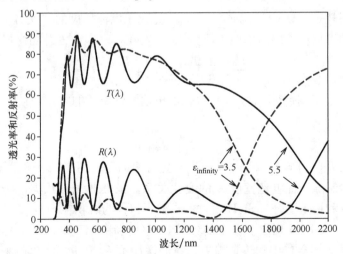

图 17.7　ε_∞ 分别为 3.5 和 5.5 的 TCO 薄膜的光学透射率和光学反射率的计算值。

[固定的参数是，薄膜厚度 500nm，载流子浓度 5×10^{20}cm^{-3}，迁移率 40cm^2/Vs，有效质量 $m_e^* = 0.35m_e$，衬底为玻璃，薄膜的等离子体波长分别是 $\lambda_p = 1650$nm 和 2070nm。]

最后，我们发现，当 $\omega_p^2/\omega^2 \ll 1$，即在可见光和近红外波段，薄膜折射率 $n \approx \varepsilon_r^{0.5} \approx \varepsilon_\infty^{0.5}$ $(1 - 1/2\omega_p^2/\omega^2)$，可以更简单地写成 $n \approx \varepsilon_\infty^{0.5}(1 - 1/2\ \lambda^2/\lambda_p^2)$，由此可知，材料的折射率随着波长的增加而降低。因为 ω_p^2 正比于载流子浓度 n_e，因此 $dn/d\lambda$ 正比于 $-n_e\lambda$，且受控于 n_e。太阳电池的光学性能取决于前 TCO 的折射率，因此这个不被接受的结果实际上有意义。

17.4.3 TCO 光电性能对组件性能的影响

单片集成薄膜组件的性能直接受电流收集窗口电极（TCO）电导率和透光性的影响。单元电池的转换效率可以写成

$$\eta = \frac{I_{MPP}V_{MPP}}{P_{in}}(1-f) \tag{17.31}$$

需要考虑的各种能量损失因子最终得到总功率损失分数 f。I_{MPP} 和 V_{MPP} 是电池在最大功率点处的电压和电流（对应于零损失），P_{in} 是整个单元电池的入射功率。

本节中，我们将考虑 TCO 的性能，对组件（电池单元宽度）进行优化设计。首先计算总的损失，考虑如下三个因素：①三个图案化步骤导致的死区；②TCO 的方块电阻 R_{sh}（$\Omega/\square$）引起的焦耳损失（I^2R）；③由于#2 刻线，金属-TCO 界面的接触电阻引起的线性内互联电阻 R_c（Ωcm）[142,143]。17.5 节开始部分的图 17.9 有助于可视化理解。R_c 与更基本的比接触电阻 ρ_c 相关（单位 Ωcm^2），$R_c = \rho_c/\Delta l$，Δl 是#2 刻线的宽度。如果总的电池宽度是 $w_{tot} = w + w_d$，这里 w 是有效区宽度，w_d 是被互联区占据的死区宽度，由于死区面积导致的功率损失是 $J_{MPP}V_{MPP}w_dL$，如果不存在这种损失机制，太阳电池的功率是 $J_{MPP}V_{MPP}(w + w_d)L$，因为 $w_d \ll w$，所以功率近似于 $J_{MPP}V_{MPP}wL$，因此该部分功率损耗占比为 w_d/w。为了计算 TCO 中的焦耳损失，我们注意到光电流进入互联点 $x = w$ 之前，横越电池宽度，光电流在 TCO 中是线性的，因此 $I(x) = J_{MPP}Lx$，L 是平行于划线方向电池的长度，J_{MPP} 是电池电流密度。因此 TCO 中功率的消耗是

$$P = \int_0^w I^2(x)R_{sh}dx/L = \frac{1}{3}J_{MPP}^2Lw^3R_{sh} \tag{17.32}$$

该部分功率损耗是 $(1/3)J_{MPP}w^2R_{sh}/V_{MPP}$，正比于电池宽度的二次方。最后，因为互连电阻导致的部分功率损耗可以简单地表示为 $J_{MPP}wR_c/V_{MPP}$。因此，总功率损耗分数 f 是

$$f = \frac{w_d}{w} + \frac{1}{3}\frac{J_{MPP}}{V_{MPP}}w^2R_{sh} + \frac{J_{MPP}}{V_{MPP}}wR_c \tag{17.33}$$

如果 $R_c = 0$，使功率损耗分数 $f(w)$ 最低的电池宽度 w_{opt} 可以表示成

$$w_{opt} = \left(\frac{3}{2}w_d\frac{V_{MPP}}{J_{MPP}}\frac{1}{R_{sh}}\right)^{\frac{1}{3}} \tag{17.34}$$

而且事实证明 $f(w_{opt}) = (3/2)w_d/w_{opt}$[41]。更普遍的是，图 17.8a 给出了式（17.33）中考虑的三种损失机制随活性电池宽度 w 的变化关系。虽然曲线形状类似于任何一种集成薄膜组件，但是计算利用了适合 a-Si:H 组件的参数，组件为沉积在 SnO_2:F 上具有相同带隙的双结 a-Si:H 组件。表 17.6 列出了设定的参数。既然要用和计算 TCO 中焦耳损失相同的方法来计算薄膜金属（如金）中的焦耳损失，我们增加了 R_{sh} 和 R_{met} 的数值来计算两种材料的总损失。如图 17.8 所示，在一个太阳辐射强度下，当电池宽度为 0.9cm 时，总的功率损失（相对于可得到的最大值）达到最小值，约为 5.4%。实际上，为了减少金属板上刻线的数量，

工业生产中可采用的电池宽度为 1.7cm，相应损失为 7.9%。在辐射为 0.5 个太阳常数时，电池宽度更大时即 $w = 1.15$cm 时，损耗最小。显然，组件最终宽度的选择由所需的优化标准决定。合乎常理的目标是经过满一年的部署来优化整个组件产生的能量，根据这个标准，阵列平面辐照度的时间分布将导致电池宽度大于一个太阳常数下测定的 w_{opt}。

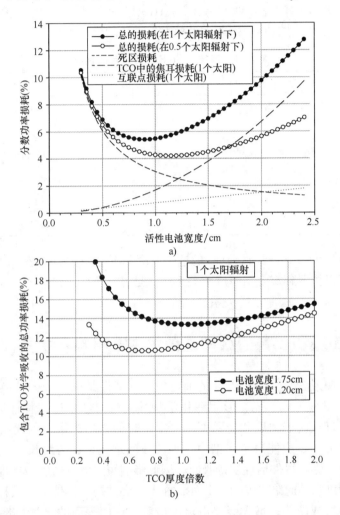

图 17.8　a) 薄膜组件三种机制中总的和单一的分数功率损耗：①死区；②TCO 中的焦耳热损失；③互联点的焦耳热损失。每一种损失都如式（17.33）所述，并以电池宽度 w 的函数进行了绘制。计算时假定为一个太阳辐射，双结 a-Si:H 组件。b) 两种不同电池宽度下，包含 TCO 光学吸收的总功率损耗与 TCO 薄膜厚度之间的关系

可以扩展这种分析，以便于确定 TCO 的最佳厚度。由于商用 SnO_2:F 的光学吸收显著，模型中必须包括厚度依赖的吸收。以 $14\Omega/\square$ 的 TCO 为例进行分析，如图 17.8 所示，假设吸收系数为 0.05，那么改变 TCO 的厚度，是否可以获得更高性能的组件？如果 TCO 原有厚度是 t_0，厚度变成 mt_0，m 是厚度的倍数，然后在简单的线性模型，方块电阻将变成 $14/m\ \Omega/\square$，吸收将变成 $0.05m$。考虑了该部分损耗项，总的功率损耗分数变为

$$f(m) = A(m) + T\frac{w_\mathrm{d}}{w} + \frac{T^2}{3}\frac{J^0_\mathrm{MPP}}{V^0_\mathrm{MPP}}w^2\frac{R_\mathrm{sh}}{m} + T^2\frac{J^0_\mathrm{MPP}}{V^0_\mathrm{MPP}}wR_\mathrm{c} \qquad (17.35)$$

式中，$A(m) = 0.05m$，$T = T(m) = 1 - A(m)$，J^0_MPP 是零损失下的 J_MPP 值（即 $A = 0$，$w_\mathrm{d} = 0$ 时的值），而且像以前一样给 R_sh/m 加上了 R_met。图 17.8b 显示了两种不同太阳电池宽度下总功率损耗 f（包括 TCO 中的光吸收损失）与 TCO 厚度系数 m 之间的关系。电池宽度为 1.75cm 时，$m = 1$，即最初 TCO 厚度不变的情况下，总功率损失最小。

表 17.6　双结 a-Si:H 组件设定的参数

参　　数	数　　值
J_MPP（1 个太阳常数）	5.0mA/cm²
V_MPP	1.443V
w_d	0.0305cm
R_sh	14.0Ω/□
R_met	0.6Ω/□
R_c	2.15Ωcm

但是当电池宽度为 1.20cm 时，TCO 的这个厚度不再是最优的，必须减小乘法因子 $m = 0.75$。这种分析可以扩展到雾度与厚度的关系。但是另一个生产优化的考虑是溅射设备的生产能力和生产成本与 TCO 层厚度的关系。

17.5　基于薄膜和晶片的太阳电池的主要材料及相关问题

TCO 被用作薄膜或者其他太阳电池的前电极，其特性是决定最大转换效率的一个重要因素，这些特性可以分为电、光、形貌和化学特性。在器件中这些特性以下列方式呈现：TCO 的电学参数，即载流子浓度和迁移率，决定了它的方块电阻，因此它的 I^2R 功率损失（影响器件的填充因子），也能决定光谱中红外波段的透光率；与波长相关的光学参数，比如透光率和吸收率，影响器件活性层的吸收，因此影响短路电流密度；器件不同尺度的形貌特征决定光散射程度，因此陷光潜力。此外，在上衬底结构的器件中，某种形貌特征会导致后续生长的硅层中形成缺陷，增大旁路电流。最后，TCO 表面的化学特性决定了它的电子亲和势和功函数，电子亲和势和功函数反过来影响 TCO 与半导体层和掺杂层电学接触的特性，决定 TCO 抵抗等离子体轰击、扩散到半导体层或者可能参与界面反应的元素类型的能力。

17.5.1　上衬底型器件中的 TCO

在上衬底型器件中，吸收层半导体沉积在已覆盖 TCO 的透明衬底上，衬底一般是玻璃，也可能是聚酰亚胺。工作时，上衬底对着太阳，太阳光经过衬底和 TCO 进入器件，TCO 充当器件的透明导电前电极（窗口层），主要的上衬底器件类型有：非晶硅（a-Si:H）、叠层 a-Si:H/nc-Si:H、CdTe、染料敏化二氧化钛和有机聚合物。图 17.9 给出了单片互联的上衬底薄膜光伏组件的一般结构，可以看到上一个电池的背接触层沉积在下一个电池的 TCO 电极的区域上，#2 激光刻线去除该区域里的半导体。

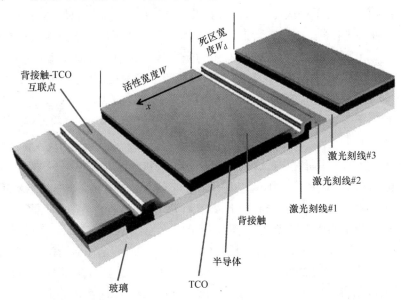

图 17.9　上衬底型薄膜组件的常规结构，呈现的薄膜层为 TCO、半导体和背接触层，以及互联区域。
图摘自欧瑞康太阳能公司（Oerlikon Solar）的展示，许可使用

17.5.1.1　薄膜硅器件中的 TCO

现在市场上出售的绝大多数玻璃上非晶硅（a-Si:H）组件，制备在覆盖了 SnO_2:F 作为 TCO 层的上衬底玻璃上。ITO 不适合，因为易于还原[144,145]，而且没有制绒。SnO_2 层的厚度和方块电阻分别是 550～900nm 和 8～16Ω/□。幸运的是，大多数 TCO 的折射率（约 2.0）介于玻璃（约 1.5）和 a-Si:H（约 4.0[146,147]）之间，因此有助于把光耦合到硅中。SnO_2 层特意制备成有意义的表面粗糙度，约 40nm RMS。制绒使 TCO 层具有一定的雾度，典型雾度值在 10%～18% 之间（17.6 节和 17.7 节给出了雾度的定义）。表面制绒重要的原因主要有两个，例如，提升 a-Si:H 的附着力和通过增加的陷光作用提高短路电流密度 J_{sc}。还有第三个小作用，氧化锡和 a-Si:H 非平面接触的影响，是一个有效的折射率梯度，该梯度能减少界面处的反射损失。对于上衬底 a-Si:H 或者叠层 a-Si:H/nc-Si:H 电池，TCO 的形貌非常重要，对一些公司来说，制绒化 TCO 玻璃（浮法线 SnO_2:F 或光伏 TCO）在经济上是可行的。通过如 17.3 节所述的在接近 650℃ 温度的常压化学气相沉积（APCVD）热解制备 SnO_2:F 覆盖层，少数组件制造厂有带状炉，通过 APCVD 法生产它们自己的 SnO_2 玻璃。

TCO 的精确形貌非常重要，因为它确定器件的陷光性和电学分流。为了减少沉积时间，降低成本，太阳电池的吸光层应尽可能的薄，不会损害电池的性能。足够薄的吸收层，必须采用陷光技术以保证入射的太阳光能被有效地吸收。采用物理法制绒化的 TCO 做前窗口层和高光学反射性的背接触能获得陷光的作用，见 12.4 节[148]。制绒化的 TCO 使入射光产生散射，更重要的是，在吸收层/反射层界面处生长的吸收层能部分地复制制绒化结构。因此，因为制绒化的背反射层吸收很弱，而传播到电池背面的长波光被大角度范围地反射回吸收层中，没有吸收而到达电池前表面的光线以大于临界角的角度入射时，将发生全反射，因为硅的折射率比前 TCO 的高。这些内部反射的光子可能在前后接触面间弹跳 N 次，因此增加了

在吸收层的吸收概率。陷光的程度取决于 TCO 表面特征尺寸和形状。这样可以说明，有效吸收增强的极限值（相对于一次的正常通过）是 $4n^2$，其中 n 是吸收层的折射率[149]。

感兴趣的是理解光在薄 a- Si:H 太阳电池中最终在哪里被吸收。通过有效透过率 $T_{eff}(\lambda) = 1 - R_{cell}(\lambda) - A_{gl/TCO}(\lambda)$ 给出对电流产生有用的光分数，其中 R_{cell} 是电池的总反射率，$A_{gl/TCO}$ 是用指数匹配液测量的玻璃/TCO 衬底的实际吸收率。已经实现的有用的吸收由量子效率 $QE(\lambda)$ 给出（如果有必要，在反向偏压下测量）。不同的 $T_{eff}(\lambda) - QE(\lambda)$ 代表电池中的光学损失。这些光学损失包括：p 层的吸收、由于陷光导致光 N 次引起的玻璃/TCO 和背反射层损失增大，在长波中这种损失相当大。例如在高雾度 TCO 上的 a- Si:H，$T_{eff}(750nm) = 0.6$，$QE(750nm) = 0.2$，在一些研究中已经对起作用的损失进行了量化[146,150,151]。

至少已经有十年已经显示了商用 SnO₂:F 有两个缺点，阻碍了它在下一代纳米晶（nc- Si:H）薄膜硅组件中的使用。一个缺点是 SnO₂:F 暴露到 PECVD 过程产生的氢原子中，能或多或少地还原薄膜，从而产生能引起光吸收和薄膜变黑的自由锡（见 17.5.7 节）；另一个缺点是标准 TCO 的形貌对接近 nc- Si:H 带边波长（约 1000nm）的光起不到合适的陷光效果，这个波长比非晶硅带边波长（约 700nm）长。由于这些原因，更多的注意力集中在了发展大面积 ZnO 用做纳米硅组件中的 TCO。与 SnO₂ 相比，有报道称 ZnO 在氢等离子体中具有更好的稳定性，ZnO 还具有更低的光吸收系数，雾度可制备得更大，其形貌在纳米晶硅中有更好的陷光作用。因为纳米晶硅具有比非晶硅更小的光学吸收系数 α（在各自应用波长范围内对比它们的光吸收系数），必须用更厚的薄膜层来有效吸收太阳光，于是陷光变得更加重要以降低薄膜的厚度。17.6 节和 17.9 节将对制绒 TCO 进行更深入的讨论。

17.5.1.2 CdTe 器件中的 TCO

CdTe 薄膜器件是异质结，CdS 为 n 型，基本结构是玻璃/TCO/CdS/CdTe/背电极。商用 CdTe 组件通常采用商业化的钠钙浮法玻璃上的 SnO₂:F 作为前 TCO。有时也用 ITO，但是 In 倾向于扩散到随后要沉积的层中，也有报道采用 In₂O₃:F 的[152]。Cd₂SnO₄ 组成的 TCO 具有优异的光学性能[3,153,154]，这种材料不仅比 SnO₂:F 具有更低的吸收作用，而且还具有更高的迁移率（见表 17.9）。退火后的锡酸镉（Cd₂SnO₄）具有几乎无缺陷的微结构[154,155]。CdTe 中 TCO 要求能承受 CdTe 的高沉积温度（通常 500 ~ 600℃）和随后在卤化物蒸气（CdCl₂）中的退火。在这些条件下，室温下溅射的 ZnO:Al 不适合做 TCO，然而，有报道称使所有过程的温度小于 390℃，已经获得了效率为 14% 的电池，所有的 ZnO:Al/CdTe/CdS 薄膜都采用磁控溅射工艺[156]。因为 CdTe 具有很高的光吸收系数（$\lambda < 0.73\mu m$ 时，$> 10^4 cm^{-1}$），CdTe 电池典型的厚度是 $6\mu m$，光子能量大于带隙的大多数光能在 1 ~ 2μm 之内吸收，因此常规 CdTe 电池不需要陷光也不需要制绒 TCO。相反，光滑的 TCO（雾度小于 3%）是必需的，以减小漏电。可以通过限制厚度和增加掺杂浓度增加 SnO₂:F 的平滑度，见 17.6.4 节中的表 17.9。相比于 a- Si:H 组件中 3% 的光吸收损失，CdTe 组件中的商用 SnO₂ 的光吸收损失约为 6%。在所有成熟 CdTe 电池设计中，为了提高电池的性能，在 TCO 上覆盖了一层薄的高阻层，高阻层可以由 SnO₂、Ga₂O₃ 或 Zn₂SnO₄ 构成。17.5.3.1 节描述了使用高阻层的诸多原因。

为了在目标效率大于 20% 的高性能多晶叠层电池中使用，顶带隙更宽的电池必须使用具有高近红外透射率的金属化背电极。到现在为止，最好的顶电池是效率 13.9% 的 CdTe 电池，该电池有配合 ITO 层的透明 Cu_xTe 背接触和 MgF_2 减反射层[157]。尽管有必要进一步减少近红外吸收，见 17.9.2 节，这种电池可获得约 50% 的近红外透过率。

17.5.1.3　染料敏化太阳电池（DSSC）中的 TCO

玻璃基 DSSC 光电极通常由沉积在 $SnO_2:F$ 上的 $10\mu m$ 厚的纳米多孔 TiO_2 层构成[158]，染料单层吸附在 TiO_2 上作为可见光吸收层，对电极也由透明导电氧化物（$SnO_2:F$）覆盖的玻璃构成，但是涂上了 Pt 催化剂[159]。为了用 ITO 做 TCO，通常在 $300\sim450℃$，在空气或氧气气氛中对 ITO/TiO_2 进行退火，来烧结 TiO_2 纳米颗粒，使 TiO_2 吸附到 ITO 上，同时去除残留的有机物。不过，这一步由于填充了氧空位而增加了 ITO 的电阻率。可以用 $SnO_2:F$ 覆盖 ITO，来防止氧接近 ITO。但是，在 $350℃$ 下在还原气氛比如氢气氛中，对 ITO 退火 2h，能简单地恢复 ITO 的低电阻率。最后，可以在 $0.1M$ NaOH 中通过电化学法使 TiO_2 重新氧化。没有再氧化，TiO_2 颗粒表面的氧空位充当复合中心，形成二氧化钛到电解质之间的漏电。经过这些处理，采用 ITO 基光电极的 DSSC 的效率可以与 $SnO_2:F$ 上 DSSC 的效率相当[160]。对氢还原是否降低 ITO/TiO_2 界面的肖特基势垒仍存在争议。在聚合物薄膜（例如聚酯）上的器件，溅射的 ITO 可以用作 TCO。

17.5.1.4　有机太阳电池中的 TCO

有机太阳电池最普通的一种类型是体异质结[161,162]。这种电池由共轭聚合物（给体）和有机电子受体（可溶性富勒烯）互相贯穿的网络组成。共轭聚合物用来吸收光子和产生激子。激子扩散到与受主之间的界面上并在界面处分离。常规结构是玻璃/TCO（如 ITO）/界面层（如 30nm PEDOT:PSS）/施主（如 P3HT）:受主（如 PCBM）/空穴阻挡层（如 LiF）/背电极（如 Al）。ITO 方阻通常为 $15\sim20\Omega/\square$。使用前，通常在装有丙酮和丙醇的超声波清洗器中清洗，在去离子水里冲洗干净，然后在烘箱中烘干。用 33wt% HCl 在 70℃ 下图案化，最后通常用紫外-臭氧或氧等离子体去除残留的有机物和增加功函数。PEDOT 的作用是减少 ITO 的粗糙度并使其与 P3HT 的 HOMO 能级的能带排列更好。

17.5.2　下衬底器件中的 TCO

在下衬底器件中，半导体活性层或者沉积在不透明的衬底上，或者由晶体硅片组成。在顶层沉积 TCO。主要的下衬底器件包括非晶硅（a-Si:H）及其双结或三结的变体，铜铟镓硒（CIGS($Cu(In,Ga)Se_2$)）和硅片上的 HIT 电池（具有本征薄层的异质结）。

17.5.2.1　a-Si:H 合金或 a-Si:H/nc-Si:H 电池中的 TCO

非晶硅中，最常见的衬底是薄的不锈钢或聚酰亚胺，a-Si:H 层按 n-i-p 顺序沉积，在最高效的研发电池中，顶层 TCO 或为 ITO 或 ZnO:Al 或 ZnO:B。在所有沉积工艺中，都需要相对缓和的沉积工艺以避免结的破坏。最近有些工作在柔性 a-Si/nc-Si 器件中采用周期性的制绒聚乙烯（PET）衬底（在卷对卷工艺中压花），图 17.10 给出了 PET/80nm Ag/60nm ZnO:Al/nc-Si:H/ZnO:B/a-Si:H/ZnO:B 器件的结构[163-165]。这种器件引人瞩目的原因是为了不同的功能在三个地方使用了透明导电 ZnO。背反射层（Ag 和 ZnO:Al）是溅射的，但是中间反射层（见 17.5.4 节）和顶 TCO 是由 LPCVD 法制备的 ZnO:B（见 17.6.3 节）。

17.5.2.2　CIGS 电池中的 TCO

CIGS 电池最常使用的 TCO 是 ZnO:Al。在研发中，为了制备 CIGS 电池，当与小距离网

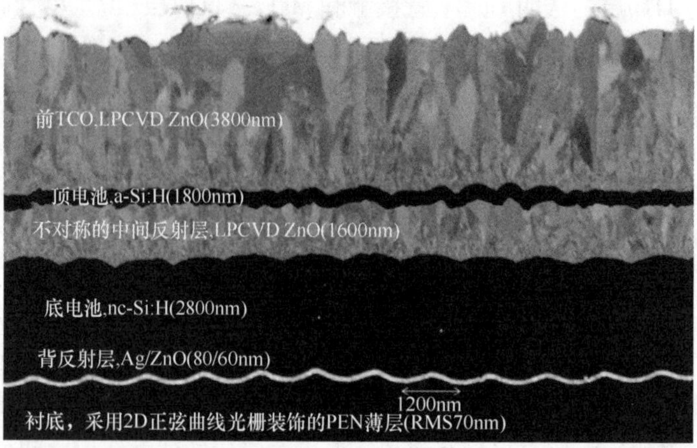

图 17.10　通过离子束切割获得的在周期性制绒化聚合物衬底上的叠层 a-Si/nc-Si 电池的断面 SEM 图。电池使用透明导电 ZnO 层有三个不同的目的：背反射层、中间反射层和顶 TCO 层（Sderstrm IMT, EPFL, Switzerland 提供了没有标记的 SEM 图）

格配合使用时，TCO 的方阻可高达 $50\Omega/\square$。可在约 200nm 厚的 ZnO:Al 上获得这样的方阻。对 CIGS 组件而言，约 $10\Omega/\square$ 的方块电阻是理想的，因为它具有高短路电流密度（约 $34mA/cm^2$）和约 5mm 的典型电池宽度。为了保持这种更厚层（约 $1\mu m$）的透明度，需要低光学吸收、高质量的 TCO。经常遇到的现象是溅射到 CdS 缓冲层上的 ZnO:Al 的方块电阻比同时溅射到玻璃上的 ZnO 薄膜的方块电阻高，有时高出 50%。这种效应源于硫原子对 ZnO:Al 中氧空位的填充，这种情况说明铝掺杂原子和氧空位对电导率都有贡献，通过硫吸收降低了电导率中氧空位的部分。

ITO 可以代替 ZnO:Al 用到 CIGS 电池上。最近有人使用了非晶 In_2O_3:Zn。有些应用（叠层电池中半透明顶电池或双面单结 CIGS 电池）已经表明，如果 CIGS 的沉积温度在 520℃ 以下，ITO 可以代替 Mo 层作为电极。

17.5.2.3　HIT 电池中的 TCO

HIT 太阳电池在晶体硅上沉积掺杂 a-Si:H 产生异质结。为了避免外延生长，在晶体硅和掺杂 a-Si:H 层之间插入一层本征层 a-Si:H。在商业晶体硅产品中，这种电池的独特之处在于它用 ITO 层来有效地降低发射极的方块电阻。日本三洋公司采用的结构是，上电极栅线/80nm ITO/15nm p^+i a-Si:H/n CZ-Si（制绒的）/20nm in$^+$ a-Si:H/80nm ITO/背接触/栅线电极。顶层 ITO 有双重作用：获得高的横向电导率和减反射层。后一个作用要求将厚度控制在 $80\sim85nm$[167]，而前一个作用要求栅线距离为 2mm[168]。背面 ITO 的作用同样是双重的：阻挡金属扩散和平衡硅片应力以防止弯曲。这为非常规硅片的应用提供了一个有效的路径。已有报道称在 $98\mu m$ 厚的硅片上获得了 22.8% 的效率。背面 ITO 也可以形成双面组件，能利用地面的散射光。HIT 太阳电池的特征是具有很好的表面钝化、开路电压非常高（高达 743mV）、生产温度低（<200℃）和低的温度系数。为了避免结的损伤，需要温和的低温沉积工艺制备 ITO，在研发实验室中，通常采用金属源加上氧气，衬底在 200℃ 或更低的温度下，通过反应热蒸发制备 ITO。在生产中，最有可能使用的是低功率密度的溅射。在电阻率为 $1.7\times10^{-4}\Omega cm$ 的 ITO 上可以获得 $20\Omega/\square$ 的方块电阻。既然最小化吸收率参数重要，电

子迁移率必须优化，而且高一点的电阻率可能更合适。随着高迁移率 TCO 如 $In_2O_3:Ti$[68] 和 $In_2O_3:H$[26] 的发现，可能不久这些材料将要代替 HIT 电池中的 ITO 层。

17.5.3　TCO/高阻层和其他双层概念

17.5.3.1　TCO/高阻层的结合

使用简并掺杂的 TCO 作为窗口层的大部分光伏技术在 TCO 和半导体层之间插入一层高阻层（HR 层）。电池的结构变为 TCO/HR 层/半导体结/背电极。高阻层减小了漏电电流，增加了电池效率。基本的原理：没有高阻层，半导体层中局部的针孔或缺陷将提供到 TCO 层的低阻支路，由于 TCO 层的横向电阻率低，这个支路连接了整个电池，减小了填充因子和开路电压。如果加入一层具有相对高电阻率的层，因为这层很薄，器件非漏电区的正常光电流穿过这层导致的电压降很小。然而，高电流密度不再流过缺陷，因为这将导致通过高阻层导致的局部电压降超出电池的电压。通常用的高阻层电阻率在 $1\sim10^4\Omega cm$。这样通过厚度为 100nm、电阻率为 $10^3\Omega cm$ 的高阻层的电压降为 0.2mV，能量损失可以忽略不计。

为了计算针孔的影响，我们可以考虑以下模型。例如，一个大面积电池在最大功率点（P_{max}）工作，其中有一个面积为 A、半径为 r_1 的圆形针孔使金属背电极和 TCO 相连。针孔将在其中心半径为 r_2 的区域渗透光电流，直到 TCO 上的径向电压——$V(r_2)-V(r_1)$，等于电池工作电压 V_{max}。这样就容易得到针孔的影响半径 r_2：

$$r_2 = k\sqrt{\frac{V_{max}}{J_{max}R_{sh}}} \tag{17.36}$$

例如，采用适合 CIGS 电池的参数，即 $V_{max}=0.52V$，$J_{max}=30mA/cm^2$，TCO 的方块电阻 $R_{sh}=15\Omega/\square$，那么对于面积 $A=1\times10^{-6}cm^2$ 的针孔，无量纲的数值 $k\approx0.56$，针孔的影响半径 r_2 约为 0.6cm。流入针孔的电流是 $J_{max}\pi r_2^2=34mA$，由针孔引起的漏电电阻约是 15Ω。另一方面，如果用电阻率 $\rho=10^3\Omega cm$ 和厚 $t=100nm$ 的高阻层填充针孔，那么加上去的材料电阻是 $10k\Omega$。换句话说，与针孔相关的有效漏电电阻已经增加了约 700 倍。尽管我们已经假设漏电为 0 电阻短路，缓冲层也可以防止在器件的局部区域，出现低开启电压的弱二极管支路漏电。在这种情况下，一个简单的模型可能包括一个大面积电池，该电池具有一个小圆形区域，在该圆形区域内二极管参数退化了。此时，缓冲材料与漏电（弱二极管）串联可以限制弱二极管的影响半径。使用高电阻率层一个最直接的例子是 CIGS 电池和组件，常见的结构是玻璃/Mo/CIGS/CdS/i-ZnO/n^+-ZnO，本征氧化锌（i-ZnO）为高阻层。在这种情况下，i-ZnO 约 500Å（50nm）厚，电阻率约为 $50\Omega cm$，方块电阻为 $1\times10^7\Omega/\square$[170]。i-ZnO 最好在氩气和氧气混合气体中，用非掺杂氧化锌靶材，通过射频磁控溅射方法沉积得到。氧分压控制 i-ZnO 层的电阻率通常小于 1%。n 型层厚度通常约为 3500Å（对小面积器件），可以在纯氩气中通过溅射 $ZnO:Al_2O_3$（1wt%~2wt%）靶得到。对于上面制备多层 CIGS 电池的衬底来说，i-ZnO 的作用是提升电池的产量和效率（FF 和 V_{oc}）并减小效率的分布范围。类似于前段所讨论的平行二极管模型已经用来解释这些现象[171]。如果 i-ZnO 太厚（>70nm），填充因子明显下降，因为该层的有些部分电阻率太高[172]。通过红外热像仪观察和对缺陷的仔细分析论证了 i-ZnO 层的保护作用。CIGS 器件中 i-ZnO 缓冲层的使用也可用于其他高电导性的透明导电氧化物中，如 i-ZnO/ITO 等。如我们将要在 17.8 节中看到的，这个方案似乎更具有防潮性。

高阻缓冲层也用于多晶 CdTe 太阳电池及组件中[173,174]。这种器件的结构通常是玻璃/SnO_2:F/缓冲层/CdS/CdTe/背电极。如果 CdS 层厚，缓冲层通常不起作用；如果 CdS 层薄，为了避免局部 TCO/CdTe 结的不利效果，缓冲层是必需的[175,176]。尽管已经使用过的缓冲层有 Zn_2SnO_4 或 $ZnSnO_x$（ZTO）、In_2O_3、ZnO、TiO_2 和 Ga_2O_3，最常用的缓冲层是 SnO_2[155,175,177]。对于薄 CdS 薄膜（约300Å），通过插入一个1800Å 厚、500℃温度下、利用 LPCVD 法制得的本征层，可以使 CdTe 器件获得30%的增益[174]。对于 CdTe 的应用，可以在市面上买到覆盖一层 SnO_2:F 和不掺杂 SnO_2 表面层的钠钙浮法玻璃，在这种 TCO 中，不掺杂 SnO_2 稍微被还原，氧空位的出现提高了随后的沉积层的附着力。

通过使用：①硼硅玻璃衬底；②在与 ZTO 缓冲层结合有锡酸镉（Cd_2SnO_4）TCO；③纳米晶体 CdS:O 窗口层，已经显著提升了 R&D 中 CdTe 电池的性能[154]，获得了16.5%的效率（$V_{OC} = 845mV$，$J_{SC} = 25.9mA/cm^2$，FF = 75.5%）。通过使用图17.11所示的材料增加了电流。相对于常规含有0.1%氧化铁的钠钙玻璃，只用硼硅玻璃电流的增加量约为 $1.2mA/cm^2$。相对于商用 SnO_2:F，使用改进的 TCO——Cd_2SnO_4，电流增加量约为 $1.5mA/cm^2$。使用更薄和更宽带隙的 CdS，电流的增量约为 $4.2mA/cm^2$。图17.11中分析了与商业 CdTe 器件电流密度（$18.4mA/cm^2$）相比，NREL 实验室制备的 CdTe 器件的电流密度（$25.3mA/cm^2$）增加的原因，图中的标题给出了用17.4.2节呈现的理论计算自由载流子吸收的参数。在波长440~860nm 范围内，太阳电池 TCO 吸收的电流当量：Cd_2SnO_4 为 $0.7mA/cm^2$，SnO_2:F 为 $2.5mA/cm^2$，假设器件的平均量子效率是0.84，采用 Cd_2SnO_4 可以使电流净增加 $1.5mA/cm^2$，相对于 SnO_2:F，Cd_2SnO_4 的优势是它的高电子迁移率（见17.4.2节）。

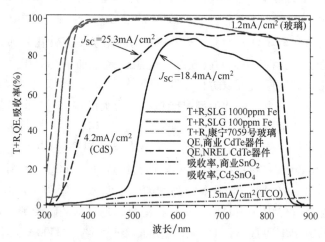

图17.11 通过用改进的 TCO、缓冲层和其他材料减小 CdTe 太阳电池的电流损失。TCO 中自由载流子吸收模型假设 SnO_2:F 的 $\mu = 30cm^2/Vs$，$n_e = 5 \times 10^{20}/cm^3$，$t = 400nm$，$Cd_2SnO_4$ 的 $\mu = 50cm^2/Vs$，$n_e = 8 \times 10^{20}/cm^3$，$t = 150nm$。两种 TCO 的方块电阻都是 $10.4\Omega/\square$
（玻璃透射和 CdTe 量子效率数据由美国能源部 NREL 的 T. Gessert 和 T. Coutts 生成）

可以通过射频溅射制备锡酸锌（Zn_2SnO_4）缓冲层[178]。如果在室温下溅射，薄膜是非晶体，但是退火后薄膜转变为多晶体。其基本带隙是 3.35eV，当载流子浓度增加时，其光学带隙增加到 3.89eV。CdTe 太阳电池中用的 ZTO 缓冲层是 $ZnSnO_x$[154]，刚制备的薄膜的电阻很高，尽管在 600℃ 真空退火后 ZTO 的电阻率降到 $1\sim 10\Omega cm$。有人发现在电池制备过程中 Zn 会扩散到 CdS 层，Cd 也会扩散到 ZTO 层，这种相互扩散有很多好处，包括提高 $CdCl_2$ 处理后 TCO/CdS 的附着力、CdS 层变薄、CdS 带隙增加。ZTO 使用在背接触也能抗硝酸/磷酸蚀剂。这种效应与缓冲层效应结合在一起使电池具有高的并联电阻。这样，在 CdTe 电池中，缓冲层有多重作用。

在研究中，CdTe 电池中有时采用 ITO 作为 TCO。ITO 的厚度大约 400nm，通过溅射 $90\% In_2O_3 + 10\% SnO_2$ 靶制备，但是 In 能扩散到 CdTe 层，通过使用 150nm i-ZnO 缓冲层能显著降低 CdTe 中 In 的浓度。另外，50nm 厚的 In_2O_3 可以用作缓冲层[175]，In_2O_3 缓冲层对限制 In 扩散是否有作用还不清楚。

虽然这些使用缓冲层的例子改善了多晶器件（CIGS 和 CdTe）的旁路漏电并取得了其他有益的作用，缓冲层也经常用于 a-Si:H 器件中。例如，SnO_2 上的 p-i-n 型器件可能具有玻璃/SnO_2:F/p a-SiC:H:B/i a-SiC:H(缓冲层)/i a-Si:H/n a-Si:H:P/Al 结构。在这个例子中，约 10nm 的 a-SiC:H 缓冲层增加了器件的 V_{OC}，这是通过导带边阻止电子从本征层到 p 型层的反扩散实现的，因此降低了复合。在参考文献 [179，180] 中已经讨论了不同缓冲层以及在优化的光伏器件中同时出现的作用。

17.5.3.2 双层 TCO

通常在单层 TCO 中不能实现的多重效果有时可能通过两层 TCO 组成的双层 TCO 来实现。因此，通过在 SnO_2 上覆盖约 $10\sim 20nm$ 的 ZnO 薄层，可以将商业 SnO_2:F 的低成本和易制绒特性与 ZnO 的抗等离子体能力相结合。据报道，通过阻止 SnO_2 的还原能增加 a-Si:H 电池的 J_{SC}，（见 17.5.7 节）。与采用裸露 SnO_2 的器件相比，包含 SnO_2:F/20nm ZnO:Ga 的双层 TCO 提高了 nc-Si:H 器件的效率。据报道，使用覆盖了 APCVD 法制备的超薄（2nm）TiO_2 层覆盖的 SnO_2:F 的 a-Si:H 太阳电池的 V_{OC} 增加了 30mV[78]。为了在基于硅片的硅基太阳电池上覆盖一层既导电又减反的 SnO_2 层，使用了 TiO_2 或者 TiN 界面层来阻挡 SiO_2 的形成[181]。

假如 TiO_2 的厚度在光学上有重要性（约 50nm），使用 SnO_2/TiO_2 双层提供了另外的好处，折射率与 SnO_2 和薄硅层相匹配[182-184]。TCO、TiO_2 和 Si 层的折射系数分别是 $1.9\sim 2.0$、$2.4\sim 2.5$、4.0。理想情况下，为了使反射最小，TiO_2 的折射率应该等于 TCO 和 Si 层折射率乘积的算术平方根，约为 2.67。可以通过溅射氧化靶或化学反应溅射金属靶制备 TiO_2。电阻率为 $10^4\sim 10^5\Omega cm$ 的薄膜是合适的，可以获得一个轻微偏离化学计量比的材料层。有些情况下，具有 $SnO_2/TiO_2/ZnO$ 的三层结构可以提供更高的性能提升[182,184]，这里 ZnO 层可以非常薄（约 10nm），其作用是保护 TiO_2 不被还原，不发生透射损失。

另一个概念是通过高制绒、未掺杂的 ZnO（i-ZnO）层和高迁移率（$\mu\approx 80cm^2/Vs$）的掺杂 TCO 如 $IMO(In_2O_3:Mo)$ 或者 $ITiO(In_2O_3:Ti)$ 组合，形成一个如 i-ZnO/n^+-ITiO 的双层，在这种被称为 TCLO（透明导电光俘获氧化物）的结构中，制绒由第一层提供，高电导率由第二层提供，在可见光区和近红外区，两层都具备非常低的自由载流子吸收[185]。

17.5.4 TCO 用作中间反射层

上衬底薄膜 Si 叠层电池的基本结构是玻璃/前 TCO/a-Si:H/nc-Si:H/背电极。为了使顶层 a- Si 太阳电池电流和底层 nc- Si 太阳电池的高电流相匹配，顶层本征层的厚度必须远大于从顶电池的 Staebler- Wronski 衰退效应最小的观点所推出的可取厚度。通过在顶和底电池中间插入一层中间反射层（如 ZnO：Al 层），因为 ZnO 和硅层不同的折射率，一些光子反射回到顶层电池中，电池结构如图 11.7 所示。反射的光增加了顶层电池的 J_{SC}，并以大致相同的数量（厚度小于 110nm 的反射层约 0.03mA/cm^2/nm）减小底层电池的 J_{SC}。测量的顶层增加: 底层减小比率是 4:3。中间反射层允许顶层电池厚度减小到小于 300nm，电池稳定性明显提高，下衬底叠层电池中也可采用相似的概念。2004 年之前已经制备出了具有中间反射层（或中间层）、玻璃基、混合型 a- Si/nc- Si 组件[186]。可以用射频磁控溅射法沉积 ZnO：Al 中间反射层，适合的厚度范围为 40 ~ 100nm。前 TCO 为表面处理的、LPCVD 法制备的 ZnO，顶电池厚度、底电池厚度和中间反射层厚度分别是 290nm、3.0μm 和 50nm 的叠层电池的初始效率为 11.8%，$J_{SC,top} = 13.2mA/cm^2$，$J_{SC,bottom} = 12.8mA/cm^2$（总短路电流值 26.0mA/cm^2）[187]。最近，用磷掺杂 a- Si, O:H 中间反射层代替 ZnO：Al 反射层，电池性能进一步得到了提升[188]，氧化硅基中间反射层的晶化率为 2% ~ 10%，可以采用 PECVD 原位沉积。然而，另外一种发展路线已经使用由相对厚（1.6μm）的 ZnO 层组成的所谓的不对称中间反射层，通过 LPCVD 在 a- Si/nc- Si 电池上沉积 ZnO 层，a- Si/nc- Si 电池沉积在二维制绒的 PEN（乙酸乙二脂）上，如图 17.10 所示。在这种情况下，ZnO 层在生长过程中生成绒面，该制绒显著地提升了 200nm 顶层 a- Si 电池的吸光量，$J_{SC}^{top\ stack}$ 从 9.5mA/cm^2（无反射层）增加到 12.5mA/cm^2（有 LPCVD 法制备的中间反射层）[163]。LPCVD 法制备的中间层的特征尺寸约为 300nm，绿光能被有效地反向散射到顶电池中[165]。

17.5.5 背反射层的 TCO 组分

可以通过一层有效的背反射层提高上衬底和下衬底薄膜硅电池的陷光作用。例如，铝金属做背电极，玻璃/前 TCO/Si 电池/背电极型器件中，铝层有显著的光吸收。通过插入 TCO 层如 ITO[189]，或更可取的 ZnO：Al[190] 来增加背部 Si 界面的反射率，可以减小金属中的吸收。器件结构变成玻璃/前 TCO/Si 电池/ZnO：Al/Al。反射率增加的部分原因是 a- Si:H/ZnO：Al（或 nc- Si:H/ZnO：Al）界面上折射率向下移动一层，部分原因是对于更小的电介质折射率（$n < 4$），电介质/铝界面的反射率更高。在非晶硅/反射层界面反射率的值通常是 Al—0.7、ZnO/Al—0.82、ZnO/Ag—0.87[151]。ZnO：Al 层的厚度不是非常关键，合适的厚度在 60 ~ 80nm 范围，通常是通过磁控溅射制备 ZnO：Al 层，因为可以选择沉积条件的适当调整改变 ZnO：Al 的折射率，需要寻找最小的折射率。例如，已经有报道称高的衬底温度降低了折射率，获得了 $n = 1.87$（波长 850nm，温度 25℃）和 $n = 1.97$（波长 850nm，温度 250℃）。其他增加反射率的方法：ZnO 和其他材料例如 MgF$_2$ 合金化、使用低折射率/高折射率的多层叠加[191]、使用图案化低折射率介质层[146]。使用 ZnO/Ag 金属化可以获得更高的反射率，虽然必须注意限制 Ag 扩散和阻止 Ag 层的腐蚀。在背反射层应用中，电流流动方向与 ZnO 薄膜的平面垂直，因为传输距离小，就不需要高的电导率。实际上，高性能电池用的是 i- ZnO，而不是用 n 型掺杂的 ZnO。但是 ZnO 低的光学吸收仍然重要，通过扩散白反射层（DWR）可以得到最好的光学性能，那么背电极方案就是 ZnO：Al/DWR，为了保证适当的横向电阻率（$< 20Ω/□$），ZnO：Al 必须更厚（如 500 ~ 1000nm）。有报道称，a- Si/nc- Si 组件的最大功率

代表了 ZnO:Al 在方块电阻和光吸收之间最好折中的厚度是 600nm[192]。白反射层实质上是包含在黏合剂中的 TiO₂ 组成的白色颜料，通过 TiO₂ 颗粒的随机 Mie 散射产生反射。这种类型的反射层不仅在 Si:H 电池中有效，而且在薄晶体硅太阳电池中也同样有效[193]。

对于不锈钢箔上的下衬底薄 Si 电池，背反射层可以由制绒化的 Ag 层组成，沉积 Ag 的衬底温度为 350℃，Ag 层覆盖了一层·ZnO:Al TCO，作为背电极、Ag 扩散阻挡层和背反射层。制绒 Ag 的 RMS 大约是 20nm，ZnO 的最佳厚度取决于制绒。模拟需要考虑 Ag-ZnO 表面等离子体激元在 2.8eV 的吸收损失。可以用 0.5% HCl 化学刻蚀使 ZnO:Al 进一步制绒化，RMS 的值可以达到 60 ~ 80nm。对于聚乙烯对苯二甲酸酯（PET）或聚萘二甲酸乙二醇脂（PEN）柔性衬底，可以用压花法制绒。

17.5.6　为能带匹配进行 TCO 调整

用器件模拟进行 CIGS 电池理论分析的一个结论是，如果窗口层的导带底比 CIGS 层的高 0 ~ 0.4eV，能得到最高的效率[194]。当用 CdS 做缓冲层时可以满足这个条件，因为 CdS 的导带底（CBM）比 CIGS 的高 0.2 ~ 0.3eV。但是在 ZnO/CIGS 中，ZnO 的导带底比 CIGS 的低 0.2eV，这导致正向偏置中电子注入的势垒，同时导致多数载流子（空穴）在 ZnO/CIGS 界面缺陷处的复合，降低了 V_{OC} 和 FF[194,195]。为了制备不含镉的器件，通常用 $Zn_{1-x}Mg_xO$ 代替 CdS 作为缓冲层来满足导带偏移的要求。改变镁的含量可以调整偏移[196]。ZnO 中 Mg 的引入主要以减小电子亲和势（CBM 向上移）的方式增加带隙。$Zn_{0.83}Mg_{0.17}O$ 的带隙从 3.24eV 增加到 3.6eV，CBM 比 CIGS（$E_g = 1.1eV$）的高 0.3eV。对具有薄（< 50nm）CdS 层和宽带隙（$E_g \approx 1.3eV$）的 CIGS 电池而言，$Zn_{1-x}Mg_xO$ 的使用减小了 CIGS/CdS 界面的复合，提高了电池的性能[197]。可以通过共溅射 ZnO 和 MgO 靶，或射频溅射固定成分的混合靶制备 $Zn_{1-x}Mg_xO$。使用 $Zn_{1-x}Mg_xO$ 也可以避免本征 ZnO 层的使用。

17.5.7　TCO 特性的改进

TCO 的表面特性和体特性并非一成不变的，在制备过程中可进行调整，或通过几种不同的方法进行性能更精细的调整。为了说明各种可能性，我们将给出一些具体的例子。在 a-Si:H 和 nc-Si:H 电池中，当温度高于约 200℃ 的临界值时，SnO_2:F 暴露于氢原子中就会被还原[198-202]，还原反应导致表面产生了锡元素，如果暴露得足够强，可以形成锡的小颗粒。PECVD 法或热线 CVD 法沉积 a-Si:H 时会产生氢原子，当 a-Si:H 沉积在 SnO_2:F 上时，自由的氧和 Si 原子在界面上反应形成 SiO_x 层，SiO_x 层一旦形成，它将变为氢原子的势垒（a-Si:H 不是），阻止了 SnO_2:F 的进一步还原。当锡层厚度达到 3nm，就会产生光吸收。也有报道称 Sn 可以扩散到太阳电池的 p 层，从而降低了 p 层的带隙。不是所有的 TCO 都有相同的反应，在有氢环境下，ITO 有相似的还原反应，但是 ZnO 具有更强的抵抗氢的能力，透光性不会改变。但是，暴露在氢中的 ZnO 表面的确表现出能带向下弯曲，降低了功函数。相反，ZnO 暴露在氧中功函数增加[203,以及其中的参考文献]。用室温溅射厚度为 20nm 的 ZnO 覆盖 SnO_2，足以保护 SnO_2 免遭氢的破坏[200]，通过化学输运形成的 7nm 厚的 SiO_2 层也有助于保护 SnO_2 表面[204]。

与 SnO_2 截然相反，在 ZnO 上制备的 a-Si:H p-i-n 太阳电池的填充因子一直低，围绕这个事实有几个争议的问题：ZnO 是否实际上被还原，是否存在 ZnO/p 层接触问题。尽管有相反的意见，有足够的证据支持在 ZnO/a-SiC:H 界面 ZnO 被还原。因此，通过 XPS 观察到了 SiO_2 的形成，在界面探测到了 Zn 元素的存在[205]（没有保护层，Zn 元素可能在相当低的温度下从氢处理 ZnO 表面蒸发）。从实时椭圆偏振法进一步得知氢穿透 ZnO 超过 200Å，增加了近表面的光学带隙和电导率[206]。可以认为 p 层转变成了耗尽层，导致了串联电阻，降低了填充因子。使用 TCO/p 型层结构：ZnO/20nm(p)μc-Si/10nm(p)a-SiC:H 可获得高的填充因子。模拟 TCO/p-i-n 结构显示 TCO 界面处 p 层能带向下弯曲，弯曲大小取决于 TCO 的功函数和界面态密度，能带向下弯曲对空穴抽取形成势垒[207]。但是后来直接测量 TCO/p 层的接触电阻，发现是低阻欧姆接触（$0.6 \sim 1.3\Omega cm^2$）[208]，那么如何解释填充因子的下降？这是因为出现了 ZnO，它的表面条件对正向电流和二极管品质因子有很大影响。最后，有人发现用 4s 内沉积的 a-Ge:H 覆盖 ZnO:F 会产生：①高填充因子；②使二极管品质因子从 2 ～ 3（表示多个正向电流机制）降到 1.7；③减小氧和锌进入 a-Si:H 层的带尾[209]。由此可以进一步得出（没有 a-Ge:H 层）ZnO 还原程度比 SnO_2 大[209]。从这个工作上我们得出填充因子和杂质有关。

已经发现用热退火处理能很好地对某些市场销售的 SnO_2:F/玻璃衬底进行优良的改性，但是不能改进其他 SnO_2:F。有效果的 SnO_2:F，主要是因为在还原或无氧气氛，在 300 ～ 400℃进行退火可以显著增加霍尔迁移率[202]。表 17.7 列出了 Asahi 衬底的一些结果。迁移率从 $30cm^2/Vs$ 到 $50cm^2/Vs$ 的增加是永久性的。退火不会改变载流子浓度，当时，AFG 和 LOF 的样品不受退火的影响。对于 Asahi 衬底，在 150℃用氢等离子体处理也能获得好的效果，即温度低于 SnO_2 还原的阈值温度，可以得出迁移率受晶界散射限制，晶界处 O_2 或者氧相关物质的吸附或脱附可以调节势垒高度[210,202]。只有在载流子浓度小于 $2 \times 10^{20} cm^{-3}$ 的样品中发现了迁移率的增加，在更高载流子浓度的样品中，载流子的迁移率受电离杂质散射限制（见 17.4.2 节）。

表 17.7　Asahi SnO_2:F 在 300℃退火 30min（在参考文献［202］后面）

退火气氛	$R_{sh}/(\Omega/\square)$	迁移率/(cm^2/Vs)
最初	13	31
H_2/Ar	8	51
Ar	7	52
空气	9	40

在 Asahi 玻璃公司的早期工作中，具有 $n = 1.3 \times 10^{20} cm^{-3}$ 和初始迁移率 $10cm^2/Vs$ 的 SnO_2:F 样品被 100Å 的 ZnO 覆盖，并用射频氢等离子体在 300℃进行处理，处理 60s 后得到了 $70cm^2/Vs$ 的峰值迁移率[199]。没有 ZnO 覆盖层时，沉积 a-Si:H 后用氢等离子体处理并减小 Si_xO_y 界面层，得到的迁移率为 $45cm^2/Vs$。

17.6　绒面薄膜

先前的讨论——理论部分（17.4 节）以及相关的一些应用部分，在很大程度上假定

TCO 层是平滑的（镜面），但是在很多情况下，期望 TCO 层具有显著的表面粗糙度，在不同文献中，将这种薄层描述为具有颗粒面的、绒面的或雾度的。具有绒面的 TCO 的一个最重要的特征是其对光的散射能力，衡量这种能力的参数是雾度因子，或简单地叫雾度，$H_T(\lambda)$，是漫射透过率 $T_{diff}(\lambda)$ 与总透过率 $T_{tot}(\lambda)$ 的比值：

$$H_T(\lambda) = \frac{T_{diff}(\lambda)}{T_{tot}(\lambda)} \tag{17.37}$$

此处总透过率 $T_{tot}(\lambda) = T_{spec}(\lambda) + T_{diff}(\lambda)$，是镜面透过率和漫射透过率之和，雾度因子是波长的函数，一个更简单的描述是白光雾度因子，见 17.7.2.2 节的实验细节。

对于在近红外线区域光学吸收系数低的薄膜太阳电池，特别是 a-Si:H 和 nc-Si:H 太阳电池，采用陷光技术变得至关重要。绒面 TCO 不仅减少反射损失，而且因为具有散射光线的能力，增加了光学路径长度，提升了太阳电池中的陷光作用，显著增加了太阳电池活性层的整体光吸收。

17.6.1 a-Si:H 器件中的形貌效应

几个研究小组已经研究了 TCO 形貌对 a-Si:H 太阳电池性能的影响[212-214]。美国早期的研究中，以四甲基锡、一溴三氟甲烷和氧气为原料，在 590℃，用 APCVD 法获得绒面 SnO_2:F 薄膜[212]，从 633nm 的漫散射推出，薄膜粗糙度和表面特征尺寸随着薄膜厚度的增加而增加。实际上，不管采用何种沉积方法，通常都能观察到 TCO 的粗糙度随膜厚的增加而增加。各种 TCO 层上制备的 a-Si:H p-i-n 电池陷光效应的一个简单测量方法是保持本征层厚度和带隙不变，测量在 700nm 波长（即在弱吸收区）的量子效率值。对于 0.5μm 厚的 p-i-n 电池（有 Al 金属），光滑 SnO_2 薄膜的 QE（700nm）是 0.08，但是对于漫散射占 5%～10% 的 QE 很快上升到 0.28，如果漫散射占到 30%，QE 仍然停留在这个数值[212]，所以，对于 a-Si:H，不需要更大的粗糙度。如果通过增加 TCO 的厚度获得大的粗糙度，有可能会适得其反，因为增加了光学吸收。这个研究还表明，开路电压值随漫散射单调递减：从光滑薄膜的 880mV 降低到 30% 漫散射时的 780mV。已经获得了各种绒面的薄膜，包括光滑薄膜、锯齿状薄膜、杆状薄膜和针状薄膜，但后两种形貌类型引起了旁漏电流，降低了器件的填充因子。

17.6.2 带绒面 SnO_2:F 的发展

Fuji Electric 在分析 TCO 的形貌结构和 a-Si:H 太阳电池性能之间的关系方面做了开拓性工作[213-215]。尽管具有锐边金字塔结构的 A 型 TCO（SnO_2:F）可以增加 J_{SC}，但是导致 V_{OC} 降低[213]，这是因为 TCO 陡峭的 V 型谷底导致的 a-Si:H 太阳电池中的缺陷[214]。a-Si/a-Si 叠层器件的薄顶电池的 V_{OC} 损失会很严重[215]。后来，Asahi 玻璃公司进一步创造了具有晶面和更浅角度的 U 型 TCO[77]，通过横截面 TEM 图和表面 SEM 图，研究了表面结构和太阳电池性能参数之间的关系。图 17.12a 是具有 U 型 SnO_2:F TCO 薄膜（0.76μm 厚）的 SEM 图，SnO_2:F 是以 $SnCl_4$、甲醇和 HF 作为反应物，用 APCVD 法制备的。这种类型的 TCO 具有更低的氟浓度，因此载流子浓度更低。SnO_2:F 明显生长缓慢，导致其具有很高的晶体完整性。这两个因素可能导致与 A 型 TCO（约5%）相比，U 型 TCO（约2.5%）在可见光区的光学吸收率更低，因为扩展到可见光区（见 17.4.3 节）自由载流子吸收带尾和晶体缺陷或亚氧化物也可能对吸收有贡献。与其他 TCO 相比，U 型 TCO 引起的 V_{OC} 损失最小，通常被认为具有高质量标准。实际上，与用 TMT、MBTC 和 TTC 作为前趋体（见 17.3.2 节）、APCVD 法生长的 $SnO_2:F$ 上的 a-Si:H 相比，从光伏参数、二极管品质因子和反向饱和电流来判断，采用参考 Asahi U 型 TCO 能得到最高质量的电池[216]。但是在组件生产中，p 型 TCO 玻璃的成本一直太高。

具有一定金字塔表面形貌的 $SnO_2:F$，U 型 TCO 在一定厚度范围内可以制备获得。随着膜厚的增加，RMS 和雾度也增加。图 17.12b 展示了一个厚度为 1.4μm 的 U 型 TCO。当然，光吸收率也增加了。图 17.12c、d 也显示了常用的 Pilkington TEC15 和 TEC8 产品的显微图。表 17.8 列出了 U 型 TCO 产品特性趋势与厚度的关系。就像我们已经提到的，给定波长的雾度定义为漫射透过率与总透过率的比值。图 17.13 展示了表 17.8 中描述的不同厚度的三种 TCO 薄膜的雾度，雾度是波长的函数，随着波长的增加，这些薄膜的雾度很快地降低，这表明了这种 TCO 在光谱响应可以延伸到 1000nm 的电池，如纳米晶体硅电池的应用上存在严重缺陷。

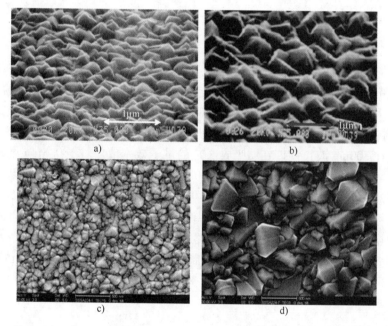

图 17.12 带绒面 $SnO_2:F$ 的 SEM 图：a）Asahi U 型，厚度 0.76μm，雾度 16%，RMS 42nm；
b）Asahi U 型，厚度 1.4μm，雾度 48%，RMS 62nm；c）Pilkington（现在是 NSG 集团的一部分）TEC15，
厚度 0.32μm，雾度 0.8%，RMS 12nm；d）Pilkington TEC8，厚度 0.65μm，雾度 10% ~ 13%，RMS 35nm。
a）和 b）由 Asahi 玻璃有限公司提供；c）和 d）由 Dr. David A. Strickler，NSG-Pilkington 提供，允许使用

表 17.8 作为厚度函数的 Asahi U 型 TCO 的特性

样　品	厚度/μm	RMS/nm	$R_{sh}/(\Omega/\square)$	T@550nm（%）	吸收率 @550/800nm（%）	雾度 @550nm（%）
（a）	0.76	45	8	88	3.0/3.3	16
（b）	1.4	62	5	86		42
（c）	2.1	80	4	85	6.4/8.6	58

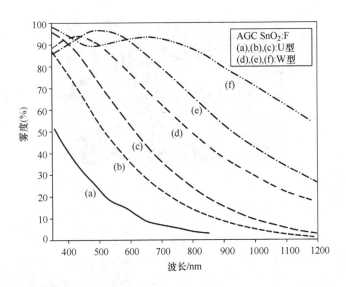

图 17.13　作为波长函数的玻璃/SnO₂:F 的雾度。标注（a）、（b）和（c）的曲线：表 17.8 所述的不同厚度 U 型 TCO 薄膜，RMS 为 45nm、62nm 和 80nm；标注（d）、（e）和（f）的曲线：如 17.9 节所述的 W 型 TCO 薄膜，RMS 为 109nm、122nm 和 150nm。从 Taneda N，Oyama T，Sato K，Tech. Digest PVSEC 17，p. 309（2007）数据[217] 构建的图

17.6.3　带绒面 ZnO 的制备和特性

带绒面 ZnO 在薄 Si:H 电池，尤其是涉及 nc-Si:H 电池应用中受到了广泛的关注，因为与带绒面 SnO₂ 相比，带绒面 ZnO 具有优异的光电特性、良好的光散射特性和抗氢等离子体能力。已经有零星报道采用磁控溅射制备了带绒面 ZnO。更吸引人的是已经制备了 ZnO:B 薄膜，薄膜的电阻率低到 4×10^{-4} Ωcm，在 550nm 波长处雾度值为 28%，ZnO:B 薄膜是在 2.5% 的 B_2H_6-Ar 混合气体中，采用直流溅射非掺杂陶瓷 ZnO 靶制备得到的[218]。用 APCVD 法已经制备了带绒面 ZnO:F[81]（见 17.3.2 节），这种 ZnO 已经用在了 a-Si:H 器件中，而且具有很好的最终效果（见 17.5.7 节）。最近，发展光伏应用中带绒面透明导电 ZnO 薄膜的全世界努力的方向集中在两种主要的制备方法上：①低压化学气相沉积（LPCVD），这种方法能直接制备带绒面 ZnO:B；②磁控溅射沉积光滑 ZnO:Al 薄膜，接着进行化学刻蚀（例如在 0.5% HCl 中），获得所需的绒面。在大批量生产中这两种技术已经取得了明显的进步，我们将对这两种方法依次进行讨论。

人们早就认识到可以通过 APCVD 法制备具有粗糙表面的 ZnO[219,220]，也系统发展了太阳电池上的 ZnO:B 薄膜[221]。最近，以二乙基锌（DEZ）和水作为前驱体，以乙硼烷（B_2H_6）为掺杂气体，采用 LPCVD 法已经制备了大面积带绒面 ZnO:B 薄膜[85,222]。通过气体喷嘴把气体引进反应室，同时使用反应活性小的氧气源可能有助于限制过早的气相反应。已经在 17.3.2 节中讨论过了沉积过程和合适的沉积参数。图 17.14 展示了 LPCVD 法沉积的两种不同厚度的 ZnO:B 的形貌，因为表面特征尺寸随着厚度增加大致呈线性增长，光散射能力和雾度也随着厚度增加而强烈地增加，因此，增加了 nc-Si:H 电池的光生电流[85]。

也可以用稀盐酸刻蚀溅射沉积的 ZnO:Al，获得带绒面 ZnO:Al[223-226]，自 20 世纪 80 年

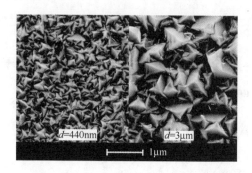

图 17.14　LPCVD 法制备、440nm 和 3000nm 厚、ZnO：B 的 SEM 图。经 Elsevier 许可，从 Faÿ S et al. ，
Thin Solid Films 515，8558（2007）中复制[86]

代末以来这种方法就被人们所熟知[227]。首先，用射频或中频磁控溅射法溅射陶瓷靶，或用

直流或中频反应溅射法溅射金属靶，沉积 ZnO：Al
薄膜。目前陶瓷靶工艺正从平面靶改变为柱形
靶[228]。刚沉积的 ZnO：Al 薄膜十分平滑，然后，
在浓度为 0.5% 的盐酸中对 ZnO：Al 刻蚀 1min 以
下。ZnO：Al 薄膜的电特性只取决于沉积参数，几
乎不受刻蚀过程的影响。刻蚀后 ZnO：Al 的表面形
貌与沉积参数有很大关系，并且能够在薄膜太阳
电池应用中被优化。图 17.15 展示了 ZnO：Al 薄膜
刻蚀前后的 SEM 图，化学刻蚀后可以得到均匀分
布的凹坑，可用于有效陷光。

a)

17.6.4　制备带绒面 TCO 薄膜的其他方法

　　虽然采用 LPCVD 法加刻蚀法生产绒面薄膜的
技术相对成熟，但是这种方法仍有缺点：①LPCVD
法对温度很敏感，制备大面积均匀的薄膜是个问
题，而且 LPCVD 法制备的 ZnO 不是特别稳定；
②反应前驱物二乙基锌（DEZ）昂贵；③刻蚀
ZnO 包括复杂的湿化学反应过程，刻蚀的结果取
决于 ZnO 精确的成核和溅射条件。最近开发出了
一种直接沉积带绒面 ZnO TCO 的新方法[18,229]，该
方法用反应环境空心阴极溅射（RE- HCS）。在这种
方法中，沉积气压大约是 0.3mbar（225mTorr），这
个压强值比传统磁控溅射的压强高很多，薄膜同

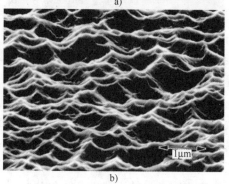

b)

图 17.15　射频溅射 ZnO：Al 的 SEM 图：
a）刚沉积完；b）在稀盐酸中刻蚀后。
经过 Elsevier 的许可，从 Kluth O et al. ，
Thin Solid Films 351，247（1999）
中复制[223]

样表现出有竞争力的电学和光学特性（见 17.3.1.1 节），图 17.16 展示了用这种技术获得的
一种类型的表面形貌。

　　也报道了沉积带绒面 ZnO 的其他方法，如膨胀热等离子体 CVD[230]，两步光 MOCVD/
ALD 等[231]。在后一种方法中，ALD 层的一个作用是阻止 MOCVD 层电导率的退化[232]。

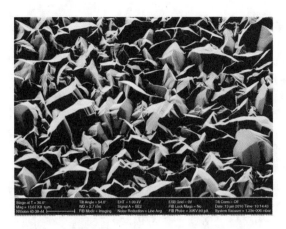

图 17.16　反应环境空心阴极溅射（RE-HCS）法制备带绒面 ZnO:Al 的 SEM 图

（在 EPV SOLAR, Inc., NJ 制备薄膜，SEM 图片由南安普敦大学的 Stuart Boden 提供）

通过比较上衬底光伏器件各种不同类型 TCO 的性能来结束本节。除了用于 CdTe 的两种类型 TCO 外，其他所有的 TCO 都是带绒面的。应该指出的是，广泛使用的 $SnO_2:F$ 产品——浮法在线和离线的，正在进行持续的改进。先前描述的 U 型 TCO 现在正被一种透光性和迁移率改善了的 VU 型产品所代替。因此，在表 17.9 中我们列出了两种浮法在线 $SnO_2:F$、离线生产的更高级别 U 型和 VU 型 TCO、使电池性能优化的 LPCVD 法制备的 ZnO:B、反应环境空心阴极溅射（RE-HCS）法制备的带绒面 ZnO:Al（见 17.3.1.1 节）以及一个溅射和退火的 Cd_2SnO_4。给出的浮法在线 $SnO_2:F$ 的特性适合于双结 a-Si 组件产品的大概是 AGC SOLAR（北美）生产的 AN14 TCO，适合于 CdTe 组件产品的大概是 NSG-Pilkington TEC15 TCO。

表 17.9　不同领域应用中上衬底光伏器件 TCO 的特性

特性	浮法在线 $SnO_2:F$	浮法在线 $SnO_2:F$	U 型 $SnO_2:F$	VU 型 $SnO_2:F$	LPCVD ZnO:B	RE-HCS ZnO:Al	溅射 Cd_2SnO_4
应用	2J a-Si	CdTe	R&D	a-Si/nc-Si	a-Si/nc-Si	R&D	CdTe（R&D）
玻璃类型	SL	SL	SL	SL，低铁	SL，低铁	SL	康宁 7059
透射率[①]（%）	83～85	85	87	87.5		85.5	约 90（10Ω/□）
雾度（%）	15～16	0.8	约 16	25	50	33	
膜厚/nm	600	320	900	890	30000	1030	510
方块电阻/(Ω/□)	14.3	13	8.7	8.3	10.0	2.8	2.6
迁移率/(cm^2/Vs)	30.6	30	37.0	56	28.0	49.5	54.5
载流子浓度 /($\times 10^{20} cm^{-3}$)	2.4	5.0	2.1	1.5	0.75	4.4	8.9
电阻率 /($\times 10^{-4} \Omega cm$)	8.6	4.2	7.8	7.4	30	2.9	1.3

① 总透射率，浸没法测量。

17.6.5 带绒面 TCO 薄膜：描述和光散射

通过表面的高度分析和光散射的角度依赖性可以提供 TCO 表面的附加特性。已被证明，TCO 表面在垂直和横向尺度的特征在确定 TCO 产生陷光作用中都发挥有效的作用[233]。RMS 粗糙度 δ_{rms} 定义为

$$\delta_{rms} = \sqrt{\frac{1}{N}\sum_{i=1}^{N}(z_i - z_{av})^2} \tag{17.38}$$

式中，N 是数据点的数量，z_i 是第 i 个数据点的表面高度，z_{av} 是平均表面高度。根据标量散射理论，反射和透射中的雾度可以写成 RMS 粗糙度 δ_{rms} 的函数；反射雾度 $H_R(\lambda)$ 由

$$H_R(\lambda) = \frac{R_{diff}}{R_{tot}} = 1 - \exp\left[-\left(\frac{4\pi\delta_{rms}n\cos\theta_i}{\lambda}\right)^2\right] \tag{17.39}$$

给出[234]，这里 n 是散射材料的折射率，θ_i 是入射角，如果相关长度 $\sigma \gg \lambda$，散射正比于 $(\delta_{rms}/\lambda)^2$。但是，对某些感兴趣的 TCO，根据式（17.39）衍生的一些假设可能无效。据报道，在 700nm 波长的雾度与 δ_{rms} 能合理地关联[235]。

δ_{rms} 衡量垂直变化，而相关长度 σ 衡量横向变化，相关长度定义为自协方差函数降到其初始值 $1/e$ 的距离，可以根据下式计算自协方差函数：

$$G(m) = \frac{1}{N}\sum_{i=1}^{N-m}z_i z_{i+m} \quad m = 0,1,2,\cdots,N-1 \tag{17.40}$$

因此，可以通过更改距离（叫作滞后长度 τ）来改变数据设置，τ 等于数据点间距与所选数量 m 的乘积。然后计算两组数据的高度乘积的平均值。通常自协方差函数是一个高斯函数 $G(\tau) = \delta_{rms}^2\exp(-\tau^2/\sigma^2)$。我们感兴趣的另一个函数是表面的功率谱密度（PSD），实质上这是表面傅里叶变化的二次方。因此，PSD 把粗糙表面归结为各种空间波长的分量。PSD 和自协方差函数组成傅里叶变换对[236]。对于带绒面 TCO，我们最感兴趣的空间波长在 0.1～5.0μm 范围内。已经表明未刻蚀的 ZnO:Al、Asahi U 型 SnO$_2$:F 和腐蚀带绒面 ZnO:Al，PSD 函数与空间波长的形状有极大的不同，对大于 1μm 的波长，更大的特性导致更高的 PSD[237]。通常，PSD 随着空间波长增加而增加，并且在相关长度附近达到饱和，TCO 的 PSD 函数决定 TCO 光散射的角分布。

角分布漫透过率的测量（见 17.2.2 节）能够轻易地区分不同的 TCO。例如，图 17.17 中角分辨散射数据表明商用氧化锡散射功率峰值 $S(\theta)$ 在 $\theta = 40°$ 左右，空心阴极溅射法制备的带绒面 ZnO 具有更高的散射功率峰值，在 $\theta = 20°$ 左右。虽然雾度是 J_{SC} 的一项指标，但不是 J_{SC} 的一项可靠预测指标[233,235]，似乎微晶硅太阳电池的 J_{SC} 和大角度散射的数量能很好地关联[237]。

以其他工程标准对表面结构形貌进行量化处理，如负荷分析，可以得到一些其他不同和有用的参数。例如，可以用所谓的 Birmingham 14 个参数来描述绒面特性[238]。这些参数可以分为三种类型：振幅参数（例如 RMS 粗糙度、表面偏斜度和峰度）来描述被设计的有关平面上表面高度的分布；空间参数（即自相关长度，顶点密度、和绒面纵横比）来描述在样品区域内的空间高度分布；混合参数（即平均顶点曲率、界面面积比例）来描述振幅和空间参数对形貌参数的组合作用。表面扭曲度 S_{sk} 测量高度分布的不对称性，$S_{sk} < 0$ 表示表面有圆形的峰和尖锐的谷，$S_{sk} = 0$ 说明表面高度呈具有对称的高斯分布，$S_{sk} > 0$ 表示表面有

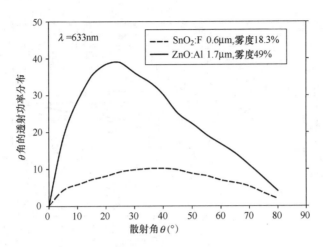

图 17.17　两种带绒面 TCO 的角分辨散射：APCVD SnO_2:F 有 18.3% 的白光雾度，HC ZnO:Al 有 49% 的雾度

尖锐的峰和圆形的谷。带绒面 SnO_2:F 和 ZnO:Al 的 S_{sk} 值已有报道[229]，对各种衬底上局部表面倾斜角的分布也进行了研究[239]。需要更多的工作来确定与在太阳电池中能更好应用的带绒面 TCO 性能最相关的表面制绒参数，并且用光散射能力和太阳电池性能来关联这些参数。

17.6.6　带绒面 TCO 的优化

在实验和理论上研究了带绒面 TCO 在 a-Si 或 a-Si/μc-Si 太阳电池性能上的效果[151,240-243]，为了优化 TCO，必须考虑几个相互依赖的因素，包括光、电和形貌因素。低自由载流子吸收（FCA）很重要，尤其在 nc-Si:H 电池中。减少掺杂浓度，使载流子迁移率最大化，来保证足够的电导率可以实现低自由载流子吸收率。增加 TCO 的雾度导致 TCO 中更大的寄生性吸收，因为与陷光作用相关的光多次通过。图 17.18 给出了与薄膜硅太阳电池有关的材料的吸收系数 $\alpha(\lambda)$。与非掺杂 ZnO 相比，当波长大于 550nm 时，由于自由载流子吸收，ZnO:Al 的 $\alpha(\lambda)$ 增加（见 17.4.2 节）。此数据令人惊讶的发现，波长大于 900nm 时，轻掺杂的 ZnO:Al TCO 每单位光通量的吸收率可能比 nc-Si:H 本身的吸收率高[244]，这说明需要限制 FCA。当考虑寄生性吸收和焦耳损失时（见 17.4.3 节），a-Si/nc-Si 太阳组件中最佳的载流子浓度范围是 $2.0 \times 10^{20} \sim 2.5 \times 10^{20}$ cm^{-3}[244]。在 LPCVD 法制备的 ZnO:B 上的 a-Si/nc-Si 太阳电池中，这种趋势已经把 ZnO:B 中的载流子浓度降低到 1×10^{20} cm^{-3}，甚至更低（见表 17.9），获得的一个有用的结果是迁移率的提升。为了达到理想的约为 10 Ω/□ 的方块电阻，薄膜厚度增加到 $2 \sim 3$ μm[86]。

现在，考虑带绒面 TCO 的形貌特征，我们首先注意到材料中绒面特征尺寸与光波长的比例是影响光散射能力的一项至关重要的因素。例如，LPCVD 法制备的 ZnO 对纳米晶硅和非晶硅电池的优化不同，因为需要更大的特征尺寸。LPCVD 法制备的 ZnO 的光散射能力直接依赖于金字塔晶粒尺寸。而且，就像我们在 17.6.3 节中见到的，颗粒尺寸取决于薄膜的厚度[85]。此外，更小的掺杂比例（B_2H_6/DEZ）会导致更高的雾度[246]。LPCVD 法制备的 ZnO 大晶粒保证了 nc-Si:H 的高的光电流，但是导致了差的 FF 和 V_{oc}[247]，这种效果的产生

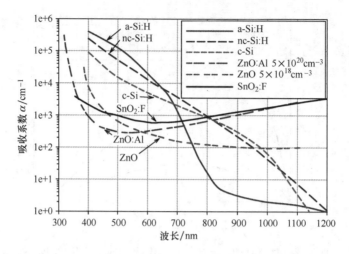

图 17.18　非晶硅、纳米晶体硅、晶体硅、掺杂 ZnO:Al、未掺杂 ZnO（数据来自参考文献［245］）、商用 SnO$_2$:F（数据来自参考文献［73］）中光吸收系数与波长的依赖关系

是因为硅中产生裂纹和缺陷，裂纹和缺陷源于 ZnO 中的 V 形谷底[248]，可以用一个并联的二极管模拟，平行二极管产生了附加的暗电流。通过等离子体腐蚀改变 LPCVD 法 ZnO 的表面可以有效地解决这个问题，如在 Ar、O$_2$ 或 CO$_2$ 中低压射频放电（Ar 更好），处理时间长达 80min。等离子体处理使表面从 V 形谷底转变为 U 形谷底，U 形谷底不会导致纳米晶体硅中产生裂纹，这种处理也可以移除更小尺寸的金字塔和起伏[249,250]。

对于溅射沉积 ZnO:Al 后再刻蚀获得带绒面 TCO，沉积气压和衬底温度 T_s 是重要的变量。对射频溅射陶瓷靶制备的 TCO，腐蚀后可能有三种结果[251]。在低气压和高 T_s 时，可以得到极其致密的薄膜，刻蚀后只得到少量分散的大坑。为了得到均匀分布的刻蚀坑，需要更高的压强和更低的衬底温度。在高气压和低衬底温度下得到多孔的薄膜，会均匀刻蚀，不会产生刻蚀坑。讨论了这些结果与薄膜生长和结构的 Thornton 模型之间的关系[252]，发现一个更重要的变量是靶材中氧化铝的浓度（TAC），在后面的工作中，绘制了刻蚀结果与 TAC 和 T_s 之间关系的刻蚀结果二维图[253]。作为一个有潜力的低成本和高速的方法，在合适的氧分压下反应溅射 Zn:Al（Al 0.5%）金属靶也已经制备了适合刻蚀的 ZnO:Al 薄膜[254]。表 17.10 总结了使 nc-Si 太阳电池性能最佳的带绒面 ZnO:Al 的制备和特性。尽管已经深入细致地研究了沉积后的刻蚀，但是对观察到的形貌好像还没有进行解释的机制。

同时也呈现出对 ZnO:Al 薄膜在 550℃ 进行刻蚀后真空退火 1h，可以降低薄膜的载流子浓度，因此在没有迁移率损失的情况下，降低了自由载流子的吸收。如果需要，可以采用这种方法把载流子浓度调整到 $(2 \sim 2.5) \times 10^{20}$ cm^{-3} 的最佳范围[255]。对于 0.9μm 的单结 nc-Si:H 电池，载流子浓度从 5×10^{20} cm^{-3} 减小到 2×10^{20} cm^{-3}，获得约 +1.5mA/cm^2 的 ΔJ_{SC}[244]。

17.6.7　带绒面 TCO 在太阳电池中的应用

作为一种应用在非晶硅器件中的 TCO，通过 RE-HCS 制备（见 17.6.4 节）的 ZnO:Al

的潜在优势已经通过单结 a-Si:H 太阳电池共沉积到带绒面 ZnO:Al 和商用 SnO$_2$:F 衬底上展现出来[184]。人们发现 ZnO:Al 上的太阳电池的 J_{SC} 比 SnO$_2$:F 上电池的 J_{SC} 高 5.3%，这是因为 ZnO:Al 具有更好的透光率和光散射。表 17.11 给出了相关数据。值得注意的是，为了保证合适的 ZnO/p 型层界面和有竞争力的填充因子，需要特殊处理一些种类（即射频磁控溅射法）的 ZnO:Al；不需处理反应环境空心阴极溅射法制备的 ZnO:Al。表 17.11 中最后三列显示了雾度对太阳电池性能的影响。回顾先前描述的氧化锡的结果，我们知道中等雾度值的 ZnO:Al 能获得最佳的电池性能[229]。

表 17.10 用射频溅射制备后进行刻蚀的一个最佳带绒面 ZnO:Al 前 TCO 制备和特性的总结。数据从 **Berginski M *et al.*，*J. Appl. Phys.* 101，074903**（2007）[253] 中编制

溅射参数	
陶瓷靶中的 Al$_2$O$_3$ 浓度	0.5wt.% ~ 1.0wt.%
气压	0.3Pa
衬底温度	360 ~ 410℃
薄膜（TCO）特性	
初始厚度	800nm（RMS 15nm）
载流子浓度	3×10^{20} cm^{-3}
迁移率	40cm^2/Vs
电阻率	5.2×10^{-4} Ωcm
刻蚀后的厚度	650nm
方块电阻	8.0Ω/□
形貌	类型 2；类陨石坑，均一
凹陷尺寸	横向 1 ~ 2μm；深度 200 ~ 400nm
RMS 粗糙度	>125nm
平均陨石坑张角和 FWHM	120° ~ 135°；25° ~ 45°
雾度	$\lambda = 1\mu$m 时 30% ~ 40%
电池特性（μc-Si:H，1.9μm）	
最好 J_{SC}	26.8mA/cm^2
峰值 $J_{ph}(\lambda)$ 增强因子 f	在 $\lambda = 900 ~ 950$nm 时 $f \approx 14$

表 17.11 玻璃/TCO/a-Si（p-i-n）/Al 电池性能与 TCO 类型、雾度的关系

TCO	雾度（%）	开路电压 V_{OC}/mV	短路电流密度 J_{SC}/(mA/cm^2)	填充因子 FF（%）	效率 E_{ff}（%）
SnO$_2$:F	16.4	843	12.14	69.3	7.09
ZnO:Al	11.1	849	11.38	70.0	6.76
ZnO:Al	16.0	844	12.78	70.7	7.63
ZnO:Al	55.0	782	12.31	66.0	6.35

对于生长在 LPCVD 法制备的 ZnO:B 上的 nc-Si:H 单结电池，前面提到的等离子体表面处理大幅度提高了 V_{OC} 和 FF，因此电池效率比双结电池的高[247]。此外，载流子收集率增强，

不再需要反偏达到饱和光电流。这个工作中单结电池的最好效率达到了 9.9%。

使用带绒面 TCO 后，长波量子效率增加，使得 Si:H 电池的 J_{SC} 增加。a-Si:H J_{SC} 增加明显，nc-Si:H 的 J_{SC} 也增加很多。图 17.19 展示了不同的光滑或带绒面溅射 ZnO:Al 薄膜的量子效率数据：图 a 是单结 a-Si:H 电池；图 b 是单结 nc-Si:H 电池。光滑 ZnO:Al 前电极产生的 J_{SC} 为 15.6 mA/cm^2，带绒面 ZnO:Al 薄膜产生的 J_{SC} 为 23.0 ~ 26.8mA/cm^2[256]。更低的掺杂浓度进一步提升了长波量子效率因为自由载流子吸收减低。LPCVD 法制备的 ZnO:B 上的 a-Si:H/nc-Si:H 叠层电池的 J_{SC} 已经达到 27.7mA/cm^2[164]。用等离子体处理最初 RMS 粗糙度为 180nm 的 ZnO:B 得到最终粗糙度为 120nm 的 U 型形貌。制备在溅射刻蚀的 ZnO:Al 上的三结 a-Si:H/nc-Si:H/nc-Si:H 叠层电池实现了 12.1% 的效率和 9.3mA/cm^2 的 J_{SC}（总短路电流密度 27.5mA/cm^2）[244]。

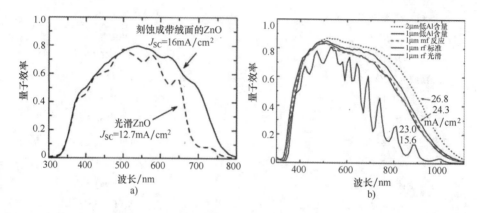

图 17.19　在光滑或刻蚀成绒面的射频溅射 ZnO:Al 前电极上的 a）a-Si:H 电池和 b）μc-Si:H 电池的量子效率曲线：a）ZnO:Al 上的本征层厚度为 0.36μm 的 a-Si:H 太阳电池，溅射氧化铝含量 2wt.% 的 ZnO 陶瓷靶制备 ZnO:Al；b）ZnO:Al 上、本征层厚度为 0.10μm 的 μc-Si:H 太阳电池，溅射标准氧化铝浓度（1wt.%）和低氧化铝浓度的陶瓷 ZnO 靶制备得到 ZnO:Al，电池也可以制备在反应中频溅射制备的绒面 ZnO 薄膜上，在低铝浓度的 ZnO 上本征层厚度为 2.0μm 的 μc-Si:H 太阳电池。
得到 Elsevier 的许可，从 Rech B et al.，Thin Solid Films 511-512，548（2006）复印[256]

优化带绒面 TCO 上的 a-Si:H/nc-Si:H 电池是一个复杂的工艺。虽然与 SnO$_2$ 4% 的吸收率相比，ZnO 具有 2% 低吸收率的优势，但是 ZnO 具有更高的雾度。电池（尤其是 p$_1$ 层的制备）需要制备在 TCO 上，最后分析发现电池性能相差不大，ZnO 和 SnO$_2$ 上的电池的效率分别为 12.3% 和 12.0%[257]。

为了减小厚度或提升性能，在多晶 CdTe 薄膜电池和 CIGS 电池上使用了带绒面 TCO。当 CdTe 厚度很薄，只有 0.6μm 时，CdTe 电池的量子效率与 TCO 的雾度有关。与光滑 TCO 相比，沉积在雾度为 37% 的带绒面 SnO$_2$:F 上的电池量子效率增加了 5%[258]。下衬底 CIGS 太阳电池，结形成以后才沉积 ZnO:Al。因此，绒面 ZnO 的制备工艺受限，其沉积温度必须低于 200℃，避免损伤结，不过 J_{SC} 增加了 8%[229]。图 17.20 展示了具有无绒面（刚沉积出来）和带绒面 ZnO:Al 的 CIGS 太阳电池表面的 SEM 图。图 17.20a 和 b 中的大特征尺寸来自 CIGS，而图 17.20b 中更小的特征尺寸来自带绒面 ZnO:Al。

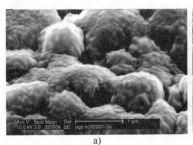

图 17.20 CIGS 太阳电池表面形貌：a）采用射频溅射溅射陶瓷靶沉积的非绒面 ZnO：Al；b）采用空心阴极溅射制备的带绒面 ZnO：Al。使用带绒面 ZnO：Al，J_{sc} 增加了 8%。得到 SPIE 的允许，从 Guo S et al.，Proc. SPIE 6651，66510B，（2007）中复制[229]

17.7 测量与表征方法

用来测定透明导电氧化物的方法与研究半导体性质的方法类似。对于光伏应用的 TCO 薄膜，我们主要关心其电学和光学性质。晶体结构、形貌、化学构成、黏附性及其他物理或化学性质也直接与 TCO 和器件的部分性能相关。我们对这些表征方法进行了总结。

17.7.1 电学性能表征

利用四探针测试仪能很快确定 TCO 薄膜的方块电阻[259]。测试仪包含四个装有弹簧的金属探针，它们被安装在一条直线上并且彼此间距离相等，探针尖端通常用碳化钨制成，半径约为 50μm。测量时，恒流电源提供电流 I，电流通过外侧的两个探针流过薄膜，然后测量内侧两个探针之间的电压 V。假设薄膜的厚度远小于探针之间的距离（当薄膜的厚度为 1μm 量级时，TCO 薄膜通常是这样的），而且样品的尺度又远大于探针之间的距离，可由下式得出方块电阻的大小：

$$R_{sh} = \frac{\pi}{\ln(2)} \frac{V}{I} = 4.532 \frac{V}{I} \tag{17.41}$$

方块电阻的单位为欧姆每方块（$\Omega/\square$）。电流和电压探针的分开使用消除了接触电阻导致的误差，可以通过 $R_{sh} = \rho/t$ 计算薄膜的电阻率 ρ，通过轮廓仪或者光学方法（见 17.7.2 节）测量薄膜厚度。在生产环境，我们会优先采用非接触方法测量 TCO 的方块电阻，尤其是在沉积了其他半导体层之后能检测 TCO 的方块电阻。测量原理使用了射频诱导涡旋电流。

使用霍尔效应，电学导电性可以分解为多个参数，包括载流子浓度、载流子迁移率以及载流子类型。通常测试设置中，当稳定的电流流经薄膜时，在薄膜表面的垂直方向上施加磁场 $\boldsymbol{B}$，磁场就会对载流子产生洛伦兹力的作用，使载流子在垂直于磁场和电流的方向移动，结果形成电场 $\boldsymbol{E}$。平衡时合力 $\boldsymbol{F} = e\boldsymbol{E} + e\boldsymbol{v} \times \boldsymbol{B}$ 为零[134]。由 $j = nev$ 我们得出 $\boldsymbol{E} = -\boldsymbol{j} \times \boldsymbol{B}/(ne) = -R_H(\boldsymbol{j} \times \boldsymbol{B})$，这里 R_H 为霍尔系数：

$$R_H = \frac{E_z}{j_x B_y} = \frac{1}{ne} \tag{17.42}$$

对厚度为 t、宽度为 w 的矩形薄膜条，在通电流为 $I_x = j_x wt$，并且磁场垂直于薄膜平面

时，横向霍尔电压为 $V_H = E_z w$，因此

$$V_H = \frac{I_x B_y}{net}，或等价地变为 n_s = \frac{I_x B_y}{eV_H} \tag{17.43}$$

式中，$n_s = nt$ 是载流子的面密度（m^{-2}）。注意，以上等式中的公制单位是，磁感应强度 B 的单位为 T（$= 1Vs/m^2$ 或 $10^4 Gs$），载流子浓度 n 为 m^{-3}，R_H 单位为 m^3/C。因此，从霍尔效应的测量中，我们能够了解到载流子电荷量 e 的符号（由霍尔系数 R_H 得出）和载流子表面密度或面密度 n_s（由霍尔电压 V_H 得出）。

用于霍尔效应测试的合适的样品配置是传统的四叶式交叉，或简单地说，正方形薄膜 TCO，在方形薄膜四个顶角靠近外缘处有非常小的欧姆接触（van der Pauw[260]）。为了表述方便，我们围绕样品把接触点按 1、2、3、4 的顺序标记好（见图 17.21）。

电流 I_{13} 作用于相对的接触点 1 和 3，电压 $V_{24}(B)$ 是用高阻电压计测量得到的 2 和 4 接触点之间的电压。即使在没有磁场的情况下，接触点的错位将会使 $V_{24}(0)$ 电压升高，必须在测量值 $V_{24}(B)$ 中减去 $V_{24}(0)$。热电或热磁效应也会引起几个其他的寄生电压。为了确保数据的可靠性，推荐的常用做法是系统地反转电流和磁场，以及进行接触互换[259,261]。从电流、霍尔电压参数及磁场的值（常用的霍尔效应磁强计能测量得到其值），用式（17.43）能够计算出 n_s。此外，同一个 TCO 样品的方块电阻 R_{sh} 可以用范德波夫几何方法测定，测定方法是在邻近的接触点 1 和接触点 2 外加一个电流 I_{12}，然后测量电压 V_{43}。方块电阻由下式给出

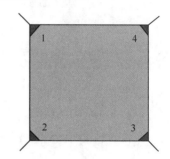

图 17.21 用于霍尔效应测试的正方形 TCO 薄膜，该薄膜在玻璃上，接触点在四个角上

$$R_{sh} = \frac{\pi}{2\ln(2)}\left(\frac{V_{43}}{I_{12}} + \frac{V_{14}}{I_{23}}\right)f \tag{17.44}$$

式中，f 是一个随电阻比率 $R_{43,12}/R_{14,23}$ 轻微偏离 1 而偏离 1 的参数[118]。最后，霍尔迁移率 μ_H 能够由下式计算：

$$\mu_H = \frac{1}{en_s R_{sh}} \tag{17.45}$$

不需要薄膜的厚度就可以确定 n_s、R_{sh} 和 μ_H，测量薄膜厚度 t 之后，能够计算出对应样品的电阻率 $\rho = R_{sh}t$ 和载流子浓度 $n = n_s/t$。对 n 型 TCO 薄膜，载流子浓度和迁移率通常在 $(1 \sim 10) \times 10^{20} cm^{-3}$ 和 $10 \sim 100 cm^2 V^{-1} s^{-1}$ 范围内。

但是解释很薄薄膜的方块电阻的测量有些困难。首先，薄层的生长可能对成核效应很敏感，因此需要检查它的再现性，也应该检查空气的暴露是否产生影响（例如，施主减活化作用）、测试是否应该处于氮气气氛中。并且，界面附近的空间电荷区的存在可能会影响测试结果。即使在正常厚度范围之内，随着离衬底表面距离的增大，载流子迁移率和浓度通常会增大，在厚度达到 $0.5 \sim 2.0\mu m$ 之前这个效应一直存在。相反，ITO 的输运性质即使在相对很薄的薄膜样品（低至 $100nm$）中还趋向于保持不变。

我们通常用一个真空杜瓦瓶或低温箱研究 TCO 样品的直流电导与温度的关系，真空杜瓦瓶或低温箱能够阻止水分在室温以下凝结。针对间隙单元结构，通过在 TCO 顶层溅射欧

姆接触电极如 Mo 可以制备合适的样品。四线测量配置是可取的。通过溅射陶瓷靶（Al_2O_3 的质量分数为 1.3%），利用射频溅射沉积制备 ZnO：Al，在 100～380K 测量了 ZnO：Al 的电阻率，确定了室温附近的电阻温度系数（TCR）为 $+2.9 \times 10^{-4}$ K^{-1}[45]，TCR 值与样品的简并掺杂保持正向（金属行为）一致。

通过热电动势的符号可以确定 TCO 中载流子的类型。Seebeck 系数 S 的单位为 μV/K，可以用具有间隙单元结构的样品进行测量，测量时让样品的两个接触处有一定的温度差异。在稳定状态下，从热的一端向冷的一端扩散（产生一个电场进而产生一个电动势）的载流子，被反向漂移电流平衡。热电动势绝对值的测量理论上需要修正，因为金属接触产生热电效应[119]。Seebeck 系数 S 的测量能够阐明载流子的散射机理（见 17.4.1.2 节）。

17.7.2　光学表征

17.7.2.1　平面薄膜

可以用紫外光-可见光-近红外光谱分光光度仪测量透射率 $T(\lambda)$ 和反射率 $R(\lambda)$ 来确定 TCO 薄膜的光学性质。波长范围通常为 250～2500nm，使用氙和钨卤素光源。可用 $A = 1 - T - R$ 计算得到吸收率。17.4.2 节给出了透明衬底上平面薄膜 $T(\lambda)$ 和 $R(\lambda)$ 的表达式，参考文献 [262] 给出了从测量的 $T(\lambda)$ 给出薄膜厚度 t、光学常数 $n(\lambda)$、$\alpha(\lambda)$（$=4\pi k(\lambda)/\lambda$）的方法。也可以从反射光谱获得相似的信息[263]。在这种方法中，光由一个中央光纤传出，通过正常反射后被周围的光纤收集。为了得到 $n(\lambda)$ 和 $k(\lambda)$，需要选择合适的模型，然后考虑由 Kramers-Kronig 关系（连接色散率和吸收率）揭示的 n 和 k 的关联性基础上，用软件寻找最佳的 t、n、k 值[133]。现代的光谱反射仪设备和软件也能处理多层薄膜，利用 FTIR 分光仪能够获得更长波长（例如达到 25μm）条件下的反射数据。

适用于各种类型薄膜和多层结构的光学表征方法是椭圆偏振法[264,265]。椭圆偏振法涉及测量非垂直反射之后入射光的偏振态的变化。椭圆偏振法涉及的基本方程是

$$\rho = \frac{r_p}{r_s} = \tan(\psi)\exp(i\Delta) \tag{17.46}$$

式中，r_p 和 r_s 是 p 和 s 偏振光的复反射系数，$\tan(\psi)$ 是 s 和 p 系数的振幅比，Δ 是它们微分相位的变化。对于某种样品，比如 c 轴与样品法线不一致的 ZnO，需要更普适的方程。在光谱椭偏法（SE）中，在一定光波范围进行 ψ 和 Δ 的测量。另外，为了获得感兴趣材料的性质，一定要加入一个分层光学模型[266]。例如，最近用椭圆偏振法测量了载流子浓度处于一定范围之内的 ZnO：Ga 和 In_2O_3：Sn 样品的介电常数 $\varepsilon_r(E) + i\varepsilon_i(E)$，样品的结构为 TCO/$SiO_2$/c-Si[267]。基于 Tauc-Lorentz 和 Drude 模型，TCO 被模拟为在块状基层（厚度为 t_b）上具有粗糙的表面层（厚度为 t_s），介电常数为 $\varepsilon(E) = \varepsilon_{TL}(E) + \varepsilon_D(E)$。用 Bruggeman 有效介质近似模拟有效层，计算出的 n 和 k 谱表明随着载流子浓度的增加，色散度增加。尽管在细节上有区别，在 ZnO：Al 上取得了相似的结果[268]。

用光热偏转光谱（PDS）也能测量吸收光谱[269]，这种灵敏技术在弱吸收情况下特别有用。

17.7.2.2　带绒面 TCO 的表征

利用一个带有积分球的分光光度计测量带绒面薄膜的总透射率、漫透射率和反射率，这些量可以作为波长的函数。光谱雾度定义为 $T_{diff}(\lambda)/T_{tot}(\lambda)$，对于带绒面薄膜，由 $A = 1 -$

$T-R$ 测量到的吸收率太大，由于玻璃衬底的陷光作用，TCO/空气界面的背反射的光损失，光线最终被吸收或通过样品边缘而损失。测量的透光率也低估了即将透射到太阳电池吸收层上光线的数量，因为 TCO/空气和 TCO/太阳电池吸收界面不同。为了进行更实际的测量，通常使用一种折射率匹配的液体如二氯甲烷（586nm 波长的折射率是 1.74）[270]。一个方法是在 TCO 的表面贴上一层（无吸收的）薄玻璃，并插入一层折射率匹配的液体，这样就极大地减少了 TCO 表面的散射。

一种简单测量制绒的方法是使用雾度计。这种仪器中，白色的光源形成一束平行光，积分球有一个进口、一个出口和一个离轴探测器，积分球用白光漫反射物质（如硫酸钡）涂覆。当把一个玻璃/TCO 样品放在进口，把一个白光反射器放在出口，探测器能记录总电流 I_{tot}（对应于从样品上散发出的总光线，即散射光加镜面光的和）。打开出口，探测器的电流 I_{diff} 仅仅是散射（漫反射）光引起的。雾度是 $I_{diff}/I_{tot} \times 100\%$，或是 $T_{diff}/T_{tot} \times 100\%$。

上面定义的光谱雾度因子给出了给定波长下的总散射能量，但是没有关于散射光角分布的信息。运用角分辨光散射测量方法（ARS）可以获得与散射角有关的散射能量[229,237,271]。在空气中，用一束激光入射到玻璃/TCO 样品上，用一个安装在旋转臂上的探测器（硅光电二极管）测量散射光强度（透射），可以进行 ARS 分析。光束被斩波，并且用一个前置放大器和一个锁相放大器测量光电流，一个典型的设置如图 17.22 所示，参考文献 [271] 中也描述了这种方法。必须注意消除（如通过将边缘楔形化）由衬底边缘陷入的光线。通过积分方位角 φ 内测量到的光强可以获得散射角 θ 给定时的散射能量 $S(\theta)$，这相当于用 $\sin(\theta)$ 乘以光电流。在反射模型中进行散射光的测量时，样品上可以覆盖 80~100nm 的 Ag。用超连续激光光源和光谱仪可以获得与波长相关的数据。很明显，依据 TCO 表面统计的形貌特征进行全面 ARS 分析还有待完善。

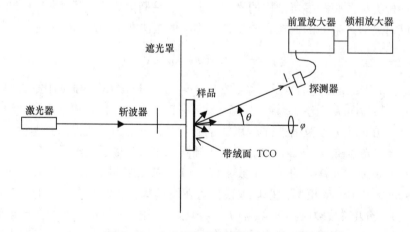

图 17.22 角分辨光散射测量的典型设置

17.7.3 物理和结构表征

利用台阶仪可以测量沉积在衬底上 TCO 的薄膜厚度。台阶仪包括一个无垂直偏差、可在水平面旋转的样品台，衬底放在样品台上，把一个带金刚石针尖的探针压在薄膜上，衬底在针下移动，针尖划过薄膜表面。针尖耦合到一个金属块上，该金属在两个线性变化差动变压器（LVDT）的二次线圈之间移动，线圈被高频交流电激发，而且它们的差分电压与金属块零电压的偏离量成比例，从而测量针的高度。当针穿过薄膜（通过掩膜板、腐蚀、烧蚀或刻线方法制备）中的一个阶梯时，针高度的变化表明了薄膜的厚度。台阶陡时比较理想。如果通过移除薄膜形成台阶，应该证明衬底表面是完好无损的。对于带绒面薄膜，针记录的是膜总体上的厚度，而不是平均厚度，因为相对薄膜表面特征尺寸来说针的曲率半径通常比较大，这可能影响载流子浓度和电阻率的计算。

对于包括薄硅片或塑料衬底的 TCO 应用，薄膜应力是一个重要的问题。对于特定沉积过程造成的总内应力 σ_f，可以通过将薄膜沉积到极薄盖玻片或 $50 \sim 150\mu m$ 厚的微片玻璃上来确定。利用 Stoney 方程，可以通过引起的衬底曲率 K（m^{-1}）来计算应力：

$$\sigma_f = -\frac{EKt_s^2}{6(1-v)t_f} \tag{17.47}$$

式中，E 是杨氏模量，v 是衬底的泊松比，t_s 和 t_f 分别是衬底和薄膜的厚度[272]。通过对向靶溅射沉积的 ITO 的压缩应力为 $(0.2 \sim 1.0) \times 10^9 N/m^2$，而普通磁控溅射薄膜的典型压缩应力是 $3 \times 10^9 N/m^2$。

用高景深的扫描电镜可以测量 TCO 的表面形貌，现代场发射电子源能实现更高的分辨率。入射光束（根据光束的电压）穿过样品一段很短的距离，导致低能二次电子的发射，探测器吸引发射电子，探测器发出光束，可以沿光束方向观察到 SEM 图[274]。通过断裂的横截面可以推断薄膜成核和生长的信息，通常具有柱状结构。或者，利用 FIB-SEM 设备的聚焦离子束（例如一束 Ga^+ 离子束）对样品抛光获得用于 SEM 观测的横截面。最近引进的氦离子显微镜类似于扫描电镜，但是它使用氦离子束代替电子束获得亚纳米级分辨率，样品横截面的透射电镜（TEM）可以检测成核层和估计圆柱生长角度。高分辨率透射电镜（HR-TEM）可以观测晶界，当离子束聚焦到一个单独的晶粒上时，能获得一个选区电子衍射（SED）图案。这个技术可以用于确定晶体结构，如 SnO_2 的四方结构。电子衍射也可以检测 $ZnO:Al$ 界面和晶界处的其他相[275]。用原子力显微镜（AFM）可以获得更多形貌的量化信息，内置软件包也可以提供 RMS 粗糙度、高度分布、相关长度和二维各向同性的功率谱密度（PSD）的结果（见 17.6.5 节）。

可以通过 X 射线衍射（XRD）确定非晶衬底上 TCO 层结晶度、择优晶向和晶粒大小的信息。在这个技术中，一组晶体平面上反射满足 Bragg 条件 $2d\sin(\theta) = \lambda$ 时，出现 X 射线的相干峰，此处 d 是晶面间距，θ 是入射和反射角，λ 是 X 射线的波长。通常按 θ-2θ 的配置进行衍射仪测量[276]。晶面间距和密勒指数 hkl 是相关的，对于立方晶格，$1/d^2 = (h^2 + k^2 + l^2)/a^2$，此处 a 是晶格常数；对于六角晶体，$1/d^2 = 4(h^2 + hk + k^2)/(3a^2) + l^2/c^2$。晶格参数的改变表明薄膜中存在均匀应变。如果一个厚膜的不同 (hkl) 晶面的积分强度比例和粉状标本的列表值不符合[277]，这表明微晶的晶向不是随机分布的。例如，我们发现磁控溅射 ITO 的 $I(400)/I(222)$ 值是 2.0，而不是随机晶向的 0.33 值，表明 $<100>$ 是择优晶向[27]。相鉴定法对于例如 ZnO-In_2O_3 系统或（如 $CuInO_2$）三元 TCO 等多元 TCO 特别有用。虽然杂质相的存在可以由 X 射线衍射法探测，但是通常检测不到引起薄膜变黑的金属。对于均匀的样品，可以从 X 射线的峰值宽度的 Scherrer 公式推断出微晶尺寸：

$$d_{hkl} = \frac{0.9\lambda}{FWHM\cos(\theta)} \tag{17.48}$$

式中，d 是晶粒直径，严格地讲是垂直于反射晶面（hkl）方向上的直径，其值可以通过 X 射线峰值半高宽计算（校正了仪器带来的展宽），假设展宽度仅受晶粒尺寸的影响，而且不受应力影响。值得注意的是，X 射线的穿透深度值得考虑，而且薄膜底部的一层小微晶可能引起峰值变宽。其他 X 射线衍射分析法（极图，摇摆曲线）可能用于仔细研究微晶晶向和质量。

拉曼光谱是测量由于和声子模相互作用而形成的进入和离开的光子的能量差，它有时可以用于鉴别薄膜材料中的晶相，例如，锐钛矿相二氧化钛的拉曼峰是 $144cm^{-1}$、$198cm^{-1}$、$399cm^{-1}$、$516cm^{-1}$ 和 $640cm^{-1}$，而金红石相二氧化钛的拉曼峰是 $143cm^{-1}$、$240cm^{-1}$、$447cm^{-1}$ 和 $612cm^{-1[278]}$。

可以用差热分析法（DTA）决定非晶 TCO 薄膜的结晶温度。结晶可产生放热峰。

17.7.4　化学和表面表征

有几种分析方法可以研究 TCO 薄膜的组成，包括 X 射线光电子能谱（XPS）、俄歇电子能谱（AES）和 X 射线能谱仪（EDX）。但是很难精确测定化学计量比。和 TCO 表征特别相关的是掺杂元素浓度和结合态的测量，用电感耦合等离子体原子发射光谱法（ICP-AES）能方便地（在一个非真空测量仪器中）测定掺杂/主体的原子浓度比。在这个方法中，薄膜溶解在硝酸中，溶液喷洒和注入到氩等离子体中，在等离子体中原子被激发并发射光子；用一个三重光栅单色仪检测波长，从而检测其中的元素，用一种标准溶液校正仪器。用 XPS 可以检测薄膜组成和掺杂的价态，例如，可以测定 SnO_2:F 中 F/Sn 的比例，也可以测定 ZnO:Al 中 Al^{3+} 的状态。X 射线荧光光谱仪（XRF）也能测定金属元素的浓度，例如 ITO 中的 In 和 Sn。用二次离子质谱仪（SIMS）、XPS 或傅里叶变换红外光谱仪（FTIR）可以检测 TCO 中的杂质，因此可以用 SIMS 测定 ZnO:Al 中的 H 或 C 等杂质。虽然能用 SIMS 测定 H 原子的存在，但是很难定量。测定 H 含量更好的技术是氢向前散射光谱法（HFS），也可以用热吸收光谱仪（TDS）推导出氢的含量。用核反应分析法（NRA）也可以确定 ZnO:Al 中 Al 的浓度，该法用 $^{27}Al(p, \gamma)^{28}Si$ 共振反应。用卢瑟福背散射（RBS）可以测定重元素原子的面密度 N_A（原子数/cm^2）。通常，入射束由 $2.0meV\ He^+$ 离子组成，硅表面势垒探测器可以探测到背散射离子。为了匹配样品光谱，可用 RUMP 的标准程序模拟 RBS 谱。通过增加计数统计，可以通过 RBS 获得 N_A 的高准确测量，测量值与表面粗糙度或孔隙率无关。

在使用 TCO 的几种器件中（包括一些太阳电池和有机电发光器件），TCO 的功函数可以改变界面能带图。薄膜功函数通常定义为把电子从费米能级移到无穷远所需的能量（$E_{vac} - E_F$），可以用紫外光发射谱（UPS）测定功函数，功函数依赖于相对于带边的 E_F 的位置（因此依赖于掺杂浓度）和可能的表面偶极性[279]，氧或阳离子终端、带正电的吸附物和带负电的吸附物可以改变表面偶极性。报道称 Ar^+ 溅射清洗过表面的 ITO 表面的氧含量降低，其功函数是 4.3eV，有机溶剂清洗后（表面上留下 20at% 的碳）ITO 的功函数是 4.5eV，紫外线臭氧处理后（移除碳沾污）ITO 的功函数是 4.75eV[280]。

人们已经设计出专业的重要的实验室技术来迅速评估 TCO 层与玻璃衬底分层的敏感性[281]，这种方法在 TCO/玻璃界面施加一个电化学应力，它的主要设计是为了评估 ITO 在钠钙玻璃上的耐久性。为了操作试验，先把铟衬底焊接到 TCO/玻璃样品的玻璃一侧，铜线焊接到样品边缘的 TCO 上，样品玻璃面向下放在事先加热到 185℃ 的金属热板上（见

图 17.23）。样品加热时，铟熔化把玻璃向下面连接到金属板上，在金属板（正）和铜线（负）之间加 100V 的直流电，保持 15min，然后将样品与电源和热板分离，在室内空气（通常 40% ~ 60% 的相对湿度）中冷却。加偏压的作用是建立一个电场用来驱赶玻璃上的钠离子，使之向铟之上的玻璃/TCO 界面运动。当钠离子在阴极上还原成钠原子时，TCO 不同程度地变黑，有湿气时接下来界面处的化学反应将引起 TCO 的断裂和剥离。如果 TCO 在 10min 左右没有明显剥离，可以用刀片（或放置到更高的湿度中）在样品上加更多的力。这种测试条件下会产生剥离的 TCO 不适合光伏产品应用。

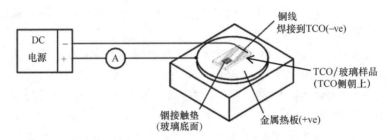

图 17.23 TCO/玻璃剥层试验设置，铟连接玻璃和电隔离直流电源。摘自
Jansen K，Delahoy A，*Thin Solid Films* 423/2，153（2003）[281]

17.8 TCO 的稳定性

光伏组件的耐久性极为重要。在本节中，我们集中讨论组件薄膜 TCO 部件的固有稳定性，组件稳定性的其他方面包括吸收层和结退化，将分章节讨论各个电池技术的组件封装问题。人们普遍认为用于 TCO 玻璃上的热解制备的 SnO_2:F 覆盖层非常耐用并具有化学稳定性。用作 a-Si:H 或 nc-Si:H 组件产品的前衬底时，SnO_2:F 的一个弱点是易于被氢原子还原[198]，还应注意的是覆盖层的剥离。实际上，已经证实热解氧化锡经过几年都具有极强的附着力，有报道称在 a-Si:H 沉积后，如果电池片没有及时加工成为组件，则会出现剥离现象，当出现一种技术来解决这种快速剥离[281]以后，这些问题毫无疑问地和电化学腐蚀机制联系起来。这个机制包括钠离子的电场驱动向玻璃/TCO 界面的漂移以及它们随后的堆积，还有，在湿气中的化学反应[281-284]。（早期的工作揭示了相关的但是不同的电化学腐蚀机制[285]）。产品出现失效促进了对这种剥离现象的研究，产生剥离的原因是在氧化锡覆盖之前沉积在玻璃上的硅碳氧化物阻挡层和颜色抑制层发生的化学改变。这些改变导致相关联的 TCO 层对剥离机制敏感。作为质量控制的一部分，TCO 生产厂广泛采用剥离的"热板测试"，似乎剥离问题没有再出现过，17.7.4 节中仔细描述过这种测试。忽略 TCO 的附着力，组件应该串接到负极上，用于抑制正离子从玻璃迁移到 TCO。通过 NREL 几年的数据记录，可以获得氧化锡上薄膜电池组件的通常耐用年限，发现约有每年 1% 的退化率[286]。

特定类型太阳电池生产过程中的高温工艺能降低 TCO 的性能。例如，把 ITO 暴露在高于 300℃ 的空气中，其电阻率增加三倍。在染料敏化太阳电池（DSSC）的生产中，二氧化钛浆料在 400 ~ 600℃ 温度下烧结在 TCO 上，然而掺氟氧化锡（FTO）在这个温度范围内的空气中是稳定的，通常 ITO 不用于 DSSC 中。在 700nm 厚的 ITO 薄膜上覆盖一层 100nm 厚的

FTO，可以形成一个双层的 FTO/ITO TCO，发现该氧化物在 600℃具有热稳定性[287]，通过喷涂热解制备该薄膜，FTO/ITO 双层具有 $1 \sim 2\Omega/\square$ 的方块电阻和 $1.4 \times 10^{-4}\Omega cm$ 的电阻率（即性能显著优于单层 FTO），并且获得的 DSSC 效率高于具有 FTO 的太阳电池。

ZnO 通常用于 CIGS 电池组件的顶端，也用作一些硅电池的前电极和后电极。掺杂 ZnO 在高达 400℃的空气中相对稳定，尽管我们对溅射 ZnO：Al 和 APCVD 法 ZnO 比较感兴趣，然而，考虑到把 ZnO 广泛引入到商业化薄膜组件，经过潮湿加热环境，ZnO 对退化的敏感性呈现出阻碍和不确定性。在 EVA 密封材料中，醋酸乙烯单元热解可以得到醋酸[288]，它将快速攻击薄膜硅电池中的 ZnO。实际上，已经在玻璃/EVA/铝-玻璃结构的潮湿加热测试中观察到铝接触 EVA 的腐蚀[288,289]。

CIGS 组件过去在经历 IEC 1215 湿热测试中（现在被 IEC 61646 取代）遇到了困难。标准要求组件在 85℃和 85%相对湿度（"85/85"）环境中保持 1000h 后退化低于 5%（这种要求没有包含在最新（2008）标准的版本中），未封装 CIGS 组件承受 500h 湿热（85/85），以及电池和 Mo 的相关效应已经显示了两个和 TCO 相关的效应[290]：第一，ZnO：Al 的电导率稳步下降，以至于 500h 后电阻率增加了 50%；第二，ZnO：Al/Mo 相互连接处的接触电阻从 $1.5 \times 10^{-3}\Omega cm^2$ 开始快速增加，100h 之内在 $5 \times 10^{-2}\Omega cm^2$ 达到饱和，这可能是导致组件填充因子降低的主要原因。不知道什么原因，有人已经观察到 ZnO/Mo 连接处稳定性有极大不同[291]，有人建议用有栅线的组件作为一个保护金属-金属互连的方法，栅线法比金属-TCO 互连效果更稳定[292]。与 ZnO 对组件退化的影响进行对比，CIGS 电池的试验表明高电阻率本征 ZnO 层的出现可以保护下面的器件抵抗湿热退化[293]。

ZnO 电阻率的增加是由于载流子浓度的减小，而载流子浓度减小是由于薄膜中水和氧空位反应。由此得出，ZnO 晶粒的结构特征可以影响水扩散通过薄膜，因此影响电阻率的空间分布。有研究报道，用镓重掺杂 ZnO，然后进行离轴射频磁控溅射，可以形成抗潮湿 ZnO[294]。出现镓浓度增加（质量分数一般为 4.3%，可以增加到 23.1%）的原因是微晶的 c 轴轴向随机，而不垂直衬底，离散的晶粒结构替代了一般的柱状结构，因此消除了从薄膜底部到顶部的晶界，同时薄膜变得更加光滑。依据湿热处理，能发现数值更稳定的载流子浓度和迁移率，特别是约 10%~12% 质量分数的镓，虽然稳定值比那些 4.3% 质量分数的镓低。有人推测，在补偿普通的载流子丢失时，一部分过剩的镓可以被激活。

已经证明衬底的粗糙度对溅射 ZnO：Al 的退化影响很大[295]。在本研究中，用射频磁控溅射法溅射 ZnO：Al_2O_3（1% 质量分数）靶沉积薄膜，在光滑石英上，暴露在湿热环境中 1000h 后 ZnO：Al 的横向电阻率只增加了 2 倍，但是在粗糙（喷砂处理）石英上电阻率却增加了 2 个数量级。尽管这个影响巨大，光学分析表明在晶粒内部载流子浓度 n_e 和迁移率 μ 只有一个微小的增加，因此，晶界的延伸不仅有助于促进水的穿透，而且退化后阻碍电流的传导。厚度大的薄膜（例如 $0.5\mu m$）比厚度小的薄膜（例如 $0.1\mu m$）更稳定。粗糙 ZnO：Al 层增加的湿热敏感性与早期不同技术制备的 CIGS 组件上的观察一致[291]。

在一个使用不同 TCO 的 CIGS 太阳电池研究中，ZnO：Al、ZnO：B、非晶铟锌氧（IZO）和 ITO 经受 85/85 湿热测试[296]，多晶薄膜电导率显示出巨大的退化（而且 XRD 图也改变了），但是非晶薄膜稳定得多。

作为一种 CIGS 和 CIGSS 电池的潜在封装物，有人已经研究了由成对的氧化铝/聚合物层构成的多叠层覆盖方式[297]。在湿气通过氧化铝层的缺陷后，叠层给湿气在聚合物层中的扩散提供一个偏折路径。有人已经证实，这种覆盖极大地阻止了微型组件的退化，湿气最终从微型组件的边缘渗透出来，这个现象表明需要提升边缘的密封性。裸露电池的 ZnO 方块电阻会增加，从而导致二极管反向饱和电流密度增加。进一步观察得到，覆盖了由 ITO（而不是 ZnO）组成而且光滑表面的顶层 TCO 的器件，比覆盖了由 ZnO 组成而且表面粗糙的顶层 TCO 器件的退化慢得多。对于具有多层氧化铝/聚合物覆盖的前一种器件，在 85/85 环境下 1500h 没有退化，3200h 时发现退化了 25% ~ 30%。

在 155℃ 下、LPCVD 法制作的 ZnO:B 的研究中，暴露在 40℃ 下、100% 相对湿度环境中 800h 后，霍尔迁移率大大降低，从 33cm²/Vs 降到 2cm²/Vs[298]，从迁移率的相对稳定性可以推断，退化发生在晶界处。对于一个相似的暴露方法，具有三种不同初始载流子浓度的薄膜电阻率增加倍数分别为初始浓度为 $8 \times 10^{19}/cm^3$ 的 LPCVD ZnO:B 增加 20 倍；初始浓度为 $2 \times 10^{20}/cm^3$ 的 LPCVD ZnO:B 增加 5 倍；初始浓度为 $4 \times 10^{20}/cm^3$ 的溅射 ZnO:Al 增加 1.2 倍，可以推断，重掺杂 ZnO 薄膜对湿热暴露敏感度小。

在评估 ZnO:Al（AZO）和 ZnO:Ga（GZO）在液晶显示器的潜在应用研究中也得出了相似的结论[299]。在那些湿热试验中（60℃，相对湿度 90%），发现非掺杂氧化铟和 ITO 是稳定的，但是 AZO 和 GZO 的电导率总是下降，n_e 和 μ 都降低，μ 降低得更明显，迁移率的降低源于晶界散射。对于掺杂薄膜，发现在铝为 5at% ~ 8at% 时稳定性最好，镓在 5at% 左右稳定性最好。薄膜厚度减小时其稳定性降低，但是相等厚度的 AZO 比 GZO 更稳定，请注意，更高的霍尔迁移率和更大的微晶尺寸可以提高稳定性。有趣的是，人们发现在 300℃ 的还原气氛中进行退火湿热处理的薄膜总是能够重新获得最初的电导率，已经发现真空退火大大地恢复了电导率[300]。

用含重氢的水（D₂O 湿热）进行研究，进一步表明在 24h 内气体穿透了整个薄膜[301]。接下来暴露在 H₂O 中，D₂O 浓度减小，而且会发生 D-H 交换，与弱键和薄膜被退火能力相一致。这个研究还表明，由于晶界间的腐蚀作用，绒面腐蚀的薄膜比非腐蚀薄膜退化得更快。有人通过稀薄气体原子植入的外扩散，研究了薄膜气体渗透性与薄膜微观结构的关系[302]。尽管在裸露的 ZnO 层中观察到了退化，但是，将具有 ZnO 前 TCO 层和后 ZnO/银金属层的未封装玻璃微晶硅薄膜组件暴露于 85/85 的湿热环境下 1000h，其性能是稳定的[302]。

300℃ 下沉积的 ITO 是一种耐用且稳定的材料。对于室温下射频磁控溅射法溅射一个氧化物靶沉积得到的 ITO 薄膜，有人发现薄的薄膜层（160nm）是非晶体，而厚的薄膜层（350nm）是多晶体[303]，有择优晶向（400）的厚薄膜层经受 1000h 的 85/85 湿热处理后，还是稳定的。已经有关于非晶 ITO 灵活性提升的报道[304]。我们已经注意到，就像某个厂家制备的，沉积在不锈钢上的 ITO 作为 TCO 的多结非晶硅组件已经通过了湿热质量测试。但是，ITO 不适合所有的 TCO，不仅是因为铟的成本高，而且是因为铟的扩散，例如铟扩散进非晶硅或 LED 的有机层中。总之，对于三种 TCO ZnO:Al、ITO 和 SnO₂:F，裸露 TCO 对湿热条件的敏感性是 ZnO:Al 最高，SnO₂:F 最低。有迹象表明，IZO 抵抗湿热的能力比 ZnO 高很多，以下方法可以提高含 TCO 的组件的稳定性：①使用或发展更能抵抗湿热的 TCO；②控制 TCO 的微观结构；③有效地覆盖对湿热敏感的薄膜；④在玻璃-玻璃组件中使用包含有除潮剂的边缘封装材料。

17.9 最近的发展和展望

在本节中我们回顾光伏应用中透明导电膜领域的目前的工作。随着 CdTe 和 a-Si/nc-Si

叠层组件大规模生产技术的出现，近红外区透光性的改善以及硅电池陷光能力的提升吸引众多的关注。正在寻找比 ITO 性能更高的 TCO 用于 HIT 电池。正如我们即将介绍的那样，TCO 材料进展正在发生许多令人兴奋的转变。此外，新的光伏材料、光效应和器件结构使 TCO 产生了多功能应用。由于铟成本快速增长，很多人开始研究减少 TCO 中铟含量、寻找铟的替代品。由于室外安装条件苛刻，需要新的方法来提升 TCO 的稳定性和柔韧性。最后，虽然不在本综述范围内，该领域正获得越来越多的理解和理论支持，理论预测基于晶体和非晶体 TCO 电子结构的分子动力学和从头算密度泛函理论的计算结果。

17.9.1　商用 TCO 玻璃的发展

大量生产 $SnO_2:F$ 玻璃的公司正在响应客户对用于 a-Si:H 和 a-Si:H/nc-Si:H 的高性能产品的要求。现在已知在流水线上的是在铁含量降低的玻璃上制备的 FTO 产品，产品具有减反射覆盖层，还具有改善的晶粒结构和晶向，目的是增加进入光伏电池的光[305]。正如 17.6.4 节提及的，低载流子浓度的 VU 型 TCO 中载流子迁移率可以增加到 $55cm^2/Vs$，这种 VU 型产品也是经过了热强化的。

最近，Asahi 玻璃公司开发出一种新型的双绒面 $SnO_2:F$（W 绒面 TCO）薄膜。双绒面 TCO 薄膜在 a-Si:H 和 nc-Si:H 电池敏感的整个波段内都具有高的光散射能力[306]。薄膜厚度大于 $2\mu m$，采用 APCVD 法制备，薄膜表面具有两种鲜明特征的形貌，首先氧化锡具有大的微米尺度的凸起，另外氧化锡具有亚微观尺度的绒面结构，图 17.24a 清楚地显示了薄膜的表面特征，最终的结果是具有两个特征长度尺度的形貌和高达 150nm 的 RMS 粗糙度。这种类型的 TCO 在波长为 400~1200nm 波段内有高雾度，800nm 时雾度值达 88%（图 17.13 中曲线（f））。W 型 $SnO_2:F$ 的使用使 nc-Si:H 太阳电池有非常好的光散射和陷光作用，因此，相对于 U 型 $SnO_2:F$，在长波段具有更大的光谱响应，如图 17.24b 所示，QE（700nm）可以从 30% 上升到 50%。另一方面，W 型绒面 TCO 没有提升 a-Si:H 的 QE。人们期望这种类型的 TCO 对 a-Si:H/nc:H-Si 叠层组件的制备有用[307]，但是，大规模生产的成本仍然是个问题。

未来光伏应用中 TCO 覆盖的玻璃产品应该是多样化的，并且各种产品之间有激烈的竞争。有些公司能够为离线氧化锡镀层（与浮法玻璃工厂在线涂覆相反）提供 APCVD 机器，对销售产品有兴趣的用户或产品的最终用户可以采用这种机器。$SnO_2:F$ 中增加的光吸收来源于杂质（例如，如果用了有机金属前驱物就有 Cl 或 C）、间隙氟原子（非掺杂 F）或者薄膜厚度（如果为了获得必要的雾度而必须用厚的膜），还得根据不同的生产规模来控制这些效应。LPCVD 法制备的 ZnO 或 APCVD 法制备的 ZnO 可能也能进入到商业领域，一些以溅射为基础的技术制备的几种 TCO 也可进入商业领域，例如具有旋转阴极磁控或其他阴极类型的大的在线溅射系统。

17.9.2　高载流子迁移率探索

本章和文献中都强调了保证 TCO 高的载流子迁移率以减小 TCO 的光吸收。到目前为止，在 Sn 掺杂的 CdO 中获得了最高的迁移率，通过脉冲激光沉积（PLD）在 750℃ 的单晶 MgO（111）衬底外延生长得到 Sn 掺杂的 CdO[308]。当 Sn 掺杂浓度为 2.5%（$n_e = 4.74 \times 10^{20} cm^{-3}$）时，载流子迁移率达到最大值 $609cm^2/Vs$，相应的电阻率是 $2.2 \times 10^{-5}\Omega cm$。同样用 PLD，在

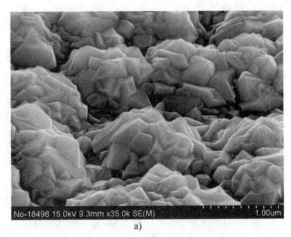

a)

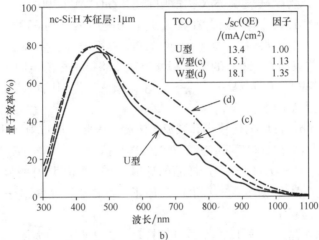

b)

图 17.24　a）RMS 粗糙度 150nm 的双绒面 SnO$_2$:F TCO 的 FE-SEM 图。b）具有 RMS 粗糙度 122nm（曲线 c）和 150nm（曲线 d）的双绒面 TCO 样品上，以及 U 型样品上的纳米晶体硅太阳电池的外量子效率。（W 型 TCO 的光谱雾度展示在图 17.13 中）图 a 得到 AGC 的允许；图 b 数据来源于 Oyama T et al.，Mater. Res. Soc. Symp. Proc. 1101，KK02（2008），重新绘制[306]

0.56mTorr 氧气和 600℃ 的蓝宝石衬底上沉积 Ti 掺杂的 In$_2$O$_3$，载流子迁移率为 159cm^2/Vs（n_e = 4.3 × 10^{20} cm^{-3}）[21]。回到 CdO 的工作上，沉积在玻璃上的 CdO 获得的迁移率只有 27cm^2/Vs，氧化镁（111）和玻璃衬底上的 CdO 薄膜 X 射线 FWHM 分别为 0.19° 和 4.2°，表明晶体质量受损严重。但是，在 410℃ 下用 MOCVD 法沉积在玻璃上的 In 掺杂的 CdO 能获得 70cm^2/Vs 的迁移率[309]。

　　对于光伏应用，在玻璃上获得高迁移率 TCO 与大尺寸生产相结合将是一个挑战。为了达到这个目标，我们需要更好地了解掺杂、载流子输运和透光性。虽然载流子产生和能带结构理论理解已经取得进展[310,311]，但仍不能充分解释某些现象，例如，仍未完全理解 In$_2$O$_3$ 薄膜中掺入 Mo、Ti 或 Zr[22,23,319] 后具有高的载流子迁移率的原因。为了解释实验结果，人们提出了涉及磁相互作用的一种新理论。[312]，这样，作为 Mo 的 d 态的交换劈裂的结果，一个自旋的载流子只有被具有相同自旋 Mo 的 d 状态散射，而不被剩下的一半具有相反自旋的状态散射，即 Mo 散射中心有效浓度减小了 50%。又如，用射频磁控溅射沉积在玻璃上的氢掺杂 In_2O_3（IO：H）具有非常高的迁移率 $140cm^2/Vs$（$n_e = 1.5 \times 10^{20}cm^{-3}$）[26,313]，在 Ar 和 O_2 气体中没有衬底加热的情况下进行溅射，水分压大约 7.5×10^{-7} Torr，获得的非晶 In_2O_3:H 薄膜在 200℃ 真空退火后变成晶体。氢含量为 2% ~ 4% 时可以获得非常大的晶粒（>90nm），当水分压低时，退火后薄膜的迁移率只有 20 ~ 30cm^2/Vs。而且，通过给溅射气体增加水分压（H_2/Ar 0.2% ~ 0.3%），通过溅射 ZnO：Al_2O_3（0.1% 或 0.2% 质量分数）靶得到的 ZnO：Al 薄膜的迁移率超过 $50cm^2/Vs$ [19]。在大的衬底温度范围（从室温到 300℃）内都能维持高迁移率，In_2O_3:H 的结果尤其明显，H 促进晶粒生长和作为浅能级施主杂质，然而在这个例子和 ZnO：Al 中，氢增加迁移率的机制有待于进一步研究。

由于电阻率的增加，在空气温度超过 300℃ 时 ZnO：Al 薄膜通常会退化[314]，但是，覆盖了 Si 或 a-Si：H 后，ZnO：Al 可以加热到 600℃ 以上，性能仍没有退化，实际上其电阻率降低了[315,316]。尤其，当硼硅玻璃/SiN 扩散阻挡层/ZnO：Al（300℃ 射频溅射）/n 型 a-Si：H（PECVD，50nm）结构在 N_2 气氛，在管式炉中缓慢加热（到 650℃）冷却时，最好状况下由于 ZnO：Al 迁移率从 $42cm^2/Vs$ 增加到 $67cm^2/Vs$ 导致电阻率从 2.7×10^{-4} Ωcm 变到 1.4×10^{-4} Ωcm，以前只能在 750℃ 的蓝宝石外延才能获得这样的电阻率（当载流子浓度为 $1 \times 10^{20}cm^{-3}$ 时，迁移率为 $70cm^2/Vs$）[317]，这种上限概念允许用固相结晶或铝诱导结晶法制备上衬底结构多晶硅太阳电池。

真空退火能增加 In_2O_3:Ti 的迁移率和载流子浓度，因此，通过射频溅射在 500℃ 下在钠钙玻璃上沉积薄膜，然后在 500℃ 下退火，可以获得高达 $105cm^2/Vs$ 的迁移率[318]。图 17.25 比较了 ITiO 薄膜和商业 SnO_2:F（FTO）样品的透射光谱。ITiO 具有明显优异的透光性，部分是因为 Ti 在 In_2O_3 中是有效的掺杂（每个 Ti 原子都能产生一个载流子[319]），因此，降低了散射，得到了高的迁移率。

最近已有报道采用高迁移率 ITO 薄膜制备具有不同吸收层的太阳电池。特别感兴趣的是，在 nc-Si：H 电池中，使用带绒面、高电导率、低吸收率 i-ZnO/n^+-ITiO 双层（见 17.5.3.2 节）来增加 J_{sc} [321]，最终目的是将它运用于叠层电池、三结电池或双面电池中。在迁移率超过 $100cm^2/Vs$ 的 Ti 掺杂的 In_2O_3（ITiO）上制备了 CdTe 太阳电池[20]。与具有相同电导率的 SnO_2:F 和 ITO 相比，ITiO 在 $\lambda > 900nm$ 时有更好的穿过电池的透光性。高迁移率 ITiO 薄膜已经用作 CIGS 太阳电池的前 TCO、双面 CIGS 的背电极、用在染料敏化 TiO_2 太阳电池中用来提高长波透光性。在双面 GIGS 太阳电池中，背面/前面效率比从 ITO 的 0.59 提升到 ITiO 的 0.79。在 a-Si：H/c-Si 异质结（HIT）太阳电池中，高迁移率、低载流子浓度（$1.5 \times 10^{20}cm^{-3}$）H 掺杂 In_2O_3（室温下沉积，140℃ 下退火）的使用使 TCO 在 1000nm 保持高的折射率（见 17.4.2 节），不仅有助于减少吸收损失，还有助于减少 TCO/a-Si：H 界面的反射损失。这样，在波长为 600nm 和 1000nm 时，IO：H 的折射率为 2.0 和 1.88，ITO 的折射率为 1.80 和 1.20[26]。

前面的例子说明，对未来高迁移率 TCO 的生产，材料、沉积工艺、掺杂元素和后处理等的选择仍然是非常需要研究的问题。

17.9.3　散射和有用吸收的提升

在薄膜 Si：H 电池中，背电极中光的反射和散射增强了电池中的陷光作用，我们在

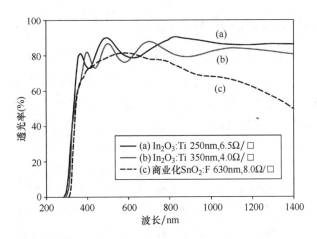

图 17.25　几种 TCO 薄膜的透射光谱图：(a) ITiO（250nm，迁移率 105cm²/Vs）；(b) ITiO（350nm）；
(c) FTO（630nm，迁移率 25.2cm²/Vs）。得到 Elsevier 的允许，从 Bowers J et al.，
Prog. Photovolt.：Res. Appl. 17，265（2009）中复制[320]

17.5.5 节中看到硅和金属（Al 或 Ag）之间插入一层低折射率的薄膜（如一层 TCO）能增加反射率。为了增加电极的光散射能力，采用了在 TCO 的正面制备 Ag 纳米颗粒的新方法。在 180℃对 20nm 的 Ag 退火几小时，可以形成平均直径为 300nm 的 Ag 离散颗粒。由于存在纳米颗粒，在玻璃/Ag/TCO/Ag 纳米颗粒衬底上制备的 n-i-p nc-Si:H 电池在长波区其量子效率得到了提升，尽管存在吸收损失[324]。不幸的是，FF 和 V_{OC} 都降低了。散射作用与波长有关。

与表面等离子激元有关的增加的电场强度在光伏领域的潜在应用取得了令人振奋的很大的进展。一方面表面等离子激元能够形成寄生吸收，例如普通绒面 Ag/ZnO 反射层中的 Ag 层[325]。然而，在努力利用这种效果并增加有用吸收的研究中，等离子激元化的活性银纳米微粒被纳入比通常更薄的有机体异质结电池中，电池结构为玻璃/ITO/Ag/PEDOT：PSS/P3HT：PCBM/Ba/Al。通过热蒸发在 ITO 上制备了 2nm（以质量计）的 Ag，形成了 10nm 的纳米颗粒。因此，器件的平均 J_{sc} 从 4.6mA/cm² 增加到 7.3mA/cm²[326]。同时，光学薄 GaAs 太阳电池中，在 AlGaAs 窗口层沉积圆柱 Ag 提升了光电流[327]。尽管等离子激元可能改善一个超薄器件，但是这种效应是否适合优化高效率的光伏器件还不清楚。

采用垂直结构例如 ZnO、SnO₂ 或 TiO₂ 等纳米棒或纳米薄片（光伏活性层生长在上面），不仅可以增加如非晶硅电池、染料敏化电池或光伏电池的载流子收集概率，而且可以增加光吸收率（见参考文献［328］等）。相关概念早已被重视，早在 1972 年就有人分析了垂直多结太阳电池，大家对其高度结构化的黑色表面很熟悉。更近的研究包括分析径向纳米棒太阳电池[329]、制备 ITO/n-a-Si:H/p-Si（VLS 法）/Ta₂N 硅纳米线太阳电池[330]，显示反应离子刻蚀法形成的 a-Si:H 纳米锥阵列光吸收明显增加[331]。通过采用纳米结构的 TCO，具有高稳定效率的 Si:H 可能很快就能实现。通过在平面 TCO 上直接生长纳米棒或者刻蚀 TCO 形成纳米棒（或者，可以腐蚀 TCO 层形成柱状孔）制备 TCO 纳米棒，可以制备纳米结构的 TCO。为了制备上衬底器件，用 Si:H 层覆盖纳米结构 TCO，然后保形金属化。参考文献［332］已经概述了这些可能性。

17.9.4　掺杂二氧化钛和其他宽带隙氧化物

最近的发展已经使锐钛矿结构的掺杂 TiO_2 薄膜成为一种 TCO 重要候选材料。锐钛矿结构 TiO_2 的带隙是 3.2eV，有效质量为 $1.0m_e$，和金红石二氧化钛 $8 \sim 20m_e$ 有效质量相反。这些基本特点表明 TiO_2 可能能被制成具有高导电性和优良的透光性，但是早期的研究发现，很难同时满足这两个特征。在 Nb 掺杂 TiO_2 上取得了突破，Nb 掺杂 TiO_2 通过激光脉冲沉积（PLD）法在 $SrTiO_3$（100）衬底上外延生长而得，衬底温度在 550℃ 左右。当 Nb 掺杂为 6% 时，薄膜电阻率低到 $2.3 \times 10^{-4}\Omega cm$，在可见光区 TCO 薄膜内的透光率为 97%[11,333,334]。当 Nb 含量为 3%、$n_e = 1.2 \times 10^{21} cm^{-3}$ 和 $\mu = 22cm^2/Vs$ 时，材料的特性像一个典型的简并半导体。在铝衬底上，薄膜为金红石结构，具有 $0.12\Omega cm$ 的高电阻率。在 375℃，通过射频磁控溅射在（100）$SrTiO_3$ 上外延 $TiO_2 : Nb$（15% 的 Nb）薄膜的电阻率为 $3.3 \times 10^{-4}\Omega cm$、载流子浓度 $n_e = 2.4 \times 10^{21} cm^{-3}$、迁移率 $\mu = 7.9cm^2/Vs$、透过率为 80%[335]。

接下来研究的是在无碱玻璃上获得 $4.6 \times 10^{-4}\Omega cm$ 的低电阻率。当氧气压为 1×10^{-4} Torr 时，用 PLD 在未加热的衬底上沉积非晶 $Ti_{0.94}Nb_{0.06}O_2$ 薄膜，然后在一个大气压的氢气中快速把薄膜退火到 500℃，从而实现了薄膜的低电阻率，退火步骤可以使薄膜在可见光区的光吸收率降低到低于 10%[336]。但是，要使 TiO_2 适用于太阳电池，合适的方法是通过溅射，在玻璃上沉积高质量的薄膜。正在接近这一目标，报道称通过反应溅射金属 $Ti_{0.94}Nb_{0.06}$ 靶，在室温无碱玻璃上沉积非晶 $Ti_{0.94}Nb_{0.06}$，然后在氢气中在 600℃ 进行退火，获得了 $9.5 \times 10^{-4}\Omega cm$ 的电阻率、$3.9cm^2/Vs$ 的迁移率和小于 10% 的光吸收率[12]。在动态模式下通过脉冲直流溅射陶瓷 $Ti_{0.94}Nb_{0.06}O_2$ 靶已经实现了 $TiO_2 : Nb$ 的大面积沉积。在稍微高的压力下（6mTorr）通过溅射，得到了锐钛矿 TiO_2（退火后），在 360℃ 下进行真空退火薄膜的电阻率达到 $1.8 \times 10^{-3}\Omega cm$。

其他宽带隙氧化物包括经典绝缘体 Al_2O_3、BaO、CaO、MgO 和 SiO_2。迄今为止，这些材料未能开发透明导电氧化物，部分原因是氧空位产生的电子似乎在空位附近强烈的局域化（见有关 F 中心的文献）。然而，某种多元氧化物，如 $InAlZnO_4$，具有开发成为 TCO 的可能性。

17.9.5　其他种类的透明导体

碳纳米管（CNT）能够制备成薄膜，起到 TCO 的作用。单根 CNT 的电导率可以和金属体的电导率一样高[338]，通过形成单壁碳纳米管（SWCNT）网络，能获得很透明、较好的横向电导率的薄层。可以用电弧放电法和用乙烯通过水辅助 CVD 法制备 CNT，水辅助 CVD 能得到极好的、稠密的、高度达到 2.5nm 的 SWNT 丛，CNT 直径约为 2nm[339]。CNT 具有极好的化学、热和机械稳定性。因为纳米管的一维特性，也因为 SWCNT 通常由金属和（掺杂的）半导体管混合物组成，网络中电传输细节比较复杂。虽然通过霍尔效应测量法没有获得关 SWCNT 网络有意义的结果，但 Seebeck 系数是正的，意味着空穴导电[340]。在约 40nm 厚的薄层上可以得到 $50\Omega/\square$ 的方块电阻。在 NIR 透光率很高（没有发现自由载流子吸收），但是随着可见光波段光子能量的增加，透光率下降，例如方块电阻为 $50\Omega/\square$ 时，1eV 的透光率是 80%，3eV 的透光率是 60%。正如下面进行的简单描述，现在已经开始研究在不同类型太阳电池中应用 SWCNT 电极。

在有机光伏领域，用 SWCNT 电极取代标准的空穴收集 TCO 电极来构成太阳电池，该电池的结构为石英/SWCNT/PEDOT：PSS/P3HT- PCBM/Ga：In[341]。在本章和接下来的在覆盖了 ITO 的玻璃上制备多壁 CNT（MWCNT）的工作中，聚合物层渗透到 CNT 层的空隙中，导致三维空穴的收集。因此在 ITO/MWCNT 器件中，空穴收集发生在 MWCNT 网络和暴露的 ITO 电极上，导致这种混合阳极器件几乎具有双倍的 J_{SC}（$11mA/cm^2$）[342]。图 17.26 为有机太阳电池的结构。

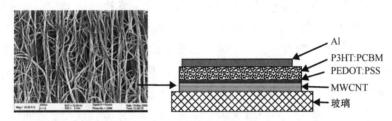

图 17.26 左：厚度为 50～100nm 和方块电阻 600Ω/□ 液体致密的 MWCNT 层的 SEM 图；在沉积了一层（阻挡电子的）PEDOT：PSS 薄层后，该层仍然保持其多孔性。右：用 CNT 阳极作透明导电电极的有机太阳电池的示意图（$J_{SC}^{CNT} = 5.5mA/cm^2$）。在具有混合 ITO/CNT 阳极的电池中，纳米管中间的孔增加了空穴收集的面积，所以 $J_{SC} = J_{SC}^{ITO} + J_{SC}^{CNT} = 11mA/cm^2$。得到 Elsevier 的允许，从 Ulbricht R et al., Sol. Energy Mater. Sol. Cells 91, 416（2007）中复制[324]

由 SWCNT 组成的透明电极也已经用于 CIGS 太阳电池中，用来代替传统的 TCO 层。效率最高（8.2%）电池结构为 100Ω CNT/100nm 聚对二甲苯/1000Ω CNT/CdS/CIGS/Mo，其中，被一层 100nm 厚的 n 型聚对二甲苯层覆盖了的、方块电阻为 1000Ω/□ 的 CNT 用来取代了本征 ZnO 缓冲层。在 CdTe 领域，我们已经讨论了在叠层电池中，ITO 作为 CdTe 顶电池的透明背电极（见 17.5.1.2 节）。SWCNT 网络中不存在自由载流子吸收，意味着在这种类型的电池中可以用 SWCNT 层代替 ITO 层。用 Cu_xTe/100Ω/□ SWCNT 网络作为背电极获得了 12.4% 的效率[344]。

另一种有意思的器件是石墨烯的使用，石墨烯是由单层碳原子组成的二维导体，没有支撑的石墨烯薄膜具有比其他任何半导体更高的超高电子迁移率。可以用酸氧化片状石墨、化学剥离氧化石墨、在石英上沉积、最后还原，制备大面积石墨烯薄膜。现阶段研究中，包含了多层石墨烯的 10nm 厚的薄膜，具有 1.8kΩ/□ 的方块电阻（$\sigma = 550S/cm$），在 1000nm 透光率为 71%。这种石墨烯薄膜已经替代 SnO_2：F 用在染料敏化 TiO_2 太阳电池中，得到了 0.7V 的 V_{OC}[345]。石墨烯薄膜也已经用在有机太阳电池中[346]。然而，另一个引人瞩目的成果是在溶液中生长的 Ag 纳米线网格，Ag 纳米线网格的 $T_{Solar} = 80\%$，$R_{sh} = 16Ω/□$，具有良好的光散射能力[348]。

17.9.6 非晶 TCO

基于已发现的突出特点，我们有理由预测非晶 TCO 具有其他用途。在写本书时，基于非晶 $InGaZnO_4$（a- IGZO）的透明薄膜晶体管（TFT）正在应用到原型前驱动、全彩电子纸和柔性 AM- OLED 中[349]。在光伏领域，非晶 InZnO（铟含量 90%）正在应用到 R&D 的 CIGS

电池中，用以替代 ZnO：Al[350]。其他感兴趣的非晶 TCO 是非晶 ZTO 和非晶 ZIO，这些材料最令人惊奇的特征是其电子迁移率。在非晶 IGZO TFT 中场效应迁移率 μ_{FE} 大于 $10cm^2/Vs$（相对于非晶硅中的 $1cm^2/Vs$）[351]，非晶 ZTO 中 μ_{FE} 典型值是 $20 \sim 50cm^2/Vs$[352]，然而有人证明了非晶 IZO 中霍尔迁移率范围是 $52 \sim 60cm^2/Vs$[1,90,353]。

传统多晶 TCO 的电导率受替位杂质控制，可以用溅射气体上的氧气的量调控直流磁控溅射 IZO 靶制备的非晶 IZO 的电导率。电导率和载流子浓度随氧气的增加单调下降，在氧分压约为 2% 时迁移率达到峰值[353]。采用 In/（In + Zn）分别为 0.84、0.80、0.70 和 0.60 的氧化物靶材，在室温下溅射获得非晶 IZO 薄膜。获得了一条较为认可的霍尔效应与载流子浓度 n_e 的关系曲线，氧为控制参数，不考虑靶材中的金属比例 In/Zn，如图 17.27 所示。开始氧分压为 4%，光学带隙 E_g 约为 3.1eV；带隙随着氧的减少而增加，氧为零时增加到 3.9eV，这种关系与 Burstein-Moss 变化一致。E_g 相对于 $n_e^{2/3}$ 的斜率意味着 $m_{vc}^* = 0.56m_e$（见 17.4.2 节）。当 $n_e < 1 \times 10^{19} cm^{-3}$，需要通过导带中的势垒分布操纵载流子，以便通过浸透的方法控制电导率，在这个工作中获得了约 $5.2 \times 10^{-4} \Omega cm$（$n_e = 6 \times 10^{20} cm^{-3}$ 时）的最小电阻率。但是在 110℃ 下 PLD 法生长的非晶 IZO 薄膜[90]和室温下射频磁控溅射法沉积的非晶 IZO 薄膜[354]都获得了 $2.7 \times 10^{-4} \Omega cm$ 的电阻率。在衬底温度 T_s 为 200℃，利用直流溅射法已经在大面积衬底上制备出了超薄非晶 IZO，获得了 $3.25 \times 10^{-4} \Omega cm$ 的最小电阻率[355]。这些高导电薄膜的特性与传统的电离杂质散射占主导地位的简并透明导电氧化物相似。

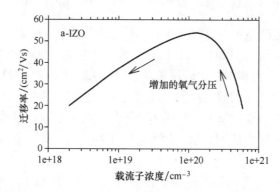

图 17.27　IZO 薄膜的霍尔效应和载流子浓度之间的常规关系，薄膜在室温下用氧化物靶溅射制备，靶中铟金属含量范围是 60% ~ 84%。根据 Leenheer A et al.，Phys. Rev. B 77，115215（2008）中的数据绘制本图[353]

对非晶氧化铟（a-IO）早期的研究已经检测了 Sn 添加的作用，并且指出，当 n_e 相等时，a-ITO 的电阻率高于 a-IO 的电阻率[356]。后来证实 a-IO 中的锌和锡对载流子都没有贡献[7]，a-IZO 中的氧化铝对载流子也没有贡献[357]。因此，a-IO 和 a-ITO 中自由载流子似乎都来源于氧空位。在非晶 $Zn_{1.2} In_{1.9} Sn_{0.1} O_{4.25-\delta}$ 中也得到相似的结论[358]，Seebeck 系数是负的，意味着载流子是电子。与 a-IO 在 180℃ 结晶不同，直到温度高于 500℃ a-IZO 才结晶[359]。另一个重要的区别是 a-IZO 的形成过程更稳固，因为即使是 300℃ 衬底温度下沉积的薄膜仍保持非晶态。这些氧化物材料和非晶硅之间的运输行为也大有不同。在非晶硅中，通过局域尾态之间的跳跃进行输运，硅中的共价键包括 sp^3 或 p 轨道直接杂化，然而在离子氧化物半导体中，通常认为导带底由具有球对称轨道的 s 轨道组成，具有更大的轨道半径，不受无序结构影响[349]。而且，在非晶 IZO 中不存在 a-Si:H 中的霍尔信号异常。非晶硅材料与多晶材料最引人注目的两个相反的特点是，它们天然的大规模的均匀性和整个薄膜厚度不存在晶界，后一个特点说明其具有较高的环境稳定性（见 17.8 节）。结合具有竞争力的电特性，似乎可以负责地说非晶 TCO 具有光明的前景。

就如我们已经看到的，TCO 在光伏技术中起到至关重要的作用，有时起到复杂的作用，有些作用在本书的其他章节中做了很详细的描述。单独从 17.9 节来看，非常明显，TCO 领域正在随着新材料、纳米结构、沉积方法和研究方向的发展而快速发展，希望本章的内容对从业者和学生有所帮助。

参考文献

1. Minami T, *MRS Bulletin* **25**, 38 (2000).
2. Minami T, *Thin Solid Films* **516**, 1314 (2008).
3. Wu X, Mulligan W, Coutts T, *Thin Solid Films* **286**, 274 (1996).
4. Wu X, Coutts T, Mulligan W, *J. Vac. Sci. Technol*. **A15** (3), 1057 (1997).
5. Kluth O, Agashe C, Hüpkes J, Müller J, Rech B, *3rd WCPEC-3*, **2**, 1800 (2003).
6. Minami T, *Semicond. Sci. Technol*. **20**, S35 (2005).
7. Yaglioglu B, Huang Y-J, Yeom H-Y, Paine D, *Thin Solid Films* **496**, 89 (2006).
8. Kawazoe H, Yanagi H, Ueda K, Hosono H, *MRS Bulletin* **25**, 28 (2000).
9. Meyer B, Sann J, Hofmann D, Neumann C, Zeuner A, *Semicond. Sci. Technol*. **20**, S62 (2005).
10. Hofmann D *et al.*, *Phys Rev. Lett*. **88**, 045504 (2002).
11. Furubayashi Y *et al.*, *Appl. Phys. Lett*. **86**, 252101 (2005).
12. Yamada N, *Thin Solid Films* **516**, 5754 (2008).
13. Minami T, Nanto H, Takata S, *Appl. Phys. Lett*. **41**, 958 (1982).
14. Minami T, Nanto H, Takata S, *Jpn. J. Appl. Phys*. **23** L280 (1984).
15. Agura H, Suzuki A, Matsushita T, Aoki T, Masahiro, Okuda M, *Thin Solid Films* **445**, 263 (2003).
16. Park S-M, Ikegami T, Ebihara K, *Thin Solid Films* **513**, 90 (2006).
17. Agashe C, Kluth O, Hüpkes J, Zastrow U, Rech B, Wuttig M, *J. Appl. Phys*. **95**, 1911 (2004).
18. Guo S *et al.*, *Proc. 23rd European Photovoltaic Solar Energy Conference*, 2482 (2008).
19. Duenow J, Gessert T, Wood D, Young D, Coutts T, *J. Non-Cryst. Solids* **354**, 2787 (2008).
20. Calnan S *et al.*, *Thin Solid Films* **517**, 2340 (2009).
21. Gupta P, Ghosh K, Mishra S, Kahol P, *Mater. Lett*. **62**, 1033 (2008).
22. Meng Y *et al.*, *Thin Solid Films* **394**, 219 (2001).
23. Delahoy A, Guo S, *J. Vac. Sci. Technol*. **A 23**, 1215 (2005).
24. Rauf I, *Mater. Lett*. **18**, 123 (1993).
25. Ohta H, Orita M, Hirano M, Tanji H, Kawazoe H, Hosono H, *Appl. Phys. Lett*. **76**, 2740 (2000).
26. Koida T, Fujiwara H, Kondo M, *Sol. Energy Mater. Sol. Cells* **93**, 851 (2008).
27. Shigesato Y, Takaki S, Haranoh T, *J. Appl. Phys*. **71**, 3356 (1992).
28. Coutts T, Young D, Li X, Mulligan W, Wu X, *J. Vac. Sci. Technol*. **A18**, 2646 (2000).
29. Ellmer K, Klein A, Rech B, *Transparent Conductive Zinc Oxide: Basics and Applications in Thin Film Solar Cells*, Springer-Verlag, Berlin (2008).
30. Norton D *et al.*, *Materials Today*, 34 (June 2004).
31. Haacke G, *Ann. Rev. Mater. Sci*. **7**, 73 (1977).
32. Chopra K, Major S, Pandya D, *Thin Solid Films* **102**, 1 (1983).
33. Granqvist C, *Sol. Energy Mater. Sol. Cells* **91**, 1529 (2007).

34. Exarhos G, Zhou X-D, *Thin Solid Films* **515**, 7025 (2007).
35. Grundmann M, *The Physics of Semiconductors: An Introduction Including Devices and Nanophysics*, Springer-Verlag, Berlin (2006).
36. Madelung O (Ed.) *Semiconductors – Basic Data* (2nd edn) Springer-Verlag, Berlin (1996).
37. Morkoç H, Özgür Ü, eds. *Zinc Oxide: Fundamentals, Materials and Device Technology*, WILEY-VCH Verlag GmbH & Co. Weinheim (2009).
38. Gläser H, *Large Area Glass Coating*, von Ardenne Anlagentechnik GmbH, Dresden (2000).
39. Westwood W, *Sputter Deposition*, AVS Education Committee Book Series, Vol. 2, AVS, New York (2003).
40. Nanto H, Minami T, Orito S, Takata S, *J. Appl. Phys.* **63**, 2711 (1988).
41. Yoshida Y, Gessert T, Perkins C, Coutts T, *J. Vac Sci. Technol.* **A21**, 1092 (2003).
42. Maruyama T, Tago T, *Appl. Phys. Lett.* **64**, 1395 (1994).
43. Fortunato E *et al.*, *Thin Solid Films* **451-452**, 443 (2004).
44. Das C *et al.*, *Sol. Energy Mater. Sol. Cells* **93**, 973 (2009).
45. Delahoy A, Cherny M, *Mater. Res. Soc. Symp. Proc.* **426**, 467 (1996).
46. Malkomes N, Vergöhl M, Szyszka B, *J. Vac. Sci. Technol.* **A19**, 414 (2001).
47. May C, Menner R, Strümpfel J, Oertel M, Sprecher B, *Surf. Coat. Technol.* **169-170**, 512 (2003).
48. Jäger S, Szyszka B, Szczyrbowski J, Bräuer G, *Surf. Coat. Technol.* **98**, 1304 (1998).
49. May C, Strümpfel J, Schulze D, *Proc. 43rd SVC Ann. Tech. Conf.*, p. 137 (2000).
50. Schulze D, *Proc. 46th SVC Ann. Tech. Conf.*, p. 233 (2003).
51. Tominaga K, Kume M, Yuasa T, Tada O, *Jpn. J. Appl. Phys.* **24**, 35 (1985).
52. Minami T, Miyata T, Ohtani Y, Mochizuki Y, *Jpn. J. Appl. Phys.* **45**, L409 (2006).
53. Calnan S, Upadhyaya H, Thwaites M, Tiwari A, *Thin Solid Films* **515**, 6045 (2007).
54. Ishii K, *J. Vac. Sci. Technol.* **A7**, 256 (1989).
55. Jung Th, Kälber T, Heide V, *Surf. Coat. Technol.* **86-87**, 218 (1996).
56. Delahoy A, Guo S, Paduraru C, Belkind A, *J. Vac. Sci. Technol.* **A22**, 1697 (2004).
57. Delahoy A *et al.*, *4th World PVSC*, 327 (2006).
58. Igasaki Y, Saito H, *J. Appl. Phys.* **70**, 3613 (1991).
59. Ruske F, Sittinger V, Werner W, Szyszka B, *Proc. 48th SVC Ann. Tech. Conf.*, p. 302 (2005).
60. Szyszka B *et al.*, *Proc. 44th SVC Ann. Tech. Conf.* 272 (2001).
61. Birkholz M, Selle B, Fenske F, Fuhs W, *Phys. Rev.* **B 68**, 205414 (2003).
62. Fenske F, Selle B, Birkholz M, *Jpn. J. Appl. Phys.* **44**, L662 (2005).
63. Jiang X, Jia C, Szyszka B, *Appl. Phys. Lett.* **80**, 3090 (2002).
64. Kajikawa Y, *J. Crystal Growth* **289**, 387 (2006).
65. Martel A *et al.*, *Surf. Coat. Technol.* **122**, 136 (1999).
66. Guo S, Shafarman W, Delahoy A, *J. Vac. Sci. Technol.* **A24**, 1524 (2006).
67. Takeda H, Sato Y, Iwabuchi Y, Yoshikawa M, Shigesato Y, *Thin Solid Films* **517**, 3048 (2009).
68. Delahoy A *et al.*, *19th European Photovoltaic Solar Energy Conference*, p. 1686 (2004).
69. Delahoy A, Chen L, Akhtar M, Sang B, Guo S, *Solar Energy* **77**, 785 (2004).
70. Delahoy A *et al.*, *23rd European Photovoltaic Solar Energy Conference*, 2069 (2008).
71. Gerhardinger P, McCurdy R, *Mater. Res. Soc. Symp. Proc.* **426**, 399 (1996).
72. van Mol A, Chae Y, McDaniel A, Allendorf M, *Thin Solid Films* **502**, 72 (2006).
73. Sheel D *et al.*, *Thin Solid Films* **517**, 3061 (2009).
74. Giunta C, D. Strickler A, Gordon R, *J. Phys. Chem.* **97**, 2275 (1993).
75. Buchanan J, McKown C, *J. Non-Cryst. Solids* **218**, 179 (1997).
76. Li X, Pankow J, To B, Gessert T, *Proc. 33rd IEEE Photovoltaic Specialists Conference*, p. 76 (2008).
77. Sato K, Gotoh Y, Wakayama Y, Hayashi Y, Adachi K, Nishimura H, *Reports Res. Lab. Asahi Glass Co. Ltd*, **42**, 129 (1992).
78. Kambe M, Fukawa M, Taneda N, Sato K, *Sol. Energy Mater. Sol. Cells* **90**, 3014 (2006).
79. Maruyama T, Tabata K, *Jpn. J. App. Phys.* **29**, L355 (1990).
80. Hu J, Gordon R, *Solar Cells* **30**, 437 (1991).

81. Liang H, Gordon R, *J. Mater. Sci.* **42**, 6388 (2007).
82. Hu J, Gordon R, *J. Appl. Phys.* **71**, 880 (1992).
83. Barankin M, Gonzalez II E, Ladwig A, Hicks R, *Sol. Energy Mater. Sol. Cells* **91**, 924 (2007).
84. Faÿ S, Kroll U, Bucher C, Vallat-Sauvain E, Shah A, *Sol. Energy Mater. Sol. Cells* **86**, 385 (2005).
85. Faÿ S, Feitknecht L, Schlüchter R, Kroll U, Vallat-Sauvain E, Shah A, *Sol. Energy Mater. Sol. Cells* **90**, 2960 (2006).
86. Faÿ S, Steinhauser J, Oliveira N, Vallat-Sauvain E, Ballif C, *Thin Solid Films* **515**, 8558 (2007).
87. Addonizio M, Diletto C, *Sol. Energy Mater. Sol. Cells* **92**, 1488 (2008).
88. Velasco A, Oguchi T, Kim H, *J. Cryst. Growth* **311**, 2731 (2009).
89. Freeman A, Poeppelmeier K, Mason T, Chang R, Marks T, *MRS Bulletin* **25/8**, 45 (2000).
90. Mikawa M *et al.*, *Mater. Res. Bull.* **40**, 1052 (2005).
91. Ginley D *et al.*, *Thin Solid Films* **445**, 193 (2003).
92. Hamberg I, Granqvist C, *J. Appl. Phys.* **60**, R123 (1986).
93. Yamada A, Sang B, Konagai M, *Appl. Surf. Sci.* **112**, 216 (1997).
94. Asikainen T, Ritala M, Leskelä M, *Thin Solid Films* **440**, 152 (2003).
95. Delahoy A, Ruppert A, *Proc. 2nd World Conference on Photovoltaic Solar Energy Conversion*, (European Commission, Ispra) 668 (1988).
96. Aukkaravittayapun S *et al.*, *Thin Solid Films* **496**, 117 (2006).
97. Wienke J, Booij A, *Thin Solid Films* **516**, 4508 (2008).
98. Sawada Y, Kobayashi C, Seki S, Funakubo H, *Thin Solid Films* **409**, 46 (2002).
99. Veluchamy P *et al.*, *Sol. Energy Mater. Sol. Cells* **67**, 179 (2001).
100. Bao D, Gu H, Kuang A, *Thin Solid Films* **312**, 37 (1998).
101. Noh Y, Cheng X, Sirringhaus H, Sohn J, Welland M, Kang D, *Appl. Phys. Lett.* **91**, 043109 (2007).
102. Cranton W *et al.*, *Thin Solid Films*, **515**, 8534 (2007).
103. Hwang J-H, Edwards D, Kammler D, Mason T, *Solid St. Ionics* **129**, 135 (2000).
104. Kröger F, *The Chemistry of Imperfect Crystals*, North-Holland Publishing Company, Amsterdam (1964).
105. Yamada N, Yasui I, Shigesato Y, Li H, Ujihira Y, Nomura K, *Jpn. J. Appl. Phys.* **38** 2856 (1999).
106. Zhang S, Wei S, *Appl. Phys. Lett.* **80**, 1376 (2002).
107. Kittel C, *Introduction to Solid State Physics*, John Wiley & Sons, Inc., 4th edn (1971).
108. Ellmer K, *J. Phys. D: Appl. Phys.* **34/21**, 3097 (2001).
109. Kulkarni A, Knickerbocker S, *J. Vac. Sci. Techol.* **A 14**, 1709 (1996).
110. Zhang D, Ma H, *Appl. Phys.* **A 62**, 487 (1996).
111. Zawadzki W, in Moss T, Ed, *Handbook on Semiconductors*, North-Holland, Amsterdam (1982).
112. Bardeen J, Shockley W, *Phys. Rev.* **80**, 72 (1950).
113. Orton J, *The Story of Semiconductors*, Oxford University Press (2004).
114. Petritz R, *Phys. Rev.* **104**, 1508 (1956).
115. Seto J, *J. Appl. Phys.* **46**, 5247 (1975).
116. Baccarani G, Ricco B, Spadini G, *J. Appl. Phys.* **49**, 5565 (1978).
117. Erginsoy C, *Phys. Rev.* **79**, 1013 (1950).
118. Seeger K, *Semiconductor Physics*, Springer-Verlag Berlin, 3rd edn (1985).
119. Young D, Coutts T, Kaydanov V, Gilmore A, Mulligan W, *J. Vac Sci. Technol.* **A 18**, 2978 (2000).
120. Shigesato Y, Paine D, *Appl. Phys. Lett.* **62**, 1268 (1993).
121. Ohhata Y, Shinoki F, Yoshida S, *Thin Solid Films* **59**, 255 (1979).
122. Pisarkiewicz T, Zakrzewska K, Leja E, *Thin Solid Films* **174**, 217 (1989).
123. Minami T, Sato H, Ohashi K, Tomofuji T, Takata S, *Journal of Crystal Growth* **117**, 370 (1992).
124. Brehme S *et al.*, *Thin Solid Films* **342**, 167 (1999).

125. Pankove J, *Optical Processes in Semiconductors*, Prentice-Hall, Englewood Cliffs, NJ (1971).
126. Sapoval B, Hermann C, *Physics of Semiconductors*, Springer-Verlag New York (1995).
127. Weiher R, Ley R, *J. Appl. Phys.* **37**, 299 (1966).
128. Walsh A *et al.*, *Phys. Rev. Lett.*, **100**, 167402 (2008).
129. Keil T, *Phys. Rev.* **144**, 582 (1966).
130. Sernelius B, Berggren K-F, Jin Z-C, Hamberg I, Granqvist C, *Phys. Rev.*, B **37**, 10244 (1988).
131. Burstein E, *Phys. Rev.* **93**, 632 (1954).
132. Roth A, Webb J, Williams D, *Solid State Comm.* **39**, 1269 (1981).
133. Dressel M, Grüner G, *Electrodynamics of Solids*, Cambridge University Press (2002).
134. Bleaney B, Bleaney B, *Electricity and Magnetism*, Oxford University Press (1965).
135. Heavens O, *Optical Properties of Thin Solid Films*, Dover Publications, Inc. New York (1991).
136. Macleod H, *Thin-Film Optical Filters*, Macmillan Publishing Co., New York, 2nd edn (1986).
137. Coutts T, Young D, Li X, *MRS Bulletin* **25/8**, 58 (2000).
138. Gordon R, *Mater. Res. Soc. Symp. Proc.* **426**, 419 (1996).
139. Gordon R, *MRS Bulletin* **25/8**, 52 (2000).
140. Wilk G, Wallace R, Anthony J, *J. Appl. Phys.* **89**, 5243 (2001).
141. Gessert T, Yoshida Y, Fesenmaier C, Coutts T, *J. Appl. Phys.* **105**, 083547 (2009).
142. Gupta Y, Liers H, Woods S, Young S, DeBlasio R, Mrig L, *Proc. 16th IEEE Photovoltaic Specialists Conference*, p. 1092, (1982).
143. van den Berg R *et al.*, *Sol. Energy Mater. Sol. Cells* **31**, 253 (1993).
144. Carlson D, *IEEE Trans. ED-* **24**, 449 (1977).
145. Raniero L *et al.*, *Thin Solid Films* **511-512**, 295 (2006).
146. Ellis Jr. F, Delahoy A, *Sol. Energy Mater.* **13**, 109 (1986).
147. Janki S, Baumgartner F, Ellert C, Feitknecht L, *Proc. 20th European Photovoltaic Solar Energy Conference*, p. 1620 (2005).
148. Schade H, Smith Z, *J. Appl. Phys.* **57**, 568 (1985).
149. Yablonovitch E, Cody G, *IEEE Trans. Electron. Devices* **ED-29**, 300 (1982).
150. Lechner P, Geyer R, Schade H, Rech B, Müller J, *Proc. 28th IEEE Photovoltaic Specialists Conference*, p. 861 (2000).
151. Hegedus S, Kaplan R, *Prog. Photovolt.: Res. Appl.* **10**, 257 (2002).
152. Romeo N, Bosio A, Canevari, Podestà A, *Solar Energy* **77**, 795 (2004).
153. Oehlstrom K, Sittinger V, Friedmann S, Abken A, Reineke-Koch R, Parisi J, *Proc. 17th European Photovoltaic Solar Energy Conference*, p. 1172 (2001).
154. Wu X, *Solar Energy* **77**, 803 (2004).
155. Wu X *et al.*, *Proc. 28th IEEE Photovoltaic Specialists Conference*, p. 470 (2000).
156. Gupta A, Compaan A, *Appl. Phys. Lett.* **85**, 684 (2004).
157. Wu X *et al.*, *Prog. Photovolt.: Res. Appl.* **14**, 471 (2006).
158. Grätzel M, *J. Photochem. & Photobiol. C* **4**, 145 (2003).
159. Kroon J *et al.*, *Prog. Photovolt.: Res. Appl.* **15**, 1 (2007).
160. Lee S *et al.*, *J. Phys. Chem. C* **113**, 7443 (2009).
161. Yu G, Gao J, Hummelen J, Wudl F, Heeger A, *Science* **270**, 1789 (1995).
162. Li G *et al.*, *Nature Mater.* **4**, 864 (2005).
163. Haug, F.-J, Söderström T, Dominé D, Ballif C, *Mater. Res. Soc. Symp. Proc.* **1153**, 1153–A13 (2009).
164. Despeisse M *et al.*, *Proc. SPIE* **7409**, 7409B–1 (2009).
165. Söderström T, Haug F.-J, Terrazzoni-Daudrix V, Ballif C, *J. Appl. Phys.* **107**, 014507 (2010).
166. Nakada T, *Thin Solid Films* **480-481**, 419 (2005).
167. Plá J, Tamasi M, Centurioni E, Rizzoli R, Summonte C, Durán J, *Proc. 17th European Photovoltaic Solar Energy Conference*, p. 3027 (2001).
168. Taguchi M *et al.*, *Proc. 31st IEEE Photovoltaic Specialists Conference*, p. 866 (2005).
169. Taguchi M *et al.*, *Proc. 24th European Photovoltaic Solar Energy Conference*, p. 1690 (2009).
170. Contreras M *et al.*, *1st WCPEC*, p. 68 (1994).
171. Rau U, Schmidt M, *Thin Solid Films* **387**, 141 (2001).
172. Ishizuka S *et al.*, *Sol. Energy Mater. Sol. Cells* **87**, 541 (2005).

173. Wu X *et al.*, *NCPV Photovoltaics Program Review*, AIP Conf. Proc. **462**, 37 (1999).
174. Li X *et al.*, *NCPV Photovoltaics Program Review*, AIP Conf. Proc. **462**, 230 (1999).
175. McCandless B, Dobson K, *Solar Energy* **77**, 839 (2004).
176. Feldman S *et al.*, *Proc. 31st IEEE Photovoltaic Specialists Conference*, p. 271 (2005).
177. Mamazza R *et al.*, *Proc. 31st IEEE Photovoltaic Specialists Conference*, p. 283 (2005).
178. Young D, Moutinho H, Yan Y, Coutts T, *J. Appl. Phys.* **92**, 310 (2002).
179. von Roedern B, Bauer G, *Mater. Res. Soc. Symp. Proc.* **557**, 761 (1999).
180. von Roedern B, *Photovoltaic Materials, Physics of* in *Encyclopedia of Energy*, Vol. **5**, Elsevier (2004).
181. Kurtz S, Gordon R, *Sol. Energy Mater.* **15**, 229 (1987).
182. Matsui T, Fujibayashi T, Sato A, Sonobe H, Kondo M, *Proc. 20th European Photovoltaic Solar Energy Conference*, p. 1493 (2005).
183. Berginski M, Das C, Doumit A, Hüpkes J, Rech B, Wuttig M, *Proc. 22nd European Photovoltaic Solar Energy Conference*, p. 2079 (2007).
184. Delahoy A *et al*, Photovoltaic Cell and Module Technologies II, edited by Bolko von Roedern, Alan E. Delahoy, Proc. of SPIE Vol. **7045**, 704506, (2008).
185. Anna Selvan J, Delahoy A, Guo S, Li Y-M, *Sol. Energy Mater. Sol. Cells* **90**, 3371 (2006).
186. Yamamoto K *et al.*, *Solar Energy* **77**, 939 (2004).
187. Dominé D, Bailat J, Steinhauser J, Shah A, Ballif C, *Proc. IEEE 4th World Conference on Photovoltaic Energy Conversion*, p. 1465 (2006).
188. Buehlmann P *et al.*, *Appl. Phys. Lett.* **91**, 143505 (2007).
189. Deckman H, Wronski C, Witzke H, Yablonovitch E, *Appl. Phys. Lett.* **42**, 968 (1983).
190. Kothandaraman C, Tonon T, Huang C, Delahoy A, *Mater. Res. Soc. Symp. Proc.* **219**, 475 (1991).
191. Jones S, Tsu D, Liu T, Steele J, Capangpangan R, Izu M, *Mater. Res. Soc. Symp. Proc.* **808**, 599 (2004).
192. Hedler A *et al.*, *Proc. 34th IEEE Photovoltaic Specialists Conference*, p. 1102 (2009).
193. Berger O, Inns D, Aberle A, *Sol. Energy Mater. Sol. Cells* **91**, 1215 (2007).
194. Minemoto T *et al.*, *Sol. Energy Mater. Sol. Cells* **67**, 83 (2001).
195. Schmid D, Ruckh M, Schock H, *Sol. Energy Mater. Sol. Cells* **41/42**, 281 (1996).
196. Minemoto T, Hashimoto Y, Satoh T, Negami T, Takakura H, Hamakawa Y, *J. Appl. Phys.* **89**, 8327 (2001).
197. Minemoto T *et al.*, *Sol. Energy Mater. Sol. Cells* **75**, 121 (2003).
198. Schade H, Smith Z, Thomas III J, Catalano A, *Thin Solid Films* **117**, 149 (1984).
199. Sato K, Matsui Y, Adachi K, Gotoh Y, Hayashi Y, Nishimura H, *Proc. 23rd IEEE Photovoltaic Specialists Conference*, p. 855 (1993).
200. Wanka H, Schubert M, Lotter E, *Sol. Energy Mater. Sol. Cells* **41/42**, 519 (1996).
201. Wallinga J, Arnoldbik W, Vredenberg A, Schropp R, van der Weg W, *J. Phys Chem. B* **102**, 6219 (1998).
202. Hegedus S, *J. Appl. Phys.* **92**, 620 (2002).
203. Nuruddin A, Abelson J, *Thin Solid Films* **394**, 49 (2001).
204. Wanka H, Bilger G, Schubert M, *Appl. Surf. Sci.* **93**, 339 (1996).
205. Böhmer E, Siebke F, Rech B, Beneking C, Wagner H, *Mater. Res. Soc. Symp. Proc.* **426**, 519 (1996).
206. An I, Lu Y, Wronski C, Collins R, *Appl. Phys. Lett.* **64**, 3317 (1994).
207. Smole F, Topič M, Furlan J, *J. Non-Cryst. Solids* **194**, 312 (1996).
208. Hegedus S, Kaplan R, Ganguly G, Wood G, *Proc. 28th IEEE Photovoltaic Specialists Conference*, p. 728 (2000).
209. Ganguly G *et al.*, *Appl. Phys. Lett.*, **85**, 479 (2004).
210. Shanthi E, Banerjee A, Dutta V, Chopra K, *Thin Solid Films* **71**, 237 (1980).
211. Sato K, Gotoh Y, Hayashi Y, Nishimura H, *Proc. 21st IEEE Photovoltaic Specialists Conference*, p. 1584 (1990).
212. Gordon R, Proscia J, Ellis F Jr., Delahoy A, *Sol. Energy Mater.* **18**, 263 (1989).
213. Sakai H *et al.*, *J. Non-Cryst. Solids* **115**, 198 (1989).

214. Sakai H, Yoshida T, Hama T, Ichikawa Y, *Jpn. J. Appl. Phys*. **29**, 630 (1990).
215. Ichikawa Y, Fujikake S, Yoshida T, Hama T, Sakai H, *Proc. 21st IEEE Photovoltaic Specialists Conference*, p. 1475 (1990).
216. Löffler J, van Mol A, Grob F, Rath J, Schropp R, *Proc. 19th European Photovoltaic Solar Energy Conference*, p. 1493–1496 (2004).
217. Taneda N, Oyama T, Sato K, *Tech. Digest PVSEC-17*, 309 (2007).
218. Nakada T, Ohkubo Y, Murakami N, Kunioka A, *Jpn. J. Appl. Phys*. **34**, 3623 (1995).
219. Souletie P, Wessels B, *J. Mater. Res*. **3**, 740 (1988).
220. Major S, Chopra K, *Sol. Energy Mater. Sol. Cells* **17**, 319 (1988).
221. Yamada A, Wenas W, Yoshino M, Konagai M, Takahashi K, *Proc. 22nd IEEE Photovoltaic Specialists Conference*, p. 1236, (1991).
222. Benagli S *et al*., *Proc. 22nd European Photovoltaic Solar Energy Conference*, p. 2177 (2007).
223. Kluth O *et al*., *Thin Solid Films* **351**, 247 (1999).
224. Müller J *et al*., *Thin Solid Films* **392**, 327 (2001).
225. Hüpkes J *et al*., *Sol. Energy Mater. Sol. Cells* **90**, 3054 (2006).
226. Müller J *et al*., *Thin Solid Films* **442**, 158 (2003).
227. Delahoy A, Ellis F, Kothandaraman C, Schade H, Tonon T, Weakliem H, Semi-Annual Technical Progress Report, Subcontract No ZB-7-06003-1 (1989).
228. Zhu H, Bunte E, Hüpkes J, Siekmann H, Huang S, *Thin Solid Films* **517**, 3161 (2009).
229. Guo S, Sahoo L, Sosale G, Delahoy A, in Photovoltaic Cell and Module Technologies, von Roedern B, Delahoy A, (eds), *Proc. SPIE* **6651**, 66510B (2007).
230. Groenen R *et al*., *Thin Solid Films* **392**, 226 (2001).
231. Sang B, Yamada A, Konagai M, *Jpn. J. Appl. Phys*. **37**, L206 (1998).
232. Sang B, Dairiki K, Yamada A, Konagai M, *Jpn. J. Appl. Phys*. **38**, 4983 (1999).
233. Dekker T, Metselaar J, Schlatmann R, Stannowski B, van Swaaij R, Zeman M, *Proc. 20th European Photovoltaic Solar Energy Conference*, p. 1517, (2005).
234. Bennett J, Mattsson L, *Introduction to surface roughness and scattering*, Optical Society of America, Washington D.C. (1989).
235. Lechner P, Geyer R, Schade H, Rech B, Kluth O, Stiebig H, *Proc. 19th European Photovoltaic Solar Energy Conference*, p. 1591, (2004).
236. Elson J, Rahn J, Bennett J, *Appl. Opt*. **22**, 3207 (1983).
237. Kluth O, Zahren C, Stiebig H, Rech B, Schade H, *Proc. 19th European Photovoltaic Solar Energy Conference*, p. 1587 (2004).
238. Sosale G, M. Eng. Dissertation, McGill University (2007).
239. Hüpkes J *et al*., *Proc. 24th European Photovoltaic Solar Energy Conference*, p. 2766, (2009).
240. Hegedus S, Deng X, *Proc. 25th IEEE Photovoltaic Specialists Conference*, p. 1061 (1996).
241. Poruba A *et al*., J Appl. Phys. **88**, 148 (2000).
242. Springer J, Rech B, Reetz W, Muller J, Vanecek M, *Sol. Energy Mater. Sol. Cells* **85**, 1 (2005).
243. Leblanc F, Perrin J, Schmitt J, *J. Appl. Phys*. **75** 1074 (1994).
244. Berginski M *et al*., *Proc. 21st European Photovoltaic Solar Energy Conference*, p. 1539 (2006).
245. Müller J, Rech B, Springer J, Vanecek M, *Solar Energy* **77**, 917 (2004).
246. Steinhauser J, *et al*., *Proc. 20th European Photovoltaic Solar Energy Conference*, p. 1608 (2005).
247. Bailat J *et al*., *IEEE 4th World Conference Photovoltaic Energy Conversion*, p. 1533, (2006).
248. Python M *et al*., *J. Non-Cryst. Solids* **354**, 2258 (2008).
249. Ballif C *et al*., *Proc. 21st European Photovoltaic Solar Energy Conference*, p. 1552 (2006).
250. Addonizio M, Manoj R, Usatii I, *Proc. 22nd European Photovoltaic Solar Energy Conference*, p. 2129 (2007).
251. Kluth O, Schöpe G, Hüpkes J, Agashe C, Muller J, Rech B, *Thin Solid Films* **442**, 80, (2003).
252. Thornton J, *Ann. Rev. Mater. Sci*. **7**, Annual Reviews, Inc., Palo Alto, CA 239 (1977).
253. Berginski M *et al*., *J. Appl. Phys*. **101**, 074903 (2007).

254. Ruske F, Jacobs C, Sittinger V, Szyszka B, Werner W, *Thin Solid Films* **515**, 8695 (2007).
255. Berginski M, Hüpkes J, Reetz W, Rech B, Wuttig M, *Thin Solid Films* **516**, 5836 (2008).
256. Rech B *et al.*, *Thin Solid Films* **511−512**, 548 (2006).
257. Sheng S *et al.*, *Proc. 24th European Photovoltaic Solar Energy Conference*, p. 2850 (2009).
258. Amin N, Isaka T, Yamada A, Konagai M, *Sol. Energy Mater. Sol. Cells* **67**, 195 (2001).
259. Runyan W, *Semiconductor Measurements and Instrumentation*, McGraw-Hill Book Company, New York (1975).
260. van der Pauw L, *Philips Research Reports* **13**, 1 (1958).
261. http://www.eeel.nist.gov/812/hall.html.
262. Swanepoel R, *J. Phys. E* **16**, 1214 (1983).
263. Ohring M, *Materials Science of Thin Films*, Academic Press, San Diego, 2nd edn (2002).
264. Theeten J, Aspnes D, Ellipsometry in Thin Film Analysis, in Huggins R, Bube R, Vermilyea D, Eds, *Annual Review of Materials Science* **11**, 97 Annual Reviews Inc., Palo Alto (1981).
265. Jellison Jr. G, *Thin Solid Films* **234**, 416 (1993).
266. Synowicki R, *Thin Solid Films* **313−314**, 394 (1998).
267. Fujiwara H, Kondo M, *Phys. Rev.* **B71**, 075109 (2005).
268. Pflug A, Sittinger V, Ruske F, Szyszka B, Dittmar G, *Thin Solid Films* **455−456**, 201 (2004).
269. Jackson W, Amer N, Boccara A, Fournier D, *Appl. Opt.* **20**, 1333 (1981).
270. Mizuhashi M, Gotoh Y, Adachi K, *Jpn. J. Appl. Phys.* **27**, 2053 (1988).
271. Stover J, *Optical Scattering: measurement and analysis*, SPIE, Bellingham, Washington, USA, 2nd edn, (1995).
272. Smith D, *Thin-Film Deposition: principles and practice*, McGraw-Hill, New York (1995).
273. Hoshi Y, Kato H, Funatsu K, *Thin Solid Films* **445**, 245 (2003).
274. Wells O, *Scanning Electron Microscopy*, McGraw-Hill, New York (1974).
275. Sieber I *et al.*, *Thin Solid Films* **330**, 108 (1998).
276. Cullity B, *Elements of X-ray Diffraction*, Addison-Wesley, Reading MA, 2nd edn, (1978).
277. X-ray powder diffraction data is available from the International Centre for Diffraction Data (ICDD, formerly JCPDS), Newtown Square, PA, USA.
278. Mwabora J *et al.*, *Thin Solid Films* **516**, 3841 (2008).
279. Klein A *et al.*, *Thin Solid Films* **518**, 1197 (2009).
280. Sugiyama K, Ishii H, Ouchi Y, *J. Appl. Phys.* **87**, 295 (2000).
281. Jansen K, Delahoy A, *Thin Solid Films* **423/2**, 153 (2003).
282. Carlson D *et al.*, *Prog. Photovolt.: Res. Appl.* **11**, 377 (2003).
283. Osterwald C, McMahon T, del Cueto J, *Sol. Energy Mater. Sol. Cells* **79**, 21 (2003).
284. McMahon T, *Prog. Photovolt.: Res. Appl.* **12** (2,3), 235 (2004).
285. Mon G, *20th IEEE Photovoltaic Specialists Conference*, 108 (1988).
286. Osterwald C, Adelstein J, del Cueto J, Kroposki B, Trudell D, Moriaty T, 32nd IEEE Photovoltaic Specialists Conference, p. 2085 (2006).
287. Goto K, Kawashima T, Tanabe N, *Sol. Energy Mater. Sol. Cells* **90**, 3251 (2006).
288. Kempe M, Jorgensen G, Terwilliger K, McMahon T, Kennedy C, Borek T, *IEEE 4th World Conference on Photovoltaic Energy Conversion (WCPEC-4)*, p. 2160 (2006).
289. Jorgensen G *et al.*, *Sol. Energy Mater. Sol. Cells* **90**, 2739 (2006).
290. Wennerberg J, Kessler J, Stolt L, *16th European Photovoltaic Solar Energy Conference*, p. 309 (2000).
291. Powalla M *et al.*, *Thin Solid Films* **431−432**, 523 (2003).
292. Wennerberg J, Kessler J, Stolt L, *Sol. Energy Mater. Sol. Cells* **75**, 47 (2003).
293. Kessler J, Norling J, Lundberg O, Wennerberg J, Stolt L, *16th European Photovoltaic Solar Energy Conference*, p. 775 (2000).
294. Nakagawara O, Kishimoto Y, Seto H, Koshido Y, Yoshino Y, Makino T, *Appl. Phys. Lett.* **89**, 091904 (2006).
295. Greiner D, Papthanasiou N, Pflug A, Ruske F, Klenk R, *Thin Solid Films* **517**, 2291 (2009).
296. Sundaramoorthy R *et al.*, *Proc. SPIE, Reliability of Photovoltaic, Cells, Modules, Components, and Systems II*. Edited by Dhere N, Wohlgemuth J, Ton D, **7412**, 74120J (2009).
297. Olsen L, Gross M, Kundu S, *33rd IEEE Photovoltaic Specialists Conference*, p. 166 (2008).

298. Steinhauser J *et al.*, *phys. stat. sol. (a)* **205**, 1983 (2008).
299. Minami T, Kuboi T, Miyata T, Ohtani Y, *phys. stat. sol.(a)* **205**, 255 (2008).
300. Tohsophon T *et al.*, *Thin Solid Films* **511–512**, 673 (2006).
301. Owen J, Hüpkes J, Nießen L, Zastrow U, Beyer W, *24th European Photovoltaic Solar Energy Conference*, p. 2274 (2009).
302. Beyer W, Hüpkes J, Stiebig H, *Thin Solid Films* **516**, 147 (2007).
303. Guillén C, Herreo J, *Surf. Coat. Technol.* **201**, 309 (2006).
304. Matsumoto F, Tani M, Enomoto T, *US Patent 5,105,291* (1992).
305. Cording C, *Proc. SPIE, Photovoltaic Cell and Module Technologies II*, **7045**, 704507–1 (2008).
306. Oyama T, Kambe M, Taneda N, Masumo K, *Mater. Res. Soc. Symp. Proc.* **1101**, KK02 (2008).
307. Kambe M *et al.*, *Proc. 24th European Photovoltaic Solar Energy Conference*, p. 2290 (2009).
308. Yan M, Lane M, Kannewurf C, Chang R, *Appl. Phys. Lett.* **78**, 2342 (2001).
309. Jin S *et al.*, *Chem. Mater.* **20**, 220 (2008).
310. Kiliç Ç, Zunger A, *Phys. Rev. Lett.* **88**, 095501 (2002).
311. Narushima S, Orita M, Hirano M, Hosono H, *Phys. Rev.* **B 66**, 035203 (2002).
312. Medvedeva J, *Phys. Rev. Lett.* **97**, 086401 (2006).
313. Koida T, Fujiwara H, Kondo M, *Jpn. J. Appl. Phys.* **46**, L685 (2007).
314. Minami T, Oohashi K, Takata S, *Thin Solid Films* **193/194**, 721 (1990).
315. Lee K *et al.*, *Appl. Phys. Lett.* **91**, 241911 (2007).
316. Ruske F, Roczen M, Hüpkes J, Gall S, Rech B, *Proc. 24th European Photovoltaic Solar Energy Conference*, p. 2353 (2009).
317. Lorenz M *et al.*, *Solid-State Electronics* **47**, 2205 (2003).
318. Hashimoto R, Abe Y, Nakada T, *Appl. Phys. Expr.* **1**, 015002 (2008).
319. van Hest M, Dabney M, Perkins J, Ginley D, Taylor M, *Appl. Phys. Lett.* **87**, 032111 (2005).
320. Bowers J, Upadhyaya H, Calnan S, Hashimoto R, Nakada T, Tiwari A, *Prog. Photovolt.: Res. Appl.* **17**, 265 (2009).
321. Anna Selvan J, Li Y-M, Guo S, Delahoy A, *Proc. 19th European Photovoltaic Solar Energy Conference*, (2004).
322. Nakada T, Miyano T, Hashimoto R, Kanda Y, Mise T, *Proc. 22nd European Photovoltaic Solar Energy Conference*, p. 1870 (2007).
323. Bowers J, Upadhyaya H, Nakada T, Tiwari A, *Solar Energy Materials and Solar Cells* (2009). *In press*
324. Moulin E, Sukmanowski J, Schulte M, Gordijn A, Royer F, Stiebig H, *Thin Solid Films* **516**, 6813 (2008).
325. Haug F-J, Söderström T, Cubero O, Terrazzoni-Daudrix V, Ballif C, *J. Appl. Phys.* **104**, 064509 (2008).
326. Morfa A, Rowlen K, Reilly III T, Romero M, van de Lagermaat J, *Appl. Phys. Lett.* **92**, 013504 (2008).
327. Tanabe K, Nakayama K, Atwater H, *Proc. 33rd IEEE Photovoltaic Specialists Conference*, p. 129 (2008).
328. Fortunato E, Ginley D, Hosono H, Paine D, *MRS Bulletin* **32**, 242 (2007).
329. Kayes B, Atwater H, Lewis N, *J. Appl. Phys.* **97**, 114302 (2005).
330. Tsakalakos L, Balch J, Fronheiser J, Korevaar B, Sulima O, Rand J, *Appl. Phys. Lett.* **91**, 233117 (2007).
331. Zhu J *et al.*, *Nano Lett.* **9**, 279 (2009).
332. Vanecek M *et al.*, *Proc. 24th European Photovoltaic Solar Energy Conference*, p. 2286 (2009).
333. Furubayashi Y, Hitosugi T, Hasegawa T, *Appl. Phys. Lett.* **88**, 226103 (2006).
334. Furubayashi Y *et al.*, *Thin Solid Films* **496**, 157 (2006).
335. Gillispie M, van Hest M, Dabney M, Perkins J, Ginley D, *J. Appl. Phys.* **101**, 033125 (2007).
336. Hitosugi T *et al.*, *Appl. Phys. Lett.* **90**, 212106 (2007).
337. Junghähnel M, Heimke B, Hartung U, Kopte T, *Proc. 24th European Photovoltaic Solar Energy Conference*, p. 2641 (2009).

338. Ebbesen T, Lezec H, Hiura H, Bennett J, Ghaemi H, Thio T, *Nature* **382**, 54 (1996).
339. Hata K, Futaba D, Mizuno K, Namai T, Yumura M, Iijima S, *Science* **306**, 1362 (2004).
340. Barnes T *et al.*, *Phys. Rev.* B **75**, 235410 (2007).
341. Du Pasquier A, Unalan H, Kanwai A, Miller S, Chhowalla M, *Appl. Phys. Lett.* **87**, 203511 (2005).
342. Ulbricht R *et al.*, *Sol. Energy Mater. Sol. Cells* **91**, 416 (2007).
343. Contreras M *et al.*, *Proc. IEEE 4th World Conference*, **1**, 428 (2006).
344. Barnes T *et al.*, *Appl. Phys. Lett.* **90**, 243503 (2007).
345. Wang X, Zhi L, Müllen K, *Nano Lett.* **8**, 323 (2008).
346. Wu J, Becerril H, Bao Z, Liu Z, Chen Y, Peumans P, *Appl. Phys. Lett.* **92**, 263302 (2008).
347. Tung V *et al.*, *Nano Lett.* **9**, 1949 (2009).
348. Lee J-Y, Connor S, Cui Y, Peumans P, *Nano Lett.* **8**, 689 (2008).
349. Kamiya T, Hosono H, *NPG Asia Mater.* **2**, 15 (2010).
350. Sundaramoorthy R *et al.*, *Proc. 34th IEEE Photovoltaic Specialists Conference*, 001576 (2009).
351. Nomura K, Ohta H, Takagi A, Kamiya T, Hirano M, Hosono H, *Nature* **432**, 488 (2004).
352. Chiang H, Wager J, Hoffman R, Jeong J, Keszler D, *Appl. Phys. Lett.* **86**, 013503 (2005).
353. Leenheer A, Perkins J, van Hest M, Berry J, O'Hayre R, Ginley D, *Phys. Rev.* B **77**, 115215 (2008).
354. Martins R *et al.*, *J. Non-Cryst. Solids* **352**, 1471 (2006).
355. Betz U, Marthy J, Atamny F, *Proc. 46th SVC Ann. Tech. Conf.*, p. 175 (2003).
356. Bellingham J, Phillips W, Adkins C, *J. Phys.: Condens. Matter* **2**, 6207 (1990).
357. Tominaga K *et al.*, *J. Vac. Sci. Technol.* A **23**, 401 (2005).
358. Phillips J *et al.*, *Appl. Phys. Lett.*, **67**, 2246 (1995).
359. Jung Y, Seo J, Lee D, Jeon D, *Thin Solid Films* **445**, 63 (2003).

第 18 章　太阳电池和组件的检测与表征

Keith Emery

美国国家可再生能源实验室

18.1　引言

本章详细介绍光伏（PV）电池和组件性能的评估方法。电池和组件的性能可以通过它们的电流-电压（I-V）和不同波长下的光谱响应度（$S(\lambda)$）的特性来进行衡量。讨论了I-V和$S(\lambda)$的测量设备、程序和构件。最常用的性能指标是在标准报告条件（温度、光谱辐射、总辐照度）下的光伏转换效率。转换效率是最大输出功率除以辐照光的功率。本章描述了在标准条件下的效率或最大功率的准确测定过程。讨论标定额定峰瓦的其他方法以及这些方法如何与实际的现场性能进行比较。因为光伏电池必须使用 20 ~ 30 年，每年衰减率都应低于 1% ，所以还讨论了评估光伏组件耐用性的程序。

18.2　光伏性能的标定

光伏行业已经利用各种性能指标来评估光伏电池和组件的性能等级[1-4]。现在国内和国际已经达成共识的标准是按输出功率，或等效地就其在标准检测细则下的温度、光谱辐射和总辐照度下的效率来评估光伏电池和组件的性能等级[5-15]。因为制造商销售和客户购买光伏组件和系统，都是按照产生的每瓦功率计算价格的，因此用在标准检测条件下的峰值功率来评估组件和系统的等级。组件和系统有时是根据典型的气象年、基准日或给定场所产生的能量进行评估。为了方便快捷地对各种工艺技术进行比较，有时会用按额定峰瓦的发电量来得出性能比。其他性能指标可能更适合于利基市场，如建筑一体化光伏装置的美学、每天抽水升数，或消费电子产品在低照度下的工作能力等[4]。

光伏组件或系统的现场实际输出，是方向、总辐照度、光谱辐射、风速、气温、污损和各种系统相关损失的一个函数。各种组件和系统的等级评估方法，目的是确保实际性能与额定性能相一致，保持获得高水平客户满意度。

18.2.1　标准检测条件

在标准检测条件（SRC）或标准测试条件（STC）下的光伏性能，通常是用额定峰瓦或效率来表示。在研究领域，国际公认的一套标准检测条件的重要性就在于能够防止研究者为了达到最大效率而改变测试条件。新的刚从沉积系统出来的研究电池或在以生产产品为目标的工厂生产出来的组件，在标准检测条件下的性能测量过程必须快捷、简单、可重复和准确。光伏转换效率（η）是从测量的最大或峰值光伏功率（P_{max}）、器件面积（A）和总入射辐照度（E_{tot}）中计算得出的：

$$\eta = \frac{P_{max}}{E_{tot}A}100 \tag{18.1}$$

　　直接影响效率测量或计算的参数，是该器件的面积、决定 E_{tot} 的入射辐照度的光谱和强度，以及器件温度，因此必须很好地控制和定义这些参数。在实践中，测试可以在标准检测条件以外进行，然后再校正到标准检测的条件。ASTM 标准采用 SRC，国际 IEC 标准采用 STC。表 18.1 中总结了当前公认的评估电池和组件性能等级的若干标准检测条件[15-17]。图 18.1 显示了直射的和总的空气质量 1.5（AM1.5）以及空气质量 0（AM0）的标准太阳光谱并在网址 http://rredc.nrel.gov/solar/spectra/am1.5/给出了数据表。

表 18.1　评估光伏电池、组件和系统等级的若干标准检测条件。所列的
辐照度是参考辐照度，标准光谱的积分可能并不能得到该值

应　用	辐照度/(W/m²)	标准光谱	温度/℃
地面非聚光电池	1000	总的[14,15]	25 电池[5,6,11,12]
组件、系统	1000	总的[14,15]	25 电池[7] 或 NOCT[7,12]
组件、系统	1000②	实际的	20 环境
地面聚光电池①	>1000	直接的[10,14]	25 电池[5]
组件	850 直接的	实际的	20 环境[13]
地球外的	1366[8]， 1367[16,17]	AM0[8,16,17]	25[17]，28 电池[27]

　　① 电源线性回归到项目测试条件，850W/m²，聚光系统的视场 5°。
　　② 目前，还没有统一的标准，所列均为实际条件。

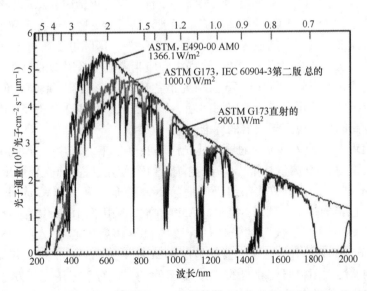

图 18.1　总的、直接的和 AM0 的标准光谱[8,14,15]。综合辐照度值不是参考辐照度值

　　应该指出，不论是直射标准光谱，还是总标准光谱，实际上都不会积分到 1000W/m² 的 1 个太阳总参考辐照度[10,14,15,18]。2008 年，国际地面标准协会把参考光谱从略微修改的

ASTM G159 版本修改为略加修改的 ASTM G173 版本[10,14,15]。不同之处在于对精确位数和有效位数的处理以及如何处理超过 4000nm 的数据[10,14,15]。ASTM 标准委员会曾尝试利用盖马尔研制的开源光谱辐照度模型 SMARTS 2，将总光谱 ASTM G173 积分到 1000W/m²[19,20]。总标准光谱积分到约 1000.4W/m²，直射标准光谱积分到约 900.1W/m²。光谱辐照度的结构源于大气吸收和散射。在光谱辐照度中任何给定波长的半高宽大约是各相邻点之间的波长之差，并且是测量系统带宽的一个函数。

光伏行业用术语"一个太阳"，指 1000W/m² 的总辐照度。事实上，ASTM G173 直射标准光谱的光谱辐照度用 1000W/m² 进行归一化处理时，在红外线（IR）部分超过了 AM0 光谱辐照度，不进行聚光在物理上是不可能的。术语"总的"指的是以 48.19° 的太阳天顶角在朝南 37° 倾斜的表面上光谱辐照度的分布（AM1.5）。术语"直射的"指的是总光谱辐照度内的直接法向分量（5° 视场）。术语 AM1 或 AM1.5 通常用来指标准光谱，但相对光学空气质量是一个几何量，可以通过取天顶角的割线或太阳高度角的正弦得出（参见第 22 章）。对于 AM1，天顶角为 0°。相对光学空气质量是通过气压校准后的绝对空气质量，校准方法是乘以对应点气压，再除以海平面气压。在外空中，压力为零，因此绝对空气质量也始终为零。只要各种光伏技术的光电流之间的差异不变，标准光谱仅接近于太阳正午"实际世界"的光谱这一事实，就不重要了。

最近已对直射光谱的技术依据重新进行了检查，发现里面含有一个漫散射分量[21,22]。通过检索美国的太阳辐射数据库已经发现，正常的总辐照度接近于 1000W/m² 时，其中的直射分量接近于 850W/m²，而不是直射标准光谱积分的 767W/m²[21]。这一差别归因于高浊度[22]。在过去，由于聚光器对具体直射光谱不敏感，这对于聚光器一直不成什么问题[23,24]。近期的高效率结构，如 GaInP/GaAs/Ge 三结太阳电池表现出在总的与直射标准光谱之间明显的效率差异（>10%）。大家一般认为，在晴朗的天气条件下优化聚光电池时，总标准光谱可能比直射标准光谱更好[22,25]。前 ASTM G159 的直射光束标准光谱可能更适合于有 5kW hm⁻² d⁻¹ 以上直射光资源，含有高气溶胶成分的地区，如沙特阿拉伯[26]。国际电工委员会（IEC）TC82 工作组 7 标准委员会正在研究，评估聚光电池和组件应当考虑什么附加的标准光谱。目前世界各地的校准实验室还没有就 ASTM G173 直射光谱达成共识，也没有起草任何 IEC 标准解决在高气溶胶气候条件下使用聚光器的应用问题。作者建议，可以采用 G159 直射光谱作为天气晴朗但气溶胶高的地区应用聚光器的标准光谱。

在与太阳相距 1 个天文单位处的地球外光谱辐照度分布，通常称为 AM0 光谱。已经制定了达成国际共识的 AM0 测量标准[17]。航空航天协会使用的总 AM0 辐照度测量从 1353 ~ 1372W/m² 变化不定[8,16,27-30]。许多小组仍然信赖不太精确的值 1353W/m² 作为总 AM0 辐照度[27,28]。最近，已经通过了一项新的 ASTM AM0 标准，采用图 18.1 中给出的更精确的光谱辐照度测量值[8]。太阳"常数"的最佳估计值为世界辐射中心建议的 1367W/m²[16]，或 ASTM 建议的 1366.1W/m²[8]。这两个值都是在 Solar Max 和 Nimbus 7 以及其他卫星上利用有源腔辐射计长期监测太阳辐照度获得的[30]。幸运的是，在对飞船用光伏发电器件进行测量时并不采用许多小组在进行效率测量和研究报告中使用的 1353W/m² 总 AM0 辐照度。这是因为主气球或基于空间的 AM0 标准电池是在当时任何辐照度下进行的校准，并针对距太阳 1 个天文单位的距离进行了校准。然而，ISO 15387 允许对这种合成的 AM0 光谱照射度进行基于地面的校准，如 18.3.3 节和第 22 章中所述[17]。

现已经提出了电池和组件的各种定义[1,5,32,33]。一个组件由几个封装、周围保护和电学互连的电池组成。电池面积为空间电荷区（包括栅线和接触）的总面积。电池面积的标准定义用"迎光前面积"替代"空间电荷区"，但对在单一衬底或者上衬底上的多电池器件这个术语并不完善。聚光电池的面积是基于照射而设计的面积[5]。这个区域被定义为空间电荷区的面积减去任何外围主栅或接触点的面积。子组件或小组件是未封装的组件。

光伏效率（η）的定义与使用的面积成反比关系（式（18.1））。事实上，面积定义的差别往往说明了各小组和文献中报道的效率最大值之间的最大差别[33,34]。采用所谓的活性面积（总器件面积减去被遮蔽或非活性的所有面积）时，会出现这种最大差别。效率中使用活性面积，可忽略对减小电阻损失与增加遮光之间的权衡。几个薄膜光伏器件结构没有任何遮挡损失，因此，活性面积和总面积是相同的。为了防止人为地提高效率，必须小心确保限定区域之外的光不能通过多次内部反射之后到达有效区域，或在限定区域之外产生的载流子由于不够完全的电学隔离而被收集。当器件面积由接触面积定义，以及结的面积大于器件面积时，不完全的电学隔离始终是可能的，这种效应随电池尺寸的减小而增加。较大的周长-面积比增加了规定面积以外的光电流被收集的可能性。这种现象是为什么纳入 Progress in Photovoltaics 效率表中至少需要 $1\mathrm{cm}^2$ 的最小面积[35]的原因。为了确保总面积所涵盖的区域是唯一的活性面积，应当使用光圈[35]。

对于组件，使用的是包括框架的总面积。对于原型组件，如果框架设计的重要性没有电池封装和电池之间互连的重要性高，那么常会用到光圈面积的定义。光圈面积的定义是总面积减去框架面积。如果没有利用边框来消除内部多重反射或光通道产生的收集定义的光圈面积以外的电流，这一光圈面积可以通过不透明胶带来确定。塑料胶带在红外线中可能有，也可能没有足够的透明性，这取决于胶带和光伏材料。

评估组件性能等级的最常用方法是标准检测条件下的光伏功率转换效率（见表18.1）。组件标牌上的额定功率或峰瓦通常是相对于标准检测条件，利用25℃的组件温度给出的，见表18.1。不幸的是，常见的自然阳光条件，时常与标牌条件不相符。制造商签署的一定组件型号的标牌额定值往往高于，而不是低于现场测得的功率输出值[36-38]。因为组件往往会运行在晴天，高于大气温度的35℃左右，而标牌额定值是组件温度控制在25℃时确定的，产生的实际功率通常低于稳定值。峰值功率的温度系数为负值。标牌额定值也不包括长期衰减或系统损耗。系统损耗包括功率调节单元的效率、功率调节器在最大光伏功率点工作的能力、方向、遮挡、布线电阻损失和不同组件功率的不匹配等。

额定工作电池温度（NOCT）是专门来评价有关组件的热质量和估计晴天正午现场较大的实际功率值的。如果暴露在标称热环境（空气温度20℃、总辐照度 $800\mathrm{W/m}^2$ 和风速 $1\mathrm{m/s}$）下，组件的标准工作电池温度即是组件工作的固定温度[7,39]。组件标牌上的典型 NOCT 范围为 $35\sim45$℃。"标准工作条件"（SOC）有时用于工作在额定工作温度下的平板或聚光地面组件。因为很难确定封装组件中电池的温度，存在总辐照度的不确定性和二次环境影响，如风向、地面反射、安装和电载荷等，测定其 NOCT（不确定性低于 ±2℃）实际上是很困难的[39,40]。光伏建筑一体化使用的 NOCT 要比独立组件的温度高15℃，这个温度值取决于组件和屋顶之间的距离[34,35]。组件的温度可以根据组件 NOCT 或者安装组件的 NOCT 和空气温度算出：

$$T = T_{\mathrm{air}} + (\mathrm{NOCT} - 20℃) E_{\mathrm{tot}}/800\mathrm{W/m}^2 \tag{18.2}$$

风速校正也可以放进式（18.2）中[7,39]。

要对工艺技术之间的效率进行公平和有意义的比较，测量都应该在任何初始衰减或瞬态行为稳定之后进行。商用硅组件显示最初工作几小时后的性能变化不大[41,42]。目前，如果在阳光下照射，所有的非晶硅光伏技术都会发生衰减。幸运的是，这种衰减稳定在初始值的 80% ~ 90% 的水平。在夏季，较高的组件温度导致部分退火或在实验室非晶硅组件在 60 ~ 70℃ 退火后，在工作场地，效率能够部分恢复[43,44]。即使光照强度下降，在低温下光照 500h 后，效率仍会继续下降[43-45]。为了对非晶硅组件在研发中的改进情况进行公平和有意义的比较，现在报道的在 SRC 下的性能都应该是在 1000W/m² 的光强下进行 1000h 的光照之后测试得到的结果，在光照过程中，保持低的环境湿度，组件的背面温度固定在 50℃，并且组件带有接近 P_{max} 的电阻负载[33,34]。选择的这些条件近似于无湿度或温度循环情况下的 1 年的室外光照。如果薄膜组件在以 43kWh/m² 为基础的连续两个周期获得的功率变化小于 2% 时，允许更短的稳定时间。其他薄膜组件的技术工艺可以在最初的几小时光照期间经历可逆和不可逆的变化[34,46,47]。

18.2.2　额定峰值功率标定的其他方法

很多小组提出建议并采用替代的等级评估方案，对各种光伏技术之间组件和性能进行比较。这些方案是基于现场组件性能的测量和对数据进行回归分析。现场的功率输出，与批量发电的相关性高于特定理论标准光谱和组件工作温度。

太平洋煤电公司和美国加利福尼亚州的光伏发电公共设施应用计划（PVUSA）都采用一个通用的方法去评估和购买 PV 系统。它们对实际测得的系统或组件产生的功率（P）、空气温度（T_a）、风速（S）和利用日辐射强度计或辐射计测得的总平面阵列辐照度（E_{tot}）进行线性回归分析：

$$P = P_{max}(E_{tot}, T_a, S) = E_{tot}(C_1 + C_2 E_{tot} + C_3 T_a + C_4 S) \tag{18.3}$$

式中 C_1、C_2、C_3 和 C_4 是回归系数[13,37,48]。对一套在固定环境条件下测试得到的功率进行多重回归分析的目的，是精确地表示晴天条件下接近中午时的平均功率输出，或在特定场地利用典型的气象年数据得到每小时或每年的发电量。功率可以在最大直流功率点，或逆变器直流侧，或逆变器交流功率处进行测量。后两个功率测量位置将包括大部分的系统损失。现场特定等级评估计划因为没有参考标准光谱或组件的温度，因此考虑到了组件不同热特性和光谱敏感性。在 $T_a = 20℃$、$S = 1m/s$ 和 $E_{tot} = 1000W/m²$ 的条件下利用式（18.3）进行平板电池的功率评估。对于聚光器，在 5° 或 5.7° 视场范围内的直接垂直入射太阳光的 E_{tot} 为 850W/m²。ASTM 建议，根据资源数据，风速为 4m/s。视场之间的差别是因为绝对-腔辐射计具有 5° 的视场，而一些不太准确，但也不太昂贵的垂直入射太阳热量计具有 5.7° 的视场。

基于空气温度的参考温度，其主要优点是组件、阵列和系统的不同热特性包括在等级评估中，并且额定功率更接近于实际观察到的功率。不同场地的不同光谱条件也通过不是引用固定光谱的性能，而是引用实际光谱的功率予以考虑。如果利用光谱响应与组件中的电池相匹配的标准电池测量 E_{tot}，则功率将与所有光照强度下的标准光谱相对应。与利用热或光谱匹配检测仪测量 E_{tot} 相关的光谱失配问题，将在 18.3.1 节中进一步讨论。

18.2.3　基于能量的性能标定方法

基于 SRC 的峰值功率标定给出了在一套很少发生的独特条件下的输出功率。尽管是被广泛接受的，但这种峰值功率（即最大瞬时瓦数）标定方法并没有抓住具有不同总辐照度、散射辐照度、光谱辐照度和温度敏感性的平板和聚光组件设计之间的差别。基于能量的标定（即一段时间积分的功率，kWh）获得了"实际"的组件性能。这样很容易将测得的一段时间产生的光伏功率进行积分，获得与入射能量相比的总能量。除了在表 18.1 中列出的标准条件外，还根据表 18.2 中的不同应用提供了各种等级的评估标准。

表 18.2　光伏应用的光伏等级评估标准

应 用	有关的光伏参数
并网，制氢	提供的年度能量
用电需求高峰的功率	近太阳正午的功率
冷却遥控系统	温度系数和 NOCT
有存储功能的遥控系统	阴天的能量
农用泵系统	增长季节的能量
小功率耗电产品	室内光线效率
高值（空间）	高效率、辐射和热稳定性、质量

ARCO/西门子太阳能产业提出的 AM/PM 法，尝试对组件在一定温度和总辐照度分布的标准太阳日期间产生的光伏能量进行评估[49]。AM/PM 法是很有吸引力的，因为它是一种能量等级评估法，不是专用于特定场地的。曾对 AM/PM 能量等级评估法的变化进行研究，其中，利用非线性响应函数对测得的功率和辐照度数据进行了回归分析，并通过四阶多项式定义的标准日进行了总结[50]。

现已提出了一套小型标准日的基于标准日提供的光伏能源的等级评估方案[34-47]。

五天，分别对应于炎热的晴天、寒冷的晴天、炎热的阴天、寒冷的阴天及舒适的一天（从气象年数据库中选出有代表性的）得出的[54,55]。标准日的气象数据包括纬度、经度、日期、气温、风速、相对湿度，以及直接辐射、水平漫辐射和总辐射归一化辐照度。然后，利用光谱模型对全天按小时进行了直接辐射辐照度和平面阵列光谱辐照度的计算[56]。南恩（Nann）开发的模型只需要所列的标准日气象参数[4,56]。图 18.2 列出了炎热晴天标准日的气象条件[52-54]。炎热-晴天取自 1976 年 6 月 24 日美国亚利桑那州凤凰城的气象数据[54,55]。

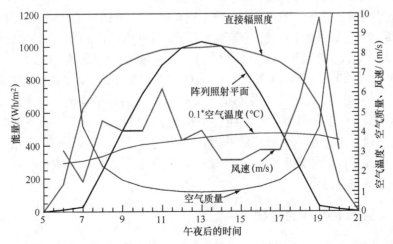

图 18.2　炎热晴天标准日的气象条件[51-54]

　　基于现场特定条件，而不是标准日的其他能量等级评估方案也已开发成功。1990 年，提出了基于实际检测条件（RRC）的等级评估法。利用这一方法测量了不同辐照度和温度下光伏组件的性能，并预测了各种工作条件下的组件输出[3,4,56-60]。这种方法已经用于商业组件的比较，突出了对光照强度和温度的不同依赖关系。国家可再生能源实验室（NREL）与桑迪亚国家实验室配合，并与美国能源部（DOE）太阳能技术项目（SETP）合作，开发了确定各种技术均化发电成本的太阳能顾问模型（SAM）。该模型采用典型的气象年数据基础和转换公式，预测美国某个位置可获得的能量，网址为 https://www.nrel.gov/analysis/sam/[61,62]。根据 SAM，表 18.3 列出了对在美国有代表性的炎热/干燥、凉爽/干燥、炎热/潮湿和凉爽/潮湿气候区不同位置选定的组件技术进行了比较性的等级评估。

表 18.3　在四种不同气候条件下四种不同电池技术的产量（在标准测试条件下光伏组件每年输出的千瓦时数，归一化为预测阵列额定功率）。预期的产量是假设组件在标准测试条件下运行时每个位置的"太阳小时"数。下降的百分比，主要原因是实际工作温度大于 25℃和器件参数对强度的依赖，是利用 SAM 计算的（https://www.nrel.gov/analysis/sam/）[61,62]

亚利桑那州，凤凰城，炎热、干燥（33°N，112°W）		佛罗里达州，迈阿密，炎热、潮湿（25°N，80°W）	
预期输出：2372kWh/kW		预期输出：1898kWh/kW	
Hi Eff. C-Si	-23%	Hi Eff. C-Si	-21%
Multi-Si	-26%	Multi-Si	-23%
CdTe	-18%	CdTe	-15%
3J a-Si	-21%	3J a-Si	-16%
蒙大拿州，比灵斯，凉爽、干燥（45°N，108°W）		马萨诸塞州，波士顿，凉爽、潮湿（42°N，71°W）	
预期输出：1483kWh/kW		预期输出：1377kWh/kW	
Hi Eff. C-Si	-19%	Hi Eff. C-Si	-18%
Multi-Si	-19%	Multi-Si	-18%
CdTe	-14%	CdTe	-13%
3J a-Si	-17%	3J a-Si	-17%

　　输入到 SAM 的参数是下一节中式（18.6）~式（18.15）依据所述的 King 法对各种技术进行评估所用到的系数，它们可在桑迪亚国家实验室测量。这些组件是按纬度角倾斜安装的[50,55]。组件的效率（%）和最大功率温度系数（%/℃）如下：高效率的单晶硅：19.3，-0.38；标准多晶体硅：13.3，-0.50；碲化镉薄膜：7.6，-0.22；三结非晶硅/非晶硅锗/非晶硅锗薄膜：5.7，-0.21。但应指出，这些效率值都低于某些市售产品的平均值。如预期，基于额定峰瓦的预测性能明显低于实际性能，因为组件工作在 25℃的温度以上具有不同的温度和辐照度系数。在许多研究中，在三大洲广泛纬度范围内的许多气候条件下，据报道以 kWh/kW 为单位计量，非晶硅比晶体硅多产生了 10%~20% 的能量[63-69]。晶体硅组件效率越低或并联电阻越小，这些差别越明显。

18.2.4　转换到标准条件的方程

　　作为温度和辐照度的一个函数，最大功率的转换公式对将测量条件转换成标准条件，或预测参考日或参考年的能量是有用的。太阳电池最基本的转换和最常用的准确方程，都是基于第 3 章讨论的有串联和并联电阻的二极管模型。如果太阳电池参数是从精确的 1 个太阳数据中获得，关于电阻、暗电流和二极管品质因子与光照强度之间无关的假设都可以放宽。这种模式一直扩展到通过串联和并联组合的组件上[70]。

对一阶参数，短路电流（I_{sc}）、开路电压（V_{oc}）、最大功率（P_{max}）和填充因子（FF）与温度是线性的，I_{sc} 与 E_{tot}（总入射辐照度）也是线性的[54,71-76]。P_{max} 与 E_{tot} 和温度呈线性的假设与组件的 NOCT 一起，允许在标准条件下的性能转换为能量等级评估方法资源数据库中提供的空气温度和辐照度的函数[7,39]。这已经在基于网站的软件包 PVWatts 中实现，可访问 http://www. nrel. gov/rredc/。其他许多公开的和商业软件包可用于具有规模化的系统。最近公布了一份技术报告，集合了光伏、混合系统和电池存储模型[77]。图 18.3 总结了各种光伏技术中电池最大功率或效率的典型温度系数。

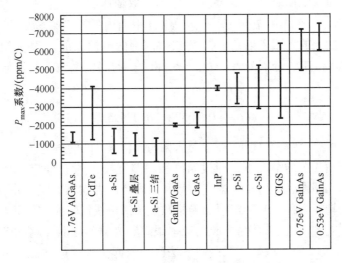

图 18.3　各种光伏技术的典型温度系数[72]

基于 Sandstrom 的工作的一套电流和电压转换公式在达成共识的标准中被采用[76,78]。这些方程可以将温度和辐照度引入到整个电流-电压曲线中。下面的方程利用参考文献 [78] 中的国际标准符号，可以将从温度 T_1 和辐照度 E_1 测量到的电流 I_1 和电压 V_1 转换到 T_2 和 E_2 下的电流和电压：

$$I_2 = I_1 + I_{sc1}(E_2/E_1 - 1) + \alpha(T_2 - T_1) \tag{18.4}$$

$$V_2 = V_1 - R_s(I_2 - I_1) - I_2 K(T_2 - T_1) + \beta(T_2 - T_1) \tag{18.5}$$

式中，α 和 β 是温度系数，R_s 是串联电阻，K 是曲线形状修正系数。电压温度系数 β 的典型值是 $2mV/℃$。K 的典型值为 $0.001\Omega/℃$。在固定辐照度（$E_2 = E_1$）下使用式（18.4）和式（18.5）并假设没有串联电阻（$R_s = 0$）时最为合适地描述了不同温度的 I-V 特性之间的变化，进行 K 值的测定。

King 提出了基于现场数据的多重回归分析方法，建立了 I_{sc}、V_{oc}、V_{max} 和 I_{max}，作为 E_{tot}、T_c、绝对空气质量（AM_a）和入射角（AOI）的函数的转换方程，并用于 SAM 中，见网址 https://www. nrel. gov/analysis/sam/[76,77,79]。

$$I_{sc}(E,T_c,AM_a,AOI) = (E/E_0)f_1(AM_a)f_2(AOI)\left[I_{sc0} + \alpha_{Isc}(T_c - T_o)\right] \qquad (18.6)$$

$$E_e = I_{sc}(E,T_c = T_0,AM_a,AOI)/I_{sc0} \qquad (18.7)$$

$$I_{max}(E_e,T_c) = C_0 + E_e\left[C_1 + \alpha_{Imax}(T_c - T_0)\right] \qquad (18.8)$$

$$V_{oc}(E_e,i) = V_{oc0} + C_2\ln(E_e) + \beta_{Voc}(T_c - T_0) \qquad (18.9)$$

$$V_{max}(E_e,T_c) = V_{max0} + C_3\ln(E_e) + C_4\left[\ln(E_e)\right]^2 + \beta_{Vmax}(T_c - T_0) \qquad (18.10)$$

$$I_{sc0} = I_{sc}(E = E_0,T_c = T_0,AM_a = 1.5,AOI = 0°) \qquad (18.11)$$

$$V_{oc0} = V_{oc}(E_e = 1,T_c = T_0) \qquad (18.12)$$

$$V_{max0} = V_{max}(E_e = 1,T_c = T_0) \qquad (18.13)$$

$$f_2 = \frac{\dfrac{E_0}{I_{sc0}}I_{sc}(AM_a = 1.5,T_c = T_0) - E_{diff}}{E_{dir}\cos(\theta)} \qquad (18.14)$$

式中，E 是阵列平面太阳辐照度（W/m^2），E_e 为有效辐照度以"太阳"为单位（非聚光 0-1），E_0 为 1000W/m^2 一个太阳辐照度，E_{diff} 为组件平面内的漫散射辐照度，E_{dir} 为直接垂直辐照度，AOI 为组件上的太阳入射角；T_c 为组件内部的电池温度，T_0 为组件的额定参考温度，α_{Isc}、α_{Imax}、β_{Voc} 和 β_{Vmax} 分别为 I_{sc}、I_{max}、V_{oc} 和 V_{max} 的温度系数。气压修正的相对光学空气质量 AM_a 可写为[80]

$$AM_a = \frac{P}{P_0}\left[\cos(\theta) + 0.50572(96.07995° - \theta)^{-1.6364}\right]^{-1} \qquad (18.15)$$

式中，P 为大气压力，P_0 为海平面压力，θ 是太阳与天顶点之间的角度（°）。函数 $f_1(AM_a)$ 是在假设光谱只与顶角相关的情况下，通过温度和辐照度校正的 I_{sc} 与空气质量之间的经验函数关系。在一系列辐照度、入射角、空气质量和温度范围内收集数据，并且采用了多重回归分析。已经将这些转换方程与基于模拟器测量数值的简单线性转换方程针对多种组件的户外数据进行了比较[54]。当考虑到温度、最大功率跟踪和光谱问题时，这些转换方程得出了与式（18.3）相似的结果[53]。最近，双线性方法已经引起了人们的注意，因为它能够基于最少数量的不同温度和辐照度下的 I-V 曲线数据进行转换[81,82]。最近，双线性方法纳入了 I-V 转换方程的 IEC 标准[78]。1970 年前后为空间计划开发的其他电流和电压转换方程也是可用的[27]。

18.3　电流-电压测量

太阳电池的模型可以看成一个二极管并联一个电流发生器，而组件则是第 7 章中所述的太阳电池串并联网络。电池或组件 I-V 特性的测量允许确定二极管特性，以及其他重要的参数，包括最大功率点 P_{max}。典型的 I-V 测量系统由模拟器或天然光源、测试中安装器件的测试台、温度控制和传感器，以及测量随着通过器件电压和电流发生变化的电流和电压的数据采集系统组成，通过器件的电压和电流随外部负载或电源供应的改变而发生变化。

18.3.1　辐照度的测量

对式（18.1）中入射在光伏器件上的辐射度 E_{tot} 的测量，室外测量时利用热探测器（日射强度计、空腔辐射计），基于模拟器的测量时利用标准电池进行测量。如果目标是确定在标准化或不同标准条件下的光伏效率或功率，那么，将会因电池或组件与参考器件之间光谱灵敏度的差异而存在光谱误差。光伏系统或组件的室外测量通常是相对于入射到组件上的总辐照度进行。如果使用恒定光谱响应的宽带热探测器，那么，光谱误差为零。如果利用根据总辐照度值确定其性能的硅基日射强度计，那么，就会出现一个光谱误差，除非其光谱响应 SR 与被测试的电池或组件相匹配。对于在标准光谱下的光伏测量值，所测得的光伏器件短路电流 I_{sc} 的光谱误差通常可以写为[2]

$$I'_{sc} = \frac{I_{sc}}{M} = I_{sc} \frac{\int_{\lambda_1}^{\lambda_2}\int_{\theta_1}^{\theta_2}\int_{\phi_1}^{\phi_2} E_{Ref}(\lambda,\theta,\phi)S_T(\lambda,\theta,\phi)\,d\lambda\,d\theta\,d\phi \int_{\lambda_1}^{\lambda_2}\int_{\theta_1}^{\theta_2}\int_{\phi_1}^{\phi_2} E_S(\lambda,\theta,\phi)S_R(\lambda,\theta,\phi)\,d\lambda\,d\theta\,d\phi}{\int_{\lambda_1}^{\lambda_2}\int_{\theta_1}^{\theta_2}\int_{\phi_1}^{\phi_2} E_{Ref}(\lambda,\theta,\phi)S_R(\lambda,\theta,\phi)\,d\lambda\,d\theta\,d\phi \int_{\lambda_1}^{\lambda_2}\int_{\theta_1}^{\theta_2}\int_{\phi_1}^{\phi_2} E_S(\lambda,\theta,\phi)S_T(\lambda,\theta,\phi)\,d\lambda\,d\theta\,d\phi}$$

$$(18.16)$$

式中，被测试器件的光谱响应（S_T）、标准探测器的光谱响应（S_R）、标准光谱的辐照度（E_{Ref}）和光源光谱辐照度（E_S）是波长（λ）和入射方位角（ϕ）及天顶角（θ）的函数。光谱响应的单位是 A/W，但也可以转换为电子/光子单位的量子单位。光谱辐照度是用 W/m^2/单位波长测量的。如果希望量子效率用于光谱校正方程，那么，必须将光谱辐照度转换成以光子/cm^2/s/单位波长为单位的光子通量。这种一般形式可以使参照探测器与被测试器件不在一个平面上，同时光源光谱的源角分布几乎是任意的。在实践中，总辐照度测量用的测试器件和标准探测器通常是共面的，最大限度地减少与测量方向相关的误差。直射的和 AM0 的标准光谱没有角度依赖性，而且测量通常是在垂直入射时进行的，所以，式（18.16）中的角度依赖性消失。如果测量 E_{tot} 和总标准光谱使用的标准光谱角度依赖性遵循理想的余弦响应，则式（18.16）可以简化为[83-85]

$$M = \frac{\int_{\lambda_1}^{\lambda_2} E_{Ref}(\lambda)S_R(\lambda)\,d\lambda \int_{\lambda_1}^{\lambda_2} E_S(\lambda)S_T(\lambda)\,d\lambda}{\int_{\lambda_1}^{\lambda_2} E_{Ref}(\lambda)S_T(\lambda)\,d\lambda \int_{\lambda_1}^{\lambda_2} E_S(\lambda)S_R(\lambda)\,d\lambda}$$

$$(18.17)$$

如果标准探测器是一种热探测器，S_R 与波长无关，那么在式中就不会出现。在式（18.17）中，S_R 和 S_T 的光源光谱辐照度（E_S）和光谱响应需要仅为相对的，因为任何乘法误差源都会排除。理想的情况是，纳入式（18.17）的 λ_1 和 λ_2 的限值应包括标准探测器和标准频谱的范围，否则，可能会出现误差[86]。如果光源的光谱辐照度与标准光谱相同，或者如果标准探测器的相对光谱响应与测试器件的相对光谱响应相匹配，则 M 为整数。数百万美元的卫星的光伏电池和组件制造商，需要最低可能的测量不确定性，因此，需要同一生产批次的一级气球或空间校准标准电池，并需要购买技术上可能与 AM0 最接近光谱匹配的太阳模拟器，这样就可以假定 M 为整数。

按以下公式，利用光源光谱下标准电池的短路电流（$I^{R,S}$）测定有效辐照度：

$$E_{tot} = I^{R,S}M/CV$$

$$(18.18)$$

式中，CV 是以 $AW^{-1}m^2$ 为单位测量入射辐照度所用仪器的校准值。如果使用热探测器，则 CV 的单位是 $V\,W^{-1}m^2$，$S_R(\lambda)$ 是常数。

18.3.2 基于模拟器的 $I\text{-}V$ 测量：理论

在参考总辐照度（E_{Ref}）下的测试器件的短路电流（$I^{\text{T,R}}$）可写作[2,4,84,85]

$$I^{\text{T,R}} = \frac{I^{\text{T,S}} E_{\text{Ref}} CV}{I^{\text{R,S}} M} = I^{\text{T,S}} \frac{E_{\text{Ref}}}{E_{\text{tot}}} \qquad (18.19)$$

式中，$I^{\text{T,S}}$ 为在光源光谱下测量的测试器件的短路电流，M 来自式（18.17），而 $I^{\text{R,S}}$ 为标准电池在光源光谱下的短路电流。这是基于标准模拟器的校准程序。因为获得光源光谱的光谱辐照度以及测试和标准器件的光谱响应等方面存在困难，许多小组都假定 M 是整数。通常，对模拟器进行调整，使 E_{tot} 等于式（18.18）中的 E_{ref} 或

$$I = \frac{E_{\text{Ref}} CV}{I^{\text{R,S}} M} = \frac{I^{\text{R,R}}}{I^{\text{R,S}} M} \qquad (18.20)$$

通常，标准电池的制造材料和技术与将要测试用的器件相同，因为 $S_{\text{R}} \approx S_{\text{T}}$ 而使 M 更接近于整数。由于被研究电池的稳定性问题，往往希望在硅电池上使用彩色滤光玻璃，模拟电池的响应。有机 PV、染料敏化 PV 和非晶硅的响应可以用肖特彩色玻璃滤片比如 KG5 型放在单晶或多晶硅电池上进行最好的模拟。某些小面积过滤硅电池，如用滨松 S1133 或 S1787 - 4 制造的电池适合用作 1 个太阳的标准电池。在 1 个太阳光照强度下，因为探测器受串联电阻限制，大多数商业探测器达到饱和，引起光电流不等于短路电流。大面积过滤硅标准电池也可从光伏标准电池公司和某些校准实验室购买。理想的情况是，基准组件的角度响应应当与测试中的器件类似。这对于室外测量是非常重要的[2,87-89]。现已制订了达成共识的标准，可以提供对标准电池的指导[90-93]。如果探测器组件上有一个窗口并在该窗口与电池之间有一个气隙，则该组件应完全被照射到并只能在模拟器下使用，从而防止与反射相关的假象[34,94]。最近，地面协会给国际太阳电池基准（WPVS）提出了一种标准的组件设计[92,93]。该组件是由国际地面光伏校准实验室设计，以适应各种光伏设备，同时具有标准化的连接器，便于国际间的相互比较。

18.3.3 一级标准电池的标定方法

确定一套标准条件短路电流最简单的方法，也许就是测量参考温度下的绝对外光谱响应 $S_{\text{T}}(\lambda)$，并在总参考辐照度 E_{tot} 下利用以下公式将其与标准光谱 $E_{\text{Ref}}(\lambda)$ 结合在一起：

$$I_{\text{sc}} = \frac{E_{\text{tot}} A \displaystyle\int_{\lambda_1}^{\lambda_2} E_{\text{Ref}}(\lambda) S_{\text{T}}(\lambda) \, d\lambda}{\displaystyle\int_{\lambda_1}^{\lambda_2} E_{\text{Ref}}(\lambda) \, d\lambda} \qquad (18.21)$$

对于以 A 为单位的短路电流 I_{sc}，波长（λ）必须以 μm 为单位，光伏面积（A）以 m^2 为单位，$E_{\text{Ref}}(\lambda)$ 以 $\text{Wm}^{-2}\mu\text{m}^{-1}$ 为单位，E_{tot} 以 W/m^2 为单位和 $S_{\text{T}}(\lambda)$ 以 A/W 为单位。积分的范围应包括 $E_{\text{Ref}}(\lambda)$ 的范围。如果 $E_{\text{Ref}}(\lambda)$ 归一化积分到 E_{tot}，则积分的范围应包括器件的响应范围。光谱响应与量子效率之间的关系在 18.4 节中讨论。式（18.21）假定 $S_{\text{T}}(\lambda)$ 在整个光伏器件上是均匀的，$S_{\text{T}}(\lambda)$ 独立于电压偏置 E_{tot} 和 $E_{\text{Ref}}(\lambda)$。通过使用工作在 E_{tot} 的外部偏置光，这些假设对单结器件可以放宽。一些研究小组已经竭尽全力，最大限度地减少与

式（18.21）相关的各种误差[95,96]。几次相互对比显示，绝对光谱响应超过 10% 的差别可能来自已知的光伏校准实验室[92,93-99]。准确的光谱响应测量，需要测量入射在光伏器件上的功率（或整个光伏器件上的功率密度）和以该波长产生的电流。不确定性的主要来源是用来测量功率（通常为 μW）采用的校准探测器和测量斩波单色光所产生的小交流信号的误差（通常 μA 或以下），存在的宽带偏置光的很大直流偏移（mA 至 A）。因为利用式（18.21）对太阳模拟器进行设置或在自然光中测量 E_{tot} 时，标准电池将全部被光照射，样品表面光谱响应不均匀性可能会导致 I_{sc} 出现误差。一些小组采用激光，以一个波长来更精确地测量标准电池的绝对响应，因为激光功率在 mW，而不是 μW 范围内（衍射光栅或基于滤光片的系统在此范围），这样用来测量单色光功率的标准探测器可以更精确地进行激光单色光下标准电池的绝对光谱响应校准。

　　一级标准电池可以在自然光中利用式（18.19）和热探测器进行校准[1,2,9,83,85,100-103]。

$$CV = \frac{I^{T,S}}{E_{tot}} \frac{\int_{\lambda_1}^{\lambda_2} E_{Ref}(\lambda) S_T(\lambda) d\lambda}{\int_{\lambda_1}^{\lambda_2} E_{Ref}(\lambda) d\lambda} \frac{\int_{\lambda_1}^{\lambda_2} E_S(\lambda) d\lambda}{\int_{\lambda_1}^{\lambda_2} E_S(\lambda) S_T(\lambda) d\lambda} \qquad (18.22)$$

式中，对电池短路电流（$I^{T,S}$）、太阳能光谱（$E_S(\lambda)$）和总辐照度（E_{tot}）同时进行测量。标准探测器的光谱响应是恒定的，所以 $S_R(\lambda)$ 也是恒定的，并从式（18.22）中消除。入射辐照度（E_{tot}）是利用热探测器测量的，可以追溯到世界标准辐射计，如绝对-腔体辐射计或日射强度计。在太阳能应用中太阳常数和以 W/m² 为单位的太阳功率密度都是基于世界辐射测量基准，这种基准来自瑞士达沃斯的世界辐射研究中心的一级绝对-腔体辐射计系列[102]。电池和光谱辐射计的视场必须匹配。一些研究人员喜欢将日射强度计与光谱辐射计、太阳电池共平面地放置在水平面上[10,101]。美国国家可再生能源实验室（NREL）的研究人员利用的是绝对-腔体辐射计，因为这是校准日射强度计使用的主要仪器，并具有 5° 的视场，可以最大限度地减少与视场相关的误差源[1,100,103,104]。基于日射强度计的校准方法要求，在 300~2500nm 波长范围内的光谱辐照度的光谱修正系数被大家熟知，在这个范围之外的影响可以忽略[9,105]。空腔辐射计的响应范围是从紫外到远红外，如果利用空腔辐射计测量直射光束辐照度，利用日射强度计测量散射辐射度，则将测量的光谱辐照度限制在 300~2500nm 的范围内，假定在此范围之外的总辐照度与标准光谱是相同的。通常，CV 是在几天内测量的众多短路电流的平均值。国家可再生能源实验室光伏电池和组件的性能特征研究小组于 1983 年研发了一种电流-电压转换器，目的是为了适用于长引线长度（要求从室内测试站到达室外测试设施），同时希望在保持电池偏压在零电压几毫伏内的同时测量的短路电流不确定性小于 0.02%。转换器在图 18.4 给出。这一方法只要求已知相对光谱响应和光谱辐照度，从而消除独立乘法和与波长无关的所有误差源。

　　如果在测试平面上光源的绝对光谱辐照度 $E_S(\lambda)$ 是已知的，如标准灯、黑体或绝对光谱辐照度测量等情况，则式（18.18）将简化为[83,105-107]

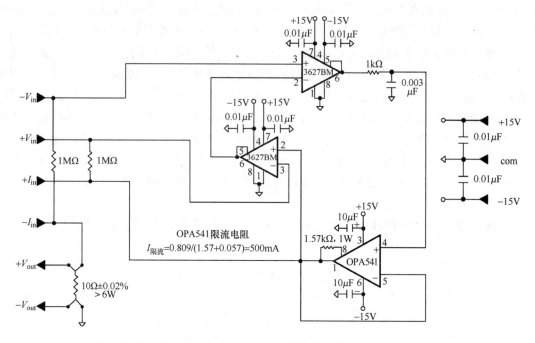

图 18.4　电流-电压转换器，其精度取决于电流检测转换器的精度和对温度的依赖性，通过
卡尔·奥斯特沃尔德设计并由国家可再生能源实验室的国家光伏中心光伏电池和
组件性能特征小组自 1983 年开始使用

$$CV = I^{\mathrm{T,S}} \dfrac{\displaystyle\int_{\lambda_1}^{\lambda_2} E_{\mathrm{Ref}}(\lambda) S_{\mathrm{R}}(\lambda)\,\mathrm{d}\lambda}{\displaystyle\int_{\lambda_1}^{\lambda_2} E_{\mathrm{Ref}}(\lambda)\,\mathrm{d}\lambda \int_{\lambda_1}^{\lambda_2} E_{\mathrm{S}}(\lambda) S_{\mathrm{T}}(\lambda)\,\mathrm{d}\lambda} \qquad (18.23)$$

　　这一方法是有吸引力的，因为标准光谱可以对应于黑体光谱，并且可以在实验室内随时进行。这种方法只需要测量相对光谱响应度。如果使用标准灯，标准光谱是表 18.1 内的地面标准光谱，则式（18.23）中的光谱修正系数通常为 12[107]。这种方法对 $S_{\mathrm{T}}(\lambda)$、$E_{\mathrm{S}}(\lambda)$、位置和杂散光的误差很敏感[86,107]。对位置的敏感度是因为光源（即标准灯或黑体）是没有校准的，并且从光源开始每增加 1mm 距离总辐照度变化 1% 并不少见[107]。如果使用太阳模拟器作为式（18.23）中的光源，则光谱修正系数会大大减小，最大限度地减小了 $S_{\mathrm{T}}(\lambda)$、$E_{\mathrm{S}}(\lambda)$ 对误差的敏感性，位置误差也减小到距离光源每毫米的变化小于 0.1%。

　　一旦已知在给定的 $E_{\mathrm{old}}(\lambda)$ 的短路电流密度，根据下面的公式可以转化为任何 $E_{\mathrm{new}}(\lambda)$ 的短路电流密度：

$$I_{\mathrm{new}} = \dfrac{I_{\mathrm{old}} E_{\mathrm{tot}}^{\mathrm{new}}}{E_{\mathrm{tot}}^{\mathrm{old}}} \dfrac{\displaystyle\int_{\lambda_1}^{\lambda_2} E_{\mathrm{old}}(\lambda)\,\mathrm{d}\lambda}{\displaystyle\int_{\lambda_1}^{\lambda_2} E_{\mathrm{new}}(\lambda)\,\mathrm{d}\lambda} \dfrac{\displaystyle\int_{\lambda_1}^{\lambda_2} E_{\mathrm{new}}(\lambda) S_{\mathrm{T}}(\lambda)\,\mathrm{d}\lambda}{\displaystyle\int_{\lambda_1}^{\lambda_2} E_{\mathrm{old}}(\lambda) S_{\mathrm{T}}(\lambda)\,\mathrm{d}\lambda} \qquad (18.24)$$

式 (18.24) 假定，电流与光强度是线性的。这种方法对将一级 AMO 标准电池的校准转换为地面标准光谱或相反时特别有用。

AMO 标准光谱，顾名思义，是距离太阳 1 个天文单位的大气层外的太阳光谱。AMO 利用这一事实，通过测量标准探测器在太空或非常高的维度下的响应来进行校准。在这种情况下，真值是利用校准时的实际太阳光谱，而不是数据表格中的标准光谱确定的，如在基于地面的校准方法的情况下。这就意味着由于太阳光谱随着太阳的活动略有不同，因而会存在小的随机误差。这样定义没有任何光谱误差。

地球外的校准程序包括使用飞船、气球和高空飞机和由式 (18.21) ~ 式 (18.23) 定义的校准程序[17,108-114]。气球和航天器校准没有光谱校正值，因为数据取自大气层上方。高空飞机的校准程序包括得到 I_{sc} 与典型范围在 0.25 ~ 0.5 以上的绝对或压力校正空气质量之间的对数曲线图，称为 Langley 图[110,111,113,114]。这些数据是在对流层顶以上收集的，具有臭氧吸收引起的主要光谱特征，因而消除了水汽和大多数的散射[110,114]。喷气推进实验室 (JPL) 气球校准程序要求对标准样品台、数据获取系统进行定制设计，并且要考虑热学效应[108,109]。ISO 15387 允许利用式 (18.21)、式 (18.22)、式 (18.23)，针对合成 AMO 光谱 (见图 18.1) 进行地面校准[17]。

18.3.4　标准电池校准程序的不确定性估计

所有的测量，测得的或推导的值与真值之间都存在不确定性。在地面光伏标准电池校准的情况下，真值是在表 18.1 给出的标准条件下的值。进行地球外校准时，真值是由实际太阳光谱确定的，而不是像在地面校准那样采用数据表格中的标准光谱。AMO 一级校准中，因太阳常数的多样性，均不视为误差。光伏电池的光谱响应发生的变化，作为第 9 章所述辐射损失的一个函数。为了精确评估性能与辐射损失的函数关系，利用假定光谱修正系数为整数的程序，至少需要三个匹配的标准电池 (寿命开始、寿命中期、寿命结束)，最大限度地减少光谱的误差。ISO 17025 认证的校准实验室和设施需要进行正式的不确定性分析，证明组件已经通过了 IEC 设计质量鉴定和定型批准的要求[115]。不确定性分析可作为降低测量中主要误差源的指南。

预计校准中包括 95% 的结果 (U_{95}) 的不确定性，可以用 A 类和 B 类误差源表示[116]。A 类误差源在性质上是统计性的，如标准偏差，而 B 类误差源都是可以写为以下方程的其他不确定性：

$$U = k \sqrt{\sum \left(\frac{c_i u_i}{p_i} \right)^2} \tag{18.25}$$

对于 95% 的可信度，覆盖系数 k 为 2。如果不确定性可以表示为单位为数值百分比的不相关项的乘积，则敏感系数 c_i 涉及偏导数并且成为整数。概率分布 p_i 的值当矩形概率时为 $\sqrt{2}$，高斯概率分布时为 2。如果分布是未知的，则保守性地假设其为矩形的。表 18.4 列出了校准实验室 A2LA 进行 NREL 的 ISO 17025 认证时采用 NREL 直射光束校准法，对式 (18.25) 进行不确定性分析的一个例子[116-20]。为了进行不确定性分析，式 (18.22) 扩展到包括所有相关的修正系数：

$$(CV) = (CV_U kT_c) = \left(\frac{I^{T,S}}{E_{tot}} kT_c \right). \tag{18.26}$$

表 18.4 国家可再生能源实验室光伏电池和组件性能表征小组根据 ISO 描述不确定性指南，执行的表格校准法公式进行的不确定分析，符合 ISO 17025 认证所要求的不确定性分析中的式（18.22）[98,116,119,120]

不确定性成分	不确定性来源	值（%）	覆盖率
A 类误差源			
$U_{CVU(25℃)}$	经校正的校准值（所有数据集，3 天）	0.27	$n = 35$
U_{CVU}	未校正的校准值（一个数据集）	0.083	$n' = 85$
B 类误差源			
U_{Etot}	测得的总辐照度（空腔辐射计）	0.34	高斯的
U_{Tc}	每个数据集 I_{sc} 的温度校正	0.14	矩形的
U_k	每个数据集的光谱校正	0.80	高斯的
U_{Isc}	一个数据集一个点测得的 I_{sc}	0.034	矩形的
$U_{电压表}$	标准电池 DMM（$I_{sc} = 123mA$ 典型值）	0.023	高斯的
	1 年 HP34401，1V 的读数	0.004	高斯的
	1 年 HP34401，1V 的范围	0.0007	高斯的
	1 年 HP34401，1V，1 条线的周期	0.001	高斯的
	HP34401，1V，温度 23℃ ±10℃	0.005	高斯的
$U_{电阻}$	1 年电流感应电阻的不确定性	0.02	高斯的
$U_{稳定性}$	1Ω 电流感应电阻，1 年稳定性	0.002	高斯的

　　光谱修正系数 k 是式（18.18）中 M 的倒数。利用蒙特卡洛法估计其不确定性是光谱修正系数的 10% ~ 20%[86,118]。有关温度修正系数 T_c 的不确定性涉及加法和乘法项，但温度修正系数中的乘法项也可以转换成可以估计其不确定性的电流、电压或功率温度系数的分开项。利用 ISO 法确定室外测量的组件最大功率中的详细不确定性误差分析已由 Whitfield 和 Osterwald 出版[121]。

　　表 18.4 中的不确定性分析是参考文献中更全面分析的简化版本[120]。这种分析用于设备误差分析，最大限度地减小式（18.26）中所有已知的误差源。例如，电流感应电阻引入的误差小于 0.02%，因为选择了稳定的低温度系数电阻，而不是温度系数高于 100ppm/℃，不太昂贵的 0.25% 典型精度的电阻。测试仪表通过选择 $6\frac{1}{2}$ 的电压表最大限度地减小仪表相关的不确定性。式（18.26）中的主要误差源是测量 E_{tot} 和光谱修正系数的绝对-腔体辐射计。其他的原理误差源是在所有误差源校正 0.3% 后每天出现的随机误差。由于误差是随机的，收集 3 天以上的数据会减少这种影响的总误差。选用直接入射方法进行室外一级标准电池的校准，因为测试总的入射强度需要日射强度计测量 E_{tot}，它在测量入射到被校准电池上的漫反射成分方面有较高的误差源。室外使用仪表时应当指出，附加的有关温度可能不包括在校准实验室的不确定性估计中。其例子是日射强度计校准，某些仪表已知有明显的温度依赖性，但校准实验室只是报告温度，数据是利用其他任何温度单位表示的，但没有估计误差。测量宽谱太阳辐照度使用的日射强度计温度系数，通常制造商并不标出，可以是明显的误差源[88]。电压表在室外使用时温度经常超过生产厂家在不确定性估计时所涉及的温度范围。严格的不确定性估计应该包括这一附加的误差源[120]。校准探测器时，给出校准温度，

但温度系数通常是不报告的，因此，在任何温度下使用探测器，都会引起额外的误差，误差接近于能量范围附近的 5%/℃。

18.3.5　标准电池校准程序的相互比较

通常，各小组要求能在标准条件对主要的标准电池进行校准，要求的不确定性为 ±1%[92,99,85,112,122]。各种校准方法间的相互比较是评价不确定性估计是否有效的最佳方式。由光伏能源计划（PEP）主持的地面校准程序在 1985 年、1987 年和 1993 年分别进行了正式的相互比较[92,99,85]。光伏能源计划 85 的相互比较涉及欧洲共同体、法国、德国、意大利、日本、英国和美国的光伏校准实验室。有关光伏能源计划 85 相互比较实验室之间总标准光谱的 I_{sc} 差别，单晶硅和多晶硅几乎是 8%，非晶硅为 20%。然而，在光伏能源计划 85 的相互比较中，八个机构有六个达到一致性，认为晶硅电池在 3% 以内，非晶硅在 6% 以内[99]。在光伏能源计划 85 和 93 的相互比较中，参与人员提供了不确定性的估算值。光伏能源计划 87 相互比较实验室之间达成一致的程度，单晶硅和多晶硅电池为 4%，非晶硅电池为 14%[98]。这种一致性程度是各实验室估计不确定性的 2 ~ 10 倍，介于 ±0.7 至 ±5%，表明某些参与人员对不确定性的估计过于乐观 [98]。几个参与人员是根据重复校准的标准偏差进行不确定性估计的，因而忽视了非随机误差源。光伏能源计划 93 的互相比较也显示了单晶硅和多晶硅电池 12% 的相当大的差别，即使估计的 U95 不确定性范围是从 ±1.0% ~ ±2.7%，再次说明一些实验室低估了它们的误差[92]。除去基于标准电池的校准实验室和 50% 以上的校准超过平均值 ±2% 的实验室后，所得到的平均偏差为 1.1%[92]。因为世界各地的地面光伏校准实验室不可能就成熟的 U_{95} 不确定性小于 ±2% 的校准程序达成一致，所以决定建立一套称为世界光伏准则（WPVS）的校准标准[92,93]。光伏能源计划 93 的相互比较中进行主要的校准工作且其校准在平均值 ±2% 以内的四个实验室分别为美国国家可再生能源实验室、日本质量保证组织/电工技术实验室、中国天津电源技术研究所和德国联邦物理技术研究所（PTB）。建立了一个正式的机构在将来可以让其他实验室加入进来，只要其他的实验室与其已建立的四个 WPVS 校准实验室达成一致。最近，设在意大利伊斯普拉的欧洲太阳能测试安装-联合研究中心与其他四个实验室中的三个对其总校准进行了相互比较，从而被接纳[122]。拥有 WPVS 标准电池的实验室向加入的每个实验室提供了并继续提供可追溯到 WPVS 的标准电池。现在已经制订了一套未来 WPVS 标准电池的技术图纸，防止现有的一套 20 个 WPVS 标准电池出现不兼容电缆、安装孔和温度传感器的问题[92,93]。最近对 20 个 WPVS 标准电池中的 16 个与六个新备选的 WPVS 标准单元一起进行了重新校准[123]。新 WPVS 校准值的变化最大为 0.4%，平均下降了 0.2%[123]。1993 年光伏能源计划地面相互比较的结果比早期的相互比较更接近得多，其中最常见的偏差为 ±3%，观察到的平均偏差为 5%[125]。逐年出现的重复性不超过 ±3%[125]。最近国家可再生能源实验室和欧盟主持的组件级相互比较显示，自光伏能源计划 93 相互比较以来，差别几乎没有降低[126-130]。国家可再生能源实验室主持了经认证的各校准实验室或质量鉴定实验室之间的相互比较，其中参加的实验室只提供了商业组件，没有进一步的信息或"匹配"的标准电池，指示的 P_{max} 平均偏差，硅为 ±3.5%，薄膜更大[126]。Fraunhofer 研究所主持的互相比较结果显示，商业硅组件的 P_{max} 偏差，硅为 ±2%[128]。

出人意料的是，进行相互比较的实验室得出的短路电流（I_{sc}）温度系数差大于 50%，即使电池的温度是可以控制，温度传感器是永久性地连接在电池上的[92]。这种温度系数的变化可以通过认为温度系数是照射电池的光源的一个函数而得到部分理解[72]。对于响应范围很窄的电池或多结电池，系数的符号甚至可以根据光源而变化[72,131,132]。

AM0 行业已在各小组之间进行了多年的相互比较[108,112,124,133]。在一般情况下，多年来在飞船、气球和高空飞行器校准中，主要的 AM0 校准一致性优于 ±1%[108-110]。基于地面测量的 AM0 校准，有时与主要的高空校准的一致性均在 1% 以内[109]，而其他时候的一致性则比较差（>10%）[124]。

18.3.6　多结电池的测量程序

分光串联多结器件对于得到高效率Ⅲ- Ⅴ基（第 8 章）和非晶硅基（第 12 章）的太阳电池是至关重要的。在标准条件下测量多结器件 I - V 特性的程序与单结器件的程序相同，但附加了限制条件，即对模拟器进行设置，使每个结点都以适当的光电流进行工作。这是通过满足以下多结光伏器件中 j 结的 j 方程实现的[134-137]：

$$I_j^{R,R} = M_j I_j^{R,S} \tag{18.27}$$

$$M_j = \frac{\displaystyle\int_{\lambda_1}^{\lambda_2} E_{Ref}(\lambda) S_{R,j}(\lambda)\,d\lambda}{\displaystyle\int_{\lambda_1}^{\lambda_2} E_{Ref}(\lambda) S_{T,j}(\lambda)\,d\lambda} \frac{\displaystyle\int_{\lambda_1}^{\lambda_2} E_S(\lambda) S_{T,j}(\lambda)\,d\lambda}{\displaystyle\int_{\lambda_1}^{\lambda_2} E_S(\lambda) S_{R,j}(\lambda)\,d\lambda} \tag{18.28}$$

该程序涉及调整式（18.27）中的模拟器、测量其光谱、计算 M_j 和再次调整模拟器。如果使用的标准电池，其相对光谱响应与每个独立的结相匹配，则该光谱校正 M_j 为整数，而且只需要满足式（18.27）。这对于高效率晶体材料系统是可能的，其中，其他结可以短路而不会对相对光谱的响应产生很大的影响[134]。为满足式（18.27）而对太阳模拟器进行调整，可能存在问题。图 18.5 说明了研究人员过去已经采用了的各种方法。第一种方法，如图 18.5a 所示，涉及紫外线/可见（UV/VIS）光源 L_1 和红外线（IR）光源 L_2 与双色滤光片组件的结合[134,135,138,139]。这种方法对两结和三结器件特别有用，顶部电池的带隙约为 600 ~ 700nm，中间电池的带隙也在 600 ~ 700nm 左右。这是因为标准双色滤光片过渡波长的选择是相对有限的。图 18.5b 适用于任何材料系统，因为使用了光谱分布接近于标准光谱的模拟器，但给每个单结带来了可随意过滤的额外光[140]。这种方法的主要缺点在于，补充光源与宽谱光不是共线的，在测试平面内存在光谱辐照度变化较大的可能性。光纤太阳模拟器，如图 18.5c 所示，是有用的，因为各种各样的激光和非相干光源可以组合成一个光纤束，然后照射在测试平面上[136,141,142]。这种方法有一个缺点，就是被限制在很小的照射区域内，通常在 1 个太阳时直径小于 2cm，虽然 SphereOptics/LabSphere 等商业供应商提议建立一个适用于任何可能的高效率多结结构的、采用多重光谱带、在 1 个太阳时直径为 10cm 或以上的系统。另一种方法是自 1988 年以来在国家可再生能源实验室使用的，如图 18.5d 所示，是放置滤光片并使光圈接近大面积太阳模拟器的积分光学系统[136,137,143]。这种方法对于大面积（>100cm²）的样品特别有用。它的主要缺点是，光源不能为单个结单独进行调节。这一概念还可以应用于脉冲模拟器，其中闪光灯与测试平面之间的距离通常很大，而且可能有很大的强度范围。这种方法适用于任何多结技术，因为其标准的高通、低通、带通滤波片可以覆盖任何不同带隙材料的组合。这种方法的限制条件是，如果调整了光源的光谱、重新测量了光谱并重新计算了光谱误差，则在不需要对模拟器光谱作进一步改变，以达到所需的光谱匹配之前，需要进行多重迭代。

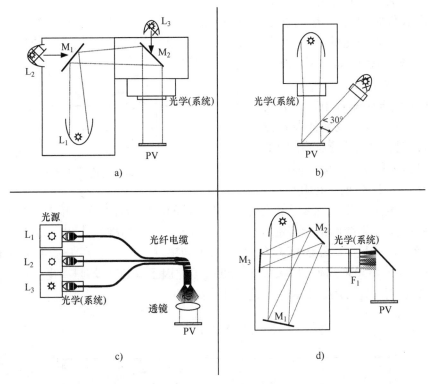

图 18.5　太阳模拟器光谱含量的调整方法。光源为 L_1、L_2 和 L_3，反射镜为 M_1、M_2 和 M_3

最近已经制订了一项全新的程序，其中每个光源的强度只需调整一次[137,144,145]。这种方法是基于模拟器的多光源设置，光源的布置使每个光源的强度都可以进行调整，而不会引起相对光谱辐照度的变化。因此，针对每个结 j 的每个光源 $E_{S,i}(\lambda)$ 都可以用相对辐射来表证第 i 个光源的强度调整到的绝对水平在数学上可以用一个比例系数 C_i 来描述。在这些前提下，条件 $I_j^{T,S} = I_j^{T,R}$ 给出一个 j 的线性方程系统，

$$\sum_i C_i \int E_{S,i}(\lambda) S_{t,j}(\lambda) d\lambda = \int E_{Ref}(\lambda) S_{t,j}(\lambda) d\lambda \tag{18.29}$$

这可以很容易地求出未知的比例系数 C_i。调整测试器件第 j 个结 $S_{t,j}(\lambda)$ 的第 i 个光源强度 $E_{S,i}(\lambda)$，然后，利用以下公式求出通过绝对光谱响应 $S_{R,j}(\lambda)$ 测得的标准电池的短路电流 $I_j^{T,R}$

$$I_j^{T,R} = C_i A \int E_{S,i}(\lambda) S_{R,j}(\lambda) d\lambda \tag{18.30}$$

方程仅需要相对光谱响应和相对辐照度，因此等同于计算式（18.28）中的失配系数。这一方程允许使用相同的标准电池来设置模拟器光源[137,144,145]。这一程序只需要对每个光源调整一次，而每个光源的相对光谱辐照度也只需测量一次，这与式（18.27）和式（18.28）中所述的程序不同，不需要每次调整模拟器后都要进行光谱辐照度测量。这样就可以在不同

的标准光谱或电流匹配条件下快速确定多结光伏器件的性能。

18.3.7 电池和组件 *I-V* 测量系统

现已研发了各种 *I-V* 测量系统，用
来测量光伏器件的性能，从面积为
$0.01cm^2$ 的电池到数千瓦的阵列[2,146]。
普通的 *I-V* 系统如图 18.6 所示。通过
可变负载给整个光伏器件（从一个电
池到一个阵列）施加偏置电压，并用
精密的四端分流电阻或磁换能器检测
电流。在测试时，需要与测试中的器
件（DUT）进行开尔文连接，消除与
检测位电压位置处之间的电阻损失。

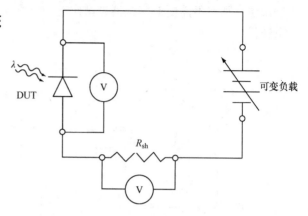

图 18.6　典型的电流-电压测量系统

对于电池来说，电压探针应该靠近电流接点。而组件的电压探针则在连接电流导线的接线盒
处。典型的 *I-V* 测量系统的最低特性都已制订了国内和国际标准[5-7,9,11,15]。*I-V* 曲线上的重
要参数是开路电压（V_{oc}）、短路电流（I_{sc}）和最大功率点（P_{max}）。图 18.7 所示为标准测试
条件下光照和暗态下 50W 组件的典型 *I-V* 曲线。填充因子（FF）是归一化参数，指示二极
管性质的理想程度，并可用以下表达式进行计算：

$$FF = \frac{P_{max}}{V_{oc}I_{sc}} \tag{18.31}$$

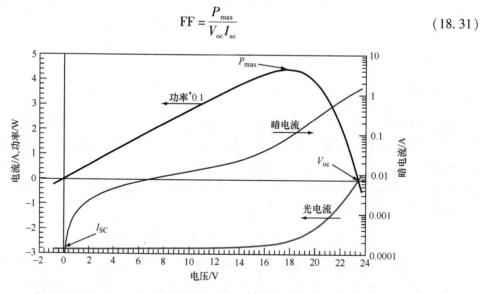

图 18.7　商用 50W 光伏组件的典型光电流和暗电流与电压的曲线图

填充因子通常用式（18.31）乘以 100 的百分比表示。

开路电压可以从零电流点周围的 *I-V* 曲线进行线性拟合确定，也可以通过断开负载，测
量电压进行确定。V_{oc} 的值通常是利用最接近于零电流的两个 *I-V* 点的线性内插法求出的。
利用两个以上的点进行线性回归可以减少 V_{oc} 的不确定性，但是，必须注意不要将与组件串
联的阻塞二极管的点包括在内或在非线性区拟合。商用设备制造商在最接近零电流的功率扇

形体内设有 20 个 I-V 点。适用于所有类型的电池和组件的另一种方法，是在线性回归拟合中包括满足以下限制的所有点：①电压的绝对值插值到在零电流处的电压 10% 以内；②电流的绝对值插值到比零电压的电流小 20%。

I_{sc} 的值一般是通过最接近于零电压的两点的线性插值确定的。利用两个以上的点进行线性曲线拟合可以降低 I_{sc} 的不确定性；但是，必须注意不要将与组件并联的旁路二极管的点包括在内或不要在非线性区拟合。制造商在最接近于零电压的功率扇形体内设有 20 个 I-V 点。适用于各种电池和组件的另一种方法，是在满足以下限制的线性拟合中包括所有的 I-V 点：①电流插值到在零电压的电流 4% 以内；②电压的绝对值插值到零电流的电压 20% 以内。这些限制没有关于各点之间的间距（拟合到固定的 I-V 点数）或曲线形状的假设（避免包括非线性区），而在线性回归中包括尽可能多的 I-V 点。

P_{max} 通常为最大的测量功率。一种更准确的方法是用四阶或更高的多项式对所测得的在最大功率 80%~85% 以内的功率与电压的数据点进行曲线拟合得到 P_{max}[6,7,146]。为了防止在低填充因子器件中出现错误结果，选择曲线拟合的功率-电压数据必须将电压限制在所测最大功率处电压的 80% 以上（V_{max}）。这种算法可以通过选择多项式阶数，得到最好的拟合结果级数要在 5 级以上。ASTM 建议采用的一种方法是进行四阶多项式拟合，拟合的点是测得的电流大于 $0.75I_{max}$ 且小于 $1.15I_{max}$，而测得的电压大于 $0.75V_{max}$ 且小于 $1.15V_{max}$ 的数据[6,7,146]。前面的限制条件似乎适用于国家可再生能源实验室光伏性能研究小组测量的填充因子在 40%~95% 之间的电池和组件[146]。

最好是测量每个电流-电压点的入射辐照度，并使用独立的测量仪表采用相同的取样间隔。准确程度较低的一种方法是利用相同的仪表按顺序测量电流和电压，并且仅测量一次强度。这种方法假定，在利用模拟或自然光强度进行测量过程中没有时间波动，并且电压是恒定的。如果偏压变化率或电容很大，或者器件中发生瞬变，情况也许并非如此[34,146]。商用 I-V 系统取 40 个电压读数的平均值，然后取 40 个电流读数的平均值，得出一个单一的 I-V 点。更好的方法是取 40 对电流和电压点，然后取电压和电流的平均值。

商业 I-V 设备很少携带有用的新功能，包括检查有效接触和限制通过器件的最大电流。为了防止损坏光伏电池，应在 I-V 测量之前，手动或自动测量电流与电压接触点之间的电阻。如果对进行开尔文接触而言样品太小，则应在接触到电池的同时，检测零电压处的电流。大多数的商用系统是有极性的，因为双极性电源或负载要昂贵得多。接近零伏的电流是利用相反极性的低电压负载获得的。如果没有与样品并联一个二极管以防止反向偏置电压，具有低反向偏置击穿的电池和组件有可能被损坏，如非晶硅或砷化镓。光伏极性相对于数据采集系统的极性可以很容易地从接近零电流的电压符号或接近零电压的电流符号来决定。商业系统很少允许 I-V 曲线进行双向扫描，其关键是要了解并最大限度地减少偏压速率带来的假象。这样，操作人员可以忽略连接的正负，并防止在自动选择最大正向和反向偏压的安全范围时，意外施加过大的偏置电压。

由惠普/安捷伦和吉时利及其他公司研制的半导体行业商用 I-V 系统都有现货。其中有些基于源测量模块（SMU），在测量 I 或 V 时可以对 I 或 V 实现输入或输出功能。与大多数电源或电学负载不同，商用源测量模块通常有高输入阻抗，可以远距离检测电压而无需给样品降低负载。源测量模块在测量低电流中也有明显的优势，因为它们会自动补偿电流范围的变量设置时间。商用源测量模块的主要限制在于，它们没有足以能测量大多数市售硅电池的高电流范围。由于一些光伏材料的高电容，电学负载和源测量模块也能产生振荡。这些模块可以手动操作，也能利用特性和功能范围大的计算机进行操作，包括双极操作。为晶体管和二极管分析设计的模块的主要问题是成本和有限的最大电流。这种限制是需要在偏置大于约 100V 和约 5A 条件下进行 I-V 测量时会面临的问题。可编程的电学负载是由各公司，包括美国利兰、Kepco 和安捷伦公司制造的。这些晶体管负载在给定的额定功率下涵盖大范围的电流和电压，使其成为理想的低成本组件 I-V 测试仪。这些通用的 I-V 系统需要软件去下载和保存数据，并计算相关的光伏参数。各个公司也生产 I-V 测量用的光伏测试设备，包括柏格尔照明设备有限公司、晨星公司、帕山公司、光伏实验室公司、尖塔公司、瓦康电气有限公司和世界各地许多其他小公司。商业的 I-V 测量软件一般是为工厂的应用而设计的，缺少通过改变偏置方向或者可变偏压或者负载转化速率来探测偏压速率假象的能力。电流和电压范围也适合用于生产测试，但不适用于研究和开发。商业软件也有保存数据和绘图功能，但是用户可能难以或无法修改结果的固定格式。大多数的商业 I-V 软件也只能测量功率扇形体内光的 I-V 特性。这对于分析非欧姆接触效应，或电压依赖光电流收集效果是不够的。

许多小组已研发出由商用元件组成的自定义数据采集系统。在参考文献 [2] 中对这些系统进行了综述，包括测量电流和电压的电子设备和电源器件[1]、运算放大器[147,148]、电容器[149] 或作为负载的晶体管[148-152]。理想的电流感应电阻应该有一个低的 1 年校准漂移、低温度系数，并有至少六倍最大预期负载功率的额定功率，防止环境温度改变或电阻加热带来的误差。有了这些限制条件，精度为 1% 的电阻可校准到具有 1 年稳定性。但应注意的是，围绕定制电路和软件建立的 I-V 系统，可能在开发人员离开后难以维持并非常耗时。从接地隔离高压和低压可避免接地回路带来的意外错误。这在商业系统中很少做。确定器件中最合适的 I-V 数据采集系统时，其范围可能从单一的研究级电池扩展到阵列，应当考虑现有的和未来可能有的全部应用。在建立第一个 I-V 系统或在升级可靠的旧 I-V 系统或扩大现有的能力时，都应考虑到以下因素：

- 系统所需的输出——表格和图形显示器和数据硬拷贝、数据库或简单目录文本文件的升级，保存数据的格式和内容控制、气象参数。
- 最小和最大电流和电压范围。
- 用于设计和开发的时间和成本。
- 用于维护（维修、改进和扩展）的时间和成本。
- 与现有硬件、软件和数据库的兼容性。
- 器件检测和补偿的灵活性——偏置方向和偏置范围、手动控制、测量之前的光照和偏置状态控制的灵活性。

假设光伏器件实际上工作在标准测试条件下，填充因子的误差主要是受数据采集系统连接的影响。最首要的是，在器件的正、负端连接中使用四端（也就是开尔文）接触。这四个连接由两个双端连接（称为开尔文连接）组成，提供器件每侧独立的电压和电流连接。如果器件一侧的电压和电流只有一个连接点时，则器件与测量仪器之间的任何导线或接触电阻都将作为串联电阻出现，从而降低 FF，随之降低 P_{max} 和 η。在组件的组成部分和上面提到的各种连接中，包括线电阻损失。对于无连接线的电池，目标是尽可能准确地模拟组件的接触流程图。这通常意味着将在每个焊锡位置设置一个电流探头触点并优先设置一个电压探头触点。

对于生产光伏测试仪，压在硅电池主栅的条带是通过使用作为电压和电流探针的线性阵列（可能由弹簧加载到一个特定的力）组成。在电池的级别，如果探头穿过较薄的金属-半导体接触点或绕过该接触点，并接触到了半导体，则许多光伏材料会受到损坏。如果接触的几何形状很小，可能需要微操作器和显微镜目镜，接触问题往往更困难。在美国国家可再生能源实验室，光伏性能表征实验室的典型探头接触程序是选择适当尺寸的开尔文探头安装在一个三轴操纵器上并与该器件相接触，同时监测电压和电流开尔文触点之间的电阻。开尔文探头使用 Accuprobe 公司制造的连接同轴电缆，有直径在 12.7 ~ 381μm 之间的 CuBe 针尖。Accuprobe 公司 Z-探头系列配备直列或并排开尔文探头针。

兼容结构使用一个温度控制真空板，前表面上至少有一个正或负触点（单晶硅和多晶硅片或沉积在衬底上的薄膜器件），提供大面积、低电阻的接触。除非使用一个独立的电压触点，这种低、但有限的接触电阻会显示为最大功率 P_{max} 损失。这种电压触点可以是一个微型的、加载弹簧、钝头的镀金探头；或许是金属图形的 Kapton 薄膜或陶瓷；或许是放置在真空板窄槽内的印制电路板；或其他一些方法。光入射到电池上时，因为温控板的热分布不均匀，这样电压触点的表面积会引起电压误差。

对于那些具有条状主栅并且电流在几安以上的大面积电池，各组之间的填充因子可能出现超过 50% 的差异[2,153]。这种差异可能来自接触和光源空间的不均匀性。可能会出现 2% 或以下的差异，因为在使用带有等间距分布的弹簧探针的探针条时存在阴影和接触相关的差异。差异的大小关系到探针条或主栅的宽度、探针高度和宽度、探针的反射和光源发散度。这些差异可能因测试过程不同会出现校准实验室之间非随机性的 I_{sc} 差异。

其他的误差源可以是阴影和反射的变化，电池温度控制难度和分布电阻损失。美国国家可再生能源实验室与其他各小组之间存在 2% 的 I_{sc} 差异，来源是穿着白色实验室工作服的操作员附近的金属探针和夹具的光反射。如果测试平面与最近的光学表面之间距离很短，可能存在与反射相关的假象[34]。出现这些与反射相关的假象是因为标准电池和实验设备的视场不同，同时也来自模拟器光学器件、标准电池组件、探头固定件、测试工位外壳和测试器件下方区域等的反射。测试器件下区域的光反射对于双面电池和上衬底结构尤为重要。当两个相反极性的接触都在光照射不到的电池一侧时，往往需要使用定制夹具或向上引导光照射的光学结构，如点接触、叉指状全背接触，或环绕式硅电池，或上衬底结构的如透明导电氧化物涂层玻璃上的非晶硅（a-Si）或碲化镉（CdTe）电池。实现这些结构的温度控制和开尔文接触是有问题的。各小组使用过图案化电路板或 Kapton 薄膜来实现接触和温度控制。接触面积往往是上绝缘衬底上的小面积薄膜器件的结区域，可以采用真空压制金属线与已经做好金属电极的电池进行热和电接触，同时也可以用探针或者金属线与透明导电薄膜进行接触。许多最好的薄膜器件都有一厚层粘接到电池边界周围的透明导电氧化物上的铟金属，目的是减少电阻损失。绝缘衬底上的如 Cu(Ga,In)(S,Se) 高效率研究型电池，往往也在电池边缘用 In 去减少电阻损失。

18.3.8 聚光电池测量问题

评价聚光电池的性能带来了一些挑战。截至 2010 年，还没有评价聚光电池的统一标准。2008 年，国际电工委员会技术委员会 TC-82 的光伏聚光器工作组 7 采用了表 18.1 中给出的事实上的标准。因大型热负载，温度测量和控制的问题变得严峻起来。通常，在持续 1ms 脉冲时间的闪光系统下或在连续照射下进行聚光电池的评价。如果使用连续光源，则空间电荷区的温度无法直接进行测量，因为样品上的热质量小，而光照强度大，任何温度传感器都会对温度产生影响。空间电荷区的温度（也就是电池温度）和真空板温度或测得的表面温度之间的差别很大。一种方法是电池在黑暗中或在最低热负荷下，首先将温度控制的真空板设定到给定的温度，然后当高速光栅打开时使样品在完全光照强度下照射，测量开路电压 V_{oc} 随时间的函数变化[154]。随着光栅的打开，电池放在聚焦的光线下照射，开路电压 V_{oc} 会升高；当电池温度升高时，将达到对应于无热负荷下测得已知温度时开路电压 V_{oc} 的最大值。然后，真空板的温度降低，直到得到这一开路电压。需要一个光谱可调聚光模拟器，确保每个结的光电流都在相同的水平，就像被标准光谱照射那样，或者各个结的光电流之间的比例在模拟器光谱下就像在标准光谱下一样都应相同。在双结电池中已利用灯电压调节光谱和光圈调节光照强度的方法得以实现[155]。最近 Spectrolab 公司已经研制出了一种商业化的多源太阳模拟器，用来调节光谱，正确地评价高效率的多结电池。

聚光器的另一个主要问题是 E_{tot} 的测量。最简单的方法是确定 1 个太阳的短路电流 I_{sc}，并假定该值与光照强度是线性的。另一方法是使用校准的中性密度滤光片[2,156,157]。可以利用激光在给定的波长下将中性密度滤光片校准到优于 1%。然而，通常它们在 400～1100nm 之间的波长有 ±5% 透射率变化，限制了它们对光谱误差不敏感的单结器件，如晶硅和砷化镓的有用性。线性度也可以利用光圈的一系列测量或通过改变闪光灯电压做出推断[137]。测定线性的其他方法涉及将电池放在低光照强度的周期性阳光和聚光的太阳光中进行照射[158,159]。理想的是使用经校准的线性标准电池，但聚焦光束的空间不均匀性可导致误差大于假定的线性误差。同样，理想情况是测量光谱响应与不同光照强度的函数关系，从而说明对于非线性器件光谱误差 M 会随着光照强度发生变化的问题。在测量响应随着偏置光强变化的光谱响应系统中，偏置光强度达到 200 个太阳的系统已经被研究组开发出来[160,161]。

聚光组件通常不能在太阳模拟器下进行测量，因为光并不是一个点光源；灯泡或集成光学器件将在电池上成像，导致组件遇到比在自然光下更大的空间强度变化。最近，已经研制出一种低成本、大面积的抛物面反射镜，为聚光组件进行闪光模拟器的校准。光束质量足以在装运前对组件性能进行生产检验[162]。因此，聚光组件通常是过一段时间之后在自然日光下进行室外评估。式（18.2）中的 PVUSA 方法已经被美国 ASTM 标准采纳，来评估直流或交流电源或聚光组件系统的能量等级[13,37,48]。桑迪亚国家实验室评估的聚光组件和阵列已包括了性能（P_{max}，或 I-V 特性）是直射光束辐照度和散热器温度的一个函数[156,157]。

18.3.9　太阳模拟器

太阳模拟器用来模拟自然阳光，对光伏电池或组件的 I-V 特性进行可重复的和准确的室内测试。理想的太阳模拟器应该：①在 I-V 测量期间光照强度的变化小于 ±1%；②测试平面之上几厘米的范围内辐照度空间变化小于 ±1%；③测试和标准电池之间的光谱适配误差小于 1%。这些限制对确保效率的不确定性小于 ±2% 是必要的。太阳模拟器根据总辐照度的空间不均匀性、辐照度的时间不稳定性、给定视场内的总辐照度和与标准光谱的光谱匹配度进行分类[163,164]。评估多结电池和组件的各小组发现，单一光模拟器引入的短路电流 I_{sc} 和

最大功率 P_{max} 的误差较大。评估标准电池的多源太阳模拟器已经在 18.3.6 节中进行了讨论[134,135]。

如果每个 I-V 数据点的强度和器件电流是在同一时间测量的，那么可以在 I-V 测量过程中对光照强度的时间变化进行修正。大多数商用和定制的连续光源 I-V 系统不对光照强度的这一时间变化进行修正，虽然多数小组都已有现成的程序来修正一段时间内或更长时间内模拟器总辐照度的长时间漂移。电弧灯随时间变化的空间均匀性不容易进行修正，虽然将强度探测器尽可能放在靠近测试器件处可以减少这些影响。空间不均匀的光源对于确定电池平均光照强度或在组件中限流电池的光照强度是一个挑战[153,165]。与电池[165,166]或组件[168]处均匀的光照强度相比，不均匀的光照强度始终导致效率下降。空间不均匀性的分类标准，假定均匀的分布没有小面积的局部不均匀性。这通常是可以实现的，但对于模拟器灯泡的距离小于灯泡的尺寸这种情况却并非如此。对于符合标准的空间不均匀性，如果像素尺寸从允许的最大值 $20cm \times 20cm$ 减小到 $2cm \times 2cm$，那么，最近发现，A 类组件的太阳模拟器将变为 C 类[163,164]。

通常太阳模拟器使用的有三种类型的照射光源：连续电弧、脉冲电弧和钨丝灯。参考文献［33，169-171］已经对这些不同模拟器的优点和问题进行了比较。

商用连续氙电弧灯太阳能模拟器与 AM0 或地面光谱的光谱匹配性很好，它们有积分光学器件的点源（小电弧量），可以实现 $\pm 1\% \sim \pm 3\%$ 的空间均匀性变化。在灯泡寿命周期中，这些灯的光谱从蓝色略微向红色偏移，大部分的偏移都发生在工作的前 $100h$[169]。连续电弧灯的强度是通过改变从灯到测试平面的距离或通过改变电流进行控制。脉冲模拟器对表征聚光电池和大面积组件尤其有用。脉冲光源的强度是通过改变从灯到测试平面的距离、调整闪光灯附近的光圈或通过改变灯闪光时的电压进行调整的。脉冲灯的光谱从蓝色向红色偏移，随着闪光灯的闪光次数增加，并因难以测量脉冲光源的光谱辐照度而很难量化。这一结果是由每次闪光中沉积在灯壳上的电极金属引起的。电弧灯在紫外线和可见光谱中的光谱匹配性非常好，但在红色（>700nm）中却因有许多氙发射线而使匹配性变得很弱。定制的滤光片可以将这些发射线的幅度减少到可控的水平。脉冲氙灯的这些发射线被减弱。

最便宜的小面积光源为有双色滤光片的卤钨灯。灯泡光谱强烈依赖于工作电压或电流[169]。光谱随着灯泡的使用年限发生的偏移归因于卤钨灯，但认真研究发现，虽然强度随着灯泡的使用年限以恒定的电流下降，但随灯泡使用年限的偏移却小于同一情况下灯泡与灯泡之间的变化[169]。为了尽量减少灯丝光源随灯泡使用年限的光谱偏移，在其整个寿命中，光源将以相同的电流运行。灯泡与测试平面之间的距离应当改变，以保持适当的光照强度。有不同功率、寿命和额定电压的各种钨-卤素灯泡。最合适灯泡的选择是一种折中的办法，例如，ELH 灯泡有最高的瓦数之一，但工作电压是 120V，并只有 35h 的短寿命。低电压的灯泡，如 HLX、ELC 或 HMM 的工作电压在 40V 以下，消除了高电压灯泡的安全隐患，并有较长的寿命，但功率较小。与连续弧灯类似，灯泡寿命因经常开关灯而缩短。至少有一个组件制造商使用钨-卤素灯泡阵列在其多兆瓦级厂房进行了组件生产测试。他们使灯泡在 I-V 测量之间以低"预燃"电压工作，大大提高了灯泡的使用寿命。他们用"匹配的"标准电池最大限度地减少对光谱误差的敏感性。钨丝灯光谱辐照度的特征是 $3200 \sim 3450K$ 的黑体光谱。这些灯缺少太阳光谱的蓝色区域，因为 AM0 光谱可以近似为一个 5900K 的黑体。硫灯或其他有大面积回火的肖特 KG3 或 KG5 滤光片的光源，因为其光谱输出与电池的响应范围相匹配，减少了加热的副作用，并且灯的使用寿命长，证明在测试有机和非晶硅电池中很有用。

18.4 光谱响应测量

光谱响应（$S(\lambda)$）或量子效率（$QE(\lambda)$）对理解光伏器件中电流的产生、复合和收集机制是很重要的。光伏电池和组件的校准经常需要使用光谱响应的光谱修正系数（即式（8.16）~式（8.22））。光谱响应可以是用单位功率产生的电流进行测量，然后再转换为量子效率，也可以通过方程用每个入射光子收集的电子-空穴对进行测量：

$$QE(\lambda) = \frac{qS(\lambda)}{\lambda hc} \tag{18.32}$$

系数 hc/q 等于 0.80655，波长的单位是 μm，光谱响应的单位是 A/W。量子产率的单位是每个光子的电子数，并通常乘以 100，得出量子效率。

一般情况下，在短路电流处测量光谱响应，因为它很容易定义，并通常与光电流相同，除非电池表现出电压相关的电流收集，例如 a-Si（非晶硅）器件。光伏器件通常在接近最大功率点运行。光谱响应的形状假定与在最大功率和短路点相同。电压相关的光谱响应已报道用于非晶硅（a-Si）[172,173]、碲化镉（CdTe）[174]和铜（镓、铟）（硫、硒）（Cu（Ga,In）（S,Se））[175]的材料体系。只有因电压引起的变化与波长相关时，才会是光谱修正因子的误差。

光伏行业已设计了多种光谱响应测量系统，包括那些基于干涉滤光片、光栅单色仪和干涉仪的测量系统[92,95,98,99,160,161,176-183]。对于单结太阳电池，$S(\lambda)$ 是通过有周期性（即"斩波的"）单色光和强度大的多的连续宽带偏置光照射到电池上确定的。器件中由周期性单色光产生的交流光电流被转换为交流电压并用锁相放大器进行获取。如果与交流噪声相比，交流信号很大，可用交流电压表代替锁相放大器。测得的由交流单色光产生的交流光电流在 μA 到 mA 范围内。器件在或接近其预期工作点，例如 1 个太阳处，宽带直流偏置光复制生成率和载流子密度。没有偏置与约 1 个太阳偏置条件之间 SR 的明显差异表明有相当大的空间电荷俘获，光电导，或与光相关的电场或者寿命。

对于双端多结器件，测量单个结的光谱响应要求这个被测量的结实际上决定着通过该器件的光电流（即电流限制的结）。限制电流一般是使用一个光谱辐照覆盖了光谱响应范围的直流偏置光辐照其他未被测量的结[179,183]。要测量双结器件中顶部电池的 $S(\lambda)$，底部电池必须用多数被吸入底部电池的"红色"光照射。要测量双结器件中底部电池的 $S(\lambda)$，顶部电池必须用多数被吸入顶部电池的"蓝色"光照射。在实践中，增加偏置光的强度直到所测结的 $S(\lambda)$ 为最大值，其他结的 $S(\lambda)$ 值为最小值。如果多结器件的终端在零伏电压，那么所测量的电池需要有反向偏置电压，因为其他结因偏置光而被正向偏置[179,183]。因为 $S(\lambda)$ 可以取决于电压，所测量的电池应在零伏电压[175]，这个可以通过给多结电池加上正向偏压来实现。如果双端器件的每个结大致都有相同的开路电压 V_{oc}，则电池正向偏压应该是叠层电池开路电压的一半。在实践中，单一结的开路电压不为人所知，因此，正向偏置电压必须进行调整，其判断标准是最大限度地提高所测电池的 $S(\lambda)$，并尽量减少其他结的 $S(\lambda)$。在实践中，对于未知的多结器件，程序是迭代的，增加偏置光强度并调节偏置电压，最大限度地增加所测电池的 $S(\lambda)$，同时尽可能减小其他结的 $S(\lambda)$。

18.4.1 基于滤光片的系统

基于滤光片的光谱响应 $S(\lambda)$ 测量系统是通过干涉滤光片将宽波段光选出，利用反射镜将光引导到测试器件上，如图18.8所示[176]。滤光轮可以由数字逻辑或步进电机控制的步进电磁开关转动。图18.8所示的光栅在使用交流电压表测量信号和没有单色光入射到样品上时是非常重要的；但在使用锁相放大器测量周期性单色信号时就没有那么重要了。单色光束功率是用热释电辐射计或校准的硅探测器测量。标准探测器可以实时测量功率与波长，而功率-波长数据可保存在文件中。实时校准的优点是，单色光束的强度波动可以校正。存储校准文件的优点是测量的功率要很高，因而尽可能减小对背景光的敏感性，而不出现与分束器有关的偏振效应。

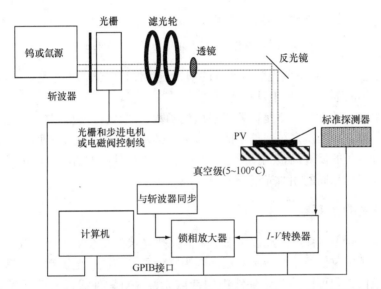

图18.8 典型的基于窄带干涉滤光片的光谱响应测量系统。光从光源通过滤光片投影到反光镜上，再将光束引导到测试平面上

这种系统对于测试包含多个电池串联组成的组件的 $S(\lambda)$ 是合适的。最简单的方法是用交流单色和直流宽带光照亮整个组件，这时的组件电压为0V，与电池的情况一样。因为其单色光的功率密度高和光束面积大，基于滤光片的 $S(\lambda)$ 系统能完全照亮任何商业组件。这种方法的问题是，不同的电池在不同波长之下可能是电流限制的，被测量 $S(\lambda)$ 的电池受到电流限制的偏置电压并不为0V。这个问题可以采用类似于测量多结的那样加偏置电压解决[76,179,180,183]。图18.9说明了测试在一个封装组件中一个电池的 $S(\lambda)$ 的结构图。以下的步骤顺序是测量组件中单一电池 $S(\lambda)$ 的解决方案[12,176]：

1）对组件施加模拟"1个太阳"的偏置光。

2）给组件施加正向偏压，并施加是前一步中 $(n-1)/n$ 倍的偏置光，测量组件的 V_{oc}，式中 n 为串联的电池数。另一程序是施加电池可产生响应的单色光，然后将正向偏置电压从测得的 V_{oc} 向0V方向降低，直到交流信号为最大值。

3）单色光仅照射在一个电池上。

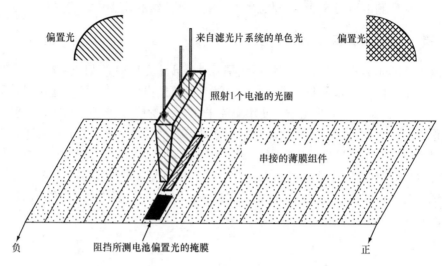

图 18.9　测量多电池组件单个电池光谱响应的示意图

4）减少电池上没有被单色光照射区域的偏置光，保证测试的电池是限制电流的电池。

5）最后，测量组件内选定电池的 $S(\lambda)$。

如果组件中电池的 $S(\lambda)$ 不是偏置光强度的函数，那么，单色光照射电池的区域不需要有直流偏置光照射。要测量多结组件中的每个结，必须调整偏置光的光谱成分，必须进行偏置光强度和偏置电压的反复调整。按照这些步骤，如果组件中的所有电池都是串联的，组件中电隔离的电池产生相同的相对光谱响应[176,180]。

18.4.2　基于光栅的系统

图 18.10 所示的光栅系统已经被研发出来测试热光伏电池在 $400 \sim 3200nm$ 波段范围的光谱响应。基于光栅单色仪的系统特别有用，因为它们具有宽波长范围和高光谱分辨率。如果使用双光栅单色仪，则可以消除紫外线中的杂散光，这对紫外线或高偏置光测量是很重要的[95,98,161,177]。长波通、阶数选择滤光片通常用来抑制较短波长的模（如 $1/2\lambda/m$，其中 $m = 2$，3 等）。例如，肖特 WG360 彩色玻璃滤光通常用于在 $400 \sim 700nm$ 区域的 $S(\lambda)$ 测量，而肖特 RG630 滤光片则用作 $700 \sim 150nm$ 波长范围内测量用的阶数选择滤光片。如果单光栅单色仪使用钨光源，$300 \sim 600nm$ 波长区域的测量可能需要带通滤波片，抑制较长或较短波长的模（例如，$1/2\lambda$ 和 2λ）。光栅单色仪系统中光源可以通过单色仪出光狭缝以小于 1 的放大率成像在测试平面上，聚焦成大约 $1mm \times 3mm$ 的矩形光斑。透镜色差引起光束尺寸随波长改变。这一效果可通过除去所有透镜并利用球形或更好的抛物线反光镜予以消除。通常，基于光栅的系统具有更低的光通量（较低的强度），但比滤光片系统的光谱分辨率高。半高宽可以通过改变单色仪狭缝宽度或光栅分辨率进行调整。

18.4.3　光谱响应测量的不确定性

光谱响应的测量涉及给定波长和功率的光所产生的光电流的测量。光谱响应通常是利用模拟标准条件的偏置光测量的，因为该器件可能是非线性的[92,95,98,99,176-180,183]。通常，效率测量时用的光谱修正因子是在 0V 附近测量的 $S(\lambda)$，并假设与在最大功率点的结果相同。

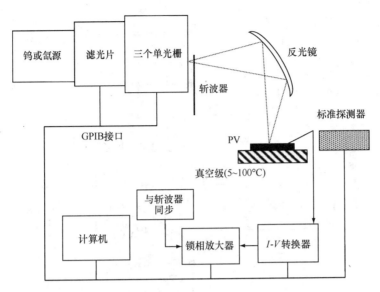

图 18.10　典型的基于光栅单色仪的光谱响应测量系统

这一假定对大多数光伏系统都是有效的，假设使用合理的匹配良好的标准电池，如肖特 KG5 过滤单晶硅电池，将会导致非晶硅电池（它具有与电压依赖的光谱响应）可忽略的误差[172-175]。

光电流是用电流-电压转换器测量的。许多小组使用增益为 10 ~ 10000 的高电流、低噪声运算放大器，如电流-电压转换器一样，因为商用电流放大器在约 10mA 时饱和。Carl Osterwald 开发并由美国国家可再生能源实验室光伏电池和组件性能表征小组自 1983 年开始使用的电流-电压转换器，是基于由计算机控制的增益电阻（50 ~ 10000 单位）的运算功率型放大器（±40V、8A）。该转换器对于大范围的偏压和信号（见图 18.11）是有用的[176]。一个简单的电流感应电阻足以让系统随时来测量同一类型的光伏器件。主要的限制是，微伏级的电阻和热噪声将测量的电流限制在微安量级。商用电流前置放大器通常有 1 ~ 10mA 的最大电流额定值，限制了其在测量有偏置光的光谱响应上的使用（即短路电流密度 J_{sc} = 30mA/cm^2 的 1cm^2 器件在 1 个太阳偏置光下产生 30mA 直流偏置电流）。可以作为电流-电压转换器的运算放大器允许与光伏器件串联接入，给出大范围偏置电压的电源。在测量组件、多结器件，或与电压有关的光谱响应的器件时，这一功能是至关重要的[132,172-176,179,180,183]。大多数小组采用锁相放大器检测周期性交流信号，但这是不必要的，因为干涉滤光片提供了很强的单色光，可以将交流信号放大到交流电压表相当准确的范围内[88]。现代数字锁相放大器具有快速自动调整量程的能力，并且因其有很大的动态范围，其噪声信号优于交流电压表。表 18.5 总结了与测量光电流相关的误差源。如果基于半导体探测器的校准使用相同的电学设备来测量测试和标准器件，那么，所有的放大错误都将被消除。对于基于热电辐射计的校准，必须在测量绝对 $S(\lambda)$ 时测量绝对光电流的值。对于电流的绝对测量，测得的锁相信号必须乘以波形修正因子，该系数与所测得的峰值信号方均根（RMS）相关联，其中正弦波为 $\sqrt{2}/2$，方波为 $2\sqrt{2}$，梯形波为 $2\sqrt{2} \cdot a \cdot \sin(\pi/a)/\pi^2$，常数 π/a 为梯形波上升沿顶部的弧度角[184]。

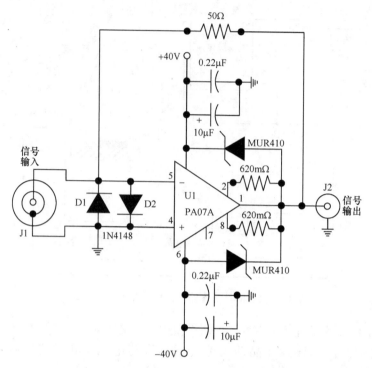

图18.11　自1983年以来，美国国家光伏中心的光伏电池和组件性能表
征小组用来测量光谱响应的电流-电压转换器[120,176]

表18.5　测量光电流的光谱响应误差源

I. 电学设备

A. 电流-电压（I-V）转换器

1. 商业电流放大器、锁相放大器或定制放大器增益、线性、噪声、偏移、分流电阻、校准、漂移、热电压

B. 用以下仪器测量的 I-V 转换器信号

1. 锁相放大器

校准、分辨率、精度、波形-正弦波修正系数、过载、噪声、动态范围、时间常数、使用锁相放大器的程序

2. 交流电压表

增益、噪声电平偏移、线性、时间常数

II. 光伏电池或组件

A. 温度、对周期性光的响应时间、光伏器件的线性、白光偏置

空间均匀性、单色光空间均匀性、所测电池的电压偏置、偏置光的光谱成分、器件对偏振光的敏感性

III. 机械

A. 光学设备的机械运动、机械振动、单色波束随波长漂移、单色光的斩波杂散

对于电化学电池或具有许多深复合中心的光伏器件来说，对单色光的响应时间是一个问题。与报道的其他结果相似，要求斩波频率低于4Hz以保证独立于频率的交流光响应[185]。这个效果在低光照水平和红外线中更为明显。然而，大多数的无机太阳电池都可以在50～100Hz之间充分地进行测量，这也是大多数机械斩波器和锁相放大器的合适范围。重要的是，来自偏置光源的光不允许通过斩波器。测定这一器件是否存在这种假象的最简单程序就

是关断单色光源，测量测试器件的交流响应作为偏置光强度的一个函数（应为零）。

如果已知光电流在一个放大常数范围内，基于半导体的校准是有用的。其主要限制是靠近带隙处的温度敏感性（硅的波长大于 900nm）及其有限的响应范围。经校准的市场销售半导体（硅锗混合探测器）产品的波长范围不超过 300～1700nm。对于波长大于 1800nm 基于半导体的探测器，很难获得精确的校准。如果利用同一个放大器测量标准和未知的光伏器件，则可以消除增益的不确定性。利用双通道锁相放大器进行半导体校准时，斩波器的相位是无关的，而使用热电辐射计时，通常需要手动将斩波器调整到正确的相位。基于半导体的校准可以独立对测试和标准信号进行滤波，最大限度地获得最大的信号-噪声比。表 18.6 列出了与测量单色光功率相关的各种误差源。单色光功率可以用辐射检测仪或半导体检测仪进行测量。利用石英片作为分束器时，则可能因极化效应而出现功率误差。离开单色仪的光被极化，偏振角可以随光栅的变化而变化。光伏器件的带隙、光致发光和吸收系数可以对偏振角很敏感。玻璃表面反射的光，其偏振性不同于到达测试平面的光，其强度也低得多。如果利用检测仪在测试平面上进行校准，并且将文件保存在磁盘上，那么这些效应将减小到最低。实施校准时，至少需要采用一次这种程序。实时校准证明，光谱随着灯的使用年限、电流和时间发生变化。

表 18.6　测量光功率的光谱响应误差源

I. 灯丝和氙弧光源

A. 强度波动、光谱随使用年限和电流的变化

II. 实时校准

A. 有玻璃分束器的光偏振、信噪比、探测器特性、监视探测器随着时间的偏移的校准

III. 保存的校准文件

A. 单色光源随时间的漂移

IV. 杂散光

A. 探测器能够看到电池看不到的光，探测器的面积不同于器件的面积，不同的视场

B. 单色器：较高和较低光栅顺序的不完全衰减，单光栅与双光栅

C. 窄带宽滤光片：滤光片针孔、阻挡滤光片退化、光线阻挡不足（ $>10^{-4}$ ）

V. 探测器和有关的通用电子学设备

A. 校准、分辨率、精度、增益、相位、偏移、线性、探测器元件的空间均匀性

B. 室温下的漂移、探测器的视场变化、探测器退化

C. 探测器的光谱响应

VI. 热释探测器

A. 探测器常数、颤噪效应、信号-噪声、相位角调整、波形系数（假定的方波）

如果光束比样品大，则单色光束的空间均匀性很重要。对于 NREL 的滤光片单色仪系统，空间非均匀性一般在 ±10%；更重要的是，因为滤光片的透射变化和氙弧灯输出的空间变化，这些误差可以随波长发生变化。电学定标热电探测器从紫外线到远红外线光谱范围内的响应都比较平滑，并具有小于 ±2% 的宽带低误差；但它们对颤噪效应、探测器视场内的温度变化很敏感，并具有 $0.01\mu W/cm^2$ 级的噪声。基于半导体的探测器对其相对较窄响应范

围以外的光不敏感，并且可以用测量测试器件相同的电学设备进行测量，从而消除任何独立于波长的放大误差源。基于半导体的探测器可随着使用年限发生漂移[186]，并有在其带隙附近有超过 1%/℃的温度系数。表 18.7 总结了可能因单色光出现的量子效率误差。单色光的带宽可以归因于带隙附近的误差，或通过带通滤波器的透射光为高度不对称时出现[184]。干涉滤光片的半高宽小于 10nm 并且响应范围很宽时，如晶硅，这些误差对光谱修正系数的影响较小[184]。

表 18.7 与单色光有关的光谱响应误差源

I. 带宽、滤光片缺陷、偏振随波长的变化

II. 波长偏移、波长误差、波长随室温的变化

III. 光束随波长的漂移

IV. 光束大于测试器件

A. 探测器面积与光伏面积、不同的探测器和光伏位置、光束的空间均匀性

V. 光束小于探测器和器件面积

A. 部分遮挡的区域、光伏响应的空间变化

18.5　组件的质量鉴定和认证

并网发电应用设计光伏组件的要求是在现场持续使用 20 年或以上，而且无需维护。组件的设计可以承受日常的热循环、冰雹、风、沙和暴风雨，以及长时间在紫外线下进行照射。为了安全起见，光伏电池和布线必须与框架、边缘或组件表面隔离开，防止形成有害的电势。为了验证特定产品是否可靠，已经制订了国内和国际共识的地面晶硅和薄膜组件设计的质量鉴定和认证类别[187-190]。最近公布了制订这些标准背后的历史调查报告[191]。

理想情况下，组件应在自然条件下经受长期的照射。平板型硅光伏组件在研发的第一年可靠性很差。在 20 世纪 70 年代末和 80 年代初，喷气推进实验室为美国政府制订了一项努力提高光伏组件可靠性的广泛方案[192]。20 世纪 80 年代，喷气推进实验室的平板型太阳电池阵列方案确定了以下 13 项主要硅平板组件衰减机制：电池区域的断裂，电池短路，电池内部串联的断路，电池功率逐渐下降，封装组件的光学衰减，前表面污染，玻璃破损，组件接线开路，组件中电池的热斑，旁路二极管短路，框架短路或接地，组件密封胶脱层，寿命到期[192]。

现已制订了加速老化测试程序，模拟现场照射 20 年或以上并确定主要的失效机理。不幸的是，通过测试并不能保证 20 年的使用寿命，因为不是所有的失效机理和模式都已确定，并非所有的应力因素，如紫外线照射，都能模拟长时间的照射。美国材料试验学会（ASTM）[189]或欧洲共同体委员会[190,192-194]等各政府组织都已经制订了测试计划。所述的测试来自国际电工委员会（IEC）、有关光伏技术的国际标准化组织[187,188]。这些测试包括安全性测试、机械完整性测试和热循环测试。

热循环测试可以确定组件承受热膨胀系数、失配、疲劳和温度反复变化引起的其他应力的能力，包括从 −40℃到 85℃的 200 个热循环。湿热测试的目的是确定该组件承受长期暴露在高湿度环境的水汽，包括在温度 85℃和 85%相对湿度下 1000h 影响的能力。湿-冻测试

确定组件能够承受高温和高湿度,随后是 0℃ 以下温度影响的能力,包括相对湿度 85% 和温度从 85℃ 到 -40℃ 的 10 个循环。这不是一次热冲击测试,因为在冷冻温度以上温度随时间的最大变化为 100℃/h。这种湿-冻测试揭示了在高湿度条件下组件内液体水的有害积聚。因为在有低并联电阻时,低光强下的组件性能相当低,所以,组件应在 200W/m² 的辐照度下进行测试(约只有 1 个太阳的 20%)。组件需要暴露在总太阳辐照度 60kWh/m² 中保持功率损失小于 5%,从而揭示出任何通过其他测试方法不能检测出的协同衰减效应。

热斑测试的目的是确保组件不会在出现热斑时,因电池不匹配、局部阴影或互相连接故障而失效。热斑是组件上的局部区域,运行温度比组件的其他区域高 5~40℃。热斑测试包括 5 次在最坏的热斑条件下,1000W/m² 辐照度下暴露 1h。该组件还必须在 11 个冲击位置经受直径 25mm 的冰球以 23m/s 的速度进行的冰雹测试[187,188]。组件还要进行扭曲测试,检测当组件安装在非平整表面上时可能出现的组件缺陷。扭转测试包括组件三个角的支撑和第四个角相对于其他三个角定义的平面偏转 1.2°[187,188]。另外,组件还需要经受风、雪或冰负载而不会出现机械或电学故障。静态负载测试模拟 130km/h 的风负载,包括按制造商规定的方式安装组件并首先向前表面,然后向后表面施加 2400Pa 的力并分别保持 1h。绝缘测试是一种安全性测试,确定组件载流部件与组件边缘或框架是否有足够好的隔离,施加 500V 的对地电压时,需要大于 50MΩ 的对地电阻;施加 1000V 电压加上两倍的最大系统电压时,需要小于 50μA 的对地电流[187,188]。对于无边框组件,在外围连接一条金属导线接地。

潮湿-泄漏-电流测试是一种严格的安全测试,确保载流部件有良好的隔离,防止出现接地故障,即使组件是潮湿的。潮湿-泄漏测试的目的是验证在可能造成剥离或腐蚀时,湿气不会进入组件的带电部件。组件放在一个水箱内,在 22℃±3℃,电阻率为 3500Ω·cm 或以下,表面张力小于 3N/m²,在 500V 的电压下测量泄漏电流。潮湿-泄漏测试的最大允许泄漏电流(有时称为湿耐压测试)为 10μA 另加 5μA,并乘以表面积(m²)。在各种应力测试前后进行潮湿-泄漏测试。在标准文件中规定了组件数量、事件顺序和合格/不合格的标准[187,188]。薄膜组件的测试程序还需要在光照射期间定期测量标准报告细则下的 I-V 特性(800~1000W/m² 之间,40~60℃ 之间),直到在应力前后测定稳定性能中,组件功率的变化至少在 43kWh/m² 的两次连续光照射期内小于 2%[188]。

最近,IEC 标准委员会(IEC TC-82 工作组 7)制订了聚光组件的质量鉴定标准[196]。标准类似于平板标准,但需要进行日晒测试。独立的部分可以是合格的,因为整个组件或部分可能过大,难以放入环境测试箱。这一标准必须考虑到,从环境温度到环境温度以上 40℃ 的最高工作温度范围很大。例如,基于碟式聚光器或基于透镜的聚光器处在环境温度下,而电池和散热片的温度则高于环境温度。该委员会目前正在制订一项聚光组件的跟踪器件标准和性能评估标准。

该标准协会正在考虑制订故障测试(TTF)协议,说明在质量鉴定测试中不太明显的故障机理和模式[197]。故障测试协议不是真正的可靠性测试或服务,目的是确定平均故障时间,因为不说明每个失效模式或机理。通过扩大 85℃ 温度和 85% 相对湿度下热循环质量的鉴定测试次数和湿热时间并增加偏置电压,获得不同组件相对可靠性的定量评估。

18.6　总结

总结了电池和组件性能的最佳评估方法。组件额定峰瓦的不确定性大于光伏行业的期望值。世界公认的最精确的地面和地球外主要校准小组之间的 ±1% 变化限制是这一误差的主要原因[92,108]。其他的组件误差源——光源的空间非均匀性、偏置速率、光谱误差和其他因素带来的最大额定功率变化，硅组件为 ±2%，而薄膜组件则要大得多[98,99,126-130]。已编写完成的标准文件给出了如何测试光伏的一般性指导。ASTM 标准可以从其网站 http://astm. org/ 索取。相关的光伏标准在第 12.02 卷内，是由委员会 E44.09 负责管理的。本章中所提到的 ASTM 标准在参考文献 [6-8，10，12-14，28，32，90，103，163，177 和 189] 中列出。国际上，IEC 标准是最常用的，并且可以从 http://www. iec. ch/ 网上购买。相关的 IEC 光伏标准委员会是 TC-82。IEC 60904 中包含有关测试的光伏标准有 10 个部分。其他主要的 IEC 光伏组件标准为 60891、61215、61646 和 62108[78,187,188,196]。本章中所提到的 IEC 标准在参考文献 [11，15，78，91，164，87，188 和 196] 中列出。ISO 标准在网站 http://www. iso. org 上，涵盖了空间光伏行业各项国际标准。最重要的 ISO 光伏性能标准在参考文献 [17] 中列出，同时也记录了世界各地所采用的主要 AM0 标准电池的校准方法。

国际公认的标准光谱可以从 ASTM 或 IEC 购买，也可以从国家可再生能源实验室的网站 http://rredc. nrel. gov/solar/spectra/am1.5/ 下载这些向 ASTM 和 IEC 提交审批的标准。

致谢

这项工作得到了合同 DE- AC36-08GO28308 的支持。特拉华大学能量转换学院的克里斯·汤普森和史蒂夫·海格杜斯利用 SAM 创建了表 18.3。对美国国家可再生能源实验室光伏性能小组（A. 安德伯格、P. 西泽克、C. 麦克、T. 莫里亚蒂、C. 奥斯特沃尔德、L. 欧托森、S. 拉梅尔和 R. 威廉斯）所做的贡献一并表示感谢。

参考文献

1. Emery K, Osterwald C, *Solar Cells* **17**, 253–274 (1986).
2. Emery K, Osterwald C, *Current Topics in Photovoltaics* **3**, Chap. 4 (1988).
3. Heidler K, Raicu A, Wilson H, *Proc. 21st IEEE PVSC*, 1017–1022 (1990).
4. Nann S, Emery K, *Solar Energy Matls*. **27**, 189–216 (1992).
5. Terrestrial Photovoltaic measurement Procedures, NASA Tech. Report TM 73702, June 1977.
6. Standard ASTM E948, *Standard Test Method for Electrical Performance of Non-Concentrator Photovoltaic Cells Using Reference Cells*, Amer. Society for Testing Matls., West Conshocken PA, USA.
7. Standard ASTM E1036, *Standard Test Methods for Electrical Performance of Nonconcentrator Terrestrial Photovoltaic Modules and Arrays Using Reference Cells*, Amer. Society for Testing Matls., West Conshocken PA, USA.
8. Standard ASTM E490-00, *Standard for Solar Constant and Air Mass Zero Solar Spectral Irradiance Tables*, Amer. Society for Testing Matls., West Conshocken PA, USA.
9. Standard Commission of the European Community, CEC 101, Issue 2, EUR-7078 EN, *Standard Procedures for Terrestrial Photovoltaic Measurements* (1981).
10. Standard ASTM G159-98, *Standard Tables for References Solar Spectral Irradiance at Air Mass 1.5: Direct Normal and Hemispherical for a 37° Tilted Surface*, Amer. Society for Testing Matls., West Conshocken PA, USA.

11. Standard IEC 60904-1, *Photovoltaic devices Part 1: Measurement of photovoltaic current-voltage characteristics*, International Electrotechnical Commission, Geneva, Switzerland.

12. *STANDARD ASTM E2236*, *Standard Test Methods for Measurement of Electrical Performance and Spectral Response of Nonconcentrator Multijunction Photovoltaic Cells and Modules*, Amer. Society for Testing Matls., West Conshocken PA, USA.

13. Standard ASTM E2527, Standard Test Method for Rating Electrical Performance of Concentrator Terrestrial Photovoltaic Modules and Systems Under Natural Sunlight, Amer. Society for Testing Matls., West Conshocken PA, USA.

14. Standard ASTM G173-03, *Standard Tables for References Solar Spectral Irradiance at Air Mass 1.5: Direct Normal and Hemispherical for a 37° Tilted Surface*, Amer. Society for Testing Matls., West Conshocken PA, USA.

15. Standard IEC 60904-3, *Measurement Principles for Terrestrial PV Solar Devices with Reference Spectral Irradiance Data editions 1 and 2*, International Electrotechnical Commission, Geneva, Switzerland.

16. Wehrli C, *Extraterrestrial Solar Spectrum*, Physikalish-Meterologisches Observatorium and World Radiation Center, Tech. Report 615, Davos-Dorf, Switzerland, July 1985.

17. ISO 15387:2005, Space systems – Single-junction space solar cells – Measurement and calibration procedures, International Organization for Standardization, Geneva, Switzerland.

18. Bird R, Hulstrom R, Riordan C, *Solar Cells* **14**, 193–195 (1985).

19. Gueymard, C., *Solar Energy* **71**, 325–346 (2001).

20. Gueymard, CA, Myers D, Emery K, *Solar Energy*, **73**. 443–467 (2002).

21. Kurtz S, Myers D, Townsend T, Whitaker C, *et al.*, *Solar Energy Materials and Solar Cells* **62**, 379–391 (2000).

22. Myers D, Kurtz S, Emery K, Whitaker C, *et al.*, *Proc. 28th IEEE PVSC*, pp 1202–1205 (2000).

23. King D, Siegel R, *Proc. 17th IEEE PVSC*, pp 944–951 (1984).

24. Osterwald C, *Proc. 18th IEEE PVSC*, pp 951–956 (1985).

25. Faine P, Kurtz S, Riordan C, Olson J, *Solar Cells* **312**, 259–278 (1991).

26. Aerosol Robotic Network (AERONET), Goddard Space Flight Center, http://aeronet.gsfc.nasa.gov.

27. *Solar Cell Array Design Handbook*, Jet Propulsion Laboratory Tech. Report SP 43-38, volume 1, October 1976.

28. Standard ASTM Standard E490-73, *Standard for Solar Constant and Air Mass Zero Solar Spectral Irradiance Tables*, Amer. Society for Testing Matls., West Conshocken PA, USA.

29. Makarova Y, Kharitonov A, Distribution of Energy in the Solar Spectrum, translated from Russian in NASA Tech. Report TT F-803, June 1974.

30. Frölich C, Lean J, Total Solar Irradiance Variations: the construction of a composite and its Comparison with Models, *Int. Astronomical Union Symp. 185: New Eyes to See inside the Sun and Stars*, Kluwer Academic Publ., Dortrecht The Netherlands, pp 89–102 (1998).

31. Lee R, Barkstrom B, Luther M *Proc. 6th conf. On Atmospheric Radiation*, American Meteorological Society, Boston, MA (1986).

32. Standard ASTM E1328, *Standard Terminology Relating to Photovoltaic Solar Energy Conversion*, Amer. Society for Testing Matls., West Conshocken PA, USA.

33. Emery K, *Solar Cells* **18**, 251–260 (1986).

34. Emery K, Field H, *Proc. 24th IEEE PVSC*, pp 1833–1838 (1994).

35. Green M, Emery K, Hishikawa Y, Warta W, Solar Cell Efficiency Tables (version 36), *Prog in Photovoltaics* **18**, 346–352 (2010).

36. Firor K, *Proc. 18th IEEE PVSC*, pp 1443–1448 (1985).

37. Jennings C, *Proc. 19th IEEE PVSC*, pp 1257–1260 (1987).

38. Taylor R, *Solar Cells* **18**, 335–344 (1986).

39. Fuentes M, A Simplified Thermal Model for Flat-Plate Photovoltaic Arrays, Sandia Tech. Report Sand 85-0330, May 1987.

40. Koltay P, Wenk J, Bücher K, *Proc. 2nd World Conf. PVSEC*, pp 2334–2337 (1998).

41. Fisher H, Pschunder W, *Proc. 10th IEEE PVSC*, pp 404–411 (1973).

42. DeWolf S, Choulat P, Szlufcik, Périchaud, *et al.*, *Proc. 28th IEEE PVSC*, pp 53–56 (2000).

43. Luft W, von Roedern B, Stafford B, Waddington D, *et al.*, *Proc. 22nd IEEE PVSC*, pp 1393–1398 (1991).

44. Luft W, von Roedern B, *Proc. 24th IEEE PVSC*, pp 850–853 (1994).

45. DelCueto J, von Roedern B, *Prog in Photovoltaics* **7**, 101–112 (1999).

46. Meyer T, Schmidt M, Harney R, Engelhardt F, *et al.*, *Proc. 26th IEEE PVSC*, pp 371–374 (1997).

47. Ruberto M, Rothwarf A, *J. Appl Phys*. **61**, 4662–4669 (1987).

48. Hester S, Townsend T, Clements W, Stolte W, *Proc. 21st IEEE PVSC*, pp 937–943 (1990).

49. Gay C, Rumburg J, Wilson J, *Proc. 16th IEEE PVSC*, pp 1041–1046 (1982).

50. Gianoli-Rossi E, Krebs K, *Proc. 8th EC PVSEC*, pp 509–514 (1988).

51. Kroposki B, Myers D, Emery K, Mrig L, *et al.*, *Proc. 25th IEEE PVSC*, pp 1311–1314 (1996).

52. Kroposki B, Marion W, King D, Boyson W, Kratochvil J, *Proc. 28th IEEE PVSC*, pp 1407–1411 (2000).

53. Whitaker C, Townsend T, Newmiller J, King D, *et al.*, *Proc. 26th IEEE PVSC*, pp 1253–1256 (1997).

54. Marion B, Kroposki B, Emery K, del Cueto J, *et al.*, Validation of a Photovoltaic Module Energy Ratings Procedure at NREL, NREL Tech. Report NREL/TP-520-26909, Aug. 1999.

55. Marion W, Urban K, (1995), User's Manual for TMY2s (Typical Meteorological Years) – Derived from the 1961-1990 National Solar Radiation Data Base, NTIS/GPO Number: DE95004064, NREL Tech. Report TP-463-7688, 1995.

56. Nann S, Riordan C, *Journal of Appl. Meteorology* **30**, 447–462 (1991).

57. Raicu A, Heidler K, Kleiss G, Bücher K, *Proc. 11th EC PVSEC*, pp 1323–1326 (1992).

58. Raicu A, Heidler K, Kleiß G, Bücher K, *Proc. 22nd IEEE PVSC*, pp 744–749 (1991).

59. Bücher K, *Proc. 23rd IEEE PVSC*, pp 1056–1062 (1993).

60. Bücher K, Kleiss G, Bätzner D, *Proc. 26th IEEE PVSC*, pp 1187–1191 (1997).

61. Gilman, P; Blair, N; Mehos, M; Christensen, .; Janzou, S; Cameron, C (2008). Solar Advisor Model User Guide for Version 2.0, NREL Report No. TP-670-43704, 2008.

62. King D, Boyson W, Kratochvil J, Photovoltaic Array Performance Model, Sandia Report No. SAND2004-3535, 2004.

63. Jardine C, Conibeer G, Lane K, *Proc. 17th European PVSEC*, pp 724–727 (2001).

64. Gregg A, Parker T, Swenson R, *Proc. 31st IEEE PVSC*, pp 1587–1592 (2005).

65. van Cleef M, Lippens P, Call J, Proc. 17th European PVSEC, pp 565–568 (2001).

66. Akmhahmad K, Kitamura A, Yamamoto F, Okamoto H, Hamakawa Y, *Solar Energy Materials and Solar Cells* **46**, 209–218 (1997).

67. Bergman J, T*ech. Digest PVSEC-14*, pp 1071–1074 (2004).

68. Holland S M, *Photon International*, 10–11 (2000).

69. Itoh M, Takahashi H, Fuji T, Takakura H, Hamakawa Y, and Matsumoto Y, *Solar Energy Materials and Solar Cells* **67**, 435–440 (2001).

70. King D, Dudley J, Boyson W, *Proc. 26th IEEE PVSC*, pp 1295–1297 (1997).

71. Green M, *Solar Cells Operating Principles, Technology and System Application*, University of New South Wales, Kensington, Australia (1992).

72. Emery K, Burdick J, Caiyem Y, Dunlavy D, *et al.*, *Proc. 25th IEEE PVSC*, pp 741–744 (1996).

73. Osterwald C, Glatfelter T, and Burdick J, *Proc. 19th IEEE PVSC*, pp 188–193 (1987).

74. Kameda M, Sakai S, Isomura M, *et al.*, *Proc. 25th IEEE PVSC*, pp 1049–1052 (1996).

75. Hisikawa Y, Okamoto S, *Solar Energy Matr. and Solar Cells*, **33**, 157–168 (1994).

76. Sandstrom J, A Method for Predicting Solar cell Current-Versus Voltage Characteristics as a Function of Solar Intensity and Cell Temperature, JPL Tech. Report TR 32-1142, Jet Propulsion Laboratory, Pasadena, CA, USA, July 1967.

77. Klise G and Stein J, Models Used to Assess the Performance of Photovoltaic Systems, Sandia

Report No. SAND2009-8258, 2009.

78. Standard IEC 60891, *Procedures for temperature and Irradiance corrections to measured I-V characteristics of crystalline silicon photovoltaic devices*, International Electrotechnical Commission, Geneva, Switzerland.

79. King D, Kratochvil J, Boyson W, Bower W, *Proc. 2nd World Conf. PVSEC*, 1947–1952 (1998).

80. Kasten F, Young A, *Appl. Optics* **28**, 4735–4738 (1989).

81. Hishikawa Y, Tsuno1 Y, Kurokawa K, *Proc. 21st EEC PVSEC*, pp 2093–2096 (2006).

82. Marion B, Rummel S, Anderberg A, *Prog in Photovoltaics* **12**, 593–607 (2004).

83. Emery K, Osterwald C, Cannon T, Myers D, *et al.*, *Proc. 18th IEEE PVSC*, pp 623–628 (1985).

84. Emery K, Osterwald C, *Solar Cells* **27**, 445–453 (1989).

85. Osterwald C, *Solar Cells* **18**, 269–279 (1986).

86. Field H, Emery K, *Proc. 23rd IEEE PVSC*, pp 1180–1187, (1993).

87. Shimokawa R, Miyake Y, Nakanishi Y, Kuwano Y, *et al.*, *Solar Cells*, **19**, 59–72 (1987).

88. Emery K, Waddington D, Rummel S, Myers D, Stoffel, T, *et al.*, SERI Results from the PEP 1987 Summit Round Robin and a Comparison of Photovoltaic Calibration Methods, NREL Tech. Report TR-213-3472. March 1989.

89. Myers D, Emery K, Stoffel T, *Solar Cells* **27**, 455–464 (1989).

90. Standard ASTM E1040, *Standard Specification for Physical Characteristics of Nonconcentrator Terrestrial Photovoltaic Reference Cells*, Amer. Society for Testing Matls., West Conshocken PA, USA.

91. Standard IEC 60904-2, *Requirements for Reference Cells*, International Electrotechnical Commission, Geneva, Switzerland.

92. Osterwald C, Anevsky S, Barua A, Dubard J, *et al.*, *Proc. 26th IEEE PVSC*, pp 1209–1212, (1997) also Results of the PEP'93 Intercomparison of Reference Cell Calibrations and Newer Technology Performance Measurements: Final Report, NREL Tech. Report NREL/TP-520-23477, March 1998.

93. Osterwald C, Anevsky S, Bücher K, Barua A, *et al.*, *Prog in Photovoltaics* **7**, 287–297 (1999).

94. Shimokawa R, Nagamine F, Nakata M, Fujisawa K, *et al.*, *Jpn. J. Appl. Phys.* **28**, L845–L848 (1989).

95. Metzdorf J, *Appl. Optics* **26**, 1701–1708 (1987).

96. Bruce S, *Optical Metrology and More*, NIST Tech. Report NISTIR 5429, U.S. Department of Commerce, National Institute of Standards and Technology, Gaithersburg, MD, USA (1994)

97. Allison J, Crab R, *Proc. 12th IEEE PVSC*, pp 554–559 (1976).

98. Metzdorf J, Wittchen T, Heidler K, Dehne K, *et al.*, *Proc. 21st IEEE PVSC*, pp 952–959 (1990), also The Results of the PEP '87 Round-Robin Calibration of Reference Cells and Modules – Final Report, PTB Tech. Report PTB-Opt-31, Braunschweig, Germany, ISBN 3-89429-06706, November 1990.

99. Ossenbrink H, Van Steenwinkel R, Krebs K, The Results of the 1984/1985 Round-Robin Calibration of Reference Solar Cells for the Summit Working Group on Technology, Growth and Employment, Tech. Report EUR 10613 EN, Joint Research Center, ISPRA Establishment, ISPRA Italy, April 1986.

100. Osterwald C, Emery K, Myers D, Hart R, *Proc. 21st IEEE PVSC*, pp 1062–1067 (1990).

101. Gomez, T, Garcia L, Martinez G, *Proc. 28th IEEE PVSC*, pp 1332–1335, (2000).

102. Romero J, Fox N, Fröhlich C, *Metrologia* **32**, 523–524 (1995/1996).

103. Standard ASTM E1125, *Standard Test Method for Calibration of Primary Non-Concentrator Terrestrial Photovoltaic Reference Cells Using a Tabular Spectrum*, Amer. Society for Testing Matls., West Conshocken PA, USA.

104. Osterwald C, Emery K, *Journal of Atmospheric and Oceanic Technology* **17**, 1171–1188 (2000).

105. Shimokawa R, Nagamine F, Miyake Y, Fujisawa K, *et al.*, *Jap. J. of Appl. Physics* **26**, 86–91 (1987).

106. King D, Hansen B, Jackson J, (1993), *Proc. 23rd IEEE PVSC*, pp 1095–1101 (1993).

107. Bücher K, Stiening R, Heidler K, Emery K, *et al.*, *Proc. 23rd IEEE PVSC*, pp 1188–1193 (1993).

108. Anspaugh B, Downing R, Sidwell L, Solar Cell Calibration Facility Validation of Balloon Flight Data: a Comparison of Shuttle and Balloon Flight Results, JPL Tech. Report 85-78, Jet Propulsion Laboratory, Pasadena, CA USA (1985).

109. Anspaugh B, *Proc. 19th IEEE PVSC*, pp 542–547 (1987).

110. Brandhorst H, *Appl. Optics* **4**, 716–718 (1968).

111. Brandhorst H, *Proc. International Colloquium Organized by ECOSEC*, 565-574 in *Solar Cells*, (1971).

112. Bucher K, *Prog in Photovoltaics* **5**, 91–107 (1997).

113. Emery K, Osterwald C, Kazmerski L, Hart R, *Proc. 8th PVSEC*, pp 64–68 (1988).

114. Jenkins P, Brinker D, Scheiman D, *Proc. 26th IEEE PVSC*, pp 857–860 (1997).

115. General Requirements for the Competence of Testing and Calibration Laboratories, Geneva, Switzerland, ISO/IEC standard 17025 (2005).

116. ISO Guide to the Expression of Uncertainty in Measurement, International Organization for Standardization, Geneva, Switzerland, ISBN 92-67-10188-9 (1995).

117. Emery K, Osterwald C, *Solar Cells* **27**, 445–453, (1989).

118. Emery K, Osterwald C, Wells C, *Proc. 19th IEEE PVSC*, pp 153–159 (1987).

119. American Association for Laboratory Accreditation, www.A2LA.org, certification number 2236.01.

120. Emery K, Uncertainty Analysis of Certified Photovoltaic Measurements at NREL, NREL tech. Rep. NREL/TP-520-45299, August 2009.

121. Whitfield K, and Osterwald C, *Prog in Photovoltaics* **9**, 87–102 (2001).

122. Zaaiman W, Mullejans H, Dunlop E, Ossenbrink H, *Proc. 21st PVSEC*, pp 64–68 (2006).

123. Emery K, The Results of the First World Photovoltaic Scale Recalibration, NREL Tech. Report NREL/TP-520-27942, March 2000.

124. Matsuda S, Flood D, Gomez T, Yiqiang Y, *Proc. 2nd World Conf. PVSEC*, pp 3572–3577 (1988).

125. Treble F Krebs K, *Proc. 15th IEEE PVSC*, pp 205–210 (1981).

126. Rummel S, Anderberg A, Emery K, King D, *et al.*, *Proc. 4th World Conf. PVSEC*, pp 2034–2037 (2006).

127. Betts T, Gottschalg R, Infield D, Kolodenny W, *et al.*, *Proc. 21st PVSEC*, pp 2447–2450 (2006).

128. Kiefer K, Warta W, Hohl-Ebinger J, Herrmann W, *et al.*, *Proc. 21st PVSEC*, pp 2493–2496 (2006).

129. Herman W, *et al.*, *Proc. 22nd EU PVSEC*, p. 2506 (2007).

130. Herrmann W, Zamini S, Fabero F, Betts T, *et al.*, *Proc.23rd EU PVSEC*, pp 2719–2723 (2008),

131. Friedman D, *Proc. 25th IEEE PVSC*, pp 89–92 (1996).

132. Virshup G, Chung B, Ristow M, Kuryla M, Brinker D, *Proc. 21st IEEE PVSC*, pp 336–338 (1990).

133. Bogus K, Larue J, Masson J, Robben A, *Proc. 6th EC PVSEC*, pp 348–354 (1985).

134. Glatfelter T, Burdick J, Czubatyj W, *Proc. 2nd PVSEC*, pp 106–109 (1986).

135. Glatfelter T, Burdick J, *Proc. 19th IEEE PVSC*, pp 1187–1193 (1987).

136. Virshup G, *Proc. 21st IEEE PVSC*, pp 1249–1255 (1990).

137. Emery K, Meusel M, Beckert R, Dimroth F, *et al.*, *Proc. 28th IEEE PVSC*, pp 1126–1130 (2000).

138. Bickler D, *Solar Energy* **6**, 64–68 (1962).

139. Bennett M, Podlesny R, *Proc. 21st IEEE PVSC*, pp 1438–1442 (1990).

140. Shimokawa R, Nagamine F, Hamyashi Y, *Jpn. J. of Appl. Phys.* **25**, L165–L167 (1986).

141. Sopori B, Marshall C, Emery K, *Proc. 21st IEEE PVSC*, pp 1116–1121 (1990).

142. Sopori B, Marshall C, *Proc. 22nd IEEE PVSC*, (1991).

143. Krut D, Lovelady J, Cavicchi T, *Proc. 2nd World Conf. PVSEC*, pp 3671–3674 (1998).

144. Adelhelm R, Bücher K, *Sol. Ener. Mater. Sol. Cells* **50**, 185–195 (1998).

145. Muesel M. Adelehlm R, Dimroth F, Bett A, *et al.*, *Prog in Photovoltaics* **10**, 243–255 (2002).

146. Emery K, Osterwald C, *Proc. 21st IEEE PVSC*, pp 1068–1073 (1990).

147. Schultz P, Meilus A, Hu S, Goradia C, *IEEE trans. On Inst. and Meas.* **IM26**, 295–299 (1977).

148. Briskman R, Livingstone P, *Sol. Energy Matr. and Sol. Cells* **46**, 187–199 (1997).

149. Cox C, Warner T, *Proc. 16th IEEE PVSC*, pp 277–1283 (1982).

150. Skolnik H, *Solar Energy* **14**, 43–54 (1972).

151. Kern R, Wagemann W, *Proc. 7th EC PVSEC*, pp 314–318 (1986).

152. Mantingh E, Zaaiman W, Ossenbrink H, *Proc. 24th IEEE PVSC*, pp 871–873, (1994).

153. Heidler K, Fischer H, Kunzelmann S, *Proc. 9th EC PVSEC*, pp 791–794 (1989).

154. Moriarty T, Emery K, *Proc. 4th NREL TPV Conf.*, AIP proceedings **460**, 301–311 (1998).

155. Kiehl J, Emery K, Andreas A, *Proc. 19th PVSEC*, paper 5BV.2.11 (2004).

156. Gee J, Hansen R, *Solar Cells* **18**, 281–286 (1986).

157. Nasby R, Sanderson R, *Solar Cells* **6**, 39–47 (1982).

158. Dondero R, Zirkle T, Backus, C, *Proc. 18th IEEE PVSC*, pp 1754–1755 (1985).

159. Martin S, Backus C, *Proc. 6th EC PVSEC*, pp 290–294 (1985).

160. Chambers B, C. Backus C, *Proc. 3rd EC PVSEC*, pp 418–422 (1980).

161. Stryi-Hipp G, Schoenecker A, Schitterer K, Bucher K, *et al.*, *Proc. 23rd IEEE PVSC*, pp 303–308 (1993).

162. Domínguez C, Antón I, Sala G, Martínez M. *Proc. 4th International Conference on solar concentrators*, 4B–3 (2007).

163. Standard ASTM E927, *Standard Specification for Solar Simulation for Terrestrial Photovoltaic Testing*, Amer. Society for Testing Matls., West Conshocken PA, USA.

164. Standard International Electrotechnical Commission IEC 60904-9, *Solar Simulator Performance Requirements*, Geneva, Switzerland.

165. Cuevas A, Lopez-Romero S, *Solar Cells* **11**, 163–173 (1984).

166. Dhariwal S, Mathur R, Gadre R, *J. Phys. D: Appl. Phys.* **14**, 1325–1329 (1981).

167. Schönecker A, Bücher K, *Proc. 22nd IEEE PVSC*, pp 203–208 (1991).

168. King D, Dudley J, Boyson W, *Proc. 25th IEEE PVSC*, pp 1295–1297, (1996).

169. Emery K, Myers D, Rummel S, *Proc. 20th IEEE PVSC*, pp 1087–1091 (1989).

170. Seaman C, Anspaugh B, Downing R, Esty R, *Proc. 14th IEEE PVSC*, pp 494–499 (1980).

171. Matson R, Emery K, Bird R, *Solar Cells* **11**, 105–145 (1984).

172. Wronski C, Abeles B, Cody G, Morel D, *et al.*, *Proc. 14th IEEE PVSC*, pp 1057–1061 (1980).

173. Shafarman W N, Klenk R, McCandless B, *J. Appl. Phys.* **79**, 7324–7328 (1996).

174. Fardig D A, Phillips J E, *Proc. 22nd IEEE PVSC*, pp 1146–1150 (1991).

175. Hegedus S, *Prog in Photovoltaics* **5**, 151–168 (1997).

176. Emery K, Dunlavy D, Field H, Moriarty T, *Proc. 2nd World Conf. PVSEC*, pp 2298–2301 (1998).

177. Standard ASTM E1021, *Standard test methods for measuring spectral response of photovoltaic cells*, Amer. Society for Testing Matls., West Conshocken PA, USA.

178. Bücher K, Schönecker A, *Proc. 10th EC PVSEC*, pp 107–110 (1991).

179. Muesel M, Baur C, Letay G, Bett A, *et al.*, *Prog in Photovoltaics* **11**, 499–415 (2003).

180. Tsuno Y, Hishikawa Y, Kurokawa K, *Proc. 23 EU PVSEC*, pp 2723–2727 (2008).

181. Jing-Gui C, Xiong-Jun G, Pei-Neo Y, Yu-Xue W, *Proc. 3rd PVSEC*, pp 743–748 (1987).

182. C Schill, K Bücher, A Zastrow, *Proc. 14th EC PVSEC*, pp 309–312 (1997).

183. Burdick J, Glatfelter T, *Solar Cells* **18**, 301–314 (1986).

184. Field H, *Proc. 26th IEEE PVSC*, pp 471–474 (1997).

185. Sommeling P, Riefe H, Kroon J, Van Roosmalen J, *et al.*, *Proc. 14th EC PVSEC*, pp 1816–1819 (1997).

186. Stock K, Heine R, *Optik* **71**, 137–142 (1985).

187. International Electrotechnical Standard Commission IEC 61215, *Crystalline silicon terrestrial*

photovoltaic (PV) modules – Design qualification and type approval, Geneva, Switzerland.

188. International Electrotechnical Commission Standard IEC 61646, *Thin-film terrestrial photovoltaic (PV) modules – Design qualification and type approval*, Geneva, Switzerland.

189. Osterwald C, ASTM Standards Development Status, *Proc. 18th IEEE PVSC*, pp 749–53 (1985).

190. Commission of the European Communities, Joint Research Center, ISPRA Establishment, specification 502, *Qualification Test Procedures for Photovoltaic Modules*, May 1984.

191. Osterwald C, Mcmahon T, *Prog in Photovoltaics* **17**, 11–33 (2009).

192. Ross R, *Proc. 17th IEEE PVSC*, pp 464–472 (1984).

193. Krebs K, Ossenbrink H, Rossi E, Frigo A, *et al.*, *Proc. 5th EC PVSEC*, pp 597–603 (1983).

194. Dunlop E, Bishop J, Ossenbrink H, *Proc. 2nd World Conf. PVSEC*, pp 459–462 (1998).

195. Bishop J, Ossenbrink H, *Proc. 25th IEEE PVSC*, pp 1191–1196, (1996).

196. International Electrotechnical Commission Standard IEC 62108, *Concentrator Photovoltaic (CPV) Modules and Assemblies – Design qualification and type approval*, Geneva, Switzerland.

197. Osterwald C, Terrestrial Photovoltaic Module Accelerated Test-to-Failure Protocol, NREL tech. Rep. NREL/TP-520-42893, March 2008.

第 19 章 光伏系统

Charles M. Whitaker[1], Timothy U. Townsend[1], Anat Razon[1], Raymond M. Hudson[1], Xavier Vallvé[2]

1. 美国加利福尼亚州 BEW 工程公司
2. 西班牙巴塞罗那 Trama TecnoAmbiental 公司

19.1 引言:在彩虹的尽头有金子

19.1.1 历史背景

在其前 50 年,一个系统的光伏产业概念已经从毫瓦级发展到兆瓦级,从低电压直流到高电压交流,从卫星到发电厂。本章不是显著的技术和商业里程碑的时间表——1839 年贝克勒尔提出光伏效应,1954 年贝尔实验室公布 6% 的高效率硅电池,1962 年贝尔光伏装备到通信卫星[1,2]。相反,本节在这个快速增长的能源经济领域相关的系统级设计和性能问题方面提供了一个现代的观点。

特别重要的是,光伏曾经通常被认为是"明天的"技术。但今天,光伏已成为一个重要的技术解决方案,并还有一个难以预测的 5~10 年内更加广阔的世界市场。许多与大规模光伏相关的承诺现在正在实现,标志着一个新的商业时代的开始。

19.1.2 当前形势

本书第 2 版的出版恰逢卡里佐平原上加利福尼亚州中部世界上第一个兆瓦级光伏系统建成 25 周年(见图 19.1)。现在每年经常可以看到很多的多兆瓦级光伏系统的部署,系统规模和数量的这种快速增长在过去的 60 年已经真正蓬勃发展。多兆瓦的光伏系统的出现已经集中在欧洲,特别是在德国、西班牙及葡萄牙,韩国和美国从 2003 年以来也增加了几个[3](见图 19.2)。

全世界的总装机容量已经从本书第 1 版出版时大约 2GW 增长到 2010 年的 25GW[4]。在过去十年以 50% 的惊人年增长率增长,即每年增加 4500MW,近 1/3 的世界总量是在 2008 年安装的[5]。然而,在 2009 年,随着全球经济衰退,光伏产业虽然呈现一个强劲的增长曲线[6],但在组件价格和需求预测上都产生了一定的疲软信号。

光伏的商业重要性已经被技术进步、加剧的环境问题,以及不断上升的常规电力成本联合向上推动。然而,最显著的因素是政府强有力的激励措施,以鼓励投资于并网应用,这在第 2 章有更详细的讨论。在电网并网端光伏使用比例所发生的明显转变体现了过去十年全球快速增长趋势。在 2000 年,大约 75% 的光伏用于离网。到 2009 年,这一比例已经基本上翻转,现在 75% 的光伏用于并网。无论是空间应用和众多陆地使用,离网应用虽然仍在以绝

图 19.1　卡里佐平原，1984 年：在 800 个两轴跟踪装置上的 6.5MW 阿科太阳能，每个都包含 128 个组件模块，每个组件 40W_P。在这里的大多数跟踪装置，有侧反射器，以增加模块上的辐照度（乔治·莱普提供）

图 19.2　奥尔梅迪利亚，2008 年：NOBESOL 60MW_p（Nobesol 提供）

对数字稳步增长，但通过大规模补贴制度，其相对市场份额已被超越。离网系统往往没有经济补贴，如在农村地区提供新的公用电网并网的成本往往过高。在偏远地区和发展中国家，尤其如此，公用电网基础设施相对稀疏。

19.2　系统类型

对于光伏系统，有无数终端应用，带有各种各样的复杂系统。图 19.3 中给出了广泛应用。并网与离网应用共享某些属性，但光伏系统满足完全不同的需求。例如，无论并网还是离网光伏系统都可以使用相同的模块技术，以相同的方式安装，在相同的环境下部署，并给一个用户提供相同量的交流能量。并网系统每千瓦的安装和维护将肯定更便宜，并比离网系统更有效地运作。

然而，如果没有电网，把电网服务延伸到偏远地区通常是极其昂贵的。在这种情况下，与化石燃料发电机，定期更换电池，或上述电力相比，尽管离网光伏系统成本相对较高和效

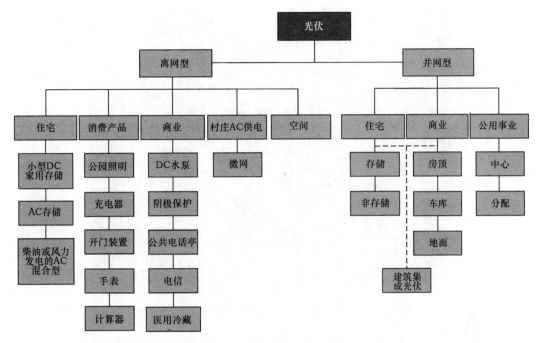

图 19.3　光伏系统分类图[7]

率相对较低，但其往往是最佳的解决方案。同样，光伏的所有便携式应用，不计成本，通过提供电力给非固定的终端应用，达到一些电网无法实现的用途。

　　下一节介绍几个常见结构的光伏系统。

19.2.1　小的直流离网系统

　　直流系统包括的应用是直接使用光伏组件所产生的直流能量供电给直流负载。包括空间系统、便携式太阳能设备和小型消费类产品、非常小的住宅系统、水泵，以及其他小型应用，通常小于1kW 和其中所有负载只需要直流供电。图 19.4 给出了直流光伏系统的简化框图。图 19.5 是这种系统类型的一幅照片。

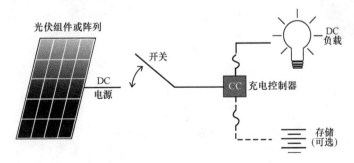

图 19.4　直流光伏系统的简化框图（TTA 提供）

19.2.2　离网交流系统

　　这种离网系统是其中的光伏能量转换为交流电，但是没有公用电网可用。此类系统负载

图 19.5　小直流离网系统 Jurte 家庭，蒙古（Peter Adelmann 提供，2007 年）

运行在交流电模式。此类系统逆变器的作用是调节交流电压给所有的负载。能量存储（即通常是蓄电池）通常包含在离网系统中，以允许间歇性的光伏能源和负载要求（即夜间照明）之间所需要的功率平衡。一个常见的例子是应用此类系统的偏远家庭，此类系统由屋顶上或附近电杆上的电池组件，离网逆变器，以及用于存储的蓄电池组组成。图 19.6 给出了离网系统的简化框图。图 19.7 给出了此类型系统的照片。

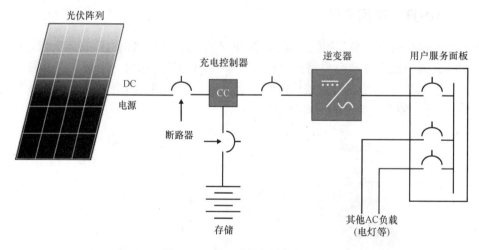

图 19.6　离网系统的简化框图

19.2.3　并网系统

公用电网并网系统是指光伏组件所产生的能量被转换为交流电，在现场使用或注入到公用电网。要做到这一点，光伏直流电输出必须通过逆变器转换为交流电（见本章进一步的

图 19.7 离网型交流系统,厄瓜多尔(TTA 提供)

阐述和第 21 章中非常详细的阐述)。像一些发电厂,该交流电必须与它正被互连到的公用电网同步,包括交流电压和频率。由于过量产生的光伏能量传递到同时也被其他发电源供电的公用电网,它将被分配到与电网连接的所有负载,而不是专用设备。图 19.8 给出了并网系统的简化框图。图 19.9 ~ 图 19.13 给出了住宅、商业和公用事业规模的系统例子的照片。

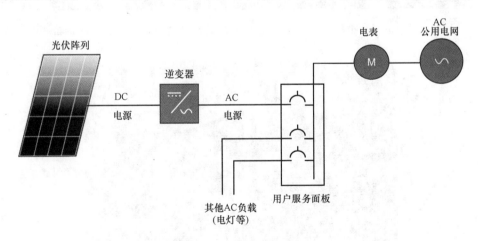

图 19.8 并网系统简化框图

19.2.4 混合光伏系统

术语"混合"可用于表述与一个或多个其他辅助源结合供电的光伏系统。传统上,这意味着第二个来源,如风力或水力发电涡轮机,然而,许多现代光伏系统采用辅助调度

图 19.9 住宅并网系统（沃森家族太阳房，Lexington，MA，美国）

图 19.10 大田市，日本分布式 550 个并网住宅系统，2.2MW（Hironobu Igarashi 提供）

图 19.11 科罗拉多州丹佛市 300kW$_p$ 商业并网屋顶镇流系统
（Brad Eccles 提供，BEW 工程公司）

图 19.12 目前世界上最大的公用事业系统（固定式安装）之一，$54MW_p$ 融入了 225000 个硅组件和遍及 $1.3km^2$，位于德国 Strasskirchen（Raymond Hudson 提供，BEW 工程公司）

图 19.13 公用事业中心站的光伏系统，亚利桑那州斯普林格维尔 $0.18km^2$ 和 $4.5MW^{[7]}$（Tucson Electric Power 公司提供）

（按需）电源，如现场化石燃料发电机或公用电网。术语"多模"常用来描述一个混合系统，它可工作在与外部交流电源并行（并网）或当电网电源不可用的特殊情况时作为一个独立的交流电源（离网）。一个典型的混合动力系统如图 19.14 所示。

在夜间或不利的天气条件下，蓄电池可以连续供给能量。混合系统通常被设计，以便使大部分能量来自于太阳能和有利的天气条件下，光伏发电满足消费者的总能量需求，剩余能量存储在蓄电池。备用发电机可以同时提供电力到负载和对蓄电池进行充电，从而提高了可靠性以及省去了过大的光伏阵列。混合系统捕获每个能量资源的最佳属性和提供"电网等价"电力。该电表必须允许双向能量流和净电能的计量。

所有发电组件都通过单独的充电控制器和整流器连接到由蓄电池连接的直流汇流总线，蓄电池响应于需求给负载供电。为了保护蓄电池，在蓄电池过放电前，光伏充电控制器与所

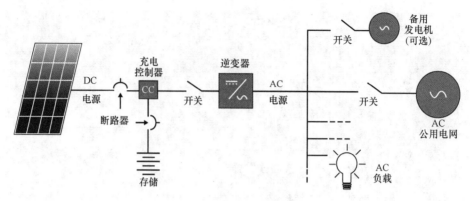

图 19.14　混合系统的简化框图

有负载断开。同时，在蓄电池电量较低，或者负载需要的功率超过了逆变器能够传输的能量时，备用发电机自动运转。在这种情形下，备用发电机直接提供交流电源给负载，或是通过整流器或一个双向逆变器给蓄电池充电。

19.2.5　微电网

离网光伏系统技术已经非常成熟，用于为单一的农村住宅和独立的小负载供电。当几家距离较远的住户聚集形成一个村庄时，一个新兴的选择是设计一个较大的电站提供每户一个标准的交流单相服务（见图 19.15）。采用一个集中的光伏电站，一些规模经济得以实现。安装和运行成本比多个单家光伏系统的总体成本低。通常情况下，微电网的容量可达100kW。对于独一无二的微电网，一个障碍是开发计量技术和管理责任的集体意识，并为这个共同使用但有限的能源资源进行支付。

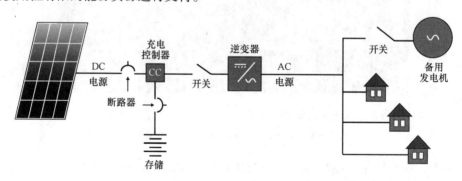

图 19.15　微电网简化框图

19.2.6　智能电网

另一个现代主题是"智能电网"，究竟是什么构成了一个智能电网，此时此刻没有正式化定义，但一般包括：

- 集中和分布式能源相结合，如光伏。
- 用于连接/断开负载和发电机的开关设备。
- 增强的通信，包括发电和负荷监控。

- 一个整体的监测系统，优化调度发电和负载。
- 通常结合可调度的储能。

智能电网的总体目标是提高电力传输的可靠性和效率，同时有效整合分散和变化的发电源。光伏系统因为其环境属性及其分布式特性被认为能与智能电网很好地结合起来。

19.3 典型的光伏系统

最好的光伏系统将始终表现出良好的性能、安全性、可靠性。

系统的性能可以通过能量的产生量和/或系统满足其财务预算两个方面进行衡量。对于离网系统，成功的标准很简单并且几乎可从可靠性上进行判定：无论任何天气或一年的任何时间，它是否能够满足能量需求？对于并网系统，通常的目标是提供最大可能的能量给当地连接的负载。合理的设计、安装和维护都是实现高系统性能的关键。

安全性也是光伏系统成功的一个重要特征。该系统是符合当地的电气规范，采用国际认可的安全标准对组件进行认证，此外，该系统正确接地以防止电击危险，并且不会引发火灾，这是至关重要的。随着光伏产业的扩大，必须推进安全方面的考虑，至少需要克服三个方面的障碍："新手"或经验不足的因素、"匆忙行动"或捷径的因素、竞争激烈的"大男子主义"的因素。

对于习惯了相对安全的低电压离网直流系统的员工，在理解公用电力工作的致命危害方面往往存在较大的差距。当工人经受高温、低温、风、雨、雪感觉不舒服而又试图长时间集中注意力时，以及常在制作简单和重复的电气和机械连接花费很多精力时，安全往往被进一步弱化。

最后，可靠性形成了支持所有性能优良的光伏系统的第三支柱。现代光伏系统通常旨在标称至少持续使用 25 年以上，并预计在整个时期将在接近其原来的水平上运行。随着越来越多的并网光伏系统的部署，应用将更多地依赖于这些系统，因为它们成为电网的重要部分。在离网系统的情况下，由于电网不充当电力的备份源，可靠性可能是更关键的。缺乏可靠性对性能产生了不利影响，将会减少发电量和增加系统维护成本。与大多数电子元件不同，光伏暴露在恶劣的户外条件下，极端的温度和湿度将会增加故障率和加速组件的老化程度。

19.4 标定

有几种方法来"标定"光伏系统。标定较常见的方法是额定直流或交流功率（峰值）。通常用 W_p、kW_p，或 MW_p 符号来表示峰值直流功率，或用 W_{AC}、kW_{AC}，或 MW_{AC} 符号表示交流功率，它们仅仅根据厂家的铭牌值，过高预测了阵列实际性能的 20% ~ 30%，因为它们没有考虑到实际系统的损失。这些术语中都不要求任何的实地测量。

IEC 61724[8] 定义了几个条款，有助于进行标定。包括参考年收益率 Y_r，对于给定的阵列平面数，也许有助于更好地理解每年太阳峰值产率；每千瓦的阵列发电量（Y_a，或每年安装每千瓦所发的直流千瓦时电量），最终产量（Y_f，或每安装千瓦所发的年度千瓦时电量），和性能比（PR，即最终发电量除以标称发电量的百分比）。

kW_p 额定值只是系统中一定数量的光伏组件的产量和组件的标称值，而不考虑实际的和不可避免的损失。但应注意的是，光伏组件的额定值通常基于标准测试条件（STC = $1000W/m^2$，25℃电池温度，AM1.5 光谱）[9]，此检测方法便于室内检测却在户外非常少使用。组件标定方法在第 18 章已被广泛讨论。

正如一个系统的直流额定值通常被定义为组件标记的额定值的总和，交流评估通常被定义为它的逆变器所标记的额定值的总和。根据这样的定义，有一个隐含的假设，即在系统中有足够的光伏组件（例如，直流容量）以支持达到交流峰值功率。直流和交流峰值功率的额定值是不精确的术语，仅用于大致了解系统规模。交流标记的额定值低于直流标记的额定值，因为从直流到交流电源的转换过程中存在一些不可避免的损失。许多光伏系统直流标记的额定值比交流的额定值大 10% ~ 30%，这是合理的放大，因为导线电阻的寄生损失、温度、灰尘、逆变器的效率和其他一些影响因素所造成的损失都是不可避免的。当讨论成本和发电量时，没有清晰表明这个值是基于直流还是交流，于是它们的额定值之间的显著差异造成了混乱和误解。

已经努力用其他方法定义光伏系统的交流功率额定值。有些方法是分析性的，有些方法依靠测量数据⊖（见参考文献 [10]）。分析交流额定值往往基于直流容量，再考虑一系列的损耗因素（如上所述），以达到减少的但更真实的交流功率的额定值。通常，所选择的评估条件是 STC，但并非总是如此。一个备用的标准检测条件（SRC）[11]，它选择一个更现实的组件温度 45℃，但其他方面与 STC 一样。SRC 方法评估的光伏额定值比 STC 方法得到的结果低 5% ~ 10%。

一个分析交流额定值的例子是加利福尼亚州能源委员会（CEC）根据加利福尼亚州太阳能计划（CSI）使用的方法。CEC 根据 CSI 给每个系统分配一个交流额定值，追求金融折扣。[12]。CEC-交流额定值是系统标记的直流容量，基于温度直流效率的校正，以及一个逆变器直流变为交流的效率校正。该 CEC-交流额定值通常是直流额定值的 83% ~ 87%。注意，CEC-交流额定值是有误差的，因为它忽略电阻线损、不匹配、灰尘、灯罩等引起的小的损失，通常有一个额外 5% ~ 10% 功率的降低。

$$kW_{CEC-AC} = 组件数 \cdot (kW_p/组件) \cdot 温度系数 \cdot 逆变器效率 \tag{19.1}$$

CEC 的计算是基于 PVUSA 测试条件（PTC）⊖[13]，相比 STC，它是一种综合考虑太阳光和温度较为普遍和现实的方法。组件和逆变器制造商必须提供几个认证和性能规范，以获得 CEC 列名。CEC 基于产品的 STC 效率、电池标称工作温度（NOCT）[14]和最大功率的温度系数对组件效率进行校正，逆变器的校正是基于一个独立的实验室的实验数据，在此实验室内，在一个功率水平范围内测量和衡量逆变器的效率。

一个被测量的或现场确定额定值的例子是 PVUSA 测试方法。PVUSA 额定值是基于 PTC。它依赖于一个线性功率方程拟合实际系统数据进行回归分析。功率方程为

$$kW_{AC} = C_1 \cdot I_{rr} + C_2 \cdot I_{rr}^2 + C_3 \cdot I_{rr} \cdot T_{AIR} + C_4 \cdot I_{rr} \cdot WS \tag{19.2}$$

⊖ 虽然，2009 年秋季，A. Kimber 在文章中提出可建议的标准-改进的测试方法来验证一个光伏项目额定功率，但是目前，对于平板光伏系统，不存在 ASTM 标准。

⊖ PVUSA 是由美国 CEC 在 1988 ~ 2000 年赞助的光伏研究和示范项目，总部设在 Davis。它的测试条件定义为：20℃大气温度，对于阵列采用 $1000W/m^2$ 太阳辐射强度（对于聚光器，采用 $850W/m^2$ 通常年太阳直射辐射），超过 10m 范围风速为 1m/s。

式中，I_{rr} 为阵列平面上的辐照量，WS 为风速（m/s），T_{AIR} 为空气温度（不是组件温度），$C_1 \sim C_4$ 表示拟合系数

第一项旨在描述照度和功率之间明显的和直接的线性关系。尽管它可能不是一目了然的，其他三项都与就地系统的热行为相关联。每个系统的拟合系数是唯一的，并反映由于尘埃、线损或任何其他影响因素导致的各种损失。一旦被拟合，自定义的方程可用于预测 PTC 或任何其他组合条件下，一个给定系统的功率。方程的准确性受限于两方面：用于拟合模型的主要气候条件和在所需的额定条件下需预测功率的外推程度。获得令人满意的准确的拟合方程，通常需要至少几十个数据点。该方程的准确性依赖于在数据采集期间所需的额定条件和目前条件的相似程度。理想情况下，目前条件恰好与所需的额定条件相似，在测试数据的范围内，这样的方程仅能用内插法求解。高品质的 PTC 额定值可以在北半球阳光明媚的春天的气候条件下获得。在那个时候，雨水清洁阵列，大于等于 $1kW/m^2$ 太阳光提供辐射，白天气温大约 20℃，以及温和的风。PVUSA 方程比较适合于拟合每年 8 ~ 9 月测量的数据，其主要的限制是若在冬天中期去拟合模型，将会过高地预测真正的 PTC 额定值 5% ~ 10%。

例如，$20kW_p$ 的额定直流系统可能等效于（没有实地测量）约 $17kW_{CEC\text{-}AC}$。4 月份收集了几十个数据点后，其通过 PVUSA 功率方程（19.2），PTC 额定值可能会导致约 $16kW_{PTC}$ 的额定值，在 PTC 的条件下拟合式（19.3）、式（19.4）：

$$kW_{AC} = 19 \cdot I_{rr} - 1.1 \cdot I_{rr}^2 - 0.1 \cdot I_{rr} \cdot T_{AIR} + 0.1 \cdot I_{rr} \cdot WS \qquad (19.3)$$

$$16kW_{AC} = 19 \cdot (1kW/m^2) - 1.1 \cdot (1kW/m^2)^2 - 0.1 \cdot (1kW/m^2) \cdot (20℃)$$
$$+ 0.1 \cdot (1kW/m^2) \cdot (1m/s) \qquad (19.4)$$

光伏系统发电量的额定值等价于给定的系统在一个给定的时期（通常每年）能够产生的能量。发电量的额定值通过对系统配置的所有元件性能的计算或模拟得到，在实际系统中，太阳能资源和在安装现场的气候条件决定了所配置元件的性能。这可以获得典型的第一年的发电量（kWh），并且每年基于系统老化进行校正。这种类型的额定值对于并网系统非常有价值，这种系统基于产生的能量获得补贴和奖励，这种激励措施正变得越来越普遍。

如图 19.16 所示，在加利福尼亚州 Davis 的几个 1 ~ 19kW 的系统最终测得的收益率大小不等⊖。在气温平均为 16℃，总水平辐照（GHI）平均为 $5kWh/m^2$/天时（相当于 5 个太阳小时数，例如每天辐照强度为 $1kW/m^2$ 时辐照 5h），许多设计人员可能会预测一个预期的年化收益为 $1500kWh/kW_p$。

初建系统的年度发电量变化迅速，相对于长期值误差较大。如系统 R，于 2002 年夏天开始运行，到冬天迅速下降。季节性变化对其影响程度可以从系统 T 中得到证实，从冬天开始运行，其发电量似乎表现不佳，到了夏天，发电量急剧增大。每个系统年度发电量在大约三年后都表现为衰减，在这一点上开始月份变得不重要。有助于观察分析，没有必要保持连续的月度记录，只要每月间歇性地读数用以证明趋势就可以。经过 5 ~ 7 年，衰减量变小。很显然，即使在同一个环境下，由于受方位、遮阳、系统的可靠性和实际组件功率去匹配其额定值的程度等因素的影响，终身收益率也会有一些变化。没有系统能发出 $1500kWh/kW_p$ 电量，即使具有

⊖ Davis 气候与东部的 30km Sacramento 相同。

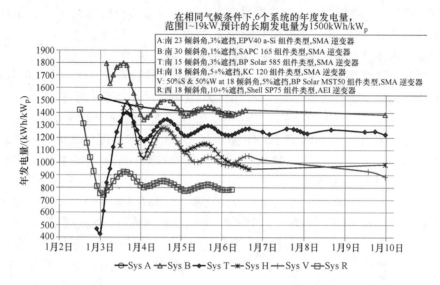

图 19.16　在相同气候条件下 6 个系统的年度发电量。该图表明了系统年度发电量随时间的衰减
（以每年每千瓦发电量计算比较）。备注：暴晒在室外，与季节性波动对其的影响程度相比，
可以忽略其他因素的影响，比如温度；此外，整个研究中无法获得每月连续数据点

最好的设计、方向性、较好维护的系统（系统 B，只有 1% 的遮挡，南向和最佳倾斜 30°），与 $1500kWh/kW_p$ 基准相比低 5%。这些年 GHI 已经匹配了长期平均值，因此不能归因于低于平均辐照。相反，夸大的组件额定值、明显存在的遮挡、方向、维护操作和逆变器的可靠性等综合影响因素导致这些系统注定不能达到预期值。在某些情况下，主要归因于较差的西向朝向。此外，严重的遮挡和逆变器故障都有较大的影响。

19.5　关键系统部件

光伏系统非常简单，由组件、导线和连接到一个间歇操作的负载直接耦合构成一个回路。但是，大部分由一组相关的部件构成，这些部件能满足从光伏组件获取最大的电量，并安全可靠地提供电量满足预定的负载元件的需要。而具体的结构随着应用场合而变化，一些部件对于大多数应用场合是共同的，特别是在并网系统中。以下各节描述了光伏系统中通常所使用的部件。

19.5.1　组件

关于光伏电池及组件深度的技术细节在本书的其他章节都有介绍，本节目的是提供一个对于实际系统应用的重要特性的概述。

现在占市场主导地位的光伏组件的类型很少。超过 99% 是平板类型，其余的是聚光光伏。硅基电池是光伏系统的主体部分，它还包括封装、内联条焊接、前后背板、边框和连接线等。商业上最高效率的组件是硅基电池，通常由单晶硅（c-Si）或多晶硅（multi-Si）锭制造。总之，这两种类型目前占世界上系统中所使用的总光伏的 85%。各种非晶硅或硫化镉/碲化镉薄膜约占 15%[15]。带状硅是由模具拉出的多晶硅变体，由非常少量的公司生产，不需要从硅锭上切割（所占比例的更多细节请参见第 1 章表 1. 5）。

在过去的几年里，基于晶体硅和多晶硅组件的生产显著增加。这主要来自中国和世界其他低成本生产地区。产能的增加降低了组件的成本，从而极大地降低了整个系统的成本，也有利于整体效益。

大多数其他市售的光伏组件通常被描述为薄膜光伏。除了硅还有其他许多材料。20 世纪 80 年代中期开始研究非晶硅薄膜，但是它的效率通常不及晶体硅组件的一半。用于制造光伏组件的其他材料包括碲化镉（CdTe）、铜铟镓硒（CIGS）、铜铟硒（CIS）和砷化镓（GaAs）。

本书开始的章节详细介绍光伏组件所使用主要类型的材料的各种属性和产业背景。应当指出，在出版时安装在系统中的薄膜组件量迅速地增长，重点是大型地面安装系统。这是由于组件相对低的效率导致需要相对大的面积来达到给定的功率容量。在空间受限制的系统安装过程中很少使用薄膜组件，薄膜组件在空间上受到限制，如屋顶安装系统很少使用。薄膜光伏组件的成本已经随着相应的经济效益显著下降。

系统应用中识别和区分光伏组件最重要的技术特征是它们的电气和物理指标。关键的电气特性包括：标定的额定功率、V_{OC}、I_{SC}、V_{MP}、I_{MP}、填充因子、温度系数和效率。关键的物理特性：尺寸、重量、覆盖材料、包装材料、安装要求，以及接地的方法。这些特性对系统性能和设计的影响会在本章的以下部分进行讨论。在建筑物综合性设计中，视觉外观、形状，以及本身的柔韧性是很重要的，在第 23 章中将会讨论。

19. 5. 2　逆变器

除了组件有时还包括安装结构外，逆变器占了光伏系统成本中的大部分。例如，逆变器在商业并网系统中通常占总成本 5% ~ 10%，在住宅离网系统中占 15% ~ 25%。功率转换在本书的第 21 章中描述，本节目的是从系统层面概述对电力电子的关键需求。

19. 5. 3　并网逆变器

逆变器的基本功能是将光伏组件产生的直流电转成交流电为系统负载供电。这是通过使用基于晶体管的功率电子电路来实现。通过功率晶体管的开关来控制，光伏组件在其最大功率点时获得功率，并将其传递到交流电网（并网系统）或本地负载（离网系统）。图 19. 17 给出了并网逆变器的关键构成。

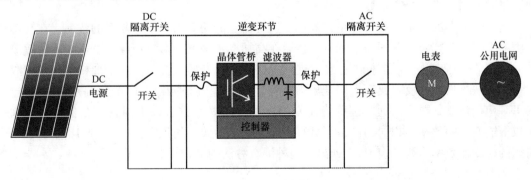

图 19. 17　逆变器的框图

光伏阵列是通过一个直流断路开关连接到逆变器。类似地，一个交流断路开关连接逆变器的交流输出和交流电网。在保养和维修时，这些开关用于与逆变器元件安全断电。断路开关通常被集成为逆变器的附件。在交流和直流侧也有过电流保护装置。这些被称为熔丝，但该功能也可以通过断路器实现。在交流和直流端的瞬态过载，如雷电感应电压，通常通过附加的保护进行抑制。晶体管电桥是由功率半导体开关、通常的金属-氧化物-半导体场效应晶体管、双极型晶体管（BJT）或者绝缘栅双极型晶体管（IGBT）组成，它在任何一个导通或阻塞状态下运转。这种状态在高频率（2～20kHz）时接通和断开，所产生的交流电波形为正弦曲线。一种滤波器，用于消除不在基波交流频率（50Hz 或 60Hz）的电流成分。逆变器的一个关键组成部分是控制器。它实现控制该晶体管的算法、提供最大功率点跟踪、实现电网接口需求、提供系统输入和输出计量，并传达给用户和整个监视/控制系统。离网系统中，控制器实现蓄电池的充电功能。

对于并网系统，逆变器必须调节正流入电网的交流电流，满足对电能质量和互联功能的实用需求。这些标准不断迅速变化，在许多国家此主题值得讨论。在美国，互动电网需求由 IEEE-1547《分布式资源与电力系统的互联标准》和 UL-1741《太阳能发电系统用逆变器、电源转换器、控制器及连接设备至供电系统安全标准》定义的。这些标准包括一项需求"防孤岛"技术，如果用户电网控制的交流电压消失，此需求确保逆变器从用户电网断开。在 IEEE-1547 和 UL-1741 标准，目前不允许逆变器在可变功率因数角下运行或试图调节交流电压。

在欧洲，情况有所不同，因为每个国家有不同的标准，有时甚至同一个国家不同公共事业规模之间的标准也不同。部署在欧洲的所有逆变器必须印"CE"标志。此外，新的 IEC 标准，试图提供一些共同的要求，即 IEC 62109《光伏电力系统用电力变流器的安全》。不像在美国，其标准是针对从电网故障快速断开，而欧洲的做法是，光伏逆变器在小故障时保持运转，以支持公用电网。这包括通过低电压穿越和在可变的无功功率水平下工作，以维持正常的电网电压。

关于逆变器另一方面的重要考虑是外壳的环境等级。有些逆变器的等级仅限于室内环境，如 NEMA 1、2、12（摘自 NEMA 250-2003），或 IEC IP20（摘自 IEC 60529）。对于室外环境防护等级，如 NEMA 3R/4 或 IP 65。逆变器与环境防护等级相一致在系统安装中是重要的，即逆变器在指定的环境温度范围内运行。这些因素影响了逆变器的实际安装。最佳实践包括将逆变器安装在通风良好、阴凉的地方，如建筑物的北侧。位于室内的逆变器免受这些因素影响但增加了少量不需要的废热来源。

光伏逆变器的一个重要特性是其效率。逆变器在低功率水平下有较低的效率，在其功率范围的中间值时其效率达到一个峰值，然后在高功率水平下稍微有所降低。逆变器的效率也随光伏直流电压变化。许多标准已经发展到提供在各种气候条件下的一个加权平均，或混合效率。这些被选择来反映典型太阳能资源条件的频率。效率加权的两个范例是由 CEC 建立和 IEC 申请成立，更多的通常被称为"欧洲"加权。这些方法以不同方式在各种功率水平时权衡逆变器的效率，相同的设备可具有多个加权平均效率的额定值。图 19.18 显示了一个典型的逆变器效率曲线。表 19.1 列出了两种混合方法的加权系数。

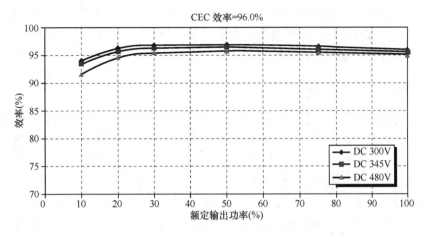

图 19.18　一个 250kW 的并网逆变器的效率曲线[16]

表 19.1　CEC 和欧洲效率加权表

逆变器功率水平（％）	权重因子 CEC	权重因子欧洲
5	0.00	0.03
10	0.04	0.06
20	0.05	0.13
30	0.12	0.10
50	0.21	0.48
75	0.53	0.00
100	0.05	0.20

19.5.4　离网逆变器

离网逆变器需要调节提供给本地负载的交流电压。这需要一个快速的动态响应，以保持系统在稳定状态下运行。离网系统的电力存储元件（即蓄电池）提供功率的缓冲源来经受系统的瞬变过程。存储装置中功率输出和输入控制是通过充电控制器提供。这个功能可以被集成到逆变器或通过一个单独的设备提供。离网系统中，对于可靠的系统性能来讲，逆变器的大小是非常关键的。离网逆变器必须能够提供负载可能需要的任何浪涌，例如电动机励磁（即电感冲击）涌流，并同时在低功率状态下具有很高的效率。

直流电源变换的一种特殊情况，不需要逆变器，但确实需要一个功能类似于逆变器的元件。直流-直流变换器，类似于在光伏应用中使用时，只改变一个直流电压到另一个直流电压。直流-直流变换器是用来维持一个阵列在其最大功率点时，提供直流电源给负载，例如蓄电池或电动机。最近，直接将直流变换器接到通用串行总线（USB）已实现为手机、收音机和数字音乐播放器（如 MP3）充电。

19.5.5　系统的电平衡部件（BOS）及开关

这包括所有的电线、熔丝、合路器、接头、接地连接、开关设备和计量仪器。这些部件必须足够耐用，以经受多年户外的潮湿、高温、腐蚀和暴露于紫外线辐射的环境。所有 BOS 设备需要标定室内或室外环境运行时的电压和电流等级。光伏电线有几种温度和电压等级，为阻燃性、耐紫外性和潮湿进行特殊设计。

19.5.6　存储

几乎所有的离网应用中，储能被认为是必不可少的。通常，这意味着在蓄电池中存储太阳能产生的电能，虽然抽水蓄能在一些应用中是优选能量存储方法。然而各种蓄电池技术的使用日益增长（铅锑、锂离子、镍氢、镍镉、锌-空气等电池），铅酸类是长期存在的商业化应用。铅酸蓄电池有富液式或带有玻璃纤维隔板（AGM）的密封式、胶体密封式等类型。大多数太阳能应用使用富液式铅酸技术，该产品采用较厚的铅板以提高耐用性和循环寿命。一种常见的电池尺寸设计，使得排出溶液不超过约 50%。常见的运行实践是富液式铅酸电池周期性充电到其全部容量，浮动设定点被正确调整，以避免过度起泡、电解质损失、降低工作效率。如果设计得当，大小合理，并得到较好维护，蓄电池可以达到 10 年以上的使用寿命。

没有足够太阳光照射期间，如夜间或多云的天气，储能必须补充电量给负载。充电和放电周期的日常和季节性模式推动了存储大小和设计。蓄电池典型的日常周期是白天充电，夜间放电。季节性周期是辐照程度和季节性需求变化的直接结果（见图 19.19）。这些周期是影响一个被正确维护的蓄电池寿命的主要参数，虽然别的参数如电池温度、电流和电压也对其有显著影响。图 19.19 清楚地表明了在冬季和比较容易维持高电池荷电状态的夏季时，维持足够充电的边际能力。季节性极端范围：冬季低到 20%，夏季高到 100%，每年平均约 70%。在冬季充电控制器低电压与负载偶尔断开，以防止蓄电池损坏。通常每个月，每天至少 30% 的时间蓄电池处于完全充电状态，以保证长寿命。这取决于使用者如何仔细管理光伏电站，即使在平均辐照条件下，蓄电池也可能频繁处于充电的中间状态，没有达到充满状态，它会产生附加应力，这会缩短蓄电池的寿命。

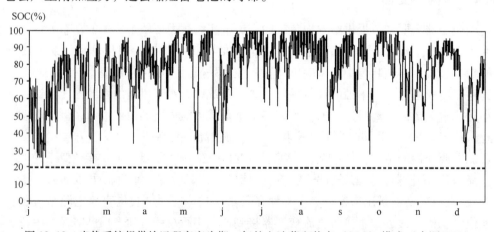

图 19.19　光伏系统提供给远程家庭为期一年的电池荷电状态（SOC）模式（来源 TTA）

19.5.7　充电控制器

通常情况下，设计离网系统时仅考虑光伏发电将会导致一个过大的光伏系统，因为在阴雨天时，它的规模必须足以提供负载所需要的最大电量。因此，系统发电量需要高于一年所需能量许多倍。如果电网不能接受过高的电量，光伏系统必须偶尔闲置，以避免过度给蓄电池充电。充电控制器的目的是从根本上控制流量：在需要时它使电流进入蓄电池，当负载发出指令时，它允许电流流到逆变器，保持阵列在其最大功率点（并不是所有的充电控制器具有这种能力），且最重要的是，提供了断开功能，通过断路开关或使一定元件闲置来防止蓄电池过放电。

19.5.8 安装结构

光伏系统中安装组件时，几种类型的结构是共同使用的。结构选择具体取决于应用，如安装在地面上、车棚、屋顶或正面安装。

对于住宅屋顶系统，无论是光伏屋顶瓦片还是附着在屋顶表面膜层材料的光伏建筑一体化（BIPV，请参见第23章）还是偏离屋顶的支架系统有几种解决方案。光伏建筑一体化不再需要某些屋顶材料，可节省资金，虽然很难维修，比支架安装光伏采暖性更强。光伏建筑一体化可采取屋面、屋顶板、窗户、遮阳棚或天窗的形式。太阳能屋顶瓦片放置在现有屋顶的上，并允许在光伏和屋顶之间的空气流通。柔性组件可以通过黏附（所谓的剥离和粘贴）或紧固直接附着到屋顶上。然而，一个独立的支架系统是一个很好的解决方案，因为对流冷却在光伏系统中是重要的，在较低温度下组件效率越高，对流冷却可以减少屋顶膜和建筑物内部不需要的热量。此外，屋顶可能使用更长的时间，因为它受到较少的阳光（紫外线）照射，并保持冷却。紧固件需要适当注意防水屋顶的渗透，它们可以用嵌缝填料、防水板或靴胶密封。

现代化仓库、办公园区等商用屋顶和零售建筑通常几乎是平面，不能承受沉重的负荷。因此，如果压载物被使用时，倾斜角必须保持在非常低的角度，以减少风浮力和压载需求。压载物往往是用碎石或铺路砖。连接系统都比较复杂，但允许使用较大的倾斜角度。车棚往往是商业应用的理想选择。高架结构比标准地面安装成本要高，但为汽车遮阴并且不需要额外土地也备受欢迎。

对于地面安装系统有几种方法来创建一个地基，从地上简单的压载物，到浇混凝土墩，打入桩或螺旋螺钉。这些系统分固定或跟踪两种结构。跟踪系统可以移动一个或两个轴。跟踪系统相对于固定的水平系统，年发电量提高达50%。这种增加是有代价的，购买、安装、维护和操作所需成本较高。跟踪系统需要更多的面积以避免相互遮挡。大多数跟踪系统是通过电控制的，但有些系统是使用制冷剂驱动（有关跟踪的更多信息，请参见第22章）。

如同平板系统，聚光光伏系统可以使用多种类型的结构来部署。虽然在一些方面具有相似性，采用固定结构，或单轴或双轴跟踪结构，因为所使用的独特的几何形状和材料，聚光光伏系统仍然明显不同。例如，透镜和反射镜是聚光光伏系统独有的必需元件。与平板设计相比，精确和可靠地固定和定位这些元件带来了更多的挑战。聚光光伏系统收集太阳能并将其转换为电能，如在第10章中讨论的。这些系统需要精确跟踪及对光伏材料降温的能力[17]。

对于离网型微网，集中式光伏阵列位于直立的建筑物上，达到双重目的：一是把组件、逆变器和蓄电池组成系统，另一方面可以创建如社区中心、学校或诊所等公共建筑。

19.5.9 标准

光伏系统设计受地方和国家/国际标准和规范制约。适用的规范常跨越电气设计学科，如结构相关建筑规范和土木工程标准。下面列出的并非全面，但在设计现代商业体系时仍是具有代表性的规范和标准。当然，提到美国国家电气规范（NEC）仅适用于美国。

涉及太阳辐射测量过程和仪器校准的一般标准是通过 ISO 9845-1，DIN 5043-2 和 IEC 617725 定义的。

太阳电池和组件的国际标准与认证[18]包括：EN 50380（数据表和铭牌说明），IEC 60891（晶体硅光伏器件测量 *I-V* 特性的温度修正和辐照度修正的方法），IEC 60904（光电器件），IEC 61277（地面用光伏发电系统），IEC/PAS 62011（农村分散电气化可再生能源），IEC 61215（地面用晶体硅光伏组件设计鉴定和定型），IEC 61345（光伏组件的紫外试验），IEC 61646（地面用薄膜光伏组件设计鉴定和定型），IEC61701（光伏组件的盐雾腐蚀试验），IEC 61721（光伏组件对冲击碰撞的灵敏度（抗冲击试验）），JRC-ISPRA 503（晶体硅光伏组件质量检测程序），IEC 61829（晶体硅光伏阵列），IEEE 929（光伏系统电网接口推荐标准），IEEE 1262（太阳电池组件的测试认证规范），和 IEEE 1513（聚光太阳电池测试认证试验）。德国莱茵 TUV、CSA 和 ETL 都提供光伏认证服务，一般根据 IEC 或 UL 标准。

光伏系统的咨询设计、实施和安全性也有标准。包括：IEC 60364-7-712（建筑物的电气装置），IEC 61194（独立光伏系统的特性参数），IEC 61702（直接耦合光伏水泵系统的额定值），IEC 61724（光伏系统性能监测），IEC 61727（光伏系统电网接口的特性），IEC 61683（光伏系统功率调节器效率测量程序），IEC/TR 261836（术语和符号），IEC 62124（离网光伏系统-设计检定），IEEE 928（地面光伏系统标准），IEEE 1373（并网光伏系统测试方法和规程），IEEE 1374（地面光伏发电系统安全导则）。

用于美国系统中常见的规范包括国家防火协会（NFPA）、美国国家电气规范（NEC），尤其是第 690 条关于光伏发电、各种职业安全与健康管理局（OSHA）准则规定的设计、安装和运行实践，及统一建筑规范（UBC）。

最后，组件或光伏发电系统的其他元件，包括蓄电池供电系统、其他部件/组件的标准和认证，包括：IEC 61173（光伏发电系统过电压保护导则），IEC 61683（光伏系统功率调节器-效率测量程序），IEC 61427（二次电池和蓄电池组），IEEE 937（光伏系统铅酸蓄电池的安装与维护），IEEE 1144（光电系统用校准镍-镉蓄电池组的推荐规程），IEEE 1145（光电系统用镍镉蓄电池组的安装及维护用推荐规程），IEEE 1361（独立光伏系统中使用的铅酸电池的选择、充电、试验和评价指南）。

19.6 系统设计思路

光伏系统经一系列的设计步骤推进发展。从地点分析开始，后续的系统设计包括选择、设计和集成元件，其次是安装，系统运行和维护的经济寿命分析，最后，废物利用或重新部署阶段。本节将评价设计步骤和从性能、安全性和可靠性方面阐述如何建立一个成功的光伏系统。

19.6.1 地点分析

设计光伏系统之前勘察现场是基本要求，以便满足最终用户的需求，根据负荷、用途和气候优化选择地点。

19.6.2 位置

地点的纬度和经度确定太阳路径、角度和日照时间。同样重要的是当地的气候，根据每天太阳辐照高峰小时数计算，表示为 kWh/m²/天。结合地理坐标和当地气候确定在特定地点太阳能资源可用的潜在数量（见第 1 章图 1.3）。可能很难获得建议的确切位置的历史气象数据。挑选最合适的天气资源是一项艰巨的任务，有时相当主观。部分是由于气候或监测站和地点之间小的变化程度，也是由于测量太阳辐射方式的不确定性。有几种不同类型的可用资源的天气数据源。

- 基于地面气象站。
- 基于卫星的数据。
- 计算机生成的插值，一些利用地面和卫星混合的数据源。

除了长期平均数据，多年的数据资料能够使设计人员区分年度差异（见第 22 章）。太阳辐射后，在特定地点上经历的瞬态环境温度是另一个最重要的气候参量。低温和高温以及平均白天的气温对光伏设计都是重要的。在设计系统时，需要根据记录的高温平均值和最暖月的日平均最高温度谨慎去确定最高温度。同样，根据记录的最低温度平均值和最冷月的日平均最低温度去确定最低温度。这些温度范围可用于设计每个阵列的组件数量，以使光伏直流电压变化能与逆变器和系统其他元件相兼容。

19.6.3 方向和倾角

系统的方向和倾斜程度影响了它如何尽可能多地收集辐照度。当系统固定倾斜程度时选取朝向要遵循一般原则。理论上，最佳的取向，或方位角，是真正的南向（不是磁南极）和等于纬度的最优倾角（见第 22 章）。然而，根据经验，一般优选使系统朝向赤道和比本地纬度倾斜角度低约 10°~15°。这主要是冬季恶劣天气集中的后果。影响最佳方位和倾斜角的其他因素是，①便利（现有的坡度通常安装起来成本更低），②局部障碍物（遮光来源于树和周围建筑物），③非对称的微气候（连续的晨雾或午后阵雨），④交货期发电的敏感度。加利福尼亚州的激励方案是对 5~10 月最优化的能源系统给予最大退税。在这种情况下，系统应该选择稍低的倾斜角，对于跟踪系统定位问题就不那么重要了，因为该系统全天跟踪太阳。

19.6.4 遮光

遮光对光伏输出有不成比例的影响。阵列上少至 5%~10% 的遮光可减少超过 80% 的输出。为了尽量减少这种损失，当地遮光的调查应始终执行。为研究目的，确定两种类型的阴影：①近场和②整体（也称为地平线）。

在任何时刻，近场遮光仅仅影响阵列的一部分，而地平线遮光可以被认为是影响所有的阵列或全部阵列都不受影响。近场阴影的例子包括当地的障碍物如树木、墙壁、屋顶设备、或相邻太阳电池板。近场遮光相当于电路不匹配。如果一排串联的电池组件中一个电池组件被遮光，或许与整排电池组件被遮光的效果相同。整排串联电池的电流与电池组件中最小电流相同。

地平线遮光的例子包括远山，相对于阵列规模非常大的附近物体，如相邻屋顶或建筑物。地平线遮光阻止任何辐射光辐照阵列，其效果是均匀和同时的，因此，地平线遮光阵列只会受散射辐射。

近场遮光建模是困难的，但在现场调查时很容易完成避免遮光的问题。相反，地平线遮光很容易进行建模，一旦选定地点，很难或不可能减轻遮光程度。有几个工具可以有助于评估给定地点的遮光程度。一些例子包括：Solar Pathfinder[19]，Sun Selector[20]，Wiley Electronics ASSET[21]，Solmetric SunEye[22]。

对于模拟，一些较新的软件足够满足同时考虑近场和地平线影响来建立模型。旧的软件（>10 年）倾向于忽略遮光或将其视为一个常数损耗因子来处理。仿真软件在本章后面介绍。

对于多行组件构成的商业系统，行与行的遮光是不可避免的，但设计者有能力选择几何阵列以降低这种类型的遮光损失。纬度和气候是影响这种几何阵列的主要因素，但对于一个给定的位置，其主要设计变量包括：行距，阵列倾斜角和方位，以及组件方向（纵向或横向）。许多设计师试图限制到每年 2%～4% 的遮光损失。在实践中，这意味着低纬度地区天气晴朗时行距回配比至少为 2:1，多云的中纬度地区至少 3:1。回配比（SBR）被定义为排与排之间的水平距离（或间隙）除以每排的垂直高度。根据图 19.20，SBR、临界阴角（α）、地面覆盖比（GCR）及阵列倾斜角（β）是相关的。GCR 被定义为阵列面积除以地面区域面积，或者，对于单位高度的阵列，采用行宽度 c 除以行间距 d。

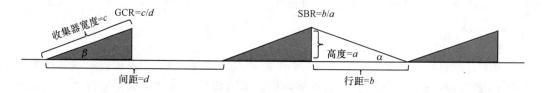

图 19.20　组件的行距、阵列倾斜角等几何关系

$$\alpha = \tan^{-1}(1/\text{SBR}) = \tan^{-1}(a/b)$$
$$\text{GCR} = c/d = (\cos(\beta) + \text{SBR}^* \sin(\beta))^{-1}$$

图 19.21 说明了对于多排阵列遮光如何影响几何设计（倾斜角和间距）。这个例子是位于瑞士日内瓦。该阵列有 3:1 回配比，对应于中午时的临界遮光角度，或恒定的边界角度，对于朝南的表面为 18.4°。上部曲线表示单一阵列的发电量与倾斜角的函数关系，36° 的最佳倾斜角（恰好比日内瓦纬度 46° 小 10°）。下部曲线表示一个现实存在的，恒定 3:1 回配比时，阵列的发电量随着组件倾斜角的变化关系。令人惊奇的和偶然的结论是，对于这个（和许多）商业阵列，最佳倾斜角可能比其他不存在排与排遮光时少几度。在这种情况下，30° 阵列倾斜，不仅是增加发电量的最佳选择，它也将减少风量载荷及潜在的结构性成本，因为结构性元件不需要如此大的规模。

当排与排之间遮光有规律时，纵向与横向组件方向的选择就变得很重要。由于大多数阵列朝南排列，由东向西运行的遮光线将沿相邻排的较低边界延伸。因为大多数组件内的旁路

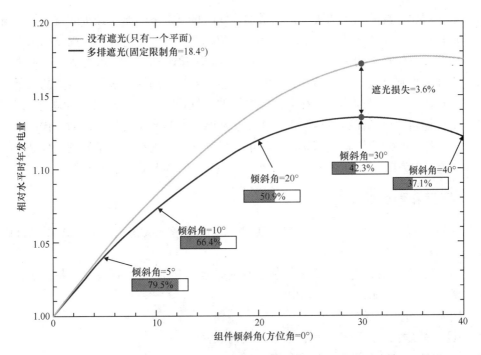

图 19.21　瑞士日内瓦，带有最佳倾斜角没有遮光的阵列和多排遮光、恒定 3∶1 的回配比时，
阵列的发电量随着组件倾斜角的变化关系

二极管的物理布局，有利的是将它们安装在一个横向方向上，使被遮光的"阵列"在不牺牲整个组件输出的情况下能被旁路掉。对于北-南遮光线从阵列的东或西起始，纵向式组件的排列将是有利的。最后，大多数薄膜组件对遮光不敏感。无论如何在某些组件输出端的两极并联旁路二极管，但它们"变形"的 I-V 曲线（即较低的填充因子）和"条状"电池使它们较耐受不规则辐照。最终的结果是，薄膜组件由于遮光常表现出输出减少，其程度线性正比于阴影部分占总阵列面积的比例。

现代的跟踪系统，通常使用一种反向跟踪功能。反向跟踪是使跟踪器有目的性偏离其最佳旋转角度以避免排与排的遮光。反向跟踪的原则是，由于非最佳的较高入射角牺牲的能量小于遮光损失的能量。在本质上，相对于非反向跟踪的情况，反向跟踪允许稍微高的存储密度。

就遮光的影响而言，地面覆盖比（GCR），或相对于地面覆盖面积的阵列的平面面积，比阵列布局（例如矩形或"卒"布局与六角形布局）更重要。大多数固定倾角阵列，以优化的倾角满足最大年度功率输出，将在地面覆盖比 0.4～0.5 范围内，以更加密集的浅倾斜阵列进行安装。与稍低的密集安装的固定倾斜阵列相比（通常在地面覆盖比 0.35～0.5 范围内），水平单轴跟踪器可以获得相近的遮光损失。倾斜单轴和双轴跟踪阵列通常需要在地面覆盖比 0.20 或低于 0.20 范围间隔安装，以达到低至约 2% 的年度遮光损失[23,24]。

19.6.5　灰尘和污迹

灰尘、污物、树叶、鸟粪、煤烟、雪和霜都会降低系统的发电量。这些影响常随季节变化，也随气候类型变化。灰尘堆积受当地的天气、土壤、空气和汽车交通及农业活动的影响。在污物导致发电量显著损失的地区，考虑采用定期冲洗。当然，这属于劳动密集型，需要大量的水，因此冲洗的选择取决于预期增加的发电量所带来的相对经济效益。如果没有适当缓解，污物可能会导致高达25%的月度亏损，7%的年度损失。研究发现在枯水期，单独冲洗可降低污物每年损失的一半，从典型的损失6%降低到3%[25]。积雪造成的损失并没有得到很好表征。直到最近，一些商业光伏系统已经部署在定期受到显著和持久的大量积雪的地区。小型离网系统已经成功部署在多年来多雪的气候地区，但当时的设计观念以60°以上的角度使组件倾斜，以确保雪迅速脱落。在低坡屋顶和大型地面安装结构的现代商业和公用事业系统上更容易存在积雪损失。2%以上的年度损失可能发生在白雪皑皑的气候条件下，在德国南部一个屋顶为期六年的研究发现，每年0.3%~2.7%的损失来自于积雪[26]。

19.6.6 屋顶和地面的考虑

选择在屋顶或地面上安装光伏阵列是通过一些简单考虑决定的。除了屋顶的方向和面积，还受下面特性的影响，如

- 膜类型：木瓦板、瓷砖、金属、构建材料（焦油和砾石）、铺屋面卷材、热塑性塑料（TPO）、聚氯乙烯、水泥或橡胶（EPDM）。
- 房子建造时间和基本条件。
- 强度：静荷载、活荷载、风荷载和地震荷载极限。
- 辅助功能：设备升级、火灾和服务访问。

对于地面安装阵列一些典型考虑包括：

- 土壤类型。
- 排水。
- 挖沟可行性。
- 植被控制。
- 人居需求。
- 安全性。

车棚/遮光结构属于地面安装阵列的一个特例。它们一方面为车辆提供遮光，另一方面提供电力（见图19.22）。高架结构的安装和维护成本高于标准的地面结构，但它们允许已经被开发土地的再次利用，这可增加公共利益，因为有些人喜欢把太阳能发电与下面停放的电动车充电相关联。

图19.22 加利福尼亚州Pleasant Hill市岱伯洛谷学院的车棚系统（Solar World提供）

19.6.7 互连设备

选址评估的一个关键部分包括可用的电力基础设施。光伏系统代表第二个电力来源，以补充实用供给。通常的做法是将光伏源与电网互连，要么在设备主开关的用电设备侧的抽头点（但仍在公共事业分时段计量电表的客户端），要么作为现有服务面板中的某一分支。一些考虑包括：

- 主服务面板的载流容量、电压和相位。
- 光伏系统载流量。
- 主服务面板的时间、条件和额外分支的可用空间。
- 从光伏设备开关到用电设施开关间的距离和路径（避免过多的线损和成本）。
- 本地公用计量需求（各单位服务访问规则有所不同，其中有些需要与接入的仪表完全隔离）。

19.6.8 负荷数据

一个设施的日常负荷模式的大小和形状有助于确定最佳的光伏系统规模。负载信息与在上网电价操作下的光伏系统是不相关的，但它与大量的并网或离网光伏系统是相关的。

许多商业公司根据能源和高峰需求来安排收费。能源费用价格习惯上按日期和季节区分。需量收费是按每月中平均 15min 最高的用电量来计算。住宅虽然豁免需量收费，但常被置于更昂贵的能源收费等级，以鼓励节约。住宅、商业、工业和农业客户通常表现出明显不同的日常和季节性负荷模式，必须考虑并制定光伏发电出力时序特性曲线。因此，一个系统，旨在最大化光伏能力以抵消负荷中最昂贵的部分，或许不同于其目标是最大化年度发电量的光伏系统。

离网系统中，负荷特性决定存储需求及光伏发电系统的规模和备用电源的容量。例如，在长时间恶劣的天气时，全年靠离网发电的家庭将通常具有足够的存储容量以满足能源需求，也被称为维持天数，其中 3 ~ 10 天的恶劣天气是一种常见的设计范围。一些设计师使用失负荷概率（LOLP），而不是维持天数。间接地，蓄电池组的规模影响了光伏阵列的规模，由于该阵列必须足够大，在平均的天气条件下，在相当短的时间内对蓄电池充电，同时供给负载。

19.6.9 维护通道

光伏发电只需要很少的维护费用，能够进入系统以更换故障部件并执行预定的例行检查和保养仍是重要的。通常情况下，屋顶光伏系统有安装在地面的逆变器、开关设备，以及数据采集柜。地面设备通常围以栅栏或被设在室内，因此，需要适当的维护通道以服务设备。重要的维护通道项目包括：

- 允许进入系统的安全许可。
- 存储备件和工具。
- 冲洗阵列的水。
- 现有屋顶设备和消防服务领域。

19.6.9.1　规模

几乎无一例外，规模需要建模；规模常常需要反复验证，有时，规模是经典的最佳系统设计问题的关键所在。要解决的问题是以电站发电功率为基础的商品（kW_p）转换为用电设备消耗电量为基础的商品（kWh）。最佳规模的经济"最有效点"对于并网系统不重要，而对于离网系统相当关键。其原因是，配电设备将自动输送非并网光伏发电系统提供的电力，但离网光伏发电系统必须保证在任何时候获得足够电力。

19.6.9.2　并网系统

设计并网光伏系统有几个好的标准。只有一个可以真正被视为最佳设计，那就是，为获得最佳的经济价值。然而，下面列出的其他方法被广泛使用，并且更易遵循：

- 满足每年度负载消耗电量 100% 或一些其他目标分数。
- 抵消峰值功率需求的 100% 或一些其他目标分数。
- 适合可用区域（地面、屋顶、车棚、光伏建筑一体化）。
- 获得最大的激励（即回报）。
- 最佳的经济价值（这需要对所有的成本和效益进行综合评价）。

19.6.9.3　离网系统

离网系统通常是根据光伏系统或与光伏系统相连的辅助电力源结合进行设计，以匹配负载的要求。然而，负载的要求更复杂。下列每个条件必须满足：

- 充足的逆变器容量，以满足峰值功率需求（直流系统替代足够的充电控制器、断路器、电线容量）。
- 季节性最坏的天气模式（或更一般地，天气和负载的最差的组合）下，最小量的维持天数后，阵列设计能够满足电力需求。
- 阵列规模，以满足备用发电机最大使用天数。

19.7　系统设计

系统设计的重点是利用选址分析结果，然后选择和集成满足性能目标的组件。光伏设计往往是可反复调查的，即系统规模或其他参数有时会进行调整以优化经济价值。当然，第一个设计和决策是要确定系统是并网或离网。几乎所有的离网系统将采用低直流电压（最高约 50V）。对于较小的并网系统（约 2kW），设计人员可以选择给逆变器提供低直流电压（约 50V）或更高的直流电压（高达 600V）。虽然 600V 系统更高效、导线损耗较低并且系统成本降低，但是 50V 系统相对安全性和耐遮光性成为主要考虑因素。

19.7.1　部件选择的考虑

19.7.1.1　组件

组件是最重要的单一成本要素，占一个典型光伏发电系统成本的 50% 以上。尽管它们对整个系统成本非常重要，但组件的价格常相同，使得非价格因素最终会支配组件的选择。

一些非价格因素包括：

- 效率。通常情况下，面积的限制决定了低效率的组件（5% ~ 8% 的 DC-STC 组件效率）是否合适。高效率的组件（＞13%）有降低如结构、接线和土地等相关成本的额外优势。

- 易于安装。预钻安装孔的框架式组件往往比无框组件更有利，虽然有些无框组件如即剥即粘型层压板，比有框组件更容易安装。现代的插头连接器已在很大程度上取代传统的终端接线盒。一些制造商提供更好的接地方法，从安装的反馈表明，这可能是一个重要的考虑。

- 供货。光伏组件的全球需求有时超过了供给，造成延误或最后一刻采用昂贵的替代产品。

- 重量。重量更轻的电池板运输便宜，容易处理，并具有较少的结构性要求。

- 保修。大部分保单有保修 1 ~ 3 年和使用 20 ~ 25 年的条款。

- 物理尺寸/纵横比。

- 衰退。从历史上看，薄膜光伏往往比晶体硅衰退更为迅速。

- 电流、电压和功率参数。每个参数必须与逆变器的直流和交流特性及交流互连限制兼容。

- 美学。有些产品，如光伏建筑一体化（见第23章）是专门设计和销售，以在视觉上与周围的建筑融合，呈均匀特征的黑色矩形（没有栅线，没有边框，电池之间没有白色背景）。

- 公认的证书或清单。如 IEC、UL、CE、CSA、TUV 莱茵检测机构和 ETL/Intertek 都提供认证，以增加消费者信心，在某些情况下，获得激励的资格。

- 制造商的历史。

19.7.1.2 组件标称分级惯例

在系统设计的背景下，性能目标将会受到厂商组件的分级惯例影响。组件与组件间的功率差异是不可避免的，本书第 1 版指出变化范围在 ±10%。随着制造技术的提高，生产公差缩小在 ±5% 范围内。直到最近，许多厂商实行不平衡分级，组件功率超过标称额定功率将被更名为具有较高标称额定功率的新产品。组件原有标称额定值平均来讲稍少于广告宣传值，不足 2% ~ 3% 是常见的。当前，比如欧洲模式的上网电价更加注重实际性能，这使得制造商越来越使其产品符合其广告宣传的标称额定功率。现在常见的是厂商的偏差范围窄至 ±2%，具有降低失配的好处。

19.7.1.3 衰减

大多数光伏系统随着时间的推移损失功率，包括以下三个方面：

- Staebler- Wronski（S- W）衰减。

- 光致衰减（LID）。

- 长期衰减。

发生在薄膜硅组件中的 S- W 衰减，1000h 光照后，一般会导致 15% ~ 25% 的功率降低。虽然这种类型的衰减在稍微高的温度（50 ~ 150℃）下退火可以部分恢复，但是当太阳光再辐照组件时，S- W 效应将会再发生（见第 12 章）。

光致衰减是指发生在晶硅组件中不可逆的约 1% ~ 3% 的功率损失。据认为，在铸锭形成的过程中，氧杂质是这个小而普遍现象的主要原因[27]。

长期衰减在光伏技术中广泛存在[28]。文献中对产生这一现象衰减幅度及机制的认识存在很大差别。已有报道年发电跌幅 0%～2% 以上，大多数徘徊在 0.3%～1% 范围内[29-31]。本章的衰减是指包括组件和系统中任何其他部件的影响⊖[32,33]。单独组件引起的衰减降低 0.3%～0.5%；系统中任何其他部件导致 0.5%～1% 的功率衰减[34]。组件衰减与封装恶化、内部分层和由于焊接头热疲劳增加的串联电阻有关[35]。日益增加的串联电阻逐渐降低了最大功率点电压，因此降低了功率。虽然制造商致力减少串联电阻损耗，但是组件暴露在户外，每日热循环导致串联电阻逐渐增加[36]。系统其他部件导致衰退的原因不能很好地被理解。电线终端的腐蚀，逆变器电路的衰退，并且许多情况下，大片电池板内未知的组件故障都被认为是潜在的系统衰退机制。

19.7.1.4 逆变器

对于光伏系统逆变器的选择，首要考虑的是，它与阵列输出直流电压特性的兼容，并且与它输出相连接的电网或负载具有合适接口。

从光伏阵列输出的直流电压范围必须在允许输入的直流电压范围内（参见下面的组串设计部分）。这要求在最坏的情况下（高辐照度下低温电池），所允许的逆变器最大电压高于最大开路电压（V_{OC}）。高辐照度下的高温电池，阵列产生功率的最低电压也应高于逆变器最小工作电压的限制。当然，阵列的最大功率点电压（V_{MP}）的范围也应该在逆变器最小电压工作范围内。本章后面部分给出了实例。美国公共事业规模的光伏逆变器的直流电压的常用范围是 300～600V_{DC}。欧洲公共事业规模逆变器在较高的水平下运行，如 450～1000V_{DC}，这主要由于允许设备较高的最大直流水平的规范和标准不同。还值得注意的是，在美国直流阵列通常在阵列负或正的直流侧接地。在欧洲，常见的是阵列运行时不接地。这也是由于电力规范和标准不同，逆变器设计要求其安全运行时必须具有接地系统（见下面接地部分）。

为使系统成功运行，光伏逆变器必须以与电网相同的电压和频率工作。在欧洲和世界上许多地方通常是 220V_{AC} 和 50Hz，北美住宅单相系统是 120/240V_{AC} 和 60Hz。三相工业和公共事业规模的系统电压更高。美国是 480V_{AC}，欧洲是 690V_{AC}。一些大型公共事业规模的系统逆变器通过使用一个变压器，输出电压可达中等电压（通常 12～70kV）。离网系统中，逆变器产生的交流电压和频率必须与系统供电负载的需要相匹配。

最后需要考虑的是光伏逆变器的额定功率。一个给定制造商，其住宅规模的逆变器提供非连续的功率额定值，如 3kW、4kW 和 6kW。如果光伏阵列产生的功率大于逆变器的额定功率，逆变器将会"剪辑"功率，并限制其输出。如从阵列获得的功率几乎总是小于组件单独的标称功率，这是常见的，但不是必需的，该阵列的额定功率稍微大于逆变器的额定功率。系统设计时，该倍数常常定为 1.2 倍以上。这将意味着，在标准测试条件下可以产生 12kW_{DC} 的一组组件组成的阵列，可以被连接到一个 10kW_{AC} 逆变器。可能有一些时间，逆变

⊖ 文献调查显示长期系统衰退率在 0.5%～2% 范围内。PowerLight（现在 SunPower 公司）报道，基于实地测量衰退率是 0.5%。对于典型的平板式晶体硅光伏发电系统，PVUSA 项目观察到 1% 的衰退率。其他如美国国家可再生能源实验室、西南科技开发研究所和以色列本-古里安大学，通过过去的性能测试和可靠性研讨会报道了 1% 的衰退率。桑迪亚国家实验室的 David King 报告了 1991～1998 个组件统计结果显示的衰退率是 0.5%～2%。几乎所有制造商保证 1% 的衰退率。Kristopher Davis 和 H. Moaveni 对两个系统进行了 4 年的研究，发现晶体硅系统每年 1.2% 的衰退率，非晶硅系统每年 2.1% 的衰退率。

器必须通过关闭阵列的最大功率点放弃功率，但在一个合适的设计系统中，产生的电力只有一小部分会丢失[37]。

上面的描述是针对与"集中型"或"组串型"逆变器相连接的系统，其中多个光伏组件连接到单个逆变器。另一种选择是使用一个"微型逆变器"，这是一种专用的逆变器连接到每个光伏组件。组件空间构架内，它们都是比较小和合适的。微型逆变器通常是额定功率为 100~300W，设计它们来匹配光伏组件的电压特性。至少有三方面好处：①微型逆变器可准确跟踪每个组件的最大功率点，使交流功率输出量最大化。这有助于解决遮光中存在的问题，这样任何一个组件被遮光都不会影响整串组件的输出情况。②它们在本质上是模块化的，一个系统通过加入与微型逆变器相连的附加组件可以相对容易地扩充容量。③它们分别通过软件访问，相对于逆变器级别的监控水平而言，具有更高分辨率（组件级）的监控来诊断性能问题。但缺点是，目前与集中型逆变器相比，以美元/W（或欧元/W）计算，它们是昂贵的，大量的系统部件和可靠性备受关注，因为作为电子设备的光伏组件对使用环境的要求是很苛刻的。它们在光伏组件的背面将承受相同的温度和湿度。随着制造商获得来自外地的更多经验和反馈，这些缺点可能随时间而减少。

19.7.1.5 电气箱和开关

辅助部件如电线、管道、开关、汇流箱、熔丝和所有小配件需要设计，以支持系统的电流、电压和功率特性并且需要制定适当的规范为预定的环境服务。当然，与光伏系统的主要组件一样，这些部件需要符合当地的电气规范，在某些情况下由认证实验室（大多数美国司法管辖区对于上述每个部分要求 UL 标准清单）提供清单。

19.7.1.6 存储

蓄电池许多不同的特性可供选择。确定一个特定的应用程序，最好要选择更多的相关资料来分析，比如安装人工成本、购买价格、推荐的最大放电深度、预计运行寿命和来自于数据表的循环寿命。

对于长期应用，进入光伏系统是困难的，沉重的蓄电池运输成本较高，还就是强烈鼓励购买具有最长寿命（8~12 年）最高品质的蓄电池。甚至可取的是采用过大的光伏阵列，以保证蓄电池频繁地处于满充电状态。另一方面，在蓄电池容易买到且易更换的区域，优先选择更经济的方法，这将需要频繁地更换电池（3~5 年）。负责蓄电池处理或回收应被视为一个前期的设计问题，尤其是当选中低等级的蓄电池时。

过度放电会损坏电池，必须通过限制日常放电到最低荷电状态来避免，这取决于电池的类型，最低荷电状态范围在 20%~70% 之间变化。如果达到这个较低的设定点时，负载必须被断开。实际的或有用的容量是指达到制造商建议充电的最小状态之前所获得的标称额定容量。对于同样需求实际容量，具有较低允许荷电状态的蓄电池，将有一个较小的标称额定容量。所有的电池即使没有连接到负载，也会经历缓慢的自放电。长时间忽视，特别是没有立即进行满容量充电，将老化和损坏实际容量。温度也会降低电池寿命。高于 20℃ 的温度增加了自放电率，低于冰点温度延缓化学反应，并限制从蓄电池获得的可用电流。至关重要的是，电池避免暴露于极端温度及将它们存放在干燥、通风良好的地方，以避免积聚爆炸性气体（见图 19.23）。

设计离网光伏发电系统的蓄电池使得它的实际容量持续 3~10 天的维持天数，有时在关

图 19.23　离网光伏用户电池组。机柜位于大楼遮光方向，以避免过热，交通方便，
通风良好，配有安全护目镜、密度计和烟囱（来源 TTA）

键应用中或许更多天数，来提供每日平均能源需求。例如，如果有一个备用的发电机，或者如果平均能源需求部分是非必要的负荷，则较短的维持天数就足够了。对于冬季日平均消耗 2kWh 的负载，需求 3 天的维持天数，6kWh 的实用容量就足够了，例如可以选用 12kWh、50% 的放电深度的蓄电池。或者选用一个存储为 48V、250Ah 的额定蓄电池组。

对于提供每日负荷在 100 ~ 500W 范围内的小光伏电站，12V 是最常用的系统电压，因为某些直流设备可以直接连接到直流母线。对于较大规模的系统，通常通过一个逆变器，24V 和 48V 逆变器组和蓄电池组提供能量给所有的负载。

19.7.1.7　建筑物

建筑物设计的主要考虑是指用来固定组件的材料、屋顶或地面安装、潜在的恶劣室外条件下的寿命。组件被牢固固定到建筑构件上，但是这种建筑构件本身可以被牢固固定（螺栓），或者仅仅是表面被压固定（压载）。有时，当地的气候排除某些建筑材料的使用，例如，一些沿海辖区禁止铝的使用，因为其极易被盐腐蚀。建筑物必须设计成能承受阵列部件的重量，在局部设计极端条件下的向上、向下和横向风力，按照当地存在的地震力，以及安装和服务期间活荷载的重量。跟踪结构具有保持维护保养周期精度附加的设计挑战，这在实践中意味着确保积雪、杂物或电瞬变时不影响正常运行。

对于低坡度商用屋顶，表 19.2 根据 2009 年 SolarPro 杂志中的文章改编，指出连接和压载结构选项[38]之间的一些差异。

19.7.1.8　接地

接地是为了减少火灾和人员触电危险。北美接地方式不同于其他地方的接地方式。保护装置或设备无论是直流还是交流，几乎所有 25V 以上的系统都需要接地，北美系统不同于其他系统之处在于载流导体，也定义为中性导体，是有意接地的。其原理是，如果零线在任何时候始终接地，别处发生故障电流通过地面导走。有故障的电路能有效地保持该设备无电流通过，使其更安全服务于已知有问题的系统。不幸的是，正常工作条件下，触摸这种类型的系统是非常危险的。不接地系统，情况正好相反：一个正常运行的电路可以触摸但不会有危险，但故障电路可以给非载流设备提供电力，使得它更危险。

表 19.2　商用低坡度屋顶光伏结构的考虑（根据 Ryan Mayfield，SolarPro 杂志改编（2009 年 2 月/3 月））

设计问题	结构连接	完全压载
机架元件成本	较低	较高
安装劳动力成本	较高	较低
行业间协调	高：防雨板和密封避免渗透	低：安装前或安装后都可以满足
典型屋顶载荷	小于 3lb/ft^2	高于 $5 \sim 10 \text{lb/ft}^2$
屋顶维修和更换	较容易	较困难
典型的倾斜角度范围（°）	$5 \sim 45$	$0 \sim 20$
屋顶可允许的低障碍物	是	较少允许
屋顶可允许的倾斜变化	是	较少允许
屋顶排水影响	最小	围绕着潜在的问题设计
满足抗震规范要求	是	可能需要黏合剂或结构附件
灰尘敏感性	较小	较大

19.7.2　经济学与设计

使年度能量最大化通常但并不总是最佳系统的设计选择。对于离网与并网系统，其原因不同。对于离网系统，常见设计是以年度发电量为代价使其冬季输出最大化。在夏天通常能量过剩，重要的是尽量减少停电时间或降低发电机的运行时间。

对于并网系统，系统的激励机制，即补贴，对系统的设计有很大的影响。上网电价鼓励最大限度提高产率的设计。一次性前期退税及免税额使得更加重视系统的容量。许多公共事业单位提供了不尽相同的使用时间，这一趋势正在新兴的智能电网中被强调。大客户的商业费率通常也包括需求的放电部件。虽然这部分通常比账单中的能源部件少得多，某些客户可能足以显著影响系统的方向和规模。最后，住宅客户常为能源使用增加支付率。所有这些因素都会影响系统的设计。

经济价值的几个措施被广泛使用，最简单的也许是能源成本，通常表示为长期折扣分配，称为能源平准化发电成本（LCOE）[39]。这包括太阳能投资的资本成本和贷款条款，加上运营成本，前期非常少的和非基于性能的激励机制，并通过选定的贴现因子平准化年度及不定期付款。

当基于性能的收益，如度电补贴，购电能源销售，被避免的能源成本，以及可再生能源证书（即绿色标签）都计算在内时，更全面、更传统的数字，如净现值（NPV），利润/成本（B/C）比值，投资回收率和内部收益率（IRR）常被使用。

对经济学和设计最强的影响之一是激励类型。被广泛定义为容量激励，如前期退税，或能源激励，如上网电价。在过去十年中，很多加利福尼亚州的光伏一直通过一次性退税来补贴，这从 2002 年 3.70 美元/W_p（4.5 美元/W_{CEC-AC}）减少至 2010 年 1.10 美元/W_p。加利福尼亚州政府退税是与美国联邦 30% 的税收抵免激励措施相结合，并有 5 年的加速折旧免税额，这种组合使得系统生命周期的总收益有 80% 是与性能无关的，只有 20% 的很小部分基于实际性能产生一定风险。这导致许多被安装的系统存在严重遮光、不正确朝向、过于密集的排间距。这些性能缺点将都不会对系统经济学有负面影响。事实上，这刺激用户把尽可能多的容量提供给可以容纳的面积上。

这种情况发生了转变，现在加利福尼亚州所有大于 30kW 的系统通过 5 年性能激励得到补偿，这个激励措施根据实际传输能量而不是容量。然而这与欧洲超过 20 年执行上网电价的方式仍有不同，非性能与性能补贴的寿命比从 80/20 变成约 60/40，从而鼓励更有效的设计。

影响经济价值的因素纷繁复杂。为提供一些实用背景以评估经济和设计的难度，提出下面示例以把各相关系统设计和经济学术语整理成一组简洁的结果。该示例使用一个流行的免费的基于 Web 的美国软件程序，名称为 Clean Power Estimator（CPE）[40]。该系统标定为 $1MW_{CEC-AC}/1.2MW_p$。安装在旧金山地区，目前每月为电力支付 30000 美元。建议系统面向西南，倾斜 $10°$ 角。激励之前，假设有一个 6 美元/W_p 装机容量成本，灰尘和遮光造成 5% 的损失。电网提供的电力被选择以每年 3.5% 升级，每年 1000 美元维护费用，并且该系统需要支付 7% 的 10 年贷款。

图 19.24 总结了各种投入和主要结果。建议的系统预计每年生产 1618MWh，或客户能源需求的 79%。对应的发电量为 1383kWh/kW_p。图 19.25 显示累计折扣现金流量，因为贷款结构，永不会负值，700 万美元投资，270 万美元净现值（2010 年美元），共累计 30 年数值。与图 19.24 中的系统汇总表中列出的 8.6 年（简单）的投资回收期相比，累计折扣现金流提供了投资回收期更真实的表达。在汇总表中所列的投资回收期通常为简单的投资回收期，因为它仅把第一年能量值与初始净系统成本相联系。在这个例子中的激励机制有三个方面：一个是 30% 联邦税收抵免，另一种是联邦和州加速折旧免税额，第三个是加利福尼亚州的 5 年性能激励支付，0.10 美元/kWh。

19.7.3　系统集成

系统集成是各种系统部件的规格与指定位置现有的工作条件相匹配的过程。一种尺寸适合所有用途的方法对光伏不是有效的。总之，并不是所有的组件都与所有的逆变器相匹配，当然也不会在所有环境下相匹配。系统集成过程必须从指定位置可能出现的极限温度的理解开始，因为这些参数都不在设计师的控制范围之内。

如上面讨论逆变器选择所指出的，在最热天是最低阵列电压，在最冷天是最高阵列电压，这决定了组件类型、串联长度、逆变器类型的组合以使系统工作在最佳状态。创纪录的温度高点和温度低点都不能用于系统集成，简单的平均温度也不可用。幸运的是，在极端与平均气温之间的值是非常有利的。设计师的做法各不相同，但一般选择低设计温度，在冬季较少有机会超过电压。同样，通常选择一个高的设计温度使得夏天较少有机会超出电压⊖。

⊖　美国采暖、制冷和空调工程师协会（ASHRAE）定期公布它的基本手册，指导设计美国数百个位置的高温和低温。这份文件在售，但互联网上的免费资源是 www.weather.com，其中列出了世界各地平均和纪录高温和低温。

图 19.24 在加利福尼亚州北部，1.2MW$_p$固定倾斜系统，清洁能源估算输入和结果

在实践中，无论是最冷或最热的月份选择纪录温度和平均温度之间的中间值产生的结果与美国采暖、制冷和空调工程师协会季节 2% 超标数一致。例如，美国采暖、制冷和空调工程师协会发布弗雷斯诺每月（最热夏季月份）2% 的时间内温度值是 40℃，这意味着气温将超过 40℃，但每月仅 14h。虽然这个特殊的温度比较模糊，弗雷斯诺的长期数据很容易在几个免费的互联网网站都可以得到，如 www.weather.com。在那里，高达 46℃ 的纪录温度，以及高达 36℃ 的最热月平均温度都被发布。这两个值的平均值为 41℃，与美国采暖、制冷和空调工程师协会的值仅有 1℃ 差别。类似的计算方案可以被用于确定最冷设计温度。

一个附加的步骤是必要的，以确定系统集成设计的高温。该步骤包括将太阳能增益项加到上述确定的环境温度。根据阵列通风情况，组件的峰值温度至少将高于环境温度 30℃ 以上，可以达到高于环境温度 50℃ 以上。在美国，对于阳光暴晒的接线，美国国家电气规范发布，距离屋顶表面 0.3 ~ 1.0m 阵列，温度增加 14℃，距离屋顶表面小于 1.3cm 的列阵，温度增加高达 33℃。

操作极限已知后，如果确定好逆变器和组件，那么集成主要元件的唯一步骤是确定组串长度。组串长度或串联组件的数量必须足够大，以保证在最暖季节长时间运行。但串联组件数也需足够小，以避免在最冷天超过设备的额定电压（在美国和加拿大通常是 600V$_{DC}$，其

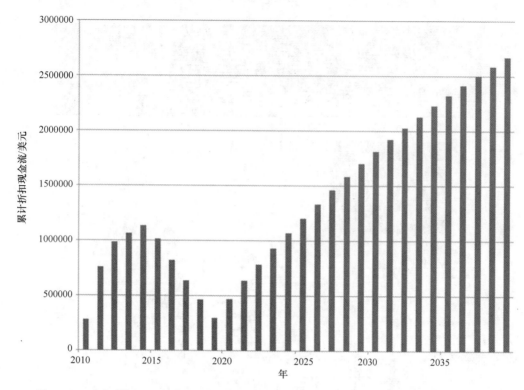

图 19.25　在加利福尼亚州北部，1.2MW$_p$ 固定倾斜系统，清洁能源估算的累计折扣现金流

他地方是 1000V$_{DC}$)。如果合适的组串长度无法实现，集成过程需要改变组件或逆变器类型。

　　主要设备选择完成后，其余的系统集成任务比较简单：选择额定预期的功率、电流和电压的电气箱。这包括诸如适当大小的直流和交流短路开关、接线、汇流箱、熔丝和接头。

　　组串容量决定了串联的组件个数。电压相加，电流保持相同，这定义了系统的最大电压。作为系统集成的一部分，很明显，组件并不仅仅由它的标称峰值功率来决定。组件的电压影响了系统的最大电压。每一个组件的输出参数，如开路电压、短路电流、最大点电流、最大功率，都有其温度系数，这些温度系数与组件各种特性相关，如第 18 章所述。变化最显著、幅度最大的通常是开路电压的温度系数，对于光伏组件，此值始终是负的。在夏季，气温升高成反比影响开路电压，可使电力输出比标称功率低 25%。将组件以容易散热的方式安装是很重要的。

19.7.4　间歇现象

　　太阳能并不总是很好地与电力的使用时间相对应。资源的这种间歇出现在多个时间尺度：

　　1）动态，包括快速移动的云。

　　2）每天，包括日出到日落和一般的天气变化。

　　3）季节性因素，全年太阳日辐照量的变化。

　　对于并网系统，备受关注的事项是动态变化。此类型的实例是快速移动的云和光伏组件上遮光的变化，可以几分钟或几秒钟内影响系统的发电量。这些资源变化可能会导致系统传输的功率有所不同，对交流电压的分配产生影响。对于大型并网系统，光伏发电厂动态电力系统模型包括逆变器的特点和资源输入，通常被用于模拟光伏系统对连接到该点的公用电网的影响。进行这些模拟所使用的软件模拟工具，如正序负载流（PSLF）[41]和电气传动的电力系统模拟器（PSS®E）[42]，在世界上许多地方被用于电网互联的研究。

对于离网系统，从长远来看，较长时期内太阳能资源每天和季节性间歇影响储能和备用单元的规模。这些部件需要根据太阳能资源的不可利用或被限制的时间来设计规模大小。在本章结尾离网的例子中将被说明。

19.7.5 材料失效

为了尽量减少材料失效，静态和动态及光伏系统将经受的环境因素必须考虑。建筑物、跟踪器、地基和其他部件将经历许多次热循环，暴露在紫外线照射下、极端温度、潮湿的条件、大风、大雪，甚至可能发生地震事件。过剩的压力和疲劳失效可能造成不可挽回的损失。因此，该系统应设计成能防止腐蚀和承受最大设计载荷[43]。

19.7.6 建模

光伏建模通常被认为是预测年度能源的一种手段，但建模也被用来预测现金流量和其他参数，如温度、太阳辐射，以及电流和电压。高级软件现在广泛用于模拟详细的每小时的能量和许多其他数量。建模原理的评价和目前软件样本清单如下所示。但是，首先考虑到具有相当准确度的简单年度发电建模没有详细的软件，因此通过乘以三个确定的参数可以实现：

$$每年 kWh_{AC} = (系统 kW_p) \times (参考收益率, Y_r) \times (性能比, PR)$$

当然，这些参数必须被很好表征，从而实现准确的年度结果。千瓦级系统规模是组件的数量和标称额定功率的直接产物。参考收益率（$1kW/m^2$太阳光峰值辐射下每年的小时数）在全球各地广泛变化，并且强烈地依赖于方阵方向，但各种方位和地点的太阳能资源可从数据库查到。性能比（PR）常在 $0.65 \sim 0.75$ 范围内[44]，强烈依赖系统的可靠性，整体部件的质量和温度。它是许多直流到交流损耗机制的最终结果，并且通常被视为一个无量纲的量，但实际上它是每输入单位太阳辐射的平均电输出比率，单位是 kWh_{AC}/kW_p。

本章前面的例子，加利福尼亚州北部气候，每年 2000h 峰值日照时数和 0.70 性能比的参考收益率是，对于 $1kW_p$ 系统，有 $1400kWh_{AC}$ 的年度发电量，因此最终收益率 $1400kWh_{AC}/kW_p$。

最好的建模技术中应有四种要素：太阳能资源，系统机械和电气特性，负载特性，经济参数。不是所有商业软件能涵盖每个要素，许多用户和设计不需要同时进行四个要素的建模。一个真正综合方案将超越基本四要素，采用其他条款进行建模，如每年天气变化、长期衰退、部件更换、一般运行和维修费用、断电、回收利用或废弃成本，尽管这样的项目目前并不存在。四大建模要素和商业软件一些例子如下。

19.7.6.1 关键建模要素1：太阳能资源和气象

表征一个地区的气候通常需要至少10年的数据，最好是每小时的数据，但往往只能得到月度值或平均值。核心条款包括（见第22章更详细的建模和一些参数的讨论）：

- 水平总辐射。
- 气温。

其他几个参数在模拟程序通常被使用，但不能广泛获得：

- 水平散射辐射。
- 直接辐射。
- 风速

下列附加条款有时会有帮助，但常包含在气象数据库：

- 风向。
- 灰尘/污垢/雪的模式。
- 湿度。
- 浊度。
- 光学度。
- 云层覆盖。

19.7.6.2　主要建模要素 2：光伏系统特性

许多机械和电气性能常需要运行复杂的模型，额定直流容量和取向需要被指定。最基本的模型表征组件输出随光照强度线性增加，并根据负温度系数随温度线性降低。更复杂的模型采用几个设备参数表征组件，包括它们各自的温度和强度依赖性。更一般地，下列参数是常用的：

- 组件类型、数量，以及电流、电压、温度依赖性、物理尺寸规格，而且往往包括更详细条款，如串联和并联电阻。
- 逆变器型号、数量和效率、电压最低和最高极限。
- 电线电阻（如电线类型和长度决定的电阻）。
- 倾斜角度或跟踪轴的特性（旋转极限、回溯）。
- 方向。
- 地面覆盖率或类似的阵列几何规格。
- 水平遮阴轮廓。
- 散热性能（如电池额定工作温度（NOCT），或固定的或与风有关的传热特性）。
- 系统预期寿命（强烈影响能源平准化发电成本）。

19.7.6.3　主要建模要素 3：负载特性

无论是住宅还是商业、工业负载逐月和逐年变化很大，而且很少有 1h 或 0.25h 的准确数据。然而，容量和经济性对负载的大小和模式有很强的敏感性，所以根据客户分类和每月电费采样，建模人员必须经常做出粗略估值。

- 每小时电力需求曲线。
- 每月的电费账单。

19.7.6.4　主要建模要素 4：经济因素

经济参数从少至公用事业能源成本到影响光伏系统生命周期成本和收益多达 20 几个。像这样的参数通常包括：

- 系统安装成本。
- 计划更换成本（逆变器每 10 年，蓄电池每 6 年）。
- 融资：贷款期限，首付百分比，贴现率。
- 电费（按时间使用）和浮动率。
- 光伏系统税费。

- 买家所得税结构。
- 激励：回扣、税收抵免、折旧、可再生能源认证，以及任何类似补贴。
- 维护成本。

19.7.6.5　商业模拟程序示例

表 19.3 是在 2010 年普遍使用的软件程序的示例列表。对这些程序特点详细比较，在此仅给出显示特性的基本列表。该列表并非全面，部分原因是收集全不切实际和许多只用于特殊目的，而非完全的光伏能源模拟。⊖太阳能建模程序中的一个主要区别是它们输入的气象数据是基于模拟还是基于评估，另一个区别是程序执行是基于网络还是基于个人计算机。模拟程序依赖于独特的时间记录，通常每小时，计算出每天精确能量（和其他参数）曲线。每小时的天气数据在全球还没有被广泛使用，所以模拟程序应用领域非常有限。评估程序通常开始于广泛使用的每月平均数据，并用相关性去生成每天的轮廓线。有些方案具有足够的灵活性，以天气类型的数据作为输入。另一个关键的区别特征是其损失机制的结算方式。某些程序简单地把一些因素，例如逆变器的效率、遮光、灰尘和导线损耗作为常量，而其他因素作为随时间变化的量。有些是免费的，有些需要许可证。

表 19.3　光伏建模软件范例

名　　称	类型；执行	许可证	损失机制处理
PVSYST（日内瓦大学，瑞士）	模拟及估算；本地	1000 瑞士法郎 单用户	非常详细， 随时间变化
PV * SOL（Valentin 软件，德国）	模拟及估算；本地	468 欧元 单用户	不太详细， 但随时间变化
PV Design-Pro（Maui 太阳能软件公司）	模拟；本地	259 美元 单用户	不太详细， 但随时间变化
PVWATTS（美国国家可再生能源实验室）	模拟；网络	免费	都为常量
RetScreen（加拿大自然资源部）	估算；本地	免费	都为常量
Clean Power Estimator（清洁能源研究院）	估算；网络	免费	都为常量
SAM：Solar Advisor Model（美国国家可再生能源实验室）	模拟；本地	免费	不太详细， 但随时间变化
PV f-Chart	估算；本地	500 美元 单用户	多数为常量， 一些随时间变化

19.8　安装

正确安装对光伏系统的成功是至关重要的。该系统的设计应易于安装和良好的便利性。随着时间的推移，改善光伏部件有助于简化安装过程。有两个例子，包括采用允许"自上而下"安装组件的结构附件和简单的插件式组件接线连接器。每个安装机组成员必须熟练

⊖　光伏资源网站 http://www.PVresources.com/en/software.php 有全面和专业软件清单。

执行其规定的任务。电线的安装应保证它们不受磨损或切割。在安装过程中必须保证安全，防止伤及机组成员和破坏结构和设备。如果有必要，设计文件应予以更新，以反映已建系统。一旦系统投入使用，商业运营开始前检测设备及安装的调试必须完成[45]。

19.9　运行和维护/监控

光伏系统的设计和安装，目标是使其充分发挥作用至少20~30年。以下是常见的计划任务列表：

- 组件清洗以去除脏污。
- 配线和电气连接的检查。
- 正确的逆变器运行的验证。
- 机械安装系统的检查。
- 更换破碎或损坏的组件。
- 植被控制。

在部件手册中建议应遵循的做法。通常情况下，住宅规模的系统不安排专业的运行和维护，因为年收入太少。运行和维护职责上所列清单通常是由业主承担。更大的商业和公用事业规模的系统通常产生足够的收入，以保证光伏专业人士执行已计划的运行和维护。

通过对炎热和干燥的美国西南部的两个公用事业安装的4.5~5.0MW系统的运行和维护成本进行超过7年的监测，结果发现，每年的运行和维护成本，以每年每千瓦（kW_p）美元计算，从初始系统成本的0.1%~0.5%变化，主要依赖于逆变器维修/更换费用[46,47]。8000美元/kW_p代表性的系统成本，通过选择运行和维护范围的中间值0.25%，由此产生的每年运行和维护成本大约是每年20美元/kW_p。表征运行和维护费用的另一种方式是建立在能源基础上，而不是以一个装机容量为基础。根据经验，对于大型并网光伏发电系统，常见的能量规定是，运行维护成本是1~3美分/kWh。这个成本会随着系统的使用年限而增加，增加维护是必需的，以确保良好的性能。离网系统由于额外的部件，例如蓄电池，运行和维护通常比并网系统费用更高。

监控光伏系统性能对于记录系统的功率输出和确定该系统的运行状况是非常重要的。由于定期维修间隔之间会出现问题，该系统关闭或不在最佳水平上运行，所以减少时间段是很重要的。监控系统是执行运行和维护方案中有价值的一部分。监控包含两方面过程。需要记录该系统的输出和当地环境条件，这让系统故障及系统性能欠佳时能够及时被检测。在一些大型系统中，可能需要有财政支出，让一个合格的现场人员监视系统并能够解决出现的问题[48]。

许多住宅和商业设施的安装人员现在可以通过基于互联网的工具，提供远程监控服务。这些监控系统通常与逆变器连接，并提供关键系统状态的测量和运行参数。图19.26是一个监控系统显示的例子。

在特定地理区域，通过监控大量系统的性能，可以检测到系统的相对输出已经降低到别的系统的平均值，不受阳光和气候条件影响。

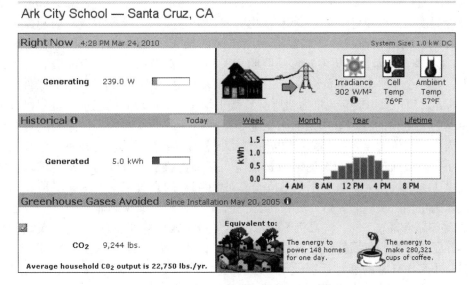

图 19.26 1kW$_p$ 系统的监控显示器[49]

19.10 拆卸、回收和污染整治

作为从摇篮到坟墓的光伏系统的一部分,在其使用寿命结束时,去除光伏系统,必须同时考虑到财务和环保。光伏存在的部分原因是它可以提供电力且无有害气体排放。拆除光伏系统,不会对环境造成任何危害,应该纳入系统设计。随着今天 20～30 年光伏系统的工作寿命结束,拆除和回收将成为未来需要解决的问题。目前人们逐渐意识到组件回收和再利用中最有价值的材料(即铝、硅晶片、铟、碲、银、玻璃)的经济效益,及作为一种责任去防止重金属(镉、铅)进入环境。美国和欧洲团体已经成立,以鼓励生命周期降低成本和材料回收[50,51]。许多制造商保证回收他们的组件和大部分材料,可以废物利用。这是习惯的期望,通过回收利用,可以收回系统最初 10% 的经济价值。

第 1 章提供了有关 1～3 年短的能量投资回收率时间和非常高的二氧化碳减排潜力,并致力于光伏社区内的安全生产和回收信息。光伏发电系统的一个附加的环境优点是,其运行不需要大量的水资源,这是非常重要的,大型系统通常可安装在干旱地区。相比需要大量水的聚光太阳能热电站,这具有较大优势。

19.11 实例

19.11.1 离网住宅/交直流电柜/柴油/蓄电池

我们将致力于坐落在西班牙比利牛斯山脉的农村家庭电站,每天平均 3.85h 的峰值阳光水平辐射 (kWh/m^2),最糟糕的一个月,相应最佳倾斜角 55°,每天平均 3.2h 的峰值阳光辐射 (kWh/m^2)。最冷月平均最低温度为 0℃ 和纪录低温是 -9℃,这表明这两个极端之间设计的低温将是合适的，如 −4℃。最热的月份平均高温是 30℃，纪录高温是 40℃，这表明这两个极端温度之间的设计高温是 35℃。我们假设没有因遮光或积雪造成的能量损失，光伏组件将会由业主定期清洗，所以没有污染造成的损失。居民电力需求是常年每天平均 3300Wh。在冬季，能量需求更多转移到照明相关联的较高负载，食品冷冻负载需求的能量相对降低，这样全年平衡日常负载的能量需求。要求量是，最差月份平均气候条件下，光伏系统供应标准 230V、50Hz 交流电力给所有负载平均每天 3300Wh 的能量。负载额定最大功率是 3446W。蓄电池的容量必须足够大，基于平均每天的能量需求，存储的能量至少能满足使用 3 天。我们说"至少"，因为蓄电池的大小是固定的，而我们选择下一个最大可用蓄电池的大小，负载通过最大 15A 的电流被供电。基于负载平均每日的能量需求，蓄电池将被设计提供 3 天的维持天数。对于电气安全，使用 48V 的直流系统电压。屋顶和周围充足的面积被认为可用。负载的评估。负载列表（见表 19.4）根据家庭需要和以下考虑进行准备：主要设备都是高效率的，洗衣机不给水加热（冷洗或仅外部加热）。所有负载有平均日利用率，除了洗衣机，每周使用三次。可调负载仅满足下面条件时被使用，只用于光伏发电有盈余时，不考虑日常的能量计算，但必须考虑逆变器的功率。从表中，平均需求为每天 3300Wh。该逆变器必须能够提供总装机功率（3491W）和响应所有已安装的负载，加上最大单一设备启动时的功率激增（3446W + 2500W = 5946W），基本负载是 100W（图 19.27 中可看到一个理想化的负载分布）。所需要的逆变器规格：额定功率（30min）≥3500VA，额定浪涌电源（5s）≥6000VA，100W 运行功率达到的效率大于 80%。

表 19.4　家庭负载

主要负载	单位功率/W	数量	总功率/W	可能的单位峰值功率/W	平均使用时间/(h/天)	每天所需能量/(Wh/天)
照明灯	11	6	66	20	3	198
照明灯	20	4	80	30	2	160
低功耗电视	90	2	180	250	3	540
DVD	50	1	50	50	1	50
便携式 Hi-Fi	35	1	35	35	2	70
节能冰箱	120	1	120	500	基于数据表用电	650
节能深冻冰箱	120	1	120	500	基于数据表用电	650
洗衣机	250		250	1200	400Wh/每次 3 次/每周	170
厨房用具	80	3	240	160	0.5	120
个人计算机	205	1	205	300	2	410
逆变器的闲置负载	10	1			24	240
可缓供负载						
空气净化器	800	1	1800	2500		
水泵	300	1	300	600		
总量			3446	最大值 2500		3258

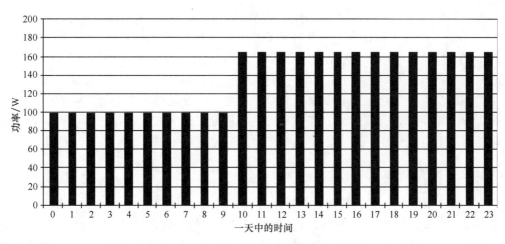

图 19.27 理想化的负载曲线（来源 TTA）

蓄电池的可用容量必须供应至少三天的需求。我们选择蓄电池类型，48V 直流电压下，典型的放电率为 120h，最大放电深度为 80%。这意味着额定存储容量要高于 12375Wh，因为

$$C_{120} = (3300\text{Wh}/\text{天}) \times 3/0.8 \geqslant 12375\text{Wh}$$

在 48V 的额定电压意味着它们的额定容量是

$$C_{120} \geqslant 12375\text{Wh}/48\text{V} = 258\text{Ah}$$

以往经验表明，对于这种类型的负载曲线、系统朝向及气候，家庭所需能源的约 60% 将流过蓄电池。10 年期间流过蓄电池的电量估计为

$$3300\text{Wh}/\text{天} \times 0.6 \times 365 \times 10 = 7227\text{kWh}$$

所选蓄电池预期寿命的有用容量应至少是 7227kWh。每个放电循环的有用能量是

$$12375\text{Wh} \times 0.8 = 9900\text{Wh}$$

因此，10 年期间的周期数量大约是

$$7227000\text{Wh}/(9900\text{Wh}/\text{周期}) \approx 730 \text{ 个容量周期}$$

蓄电池的规格表中列出了以下几个特点：

- 产品名称：Varta 4 OPzS 200。
- 24 个电池串联，每个 2V。
- 20℃，额定容量 $C_{120} = 300\text{Ah}$。
- 25℃，80% 放电深度（DOD）次数为 1500 次[52]。

最差的一个月内，该光伏电站每天产生 3300Wh 电量，我们将假设 60% 的性能比（PR）。最低标称光伏容量必须为

$$P_{\text{光伏}} = (3300\text{Wh}/\text{天})/(0.6 \times 3.2\text{h}/\text{天}) \geqslant 1.7\text{kW}_\text{p}$$

36 个电池组成的 85W_p 的晶体电池组件，开路电压和短路电流分别是 21.5V 和 5.2A。该阵列将要求 4 个组件串联，或每串 340W_p，最少 5 串并联，将需要满足 1.7kW$_\text{p}$ 的最低功率需求。充电控制器的最大额定电压为

$$V_{\text{OC}} \times \text{串联组件数量} \times \text{寒冷天气温度因子} = 21.5\text{V} \times 4 \times 1.2 = 103\text{V}$$

随着将来阵列容量或负载增加，蓄电池充电控制器（BCC）的容量可被扩充。设计充电

控制器时，假设 30% 的扩张因子。蓄电池充电控制器的最小额定电流为

$$I_{BCC} > I_{SC} \times 并联的电池串数量 \times 未来扩张因子 = 5.2A \times 5 \times 1.3 = 33.8A$$

充电控制器电压的均衡及浮动设定点通常分别调整为每个电池 2.50V 和 2.28V，并且将通过充电控制器内置的荷电状态（SOC）的算法进行温度补偿。对于 2V 铅酸电池而言，这些值是典型阈值。24 个电池串联形成一个 48V 蓄电池，设定点为 2.5V×24=60V，在 25℃时，为 2.28V×24=55V。蓄电池的荷电状态达到所允许最大放电深度的 20% 时，蓄电池充电控制器将与蓄电池断开。

19.11.2　并网系统示例

住宅和商业并网屋顶系统是现在商业化最显著的光伏系统类型。然而，并非所有并网系统，尤其是商业设施，都具有最佳经济价值。许多著名的公共系统已被作为展览或为良好公关。不同于独立系统，满足并网客户的用电负荷不是占主导的设计参数。这并不意味着被光伏供电的建筑负载部分是不重要的。一般情况下，与市电互联系统的限制因素是可用面积或预算。

19.11.3　并网光伏系统房屋

考虑部署在加利福尼亚州，靠近萨克拉门托的并网系统（见图 19.28），每天阵列（面朝南 30°倾斜）受到平均 5.5h 太阳峰值辐射（kWh/m²）（在 IEC 61724 也称为参考收益率，Y_r)⊖。最冷月平均最低温度为 2℃和纪录低点为 -16℃，在这两个极端之间建议设计低温将是合适的，如 -7℃。平均最热月份的高温是 34℃和纪录高点是 47℃，在这两个极端之间设计的高温 40.5℃。一整年，萨克拉门托所受污染将减少未清理系统输出的 6% 左右。我们假设遮光或积雪没有造成显著损失。好的条件下瓦屋顶的可用面积是 24m²。该系统以面朝南倾斜 30°角方向安装。该组件平行于屋顶安装，与屋顶间距是 9cm，使用标准的、自上而下带有夹子的铝制太阳能支架。

在加利福尼亚州，用户每年消耗电量平均等于 10000kWh。在这种气候下，一个精心设计的光伏系统每年每千瓦将产生约 1400kWh⊖电量，所以将需要 7kW_p 系统完全满足用户的能源使用需求。设计师发现，夏普 14 个 165W 组件组成一个视觉上吸引人的布局，共计 2.3kW_p，将占用现有屋顶面积的 75%，留下足够的空间作为服务和紧急救援通道，并使用每 7 个组件串联再并联的连接方式，与一个 SMA SWR1800U（1800W）逆变器集成。该系统有望满足大约 1/3 的家庭用电需求。

所选择的逆变器具有 1800W_AC 的额定功率，156～400V_DC 的直流电压范围。该阵列到逆变器负荷率是 1.3，与制造商的建议一致，非常适合建在欧洲，但通常略高于美国阳光明媚的气候下的建议值。在阳光明媚的地点，装载有很多直流电能的逆变器由于高功率限幅，可能会牺牲其潜在发电量的 1% 以上。1.2 或更低的负荷率在这种气候更为常见，因为它们从

⊖ 国家可再生能源实验室公布的全国太阳辐射资料库，可提供美国 239 个位置几个方向的年度辐射量。

⊖ 这个收益率是基于 5.5 太阳小时/天×365 天/年×0.7PR≈1400kWh/kW_p。典型的 0.7 的性能比（PR），意味着太阳光能量在转换成交流电时 30% 的损失。30% 的损失中约 1/3 是因温度，1/3 是因逆变器的损失，而剩下的 1/3 是由于导线电阻、不匹配、污染和类似的小损失的综合影响。

图 19.28 2.3kW$_p$ Berman 家庭住宅并网系统，近萨克拉门托，加利福尼亚州

根本上消除削波损失。

对于这个阵列，最大直流电压不能超过 400V。这个参数等于组件的串联数量（7），该组件的开路电压（44V），及冬天电压调整系数的乘积，电压调整系数等于开路电压的温度系数（-0.4%/℃）乘以该设计最小的温度与标准测试条件 25℃ 温度之间的温度差，此组串尺寸满足 400V 限制。

在最热的条件下，该阵列将在高于设计的最高环境温度以上 17℃ 运行，即大约达到 40.5℃。在 57.5℃ 时，串联电压的计算将采用类似于上面具有三个替换变量的开路电压方程。该组串长度满足逆变器 156V 最小电压。

两串组件组成的系统不需要直流熔丝，如住宅应用中串联逆变器的情况，无论如何，需要根据组件的短路电流（I_{SC}）设计电线。组件短路电流是 5.3A，美国设计师根据国家电气规范设定电线规格必须满足两个标准，首先需要采用一个 1.56 的倍数，以获得 30℃ 时最低基本额定载流量，在此，最小值为 8.3A。第二个标准是，所选择的电线在一些条件下传输电流必须达到组件短路电流的 125%（6.6A），这些条件通常包括由于温度导致的载流量降低及一个导管内多个导体（>3）所导致的载流量下降。在 57.5℃ 的温度载流量调整值为 0.71，使得满足第二个标准需要一根电线，其在 30℃ 时基本的最小额定值为 6.6/0.71，即 9.3A。直流线到逆变器的线路在大气下由耐受阳光的电线来连接，但更常见的做法是将组件接线盒导出的电缆通过快速转接头直接连接到更便宜的导管内的"建筑用"电线。

对于此应用，可能被选择的一个典型的电线尺寸和类型是 #10 AWG THWN-2（13.6mm^2）。这是一种常见的尼龙护套电力电缆，后缀"-2"表示载流量在潮湿或可达 90℃ 的干燥环境下是有效的。此电线在 30℃，载流量是 40A，在 57.5℃，暴露在屋顶上时降低载流量为 0.71。对于一个导管内 4 根载流导线（2 串 ×2 导线）采用载流量下调 20% 的附加条件。#10 AWG 电线下调载流量为 40A ×0.71 ×0.8 =23A，远高于上述所需的 6.6A 目标。四根载流导线加一个同样大小的接地导线填充在符合规范的导管内部，其所占面积不能超过 40%。每根导线包括其尼龙外套，有 0.0211in^2（13.6mm^2）的面积。最小的内部面积，是 5 根导线乘以 0. 0211/0. 4 等于 0. 26in^2（170mm^2）。常见的美国商业导管尺寸为 1/2in（1. 25cm）的电气金属管，内部面积是 0. 3in^2。这个尺寸是合适的，因为内部面积比文献中的最小值 0. 26in^2 稍大[2]。

大多数住宅系统将具有类似的超大尺寸的直流电线，所以电阻损失往往是非常小的。#10 AWG 电线具有 0. 004Ω/m 的电阻，所以对于一个典型的 25m 单向运行的往返电压降，若具有 252V$_{DC}$ 串联电压和 4. 6A 串联电流，其大小仅仅是

$$0. 004Ω/m · 25m · 2 · 4. 6A/252V_{DC} = 0. 4\%$$

直流管道运行终止于与逆变器相邻的直流开关。此类额定电压等级（< 600V$_{DC}$）的最小标准开关的额定电流为 18A$_{DC}$，远高于设计的 6. 6A 直流电流。

若逆变器的输出电压为 120V$_{AC}$，额定电流为 15A$_{AC}$，这就需要交流开关设备、电缆和 15A 的 125% 的过电流保护，即 19A。下一个最大的标准尺寸是 30A 非熔断的交流短路开关和 20A 电流断路器，安装在现有的电力电源板内作为公共耦合点（POCC）。

和以前一样，一个普通的 #10 AWG 电力电缆用来完成交流设计[53,54]。如同直流电缆，一个尺寸合适的交流导管也将是 1/2in（1. 25cm）电气金属管，比直流运行具有更多未填充区域，由于交流管道运行将只包含三根导线（一根相线、一根零线和一根接地线），而非进入直流断路开关的 5 根导管。从逆变器到电源板的交流运行长度通常是小于 10m，较小的线损失可忽略不计。

19. 11. 4　商用屋顶

商用屋顶通常是低坡类型，往往具有相对较低的静负荷极限，虽然这不是普遍的。正因如此，压载光伏系统也趋向于浅倾斜放置，以减轻需要的重量。最佳倾斜系统往往通过屋顶膜层与基本建筑结构连接。商业化屋顶的另一个普遍特征是，光伏系统的地面覆盖比往往比住宅或地面安装系统更小，因为存在电梯井、护墙、天窗、暖通设备和服务走廊呈现的重重障碍物。

考虑坐落于新泽西州 Manahawkin 的大型零售商店系统。类似的阵列如图 19. 29 所示。使用上述相同的方法，此区域最小的预期温度为 - 14℃，而最高环境温度为 35. 5℃。预计由于夏季灰尘和冬季积雪的影响，该系统将损失约 2% 的潜在年发电量。附近大西洋城的长期平均水平总辐射量是 1486kWh/m^2，12℃ 的平均气温。

该阵列被安装在街道上，由 390 个京瓷组件组成，每个组件具有 205W 的标称额定值，该阵列具有 80kW$_p$ 的额定直流容量。Satcon 公司 75kW 逆变器，315 ~ 480V 的直流运行范围和 600V 的最大直流输入电压。逆变器的负载直流和交流容量比为 1. 07（80kW$_p$/75kW）。对于这种气候、组件类型，及逆变器，15 个组件的最佳串联长度已经确定。

这些组件以一个共同固定的 10° 角倾斜，面向东南，以符合建筑物的方位被压载安装。行间距达到 0. 67 地面覆盖比，对应 2. 9 回配比。该组件横向排列，以使它们的旁路二极管得到充分利用，从而减少行与行的遮光，这种几何结构使年度发电量减少 1%。

该组串被收集和分布在配有 15A 熔丝的 4 个 8 端直流汇流箱内。来自汇流箱的 84A（I_{SC} × 1. 25 × 8 端）光伏输出电流在两个 100A 3 端无熔丝的 600V 直流熔断器式短路开关断开。暴露在阳光下的电线将由于其升高的温度具有较低载流量。对于大多数暴露在太阳下的屋顶布线，国家电气规范规定电线温度应高于设计环境温度 17℃，因此，设计电线温度调整为 52. 5℃。对于 #2 AWG THWN-2 线（直径约为 9. 5mm），国家电气规范规定温度在 5 ~ 55℃

图 19.29　商用压载屋顶系统，新泽西州。SunLink 公司的低矮支架依赖于组件
重量、支架重量、锚定阵列的隐蔽压载物的结合（BEW 工程公司提供）

之间时载流量降低为原来的 0.76 倍。电线的类型和规格为，在 30℃基本额定电流容量为
130A，53℃时降低到 99A。这远高于使用中允许的最小电流 84A。最小允许的接地导线在
30℃将需要有一个基本的至少 84A 的额定电流，#4 AWG 电线可以满足要求。允许最小的电
气金属导管尺寸是 1in（2.54cm），每个光伏输出电线都在其自身的管道内。

在交流侧系统连接到客户拥有的电能表。公共耦合点是指设备 400A 主电源板的用户侧
的线路抽头。75kW 的逆变器额定电流是 90A，需要一个 200A 直流断路开关和 125A 的熔
丝。由三个#3 AWG THWN-2 相线、一个#3 AWG 零线和#3 AWG 地线组成的合规设计在一
个 2.5in 的 EMT 导管内（公制代号 63）运行。系统还包含一个配备气象仪、逆变器和仪表
通信的远程数据采集测量系统，及为监控系统性能的无线通信数据传输系统。

预期的最终发电量为 1193kWh/kW$_p$，预期的性能比为 0.76，总的年发电量最初预期为
95MWh。从长远来看，年发电量预计将以 0.5%~1.0% 的速度下降[55,56]。

19.11.5　公用事业规模的地面安装跟踪

到 2009 年，一些公有和大多数私有的大型光伏系统主宰光伏产业，有超过 20 个国家拥有
大于 1MW 的系统[57]。其中大部分都是安装在地面上，许多利用跟踪装置以增加年发电量，并
拓宽每天功率输出曲线。一个很好的例子：位于内华达州拉斯维加斯市附近 Nellis 空军基地的
14MW$_p$地面单轴跟踪系统，如图 19.30 所示。在 2007 年安装，该系统由从四个不同厂家购买
的超过 70000 个组件组成。大多数组件被安装在倾斜 20°角的 N-S 单轴跟踪器上，但占阵列约
14% 容量的组件被安装在水平 N-S 单轴跟踪器上。5000 个倾斜跟踪器部分被压载到混凝土浇
筑的地面上；其余水平跟踪器长约 50m，每 5m 的间隔固定到浇筑混凝土地基上。在整个
0.6km² 地面分布有 54 个逆变器，其中 52 个为 250kW，有两个大于 100kW。

拉斯维加斯长期平均水平总辐射量是 2078kWh/m²，平均气温 20℃。设计寒冷和温暖气
候时的低温和高温，使用与前面两个例子中相同的计算方法，分别是 -6℃和 44℃。虽然所
有直流电源电路配线暴露在阳光下，并经受显著的温度变化，然而从汇流箱到逆变器的一切

图 19.30　Nellis 空军基地，14MW$_p$（0.6km$^{2[2]}$）的光伏系统，
2007 年 12 月（ Tim Townsend，BEW 工程公司提供）

直流线路是地下线路，从逆变器到 12kV 高架输配线之间的 AC 线缆也为地下线路，所以每个地下部分载流量极限不受温度的影响。

该逆变器根据直流容量加载。虽然每个逆变器加载是不相同的，负载都差不多，平均约为 263kW$_p$/250kW，或 1.05 的容量比。大部分区域地面覆盖比（GCR）为 0.22，而水平跟踪部分地面覆盖比（GCR）为 0.35。回溯统一使用 ±40° 的旋转范围。相对于一个没有范围限制或遮光干扰的理想跟踪器上受到的辐射，这种几何布局导致约 9% 的损失，然而对于一个没有回溯的跟踪器而言，该损失将更糟糕。考虑到跟踪器和现场的几何布局，阵列混合平面的平均辐射是 2900kWh/m^2，相对于一个固定的水平面提高了近 40%，比每年从面向南的最佳倾斜的固定阵列预期的发电量多大约 25%[58]。在拉斯维加斯的沙漠气候条件下，每年下雨量小于 100mm，在系统建造前，预计每年污染损失达到 5%，建成后的观察记录表明粉尘损失比预期的也许少 50%。

预期的最终年度发电量 Y_f 为 2240kWh/kW$_p$，预期的性能比为 0.77，总的年发电最初预期为 31GWh$_{AC}$。从长远来看，年发电量预计将以约 0.5%~1.0% 的速度下降。在项目寿命内，每年的维护费用估计平均约为 1.5 美分/kWh，或等价为 32 美元/kW$_p$/年。根据运行和维护设计，发电站足够大以至于它有全职雇员，在美国开创了一个先例，这是在电站合理设有全职雇员的第一个光伏电站。

公用事业规模电站跟踪的性能、成本、可靠性和维护的详细分析最近已在美国[59,60]、西班牙[61]和德国[62]出版。

参考文献

1. California Energy Commission. 2009. *Go Solar California: A Short History of Solar Energy and Solar Energy in California*. [Online] Available at: http://www.gosolarcalifornia.org/solar101/history.html [Accessed 11 February 2010].
2. Massey, D., The Porticus Center. 2006. *Bell Labs: The Solar Battery (Photovoltaics)*. [Online] Available at: http://www.porticus.org/bell/belllabs_photovoltaics.html [Accessed 3 March 2010].

3. Lenardic D, PV Resources. 2010. *Large-scale Photovoltaic Power Plants*. [Online] (Updated 22 March 2010) Available at: http://www.pvresources.com/en/top50pv.php [Accessed 27 February 2010].

4. Roth W, 2007. *German-Turkish TU9-Workshop on Sustainable Energy: Photovoltaics - Current Situation and Prospects (Market Overview)*. Gebze, Turkey November 2008. Fraunhofer-Institut für Solare Energiesysteme ISE: Freiburg, Germany.

5. Bradford T, Prometheus Institute. 2009. *State of the Solar Industry- Monthly Webinar*. [Online] http://www.solarelectricpower.org/events/webinars.aspx [Accessed 2 June 2009].

6. Englander D, 2009. 2009 Global PV Demand Analysis and Forecast. *Greentech Media*, February.

7. Moore L, Post H, Hansen T, Mysak T, 2006. Five Years of Operating Experience at the Springerville PV Generating Plant. *Sandia National Laboratories*, Albuquerque, NM.

8. International Electrotechnical Commission (IEC), Photovoltaic System Performance Monitoring-Guidelines for Measurement, Data Exchange, and Analysis, IEC Standard 61724, Geneva, Switzerland, 1998.

9. ASTM Std E1036.

10. Kimber A, 2009. No ASTM standard currently exists for rating flat-plate PV systems, though a proposed standard was submitted in the fall of 2009. This effort stems from a paper Improved Test Method to Verify the Power Rating of a Photovoltaic (PV) Project., Presented at the *34th IEEE PV Conference*, Philadelphia, PA, June 2009. In it, Kimber *et al.* suggest options for field data collection and modeling to determine AC ratings. IEC 61724 covers fielded system data measurement and analysis techniques.

11. Kevin L, 2001. Test Method for Photovoltaic Module Ratings. *Florida Solar Energy Center*. [Online] Available at: http://fsec.ucf.edu/ [Accessed 5 April 2010].

12. California Energy Commission. 2009. *Go Solar California: CSI guidelines*. [Online] Available at www.GoSolarCalifornia.ca.gov [Accessed 17 February 2010].

13. Hester SL, 1988. PVUSA: Lessons Learned from Startup to Early Operation. *IEEE*, [Online], pp 937–43, Available at: http://ieeexplore.ieee.org/stamp/stamp.jsp?arnumber=00111757. [Accessed 22 February 2010].

14. Stultz JW, Wen LC, 1977. Thermal Performance Testing and Analysis of Photovoltaic Modules in Natural Sunlight. *Jet Propulsion Laboratory*, pp 5101–31.

15. See endnote 4

16. California Energy Commission. 2009. *Go Solar California: Inverter Efficiency Curve*. [Online] Available at www.gosolarcalifornia.org/equipment/inverter.php [Accessed 7 March 2010].

17. Dunlop JP, 2010. *Photovoltaic Systems*. 2nd edn, Illinois: American Technical Publishers, Inc.

18. Solar Buzz. 2009. *Solar Buss: Solar Industry Codes & Certifications*. [Online] Available at http://www.solarbuzz.com/ProductCertifications.htm [Accessed 22 February 2010].

19. Solar Pathfinder. 2009. *Solar Pathfinder*. [Online] Available at http://www.solarpathfinder.com/ [Accessed 3 February 2010].

20. The Solar Design Company. 2010. *Solar Site Selector: A sun-path indicator for solar engineers*. [Online] Available at http://www.solardesign.co.uk/pw-solar.php [Accessed 3 February 2010].

21. Wiley Electronics, LLC. 2010. *Acme Solar Site Evaluation Tool (ASSET)*. [Online] Available at http://www.we-llc.com/ASSET.html [Accessed 3 February 2010].

22. Solmetric. 2010. *Solmetric Suneye*. [Online] Available at http://www.solmetric.com/ [Accessed 3 February 2010].

23. Gordon JM, Wenger HJ, 1991. Central-station solar photovoltaic systems: Field layout, tracker, and array geometry sensitivity studies. *Solar Energy*, **4**, 211–17.

24. National Renewable Energy Laboratory. 2010. *PVWATTS simulation software*. [Online] Available at http://www.nrel.gov/rredc/pvwatts/changing_parameters.html [Accessed 6 April 2010]. http://www.nrel.gov/rredc/pvwatts/changing_parameters.html.

25. Townsend TU, Hutchinson PA, 2000. Soiling Analyses at PVUSA. *Solar 2000: Proceedings of the 2000 Annual Conference of the American Solar Energy Society*. Madison, WI, 2000.

26. Becker G *et al.*, 2007. *An Approach to the Impact of Snow on the Yield of Grid Connected PV*

Systems. Bavarian Association for the Promotion of Solar Energy.

27. Damiani B *et al.*, 2003. Light Induced Degradation in Promising Multi-crystalline Silicon Materials for Solar Cell Fabrication, *3rd World Conference on Photovoltaic Energy Conversion*, Plenary, pp 927–30. Osaka: Japan.

28. Kaushikaa ND, Raib AK, 2007. An investigation of mismatch losses in solar photovoltaic cell networks. *Energy*, **32**, 755–59.

29. Dhere NG, Pethe SA, Kaul A, 2009. Outdoor monitoring and high voltage bias testing of PV modules as necessary test for assuring long term reliability. *Reliability of Photovoltaic Cells, Modules, Components, and Systems II, Proc. SPIE* Vol. 7412. Florida Solar Energy Center, University of Central Florida, Florida.

30. Kurtz S, Granatab J, Quintanab M, 2009. Photovoltaic-Reliability R&D toward a Solar-Powered World. *Reliability of Photovoltaic Cells, Modules, Components, and Systems II, Proc. SPIE* Vol. 7412. National Renewable Energy Laboratory, Golden, Colorado & Sandia National Laboratories, Albuquerque, New Mexico.

31. Osterwald C, Adelstein J, del Cueto J, Kroposki B, Moriarity T, 2006. *Comparison of degradation rates of individual modules held at Max Power*, *Proc. 4th WCPEC*, pp 2085–8.

32. BEW Engineering, 2007. *Photovoltaic System Installation Engineering Review*. San Ramon, California.

33. Davis K, Moaveni H, 2009. Effects of module performance and long-term degradation on economics and energy payback: Case study of two different photovoltaic technologies. *Reliability of Photovoltaic Cells, Modules, Components, and Systems II, Proc. SPIE* Vol. 7412. Florida Solar Energy Center, University of Central Florida, Florida.

34. Parrettaa A, Bombace M, Graditia G, Schioppo R, 2004. Optical degradation of long-term, field-aged c-Si Photovoltaic modules. *Solar Energy Materials and Solar Cells*, **86**, 349–354.

35. King DL, Quintana MA, Kratochvil JA, Ellibee DE, Hansen BR, 2000. Photovoltaic module performance and durability following long-term field exposure. *Progress in Photovoltaics: Research Applications*, **8**, 241–256.

36. Meyer EL, van, Dyk E, 2004. Assessing the Reliability and Degradation of Photovoltaic Module Performance Parameters. *IEEE Transactions on Reliability*, **53** (1), 83–92.

37. Macêdo WN, Zilles R, 2007. Operational Results of Grid-Connected Photovoltaic System with Different Inverter's Sizing Factors (ISF). *Progress in Photovoltaics: Research and Applications*, **15**, 337–352.

38. Mayfield R, 2009. Flat Roof Mounting Systems. *Solar Pro magazine*, February/March 2009, pp 46–61.

39. National Renewable Energy Laboratory. 2010. *Solar Advisor Model (SAM)*. [Online] Available at: https://www.nrel.gov/analysis/sam/background.html [Accessed 15 March 2010].

40. Go Solar California. 2010. *Clean Power Estimator*. [Online] Available at: http://gosolar california.cleanpowerestimator.com/gosolarcalifornia.htm [Accessed 22 February 2010].

41. GE Energy. 2010. *PSLF Software*. [Online] Available at: http://www.gepower.com/prod_serv/products/utility_software/en/ge_pslf/index.htm [Accessed 10 March 2010].

42. Siemens. 2010. *PSS®E: Transmission System Analysis and Planning*. [Online] Available at: http://www.energy.siemens.com/hq/en/services/power-transmission-distribution/power-technologies-international/software-solutions/pss-e.htm [Accessed 10 March 2010].

43. Messenger RA, Ventre J, 2004. *Photovoltaic Systems Engineering*. 2nd edn, Boca Raton, Florida: CRC Press.

44. International Energy Agency, 2007. *Photovoltaic System Programme: Cost and Performance Trends in Grid-Connected Photovoltaic Systems and Case Studies, IEA-PVPS T2-06:2007*, Erlenbach, Switzerland: International Energy Agency.

45. See endnote 43

46. Moore L, Post H, Hayden H, Canada S, Narang D, 2005. Photovoltaic Power Plant Experience at Arizona Public Service: A 5-year Assessment. *Progress in Photovoltaics: Research and Applications*, **13**, 353–363.

47. Moore L, Post H, 2008. Five Years of Operating Experience at a Large, Utility-scale Photovoltaic Generating Plant *Progress in Photovoltaics: Research and Applications*, **16**, 249–259.

48. See endnote 17

49. Fat Spaniel Technologies. 2010. *Compare and Contrast Historical Performance Data of Schools*. [Online] Available at: http://view2.fatspaniel.net/SSH/MainView.jsp?school = urban [Accessed 24 March 2010].

50. Colombia University. 2010. *Center for Life Cycle Analysis*. [Online] Available at: www.clca.columbia.edu [Accessed 22 March 2010].

51. PV Cycle. 2010. *PV cycles Association*. [Online] Available at: www.pvcycle.org [Accesses 22 March 2010].

52. VHB Industrial Batteries Ltd. 2001. *VARTA Specifications Sheet: OPzS range 4 OPzS 200 . . . 24 OPzS 3000*. Ontario: VHB Industrial Batteries Ltd.

53. See endnote 17

54. Masters GM, 2004. *Renewable and Efficient Electric Power Systems*. 4th edn, John Wiley and Sons, Inc

55. See endnote 54

56. Wiles J, 2007. *Photovoltiac Power Systems and the 2005 National Electrical Code: Suggested Practices*. 2nd edn, Las Cruces, New Mexico: Southwest Technology Development Institute, New Mexico State University.

57. See endnote 3

58. See endnote 23

59. Moore L, Post H, 2008. *Progress in Photovoltaics*, **16**, 249–259.

60. Moore L, Post H, Hayden H, Canada S, Narang D, 2005. *Progress in Photovoltaics*, **13**, 353–363.

61. Garcia M, Vera J, Marrayo L, Lorenzo E, Perez M, 2009. Solar-tracking PV Plants in Navarra: A 10 MW Assessment. *Progress in Photovoltaics: Research and Applications*, **17**, 337–346.

62. Rindelhardt, U., Bodach, M., 2007. Operational Experiences With Megawatt PV Plants in Central Germany. *Proc 22nd European PVSEC*, pp 2952–2955.

第 20 章　光伏中的电化学储能

Dirk Uwe Sauer

德国弗劳恩霍夫太阳能系统研究所

20.1　引言

由于天气条件的变化，可利用的太阳能不仅每年不一样，在不同的季节、白天与晚上、每一天都不相同。电子负载也一样。为了平衡随时变化的负载与太阳能产能之间的差异，在几乎所有自备供电系统中都包含一个能量存储部分。基于太阳能发电的自备供电系统的 30% 甚至更高的寿命成本都取决于储能单元。只有非常少的自备光伏电力系统没有蓄电池存储系统。在这些光伏或者风力水泵系统中，对水的需求和能量供应（太阳辐射）之间的差异通过水箱存储水达到平衡。

光伏发电的供电范围从只有几毫瓦功率的非常小的电气用具（手表，计算器）一直到大约 10kW 功率要求的大型野外电力系统。本章关注的是从近似 0.01～10kW 范围的光伏发电应用，不包括那些使用不同存储概念的小型应用。

有大量的技术方案来解决能量存储问题。在电容器中存储能量的方式能解决存储时间在微秒到 10s 范围内的能量存储问题。在一种同轴线圈的磁场中存储能量的技术已经发展了很多年（超导线圈）。然而直到今天，也还没有出现商业化产品。

少量的中、高速的飞轮在并网、不间断电力系统和地铁或者公共汽车中被用来给短暂断电提供供给，或者给加速提供动力。然而，其存储时间在秒范围。MWh 范围的压缩空气存储，经过了几十年的发展也还没有达到市场化，抽水储能是另外一种机械储能技术。抽水储能具有显著的规模化经济效应，也就是说越大的系统有越低的单位投资成本和越好的存储效率。由于这个原因，抽水储能与其应用到每天 10kWh 的光伏发电的电力系统中，还不如用到每天 MWh 电量的小型电网中。

今天，在光伏发电中最有前途的储能技术，就是在本章中讨论的电化学储能系统[1]。因此，本章主要是介绍电化学储能系统。

尽管大量的存储技术正在研究中，在本章所关注的系统中，铅酸蓄电池现在仍然是并且在随后的几年中仍然是自备供电系统的主流。限制蓄电池寿命的老化效应问题被详细探讨。优化的控制策略能够增加电池的寿命，并且能够大幅减少总的系统成本。

为了低功率要求的大能量存储，正在开发将储能和功率转换部件分离的电化学储能系统。这些也就是所谓的氢存储系统，这个系统具有一个电解槽、一个作为转换器的燃料电池和氧化-还原电池系统。后者利用溶解在液体中的金属盐提供的荷电离子作为存储介质，转换单元与燃料电池非常类似。作为季节性的存储系统，以及在高渗透率的可再生能源（主要是风能和太阳能）的电网中平衡发电和功率需求之间的矛盾方面，这些系统获得了越来越多的关注。自备供电系统对储能系统有很多的要求。在不同的应用中,重要性也不同,它们之中一些是相互矛盾的,因此不能同时得到满足。表 20.1 回顾了在独立供电系统中对蓄电池最为重要的要求。

表 20.1 在自备供电系统中对电存储系统的要求(出现的顺序并不代表重要性)

● 高的能量效率	● 外暴露很少
● 长寿命(年)	● 容易回收
● 容量产出的长寿命	● 材料低毒性
● 低价	● 在过放电或者深放电情况下的故障保险行为
● 在非常低的电流下好的荷电效率	● 通过串并联很容易进行电压和容量的扩展
● 低的自放电率	● 充电和放电之间低的电势(允许直接将负载和电池连接)
● 低的维护要求	● 快充电能力
● 货源广泛	● 没有记忆效应
● 可以提供高的功率	● 低爆炸可能性
● 很容易判断荷电状态和劣化程度	● 工作的高可靠性:高 MTBF

注:MTBF 表示平均无故障工作时间。

自备供电系统的设计从一开始就应该盯紧存储系统的性能和要求。对系统的设计以及后期增加存储器时将会忽略存储器与系统的运营策略,系统的外围设备与整个系统的设计和控制之间的大量相互作用。因此,只有对系统进行整体的计划才能够实现协同效应,并且在系统寿命周期之内能够以最小成本工作。

20.2 电化学电池的一般概念

20.2.1 电化学电池的基础⊖

20.2.1.1 平衡电势

每个蓄电池的基本单元是电化学电池。正负电极插入到电解液中,在电极中储存着反应物质(活性材料)⊖。在两个电极上发生化学和电化学反应,即电极反应,这些电极根据以下方程吸收或者放出电子:

$$S(N)_{red} \rightarrow S(N)_{ox} + n \cdot e^- \text{ 或 } S(P)_{ox} + n \cdot e^- \rightarrow S(P)_{red}$$

式中,N 和 P 指的是正、负电极;S_{red} 和 S_{ox} 指的是化合物的还原和氧化态;n 是在反应过程中产生的电子的数目。电池反应能够分解出两个独立的电极反应的可能性是实现任何化学电池的决定条件。因此,只有在两个电极之间交换的电子从负载(或者充电设备)中流过才能够作为电流被收集,并且只有这样电化学反应产生的能量的输入和输出才能够转变成电

⊖ 这一节基于 D. Berndt 的《免维护蓄电池》[3] 的 2.1 节、2.2 节和 2.3 节,这本书强烈推荐给那些想对蓄电池技术深入了解的人。

⊖ 请注意,这里的措辞都是经典电化学二次电池(固态活性物质和液态电解液)中的典型用语。事实上,蓄电池中也存在固态电解液和液态活性物质,如氧化还原液流电池(见 20.5.1 节)或 NaS 电池(液态 Na 和 S 是活性物质,固态氧化陶瓷作为电解液)。

能。然而，这种反应仅仅是以化学反应的形式发生。电荷将会在反应物质之间直接交换，放出的热量主要变成热能，在某种程度上变成体积能。

电化学储能系统的基础是化学能和电能之间的转换，反之亦然。在电池中能够被存储的能量决定于代表了充电和放电状态的化学物质的能量含量的差异。因此，系统的特征参数由大量的电化学反应和与这些反应相联系的能量变化决定。总的来说，这些反应导致了电池系统所特有的电池反应。

一般在平衡系统中使用热力学定律，也就意味着所有的反应都是平衡的。在电化学电池中，这些数据只有当没有电流流过电池或电极时才能够测试得到。由于这种平衡，热力学参数并不依赖于反应途径；它们只取决于电化学反应中的初始和最终成分之间的差异。

由于这种平衡情况，热力学定律描述了性能参数可能的最高上限。当电流流过电池时，由于动力学限制和欧姆电阻将引起能量损失。

电化学反应中发生的能量交换可以通过以下的热力学函数来描述。由于这些参数与化学或者电化学反应相关，它们实际上描述了开始反应和反应结束之后的参数之间的变化，因此，它们被描述成反应初始态和终止态之间的差异。

- 反应焓 ΔH，这个函数描述了放出的和吸收的能量的大小。这个参数来源于化合物的内能 H。

- 反应自由焓 ΔG（也被叫作吉布斯自由能），这个参数代表了能够转换成电能的化学能的最大值，反之亦然。

- 熵 ΔS，表示了在化学或者电化学过程中的能量损失或者能量增益。$T\Delta S$ 的乘积表示，当反应过程是可逆反应时与周围环境的热交换。这与系统中的最小热损失或者增益是同一种意思，只有在没有电流流过电池时，这种情况才会成立。T 是绝对温度。这些参数之间最为明显的关系通过下面的方程得以表现：

$$\Delta G = \Delta H - T \cdot \Delta S$$

当 ΔG 描述了可以转换成电能的能量大小时，在吉布斯自由能和电池平衡电压$^\ominus$ E_0 之间的简单关系可以描述成：

$$\Delta G = -n \cdot F \cdot E_0$$

式中，n 是交换的电荷的数量；F 是法拉第常数（96485As）；nFE_0 表示产生的电能。

像 ΔH 和 ΔG 这样的热力学量依赖于被完全溶解的反应成分的浓度，关系式为

$$\Delta G = \Delta G_S + R \cdot T \cdot \sum_i \ln\left[(a_i)^{j_i}\right]$$

式中，a_i 是第 i 个反应成分的活性$^\ominus$（与浓度紧密相关）；j_i 是在反应中发生的等效成分的量；R 是一个理想气体的摩尔气体常数（$R = 8.3413\text{J/K/mole}$）；$\Delta G_S$ 是当所有的活性是 1 时的标准值。

从这些方程，可以得到描述与平衡电压相关的浓度的能斯特方程，这里 $E_{0,S}$ 是在标准情

$\ominus$ 偶尔情况下，平衡电压也被称作开路电压，然而，严格地讲，这项只是意味着没有外部电流的电压，或许与混合电势相关。由于二次反应，在电池中的剩余电势经常是混合电势，但是在实际情况中这种并没有严格地观察到。

$\ominus$ 活性描述"有效浓度"。为稀释溶液获取热力学规则。活性等于非常稀的溶液中的浓度，但是在较高的浓度时活性可能就不同，因为必须要考虑溶液中的离子的相互作用。

况下的平衡势能。

$$E_0 = E_{0,s} + \frac{R \cdot T}{n \cdot F} \cdot \sum \ln \left[(a_i)^{j_i} \right]$$

平衡电池势能的温度系数可以通过以下热力学关系得到

$$\frac{d\mathrm{E}_0}{d\mathrm{T}} = - \frac{\Delta \mathrm{S}}{\mathrm{n} \cdot \mathrm{F}}$$

热力学计算总是基于整个电池的，得到的电压指的是在两个电极之间的电位差。在电极和电解液之间的势能差，"绝对势能"是不可能获得的。电极电位总是指与参考电极之间的电位差。为了得到电极电位的基点，电极的零点等于标准氢电极（SHE[⊖]）的电位。

20. 2. 1. 2　有电流流动时的电极动力学过程

当电流流过电池时，反应必然以一定速率发生。对于每个传递的安培-秒，必须发生相对应的电子交换。这就意味着在电极处必然发生 $6.42 \times 10^{18}/n$ 次（一个基本电荷的倒数）如下的基本过程：

$$S_{\mathrm{red}} \rightleftharpoons S_{\mathrm{ox}} + n \cdot e^- \quad \text{或} \quad S_{\mathrm{ox}} + n \cdot e^- \rightleftharpoons S_{\mathrm{red}}$$

为了获得这个电流流动，需要额外的力在要求的方向上增强电子和离子的流动。这些额外的力表述为平衡数据的偏离，表示可逆的能量损失。

反应途径通常包含了大量的反应步骤，这些步骤先于或者跟随于实际的电荷迁移步骤，而这些反应的每一个的速率由其动力学参数决定，例如交换电流密度、扩散系数或者传输的数量。在这一系列反应中最慢的步骤是决定总反应速率的重要因素。因此，反应速率经常不是受限于电子转移步骤本身，而是受限于其前面或后面的步骤，如反应离子到电极表面或者离开电极表面的迁移速率。

由于电化学转换只有当反应物和电子同时都存在时才能够发生，因此迁移过程很重要。通常，反应物质必须到达或离开反应位置，例如，当反应包括处于溶解状态的物质时。

电化学平衡总是由两种反应组成，实际的反应和它的逆向反应。导致的电流/电压关系被称为"电流/电压曲线"或者"电流/电位曲线"。由两条曲线组成，一条是正向的，另外一条是反向的。在平衡态下，所有的反应都处于平衡状态。

任意一个电极的正向和反向反应如图 20.1 所示。横坐标轴表示与平衡电位 E_0 相关的电极电位。纵坐标轴表示电流密度，与反应速率的意思类似。

电压和电流的指数关系的基础是充电/放电反应，在这个反应中电子被放出或者被吸收（这就是所谓的"转移反应"），反应可以近似地通过指数规律进行表述，被称为 Butler-Volmer 方程。

$$i = i_0 \cdot \left\{ \exp\left[\frac{\alpha \cdot F}{R \cdot T} \cdot (E - E_0) \right] - \exp\left[- \frac{(1 - \alpha) \cdot F}{R \cdot T} \cdot (E - E_0) \right] \right\}$$

式中，i 是电流密度；i_0 是交换的电流密度；E 是实际的电势；E_0 是开路电极电位；α 是传递系数，是反映过电压对电极反应的正、逆向反应速率（即电流）影响的一种参数；$E - E_0$ 的差值叫作过电压或者极化，这个差值表达了使电流流过表面需要的额外的能量电压。电流与

⊖　标准氢电极的意思是氢电极插到酸性溶液中，其中 H^+ 离子的活性为 $1\mathrm{mol/dm^3}$，H_2 的压力为 $1\mathrm{atm}$。由于氢电极的电位取决于 H^+ 的浓度，当 H^+ 浓度减少 10 倍时，氢电极电位偏离 $-0.0592\mathrm{V}$，因此要求对电解液浓度进行详细规定。定义在 25℃时标准氢电极的电位就为电位的零点。标准氢电极的温度系数是 $+0.871\mathrm{mV/K}$。

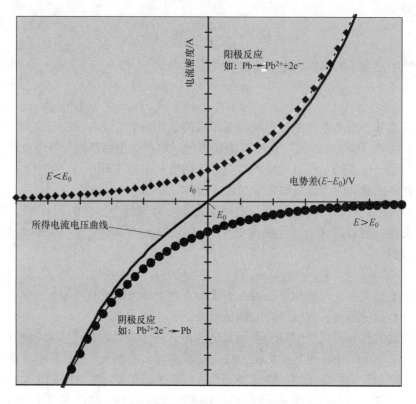

图 20.1　基于 Butler-Volmer 方程的电流/电压曲线
（铅酸蓄电池的铅电极的例子）

电压之间的指数关系意味着当过电压超过了某个值之后电流的增加或许会非常大。

　　平衡电压 E_0 是由正向和反向反应一样快的那个点决定的。在铅酸蓄电池中，这个点就是金属溶解和沉积之间的平衡点，也就是正向和反向反应的电流值相等的点。这种平衡电势表示了一个动态平衡：电流在两个方向都有流动，但是外部显示不出来。

　　在开路电势时的正向和反向反应的电流密度称为交换电流密度 i_0，这个参数描述了平衡态被调整的速率。交换电流密度代表了一个重要的动力学参数。高的交换电流密度意味着平衡电势相当稳定，然而一个低的交换电流密度暗示了即使在小的电流密度流过电极时电极电势将会偏离平衡值、电极将会被极化。另一个比较重要的方面是那些不需要的副反应应该有比较小的交换电流密度。在铅电极中，充电/放电反应的交换电流密度一般在 $10^{-5}\,\mathrm{A/cm^2}$，然而对于制氢来说只在 $10^{-13}\,\mathrm{A/cm^2}$ 量级⊖。因此，在开路电压下析氢的量非常小。

　　在文献中能够发现 Butler-Volmer 方程的简化版本。对于电化学电荷交换过程引起的高的过电压，所谓的 Tafel 方程是一个合适的近似。

$$(E- E_0)_{\mathrm{trans}} = \frac{R \cdot T}{\alpha \cdot F} \cdot \ln\left(\left| \frac{i}{i_0} \right| \right)$$

⊖　值得注意的是在铅酸蓄电池充电/放电过程中（放电和充电的时间近似为 10h），流过铅电极的电流密度为 $10^{-5} \sim 10^{-6}\,\mathrm{A/cm^2}$（假定：铅电极的容量为 3.865g/Ah，Pb 活性材料的表面积为 $0.5\mathrm{m^2/g}$，放电电流为 0.1A/Ah）。这造成一个认为在平衡情况下具有高活性的感觉。

如果使用半对数坐标那么以上方程就是一条直线，叫作 Tafel 线。从数学方面来说，α 对于正电流是正号，对于负电流是负的。

对于小的过电压，对 Butler-Volmer 方程的指数项进行一级近似可以得到以下方程：

$$(E\text{-}E_0)_{trans} = \frac{R \cdot T}{F} \cdot \frac{i}{i_0}$$

电化学反应、化学反应以及在充/放电前后步骤的传输过程导致反应物质的浓度在电极表面发生变化，因此可以改变电流/电压曲线。这些步骤的每一步都能引起过电压。如果一种反应物质到电极表面的扩散是最慢的分步骤，那么这种物质的浓度随着过电压的增加会越来越低。当在电极表面反应双方物质的浓度降低到 0 时，达到了一个极限。从这一点开始，过电压的进一步增加不会再增加电流。实际上，随着过电压的增加，一般某边的反应将成为主导，电流会进入到这部分反应中。在铅电极上析氢的反应就是这种情况。如果电极是完全充电的，并且过电压在增加，进入到析氢的反应中的电流将成为流过电极的总电流。尽管析氢反应中的电流交换密度要比铅充电/放电反应中的小几个数量级，但这还是发生了。

扩散过程可以通过一个极限电流 i_{lim} 来表示，这个参数描述了能够通过扩散迁移到反应位置处的荷电载流子的最大流量。这个扩散过程（diff）的过电压可以通过下面的方程进行描述：

$$(E\text{-}E_0)_{diff} = \frac{R \cdot T}{n \cdot F} \cdot \ln\left(1 - \frac{i}{i_{lim}}\right)$$

在化学过程中荷电载流子的"产生"是一种经常不被明确描述的现象。一般情况下，这个效应包括在扩散过电压中，但是为了更深入的理解蓄电池工艺和老化效应（扩散本身并不直接受老化的影响），应当将这几种效应分开考虑。

以铅酸蓄电池为例来解释这种效应。在 20.4.7.1 节中的图 20.10 将会更加详细地描述这个过程。在 Butler-Volmer 方程或者 Tafel 方程中描述的电化学过程中，荷电离子在放电过程中被释放到电解液中。这个增加了在电解液中荷电离子的浓度 c，高于平衡浓度 c_0（定义为在电解液中离子的稳定浓度），导致了浓度的过电压。下面的方程给出了这个过电压的数学表达式：

$$(E\text{-}E_0)_{conc} = -\frac{R \cdot T}{n \cdot F} \cdot \ln\left(\frac{c}{c_0}\right)$$

当在溶液中的任何一种物质偏离了它的平衡浓度时，将会发生由浓度梯度驱动的化学过程。对于铅电极，溶解的 Pb^{2+} 离子与 SO_4^{2-} 形成硫酸铅晶体（$PbSO_4$）。形成硫酸盐晶体的速率（和在充电过程中晶体的溶解速率）决定了在电解液中荷电离子的浓度，也因此决定了浓差过电压。形成和分解铅晶体的速率取决于晶体尺寸、形状和数量。这些参数依赖于电池的工作条件以及活性材料的老化情况。因此，电池老化和活性材料结构通过浓差过电压和电荷迁移过电压值的大小来反映。

扩散过电压描述了具有足够数量的离子（在铅酸蓄电池中是 SO_4^{2-}）的迁移，因此是一种经典的输运现象。浓差过电压描述了在一个化学过程发生的离子吸附。

化学过程总是被浓度梯度驱动，电化学过程是被外电流所驱动。因此，发生电化学反应过程的速率一定是由外电流来决定。在电池中发生的充电/放电过程意味着电化学过程是紧紧跟随外电流的流动发生的，没有任何延迟。当化学过程的速率依赖于电解液的浓度时，该过程有时间常数。在稳态的充电和放电情况下，电化学和化学过程的速率需要平衡。这就意味着在电解液中离子浓度和平衡浓度的比例是常数。

所有的过程对温度的依赖性非常强。化学反应速率 k 对温度的依赖性可以描述成 Arrhenius 方程（C 是一个常数，E_A 是活化能）。

$$k = C \cdot \exp\left(-\frac{E_A}{R \cdot T}\right)$$

许多过程的活化能在 50kJ/mole 量级。从这些实验中，可以得到 thumb 规律：温度增加 10K 反应速率增加 2 倍。

20.2.2　有内外存储器的蓄电池

电化学电池将电能转换成化学能，能量被存储在化学物质中。在二次电化学电池中，这个过程是可逆的。在放电过程中，化学能又转换成电能。因此，这个转换决定了充电和放电功率，存储器决定了系统的能量。图 20.2 给出了这个原理图。

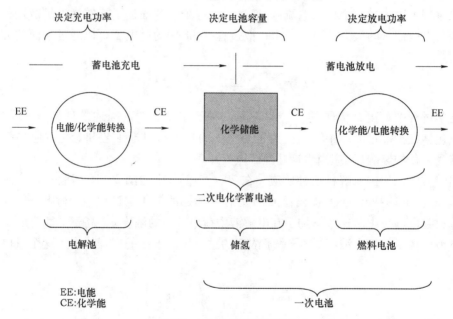

图 20.2　电化学存储系统图

在具有内存储器的二次电化学电池中，转换器和存储器不能分离。活性材料与电解液的界面相当于转换器；发生转换活性材料是存储器。在传统的二次电化学电池中，功率和容量相互依赖，并且不能彼此独立设计。实际上，对于这种设计还有小的余地。对于高功率和低容量的要求，使用非常薄的电极有高的表面-电容比。20.4 节将会对这种电池进行详细的描述。

然而，设计的余地是有限的，并且对自备电力系统是一个缺陷，在这个系统中要求高的能量容量和中等的功率。因此，转换器和存储器分开的电化学存储系统具有一定的吸引力。众所周知，电解液/氢存储/燃料电池系统是解决这种问题的一个选择，尽管它并不是一种普通的商业化解决方案。在 20.5.2 节中将会对这种系统进行详细的讨论。

转换器和外部存储单元分离的第二类存储系统是电化学还原系统，在系统中参加反应的物质如铁离子和镍盐或者钒盐溶解在液体中并且分别存储在箱中。转换器的功能非常类似于燃料电池。在充电和放电过程中，电解液被抽到转换器中。这些系统还没有大量上市，但是有许多研究团队正在对这些系统进行研究。20.5.1 节将会更加详细地讨论这个技术。

为了对本章有一个清楚的理解并熟悉"储能行业"中使用的术语，接下来的两节将对一些基础问题进行解释。这些基础问题在自备电力系统中的存储系统中常见。掌握这些基础问题并不能够完全理解这章，但是至少能够在没有文献的情况下能够理解这章的内容。对于更多的信息，强烈推荐参考文献 [2，3]。

20.2.3　常用的技术术语和定义

一个蓄电池是由两个或者更多的电化学电池串联而成。一次和二次电化学电池能够被区分开。二次电池——也被称为蓄电池——能够进行可逆反应和充放电。本章将围绕这些进行陈述。

一个电化学电池由两个电极组成。通常情况下，一个叫作"正"电极，另外一个叫作"负"电极。相对于标准氢电极，正电极要比负电极具有更正的电位⊖。每个充电和放电活性材料都具有特定的电化学势。正、负电极之间的电化学势的差值叫作电池势能或者电池电压。电池的平衡电压是电解液浓度和温度的函数。如果没有电流流过蓄电池，那么就可以测量开路电压。如果所有的由扩散过程引起的内部过电压已经被排除掉，那么内部过电压就与平衡电压相同。到达电极的时间取决于蓄电池的技术和工作条件，它的范围为几秒到几小时。

电池的容量一般都是以 Ah 为测量单位。容量由以恒定电流放电到一个定义的放电终止电压来决定。容量明显取决于放电电流和温度。蓄电池制造商能够确定他们自己的放电电流和放电终止电压。因此，当比较不同产品的容量时检查制造厂商定义的标准条件是非常重要的。

一般情况下，标称电池电压在 1.2~3.6V 之间。因此，几个电池经常通过串联的方式连接，从而形成了具有较高标称电压的串列。因此蓄电池的标称电压是串联连接的电池的数目乘以单个电池的标称电压。蓄电池经常焊接在所谓的块或者组中。因此，几个电池相互串联集成在一起只留下一个端子对。众所周知的例子就是汽车中的起动、照明、点火（SLI）蓄电池，其中由 6 个电池相互串联但是被焊接成一个 12V 的块。为了增加电池的容量，常常在一个电池中几套正和负电极以并联方式连接。蓄电池标称能量含量（Wh 或者 kWh）被定义为标称电池电压乘以标称电池 Ah 容量。

荷电状态（SOC）给出了在某一个时刻能够从一个蓄电池放出的容量。100% SOC 意味着蓄电池完全充电，0% 的 SOC 意味着放掉了标称容量的电。对 SOC 更加详细的规定在 20.2.4 节中论述。在一些文献或者在数据库中经常用放电深度（DOD）代替 SOC。当蓄电池被完全充电时，DOD 为 0%，当标称容量完全被放掉时 DOD 为 100%（DOD = 100% - SOC）。

当查阅与自备电力系统相关的文献时，一般一个电池正电流被定义为增加电池的 SOC，一个负电流意味着减少 SOC。然而，请注意一些作者使用相反的定义。

一个循环指的是再次充电之后的放电。数据库中使用的循环总是从一个充电完全的电池

⊖　标准氢电极是铂电极浸入到具有 1N 电解液的氢气中，它的电势被定义为 0V。

开始到某个 DOD 值结束。一个标称全周期是放电到 100% 的 DOD。蓄电池的循环寿命以循环的次数形式给出，循环次数是 DOD 的函数。然而，在自备电力系统中，上面定义的循环并没有按照图 20.6 所示的那样发生。在大循环（在两个全充电态之间的时间）中会出现许多分循环，其中分循环被定义为蓄电池电流方向改变的时间内的电荷转移。总的来说，在自备电力系统中的电池的电荷转移可以被定义为吞吐量（Capacity throughput）。其值为电池的累计 Ah 放电量除以标称容量。得出的数目格式上等于在电池寿命之内的 100% DOD 次数。归一化的次数将会被指成等效循环寿命。

安时效率（Ah 效率）η_{Ah} 被定义成电池中放电的 Ah 除以在某个周期（一般是一个月或者一年或者在两个全充电过程的时间）中电池充电的 Ah。经常情况下，使用充电因子代替 Ah 效率，写成 $1/\eta_{Ah}$。要使蓄电池可持续工作，充电因子必须要高于 1。

能量效率 η_{Wh} 是在某个周期之内从电池中放出的能量除以充电到电池中的能量。

蓄电池的大小由全充电情况下它的标称能量含量给出。为了说明电池相对于在自备电力系统中的负载的规模大小，经常使用维持天数。维持天数被定义为电池的标称能量含量（kWh）（有时用在图 20.3 中的实际容量代替标称容量）与每天平均消耗能量（kWh/天）之间的比值。因此，单位是"天"，并且描述了一个全充电电池支持的系统能够维持多长时间。

蓄电池电流经常以相对于蓄电池大小的形式给出。其原因是应力和电流相关的电学性能与电极上的活性材料特殊电流负载相关。对于由电极或者电池并联产生的较大容量或者由较大电极产生的较大容量的情况，将电流根据容量归一化是一种较为合适的测量方法。因此，蓄电池电流被表述成 Ah 容量的倍数或者放电电流对应容量的倍数。对于具有容量 $C = 100Ah$ 的蓄电池，10A 的电流被定义为 $0.1 \times C$。在这个例子中，100A 被称作 C 率（C-rate）。I_{10} 是一个全充电的蓄电池在 10h 之内放电到终止放电电压时的电流。对容量一般的术语是 C_x（这里 x 是处于放电过程的时间）。例如，$C_{10} = 10hI_{10}$，或者 $C_{10} = 100Ah$，$I_{10} = 10A = 0.1C_{10}$。值得注意的是因为 C_{100} 容量一般都大于 C_{10} 容量，$1I_{10}$ 并不等于 $10I_{100}$。更多详细的例子见 20.4.7.3 节。

充电终止电压限定了最高电压上限。蓄电池的充电经常不是在达到充电终止电压之后再停止（除了放电终止电压），但是充电电流会因为要保持长时间的充电终止电压而减少。

蓄电池的寿命更多地取决于工作条件和控制方案。制造商经常规定两种寿命：浮充寿命（日历寿命）给出的是在没有循环的固定充电条件下的寿命（典型的应用：不间断电站），对于连续的循环（循环寿命，典型的应用是叉车）。有时给出存储寿命，它表示的是在使用之前蓄电池存储的时间。

自放电描述了在开路情况下（可逆的）的容量损失。这种损失对温度的依赖关系非常强。

劣化程度被定义为实际测量的容量与标定或者标称容量之间的比值。劣化程度显示了电池仍够满足要求的程度。根据标准，当铅酸蓄电池的劣化程度低于 80% 时，它达到了生命的尽头。然而，蓄电池明显能够工作更长时间，但是维持的天数会相应的减少，并且系统在正确的工作方式下或许不再能够满足能量要求。在混合系统中蓄电池经常在 50% 的劣化程度下工作。因此，增加了电动发电机的份额。

20.2.4 容量和荷电状态的定义

对于在自备电力系统中的工作和能量管理，蓄电池的容量和实际荷电状态是最为重要的因素。由于蓄电池很少能够像在传统应用中那样全充电，因此在具有可再生能源的自备电力系统中决定荷电状态非常困难。

　　如果显示了某种荷电状态，会出现一个问题：该值的意义是什么？图 20.3 所示为对不同蓄电池容量的不同定义以及相对应的充电态的定义。测试的蓄电池的容量或许会低于甚至高于制造厂商所标定的容量。在其寿命期间内，由于老化的原因测量的容量会越来越低。由于可再生能源的特殊性，蓄电池总是处于一种从未完全充电的状态（充电时间的限制）[4]。当达到系统正常工作状态时最大的荷电状态称为"太阳能全充电态"。更进一步地说，系统确定了一个放电结束的标准，从而避免了蓄电池更深程度的放电加速蓄电池的老化，这种标准经常区别于在容量测试中使用的放电结束标准。因此，实际的电池容量要低于测量的容量。在文献和其他出版物中，没有对充电态通用的定义。因此，任何数据和结果都必须仔细处理。

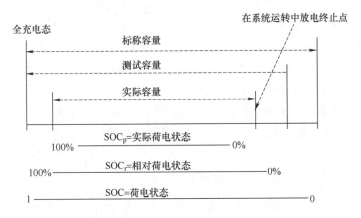

图 20.3　对蓄电池容量不同定义的对比以及对应的充电态的定义

　　在本章中，将会用到根据图 20.3 和参考文献［5］得出的定义。

　　定义 10h 放电的容量 C_{10} 为标定或者标称容量。这是决定 SOC 的基础。标定或者标称容量在电池的寿命时间之内并不改变，然而测量的容量会随着时间发生变化。与测量容量相关的充电态被称为相对荷电状态（SOC_r）。实际的容量 C_p 总是少于测试的容量。实际容量相关的充电态是实际荷电状态（SOC_p）。如果能够达到太阳能全充电态，那么 SOC_p 是 100%。

　　在参考文献［5］中，较为完整地综述了对容量、充电态和全充电态的不同定义。更进一步来说，由于一些测量荷电状态的仪表和运算方法使用到这些定义，因此包括了开路电压和劣化程度的说明。

20.3　在光伏应用中蓄电池的典型工作条件

　　为了了解存储系统在自备电力系统中需要满足的条件，必须对典型的工作条件进行分析。因系统的位置和应用、负载的模式、安装的发电机、操作策略等因素的差异，工作条件具有非常巨大的差别。

　　对工作条件分类最为重要的一些参数就是充电和放电电流、充电态曲线以及温度。

20.3.1　能量分析的一个示例

　　独立光伏系统可以粗略分为 2 种。有的光伏系统由给蓄电池充电的光伏组件组成。充电控制器防止了过充电或者过度放电。电子负载可以直接由蓄电池或者通过 DC/AC 逆变器供电。具有代表性的第 1 种系统是太阳能家庭系统，这种系统应用于几十万农村家庭供电系统。它将会给照明、电视和转播站供电，按照标准的形式来看近似于每天提供 0.25kWh 的电。较大的系统可以每天提供 5kWh。

第 2 种系统是由光伏发电和柴油发电，或许有另外的风机或者水力发电机组合而成。在系统中包含一个柴油发电机作为可控的发电设备，这对系统的大小给出了额外的自由度[⊖]。它可以允许减少蓄电池的容量，尤其是当太阳辐照具有较强的季节变化时。这些系统称为混合系统。它们被设计成从每天 1kWh 到一般每天 10 ~ 100kWh。它们可以用来给卫星设备、山上旅社、在无电区域的或者小山村中的医院或者旅店供电。

一个典型的混合系统在 1992 年德国的黑森林，由一个 4.5kW$_p$ 的光伏电站、一个柴油发电机和一个 32kWh 的铅酸蓄电池组成。每天输送 10kWh 的电到野外旅行客栈 "Unterkrummenhof"。对测量数据进行模型计算分析后可以显示系统中能量的传输和内部损失效应（见图 20.4）。2/3 传送的电力（$E_{consumer}$）是从蓄电池抽取的。在表中给出的数量已经归一化成光伏电站的标称发电量。对能流图进行的详细讨论详见参考文献 [6]。

图 20.4 中用下划线标出了蓄电池在混合系统中必须要满足的原则。被使用能量的 80% 以上要通过蓄电池。对于混合系统来说这是一个典型的数值，在许多纯的光伏蓄电池系统中这个值甚至更高。

20.3.2 在光伏系统中蓄电池工作条件的分类

对在有柴油发电机或者没有柴油发电机的独立光伏系统中的近 30 个蓄电池的操作数据进行了彻底的研究。所有的系统都在欧洲辐照条件下工作[7]。在研究中将对蓄电池工作的条件分成 4 类。图 20.5 和图 20.6 显示了选择的 4 个能够表示不同类别的系统在每年工作条件下的测量数据。图 20.5 所示为蓄电池电流与蓄电池电压的散点图。图 20.6 所示为在一年里荷电状态的时间分布。

在图 20.4 中描述的混合系统 "Unterkrummenhof" 是第 2 类。第 3 和第 4 类表示系统具有一个备用的柴油发电机和相对较小的光伏电站和蓄电池。第 1 类系统是一个没有备用发电机的系统，在欧洲已经具有高的工作可靠性。

太阳能户用系统（SHS）。这种系统并没有包含在要考虑的范畴，在低纬度有利的环境中工作，一般会安装 3 ~ 5 天的蓄电池，并且在冬天的几个月里不会表现出明显的持续较长的过度放电周期。经典的 SHS 与第 2 类或者第 3 类系统非常类似，村庄的供电系统像第 4 类。

对分类进行扩展，使其包括南欧气候条件，这种分类方式很重要，但是目前还没有。

蓄电池荷电状态的时间分布（见图 20.6）和电流/电压表现（见图 20.5）说明了在独立系统中的蓄电池必须在特殊的情况下工作，例如：

- 充电和放电电流要比标准的 10h 放电电流 I_{10} 小（至少是在第 1 类和第 2 类系统中）。
- 对于更长的周期，有时是几个星期或者甚至几个月，蓄电池并不达到一种完全荷电状态（SOC = 100%）。

⊖ 柴油发电机现在是额外的可控制发电机的最为普通的解决方案。其他解决方案例如热电、热光伏或者燃料电池发电已经在许多地方被发展起来，并且在不久的将来会替代柴油发电机。

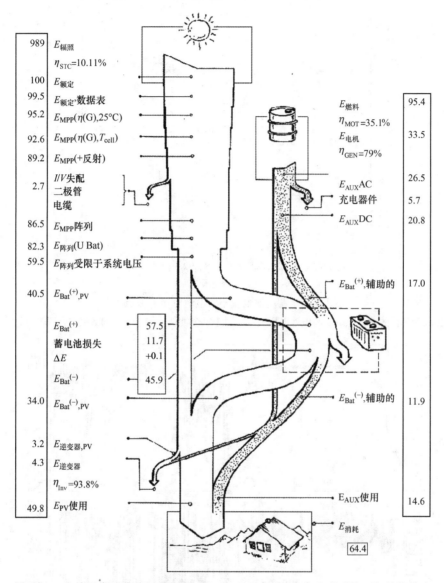

图 20.4　在德国靠近弗莱堡的 Unterkrummenhof 建立的自备电力系统一年的能量流

这些特征明显地区别于蓄电池的其他应用，例如，无间断的供电系统，在这种系统中蓄电池在最长至几年时间之内都处于全充电状态，或者在交通工具的牵引应用中，例如叉车，在这些应用中蓄电池被有规律地用高的充电电流多次全充电。图 20.6 也说明了在第 1 类和第 2 类系统中每天放电容量在标称蓄电池容量的 5%～30% 之间，这在太阳能家庭系统应用中是类似的。这相当于每年在 20%～100% 之间进行全循环。

表 20.2 给出了一个在不同的系统分级中对蓄电池要求的综述。表中根据不同工作条件的典型系统指标（太阳能比率、存储量）和蓄电池一些特性的重要程度进行了分类。存储量以蓄电池容量除以平均每天的负载为单位（维持天数）。太阳能比率是 PV 发电量除以在系统中所有的能量源产生的发电量（包括混合系统中的柴油发电机）[9]。表 20.3 为在这种分类的基础上，提供了从市场上大量产品中选择合适铅酸蓄电池类型的建议。

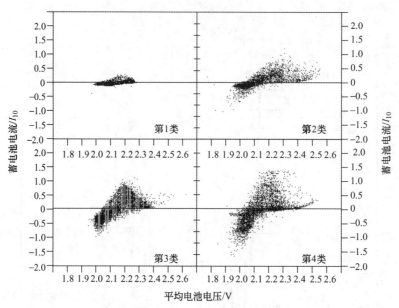

图 20.5 蓄电池电流与蓄电池电压的散点图

（所有点中以 I_{10} 为单位的蓄电池电流与电池电压关系。对于每个类别，整个一年的数据取自于具有代表性的系统）

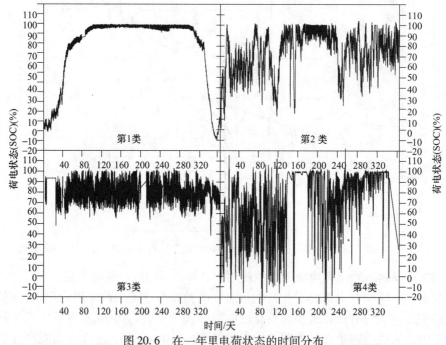

图 20.6 在一年里电荷状态的时间分布

（利用 Ah 与电压之间的平衡，Ah 与温度相关的电流损失之间平衡，

从电流、电压、温度参数中计算得到的充电时间系列[5,8]）

在这种分类的基础上，根据系统的要求评定蓄电池的性能是有可能的。太阳能比率、以维持天数为单位的存储器的大小是所有商业系统设计和模拟软件包的输出结果。因此，分类允许系统的设计者通过向蓄电池的制造商提供典型的工作条件，从而寻找合适的蓄电池类型。

表 20.2 在不同的系统分级中对蓄电池的要求

系统特征	类别 1	类别 2	类别 3	类别 4
太阳能比率（%）	100	70~90	约 50	<50
存储量/维持天数/天	3~10 及 10 天以上	3~5	1~3	约 1
等效循环寿命①	10~25	30~80	100~150	150~200
寿命循环次数①	低（<300）	⟶		高（>1200）
长期深放电的能力	重要	⟵		不太重要
低的自放电速率	重要（每月<1%）	⟶		不太重要（每月5%）
对酸化分层的措施	重要	非常重要		重要
抗腐蚀性	重要			不太重要

① 等效循环寿命被定义为从蓄电池中放电的 Ah 数除以蓄电池标称的容量。给的数值在限定操作条件类别中应用中具有典型性。关于寿命循环的全循环被定义为一个等效循环寿命。相当于一个全充电蓄电池的完全放电（100% DOD）。在数据表中，循环次数经常根据不是 100% 的循环深度（例如80%）给出的。当比较不同产品设计的等效循环寿命时，必须要考虑循环次数（见图 20.24）。

表 20.3 选择铅酸蓄电池的建议（表 20.2 的继续。

按照在 18.3.2 节中根据参考文献［9］得到的表定义的不同类别，将铅酸蓄电池分类）

蓄电池类型	分类 1	分类 2	分类 3	分类 4
SLI	—	—	—	—
固定型蓄电池	●	●	○	
牵引车及叉车电池		○	●	●
电车		○	●	●
太阳蓄电池	●	○		
阀控式密封蓄电池（VRLA）	●	●	●	○
富液式铅酸蓄电池	●	●	●	●

注：● 表示最佳；○ 表示可以接受的。

在表 20.2 中，列出的工作条件和要求之间的差异清楚地显示"太阳蓄电池"不可能存在。在自备供电系统中工作条件的范围非常大，要求合适的特别的解决方法。

区分蓄电池工作条件的另外一个参数是由 AC 纹波引起的容量吞吐量。负载和发电机同时连到蓄电池上，在许多情况下，这会导致所谓的微周期，在这个周期中蓄电池电流从充电变化到放电，和从放电到充电，频率在 1~300Hz 之间。测量和计算结果表明这个过程可以导致另外的高达 30% 的往复次数。这将会降低蓄电池的寿命。考虑优化的运行策略时，蓄电池的老化与往复次数密切相关。这些额外的往复次数较大程度地依赖于系统的大小和负载、逆变器和发电机的电学性能[10]。

20.4 带有内部存储器的二次电化学电池

20.4.1 概述

在市场上有几种电化学电池，它们在电极和电解液的材料参数上有差别，因此导致了不同的电学性能，例如能量和功率密度、效率、寿命、循环寿命、工作温度、内阻和自放电，以及最后的但不是最不重要的经济特性，例如蓄电池的价格和维护需求。

现有的可供应产品如铅酸蓄电池、$ZnBr_2$、NiCd、NiFe、NiZn、Ni 金属氢化物（NIMH）、Zn-空气、Li 离子、Li 聚合物、Li-金属和可充电碱锰，它们在室温下工作；也有在高温下工作的蓄电池，像 NaS 和 $NaNiCl_2$（ZEBRA）就可能在 300～350℃下工作。除此之外，还有将能量存储在静电场里而不是化学键里的电容器，其中双层薄膜电容器在自备电力系统中的应用得到最多的关注。

蓄电池的比能量密度在表征不同类别的蓄电池中是一个重要的参数。从蓄电池在系统中承担后勤的角色来说，重量和体积能量密度对自备电力系统都是相对比较重要的因素。图 20.7 显示了以市场上的产品分析为基础，概述了不同二次蓄电池技术的能量密度。图中并没有显示不同技术的理论极限。

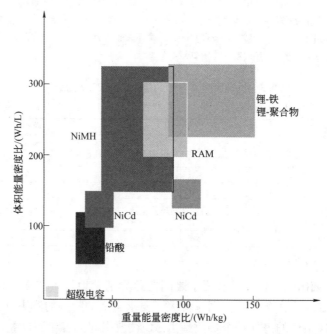

图 20.7　各种二次蓄电池技术中实际的体积能量密度比（Wh/L）与重量能量密度比（Wh/kg）
（数据来源于表 20.4）

表 20.4 给出了几个二次电化学电池最为重要的性能。更加详细的描述在 NiCd 电池（见 20.4.2 节）、Ni 金属氢化物（NiMH）（见 20.4.3 节）、RAM（见 20.4.4 节）和锂电池（见 20.4.5 节）以及双层电容器（见 20.4.6 节）的章节中给出。在 20.4.7 节中对铅酸蓄电池进行了更加详细的描述。其他所有的电池类型都与自备电力系统无关。所有的一次和二次电池详细描述可以在参考文献 [2] 中找到。

20.4.2　NiCd 电池

NiCd 电池作为一种商业电池已经几十年了，实践证明是一种很好的产品。就寿命和寿命周期而言它们具有很好的性能。在严重腐蚀情况和在非常冷的天气条件下得到非常广泛的应用。标准设计的 NiCd 电池能够很容易在 -20℃下工作，特殊设计的电池能够工作在 -50℃。然而，NiCd 蓄电池由于 Cd 成分的存在从而具有不利的一面，众所周知 Cd 是环境不友好的。

表 20.4 实际可以实现的不同二次电池的技术数据汇总

（所有的数据都是现存产品数据的代表性数据，这些数据并不是不同技术的理论极限，

特殊应用的产品的技术参数或许超出了表中所显示的范围。）

电池技术	电解液	能量密度 /(Wh/kg)	能量密度 /(Wh/L)	效率 (%)	寿命 /年	循环寿命 /次	工作温度		典型应用
							标准充电/℃	放电/℃	
铅酸	H_2SO_4	20~40	50~120	80~90	3~20	250~500	−10~+40	−15~+15	固定型应用（UPS，自备电力），牵引车及叉车，SLI
NiCd	KOH	30~50	100~150	60~70	3~25	300~700	−20~+50	−45~+50	电动工具，电动玩具，消费性电子产品，叉车，像对铅酸蓄电池要求那样的高功率或者低的环境温度的应用，电动汽车
NiMH	KOH	40~90	150~320	80~90	3~25	300~600	0~45	−20~+60	笔记本电脑，移动电话，摄像机，电动车，混合动力汽车，电动玩具
Li 离子	有机物	90~150	230~330	90~95	2~5	500~1000	0~45	−20~+60	笔记本电脑，移动电话，摄像机，智能卡
Li-聚合物	聚合物				—				摄像机，电动玩具
RAM		70~100	200~300	75~90	—	20~50	−10~+60	−20~+50	消费电子产品，电动玩具
超级电容器		1~10	2~15	90~95	约10	500000	−25~+75	−25~+75	应用于在每个循环周期小于10s高功率要求
NaNiCl	β-AlO_2	约100	约150	80~90	—	约10000	270~300	270~300	混合动力汽车，电动车（只有技术原型可提供）

在市场中有几种不同类型的 NiCd 蓄电池，这些电池在电镀技术和产生气体处理方面有所不同。

对于所有类型的 NiCd 电池，基本的反应都是类似的：

$$2NiOOH + 2H_2O + Cd \Longleftrightarrow 2Ni(OH)_2 + Cd(OH)_2 \qquad (20.1)$$

在放电过程中，3 价的 NiOOH 通过与水反应变成 2 价的 $Ni(OH)_2$。金属 Cd 被氧化成 $Cd(OH)_2$。在充电过程中进行可逆的反向反应。

KOH 电解液的浓度或者其密度在放电和充电过程中并没有发生明显的变化。只有高浓度存在的水掺与了反应。电解液的密度大约为 $1.2g/cm^3$。

NiCd 蓄电池可以是封装的、免维护的液态电解液类型[3]。

NiCd 电池标称的电压是 1.2V。尽管放电速率和温度明显地影响了所有电化学电池的放电行为，但是它们的影响要比对铅酸蓄电池的影响小很多。因此，NiCd 电池能够在容量远低于额定容量的情况下以较高的速率放电。即使对于放电速率 $5C_5$，一个高性能的 NiCd 电池能够提供 60% ~ 80% 的额定容量。也就是说，由于与铅酸蓄电池相比，扩散过程对反应动力学几乎没有影响，因此温度对容量的影响是相对较小的。

当充电效率变得非常低并且自放电速率明显增加时，应该避免在 40℃ 或者更高温度范围下使用 NiCd 蓄电池。在 20℃ 时自放电速率在 20%/月的范围。能量效率在 60% ~ 70% 范围，这个值是明显低于铅酸蓄电池的值。

一个 NiCd 电池能够承受偶然性的放电，反向充电以及冷冻电池，这些不会对电池造成直接的损害。

NiCd 电池具有较低的内阻。对于一个完全充电 100Ah 的电池，直流电阻一般的值在 $0.4 \sim 2m\Omega$ 之间。对于所有类型的电池，内阻反比于电池的大小。温度和 SOC 的降低将会增加内阻，但是只是在较高的 DOD 时才明显地增加。因此，内阻并不是一个决定荷电状态合适的指示器。

在一般的工作条件下，一个 NiCd 电池即使在严酷的工作环境下也能够达到 2000 个 100% DOD 循环。取决于应用和工作条件，寿命能够在 8 ~ 25 年。柴油发电机起动用的 NiCd 电池的寿命能够达到 15 年，火车照明用的蓄电池的寿命能够到 10 ~ 15 年，固定型电池的寿命在 15 ~ 25 年。好的充电（充电因子近似为 1.2）、经常过充电和经常全放电是获得长寿命的必要条件。

有大量因素造就了 NiCd 蓄电池的高可靠性和高寿命：坚固的机械设计，电池不容易被错误操作（例如反向充电）损害，例如过度充电或者长期处于中间或者低的荷电状态，在电池中参与反应的物质对电极或者其他成分没有大的腐蚀性。

一个缺点就是所谓的记忆效应，这种效应发生在一些操作条件下。用这个词语描述了蓄电池具有调整其电学性能去适应工作了很长时间的循环条件的趋势。这就意味着如果蓄电池在持续很长的周期内只循环到某个 DOD，那么即使设计的是在较高放电电流下的较高放电，蓄电池也会将放电限制到这个 DOD。这种效应能够通过在低电流下放电几次得到解决。在现在的 NiCd 蓄电池中，这种效应不再明显了。

尽管 NiCd 电池有好的电学性能，其在自备电力系统中所占的市场份额并不很高，其原因在于高价格。NiCd 电池的投资成本大约比铅酸蓄电池的成本高 3 倍。

20.4.3 　金属氢化物 Ni 蓄电池

金属氢化物 Ni(NiMH)蓄电池在荷电状态的正电极的活性材料是 NiOOH，与在 NiCd 电池中的材料相同。在荷电状态下负电极的活性材料是氢，是金属氢化物的一种成分。在电池充电和放电中金属合金经历可逆的吸收/脱附过程，这种可逆的放电/充电过程反应由下式说明[11]：

$$NiOOH + MH \Longleftrightarrow Ni(OH)_2 + M \qquad (20.2)$$

KOH 的水溶液是电解液的主要成分。在封装的金属 Ni 氢电池中只有小量的电解液被使用，其余的大部分被隔板和电极吸收。在电池中，氧可以从正电极输运到负电极，能够与氢反应形成水。因此，电池能够被当成干电池使用，并且能够安装在任何想安装的位置。

封装的 Ni 金属氢化物电池的放电特征与封装的 NiCd 电池的特征非常类似。电池之间的开路电压为 1.25 ~ 1.35V，标称电压也为 1.2V。

尽管 Ni 金属氢化物电池的能量效率大约为 80% ~ 90%，并且可提供的最大功率要比 NiCd 电池的小，但是其电学特性非常相似于 NiCd 电池。在自备电力系统中对最大功率的要求不大。在 Ni 金属氢化物电池中，记忆效应要比在 NiCd 电池中的微弱。在 25℃ 的自放电也在 20%/月的范围，但是在 45℃，则高达 60%/月。

Ni 金属氢化物电池并不像 NiCd 电池那样具有强烈的抗极性颠倒特性。如果正电极在负电位上，就在正电极上产生氢。一些氢气体能够被负电极的金属吸收，但是剩下的氢仍然以气体的形式存在于电池中。如果连续放电，氧在负电极上形成，这将会更加增加气体的压力，并且引起金属的氧化。当压力足够大时，安全阀门打开，气体压力再次降低。为了避免这种情况，必须采取合适的方法测量，使用长的串联电池线列更是如此。参考文献 [12, 13] 和本书中的第 21 章讨论了解决这个问题的大量的可能方法。

Ni 金属氢化物蓄电池在手提式仪表应用方面已经在市场中代替了 NiCd 电池（例如手机、便携式摄像机和电动工具），很大程度上是由于它们有较好的环境兼容性和较高的重量能量密度（见图 20.7）。然而，满足在自备电力系统中所必需的较大容量的 NiMeH 蓄电池还没有商业化的产品。其主要原因是其价格大约是铅酸蓄电池的 5 倍多。现在，除了一些小的 $10W_p$ 技术应用之外，还没有明显的证据显示 NiMeH 电池将会在自备电力系统中起到非常重要的作用。这个市场中将来更为可能的是 Li 离子电池，但是 NiMeH 看起来是 NiCd 和 Li 离子电池之间的过渡技术。

20.4.4 可充电碱锰电池

碱性电池是一种被广泛使用了几十年的一次电池。在过去的几年里，这种技术开始作为二次电池进入市场。市场中出现了可充电碱锰（Rechargeable Alkali-Manganese，RAM）电池。RAM 电池是气密封的。标称的电压是 1.5V，这个值要比 NiCd 和 NiMeH 电池的高。现在，在市场只有少量的电池容量能够达到 5Ah。它们明显要比 NiCd 电池便宜。RAM 电池要比其他在这里讨论的电池具有更高的内阻。由于 RAM 电池没有重金属，因此要比 NiCd 电池有更好的环境友好性。

RAM 电池主要的缺点在于低的深度放电寿命。到现在为止，只能达到 20 ~ 50 次循环次数（100% DOD）。然而，如果只要求非常浅的循环（1% ~ 5% DOD），能够得到几千次循环。尽管 RAM 电池现在不适合较大的自备电系统，但是适合于那些寿命有限小的应用范围，或者适用于那些经常处于非常浅放电的循环应用，例如一些玩具。紧急照明系统或许是它的另外一个应用领域，在这个系统中只有监控电子设备需要能量（通过一个小的 PV 发电器再次充电），并且只有在紧急情况下才需要全容量。

20.4.5 Li 离子电池和 Li-聚合物电池

Li 离子电池在过去的几年内成为最新兴的技术。由于具有非常高的能量密度和可长达 10 年的寿命，并且自放电较小，Li 离子电池作为一次电池已经众所周知。现在，Li 离子和 Li-聚合物电池已经抓住了便携式应用的市场，如便携式摄像机、手机、无绳电话和事务管理器。尽管它们今天并没有在较大的自备电力系统中得到应用，这种技术还是值得更进一步研究的。它们与效率相关的电学性能和充电/放电特征非常适合于这些应用。现在，Li 电池对于那些高重量密度没有优势的应用来说还是非常昂贵的。然而，由于这是一种新兴的技术，期待在以后降低制造工艺成本，它们有可能在一些自备电力系统中起到作用。

Li 离子充电电池的工作基础就是 Li 离子在阴极和阳极之间的迁移。Li 离子充电电池因此从根本上不同于不能充电的 Li 电池和其他能够充电的电池，例如，二次铅酸蓄电池或者 NiCd 电池，这些电池的基本形式是阴极和阳极材料不发生变化。

当电池被充电时，在阴极材料（Li 化合物）中的 Li 离子通过一个隔板迁移到形成阳极的碳材料膜层结构中，并通过充电电流发生迁移。在放电过程中，在碳材料中的 Li 离子向回迁移到阴极材料中。这就是"摇椅"原理。尽管已经知道有大量不同的材料能够组成 Li 离子电池，商业产品中最为有名的材料是 LiCo 和 LiMn 类型。

对于可逆的充电/放电过程中发生的反应如下所示：

$$Li_{1-x}CoO_2 + C_nLi_x \Longleftrightarrow LiCoO_2 + C_n \text{（钴类）} \tag{20.3}$$

$$Li_{1-x}Mn_2O_4 + C_nLi_x \Longleftrightarrow LiMn_2O_4 + C_n \text{（锰类）} \tag{20.4}$$

现今市场上的 Li 离子电池的标称电压值为 3.6V。由于远高于水-电解液的电压 1.23V，没有任何水电解液能够被使用。这里的电解液是一个溶解 Li 盐的有机溶剂。阴极材料是 $LiCoO_2$ 或者 $LiMn_2O_4$。阳极材料是石墨。

Li 离子充电电池是三层薄膜结构，由一个夹在片状的阴极和阳极材料之间的多孔隔板构成，对于柱形蓄电池，是以椭圆的形式包裹。这些材料被灌注到电解液中，并且封装到金属容器中。这个金属容器包括一个向外部放气保护电池的安全阀门，以防止在电池中的压力积聚到一个极端程度。

Li 离子电池由于具有非常高的能量密度和金属 Li 高的反应活性，因此具有潜在的危险性。对 Li 离子充电电池不正确的操作或许会引起热、爆炸或者燃烧。因此，更加重要的是确保过充电保护、过放电保护、过电流保护、短路保护和防止在太高的温度下工作。如今，供应的 Li 离子电池都被提供了一个集成控制器件作为保护器件。它的工作不依赖于所有外部充电器或者监控器件，因此可以被电池制造商完全控制。

Li 离子电池和 Li-聚合物电池的主要差别如下所述。Li 离子电池有液态有机电解质，然而负电极是由 Li-C 相间的电极组成。电解质的电导率非常高。相对于一个 Li 金属电极，非金属电极增加了安全性。当今市售的 Li-聚合物电池实际上是由聚合物电解质和 Li-C 嵌入电极联合而成。严格地讲，所谓的 Li-聚合物电池是聚合物 Li 离子电池。

Li-聚合物电池刚进入市场。从长远来说，期待 Li-聚合物电池能够比 Li 离子电池具有更低的制造成本。更进一步来说，它们允许非常灵活的电池设计。这就使 Li-聚合物电池在集成芯片或者智能卡方面成为一种有吸引力的解决方案，同时在大容量的供电应用上已经有现场示范了。

与 NiCd 或者 Ni 金属氢化合物电池相比，Li 电池的一个缺点就是它们不能在高电流下工作，这就使它们很难以高的电流放电。同时，现在它们也没有与 NiCd 或者 Ni 金属氢化物电池一样的循环寿命。然而，有两个目的是研究开发的目标，关于额定功率这两点上已经取得了明显的进步。

Li 电池要求恒定电流/恒定电压充电（见图 20.23a）、再充电性能非常好。在铅酸蓄电池中为了获得足够高的寿命，全充电非常重要，但是在 Li 电池中并不如此。然而，电压的极限必须需要准确的观察。充电结束电压局限于 4.1V，并且不能多于 50mV。高的电压引起金属 Li 化物的形成。在串联连接的电池中，必须保证每个独立的电池的极限值保持在可以接受的值内。

Li 电池的放电必须受到由材料决定的结束放电电压的限制。另外，过放电引起金属 Li 化物的形成。对于 Co 的类型，结束放电电压为 2.3V/电池，碱性类型为 2.7V/电池。图 20.8 所示为 Li 离子电池在不同的放电电流下的放电曲线。电池的容量对放电电流的依赖非常轻。除此之外，图 20.9 显示了放电曲线与温度的关系曲线。当离子的迁移受到温度的影响很大时，低温性能不会太好。

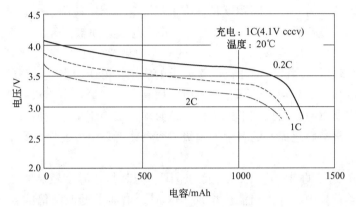

图 20.8 $C_5 = 1350Ah$ 容量的 Li 离子电池在 20℃温度时不同的放电电流电压与放电电容的函数关系

[充电是在恒定电流/恒定电压（cccv 或者 IU，见 20.4.7.6.1 节）范围进行，

充电电流为 1C 和充电电压为 4.1V[14]。]

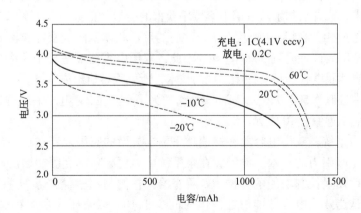

图 20.9 $C_5 = 1350Ah$ 容量的 Li 离子电池在不同的电池温度和放电电流为 0.2C 时，

放电时电压与放电容量的函数关系

（充电按照图 20.8[14] 中的进行。）

20.4.6 双层电容器

传统的电容器在电极之间存在电介质。它们的容量取决于介电常数和电极的面积。所谓的双层电容器是在电极之间有离子导体电解液。因此，有可能在电子导体和离子导体之间的界面处聚集荷电载流子。这个界面就称为电化学双层膜。与二次电池相比，在电极到电解液之间没有发生化学反应和电荷的转移。因此，不会发生材料结构的变化，从而会有几十万次的循环寿命。能量的存储只决定于静电效应，然而，与在电介质中只有电子移动的经典电容器相比，在双层电容器中有离子的运动，因此也就会发生明显的大量运动。这样导致了在双层电容器中在充电和放电时扩散时间成为一个常数。

电容值取决于电极材料的性能，近似从 $20 \sim 40 \mu F/cm^2$。电极材料一般由近似 $2000 m^2/g$ 的高表面积碳组成。由于电势能随着荷电载流子密度的增加而增加，因此在双层薄膜中荷电载流子的数目是受到限制的。如果势能太高，荷电载流子强迫穿过电极和电解液界面，从而导致了像在二次电池中那样发生的电化学反应。然而，在这种情况下，这是一个可逆效应，从而损害了双电容器。另外一个问题就是在许多双层电容器中使用水电解液，因此必须要避免气体（水电解液产气起始于 1.23V）。因此，最大电压必须被限制在 1.5 ~ 2.0V。为了避免电解液的问题，采用电压能够达到 3 ~ 4V 的有机电解液，但是与水电解液相比，这些有机电解液的电导率较低。因此，对于高功率要求的应用，可使用水电解液的电容器；如果要求较高的能量密度和较低的功率，那么就可以使用有机电解液。由于双层电容器过充将会遭到损害，当电容器以串联的长列形式工作时，必须仔细控制单个电池。

双层电容器经常被广泛提及的名字如超级电容器或者黄金电容器。它们都是基于以上描述的技术。

双层电容器在 20℃ 的自放电在 5%/天的范围。尤其是在温度较高时，自放电速率（如同在所有的电化学系统中那样，当温度增加 10K 时，增加了近似两倍的自放电速率）对于自备电力系统来说几乎是很难接受的。

电学性能一方面由低内阻决定（导致高功率），另一方面受到荷电状态中电压的线性下降的限制。一方面，这种特性使得容易估计荷电状态，但是另一方面，电压的降低非常高，增加了对电子学的要求，或者限制了从双层电容器中获得的能量（例如只在 1.7 ~ 2V 之间工作）。

今天，双层电容器已经能够达到几千法，它们的重量和体积能量密度非常低（见图 20.7），但是它们的功率密度或许上升到 5000W/kg。因此，双层电容器最适合于功率高、能量要求低的应用。由于双层薄膜电容器是一种刚出现的技术，所以很难给出成本计算，作为方向性的目的，现在估计成本近似为 50000 欧元/kWh。然而，为了支持在 2V 电压下维持 2s 时长 200A 的电流，储能器的成本近似为 10 欧元。

对于自备电力系统，双层电容器在峰值功率要求方面的应用或者在功率流的平滑滤波方面是一种具有一定吸引力的技术。例如，在泵系统中需要高功率克服初始惯性。另外一种应用或许是具有功率质量控制功能的并网 PV 逆变器，它们与毫秒储能系统一起使用更有效。根据经验，可以认为双层电容器能够在放电时间少于 10s/每循环（功率存储）的应用方面或者在与传统的电池结合一起使用中找到自己的位置。电容器最大的优点是它们几乎无限的循环次数，直到它们寿命的结束（几十万次）。

20.4.7　铅酸蓄电池

铅酸蓄电池在商业电能储存中的应用已经超过了 100 年。它是几十年里最为广泛使用的电能存储系统，现在仍然被广泛使用。铅酸蓄电池具有广阔的应用范围，从汽车中的 SLI 电池到卡车中的不间断供电系统，从电网稳定中的负载平衡电池到动力电池（对于电瓶式叉车和其他的）以及自备电力系统。已经发展了针对不同应用目的的不同的电池种类设计，从而包括了各种要求。

铅酸蓄电池与其他在具备表20.1中列出的各种特征的储能系统相比，到现在为止是最便宜的电池类型。铅酸蓄电池最为主要的缺点就是由于铅的高分子重量，从而造成低的重量能量比。然而由于在自备电力系统中电池是静止的，这使得这个参数并不是最为重要的。

人们期待铅酸蓄电池作为自备电力系统中的主力军能够保持更多的年份，或许是几十年。因此，本节将对铅酸蓄电池进行深入的探讨。下面几小节的主题是关于铅酸蓄电池化学、电池设计的详细描述、老化效应和工作方法的建议。

20.4.7.1 铅酸蓄电池化学

在荷电状态的铅酸蓄电池是由 PbO_2 正电极和 Pb 负电极活性材料组成。所有的电极都包括一个由硬铅合金组成的支撑网。硫酸稀释到4M或者5M作为电解液。下面的方程描述了主要的反应：

$$正电极 \quad PbO_2 + 3H^+ + HSO_4^- + 2e^- \rightleftharpoons PbSO_4 + 2H_2O \tag{20.5}$$

$$负电极 \quad Pb + HSO_4^- \rightleftharpoons PbSO_4 + H^+ + 2e^- \tag{20.6}$$

$$电池中的反应 \quad Pb + PbO_2 + 2H^+ + 2HSO_4^- \rightleftharpoons 2PbSO_4 + 2H_2O \tag{20.7}$$

PbO_2 和 Pb 在放电过程中都转换成 $PbSO_4$（双硫酸盐理论）。硫酸作为一种电解液在电池放电过程中被耗尽。因此，硫酸的浓度随着荷电状态线性降低。其他类型的电池中，电解液只有离子导电的功能，这是铅酸蓄电池与其他类型电池的一个重要的不同之处。在铅酸蓄电池中，增加离子源去抵消在电化学工艺中分解进入电解液中的电荷。因此，电解液会遭到"结构性"的变化，正如像电极材料自身那样。这是引起几种电池特征和下面将要讨论的老化效应的一个重要原因。

在20.2.1.1节中，描述了在充电和放电过程中，不仅发生了 Bulter-Volmer 描述的电化学工艺，同时也发生了化学过程。图20.10显示了在铅酸蓄电池中式(20.6)描述的这些所有过程。

充电电极包括固态的 Pb。当发生放电时，从金属负载中放出两个电子，并且 Pb^{2+} 离子溶解到电解液中。通过扩散，荷电离子从反应表面离开。当荷电离子扰乱了在电解液中的正和负离子的数目时，负电荷离子必须去补偿过剩的正离子，它们可以是硫酸电解液中提供的

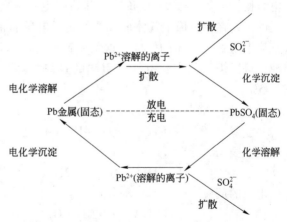

图 20.10　在铅酸蓄电池中的铅电极充电/放电过程

SO_4^{2-}，SO_4^{2-} 离子通过从自由的电解液容积中扩散到电化学反应的反应位置处。在这些位置处，Pb^{2+} 和 SO_4^{2-} 离子相遇，并且通过化学沉淀过程形成 $PbSO_4$。最终形成 $PbSO_4$ 晶体。

在充电过程中，发生可逆反应。在电化学沉淀过程中，Pb^{2+} 离子从电解液中出来形成固体 Pb。这些离子通过扩散传输到反应位置。为了稳定电解液中的 Pb^{2+} 离子浓度，发生 $PbSO_4$ 晶体的化学分解过程。由于正离子通过电化学沉淀过程从电解液中分离出来，SO_4^{2-} 离子需要从反应位置离开从而保证电中性。

下面这些所有过程会引起过电压。

1）沉淀的电化学分解，正如 Butler-Volmer 方程所描述的那样。

2）扩散定律描述的扩散过电压引起的 Pb^{2+} 离子迁移。

3）扩散定律描述了 SO_4^{2-} 离子的传输。扩散定律是电场和流体力学场作用下荷电离子的迁移定律。而流体力学场是由在充放电过程中扩散过电压引起多孔体积变化所导致的。

4）在电解液中离子浓度偏离其平衡浓度使 $PbSO_4$ 晶体发生化学沉淀或者溶解，从而形成浓度过电压。

所有的这些过程取决于温度。更进一步说，这个过程取决于电解液的浓度。浓度影响了在1）中的平衡电流密度、2）和3）中的离子扩散速率，并且对 Pb^{2+} 离子的平衡浓度具有较大的影响，因此对4）产生了影响。电池的老化和工作条件（大电流、小电流和脉冲电流）对1）和4）引起的过电压影响很大。这主要是由于荷电的活性材料（Pb）侧的以及 $PbSO_4$ 侧的内活性表面变化引起的。

铅酸蓄电池的标称电压是 2.0V；充电电池的开路电压大约为 2.1V，其值取决于电解液的浓度。

在一个完全充电的电池中，正电极的开路电位与标准氢电极对比近似为 +1.75V。负电极的电势与标准氢电极对比近似为 -0.35V。图 20.14 给出了电解液浓度和电极电位之间的关系。开路电压与温度之间的依赖关系为 0.2mV/K。因此，考虑到实际原因，这个关系是可以忽略的。

除此之外，还有一个主要的反应——水电解。当电解液是水时，并且电池的电压大约为 2V，也可高达 2.5V，就会连续发生水电解。在正、负电极连续分别形成 H_2 和 O_2。当电极的电势比标准氢电极 0V 更负时，开始产生氢。当电极的电势高于 1.23V 时，开始产生氧。幸运的是，在铅电极上气体形成的所谓过电压非常高，因此在很大程度上阻止了气体的生成。这就使铅酸蓄电池即使在 2V 高的电池电势下仍然稳定。由气体引起的自放电速率每个月近似为 2%~5%。

正电极

$$2H_2O \longrightarrow O_2 + 4H^+ + 4e^- \tag{20.8}$$

负电极

$$4H^+ + 4e^- \longrightarrow 2H_2 \tag{20.9}$$

电池的反应

$$2H_2O \longrightarrow 2H_2 + O_2 \tag{20.10}$$

在 Berndt[3] 的阀控蓄电池的基础上 Bode[15] 写了一本关于铅酸蓄电池的非常综合性的工具书。

20.4.7.2 铅酸蓄电池——技术、基础、概念和应用

本小节中讨论的所有不同类型的铅酸蓄电池的基础都是以上提出的反应方程。图 20.11 所示为在自备电力系统中一个完整的电池系统，图 20.12 所示为 $Pb/H_2SO_4/PbO_2$ 电池的结构。

固体铅板栅、棒或者极板起到导电的作用，并且能够机械固定两边电极中的多孔活性材料。依据电池的类型采用不同的铅合

图 20.11 一个完整的电池系统（在光伏系统中的蓄电池，标称电容 $C_{10} = 37.5Ah$，标称电压 168V；平板技术，28 个 6V 串联的块，图片获得 Fraunhofer ISE 的准许。）

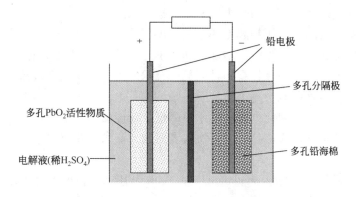

图 20.12　$Pb/H_2SO_4/PbO_2$ 电池的结构图

金作为板栅增加稳定性、提高加工性能和减少腐蚀。多孔活性材料黏附在板栅上 PbO_2 作为正电极，Pb 作为负电极。图 20.13 给出了对活性材料结构的更加详细的说明。活性材料的内表面积近似为负电极 $0.5 \sim 5m^2/g$，正电极整个都处于充电状态。反应速度和充电、放电性能因此都取决于内表面。所有的电极都完全浸在稀释的 H_2SO_4 溶液中。正如前面描述的那样，H_2SO_4 起到两种作用：在电极之间的离子导体和在充电和放电反应中的反应物质。当电池放电时，PbO_2 和 Pb 转变成 $PbSO_4$。SO_4^{2-} 离子从电解液中被析出，引起电解液浓度降低。

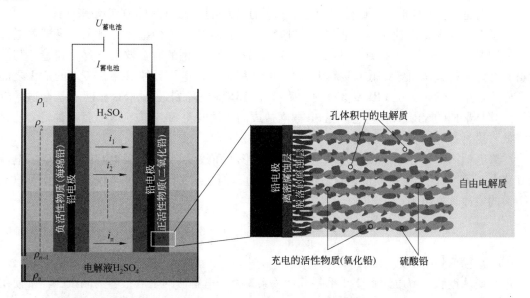

图 20.13　铅酸蓄电池更加详细的原理图（左边显示了电池的微观视图，包括了在电池不同水平高度上的不同的电解液密度，代表了酸的分层效应，同时伴随着的是在其垂直方向上的电流的不均匀分布。右边显示了一个处于部分充电的活性材料的微观示图。）

值得注意的是，$PbSO_4$ 和 Pb 的体积比是 2.4，$PbSO_4$ 和 PbO_2 之间的比例是 1.96。这就意味着在放电时活性材料的固体体积增加。这就减少了在孔洞中的自由电解液体积，并且引起了在活性材料中的机械应力。

隔板放置于电极之间，其目的是为了防止电极之间短路。

上面描述的水电解随着电压和温度的升高而明显增加。依据经验，当温度增加 10K 时，所谓的充气速率增加 2 倍，而当电压增加 100mV 时，充气速率增加 3 倍。

根据电解反应形成的氢和氧，有两种明显的技术差别。在所谓的液流电池中，电解质是液态的。为了使气体从蓄电池中跑出，液态电解质的蓄电池并不是密封的。然而，这会导致在蓄电池中水含量的减少，因此电解质的水位降低并且硫酸的浓度增加。水的损失必须在维护期间得到补偿，这种维护应该是一年一次或者两次。必须使用去离子水去补满，而不是用硫酸或者自来水。

所谓的阀控式铅酸（Valve-Regulated Lead Acid，VRLA）蓄电池是采用气密封的，并且带有阀门。阀门可以允许只有在蓄电池中的压力过压时，才将气体放出。在一般的操作中，气体与蓄电池中的水结合。这种效果可以通过固态电解质来实现。现在有两种不同的技术：电解质变成黏性的溶胶，主要是通过在电解质中增加 SiO_2 或者电解质被吸附在多孔性的玻璃毡上（吸附性毛玻璃类型，AGM）。在这两种技术中，氧可以从电解质中穿过到达负电极。氧和氢在负电极上发生结合。在 VRLA 蓄电池中，电解质并不是液态，因此在任何箱破碎或者其他事故中不会出现电解质漏出的情况。

然而，如果 VRLA 蓄电池被错误地过充电，就会产生超过能够发生结合的过多气体，因此当压力过大时，气体必须能够通过阀门离开电池。同时，阀门必须防止外面的空气进入蓄电池中。当这些蓄电池不能够被水补满时，气体的排出要减到最小，以防止电池干掉。一般来说，当水的损失超过了 10% 时，蓄电池寿命终止。水的损失可以通过称电池的重量来估计。

为了在 VRLA 蓄电池中获得低的产气速率，一般用 Pb-Cd 合金作为栅网。富液蓄电池主要使用 Pb-Sb 合金，其中 Sb 含量少于 2.5%，这是 Sb 栅网的有益效果（易于铸造、与活性材料有好的接触从而导致低的接触电阻）和 Sb 引起的过电压导致氢还原带来的危害之间一个好的折中。然而，在 VRLA 蓄电池中需要将气体释放降到最低，Sb 栅网不是合适的选择。尤其是早期的 VRLA 蓄电池，无 Sb 栅网造成的所谓的无 Sb 效应会导致蓄电池寿命明显的降低。这种效应在文献中被描述成早期容量损失[16]。

尽管电池的标称容量依赖于并联电极的几何形状和数量，但是标称电压是 2.0V。电池的开路电压 U_0 取决于电解质的浓度（见图 20.14），但是从实际的角度来说开路电压可以通过下面的定律计算出来：

$$\frac{U_0}{V} = \frac{\rho}{g/cm^3} + 0.84\cdots0.86 \tag{20.11}$$

式中，ρ 是电解质的密度。

电解质浓度和电解质的密度几乎是线性关系。由于电解质的密度很容易测试，经常使用电解质密度来表达电解质浓度。在 25℃ 时，在水中 30% 的 H_2SO_4 溶液的密度为 $1.22g/cm^3$，在水中 40% 的 H_2SO_4 的密度为 $1.3g/cm^3$。在完全充电的蓄电池中一般电解质密度在 $1.22 \sim 1.3g/cm^3$ 之间，其值主要决定于应用、技术类型和气候条件。在放电状态下，酸的密度在 $1.18 \sim 1.05g/cm^3$ 之间。根据式（20.11），开路电压也会随着密度发生变化。无论如何不是一个常数。

图 20.14 显示了电极和电池电势与酸浓度之间的关系。酸浓度可以通过 mol/L 来测量，密度 g/cm^3 和溶液中酸的百分比为 %$_{weight}$。这样所有的值之间可以相互转换。

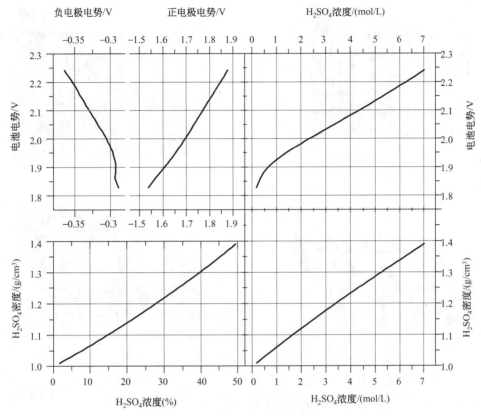

图 20.14　百分比酸浓度，负、正电极的平衡电势和电池电势之间的关系
（图中也显示了每个值之间的转换。）

根据式（20.7），电解质的浓度在放电时降低。根据式（20.11），开路电压随着酸浓度线性降低。VRLA（密封的）蓄电池的每 Ah 容量有较少的电解质。因此，在密封的蓄电池中开路电压在放电过程中的下降速度要比在富液蓄电池中的快。如果使用电压作为 SOC 指示器，那么这个效应必须要考虑。

如今，经常使用两种不同的平板技术。最为普遍的板式极板（Fauré 类型），多孔的活性材料像糨糊一样粘在硬铅栅网中。平板简单并且容易生产。所谓的管状极板[⊖]也是广泛使用的。在中心位置，被活性材料裹着的铅棒，插到一个保护性的可以被电解液渗透的管中。板由一排排相邻的管组成。由于平板电极的内阻比较低，因此要比管状电极有较高的比功率。后者在其寿命期间表现出了更多的循环次数。制造管状电极要比制造平板电极昂贵。图 20.15 给出了平板电极和管状电极的示意图。现在，卷绕式铅电池已经进入市场，这种电池由粘着活性材料的薄铅箔、以及电极之间非常薄的玻璃毡隔板组成。这些电池主要应用于高功率方面，例如发动机的点火。平板电极显示了好的循环寿命行为。

如今铅酸蓄电池在很多不同领域都有应用，因此，在市场中有大量特殊应用的电池。它们之间可以通过功率系数，循环寿命和浮充寿命区分开来。浮充寿命是电池在不间断电站中

⊖　管状电极在北美并不常见。一般在欧洲管状电极蓄电池经常作为循环应用，例如叉车。

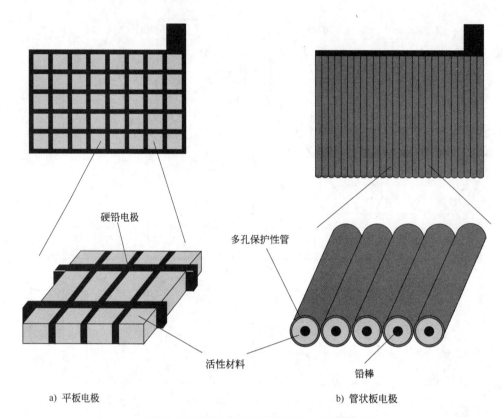

硬铅电极

多孔保护性管

活性材料

铅棒

a) 平板电极

b) 管状板电极

图 20.15 平板电极和管状平板电极示意图

的一个相关参数，当电源不工作时，电池只经过非常少的循环，但是它们由于总是被 100%
充电，所以应该有长的工作时间。在不同应用领域中的电池类型和它们独特的工作条件做如
下说明：

SLI（起动、照明、点火）电池：用于发动机的起动；即使在低温下也具有高的功率能
力；传统上来说只有非常低的循环寿命；可承受高温震荡；从用量方面来说，是铅酸蓄电池
最大的全球市场；生产公司几乎覆盖全球所有国家；由于现代汽车有很多的电子设备，如座
位供热、升起电子窗或者 HiFi 系统等，汽车除了起动还有非常高的电力需求，因而其工作
状态是变化的。蓄电池用非常薄的平板电极获得高功率。SLI 电池是批量制备的，生产具有
较高的自动化因此非常便宜。

UPS（不间断电源）/固定型蓄电池：在全 SOC 时处于长期的空闲；能够满足快速放电
的要求（放电时间在 10 ~ 60min 之间，在一些应用中会更长）；设计的寿命能够达到 20 年，
由于通信和计算机系统的快速增长，市场增长很大。为了承受长期的腐蚀，电极要比在 SLI
中用到的厚。

牵引电池：应用于叉车中，牵引发动机，地下交通工具等；设计应该满足每天完全在中
等电流下循环，并且整个充电是有规律能够被控制的，在 80% 的 DOD 下循环寿命 1000 ~
2000 次。在这些应用中最为普通的电极技术是管状平板。液流型电池比 VRLA 电池有更长
的寿命，被广泛使用。

电动车用电池：这类电池的电流波动曲线宽；经常处于部分充电状态（再生中断）；寿

命不够长；正在扩展市场，与其他类型的电池竞争很激烈（见表20.3）。较低的重量能量密度是其主要的缺点。基于活性材料黏附的薄铅箔和卷绕设计的铅酸蓄电池现在正在发展中，在市场上已经能够从一些制造商中买到，并且应用于混合动力系统⊖中，现在认为这种动力系统要比单纯的电池供电电动汽车更有现实性。卷绕电池有非常高的功率（输出）能力，因此能够被作为加速和再生制动的电驱动。

光伏系统中的蓄电池：与负载信息对应的操作条件在20.3节中进行了说明；它很少完全充电，经常是部分循环。在市场上有两类所谓的"太阳蓄电池"。一类是经过更改的SLI电池，其板栅要比在SLI电池中的厚，相对便宜（经常来源于发展中国家的本地产品[17]）寿命有限。其他类别的"太阳能用蓄电池"是将原来在脚踏车或者备用供电应用中的高品质电池经过改动而成。一般来说，液流型电池在自备电力系统中要比VRLA电池有更长的寿命。另外一个方面，考虑到电解液的清除、维护和输运，VRLA电池有明显的很少释放腐蚀性和有毒气体的优点。这就减少了对放置电池的环境要求。因此，最终的决定必须根据应用的特殊性和边界条件来决定。

然而，工作经验表明，电池在独立光伏发电应用中的寿命相对于在传统应用中来说，不是很令人满意。在太阳能家庭系统中的电池一般必须在2~3年之后更换，在混合系统中的电池在3~8年之后更换。通过针对自备电力系统应用特点对蓄电池进行精心设计及合适的系统设计和运行策略，那么在太阳能家庭系统中的电池能够延长到5年，在混合系统中能够延长到10年。

20.4.7.3 放电容量

容量的大小依赖于放电条件。

对于固定型蓄电池经常是C_{10}或者C_8容量，对于启动电池经常是C_{20}容量，牵引动力电池经常是C_5容量。太阳电池经常是在100%或者120h放电电流下标定为C_{100}和C_{120}。C_{10}、C_{20}和C_{100}的一般放电结束电压为1.8V/电池。对于C_5，1.7V/电池经常被使用。同时也能够找到其他所有的标称和极限电压。

当放电电流下降时，测量的和实际的容量上升。如果一个电池以比标称电流小的电流放电时，可以得到比额定容量更高的容量。如果荷电状态根据额定容量确定（一个合理的惯例），会产生负的荷电状态。这就是为什么会在图20.6中出现负荷电状态。

图20.16显示了在不同的放电电流时电压与放电容量之间的关系。铅酸蓄电池的容量非常依赖于放电电流。

根据经验，可以假定电池在C_{10}时的标称容量100Ah近似于在C_1的50Ah和在C_{100}的130Ah。值得注意的是对应的电流I_1和I_{100}并不等于$10I_{10}$和$0.1I_{10}$。在这个例子中，I_1是50A，I_{100}是1.3A。

关于电学性能，温度影响了内部电阻（随着温度的增加电解液的电导率增加）、扩散过程和在电化学双层薄膜处的反应。因此，铅酸蓄电池的容量取决于温度。容量几乎随着温度以0.6%/K线性增加。当温度降低时，容量也以相同的形式降低。按照电池技术，温度系

⊖ 混合电动汽车有传统的发动机，但功率要比传统的汽车小。加速是由蓄电池供电的电动机支持。在再生制动时电池从主发动机充电。这种概念允许传统的发动机在功率变化很小的情况下得以运行，并且具有更高的效率。在这种理念之下耗油量可减少到2L/100km。

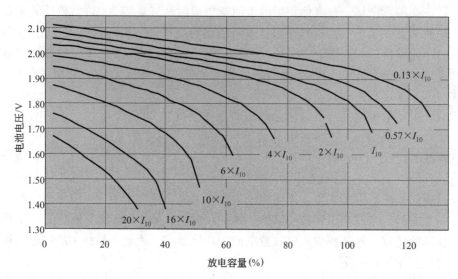

图 20.16　在不同的放电电流下，恒定放电时电压与放电容量之间的关系
（管状板式铅酸蓄电池，C_{10} 容量被定义为 I_{10} 和 1.8V，数据来源于 Berndt D，

Blei- Ak*umulatoren*，VDI- Verlag，11. Auflage，Düsseldorf（1986）[18]）

数可以高达 1.0%/K。

20.4.7.4　老化过程和对电池性能的影响

铅酸蓄电池与其他电池系统相比，例如，NiCd 电池，较短的寿命是其明显的缺点。然而，在其寿命时间之内，电池的工作行为已经受到老化过程的影响。因此，知道最重要的老化过程能够避免加速铅蓄电池老化的条件。

20.4.7.4.1　酸的分层

酸的分层并不是老化过程，但是会影响电池的工作行为。一方面它减少了可提供的容量，并且改变了电流/电压特性。另外一个方面，它导致了在电极中的电流不均匀分布。这种电流不均匀加速了分层（见 20.4.7.4.2 节），这就是主要的老化效应。因此，酸的分层是老化的一个原因，但是本身并不是老化效应。在富液型电池中的酸分层能够通过搅动电极很快消除。

由于电解液的功能是作为电极反应的活性成分，会出现密度的局域不一致，导致的结果是酸的浓度在电池上部下降，在下部增加。由浓度的差异引起的电势差异会使电极较低部分放电，这会导致不可逆的老化效应（例如分层）。

在具有液态电解液的电池中，酸的分层可以通过刻意地过充电来消除，该过程会产生气体。电解液循环也能够达到相同的混合效果。这种电解液搅动系统由空气鼓泡系统组成（见图 20.22）。

在具有非流动性电解液的电池中同样也会发生电解液分层现象。在一个胶体电池中，这种效应是非常小的，因此几乎没有关系。在 AMG 电池中，酸分层的强度更多地取决于玻璃毡的质量。用 AGM 技术制造的大电池垂直放置，从而避免了任何酸分层。当购买电池的时候，更为重要的是查看制造者说明书中竖直安装的部分。VRLA 电池的问题就是不能解决存在的酸分层问题。

从理论方面来考虑[19,20]，酸分层形成的小电流导致了在电极较低部分充电不够。电池电流越小，这种效应就变得越明显。当发生酸分层时，电极的最上部分优先充电，而较低的部分是优先放电。这就导致了电极较上和较下部分在局域荷电状态之间的差异能够上升到30%。在有限的充电时间之内，最上部分能够到达一个非常高的荷电状态，然而，较下部分没有能完全充电。这就意味着，电极的较下部分相比于电极的平均荷电状态来说在较低的荷电状态下循环。更进一步来说，较下部分长期在没有完全充电状态下循环。

这些发现通过实验得到了证实。一方面，有可能从实验上显示电流不均匀分布效应和在电极中的荷电状态与充电/放电电流之间的关系[20]。另外一个方面，对 PV 系统中的铅酸蓄电池进行物理化学分析，结果显示在其寿命结束时在电极下部存在高程度的分层现象[21,22]。

在液态电解液电池中与酸分层相关的另外一个问题：只在能够到达的电极位置上进行的酸密度测量并不能够给出任何关于电池荷电状态的直接信息。

举例说明，图 20.17 所示为 PV 系统中的富液型电池中电极上的酸密度和电池荷电状态之间的关联性，具有大量的分循环⊖。没有酸分层时，测量的酸密度，例如 1.18g/cm³，近似对应于一个真实的荷电状态 30%，然而，如果酸分层，那么荷电状态的范围在 30% ~ 75% 之间。这个测量只允许估计一个较低的极限。在电极之上的酸密度测量可以导致在确定荷电状态时（以至于在运行-管理测量中）存在很明显的误差。

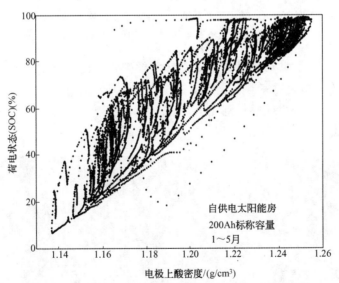

图 20.17　电极上的酸密度与实际荷电状态之间的关系
（测量时间超过了五个月，电池来源于 PV 系统，200Ah 电池，
在测量 10min 初始值的平均值的基础上模拟的酸密度。）

⊖　图 20.17 中的数据是以包括垂直方向上酸密度分布模型的详细蓄电池模型为基础。这个模型通过对蓄电池的测量所证实。在参考文献 [19] 中对模型和模型验证进行了描述。因此，从图 20.18 中显示的电极上的荷电状态和酸密度是通过这个模型计算而来。这个计算的基础数据是仔细测量的电池电流、电压和系统中的温度。

20.4.7.4.2 硫化

当电极放电时，活性物质 PbO_2 和 Pb 变成 $PbSO_4$。形成的硫酸盐的量依赖于放电电流的强度，高的放电电流会导致小的硫酸盐晶体。如果一个电池在放电之后没有立即充电，硫酸盐晶体因为再结晶而生长。这种再结晶的速率与硫酸盐离子溶解度成正比。不幸的是，硫酸盐离子的溶度随着酸浓度的降低而增加[15]。因此，低荷电状态（低的酸浓度和高的硫酸盐溶度）的时间加速了大硫酸盐晶体的增长，从而损害了电池。在以后的充电过程中。活性表面相对较小的大硫酸盐晶体要比较小的硫酸盐晶体再次溶解的速率慢很多，因此当充电几乎完成时仍然存在硫酸盐晶体。图 20.18 说明了在相同的体积下，小晶体的表面积要比较大晶体的大（二维代表了三维效果）。

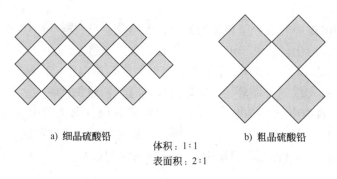

a) 细晶硫酸铅   体积：1:1   b) 粗晶硫酸铅
                     表面积：2:1

图 20.18　晶体尺寸对电极活性表面积影响的举例说明
（质量比 a: b = 1:1，表面积比 a: b = 2:1）

在运行的过程中，这些残留的硫酸盐晶体能够聚集，使活性材料减少并降低可能的容量[23]。如果在每次放电之后紧跟着足够的完全充电，那么硫化能够被减少到最小。酸分层导致在电极较下部分中很少能够得到完全充电，因此在这里发生强硫化。在图 20.19 中的截面图中能够清楚地看见这个硫化效应。

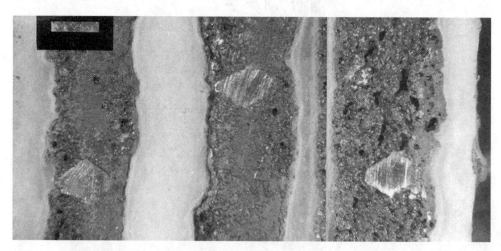

图20.19　在光伏系统中工作了 3.5 年的平板负电极的截面图（分别为电极的最上部分、中心部分和
最低部分（分别从左到右）。在较低部分中大晶体间的非常粗糙孔洞，以及由于 Pb 和 $PbSO_4$ 的
比体积不同引起的电极明显展宽清楚地表明了硫化。图片来源：ZSW。）

硫化的结果是降低了用于正常放电和充电的活性材料的量。这就减少了电池的容量，与此同时在放电时电压也会漂移到较低的值。如果硫化太明显（正如在图 20.19 中显示的较低部分那样），那么电极的较大部分面积将会变成完全非活性的。

20.4.7.4.3 腐蚀

在正电极上高的正电势导致了对铅板栅的腐蚀[24]。一方面，这导致了板栅的横截面积降低，因此板栅的电阻增加。另外一方面，在板栅和活性材料之间形成由二氧化铅、氧化铅以及硫酸铅组成的薄膜，这个薄膜同样增加了接触电阻。在充电和放电过程中，当欧姆电压压降增加时，这个影响变得明显。图 20.20 显示了一个工作了 3.5 年的电池的管状电极的截面图。铅的核心（管子的中心是板栅棒）由于腐蚀作用几乎已经完全消失了。

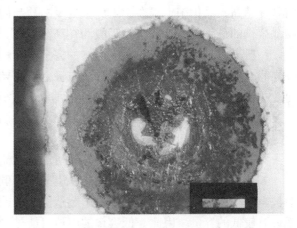

图 20.20　一个电池的管状电极在经过 3.5 年的运行之后的横截面图（铅棒被腐蚀得几乎完全破裂。电极的直径是 8mm。图片来源：ZSW。）

腐蚀速率取决于酸的密度、电极的电势、温度、板栅合金、活性材料的覆盖率[25]和一个最重要的因素：板栅的制造水平。当电池的电压低于 2.0V 和高于 2.4V 时，腐蚀变得尤其明显[24]。电池的电压大约在 2.23V 时腐蚀变得最小。腐蚀是一种不可逆的老化效应，增加了电池的内电阻。一个非直接的结果就是电流在垂直方向变得更加不均匀，因此在电极的较下部分加速了硫化。在 PV 系统中应用的电池，使用较厚的板栅去减少腐蚀效应从而延长了寿命。

20.4.7.4.4 磨损

在循环操作过程中，两个电极都会受到高强度的机械负荷。其原因为在放电过程中至少有 50% 的活性材料转换成硫酸铅。硫酸铅的摩尔体积是二氧化铅的 1.94 倍，铅的 2.4 倍。

体积的较大改变使活性材料变得疏松。这种效应随着放电程度的增加而增加。因此，低电流的深放电对硫化有额外的负效应。一旦活性材料变得疏松，它就会从电极上分离，例如，通过气体的运动脱离电极，或者在电池的基底上聚集成淤泥。如果在电极下边包含淤泥的体积不是足够大，那么电极之间就有发生短路的危险。

在封装电池中，当电极能够在有压力时上浮，那么磨损效应不是很明显。这个压力补偿了体积变化产生的力，因而增加了活性材料的稳定性。

在电极处能够获得的活性材料由于磨损而减少。这就直接对应着能够获得的容量的降低。因此，电池将会更早地把电放光。

20.4.7.4.5 短路

除了在液态电解液电池中的淤泥部分发生短路的危险外，还有两种更危险的可能性。

在活性材料上的正电极平板连接器也会遭受到腐蚀。导致了脱落一些大的腐蚀薄片，这些薄片可以落在电极上面从而引起短路。这种危险可以通过在电池中增加一个向上延伸的超过电极的隔板的途径来消除。

另外一种，对于所有的电池类型都存在一种危险，树枝状结晶（微观的短路）可能会通过隔板从正电极长到负电极。这些枝状晶体很细微，因此即使在实验室观察蓄电池时也看不见。在较长时间处于低荷电状态也就是低的酸浓度时它们会加快生长。正如在20.4.7.4.2节中描述的那样，在酸浓度较低时，$PbSO_4$ 的溶解度增加。例如，在硫酸密度为 $1.28g/cm^3$ 时，$PbSO_4$ 的溶解度为 $2mg/L$，在密度为 $1.02g/cm^3$ 时，溶解度已经为 $35mg/L$。溶解度越高，晶化率也越高，因此大的硫酸盐晶体和树枝状结晶的形成速率也越大。树枝状结晶生长的危险能够被较厚的隔板和在高荷电状态下工作消除。

一般来说，短路会造成电池突然的完全损坏。短路能够发生在电极及所生成的树枝状结晶之间，这些枝状晶来自活性材料从电极上脱离导致的活性材料聚集。如果聚集的材料的量超过了在电极下面自由电解液的高度，那么通过这些聚集"泥"就会发生短路。透过隔离膜发生的微观短路也部分地影响了电池的自放电性能。

20.4.7.4.6　反向充电

即使在被完全放电之后如果蓄电池有放电电流流过，则电势的符号将会发生变化。

一个独立电池的反向充电能够在一串串联的电池中发生。蓄电池的电压和放电深度保护会被整个串列电池的电压控制。由于制造上的偏差或者由于加速老化，在串列中的某个电池或许有较低的容量。因此，低容量的电池可能被过度放电导致反向充电。

当反向充电时，在原来的 Pb 电极上形成 PbO_2，以此类推。尽管这种反向充电有时在短时间之内能够增加容量，但是在长时间内确实会对蓄电池的寿命造成损害。引起损伤的一个主要原因就是在负电极铅海绵中添加剂的氧化。如果这些添加剂被损害，在负电极形成大的铅晶体从而引起了内表面积的损失，因此将导致容量不可挽回的损失。

单个电池的电压（而不是电池的总电压）被监控并且被用作结束放电的标准时，能够减少反向充电的危险。另外，让串联的电池之间电荷相等，也能够防止反向充电[12]。

20.4.7.4.7　冰的形成

图 20.21 显示了稀释的硫酸的凝固点与电解液浓度的关系。在任何环境下必须防止电池中结冰，因为事实上在这种情况下电池是不可能工作的（尤其是一个凝固的电池几乎不能充电），并且有可能电池外壳爆开（电池破裂，硫酸污染周围环境）。

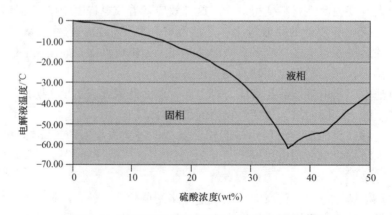

图 20.21　稀释的硫酸的凝固点与硫酸浓度的关系

对于放电电流非常低的工作模式，或者如果深度放电保护不起作用或不存在时，则有可能达到非常深的放电，因为直到此过程的后阶段电压才开始下降。当电池的温度低于凝固点时应该测量酸的浓度，例如以 $1.3C_{100}$ 或者 $1.7C_{10}$ 的速率抽取电流，酸的密度仍然很高，那么根据图 20.21 就不会出现凝固。

20.4.7.5 电池外围设备

为了电池的正常工作，必须使用几种电池的外围设备。下面对最重要的器件给出一个简短的描述。

充电控制器：充电控制器的职能是充电策略和深放电保护。在必要时限制 PV 发电机产生的功率。对于其工作策略更为详细的描述在 20.4.7.6 节中给出，硬件在第 21 章中给出。

充电器：充电器是 AC/DC 变换器，它使用电动发电机上的能量给电池再次充电。它们需要一个充电控制器去避免电池的过充电。充电模式应该与充电控制器相同。

充电均衡器：在长的串联连接的电池线列中，由于老化过程或者产品差异，单个电池会出现过充电和反向充电那样的问题。充电均衡器通过对单个电池的处理避免了这些不良的影响。更加详细的介绍见参考文献 [13] 和第 21 章。

监控仪：为了得到电池状态的实际信息，可以使用监控系统。有大量不同的商业产品供选择。它们的范围从对蓄电池的简单电压监控到对独立蓄电池块和电池的整个温度、电流和电压及电池阻抗的监控。

荷电状态计：为了正确的操作电池（见 20.4.7.6 节），并且为了使用者熟悉情况，掌握电池实际状态的正确信息是有用的。有几种器件和运算法则，但是只有非常少的确实能够适用于自备电力系统[26]。

电解液搅拌系统：在富液式电池中为了避免酸分层导致的坏效应，电解液搅拌系统是一个有效的解决办法。图 20.22 给出了一个具有搅拌系统的电池。大部分系统通过将压缩空气抽到电池底部而实现。向上的气泡使得电解液循环并混合。

重组物质：为了减少在干荷式电池中水的损失，使用重组物质。它们由促进干荷式电池中的氢和氧气发生反应形成 H_2O 的催化剂组成。图 20.22 所示的便是具有重组物质的电池。

20.4.7.6 运行策略

运行策略和充电策略对电池的寿命有重要的影响。因此，下面讨论了一些关于恰当策略的想法。

在大部分 PV 系统中，系统和电池的控制是通过充电控制器实现的；在一些情况中能量管理系统承担了这部分工作。电池需要经常完全充电，在富液型电池中需要对电解液搅拌放气，需要控制放电终止电压和深度放电保护。

20.4.7.6.1 充电

在特殊工作条件下工作，全充电几乎很少发生。充电和放电循环彼此跟随发生地非常频繁，不会出现像并网系统中稳态电源那样的长充电时间。然而实际经验显示，全充电是获得长的电池寿命的必要条件。

最为普遍的充电策略是恒定电流/恒定电压模式（*IU* 或者 cccv，见图 20.23a）。在自备电力系统中，这就意味着电池是以所有能够得到的功率充电，一直充到电池的电压达到定义的充电终止电压为止。从这时起，给电池充电的功率受限于电池电压（恒定电压模式），即

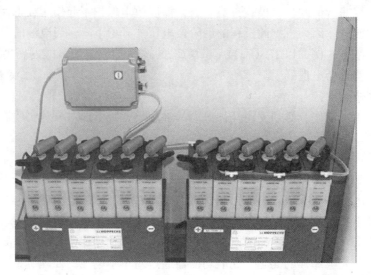

图 20.22　富液式管状极板蓄电池（并联 2×240Ah，12V）〔有气体重组物，通过放气和一个电解液搅动系统减少水的损失，避免了酸的分层（只连接到右边单元），隔膜空气泵挂置在墙上，泵的工作：一天两次，每次 15min。图片来源于 Fraunhofer ISE。〕

不能超过电压极限。当电池荷电不够高（由于产生功率降低或负载增加）而不能保持电池的电压在给定的极限上时，这时电压下降。大部分充电调节器和电池充电器使用这种充电程序。

图 20.23b 显示了一种更加先进的充电方法。充电从恒定电流/恒定电压开始，在某些时间之后最大电压降低到一个较低的限制值（IU_0U）。这就在第一个恒定电压阶段时给出了较高的电压，但是避免了由于长期持续高电压而出现的放气和腐蚀之类的负效应。因此，这种充电方法充电快，但是避免了电池有可能出现的危险情况。市场上越来越多复杂的充电控制器使用这种充电程序。

尤其是 VRLA 蓄电池，证明较长的寿命能够通过图 20.23 中显示的恒定电流/恒定电压/恒定电流（IUI_a）充电得以实现。处于恒定电压阶段时，当电流下降到低于 I_a 充电的限制后，充电在一恒定电流下继续充一定的时间或一定量的电荷。在这个阶段中，电压并不受到限制，但是 I_a 电流必须被限制在 $I_{50} \sim I_{100}$ 之间。到目前为止，在 PV 应用中没有商业器件使用这种方式。

必须考虑到，由于每天充电时间的有限，在 PV 系统中的蓄电池几乎不可能被全充电[4]。因此，使用全充电这个词时必须将真实的全充电（定义为整个活性材料转换成充电材料的那个点）与一个实际的或者太阳能全充电态区分开（见图 20.3）。后者指的是材料转换的最大状态，这最大状态可以是在晴朗的夏天得到的或者在用户接受的备用发电机最大工作时间下得到的。一个"太阳能全充电"要求维持蓄电池电压在 2.4V/电池至少 5h。

在混合动力系统中，太阳能全充电可以通过备用发电机或者 PV 发电机的工作得以实现。建议每 4 个星期全充电一次。系统中运行数据的详细分析显示这对于整个能量平衡影响很少，但是明显增加了电池的寿命。

对于在第 1 类系统中的蓄电池，根据图 20.6，充电终止电压 2.4V/电池是比较合适的。

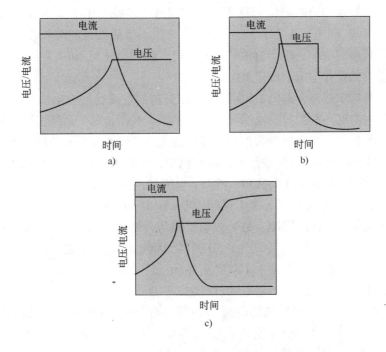

图 20.23　不同充电模式图

a) 在恒流/恒压充电 IU 或者 cccv 时的电流和电压　b) 具有两个充电终止电压极限 IUU_0 的一个恒流/恒压充电

c) 一个恒流/恒压充电，后跟一个有限的恒流阶段 IUI_a

然而，这个电压每天的持续时间应该被限制到 2h。在一天中的其他时间（如果充电功率允许），蓄电池电压应该被限制到 2.3V/电池（充电模式见图 20.23b）。

在第 2、3、4 类系统中，充电终止电压应该为 2.45V/电池，也被限制到每天 2h。其他时间终止充电电压 2.35V/电池是可取的（充电模式见图 20.23b）。

这些值对于富液和 VRLA 蓄电池是有效的。除此之外，对于富液蓄电池，合适的方法是周期性地将充电终止电压上升到 2.6V/电池，时间为每 14 天、最大 5h。这会引起放气和搅动电解液。然而，正如在图 20.22 中所示的那样，最好和最有效的方法是一个起作用的电解液搅动系统。

如果电池至少一年两次被充电到一个真实的全 SOC，那么其寿命将会有明显的延长。通常的做法是，将电池充电到一个太阳能全 SOC 然后是以近似 I_{10} 的电流放电。根据 IUI_a 充电模式（见图 20.23c）将电池充电到原来放电或者标称容量的 110% ~ 120% 的 Ah 容量（不管什么值都较高些），在放电之后必须进行再次充电。

充电终止电压的极限取决于电池工作条件以及温度。这里给出电压极限的所有值都是在 25℃ 的蓄电池温度。温度增加时，电压必然减少 4 ~ 5mV/(K·电池)，但是不低于 2.25V/电池。当温度低于 25℃ 时，电压必定增加但是不高于 2.6V/电池。为了保护 DC 负载或者直接与 DC 汇流排连接的电子器件，必须限制相应的最大电压。

20.4.7.6.2　深放电保护

有几种原因会造成铅酸蓄电池深放电。放电程度的增加导致酸浓度的降低，并且由于增加的硫酸盐浓度，导致加速的硫化（见 20.4.7.4.2 节）、腐蚀（见 20.4.7.4.3 节）和对冰冻较高的敏感度（见 20.4.7.4.7 节）。更进一步来说，当活性材料和长蓄电池串的比体积发生变化时，机械应力增加，单个电池的反向充电危险增加（见 20.4.7.4.6 节）。

因此，在通常的操作中应该限定放电最大深度⊖。

在制定运行策略中选择合适的 DOD 时，应该分析制造商给的数据信息。它们经常给出在电池寿命期间内的循环次数与放电深度之间的关系。然而，对于系统设计来说，循环次数并不是最为重要的参数。在电池寿命期间，能够实现的等效循环寿命的水平更为重要。50% DOD 循环意味着只有 50% 的容量被使用，因此例如，50% DOD 的 200 个循环的所有的等效循环寿命等于 100% DOD 的 100 次循环。然而，从系统的角度来说，设计限制在正常工作时 50% DOD 的电池的大小应该是在正常工作时 100% DOD 的蓄电池尺寸的两倍。由于电池一方面总是受到等效循环寿命的限制，另一方面受到运行寿命的限制，讨论这些是有意义的。因此，在自备电力系统中的电池以 20% DOD 循环 10000 次是没有意义的，尽管它可能实现最高的等效循环寿命。假定每天发生 10000 次循环，将会花上 25 年去实现最高的等效循环寿命。然而，由于其他老化效应，蓄电池的寿命不会那么长。

图 20.24 显示了两种不同类别的电池循环寿命与 DOD 和得到的等效循环寿命之间的关系（数据来源于数据库）。明显发现在电池类型 2 中，等效循环寿命几乎独立于 DOD，但是对于电池类型 1，有一个较强的依赖性从而导致了在较低的 DOD 时较高的等效循环寿命。

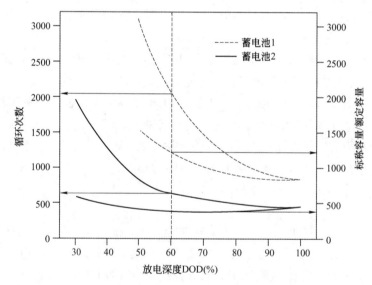

图 20.24　在电池寿命期间循环的次数和所有
以额定容量为单位的电荷转移（有效循环次数）与在循环时放电深度的关系
（数据来源于电池制造商的数据表。）

⊖ 正如在充电那节中叙述的那样，电池两年一次完全放电到 100% DOD 对电池是有利的。这与在正常操作时限制 DOD 并不矛盾。在短时间的适量放电，然后是直接的对电池完全充电。在正常的操作过程中，放电时间和过充电态的持续时间可以非常长，下一个全充电可以在随后的一个星期或者一个月进行。

从实用性来看，能够使用下面的"规律"，这些规律已经证明了在实际应用中的适用性。在第 1 和 2 类中（见 20.3.2 节），最大 DOD 应该为 60% ~ 70%，在第 3 和 4 类中，为 80% ~ 90%。富液型电池的 DOD 较小，而 VRLA 电池的 DOD 值较大。低成本的"太阳能蓄电池"应该在最大 50% 的 DOD 下工作。重要的是要考虑到提到的 DOD 值是在 C_{10} 容量的基础上给出的。例如，使用 80% 的 C_{100} 容量意味着使用的多于 100% 的 C_{10} 容量，并且这是有害的。

通过深度放电切断电压或者根据荷电状态能够实现对最大 DOD 的控制。大多数商业的充电控制器通过电压控制最大 DOD。这种方法的缺点是放电容量（一直放到某个电压极限）非常依赖于放电电流。表 20.5 给出了 C_{10} 容量从蓄电池中被 100% 放电的典型放电终止电压。这显示了有效的 DOD 控制的问题。如果最大的 DOD 是通过小电流的最高电压极限（例如 1.95V/电池）来确定的，那么在较高电流下所可能得到的容量就非常有限了[27]。从图 20.25 所示更加清楚地看清了这个问题。一个给定的电压极限或许对一种蓄电池是合适的，但是对于有相同技术的其他类型蓄电池（平板、铅酸和富液），放电曲线看起来非常不同，如果限定最小的 SOC 去保护蓄电池，如图所示，那么相同的电压限制导致了最大 DOD 的明显不同。在相同的电压极限下 SOC 之间的差异可以高达 25%。考虑到不同的蓄电池技术，SOC 之间的差异甚至更高。在自备电力系统中，低和高电流都可能发生（见图 20.5[9]）。

表 20.5 在室温下以不同放电电流将 C_{10} 容量 100% 放掉所能达到的放电结束电压

$I_{discharge}$	$U/$（V/电池）	$I_{discharge}$	$U/$（V/电池）
$1.0 \times I_{10}$	1.80 ~ 1.85	$0.2 \times I_{10}$	1.90 ~ 1.95
$0.5 \times I_{10}$	1.85 ~ 1.90	$0.1 \times I_{10}$	1.95 ~ 2.00

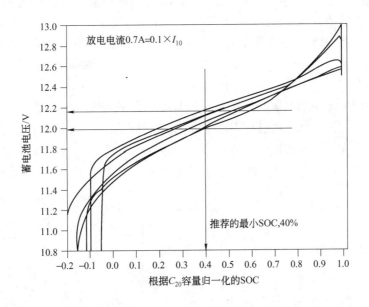

图 20.25 相同容量、相同技术的 6 种蓄电池（平板、富液型铅酸和所有的新蓄电池）的放电曲线（给出了电压与蓄电池荷电状态的关系。荷电状态的计算是基于放电 Ah 和标称容量，以 $0.1I_{10}$ 进行容量测试。给出了 6 个串联的蓄电池组件的电压为 12V。）

解决这个问题有两种方法。一种是电流补偿的放电终止电压阈值，另外一种是使用荷电状态检测。后者在自备电力系统中是最为合适的。有多种方法测试铅酸蓄电池中的荷电状态，这些方法对于自备电力系统是合适的[26]。

20.5　带有外存储器的二次电化学电池系统

在 20.4 节中描述的二次蓄电池使用的电极既作为电子传输过程的一部分，同时也通过电极固态反应存储能量。通常情况下，能量存储能力和额定功率与电极尺寸和形状密切相关。

带有外部存储器的电化学电池克服了这种困难。反应是在电化学电池之中发生，能量存储在与电化学电池隔离的两个罐里。电化学电池有两个室，每个存储媒介有一个室，它们之间用离子交换膜进行物理分离。这就允许独立设计蓄电池的功率和能量。

这里，将会分成两类：氧化还原流动电池，其中盐被溶解在液体电解液中；另一种是基于电解槽和燃料电池的氢/氧存储系统。

转换器的成本及功率大小与存储的能力分开。因此，这些系统显示了一种能量存储的规模经济。存储器越大，相对存储成本越低。这就使系统在季节性存储或者其他长期存储应用方面具有吸引力。

20.5.1　氧化还原液流电池

在氧化还原液流电池中，活性材料由溶解在液体电解液中的盐构成。电解液存储在罐中。由于盐的溶解度不是特别高，能量密度在铅酸蓄电池的范围内。电化学充电/放电反应发生在转换器中，其决定了系统的功率。因此，氧化还原液流电池属于带有外存储器的一种电池。氧化还原液流电池作为一种稳定的应用已经在 20 世纪 70 年代和 80 年代发展起来。对这些行为的概述可以在参考文献［28］中找到。由于材料的问题，研究几乎被停止，但是在最近几年又开始了。

氧化还原液流电池中的电解液工作在两种循环中。每个循环包含了一个氧化还原系统，这些系统的化合价在充电和放电过程中发生变化。两个氧化还原系统的价态的变化将会优先在高电势差的地方发生，因此这一电势差形成了电池的平衡电压。图 20.26 以钒氧化还原液流电池的原理［式（20.14）］作为例子。在图中能够看到每一步中所有离子的价态。

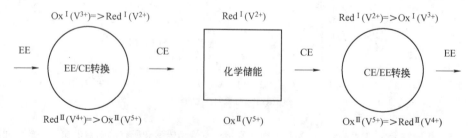

图 20.26　典型的具有两种电解液/活性材料循环的氧化还原电池（上排的循环指的是负电极，下排指的是正电极。在括号中，以钒电池为例。本图是基于参考文献［29］的想法（EE 表示电能，CE 表示化学能））

几种不同组合的盐直到现在还在被研究。

Fe-Cr $\qquad$ $Fe^{3+} + Cr^{2+} \rightleftharpoons Fe^{2+} + Cr^{3+}$ $\hfill$ (20.12)

Br_2Cr $\qquad$ $Br_2 + 2Cr^{2+} \rightleftharpoons 2Br^- + 2Cr^{3+}$ $\hfill$ (20.13)

钒 $\qquad$ $V^{5+} + V^{2+} \rightleftharpoons V^{4+} + V^{3+}$ $\hfill$ (20.14)

Regenesys $\qquad$ $3NaBr + Na_2S_4 \rightleftharpoons 2Na_2S_2 + NaBr_3$ $\hfill$ (20.15)

氧化还原液流蓄电池遇到了一些问题并且还没有得到解决。隔板的稳定性和电解液的混合是个很严重的问题，在前几年钒电池成了大家关注的焦点，因为材料和电解液对于正电极和负电极来说都是相似的，因此，通过隔板发生的离子的交叉只会引起库伦损失，但是不会引起电解液的恶化。

由于转换器和存储器大小的独立性，确定比能量密度很困难。对于 20kW/20kWh 的钒氧化还原液流电池的一般值大约为 20Wh/kg 和 50W/kg。对于电动汽车这样的可移动的应用，这个值不够，但是对于静止的，尤其是在负荷均衡的应用，是一个有吸引力的选择。图 20.27 显示了一个实验室级的氧化还原电池的模型，图 20.28 给出了一个 MWh 级的氧化还原电池的示意图。由于产品还没有进行长时间的商业运行，关于寿命的数据很难获得。理论上讲，当系统中的任何部件都

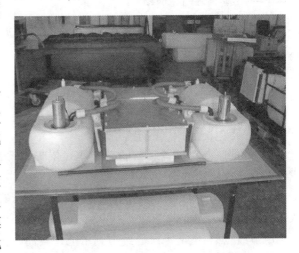

图 20.27　有 32 个电池和 14Ah 的钒氧化还原液流电池的模型（图片获得 ZSW 的许可[29]）

没发生结构变化时，长寿命是有可能实现的，而这种结构变化在大部分其他电池技术中都有发生。在文献中报道了钒电池超过 13000 次循环的数据[30]。在许多实际情况中，电解液/活性材料的再生是可能的。钒电池对环境的影响在参考文献 [31] 中进行了描述。没有出现材料的损失，或者包括钒在内的电解液的降级回收。

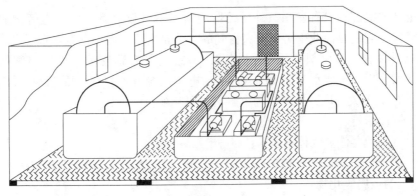

图 20.28　在 MWh 范围的氧化还原液流蓄电池示意图[29]

价格和寿命的情况相似。粗略的估计显示，对于钒蓄电池，在全功率下超过 20h 放电时

间的蓄电池的成本近似于 200 欧元/kWh[29]。由于没有建立大批量的产品，这些数据只是猜测中长期可以达到的价格表。

钒电池自身的能量效率已经被证明为 80%~85%。当系统要求外围设备时（主要是泵电解液），系统效率可以在 75% 的范围，与在 20.5.2 节中描述的氢系统相比，这个值已经相对比较好了。在罐中的电解液没有发生自放电。通过优化所有盐的溶解度确定氧化还原液流电池的优化工作温度，同时避免了盐的任何再结晶。

20.5.2 氢/氧存储系统

外部存储器的其他主要技术是使用液态水（放电状态）以及气体成分的氢和氧（荷电状态）[32]。

水可以通过以下基本的反应分裂成氢和氧：

$$2H_2 + O_2 \rightleftharpoons 2H_2O \tag{20.16}$$

水电解开始于 1.23V/电池。氢存储系统包括 3 种主要的成分：

1）获得电能后产气的电解液。

2）氢的气体存储器和氧的存储器（依赖于系统的设计而不同）。氢一般存储在压力罐或者在金属氢化物的罐中。

3）将气体转换成水和电能的燃料电池。氢从存储器中获取，氧或者从气体存储器或者从空气中获取。

电解液/燃料电池系统已经得到示范；然而，技术仍需进步，直到它达到市场可以接收的价格和高的可靠性。

20.5.2.1 电解槽

通过电能在水中产生氢和氧气体需要电解槽。电解槽除了制氢以外，在许多工厂的工艺中也有应用。今天有两种低温水电解槽技术：

- 碱性电解槽
- 聚合物电解液膜（PEM）电解槽

除此之外，高温蒸汽电解槽正在被研究，一般来说这些电解槽能胜任较高的效率（详见参考文献 [33]）。

特殊的电解槽能够在没有使用额外压缩器的情况下释放气体。PEM 电解槽的效率能够达到 80%~85%。它们是商业上可以购买得到的，但是由于只有一些基本单元可供销售而且需要昂贵的材料（膜、催化剂），因此非常贵。最近，在千瓦范围的 PEM 电解槽还没有重要的市场。然而，用风电或水电驱动的较大的碱电解槽在市场上有售并且已被使用。参考文献 [34] 概述了一个关于风力机驱动的电解槽的研究项目。

20.5.2.2 气体存储器

目前主要有 3 种存储氢气体的技术：

1）压力罐（低压达到 30bar($1bar = 10^5Pa$)，中间压力达到 200bar，高压达到 700bar）。

2）吸附氢的金属氢化物。

3）液态氢的存储（只对大型应用）。

低压罐能够与压力电解槽一起使用。特殊设计的电解槽[35]在 30bar 时产生氢和氧，没有任何压缩机，因此几乎没有由于压缩造成的最小能量损失。中压罐或者瓶能够适用于压缩机。现在几乎没有小气体容量的高效氢机械压缩机。目前，没有流量低于大约 $10Nm^3/h$ 的氢压缩机$^\ominus$。气体压缩的另外一种技术就是金属氢化物的热压缩。在金属氢化物存储器中的压力随着温度的增加明显增加。由于不同的金属合金有不同的压力/温度曲线，多级过程的气体压缩也还是有可能的。由混合材料组成的高压气瓶正在开发，并处于研发以及示范阶段。

金属氢化物对于储氢是一种有吸引力的材料。氢在较高孔隙率的金属氢化物中被吸收。在装满金属氢化物的罐中，总重量的 $1\% \sim 2\%$ 都是氢。金属氢化物的体积能量密度可以与 200bar 压力瓶相比。在金属氢化物罐中的压力依赖于温度、合金化和荷电状态。对于室外应用，重要的是要了解在恒定氢负载情况下，当温度增加 20K 时在金属氢化物罐中的压力增加一倍。

一个标准的 200bar 压力瓶可容纳 $8.8Nm^3$ 的氢气。金属氢化物存储器的成本现在是 $500 \sim 1500$ 欧元$/Nm^3$。

对于氧存储器，现在只有压力罐是商业化的。材料吸附氧的性能正在研究。体积已经能够减少 3 倍。

现在正在研究纳米管氢存储器。乐观了几年之后，对这种存储器的乐观态度已经开始下降，但是同时也在开展一些降低成本的技术的研究。

20.5.2.3　燃料电池

由于燃料电池只能够代替蓄电池与氢气发生器结合在一起，这里只考虑聚合物电解槽或者质子交换膜燃料电池（PEMFC）。在参考文献 [36] 中给出了对所有燃料电池比较广泛的概述。

式（20.17）和式（20.18）给出了基本的反应。

$$阳极反应 \qquad\qquad H_2 \longrightarrow 2H^+ + 2e^- \tag{20.17}$$

$$阴极反应 \qquad\qquad 1/2O_2 + 2H^+ + 2e^- \longrightarrow H_2O \tag{20.18}$$

图 20.29 给出了 PEMFC 的示意图。如果氢和氧被存储，则实现了水和气体的闭环工作。然后，补水也有限了。如果空气代替纯氧，在燃料电池中产生的水由于空气的进出而遭到损失。在燃料电池工作和控制中交换膜的水分缺失是最具挑战的问题之一。

PEMFC 最好的工作温度是在 $60 \sim 90℃$ 之间。燃料电池堆本身能够以 $50\% \sim 60\%$ 的效率工作。整个燃料系统除了空气压缩机、电子器件、阀门和安全器件之类的燃料电池堆之外，还有其他组成部分。它们导致燃料电池系统的自消耗，因此将总的效率减少到 $35\% \sim 50\%$。如果用纯氧代替空气，效率会更高，但是它们需要一个另外的储氧罐。电池堆效率是在发电时燃料电池电压与反应物质电化学势能（1.23V）之间的比值。尽管气体穿透膜引起的气体损失等同于库伦损失，但是仍认为库伦效率是 100%。

燃料电池与电动发电机相比较的一大优点是即使是在部分负载之下，仍然有高的效率。通常情况下，电池堆效率随着功率输出的降低而增加。

燃料电池的电流-电压特征与 PV 电池的特征非常相似。与二次电化学电池不同，电压对电流的依赖关系非常密切。为了给负载提供恒定电压，必须需要电力电子技术。也需要电

$\ominus$ Nm^3 是气体量的典型量纲。在压强为 1bar 和温度为 0℃ 时气体的体积为 $1m^3$。

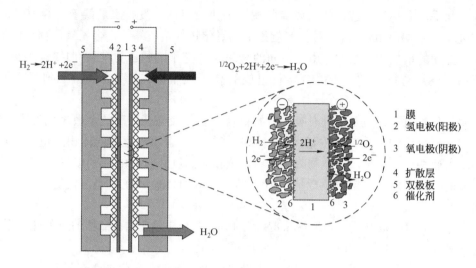

图 20.29　PEMFC 的示意图

力电子技术来根据实际的功率要求调整在 *I-V* 曲线上的点。因此，在负载需求变化的应用里，燃料电池的运转不可能不需要电力电子技术。用燃料电池给蓄电池充电原理上是可能的。然而，为了安全操作，燃料电池必须不能超过某个电流极限。强烈推荐根据要求限制电流和电压的电力电子技术。如果图 20.23 中的一个充电模式需要对蓄电池进行充电控制的话，那么电力电子技术在任何情况下都是必须的。

现在，由于提供的所有的 PEMFC 都是 R&D 和示范用的样机，因此还不能给出市场化的燃料电池的价格表。然而，有很多研究是关于燃料电池的。它们主要是受到汽车工业和热电联产（CHP）采暖应用的驱动。在这些应用中，燃料电池系统的目标参数是：汽车为 100 欧元/kW，CHP 采暖应用系统为 1000 欧元/kW。

20. 5. 2. 4　应用

氢存储系统的总效率低，即使假设燃料电池系统效率为 50%，电解槽系统效率为 85%，氢存储没有能量损失，两个功率转换步骤的效率为 97%，可以得到整个存储系统的最大效率为 40%。与铅酸蓄电池或者 Li 电池近似为 90% 的效率相比，这个值相当小，这使得氢系统不可能作为自备电力系统中的主要的和唯一的储能单元。只要电力生产和现在一样昂贵，就会是这样。第二，氢系统的每千瓦时的比存储成本必须降低到今天的铅酸蓄电池的价格。第三，复杂的氢系统必须有与传统电池一样高的技术可行性。氢存储系统离这些目标很远，并且这些目标在今后十年也很难达到。

发展的一个有利方向就是可逆的燃料电池 RFC。RFC 同时实现了电解槽和燃料电池的功能。由于这个过程是完全是可逆的，因此显然这是一个解决方法。必须解决在电池中的催化剂、气及水的管理等相关的技术问题[37]。在今天，这种技术还没有能够实现野外应用的商业产品。

在自备电力系统的应用中将会有一个由传统电池和氢系统组合的存储系统。图 20.30 给出了原理性系统设计，目前它正处于研发阶段[38]。这里的氢系统已经替代了传统的电动发电机，传统的电动发电机被用在混合系统中来平衡冬夏电能差。氢存储系统辅助传统的铅酸蓄电池（维持 5 天）。在夏天，PV 发电产生的过剩电能被用来在电解槽中产生氢（氧被释放到大气中）。氢被存储在金属氢化物罐中。在冬天，PV 电站长期提供低的电能，燃料电池从空气中获取氧、从罐中获得氢去发电。

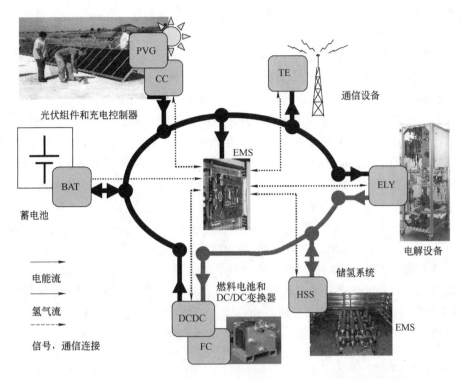

图 20.30　由 PV 发电、铅酸蓄电池和氢存储系统组成的季节性储能自备电力系统
（维持 5 天）用在远距离通信上的一个例子

这种概念允许在没有任何传统燃料的情况下，系统作为电源在整年中都以非常高的可靠性运行。从夏天到冬天的能量转移是有利的，否则，在中欧，将需要较大的 PV 电站或者电动发电机来满足冬天的电量要求。大量这种类型的其他系统已经在不同的应用中得到发展，并且在最近十年之中通过 R&D 计划进行安装[39-41]。

20.6　投资和寿命成本的考虑

当设计一个自备电力系统时，必须要面对寿命成本而不是只看初始的投资成本。蓄电池对系统的设计、系统运行和总的成本有大的影响。

- 蓄电池是初始投资成本中的一个重要部分。
- 蓄电池明显地影响了电力系统中的太阳能保证率。
- 一般情况下，在一个自备电力系统中超过 2/3 的能量流过存储系统。因此，由于蓄电的效率小于 100%，因此它是一种重要的电能消费品。
- 蓄电池的电压影响了电子零部件的选择，反之亦然。
- 蓄电池有老化。老化更多地取决于电池的工作条件。工作条件取决于系统的大小和控制策略。
- 由于更换需要投资，蓄电池的寿命决定了运行成本。

- 蓄电池需要定期维护。

- 依赖于蓄电池的类型，蓄电池存放房间的要求也不同。其要求在标准中已经确定。

这些事实对于所有的蓄电池技术都是有效的。对于系统的设计，必须考虑选择的蓄电池的技术特点。下面的考虑只针对铅酸蓄电池。

铅酸蓄电池的投资成本非常依赖于技术和蓄电池的品质。终端用户的一般价格在 75 ~ 250 欧元/kWh 之间。寿命取决于工作条件——3 ~ 8 年。根据系统的大小（维持天数）和寿命，蓄电池将会有 100 ~ 1000 次的有效循环寿命。这就导致了 0.2 ~ 0.75 欧元/kWh 的电力成本发生在蓄电池单元。其他成本是外围设备，包括充电控制器和充电器及其维护成本。

铅酸蓄电池需要一年一次或者两次维护，主要是检查电池的连接，测量所有的电池或者块电压从而确定弱的电池，清洗蓄电池的顶部以避免在两极间发生沿面电流，给富液型蓄电池充水，并且检查蓄电池的状态。应该检查充电控制器的设定点或者蓄电池管理。对于一个具有单体电池的 48V 的系统，必须要 30 ~ 60min 的保养。

图 20.31 给出了在 PV 蓄电池系统中蓄电池所占成本的例子。这个系统被设计在墨西哥某个地方以 100% 的可靠性供电。左边的图显示在给定的边界条件下，设计的具有最小投资成本的系统。右边的图显示最小化寿命成本的结果。计算包括初始投资成本、维护、维修和替换部件、资产成本和其他运行成本费用。从这个图中可以看出寿命成本是初始投资成本的 288% 或者 248%。在这个例子中，根据寿命成本，系统大小导致了总成本降低 14%。有意思的是这是通过在光伏发电设备上提高大约 20% 的投资实现的。这使得一方面蓄电池规模

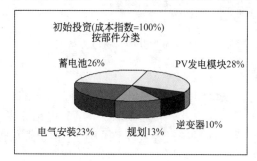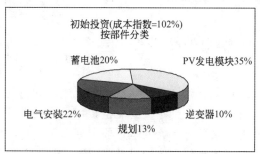

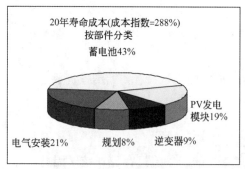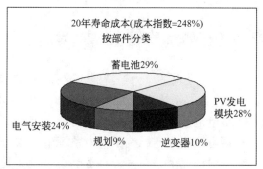

图20.31 不同假设情况下 PV 蓄电池系统的成本比较［左边的图显示经过初始投资成本优化的系统成本，右图显示寿命成本优化后的系统成本。对根据初始投资（费用指数 = 100%）优化的系统，根据年折旧方法计算的初始投资的所有成本（上面的图）和所有的寿命成本（下面的图），并根据初始投资成本进行了归一化。位置：墨西哥；年功率消耗为 1500kWh；有效利息率为 6%；部件寿命：PV 电站为 20 年，电子部件为 15 年，根据规模和运行条件，蓄电池用模拟软件 TALCO 进行计算和优化[42]。］

减少大约 25% ，另一方面较大的 PV 发电设备可以使蓄电池经常全充满电，因此寿命得以延长。这些因素共同导致了蓄电池的成本降低了 40% ，正如上面提到的，相当于整个系统的 14% 。

这个例子恰好说明了计划和设计整个系统的重要性。必须有可靠的有用工具[42]。在自备电力系统中，蓄电池占据了成本中的最高部分。由于铅酸蓄电池在今天已经是商业化的产品，除了在 PV 电站中，铅酸蓄电池在不同应用的市场中超过了每年百亿欧元，因此蓄电池投资成本的降低将会很少。成本的降低只有在寿命提高和运行策略的优化后才能得以实现。这些表也表明对较高蓄电池成本的容忍度很低。这对于预测其他存储技术或者新的存储技术进入市场都是非常重要的。相对于现在的铅酸蓄电池，如果有较高的每 kWh 成本和明显较低的效率，那么几乎是不可能被商业市场接受的。

20.7　结论

尽管在自备电力系统中存在大量的可能解决方案，经济边界条件将所有可能的方案集中在了铅酸蓄电池上。这在一些年内是不可能发生变化的。它们的电学性能非常好。然而，它们并不被系统设计者和操作员看好，这主要是由于蓄电池的寿命有限，由于它们的电化学特性具有非常复杂的运行和老化方式。从技术上讲，蓄电池有几个时间常数。微循环的快速平衡发生在微秒量级，扩散发生在秒和分钟量级，充电状态在小时或者天的量级，老化效应在天、月和年的时间量级。蓄电池对运行条件具有记忆效应。运行中的错误几乎不能修复，但是可能很长时间后才显示出它们的负效应。更近一步来说，现在还不存在能够在几分钟之内检查出蓄电池是否处于正常状态的方法。然而，铅酸蓄电池最有可能在将来的许多年里成为自备电力系统中的主流存储技术。如果铅酸蓄电池的寿命在自备电力系统中还能够得到提高，那么这会成为现实。

Li 离子电池主要是在便携式市场份额中有较大的生长速率。今天，很难预言大容量的 Li 离子电池的成本——实际上预言的期待价格在 150 欧元/kWh 的范围，从技术参数方面来说，Li 离子电池最适应于自备电力系统。

在几秒或者更短时间之内需要非常高的功率应用方面，双层薄膜电容器将会有自己的市场，最有可能的是与电化学电池结合。

一般来说，当电池的容量低于制造商标称容量的 80% 时，则被认为是 "用尽的"。然而，通常这并不是意味着电池完全是不起作用的。从野外场地经验来说，众所周知电池很容易能够被用到低到 50% 的标称容量。然而，使用者必须根据容量损失知道减少的维持天数，以及由于电池老化而减少的可能功率。

在混合系统中，太阳能保证率随着蓄电池容量的降低而减少。然而，当发生老化时，所谓的 "致命缺陷" 增加，这就导致了蓄电池或多或少的突然崩溃，给使用者造成相当严重的问题。它们经常是由短路造成的，由于腐蚀泥浆、电极的腐蚀鳞片或者在电极之间枝状晶的生长引起了短路。当在决定替换较低容量的蓄电池时必须要考虑这种危险。

运行策略对蓄电池的寿命有明显的影响。当在计划或者设计自备电力系统时，必须要考虑这种影响。对电池外围设备进行额外的投资将会导致对系统寿命明显的延长。极力推荐在决定荷电状态的基础上进行经常的额外全充电和深放电保护。

氢存储系统和氧化还原电池是将来的一个选择，但是氢存储系统有效率和系统复杂方面的缺陷。然而，它们发展的一个重要推动力来源于在高渗透可再生能源并网中的负荷均衡中的应用。

在最近的几年内必须更进一步的发展传统的蓄电池系统。在几乎一个世纪（1880~1980 年）无可替代的局面之后，我们看见在最近的十年之内，Ni 金属氢化物电池和 Li 蓄电池取得了很大的进步，这是没有想到的。并且，电池技术的进步、更加集成的系统设计和运行导致了更长的寿命，这样会在下一个 10 年之内使电能存储的单位成本降低 2 倍。而现有技术很难使成本更进一步的降低。

参考文献

1. Garche J, Döring H, Harnisch P, *Workshop Fortschrittliche Back-up- und Speichersysteme für regenerative Energieversorgungsanlagen*, Forschungsverbund Sonnenenergie, pp 51–72 (Köln, 1996).
2. Linden D, *Handbook of Batteries*, 2nd edn, McGraw-Hill, New York (1995).
3. Berndt D, *Maintenance-Free Batteries – A Handbook of Battery Technology*, John Wiley & Sons, Ltd, Chichester, UK (1993).
4. Wagner R, Sauer D, *J. Power Sources* **95**, 141 (2001).
5. Sauer D *et al.*, State of Charge – What do we Really Speak About? *INTELEC '99*, Electronic proceedings of the conference, Copenhagen (1999).
6. Bopp G *et al.*, Hybrid Photovoltaic-Diesel-Battery Systems for Remote Energy Supply, *Proc. NORTH SUN '97* (Espoo, Finland, June 1997).
7. Sauer D *et al.*, *J. Power Sources* **64**, 197–201 (1997).
8. Bopp G *et al.*, *13th European Photovoltaic Solar Energy Conference*, Vol. 2, pp 1763–1769 (Nice, France, 1995).
9. Sauer D *et al.*, *14th European Photovoltaic Solar Energy Conference*, pp 1348–1353 (Barcelona, Spain, 1997).
10. Ruddell A *et al.*, *J. Power Sources* **112**, 531–546 (2002).
11. Reilly J, in Besenhard J (ed), *Metal Hydrid Electrodes in Handbook of Battery Materials*, 209, Wiley-VCH, Weinheim, Germany (1999).
12. Schmidt H, Siedle C, Anton L, Tuphorn H, *Proc. 30th ISATA Conference*, pp 581–588 (Florence, 1997).
13. Anton L, Schmidt H, 5. Design & Elektronik Entwicklerforum, pp 103–116 München, Germany, (1998).
14. Maxell Europe GmbH, *Lithium Ion Rechargeable Batteries*, Product explanation.
15. Bode H, *Lead-Acid Batteries*, John Wiley & Sons, Inc., New York (1977).
16. Hollenkamp A, *J. Power Sources* **59**, 87–98 (1996).
17. Preiser K *et al.*, *14th European Photovoltaic Solar Energy Conference*, Vol. II, pp 1692–1695 (Barcelona, Spain, 1997).
18. Berndt D, *Blei-Akkumulatoren (Varta)*, VDI-Verlag, 11. Auflage, Düsseldorf (1986).
19. Sauer D, *J. Power Sources* **64**, 181–187 (1997).
20. Mattera F, Sauer D, Desmettre D, Rosa M, *Acid Stratification and Vertical Current Distribution: An Experimental and Theoretical Explanation of a Major Ageing Effect of Lead-Acid Batteries in PV Systems*, Extended Abstract for LABAT99, Sofia (1999).
21. McCarthy S, Kovach A, Wrixon G, Operational Experience with Batteries in the 16 PV Pilot Plants, *9th European Photovoltaic Solar Energy Conference*, pp 1142–1145 (Freiburg, Germany, 1989).
22. Döring H, Jossen A, Köstner D, Garche J, 10. *Symposium Photovoltaische Solarenergie*, pp 549–553 (Staffelstein, Germany, 1995).

23. Bohmann J, Hullmeine U, Voss E, Winsel A, *Active Material Structure Related to Cycle Life and Capacity*, Final Report, ILZRO Project LE-277 (1982).
24. Lander J, *J. Electrochem. Soc*. **103**, 1–8 (1965).
25. Garche J, *J. Power Sources* **53**, 85–92 (1995).
26. Piller S, Perrin M, Jossen A, Methods for State-of-Charge Determination and their Applications, *Int. Power Sources Symposium* (2001).
27. Kuhmann J, Paradzik T, Preiser K, Sauer D, 13. *Symposium Photovoltaische Solarenergie*, pp 97–101 Staffelstein (1998).
28. Bartolozzi M, *J. Power Sources* **27**, 219–234 (1989).
29. Garche J *et al.*, *Study on New Battery Systems and Double Layer Capacitors*, Internal study in German language for German project EDISON, Financed by BMWi, Compiled by Centre for Solar Energy and Hydrogen Research Baden Württemberg (ZSW), Ulm, Germany (2000).
30. Tokuda N *et al.*, *SEI Tech. Rev*. **45**, R22–1–R22-7 (1988).
31. Ryhd C, *J. Power Sources* **80**, 21–29 (1999).
32. Rzayeva M, Salamov O, Kerimov M, *Int. J. Hydrogen Energy* **26**, 195–201 (2001).
33. Pham A, High Efficient Steam Electrolyzer, *Proc. 2000 DOE Hydrogen Program Review*, NREL/CP-570-28890 (2000).
34. Menzl F, Wenske M, Lehmann J, XII. *WHEC Buenos Aires 1998 Proc*., pp 757–765 (1998).
35. Heinzel A, Ledjeff K, in Kreysa G, Jüttner K, Eds, *Elektrochemische Energiegewinnung*, DECHEMA- Monographien, Vol. 128, pp 595–601, Verlag Chemie, Weinheim, Germany (1993).
36. Fuel Cell handbook, 5th edn, Online version at http://216.51.18.233/fchandbook.pdf, Compiled for the U.S. Department of Energy by EG & G Services (2000).
37. Rau A, Heinzel A, *Reversibles Electrolyse-/Brennstoffzellen-System zur Energiespeicherung, Tagung der Gesellschaft Deutscher Chemiker e.V*., Fachgruppe Angewandte Elektrochemie, Ulm, Germany (2000).
38. Vegas A *et al.*, The FIRST Project-Fuel Cell Innovative Remote Systems for Telecom, *12th Annual U.S. Hydrogen Meeting* (Washington, DC, 2001).
39. Armbruster A *et al.*, *13th European Photovoltaic Solar Energy Conference*, pp 360–363 (Nizza, 1995).
40. Brinner A *et al.*, *Int. J. Hydrogen Energy* **17**, 187–198 (1992).
41. Barthels H *et al.*, *Int. J. Hydrogen Energy* **23**, 295–301 (1998).
42. Puls H, Sauer D, Bopp G, *Proc. 17th European Photovoltaic Solar Energy Conference and Exhibition*, pp 2673–2678 (Munich, Germany, 2001).

第21章 光伏发电系统的功率调节

Heribert Schmidt[1], Bruno Burger[1], Jürgen Schmidt[2]

1. 德国弗莱堡 Fraunhofer 太阳能技术研究所
2. 德国卡塞尔 Fraunhofer 风能和能源系统研究所

在光伏发电系统中，需要用功率调节装置来实现光伏发电系统的发电特性与所连负载或平衡系统部件之间的匹配，而且，还用来负责控制其他平衡部件，如蓄电池或备用发电系统等。

通常，光伏发电的特征曲线会随着太阳能辐照和环境温度的变化而变化，因此导致和负载的特征曲线不匹配。在这种情况下，功率调节装置起到调节负载电压和电流的作用，而光伏发电系统总是工作在它的电压 V_{MPP} 下，即使外界条件变化也是如此。

在本章里，最常用的功率调节装置——充电控制器、DC/DC 变换器和逆变器将被一一论述。

几乎在每一个独立系统中，都要求充电控制器能在制造商所给的安全极限内很好地控制蓄电池。

对于光伏发电系统和负载之间的匹配问题，采用 DC/DC 变换器可以得到解决，这种 DC/DC 变换器不仅可以集成到充电控制器、逆变器或直流泵中，同时也可以是独立的平衡部件。

如果在独立光伏系统中负载需要的是交流电压，逆变器则用来将光伏发电系统或蓄电池提供的直流电转换成交流电。在并网系统中，其终端的负载需要的是交流电压，因此必须使用逆变器，除了高效率、可靠性及电能质量，安全性也是必须要考虑的重要因素。

21.1 光伏发电系统中的充电控制器和蓄电池监测系统

在光伏发电系统中，蓄电池仍旧是寿命最低的部件。光伏组件几乎有着无穷大的经济寿命期，一般情况下可以保证 25 年的使用寿命。和光伏组件比起来，蓄电池的寿命非常低，实际应用中的最长寿命为 8 ~ 10 年。在大多数情况下为 3 ~ 6 年甚至更低。最大使用寿命由老化情况决定，而最低使用寿命则通常由不正确的使用或不合适的控制方案造成。

光伏柴油混合系统中蓄电池所占的成本大约是初始成本的 15%。由于需要不停地更换坏掉的蓄电池，在系统的 25 年生命周期中，蓄电池成本所占份额从初始的 15% 变成 35% 甚至是大于 50%。和这个比起来，组件和其他平衡部件的成本比重则小得多。

为了得到最小寿命成本并满足光伏系统的运转需求，给蓄电池装备上合适的外围设备虽然花费更多的钱但也比较值得。比如说，防止酸分层的自动混合电解液系统或自动补水系统，参见蓄电池章节。此外，合理的运行模式也是非常关键的因素之一。

在本节，将会对关键部件"充电控制器"进行详细讨论。同时，将介绍一种能很好地控制长蓄电池串的系统。

21.1.1 充电控制器

充电控制器的基本任务是根据蓄电池制造商或运转模式决定的过充与深放电条件在安全极限内控制蓄电池的运转。

和传统的由公共电网充电的蓄电池相比，光伏系统中的情形要复杂得多。在光伏系统中，充电功率、时间或能量受限于并且依赖于总是变化着的日照和负载需求。已知的充电模式，如恒流恒压（CC/CV）或更复杂的充电模式，不能直接照搬使用。例如，在光伏系统中，充电电流根据日照情况而变化。然而，使用的仍是"恒流充电"。同样，蓄电池通常的满充电或平衡充电却很难保证，而这对维护蓄电池的使用寿命非常重要。

更进一步来说，对所有的光伏系统中的平衡系统部件来说，非常高的效率是非常重要的。大多数常规电网充电的蓄电池的效率都不怎么高。

在接下来的章节中，将介绍充电控制器的基本概念和光伏应用中的相关控制模式[1,2]。另外，将给出一些在开发或选择充电控制器时可能用到的标准。

21.1.1.1 自调节光伏系统

在小型光伏系统中，如户用照明或测试系统电源，在特殊情况下可以避免使用充电控制器。

例如，当光伏组件提供的电流低于蓄电池可接受的连续充电电流时，NiMH 蓄电池就是这样的。而且，这样的"自调节"系统在过去还曾用于 50W 左右的系统，如灯标。

在图 21.1 给出的系统中，仅使用一些二极管来阻止夜晚电流反向流向组件。为了防止蓄电池过充，例如一个由 30 个晶体硅电池构成的特定组件，需要用 12V 的铅酸蓄电池。由于电池数量比

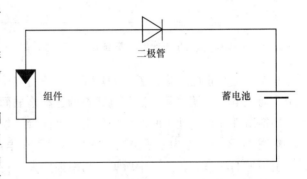

图 21.1 没有充电控制器的"自调节"光伏系统

较少，当蓄电池充满后工作点将移到组件的 I-V 曲线的急速下降区域。

为了使这种系统运转得更可靠，必须精确的知道系统所在地的日照和温度变化情况及负载情况。由于现在市场上已经有便宜的和可靠的充电控制器，应尽量避免使用这样的"自调节"系统。

根据 21.1.1.6 节的内容，在所有的情况下，必须有深放电保护。

21.1.1.2 线性充电控制器

在一开始，人们就把传统线性充电控制器原理应用于光伏系统。这种成熟的技术提供了简单的设计和连续的充电电流，但缺点是调节过程中发热过高。因此，起初的线性充电控制逐渐被开关充电控制器取代。

然而，在达到几瓦的低功率系统采用了新型的集成低压差输出（LDO）电压控制器。

在线性充电控制器中，充电电流由持续作用的最终控制单元进行调整，该控制单元与光伏发电组件串联或并联。通过合理的驱动控制元件，可以防止蓄电池电压超过充电终止

极限。

图 21.2 给出了线性串联充电控制器的电路图。在恒流（CC）阶段，蓄电池电压低于充电终止电压，控制器件 MOSFET t1 是完全导通的。太阳能组件和蓄电池通过阻塞二极管 d1 直接连接。太阳能组件的工作点由当时的辐照和蓄电池电压决定。在控制器件内的功率损失在这个阶段几乎可以忽略不计。其他的功率损失由阻塞二极管上的电压降造成，阻塞二极管在大多数情况下应该是一个具有非常低的正向电压降的肖特基二极管。为了将功率损失降到最低，可以用第二个 MOSFET 代替阻塞二极管，这个 MOSFET 和 t1 背对背地串联。在这样的设计下，要注意的是两个 MOSFET 在夜晚都关闭，并且没有反向电流流入太阳能发电组件中！

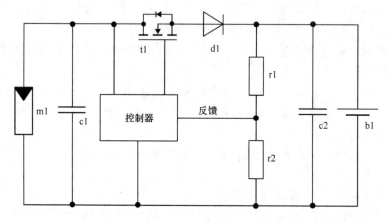

图 21.2　基于集成低压差输出电压控制器和外接器件 MOSFET 的线性充电控制器

只要充电终止电压达到了，MOSFET t1 的门电压将被控制器降低。现在，输出电压保持恒定，而充电电流随着蓄电池荷电状态的逐渐增加而缓慢降低。和第一个充电阶段比较，现在太阳能组件和蓄电池之间的电压差落在晶体管终端，并造成一些热耗散。

在图 21.3 中，作为例子给出了三个不同的充电电流下的工作点。阴影面积正比于控制元件上损失的功率。正如图中所见，功率损失大约在瞬时最大功率点（MPP）功率的 1/4 ～ 1/10。导致热量必须通过合适的散热器散掉。和下面将要讲到的开关充电控制器相比，这是这种控制器的明显缺点。但另一方面，这样的充电控制器没有电磁兼容（EMC）问题，并且蓄电池将在没有微循环的延寿恒电流下被充电。

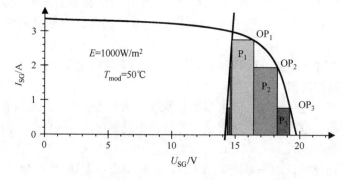

图 21.3　36 个太阳电池的光伏组件的 *I-V* 曲线和 12V 的铅酸蓄电池的 3 种充电电流的特征曲线（铅酸蓄电池具有 3m 的输入导线、1.5mm² 的截面积）。阴影面积给出了控制元件 t1 上的功率损失

21.1.1.3　开关控制器

在线性充电控制器中强烈放热的缺陷在开关控制器中可以克服。在开关控制器中，控制元件或者完全关闭（导通）或完全打开（断开）。在理想条件下，功率损失在两种情况下都几乎为零，因为控制器件上的电压或电流为零。

必须要提出的是，在这种方式下的额外能源收益通常与光伏系统的功能无关。但是，因为元部件放热降低，减少了放热导致元部件成本降低（例如散热器）并由于低的温度应力提高了了可靠性。

在串联的控制器中，如图 21.4a 所示，充电电流将被和太阳能发电机串联的开关元件控制。

在早期的充电控制器中，使用继电器作为开关元件，但是现在都使用半导体开关，如MOSFET，几乎在每种应用中都使用。

串联控制器的一个优势是除了光伏发电组件，它们可以被用于其他无法容忍短路的电源中，如风力机。而且，开关的电压应力和下面将描述的并联控制器相比要低一些。蓄电池充电完全后，太阳能发电组件工作在开路状态下。在这种工作模式下，不会发生由于部分遮挡造成的组件过载。另一方面，太阳能组件的电流是完全接通或关断的，和并联控制器相比这将导致非常大的 EMC 问题。

在过去，串联控制器被指责具有较高的损失。自从低电阻的半导体开关器件被使用以来就不是这样了，损失甚至比并联控制器的还低。而且，一些早期的串联控制器没有应用于全平板蓄电池，因为它们没有足够的能量来激活串联开关。这个问题很容易解决，只要用光伏组件而不是蓄电池来给控制器供电就可以。

并联或短路的控制器如图 21.4b 所示，利用了光伏组件对短路电路固有的容忍性。

在恒流充电阶段，组件电流流经阻塞二极管 d1 进入蓄电池。当达到充电终止电压时，光伏组件通过开关 s1 呈短路状态。阻塞二极管现在防止了电流从蓄电池反向流入开关。而且，它阻止了夜间到光伏组件的放电。

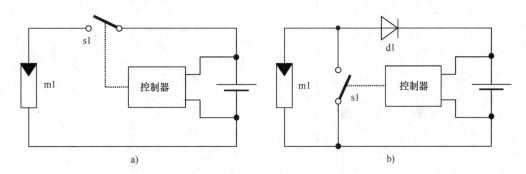

图 21.4　a）串联和 b）并联控制器的工作原理

和串联控制器相比，这种类型的充电控制器也能启动给全放电蓄电池的充电。因为开关仅仅当蓄电池被完全充满后才被通电。

混合充电控制器是改进的并联控制器，在这种控制器中阻塞二极管在充电阶段被第二个继电器旁路掉。这降低了在控制器上的功率损失，导致更小的散热和更低的热应力。而且，减少的电压降支持了最优化成本光伏组件的使用，因为具有更少数量的串联电池，例如使用

30 ~ 33 个晶体硅电池片构成 12V 的充电系统。

　　另外一种并联控制器的变种是部分并联控制器，如图 21.5 所示。这里，串接的组件仅部分通过抽头被并联。结果，剩余的组件的电压太低而不能进一步给蓄电池充电。部分并联的优势是降低了开关在高电压系统下的电压应力。另一方面，需要一个抽头和一些导线。

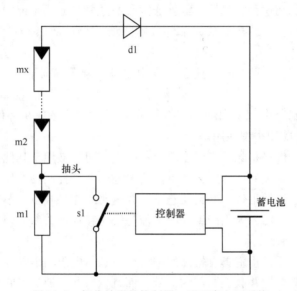

图 21.5　部分并联的控制器，用于高电压系统

　　在高功率系统中，子阵列开关（见图 21.6），用于充电控制。光伏组件被设定为一定数量的子阵列（串），并且每个串通过它们自己的控制元件连接到蓄电池（如阻塞二极管和开关）。

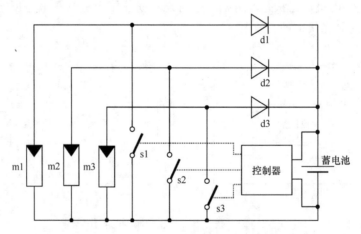

图 21.6　子阵列开关控制器，用于高功率系统

　　可以使用两种不同的控制模式。多个开关可以并联，一步完成对整个阵列电流的开或关的控制。更好的控制模式是以一定的顺序控制开关，使得对充电电流实现逐步的调整。

　　在所有这些上面描述的开关控制器中，设计人员和终端用户必须明白，太阳能组件是直接和蓄电池及负载连接的。如果蓄电池的连接断掉（维护工作、铅破裂、蓄电池熔断器熔断等），光伏组件的整个开路电压将全部施加到负载上并可能造成负载毁坏。为了防止这种事故，负载必须能承受高压或者控制器被设计的能够避免电压高于标称输出。这是可以做到的，例如通过快速过电压检测和负载切断。

21.1.1.4　控制策略

当第一次达到充电终止电压时，蓄电池没有完全充满电。没有充满的 5%～10% 可以通过将电压保持在充电终止电压一段时间来充到电池中。在这种恒压（CV）阶段，充电电流将缓慢降低。如何通过串联或并联控制器来执行这样的充电模式？在这种模式中只能将所有光伏组件的电流接通或关断。在实际应用中使用了两种技术来接近理想的 CC/CV 充电模式。

在一个双位控制器中，充电电流在充电终止电压达到时通过打开串联开关或关闭并联开关降到零。因此，蓄电池端电压下降。当蓄电池电压降到阈值电压以下时，每个电池的阈值电压比充电终止电压低 5～50mV，充电电流再次开启。

这组动作周期性重复并且充电脉冲变得越来越短，而充电间隔越来越长，随着蓄电池的充电量越来越满，正如图 21.7 所示。平均充电电流降低，而终止电压或多或少也算恒定。上面描述的循环周期不是定值，依赖于蓄电池容量、充电状态、充电或放电电流和电压滞后效应，可能是几毫秒也可能是几分钟。如果使用机械式继电器充当开关元件，周期应当不短于 1～5min。

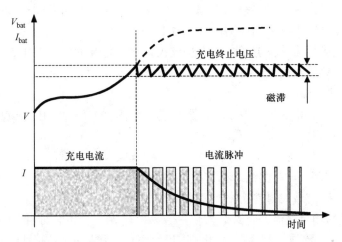

图 21.7　充电过程中的 $I\text{-}V$ 关系

在实际应用中使用的第二种控制模式是脉宽调制（PWM）。从原理上来讲，它的工作原理类似于前文描述的两步控制器，但是控制器件的转换频率是固定的并由时钟发生器决定。典型的频率是大约 100Hz。在 CC 阶段，开关总是关闭的，所有的充电电流流向蓄电池。当接近充电终止电压时，占空比（充电时间和充电周期之间的比例）将通过脉宽调制器减少到零。正如上文所说，平均充电电流降低并且蓄电池电压保持恒定。

PWM 控制器的一个优点是开关频率是已知的并且恒定，EMC 问题可以更容易地解决，并且检测平均充电电流变得更简单。

21.1.1.5　匹配 DC/DC 变换器、MPP 跟踪

由于充电状态和外界条件，如温度和日照情况会发生变化，蓄电池电压和光伏组件电压在工作期间都有较大变化。当直接连接时，这将导致光伏组件的实际工作电压和优化工作电

压（MPP 电压）之间出现失配，因此造成能量损失。

通过引入匹配 DC/DC 变换器（MDC）可以解决这个问题，MDC 可以去耦光伏组件和蓄电池的特征曲线。这些变换器的功率部分对应于一些著名的拓扑，如降压、升压或反相变换器。控制部分特别根据光伏条件进行了修改并且由两个控制回路构成：一个用于输入，另一个用于输出。只要没有达到充电终止电压，通过 DC/DC 变换器的开关机制（例如 PWM）进行合理的调节，输入电压控制器就将光伏组件电压保持在一个稳定的值。控制器的设定值或者是固定的（CV 模式）或者通过合适的搜索法追踪实际 MPP（最大功率点追踪（MPPT））。当达到充电终止电压时，输出电压控制器控制保持蓄电池电压处于稳定值。光伏组件的工作点向开路条件转移。

已经开发出了大量的策略及算法来发现和追踪光伏组件的 MPP，可以归纳成两类：

- 间接 MPP 跟踪器

这种类型的 MPP 跟踪器通过简单的假设和测试来估算 MPP 电压。

下面是一些应用实例：

1）光伏组件的工作电压可以根据季节调整。由于更低的电池温度，更高的 MPP 电压大约出现在冬季，反之亦然。

2）工作电压可以根据组件温度调整。

3）工作电压可以从瞬时开路电压乘以一个固定常数，例如晶体硅的是 0.8。开路电压通过将负载断开几毫秒进行周期性测试（例如每 2s）。

这些方法的优势是简单，但是这些方法仅仅能给出估算的优化工作点。它们不能根据电池的老化或污物导致的光伏组件特性的变化而做出改变。

- 直接 MPP 跟踪器

在这种系统中，优化的工作电压来自测试的光伏组件的电流、电压或功率。因此，它们能够根据组件特性的变化做出反应。

下面是一些应用实例：

1）周期性扫描部分 *I-V* 曲线。在这里，凭借 DC/DC 变换器使组件的工作电压在给定的电压窗口内变化。确定最大组件功率，调整工作电压到相应的电压水平。在实际应用中，测试 DC/DC 变换器的输出电流并将其最大化更容易。这导致了和上面相同的结果。

2）"爬山"或"混沌与观察"算法。这里，工作电压以很小的幅度进行周期性地改变。增量可以是常数或者是能够适应瞬时工作点的值，如图 21.8 所示。如果组件的功率（和因此而变化的充电电流）从一步到下一步是增加的，搜索方向是不变的，否则是反的。在这种方式中，MPP 被找到并使工作点在实际 MPP 周围摆动。

上面提到的由于失配造成的损失通常会被高估。特别是，如果部件选择得非常合适（例如，具有 30~33 片电池用于 12V 系统的组件），在使用直接连接而不是理想的匹配时能量损失也就在几个百分点。这与匹配的 DC/DC 变换器的损失相对应。除了这个事实外，应当考虑的是，由优化匹配造成的额外的能量增益是否与系统功能相关。例如，在典型的太阳能户用系统中，在中午之前，蓄电池将会被充满，多余的太阳能将被浪费掉。

然而，使用具有匹配 DC/DC 变换器和 MPP 跟踪器的充电控制器具有以下优点：

1）如今大多数光伏组件的输出电压并不适合于常规蓄电池电压，例如 12V 或 24V，尤其是薄膜电池组件。匹配的 DC/DC 变换器能够通过灵活的系统设计解决这个问题。

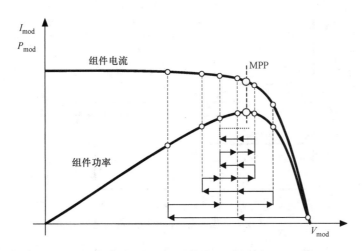

图 21.8　"爬山" MPPT 算法的工作原理

2) 采用匹配的 DC/DC 变换器或 MPPT 充电器能够实现复杂并有利于蓄电池的充电电流曲线。

3) 当从光伏组件到蓄电池之间的导线比较长时，组件电压可以选择得比蓄电池电压高许多，这样将导致较低的电流，因此降低导线上的功率损失。

4) 在小型应用中，光伏组件可以由几个大电池甚至一个电池而不是好些小电池串联而成。这降低了制造成本、电池失配的影响和对部分遮挡的敏感性。在几瓦的功率范围内，市场上的全集成 DC/DC 变换器能够提供小于 0.5V 的起始电压。

21.1.1.6　深放电保护

为了尽可能延长服务期，应该避免蓄电池的深放电状态和长期的低荷电状态。因此，只要荷电状态低于一定水平，就必须切断负载。只有当荷电状态恢复了才能再次将负载连接到蓄电池上。

用于检测深放电条件的标准已经在蓄电池章节中讨论了。在商业产品中，蓄电池电压被用作是否切断负载的判据。只要蓄电池电压低于设定的值，就会通过（双稳态）继电器或半导体开关断开负载。同样，控制信号可以用来切断其他平衡系统部件，如逆变器。

更复杂的充电控制器能够在达到深放电条件时发出警告信号。同样，可以根据优先级的不同选择性的断开负载。具有能量管理系统的充电控制器被用来起动备用发电设备，如柴油机或汽油发电机，这要视蓄电池的瞬时充电状态而定。另外的参数，如负载需求、气候条件等都可以被考虑。

在放电终止电压值的关断状态和负载的实际断开之间应该有一个合理的延时 t_{doff}，在 10～60s 之间，如图 21.9 所示。这确保了负载（例如电动机、冰箱、洗衣机等）断开时没有很大的起动电流。因为放电终止电压阈值依赖于蓄电池瞬时电流，一些先进的充电控制器提供依赖电流变化的断开阈值。

理想的解决方案应当是基于蓄电池实际荷电状态的深放电保护。因为光伏系统在复杂外界条件下对荷电状态的精确测量系统或算法还在开发中，这种类型的控制器市场上还未出现。出于安全考虑，基于复杂算法的深放电保护系统应当一直和上述基于简单电压阈值的硬件控制系统结合起来使用。

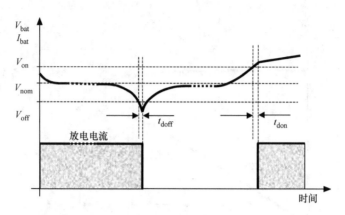

图 21.9　在放电过程中蓄电池电压和负载电流的变化

负载再次连接的电压阈值必须被设置正确。如果太低，蓄电池的开路电压将超过阈值并且负载将被不断地被再次连接。尽管有保护系统，蓄电池仍将被深放电并受到损害。延迟时间 t_{don}，正如上文所描述，为确保在负载再次连接之前处于最小荷电状态，也同样需要存在延迟时间 t_{don}。

和充电终止阈值相比，放电终止阈值不应当是温度补偿的。

21.1.1.7　监测系统和界面

大多数光伏系统成功的运转还很强烈地依赖于用户的配合。可靠并有目的地给用户提供系统的状态信息（特别是蓄电池的）非常关键。应该有一个"燃油量表"，可以使系统操作人员对未来的能量需求进行计划。这样的监测荷电状态的系统已经在蓄电池章节中讨论了。

至少，充电控制器应当装备有显示装置，如使用 LED 装置来显示状态，"蓄电池可以进一步放电（绿色）""蓄电池已全部放电（红色）"。其他状态，如"蓄电池接近放电终止（黄色）"可能也有用。而且，有经验的操作人员可以从显示蓄电池的电压和电流的计量表上读出很多信息。

所有的用户界面应当符合人体工程学，并仅提供操作人员需求的信息。

能量管理系统安装有输入和输出界面（有可能自由通信）来和外部部件通信，例如遥控起动柴油发电机。另外，标准界面，如 RS-232、RS-485 或 CAN-Bus 可以被集成到控制器中使控制器参数化、读出系统状态或从内置的数据记录器下载运行数据。另一个特点是通过电力线传输或无线，与外部的平衡系统部件进行通信。

在太阳能户用系统中，充电控制器可以充当能源表或可以用来自动从预付卡中扣钱。

21.1.1.8　充电控制器的设计标准和评价因素

接下来将对充电控制器的要求进行总结，以对设计者和用户提供帮助。至于哪种要求是必须要满足的，取决于具体应用方式，请见参考文献［3］。

电压阈值等参数值与铅酸蓄电池有关。

1. 充电阶段

1）应当根据所使用的蓄电池（在 25℃，2.3～2.5V/电池）对充电终止电压阈值进行调整。为了防止调整失误，设定范围不能超过极限值。

2）充电终止电压可以自动适应系统电压（如 12V 或 24V）。

3）如果蓄电池温度在工作状态下与平均温度的偏差有可能大于 10℃，充电终止电压应当有温度补偿（大约每个电池 −4 ~ −6mV/K）。如果温度偏离小，温度补偿就不是必需的，充电阈值应当根据蓄电池平均温度来设定。如果温度监测出了故障，如传感器导线破损，故障-安全行为非常关键。

4）阈值必须在一定温度和时间内恒定。

5）如果用继电器来控制元件，最小的开关周期应当在 1 ~ 5min 之间。

6）充电控制器应当能够对平板蓄电池实现完全充满。至少，当电池电压达到 1.5V 时能启动充电。

7）蓄电池电压可以被单独的传感器线路监测。当蓄电池导线很长而且截面积较小时推荐使用这种方法。如果传感器线路破损，故障-安全行为非常关键。

8）充电控制器应当能够根据制造商的建议自动执行析气充电和均衡充电。

9）如果使用的是阀控式蓄电池（GEL- 或 AGM- VRLA 蓄电池）必须能够阻止析气充电。

10）在系统不带蓄电池运转时，例如由于不小心蓄电池连接错误，导线破损或蓄电池熔丝烧毁，输出电压必须限制在安全值之内。

2. 深放电保护

1）为了获得长的使用寿命，必须进行深放电保护。仅当系统功能比蓄电池寿命重要得多的时候（如 SOS 电话），深放电保护可以忽略。

2）阈值电压应当在 1.5 ~ 2.0V/电池的范围内可调整。调整范围应当不要超过这个范围，防止设定值偏离正常值太多。

3）阈值应当不是温度补偿的。

4）阈值必须在一定温度和时间内稳定。

5）阈值可以自动适应瞬时蓄电池电流。

6）阈值可以基于蓄电池的实际充电状态。

7）应当执行低于阈值到负载和实际负载断开之间 10 ~ 60s 的延迟时间。

8）当达到深放电条件时，应当给出警告信号。例如在满负载下在负载断开前转换到黄色 LED 显示 30min。

9）负载断开可以根据负载优先级进行。

10）在负载断开后，仅仅允许从蓄电池流出最小电流（$< I_{10000}$）。通过合理的设计可以达到这个目标，如仅根据需要显示当前系统状态。

11）负载再次连接的阈值应当相对高些，例如大于 2.1V/电池。

12）应当执行超过再连接电压阈值和负载实际连接之间 10 ~ 60s 的时间延迟。

3. 效率

1）充电控制器的寄生损耗应当低于光伏组件功率的 0.2%，例如一个 12V/50W 的控制器应当小于 8mA。

2）光伏输入端和蓄电池端之间的电压降在满充电流下应当小于 4%，例如对一个 12V 的系统，此值应当大约为 0.5V。

3）蓄电池端和负载端之间的电压降在满充电流下应当小于 4%，例如对一个 12V 的系统，此值应当大约为0.5V。

4）在额定充电和放电条件下，满足上面提到的这些数值才可以达到大于96%的效率。

4. 安全方面和遵守守则

1）当输入电压和蓄电池电压的电极反接时，充电控制器必须受到保护，例如通过加入熔断器和二极管达到此目的。同样，输入输出意外接反也一定不能导致损坏。

2）充电控制器必须总能经受住光伏组件的最大开路电压，即使在日照最充足、组件温度最低时也是如此。

3）输入和输出必须通过"电压避雷器"（如变阻器）被保护以防止瞬间过电压。

4）充电控制器的设计必须考虑使用地点的环境温度。

5）充电控制器的外壳必须能够在使用地点承受住环境压力，如在控制柜中保护级别需要达到IP00（防护等级），在室外应用需要达到IP65。

6）电子部件应当通过封装或涂漆实现保护。

7）接线端子应当足够结实，笼式弹簧接线技术是最好的选择。

8）充电控制器必须遵从与电气安全及电磁兼容（EMC）有关的规则。

21.1.1.9　经济型充电调节器的例子

全球许多公司规模化生产光伏充电调节器。不同来源概述了广阔的市场，例如 PHOTON International 杂志[4]。一些不同功率范围和防护级别（IP）的充电调节器的例子如图21.10～图21.14所示。

图21.10　15～30A（IP22）PWM 充电控制器。承蒙 PHOCOS[5] 和 STECA[6] 惠赠

图21.11　室外装备（IP65）的20A（左）和140A（右）的 PWM 充电控制器。
承蒙 UHLMANN[7] 惠赠

图 21.12　10 ~ 15A 范围的 MPPT 充电调节器。承蒙 STECA[6] 和 MORNINGSTAR[8] 惠赠

图 21.13　30A 范围的模块化 MPPT 充电调节器，以及 MPP 跟踪单元的内部结构。承蒙 PHOCOS[5] 惠赠

图 21.14　高功率 MPPT 充电调节器。承蒙 OUTBACK[9] 和 SCHNEIDER[10] 惠赠

21.1.2　长蓄电池串的充电均衡器

21.1.2.1　简介

所有的电化学存储系统都对工作状态比较敏感，它们的工作状态常常不符合常规，比如过充、深放电或电极接反。通常都会看到蓄电池寿命缩短、存储容量和效率降低并需要更多的维护。而且，一些不利条件可能在有些蓄电池上产生，如锂离子电池，导致损坏或者甚至爆炸。

然而，从独立电池到通常需要的几个电池或一组电池的串联，常观察到的现象是，在所有的应用中，从光伏驱动的便携式电脑和电动汽车到不间断电源和并网备用系统，每个串联的电池的行为都各不相同。这种个体性由电池容量、自放电速率、充电因子等导致。它们由生产条件、老化和温度决定，并且原则上无法消除。传统的充电控制器不能识别这种电池行为之间的差别，所以出现不理想的运转条件。事实上很明显，"链条中最弱的环节"决定整个串的质量，并且单片电池的性能偏离将导致整个串性能的偏离。

自从蓄电池技术出现以来就已经认识到蓄电池中独立电池特性的分散问题，所以多年来开发了大量的程序来解决这个问题。大多数程序的基本思路是通过旁路元件释放掉满充电池的多余能量。这种途径不适用于最高效率至关重要的系统，如光伏系统。而且，这种方法仅仅对满充的蓄电池有效——当蓄电池放电时则无效。

基于从大量光伏系统得出的经验，已经开发出了不耗能的主动充电平衡系统[11]。和传统的耗能系统相比，这里，有更高充电状态的电池的多余能量被再分配到剩余电池中，正如

图 21.15 所示，这种再分配不仅发生在充电过程中或在充电结束时，也会发生在放电过程中。

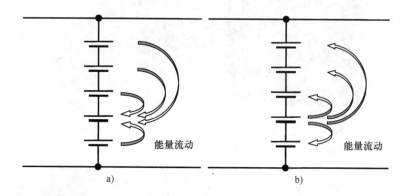

图 21.15 不耗能的主动充电平衡系统。a）在放电过程中通过将较强的电池的能量再分配支持较弱的电池，b）防过充保护

因此，低容量电池在放电过程中有其他电池支持。它们的相对充电状态的降低与具有更高容量的电池均衡，这样，所有电池的全部可用容量都可以使用。在充电过程中，充电电流中的一部分从较弱的电池被再分配到较强的电池中，蓄电池以更高的电流被充电，形成更快速地充电。

充电均衡器原理已在大量离网光伏系统、电动汽车和不间断电源上获得成功测试。

21.2　逆变器

21.2.1　逆变器的普遍特征

太阳电池及组件产生直流电流和直流电压。诸如蓄电池等能量存储系统也是基于直流值的。另一方面，大多日常负载是采用交流电的。因此，许多离网设施需要采用逆变器将直流电转变为交流电。为了将光伏发电并入交流电网，逆变器是必需的设备。因此，过去研发了多种适用于不同需求的逆变器。逆变器主要分为以下三种：

1）电网连接逆变器。

2）离网系统逆变器。

3）特殊应用逆变器，如水泵。

经济型逆变器功率范围从几十瓦到兆瓦不等。然而，对以上三种逆变器和所有功率范围的逆变器，均采用了相似的硬件设计，之后的篇幅会对此做出解释。主要的区别在于控制系统的结构。

在电网连接应用中，逆变器输送正弦电流进入已存在的稳固的公共电网。电流的振幅与直流功率成正比——逆变器因此也具有电流源的特性。

在离网应用中，逆变器产生具有稳定振幅和频率的输出电压——在这种情况中，逆变器是电压源。

用于水泵的逆变器输出依据水泵特性和太阳能发电实际功率的变频变振幅的电压。

对所有的光伏应用而言，由于光伏发电的高成本，在所有功率级别上保持高效尤为重要。最先进的电网逆变器效率超过 95%，经济型高端单元超过 98%。在实验室，采用新型半导体开关和 SiC 二极管的优化结构逆变器效率超过 99%[12]。

除了高效率，逆变器还需要满足多方面的要求，如高稳定性、易于维护、轻便、低噪声、电磁兼容、易于使用和低成本。

21.2.2　并网系统逆变器

21.2.2.1　并网光伏系统基本结构

典型的并网光伏系统基本结构，如图 21.16 所示。结构由太阳能发电模块直接耦合无储能逆变器的输入端组成。逆变器的输出端通过安全器件耦合电网，安全器件通常整合到逆变器中。电表测量进入公共电网的电量。

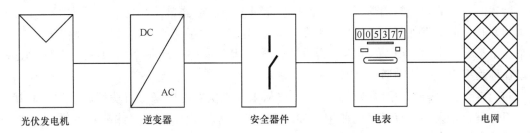

图 21.16　并网光伏系统的基本结构

基于基本结构，有三种典型的连接系统的电网设计：

1）中央逆变器/主从式系统。这种设计适合于第一种电网连接应用。许多光伏组件串联组成串以获得逆变器需要的输入电压。为了获得所需的功率，许多串并联，并与发电机接线盒接通。所获的直流功率输入到中央逆变器，转换为交流功率进入电网。直流功率也分配到一些（一般为 2 或 3 个）并联的、更小的逆变器上，如图 21.17 所示。在这种所谓的主从式结构中，逆变器根据瞬时的直流功率开启与关闭。因此，即使在低的输入功率下，逆变器能够在优化效率范围内运行，增加系统的整体效率。

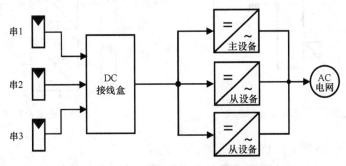

图 21.17　主从式结构的中央逆变器

如今，不论主从式或非主从式的中央逆变器均广泛应用于高功率系统，功率范围从几百千瓦到兆瓦。

2）组串逆变器。在这个概念中，每个串都有自己的专用小型逆变器，逆变器功率范围在几百瓦到几千瓦。具有代表意义的是，一个家庭屋顶光伏并网系统，由 1~3 个串组成，每个串都有自身专属的逆变器，因此能够形成独立的子系统，如图 21.18 所示。

这种广泛采用的系统设计具有如下优点：

- 无需采用发电机接线盒。
- 串可以有不同的长度和取向，这对建筑一体化系统尤为重要。
- 每个串都有自身的最大功率点跟踪器，在部分遮挡或不同的串取向的情况下，可以减少损失。
- 小型逆变器的大量生产降低了生产成本。
- 比大型中央逆变器更易于携带和维护。

上述优点让该系统广泛应用于更大的光伏系统，例如在 100kW 系统中，采用 20 个逆变器，每个 5kW，独立运行。

所述的布局需要经常调整，2~3 个串连接到 1 个逆变器单元。在逆变器内部，串或者简单的并联，以节省外部发电机接线盒的成本，但却牺牲了初始串技术的主要优势。或者，每个输出都有一个 DC/DC 变换器作为直流连接，因此能够启动每个串的独立的 MPP 跟踪器。在称为多串逆变器中通常具有 2~3 个输入。

3）在组件上集成功率调节单元模块。自从采用光伏发电以来，将功率调节单元直接与光伏组件整合是人们一直以来的愿望，如图 21.19 所示。因此每个组件都有专属的 MPP 跟踪器以减少组件参数偏离、不同组件温度或发电设施部分遮光所带来的损失。而且，采用交流电缆替代直流电缆是有优势的。采用交流电缆的光伏组件的明显优势就是简化了系统设计和后续的系统扩展。另一种整合电力电子设备的方法就是建立一个匹配接线盒的 DC/DC 变换器，这就确保了独立的 MPP 跟踪。直流能量（高压）收集到直流总线，汇入中央逆变器。

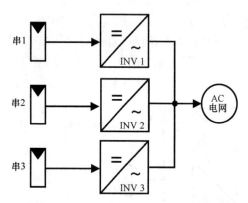

图 21.18　基于逆变器串的光伏电网系统

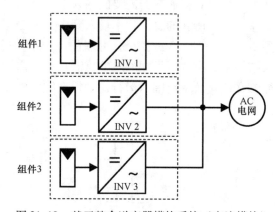

图 21.19　基于整合逆变器模块系统（交流模块）

上述模块除了一些明显的优势，还有一些缺陷。

几百瓦级别的小逆变器的效率通常低于具有更高功率单元的效率。一个主要的原因是控制系统功率、继电器和逆变器监控和通信系统的自耗损失，还有诸如电感器和电压器的磁滞损失。先进的 5kW 逆变器的自耗小于 5W，意味着功率损失小于 0.1%。

由于自耗不会随着逆变器功率的降低而线性减小，这将会降低效率，特别是在部分负载的情况下。对一个未遮光的光伏组件，与常规的串或中央逆变器相比，年度发电量明显减少。对于建筑一体化光伏系统，无法避免局部遮光，而集成功率调节单元模块能够增加年发电量。

集成功率调节单元模块进一步的症结是稳定性和使用寿命。组件会暴露在苛刻的环境中，如高温和变温、潮湿和闪电电磁场。同时，要求它们寿命与光伏组件寿命，比如光伏组件的 25 年，可相提并论。为了达到这些目标，这些产品以商业产品的成本，设计和制造质量必须达到产业或军事级别。

如果克服了这些基本问题，光伏建筑一体化将是集成功率调节单元模块的第一个和快速生长的市场。

21.2.2.2　并网逆变器的安全性

当探讨并网逆变器的安全性时，必须考虑到两方面的问题：直流端的孤岛和安全性。

孤岛是指当电网操作人员将电网关闭，分布式能量源依然能向电网输能，保持电网运行。如果同时有人触电，这种突发情况可能造成意外损伤。

在光伏并网的初始，孤岛是热门课题。同时，经过多年几十万光伏并网系统的经验，明确指出这种风险被高估了，而下面将要提到的反孤岛测试是绝对足够的。

所述的反孤岛测试各国标准不同，但是以下技术是通常会被采用的：

- 电网电压监控（被动的单相或三相系统）；
- 电网频率监控（被动系统）；
- 逆变器输出频率漂移（主动系统）；
- 电网阻抗监控（主动系统）。

在逆变器内很容易进行电网电压和频率的被动监控，从而提高可靠性。额外的测试，例如监控电网的阻抗，需要额外的硬件。同时主动系统容易对电网造成干扰，经常导致逆变器故障和意外关闭。因此，被动、简易系统更加实用。

由于无变压器的逆变器在公共电网和光伏发电系统之间没有电流隔离，当接触破损组件的电池或者受损的直流电缆时，存在触电的危险。同时，当触碰组件表面的时候，电容泄漏电流会产生危险。再次，经验显示这种危险被高估了，遵守以下规则能够避免危险：

- 采用二级保护（双隔离）组件和 BOS 部件；
- 在开启逆变器之前测试光伏发电系统漏电电阻；
- 逆变器中采用特制的剩余漏电检测器（RCD、AFI）；
- 采用 2 个独立（备用）的电网监控系统；
- 采用 2 个独立（备用）的继电器以备断网；
- 发电系统的支撑架接地（等电位联结）。

综上所述，由于这些措施，无变压器的逆变器系统甚至比电流隔离的逆变器更安全。同时，德国安装的逆变器超过 70% 都是无变压器的逆变器。其他国家，如美国，正在修改电工规程以应用无变压器的逆变器。

21.2.2.3　电网的有效功率控制

随着越来越多的分布式发电系统并入公共电网，系统对电网的调节从被动式变为主动式。在过去，安全准则就是"发生事故就关闭"。在不久的将来，分布式系统将必须提供所谓的辅助性服务，如稳定电网电压、提供无功功率、有源滤波的谐波、平衡三相系统或电压骤降的故障穿越。同时，一旦光伏发电过量，逆变器会将太阳能发电系统工作点转换为开路状态或完全关闭以降低输出功率。所有这些额外的功能会很大地影响逆变器的设计。根据未来的规范，每个逆变器都要能提供无功功率以稳定电网电压。为了避免电网短路或桥段限电，能量存储元件例如基于超级电容器或锂离子电池需要添加到系统中。而且，根据功率范围，逆变器必须整合到电网整体控制系统中进行远程控制，因此需要依赖电力线通信、脉动控制或因特网等通信系统与逆变器通信。未来多功能的逆变器与需求端的管理测试将会带来所谓的智能电网[14]。

21.2.3 独立系统中的逆变器

21.2.3.1 独立系统中逆变器的要求

独立系统中的逆变器的供电基本来自蓄电池。因此，逆变器需要很好地适应名义电压 –30% ~ 25% 的相对电压变化，依赖于电池充电状态。为了减少蓄电池应力，输入电流波动应当较低。除了充电调节器的深度放电保护，还需要一个独立的断电保护。输入端采用二极管或熔丝提供过电压和反向电压的保护。混合系统中的逆变器能够双向运行，这就意味着蓄电池可以通过诸如柴油发电机或风力机等设备进行交流充电。在这种情况下，逆变器必须定期通过诸如 CC/CV 充电或平衡充电对蓄电池充电。同时，逆变器也可以进行充电计算。

在输出端，离网逆变器必须提供一个输出电压，该电压的有效值（RMS）和频率需要与实际负载无关。如果是无功负载，离网逆变器应提供或吸收无功功率。一个典型的例子就是正弦波电压源，离网逆变器的输出电压应该是正弦的。如今大部分的逆变器能提供高质量的正弦输出，但是在低功率和低成本的范围内，也会输出方波或所谓的类方波，如图 21.20 所示。对这些逆变器，需要明确负载是否能够在非正弦电压波形下可靠地运行。

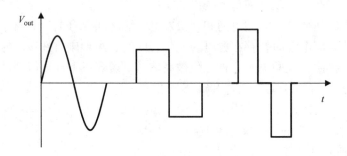

图 21.20 离网逆变器正弦（左）、方波（中）和类方波（右）输出电压

需要高的输入电流起动的负载，如电动机，离网逆变器应当在短时间内能产生高峰值功率。一旦负载端短路，这种特性对脱扣熔丝也很重要。对于功率非线性的负载，如调光器的荧光灯，逆变器必须能应对高波峰因素。

对于离网逆变器，低的自耗（等于低负载情况下效率曲线非常陡峭的斜率）是很关键的，这是因为逆变器大部分时间是在部分负载的状态下运行。如果在电路设计方面不能得到很低的自耗，就需要采用两种方法减少能量损失。其一是无负载的情况下，逆变器关闭。其二，长期开启一个低损耗的主部件提供输出电压，在必要时开启高功率的从部件（主从式运行）。

逆变器必须遵循电工安全规程和电磁兼容（EMC）标准。

21. 2. 3. 2 具有直流总线的独立系统

建立一个离网电力系统的原始方法是将所有部件进行直流耦合，如图 21.21 所示。连接蓄电池的直流总线是系统的关键部分。在所谓的混合系统中，除了光伏发电系统，其他的发电系统，如风力发电机、水力发电机、电动发电机，直接或者通过充电控制器或整流器耦合到直流总线。直流负载直接从直流总线供电，而交流负载通过单相或三相逆变器供电。作为备选方案，交流负载在有高功率需求或逆变器故障的时候可由发电机组直接服务。

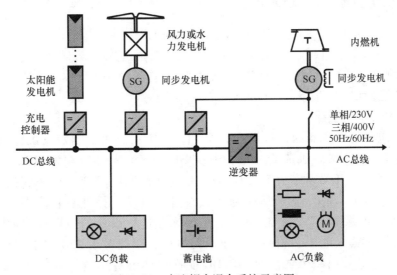

图 21.21 直流耦合混合系统示意图

直流耦合系统的优势是简易稳定。同时，来自不同供应商的标准产品也易于整合。

21. 2. 3. 3 具有交流总线的独立系统

交流耦合混合系统发电机提供交流电，交流负载直接与交流总线连接，如图 21.22 所

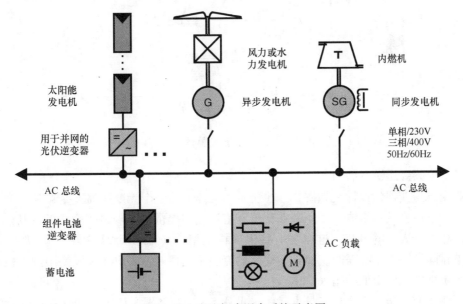

图 21.22 交流耦合混合系统示意图

示。双向逆变器与系统蓄电池连接。在电网系统中，太阳能发电系统产生直流电，由逆变器转换为交流电。

交流耦合系统的设计和扩展简单易行，因为所有元件都采用标准化的电压，如 230V/50Hz。而且，能量的收集和分布均采用相同的总线，简化了分散能量源的整合。另一方面，专门的逆变器和发电机并联在交流端。

在实际中，直流耦合和交流耦合均被采用。

21.2.4　光伏逆变器的基本设计方案

在早期的光伏应用中，借鉴了驱动技术或不间断电源技术领域的逆变器。初期结果并不理想，特别是年平均效率很低，这是因为它们都是大功率逆变器，自耗很大。与此同时，出现了超过 50 种为光伏领域设计的逆变器，最高的效率接近 100%。本章论述三种常见结构，详细的信息参见参考文献 [15]。

21.2.4.1　无变压器逆变器

单相无变压器的逆变器的常规设计如图 21.23 所示。太阳能发电机提供的直流电，缓冲到输入电容 C1，然后供应给一个由开关 S1 ~ S4 组成（通常为 MOSFET 或 IGBT）的全桥。这些开关的开关频率为 5 ~ 20kHz，并且脉冲宽度可变。全桥变换器输出的矩形波电压经电感器 L1 和 L2 整形后变为正弦波进入电网。另外在直流端和交流端还需要滤波器以满足电磁兼容要求，这里没有画出来。这种设计的主要优势就是简单、高效和稳定。缺点是输入电压必须一直高于电网电压，因此对于 230V 的电网，最小输入电压是 350V。通过采用一个或多个 DC/DC 变换器能够克服这个缺点，如图 21.24 所示，把输入电压增加到 350V 的一个中间电压值。由于这样会带来额外的功率损耗，整体效率将会下降 1% ~ 2%。

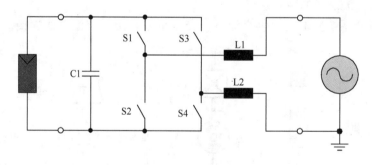

图 21.23　无变压器逆变器的基本结构

21.2.4.2　低频变压逆变器

低频变压逆变器的设计，如图 21.25 所示。大体上由一个无变压器逆变器和一个在电网频率运行的下游变压器组成。变压器在交流和直流之间提供电流隔离，这样可以调整太阳能发电系统相对于大地的电势，这也与一些组件技术相关（请参见 21.2.6 节）。从安全的角度看，电流隔离并不是必需的。而且，变压器克服了上述对输入电压范围的限制。根据匝数比，该系统可以允许很低的输入电压。

低频变压逆变器的主要缺点是重量大，重达 5 ~ 10kg/kW，高成本和损耗，这就降低了

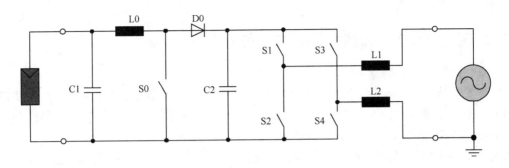

图 21.24　输入提高转换器的无变压器逆变器的基本结构

效率，特别在低和高功率范围。

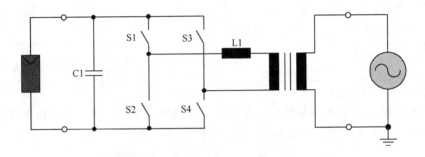

图 21.25　单相低频变压逆变器的基本结构

21.2.4.3　高频变压逆变器

在高频范围内变压器也可以进行电流隔离和变压，如几十 kHz。由于变压器体积随频率线性减少，与以电网频率运行的变压器相比，高频变压器的重量和体积特别小。高频变压逆变器的基本结构，如图 21.26 所示。输入电压缓冲到输入电容 C1，然后供应给一个由开关 S1～S4 组成的全桥，采用高频电流，如 16kHz。高频变压器 Tr1 起到电流隔离的作用，同时对全桥变换器的矩形波电压进行变压。在二次侧，采用二极管 D1～D4 整形电压，然后通过电感器 L1 输入到直流电压端的电容 C2 处。之后通过全桥变换器 S5～S8 和电感器 L2～L3 转化为交流电。

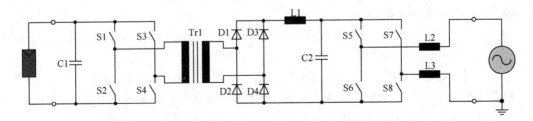

图 21.26　单相高频变压逆变器的基本结构

显而易见，为了采用降低变压器的重量，必须在一些半导体和控制方面进一步努力。最终，由于电流要通过的半导体的数量增加，电流损耗与单一逆变器相比，效率降低了

2% ~ 4% 。

21.2.5 逆变器模型，欧洲效率和 CEC 效率

21.2.5.1 逆变器效率模型

通过专业软件 P-Spice 或 MATLAB-Simulink 可以实现在硬件或控制系统级别的逆变器高时间分辨率的详细模拟分析。预测长期的运行结果，例如估算年发电量，通过简单模型得到的效率与输入或输出功率的关系是精确的[16]。许多光伏模拟工具采用的基于三参数计算的标准模型如图 21.27 所示。

三参数分别为自耗 p_{self}、电压降 v_{loss} 和损耗电阻 r_{loss}。其中，自耗 p_{self} 与实际转换功率无关，电压降 v_{loss} 产生与功率成正比的损失，损耗电阻 r_{loss} 产生与功率的二次方成正比的损失。采用这些参数，效率与输出功率的关系可以表示为

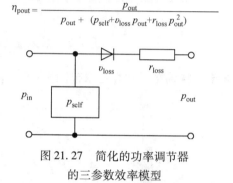

$$\eta_{pout} = \frac{p_{out}}{p_{out} + (p_{self} + v_{loss} p_{out} + r_{loss} p_{out}^2)}$$

图 21.27 简化的功率调节器的三参数效率模型

$$\eta_{pout} = \frac{p_{out}}{p_{out} + (p_{self} + v_{loss} p_{out} + r_{loss} p_{out}^2)}$$

通过标准的拟合算法（高斯最小均方算法）从测量效率曲线或以额定输出功率的 10%、50% 和 100% 时得到的效率给出方程组，可以得到这三个参数：

$$p_{loss} = 5/(36\eta_{10}) - 1/(4\eta_{50}) + 1/(9\eta_{100})$$
$$v_{loss} = -5/(12\eta_{10}) + 33/(12\eta_{50}) - 4/(3\eta_{100}) - 1$$
$$p_{loss} = 5/(18\eta_{10}) - 5/(2\eta_{50}) + 20/(9\eta_{100})$$

这种简单的模型并未考虑与依赖逆变器效率的输入电压。这三个参数实际也是输入电压 V_{DC} 的函数。这些参数的计算至少通过三个效率曲线的测试，效率曲线的测试需要采用不同的直流电压，如最小输入电压的 110%，名义电压和最大输入电压的 90%。

$$p_{loss} = p_{loss0} + p_{loss1} V_{DC} + p_{loss2} V_{DC}^2$$
$$v_{loss} = p_{loss0} + v_{loss1} V_{DC} + v_{loss2} V_{DC}^2$$
$$r_{loss} = r_{loss0} + r_{loss1} V_{DC} + r_{loss2} V_{DC}^2$$

无变压器逆变器的测试效率值（圆点）和采用上述方法计算的效率曲线，如图 21.28 所示。

21.2.5.2 欧洲效率和 CEC 效率

为了对不同逆变器的年平均效率进行简单比较，通过年光照分布的权重系数定义了一个标准——欧洲效率或 ETA-EURO。

$$\eta_{EURO} = 0.03\eta_5 + 0.06\eta_{10} + 0.13\eta_{20} + 0.1\eta_{30} + 0.48\eta_{50} + 0.2\eta_{100}$$

对有高年度光照级别的地区，CEC 效率由加利福尼亚能源协会定义，权重系数为

$$\eta_{CEC} = 0.04\eta_{10} + 0.05\eta_{20} + 0.12\eta_{30} + 0.21\eta_{50} + 0.53\eta_{75} + 0.05\eta_{100}$$

两种标准都被广泛采用，但都存在一些争议，这是因为：

- 权重因子由长期平均光照值得到，因此高估了中间光照级别；
- 光伏发电系统的特性，如温度效应和常规系统规模的影响（光伏发电系统/逆变器的功率比）并未被考虑在内；

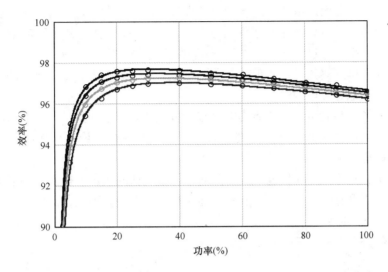

图 21.28　测试效率值（圆点）和当 $V_{DC} = 350V$、420V、500V、600V 时的效率曲线（从上到下）

- 逆变器自耗和其他 BOS 元件，如电表或监控系统，未被考虑在内；
- 随逆变器效率变化的电压未被考虑在内。

当考虑以上这些因素，将会得到完全不同的权重系数，主要修正了高功率范围的效率曲线[17]。

21.2.6　逆变器和光伏组件的相互作用

除了常规的晶体硅电池，市场上还出现了多种新型电池，如背结电池和多种薄膜电池。面对电池种类的多样性，问题是是否所有这些不同的电池技术都能与任意的逆变器整合，或者是否有特定的匹配可以减少输出，甚至是损害个别系统元件[15]。为了回答这个问题，下面将会阐述可能的失效机制和逆变器结构的影响。

首先，终端和后续串中每个电池的电势将根据图 21.29 定义。

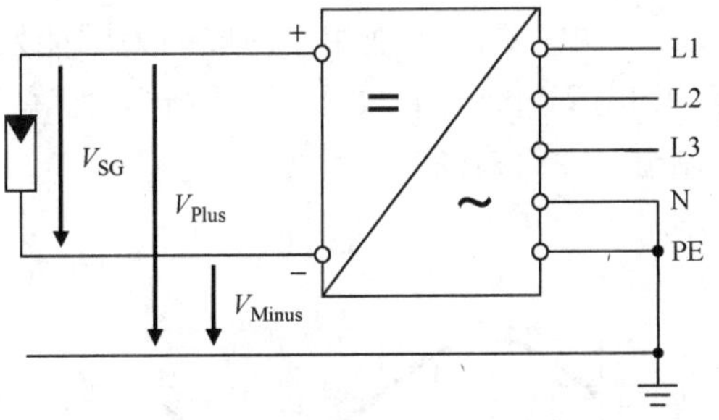

太阳能发电系统电势 V_{SG} 通过测量两个终端得到。太阳能发电系统电势相对于大地为正，两者的负极分别为 V_{Plus} 和 V_{Minus}。这些电压可以是纯直流电压，然而根据逆变器硬件结构和控制策略，也可以是正弦波或矩形波的交流电压。

图 21.29　逆变器输入端电势的定义

经过几十年常规晶体硅组件的运行，并没有发现组件的衰减与所采用的逆变器类型有关。然而，基于特殊电池的一些组件的衰减和一些薄膜电池组件已经显现了这种关联性。对于背结电池，由于所谓的极化效应，发现了可逆的效率衰减[18]。这种效应是由于小的电池漏电流从电池通过密封材料和前表面玻璃到了框架或支架。这些超低电流在电池减反射薄膜造成了电荷积累，极大地影响了电池效率。该过程的时间常数是几小时或几天，并且是完全可逆的。电流的方向和大小依赖于电池相对于大地的电势差——正电势意味着负电荷将会在电池减反射薄膜积累，将会使相对效率衰减30%。负电势将会使表面积累正电荷，这样甚至可以增加电池效率。通过将光伏发电系统正极接地能够避免极化效应。

在硅带电池上也观察到相似的现象——相对于大地的负电势造成了效率的可逆衰减。在这种情况下，负接地是合理的[19]。

实验室和现场经验表明，一些薄膜电池有漏电流诱导衰减现象。可能的原因是钠离子从前表面玻璃移动到玻璃和透明导电薄膜（TCO）的交界面，并刻蚀了TCO[20]。通过发电系统的负接地可以避免钠离子的这种迁移。

逆变器结构、电源开关和发电系统内部或外部接地情况决定了输入终端电势。值得注意的是，逆变器有或没有变压器的电流隔离可能有相同的电势。因此，未接地的变压器的电流隔离并不能解决上述问题！

值得提及的是，A～C三组逆变器的典型电势已有文献论述[15]。

对于A组逆变器，太阳能发电系统的电势为大地电势，但并没有接地。根据不同的结构，偏压 V_{Plus} 和 V_{Minus} 相对于大地电势是对称的或非对称的。如图21.30所示，在单相单元中，只有一个小的100Hz的信号。

B组是无变压器单相逆变器，正弦交流电压受到大地电势的干扰，如图21.31所示。交流电压等于主电压的一半，如欧洲电网的115V和50Hz。

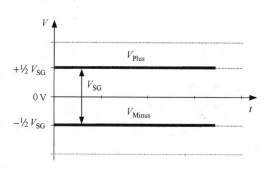

图21.30 A组逆变器的基本电势曲线。在这个例子中，逆变器有电流隔离，但没有接地检测

C组由一端与大地相连构成的太阳能发电系统，换句话说，太阳能发电系统是固定电势，如图21.32所示。无变压器结构自然就有良好的接地。有变压器的逆变器，一些厂商已经制造了专门的接地工具。

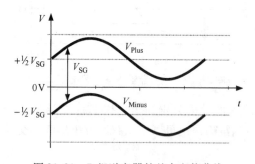

图21.31 B组逆变器的基本电势曲线

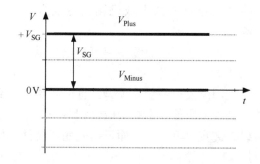

图21.32 C组系统的基本电势曲线

随着高电压系统越来越多地采用薄膜电池组件，上述问题已经越来越明显，组件厂商一直在改进电池技术和封装技术。厂商也会通过将组件暴露在高温潮湿的环境，同时将最大允许系统电压作为负或正的偏置电压，以进行老化实验。厂商希望通过技术改进他们的产品完全消除这些问题，以保证系统可以采用任意的逆变器。

如果组件厂商没有提出明确的逆变器的选型要求，对于薄膜组件应该遵循以下要求：

- 采用无变压器的逆变器时，将负极接地；
- 采用有变压器的逆变器时，将负极接地；
- 采用无框组件时，如果必要，底座用隔离夹，或将背表面粘紧。

从根本上讲，组件厂商必须明确他们的组件是否适合于所有逆变器结构或 A ~ C 中的三组结构。组件的发展必须保证未来的组件能够与所有的逆变器结构整合。

参考文献

1. Nekrasov P, Partial Shunt Regulation, *Proc. 14th Annual Meeting of the Astronautical Society* (13–15 May 1968).
2. Salim A, A Simplified Minimum Power Dissipation Approach to Regulate the Solar Array Output Power in a Satellite Power Subsystem, *Proc. 11th Intersociety Energy Conversion Engineering Conference Proceedings*, *Vol. II* (Nevada, 12–17 September 1976).
3. Universal Technical Standard for Solar Home Systems, Version 2, 1998, updated 2001 Thermie B: SUP-995-96.
4. Brand B, Seeking the power peak *Market survey in PHOTON International 1-2008, Solar Verlag Aachen, Germany*, pp. 114–129.
5. PHOCOS: www.phocos.com.
6. STECA: www.steca.de.
7. UHLMANN: www.uhlmann-solar.de.
8. MORNINGSTAR: www.morningstarcorp.com.
9. OUTBACK: www.outbackpower.com.
10. SCHNEIDER: www.schneider-electric.com.
11. Siedle, Ch. *Vergleichende Untersuchungen von Ladungsausgleicheinrichtungen zur Verbesserung des Langzeitverhaltens vielzelliger Batteriebänke (Comparative investigations of CHarge EQualizers to improve the long-term performance of multi-cell battery banks)*, Doctoral thesis, ISBN 3-18-324521-3, VDI-Verlag Düsseldorf, Reihe 21, Nr. 245 (1998).
12. Burger B *et al.*, Highly Efficient PV-Inverters with Silicon Carbide Transistors, *Proc. 24nd European Photovoltaic Solar Energy Conference, Paper no. 4BV.1.2*. (Hamburg, 21–25 September 2009).
13. Burger B *et al.*, *25 Years Transformerless Inverters, Proc. 22nd European Photovoltaic Solar Energy Conference*, (Milan, 03–07 September 2007) pp 2473–2477.
14. European Technology Platform 'Smart Grids', http://www.smartgrids.eu.
15. Burger B (ed.) Power Electronics for Photovoltaics, *Proc. OTTI Professional Seminar, ISBN 978-3-934681-77-4*, (Munich, 10–11 June 2008).
16. Schmidt H *et al.* Modelling the Voltage Dependence of Inverter Efficiency (in German), *Proc. 23rd Symposium Photovoltaische Solarenergie*, (Bad Staffelstein, 5–7 March 2008)ISBN 978-3-934681-67-5, pp 158–163.
17. Burger B *et al.* Are we Benchmarking Inverters on the Bassis of Outdated Definitions of the European and CEC Efficiency? *Proc. 24nd European Photovoltaic Solar Energy Conference*, (Hamburg, 21–25 September 2009) Paper no. 4BV.1.10.
18. Sunpower: Sunpower Discovers the 'Surface Polarization' Effect, http://www.sunpower corp.com/html/Resources/TPpdf/polarization.pdf.
19. Evergreen: Evergreen releases updated Installation Manual, http://www.mail-archive.com/re-wrenches@lists.re-wrenches.org/msg00433/08-03-US_Installation_Manual_Update_Release_0108.pdf.
20. Osterwald CR, Accelerated Stress Testing of Thin-Film Modules with SnO2:F Transparent Conductors, http://www.nrel.gov/docs/fy03osti/33567.pdf.

第22章 光伏组件的能量收集和传递

Eduardo Lorenzo

西班牙马德里理工大学太阳能研究中心

22.1 引言

本章将阐述两个问题："有多少太阳能可以到达光伏收集器的表面？""对于一个给定的组件结构，有多少太阳能转换成电能？"下文将以光伏系统设计者的观点对这两个问题进行分析。光伏系统设计者最终关心的是根据应用类型的不同，光伏收集器应有多大的表面来产生足够的驱动力为特定的要求提供服务，及一定的光伏组件产出的平均电能是多少。基本问题是组件是通过特定的测试条件得到的输出功率（W 或 kW）来分类的，而工程师或所有者感兴趣的是在各种条件下经过一段时间组件产生的能量（kWh）。

光伏系统设计者能有的输入信息通常仅仅是表征当地天文气候的总水平辐射和平均温度的 12 个月平均值，和由组件制造商提供的标准测试条件下的光伏系统的电学特性。本章包含了只使用这两项信息来解决大多数光伏工程实际问题的一套程序。特别是，给出了入射在任意角度的表面上的太阳辐射的日、月或年趋势的模型，和非标准测试条件下光伏组件的电学输出特性的模型。为了实用化，本章尽可能地自成体系并且希望公式可以直接应用于实际问题，即使有时候必须涉及一些实验性的和复杂的表述。本章还包括了一些例子来说明如何正确使用公式。

上面提到的两个问题在本质上是不同的。太阳辐照在地球表面的随机性意味着对第一个问题的答案只能是进一步的预测，不可避免地有着一定程度的不确定性（即使有以往的很好的太阳能辐照数据）。不论辐照的复杂性和采用的光伏阵列模型如何，这种不确定性大于通常的假设值，并且表现出光伏系统设计结果精确度的（或者更严格地说，光伏系统设计结果的意义的）有限性。这意味着对单独的光伏系统，只有当负荷损失概率大于 10^{-2} 时估算出的可靠性才比较合适。对并网系统，这意味着预测的月产出电能的不确定性达到 $\pm 30\%$，年产出电能的不确定性达到 $\pm 10\%$。

至于任意工作条件下光伏组件的特性，提出了基于入射光和环境温度的电流-电压（I-V）模型。入射角产生的影响尤其受到关注，因为在一些实际情况下这种影响很大。也进一步细化了风速、太阳光谱和低辐照作用的结合作用。这些二阶效应帮助解释预测值与实际值之间短期的差别，但是当考虑长期的电能产出计算，这不是很重要。

最后，本章也包含了与相关应用有关的一些问题，如独立电站的可靠性、太阳能户用系统（特征是与一些标准设计相比，太阳能户用系统的每户间的电量消耗值差别非常大）和并网系统的电能产出。

22.2　太阳和地球之间的运动

尽管太阳的运动相对于地球上的一个固定点来说似乎总是相似的，因为太阳每天都出现，然而描述其运动的数学却相当复杂。事实上，对太阳运动的研究几乎贯穿了整个人类的科学史。最早的日晷建立于古巴比伦时期（公元前1800年），并且对日晷指针阴影变化的解释产生了第一个太阳-地球运动模型，这反过来导致了几何学在希腊的兴起[1]。图 22.1 表达了对伟大历史的致敬。然而，直到 17 世纪开普勒发表了《新天文学（Astronomia Nova）》（1609）和《宇宙和谐论（Havmonice mundi）》（1618）后，太阳-地球的运动才被完全解释。后来这种解释几乎没怎么被传播开。例如，伽利略在他的发表于 1632年的《关于托勒密和哥白尼两大世界体系的对话》（仅仅在著名的教会审判的前一年，这次教会审判对他公开支持之前哥白尼提出的日心学说进行了谴责）中又提出了行星在一定轨道上围着太阳以圆形轨道运转的理论，完全忽略了开普勒的工作。

图 22.1　有 2000 年历史的日晷

对我们非常幸运的是，这样的讨论在很早以前就结束了。如今，很明确地球是围着太阳以椭圆轨道在运行，太阳在椭圆的一个焦点上。包含着这个轨道的平面被称为黄道平面，地球围着轨道运行一圈为 1 年。太阳到地球的距离 r，由下式给出：

$$r = r_0 \left[1 + 0.017 \sin\left(\frac{360\ (d_n - 93)}{365}\right) \right] \tag{22.1}$$

式中，d_n 是从一年开始向后数的天数。值得注意的是地球偏心率仅为 0.017，非常小。因此，轨道与圆的偏离非常小，几乎可以用平均值 r_0 来表达太阳到地球的距离，等于 $1.496 \times 10^8 km$，通常被定义为一个天文单位，1AU。对大多数的工程应用，所谓的偏离校正因子的一个非常简单且有用的表达：

$$\varepsilon_0 = (r_0/r)^2 = 1 + 0.033 \cos\left(\frac{360 d_n}{365}\right) \tag{22.2}$$

地球同样每天都要围着它的中心轴——极轴自转。极轴绕着太阳运行，保持与黄道平面呈稳定的 23.45°夹角。这样的倾斜造成了夏天太阳在天空中的高度比冬天的更高，同样也造成了夏天的日照时间长于冬天的。图 22.2 给出了地球绕太阳的轨道和倾斜的极轴。图22.3 给出了某一天和某一纬度 ϕ 下的太阳地球位置的一些细节。一定要指出的是赤道平面和穿过地球中心与太阳中心的直线间的角度在一年中总是在变。这个角度被称为太阳赤纬 δ。针对我们现在的目的，在任何一天内都可以认为这个角度是一个近似常数。δ 在 24h的改变最大不超过 0.5°。如果赤道以北的角度是正的，那以南的角度就是负的，δ 可以表达如下：

$$\delta = 23.45° \sin\left[\frac{360\ (d_n + 284)}{365}\right] \tag{22.3}$$

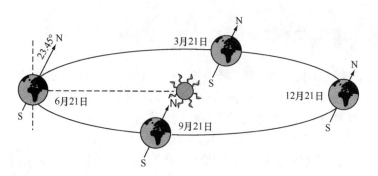

图 22.2 地球绕日轨道

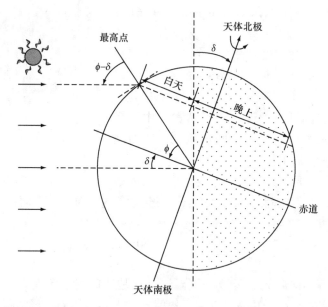

图 22.3 相对的地球-太阳位置，负的赤纬角（在北半球为冬天，在南半球为夏天）

在春分（3 月 20、21 日）和秋分（9 月 22、23 日）的时候，太阳和地球之间的连线穿过赤道，因此 $\delta = 0°$，这一天地球上的白天和夜晚等长，并且太阳升起后很精确的分别位于正东和正西。在夏至（6 月 21、22 日），$\delta = 23.45°$，太阳位于北回归线上方，并且日出日落分别朝着东北和西北。在北半球，夏至这天白天最长晚上最短。在南半球正好相反。在冬至（12 月 21、22 日），$\delta = -23.45°$，太阳位于南回归线上，日出日落分别位于西南和东南。在北半球这一天白天最短晚上最长，同样，在南半球正好相反。

一个经典的表征天空的方法是把天空当成一个以地球为中心的球形，正如图 22.4 所示，这被称为天球。天球上每一点代表从地球上看出去的方向。天球和赤道相交叉形成的大圈定义为天赤道。极轴和天球的交叉点叫作天极。用这种方法，地球围绕着静止的太阳的运动变成了太阳围绕着地球的运动。于是太阳沿着天球上的一个大圈——黄道运动，黄道和天赤道形成 23.45° 的夹角。太阳围绕其轨道一年运动一圈而天球每天自转一次（假设地球是固定的）。这种情况下，太阳绕着地球旋转。轨道直径每天都变化，在昼夜平分时达到最大，在夏至日或冬至日达到最小。太阳绕着黄道的旋转方向和天球绕着地球旋转的方向相反。

现在，我们落点于地球表面某个位置，这里要建立光伏系统来使用，很容易通过两个参照于水平面和垂直面的角度来定义太阳的位置。垂直方向与天球的交叉点被定义为天顶或天底。图 22.5 将这些抽象概念转变成具体图像。太阳天顶角 θ_{ZS}，为垂直方向与入射太阳光线之间的夹角；太阳方位角 ψ_S，是太阳光线在地平面上的投影与当地子午线的夹角。太阳天顶角的余角叫作太阳高度角 γ_S，为太阳光在天顶与太阳组成的平面中的入射方向和地平面之间的夹角。在北（南）半球，太阳方位角参照于地理南（北），而不是地磁场的南（北），且定义转向西的方向为正，也就是在傍晚的时候；转向东的方向为负，也就是在早上的时候。

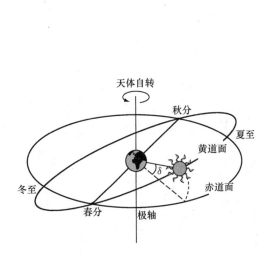

图 22.4　天球和黄道平面　　　　　图 22.5　太阳相对于地球的位置，其中地球位置固定

在任何给定时刻，某一点的与纬度 ϕ 有关的太阳角坐标可以由下式计算：

$$\cos\theta_{ZS} = \sin\delta \ \sin\phi \ + \cos\delta \ \cos\phi \ \cos\omega = \sin\gamma_S \tag{22.4}$$

和

$$\cos\psi_S = \frac{(\sin\gamma_S \ \sin\phi - \sin\delta)}{\cos\gamma_S \ \cos\phi} \big[\, \text{sign}(\phi) \, \big] \tag{22.5}$$

式中，ω 为真太阳时间，或地方视时，或太阳时，根据一天 24h 转 360°，是中午和一天中某个时刻的差。在每天的正午 $\omega = 0$，在早上时为负，在下午时为正。$\big[\text{sign}(\phi) \big]$ 在北纬地区为 "1"，在南纬地区为 "−1"。

虽然对于光伏计算并不是必需的，但值得注意的是，真太阳时 ω 和当地官方时间 TO，也被称为当地标准时间（时钟上显示的时间有关），关系如下：

$$\omega = 15 \times (\text{TO} - \text{AO} - 12) - (\text{LL} - \text{LH}) \tag{22.6}$$

式中，LL 为当地经度，LH 为当地时区的参考经度（格林尼治子午线以西为正，以东为负）；AO 是时钟时间设置早于当地时区的差。在欧洲，冬天和秋天 AO 通常是 1h，春天和夏天通常是 2h。在这个公式中，LL 和 LH 的单位为（°），TO 和 AO 的单位是 h（360°相当于 24h）。

图 22.6 给出了太阳在天球上的轨道对于冬天和夏天的一天及太阳高度角与方位角之间的相应曲线。稍后我们会再回到这个图中。

式（22.4）可以用来找出日出角 ω_S，因为日出时 $\gamma_S = 0$。因此，

$$\omega_S = -\arccos(-\tan\delta\,\tan\phi) \tag{22.7}$$

它满足符号规约，ω_S 总是负的。显然，日落角等于 $-\omega_S$ 并且一天的长度等于 $2 \times abs(\omega_S)$。在极地，冬天时太阳不升起来（$\tan\delta\,\tan\phi > 1$）并且式（22.7）没有实解。然而，为了计算，设置 $\omega_S = 0$。类似地，在夏天 $\omega_S = -\pi$。有意思的是仅仅在正午，$\omega = 0$，并且太阳高度角等于余纬加上赤纬：

$$\omega = 0 \Rightarrow \gamma_S = \pi/2 - \phi + \delta \tag{22.8}$$

要注意到，对于 $\gamma_S = \pi/2$ 和 $\phi = \pi/2$，式（22.5）是无解的。在第一种情况下，太阳在垂直方向，所以 ψ_S 是无意义的。在第二种情况下，太阳的位置由 $\gamma_S = \delta$ 和 $\psi_S = \omega$ 给出。

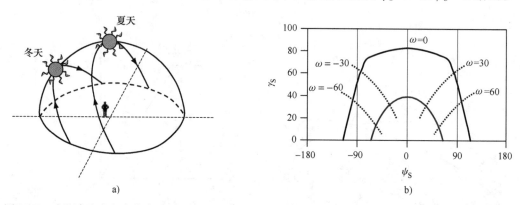

图 22.6　太阳高度角与方位角之间的相应曲线。a）太阳在冬天和夏天的一天里在天球上的运行轨道。
b）太阳高度角 γ_S 和太阳方位角之间的关系图，太阳时 ω 也给出了

这里要提醒一下。所有上面的方程都认为一年有 365 天，而一年的实际长度是 365 天 5 小时 48 分 45.9 秒。正如大家都知道的，这个时间差通过在闰年里加一天来补偿。对大多数光伏工程的应用来说，多出来的这一天标记相同的数，也就是说，2 月 28、29 日都记为 $d_n = 59$。然而，对一些有需求的应用，如高精度聚光电池追踪器，需要更高精度的方程来计算相对的地球-太阳位置。有兴趣的读者可以阅读参考文献 [2]。它描述了一种精确的运算法则并且提供了一个软件来计算。

大多数实际应用要求确定太阳相对入射平面的位置。某个表面的位置（见图 22.7）通常由它的倾斜角 β（相对于地平面的角度）和表面法线的方位角 α 来描述。太阳入射的角度，

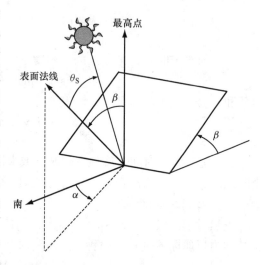

图 22.7　接收位置（倾斜角 β 和方位角 α）和太阳光入射角 θ_S

即太阳光线和表面的法线之间的角度，可以由下式计算：

$$\cos\theta_S = \sin\delta\,\sin\phi\,\cos\beta - [\mathrm{sign}(\phi)]\sin\delta\,\cos\phi\,\sin\beta\,\cos\alpha + \cos\delta\,\cos\phi\,\cos\beta\,\cos\omega$$

$$+ [\mathrm{sign}(\phi)]\cos\delta\,\sin\phi\,\sin\beta\,\cos\alpha\,\cos\omega + \cos\delta\,\sin\alpha\,\sin\omega\,\sin\beta \tag{22.9}$$

虽然这个公式看起来很复杂，在很多情况下用起来却很方便。当表面朝赤道倾斜时

（在北半球面朝南或在南半球面朝北），$\alpha = 0$，于是公式简化成：

$$\cos\theta_S = [\text{sign}(\phi)]\sin\delta\,\sin(\text{abs}(\phi) - \beta) + \cos\delta\,\cos(\text{abs}(\phi) - \beta)\cos\omega \qquad (22.10)$$

22.3 太阳辐射成分

图 22.8 帮助说明了关于太阳辐射中不同成分的简要解释，这些是到达地面的平板光伏组件表面的辐射。

可以很好地把太阳近似成一个完美的辐射发射体（黑体），温度接近 5800K。在垂直于入射光（来自地球大气层之外）的单位面积上接受的能量，当离太阳 1AU 时，被定义为太阳常数

$$B_0 = 1367\,\text{W/m}^2 \qquad (22.11)$$

当太阳辐射穿透地球大气层时，由于和大气中的组分相互作用而发生改变。大气中的一些，如云，反射辐射。而另一些，如，臭氧、氧气、二氧化碳和水蒸气，对某几个波段的光吸收很强。水滴和悬浮的灰尘产生散射作用。这些过程导致地球上某个表面接受的太阳辐射被分解成完全不同的组分。直接或光束辐射为由没有被反射或散射的光束组成，从太阳以直线直接到达地球表面。漫辐射

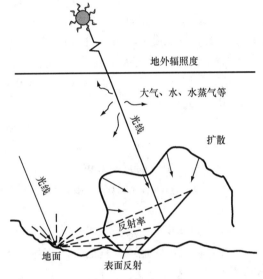

图 22.8 太阳辐照的不同成分

为来自于除了太阳的整个天空，是被散射到接收面的辐射。反照辐射为从地面上反射的辐射。所以达到某个表面上的总辐射是这几项之和（直接 + 漫辐射 + 反照），被称为总辐射。

很明显漫辐射中辐射的方向性在很大程度上依赖于水蒸气和灰尘的位置、形式和成分。因此漫辐射按角度的分布是一种随时间变化的复杂函数，漫散射是各向异性的。反照辐射受地面状况和地面的不同特性（如有没有雪、植物和水等）决定。

在下面的讨论中，"辐射"这个词将用作泛称。为了区分功率和密度，将会使用更加明确的术语。"辐照度"意味着落于某一表面的功率密度，单位为 W/m^2（或类似），而"辐照量"为落于某一表面的一段时间内的能量密度，如每小时的辐照量或每天的辐照量，单位为 Wh/m^2。接着，分别用符号 B_0、B、D、R 和 G 来表示地外、直接、漫辐射、反照和总辐照度，其中第 1 个下标 h 或 d，用来表示每小时或每天的辐照量，第 2 个下标 m 或 y 表示每月或每年的平均值。再进一步，某一表面的倾斜度和方向标于括号内。如 $G_{dm}(20, 40)$ 表示入射在倾斜角 $\beta = 20°$ 方向 $\gamma = 40°$ 的表面上的日总辐照量的月平均值。朝向赤道方向的表面（$\gamma = 0°$），仅仅表示出倾斜角即可。例如，$B(60)$ 表示倾斜角 $\beta = 60°$ 并且朝向正南（在北半球）的表面上的直接辐照度。

一个重要的标志晴朗天气下大气作用的概念是大气质量，定义为太阳光线穿过地球大气的路径与太阳光线在天顶角方向时穿过大气路径之比，用 AM 表示。对于一个理想的均匀大气，通过简单的几何计算得到：

$$AM = 1/\cos\theta_{ZS} \tag{22.12}$$

这个公式对大多数的工程应用已经足够了。如果需要的话，考虑了二级效应（地球的弯曲、大气压力等）的更精确的表达式见参考文献 [3]。

在标准的大气条件 AM1 下，考虑了吸收后，标准辐照度从 B_0 减少到 $1000W/m^2$，这正是在光伏器件标准测试中使用的辐照度（见第 16 章）。很显然，它还可以表达为 $1000 = 1367 \times 0.7^{AM}$。对通常的 AM 值，对观察得到的晴朗天气数据的合理拟合在参考文献 [4] 中给出：

$$G = B_0\varepsilon_0 \times 0.74^{AM0.678} \tag{22.13}$$

用一个例子可以很好地说明如何使用这个方程，通过计算太阳坐标和垂直于太阳表面的及地平面的总辐照度，在两个地理位置，一个 $\phi = 30°$，另一个 $\phi = -30°$，在 4 月 14 日上午 10:00（太阳时），天气状况晴。解的过程如下：

4 月 14 日 $\rightarrow d_n = 104$；$\varepsilon_0 = 0.993$；$\delta = 9.04°$

$10:00 \rightarrow \omega = -30°$

$\phi = 30° \rightarrow \cos\theta_{ZS} = 0.819 \rightarrow \theta_{ZS} = 35° \rightarrow \cos\psi_S = 0.508 \rightarrow \psi_S = -59.44°$

$\quad\rightarrow AM = 1.222 \rightarrow G = 902.4W/m^2$

$\quad\rightarrow G(0) = G \cdot \cos\theta_{ZS} = 739W/m^2$

$\phi = -30° \rightarrow \cos\theta_{ZS} = 0.662 \rightarrow \theta_{ZS} = 48.54° \rightarrow \cos\psi_S = 0.403 \rightarrow \psi_S = -66.28°$

$\quad\rightarrow AM = 1.510 \rightarrow G = 846.9W/m^2$

$\quad\rightarrow G(0) = G \cdot \cos\theta_{ZS} = 561W/m^2$

当太阳辐射进入地球大气后，不仅辐照度而且光谱成分都受到了影响。图 22.9 给出了 AM1.5 光谱，这用于光伏器件的标准测试。图 16.1 给出了其他光谱，用于比较。一般而言，大气质量越高，其光谱越向红色部分移动。这就是傍晚天空变得如此美丽的原因。

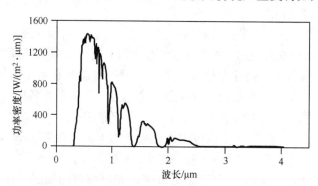

图 22.9　AM1.5 太阳光谱，辐照度 $G = 1000W/m^2$

当然，光伏器件对太阳光谱非常敏感，正如第 3、9、12 和 16 章讨论过的。然而，和入射到光伏组件上的总辐射比起来，太阳光谱对于光伏工程来说就不那么重要了。因此，下面将不会在太阳光谱成分方面做详细处理。在本章的后面将给出一些额外的说明。

22.4　太阳辐射数据和不确定性

到达接收面的总辐照量变化相当大。一方面，即使是地外辐射，因为太阳的运动也是每天或每年规律性的变化。这些变化是可以预测的，并且通过几何推算是可以从理论上确定的。比如说，在一个水平表面上的地外辐照度由下式给出：

$$B_0(0) = B_0 \varepsilon_0 \cos\theta_{ZS} \tag{22.14}$$

将上式对一天积分，得到[5]

$$B_{0d}(0) = \frac{T}{\pi} B_0 \varepsilon_0 \Big[-\frac{\pi}{180} \omega_S \cdot \sin\delta \cdot \sin\phi - \cos\delta \cos\phi \sin\omega_S \Big] \tag{22.15}$$

式中，T 是一天的长度，也就是 24h。这个值的月平均值 $B_{0dm}(0)$，在实际应用中非常重要。其代表一个月以来地平线上的日平均能量。显然

$$B_{0dm}(0) = \frac{1}{d_{n2} - d_{n1} + 1} \sum_{d_{n1}}^{d_{n2}} B_{0d}(0) \tag{22.16}$$

式中，d_{n1} 和 d_{n2} 是一个月的第一天和最后一天所对应的天数。对一个给定的月份，知道有一天的 $B_{0d}(0) = B_{0dm}(0)$ 是非常有用的。可以证明这一天的赤纬等于这一月赤纬的平均值。表 22.1 给出了这一天的天数和在几个纬度下的一年中每个月的相应 $B_{0dm}(0)$。

表 22.1　每个月中的 $B_{0d}(0) = B_{0dm}(0)$ 那一天的赤纬和地外辐照度

月	日	d_n	$\delta(°)$	$B_{0d}(0) = B_{0dm}(0)/(\text{Wh/m}^2)$			
				$\phi = 30°$	$\phi = 60°$	$\phi = -30°$	$\phi = -60°$
1 月	17	17	−20.92	5907	949	11949	11413
2 月	14	45	−13.62	7108	2235	11062	9083
3 月	15	74	−2.82	8717	4579	9531	5990
4 月	15	105	+9.41	10225	7630	7562	3018
5 月	15	135	+18.79	11113	10171	5948	1225
6 月	10	161	+23.01	11420	11371	5204	605
7 月	18	199	+21.00	11224	10741	5530	878
8 月	18	230	+12.78	10469	8440	6921	2294
9 月	18	261	+1.01	9121	5434	8835	4937
10 月	19	292	−11.05	7436	2726	10612	8226
11 月	18	322	−19.82	6056	1114	11754	10983
12 月	13	347	−23.24	5498	613	12174	12177

我们已经知道晴朗无云的天空的作用可以用一个几何参数，也就是大气质量来表征 [式 (22.12)]。另一方面，天气条件如多云、沙尘暴等总会造成天气的随机变化，所以光伏系统设计应当依赖于在安装点附近的测试数据和较长一段时间的平均值。这项工作由国家气象服务中心（或类似机构）定期来做，他们使用很多种仪器和程序，采用日射强度计、太阳热量计等仪器进行直接的太阳光测试，共同考虑其他气象变化因素（日照时间、云量、卫星图像的色调等）。然后通过处理得到这些数据的一些具有代表性的参数，通过几种渠道将这些参数公布给大众：世界辐照数据库[6,7]、辐照图表集[8-11]、网站[12,13]、地区信息[14]等。12 个月的总水平日辐照量平均值 $G_{dm}(0)$，如今是最广泛的可以获取的关于太阳辐射资源的信息，并且在将来可能也是。一定要知道，对光伏系统设计者而言，太阳辐射不可避免地包含了非常大的不确定性。

作为一个典型的例子，美国费城 1970 ~ 1990 年日水平辐照量如图 22.10 所示。黑线代表 3 月 21 日的 $G_d(0)$ 值。这些值可以通过平均值和标准差进行描述。$G_a(0) = 3.92 kWh/m^2$，$\sigma_d = 1.34 kWh/m^2$。我们可以将这个值作为将来的一个估算值。然而，如果现在有人问，"明年 3 月 21 日的 $G_d(0)$ 值就是 $3.92 kWh/m^2$ 的可能性有多大？"我们必须回答，尽管有点让人不舒服，毫无疑问这种可能性接近于零。然而，如果我们将估算值放宽，也就是说，例如，明年 3 月 21 日的 $G_d(0)$ 值将会在 2 ~ 6kWh/m² 的范围内，如图 22.10 所示，那这种可能性就大大提高。注意到这个范围是平均值的 ±50%，远远大于原始数据的精确度！我们的提问者可能会反问，"这个可能性有多高并且范围有多大？"

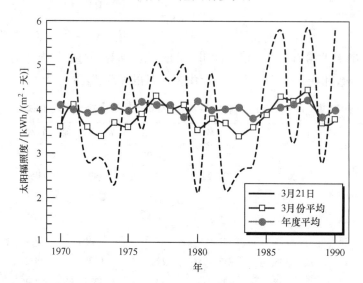

图 22.10　宾夕法尼亚州费城（美国东部）1970 ~ 1990 年日水平辐照量（kWh/m²）。
3 月 21 日的值，$G_d(0)$；3 月份平均值，$G_{dm}(0)$；年度平均值，$G_{dy}(0)$

基本的统计理论可以合理地回答这个问题。例如，如果我们想得到 95% 的可能性（可靠系数），我们必须在平均值附近保持一个 ±2σ 的范围（可靠区间）。在我们的例子中，±2σ 代表平均值的 ±68%。由于采用了月平均值，而不是日平均值，不确定性大大降低了。图 22.10 也显示了 3 月份的 $G_{dm}(0)$。$G_{dm}(0) = 3.84 kWh/m^2$，$\sigma_m = 0.3 kWh/m^2$。此时 ±2σ 代表平均值的 ±15%。同样，当采用了年平均值，而不是月平均值，不确定性进一步降低。图 22.10 也预测了 $G_{dy}(0)$。此时 $G_{dy}(0) = 4.10 kWh/m^2$，$\sigma_m = 0.11 kWh/m^2$，±2σ 代表平均值的 ±5.4%。值得注意的是，3 月 21 日是春分，其值接近于年度平均值。因此两个 3 月 21 日和整年，都是平均 50% 的白昼和 50% 的黑夜。但是它们的标准差差别很大。因此在预测辐照量的可靠性方面有所不同。

通过增大预测年数，降低了不确定性。也就是，给出的估算值不是用于下一年的，而是接下来几年的平均值。接着可以看到，可靠区间减小了 $1/\sqrt{N}$，N 是估算值被使用的年数。再回到我们的例子，并且认为估算值用于将来的 10 年，3 月 21 日、3 月份平均和年平均的正确预测分别是，$G_d(0) = 3.92 kWh/m^2 \pm 22\%$，$G_{dm}(0) = 3.84 kWh/m^2 \pm 5\%$ 和 $G_{dy}(0) = 4.1 kWh/m^2 \pm 1.7\%$。

作为太阳辐射实际效果的代表性例子，表 22.2 列出连接到西班牙电网的经济型光伏发电系统（峰值功率 6.12kW）的月度发电量（以电费表示）。第 1 行给出了基于过去平均太阳辐射值的初始值，如在给定的数据库 13（参考文献 [13]）。第 2 ~ 6 行给出了从 2004 年 1 月至 2008 年 12 月的实际产量。第 7 行提供了这些年的平均产量。第 2 ~ 7 行的斜体数字是估计值和真实值之间的差值（正数意味着高估）。对个别月份相应的误差是非常大的（ + 104，– 43.4），对平均月仍较大（ + 44.3，– 30.3），对个别年份很低（ + 6.1，– 2.8），对年平均更低（1.5）。

表 22.2　西班牙电网（参考文献 [13]）的经济型光伏发电系统（峰值功率 6.12kW）的月度发电量

	1 月	2 月	3 月	4 月	5 月	6 月	7 月	8 月	9 月	10 月	11 月	12 月	年
Estim.	651	800	970	1015	1187	1266	1299	1149	898	878	648	504	11356
Exp04	318	640	821	1064	1066	1459	1318	1304	986	905	690	338	10910
差值（%）	*– 104*	*– 25*	*– 18.1*	*4.6*	*– 11.3*	*0.13*	*1.4*	*11.9*	*8.9*	*3*	*6*	*– 49.1*	*– 4*
Exp05	430	881	994	939	1197	1337	1573	1251	1160	777	581	566	11686
差值（%）	*– 51.4*	*9.2*	*2.4*	*– 8.1*	*0.8*	*5.3*	*17.4*	*8.1*	*14.7*	*– 13*	*– 11.5*	*10.9*	*2.8*
Exp06	355	805	697	1143	1179	1410	1141	0	1586	1120	674	585	10695
差值（%）	*– 83.4*	*– 0.6*	*– 39.2*	*11.1*	*– 0.8*	*10.2*	*– 13.8*	*∞*	*43.4*	*21.6*	*3.9*	*13.8*	*– 6.1*
Exp07	558	458	625	836	989	1102	1260	1364	1295	1259	961	849	11556
差值（%）	*– 16.7*	*– 74.4*	*– 55.2*	*– 21.4*	*– 20*	*– 14.9*	*– 3.1*	*12.5*	*30.7*	*30.3*	*32.6*	*40.6*	*1.7*
Exp08	595	538	753	783	975	952	1257	1349	1410	1042	787	661	11.102
差值（%）	*– 9.4*	*– 48.7*	*– 28.8*	*– 29.6*	*– 21.7*	*– 33.0*	*– 3.3*	*14.8*	*36.3*	*15.7*	*– 17.7*	*23.7*	*– 2.3*
Ex- avg	451	664	778	953	1081	1252	1310	1054	1287	1021	739	600	11.190
差值（%）	*– 44.3*	*– 20.5*	*– 24.7*	*– 6.5*	*– 9.8*	*– 1.1*	*0.8*	*– 9.1*	*30.3*	*14*	*12.3*	*16*	*– 1.5*

　　一个难以处理的问题是，当参阅不同的出版物后发现，同一地点的太阳辐照量差别很大。差异源于太阳辐照的随机性：不同的数据源来自不同的计算机数据记录周期。此外，太阳辐射测量的实际困难（传感器的尘埃、校准误差、数据丢失、地理修正等方面），也让数据难以处理。月度值差别大于年度值。这对于独立光伏发电系统的光伏发电机的定型特别麻烦。对于这一点，通常会选择所谓的最差的月份，也就是 $G_{dm}(0)$ 最低的月份。马德里的数据就是一个例子[6-9,12-14]。$G_{dm}(0)$ 从 4.29kWh/m² 变到 4.53kWh/m²，或平均值 ±3% 左右的误差。但 12 月份的 $G_{dm}(0)$ 是最差的月份，$G_{dm}(0)$ 从 1.55kWh/m² 变到 1.8kWh/m²。不论采用什么方法，所选用的实际数据的变化，光伏阵列将在尺寸上有 16% 的差异 [(1.55 – 1.80)/1.55]。

　　最后，值得一提的是，基于卫星图像的太阳辐射的信息越来越可靠，并逐步提高了对地面的覆盖范围和分辨率。例如，NASA[12] 估算了全球的辐照，分辨单元是 1°纬度 × 1°经度。PVGIS[13] 对欧洲、非洲和地中海地区做了同样的工作，分辨单元是 1km × 1km。

22.4.1　晴空指数

　　地球表面和地外辐射之间的关系表征了大气透明度。用这种方法，晴空指数 K_{Tm}，可以针对每个月进行计算：

$$K_{\mathrm{Tm}} = \frac{G_{\mathrm{dm}}(0)}{B_{0\mathrm{dm}}(0)} \qquad (22.17)$$

要注意，晴空指数不仅仅和穿过大气的辐射路径有关，也就是和 AM 值有关，也和大气的组分及云量有关。Liu 和 Jordan[15] 验证了无论什么纬度，日总辐照量等于或少于一定值的时间直接依赖于这个参数。因此，K_{Tdm} 能够合理的表征某个特定位置的天文气候。这为评估某个入射面的太阳辐照量提供了基础。

22.5　倾斜表面上的辐射

为了将地方之间的差异造成的影响减至最小，如障碍物产生的阴影和特定的地面植被，一般测试没有障碍的水平表面上的太阳辐射。因此，太阳辐射数据通常以水平表面上的总辐射的形式给出。既然光伏组件通常以和水平面成一定角度的方式安装，系统接收的辐射必须根据此数据计算。

使用入射的总水平辐射对到达倾斜表面的辐照进行评价产生两个问题：将总水平辐射按成分分出直接和漫辐射；并且，根据直接和漫辐射评估落在倾斜表面上的辐射成分。通常，在不同的时间尺度可能会产生这些问题，例如，日辐照量、小时辐照量还是其他。可能要找出单独的或某段时间的平均值。这里，我们将首次关注于月平均的日辐照量值。这不仅仅方便于表达，而且与太阳辐照数据的可获取性有关，并且特别适用于提供解决大多数光伏工程的实际问题。

22.5.1　给定总辐射，评估水平辐射的直接和漫辐射成分

这个基本概念是由 Liu 和 Jordan[15] 最早提出的。它包含着一种实验关系的建立，指总辐射的漫辐射部分 $F_{\mathrm{Dm}} = D_{\mathrm{dm}}(0)/G_{\mathrm{dm}}(0)$（漫辐射/总辐射）与晴空指数［总辐射/地外辐射，式（22.17）定义的］之间的关系。我们注意到，大气越晴朗，辐射就越强并且漫辐射的成分就越少。因此，F_{Ddm} 和 K_{Tdm} 之间几乎是负的关系。根据对某个地方总的和漫辐射的模拟测试的比较可以建立真实的分析性的表述。事实上 Liu 和 Jordan 非常明智地选择了晴空指数（他们称之为多云指数）来表征某个特定位置的天文气候，因为除以地外辐射后减少了由于太阳运动造成的辐射的变化。这样，F_{Dm} 和 K_{Tm} 之间的关系变得独立于纬度的影响，并且这种关系几乎是广泛有效的。图 22.11 绘出了式（22.18）和马德里地区的一系列的实验点，1977～1988 年之间的数据。

它们之间的关系可以用好几种表达式表达。使用位于 40°N 和 40°S 之间 10 个位置的数据，参考文献［20］推荐使用一种线性方程，这种方程通常被认为能够给出好的结果。

$$F_{\mathrm{Dm}} = 1 - 1.13K_{\mathrm{Tm}} \qquad (22.18)$$

Erbs 等人[17] 提出了一个更加复杂但广泛采用的关系：

对于 $\omega_{\mathrm{S}} \leqslant 81.4°$，$0.3 \leqslant K_{\mathrm{Tm}} \leqslant 0.8$

$$F_{\mathrm{Dm}} = 1.391 - 3.560K_{\mathrm{Tm}} + 4.189 - 2.137$$

对于 $\omega_{\mathrm{S}} > 81.4°$，$0.3 \leqslant K_{\mathrm{Tm}} \leqslant 0.8$

$$F_{\mathrm{Dm}} = 1.311 - 3.022K_{\mathrm{Tm}} + 3.427 - 1.821 \qquad (22.19)$$

从仅仅一个位置得到的数据推出的适用于局部位置的关系也可以得到。作为一个例子，

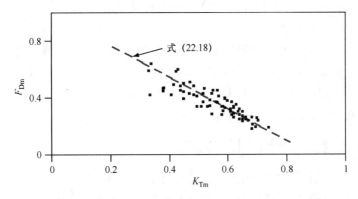

图 22.11　平均日总辐照度中漫辐射的部分 F_{Dm} 与晴空指数 K_{Tm} 之间的关系图。
点集群是从 1977 年到 1988 年在马德里的测量值

Macagnan[14] 为马德里地区提出了如下表达式：

$$F_{Dm} = 0.758 - 0.428K_{Tm} - 0.503 \qquad (22.20)$$

面对如此多种关系，采用其中的一个或另一个的实际意义都是不大的。采用式（22.18）~式（22.20），分别针对冬季的 1 月（$d_n = 17$）和夏季的 6 月（$d_n = 161$），我们进行了一个有代表性的练习，计算了阿尔及利亚（$\phi = 34.6°$）的平均日辐照量。对于冬季和夏季，$G_d(0) = 2778\,\mathrm{Wh/m^2}$ 和 $6972\,\mathrm{Wh/m^2}$。辐照数据来自于参考文献［6］。下一节将给出详细的计算过程，但是与现在的讨论不相关。结果如下：

式（22.15）；$\delta_n = 17 \Rightarrow B_{0dm}(0) = 5157\,\mathrm{Wh/m^2}$

$G_{dm}(0) = 2778\,\mathrm{Wh/m^2} \Rightarrow K_{Tm} = 0.539$　　式（22.17）

22.20	0.382	1060	4463

$\delta_n = 161 \Rightarrow B_{0dm}(0) = 11525\,\mathrm{Wh/m^2}$

$G_{dm}(0) = 6972\,\mathrm{Wh/m^2} \Rightarrow K_{Tm} = 0.605$

22.20	0.315	2196	6045

在辐照的漫反射部分最多有 10% 的差异。然而，关键点是在对地面辐照进行估算时产生的这些差异明显减少了（低于 2%）。

水平辐射的漫辐射系数和晴空系数之间的经验关系能从一天的数据得到（4 月 14 日，例如，一个单独的一天，是 4 月的月平均日）。

这些经验关系应该在这里提及，因为它们已经对太阳辐射进行了广泛的研究。然而，它们对光伏设计带来的好处还不清楚。事实上，光伏发电系统的电学特性主要受入射光辐照的影响，呈线性关系。因此，日释放能量和日入射辐射的比值基本为常数。由环境温度或工作电压波动引起的二阶效应，并不能显著改变这种观点。

正因为如此，在长期运行预测方面考虑，应该分析一个月中的所有天，而不是一个月中具有平均预期的一天。正因为如此，这里需要提及最常用的 Collares Pereira 和 Rabl[18] 提出的关系，采用了美国 5 个州的数据，表示为

$F_{Dd} = 0.99$　当 $K_{Td} \leqslant 0.17$ 时

$$F_{Dd} = 1.188 - 2.272K_{Td} + 9.473K_{Td}^2 - 21.856K_{Td}^3 + 14.648K_{Td}^4$$

当 $0.17 < K_{Td} < 0.8$ 时 (22.21)

最后也应当指出，不仅基于每日的而且基于每小时的关系都已经被提出。这些关系是小时水平总辐照量的漫辐射部分（$F_{Dh} = D_h(0)/G_h(0)$）和小时晴空指数（$K_{Th} = G_h(0)/B_{0h}(0)$）之间的关系。然而，到目前为止这种基于小时的关系还没有令人满意[55]，所以与其相关的复杂性至今没有被验证。因此，这里不会考虑。

22.5.2 从日辐照量中估计瞬时的辐照量

有些时候，对在瞬态时间尺度内的太阳辐照（也就是辐射水平）的处理更加让人容易理解。由于一个小时的辐照量（Wh/m^2）在数值上等于在这个小时之内的平均辐照度（W/m^2），因此在某种程度上，辐照度值可以等同于每小时的辐照量。然而，由于获得每小时的辐照量受到限制，因此存在的问题就是在给出的日辐照量值下怎样估计小时辐照量。

为了介绍对这个问题的解决方案，一种较好的方法是，根据大气层外水平辐射，可以通过式（22.4）、式（22.14）式（22.15），在理论上确定辐照度 $B_0(0)$ 和日辐照度 $B_{0d}(0)$ 之间的比例关系。

$$\frac{B_0(0)}{B_{0d}(0)} = \frac{\pi}{T} \times \frac{\cos\omega - \cos\omega_S}{\left(\frac{\pi}{180}\omega_S \cos\omega_S - \sin\omega_S\right)}$$ (22.22)

这里日出角 ω_S 的单位是（°），T 为天的长度，单位为 h。

值得注意的是，通过检测几个地点的数据，考虑到地面长期平均辐照、测试的散射辐照度与散射日辐照量之间的比例 $r_D = D(0)/D_d(0)$ 与外太空辐射的理论描述［式（22.22）］之间对应得非常好[18]。然而，尽管测试的总辐照度与总日辐照量之间的比例 $r_G = G(0)/G_d(0)$ 与外太空辐射的理论描述［式（22.22）］之间对应得不是很好，但是非常接近。因此，为了拟合观察到的数据，需要进行小的修正。使用下面的方程：

$$r_D = \frac{D(0)}{D_d(0)} = \frac{B_0(0)}{B_{0d}(0)}$$ (22.23)

以及

$$r_G = \frac{G(0)}{G_d(0)} = \frac{B_0(0)}{B_{0d}(0)}(a + b\cos\omega)$$ (22.24)

这里 a 和 b 能够从下面的表达式中获得：

$$a = 0.409 - 0.5016 \times \sin(\omega_S + 60)$$ (22.25)

和

$$b = 0.6609 + 0.4767 \times \sin(\omega_S + 60)$$ (22.26)

注意，r_D 和 r_G 的单位是 T^{-1} 的单位，并且它们能够扩展到计算以瞬间 ω 为中心的短周期之内的辐照量。例如，如果我们想评价在 10:00 ~ 11:00（太阳时间）之间的辐照量，我们设定 $\omega = -22.5°$（被考虑周期的中心时间为 10:30，也就是 1.5h，或者 22.5°，中午之前），$T = 24h$。如果我们希望评价在 1min 之内的辐照，只需要将 T 描述成分钟，也就是设定它为 1440，一天的分钟数。

给出使用这些方程的一个例子：计算在巴西 Portoalegre（$\phi = -30°$）4 月 15 日的几个时

间点的辐照度成分。已经知道了日总辐照量，$G_d(0) = 3861\,\text{Wh/m}^2$。结果如下：

$$d_n = 105 \Rightarrow B_{0d}(0) = 7562\,\text{Wh/m}^2 \Rightarrow K_{Td} = 0.5106 \Rightarrow F_{Dd} = 0.423$$

$$\Rightarrow D_d(0) = 1633\,\text{Wh/m}^2$$

$$\omega_S = -84.51°$$

$$\frac{\pi}{180}\omega_S \cos\omega_S - \sin\omega_S = 0.8542$$

$$a = 0.6172$$

$$b = 0.4672$$

$$r_D = 0.0922(\cos\omega + 0.0967)\,\text{h}^{-1}$$

$$r_G = r_D(a + b\cos\omega)$$

$\omega(°)$	r_D /h^{-1}	r_G /h^{-1}	$D(0)$ /(W/m^2)	$G(0)$ /(W/m^2)	$B(0)$ /(W/m^2)
ω_S	0	0	0	0	0
±60	0.0618	0.0529	100.94	204.25	103.31
±30	0.1177	0.1211	192.24	467.58	275.34
0	0.1382	0.1508	225.73	582.24	356.51

图 22.12 所示为 r_D 和 r_G 与一天中太阳时间的关系。有意思的是，观察到 r_G 的曲线要比 r_D 更尖锐。这是由于空气质量的多样性，在中午光束的透射要比一天中其他任何时间的高。r_D 和 r_G 下面区域的积分必须等于1。正如前面提到的，为了计算，可以假设在 1h 的辐照量（Wh/m^2）在数值上等于在这个小时中的平均辐照度，也等于该小时中（例如）一半时间内的辐照度。例如，在中午的总辐照度 $G(0) = 580.4\,\text{W/m}^2$ 可以被定义为从 11:30~12:30 的这一小时的辐照量，$G(0) = 580.4\,\text{Wh/m}^2$。这种假定并没有引入明显的误差，并且通过消除需要对时间积分的评估（这个过程是繁琐的），极大地简化了计算。

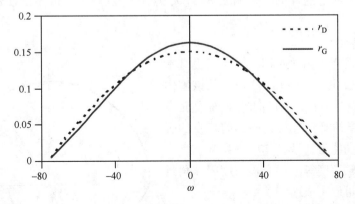

图 22.12　散射辐射与总辐射 r_D 和 r_G，在纬度为 $\phi = -30°$，4 月 15 日一天的辐照度与日辐照量的比值

从这些方程中，可以得出在一年中的任意天、在世界上的任意一个地方，在以一天的中间时间点为中心，在日照长度的 2/3 的时间间隔内能够接收到全部的总地平面辐照量的 90%。因此，一个固定的朝向赤道的（$\alpha = 0$）接收器能够抓住在这个时间段内所有有用的

能量。然而，对于带有太阳跟踪系统的接收器未必如此。

应该提到的是，式（22.23）和式（22.24）给出的"平均一天"的曲线保留了观测月平均辐照值，但并没有观察到瞬时辐照的分布。理论上，这是能量估算错误的原因，光伏组件和逆变器效率与辐照度呈非线性关系。为了克服这个问题，一些作者[19]考虑了只有晴空和只有辐照度几乎为零的阴天天气模式的情况。根据不同的晴空条件的频率，平均值一般可以取任何值。这样，一个月能量估算是基于"晴空"曲线和晴空指数（测试的平均日辐照度 $G_{dm}(0)$ 与晴空曲线积分得到的日辐照度的比值）。一个非常简单的晴空模型[20]由通过式（22.13）决定直接组分的水平辐照度和作为直接组分 20% 的漫辐射组分组成。更精确的模型[21]需要关于天空浑浊度的信息，而这只有一些区域可以得到。该辐照度曲线影响辐照度的估算、逆变器的效率和光伏组件的效率与光谱响应。然而，应该指出的是，效率-辐照度关系中非线性成分很少，所以辐照曲线的能量影响也很小，从日能量值方面看通常低于 2%。

22.5.3 估算在任意取向表面上的辐照，给出水平面上的辐照分量

在一个倾斜表面上计算总辐照度 $G(\beta,\alpha)$ 的最为明显的过程是分别获得直接的、散射的和反射的成分 $B(\beta,\alpha)$、$D(\beta,\alpha)$ 和 $R(\beta,\alpha)$。一旦这些参数已知，那么：

$$G(\beta,\alpha) = B(\beta,\alpha) + D(\beta,\alpha) + R(\beta,\alpha) \tag{22.27}$$

22.5.3.1 直接辐射

简单几何方面的考虑可以得到：

$$B(\beta,\alpha) = B \max(0, \cos\theta_S) \tag{22.28}$$

式中，B 是在与太阳光线垂直的表面上的直接辐射，$\cos\theta_S$ 是太阳光与表面法线之间的入射角，其值由式（22.9）给出。B 可以由地平面表面上的值获得：

$$B = B(0)/\cos\theta_{zS} \tag{22.29}$$

注意，当光照射到背表面时（例如，在整个早晨朝向西的垂直表面）$|\theta_S| > \pi/2$。那么 $\cos\theta_S > 0$，并且 $B = 0$。这样的话，因子 $\max(0, \cos\theta_S)$ 反映了一般不能使用的光伏组件背面的辐射。

22.5.3.2 散射辐射

我们可以假设当太阳被遮挡，天空是由基本固体角组成，例如 $d\Omega$（见图 22.13），从该固体角发出的散射辐射 $L(\theta_Z, \psi)$ 向地平面表面发射。"辐照度"指的是穿过与辐照方向垂直的表面的单位固体角的能量通量，其单位为 W/m^2。

那么，水平辐照度等于每个辐照度固体角贡献的积分，因此可以写成：

$$D(0) = \int_{sky} L(\theta_Z, \psi) \cos\theta_Z \, d\Omega \tag{22.30}$$

这里积分扩展到整个天空，也就是 $0 \leq \theta_Z \leq \pi/2$，和 $0 \leq \psi \leq 2\pi$。当我们处理倾斜的表面时，同理推出：

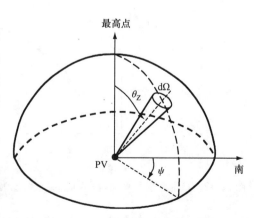

图 22.13 天空的基本固体角的角度参数 θ_Z 和 ψ

$$D(\beta,\alpha) = \int_\alpha L(\theta_Z,\psi)\ \cos\ \theta'_Z\ \mathrm{d}\Omega \qquad (22.31)$$

式中，θ'_Z 为从单元固体角到倾斜表面的入射角；α 表示扩展到不存在遮挡物情况下的天空的积分。要获得这个方程的一般解是困难的，在真实的天空中，辐照度并不均匀，并且随着天空的情况发生变化。例如，形状、明亮度和云的位置强烈地影响了辐射的直接特性。

　　通常并不测试在整个天空中的辐照度分布。然而，很多作者[22-24]已经发展了测量设备，并且提供了不同天空情况的结果。从这些结果中或许可以排除一些一般的假象。

　　在晴朗的天空下，最大散射辐射来源于接近太阳和近地平线的天空部分。最小的辐射来自于与天顶角成90°的区域（见图22.14）。从接近于太阳区域来的散射辐射被称作环日辐射，主要是由气溶胶的分散引起。太阳环的角宽度主要取决于大气的浑浊度和太阳的顶角。在地平面附近的散射辐射增加主要是由于地球的发射辐射引起，被称为地平线增量。

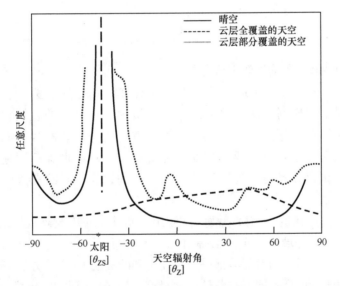

图 22.14　天空辐射的一般角分布。这些值取自沿着包含太阳的子午线整个长度，$\psi = \psi_\mathrm{s}$

　　Kondratyev 很好地描述了在阴天的辐射分布："对于致密的不透明的阴天，散射辐射强度对方位角的依赖非常弱。从地平面到天顶点辐射有较小的单一增加。"[25]

　　从这些想法中可以得出一些模型，最简单的模型假定天空辐射是各向同性的。那就是，天上的球体发射的光具有相同的辐射率，$L(\theta_Z,\psi) =$ 常数。由式（22.30）和式（22.31）的解：

$$D(\beta,\alpha) = D(0)\frac{1 + \cos\beta}{2} \qquad (22.32)$$

　　尽管这个模型系统性地低估了与赤道有一定角度的表面的散射辐射，但是由于这个模型简单，因此已经广泛的流传。

　　一种相反的方法是假设所有的散射辐射是来自太阳周边的，也就是来自太阳。好像这是一个直接的处理散射辐射的事例，结果为

$$D(\beta,\alpha) = \frac{D(0)}{\cos\theta_{ZS}}\max(0,\cos\theta_S) \tag{22.33}$$

这个模型的优点在于使用非常简单，但是一般它过高地估计了散射辐射。

一般来说，各向异性模型能够得到较好的结果。Hay 和 Davies[26] 提出将散射辐射考虑成由直接来自太阳方向的太阳周边辐射成分，和来自于整个上半天球的各向同性成分。两种成分都通过所谓的各向异性指数 k_1 加权处理之后得到，k_1 定义为

$$k_1 = \frac{B(0)}{B_0(0)} = \frac{B}{B_0\varepsilon(0)} \tag{22.34}$$

式（22.31）的解为

$$D(\beta,\alpha) = D^I(\beta,\alpha) + D^C(\beta,\alpha) \tag{22.35}$$

式中

$$D^I(\beta,\alpha) = D(0)(1-k_1)\frac{1+\cos\beta}{2} \tag{22.36}$$

并且

$$D^C(\beta,\alpha) = \frac{D(0)k_1}{\cos\theta_{ZS}}\max(0,\cos\theta_S) \tag{22.37}$$

分别定义了各向同性和太阳周边辐射成分的贡献。

值得注意的是，一旦修正了地球围绕太阳的黄道轨道的偏心度，那么 k_1 正是日射强度计读数和太阳常数的比例。这样说来，k_1 可以被理解成测量的直接辐射的瞬间大气透射值。当天空完全被乌云遮挡时，$k_1 = 0$，上面的方程就与简单的各向同性模型的方程相同。各向异性模型是简化和精确两个方面的完美折中。对在世界不同地点进行的测试已经进行了很好的测试，并且也得到广泛的应用，例如，为得到欧洲太阳辐照量全图进行的测试[8]。

同时，Perez[27,28] 提出的一个模型被广泛使用，尤其在使用数码机器的应用中。它将天空分成三个区域，每个区域是一个散射辐射源：太阳周边区域、水平带和上半天球剩余部分。每个成分对散射辐射的相对贡献都采用在北美和欧洲的 15 个地方的 18 个工作站测试的数据进行修正。由于考虑到不同天空条件的大量修正因子，因此 Perez 模型要比其他模型获得的结果稍微好些[29]。

22.5.3.3 反射辐射

大多数地面的反射率都是相当低的。因此，照在接收器上的反射辐射的贡献非常的小。（对于雪来说这是一个例外）。因此，对反射建立一个复杂的模型是没有意义的。一般假定地面是水平的，无限大，并且其反射是各向同性的。在这个基础上，可以给出在一个倾斜表面上的反射辐射：

$$R(\beta,\alpha) = \rho G(0)\frac{1-\cos\beta}{2} \tag{22.38}$$

式中，ρ 是地面的反射率，其值取决于地面的组成。当 ρ 的值未知时，一般取 $\rho = 0.2$。

现在通过计算巴西的阿雷格里港在 4 月 15 日与纬度倾斜一定角度的表面上的辐射成分，按照上一节中的例子进行是可以的。使用式（22.34）~式（22.37）处理散射辐射，并且 $\rho = 0.2$，结果如下所示（单位：W/m²）：

ω	k_1	$D^I(\phi)$	$D^C(\phi)$	$B(\phi)$	$R(\phi)$	$G(\phi)$
ω_S	0	0	0	0	0	0
$\pm 60°$	0.2205	73.40	31.80	147.56	2.73	255.49
$\pm 30°$	0.3082	124.14	76.94	357.14	6.26	564.48
$0°$	0.3403	138.97	98.09	455.31	7.80	700.18

在光伏计算中反射率通常可以忽略。

22.5.3.4　日辐照量

从 $G_{dm}(0)$ 计算 $G_{dm}(\beta, \alpha)$ 的一个最为准确的方法：首先计算每小时的水平辐照量分量 $G_{hm}(0)$、$D_{hm}(0)$ 和 $B_{hm}(0)$，然后将它们转换成斜面的每小时辐照量分量 $G_{hm}(\beta, \alpha)$、$D_{hm}(\beta, \alpha)$ 和 $B_{hm}(\beta, \alpha)$ 中，最后，按照一天的时间进行积分。

这个过程汇总于图 22.15 中，我们可以通过它说明散射辐射的各向异性性能，并且对于任何一种方向的倾斜面，都能够得到好的结果。然而，需要辛苦的投入和大量的计算。有意思的是，对于朝向赤道的（$\alpha=0$）表面（这种情况在光伏应用中经常会遇到），如果散射辐射是各向同性的，那么可以利用下面的表达式：

$$G_d(\beta, 0) = B_d(0) \times \mathrm{RB} + D_d(0)\frac{1+\cos\beta}{2} + \rho G_d(0)\frac{1-\cos\beta}{2} \qquad (22.39)$$

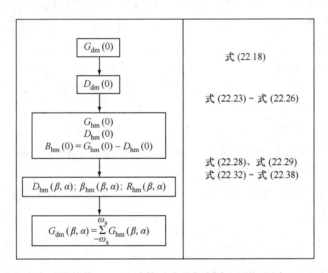

图 22.15　从相应水平线数值 $G_{dm}(0)$ 计算对应的倾斜表面日辐照度 $G_{dm}(\beta, \alpha)$ 的过程

式中，因子 RB 表示在倾斜表面的日直接辐照量和在水平面的日直接辐照量的比例，这个值可以近似为相似表面之间的日地球外辐照量的比例。因此，RB 表述如下：

$$\mathrm{RB} = \frac{\omega_{SS}\frac{\pi}{180}[\mathrm{sign}(\phi)]\sin\delta\,\sin(|\phi|-\beta) + \cos\delta\,\cos(|\phi|-\beta)\sin\omega_{SS}}{\omega_S\frac{\pi}{180}\sin\delta\,\sin\phi + \cos\delta\,\cos\phi\,\sin\omega_S} \qquad (22.40)$$

式中，ω_{SS} 是在倾斜表面的日出角，可以表述成：

$$\omega_{SS} = \max[\omega_S, -\arccos(-[\mathrm{sign}(\phi)]\tan\delta\,\tan(\mathrm{abs}(\phi)-\beta))] \qquad (22.41)$$

对于春分和秋分，$\delta = 0$ $\omega_S = \omega_{SS}$，式（22.40）变成 RB $= \cos[\text{abs}(\phi) - \beta]/\cos\phi$。

例如，已知总水平面辐照量的平均值是 $G_{dm}(0) = 1861\text{Wh/m}^2$，地面的反射率为 $\rho = 0.2$，估算在 1 月份，在中国长春（$\phi = 43.8°$）一个朝南并且与水平面呈现 $\beta = 50°$ 的固定表面的日平均辐照量。答案如下：

1 月 $\Rightarrow d_n = 17$；$\delta = -20.92°$

$\phi = 43.8° \Rightarrow \omega_S = -68.50$ 和 $B_{0d}(0) = 3586\text{Wh/m}^2 \Rightarrow K_{Tm} = 0.519 \Rightarrow F_{Dm} = 0.414$

$D_{dm}(0) = 770\text{Wh/m}^2$；$B_{dm}(0) = 1091\text{Wh/m}^2$

$\arccos(-\tan\delta\tan(\phi - \beta)) = -92.38° \Rightarrow \omega_{SS} = -68.5° \Rightarrow \text{RB} = 2.741$

$D_{dm}(50) = 633\text{Wh/m}^2$；$B_{dm}(50) = 2990\text{Wh/m}^2$；$R_{dm}(50) = 66\text{Wh/m}^2$

$G_{dm}(50) = 3689\text{Wh/m}^2$

值得注意的是，对于更加详细的计算，按照图 22.15 中列出的过程，将会使 $G_{dm}(50) = 4111\text{Wh/m}^2$。那就意味着与式（22.40）相关的误差大约为 10%。其差别主要是来自于散射辐射分布的不同。

22.6　环境温度的日间变化

光伏组件的性能依赖于环境温度，但更依赖于辐照度。正如像对太阳能辐射一样，有些时候必须决定在一天中这个参数是如何变化的。一般来说，可以作为这种计算起点的数据分别是一天的最高和最低温度 T_{aM} 和 T_{am}。

温度的变化与总辐射的变化相似，只是时间上延迟了 2h，由此可以得到一个简单的，但是对实验数据能够给出好的拟合的模型。这个事实可以推导出下面 3 个原理：

- T_{am} 出现在日出时（$\omega = \omega_S$）。
- T_{aM} 发生于在中午的 2h 之后（$\omega = 30°$）。
- 在这两个时间内，环境温度可以根据两个余弦函数的半周期显示出来：一个是从破晓到中午，其他的是从中午和下一天的日出。

基于上面可以得出下面的一些方程，可以得出穿过整个第 j 天的环境温度：

对于 $-180 < \omega \le \omega_S$

$$T_a(j, \omega) = T_{aM}(j - 1) - \frac{T_{aM}(j - 1) - T_{am}(j)}{2}[1 + \cos(a_T\omega + b_T)] \quad (22.42)$$

并且，$a_T = -180/(\omega_S + 330)$ 和 $b_T = -a_T\omega_S$

对于 $\omega_S < \omega \le 30$

$$T_a(j, \omega) = T_{am}(j) + \frac{T_{aM}(j) - T_{am}(j)}{2}[1 + \cos(a_T\omega + b_T)] \quad (22.43)$$

并且，$a_T = 180/(\omega_S - 30)$ 和 $b_T = -30a_T$

对于 $30 < \omega \le 180$

$$T_a = T_{aM}(j) + \frac{T_{aM}(j) - T_{am}(j + 1)}{2}[1 + \cos(a_T\omega + b_T)] \quad (22.44)$$

并且，$a_T = 180/(\omega_S + 330)$ 和 $b_T = -(30a_T + 180)$

为了应用这些方程，必须知道之前一天的最大温度 $T_{aM}(j - 1)$ 和之后一天的最低温度

$T_{am}(j+1)$。如果不能够获得这些数据，那么可以在没有引入太多错误的情况下假设他们等于方程中的这些天的值。

22.7　入射角和灰尘的影响

光学材料的反射和透射与入射角度有关。太阳能收集器上的封装玻璃也不例外，由于玻璃反射在各个角度都不同，因此光伏组件的光学输入受到相对于太阳方向的影响。对于清洁表面已经建立了基于 Fresnel 公式的理论模型。被广泛采用的公式来自于 ASHRAE[30]。在一个给定的入射角 θ_S 情况下，这个模型可以简单描述为

$$FT_B(\theta_S) = 1 - b_0 \left(\frac{1}{\cos\theta_S} - 1 \right) \tag{22.45}$$

式中，$FT_B(\theta_S)$ 是经过垂直入射的总透射率归一化的相对透射率；b_0 是一个可以调整的参数，对于不同种类的光伏组件，这个参数的值可以通过经验得到。如果这个值不知道，一般可以采用 $b_0 = 0.07$。可以将式（22.45）用于直接辐照度和太阳周边辐照度来计算入射角对被成功收集的太阳辐射的影响，各向同性散射和反射取一个近似值 FT = 0.9。图 22.16 给出了 $FT_B(\theta_S)$ 与 θ_S 的关系曲线。在接近于 60° 的地方出现了一个明显的弯折。在实际情况中，这就意味着入射角对所有低于 60° 的 θ_S 的影响是可以忽略的，例如，$FT_B(40°) = 0.98$。

ASHRAE 模型使用简单，但是有一个比较明显的缺点。它不能在 $\theta_S > 80°$ 的范围内使用。更坏的是，也不能够将灰尘的影响考虑进去。在真实的环境中灰尘总是存在的，不仅影响了在垂直入射方向上的透射，而且影响了 $FT_B(\theta_S)$ 的形状。图 22.16 显示了从 40° 到 80° 由于灰尘的影响造成相对透射率的降低。以下方程被很好地描述了真实的 $FT_B(\theta_S)$[31]：

$$FT_B(\theta_S) = 1 - \frac{\exp\left(-\frac{\cos\theta_S}{a_r} \right) - \exp\left(-\frac{1}{a_r} \right)}{1 - \exp\left(-\frac{1}{a_r} \right)} \tag{22.46}$$

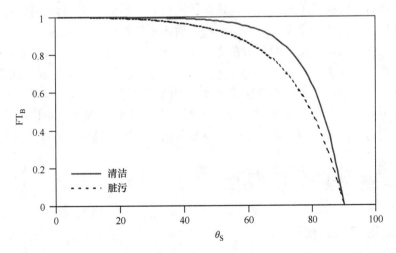

图 22.16　清洁表面和灰尘掩盖表面的相对透射率 FT_B 与入射角 θ_S 的关系曲线

式中，a_r 是根据沾污程度设定的一个可调整参数，见表 22.3。注意到沾污程度通过相对垂直透射表征，$T_{dirt}(0)/T_{clean}(0)$。直接和环日辐射成分采用式（22.46）。各向同性散射的角度损失和漫反射辐射成分的相容方程已有文献论述[31]。

表 22.3　角度损失计算的推荐参数

污染程度	$T_{dirt}(0)/T_{clean}(0)$	a_r
清洁	1	0.17
低	0.98	0.20
中	0.97	0.21
高	0.92	0.27

必须注意到的是 $FT_B(0)=1$，也就是这个函数并不包括沾污对相对垂直透射的影响，也不包括相对于垂直入射的角度损失。换句话说，到达光伏组件上的太阳电池的"有效"沾污辐射应该按照下面进行计算：

$$B_{eff}(\beta,\alpha) = B(\beta,\alpha) \times \frac{T_{dirt}(0)}{T_{clean}(0)} \times FT_B(\theta_S) \tag{22.47}$$

以 4 月 15 日的巴西阿雷格里港情况为例，忽略漫散射，假定中等程度的沾污，不仅在直接辐射同时也在散射辐射的环日成分中应用 $FT_B(\theta_S)$，我们可以计算以纬度角倾斜的表面上的有效辐照度。

$\omega(°)$	FT_B (θ_S)	$B_{eff}(\phi)$ /(W/m²)	$D_{eff}(\phi)$ /(W/m²)	$G_{eff}(\phi)$ /(W/m²)	ΔG_{eff} (%)
ω_S	0	0	0	0	0
±60	0.913	80.84	126.39	207.23	−11.3
±30	0.991	249.63	249.74	499.37	−6.8
0	0.999	332.13	296.37	628.50	−6.1

这个表的最后一栏描述了由于沾污和角度效应引起的损失。考虑到沾污减少了 3% 的垂直透射（$T_{dirt}(0)/T_{clean}(0)=0.97$），当 $|\omega|>30°$ 时主要以角度损失为主。

最后，必须强调依赖于角度的反射在光伏模拟中经常被忽略。然而，在实际的模拟中，它们很重要，例如，在垂直（幕墙集成光伏系统）或者水平的（N-S 水平跟踪器）表面。而且，它们也能帮助解释在光伏组件性能中观察到的低辐照效应。当入射角比较大时，或者当太阳能辐射主要是散射时，就会发生低的辐射。在这两种情况下，角度损失变得尤其重要。实际上，没有考虑角度损失在一些能量模型中已经被指出是主要的误差来源[32]。

22.8　一些计算工具

22.8.1　日辐射结果的获得

有时，需要特别注意长期（许多年）日辐照量数据，例如，当研究独立光伏系统的长期可靠性时。然而，缺少长期性的历史数据，并且这些数据也很难获得。这就需要一种能够从一系列大范围可用信息中，例如 12 个月的长期的日辐照量的月平均值 $G_{dm}(0)$，产生一系列信息的方法。想法就是产生的一系列数据必须保持一些被认为是通用的统计特性，如果这些特性有的话就像在历史数据中发现的那样。尤其是，太阳辐射的持久性，也就是今天的太阳能辐照度与以前辐照度的相关性，通过一级自回归过程得以足够的描述[33]。然而，任何给定周期的日晴朗指数的概率函数都具有与这个周期的平均值相关的形式。在参考文献 [34] 中给出了获得日辐照量结果的几种方法。Aguiar[35] 提出的方法是目前使用最多的。

22.8.2　参考年份

正如前面已经提到的，在一个给定位置处，被广泛利用的太阳辐射资源信息是一系列总日水平辐照量的 12 个月的平均值 $G_{dm}(0)$。上面提供的方法允许估计在平均年的任意时候，甚至是一个长期系列年的任何时候、任意方向表面上的所有辐射分量。这个方法可以在所有涉及设计光伏系统的相关问题中得到利用：规模、对能量输出的预计、遮光的影响、倾斜角的优化等。

然而，太阳辐射仍然是系统记录的目标，有更多的辐照度和辐照量数据正在被收集并且被放置在公共处置事务中。这些数据或者是以简单的记录数据形式，或者是以精密的数学工具形式，都正确地表现了相关地点的气候。最为广泛使用的叫作参考年份，也被称为典型气候年（TMY），或者叫作标准年[36]。一个位置的 TMY 是一种假设的年，其中的月是真实的月，但是选自提供数据的整个周期中的不同年。实际上[37]，选择月份的水平日总辐照量的月平均值代表了在数据库中包括的所有值的平均值。例如，1986 年的 1 月被选作马德里的 TMY，由于它的 $G_{dm}(0) = 1.98kWh/m^2$，与在记录中的所有 1 月的平均值 $G_{dm}(0) = 1.99kWh/m^2$ 最为接近[14]。

光伏应用上最为广泛使用的 TMY 被设定成 1h 的范围。因此，它包含 4380 个水平面上总辐照量的值。每个小时也有指定的环境温度值。这些大量的初始数据使最终获得的结果要比简单使用 $12G_{dm}(0)$ 值作为输入值得到的结果更加准确。另外一个方面，由于任何数据的典型性会受到太阳辐射随机特性的限制，结果间小的差异几乎没有意义。另外一个方面，由于从 $12G_{dm}(0)$ 获得的结果和从 TMY 获得的结果是非常相似的，加入初始数据是一致的（例如，在 TMY 中的月平均与 $12G_{dm}(0)$ 值一致），从水平面转换到倾斜表面之间选定的相互关系和散射辐射成分的模型是一样的。其物理原因在于（最初 Liu 和 Jordan[15] 给出的）在大多数光伏器件中存在准线性功率-辐射关系，并且实际上，特定位置的太阳气候可以单单通过月平均日晴朗指数得以很好的表征。上面已经提到，Liu 和 Jordan 已经说明了在不计纬度的情况下，日总辐照强度等于或者少于某个值的片段时间取决于这个参数。无疑，更深入地讨论这个问题将会增加读者原本就已经很大的厌烦情绪；因此，我们将会限制于描述一些在我们的经验中具有代表性的事例。

1992 年，马德里大学的太阳能研究所（IES-UPM）参加了在西班牙的托莱多的建设 1MW 光伏发电站的设计。在那时，这是欧洲最大的光伏计划，因此要求在初始的计划阶段进行非常仔细的研究。幸运的是，可以从临近的气象站获得包含 20 年每小时辐射的大量历史数据，可以直接计算预期的能量输出。当考虑了一些细节性的特征，例如附近阵列的遮光，反向跟踪特征等，分析了静态和追日光伏阵列。而且，当输入来源于历史的辐射结果的TMY，可以进行相同的计算，同时也可以只输入 $12G_{dm}(0)$ 值，只是计算每个月的平均天。从这三个计算过程得出的结果之间的差别不会高于2%！实际上，这些结果对下面要陈述的考虑太阳入射角效应更加敏感[38]。

一个聪明的朋友没有涉足这个项目，但是他知道这个假想，提出了这样的问题：既然它们给出相似的结果，那么我们为什么要进行毫无遗漏的详细说明呢？为什么不简单化？最好从人类心理学上寻找合适的答案。许多人简单地设想而不是相信一些观点。因此，敢于发表观点的人有一种提供强有力的论据支持这种观点的冲动。在很大程度上，当提供辩护论据时，现代的复杂软件并不一定要比简单（但是判断正确的）传统方法给出较好的结果。这就是1992年IES-UPM的处境，对于今天本章的作者来说，这个处境仍然相同。

22.8.3 遮光和轨道图

光伏组件周围事物可以包括树、山、烟囱、墙壁、其他光伏组件等。由于这些事物，光伏组件不可能总是处于没有遮光的位置。这将会减少它们的潜在的能量输出，并且在设计光伏组件时必须要考虑这些影响。式（22.3）~式（22.5）允许按照海拔与方位角之间的对比绘出太阳的轨道图，这在图22.6中已经进行了解释。

这些类型的图被称作椭圆轨道图。在决定由任何障碍物引起的遮光持续时间和影响方面，这个图是非常有用的工具。一种正确放置的经纬仪（测量方位角和仰角的标准仪器）能够测量方位角和任何种类障碍物的最相关点（角落，峰等）的海拔角。然后当地的地平线可以叠加在轨道图中，正如图22.17中显示的那样。当太阳在低于当地地平线的位置时，假设直接和环日辐射为0，计算遮光的影响。除非遮光非常大，当地地平线的散射辐射的影响（除了环日成分）可以被忽略。已经提出了简化这种计算运用的几种工具[39,40]。

当涉及大型光伏电站时，支架和跟踪器之间的相互遮挡的问题就尤为突出。这决定了光伏阵列的形状和间距。已有文献讨论了相应的公式[41]。

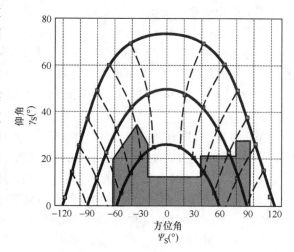

图 22.17 太阳在纬度 $\phi = 40.5°$ 的轨道图（在图上叠加了一个摩天大楼。例如，在冬至那天，从日出到10:30（太阳时间）和从14:30到日落的遮光）

22.9 最广泛采用的表面上的辐照量

这部分分析一些常规研究表面上的重要辐射特征。前面已经提到，以前提出的方法符合一个完全的套装软件，使用水平面数据作为输入数据，允许计算在任何一段时间内入射到任

意表面上的辐照量。毫无疑问这是一项繁琐的工作，因此发展了特殊的商业化的软件包[42,43]。然而，对于许多实际的工程问题，可以研发更加直接和简单的工具。尤其是有可能开发一种能够手工计算的解析表达式。为了应用以前章节里的讨论，让我们分析一个特殊的例子：一个朝向赤道（$\alpha = 0$）并且与水平面倾斜成一定角度的固定表面的四个不同位置收集的年平均日辐照度 $G_{dy}(\beta)$。图 22.18 画出了对于每一个位置，$G_{dy}(\beta)$ 最大值与 $G_{dy}(\beta)$ 在称为纬度绝对值的倾斜角之间的比例，$G_{dy}(\beta - |\phi|)/G_{dy}(\beta_{opt})$，$\beta_{opt}$ 是对应 $G_{dy}(\beta)$ 最大值处的倾斜角。计算过程已经在图 22.6 中进行了描述。太阳辐射数据已经从参考文献［6］中获得，但是有几个方面需要被指出。

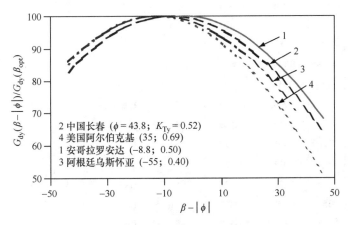

图 22.18　年能量收集与朝向赤道的各种倾斜角的关系
（与最大值相关的相对收集百分比，也绘出了 $G_{dy}(\beta - |\phi|)/G_{dy}(\beta_{opt})$ 与方位角和纬度的关系）

　　一方面，所有的曲线之间存在较大的相似性。尽管选择地点存在纬度和晴朗指数的较大区别，对于这四个选择的位置，曲线的形状和最大辐射收集的倾斜角非常相似。并且，这个角相对靠近纬度。值得提出的是，延伸到世界的许多地方的实际测量证明了这种大的相似性几乎是普遍的。实际上，我们也在从 $\phi = 80°$ 到 $\phi = -78.2°$ 之间的 30 个不同的地方进行了特殊的测试（见表 22.4）。我们限制图 22.18 中仅有 4 条曲线用于陈述。可以讨论这种相似性的物理解释，观察到不管在什么纬度下，所有表面都向赤道倾斜（朝南），并且倾斜的角度等于平行于整个地球、同时也平行于地球旋转轴的纬度的绝对值。因此，在春分或者秋分的那天，它们将会接收到特定的太阳辐照量，$B_{0d}(|\phi|)|_{\delta=0}$。当表面同等地与纬度角倾斜一定角度时，$B_{0d}(\beta - |\phi|)|_{\delta=0}$，出现相同的情况。除了春分或者秋分以外这种情况不存在，这是由于太阳上升时间（因此，白天的长度，最终是地球外每日的辐照量）依赖于纬度，正如式（22.7）描述的那样。然而，在两个倾斜度上的地球外辐射的比例 $B_{0dy}(\beta - |\phi|)/B_{0dy}(|\phi|)$ 趋向于保持常数。现在，当考虑地球的大气时，由于不同的气候条件，也就是从一个地方到另一个地方具有不同的年晴朗指数 K_{Ty}，这些位置场所的独立性未必会保持。明显的是，散射辐射的收集相对于直接辐射的收集来说对倾斜角的变化并不很敏感。由于这个原因，较低的 K_{Ty} 值（较高的 F_{dy}），不太可能会出现突变曲线。图 22.18 揭示了实际上这种趋势是非常弱的，因此位置的独立性占主导地位，函数 $G_{dy}(\beta - |\phi|)/G_{dy}(\beta_{opt})$ 可以被适当地认为是普遍不变的。

表 22.4　世界各地 32 个不同的地方，不同面年度辐射的可用性。在 22.9.2 节中描述了各种跟踪选项（1 轴、2 轴等）。水平表面 $G_{dm}(0)$ 上全球每日辐射可由第 3 和 4 列得到［$B_{0dy}(0)$ 和 K_{Ty}］

位　　置	$\phi(°)$	$B_{0dy}(0)$ /(Wh/m^2)	晴朗指数 K_{Ty}	全球水平年辐照度比率					
				双轴	单方位轴	单水平轴	单极轴	固定 β_{opt}	双轴聚光器
冰岛，北极	80	4180	0.591	2.92	2.86	2.19	2.70	1.82	2.41
圣彼得堡，俄罗斯	59.9	5616	0.460	1.85	1.80	1.55	1.75	1.27	1.33
汉堡，德国	53.6	6354	0.417	1.63	1.58	1.41	1.57	1.20	1.08
弗莱堡，德国	48	6998	0.433	1.54	1.49	1.37	1.49	1.14	1.03
南斯，法国	47.2	7088	0.473	1.63	1.56	1.42	1.58	1.19	1.13
奥林匹亚，美国	46.6	7154	0.442	1.52	1.47	1.37	1.47	1.13	1.02
长春，中国	43.8	7459	0.515	1.72	1.62	1.46	1.66	1.24	1.24
札幌，日本	43	7543	0.425	1.55	1.47	1.35	1.49	1.18	1.01
芝加哥，美国	41.5	7700	0.499	1.57	1.49	1.40	1.53	1.14	1.11
马德里，西班牙	40.4	7812	0.549	1.63	1.52	1.45	1.58	1.16	1.20
华盛顿，美国	38.6	7991	0.478	1.52	1.43	1.36	1.47	1.12	1.04
圣路易斯，美国	38.4	8011	0.523	1.57	1.46	1.41	1.52	1.13	1.12
首尔，韩国	37.5	8098	0.433	1.51	1.42	1.34	1.46	1.15	1.00
阿尔伯克基，美国	35	8331	0.692	1.71	1.54	1.52	1.65	1.16	1.38
杰勒法，阿尔及利亚	34.6	8364	0.589	1.61	1.47	1.44	1.56	1.14	1.21
上海，中国	31.2	8661	0.490	1.46	1.34	1.34	1.42	1.09	1.00
开罗，埃及	30.6	8710	0.641	1.60	1.42	1.45	1.54	1.11	1.24
德里，印度	28.6	8869	0.633	1.62	1.41	1.45	1.56	1.13	1.26
卡拉奇，巴基斯坦	24.8	9144	0.603	1.55	1.34	1.41	1.49	1.10	1.17
莫雷利亚，墨西哥	19.7	9459	0.417	1.30	1.17	1.24	1.27	1.04	0.80
达喀尔，塞内加尔	14.7	9702	0.601	1.44	1.19	1.37	1.40	1.03	1.08
曼谷，泰国	13.7	9743	0.491	1.36	1.15	1.29	1.32	1.03	0.91
卡拉维瑞亚，菲律宾	8.6	9909	0.514	1.34	1.09	1.30	1.31	1.00	0.92
科伦坡，斯里兰卡	6.9	9949	0.530	1.35	1.08	1.31	1.32	1.01	0.94
麦德林，哥伦比亚	6.2	9963	0.470	1.29	1.06	1.26	1.26	1.00	0.84
罗安达，安哥达	-8.8	9936	0.496	1.32	1.09	1.29	1.27	1.00	0.89
埃尔阿托，玻利维亚	-16.4	9685	0.577	1.45	1.21	1.36	1.28	1.05	1.07
圣保罗，巴西	-23.5	9313	0.425	1.34	1.22	1.26	1.12	1.06	0.84
阿雷格里港，巴西	-30	8863	0.501	1.46	1.33	1.34	1.14	1.08	1.01
巴里洛切，阿根廷	-41.1	7877	0.560	1.63	1.53	1.46	1.11	1.15	1.21
乌斯怀亚，阿根廷	-55	6360	0.396	1.73	1.67	1.42	0.91	1.29	1.14
小美利坚，南极	-78.2	4438	0.560	2.63	2.58	1.98	1.17	1.69	2.04

另外一个方面，图 22.18 中的曲线的平滑形式显示了有可能对其进行解析描述，这样避免了每次需要用计算机并且使用一个特殊值的要求。值得注意的是，纬度越大，夏天的白天和冬天的白天之间的差异就越大，最终，在夏天和冬天辐照量之间的差异就越大。因此，可

以预想当纬度增加时，优化倾斜角时逐渐将优先权从冬天辐照量的收集向夏天辐照量收集方向转移。这可以从图 22.19 中观察到，已经画出了上面提到的 30 个不同位置的 $\beta_{opt} | \phi |$ 与纬度之间的曲线。

将这些值采用线性方程去拟合是有用的：

$$\beta_{opt} - |\phi| = 3.7 - 0.31|\phi| \text{ 或者 } \beta_{opt} - |\phi| = 3.7 + 0.69|\phi| \qquad (22.48)$$

式中，β 和 ϕ 的单位是（°）。值得注意的是观察到数据点集群在式（22.48）周围是分散的（见图 22.19），实际上由于能量收集对优化的倾斜角的偏差敏感度低，因此这种发散可以忽略不计。例如，对应于（$\phi = 28.6°$）点——图中标志为 ♥——显示了 $\beta_{opt} = 29.6°$，而式（22.48）给出 $\beta_{opt} = 23.4°$。6.2° 的不同出现相对比较大的差异（$\approx 20\%$），但是详细的模拟练习将会表明 $G_{dy}(23.4°)/G_{dy}(29.6°)$ 是 99%，也就是说，当转换到能量含量时，这种差异的影响小到可以忽略。相似的理由也证明了经常假设 $\beta_{opt} = \phi$ 的有效性。现在，一个二次多项式很好地描述了图 22.18 中的曲线

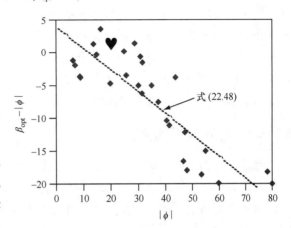

图 22.19　优化的倾斜角与纬度之间的关系
（画出了 $\beta_{opt} - |\phi|$ 与纬度 $|\phi|$ 之间的关系。
在表 22.4 中给出了不同位置的点）

$$\frac{G_{dy}(\beta)}{G_{dy}(\beta_{opt})} = 1 + p_1(\beta - \beta_{opt}) + p_2(\beta - \beta_{opt})^2 \qquad (22.49)$$

式中，p_1 和 p_2 是可调整的参数，其值分别为 $4.46 \times 10^{-4}(°)^{-1}$ 和 $-1.19 \times 10^{-4}(°)^{-2}$。所谓的关联系数 R^2 对应的值大于 0.98，显示了式（22.48）和式（22.49）很好地调整到了模拟的值。这样，一个涉及许多沉闷步骤的相当复杂的计算结果，就可以通过两个简单的数学表达式进行描述。除了简单和优雅之外，所有的信息都已经被凝练成 4 个数，并且方程具有连续斜率的优点，这在许多计算中都是有用的。值得注意的是这些方程也可以从水平面的数据中计算 $G_{dy}(\beta_{opt})$ 的值，这些水平面的数据是最为经常使用到的信息。

例如，日本纬度为 $\phi = 43°$，水平日总辐照量年平均值 $G_{dy}(0) = 3220 \text{Wh/m}^2$，在日本札幌，估计优化倾斜角和相对应的年辐射。解为

式（22.48），$\phi = 43° \rightarrow \beta_{opt} = 33.37°$

式（22.49），$\beta = 0° \rightarrow G_{dy}(0)/G_{dy}(\beta_{opt}) = 0.8526$

$\rightarrow G_{dy}(\beta_{opt}) = 1.1729 \times G_{dy}(0) = 3776 \text{Wh/m}^2$。

全年的辐照是 $365 \times G_{dy}(0) = 1379 \text{kWh/m}^2$。

值得注意的是，有更加谨慎的计算方法，利用 12 个月平均辐照量以及采用在图 22.15 中描述的过程，可以得到 $G_{dy}(\beta_{opt}) = 3790 \text{Wh/m}^2$。这就意味着与式（22.49）有关的误差低于 0.4%。

下面的讨论有助于理解，表 22.4 给出了详细的模拟练习的结果，用于计算水平表面，最佳倾斜固定表面和几种类型的跟踪表面的年度辐射的可用性。这个练习已经扩展到世界上

32 个不同的地方。希望读者能够在这里发现相对相似的位置，既包括纬度和晴朗指数，也包括他们感兴趣的位置。水平面日总辐照量的年平均值 $G_{dy}(0)$ 可以通过乘以地外辐射对应的值和晴朗指数计算得出（第 3 列 × 第 4 列）。然后，这一水平 $G_{dy}(0)$ 值被用作在所有其他表面上可获得的辐照量的参考值。这个表中的第 8 列给出了在一个固定的优化倾斜表面上的总辐照量与水平面总辐射之间的比例，$G_{dy}(\beta_{opt})/G_{dy}(0)$。因此，在优化倾斜表面上的辐照度由第 3 列 × 第 4 列 × 第 8 列的乘积给出。

例如，日本札幌的水平和优化倾斜面的年辐照量的计算为

$$G_y(0) = 365 \times (第\ 3\ 列 \times 第\ 4\ 列) = 1170 \mathrm{Wh/m^2}$$

$$G_{dy}(\beta_{opt}) = G_y(0) \times 第\ 8\ 列 = 1381 \mathrm{Wh/m^2}$$

与上例仅存在 0.15% 的不同。

22.9.1 固定表面的情况

目前，很多工业化国家，在建筑上安装光伏电源已经成为时尚，这需要采用很多不同的朝向和倾斜角度。实际上，光伏组件的朝向从东到西，倾斜角度从水平到垂直的都有。这样，就很值得将前面的工作拓展到除了朝赤道方向倾斜的表面之外的那些表面上，即 $\alpha \neq 0$ 的表面上，以及那些有灰尘的表面上。E. Caamano 提出了如下解决方案[44]：

$$\frac{G_{effdy}(\beta, \alpha)}{G_{dy}(\beta_{opt})} = g_1(\beta - \beta_{opt})^2 + g_2(\beta - \beta_{opt}) + g_3 \tag{22.50}$$

式中，

$$g_i = g_{i1} \cdot |\alpha|^2 + g_{i2} \cdot |\alpha| + g_{i3}; \ i = 1, 2, 3 \tag{22.51}$$

它们是处理灰尘很多的表面时所采用的系数，表 22.5 中给出了它们的一些取值。在式 (22.50) 第一项的下标 "eff" 表示，为了有利于将这个方程直接应用到实际情况中，已经在相对垂直透过率内包含了灰尘效应。

表 22.5 求解式 (22.50) 所采用的系数。这些数值对应于中等程度的灰尘情况($T_{dirt}(0)/T_{clean}(0) = 0.97$)

系 数	$T_{dirt}(0)/T_{clean}(0) = 0.97$		
	$i = 1$	$i = 2$	$i = 3$
g_{i1}	8×10^{-9}	3.8×10^{-7}	-1.218×10^{-4}
g_{i2}	-4.27×10^{-7}	8.2×10^{-6}	2.892×10^{-4}
g_{i3}	-2.5×10^{-5}	-1.034×10^{-4}	0.9314

让我们继续看日本札幌的例子，计算在如下表面上可以利用的有效辐照：

1）优选朝向：$\alpha = 0$，优选倾斜角度：$\beta = \beta_{opt}$

式 (22.51)，$\alpha = 0 \rightarrow g_i = g_{i3}$

式 (22.50)，$\beta = \beta_{opt} \rightarrow G_{effdy}(\beta_{opt}) = 0.9314 G_{dy}(\beta = \beta_{opt}) = 3517 \mathrm{Wh/m^2}$

可以看到，由入射角的光学效应引起的总损失（$\approx 7\%$）大于单纯的垂直透过率的损失（$\approx 3\%$）。

2）相对于水平面倾斜 20°，$\beta = 20°$，朝向为朝西 30°，$\alpha = 30° \rightarrow g_1 = -1.032 \times 10^{-4}$；$g_2 = 1.509 \times 10^{-4}$；$g_3 = 0.9057$

$$\beta - \beta_{\text{opt}} = -13.37° \rightarrow G_{\text{effdy}}(20,30) = 0.8853 \cdot G_{\text{dy}}(\beta_{\text{opt}}) = 3343 \text{Wh/m}^2$$

需要提到的是，如果不考虑角度损失而进行相似的计算，将会导致 $G_{\text{dy}}(20,30) = 0.936 \cdot$ $G_{\text{dy}}(\beta_{\text{opt}}) = 3533 \text{Wh/m}^2$

3）垂直的表面，$\beta = 90°$，朝向东南，$\alpha = -45°$

$$\alpha = -45° \rightarrow g_1 = -0.885 \times 10^{-4}; \ g_2 = -2.065 \times 10^{-4}; \ g_3 = 0.8761$$

$$\beta - \beta_{\text{opt}} = 56.63° \rightarrow G_{\text{effdy}}(90,-45) = 0.5806 \cdot G_{\text{dy}}(\beta_{\text{opt}}) = 2192 \text{Wh/m}^2$$

这里可以再次提到，每年所能俘获的能量与倾斜角度之间有相当弱的敏感度。大致估算的结果是，倾斜角度从优化值每偏离1°，损失值为0.2%。如果对极坐标，这甚至在更大的范围内都是对的，倾斜角度每与南向偏离1°，损失只有0.08%。这意味着很多已有的表面（房顶、停车场等）都合适用来进行光伏组件的安装，即使它们的朝向与优化方向有相当不同。这也意味着没有必要进行昂贵的土建工程来调节光伏阵列的位置，尽管在大规模光伏场中，这已经成为了一种习惯。

那些给每年有固定消耗设备进行供电的独立系统尤其有意义，需要特别提及。这里的设计标准是，即使不是整年，也要让至少在辐照期内获得的能量最大。正如所希望的，这样的接收器与冬天的太阳光垂直放置，推荐的角度为 $\beta \approx \phi + 10°$。

22.9.2　太阳跟踪表面

通过既定的轨迹跟踪太阳，尽量减少入射角以增加入射辐照。跟踪装置在光伏系统中已经广泛采用，主要是对于很多大型的并网光伏电站，这些装置在其中已经表现出非常高的可靠性。作为一个具体例子，在 Toledo 光伏电站里，一个 100kW_{p} 的跟踪系统已经从1994年100%正常地运行到今天，2007年西班牙约 500kW_{p} 的电站采用了同种跟踪系统。图 22.20 是一个真实的例子。必须要指出的是，收集率的增加也增加了成本，因为跟踪系统比静态支架更贵。粗略地说，跟踪系统有一定的经济意义，同时光伏组件的成本仍然大于 1 欧元/W_{p}。

通过双轴（更多的时候，垂直轴调节方位和水平轴调整倾斜度，也可以找到另外两个轴的结合，只要两个轴相互垂直）跟踪可以使接收器的表面总是保持与太阳垂直（$\beta = \theta_{\text{ZS}}$；$\alpha = \psi_{\text{S}}$），因此可以收集最大数量的能量。主要依赖于晴朗指数，与具有最佳倾斜角度的固定表面相比，二者之间的比值 $G_{\text{dy}}(\text{双轴})/G_{\text{dy}}(\beta_{\text{opt}})$ 在 1.25～1.55 之间（表 22.4 中的第 5 列被第 9 列除）。但是，这些装置安装起来很贵，因为它们通常比较复杂，并且需要更大的空间。所以，通常优选的是几种单轴跟踪器。单轴跟踪器在一天之内从东到西地跟踪太阳，互相的倾斜角不同。

方位角单轴跟踪器沿着它们的垂直轴旋转，这样，接收器光伏表面的方位角总是与太阳的方位角相同。同时，倾斜角度保持恒定（$\beta = \beta_{\text{cons}}$；$\alpha = \psi_{\text{S}}$）。入射角度由表面的倾斜角和太阳顶角之间的差值决定（$\theta_{\text{S}} = \theta_{\text{ZS}} - \beta_{\text{cons}}$）。显然，所收集到的辐照数量依赖于表面的倾斜角度，在倾斜角度与纬度接近的时候获得最大值。同样地，每年获得的能量对这个倾斜角度的敏感度相当低。可以采用的典型值为，倾斜角度相对最优值每偏离1°，损失大约为0.4%。注意，与两个轴跟踪（表 22.4 中第 6 列除以第 5 列）相比，按纬度倾斜的方位跟踪器可以收集多达 95% 的年辐射。

跟踪器沿取向为 N-S 的单轴转动，由于有良好的机械强度，因此可以与水平面有一个

图 22.20　不同类型的跟踪系统：a）双轴，决定方位的垂直轴和决定倾斜的水平轴；
b）双轴，从东转向西的水平轴和垂直轴；c）单轴，从东转向西的水平轴；
d）单轴，从东转向西的垂直轴，而倾斜度保持不变

β_{NS} 的倾斜角度。可以看到，为了使太阳入射角度最小，轴的旋转角度 ψ_{NS} 在中午时为 0，并且必须满足：

$$\tan \psi_{\text{NS}} = \frac{\sin \omega}{\cos\omega \, \cos\beta_\Delta - [\text{sign}(\phi)] \tan\delta \, \sin\beta_\Delta} \tag{22.52}$$

式中，$\beta_\Delta = \beta_{\text{NS}} - \text{abs}(\phi)$，相应的太阳入射角为

$$\cos\theta_\text{S} = \cos\psi_{\text{NS}}(\cos\delta \, \cos\omega \, \cos\beta_\Delta - [\text{sign}(\phi)]\sin\delta \, \sin\beta_\Delta) + \sin\psi_{\text{NS}} \cos\delta \, \sin\omega \tag{22.53}$$

一种常见的模式是轴的倾斜角度等于纬度数，称为极地跟踪。此时，旋转轴与地球的转轴平行，式（22.53）简化成 $\theta_\text{S} = \delta$。由于全年偏差的变化，太阳光入射角的余弦在 0.92 ~ 1 之间变化，年平均值大约为 0.95。相对于双轴的情况，极地跟踪器也能收集大约 95% 的能量（表 22.4 中的第 8 列被第 5 列除）。有趣的是，极地跟踪器的转动与标准时钟的转动同步。

另一个常见模式是水平轴，水平单轴跟踪器是相当简单的结构，其在 N-S 方向上没有投影。这与双轴跟踪器相比有显著的辐照损失（表 22.4 中的第 7 列被第 5 列除）。但与具有优选倾斜角的固定表面相比辐照仍有显著的增加（表 22.4 中的第 6 列被第 8 列除）。正因为如此，这些跟踪方案适用于大规模光伏电站：PVUSA[45]，Toledo[38]。这对光热电站也是如此。我们应该记得，在发电采用的各种重要方式中最早的太阳跟踪器就是安装在抛物反射槽上的 N-S 取向的水平单轴跟踪器，它们由 Frank Shumann 和 C. V. Boys 于 1912 年在埃及 Meadi 建设[46]，用来为 45kW 的蒸汽泵工厂提供电力。跟踪器覆盖了 1200m² 的面积。这个电站在

技术上是成功的，也就是说，可靠的跟踪器在那时就已经有了，但是由于第一次世界大战和更廉价的燃料价格，它在 1915 年被关闭了。1984 ~ 1986 年，在加利福尼亚著名的 Luz 太阳能热场，建成了世界上最大的太阳能电站，它也采用了这种类型的跟踪器，同样取得了很大的技术上的成功[47]。旋转角（这是一个当表面倾斜时的特例）和太阳光入射角表示为

$$\psi_{NS} = \beta = \arctan \left| \frac{\sin \psi_S}{\tan \gamma_S} \right| \tag{22.54}$$

以及

$$\cos\theta_S = \cos\delta \cdot \left[\sin^2 \omega + (\cos\phi \, \cos\omega + \tan\delta \, \sin\phi)^2 \right]^{1/2} \tag{22.55}$$

最后，值得提到的是，大规模的光伏电站包括很多，甚至几百列固定在地面上的组件。这些阵列之间的距离会影响能够产生的能量。如果间距增加，一些阵列往另一些阵列上的投影会减小，就会产生更多的能量。但是，这也会影响成本，因为间距越大所占用的面积越大，就会需要更长的缆线以及更昂贵的土建工程。所以，有一个最佳间距可以使在更多能量和更低成本之间获得一个折中。目前比较普遍的观点是，与静态布局相比，跟踪器通常需要更多的土地。感兴趣的读者可以阅读参考文献 [41]，其对大规模光伏阵列的跟踪器和阴影有详细的论述。光伏阵列的面积与土地面积的比值，称之为地面覆盖率（GCR）。在中纬度地区，对于静态表面 GCR ≈ 0.5，对于水平轴为 0.25 < GCR < 0.5，对于双轴跟踪系统为 0.1 < GCR < 0.2。一个相关的例子是葡萄牙 Amaraleja 的 48MW 电站的跟踪系统，如图 22.21 所示。

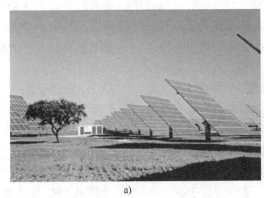 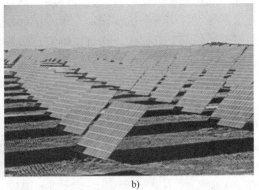

a)   b)

图 22.21　Amaraleja 48MW 电站的跟踪系统。每个跟踪器面积为 140m²，支持 182kWp 光伏阵列：
a）大部分日子里没有遮光；b）在清晨和傍晚有部分遮光

22.9.3　聚光器

光伏聚光器只能俘获直射的太阳辐射，并且需要跟踪装置来保持聚焦在太阳电池上。所以，它们最适合安装在散射低（或者漫散射低）太阳光充足的地方。图 22.22 比较了固定在双轴跟踪器上的光伏聚光器收集到的垂直直接辐照的能量和按优化倾斜角度固定的传统平板光伏接收器收集到的地面辐照的能量。表 22.4 给出了 30 个地方的数据。图 22.21 中给出的是 $B_{dy}(\perp)/G_{dy}(\beta_{opt})$（表 22.4 中的第 9 列被第 8 列除）与每年的晴朗指数之间的关系。一般来讲，在晴朗指数 $K_{Ty} > 0.55$ 的地方，双轴跟踪聚光器比固定的平板组件可以收集更多

的辐照。关于光伏聚光器更多的信息请参见第 10 章。

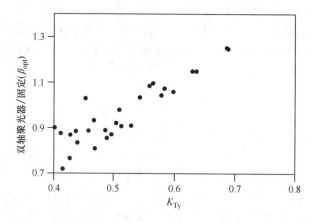

图 22.22　对固定的平板传统光伏组件和双轴跟踪的光伏聚光器每年可利用的平均
太阳辐照的比较（y 轴是表 22.4 中的第 10 列/第 9 列，x 轴是第 4 列）

22.10　实际工作条件下的光伏电源行为

工程师频繁遇到的必须要解决的问题是，考虑电站建设、地理位置，以及当地天气等信息来预测光伏电源的电学行为。具体地，这代表了预测电源可以传送的能量的基础，这是所有光伏系统设计中的关键步骤。这带来的问题是要建立光伏组件的评价条件，其中，功率特性和其他特性都要具体化，并且要确定出一种在给定的环境条件下，比如太阳辐照、环境温度、风速等计算性能的方法。

一般地，在标准测试条件（STC）（辐照强度：1000W/m²，光谱：AM1.5，以及电池温度：25℃）下对光伏组件进行评估。在一些出版物中，STC 也被作为标准报告条件。我们在下面采用星号 * 来表示这些条件下测试的参数。通常，短路电流、开路电压和最大功率，这些总是包含在制造商提供的数据单中。完成光伏组件特性检测需要进一步测量组件的额定工作电池温度（NOCT），其定义为光伏组件在 800W/m² 的辐照强度下，以及环境温度为 20℃，风速为 1m/s 时，太阳电池达到的温度。但是，基于 STC 预测的性能长期受到质疑，主要是因为每年能得到的能量效率远远小于 STC 所确定的能量效率。特别是光伏用户会很惊讶，他们购买的光伏组件安装运行后的实际效率大约只有生产商提供的 STC 效率的 70%，会产生一种被欺骗的感觉。所以，这些事实促使很多研究者提出了其他的方法来对光伏组件进行分级和进行能量性能评估，目的是针对光伏组件所产生的能量，更加直观地给购买者更加清晰和准确的结果（参见第 17 章中对组件性能分级所进行的更加详细的描述）。但是，很难对这些新的模型将来能够在光伏工程实践中应用的程度进行预测，这仍然是一个公开的问题。与 STC 相比，这些方法中的绝大多数需要进行更多的测试，并且依赖于需要经验确定的相对大量参数。当然，采用数量多的参数有助于能量模拟更加精确，但是，这种改善的程度如何，以及能否补偿实验确定这些参数所增加的复杂性仍然不清楚。这些新方法的提出者说他们的程序可以方便地完成（在他们的论文中使用了诸如"整个户外测试过程，包括设备搭建，花费了大约 3h"[48]）。但是同时，光伏组件制造商非常不愿意将这些麻烦的创新引入到他们已经在光伏工厂中建立的组件性能测试程序中。实际上，考虑到采用任何革新所带来的固有困难，这也是容易理解的。这在 Machiacelli 的名著《The Prince》中可以得到很好的解释，在 1513 页写道：没有什么比建立一个事物的新秩序的计划更困难，成功的希望更渺茫。总之，毫无疑问，对光伏组件能量性能低的争论以及提出的大量新的分级方法，在整个光伏界内引起了混乱，这使得让作者选出一个具体的方法并推荐给光伏同行具有很大的风险。但是，作者的观点是，至少对晶体硅太阳电池，基于在 STC 下所获得的少数参数，这些参数通常会包含在制造商提供的数据表中，进行的能量性能模拟足以提供充分的预测，只要做一些比较细致的考虑。当然，确保所购买的光伏组件的实际 STC 功率与制造商所提供的数值相同是另外一个问题[49]。

必须记住，尽管其他的光伏器件已经获得了显著进步，但晶硅电池仍然占据光伏发电市场的主导。例如，c-Si 技术的市场占有率从 1999 年的 87% （超过 202MW）增加到了 2007 年的 89.6% （超过 4.36GW）[50]。这种主导意味着与现场 c-Si 光伏组件的性能有关的实际信息已被认可，这在其他材料中不是很典型。因此，对光伏设计者来讲，处理 c-Si 光伏组件是最容易、最简单的。这就是为什么，尽管存在上述混乱，作者仍然认为仅仅输入 I_{SC}^*、V_{OC}^* 和 P_M^* 值，就能通过简单的方法对在任何常见的环境条件下的 c-Si 光伏组件性能进行 I-V 曲线评估的原因。特别地，这种方法还可以拓展到 c-Si 材料以外的其他材料上，本章下面会对此进行介绍。

22.10.1　所选定的方法

在前面的章节中（见第 3 章），已经给出，具有足够精度的太阳电池的 I-V 特性可以这样确定：

$$I = I_L - I_0\left(\exp\frac{V + IR_S}{V_t} - 1\right) - \frac{V + IR_S}{R_P} \tag{22.56}$$

式中，I_L、I_0、R_S 和 R_P 分别为光生电流、暗电流、串联电阻和并联电阻。电压 V_t 等于 mkT/e（在 300K 时，$m=1$，$V_t \approx 25\mathrm{mV}$）。这个表达式足够给出典型的 c-Si 太阳电池的本征行为。但是，这并不能直接获得所需要的预测。因为一些具体的参数，尤其是 I_L、I_0 无法通过一般信息而求得，通常会受限于制造商数据表中所给出的数据。

当采用下面的假设时，可以有效克服这种困难，其对 c-Si 光伏电池和组件通常是有效的：

- 忽略并联电阻的作用。
- 光生电流与短路电流相等。
- 在所有的工作条件下，$\exp((V + IR_S)/V_t) \gg 1$。

这样，式（22.56）就可以写成：

$$I = I_{SC} - I_0 \exp\frac{V + IR_S}{V_t} \tag{22.57}$$

式中，当 $I=0$ 时，得到以下开路电压的表达式：

$$V_{OC} = V_t\ln\left(\frac{I_{SC}}{I_0}\right) \tag{22.58}$$

其中，

$$I_0 = I_{SC} \exp\left(-\frac{V_{OC}}{V_t} \right) \tag{22.59}$$

将式（22.58）代入式（22.57），得到

$$I = I_{SC}\left[1 - \exp\left(\frac{V - V_{OC} + IR_S}{V_t} \right) \right] \tag{22.60}$$

这个表达式是非常有用的。可以看到，在右边的所有参数的数值都是可以方便地获得，这使得这个表达式可以立刻被应用。然而，存在不一致，$I(V=0) \neq I_{SC}$。但是，在所有太阳电池的实际应用中，我们发现 $V_{OC} \gg IR_S \rightarrow I(V=0) \approx I_{SC}$。由于 I 是隐式的（出现在方程式的两边），这个表达式不方便采用，理论上必须对方程进行迭代求解。然而，在电压接近最大功率点时，通过在第二相中设定 $I_M = 0.9I_{SC}$，只需要 1 次迭代就能获得非常精确的结果。

原则上，可以根据 $P = VI$ 来计算最大功率。根据求解最大值的一般条件 $dP/dV = 0$，可以得到确定最大功率点的 I_M 和 V_M 值。然而，所得表达式的复杂性用起来非常麻烦。基于已经存在的填充因子和开路电压之间的关系，寻找一个更简单的方法会更好。根据 M. A. Green[51]，有一个经验表达式表述这个关系：

$$FF = \frac{V_M I_M}{V_{OC} I_{SC}} = \frac{P_M}{V_{OC} I_{SC}} = FF_0(1 - r_s) \tag{22.61}$$

式中，

$$FF_0 = \frac{v_{oc} - \ln(v_{oc} + 0.72)}{v_{oc} + 1} \tag{22.62}$$

以及 $v_{oc} = V_{OC}/V_t$，$r_s = R_S/(V_{OC}/I_{SC})$，被定义为是归一化的电压和电阻。在 STC 下的串联电阻可以利用制造商的数据根据下面的表达式推导出来：

$$R_S = \left(1 - \frac{FF}{FF_0} \right)\frac{V_{OC}}{I_{SC}} \tag{22.63}$$

而 V_M 和 I_M 的值由如下得到[52]：

$$\frac{V_M}{V_{OC}} = 1 - \frac{b}{v_{oc}}\ln a - r_s(1 - a^{-b}) \text{ 以及 } \frac{I_M}{I_{SC}} = 1 - a^{-b} \tag{22.64}$$

式中，

$$a = v_{oc} + 1 - 2v_{oc}r_s \text{ 并且 } b = \frac{a}{1 + a} \tag{22.65}$$

这一系列表达式对 $v_{oc} > 15$ 和 $r_s < 0.4$ 是有效的。一般精度高于 1%。如果假定所有的电池是相同的，以及组件内互联的导体上的压降可以忽略，那么，这些表达式可以立即应用到光伏电源上。

目前，对任意辐照度和温度条件下光伏电源的 I-V 曲线进行预测，通过加入如下另外的一些假设，可以在简单和精确之间有一个很好的平衡。

- 太阳电池的短路电流只线性依赖于辐照度。即

$$I_{SC}(G) = \frac{I_{SC}^*}{G*}G_{eff} \tag{22.66}$$

式中，G_{eff} 是"有效"辐照度。如在 22.7 节中，这个概念必须考虑与太阳光入射角度有关的光学效应。

- 组件的开路电压只依赖于太阳电池的温度 T_C。电压随温度的增加而线性下降。因此，

$$V_{OC}(T_c) = V_{OC}^* + (T_c - T_c^*)\frac{dV_{OC}}{dT_c} \tag{22.67}$$

式中，电压的温度系数 dV_{OC}/dT_c 是负的。在光伏组件的特性标准测试中通常包含对这个参数的测量[53]。原则上，相应的数值也要包含在制造商提供的数据表中。对晶体硅电池，dV_{OC}/dT_c 一般在 $-2.3mV/℃$。

- 串联电阻是太阳电池的性质，不受工作条件的影响。
- 太阳电池的工作温度高于环境温度的部分，大致与入射光的辐照强度成正比。即

$$T_c = T_a + C_t G_{eff} \tag{22.68}$$

式中，常数 C_t 为

$$C_t = \frac{NOCT(℃) - 20}{800W/m^2} \tag{22.69}$$

目前在市场上，组件的 NOCT 值一般在 42~46℃ 之间，所以，C_t 值相应地在 0.027~0.032℃/(W/m^2) 之间。当 NOCT 未知时，C_t 约等于 0.030℃/(W/m^2)。这样的 NOCT 值对应于可以让光伏组件的两面都能产生自由的空气对流的安装方式，这不是安装在屋顶上的阵列，安装在屋顶上会对某些空气流动产生限制。已经表明[54]，如果可以采用某种背面透风的结构，NOCT 值升高大约 17℃ 是可以容许的，如果组件直接固定在高度隔绝的屋顶上，可以允许到 35℃。

具体例子：为了说明上述公式如何应用以及它们的有效性，我们来分析一个 1780W 的光伏电源，由 40 个组件构成，4 行平行排列，每行由 10 个组件串联。工作条件为 $G_{eff} = 700W/m^2$，$T_a = 34℃$。已知在 STC 下，组件具有如下特性：$I_{SC}^* = 3A$、$V_{OC}^* = 19.8V$ 和 $P_M^* = 44.5W$。进一步地，已知每个组件由 33 个电池构成，彼此串联，并且 NOCT = 43℃。

计算过程如下：

1）确定构成电源的太阳电池在 STC 下的特征参数 [式 (22.61)~式 (22.65)]：

33 个电池串联→每个电池：$I_{SC}^* = 3A$、$V_{OC}^* = 0.6V$ 和 $P_M^* = 1.35W$

假设 $m = 1$；$V_t(V) = 0.025 \times (273 + 25)/300 = 0.0248V \rightarrow v_{oc} = 0.6/0.0248 = 24.19 > 15$

那么 $FF_0 = (24.19 - \ln(24.19))/25.19 = 0.833$；$FF = 1.35/(0.6 \times 3) = 0.75$

以及 $r_s = 1 - 0.75/0.833 = 0.0996 < 0.4 \rightarrow R_S = 0.0996 \times 0.6/3 = 19.93m\Omega$

$a = 20.371$；$b = 0.953 \rightarrow V_M/V_{OC} = 0.787$，$I_M/I_{SC} = 0.943$

需要注意的是，这些数值使得 FF = 0.742，与开始值略有不同。这个误差表明这种方法的精度在本例子中好于 1%。有时，m 的值取 1.2 或者 1.3 会得到更好的近似。

2）在所考虑的工作条件下确定电池的温度（式 (22.68) 和式 (22.69)）：

$$C_t = 23/800 = 0.0287℃ m^2/W \rightarrow T_c = 34 + 0.0287 \times 700 = 54.12℃$$

3）确定太阳电池在所考虑的工作条件下的特征参数（式 (22.66) 和式 (22.67)）：

$$I_{SC}(700W/m^2) = 3 \times (700/1000) = 2.1A$$

$$V_{OC}(54.12℃) = 0.6 - 0.0023 \times (54.12 - 25) = 0.533V$$

如果 R_S 取常数，利用这些值可以得到 $V_t = 27.26mV$；$v_{oc} = 19.55$；$r_s = 0.0785$；$FF_0 = 0.805$；$FF = 0.742$；$P_M = 0.83W$

4）确定电源的特征曲线 (I_G, V_G)：串联的电池数目为 330；并联的电池组行数为 4。那么

$$I_{\text{SCG}} = 4 \times 2.1\text{A} = 8.4\text{A}; \quad V_{\text{OCG}} = 330 \times 0.533\text{V} = 175.89\text{V}; \quad R_{\text{SG}} = 1.644\Omega$$

$$I_{\text{G}}(\text{A}) = 8.4 \left[1 - \exp \frac{V_{\text{G}}(\text{V}) - 175.89 + 1.644 \cdot I_{\text{G}}(\text{A})}{9.00} \right]$$

为了计算在给定电压下的电流值，我们需要对这个方程进行迭代求解。第一步首先采用 $0.9 I_{\text{SCG}}$ 来代替 I_{G}，对 $V_{\text{G}} \leq 0.8 V_{\text{OCG}}$ 只需要一次迭代。作为例子，可以尝试去对 $V_{\text{G}} = 140\text{V}$ 和 $V_{\text{G}} = 150\text{V}$ 进行计算，结果分别为 $I_{\text{G}}(140\text{V}) = 7.77\text{A}$ 和 $I_{\text{G}}(150\text{V}) = 6.77\text{A}$。

5）确定最大功率点：

$a = 17.48$；$b = 0.9458$；$V_{\text{M}}/V_{\text{OC}} = 0.7883$；$I_{\text{M}}/I_{\text{SC}} = 0.9332$

$V_{\text{M}} = 138.65\text{V}$；$I_{\text{M}} = 7.84\text{A}$；$P_{\text{M}} = 1087\text{W}$

注意，比率 $P_{\text{M}}/P_{\text{M}}^* = 0.661$，而 $G_{\text{eff}}/G^* = 0.7$。这表明，与 STC 相比，在新条件下，效率有所下降，主要是由于太阳电池的温度升高，$T_{\text{c}} < T_{\text{c}}^*$。现在，效率的温度系数可以得到

$$\frac{1}{\eta^*} \cdot \frac{\text{d}\eta}{\text{d}T_{\text{c}}} = \left(\frac{P_{\text{M}}}{P_{\text{M}}^*} \cdot \frac{G^*}{G_{\text{eff}}} - 1 \right) \cdot \left(\frac{1}{T_{\text{c}} - T_{\text{c}}^*} \right) = -0.004/\text{℃}$$

这意味着温度每升高 1℃，效率下降大约 0.4%，这可以作为 c-Si 太阳电池的标准。通过常规数据计算的结果与组件实际的数据范围 $-0.45 \sim -0.5\%/\text{℃}$ 相吻合。

事实上，功率与电池温度存在直接的关系，表示为

$$P_{\text{M}}(G_{\text{eff}}, \ T_{\text{c}}) = P^* \frac{G_{\text{eff}}}{G^*} \left[1 - \gamma (T_{\text{c}} - T_{\text{c}}^*) \right] \tag{22.70}$$

或者

$$\eta(T_{\text{c}}) = \eta^* \left[1 - \gamma (T_{\text{c}} - T_{\text{c}}^*) \right] \tag{22.71}$$

式中，γ 是所谓的温度功率系数。值得注意的是，这些表达式可以在任意条件下计算功率，而无需之前的 I-V 曲线的计算。这对于模拟计算非常重要，因为这样减少了计算时间。

需要注意，依赖于所输入的数据的可利用性，其他的光伏电源模型也是存在的。例如，除它们之间的乘积 P_{M}^* 外，通常 I_{M}^* 和 V_{M}^* 都可以具体给出。那么，可以采用式（22.62）来直接估计串联电阻。这样可以得到

$$R_{\text{S}}^* = \frac{V_{\text{OC}}^* - V_{\text{M}}^* + V_{\text{t}} \ln \left(1 + \frac{I_{\text{M}}^*}{I_{\text{SC}}^*} \right)}{I_{\text{M}}^*} \tag{22.72}$$

需要注意的是，这与第 17 章 17.2 节的 I-V 关系相似但是不同。

22.10.2 二阶效应

在前面的部分中给出的模型，仅仅基于标准的能够广泛获得的信息，这有着不可否认的优点，尤其是对光伏系统设计而言，而且，其应用非常简单。但是，有争议的是，这种简化是以忽略下面的内容为代价的：

- 并联电阻的影响；
- 电池温度对短路电流的影响；
- 辐照强度对开路电压的影响；
- 低辐照强度引起的非线性；
- 光谱效应；

- 风的影响。

应该注意到，在参考文献［55］中经常提到由光伏组件提供的实际能量与预想的之间存在差异。因此，有必要来研究一下上面忽略掉的这些参数的重要性，从而澄清可能存在的误差。这些参数中的大多数在第 16 章中做过进一步的讨论。

在这里通过对光伏组件的串联电阻采用一种特殊的评估方式，在很大程度上补偿掉了并联电阻的影响，这确保了模拟曲线得到的最大功率与实际情况精确吻合。因此，在最大功率点附近，也就是说，在感兴趣的电压区，这种模型的精确性非常高。

短路电流会随温度的增加而缓慢增加。这一方面是由于光吸收增加了，因为半导体的带隙会随温度的增加逐渐减小；另一方面是由于少数载流子的扩散长度增加了。这可以通过在式（22.66）中增加一个线性项来表征：

$$I_{SC}(G,\ T_c) = I_{SC}^* \cdot \frac{G}{G^*} \cdot \left[1 + (T_c - T_c^*)\frac{dI_{SC}}{dT_c} \right] \tag{22.73}$$

温度系数 dI_{SC}/dT_c 依赖于半导体类型和生产过程，数值很小。典型值低于 3×10^{-4}（A/A）/℃[56]。这代表当电池工作在 70℃ 时，I_{SC} 仅增加 1.3%。因此在大部分情况下，忽略该关系。

随着照射级别的增加，开路电压增加。理想二极管方程（见式（22.58））给出了对数关系。因此考虑该效应，在式（22.67）中增加对数项，因此

$$V_{OC}(T_c,\ G) = V_{OC}^* + (T_c - T_c^*)\ \frac{dV_{OC}}{dT_c} + V_t \cdot \ln\left(\frac{G_{eff}}{G^*}\right) \tag{22.74}$$

注意，这项的相对影响随辐照强度的下降而增大。例如，对于 $G_{eff} = 500\text{W/m}^2$ 和 $G_{eff} = 200\text{W/m}^2$，其影响大约分别为 3% 和 7%。因此，当预测光伏组件可以提供的能量时，其重要性依赖于辐照强度的分布。显然，相比于南方国家，这种影响对北方国家更重要。例如，在德国的弗赖堡（$\phi = 48°$），可以收集的辐照强度每年大约有 50% 的时间低于 600W/m^2，18% 低于 200W/m^2。而在西班牙的哈恩（$\phi = 37.8°$），可以收集的辐照强度每年大约有 30% 的时间低于 600W/m^2，只有 6% 低于 200W/m^2。而且，光伏系统具有最小辐照度阈值。例如，在并网系统中，从光伏组件中产生的直流电能必须足够大，以能够补偿逆变器的损失。否则，光伏系统将成为一个纯粹的能源消耗者。

尽管这种对数项确实会因辐照强度变化而带来开路电压的一些变化，但是，当辐照强度低于大约 200W/m^2 时，这种对数项不能预测所导致的快速下降，这种下降会引起明显的效率下降。为了也能包括进这种低辐照效应，参考文献［57］又提出了第二个对数项：

$$V_{OC}(T_c,\ G) = \left[V_{OC}^* + \frac{dV_{OC}}{dT_c}\ (T_c - T_c^*) \right]\left[1 + \rho_{OC}\ln\left(\frac{G_{eff}}{G_{OC}}\right)\ln\left(\frac{G_{eff}}{G^*}\right) \right] \tag{22.75}$$

式中，ρ_{OC} 和 G_{OC} 是经验调整参数，对很多硅光伏组件，已经证明 $\rho_{OC} = -0.04$ 和 $G_{OC} = G^*$ 是足够的。

由于大气组分的变化以及太阳光通过大气的距离的变化，太阳光谱会随时间而变化。这会影响到光伏器件的响应，特别是当其有比较窄的光谱响应时。Martin 和 Ruiz 已经提出了一种基于晴朗指数和大气质量的模型[58]，其中独立考虑了每种辐照组分的光谱：直接辐照、漫散射辐照和漫反射。可以通过对式（22.66）进行修正得到

$$I_{SC} = \frac{I_{SC}^*}{G^*}(B_{eff} \cdot f_B + D_{eff} \cdot f_D + R_{eff} \cdot f_R) \tag{22.76}$$

式中，f_B、f_D 和 f_R 遵循一般表达式：

$$f = c \cdot \exp[a(K_T - 0.74) + b(AM - 1.5)] \tag{22.77}$$

式中，对每种组件类型和每种辐照组分，a、b 和 c 是经验调节参数。注意，0.74 和 1.5 仅仅是对应于 STC 的大气参数。表 22.6 给出了针对晶体硅 c-Si 和非晶硅 a-Si 组件的这些参数的推荐值。这个表的用途是可以通过在 $E_g(c\text{-}Si) = 1.12eV$ 和 $E_g(a\text{-}Si) = 1.7eV$ 之间对能带带隙 E_g 进行线性插值的办法来扩展到其他的光伏材料。例如，$E_g(a\text{-}SiGe) = 1.4eV$，可以推出 c 的估计值等于 0.8。

表 22.6　对 c-Si 和 a-Si 组件进行光谱响应模拟时采用的系数

	B_{eff}		D_{eff}		R_{eff}	
	c – Si	a – Si	c – Si	a – Si	c – Si	a – Si
c	1.029	1.024	0.764	0.840	0.970	0.989
a	– 3.13E – 01	– 2.22E – 01	– 8.82E – 01	– 7.28E – 01	– 2.44E – 01	– 2.19E – 01
b	5.24E – 03	9.20E – 03	– 2.04E – 02	– 1.83E – 02	1.29E – 02	1.79E – 02

每年的光谱效应的影响很小。对具有宽光谱响应的半导体，相对于 STC 的光谱损失一般小于 2%，而对其他材料，这种光谱损失低于 4%。但是，每小时的光谱效应的影响可以达到 8%。

光伏组件的电池温度是光伏电池材料、组件及其结构、周围环境以及天气条件等物理参数的函数。其来自于通过辐射、对流、传导和发电所达到的能量输入与输出的平衡。目前，更加广泛采用的模型是基于 NOCT 概念与式（22.68）和式（22.69）所描述的，将这种影响和总的热损失系数混合在一起，在稳态条件下得到一个组件温度和辐照强度之间的线性关系。这表明，忽略了风在对流上的作用，在太阳电池和环境之间的热传输过程基本上是由封装材料的传导性决定的。这种模型使用简单，仅仅需要标准的可用输入信息，这对光伏设计者来讲具有不可否认的优势。但是，其对非稳态条件下和高风速条件下电池温度的评估会产生很大误差[59]（观察到的光伏组件的热时间常数是大约 7min）。这促使很多研究者为光伏系统开发新的热力学模型，不但基于辐照，而且基于风速。例如，桑迪亚国家实验室提出了双组元热力学模型[60]：

$$T_c = T_m + \frac{G_{eff}}{G^*}\Delta T, \ \text{其中} \ T_m = T_a + \frac{G_{eff}}{G^*}[T_1 \exp(b \cdot U) + T_2] \tag{22.78}$$

式中，T_m 是组件的背表面温度，单位是℃；U 是在标准的 10m 高度测量的风速，单位是 m/s；T_1 是决定低风速下温度上限的经验系数；T_2 是决定高风速下温度下限的经验系数；b 是决定随风速增加组件温度的下降速率的经验系数；ΔT 是与背面封装材料的温度差相关的经验系数。表 22.7 给出了对两种不同类型的组件，与测量的温度吻合非常好的参数。

表 22.7　对两种典型的组件设计进行组件和电池温度评估时所采用的温度系数类型

类　　型	$T_1/℃$	$T_2/℃$	b	$\Delta T/℃$
玻璃/电池/玻璃	25.0	8.2	– 0.112	2
玻璃/电池/Tedlar	19.6	11.6	– 0.223	3

但是，所有的这些对温度和风速进行的二阶校正（式（22.74）~式（22.77））的实用性仍然不太清楚，因为预测风速很难，同时，当转换成光伏组件产生的功率时，电池温度误差变得更加可以容忍。例如，对工作在50℃左右的太阳电池，其电池温度评估会有20%的误差（≈10℃），而转换成对应功率的评估时反映出的误差只有4%（≈10℃×2.3（mV/℃）/600mV）。

22.11 独立光伏系统的可靠性和规模

独立光伏系统的价值取决于其向负载供电的可靠性。通常采用负载缺电率（Loss of Load Probability，LLP）来量化这种可靠性，其定义为在整个工作时间内负载的能量不足与能量需求之间的比率：

$$\text{LLP} = \int_t 能量不足 \Big/ \int_t 能量需求 \tag{22.79}$$

需要注意，由于太阳辐照自身的随机性，即使光伏系统从来没有停止过工作，LLP也总是大于0的。一些可以参考的文献也给出了其他与能量短缺率一致的可靠性表述，只是对LLP所采用的名字不同：能量短缺[61]，功率短缺率[62]，电源短缺率[63]，以及负载覆盖率[64]或者太阳能保证率（SF）[65]。SF定义为由光伏系统所能覆盖的负载能量的部分，其也用来量化可靠性。显然，SF = 1 − LLP。

光伏系统的"规模"指的是电源（光伏组件）和蓄电池（电池或者其他储能器件）的规模。通过平均的每日能量将上述这些器件的规模与负载的规模联系起来是有用的。这样，电源的容量 C_A 定义为电源平均每日输出的能量与负载平均每日消耗的能量之比。蓄电池的容量 C_S 定义为可以从蓄电池中取出的最大能量与负载每日消耗的平均能量之比：

$$C_A = \frac{\eta_G \cdot A_G \cdot \overline{G_d}}{L} 以及 \ C_S = \frac{C_u}{L} \tag{22.80}$$

式中，A_G 和 η_G 分别是光伏电源的面积和转换效率。$\overline{G_d}$ 是光伏电源表面上每日辐照度的平均值，L 是负载每日消耗能量的平均值，C_u 是蓄电池存储的能量的可用容量。更严格地，η_G 应该是从阵列到负载的路径效率，C_u 是额定容量（没有任何限制时可以从蓄电池上取出的总能量）与最大容许放电深度的乘积。后面，我们将会看到这些参数的实际意义。同时，值得指出的是，C_A 依赖于当地的太阳辐照条件。因此，相同的光伏电源，连接到相同的负载上，在一个地方显得大，而在辐照少的另一个地方显得小。

图22.23针对给定了地点和负载的两

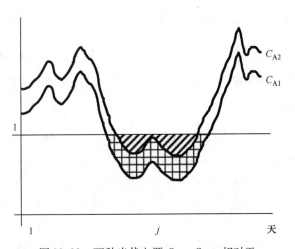

图22.23 两种光伏电源 $C_{A1} < C_{A2}$，相对于负载每日产生的能量随时间的变化（阴影区代表需要用储能器件补偿的能量短缺）

种不同规模的电源（$C_{A1} < C_{A2}$），给出了它们在 j 天时间段内所产生的能量的变化情况。在直线 $y = 1$ 下面的阴影区的面积是即时产生的能量短缺，需要从蓄电池中取出能量来进行补偿。可以看到，对规模大的电源，短缺较小，而规模小的电源则需要蓄电池。此时从直观上可以产生两种想法：第一种是可以找到 C_A 和 C_S 的不同组合来得到相同的 LLP 值；第二种是较大的光伏系统具有更好的稳定性，即较低的 LLP 值，但是成本会更大。

对可靠性确切程度的需要依赖于负载的类型。例如，电信设备需要的可靠性通常要高于本地应用需要的可靠性（更高的可靠性意味着更低的 LLP 值）。光伏工程师面临的问题在"理论"形式上变成了：如何采用最小的成本来组合 C_A 和 C_S 以获得所希望的 LLP？由于成本评估是在文献中广泛讨论的经典经济问题，光伏规模问题就主要来自于 C_A、C_S 和 LLP 的关系。之后，C_A 和 C_S 必须转换成光伏组件的数量和功率以及电池的容量。

本质上，任何光伏系统确定规模的方法都包括 4 个不同的步骤：

1）获得现场的太阳辐照信息。

2）确定水平面每日总辐照度值。

3）将水平辐照值转换成倾斜辐照值。

4）模拟光伏系统的行为，依据 C_A 和 C_S 的数值来量化 LLP。

前 3 步已经在本章前面进行了讨论。我们现在来处理最后一步，采用如下假设：第一，全年的每日能量消耗是恒定的；第二，所有的每日消耗都发生在晚上（即在能量产生停止以后）；第三，光伏系统的构成部件都是理想的，可以进行线性模拟。这足够分析"纯粹"的规模问题，也就是说，C_A、C_S 和 LLP 之间的关系。当将 C_A 和 C_S 值转换成额定的光伏阵列功率和电池容量时，采用合适的校正因子，来将非线性和非理想化效应（比如电池效率）考虑进去会更好。有意思的是，能量需求的短时（每小时）波动对 LLP 没有影响[61]，此时得到的 $C_S > 2$，通常的情况都是这样。上述假设使计算相当简单。在第 j 天日落时，蓄电池的荷电状态（SOC）如下：

$$\mathrm{SOC}_j = \min\left\{\mathrm{SOC}_{j-1} + \frac{C_A \cdot G_{dj}}{C_S \cdot \overline{G}_d} - \frac{1}{C_S};\ 1\right\} \tag{22.81}$$

式中，G_{dj} 是第 j 天的总辐照度，并且：

$$\mathrm{LLP} = \sum_1^N E_{\mathrm{LACK}}j/(NL) \tag{22.82}$$

式中，N 是进行模拟的天数，E_{LACK} 是每日的能量短缺，由下式给出：

$$E_{\mathrm{LACK}}j = \max\left\{\frac{1}{C_S} - \mathrm{SOC}_j;\ 0\right\} \tag{22.83}$$

这个方程表明，只有在一天结束时，当存储的能量 $\mathrm{SOC}_j \times C_S \times L$ 不足以提供每日负载所需 L 时，能量短缺才会发生。注意 $\mathrm{SOC}_j \times C_S \times L < L \Rightarrow (1/C_S - \mathrm{SOC}_j) > 0$。

由于采用的每日辐照度的信息通常按每月的平均值来表示，针对不同月 C_A 会有不同值。下面我们对 C_A 将只采用最差月份的数值，因此：

$$\overline{G}_d = \min\ \left\{\overline{G}_{dm}(\beta,\ \alpha)\right\};\ (m = 1,\ \cdots,\ 12) \tag{22.84}$$

所计算的结果可以用图形表示，图 22.24 给出了这样的一些称为可靠性图谱的例子。结果表明，在不增加更多电源容量的情况下，单纯增加储能容量是没有意义的。

这些曲线的形状表明，它们有可能可以采用解析式的形式来进行描述。基于这种思想，

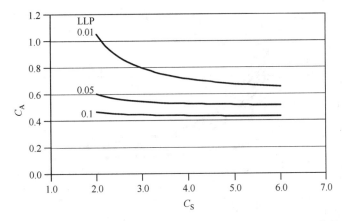

图 22.24　可靠性图谱：电源容量 C_A 与储能容量 C_S 之间的关系，采用可靠性 LLP 作参数

已经尝试着提出了几种解析方法[66-72]，使得可以通过直接的简单计算来对光伏系统的规模进行研究。例如，在 IES-UPM，我们已经指出所有这些曲线遵循如下关系[72]：

$$C_A = f \cdot C_S^{-u} \tag{22.85}$$

式中，f 和 u 是依赖于 LLP 和地点的两个参数。这些参数没有确切的物理意义，预先确定它们需要进行大量模拟。而它们可以将大量模拟结果凝聚成几个参数。

必须要强调的是，无论具体的方法如何，光伏系统规模的确定依赖于基于对太阳辐照的前期观察所做出的对将来的预测。如前所述，基本的统计法则表明这种预测工作带有不可避免的不确定性。这说明，光伏规模确定的精确程度有一个基本限制。我们将采用一个例子对此进行说明。

我们假设，在一个特定地点，有测量得到的具有很高精确度的 20 年的每日辐照度数据可以利用。我们将其称为"历史结果"。这使得我们首先可以建立一个辐照的统计特征（平均值、标准差等）；然后，我们可以对这些具体年份进行光伏系统行为的详细模拟。由此，针对这一历史结果，我们可以画出高精度的与不同系统规模相关的可靠性。模拟结果的精确性仅仅由初始测量的精确性决定，这被认为是非常好的。但是，当采用这种结果对将来的系统进行规模化模拟时，就容易产生另外一个限制，因为将来的太阳辐照不可能完全精确地重复以前的情况。事实上，从每日结果来讲，这根本是不可能的。所能希望的，就是将来的太阳辐照结果可以遵循以前已知的一些统计特性，它的有效性一般是能够接受的，这样才能够生成大量假想的与历史结果具有相同发生概率的太阳辐照结果。然后，通过上面提到的模拟过程，对每个这样的辐照结果，可以得到不同的可靠性图谱。显然，在不同图谱之间的相似性可以理解为与预测相关的测量不确定性。图 22.25 给出了这些图谱的叠加结果。这个例子针对的是马德里，通过采用上面提到的 Aguiar 方法，生成了不同的太阳辐照结果[35]。明显地，当 LLP $< 10^{-2}$ 时，进行预测时需要特别注意。例如，对 LLP $= 10^{-3}$ 和 $C_S = 3$，我们会发现 C_A 的值为 1.1~1.5。其他研究者也得到了相似的结果[67,73]。我们必须指出，光伏规模确定方法的有效性一般限制在 $1 > $ LLP $> 10^{-2}$ 的范围，也就是说，太阳覆盖率低于 99%。超过了这个限制，规模确定结果在统计上是不可信的，尽管目前在文献和市场上的模拟软件工具中经常遇到这样的情况。

必须强调的是，这种基本的不确定性不能通过缩短模拟的时间步长（用每小时代替每

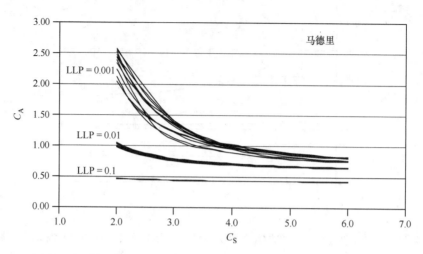

图 22.25 模拟的可靠性图谱：C_A 与 C_S 之间的关系（针对 3 个不同的
可靠性 LLP 值，采用了历史太阳辐照结果和 12 个生成的太阳辐照结果）

日）或者引入更加复杂的光伏系统部件模型（对光伏电源采用非线性 *I-V* 模型，电池效率与 SOC 有关等）来克服。实际上，缩短模拟周期只能使情况变差。可以看到，仅仅依赖于 TMY（避免产生很大的辐照结果）的规模化有效性限制在 $1 > LLP > 10^{-1}$ 的范围，而与其他因素无关[74]。正如 Marion 和 Urban 在描述美国的 TMY 时给出的建议："由于它们代表了一般的而非极端的条件，用它们来设计满足某些地方恶劣条件的系统是不合适的。"

此外，这种基本的不确定性有助于解释为什么不同的光伏规模化方法得到的结果可以不一致，以及为什么所获得的精确度与模拟光伏系统时所考虑的二阶效应关系不大。换句话讲，这种模拟有助于研究光伏系统的一些特征（每个组件中太阳电池的优化数量，优化的充电调节法则等）；但是，当纯粹考虑规模化问题时，这没有一点价值，对此进行简单明智的假设就足够了。Kaiser 和 Sauer 通过采用简单和详细的模型，模拟比较了独立光伏系统的长期产能，得到了相似的结论[75]。这些研究者观察到，由于辐照时间结果的可能波动引起的不确定性范围明显大于光伏系统部件模拟方法的改变所产生的不确定性，并因此得出结论"这些结果清晰表明，精确的模拟模型可以给出精确的数值，但不会自动使预测更精确"。

这还有助于解释，为什么简单地依赖于猜测的光伏系统的规模仍然能够在目前的工程实践中广泛采用。这避免了在 C_A、C_S 和 LLP 之间建立任何的量化关系。反过来对电源规模进行选择，确保在设计周期（最常见的、最差的月份）内所产生的能量超过负载需求一定的数值，这依赖于设计者的经验。采用相似的程序来确定蓄电池的规模。例如，$C_A = 1.1$ 以及 $3 \leqslant C_S \leqslant 5$ 是乡村发电的常见数值[76]。而 $1.2 \leqslant C_A \leqslant 1.3$ 以及 $5 \leqslant C_S \leqslant 8$ 是电信等专业市场中的常见范围[67]。

值得指出的是，这种相当不科学的方式在可靠性和成本方面不一定就会给出坏的结果。事实上，将经验与常识结合常常会得到非常好的结果。目前，即使在那些对可靠性要求很高的应用，比如电信和阴极保护中，光伏系统都有非常好的可靠性名声。

必须提到的是，在光伏阵列直接与电池耦合的通常情况中，也就是没有最大功率跟踪器件的情况中，可以通过采用简单的安培平衡来对能量平衡进行分析，开始时假设工作电压总

是恒定电压 V_{NOM}，其等于电源的最大功率点电压。所以

$$L = V_{NOM} \cdot Q_L 以及 \eta_G \cdot A_G = \frac{V_{NOM} \cdot I_M^*}{G^*} \qquad (22.86)$$

由此得到

$$C_A = \frac{I_M^* \cdot G_{dm}(\beta, \alpha)}{Q_L \cdot G^*} 以及 C_S = \frac{Q_B}{Q_L} \qquad (22.87)$$

式中，Q_L 是每日被负载抽走的容量（单位为 Ah），其用来表征所需要的光伏阵列，以及 Q_B 是电池的有用的 Ah 容量，其等于额定电容与最大放电深度的乘积。这种近似，尽管看上去过于简单，但是可以给出非常好的结果，简化了推导需要安装光伏组件的数量的过程。注意到 $G_{dm}(\beta, \alpha)/G^*$ 应该理解为 1kW/m² 充满阳光的情况。这通常被称为"太阳小时"。因此，光伏阵列的容量是在 STC 下的电流乘以"太阳小时"的时长。

22.12   家用太阳能系统（SHS）范例

据不完全估算[77]，目前大约有 150 万的离网家用系统在工作，用来照明、听收音机和看电视，总共有 40MWp，包含了成千上万个 SHS 的大量乡村电力项目正成为乡村市场的一部分。因此，SHS 代表了目前最广泛的光伏应用（只是总数而不是总装机容量），这种趋势还将继续。

将设备进行标准化并进行大批量生产是降低价格和提高技术质量的有效途径。因此，SHS 的设计者需要对大量的不同家庭给出一个能量消耗的"标准"值。必须注意，这种标准化是为降低成本和保证质量而提出的技术需要，但与个体水平上的需求不好相符。光伏的历史给出了一些有趣的情况[78,79]。例如，在参考文献［79］中这样描述："……ENEL 电站的运行结果清楚地证明了一个情况，这类用户每天所需要的能量在任何一天都很少相同，它取决于人们的具体生活方式，离开的时间，以及居住的人数等"。除了光伏，其他的乡村电力也提供了这样的例子。图 22.26 给出了摩洛哥的一个村子 Iferd 中的 63 户民居 4 年中每个月的能量消耗分布，在那里有一个小的狄塞尔发电机组每天提供 3h 电力（消费者被记录下来并为所用电量支付费用）。所观察到的巨大跨度使人对可靠性参数 LLP 的实际意义产生疑问。

看上去用规模确定方法推出的"标准"LLP 很少能代表现实中的真实情况。通过将前面描述的模拟程序推广到大量的情形，针对给定的光伏系统，可以得到可靠性和负载之间的关系，即函数 LLP = LLP(L)。首先，针对给定的负载，L_{BASE}，以及给定的可靠性 LLP = 0.1，通过固定光伏阵列的功率和电池容量 C_A 和 C_S，可以建立一个确定的基线情况。然后，将负载从 $0.8L_{BASE}$ 变化到 $1.2L_{BASE}$，计算出相应的可靠性。结果在图 22.27 中给出。粗略地讲，我们可以说，大致存在这样的一个对数关系，负载每减少 30%，LLP 降低一个数量级。这个结果与所观察到的实际的 L 值通常在平均值的 -50% ~ +100% 之间的事实让我们得到结论，在相同的 SHS 工程中，真正的单个 LLP 值可以变化超过 3 个数量级（例如 10^{-1} ~ 10^{-4}）。这使得任何想找到单一代表性 LLP 值的尝试都是无效的。值得提到的是，当考虑集中供电的情况时，就不同了，因为所有家庭的总能量消耗与单个家庭的能量消耗相比具有小很多的标准差（粗略地，标准差会减小到原来的 $1/\sqrt{N}$，N 是家庭的数量）。因此，对整体

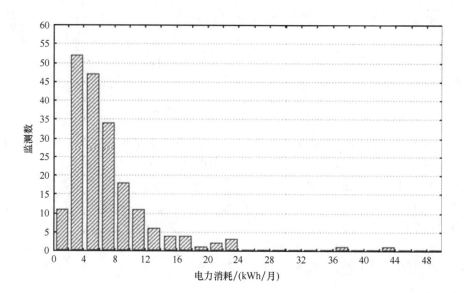

图 22.26　在 Iferd 的所有民居的每月电力消耗的分布状态

集中供电，有可能找到一个单一的 L 和 LLP 的代表值。

　　然而，即使在变化相当大的应用，比如 SHS 中，如果将来大规模化的项目成为现实，基于可靠性的光伏规模确定方法也是非常有帮助的。这有可能会需要开发严格的工程：不同服务水平的标准化，技术质量控制等。例如针对一定的目的，对所需要的相同能量供应，基于 LLP 的光伏规模确定方法代表了一种将不同选择（由不同制造商提供的不同方案）进行比较的可能性[74]。

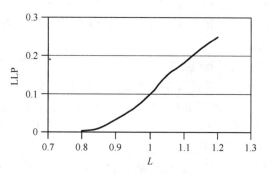

图 22.27　对给定的光伏阵列和容量值，可靠性 LLP 与消耗 L 之间的依赖关系

　　值得考虑的问题是，"在发展中国家，向乡村民居中提供多少的电力才是在社会上和经济上都可以接受的？"尽管在任何一个光伏乡村电力项目一开始就会提出这个问题，但其答案仍然不清楚。在文献中缺乏发展中国家的实际能量消耗的数据[79]。考虑到目前已有成千上万的 SHS 在发展中国家运行，这有点儿自相矛盾。在很多情况中，尽管基于用户数量和使用的时间长度有非常不同的假设，最终选取的 SHS 的安装功率都在大约 40～50W_p。这是因为过去的临场经验告诉光伏设计者这样的系统通常容易被乡村用户接受，而当光伏组件变小（20～30W_p）时，情况又有不同。所以，光伏设计者给出的这些 SHS 必须解释为来自经验，而不是来自实际的需要（参见第 23 章中对乡村电力项目的讨论）。所以，我们可以得出结论，乡村电力应用仍是一个开放课题，还需要进行深入探讨。

22.13　并网光伏系统的能量产出

　　并网光伏系统的输出是从光伏阵列上的输出减去逆变器上的损耗。在本章中已经对光伏阵列的输出进行了详细介绍，在第 19 章中对逆变器性能进行了描述。当考虑逆变器时，重要的是要考虑即时效率 η_y，其依赖于传送到电网上的实际功率 P_{AC} 和逆变器的额定功率 P_{IMAX} 之间的比值。这种依赖关系可以表示为[80]

$$\eta_i = \frac{p}{p + k_0 + k_{i1}p + k_{i2}p^2} \tag{22.88}$$

式中，$p = P_{AC}/P_{IMAX}$，以及 k_0、k_{i1}、k_{i2} 是用来表征逆变器电学行为的特征参数。k_0 是静态功耗，k_{i1} 代表对电流的线性依赖损耗（二极管上的电压降等）。k_{i2} 代表对电流的二次方依赖损耗（电阻损耗等）。这些参数可以从逆变器的效率曲线上获得。依赖于质量标准、输入电压和额定功率，逆变器的损耗参数可以有 10 倍的差异。例如，$k_0 = 0.35$，$k_{i1} = 0.5$，以及 $k_{i2} = 1$，对于非常好的逆变器可以得到 95% 的典型能量效率。

在 JRC Ispra Guidelines 中已经给出了对并网光伏电站进行性能分析的标准方法[81]，并由 HTA Burgdorf 进行了拓展和改进[82]。地面性能采用性能比（PR）来描述比较合适，PR 是传送到电网上的 AC 能量 E_{AC} 与光伏电站在太阳电池温度为 25℃ 和相同的太阳辐照条件下产生的理想的无损耗的能量之间的比值。这可以用来很好地衡量实际使用了多少理想的可以利用的光伏能量。其按如下给出：

$$PR = \frac{E_{AC}}{\dfrac{G_y(\beta,\ \alpha)}{G^*} \cdot P_M^*} \tag{22.89}$$

其他有意义的参数是参考产能 $Y_r = G_y(\beta,\ \alpha)/G^*$，阵列产能 $Y_a = E_{DC}/P_M^*$，其中，E_{DC} 是由光伏阵列产生的直流能量，以及最终产能 $Y_f = E_{AC}/P_M^*$。所有这三个量都以时间为单位，使我们可以区分光伏阵列中产生的损耗、与逆变器相关的损耗，以及与系统运行相关的损耗。俘获损耗 $L_C = Y_r - Y_a$，定义为光伏阵列工作在 STC 下按每天中的小时数衡量的能量损耗，其由如下因素引起：电池的温度高于 25℃、在配线和保护二极管中的损耗、低辐照强度下组件性能差、局部遮光、冰雪覆盖、组件失配、阵列的工作电压不在最大功率点、光谱以及角度损耗等。系统损耗 $L_S = Y_a - Y_f$，是由逆变器的无效部分引起的损耗。需要注意，$PR = Y_f/Y_r$。而且，Y_r 可以理解为等于 $1kW/m^2$ 充满阳光的 "太阳小时"。通过这种方法，光伏阵列产生的能量等于这些 "太阳小时" 乘以 PR。

在好的并网光伏系统中的能量损耗大约为 $L_C = 15\%$，$L_S = 7\%$，这使得 $PR \approx 0.78$。$PR = 0.75$ 有时用于年发电量的快速估算[13]。

例子：进行美国 Albuquerque 光伏并网电站年发电量的估算，位置固定并且发电系统倾斜角已经过优化，解为

式（22.89）$\rightarrow E_{AC}/P_M^* = PR \times G_Y(\beta_{opt})/G^*$，其中 $G_Y(\beta_{opt})$ 通过 $365 \times [$列 3 × 列 4 × 列 8$]$。用这种方法：

$G_Y(\beta_{opt}) = 2441kWh/m^2$（或 2441 太阳小时），$PR = 0.75 \rightarrow E_{AC}/P_M^* = 1831kWh/kW$。这里必须指出的是，考虑到太阳能的特点，$G_Y(0) = 2104kWh/m^2$ $[365 \times$列 3 × 列 4$]$ 是很难得到的。正因为如此，跟踪方式可获得更大能量。例如，双轴跟踪系统比之前固定并优化倾斜角的系统，多收集 47% 的辐照。

而实验报道的 PR 数值在 $0.65 \sim 0.8$ 之间[83-86]。PR 降低的主要原因是安装后光伏阵列的实际功率通常低于制造商宣称的额定功率。一个有代表性的例子是 IES-UPM 测试的西班

牙一个大型并网电站的实际功率，如图22.28所示。柱状图显示了峰值功率偏差（实际相对于额定）。遗憾的是，在实际安装中，实际功率甚至低于额定功率的90%。

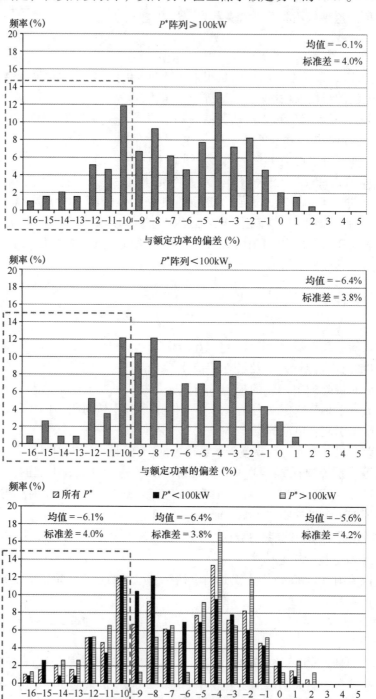

图 22.28　2007~2009 年之间西班牙大型光伏电站实际功率与额定功率的比较。总峰值功率为 200MW 左右

式（22.89）利用的是年度参量，然而，PR 是一个普遍概念，可以给出任意时间段的 PR 值。值得注意的是，主要是由于依赖于电池温度和遮光，PR 绝非不变量。因此，在一段时间内对 PR 的测试，例如，一个月或一周，应用到一个更长时间的计算中，例如，一年，是完全错误的。

22.13.1　辐照度分布及逆变器规模

在不同地理纬度的太阳辐照量分布不同。在高纬度地区，多云天气多，太阳辐照度在很宽的功率范围内分布；而在低纬度地区，主要是晴天，功率范围更高更窄。表 22.8 中给出了从哥本哈根的 TMY 得到的在优化的倾斜表面上全年辐照的辐照度等级[87]（ϕ = 55.7°）以及从西班牙哈恩得到的辐照度等级[88]（ϕ = 37.8°）。奇怪的是，在两个地区的低能辐照度（$G < 200 \mathrm{W/m^2}$）的能量含量都很低。这看上去与直觉相反，但当考虑时间和能量分布之间的差异时就很容易理解。例如，在哥本哈根，低辐照度（<200W）只占全年辐照的 13.9%，尽管其在每年会出现 2461h，占到了全部白昼时间的 55%。这导致人们会对一些光伏文献[89]中的思想提出疑问，他们认为光伏组件的性能在低辐照度下与多云天气密切相关。而实际上，在文献中很少发现相关的在低光照条件下的效率的实验证据[90]。

表 22.8　低纬度和高纬度地区的年辐照度的功率分布地区

位置	$G_y(\beta_{opt})$ /$(\mathrm{kWh/m^2})$	在不同范围的辐照百分比/$(\mathrm{W/m^2})$				
		< 200	200 ~ 500	500 ~ 800	>800	总计
哈恩	2040	5.8	23.6	44.7	25.9	100
哥本哈根	1190	13.9	30.7	35.7	19.7	100

然而，由于大多数常见的辐照都是中度辐照，通过将逆变器的规模选择得比光伏电源的峰值功率小可以获得一定的能量好处，即 $P_{IMAX} < P_M^*$。相应的逆变器自消耗和损耗的降低可以补偿因逆变器功率极限低于光伏输出功率的最大值所带来的能量损耗。P_{IMAX}/P_M^* 的推荐值从 0.6（高纬度区）到 0.8（低纬度区）[91,92]。

22.14　结论

本章给出了对入射在任意取向的表面上的太阳辐照在一年中的任何时间进行评估的方法。所需要输入的信息仅仅是 12 个月中每日地面水平辐照量的平均值。有很多太阳辐照量的源数据可以利用。对相同地点、相同月份、不同来源的数值之间会有显著不同。这种不确定性主要不是来自缺乏精确的测量工具，而是来自太阳辐照自身的随机性。这种太阳辐照自身的不确定性是对任何光伏设计结果具有重要限制的因素，而无论这种设计工具模型的复杂程度如何。因此，相当简单的方法也能得到与复杂方法一致的结果。针对分布在世界上的 32 个不同地区，对在水平表面、优化倾斜的固定表面，以及其他类型的跟踪表面上可以利用的年太阳辐照量进行了计算。希望读者能够在其中找到与自己感兴趣的地方具有相似纬度和晴朗指数的地方。

另外，讨论了光伏组件将太阳辐照转换成电力的效率。描述了在一些主导条件下，比如太阳辐照度、环境温度、风速以及其他等，对光伏电源的 *I-V* 特性进行预测的模型。所需要的输入数据仅仅是在 STC 下的短路电流、开路电压和最大功率，以及额定的太阳电池工作温度。所有这些数据通常可以在制造商提供的标准信息表中找到。特别要注意的是要考虑灰尘和入射角度的影响。

介绍了与一些独立光伏应用设计相关的某些问题。无论具体方法如何，独立光伏系统的规模确定依赖于基于过去对太阳辐照数据的观察所作的对将来的预测（所希望的系统寿命）。相应的不可避免的不确定性与太阳辐照的随机本质有关，表明模拟可以给出确切的数值但不能自动给出确切的预测。对于目前应用最广的光伏应用：SHS（根据现在运行的系统的数量），指出了推导有代表性的标准能量消耗值的难度。最后，给出了并网光伏系统的能量性能率。

致谢

Montse Rodrigo 精心准备了所有图片。编辑的评注也相当有价值。本章的编写牺牲了我很多陪伴我爱的人的宝贵时间。我十分感谢 Cristina、Leda 和 Celena 的极大的宽容和耐心。

参考文献

1. Serres M *et al.*, *Éléments d'Histoire des Sciences*, Chap. 3, Ed Bordas, Paris, 77–117 (1989).
2. Blanco M, Alarcón D, López T, Lara M, *Sol. Energy* **70**, 431–441 (2001).
3. Kasten F, *Arch. Meteorol. Geophys. Bioklimatol*. **14**, 206–223 (1966).
4. Meinel A, Mainel M, *Applied Solar Energy, An Introduction*, Addison-Wesley, Reading, MA (1976).
5. Iqbal M, *An Introduction to Solar Radiation*, Academic Press, Ontario (1983).
6. International H-World Database, *Mean Values of Solar Irradiation on Horizontal Surface*, Ed Progensa, Sevilla, Spain (1993).
7. Meteonorm. Versión 6.0, www.meteotest.ch.
8. Palz W, Greif J, *European Solar Radiation Atlas*, Commission of the European Communities, Ed Springer, Germany (1996.)
9. Font Tullot I, *Atlas de la Radiación Solar en España*, Ed Instituto Nacional de Meteorología, Madrid, Spain (1984).
10. Capderou M, *Atlas Solaire de l'Algerie*, Ed EPAU, Alger (1985).
11. Colle S, Pereira E, *Atlas de Irradiaçao Solar do Brasil*, INM, Labsolar EMC-UFSC (1998).
12. NASA Surface Meteorology and Solar Energy Data Set. Available at *eosweb.larc.nasa.gov/sse*.
13. PVGIS, available at http://re.jrc.ec.europa.eu/pvgis/apps/radmonth.php.
14. Macagnan M, Lorenzo E, Jimenez C, *Int. J. Sol. Energy* **16**, 1–14 (1994).
15. Liu B, Jordan R, *Sol. Energy* **4**, 1–19 (1960).
16. Page J, *Proc. U.N. Conf. New Sources Energy*, 378–390 (1961).
17. Erbs D. G, Klein S. A, Duffie J. A, *Sol. Energy* **28**, 293–302 (1982).
18. Collares-Pereira M, Rabl A, *Sol. Energy* **22**, 155–164 (1979).
19. Huld T, Suri M and Dunlop E, *Prog. Photovolt*. **16**, 595–607 (2008).
20. Whenham, Green, Watt and Corkish, *Applied Photovoltaics*, 2nd edn, Chap. 1, pp 20–21, Ed Earthscan, London (2007).

21. Rigollier C, Baner O and Wald L, *Sol. Energy* **68**, 33–48 (2000).

22. Hopkinson R, *J. Opt. Soc. Am.* **44**, 455–459 (1954).

23. McArthur L, Hay J, *J. Appl. Meteorol.* **20**, 421–429 (1981).

24. Rossini E. G. and Krenzinger A, *Sol. Energy* **81**, 1323–1332 (2007).

25. Kondratyev K, *Radiation in the Atmosphere*, Academic Press, New York, NY (1969).

26. Hay J, McKay D, *Int. J. Sol. Energy* **3**, 203–240 (1985).

27. Perez R *et al.*, *Sol. Energy* **36**, 481–497 (1986).

28. Perez R *et al.*, *Sol. Energy* **39**, 221–231 (1987).

29. Siala F, Rosen M, Hooper F, *J. Sol. Energy Eng.* **112**, 102–109 (1990).

30. Standard ASHRAE 93-77, *Methods of Testing to Determine the Thermal Performance of Solar Collectors*, American Society of Heating, Refrigeration, and Air Conditioning Engineers, New York (1977).

31. Martin N, Ruiz J, *Sol. Energy Mater. Sol. Cells* **70**, 25–38 (2001).

32. Bottenberg W, Module Performance Ratings: Tutorial on History and Industry Needs, *PV Performance, Reliability and Standards Workshop*, pp 5–42, NREL, Vail, CO (1999).

33. Amato U *et al.*, *Sol. Energy* **37**, 179–194 (1986).

34. Graham V *et al.*, *Sol. Energy* **40**, 83–92 (1988).

35. Aguiar R, Collares-Pereira M, Conde J, *Sol. Energy* **40**, 269–279 (1988).

36. S. Wilcox and W. Marion. Users Manual for TMY3 Data Sets. *NREL Technical Report TP-581-43156*, 2008.

37. Benseman R, Cook F, *N Z J. Science* **12**, 296–708 (1960).

38. Lorenzo E, Maquedano C, *Proc. 13the Euro. Conf. Photovoltaic Solar Energy Conversion*, pp 2433–2436 (1995).

39. Quaschning V, Hanitsch R, *Proc. 13th Euro. Conf. Photovoltaic Solar Energy Conversion*, pp 683–686 (1995).

40. Skiba M *et al.*, *Proc. 16th Euro. Conf. Photovoltaic Solar Energy Conversion*, 2402–2405 (2000).

41. Narvarte L, Lorenzo E, *Prog. Photovolt.* **16**, 703–714 (2008).

42. Castro M *et al.*, *Era Sol.* **87**, 5–17 (1998).

43. Kaiser R, Reise C, *PV System Simulation Programmes*, Internal Report for the IEA SHCP Task 16, Fraunhofer-FISE, Freiburg (1996).

44. Caamaño E, Lorenzo E, *Prog. Photovolt.* **4**, 295–305 (1996).

45. Jennings C, Farmer B, Townsend T, Hutchinson P, Gough J, Shipman D, *Proc. 25th IEEE Photovoltaic Specialist Conf.*, pp 1513–1516 (1996).

46. Butti K, Perlin J, *A Golden Thread: 2500 Years of Solar Architecture and Technology*, Ed Cheshire, Palo Alto, NY (1980).

47. de Laquil III P., Kearney D, Geter M, Diver R, in Johansson T, Kelly H, Reddy A, Willians R, (eds), *Renewable Energy: Sources for Fuels and Electricity*, Chap. 5, Island Press, Washington, DC, 213–236 (1993).

48. Eikelboom J, Jansen M, *Characterisation of PV Modules of New Generations*, ECN-C-00-067, Report to NOVEM Contract 146.230-016.1, Available at *www.ecn.com* (2000).

49. Caamaño E, Lorenzo E, Zilles R, *Prog. Photovolt.* **7**, 137–149 (1999).

50. *Photon Int*, **3**, 140–174 (2008).

51. Green M, *Solar Cells*, Chap. 5, Prentice Hall, Kensington, 95–98 (1982).

52. Araujo G, Sanchéz E, *Sol. Cells* **5**, 377–386 (1982).

53. King D, Kratochvil J, Boyson W, *Proc. 26th IEEE Photovoltaic Specialist Conf.*, pp 1113–1116 (1997).

54. Fuentes M, *Proc. 17thEEE Photovoltaic Specialist Conf.*, 1pp 341–1346 (1984).

55. Chianese D, Cerenghetti N, Rezzonico R, Travaglini G, *Proc. 16th Euro. Conf. Photovoltaic Solar Energy Conversion*, pp 2418–2421 (2000).

56. Scheiman D, Jenkins P, Brinker D, Appelbaum J, *Prog. Photovolt.* **4**, 117–127 (1996).

57. Smiley E, Stamenic L, Jones J, Stojanovic M, *Proc. 16th Euro. Euro. Conf. Photovoltaic Solar Energy Conversion*, pp 2002–2004 (2000).

58. Martin N, Ruiz J, *Prog. Photovolt.* **7**, 299–310 (1999).

59. Jones A, Underwood C, *Sol. Energy* **70**, 349–359 (2001).

60. King L, Kratochvil J, Boyson E, Bower W, *Proc. 2nd World Conf. Photovoltaic Solar Energy Conversion*, pp 1947–1952 (1998).

61. Gordon J, *Sol. Cells* **20**, 295–313 (1987).

62. Cowan W, *Proc. 12th Euro. Conf. Photovoltaic Solar Energy Conversion*, pp 403–407 (1994).

63. Abouzahr Y, Ramakumar R, *IEEE Trans. Energy Conversion* **5**(3), 445–452 (1990).

64. Negro E, *Proc. 13th Euro. Conf. Photovoltaic Solar Energy Conversion*, pp 687–690 (1995).

65. Kaiser R *Photovoltaic Systems*, Fraunhofer-FISE, Freiburg, Germany, (1995).

66. Chapman R, *Sol. Energy* **43**, 71–76 (1989).

67. Macomber H, Ruzek I, Costello F, *Photovoltaic Stand-Alone Systems: Preliminary Engineering Design Handbook*, Prepared for NASA, Contract DEN 3-195 (1981).

68. Barra L, Catalanotti S, Fontana F, Lavorante F, *Sol. Energy* **33**, 509–514 (1984).

69. Bucciarelli L, *Sol. Energy* **32**, 205–209 (1984).

70. Bartoli B *et al.*, *Appl. Energy* **18**, 37–47 (1984).

71. Sidrach-de-Cardona M, Mora Ll, *Sol. Energy Mater. Sol. Cells* **55**, 199–214 (1998).

72. Egido M, Lorenzo E, *Sol. Energy Mater. Sol. Cells* **26**, 51–69 (1992).

73. Klein S, Beckman W, *Sol. Energy* **39**, 499–512 (1987).

74. Lorenzo E, Narvarte L, *Prog. Photovolt*, **8**, 391–409 (2000).

75. Kaiser R, Sauer D, *Proc. 12th Euro. Conf. Photovoltaic Solar Energy Conversion*, pp 457–460 (1994).

76. Universal Technical Standard for Solar Home Systems, Thermie B SUP 995-96, EC-DGXVII (1998).

77. Nieuwenhout F *et al.*, *Prog. Photovolt*. **9**, 455–474 (2001).

78. Belli G, Iliceto A, Previ A, *Proc. 11th Euro. Conf. Photovoltaic Solar Energy Conversion*, pp 1571–1574 (1992).

79. Morante F, Zilles R, *Prog. Photovolt*. **9**, 379–388 (2001).

80. Jantsch M, Schmidt H, Schmid J, *Proc. 11th Euro. Conf. Photovoltaic Solar Energy Conversion*, pp 1589–1593 (1992).

81. Guidelines for the Assessment of PV Plants. Document B: Analysis and Presentation of Monitoring Data, Issue 4.1, JRC of the Commission of the European Communities, Ispra, Italy (1993).

82. Haeberlin H, Beutler C, *Proc. 13th Euro. Conf. Photovoltaic Solar Energy Conversion*, pp 934–937 (1995).

83. Jahn U, Nasse W, *Prog. Photovolt*. **12**, 441–448 (2004).

84. Alonso M, Chenlo F, Vela N, Chamberlain J, Arroyo R, Alonso F. J., *Proc. 20th Euro. Conf. Photovoltaic Solar Energy Conversion*, pp 2454–2457 (2005).

85. Moore L. M., Post H. N. *Prog. Photovolt*. **16**, 249–259 (2008).

86. Garcia M, Vera J. A., Marroyo L, Lorenzo E, Pérez M, *Prog. Photovolt*. Available on-line (2009).

87. Katic Y, Jensen B, *Proc. 16th Euro. Conf. Photovoltaic Solar Energy Conversion*, pp 2830–2833 (2000).

88. Nofuentes G, *Contribución al desarrollo de aplicaciones fotovoltaicas en edificios*, Ph.D. thesis, Presented at the Polytechnical University of Madrid, Madrid (2001).

89. Mason N, Bruton T, Heasman K, *Proc. 14the Euro. Conf. Photovoltaic Solar Energy Conversion*, pp 2021–2024 (1997).

90. Wilk H, *Proc. 14th Euro. Conf. Photovoltaic Solar Energy Conversion*, pp 297–300 (1997).

91. Macagnan M, Lorenzo E, *Proc. 11th Euro. Conf. Photovoltaic Solar Energy Conversion*, pp 1167–1170 (1992).

92. Macedo W. N., Zilles R, *Prog. Photovolt*. **15**, 337–352 (2007).

第 23 章 建筑中的光伏

Tjerk H. Reijenga[1]，Henk F. Kaan[2]
1. 荷兰 Guoda，BEAR 建筑事务所
2. 荷兰 Petten，ECN 荷兰能源研究中心

23.1 引言

23.1.1 作为建筑师和工程师的挑战的光伏

在考虑可再生能源时我们见证了基本的变化。世界面临着由于燃烧化石能源而导致的气候变化。更为重要的是，西方国家试图减少依赖来自政治不稳定地区的石油和天然气供应。其结果是，各国政府花费数亿美元用于研究、开发和示范可再生能源。目前的发展表明，当常规能源日益消耗以及环境问题日益增长时，可再生能源（如太阳能系统）日益融合进了我们的日常生活中[1]

太阳能系统已经成为我们社会和环境的一部分。在许多西方国家和日本，已经有大量光伏系统的例子出现在一些诸如弗赖堡（德国）和海尔许霍瓦德（Heerhugowaard，荷兰）等都市地区。有许多政策鼓励城市设计师和建筑师将光伏系统融合进他们的设计中。有些国家如法国将出台进一步的刺激措施鼓励光伏系统与建筑结合起来。新产品不断涌现，然而其还是要不断发展以适应可持续建筑物对于光伏系统在建筑特性方面的要求。建筑师开始思考这种新型的太阳能建筑。

在促进和支持可再生能源（光伏系统）方面，政府的角色强烈地影响到这些系统在建筑上应用的程度。

例如，在德国，对于光伏的兴趣来源于德国政府对于光伏和一般的可再生能源的关注。对于政府少有介入的国家，电力设施起到了重要角色。甚至在没有财政支持的情况下，政府仍能鼓励可再生能源，例如要求建筑具有更好的性能。通过引入一定的性能目标，可再生能源和光伏系统也可以被考虑，例如荷兰的建筑规范。

对绿色产品的兴趣在持续增长，比如有机食品、有机织物以及绿色建筑。保险公司和金融市场也逐渐认可绿色金融，这要求建筑师进行不同的设计。"绿色"设计是将光伏系统与建筑物结合的基本原因。

未来光伏市场的大部分将与建筑应用有关，特别是在欧洲和日本这样的人口密度高、土地价格贵的地区[2]。建筑集成的规模在不断增加，已经达到 $11MW_p$（主要是展览馆和工厂的屋顶，见图 23.1）。在人口稀少的地区，可以找到土地来安装地面电站（见图 23.2）[3]。

23.1.2 建筑一体化的定义

建筑一体化的定义很难用公式给出，因为它不仅涉及光伏系统与建筑物的物理集成，而且

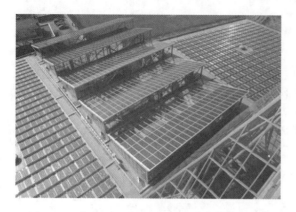

图 23.1　荷兰 Wageningen 一座运动场屋顶上的
300kW$_p$ 系统。该图经 BEAR 建筑事务所
T. Reijenga 的许可发表

图 23.2　西班牙 Puertollano 的 50MW$_p$
地面光伏系统。该图经 ISE 教授 A. Luque
的许可发表

涉及光伏系统在建筑物上的整体形象。对于建筑师来说，美学方面而不是物理集成方面常常成为考虑建筑集成的主要原因（见图 23.3 和图 23.4）。理想的情况是在美学方面和物理集成方面都兼顾的 BIPV 系统。在许多物理集成的例子中都缺乏美学集成。对在建筑物上光伏系统的视觉分析表明，简单地将完整的光伏系统附加在设计较差的建筑物上没有改善建筑物的外观。反之将完好的光伏系统集成到一个设计很好的建筑上可以被每个人所接受。

图 23.3　荷兰乌特勒支的光伏组件与建筑屋顶
框架结合的建筑一体化系统（物理集成）。该图
经 BEAR 建筑事务所 T. Reijenga 的许可发表

图 23.4　荷兰乌特勒支的光伏组件安装在建筑屋顶
框架上方的建筑一体化系统（美学集成）。该图得
到 BEAR 建筑事务所 T. Reijenga 的许可发表

建筑集成的并网光伏系统有如下优点[4]：
- 无需额外的土地。
- 光伏墙以及一定程度的光伏屋顶的成本可以被其所取代的建筑构件的成本所抵消。
- 现场产生的电力可以取代从电网上以商业价格购买的电力。
- 与电网连接可以避免使用蓄电池，从而确保了供应的可靠性。

此外，一个建筑上优雅的、很好集成的系统将增加系统的市场接受度，光伏建筑一体化（BIPV）系统提高了建筑拥有者的公众形象，表明他们为环境保护做出了贡献（见图 23.4）[5]。

不同国家的人们处理建筑上的光伏系统也不同。这与系统的规模、文化以及建筑项目的融资类型有关。在诸如丹麦、荷兰和英国这样的国家公共建筑非常常见，在建筑项目中非常强调批量生产。专业机构包括房屋协会、项目开发商、建筑师负责房屋建筑开发过程，在这些房屋中光伏屋顶的主要机会在于独立家庭带阳台的房屋、公寓住宅的屋顶和外墙面。

当然也有许多国家，政府、专业机构和非营利房屋协会对于房屋建筑几乎没有影响力。在这样的国家，房屋的开发和建设主要是私人的自发行为。在建筑上光伏系统的集成可以由专业机构进行，但是对于单独家庭房屋上较小的系统，其动力主要来自房产拥有者。总体来说，建筑集成的光伏系统主要安装在建筑上，专业机构成为主要的参与方。结果对于那些少有专业机构参与大规模房屋建设的国家，光伏系统最开始主要涉及商业和工业屋顶[6]。在这种类型的建筑中，光伏系统集成到屋顶和墙面。此外，出现了一种明显的市场，私人房屋拥有者趋向于购买小型（如小于 $500W_p$）光伏系统以便将它们安装在房子的某处。

将光伏系统集成到建筑上的目的就是减少土地的需求和成本[7]。这些成本可能是支撑结构或建筑构件的成本，例如房屋表面覆盖层的成本。在房屋建设时即将光伏系统集成进去要比在房屋建成后再将光伏系统安装上去要有效得多。

23.2　建筑中的光伏

本节的主要目的是从建筑和设计的角度向非设计者解释一下光伏的基本思想。

注意，所有光伏系统的标称功率是指在标准测试条件和倾角下的功率，这一功率或许比在没有优化朝向的 BIPV 的实际功率要大得多，而这种没有优化的朝向可能是由于建筑物的限制而不得已选定的。

23.2.1　光伏组件的建筑功能

对于建筑师来说，光伏系统的应用必须是整体过程的一部分。如果建筑设计得当，光伏系统能够提供建筑物所需能源的重要部分。一般来说，与没有优化设计的建筑物相比，能量损耗应该削减至少50%。

从整体过程上说，光伏系统的集成不仅是替代建筑材料（这属于光伏系统的物理集成），而且也是从美学角度进行集成设计。这种集成也起到了建筑物皮肤的功能，例如安装在斜屋顶的光伏系统起到防水层的作用。

从字面上可以将光伏集成区分成建筑外皮（光伏作为建筑覆盖材料或集成进屋顶）和建筑构件（如遮阳罩或百叶窗）。

23.2.1.1　屋顶光伏集成

光伏系统可以以几种方式集成到建筑屋顶上。建筑集成应用的一种选择就是作为建筑外墙皮肤的一部分，因此可以作为建筑防水层的一部分。在 BIPV 的早期年代（20 世纪 90 年代），一些建筑项目是基于这样的原则建设的（见图 23.5）[8]。尽管从技术角度看还存在着争议，然而这成为一种解决方案，系统可以安装在建筑屋顶覆盖层之上，以避免紫外光及阳光直接照射在覆盖层上，这样可以延长屋顶覆盖层的寿命。尽管这是一种更加安全的选项，但是也并非完全没有风险，因为要去掉防水层以便将系统安装在屋顶上。这样的系统也适用于平屋顶。来自美国加利福尼亚州伯克利的 Powerlight 公司引入市场的光伏系统是黏结在膨胀聚苯乙烯隔热材料上的。这种热顶建筑系统（建在绝缘材料热的一面）非常适合于翻新大面积平屋顶。使用光伏组件作为屋顶的覆盖层减少了所需的建筑材料，非常有利于可持续的建筑并有助于降低成本。

除了完全覆盖屋顶之外，还有许多小尺寸应用的产品，例如光伏砖和瓦。这些小尺寸的产品（从2片电池的瓦到20片组件的类瓦）使得它们非常方便地应用到已有建筑物上或者开发DIY产品。

透明光伏组件可以作为屋顶材料，可以防水防阳光，还可以透过光线（见图23.6）。在玻璃覆盖的区域，如太阳房和天井，屋顶遮挡太阳是必要的，以防在夏季屋顶过热。光伏电池吸收80%的太阳辐射。电池之间的空间透过足够的散射光线以使其下面的区域获得足够舒适的光线水平。在大量项目中太阳电池以这种方式应用，例如在荷兰Boxtel的De Kleine Aarde可持续中心的项目[10]和丹麦Toftlund市的Brundtland中心项目。在英国Doxford的太阳能办公室中使用的透明光伏组件造成了与幕墙的类似对比[11]（见图23.6）。为了在工作地点更加充分地利用太阳光，使用透明光伏组件来取代玻璃。

图23.5　在荷兰莱顿的壳牌太阳能公司外墙的翻新项目中的集成屋顶，系统功率为2.1kW$_p$，光伏屋顶就是防水层。引自Maycock P et al., Building with Photovoltaics, pp78-81, Ten Hagen & Stam, Den Haag (1995)，经NOVEM，R Schropp许可[9]

图23.6　英国Doxford Sunderland的太阳能办公室透明电池组件被安装在幕墙上。圣戈班制造的73kW$_p$的透明组件安装在网格窗框上。获得Dennis Gilbert的许可

当然，光伏电池将太阳光转化为电能（一般效率为6%~18%），剩余的太阳能被转化为热能。在奥地利Linz的Haus der Zukunft项目中，剩余的热量也用来加热房间[12]。在光伏组件下面制备了一种气腔，通过这种气腔可以抽走光伏组件产生的热空气。这种混合收集器为家中的加热系统提供了热空气，在这种情况下，这种系统能效更高。

光伏组件和光热系统相结合的一个相对新的应用是PVT：光伏系统组件在光热组件上。余热用来加热系统中的水或其他液体。一个示范项目见于英国伦敦北部的Kings Langley的RES UK总部（见图23.7），该项目获得欧盟的资助。

在培登的荷兰能源研究中心（ECN）42号楼有个暖房，暖房有个43kW$_p$的BP太阳能屋顶集成透明组件，该系统与玻璃相比将透过的太阳光减少了大约70%。因此这个暖房作为一个大的太阳伞罩在办公室上方，在保护办公室免受太阳辐射的同时也能提供足够的阳光（见图23.8）[13]。

图 23.7　英国伦敦北部的 Kings Langley 的
RES UK 总部的示范项目中的 PVT 系统。
获得 H. F. Kaan 的许可

图 23.8　太阳能暖房的内部（位于培登的荷兰
能源研究中心的 42 号楼，集成了 43kWp 的 BP
太阳能组件。获得 BEAR 建筑事务所
T. Reijenga 的许可）

23.2.1.2　幕墙集成光伏

建筑外墙通常为砌砖或混凝土结构，预制件或构架的金属幕墙安装在合适的位置。混凝土结构形成结构层、被隔离层和保护层覆盖[14]。这个保护层可以是木材、金属片、板条、玻璃或光伏组件。对于常常使用昂贵保护层的写字楼来说，用光伏组件充当保护层并不比天然石和昂贵的特种玻璃之类的常用材料贵。这个保护层大约 1500 美元/m²，稍高于现在的光伏组件的价格（见图 23.9）。

结构玻璃幕墙或结构外墙通常由非常成熟的框架系统建造。这些系统可以填充各种类型的薄板，例如玻璃或者无框架的光伏组件。

在过去十年，透明组件进一步发展。在 20 世纪 90 年代开始发展起来的半透明组件中，电池的间隙与穿过 Tedlar 背板的光决定了射进来的光线的量。由 Sunway 公司的电池开始，发展起了全新一代的透光电池，如 Schott ASI 的玻璃，尚德公司 MSK 的透光和透视电池，这种电池可以置于屋顶或幕墙（见图 23.10）。

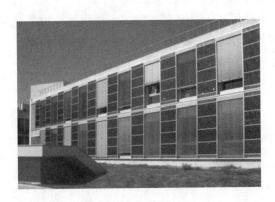

图 23.9　里斯本技术大学（葡萄牙）的幕墙
集成光伏系统。获得 H. F. Kaan 的许可

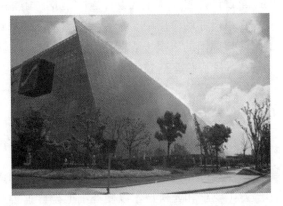

图 23.10　尚德公司在无锡的总部。一面大的玻璃
幕墙，其上建有 1MWₚ 光伏系统（有 2552 片半
透明组件）。照片获得尚德公司的许可

23.2.1.3 建筑部件中的光伏

幕墙非常适合各种类型的遮阳板、百叶窗和遮阳棚[15]。在夏天为建筑遮阳的同时提供电力。建筑师意识到了这一点，世界上能看到很多光伏遮阳系统（见图23.11）。建筑阳面位置的遮阳棚（用来保护入口）是安装BIPV系统的好地方（见图23.12），可以遮阳、挡雨、供电。

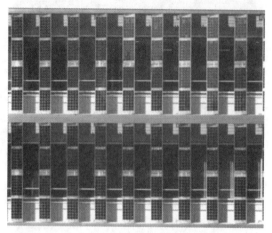

图23.11 日本东京的SBIC办公楼的西侧外墙的光伏遮阳系统（光伏组件成为竖直百叶系统的一部分，这个总容量为20.1kW$_p$的竖直百叶系统是由瑞士的Atlantis公司制造。经Jiro Ono允许）

图23.12 瑞士苏黎世的新机场航站楼的1.25kW$_p$容量的系统充当遮阳篷。这个遮阳篷能遮挡阳光直射，但同时允许日光通过透光组件。获得BEAR建筑事务所T. Reijenga的许可

23.2.1.4 建筑中的光伏艺术

光伏发电系统的独立应用在建设中多多少少进行各种创新设计。非常著名的就是太阳帆，它是一些公司涉足绿色概念的标志。还有各种其他独立建筑用以支撑光伏系统。很著名的一个设计是将光伏系统设计成一朵花，用来接收太阳光。

在小尺寸的应用中，有一些在颜色、外形和组件形式上具有艺术性的光伏组件。一些艺术家诸如德国的居根·克劳斯（Jugen Claus）和加拿大的萨拉·霍尔（Sarah Hall）变成了光伏艺术家。许多建筑师也以艺术的方式使用光伏组件（见图23.13）。北京净雅酒店有个巨大的玻璃幕墙，这个幕墙实际上是个面积为2200m^{2}的广告牌，使用2292个组件收集能量在夜晚点亮LED广告牌（见图23.14）。

23.2.2 光伏集成为屋顶遮光栅、幕墙和遮阴设施

设计者可能将光伏系统集成到诸如天棚和遮阳系统之类的建筑元素上，但是需要详细地了解遮阳要求和光伏技术以便详细地设计这种光伏集成系统。设计者最先发现的事情之一是有效的光伏系统并非自动就成为好的遮阳系统。一般来说，安装在百叶窗上的光伏系统为防止对光伏系统的遮光，需要将百叶窗之间的距离留大一些以免百叶窗对光伏组件的遮挡，而这样可能造成在春天或秋天太阳角度较低时有过多的阳光透过（见图23.15）。

图 23.13　加拿大温哥华 UBC 大学雷根斯学院的地下图书馆的自然展览塔。获得萨拉·霍尔工作室的许可[16]

图 23.14　中国北京西翠路的净雅酒店由 2292 个组件组成的巨大的自供能量的 LED 广告牌

　　热负载和日光控制系统能够和光伏系统结合起来。而且，当设计者详细地研究这些方面时，会发现光伏系统也能够是热套封或热系统的一部分[18]。一个例子是荷兰培登的 31 楼的整修[19]。在这个工程里，35kW$_p$ 的光伏系统被集成到百叶窗上来阻挡夏季的高温、减少强光反射并改善室内光照环境。为了防止组件被上层的百叶窗遮光，百叶窗的尺寸基本上是组件尺寸的两倍（见图 23.16）[20]。

图 23.15　德国弗赖堡的恺撒时装屋的日光控制（这个 4kW$_p$ 在百叶窗上的光伏系统安装在玻璃幕墙上面，防止屋内眩光。光伏百叶窗在图的中间位置。经 BEAR 建筑师 T. Reijenga 允许引用）

图 23.16　荷兰培登 ECN 31 号楼的南侧外墙（遮阳系统集成了 35kW$_p$ 的壳牌太阳能组件。经 BEAR 建筑事务所 T. Reijenga 允许引用）

　　方位取向是设计绿色建筑的一个重要事项。建筑的热负载、遮光需求和幕墙的设计都取决于方位取向。

　　方位取向对于光伏系统也很重要。幕墙系统可能适合某些国家，尤其是在北纬 50° 以上或南纬 50°以上的国家。当幕墙的遮光不可避免时，以及对于这些纬度之间的国家，面向太阳的倾斜表面或者甚至水平的表面可能更加合适。设计者最后的选择会取决于取向、光伏系统一年总共接收的日照量、来自周围建筑的遮挡和设计的美学效果（估算和测算各种朝向和间隔情况下的能量产率的非常有用的工具已经被开发出来，其中包括荷兰的咨询公司 Ecofy 公司和瑞士洛桑的联邦理工学院）。对于设计者来说，一个重要的事情是要学会使用这些蓝色的、灰色的或者黑色的电池，要熟记在刚开始的设计中就要将集成考虑进去。理想地来说，光伏系统不应该是被添加到建筑上而是要设计为建筑的一部分。

23.2.3 良好集成系统的建筑学标准

为了确定 BIPV 系统是否集成良好，我们需要根据以下几点进行辨别：

1）BIPV 系统集成的技术质量，也就是光伏、电缆和逆变器的技术方面。

2）BIPV 系统的建筑质量。这里我们把系统集成的质量看成一个建筑元素（屋顶的一部分或者被组件代替的幕墙）。组件和它的集成必须满足典型的建筑标准，例如防渗或者足够牢固以承受风力或者雪的重压。

3）BIPV 系统的美学质量。这是判断 BIPV 系统中科学性最低而且最主观的部分。但是事实上架构优美、集成良好的系统能提高市场接受程度。

光伏系统的技术和建筑质量都被认为是前提条件。建筑内所有的设施都要正确地发挥作用。美学质量不是前提，关于建筑价值的讨论十分广泛，一般的建筑师还是不认可其建筑上的光伏系统是"美丽"的。一些建筑杂志批评了一些光伏工程，例如荷兰阿姆斯特丹斯洛滕的 250kW$_p$ 工程[25]和荷兰阿默斯福特纽兰德的 1.3MW$_p$ 工程[26]。然而这两项工程被涉足光伏系统的建筑师认为是很好集成的闪光的样本。还有更多的理由说明本书应该给出更有吸引力的例子并批判性地审视这些光伏产品。

建筑部件和产品的制造商或许对于光伏的美学拥有不同的观点。莫尼尔（Lafarge Braas）PV 700 屋顶瓦系统是一个很好的例子，说明了制造商如何看待他们的产品。这个系统可以放置在莫尼尔的石材质瓦上而看不出来（见图 23.17）[27]。

但是，在产品广告中，制造商为屋顶瓦选择了对比色而不是协调的颜色，因此忽略了这样一个事实，在大多数情况下，集成设计应该谨慎。商业化之后，该系统打算用于标准屋顶瓦。波纹瓦和平板光伏部件之间的反差更大。从技术上讲，这个高质量的产品已经被集成了。然而从美学角度看，由于强烈的反差，这个产品不能算是被集成。因此，建筑师、建筑检查员和客户可能会拒绝使用配有该产品的光伏系统。

图 23.17 荷兰 Harderwijk 的世界野生动物基金会（WWF）项目的一个光伏屋顶（屋顶上有一个太阳能集热器，一个 460W$_p$ 的 PV 700 系统，在瓦之间的 PV 700 系统几乎看不出来）。获得 BEAR 建筑事务所 T. Reijenga 允许引用

我们如何能够讨论一个 BIPV 系统是否被很好地集成了呢？在 IEA PVPS（PV Power System）第 7 工作组中的一群建筑师讨论了这个题目，并很快给出了判断 BIPV 项目的美学质

量的几个标准[22]。

IEA PVPS 第 7 工作组给出的判断建筑集成光伏系统美学质量的几个标准是[23,24]

- 天然集成。
- 赏心悦目的建筑设计。
- 在色彩和材料上是一个很好的组合。
- 在尺度方面适合构型，和谐，匀称。
- 光伏系统匹配建筑物的环境。
- 工程设计良好。
- 使用创新型的设计。

这些建筑标准特别应该向非专业建筑师以及光伏系统制造商进行解释，这些制造商为建筑屋顶和墙面开发光伏系统，并且认为他们开发的系统非常适合建筑应用。

图 23.18 自然将光伏系统结合到建筑物中。这是 202.8kW$_p$，位于美国马萨诸塞州的 Frederic 的 BP 太阳能公司（Solarex）。经 ECN 的 J. Beurskens 允许复制

- 天然集成。这意味着光伏系统看上去成为建筑物符合逻辑的一部分（见图 23.18）。系统附着在建筑的一个端面上，光伏系统不一定要被看到。对于翻新的情况，效果应该是光伏系统看上去似乎在翻新之前就在那里。

- 设计美观。设计在建筑学方面是美观的（见图 23.19）。建筑物看上去具有吸引力，光伏系统明显地改善设计。这是一个非常主观的选项，毫无疑问，人们会觉得一些建筑比其他建筑更舒适。

- 在色彩和材料上是一个很好的组合。光伏系统的颜色和表面结构需与其他材料配合（见图 23.20）。

图 23.19 在 Boxtel 的 De Kleine Aarde 的可持续中心的走廊。此空间没有加热并且自然通风。6.7kW$_p$ 的透明组件具有双重功能，可以减少 70% 的热负荷。Reijenga T, Böttger W 制作，Proc. 2nd World Conference on Photovoltaic Solar Energy Conversion, pp 2748-2751 (1998) 经 NOVEM, R Schropp[10] 许可

图 23.20 位于伯尔尼（瑞士）历史建筑物马厩的屋顶的 Atlantis Sunslates 公司的 80.5kW$_p$ 的系统。其颜色和表面织构如此和谐，因此此光伏系统允许安装在受保护的历史建筑物的屋顶。经 Atlantis Solar Systems Ltd 许可复制

- 在尺度方面适合构型，和谐，匀称。光伏系统的尺寸应与建筑尺寸匹配（见图 23.21），这要求确定组件的尺寸和建筑所用的网格线的尺寸（网格——用以构成建筑的线条和尺寸的组件系统）。
- 光伏系统匹配建筑物的环境。建筑的整体外形应与所用光伏系统一致（见图 23.22）。在历史建筑上，瓦片型的组件好于大型组件。然而高技术的光伏系统更适合于高技术建筑。

图 23.21 位于美国加利福尼亚州洛杉矶圣安娜的探索科学中心的立方体。20kW$_p$ 的光伏系统匹配这一巨型结构的构型，使得光伏组件与其后的建筑构件和谐统一。在这一太阳立方中使用了 BP 太阳能公司的 494 块 Millienna 薄膜光伏组件。复制自 Eiffert P，Kiss G，Building-Integrated Photovoltaic Designs for Commercial and Institutional Structures- A Sourcebook for Architects，48-49，NREL，Golden，CO (2000)。经 BEAR 建筑事务所 T. Reijenga[17,29]许可

图 23.22 在瑞士卢加诺附近的 UBS 银行的 180kW$_p$ Sofrel 平面屋顶系统，它匹配了屋顶的环境，也就是使得屋顶的各种建筑构件间达到了和谐，包括高科技烟囱、平屋顶上紧凑排列的光伏组件。此处 BIPV 主要是依据美学观点而非物理观点设计的。引自 Maycock P et al.，Building with Photovoltaics，78-81，Ten Hagen & Stam，Den Haag (1995)，经 UBS Switzerland[9]许可

- 工程设计良好。这里并不涉及防水和建筑的可靠性。但却涉及细节的精致性（见图 23.23）。设计者注意细节吗？材料的用量被最小化了吗？这些考虑将决定对工作细节的影响。
- 使用创新型的设计。光伏系统已经有很多种应用了，但是仍有无数的方案有待开发。这也是考虑这个标准的更多原因（见图 23.24）。

图 23.23 中国北京奥林匹克场馆的小亭子。经 BEAR 建筑事务所 T. Reijenga 允许复制

图 23.24 位于 Solar Declathon 2007 (USA) 的非常新颖的太阳能百叶窗。经 Solar Declathon 2007，TU Darmstadt，Sebastian Sprenger 允许并复制

23. 2. 4　建筑中光伏组件的集成

上一节已经简要讨论了判断光伏的建筑标准。本节将讨论将这些系统集成到建筑概念中的方法。

将光伏系统集成到建筑物中分成五类：

1）隐形应用。

2）附加设计。

3）附加到建筑造型上。

4）决定建筑造型。

5）引导新的建筑理念。

分类的依据是建筑一体化的程度。然而建筑物并不一定因为光伏组件是不可见的而降低建筑物的质量。可见的光伏系统并非总是合适的，尤其是对那些历史风格的建筑的翻新项目。然而对于建筑师的挑战是如何合适地将光伏系统集成到建筑中。光伏组件是一种新的建筑材料，提供了新的设计选择。因此，在建筑中应用光伏组件会导致新的设计。在一些被选取的项目中，设计是基于以下这些原理的。

1）隐形应用。光伏系统安装成隐形的，以避免建筑被"打扰"（见图 23.25）。光伏系统与整个项目和谐统一。一个范例就是美国马里兰州的项目（见图 23.26），该项目中建筑师试图对光伏系统进行隐形设计。之所以选择这种设计是因整个项目涉及历史建筑。一些现代高科技的组件似乎并不适合这种建筑类型。

图 23.25　在荷兰 Amersfoort 的 1.3MW 项目中现代风格的房子。建筑师认为这些组件与设计不协调，他选择了平屋顶的"不可见"解决方案。光伏系统在周围街道上是看不见的。经 REMU J. van IJken 允许引用

图 23.26　位于美国马里兰州的 Bowie 市的国家研究之家园区的历史风格的房子，屋顶采用 Unisolar 公司的直立式屋顶的（非晶硅薄膜）电池组件。经 NREL USA 授权引用

2）附加设计。光伏系统附加到设计上（见图 23.27）。这里没有真正实现建筑集成，但这不是意味着没有一体化。"添加"的光伏系统也不总是能看得到（见图 23.28）。

3）附加到建筑造型上。光伏系统被"漂亮"地集成到整个建筑的设计中，而不改变建筑的造型（见图 23.30）。换句话说，集成与建筑融合得非常好（见图 23.29）。

图 23.27　西班牙马德里 IES 的建筑上装有 6.6kW$_p$ 光伏系统，该系统在建筑物刚刚建好之后很短时间就加装上去。组件装在墙上的窗户上方用以遮阳。经 BEAR 建筑事务所 T. Reijenga 授权引用

图 23.28　在荷兰 Amersfoort Nieuwland 的这些房子具有白色薄膜覆盖的屋顶。建筑师选择的组件在颜色上与屋顶形成反差以展示在设计上的附加效果。经 REMU J. van IJken 授权引用

图 23.29　建筑师将光伏系统（49kW$_p$）建在建筑物外墙的窗户上方，与卷帘窗相结合。这个建筑物位于瑞士圣加仑的 EMPA 的办公室。经 Electrowatt Eng. Services 授权引用

图 23.30　在荷兰 Gouda 的这座办公楼，6.2kW$_p$ 的光伏系统建在建筑立面的顶部作为顶棚保护墙面。建筑师的想法是向来访客人展示其光伏系统。经 BEAR 建筑事务所 T. Reijenga 授权引用

4）决定建筑造型。光伏系统被醒目而非常优美地集成到设计中，并在建筑的整个造型上扮演重要的角色（见图 23.31）。

5）引导新的建筑理念。使用光伏组件，也可能结合其他类型的太阳能，促使新设计（见图 23.32）和新建筑（见图 23.33 和图 23.34）的产生。从概念层面考虑光伏组件的集成，这使得项目具有了额外的价值。

图 23.31　在荷兰 Langedijk 的 HAL 地区的居民区的 5MW$_p$ 项目，大的光伏系统屋顶没有任何钻孔，这强化了屋顶设计的建筑学的表达。每套房子拥有 5.1kW$_p$ 的 BP Solarex 的光伏组件。经 BEAR 建筑事务所 T. Reijenga 授权引用

图 23.32　在瑞士洛桑的购物中心的系统包括安装在窗户上的透明组件构成的百叶窗，以减少在窗户上的阳光反射，使人更容易看进窗户。经 BEAR 建筑事务所 T. Reijenga 授权引用

图 23.33　荷兰埃顿勒厄的这个零能源项目结合了不同的可持续能源技术。每个屋顶都安装了 6.2kW$_p$ 的 BP Solar 的光伏组件。建筑师对于光伏系统的集成是一种全新的建筑理念。引自 Reijenga T 的 Energy-Efficient and Zero-Energy Building in the Netherlands, Proc. international Workshop on Energy Efficiency in Buildings in China for the 21st Century, CBEEA（Beijing, December 2000），经 BEAR 建筑事务所[29]许可

图 23.34　这个屋顶朝向北方，建筑师设计了这种"光伏阻流板"，每个建筑拥有 0.4kW$_p$ 的壳牌公司的组件。经 BEAR 建筑事务所 T. Reijenga 授权引用

23.3　BIPV 基础

23.3.1　建筑的类型

建筑集成系统可以根据以下几点分成不同的种类：

1）电池和组件类型。

2）建筑集成类型。

3）建筑的类型。

4）安装技术。

5）集成后的功能和附加的建筑以及光伏系统在建筑上的额外功能。

建筑师了解所有这些分类及其可能性是很重要的，设计过程既包括把简要的想法（客户提出的计划）变换成空间和实体，也包括将在建造中实现功能和材料的合理应用。这个过程主要基于对施工及材料的经验和知识。在设计过程中对现有知识及经验的创新性应用更重要，相比较而言，新发明倒在其次。

23.3.1.1　电池和组件类型

市场中的电池和组件各种各样。有多种多样的电池材料、组件、有框或无框的电池板、电池及背板和框架的颜色。它们呈现出了各种可能的表面[30]，这对建筑师来说是基本常识。建筑师会根据脑子里的某个造型设计 BIPV 系统。选择单晶硅电池还是多晶硅电池依赖于颜色而不是效率[31]。

23.3.1.2　建筑集成类型

工程中的 BIPV 系统可根据应用的位置分为屋顶系统、幕墙系统、玻璃建筑（暖房和门廊）系统和建筑部件，例如遮阳和天棚系统。主要的安装位置是屋顶和外墙。然而在如何集成光伏系统方面还有很多新方案。所有的这些方案都按建筑部件来分类。

23.3.1.3　建筑的类型

不同的建筑显然有不同的功能，例如公寓和家庭住宅、公共大厦、商业及工业建筑物以及公共设施，它们可以是新建的或翻新的建筑物[32]。公共设施包括遮挡性建筑（公共汽车站、遮阳棚、停车棚）、亭类建筑（报摊、观景亭、凉亭、电话亭）、公共厕所、停车场、路灯、泊车表、大屏幕和障碍（围栏、隔音障）、道路标志和商业广告。

所有类型的建筑物都可能使用 BIPV 系统。各种商业化的应用可分为 10 类。

建筑中的位置	建筑部件	制造商
斜屋顶	瓦和屋顶板	Monier（见图 23.17），Atlantis Sunslates[33]（见图 23.20），Unisolar/Bekeart Standing Seam panels[34]（见图 23.35）
	非集成框架	BP Sunflower（见图 23.36），Econergy InterSole[35]，Alutec profiles
	集成框架	Solrif 太阳能框架系统[36]（见图 23.37）
平屋顶	屋顶材料	SunPower Power Guard，Alwitra Evalon 屋顶膜（见图 23.38）
	集成框架	Schüco 框架系统（见图 23.39）
	独立支撑结构	Solgreen（见图 23.40），Sofrel[38,39]（见图 23.28）

（续）

建筑中的位置	建筑部件	制　造　商
外墙	集成框架	Schüco 外墙框架系统（见图 23.41）
	覆层系统	BP Solface[40] 系统
	百叶窗	ADO 百叶窗系统（见图 23.42），Colt Shadovoltaic 百叶窗系统（见图 23.15）
	遮阳棚	Donjon 遮阳棚系统（见图 23.43）

图 23.35　欧洲 Bekaert/BESS 公司的项目中的斜屋顶，该项目位于荷兰的 Leiden，系统容量是 21kWp，将光伏组件与热水器组件及烟囱集成到一起。经 BEAR 建筑事务所 T. Reijenga 授权引用

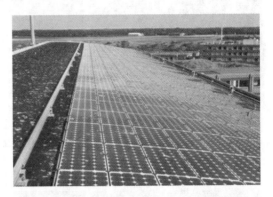

图 23.36　荷兰培登 ECN 的 31 号大楼的弯曲屋顶处的 BP 向日葵系统。容量是 35kWp。经 BEAR 建筑事务所 H. Lieverse 允许引用

图 23.37　瑞士苏黎世的屋顶改造的 Solrif 太阳能侧墙系统，系统容量 53kWp。经 BEAR 建筑事务所 H. Lieverse 允许引用

图 23.38　Alwitra Evalon 公司的非晶硅屋顶膜。经 O. Ö. Energiesparverband 允许引用

图 23.39　德国巴特奥尹豪森能源论坛中心的使用透光组件的 Schüco 1.9kW$_p$ 屋顶框架系统。这个安装系统也可用于水平的情况，但比较困难。经 BEAR 建筑事务所 T. Reijenga 允许引用

图 23.40　屋顶展示的用于绿色屋顶的 Solgreen 平板系统（瑞士）。经 SOLSTIS 允许引用

图 23.41　英国 Doxford 的 Schüco 外墙轮廓系统（同时见于图 23.6）。经 BEAR 建筑事务所 T. Reijenga 允许引用

图 23.42　荷兰纽兰德阿姆斯福特的一处公寓里的集成的透光光伏组件的 ADO 百叶窗系统。自动百叶窗可以在两个位置切换，夜间在水平位置（图中左边），而白天向太阳倾斜（图中右边）。经 BEAR 建筑事务所 T. Reijenga 允许引用

图 23.43　在屋顶房檐的遮阳棚。在荷兰高达的办公大楼上的 6.2kW$_p$ 的光伏系统。经 BEAR 建筑事务所 T. Reijenga 允许引用

23.3.1.4　集成功能

除了发电，光伏组件也被用来作为建筑外层（屋顶或外墙），起到防晒（见图 23.44）或透光作用。集成到建筑中的光伏组件如起到双重作用将节约成本并导致接受光伏组件为建筑构件。一些已建成的建筑物示范了光伏系统的被动降温作用[13]。

这一集成的优势有：

1）光伏系统代替了建筑元素。

2）光伏组件背面通风良好。

3）不需要单独安装施工。

4）不需要空调系统。

23.3.2　电池和组件

光伏组件和安装系统是光伏系统的元素，光伏系统决定建筑物造型。一个光伏系统，特别是电池材料、框架材料、焊接、组件的形状以及电池和背板的颜色，都影响建筑物的造型。对于建筑师和设计师来

图 23.44　在荷兰培登 ECN 的这栋大楼的暖房屋顶集成的一个 43kW_p 光伏系统。暖房在大楼前面充当遮阳伞，在温和的天气下不再需要空调。大楼的右边有一个光伏遮阳系统（见图 23.16）。

经 BEAR 建筑事务所 T. Reijenga 允许引用

说，这些方面比光伏系统的转换效率更重要。表 23.1 列出了当今商用太阳能组件的典型效率。

表 23.1　**组件的典型效率**（这些值在标准测试条件下得到。在 BIPV
应用中不同的朝向可能导致效率下降）

电 池 类 型	典型效率（%）
单晶硅电池	14 ~ 18
多晶硅电池	12 ~ 15
薄膜硅电池	6 ~ 10
单结非晶硅电池	6 ~ 7
碲化镉电池	10 ~ 12
铜铟镓硒电池	8 ~ 12

23.3.2.1　太阳电池材料

太阳电池材料有多种：单晶硅、多晶硅（在第 6 章和第 7 章讨论过）、非晶硅（见第 12 章）、铜铟镓硒（$CuInGaSe_2$）（见第 13 章）、碲化镉（$CdTe$）（见第 14 章）。这里简要介绍一下影响它们在 BIPV 中应用的特性。单晶硅最初生长为长的圆柱，然后切成薄片称为硅片（厚度约 $300\mu m$）。最初是圆形的，往往要切边形成有圆角的准方形硅片。这增加了它们在组件中的密度，当前典型硅片的面积是 $12.5cm \times 12.5cm$ 或 $15.6cm \times 15.6cm$，但是会随着技术的发展而增大。单晶硅电池具有一个非常均匀的外观，它们的颜色可以不同，但通常是深蓝色或黑色，因为这样电池的效率最高。电池的颜色是由反射光的波长决定的，电池看起来越黑，它反射的光越少，越黑意味着太阳电池吸收了越多的太阳光。因此，颜色越暗表明

电池吸收的光越多。可是有时或许会损失一些效率来得到不同的颜色，这些颜色可以通过较窄带宽的波长的反射而得到。

多晶硅硅片的生产成本比单晶硅低。多晶硅铸造成长方形硅锭。经过切片，多晶硅硅片成为理想的方形。与单晶硅电池相比，多晶硅电池通常也是蓝色而且尺寸也一样，但是它们效率较低而成本也低。单晶硅和多晶硅之间的最大差别，可能影响到它们在 BIPV 中的应用的是它们的外观：单晶硅是均匀的，而多晶硅有数百个反射面，尺寸为 0.1 ~ 1cm。每个面都是一个单独的小结晶区。单晶硅和多晶硅电池在其前表面都有矩形图案的金属栅线，用来收集电流和与下一个电池相连。这些栅线通常在几米外是看不到的。

非晶硅电池（a-Si）是由硅原子构成，很薄（约 $1\mu m$），没有晶体特性。它们通常被称为硅薄膜光伏技术。非晶硅电池是沉积到衬底上的，例如玻璃片或柔性的不锈钢或塑料卷，机械强度、重量和柔韧性范围很广。由于在电池背面，这些衬底通常是看不见的。这些电池常常表现出均匀的黑色外观。这些电池没有栅线。柔性衬底适合弯曲的表面和可以卷起来的组件。非晶硅组件的效率比单晶硅和多晶硅的都要低（见表 22.1），但是应用于 BIPV 时非晶硅组件经常在高温时性能更好[43]。

其他薄膜光伏材料目前包括铜铟镓硒和碲化镉，它们看起来都是黑色的，从视觉上无法与非晶硅组件区分。相比单晶硅和多晶硅，它们效率较低。铜铟镓硒可以沉积到柔软的塑料或金属箔上。

用于 BIPV 的半透明电池可以通过两种办法制造。单晶硅可以在前后表面有相互垂直的沟槽。在沟槽相交的地方，光线可以通过这些洞。有多晶硅电池透过率为 2% 的报道[42]，但是要获得更高的透过率需要更大的洞。另一个办法是在玻璃上生长一层很薄的非晶硅，并且其接触电极是透明的，那么整个组件就是半透明的。可是，透射光将会偏红或是橙色，因为波段中的蓝光或绿光被硅层吸收。这样的组件将只能应用在能够接受这种颜色的光的地方，例如汽车的天窗。一个更好的方法是用激光烧蚀的办法有选择性地去除一部分非晶硅。在 BIPV 应用中，对于激光烧蚀，非晶硅有 5% ~ 15% 的白光透过率（未过滤）的报道[41]。但是没有排满电池的组件也可以有很好的透光性（光线穿过组件没有穿过电池）。这种选择也常常与让光线穿过组件的常规组件一起使用。

23.3.2.2 组件温度

对于单晶硅和多晶硅电池，随着温度升高组件的效率会降低，因此发电量会减少，但是对非晶硅电池其程度会降低。在许多非 BIPV 应用中，组件安装在独立框架中，两边都有空气流过，这样允许两面都冷却。相反，在一些 BIPV 应用中组件与建筑材料紧密接触，例如屋顶或墙壁的隔离层。缺乏空气循环增加了组件的温度。相对损失大于 5% 是可能的[43]。对于单晶硅或多晶硅应用来说，一个优良的设计是通过使组件背面通风和使隔离层对组件的影响最小化来尽可能地实现冷却。这对非晶硅组件不是问题[43]。

23.3.2.3 电池和组件的颜色

在处理之后太阳电池的颜色基本都是蓝色、深蓝或黑色。颜色不同是可能的，但是颜色没有制造标准。一些制造商销售颜色特殊的电池（例如黄金、灰色、绿色、红色、橙色和黄色）。通过改变电池上多种光学薄膜的厚度来改变它们的反射，电池的颜色就会随之不同。蓝的太阳电池的效率最高。现有文献给出的有色电池的效率是 11.8% 和 14.5%，相比之下，优化的电池效率是 16.8%[44,45]，大约相当于黑蓝色电池效率的 75%[46]。

组件有好几部分可以着色。除了电池,框架和背板都有一定的颜色。旧的组件配有铝框架和白色的背板。因为颜色的对比,电池的形状非常鲜明。但是,现代组件的颜色更协调:深黑色 Tedlar 背板配暗蓝色电池,组件周围是深色框架,这样产生了非常统一的外观。含有这些均一颜色组件的屋顶和外墙将看起来像一个单一表面。通过使用颜色鲜明的组件来吸引人们的注意力和关注光伏系统,也可能产生相反的效果。

23.3.2.4　组件的建筑式样

建筑师根据组件的形状和构成可能性来选择组件。有框和无框的组件有很大的视觉差异。无框组件看起来非常像窗户玻璃,无框组件如果具有"隐蔽"的安装系统,其表面看起来非常均一。接缝好像也藏起来了,单个组件很难辨认出来。这样流畅的表面具有较高的审美价值。

有框的组件具有完全不同的效果。框架可以很重,对表面有影响。非常明显的框架把表面分成多个模块,每个单独的模块很容易被辨认。这通常不是设计师想要的。

为了解决这个问题,可以使用与电池颜色一样的(黑或蓝)较小的框架,这样看起来不明显。电池之间的焊接是一个小细节,但是很影响光伏系统的外观。在旧技术中,焊接很明显而且不流畅。新技术可以更好地将焊接隐藏起来并且可能有新型焊接技术出现,如使用 ECN PUM 工艺制备的黑色电极电池,这些技术总是在现代组件中应用。

组件尺寸之间的差别很大。标准组件比定做的组件要便宜。但是,定制的组件几乎可以是任何一种形式、形状和尺寸。玻璃可以是单层的,也可以是双层的(绝缘)。薄膜组件或许比晶硅组件在尺寸和颜色方面有更大的选择自由。

一种新型组件称为 HCPV(高聚光光伏),一些欧洲(西班牙的 SOL3g)和美国(加利福尼亚州的 SUNRGI)的公司开发出这种组件。其原理是将较便宜的菲涅耳透镜(可将直射太阳光聚光 500 倍)加在三结电池(效率 >35%)之前。电池需要被动冷却以避免极高的温度,然而这种系统不常用在建筑物上。

23.4　光伏设计的步骤

23.4.1　城市朝向

将光伏系统集成到建筑的目的是降低成本和优化城市地区所缺乏的土地。为了让一体化系统能产出最大的功率,城市和建筑的朝向非常重要。主要的出发点是系统能产生的最大功率,主要的障碍可能是(或部分是)其他建筑或物体对系统的遮挡和相对太阳的方向不佳。反射对周围的建筑也是一个问题。

23.4.1.1　朝向和角度

辐照量取决于纬度。某一个平面当它的倾斜角大约等于纬度减去 10°(见第 21 章有关太阳辐照计算的内容)时辐照度最大。例如北纬 52°,组件的朝向在东南和西南之间,且与水平面呈 30°~50°之间的夹角时,可以获得较好的组件特性(>90%)。当朝向在东和东南之间或西和西南之间时,组件与水平面之间的角度在 10°~30°之间也比较合理。辐照度比最大值减少 15% 左右。

如果朝向困难,采用角度很低(5°~10°之间)的平顶系统是一个不错的解决方案。辐照损失将会在 5%（南方）~20%（北方）之间。

23.4.1.2 建筑物之间的距离

阴影是 BIPV 的关键问题。总的来说，光伏组件在一年中大部分时间会被遮挡的设计应该避免。在低层建筑区，问题很容易解决。房子之间的距离可以计算出来。如果周围的建筑有高有底，问题就复杂了。在低层建筑群里，一座高层公寓楼会导致很多不必要的阴影。

一个地区的（建筑物）密度也有很多影响。在高密度区域（城市），建筑物之间的距离经常太小了，以至于在一年中大部分时间都有明显的阴影。

需要提醒一下，外墙系统（垂直）比倾斜系统（屋顶）对阴影更为敏感，因此需要与其他建筑物之间的距离更长。正如前面提到的，水平系统有较低的辐照度，但将会是避免阴影的最好办法。水平系统仅仅不适合于周围建筑高低错落的情形。

23.4.1.3 树木

建筑物周围地区的绿化会使该地区看起来非常有吸引力，而且对居民来说小气候也更舒适。树木的遮挡效应很重要，因为在夏季树木会很茂密，即使在冬季，当树叶都落了，枝干也会造成很多阴影。

有时我们会低估生长带来的问题。对树木的生长进行估算非常重要，必须做得非常仔细，以避免在建设完成后或光伏系统已安装几年后出现问题。

解决方案有：

1）只在建筑物北侧植树。
2）只种植约两层楼高的小树。
3）每年修剪树木使它们不要长高。

23.4.1.4 分区

在将来，有光伏系统的城市地区将需要一个特别的太阳能分区。建筑区域的边界可以在三维地图上清楚地标明，以防止以后的问题。也可根据这些地图确定光照的多少。

23.4.1.5 反射

虽然不是一个重大问题，但在某些情况下，有可能发生反射。在低层建筑物里，没什么大问题，但是在高低混合区域里，如果周边所有房屋都有光伏组件（玻璃覆盖），那么高建筑物里的居民可能会遇到一些恼人的反射。但事实是在建筑物之间都有一些距离（减轻遮光），这消除了大多数潜在的问题。

23.4.2 一体化的实用规则

将组件集成到建筑物上有几个重要的规则要遵循。这些规则关乎系统的运转和维护，例如：

1）在组件上不能有阴影。
2）组件的背面要通风（对非晶硅薄膜并不那么重要）。
3）可以很容易地安装和卸除某个组件。
4）确保组件保持清洁或可清洗。
5）电气连接要简单。
6）确保线路是耐晒和抗风化的。

下面来详细说明：

正如前面提到的，即使是在组件上的部分阴影也会强烈地减少电能的输出。有框架的结构，尤其像遮阳棚，可以在相邻组件边缘产生阴影，从而导致能量损失。

晶体硅电池组件在温度较低的时候有更高的能量输出。组件背面通风可能会保持较低的温度而避免输出减少。但是，薄膜非晶硅电池不同，较高的温度对效率的影响不像对单晶硅那样严重。

虽然组件的寿命已被证明超过 20 年，但最好知道如何在不移除整个系统的情况下卸除单个组件。电气连接也应即插即用，像计算机那样。组件的快速安装和简单更换需要电气连接容易。应当根据当地安全条例采取预防措施，例如，使用救生索或可移动的安全梯子。

组件的表面应当是干净的。在大部分地区，雨水会清洗倾斜的组件。较平的组件可以采用 PV-Guard 处理，这是一种可以使表面光滑的处理，使得雨水清洁更容易。在干燥地区，清洁应当是定期维护的一部分。

保护线路免受天气的损害。尽管所有的连接必须是防水的，但雨水不是主要的问题，应该避免长期受到水的影响。免受阳光和紫外线的照射是必要的，以保护线路的绝缘特性不受损。根据区域的不同，可能还需要保护线路免受小动物的啃咬。

23.4.3 设计步骤

光伏系统包括了若干具有太阳电池的组件、逆变器、蓄电池或大多数情形下的入网连接器构成。装有一个小系统的单个房子可以通过现有的电表连接。系统发出的电主要是在这个房子内被用掉，剩余电力将输入电网而使电表倒转（见图 23.45）。但是，并非每一个电力公司都允许这样，而且在某些情况下，需要另外安装一个电表。较大的系统（大于 2～3kW$_p$）经常需要这样。由电力公司维护的较大系统或混合系统将直接接入电网。

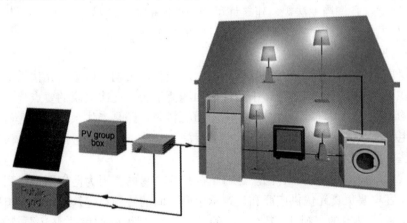

图 23.45　光伏联网图。经 ECN M. van der Laan 允许复制

23.4.3.1　太阳能设计

关于光伏设计的首要的问题是，"为什么要把光伏集成到建筑中"和"这是为了使建筑物更独立，或者是为了发表关于楼房居民的说明的一般能源供应"。

大型的系统将用来提供电力。这意味着面积也大，不同类型的组件、形状、颜色或纹理可以用来设计建筑的外观。

一个更加独立的建筑的主要问题是系统的效率和年发电量。光伏系统的规模取决于这点，因此设计者必须接受一定数量的组件。设计者可能要围绕着被集成的系统来设计建筑，否则的话系统只是连到建筑上而不是集成到建筑中。

23. 4. 3. 2 组件安置和阴影

设计过程的第一步是看一下组件的数量，它们的尺寸，以及系统的总尺寸。组件的阴影很重要。部分被遮挡的组件失去的效率将会比预期的更多。如果组件中的一行电池被盖住或严重遮挡，将会妨碍整串电池的输出。

能引起阴影的小物体，例如烟囱和风机，不太重要。在一天中阴影会移动，而且被遮挡的位置可能被太阳光间接照射到。实际上，组件集成了旁路二极管，当一行电池被覆盖或遮挡时，它们可以暂停工作。

23. 4. 3. 3 系统平衡部件和互连所需的空间

在组件的背面有接线盒将电缆与逆变器连接。背面的接线盒也需要空间。加上组件背面需要通风，这意味着在组件背面和安装表面之间需要 20 ~ 50mm（取决于接线盒的尺寸）的空隙，来满足这两个功能。

逆变器也是需要空间的，为了达到更高的效率，这些逆变器最好在电池附近。从逆变器接出一条交流电缆，然后通过电表接入电网。

在逆变器附近需要安全开关以保证光伏系统的工作安全。在第一个电表附近可能还需要留有空间装第二个电表，除非使用双向转动的电表。

23. 4. 4 设计过程：规划策略

一些程序步骤是必要的，以确保光伏系统成功地集成到设计中。一个普遍的规则就是把光伏系统集成到建造过程中而不破坏这一过程。

步骤 1. 向专家咨询当地法规、建筑许可和与电网的电气连接。

步骤 2. 与电力公司商讨并网要求、电气图和电表系统。

步骤 3. 与所有合作伙伴的内部会议。

启动会议应该尽早开，尽早与项目承包商、屋面材料公司、电工与光伏供应商讨论光伏集成细节。在光伏系统被集成的过程中有许多问题要解决。此次会议的要点是在施工过程中分清每一方的责任。谁负责屋顶的防水——屋面材料公司还是光伏系统安装人员？谁负责电力安全——电工还是光伏系统安装人员？谁负责施工安全——总承包商还是光伏系统安装人员？所有这些方面必须事先分清楚。

许多光伏供应商提供交钥匙合同。这对于客户是容易的，因为他们用钱买到一套完整的系统。但是，客户要负责光伏供应商和建筑承包商之间的协调。建筑承包商承担所有的责任意味着在光伏系统成本的基础上多收 10% 的费用。一个很好的解决办法是使建筑承包商（总承包商）负责光伏系统并从承包商那里商谈出一笔特殊费用来进行协调与设备（脚手架和起重机）的使用。

23. 5 结论

建筑一体化的目标是降低成本，并尽量减少对土地的需求。为了提高市场的接受度，充分表现出建筑的优雅和精巧非常重要。而且，这些光伏组件很好地表达出了业主对环境的责任感。

这意味着 BIPV 系统在建筑市场里有很大的潜力。集成成功的主要因素是合适的建筑[47]（例如合适的方位朝向和遮挡较少）和集成的理由。对于新建的可持续建筑，BIPV 是能源策略的一部分。但是，对于现有的建筑，必须有一个理由来实现光伏系统的集成。建筑装修，包括屋顶和外墙，往往为选择 BIPV 提供了一个时机[48,49]。

建设或改造过程在 BIPV 的成功中发挥了重要作用。业主能从 BIPV 中获利吗？如果能，业主将会愿意在建设计划中采用光伏系统。建筑师或设计师都需要有关于 BIPV 的良好的基础知识，并能够将光伏融入到设计中。如果建筑师不了解光伏，他们会犯错误，而这些错误在安装过程必须得到解决。最糟的情况是直到工期结束也没能解决错误，这会导致光伏系统效率和质量低下。

电力公司愿意合作吗？如果不愿意，业主要试图在复杂的施工过程中解决困难。

建筑师或设计师应该利用一切机会将光伏系统很漂亮地集成到建筑中。比较重要的是光伏组件的建筑功能（取代其他建筑元素）和组件能够被看到的一些元素，如尺寸、支架系统、电池的颜色和形式、背板和框架。

为了认识到这些方面，人们制定了评价建筑光伏一体化的标准。这些标准对制造商和参与建筑一体化工作的技术人员是有用的，他们从工程和技术的角度一直参与项目的建设。

参考文献

1. Reijenga T, The Changing Cities of Europe, *Proc. Sustain '99* (Amsterdam, 1999).
2. Schoen T *et al.*, *Proc. 14th Euro. Conf. Photovoltaic Solar Energy Conversion*, pp 359–364 (1997).
3. Kurokawa K, Kato K, Paletta F, Iliceto A, *Proc. 2nd WC Photovoltaic Solar Energy Conversion*, pp 2853–2855 (1998).
4. Thomas R, Grainger T, Gething B, Keys M, *Photovoltaics in Buildings – A Design Guide*, Report S/P2/00282/REP, ETSU, DTI, London (1999).
5. Strong S, Lloyd Jones D, *A Renewable Future*, IEA PVPS Task7, Final Task (Feb. 2001).
6. Kiss G, *Proc. 2nd WC Photovoltaic Solar Energy Conversion*, pp 2452–2455 (1998).
7. Muller A, Roecker C, Bonvin J, *Proc. 14th Euro. Conf. Photovoltaic Solar Energy Conversion*, pp 889–892 (1997).
8. Reijenga T, *Prog. Photovolt.* **4**, pp 279–294 (1996).
9. Maycock P *et al.*, *Building with Photovoltaics*, Ten Hagen & Stam, Den Haag, pp 78–81 (1995).
10. Reijenga T, Böttger W, *Proc. 2nd WC Photovoltaic Solar Energy Conversion*, pp 2748–2751 (1998).
11. Lloyd Jones D, Matson C, Pearsall N, *Proc. 2nd WC Photovoltaic Solar Energy Conversion*, pp 2559–2562 (1998).
12. Wilk H, *OKA-House of the Future*, IEA SHCP Task 19 (1997).
13. Reijenga T, Kaan H, *Proc. 16th Euro. Conf. Photovoltaic Solar Energy Conversion*, pp 1952–1959 (2000).
14. Hynes K, Pearsall N, Shaw M, Crick F, *Proc. 13th Euro. Conf. Photovoltaic Solar Energy Conversion*, pp 2203–2205 (1995).
15. Hagemann I, Leppänen J, *Proc. 14th Euro. Conf. Photovoltaic Solar Energy Conversion*, pp 694–697 (1997).
16. Bijlsma, Joost, Lichtbaken voor een schone toekomst, NUON LUMEN 14, Amsterdam. pp 50–51 (2008).

17. Eiffert P, Kiss G, *Building-Integrated Photovoltaic Designs for Commercial and Institutional Structures – A Sourcebook for Architects*, NREL, Golden, CO, pp 48–49 (2000).

18. Pitts A, Tregenza P, Coutts R, *Proc. 16th Euro. Conf. Photovoltaic Solar Energy Conversion*, pp 1902–1905 (2000).

19. Kaan H, Reijenga T, *Proc. 2nd EuroSun*, pp V3.2–1–V3.2-6 (1998).

20. Reijenga T, Kaan H, *Proc. 2nd WC Photovoltaic Solar Energy Conversion*, pp 2740–2743 (1998).

21. Reijenga T, Schoen T, *Proc. 2nd WC Photovoltaic Solar Energy Conversion*, pp 2744–2745 (1998).

22. Schoen T *et al.*, *Proc. 16th Euro. Conf. Photovoltaic Solar Energy Conversion*, pp 1840–1843 (2000).

23. Reijenga T, Photovoltaic Building Integration Concepts – What do Architects need? *Proc. IEA PVPS Task7 Workshop Lausanne Featuring A Review of PV Products*, IEA PVPS Task7, Halcrow Gilbert, Swindon (2000).

24. Reijenga T, Photovoltaics in the Built Environment, *Proc. 2nd World Solar Electric Buildings Conference*. ESAA, ANZSES (Sydney, 2000).

25. Cace J, *Proc. 14th Euro. Conf. Photovoltaic Solar Energy Conversion*, pp 698–700 (1997).

26. Vlek F, Schoen T, Iliceto A, *Proc. 16th Euro. Conf. Photovoltaic Solar Energy Conversion*, pp 1783–1786 (2000).

27. Reijenga T, *Proc. 16th Euro. Conf. Photovoltaic Solar Energy Conversion*, pp 1793–1796 (2000).

28. Eiffert P, Kiss G, *Building-Integrated Photovoltaic Designs for Commercial and Institutional Structures – A Sourcebook for Architects*, NREL, Golden, CO, 48–49 (2000).

29. Reijenga T, Energy-Efficient And Zero-Energy Building in the Netherlands, *Proc. International Workshop on Energy Efficiency in Buildings in China for the 21st Century*, CBEEA (Beijing, December 2000).

30. Ito T, Ishikawa N, Nii T, *Proc. 14th Euro. Conf. Photovoltaic Solar Energy Conversion*, pp 690–693 (1997).

31. Butson J *et al.*, *Proc. 2nd WC Photovoltaic Solar Energy Conversion*, pp 2571–2574 (1998).

32. Kaan H, Reijenga T, *Proc. ACEEE*, pp 5.025–5.014 (1998).

33. Posnansky M, Szacsvay T, Dütsch B, Stucki B, *Proc. 14th Euro. Conf. Photovoltaic Solar Energy Conversion*, pp 1922–1924 (1997).

34. Nath P *et al.*, *Proc. 2nd WC Photovoltaic Solar Energy Conversion*, pp 2538–2541 (1998).

35. Scheijgrond P *et al.*, *Proc. 16th Euro. Conf. Photovoltaic Solar Energy Conversion*, pp 2049–2050 (2000).

36. Toggweiler P, Ruoss D, Brügger U, Haller A, *16th Euro. Conf. Photovoltaic Solar Energy Conversion*, pp 1972–1975 (2000).

37. Böttger W, Schalkwijk M, Schoen A, Weiden T, *Proc. 14th Euro. Conf. Photovoltaic Solar Energy Conversion*, pp 2288–2291 (1997).

38. Roecker C, Bonvin J, Toggweiler P, Ruoss D, *Proc. 14th Euro. Conf. Photovoltaic Solar Energy Conversion*, pp 701–704 (1997).

39. Bonvin J, Roecker C, Affolter P, Muller A, *Proc. 14th Euro. Conf. Photovoltaic Solar Energy Conversion*, pp 1849–1850 (1997).

40. Schnaller F, Roecker C, *Proc. 16th Euro. Conf. Photovoltaic Solar Energy Conversion*, pp 1945–1947 (2000).

41. Arya R, Carlson D, *Prog. Photovoltaics* **10**, 69–76 (2002).

42. Willeke G, Fath P, *Appl. Physics Lett.* **64**, 1274–1276 (1994).

43. Doughtery B, Hunter-Fanney A, Davis M, *J. Solar Energy Engineering*, **127**(3), 314–323 (2005).

44. Mason N, Bruton T, *Proc. 13th Euro. Conf. Photovoltaic Solar Energy Conversion*, pp 2218–2219 (1995).

45. Ishikawa N *et al.*, *Proc. 2nd WC Photovoltaic Solar Energy Conversion*, pp 2501–2506 (1998).

46. Tölle R *et al.*, *Proc. 16th Euro. Conf. Photovoltaic Solar Energy Conversion*, pp 1957–1959 (2000).

47. Frantzis L, Ghosh A, Rogers M, Kern E, *Proc. 2nd WC Photovoltaic Solar Energy Conversion*, pp 2799–2801 (1998).

48. Gutchner M, Nowak S, *Proc. 2nd WC Photovoltaic Solar Energy Conversion*, pp 2682–2685 (1998).

49. Reijenga T, Drok M, Oldegarm J, Kampen J van, *PV Systems and Renovation*, TNO, NOVEM, Delft (2001).

第24章 光伏与发展

Jorge M. Huacuz[1], Jaime Agredano[1], Lalith Gunaratne[2]

1. 墨西哥库埃纳瓦卡电力研究非传统能源管理学院
2. 斯里兰卡科伦坡太阳能电力和照明有限公司

24.1 电力与发展

24.1.1 能源与早期人类

生存一直是人类关心的主要问题。千百年来，食物、住所、防止恶劣天气和野生动物是人类早期的基本需求。原始社会中，大部分时间花费在狩猎和采摘上，因此，他们的能量循环非常简单：人类的能量消耗主要用于追求比赛，制造工具和武器；采集木材来做饭、为住所取暖和照明也是一项很重要的活动。狩猎获取食物是人类能量的基本来源，而剩余的动物油脂也为住所提供了取暖和照明，维持合适的小气候。

多年来，早期人类开辟了新的选择，来满足生存的基本需要，同时也改变了原始社会的能量循环。原始人类的食物来源除了捕鱼和狩猎外，又增加了种植菜蔬。额外的人类能量投入到了种植、除草和收割上。菜园产品为人类提供了更多可预测的食物能量来源和饲养家畜的基本饲料，饲养家畜反过来又成为高质量蛋白质的来源，最终成为额外的体力源。园艺最终演变成为农业，并和畜牧业一起，最终替代狩猎成为生存的主要活动。在某个时间点上，家养的牲畜承担了人类拉运负荷和背负重物的负担。

开发技术来简化日常生产活动的时代到来了。随着进步曙光的到来，能量的需求越来越大。据估计，早期人类每天的能量消耗率大约为2500kcal[1]。后来，到了已经拥有一些家养动物的原始农业社会，这一消耗率大约增大5倍[2]。到19世纪中叶，低技术工业革命的时候，英国、德国和美国人均每日消费的能量达到了70000kcal[3]。在此期间，木材和煤炭构成了主要的能量来源，并以较少的石油和水力发电为补充。在20世纪最后的25年期间，占主导地位的能量转换为石油、天然气、核能和煤炭，而工业化国家的平均人均能量消费上升到每天230000kcal以上[3]，比原始人类的人均能量消耗高出两个数量级！

24.1.2 "要有电"

随着19世纪对电力的早期研究和电力行业的最终发展，1882年左右，地球的面貌发生了永久性的改变。在晚上，电力照明开始涌入城市，电动机变成了工厂的主要动力源。此前，在1846年，随着电报的引入，远距离通信已经变得更容易、更快捷。多年来，基于电力的许多发明提高了工厂的生产力，并使得家庭生活更轻松、更舒适。

现代生活因有了电而已变成了活动和事件的循环链。世界充满了电动小工具、器具和设备。电力也已成为为了人类幸福而提高基本服务质量，如清洁水、教育、医疗、娱乐、互联网等现代信息和通信手段的主要要素。

24.1.3　1/3 的人类还处在黑暗中

不幸的是，即使在今天，不是每个人都享受进步的所有好处：大约还有 1/3 的人用不上电，因此，得不到大量以电力为基础的服务和商品。大约有 20 亿人，其中多数来自所谓的发展中国家，仍然停留在人类发展的早期阶段，仍然依靠烧柴取火，用动物油脂或煤油灯在夜间为道路和家中照明。通信和娱乐的现代化手段对他们来说或者是还不了解，或者还是一个遥远的可能性。每年因饮用被污染的水而死亡的人数有数百万，而其他人饱受基本医疗服务缺少之苦。数以百万计的文盲没有获得任何更好机会的可能。难以相信的是，在人类已经掌握了能够进行创新的所有技术的 21 世纪到来之际，在世界偏远的农村地区，仍然有千百万人为了生存而艰苦奋斗。

出现这种差距的原因是多方面的，但要获得可靠的、负担得起的优质能源肯定是其中之一。人均能量消耗和人类发展之间的直接关系已得到公认，在一系列研究中可以观察得到[4,5]。不太清楚的问题是，打破不发达的恶性循环需要采取的能源形式、数量和用途。然而，经验表明，适当运用一点电能有助于解决社会的许多弊端。

光伏发电技术已经证明至少适合部分工作。千百万独立的小型光伏发电系统现在可以提供电力，便于所有五大洲各小型偏远社区的医疗保健和家庭、学校及其他公共建筑的照明。由于光伏发电的可用性，目前越来越多的个体可以获得电子通信的方式，比如使用卫星电话和互联网等电子通信，以及清洁水供应。类似地，通过太阳供电的水泵、小型电动工具和当地商店的使用，正在使停滞社区的生产活动便利化。然而，引进这种技术，缓解发展中国家其他社区需求的速度是缓慢的，不幸的是还在下降，因为达到这一效果的多边和地方政府项目也在减少，其他更有利的市场，例如大规模并网光伏电站和城市设施中的应用，诱惑着产品供应商转向这个方向。

24.1.4　集中电力系统

电力肯定是当今世界各地使用的能源中最先进和最灵活的形式。但电力也有一些缺点：电力必须在产生后立即使用，因为其存储可能很昂贵、有时间限制、效率低，以及采用目前的供应方案，电力必须从发电的站点长距离输送到用电的站点，尤其是这两个站点相距甚远且彼此缺乏支持的基础设施时，这可能是低效和不可靠的。

在电力工业的初期，直接在使用点产生电力。1880 年左右，即使在巴黎和伦敦等地的路灯都有自己单独的发电机[6]。同时更多的则是利用本地和可再生能源发电的。在工厂中给加工机器提供机械动力的水轮，后来被改装成原动机并成为发电机，在 19 世纪末期反过来开始给电动机供电。

由于工业和城市的发展增加了对电力的需求，以及发电站点与用电站点之间的距离越来越大，在良好的利润空间内，电力公司寻找新的途径提供服务。工程的研究主要集中在增加功率的替代品上，从而提高发电站点的规模和输电线路的承载能力。因此，规模经济的概念被引入电力行业，100 多年来，这已经对电力系统新投资决策产生了影响。

由于发电机组的规模扩大，在新发电厂建设竣工时，电力公司经常具有过剩的发电容量。弥补过剩容量的投资需要，经常有力地促使电力公司寻找新的客户。延伸到这些新客户的输电线路、配电线路，最终形成扩大的电网。有时，当不存在这种需求时，可以人为形成这种需求，为了达到这样的目的，有时电力公司会向客户捐赠家电。

24.1.5　农村电气化

在某个时间点上，农业过程确定为电力的潜在应用，因此，线路开始延伸到农村地区。这里潜在客户的密度和用电量的强度并不如城市或工业中心那么大；因此难以回收电网扩大的投资，所以发展了支持这项运作的新体制和融资机制。正式的农村电气化项目被引入最先进的国家，最终扩大到发展中国家。

由于农村电气化证明对发达的社会是有益的，早期的政策制定者认为，在发展中的社会也可以获得相同或相似的利益。因此，在 20 世纪 60 年代和 70 年代初付出了巨大的努力，将电力线路延伸到发展中国家的农村地区。然而，到 20 世纪末，只有少数的几个发展中国家在农村地区达到了可接受程度的电网覆盖率。其他国家因面临着电力应用的若干问题，包括缺乏支持增加容量和扩展电网的资金。因此，在许多发展中国家通过电网扩展的农村电气化进程停滞不前，农村电气化的问题再次成为世界各地一个主要的问题。

24.1.6　农村的能源情况

在世界许多农村地区，今天的生活与过去的几个世纪没有什么不同。虽然引进了一些现代化的元素，但能源循环与早期人类的能源循环仍然相似。尽管森林砍伐导致惊人的沙漠化，而且危及健康，采集木柴也需要大量的工作，木柴仍然是大多数农村社区的主要燃料来源。在大多数地方，木柴主要用于做饭，其次是为住房取暖和照明。一个很好的参考点是墨西哥的情况，发展中国家中最先进的经济体之一。在这里，1997 年薪柴的消耗量约占能源供应总量的 2.7%，这一比例大于煤和核电的总和，几乎与水电相等[7]。

煤油灯和蜡烛比木柴照明更方便，因为可以提供更稳定的白炽光，并且便于从一处移到另一处，从而用作在夜间为道路照明的便携式装置。蜡烛通常用于附近的城镇，重量轻，适合长距离使用，并能长时间存储。煤油的情况几乎与其相同，可用于基本的照明灯，虽然其可用性可能比蜡烛有更大的地域限制。要得到蜡烛或煤油都需要资金，这对农村的贫困家庭是一种经济负担，而由于通常用于农村住宅建设的材料具有易燃性，蜡烛或煤油的使用可能导致火灾风险。

24.2　打断落后的枷锁

24.2.1　电力在农村设施中的应用

目前农村地区使用的能源模式表明，提供少量的能源，特别是电能，明显地改变了农村居民的生活方式。用于提高居民生活质量所用的能源可能是打断落后枷锁的良好的第一步。照明、清洁水供应、娱乐和通信、疫苗和其他医疗用品的保存，以及现代教育手段等的应用，通常是受政府、援助发展机构和农村社区本身欢迎的。大量的家庭工作，如供水、粮食加工、服装缝纫和其他工作，通过提供少量的电能就会更容易地完成。

　　家用电量是农村群体购物清单上的主要项目。有电的住房是一种生活品质的象征。除此之外，电力照明便于夜间在室内的活动，有助于防止意外事故的发生，消除对煤油及其他可燃材料的需求（从而避免发生火灾和危害健康气体的危险），有助于居民发现可能威胁人类的有毒昆虫和其他野生动物，并有助于在发生事故或疾病时对危险情况做出迅速反应。家用电能也使现代娱乐手段成为更现实的一种可能。

　　电力也是支持公共生活的工具。外部场所的照明有助于促进社会互动和大量的工作后室外活动。社会、公共集会受益于可用的扬声器、录像机和音乐播放器。农村电话系统给人们提供与世界其他地方的亲属保持联系和在紧急情况下寻求帮助的机会。在许多情况下，社会赋予公共服务所用的电力比家用服务具有更高的优先级。

24.2.2　基本电源

　　随着晶体管收音机和手持手电筒的引入，在农村地区，干电池成为提供照明和娱乐最受欢迎的工具。在许多地方都可以购买到干电池，而且干电池携带方便。因此，许多农村家庭花费大量的金钱购买干电池。晶体管收音机在偏远社区的生活中发挥着重要的作用，不仅是因为它们带来了音乐和娱乐，而且还因为在很多地方无线电广播带来了重要的信息，如洪水预警、医疗实践指导和其他有价值的服务，如家庭与家庭之间的消息传递。有些国家甚至设立了地区广播电台，当地方方言有别于官方语言时，以当地方言广播。

　　新的娱乐方式，如便携式电视机、录像机和 CD 播放机，增加了许多农村社区的电力需求。正因为这样，干电池被证明是昂贵的，无法连接到电网农村地区的许多用户已经采用车用蓄电池作电源满足他们的用电需求，包括家用照明。车用蓄电池在许多发展中国家的农村地区得到了广泛的应用。这些蓄电池是可充电的，并且因为其相对大的功率容量，它们可以应用于更广泛的各种各样的服务；它们持续时间较长，提供的每单位服务可能比干电池更便宜。但是，车用蓄电池充电需要使用主电源。如果有汽车或拖拉机，可用汽车或拖拉机给蓄电池充电。否则，需要运输长距离到最近的电源处进行充电。然而，蓄电池沉重，运输困难，所以运输到充电点有时用牲畜背驮，有时靠人背。有当地的企业家设立微型商店为蓄电池充电提供服务。在这种模式中，将蓄电池收集到充电站点进行充电，然后返回给主人。然而，这样的运作，需要提供一些基础设施，如道路和交通工具，而在农村地区并非总是具备这些条件。

　　由于家庭经济实力的增强，因而对电力的需求也增加。干电池和车用蓄电池不再能满足需要，所以，许多地方的民众向电力部门施加压力，将电网延伸到他们的社区，或单独使用以汽油为燃料的小型发电机组。小型发电机组具有供给合适电压的交流电的优点，从而可以使用常见的设备。但是，因为设备的操作和维护成本高，再加上购买和运输燃料的困难；它们的服务通常被限制在每天几小时。

　　经验表明，即使有电网供电，农村地区的民众通常只使用几个灯泡照明，也许只是向小型收音机或典型的黑白电视机供电。农村地区的大多数人没有钱购买冰箱和洗衣机等更大的电器，或者根本就不知道有这些电器。因此，现在使用的设备数量和规模很小，所以，农村电气化是光伏发电技术应用的重要新机会。

24.3　光伏发电的选择

光伏发电（PV）技术如今被视为向偏远地区分散人口供电的最合适选择之一[8]。从工程的角度看，模块化也许是这种技术一个最有吸引力的特点。有了这种技术，设计人员就可以根据电力工程的基本规则定制发电系统，容量小至几瓦，大至数兆瓦，以满足特定的需求。这一特点与自主运作、利用当地的阳光发电的技术的适合性相结合，加上重量轻、低维护要求和长使用寿命等其他特点，使民众把光伏发电视为农村电气化的一种有吸引力的选择。自从 20 世纪 50 年代中期利用这项技术给太空卫星供电以来，已牢固地建立了向边远地区可靠供电的概念。地面应用的发展是基于延伸电网向偏远地区负载供电成本过于昂贵的基本想法。今天，世界各地已安装了成千上万的光伏发电系统，代替蜡烛和煤油灯、用汽油机或柴油机为动力的发电机组，或者甚至是不可靠的电网扩展。光伏发电技术在边远地区应用类型的范围从电信、某些工厂的灯塔和报警系统，到家庭应用和提供基本服务。休闲娱乐的应用，如帆船和山地别墅，现在利用光伏电池板提供所需的电量，替代噪音大和烟气污染的内燃机。即使是石油行业，作为目前世界基本的能源供应，也利用太阳光伏发电向海上钻井平台供电或向石油和天然气管道的遥控阀站提供电源。

1968 年至 1977 年期间，尼日尔、墨西哥和印度的大量早期项目已经论证了农村电气化光伏发电技术的优势。这些应用包括了太阳能供电的教育电视、电话、医疗诊所和儿童寄宿学校。这些早期工作不但证明了系统的技术可行性，而且也给用户带来了好处[9-11]。这些装置中有些部分仍在运行并处于良好状态，尽管仍然有 30 年以前或更早年度的技术限制。不幸的是，早期项目的关键质量从未实现，这对社会产生了明显的影响，来自少数项目记录的教训多数已渐被遗忘。多年来，技术过于昂贵但又不太可靠的概念深植于许多决策者的脑海中，尽管近年来光伏发电技术在成本、效率和可靠性方面已取得了长足的进步。

材料技术、电子和光伏发电系统工程的进步，以及光伏发电系统主要部件的价格下降和对农村民众需要和期望更好的了解，导致了使用光伏作电源，促进发展中国家农村地区的人类和经济发展的大量想法、建议和技术方案。已确定了农村地区光伏发电系统的大量应用，在某些方面比其他应用技术更成熟，但大规模的进入农村市场的所有应用也同样面临着类似的问题。

24.3.1　农村应用的光伏发电系统

远程应用的光伏发电系统通常包括三大基本元件：将太阳辐射转化为电能的光伏电池板，存储光伏电池板所产生电能的装置，通常为电化学蓄电池，和有助于控制系统内电流量的电子设备，从而通过适当发送可用能量来保护蓄电池。通过电子充电控制器（ECC）将各种能利用电能向用户提供舒适、娱乐和其他服务的各种装置连接到光伏发电系统上。图 24.1 为一般光伏发电系统的示意图。由于应用不同，光伏发电系统的某些元件可能是不必要的，如抽水系统中的蓄电池。

光伏发电系统可以设计和设置为独立模式，其中光伏发电是唯一的电源；或者设计为混合发电模式，光伏发电与其他电力源混合发电，如风力发电机、小型水电站或内燃发电机。光伏混合发电设备通常采用当地其他可再生能源的资源优势，同时提高应用的经济性。光伏发电设备可以按"分散"模式安装，其中每项独立的应用利用一个完整的光伏发电系统作

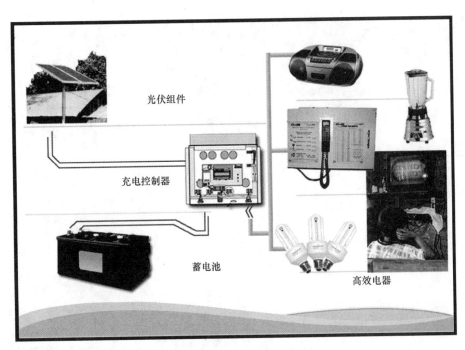

图 24.1　一般光伏发电系统的系统图

为其电源（就像 19 世纪后期在电气化进程的早期阶段）。较大的光伏发电系统的设置，可以向独立的小型电网供电，就像如今世界许多地方利用柴油发电机组供电一样。因为光伏电池板产生的是相对低电压的直流电，小型电网系统还需要直流/交流逆变器和升压变压器等其他一些附加模块（部件），才能得到电网用户端的正确电特性。混合发电系统的集成也比较复杂，因为不同类型的电能可以由系统中不同的发电机组产生。图 24.2 显示了一系列光伏发电系统的可能配置情况，其中多数都有实例。

　　家用太阳能系统（SHS）也许是所有光伏应用中最流行的系统。估计在全世界农村地区已经安装了 50 万至 100 万个这样的系统[12]。用于基本照明的系统，一般包括一个 10～40W 的小型光伏组件和一个小蓄电池，足以为 1～4 个照明点（通常为节能灯）供电。50～100W 的更大光伏电池板和大约 100Ah 的蓄电池开启了向其他电器，如晶体管收音机、CD 播放器和小型电视机供电的可能性。即使较大的光伏发电系统可以支持成套的家用电器，就像在任何城市的房子一样，目前，这种系统的价格对贫困的家庭来说也是过于昂贵的。最小的家用太阳能系统是干电池和其他古老的家用照明手段的直接替代品，也是采用电化学蓄电池而不需要送到异地进行充电的一种形式。

　　现场有相对少量的电能时，可大幅度提高公共服务的质量和效能，这可通过光伏电池来完成。向学校的现代化视听手段、教育电视，甚至互联网提供电能，如 UNESCO（联合国教科文组织）、洪都拉斯教育部和洪都拉斯科学教育理事会（COHCYT）提供的洪都拉斯项目阿尔迪亚太阳能所示。在墨西哥，目前有 13000 台以上的光伏供电电话，通过地面光伏供电发射站和卫星通信线路使偏远社区与世界其他各地数万人保持着联系[13]。在古巴，卫生部实施了光伏供电的农村诊所系统，至今已运行了数年[14]。在欧洲委员会资助的项目中，水消毒用的光伏供电技术已在非洲和拉丁美洲各国进行了试验和现场展示[15]。在世界各地，

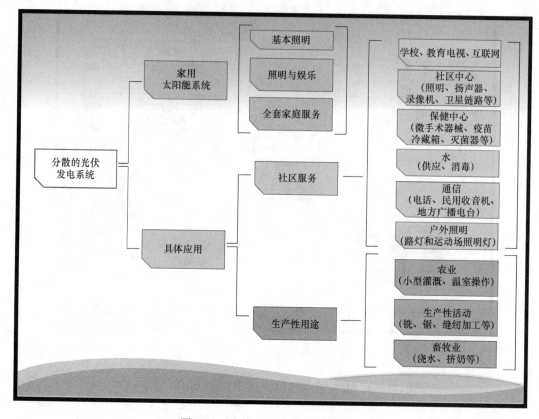

图 24.2　光伏发电系统的可能配置

已经实施了大量的光伏抽水项目，还可以找到许多其他光伏供电的公共服务和应用的实例（参见参考文献 [16-20]）。

在发展中国家的农村地区应用光伏开展大量生产活动的可能性也是可以预期的。小型灌溉、牛拉水车、磨面、小工艺品商店和其他需要相对少量电力的类似活动，现在可以利用太阳光伏供电，来提高生产率，促进经济的发展。

24.3.2　实现光伏发电的壁垒

对于世界各地的大多数城市居民，电力魔术般地进入了各家各户：这是确实存在的，触摸一下开关，即能即时可靠地生效。很少有几个人能够有意识地将电器与路灯电杆之间联系起来，因此，按月支付的账单也许是与电力业务最近的接触。但是，甚至更少的人知道让工厂运行和民众享受现代服务业好处的发电、输电和配电过程背后的技术和管理复杂性。

只有大学、研究中心和电力公司的技术精英小组才了解将一次能源转换成电能的物理原理。对于外行，一次能源是水力资源、核能、化石燃料还是太阳能没有什么差别。因此，可以利用太阳光作为一次能源，在当地发电，无需用电线连接远程和未知的地点和设施，这一事实只对最有知识的人有意义。有趣的是，要知道在世界许多地方的光伏发电用户将电力与他们的上古之神、太阳之间建立了一种宇宙进化论的联系。因此，对于这些人中的大多数而言，光伏发电技术是一项有吸引力的手段，可以获得期待已久的服务。

然而，了解了光伏发电以后，大家往往会问，既然有这么多优点而又有这么多的支持者，为什么光伏发电技术只普及到 1/10 的没有接入电网的世界农村人口？答案是必须克服新技术全面进入市场的一系列壁垒。对于光伏发电，一些壁垒是众所周知的，而还有一些仍然是未知的；一些是技术本身的，其他壁垒必须与体制、社会和融资问题一起解决。正如与传统的电能，在大型和远距离的设施中产生、输送、然后分配到个人消费者一样，在欧洲、日本和美国的一些少量设施产生的光伏发电技术，也是通过大陆输送并分配到各个偏远农村地区的最终用户。每一步都需要进行大量的操作，而涉及的复杂性和成本各不相同。因此，将光伏发电的解决方案引入这些电网无法到达的地方，是一项非常艰巨的任务，除非成功地排除这些壁垒。

24.3.3 技术性壁垒

光伏发电系统据称是可靠的和持久的。就光伏组件而言，这是正确的和被证实的，但并不是平衡系统的每个部件都有相同的技术成熟程度。在独立和混合两种系统中，最薄弱的环节也许是蓄电池。蓄电池暴露在通常会降低其使用寿命的过充电、过放电的情况下。还需要给予蓄电池相当多的关注和定期维护，虽然相对简单。然而，在文盲率高和不熟悉现代技术，特别是电力（有更多的规则）的农村地区，即使是最简单的技术任务也会变得复杂。部分出现了蓄电池问题，因为事实是，目前使用的铅酸技术，可以使用百年以上，并非是专为光伏发电系统而设计的。将当前技术转移到当前所谓的太阳蓄电池和发展新蓄电池类型，如镍金属氢化物[21]，有希望缓解目前的许多问题。

家用太阳能系统还面临着其他问题，多数是充电控制器和灯具的问题，直到现在还是发展程度参差不齐的产业（有关充电控制器的详细讨论，参见参考文献 [22]）。两种思想似乎在强调这些问题：有时有点复杂，但是生命周期成本较低的高科技装置，与简单、耐用、技术含量低、购买价格低廉的装置之间的竞争。这个问题不容易解决，特别是如果来自现场的这种装置性能的系统信息很少。考虑到发展中国家的农村地区距离成熟的光伏（和许多其他商品）市场还很遥远，由于农村人口中的文盲原因，消费者的选择将很难成为解决这一问题的有用参数，特别是考虑到大量的光伏农村电气化项目仍然是在"技术推动模式"下进行的情况。

光伏发电作为农村电气化问题解决方案的适用性，对于许多技术倡导者而言是理所当然的。不幸的是，似乎对目前现场家用太阳能系统的性能评估所进行系统全面的研究还很少。在技术实施的这一阶段，来自现场的信息，作为评估光伏发电解决方案的有效性，提高整体成功的机会，并保证长期可持续性的反馈机制是至关重要的。然而，实地调查往往是昂贵的，特别是针对最偏远和独立的社区进行监测和现场评估家用太阳能系统项目的可用性时。

一个 35- 人- 月的实地研究最近在墨西哥完成，其中对包括在政府计划内的多数地区和社团中 1740 台家用太阳能系统装置（取自政府资助安装的 60000 台之中）进行了评估。这项研究有三重目的：评估系统的物理和运行状态，调查用户的满意度，和评估原先为使项目可持续发展所采取的措施的功效。对研究中收集的信息进行的初步分析表明，从技术的观点来看事情还不错，大多数的家用太阳能系统运行良好（有关这些结果的详细信息，请参见参考文献 [23]）。但有理由相信，随着系统的使用年限的增加，结果可能会有所改变，除非采取纠正措施。

在发展中国家农村地区引入光伏发电是一种创新的社会活动，其特殊性是太空时代的技术正在适应部分社会生活的运行，这些生活中很多都至少存在了 500 年。从这个角度来看，无视必须在技术（硬件）与用户之间建立紧密联系是困难的（甚至对项目的可持续性是危险的）。即使是最先进、精心设计和完美制造的光伏发电技术构建块，如果播种的土地没有作适当的准备，迟早势必会发生故障。这意味着，用户端的当地信息、培训和能力建设，以及这一过程中每一步的用户参与，使他们认识到，在解决自己的问题中他们发挥着重要的作用。也必须对安装光伏发电系统的环境（社会的和物理的）进行类似的考虑。例如，从现场安装点的口头和书面信息了解到，某些按寒冷国家现行的先进技术标准设计和制造的光伏元件，在最需要的热带地区运行却不好。其原因很多，但不在本章讨论的内容范围之内。

家用太阳能系统的替代技术方案，作为向农村地区提供基本电力服务的手段正在试验之中。许多人提出蓄电池充电站的方案：安装给用户的蓄电池充电的大型中央光伏阵列，并由用户支付服务费用。这个方案背后的理由是，世界许多地方的农民已经使用远离住宅的蓄电池充电点。可以在偏远地区设立微型商店，增加电气化过程可持续发展的机会，正在不同的国家开展几个这种类型的项目。然而，实地研究表明[24]，这种替代方案也存在几个缺点，就是迫使项目官员和用户将家用太阳能系统转变成为以前使用的光伏蓄电池充电站的替代设施。

前面讨论的目的是指出，尽管在这一市场进入成熟阶段之前，工程师和企业将很有可能解决所面临的农村应用中剩余的光伏发电技术问题，但在技术到用户层面仍然还有一系列更复杂的问题有待理解和处理。图 24.3 的因果效应图尝试展现导致系统故障从而造成用户不满意的各种因素。在长期运行中，用户的满意度将决定光伏发电技术作为农村电气化问题的解决方案的接受程度。

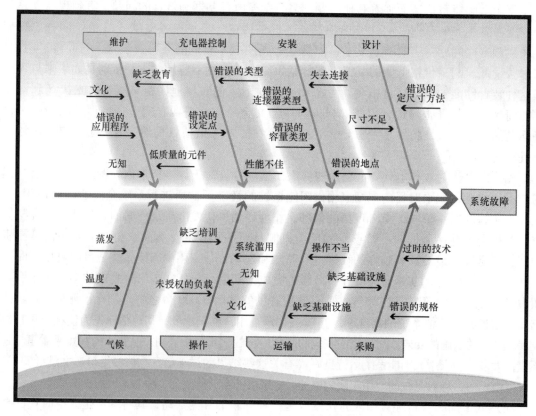

图 24.3　导致系统故障的各种因素的因果效应图

技术标准、设计指南和光伏发电系统质量保证的其他因素，对光伏农村电气化项目的可持续性也是非常重要的。世界各地的机构、专业协会和国际组织正在制订许多这类要素。但是，要素中的大多数主要集中在纯技术（硬件）问题上，通常就是光伏全球审批程序（PV GAP）组织建议的规格和国际电工委员会（IEC）技术委员会82发布的标准，很少关注处理其他工作中的软问题和组织方面的问题[25,26]。

多年来，农村电气化是政府、援助机构和跨国组织援助项目推动的主要光伏市场。然而，由于这一计划已告一段落，农村项目出现了资金短缺。显然，缺乏资金是市场准入和可持续性的一大重要壁垒。另一方面，对于并网应用中较大功率组件需求的不断增长，导致农村市场较小组件的短缺。实施农村设施产品分销及售后服务链并不是一件容易的工作，尤其是在道路和其他基础设施不足的地区。因此，总体上农村光伏市场面临着一系列与其性质密切相关的壁垒。

24.3.4 非技术问题

24.3.4.1 初始成本

众所周知，对于在现代经济中可持续发展的商业运作，商品的流动必须与合适的资金回流相匹配。照射在房顶上的太阳光都是免费的，但将太阳能转化为电能，并将电能转化为所需的服务却是要收费的。光伏发电设备制造公司为工厂和原材料投资，支付工人的工资和政府税收，并有向其股东提供收益的义务。所有费用另加利润，基本上确定了产品的基本价格。在第二步中，来自不同公司的光伏系统部件被运送到特定的地点进行系统集成。反过来，包装好的系统被送入分销渠道进行零售，并在最终用户希望的地方进行最后的安装。

到光伏发电系统按照用户合同上的所述各点安装时，它的基本价格已增加了很多倍。因此，需要资金来实现系统的安装。考虑到农民在农村地区支付商品价格的能力很低，认为光伏发电是农村电气化问题的解决方案时，将会出现一系列的重要问题。大家愿意支付系统价格吗？他们的支付能力有多大？建立什么样的机制才能使系统更容易支付得起？如果民众支付不起，他们应该继续停留在黑暗中，还是应该有人来帮助他们？政府和开发机构能起到什么样的作用？在技术引入的早期阶段，许多公司还在建设他们的基础设施并学习如何制造、集成和销售系统，那么交易成本要比应支付的成本高得多，即使当大家可以支付时，他们应该承担系统的全部成本吗？对于农村的全面电气化，原则上必须大约有3000亿美元从世界上最贫穷的地区流向现代化社会，从而使光伏发电系统向相反的方向流动，那么，这些就都不是琐碎的问题。

24.3.4.2 打破初始成本的壁垒

所以，既然光伏发电系统使用的燃料——太阳能是免费的，系统至少在理论上是低维护和持久耐用的，系统成本通常被视为引进光伏的主要绊脚石。过去10年间，为寻找消除这一壁垒的有效方法，尝试了一系列的方案。方案中的大多数都可以分为三类：社会路线，其中政府和双边援助组织利用扶贫项目和其他社会驱动机制提供购买光伏发电系统的基金；财政路线，其中将免除税收、进口关税和其他财政税收，降低光伏发电系统的本地价格，从而使最终用户在某种程度上可以买得起，而同时又有利于建立当地市场；商业路线，其中银行、民营公司和企业家正在设计和检验多项方案，为购买光伏发电系统提供财政支持，从而同时帮助建立光伏市场。不论是哪种方式，目前这些路线的每一种都在某种程度上受益于各国政府、多边组织和贷款机构的干预。另一方面，这些路线之间的界限并不一定很明确，因此，组合或共存的方案并不少见。

不是农村地区的每个人都一定贫穷或完全没有财产。有些人居住在偏远的地方是为了方便，或者因为他们的收入来源依附于本地的可用自然资源，或因为他们更喜欢居住在比城市更清洁、更安静的环境中。他们没有电网供电，仅仅是因为他们居住得太遥远，但他们通常依靠汽油或柴油为燃料的发电机组提供电力服务。但是，如果有人向他们销售光伏发电系统，这些人可以很容易地购买光伏发电系统而无需任何财政援助。在很多国家例如西班牙、哥伦比亚、墨西哥，这已经是很好的市场，并且还正在挖掘。另一方面，一些估计表明，生活在偏远地区的 25% ~ 50% 的民众可以购买家用太阳能系统，只要向他们提供某种形式的财政援助[27]。这是早期发展阶段的主要市场；开拓这一市场需要民营企业家和多边开发机构对一系列的方案进行尝试，如肯尼亚、津巴布韦和多米尼加共和国的情况。

24.3.4.2.1　商业路线

对于那些需要经济援助的民众，正在测试两种可供选择的模式。一个的重点是销售光伏发电系统（销售模式），另一种是销售系统所产生的电能（服务模式）。这两种模式各有优点和缺点，都涉及光伏发电用户无法控制的资金流动。

在销售模式中，用户利用信贷购买光伏发电系统，用户成为光伏发电系统的所有人并接管系统维护和更换零件的责任。进行交易的资金通常是用户借自一组不同的来源，其中可能包括系统供应商、融资机构或任何其他类型的信贷机构，如周转基金或本地小额信贷业务。在任何情况下，按成本加上光伏发电系统的成本，并根据预定条款及条件，按时分期偿付资金。这是电力用户所享受的好处，虽然数量不多。这种模式是那些喜欢系统所有权这种社会地位，并愿意承担维护设备的工作和更换损坏或磨损零件的责任的人们所首选的。

不愿意冒任何风险的人，可以选择服务模式，服务模式中，供应商保留了光伏发电系统的所有权，或部分的所有权，然后按月收取一些向用户提供电力的费用。供应商对系统进行维护并根据系统容量负责向用户提供电力。按照目前的做法，可以通过受监管的特许经营商、不受监管的开放市场提供商或基于社区的提供商提供这种服务。当然，由服务供应商承担的风险也有成本，反映在每月收取的费用上。据某些估计显示，如果用信贷购买，10 年以上的附加月服务费可以达到相同光伏发电系统寿命周期成本的两倍[27]。当前的有偿服务模式光伏发电项目显示，大量费用分散在用户缴纳的月费额中。导致的因素很多。例如，有些项目可能涉及某种形式的补贴，而在其他情况下，服务供应商可能不遵守其指定责任范围的相同规则：有些可只保留对光伏模块和充电控制器的责任（家用太阳能系统故障最少的零件），而更换电池（系统中最薄弱的环节）和灯具的责任则由用户自己承担。

选择给定项目的特定路线不仅是个人喜好的事情。实地情况是非常重要的并且必须考虑到，由于影响这种选择的因素很多，包括当地社会和每个国家正式建立的能源政策。比如，有的国家不允许私人售电，因而不能采用有偿服务模式，除非必须修改现行的法律法规。农村人口密度低，难以达到社区化，供给中心距离较远，物流配送复杂和收费，使有偿服务和资助销售两种方案都难以实施并受到地域的限制。在许多情况下，月费/款项的收取可能是一项昂贵的任务，由于时间和精力，可能需要由供应商或服务人员上门服务。例如，这已由斯里兰卡经营的光伏发电设备公司提出[27]。时间是另一个重要因素，考虑到收费人员到达时，可能没人在家，并且很多农民只有在收获后才有资金。多年来，这种困难已造成一些公用事业放弃了向连接电网的远距离客户收取月费，主要是因为账单非常小和收账开支相对较大。因此，除非收费方案更好地适应当地的条件，可以推论，有偿服务和购买模式将基本上适用于最方便和密度较高的农村社区。很多国家符合这些标准的农村人口的比例，似乎与通过电网延伸和农村电气化的程度成反比。

当地文化和特点是考虑选择所提供模式的两个附加因素。许多社区固有的共同财产概念或不熟悉商业惯例甚至金钱的使用，可能导致许多农村地区的业务不能持续开展。研究光伏发电系统引入农村社区过程的一些学者认为，没有任何经济负担是农村人最珍视的价值观之一，因此承担任何财政义务，对他们来说都是重大的障碍。所以，在某些提供光伏发电解决方案而不能采用商业路线的供应点，政府干预可能是必不可少的。

在过去的 10 年里，商业路线的交付模式已在各国通过全球环境基金会和世界银行资助的项目进行了检验。在全球环境基金会太阳能光伏投资组合的综述中[12]提出了以下新的教训和警告，但要得出明确的结论还为时尚早：

- 维持太阳光伏的市场发展的可行的商业模式必须得到证明。
- 交付/商业模式的发展、演变和检验需要时间并要有灵活性。
- 项目实施的制度安排依据证明可行的商业模式可以极大地影响项目的价值，从而实现可持续发展。
- 项目必须明确承认并考虑到与农村地区的市场营销、服务和信贷收集相关的高交易成本。
- 消费者的信贷可以通过与当地社区有密切联系的微型金融机构得到有效的提供，如果这样的组织已在特定的国家有很长的历史和文化的利基市场。
- 项目没有取得有关经销商根据销售模式提供信贷可行性的足够经验，并且在投资组合中没有出现提供这种经验的项目。
- 农村电气化政策和规划，对项目成果和可持续性发展有着重大影响，并且必须在项目设计和实施中进行明确说明。
- 建立合理的家用太阳能系统组件设备标准和认证程序，确保良好的服务质量，同时保持可负担性并不难，而且系统几乎没有遇到一些技术问题。
- 在可以判定服务方法成功之前，仍然需要大量的实施经验。
- 在任何全球环境基金会的项目中，项目实施过程中的市场收益在项目后是否可持续还未被证明，进行投资组合的变革还为时尚早。

24.3.4.2.2　社会路线

政府可以根据社会路线以几种身份行事。资助穷人购买家用太阳能系统可能是最为关键的一项活动，虽然消费者保护和市场监管也很重要。有些人把家用太阳能系统的政府资助视为不必要的麻烦，破坏了市场，并在用户心目中形成了依赖性（有争议认为，政府一旦免费提供系统，用户将不再购买）。政府干预的大多数批评者似乎忘记了，以往的农村电气化，不仅在发展中国家，而且还在一些最先进的国家，已经得到了政府的补贴。在这个意义上说，没有理由认为农村的光伏电气化必须完全不同，因为这是正在变化的唯一技术基础；其他的情况仍然保持不变。

政府对农村电气化光伏的直接资助并不一定是件坏事。到目前为止，世界各地安装的最大容量的家用太阳能系统已经通过政府或捐助者主导的项目得以实现。政府干预可能有助于整合市场，降低交易成本，并且如果处理得当，可以为质量保证和地方产业的发展建立更好的环境。至少，这已成为墨西哥政府资助的光伏项目的经验，为此建立了合适的制度机制，并且在各地政府资助的项目中，涌现了地方工业，现在在当地生产并出口系统平衡部件[13,28-30]。在这种情况下，由政府提供的资金被视为一种促进当地发展的工具。在墨西哥已有 2500 个以上的农村社区采用这种模式用光伏发电获得了电能，而且必须指出，其中很多人都建立了各种成本回收和牟利的机制，可以从事系统维护和附加的公共项目。

许多发展中国家的政府正在考虑采用社会路线，向农村地区提供基于光伏的电能。策略设置和融资机制的定义通常是在这个方向上的第一步。在几个拉美国家已经有一些这样的例子[31]。将在下面讨论其中一些实例。

在玻利维亚，电力法第 61 条规定，省负责较小地区和不能由私人利益服务的农村地区的电气化进程。资助这些项目的资源必须由省通过国家发展基金会提供。执行人员也必须提出加速使用替代能源的能源政策和战略。

哥伦比亚也有类似的规定，其中第 143 号法律要求省向农村地区的低收入家庭提供基本的电力服务，并提供资金，在这方面提供必要的补贴。能源和天然气监管委员会有义务保护最低收入人群的权利，而哥伦比亚电能委员会已被授权为没有电网服务的地区编制国家能源计划，包括使用替代化石燃料发电系统的替代能源系统。

在厄瓜多尔，电气行业的法律制度解决的是农村部门的电气化和融资问题。该体制法还指定了可再生能源在农村电气化项目中应用的优先等级，并介绍了工程鉴定、批准、执行和操作的结构。国家农村和城市边缘电气化基金会（FERUM）是负责财政资源管理的机构，并直接受总统办公室监管。

同样，在尼加拉瓜，电力工业法支持由省替代其他经济机构负责开发偏远地区的农村电气化。为此，省必须通过国家电力工业发展基金会提供必要的资源。法律还要求各省落实使用替代能源的政策和策略。

作为最后一个实例，在巴拿马，22 号执行令第 9 条要求各省负责促进农村电气化和分配执行此项任务的年度预算。因此，在总统办公室内建立了农村电气化办公室，并负责推广农村电气化项目可再生能源的使用。

24.3.4.2.3　财政路线

在可预见的将来，光伏发电系统和部件的进口似乎是一些发展中国家实施该选项的唯一途径。但是，其中很多光伏发电系统的电子设备和其他元件因进口关税和其他税费，在用户端的技术成本甚至变得更高。在一些国家已经实施减免进口税的法律法规，以此促进这项技术的应用。但是，这些措施并不总是有吸引力的，因为它们被认为有损于政府的财政收入，或更有利于城市消费者而不是农村用户。进口关税有时用作一种当地工业的保护措施，并且在一些国家很难免除进口关税。

24.3.5　经培训的人力资源

充足的融资和体制框架是必要的，但消除农村光伏电气化主要壁垒的条件还很不充分。适当的培训人力资源来开发、管理规划并执行计划同样重要。光伏发电系统及其在农村地区的实施，在许多人看来是非常简单的。然而，无视过程背后的复杂性已经导致了大量的失败。令人惊奇地看到世界各地农村地区有多少光伏发电项目已经在实施几年之后不再继续；

或者有多少其他项目，因为在项目开始时没有充分考虑到各种后勤问题，至今仍没有完成；或者有多少其他项目，因为工程和实际施工的失误而进行得很不顺利。不幸的是，在这方面可以提供的现场可靠信息并不多，因为许多项目才刚刚运行几年，所以要得出有关的任何明确结论还为时尚早。

在发展中国家，光伏系统包装越来越多地由当地公司来进行。这种做法有其可取之处，因为这样可以促进当地劳动力和材料的使用，有利于当地经济。然而，并非所有工人都经过了履行职责的合适训练，所以，无论施工和安装指南多么精确和复杂，并非总是得到遵循。有时候说明性资料不是用当地语言写成的，或有翻译不准确，而在其他时候，这些资料没有与当地工人的特殊框架进行正确的匹配。培训本地工人，为产业提供支持的益处再强调也不为过。玻利维亚的西班牙合作项目提供了这种培训可以继续多久的实例，其中土著艾马拉印第安人成功地接受了组装家用太阳能系统电子充电控制器的培训。该项目将在以下进行更详细的说明[32]。

当地光伏发电系统的分销商和供应商往往对他们销售的产品缺乏正确的认识，从而导致通常规模较小的系统，这样会使销售更容易；或过分吹嘘将要销售的光伏发电系统的属性，导致客户的期望超过系统的实际功能。在任何情况下，结果是客户的不满。因此，对于建立在坚实基础之上的光伏业务，对处理最终用户的一线人员必须进行适当的技术、营销、销售和商业惯例的培训。这说起来容易做起来难，因为发展中国家的许多光伏发电企业都是包含其他活动的小型商业企业，如五金商店或牛饲料商店。

对多数人来说，光伏发电是一种新技术，而对计划管理人员来说，其大规模部署的制定和实施计划也并非是一项容易的任务。制订计划往往需要资助，建立项目融资、实施和监督的适当机制。多边机构，如世界银行、全球环境基金会、联合国开发计划署和其他组织，在全球各地组织讲习班和研讨会，宣传可以帮助解决这个问题的最佳实施规程。伊比利亚美洲科技发展计划（CYTED）的可再生能源农村电气化（RIER）网络已在整个拉丁美洲开展了一系列农村光伏电气化策略的课程和研讨会。参与人员通常包括政府机构内负责农村电气化、电力公共设施和地方融资机构的官员、光伏分销商和销售人员以及大学教授。这些培训活动的好处是往往会转化为更好规划的计划和项目，以及对农村光伏电气化项目可持续发展的关键因素有更正确的认识。

24.4 农村光伏电气化的实例

据估计，到 20 世纪末，在发展中国家中，到处安装了 50 万至 100 万小型光伏发电系统向农村家庭供电[12]。最重要的是，已通过政府计划、捐助者主导的倡议和创业活动，对数以万计的光伏供电抽水水泵和其他公共服务，如卫生中心、学校、电话、路灯进行了部署。对许多这样的计划都进行了深入的复核，作为一种可以更好地理解现场过程并获取能应用于其他项目和计划的教训的手段。有关详细情况，鼓励读者查询可用的咨询报告（参见参考文献［33-36］）。本节中，对光伏农村电气化项目和计划的几个例子进行了综述。

24.4.1 阿根廷

作为阿根廷电力部门改革的一部分，省电力市场划分为集中行业和分散行业。每个部门都有自己的结构、自己的使命和自己的运作形式。1994 年，政府制定了向阿根廷农村和分散人口供电计划（其西班牙语名称为 PAEPRA）。这一计划的目的是向还没有接入电网的 140 万人口提供电力，并向大约 6000 项公共服务供电，所有这类地区的人口密度低和到达电网距离长，通过常规方法供电的成本太高[37]。阿根廷农村和分散人口供电计划（PAEPRA）在省一级运作，在省级电力监管机构的监督和控制下，通过合同约束私营公司来提供电力服务[38]。通过公开招标过程给予省级优惠，中标公司要求最少的补贴资金，在每个用户的基础上来运营。

经过一段时间的停顿之后，PAEPRA 正在通过国家能源秘书处的全国农村电气化（PERMER）项目运行，该项目于 2000 年启动，由全球环境基金会和世界银行资助，结合省级政府、销售商和用户的基金并从省级政府、销售商和用户那里获得资金补充。这一新项目设定的供电总体目标是 70000 户农村住户和 1100 项公用设施，主要通过电网延伸以及太阳能、风能和微水电设施等离网装置来实现。目前，已经在 15 个参与的省份内安装了大约 3500 个家用太阳能系统，另加 620 项社区服务，其中主要是学校。实施过程包括签订省与联邦政府之间的合作协议，执行省政府和地区特许公司之间的合同，并进行市场调查去确定特许的范围和结构。目前，胡胡伊省安装的系统数量与其他省份相比处于领先地位（1500 个家用太阳能系统和 400 所学校）。对个人家用太阳能系统的安装进行补贴，支付初始系统成本的一部分。按照有偿服务方案，这种补贴可以补充用户缴纳的资金。其他省份目前还处在项目实施的初期阶段。

24.4.2 玻利维亚

成立全国农村电气化计划（PRONER），促进和支持农村地区的经济发展，以改善居住条件和全体居民的生活质量。该计划的最初目标是利用可再生能源在五年的时间内向 10 万个家庭提供电力服务。为了实现这一宏伟目标，自 1977 年初以来开始实施了一系列的项目。据估计，迄今为止已经安装的家用太阳能系统总数超过了 25000 个，其中一半以上是在 2000 年后以每年近 2000 个光伏发电系统的速度建立的。然而，大多数的安装已经转变成去满足那些具有较高购买力的农村居民的需要。此外，获得项目资助的过程很长，缺乏处理这类大型项目的经验，而且项目实施的体制和监管框架时间短，使其不可能实现原来的目标。

玻利维亚的大多数项目已通过外国援助机构和多边组织的财政支持得以实施。早期的计划包括通过民众参与过程利用可再生能源的农村电气化项目，或众所周知的 BOL/97/G31。这一计划于 1997 年启动，受到联合国开发计划署- 全球环境基金会提供的 820 万美元赠款的支持，并确定了通过 22 个项目在五个自治市安装 3000 个家用太阳能系统的目标。其目的是清除光伏大规模应用中的金融、体制、技术和人力资源方面的障碍。

几乎与此同时，西班牙国际合作机构和马德里理工大学太阳能研究所也实施了一项光伏电气化项目，向玻利维亚高原艾马拉社区提供电力，其目的是促进用户组织的发展，使其具备管理和维护光伏发电装置的能力[39]。到 1993 年，共安装了 1000 个家用太阳能系统，并建立了太阳能电气化协会（AES）。已对该项目进行了全面的研究，并从中获得了重要的经验教训[32]。

在这个早期阶段，不同的组织执行了其他相关的项目，比如，有 PROPER 的德国技术合作公司[43]、NRECA 组织机构、农村电力合作（CRE）地方组织（作为购买光伏发电系的补助资金提供者，并管理项目实施的其他方面，包括选择用户、提供技术培训[40]），另有科恰班巴电力公司（ELFEC）（一家私人所有的配电公司，也参与了出资购买设备并提供安装和维修服务），还有当地的非政府组织"能源"。

在此早期经验的基础上，为项目实施的当地模式已经历了多年的发展。替代融资机制已经在小额信贷概念方面进行了测试，光伏组件作为贷款[41]和参与的政府基金的抵押品。总统令于 2001 年发布，建立了资助采用光伏使农村电气化的官方机制。在电力和替代能源部的保护下，新的举措目前已到位。其中，2007 年推出了"有尊严的生活用电"项目，要求到 2030 年达到 100% 的电力覆盖，包括将光伏用于独立和风力混合系统。

玻利维亚光伏项目的附加好处，包括节省农村地区的传统燃料、发展用于项目开发和实施的更大的人力资源基地，以及创造为当地市场和出口生产光伏系统部件的本地企业（BATEBOL、PHOCOS Latin America）[42]。

24.4.3　巴西

巴西的农村光伏电气化项目开始于 1992 ~ 1993 年期间[44]。作为这些项目的一部分，与负责系统安装、维护和性能检测的当地配电公司合作，在巴西东北部安装了大约 1500 个家用太阳能系统。1995 年推出了一项推广使用可再生能源的举措，其目标是到 2005 年安装 $50MW_p$ 的光伏发电系统[45]。PRODEEM 是一项各直辖市和各州的能源发展计划，于 1994 年推出，利用可再生能源的方式向没有接入电网供电的农村社区提供电力[46]。到 2002 年，该计划的第五阶段即将完成，光伏发电系统的安装总量将达到 8742 个，相当于 5.8MW 的功率。

这项 PRODEEM 的一般审计工作是由相应的联邦当局于 2002 年实施的，发现该计划在一些概念中实施不佳。其中，集中决策没有为用户提供机会，受益人参与程度低，没有给用户提供电力可行性带来的机会，没有明确规定参与代理商的职责、缺少系统操作和维护的用户培训，以及缺乏技术支持和系统可持续性措施。因此，2003 年对 PRODEEM 进行了调整，并纳入当时最新建立的"大家之光"计划，其目标是到 2008 年底安装 30 万农村系统。2004 年成立一个工作组进行实地调查，因此已经安装的系统的法定所有权得以合法化。同时也对服务供应商、公共代理人和负责系统保护和维护的市级技术人员进行了培训。已很好地建立了 PRODEEM 的实施过程，并记录在此处引用的参考文献 [48] 中。

几个州的政府，包括明那伊赖斯、圣保罗和巴拉那州政府，推出了它们自己的农村光伏电气化项目[47]。CEMIG 合格的一般标准包括：距离最近的电网超过 5km，用户密度低于 5 人/km²。CEMIG 提供了项目成本 64% 的资金，剩余的 36% 由社区机构提供[49]。1998 年建立了一项光伏"预电气化"计划，用以刺激偏远地区电力需求的增长，使电网扩展可能成为经济上可行的点。

多年来，巴西与外国机构合作制订了大量实施离网光伏的计划和项目。参考文献 [49，50] 中有许多这样的实例。总而言之，预计到 2008 年年底，国家农村地区光伏的总装机容量将接近 20MW，不到 1995 年制订的原始目标的一半，值得对阻止最初目标的原因进行全面的分析。

24.4.4　墨西哥

在过去 10 年，墨西哥没有用上电的人口数量有所下降，主要是因为通过可再生能源，主要是光伏发电，适度的贡献导致的电网延伸。高度分散的农村人口和崎岖的地形导致电网扩展在技术上困难、经济不可行。因此，最近几年的传统电气化率下降了。另外，原来的政府扶贫计划，如 PRONASOL（1989）、PRO-GRESA 和 OPORTUNIDADES，是农村光伏电气化的资金来源，现已被淘汰或已降低为小型的地方项目。因此，在过去几年里，光伏安装数量基本保持不变。今天，超过 2500 个农村社区已通过政府计划完全提供了家用太阳能系统和其他公共服务，这意味着境内已有超过 60000 个家用太阳能系统。据估计，另外还在政府项目之外安装了纯商业型的 30000 个家用太阳能系统。除此之外，还提供了数千项光伏供电的农村服务，包括农村电话、学校、医疗中心和公共建筑。在最近的农业部计划中，由全球环境基金会-世界银行部分资助，安装了数百个小型光伏水泵。这项技术在农民中很受欢迎，同时促进其使用的新计划正在筹备中。准备中的还有另一项计划，向偏远地区的 5 万农户带去基本的电力服务。在大多数情况下，光伏发电将成为首选的技术。据报道，2007 年年底，墨西哥的光伏装机总容量为 21.7MW，其中 15.5MW 属于农村电气化项目。

早期的墨西哥农村光伏电气化计划的显著特点是国家电力公司（CFE）作为技术规范机构的积极参与、质量保证和可持续性的中心单元[29]。根据国家电力公司（CFE）的合同，墨西哥电力研究所于 20 世纪 90 年代初研究制定了一套项目实施技术标准和规范。同时还制定并实施了实验室试验和现场评估协议。系统按照公共工程的现行法律进行采购和安装。

购买光伏发电系统的资金大都是由联邦政府提供的，有很少部分是由国家和市政府提供的。社区必须根据自己的经济能力为项目提供资助。实物捐助，例如从车辆到达的最近点将设备运载到社区，是社区支持项目最常见的服务之一。政府提供资金作为社区财产的一部分，因此没有建立先验性的付款机制。然而，社区可以自由进行任何筹款活动，帮助它们维护其系统和购买附加设备。流行的机制是所谓的公共基金，社区成员资助资金或工时，或者两者兼有。为了社区的利益，公共基金用来维护光伏发电装置和/或实施其他项目，如自来水厂的维修、建设新教室等。墨西哥的农村光伏电气化计划的更详细说明，参见参考文献[28，51，52]。

24.4.5 斯里兰卡

在这个国家，估计有 200 万个家庭没有接入电网。最近的研究表明，按当年的价格，根据家庭月收入 5000 卢比（约合 85 美元）计算，他们中至少有 10% 的家庭买得起家用太阳能系统[53]。1991 年，斯里兰卡国家开发银行委托进行的一项市场调查显示，36 万个家庭的市场能买得起光伏发电系统[54]。然而，截至 2002 年，零售网络现金销售的大约只有 15000个这样的系统。

列举了这种低渗透水平的很多原因。与其他地方一样，开拓这一市场的最大障碍是缺乏消费性融资。农村地区电网延伸的承诺和政府主办的 "2000 年大家的电力" 运动，被视为所有人的电网电力，这也一直是主要的障碍。太阳能光伏发电和其他可再生能源缺少政府的支持，对私营部门和非政府组织发起人两方都有妨碍。不过，在斯里兰卡有四家零售光伏发电系统的公司：壳牌可再生能源、Resco 亚洲（美国 Selco 子公司）、阿尔法热系统和接入国际（Access International）。萨尔乌达 SEEDS 公司是当地的一家非政府组织，向某些这类公司的合作伙伴提供小额融资。

20 世纪 80 年代后期，1986 年由斯里兰卡的一家私人的太阳能 & 照明公司（SPLC）组装了太阳能光伏组件、12V 的电灯和简单的电子充电控制器。但是，太阳能组件的制造被削弱，主要是因为与进口的产品相比没有优势，部分是因为原材料的进口关税很高。因此，SPLC 基本上是通过建造一个基础设施市场发展成一个市场营销组织的，负责农村光伏发电系统的安装和维护。SPLC 通过零售商囤积家用太阳能系统；训练有素的技术人员和个人代理人被称为相应的代理商（CA），用来招揽销售，安装系统并向客户提供服务。SPLC 刚刚被壳牌国际可再生能源公司收购，已直接向消费者销售了 3000 个光伏系统，多为现金支付。

除现金销售家用太阳能系统外，斯里兰卡也有成功和"视为失败"项目的实例，消费者利用偿还贷款作为成功的衡量方式。通过非政府组织参与的总社区实施项目，如萨尔乌达和索兰卡，已经相当成功。在美国非政府组织 SELF（现在是私人公司 Selco）的资助和基于美国的基础萌芽基金的资助下，萨尔乌达已成功的小额信贷运作适应了市场销售家用太阳能系统，并利用 250 套装置通过农村技术服务分支机构实施了试点项目。萨尔乌达利用世界银行向斯里兰卡提供的可再生能源信贷额度中的基金，进一步行动带来了超过 300 套系统的安装。已经拟定了此后五年安装 5000 多套的计划。萨尔乌达 SEEDS 公司已成为能源服务交付项目的参与信贷机构。该公司现在可以直接使用基金并转借给客户。2001 年 1 月，该公司报道说，萨尔乌达 SEEDS 公司用于太阳能光伏发电的贷款组合风险是 8900 万卢比（约合100 万美元）。

索兰卡太阳能联营公司建立了社区级实施完整项目的能力，包括评估潜在客户、提供融资；设计、安装和维护家用太阳能系统；收集款项和管理城市中本身有难度的项目。该模式表明，可以通过对村级操作人员进行适当的培训和激励达到成功。索兰卡向客户提供的贷款利率低于商业利率，目标是市场的较低经济范畴，因此迄今安装了两个项目，一个是在莫拉帕萨瓦村的 84 个家用太阳能系统，另一个是在托拉瓦的 77 个系统。这也是可能的，因为借出去的资金已经通过补贴返还。然而，要维持这一商业级的资金方案将会是很困难的，除非利率上升，贷款偿还期缩短。但是，这自然不包括这一组织目前的目标市场。因此，索兰卡面临的挑战是确保进一步投入资金来重复这些项目。其最大的优点是已经证明该村有能力执行和管理光伏电气化项目。在选择联合实施地区时，索兰卡得到了省政府的关心和支持。该项目有一项有趣的特征，12V 的灯和简单的电子控制器是在乡村制造的。此外，已经开始启动村级修理单位，可以更换有缺陷的电池，延长电池的寿命。迄今为止，偿还的这两个项目的贷款 100% 都是来源于向用户提供的基础服务。例如，即使在电池出现故障时，用户也能立刻对其进行更换，同时对旧电池进行维修或维护。设在科伦坡的总部工作重点是长期的策略规划，同时还规定了会计控制，在选择收款人和收集还款的过程中，对所有的会计业务进行审计。在这两个项目的经验基础上，其原始发起人已建立了称为 RESCO 的商业太阳能公司，作为 Selco 美国的附属公司。

一个反面的例子是帕斯瓦嘎玛 1000 个家庭项目，由斯里兰卡和澳大利亚政府资助，具有非常低的回报率，尽管应用了非常有利的信贷方案。因此，可以认为是一个失败的案例，虽然在技术上超过 90% 的系统都仍在工作。这个项目由斯里兰卡全国住房开发署（NHDA）实施，尝试执行"草根"级计划。然而，其自上而下实施的方式导致贫穷社区级的参与和糟糕的管理基础设施。安装的系统比国内其他地方安装的正常家用太阳能系统更复杂，根据组件的尺寸和灯具的大小，具有 20000 卢比（571 美元）至 32000 卢比（914 美元）的典型成本范围。这导致每月按单位成本（1990 年 1 美元 = 35 卢比）支付 75 卢比（2.14 美元）

至 135 卢比（3.85 美元），其结果是不切实际的低价。斯里兰卡马尔加研究所进行的社会经济调查发现，大部分的家庭有能力为系统支付更多的资金。然而，由于家庭的支付分别设定为标称期限，其价值也因通货膨胀而被削弱。在某个时间点上，收缴偿还贷款的基础设施因官僚主义问题而被弄坏，而因为系统的一些初步技术问题为拒付开了先例，这在以后最难以打破。这些问题中一部分已在 NHDA 于 1991 年向动力与太阳能公司移交了维护和收款的责任后得到了解决。然而，月还款额保持在 50% 左右，因为月付款低而使收款成本远高于实际收款额。这就意味着太阳能光伏发电的过度补贴对通过商业途径普及太阳能光伏发电产生了负面影响。该项目表明，太阳能光伏发电是一项合适的技术，但实施项目的方法是不可持续的，结果导致有损于斯里兰卡家用太阳能系统的商业普及过程。

24.4.6　萨赫勒地区的抽水

区域太阳能计划（RSP）是早期系统计划之一，将光伏发电技术用来解决撒哈拉以南非洲的萨赫勒地区的紧迫问题。由欧洲委员会资助，支付光伏发电设备及其他程序，如培训、咨询和公众意识活动，区域协调和技术援助计划于 1989 年推出。RSP 的目的是在抽水系统、疫苗冷藏箱、社区照明和蓄电池充电站中安装大约 1.4MW 的光伏组件（当时约为世界市场的 3.5%）。在计划的最后，共安装了 626 个抽水系统和 644 个公用系统，并获取了丰富的经验教训。

RSP 的主要目标[55]是提高水的数量和质量，通过园林种植进行资源互补，提高村民的经济状况，缩短采购饮用水所花费的时间，培养项目管理人才，建立太阳能设备管理小组并按照用户与私营公司之间关系的契约结构，开发和采用设备操作的法律框架。

并非原来计划的所有具体目的和目标都已全部实现，但都取得了重要的经验教训。该计划的饮用水部件消耗了 90% 以上已装光伏发电系统的功率，所以取得的教训基本上都适用于这类应用。太阳能抽水被认为比柴油电动机抽水更实惠，其系数约为 $2/m^3$。与人工抽水水泵包括钻孔每位居民的成本相比，光伏抽水系统的投资大约高 10%，但光伏水泵的服务质量优越。总安装成本中的 31% 用于购买光伏发电系统，11% 用于安装，12% 用于区域活动（包括协调、质量控制、检验、监测等），46% 用于配电网络、水塔和其他接受设施。

一些社区使用的水供应系统的一种管理方式是村水利委员会直接管理配有手动泵的供水点。但是，由于存在诸多困难，包括掌握会计工具不完善，赋予该委员会主要成员的责任准系统性混乱，这种管理系统是无效的。其他社区首选的是将整个系统的管理以收费的方式授权给私人机构或委托给公共机构。后面的管理形式似乎比水利委员会的方案更适合于当地的条件。

利用光伏技术提高市场园艺和农业生产力的概念最终被放弃了，因此，在萨赫勒地区光伏技术的前景被发现能满足特定国内电力需求（照明、收音机和电视机）、泵送饮用水和电信。

24.5　向着农村电气化的新范式

农村电气化的问题已经在连续渐进的过程中通过传统手段进行了处理。在这个过程中，最偏远和最分散的人口被吸引到较大的人口中心，然后柴油发电机组或小型水电站发电机发的电通过当地微型电网输送到用户终端。随着负载的增加，达到在这个地方实施主电网的延伸在经济上是可行的。这个过程被称为电力公司之间的预电气化，并且一直是农村地区互联系统的基本增长机制。虽然从纯技术/经济的观点看是有效的，但这个预电气化过程存在几个缺点。从社会的角度看，要求人们必须离开他们的原居地，创建更大的人口中心，反过来又引发中心提供其他服务的需求并带来了更大的环境压力。

预电气化是现今一些作者参照农村光伏电气化正在使用的一个术语，在某些情况下，如上面的 CEMIG 实例，操作方案也正在传播。然而，有许多原因认为在光伏的应用过程中利用预电气化一词是不恰当的。而且，概念的传播势必会抵消光伏作为创建农村电气化的一种新途径的优势。首先，从纯技术的角度看，光伏带来了提供高质量电力服务的可能性，甚至在最偏远的地方，无需人口迁移或最终不得不依赖于电网延伸。由于其光伏系统模块化的特征，光伏发电系统可以与负载同步增长。此外，这种愿景是与当前电力部门走向分布式发电系统的趋势相一致，并得到更高效的电器发展、电工技术的小型化以及系统监管和负载管理电子设备取得的进步的支持。另外还有环境的原因，得出了利用可再生能源和无污染能源进行当地发电要比穿过生态敏感地区建立数千米电力线路更方便的想法。本地发电还提供了本地管理的可能性，进而使社区积极参与自我发展过程具有可能性。

另一方面，有证据表明，根据向农村民众输送电力的旧模式，传统的电气化进程经常是以满足政治需要为主要目标来提高电气化的统计数据，而不是服务于民众的真正需求。因此，观察接入电网的农村社区，发现在这里，没有接电的很大一部分家庭通常是因为缺乏资金支付接入费用，或因为二次配电网络只能到达社区中心，剩余的人口则得不到电力服务，这种情况并不少见。所以，如果电力供应是作为发展工具，认为是为了提高人口寿命，获取更多的知识和提高生活质量[56]，那么，目前农村的电气化模式必须立即更改为"增加农村贫困人口获得基于电能的服务"。这套服务包括卫生、干净的水、教育、食品保存、娱乐和从事生产活动的可能性。

按照这一观点，目前农村的光伏电气化活动，代表了一个新农村电气化方案代替有较好结果的旧方案的过渡时期的里程碑。然而，新的电气化要求，除其他事项外，还要有农村电力供应和使用的新文化、特定的法律框架、电力行业的新商业惯例、创新的金融机制、新的更好的技术和合适的体制方案。因此，不仅在农村地区光伏用户的数量方面，而且还在光伏发电装置给民众带来的好处方面，这两个方面衡量目前正在实施的计划和项目的实际价值。同样重要的是，衡量当前农村光伏电气化项目的成效是评价从中得出的教训，这样可以实施改进方案，重复进行成功的项目。

反过来，农村电气化的这一新模式应该植入农村能源供应的广泛概念中，这就要求以各种形式及时提供有用的能源，让人们可以获得更好的机会来改善自己的生活质量，促进地方经济的发展并保护环境。

在世界农村地区应用光伏发电近 20 年之后，向全球大约 1/3 的人口提供基于电力的服务问题几乎仍然没有发生变化。虽然已取得了重要的经验教训，但是，如果光伏发电将成为偏远社区农村电气化的主要技术选择，那么则还需要一些关键性的要素。最为重要的是大规模化和技术可持续发展这些过程的制度化。很多人都写到了这一点，但事实上很少有提供服务的程序或项目可以作为长期可持续发展的良好实例。

参考文献

1. Kemp W, *The Flow of Energy in a Hunting Society. Energy and Power*, A Scientific American Book, W.H. Freeman and Company, San Francisco, CA, pp 55–65 (1971).
2. Rappaport R, *The Flow of Energy in an Agricultural Society. Energy and Power*, A Scientific American Book, W.H. Freeman and Company, San Francisco, CA, pp 69–80 (1971).
3. Cook E, *The Flow of Energy in an Industrial Society. Energy and Power*, A Scientific American Book, W.H. Freeman and Company, San Francisco, CA, pp 83–91 (1971).
4. *World Energy Assessment: Energy and the Challenge of Sustainability*, United Nations Development Program, United Nations Department of Economic and Social Affairs, World Energy Council (Sept. 2000).
5. *The Challenge of Rural Energy Poverty in Developing Countries*, World Energy Council, Food and Agriculture Organization of the United Nations (Oct. 1999).
6. Bowers B, *A History of Electric Light and Power*, History of Technology Series 3, P. Peregrinus, The Science Museum, London (1982).
7. National Energy Balance 1997. Energy Secretariat of Mexico.
8. Foley G, *Photovoltaic Applications in Rural Areas of the Developing World*, World Bank Technical Paper Number 304, Energy Series (1995).
9. Lorenzo E, Photovoltaic Rural Electrification, *Prog. Photovolt.: Res. Appl.* **5**, 3–27 (1997).
10. Urbano J, Introduction to the Design, Operation and Application of Photovoltaic Systems – The CIEA Experience (in Spanish), *Proc. 4th Mexican National Solar Energy Society Meeting* (San Luis Potosi, Mexico, 1–3 October 1980).
11. Urbano J, *Rev. Sol.* **16**, 10–13 (1989).
12. Martinot E, Ramankutty R, Rittner F, *The GEF Solar PV Portfolio: Emerging Experience and Lessons*, Monitoring and Evaluation Working Paper 2, GEF pre-publication draft (August 2000).
13. Huacuz J, Agredano J, Beyond the Grid: photovoltaic rural electrification in Mexico, *Prog. Photovolt.: Res. Appl.* **6**, 379–395 (1998).
14. Ramos R *et al.*, *Photovoltaic Solar Energy: An Option for Rural Electrification in Cuba (in Spanish)*, Solar Energy Research Centre of Cuba (1995).
15. *Clean Water with Clean Energy: Drinking Water Provision in Remote Regions with Decentralised Solar Power Supply*, INCO-DC Project ERBIC18CT960104, Final Report, European Commission, FhG-ISE, Freiburg, Germany (2000).
16. Sapiain R *et al.*, *Solar Photovoltaic Pumping in Peasant Communities and New Productive Agricultural Applications in Arid Zones in the North of Chile (in Spanish)*, Renewable Energy Centre, Engineering Faculty, University of Tarapaca (Oct. 1997).
17. Ahm P, Small PV Powered Medical Equipment, *UNESCO World Solar Summit* (July 1993).
18. Muhopadhyay K, Sensarma B, Saha H, *Sol. Energy Mater. Sol. Cells* **31**, 437–446 (1993).
19. *De l'eau solaire pour la Somalie*, Systemes Solaires, No. 100 (1994).
20. *Les lampes portables solaires*, Systemes Solaires, No. 100 (1994).
21. Flores R *et al.*, "Characterization and Evaluation of 30 PV Ovonic-Unisolar Solar Home Systems (in Spanish)". *Proc. ISES Millennium Solar World Forum* (Mexico City, October 2000).
22. Huacuz J, Urrutia M, Eds, *Proceedings of the International Workshop Charge Controllers for Photovoltaic Rural Electrification Systems*, Electrical Research Institute Cuernavaca, Mexico (1998).
23. Nieuwenhout F, *Monitoring and Evaluation of Solar Home Systems: Experiences with Applications of Solar PV for Households in Developing Countries*, Report ECN-C-00-089, Netherlands Energy Research Foundation, Petten (Sept. 2000).
24. dos Santos R, Zilles R, PV Residential Electrification: A Case Study on Solar Battery Charging Stations in Brazil. *Prog. Photovol.: Res. Appl.* **9**(6), 445–453 (2001).
25. European Commission, Directorate General for Energy; Universal Technical Standards for Solar Home Systems. Thermie B: SUP-995-96 (1998).

26. Electrical Research Institute, *Technical Specification for Rural Illumination Photovoltaic Systems (in Spanish)*, Revised Edition. Cuernavaca, Mexico, IIE (1999).

27. Martinot E, Ramankutty R, Rittner F, *Thematic Review of the GEF Solar PV Portfolio: Emerging Experience and Lessons*, Global Environment Facility Working Paper, pre-publication draft (June 2000).

28. Huacuz J, Martinez A, Renewable Energy Rural Electrification: Sustainability Aspects of the Mexican Programme in Practice, *Nat. Res. Forum* **19**, 223–231 (1995).

29. Huacuz J, Gonzalez C, Uria F, "The role of Commission Federal de Electricidad in the Mexican photovoltaic rural electrification program", *Proc. IERE Workshop Photovoltaic Rural Electrification and the Electric Power Utility*, IIE-EPRI (Cocoyoc, Mexico, May 1995).

30. Flores C, "Expanding PV Rural Electrification with Local Industry and Technology: The Mexican Experience", *Proc. Sustainable Development of the Rural World. Decentralized Electrification Issues* (Marraketch Marruecos, 13–17 November 1995).

31. Huacuz J, Sustainable Energy in Rural Zones within the Process of Modernization of the Energy Sector in Latin America and The Caribbean (in Spanish), *Proc. Enerlac '98, IV Energy Conference of Latin America and The Caribbean* (Dominican Republic, 1998).

32. Aguilera T, *Energía Solar Fotovoltaica en el Ambito de la Cooperación al Desarrollo*, Caso de Estudio: El Altiplano Boliviano, Tesis Doctoral, Universidad Politécnica de Madrid, Escuela Superior de Ingenieros en Telecomunicaciones. Madrid (1995).

33. Nieuwenhout F *et al.*, *Monitoring and Evaluation of Solar Home Systems. Experiences with Applications of solar PV for Households in Developing Countries*, Report ECN-C-00-089, Netherlands Energy Research Foundation (Sept. 2000).

34. Hankins M, *Solar Rural Electrification in the Developing World*, Four Case Studies: Dominican Republic, Kenya, Sri Lanka and Zimbabwe. Solar Electric Light Fund (1993).

35. Cabraal A *et al.*, *Best Practices for Photovoltaic Household Electrification Programs*, Lessons from Experiences in Selected Countries, World Bank Technical Paper Number 324, Asia Technical Department Series, The World Bank (1996).

36. Martinot E *et al.*, World Bank/GEF Solar Home Systems Projects: Experiences and Lessons Learned 1993–2000. *Renewable and Sustainable Energy Reviews*, **5**, 39–57 (2001).

37. Fabris A, Sotelino E, Programas de Electrificación Rural en el Cono Sur de América Latina, *Los Recursos Energéticos Renovables y las Políticas de Electrificación Rural*, pp 109–123 (1997).

38. Frigerio A, Financiamiento del Programa de Abastecimiento Eléctrico a la Población Rural Dispersa de Argentina, *Seminario de Inversiones y Negocios para Energías Renovables en América Latina*, (Quito, Ecuador, 14–16 September 1998).

39. Castiella H, *Proyecto de Electrificación Rural Mediante Energía Solar Fotovoltaica en Bolivia*, Agencia Española de Cooperación Internacional (LaPaz, Bolivia, 1993).

40. Smith P, International Project CRE http://www.rsvp.nrel.gov (1996).

41. INTI K'ANCHAY, Informative Bulletin No. 1, 2. Energética (Sept. 1998, 1999).

42. Orellana Lafuente RJ, Morales Udaeta ME: *Energías Renovables y Alivio de la Pobreza en Bolivia*, Fundación Bariloche, GNESD 2006 http://www.fundacionbariloche.org.ar/idee/taller%20renovables/keynotes/Paper%20Orellana-Morales.pdf

43. *Renewable Energy Rural Electrification Projects for the Cochabamba-Bolivia Department (in Spanish)*, Comité de Coordinación Interinstitucional (Cochabamba, April 1995).

44. Barbosa E *et al.*, *Toward a Sustainable Future for the Use of SHSs for Rural Electrification in Brazil*.

45. Ribeiro C, Bezerra P, Zilles R, Moskowics M, *Brazilian Strategy on PV Dissemination* (1998).

46. Quintans L, Lima J: *Prodeem: realizaçoes e progressos*, Cresesb Informa, Año III, No. 4 (December 1997).

47. Leonelli P, Borba A, *PRODEEM Aprendizados e Reflexoes*, II Simposio Nacional de Energia Fotovoltaica. Rio de Janeiro, Brazil, May 2005.

48. Silva S, *PRODEEM. IV Encontro do Forum Permanente de Energias Renovaveis* (Recife, Pernambuco, Brasil, 6–9 October 1998).

49. Diniz A, Programa de Implantado de Sistemas Fotovoltaicos da CEMIG, *IV Encontro do Fórum Permanente de Energias Renovaveis* (Recife, Pernambuco, Brazil, 6–9 October 1998).

50. dos Santos P, Programa de Implantaçao de Bombeamiento de Agua FV da COPASA, *IV Encontro Forum Permanente de Energias Renovaveis* (Recife, Pernambuco, Brazil, 6–9 October 1998).

51. Huacuz J, Martínez A, *ATAS Bull.* **8**, 177–194 (1992).

52. Huacuz J, Martínez A, *Mexico: Rural Electrification Program with Renewable Energy Systems*, EDG, No. 5, pp 15–20 (1996).

53. Gunaratne L, Funding and repayment management of PV system dissemination in Sri Lanka, *Proceedings of the Conference on Financial Services for decentralized Solar Energy Applications II* (Harare, Zimbabwe, 20–23 October 1998).

54. Gunaratne L, Solar PV Market Development in Sri Lanka. GEF Workshop: Making a Difference in Emerging PV Markets. Marrakech, Morocco, 24–28 September (2000).

55. Regional Solar Programme, *Lessons and Perspectives*, European Commission (DGVIII) (December 1999).

56. UNDP, *Human Development Report 2001* (2001).

图书在版编目（CIP）数据

光伏技术与工程手册：原书第 2 版/（西）安东尼奥·卢克（Antonio Luque）等著；王文静等译.—北京：机械工业出版社，2019.4

书名原文：Handbook of Photovoltaic Science and Engineering, 2nd Edition

ISBN 978-7-111-62487-5

Ⅰ.①光…　Ⅱ.①安…②王…　Ⅲ.①太阳能光伏发电－技术手册　Ⅳ.①TM615-62

中国版本图书馆 CIP 数据核字（2019）第 068482 号

机械工业出版社（北京市百万庄大街 22 号　邮政编码 100037）
策划编辑：付承桂　任　鑫　责任编辑：闫洪庆
责任校对：张　薇　杜雨霏　封面设计：马精明
责任印制：张　博
三河市宏达印刷有限公司印刷
2019 年 7 月第 1 版第 1 次印刷
184mm×260mm·59.5 印张·2 插页·1477 千字
0001—2600 册
标准书号：ISBN 978-7-111-62487-5
定价：298.00 元

电话服务　　　　　　　　　　网络服务
客服电话：010-88361066　　机　工　官　网：www.cmpbook.com
　　　　　010-88379833　　机　工　官　博：weibo.com/cmp1952
　　　　　010-68326294　　金　书　网：www.golden-book.com
封底无防伪标均为盗版　　机工教育服务网：www.cmpedu.com